Émile Borel

Une carrière intellectuelle sous la IIIe République

Acteurs de la Science

Fondée par Richard Moreau,
professeur honoraire à l'Université de Paris XII
Dirigée par Claude Brezinski et Roger Teyssou

La collection Acteurs de la Science est consacrée à des études sur les acteurs de l'épopée scientifique moderne ; à des inédits et à des réimpressions de mémoires scientifiques anciens ; à des textes consacrés en leur temps à de grands savants par leurs pairs ; à des évaluations sur les découvertes les plus marquantes et la pratique de la Science.

Dernières parutions

Alain GIRET, *Les températures et l'effet de serre. Essai sur l'histoire et l'avenir du climat,* 2017.
Edouard PÉLISSIER, *Ambroise Paré. Chirurgien des soldats et des rois (1510-1590)*, 2017
Letizia JOUFFROY, *Bach et Händel, Deux musiciens illustres dans le noir, Les barbiers à l'aube de la chirurgie*, 2016.
Michel ROUFFET, *Mais comment en est-on arrivé là ? La terre de 4000 à 4,5 milliards d'années,* 2016
Roger TEYSSOU, *Jean Wier. Des dieux, des démons, des sorcières,* 2016.
Sofiane BOUHDIBA, *Pavillon jaune, Histoire de la Quarantaine, de la Peste à Ebola,* 2016.
François DEMARD, Pierre MANDRILLON, *Dans l'œil du cyclotron*, 2016.
Gilles GROS, *Pierre Fauchard, ce génie de l'épistémologie en art dentaire*, 2016.
Robert LOCQUENEUX, *L'électricité au Siècle des lumières. Nollet, Franklin & les autres,* 2016.
Jean PERDIJON, *Les physiciens sont-ils des intellectuels ? Petit traité (illustré) de culture physique*, 2016.
Francis WEILL, *Folie du monde et vertige des religions : mémoires d'un vieux médecin,* 2016.
Jean Dominique BOURZAT, *Une dynastie de serruriers à la cour de Versailles. Les Gamain*, 2016.
François TRON, *Maladies auto-immunes. Quand notre système de défense nous trahit*, 2015
Roger TEYSSOU, *Orfila. Le doyen magnifique et les grands procès criminels au XIXè siècle. El decano magnifico*, 2015
Gilles GROS, *Histoire et épistémologie de l'anatomie et de la physiologie en art dentaire, de l'Antiquité à la fin du XX*e *siècle*, 2015
Simon BERENHOLC, *L'Homme social, à son corps dépendant. Analogies comportementales entre les cellules biologiques et les sociétés humaines*, 2015.

Émile Borel

Une carrière intellectuelle sous la IIIe République

Acteurs de la Science

Fondée par Richard Moreau,
professeur honoraire à l'Université de Paris XII
Dirigée par Claude Brezinski et Roger Teyssou

La collection Acteurs de la Science est consacrée à des études sur les acteurs de l'épopée scientifique moderne ; à des inédits et à des réimpressions de mémoires scientifiques anciens ; à des textes consacrés en leur temps à de grands savants par leurs pairs ; à des évaluations sur les découvertes les plus marquantes et la pratique de la Science.

Dernières parutions

Alain GIRET, *Les températures et l'effet de serre. Essai sur l'histoire et l'avenir du climat,* 2017.
Edouard PÉLISSIER, *Ambroise Paré. Chirurgien des soldats et des rois (1510-1590)*, 2017
Letizia JOUFFROY, *Bach et Händel, Deux musiciens illustres dans le noir, Les barbiers à l'aube de la chirurgie*, 2016.
Michel ROUFFET, *Mais comment en est-on arrivé là ? La terre de 4000 à 4,5 milliards d'années,* 2016
Roger TEYSSOU, *Jean Wier. Des dieux, des démons, des sorcières,* 2016.
Sofiane BOUHDIBA, *Pavillon jaune, Histoire de la Quarantaine, de la Peste à Ebola,* 2016.
François DEMARD, Pierre MANDRILLON, *Dans l'œil du cyclotron*, 2016.
Gilles GROS, *Pierre Fauchard, ce génie de l'épistémologie en art dentaire*, 2016.
Robert LOCQUENEUX, *L'électricité au Siècle des lumières. Nollet, Franklin & les autres,* 2016.
Jean PERDIJON, *Les physiciens sont-ils des intellectuels ? Petit traité (illustré) de culture physique*, 2016.
Francis WEILL, *Folie du monde et vertige des religions : mémoires d'un vieux médecin,* 2016.
Jean Dominique BOURZAT, *Une dynastie de serruriers à la cour de Versailles. Les Gamain*, 2016.
François TRON, *Maladies auto-immunes. Quand notre système de défense nous trahit*, 2015
Roger TEYSSOU, *Orfila. Le doyen magnifique et les grands procès criminels au XIXè siècle. El decano magnifico*, 2015
Gilles GROS, *Histoire et épistémologie de l'anatomie et de la physiologie en art dentaire, de l'Antiquité à la fin du XXe siècle*, 2015
Simon BERENHOLC, *L'Homme social, à son corps dépendant. Analogies comportementales entre les cellules biologiques et les sociétés humaines*, 2015.

Michel Pinault

Émile Borel

Une carrière intellectuelle sous la IIIe République

L'Harmattan

Du même auteur

Frédéric Joliot-Curie, Odile Jacob, 2000, 712 pages.
Le XXème siècle des guerres, ouvrage collectif, Éditions de l'Atelier, 2004, 605 pages.
Doisneau chez les Joliot-Curie. Un photographe au pays des physiciens, Romain Pages Éditions, 2005, 119 pages.
La science au Parlement. Les débuts d'une politique des recherches scientifiques en France, CNRS Éditions, 2006, 158 pages.
Maurice Barrès et « la grande pitié des laboratoires de France ». Discours parlementaires pour une politique des recherches scientifiques en France (1919-1923), L'Harmattan, 2015, 330 pages.

5-7, rue de l'Ecole-Polytechnique, 75005 Paris

http://www.editions-harmattan.fr

ISBN : 978-2-343-12942-6
EAN : 9782343129426

À Illio et Timoa,
et leur parfum d'avenir.

« SOCRATE – Prenons quelque science qui s'étende à tout universellement, qui est si commune, dont tous les arts, toutes les industries et toutes les sciences font usage, et que tout homme a besoin d'apprendre des premières, (…) cette science très ordinaire qui distingue les nombres, un, deux, trois, en un mot la science des nombres et le calcul (…). Il conviendrait donc de faire une loi et de persuader en même temps à ceux qui sont destinés à remplir les premiers rangs dans l'État, de se livrer à la science du calcul, non pas pour en faire une étude superficielle, mais pour s'élever, par le moyen de la pure intelligence, à la contemplation de l'essence des nombres ; non pas pour la faire servir, comme les marchands et les négociants, aux ventes et aux achats, mais pour en faire des applications à la guerre et faciliter à l'âme les moyens de s'élever de l'ordre des choses qui passent vers la vérité et l'être. »

Platon, *La République*, livre VII,
cité par Pierre Boutroux, *Les principes de l'analyse mathématique*, Paris, Hermann, 1914, p. 2.

« SOCRATE – Prenons quelque science qui s'étende à tout universellement, qui est si commune, dont tous les arts, toutes les industries et toutes les sciences font usage, et que tout homme a besoin d'apprendre des premières, (...) cette science très ordinaire qui distingue les nombres, un, deux, trois, en un mot la science des nombres et le calcul (...). Il conviendrait donc de faire une loi et de persuader en même temps à ceux qui sont destinés à remplir les premiers rangs dans l'État, de se livrer à la science du calcul, non pas pour en faire une étude superficielle, mais pour s'élever, par le moyen de la pure intelligence, à la contemplation de l'essence des nombres ; non pas pour la faire servir, comme les marchands et les négociants, aux ventes et aux achats, mais pour en faire des applications à la guerre et faciliter à l'âme les moyens de s'élever de l'ordre des choses qui passent vers la vérité et l'être. »

Platon, *La République*, livre VII,
cité par Pierre Boutroux, *Les principes de l'analyse mathématique*, Paris, Hermann, 1914, p. 2.

Principaux sigles et abréviations

ACESSP : Assoc° d'anciens combattants de l'Enseignement secondaire et supérieur public
Ac. Sc. : Archives de l'Académie des sciences
AFAS : Association française pour l'avancement des sciences
AFSDN : Association française pour la SDN
AN : Archives nationales
ARS : voir CNARS
CCRST : Comité consultatif de la recherche scientifique et technique
CEA : Commissariat à l'énergie atomique
CFCE : Comité français pour la Coopération européenne
CFdCE : Comité fédéral de coopération européenne
CFSP : Conseil de la faculté des Sciences de Paris
CGP : Confédération générale de la production française (CGPF)
CGT et CGTU : Confédération générale du travail (unitaire)
CICI : Commission internationale pour la Coopération intellectuelle
CITI : Confédération internationale des travailleurs intellectuels
CNAM : Conservatoire national des arts et métiers
CNARS : Comité national d'aide à la recherche scientifique (ARS)
CNÉ : Conseil national économique
CNÉSP : Comité national d'études sociales et politiques
CNRS : Caisse et/ou Centre national de la recherche scientifique
CNRSA : Centre national de la recherche scientifique appliquée
CNS : Caisse nationale des sciences
CR : *Comptes-rendus hebdomadaires des séances de l'Académie des sciences*
CRS : Caisse des recherches scientifiques
CSRSPT : Conseil supérieur de la recherche scientifique et du progrès technique
CTI : Confédération des travailleurs intellectuels
CUP : Conseil de l'Université de Paris
CVIA : Comité de vigilance des intellectuels antifascistes
EPCI : École de Physique et Chimie industrielles de la Ville de Paris, devenue ESPCI
FFASDN : Fédération française des associations pour la SDN
FNRS : Fondation nationale pour la recherche scientifique
HCCRS : Haut comité de coordination des recherches scientifiques
IBPC : Institut de biologie physico-chimique
IEB : International Education Board

IHP : Institut Henri-Poincaré
IICI : Institut international de Coopération intellectuelle
ISUP : Institut de Statistique de l'Université de Paris
LDH : Ligue des droits de l'homme
LRDM : *La Revue du Mois*
NCS : Nouvelle collection scientifique
ONRSII : Office national de la recherche scientifique industrielle et des inventions
REP : Revue d'économie politique
RGSPA : *Revue générale des sciences pures et appliquées*
RHMC : Revue d'histoire moderne et contemporaine
RMM : *Revue de métaphysique et de morale*
RPP : *Revue politique et parlementaire*
RUP : Rassemblement universel pour la paix
SCRS : Service central de la recherche scientifique
SEC : Société d'études coopératives
SES : Société d'économie sociale
SFP : Société française de philosophie
SMF : Société mathématique de France
SNRS : Service national de la recherche scientifique
SSP : Société statistique de Paris
TPC : Travaux parlementaires (Chambre des députés)
TPS : Travaux parlementaires (Sénat)
UDIF : Union des intellectuels français pour la justice, la paix et la liberté
UF : Union fédérale des Associations françaises de mutilés et d'anciens combattants
UNI : Union nationale des intellectuels
UR : Union rationaliste
USIF : Union des syndicats professionnels d'ingénieurs français
USTICA : Union syndicale des techniciens de l'industrie, du commerce et de l'agriculture

Prologue

Le « Sou des laboratoires » ; c'est ainsi qu'on avait appelé, dans la presse, le financement pérenne que le Parlement venait d'établir, en 1925, pour la première fois, en faveur de la recherche scientifique en France. Cette étape cruciale dans la formulation d'une politique de la recherche scientifique en France a été franchie lorsque les deux chambres ont adopté, le 11 juillet 1925, en marge d'un article de la loi de Finance établissant une taxe annuelle pour financer l'apprentissage, un amendement prévoyant de réserver une fraction des recettes de cette taxe nouvelle au financement des laboratoires.

Le principal auteur de cet amendement était le nouveau député de l'Aveyron, le prestigieux mathématicien Émile Borel (1871-1956), élu en mai 1924 sur une liste du Cartel des gauches. C'est à sa carrière que nous allons nous intéresser, ou plus exactement à ses carrières, imbriquées et entremêlées, de mathématicien, de scientifique, d'universitaire et d'intellectuel, d'administrateur, de réformateur et d'homme politique, actif sur la scène française et aussi sur le plan international. La somme de toutes ces identités, de toutes les actions qui les ont constituées et de toutes les traces qu'elles ont laissées dessinera une carrière intellectuelle majeure parmi celles qui marquèrent la IIIème République. Placer cette étude, dès le départ, sous le signe de l'action de Borel dans le domaine de la « politique de la recherche » en évoquant le « Sou des laboratoires », c'est vouloir l'ancrer délibérément dans une dimension essentielle du contexte des premières décennies du XXème siècle, celle de la sortie de la science et du monde des savants de la « tour d'ivoire » dans laquelle ils semblaient enfermés et de leur irruption sur la grande scène de l'histoire de la société. Émile Borel ne fut pas seul, il ne constitua pas une exception mais, devenant partie prenante de transformations qui concernaient fortement son époque et étant placé au cœur de celles-ci, il fut un des acteurs majeurs de cette histoire.

Les débats sur le financement de la recherche avaient pris une ampleur nouvelle dès la fin de la Première Guerre mondiale, en particulier à l'occasion de la campagne sur le thème de « la Grande pitié des laboratoires de France » qu'avait menée, dans la presse et à la Chambre, entre 1919 et 1923, l'écrivain académicien et député de Paris, Maurice Barrès (1862-1923), en prenant appui sur certains milieux scientifiques, en particulier ceux groupés autour du chimiste Charles Moureu (1863-1929), professeur au Collège de France et membre de l'Académie des sciences, un des organisateurs de la mobilisation scientifique de guerre dès les débuts de la guerre des gaz, en 1915. Cette campagne avait concerné de nombreux milieux sans pourtant obtenir des résultats tangibles autres que l'organisation de diverses collectes de fonds dans le grand public et en direction des milieux industriels dont la principale, la « Journée Pasteur », avait rapporté, le 27 mai 1923, une douzaine de millions de francs. La mort soudaine de Barrès, le 4 décembre 1923, mit fin à une entreprise à laquelle l'écrivain-député avait fixé des objectifs qui n'avaient pas encore été atteints[1].

Avant cela, une première mobilisation dans le monde parlementaire en faveur des recherches scientifiques avait montré l'émergence d'une préoccupation partagée pour cette question et elle avait abouti, en 1901, au vote d'une loi, suscitée par le sénateur de la Loire, Honoré Audiffred (1840-1917), membre éminent du Musée social, ce cénacle réformateur qui avait servi de cercle de réflexion pour élaborer cette loi. Celle-ci institua une Caisse des recherches scientifiques, caisse au demeurant peu dotée en moyens financiers qu'elle distribuait, en général, très chichement[2].

Avec le « Sou des laboratoires » et l'invention d'une ressource budgétaire permanente pour les recherches scientifiques, l'arrivée au pouvoir de la majorité cartelliste a donc marqué le début d'une nouvelle période dans l'invention tâtonnante et le développement de ce qu'on n'appelait pas encore la « politique de la recherche » en France. Au cours de cette période, les discours parlementaires sur la science et la recherche scientifique, tenus à la Chambre et au Sénat mais aussi dans la presse et devant les auditoires les plus divers, ont connu des évolutions et des renouvellements importants. Par ailleurs, un financement inscrit dans la loi de Finance, cela signifiait la mise en place d'un mécanisme de répartition de ces moyens financiers et d'une administration ad hoc. Cela augurait donc d'une nouvelle époque dans le fonctionnement du ministère de l'Instruction publique avec un rôle accru de sa direction de l'Enseignement supérieur comme de ses doyens de facultés et recteurs d'académies.

Comme cette politique nouvelle s'est confondue avec Émile Borel, au point qu'aujourd'hui encore il est identifié, par les historiens, au « Sou des laboratoires » voire même à un CNRS qui ne vit le jour que quinze ans plus tard, il est nécessaire de reprendre l'étude de l'action de ce député mathématicien, du contenu de ses discours, de son action multiforme, afin de savoir de quelle « science » il se réclamait, à quelle politique scientifique il songeait et par quelles entreprises il s'était fait reconnaître comme un novateur et un précurseur dans le monde scientifique ou dans le monde politique. Au-delà, il est nécessaire de replacer toute cette réflexion et toutes

[1] M. Pinault, *Maurice Barrès et « la grande pitié des laboratoires de France ». Discours parlementaires pour une politique des recherches scientifiques en France (1919-1923),* Paris, L'Harmattan, 2015.

[2] M. Pinault, *La science au Parlement. Les débuts d'une politique des recherches scientifiques en France*, CNRS-éditions, Paris, 2006.

ces actions dans le cadre plus général des engagements politiques de Borel et dans le contexte de l'ensemble de ses entreprises dans le domaine public.

Chemin faisant, nos allons découvrir les multiples faces d'une personnalité éminente de l'élite universitaire, scientifique et politique de la IIIème République qui resta active jusqu'au milieu des années 1950, celles d'un intellectuel, au profil contradictoire de représentant typique de la méritocratie normalienne imprégnée de « radicalisme », massivement installée au cœur du régime de 1870, et d'innovateur permanent que sa capacité aiguë de questionner le monde dans lequel il vivait plaça aux avant-postes de l'intelligentsia réformatrice française et européenne de l'entre-deux-guerres, celle aussi d'un médiateur de talent, par la parole et par l'écrit, éditeur de ses cours et directeur de collections, journaliste et publiciste prolifique, vulgarisateur passionné de la connaissance scientifique et éducateur des plus larges publics, celle enfin d'un homme qui forma, avec son épouse Marguerite Appell, connue à partir de 1906 sous son nom de plume de Camille Marbo, un couple fortement présent dans le « beau monde » parisien, souvent remarqué par la chronique et très actif sur la scène publique. Borel fut donc un « grand intellectuel » et en opérant un retour sur son itinéraire nous nous proposons d'essayer de comprendre pourquoi il est aujourd'hui à ce point oublié, y compris par l'historiographie, et, d'une certaine façon, « passé de mode »[3].

Plus encore qu'à la notoriété, Borel aspira au pouvoir. Il peut sembler qu'en cela il a échoué car, sur le plan politique, il n'a atteint qu'une notoriété de second plan et un pouvoir de second rang. Nous relativiserons ce point de vue en montrant que s'il n'avait certes pas renoncé à occuper un jour les premières places, son objectif était aussi ailleurs et que sur ce point il a plus qu'ouvert la voie et est devenu une sorte de modèle. De nombreux scientifiques du début du XXème siècle et de l'entre-deux-guerres s'étaient convaincus qu'ils avaient une responsabilité à assumer pour contribuer à sortir l'organisation de la société de ses faiblesses et de ses contradictions et pour la mener efficacement sur la voie du « progrès ». Cette responsabilité leur venait, pensaient-ils, aussi bien des compétences que leur conféraient leurs professions scientifiques, de l'expertise qu'ils possédaient et dont ils devaient faire usage au service de projets sociaux, que de la méthode rationnelle qui les guidait dans leurs recherches scientifiques et qui pouvait trouver à s'appliquer utilement à des questions de gestion de la société. Au nom de ce savoir, les scientifiques devaient donc accéder au pouvoir et se trouver en position de gouverner. Borel, et autour de lui un certain nombre de ses collègues, dans la science et au-delà, a donc réfléchi, écrit et publié, et bien sûr agi, avec certains résultats, pour que ce projet trouvât un

[3] Camille Marbo (Marbo pour Marguerite Borel), *À travers deux siècles. Souvenirs et rencontres (1883-1967)*, Paris, Fayard, 1967.

aboutissement. Surtout, Borel a par conséquent ouvert la voie à d'autres, dans les nouvelles générations, qui ont réellement cru atteindre ce pouvoir, pendant et après la Seconde Guerre mondiale. Mort en 1956, Borel n'a pas eu à connaître l'échec final puis l'oubli organisé et concerté de ce projet qui fut alors contrecarré par d'autres acteurs, nouveaux pour certains - ceux qu'on appellera alors la technostructure ou les managers - unis à d'autres qui étaient déjà en place et dont l'alliance leur permettra de réorganiser le pouvoir à leur main, signant ainsi l'échec historique des « savants au pouvoir »[4].

[4] S. R. Weart, *La Grande aventure des atomistes français. Les savants au pouvoir,* Paris, Fayard, 1980.

Préface

L'histoire des intellectuels scientifiques

L'histoire des intellectuels scientifiques reste un domaine peu exploré, en France, alors que l'histoire des intellectuels « en général » - étant entendu qu'il s'agit alors essentiellement de l'histoire des intellectuels issus de la littérature et des sciences humaines - revient au contraire constamment sur le devant de la scène historiographique, voire médiatique[5]. On le constate lorsqu'on interroge les tables des matières et les index des grands ouvrages de synthèse sur le sujet[6]. Certes, quelques grandes figures sont parfois invoquées, Paul Langevin, Jean Perrin, Marie Curie et d'autres, mais c'est plus souvent au titre d'archétypes symbolisant le milieu que d'une connaissance réelle de leurs trajectoires et de l'originalité de leur rôle politique. De fait, il n'existe pas, pour les milieux scientifiques, l'équivalent de la recherche entreprise naguère par Jean-François Sirinelli, au sujet de l'« archipel khâgneux » qui était centrée sur les sections littéraires de l'ENS de l'entre-deux-guerres[7].

Il y a plus de quinze ans, nous proposions une sorte de tableau générationnel de la science française du premier vingtième siècle à travers l'étude de l'itinéraire de Frédéric Joliot-Curie. Au-delà de la reconstitution d'un « itinéraire », il s'agissait, en fait - et comment une biographie ne le serait-elle pas ? - d'une étude d'histoire sociale qui visait à approcher, à travers l'étude de Joliot et du milieu dans lequel il avait baigné, ce phénomène majeur de la première moitié du vingtième siècle : l'émergence

---

[5] M. Pinault, « L'intellectuel scientifique : du savant à l'expert », dans M. Leymarie et J.-F. Sirinelli (dir.), *L'Histoire des intellectuels aujourd'hui*, Paris, PUF, 2003, p. 229-254 ; M. Pinault, « Les usages politiques de la notoriété scientifique », *Histoire et Sociétés, revue d'histoire sociale européenne*, n°4, 4ème trim. 2002, p. 98-115 ; M.Pinault, "The Joliot-Curies : Science, Politics, Networks", *History and Technology*, 1997, vol. 13, n° spécial, S. Boudia and X. Roqué, "Science, Medicine and Industry", p. 307-324 ; M. Pinault, « Le Chercheur », dans J.-P. Rioux et J.-F. Sirinelli (dir.), *La France d'un siècle à l'autre, 1914-2000, Dictionnaire critique*, Hachette-Littératures, Paris, 1999, p. 582-587.

[6] Voir P. Ory et J.-F. Sirinelli, *Les Intellectuels en France, de l'Affaire Dreyfus à nos jours*, Paris, Armand Colin, 1986 ; Ch. Charle, *Naissance des intellectuels, 1880-1900*, Paris, éditions de Minuit, 1990 ; J. Julliard et M. Winock (dir.), *Dictionnaire des intellectuels français*, Seuil, Paris, 1996 ; M. Winock, *Le siècle des intellectuels*, Seuil, Paris, 1997 ; M. Leymarie, *Les intellectuels et la politique en France*, Paris, PUF, 2001 ; F. Dosse, *La marche des idées, Histoire des intellectuels – histoire intellectuelle*, Paris, La Découverte, 2003 ; G.Noiriel, *Les fils maudits de la République, L'avenir des intellectuels en France*, Paris, Fayard, 2005.

[7] J.-F. Sirinelli, *Génération intellectuelle : khâgneux et normaliens dans l'entre-deux-guerres*, Paris, Fayard, 1988, p. 9.

de la figure du « chercheur scientifique » et l'apparition de cette sphère nouvelle de l'activité humaine appelée « la Recherche », en France et dans le monde. Il s'agissait aussi d'étudier le surgissement de l'« intellectuel spécifique » dont Michel Foucault avait souligné l'importance et, en même temps, d'étudier la naissance d'une illusion, celle de l'« aventure des savants au pouvoir » [8].

Notre société, profondément transformée par cette irruption du monde scientifique, tel qu'il s'est développé, étoffé, organisé et ramifié depuis la fin du dix-neuvième siècle, est restée profondément marquée par la prise de parti qu'il avait connu lors de l'Affaire Dreyfus, par la révélation de la véritable magistrature d'experts qu'avaient exercée certains savants dans le dévoilement des dessous du dossier judiciaire, par leur coalition autour de la défense de valeurs démocratiques et républicaines et enfin par le caractère définitif et public de leur engagement politique. Outre l'émergence de l'intellectuel contemporain - qui était donc, soulignons-le, souvent un scientifique autant qu'un « littéraire » - cet épisode avait mis en lumière ce que Vincent Duclert a appelé « la vocation politique des scientifiques »[9].

Si le poids des Dreyfusards lors de l'Affaire avait dominé le milieu au point d'avoir paru mobiliser toute l'École normale ou d'avoir semblé engager l'autorité de l'Académie des sciences elle-même, certains savants avaient cependant été antidreyfusards et il exista, à partir de cette époque, un courant constamment représenté de conservateurs, souvent catholiques, parfois antirépublicains et proches des ligues nationalistes.

Depuis les premières études de Christophe Charle jusqu'aux réflexions plus récentes de François Dosse et Gérard Noiriel, une abondante historiographie s'est développée dont un tropisme a été, en tenant de suivre les évolutions de la figure de l'intellectuel, de définir des types d'intellectuels[10]. Encore, une fois, il faut souligner que ce fut en excluant, implicitement en général, ou en ne prenant en compte qu'à la marge les scientifiques. Peut-être parce que l'intellectuel reste trop souvent caractérisé par l'écrit, le verbe, la prise de parole, le magistère du discours, toutes formes d'intervention dans lesquelles certains excellent plus que d'autres. Cependant, qu'il s'agisse des « intellectuels révolutionnaires », des « intellectuels critiques », des « intellectuels de gouvernement », des « intellectuels organiques », des « intellectuels de parti », des « intellectuels

---

[8] M. Foucault, « Entretien avec Michel Foucault», *Dits et écrits*, vol. 3, Gallimard, Paris, 1994, p. 429-442. Voir L. Dartigues, « Une généalogie de l'intellectuel spécifique », *Astérion*, 12/2014, en ligne. S. R. Weart, *ouv. cit.*

[9] V. Duclert, « L'Engagement scientifique et l'intellectuel démocratique - Le sens de l'affaire Dreyfus », *Politix*, « Le savant et le politique », n° 48, 1999, p. 71-94 ; et « De l'engagement des savants à l'intellectuel critique : une histoire intellectuelle de l'affaire Dreyfus », *Historical reflexions*, 24-1, 1998, p. 25-62.

[10] C. Charle, F. Dosse et G. Noiriel, *ouvr. cités*.

spécifiques », ou d'autres types encore, il se trouve dans chacun de ces « types » aussi bien des littéraires, des spécialistes de sciences sociales et humaines, que des professionnels des disciplines scientifiques. Peut-être une spécificité importante des scientifiques est-elle liée au fait que ceux-ci ont tous été, à de rares exceptions, des universitaires ou des chercheurs liés à la Recherche publique alors qu'il y avait parmi les autres des écrivains et hommes (ou femmes) de lettres, des publicistes, essayistes et journalistes, des artistes, voire de vrais politiques, ce qui change la nature et la surface des réseaux concernés. Cependant, il paraît intéressant d'adopter, au moins en commençant, l'approche que Gérard Noiriel - son héritage bourdieusien étant pris en compte - retient pour définir ses « intellectuels de gouvernement » dont il associe l'existence à l'entreprise de « construction d'une hégémonie »[11]. Noiriel voit plutôt l'historien comme profil-type de ses intellectuels de gouvernement et il crucifie volontiers Charles Seignobos, comme le firent, en leur temps, Charles Péguy, Hubert Bourgin, Paul Nizan ou Lucien Febvre. Nous verrons à quel point, pourtant, Seignobos ou Célestin Bouglé, l'historien et le sociologue, et Borel, le mathématicien, furent proches et semblables : ils construisaient leur hégémonie en cumulant positions universitaires et institutionnelles, comportements militants dans la sphère publique, constitution et contrôle de réseaux, création et direction de revues, fonctions de publiciste et d'éditeur. Noiriel montre que l'intellectuel de gouvernement était - et est encore, selon lui - un intellectuel organique occupant, au sein des élites bourgeoises et dans la situation malheureuse de dominant-dominé (ou inversement) qui était la sienne, des positions, aussi fortes que possible, acquises dans des entreprises collectives propres à une « super-élite (parisienne) enfermée dans une cage de Faraday où elle évolu(ait) bien à l'abri du monde extérieur »[12].

Avant d'aller plus loin dans cette problématique des intellectuels scientifiques, il importe de formuler trois préalables permettant de lever des ambiguïtés, omniprésentes lorsqu'il s'agit des scientifiques et propres à susciter de nombreux contresens :

1 - Le fait de mener une activité scientifique ne prédispose pas à être attaché à la recherche de la vérité. Aucune étude n'a jamais conclu en ce sens. C'est pourtant ce qui fondait la posture de l'intellectuel scientifique qui était sensé intervenir soit comme expert, soit comme intellectuel critique, dans le champ public, comme porteur de la vérité.

2 - Les scientifiques ne sont pas particulièrement soucieux de l'usage qui sera fait de leurs travaux y compris l'usage militaire, et beaucoup d'entre eux

---

[11] G. Noiriel, *Les fils maudits…, ouv. cit.*, p. 103.

[12] *Id.*, p. 148.

s'attèlent à des recherches dont la portée militaire est possible, probable et parfois attendue[13].

3 - Ceux qui, parmi les scientifiques, considèrent qu'ils ont des responsabilités sociales particulières et qui, en conséquence, s'engagent dans une activité publique sont une minorité, une faible minorité. Qui sont-ils ? Quelle sont leurs motivations ? Quels rapports entretiennent-ils avec tous les autres ? Ces questions seront au centre du propos.

Une figure d'intellectuel scientifique ne peut se construire, vis-à-vis du milieu d'origine, de la presse, des différents pouvoirs, politique, économique, militaire, et de l'opinion publique qu'à partir d'une notoriété et d'une reconnaissance scientifiques acquises préalablement, à travers un parcours obligatoire, plus ou moins rapide, voire fulgurant, mais le plus souvent fait d'abnégation et de patience : celui d'abord du temps inévitable de la recherche elle-même, de l'acquisition de l'expertise scientifique, puis, d'une part de la publication, de la validation et de la reconnaissance universelle des résultats de ses recherches comme apport aux connaissances de son temps, celui ensuite de son insertion et de son acceptation dans la carrière académique et institutionnelle, depuis le parrainage du jeune chercheur par l'autorité universitaire la mieux reconnue et la plus centrale, puis son acceptation dans une équipe ou un centre de recherche prestigieux dont il prendra rapidement la tête, jusqu'à, enfin, son accession à des fonctions de responsabilité dans des sociétés scientifiques et dans l'administration universitaire, bref son acceptation dans un univers institutionnel au sein duquel il cumulera rapidement des fonctions de gestion collective, de représentation et de direction.

Les usages politiques de la notoriété scientifique

Alors seulement, le scientifique peut mettre en œuvre un projet d'usage politique de la notoriété scientifique chèrement acquise. Il peut devenir un intellectuel - comme on parlait naguère de l'intellectuel critique, il peut intervenir hors de son domaine de compétence scientifique, se risquer dans le débat d'idées, y compris philosophique, il peut promouvoir la défense de son univers disciplinaire et même de l'ensemble de « la Science » en direction du grand public ou du pouvoir politique, il peut intervenir de sa propre initiative ou à la demande de certaines autorités, politiques, économiques, militaires, voire religieuses, comme le spécialiste qui apporte son expertise, ou même comme le dépositaire d'une aptitude, acquise dans le cours de ses travaux, à savoir suggérer les bonnes décisions, rationnellement construites, et, finalement il peut même prendre des positions politiques,

[13] J.-J. Salomon, *Le Scientifique et le guerrier*, Paris, Belin, 2001.

entamer une carrière politique et, pourquoi pas, passer définitivement de la recherche scientifique à l'exercice du pouvoir. C'est tout cela qui fait un intellectuel scientifique.

Avant d'aller plus loin, de nouveau, il faudrait faire un pas de côté, en envisageant un cas très particulier mais sans doute fort répandu, illustré par Pierre et Marie Curie. En effet, la façon dont Pierre Curie concevait ses responsabilités sociales de scientifique tendait à invalider d'emblée la posture, que nous venons de définir, de l'intellectuel scientifique :

> « Ce serait une belle chose à laquelle je n'ose croire - écrivait-il à celle qui allait devenir sa femme - que de passer la vie l'un près de l'autre, hypnotisés dans nos rêves : votre rêve patriotique, notre rêve humanitaire et notre rêve scientifique. De tous ces rêves-là, le dernier seul est, je crois, légitime. Je veux dire par là que nous sommes impuissants à changer l'état social et, s'il n'en était pas ainsi, nous ne saurions que faire et en agissant dans un sens quelconque nous ne serions jamais sûrs de ne pas faire plus de mal que de bien, en retardant quelque évolution inévitable. Au point de vue scientifique, au contraire, nous pouvons prétendre faire quelque chose : le terrain est ici plus solide et toute découverte, si petite qu'elle soit, reste acquise. »[14]

Curie ne croyait donc pas à l'intervention des scientifiques en dehors de leur domaine de compétence. Malgré cela, il eut l'audace de faire, lors de son discours de réception du prix Nobel de Physique, en 1903, une incursion vers le politique qui relativisait ce point de vue :

> « On peut concevoir, avait-il dit alors, que dans des mains criminelles le radium puisse devenir très dangereux, et ici on peut se demander si l'humanité a avantage à connaître les secrets de la nature, si elle est mûre pour en profiter ou si cette connaissance ne lui sera pas nuisible. (...) Je suis de ceux qui pensent avec Nobel que l'humanité tirera plus de bien que de mal des découvertes nouvelles. »[15]

Quant à Marie Curie, confrontée concrètement, à la fin de la Première Guerre mondiale que son mari n'a pas pu connaître, à la question de l'engagement politique, elle en contesta les formes qui se présentaient à elle. Lorsque Romain Rolland d'un côté, Henri Barbusse de l'autre, s'adressèrent à elle pour obtenir son appui à la « Déclaration pour l'indépendance de l'esprit » et au groupe Clarté dont Barbusse voulait faire une « Internationale

[14] Lettre de P. Curie du 10 août 1894, M. Curie, *Pierre Curie,* Paris, Payot, 1923.
[15] P. Curie et Mme P. Curie, *Conférences Nobel,* 1903, Paris, Félix Alcan, 1912.

de la pensée », elle répondit, avec regrets, négativement en présentant des arguments propres à définir une position si exigeante qu'elle pouvait être considérée comme « anti-intellectuelle » :

> « J'ai une grande appréhension à entrer dans un vaste groupement en vue d'une propagande politique, écrivait-elle. Je sais que les personnes très habituées à prendre la parole en public se rallient, en général, volontiers à un groupement par partis (...). C'est précisément ce que je ne désire pas faire car il y a là une sorte d'opposition avec les méthodes de travail qui me sont coutumières. N'ayant pas l'habitude de prendre la parole publiquement quand ce n'est pas pour traiter de matières scientifiques, j'attache une grande importance à ce que toute opinion exprimée publiquement et engageant ma responsabilité soit tout à fait conforme à ma pensée et entièrement sincère. Je reconnais que l'expression honnête de la pensée peut, à l'époque que nous vivons, apparaître comme un devoir de citoyen, mais je pense que si les scientifiques doivent s'engager dans cette voie, ils rendront d'autant plus service qu'ils se conformeront davantage à leurs méthodes d'action habituelles. »[16]

Et Marie Curie s'en tint le plus souvent à cette attitude. Ce qui ne signifiait pas qu'elle était sans opinion ; elle en avait, au contraire, de très nettement formées et formulées, comme celle-ci, figurant à la dernière page de son livre sur *Pierre Curie* :

> "Notre société, où règne un désir âpre de luxe et de richesse, ne comprend pas la valeur de la science. Elle ne réalise pas que celle-ci fait partie de son patrimoine moral le plus précieux, elle ne se rend pas non plus suffisamment compte que la science est à la base de tous les progrès qui allègent la vie humaine et en diminuent la souffrance. »[17]

Ou encore, cette incise, dans une lettre adressée à sa fille Irène :

> « Je suis contente qu'(André) Marty ait été élu ; cela fera réfléchir les gens de la réaction et de la finance. »[18]

---

[16] Lettre de M. Curie à H. Barbusse, 15 mai 1919, BNF - Département des Manuscrits, Fonds Curie. M. Pinault, « Marie Curie, intellectuelle engagée ? », *Clio-Histoire, Femmes et Sociétés*, n° 24, 2006.

[17] M. Curie, *Pierre Curie,* Paris, Payot, 1923 (Denoël, 1955, p. 96).

[18] Lettre de M. Curie à sa fille I. Curie, 11 octobre 1921, de Varsovie, G. Ziegler, *Marie Curie-Irène Curie, Correspondance, choix de lettres,1905-1934,* Paris, EFR, 1974, p. 231. André Marty fut candidat à l'élection municipale de Charonne, le 2 octobre 1921, présenté par le parti communiste avec le soutien des socialistes, des francs-maçons, de la Ligue des droits de l'homme et des radicaux.

Au total, Marie Curie était en fait partagée et si elle s'attacha à rester fidèle à son refus de l'engagement intellectuel partisan, on ne compte plus le nombre et la diversité des prises de position, pas toujours publiques, qui furent les siennes.

L'itinéraire d'un scientifique : une histoire sociale

Proposer aujourd'hui une biographie d'Émile Borel, c'est donc s'atteler à nouveau à l'étude de ce monde scientifique du début du vingtième siècle et aux labyrinthes de ses irruptions sur la scène publique, à travers l'étude de l'itinéraire d'un homme dont le nom est certes moins universellement connu que celui des Curie ou de Joliot-Curie mais qui a cependant été une personnalité majeure de la vie scientifique, intellectuelle et politique de la IIIème République. Cet homme dont aucun établissement scolaire ou universitaire, aucun grand boulevard dans aucune ville de France ne porte le nom, la seule exception étant l'hôpital qu'il fit construire à Saint-Affrique et qui fut baptisé de son nom alors qu'il était le maire de sa commune[19], avait pourtant sa place au centre et au sommet de l'univers savant de son temps et il avait bâti, sous le regard de ce milieu qui l'avait vu naître et s'imposer, une carrière à multiples facettes dont l'aboutissement ne pouvait être que le pouvoir, le pouvoir universitaire - ce qui restait encore peu de choses, à ses yeux - puis le pouvoir intellectuel, pour lequel il avait des aptitudes éclatantes autant qu'un solide appétit, et enfin le pouvoir politique, qu'il toucha du doigt, auquel il fut associé mais qu'il ne conquit pas assez durablement pour avoir le sentiment d'une carrière complète et achevée. Alors que notre époque est de plus en plus reconnue comme celle où prétend s'imposer, comme l'écrit Alain Supiot, « la gouvernance par les nombres »[20], plonger dans l'univers de pensée de Borel qui était non seulement convaincu, comme Socrate[21], que la science des géomètres devait être mise au service de la société mais que l'évolution récente des mathématiques allait permettre d'appliquer les probabilités et la statistique à toutes les entreprises gouvernementales, acquiert une évidente actualité.

Nous allons parcourir, chemin faisant, la plupart des composantes du milieu scientifique français de la première partie du vingtième siècle et remettre en relations des dizaines de personnalités connues, le plus souvent, à travers les nombreuses notices biographiques qui leur ont été consacrées, non seulement par leurs contemporains, à l'occasion d'articles de journaux,

---

[19] Jean Fabre, conférence sur Émile Borel à la Société des lettres de l'Aveyron, 12 mars 2016, vidéo en ligne.
[20] A. Supiot, *Du gouvernement par les lois à la gouvernance par les nombres. Cours au Collège de France (2012-2014)*, Paris, Fayard, 2015.
[21] Voir la citation en exergue de l'ouvrage.

de discours d'éloges et de commémorations ou bien pour des notices nécrologiques, mais aussi par les historiens - par exemple Christophe Charle et Eva Telkès - qui se sont consacrés à l'entreprise démesurée et un rien austère de construction d'une approche prosopographique de ces milieux en partant de la collecte et la mise en forme des données, individu par individu, génération après génération, d'une institution à l'autre[22].

C'est donc en faisant une large place à l'étude des « réseaux sociaux » que nous allons construire cette étude[23]. Il s'agira, nous le verrons rapidement, de réseaux d'« intellectuels républicains ». En les qualifiant ainsi, nous serons amenés à emprunter et développer cette notion que Michel Trebitsch avait placée au cœur de sa réflexion sur les réseaux d'intellectuels liés, entre autre, à l'entreprise de l'*Encyclopédie française* mais qu'une étude des premières cohortes de militants de la Ligue des droits de l'homme permettrait aussi de retrouver[24]. Borel, pour immergé qu'il fût dans des réseaux de scientifiques, voire plus étroitement de mathématiciens, appartenait aussi à des mouvances, à des sensibilités, à des sociabilités plus larges incluant toutes les disciplines universitaires et, au-delà, des écrivains et des publicistes, des hauts fonctionnaires, des hommes politiques ; mais ces mouvances étaient finalement très exclusives, composées d'intellectuels répondant strictement à ce portrait qu'en faisait Trebitsch et qu'il opposait à l'archétype de l'intellectuel sartrien :

> « En partant à la recherche de cet intellectuel perdu - "l'intellectuel républicain" - intellectuel d'âge mûr, le plus souvent universitaire, doté d'une certaine notoriété, modéré, prudent, un peu gris parfois, qui échappe aux classifications habituelles de l'engagement, on peut contribuer à remettre en cause le modèle dominant de l'intellectuel, l'intellectuel engagé de Zola à Sartre, tel qu'il s'est imposé dans l'historiographie récente. »

À propos de biographies

Enfin, il reste qu'il y a eu, naguère, un débat parmi les historiens et élargi aux sociologues à propos de la pertinence de l'approche biographique, la

---

22C. Charle, *Homo Historicus, Réflexions sur l'histoire, les historiens et les sciences sociales*, Paris, A. Colin, 2013, p. 94-108. Voir en Bibliographie, les ouvrages prosopographiques.

23 P. Merklé, *Sociologie des réseaux sociaux*, Paris, La Découverte, 2004. Dans deux ouvrages antérieurs nous avons étudié des réseaux sociaux intéressés à la défense et promotion de la recherche scientifique : M. Pinault, *La Science au Parlement*, *ouv. cit.*, et *Maurice Barrès et « la Grande pitié des laboratoires de France »*, *ouv. cit.*

24 M.Trebitsch, « Une entreprise républicaine », *Cahiers Jaurès*, 2002-1, n° 163-164, p. 65-78. É. Agrikoliansky, « Biographies d'institution et mise en scène de l'intellectuel. Les candidats au comité central de la Ligue des droits de l'homme entre 1945 et 1975 », *Politix*, n° 27, 1994, p. 94-110. F. Chaubet, « Figures de l'intellectuel républicain », *Le Banquet,* mars 2011.

biographie d'un scientifique en l'occurrence, à la croisée de l'histoire des sciences, de l'histoire de l'éducation, de l'histoire sociale, de l'histoire des intellectuels et de l'histoire politique. Dans une publication récente, Laurent Rollet et Philippe Nabonnand reposent d'ailleurs la question :

> « Critiquée pour sa trop grande proximité avec le genre de la vulgarisation, décriée pour son inconséquence méthodologique, épistémologique et sociologique, accusée d'entretenir une proximité trop grande avec les codes littéraires de la fiction et du roman, la biographie a souvent été accusée d'aller à contresens d'une méthode historique bien pensée. »[25]

Dans le cas de l'histoire des sciences, ces auteurs relèvent, parmi les critiques récurrentes, celles de l'éloge, de l'instrumentalisation à des fins édifiantes, de la promotion des supposés « génies ». Ils reprennent, bien sûr, les réflexions plus élaborées d'un Pierre Bourdieu dénonçant naguère les risques de « l'illusion biographique[26] ». La lecture de l'article de Bourdieu avait obligé les historiens à affiner leurs problématiques et exigences méthodologiques afin de se préserver de l'écriture d'« histoires de vie (conçues) comme une série unique et à soi suffisante d'événements successifs sans autre lien que l'association à un "sujet" ». La richesse de l'approche biographique ne mérite pas d'être sacrifiée à ces réserves, à ces pièges, tous évitables. Au contraire, parce qu'elle relève essentiellement de l'histoire sociale et se situe le plus souvent au carrefour de plusieurs problématiques et de plusieurs champs de l'histoire, elle prend un caractère « de synthèse » qu'on ne retrouve pas toujours dans d'autres démarches historiennes. La mise en récit, pas plus - mais pas moins, sans doute - dans le cas d'une biographie que pour d'autres travaux historiques, ne présente une tendance nécessaire au recours à la fiction et au roman[27]. L'historien, ancré dans la critique de ses sources, qui construit un itinéraire en accumulant des données, en reconstruisant des faits, en bâtissant un tableau d'ensemble, ne

---

[25] L. Rollet et P. Nabonnand, « Définir, classer, compter : biographie et prosopographie en histoire des sciences », dans L. Rollet et P. Nabonnand (dir.). *Les Uns et les Autres. Biographies et prosopographies en histoire des sciences*, Nancy, PU Nancy, 2012. Laurent Rollet a lui-même soutenu une thèse sur Henri Poincaré à laquelle il a donné pour titre : « Étude du parcours intellectuel, social et politique d'un mathématicien du début du siècle », Univ. Nancy 2, 1999. Voir aussi D. Damamme, « Grandes illusions et récits de vie », *Politix*, 1994, 3e trimestre, n° 27.

[26] P. Bourdieu, « L'illusion biographique », *Actes de la recherche en sciences sociales*, 1986, n° 62-63.

[27] K. Pomian, « Histoire et fiction », *Le Débat*, 1989, n° 54, ou dans *Sur l'histoire*, Paris, Gallimard, 1999.

fait que son travail habituel visant à faire surgir de la contingence du passé une intelligibilité historique[28].

L'écriture d'une biographie ne repose pas sur le postulat préalable de l'unité ou de la cohérence biographique. Pour l'historien, encore plus que pour le romancier, « l'homme est la somme de ses actes »[29]. Partant d'un personnage qui a été pétri de ses contradictions, qui fut tiraillé quand bien même il aurait eu une unité psychique, entre ses intentions diverses et ses projets entremêlés, qui fut bousculé par les circonstances et les rencontres, un personnage dont l'ensemble des raisons qu'il a données pour annoncer ses actes ou les justifier n'épuisent pas le sens que ceux-ci prennent une fois mis bout à bout, il revient au biographe d'élaborer - a posteriori, donc - cet itinéraire, tellement fidèle à son temps pour lui qui le découvre à mesure qu'il en reconstitue les faits et les additionne, et de montrer éventuellement que cet itinéraire comporte un cœur signifiant et indissociable[30].

Tandis que de nombreuses biographies d'intellectuels ont vu le jour, l'attention portée aux scientifiques est donc restée faible, singulièrement en France[31]. De ce fait, il reste difficile de formuler des conclusions d'ensemble à propos des évidentes spécificités de l'implication des scientifiques sur la scène publique et dans des causes d'intérêt général, par comparaison avec les autres intellectuels, hommes de lettres et artistes en particulier. En identifiant la science au progrès moral, intellectuel et social, en organisant la défense des intérêts de la communauté scientifique assimilés à ceux de la République, en réclamant l'intervention critique des savants dans la sphère publique et en revendiquant clairement des positions de pouvoir, les scientifiques ont donné forme, à partir des années vingt, à une sorte de « lobby scientifique » qui a connu son apogée après la Seconde Guerre mondiale.

À propos d'Histoire sociale des sciences (*Social Studies of Science*)

L'histoire des intellectuels scientifiques, si elle doit se nourrir de travaux d'histoire des sciences, d'histoire culturelle et d'histoire intellectuelle - tant l'analyse des discours des intellectuels scientifiques sur la science, par exemple sur la science et la guerre, ou sur la science et la technologie, est

[28] L. Hincker, « L'ordre biographique du XIXe siècle », introduction à la journée d'étude du 13 novembre 1999 : « Réflexions sur les sources écrites de la "biographie politique". Le cas du XIXe siècle ». (en ligne sur le site maitron.org)

[29] A. Malraux, *La Condition humaine*, Paris, NRF, Gallimard, 1933, coll. Folio, 1972, p. 229.

[30] Voir Fernand Braudel sur « le grand homme d'action (...) enfermé dans un destin qu'il fabrique à peine, dans un paysage qui dessine derrière lui et devant lui les perspectives infinies de la "longue durée" ». (F. Torrès, « Du champ des *Annales* à la biographie : réflexions sur le retour d'un genre », M. Trebitsch (dir.), colloque « Problèmes et méthodes de la biographie », *Sources, Travaux historiques*, 1985, n° 3-4.)

[31] M. Pinault, « L'intellectuel scientifique : du savant à l'expert », *art. cit.*, p. 229-254.

essentielle, pour elle-même et pour les confronter à leurs pratiques[32] -, ne peut s'envisager que fortement inscrite dans l'histoire des pratiques scientifiques, qu'il s'agisse des pratiques expérimentales - le laboratoire - ou des méthodes de transmission du savoir - le cours, le séminaire, les publications - ou bien des pratiques collectives du milieu - cooptation, travail en équipe, cliques et clans, sociétés scientifiques et congrès, récompenses et héroïsation. La sociologie, en affirmant que la science est soumise aux mêmes déterminations que les autres activités humaines, a ouvert la voie à une telle histoire[33]. Ainsi, Bourdieu définit-il le « champ » scientifique comme « le lieu (c'est à dire l'espace de jeu) d'une lutte de concurrence qui a pour enjeu scientifique le monopole de l'autorité scientifique inséparablement définie comme capacité technique et comme pouvoir social »[34]. On voit bien tout ce qu'une histoire des intellectuels scientifiques peut gagner à emprunter démarches et définitions à une approche sociologique. Ainsi Bruno Latour, soulignant que « ce que nous appelons société et ce que nous appelons la science sont rendus indissociables par le travail de nombreux savants, politiques et militaires », définissait son approche de l'étude des pratiques publiques des scientifiques en concluant :

> « On pourra même imaginer deux professions d'historiens, l'une qui préfèrera l'explication par la pure politique, l'autre par la pure science. On a coutume d'appeler externaliste la première et internaliste la seconde... J'appelle histoire sociale des sciences le projet intellectuel qui a pour but de résister à cette partition. »[35]

---

[32] D. Bloor, *Knowledge and Social Imagery*, Londres, Routledge, 1976; Steven Shapin, " History of Science and its Sociological Reconstructions ", *History of Science*, 1982, n° 20, p. 157-211.

[33] M. Weber, *Le Savant et le Politique*, Paris, Plon, 1959, 1ère éd. 1919. K. Pomian, « L'Histoire de la science et l'histoire de l'histoire », *Annales ESC*, n° 5, 1975, p. 935-952.

[34] P. Bourdieu, « La Spécificité du champ scientifique et les conditions sociales du progrès de la raison », *Sociologie et Sociétés*, VII, 1975, p. 91-118, et *Les usages sociaux de la science. Pour une sociologie clinique du champ scientifique*, Paris, INRA, 1997.

[35] B. Latour, « Joliot : l'histoire et la physique mêlées », dans M. Serres (dir.), *Éléments d'histoire des sciences*, Paris, Bordas, 1989, p. 493-513. Latour appartient à un courant, issu des *Social Studies of Science*, d'abord soucieux d'une approche micro-sociologique des pratiques de laboratoire et élargissant son champ de réflexion aux rapports entre les pratiques scientifiques et les différents pouvoirs (économiques, militaires, politiques...). Voir B. Latour, *Le Métier de chercheur, regard d'un anthropologue*, Paris, INRA éd., 1995 ; et le recueil d'articles, *La science en action*, Paris, La Découverte, 1989. Bilans historiographique et bibliographique par Bernard-Pierre Lecuyer d'une part (« Bilan et perspectives de la sociologie des sciences dans les pays occidentaux », *Archives européennes de Sociologie*, vol. 19, 1978, p. 257-336) et Dominique Pestre d'autre part (« Pour une histoire sociale et culturelle des sciences. Nouvelles définitions, nouveaux objets, nouvelles pratiques », *Les Annales ESC*, mai-juin 1995, p. 487-522, et « Les "Social Studies of Science" », *Raison Présente*, n° 119, 3e trim. 1996, p. 35-46).

Pour aborder Émile Borel

Émile Borel, malgré sa stature, est rapidement passé, après sa mort, en 1956, dans les « oubliettes de l'histoire » - comme tant d'autres, d'ailleurs, qui avaient parfois été couronnés du prix Nobel ou avaient compté parmi les personnalités les plus célèbres de leur temps. Aujourd'hui largement oubliée et négligée, au point d'être absente, par exemple, du *Dictionnaire des intellectuels français*, cette personnalité peut pourtant apparaître, par la multiplicité de ses engagements et par la forte influence qu'elle a eue sur ses contemporains, dans les milieux scientifiques, intellectuels et politiques, comme archétypique dans cette Troisième République « des professeurs et des avocats » que décrivait Pierre Cot (1895-1977) dès avril 1925, lorsqu'il s'attachait à décrire le groupe des figures dominantes du Cartel des gauches, souvent issues de l'École normale supérieure, Blum, Painlevé, Herriot et bien sûr, Borel, cette Troisième République qu'Albert Thibaudet (1874-1936) allait d'ailleurs appeler, en 1927, la « République des professeurs », et qu'on a souvent qualifiée, depuis, à l'initiative de Christophe Charle et à partir d'analyses de portée plus générale, de « République des universitaires »[36]. Au sein de cette République, ces hommes faisaient donc une carrière, au sens où leur itinéraire passait par toutes les étapes obligées de l'acquisition de positions académiques, de la constitution d'une aire d'influence au sein d'un clan puis d'une coterie et enfin d'un réseau, de l'exercice d'un pouvoir institutionnel dans des organismes d'administration, de contrôle et de décision, de la maîtrise d'un prestige symbolique, traduit en termes de prix et de récompenses et de fonctions représentatives. Borel fut un maître dans cet exercice auquel il voua sa vie. Sa vie n'eût-elle été que cela - une belle carrière - s'y intéresser aurait un intérêt limité ; mais la puissance de sa production scientifique, la diversité et la richesse de sa production intellectuelle, la constance de ses engagements politiques vibrionnants hissent cette carrière au niveau de l'exception.

Aucune étude globale n'a encore été publiée sur Émile Borel même si sa carrière a intéressé divers historiens. Nous disposons d'un ouvrage, écrit par un compatriote saint-affricain de Borel, M. Pierre Guiraldenq, ancien professeur à l'École centrale de Lyon, qui pose les bases de tout travail

---

[36] P. Cot, « Les avocats et les universitaires », *RPP*, vol. CXXIV, juill-sept 1925, p. 220. A. Thibaudet, *La République des professeurs*, Paris, Grasset, 1927. Voir aussi J.-F. Sirinelli, *Génération intellectuelle ..., ouv. cit.*, p. 130-135, et C. Charle, « La division du travail en sciences », dans *La République des universitaires, 1870-1940,* Paris, Seuil, 1994 : Il y avait peu de biographies de scientifiques dans le *Dictionnaire des intellectuels français* de J. Julliard et M. Winock (Paris, Seuil, 1996) ; lors de la 2de édition, les notices des deux mathématiciens « oubliés », Borel et Hadamard, ne furent pas acceptées : michel-pinault.over-blog.com.

d'ensemble[37]. P. Guiraldenq a d'ailleurs organisé, en juillet 1999, à Saint-Affrique, un colloque sur « Borel et les mathématiques en France au début du XXème siècle », qui avait réuni quelques-uns des historiens intéressés par ce sujet. Parmi ceux-ci, il y avait Hélène Gispert, historienne des mathématiques, qui avait ensuite suscité, en 2002, la formation d'un groupe de travail interdisciplinaire sur Émile Borel, composé d'une mathématicienne, deux philosophes et un historien, tous versés dans l'histoire des sciences, et dont les travaux ont abouti à plusieurs publications[38]. Plusieurs historiens des mathématiques ont aussi publié des articles sur Borel, en particulier Hélène Gispert, Michèle Audin, Stéphane Callens, Bernard Bru et Laurent Mazliak[39]. Du côté des historiens du politique, Jean-Michel Guieu, travaillant sur les organisations liées à la

---

[37] P. Guiraldenq, *Émile Borel (1871-1956) - L'espace et le temps d'une vie sur deux siècles*, Paris, Librairie Albert Blanchard, 1999. L'absence d'un fonds d'archives privées, papiers et archives, bibliothèque ou inventaire de bibliothèque, carnets de recherches, notes de cours, brouillons d'ouvrages, archives de laboratoire, constitue une lourde difficulté pour concevoir un travail historique sur Borel. Principales exceptions : d'une part, les 682 lettres de scientifiques reçues par Borel, retrouvées en 1988 à l'Institut Henri-Poincaré, inventoriées par Hélène Nocton, J. Lefebvre et Denise Lardeux, et déposées à l'Académie des sciences. (« Le fonds Émile Borel, un trésor dans les sous-sols de l'IHP », dossiers Borel, Académie des sciences.) ; d'autre part les documents déposés aux Archives municipales de Saint-Affrique dans le fonds Besson, essentiellement des papiers administratifs relatifs à la carrière de Borel, et un ensemble de plusieurs centaines de lettres reçues par les Borel, y compris de nombreux courriers de scientifiques, encore conservé par Madame Françoise Besson. (Entretien avec madame Besson, juillet 2017)

[38] Ce groupe de travail, composé d'Hélène Gispert, Anouck Barberousse, Martha Cecilia Bustamante et Michel Pinault, a fonctionné dans le cadre des séminaires de l'ancienne UMR REHSEIS. H. Gispert, « La théorie des ensembles en France avant la crise de 1905 : Baire, Borel, Lebesgue… et tous les autres », *Revue d'histoire des mathématiques*, n°1, 1995, p. 39-81. M.-C. Bustamante, M. Cléry et L. Mazliak, « Le Traité du calcul des probabilités et de ses applications : étendue et limites d'un projet borelien de grande envergure (1921-1939) », *North-Western European Journal of Mathematics*, 2015, n° 1, p. 85-123. A. Barberousse, « La valeur de la connaissance approchée. L'épistémologie de l'approximation d'Émile Borel », *Revue d'Histoire des Mathématiques*, 2008, n° 14 (1), p.53-75.

[39] B. Bru, M.-F. Bru et K. L. Chung, « Borel et la martingale de Saint-Pétersbourg », *Revue d'histoire des mathématiques*, 1999, n° 5, p. 181-247. Stéphane Callens, « Ensemble, mesure et probabilité selon Émile Borel », *Mathématiques et sciences humaines*, 28ème année, 1990, vol. 110, p. 27-45. C. Ehrhardt, « Du cours magistral à l'entreprise éditoriale », *Histoire de l'éducation*, n° 130, 2011, p. 111-139. L. Mazliak, « Les fantômes de l'École normale. Vie et destin de René Gateaux », tapuscrit, 14 août 2007. L. Mazliak, « Borel, Fréchet, Darmois, la découverte des statistiques par les probabilistes français », *Journ@lélectronique d'histoire des probabilités et de la statistique*, vol. 6, n° 2, décembre 2010. A. Durand et L. Mazliak, « Images de l'Italie dans *La Revue du Mois* (1906-1920) », *5ème rencontre franco-italienne d'histoire des mathématiques : France et Italie dans la presse mathématique des XIXème et XXème siècles*, Univ. Lille 1, 23 juin 2012. R. Catellier et L. Mazliak, « The Emergence of French Probabilistic Statistics. Borel and The Institut Henri Poincaré around The 1920s », *Revue d'histoire des mathématiques*, n° 2-2012, p. 271-335. M. Audin, *Fatou, Julia, Montel, le Grand prix de Mathématiques de 1918, et après…*, Berlin, Springer, 2009.

Société des Nations et à la coopération européenne, s'est intéressé à Borel[40]. Caroline Ehrhardt a étudié certains pans de son activité éditoriale. Enfin, un mémoire sur *La Revue du Mois*, la revue de Borel, est dû à un philosophe, Stéphane Montfort[41]. Sans tous ces travaux, une étude d'ensemble de la carrière de Borel aurait été, bien sûr, inenvisageable.

En dehors de ces avancées, de larges champs restaient à étudier, malgré les travaux déjà réalisés, sur *l'Arcouest*[42] ou sur la période de l'Occupation[43], ou bien sur les réseaux scientifiques, malgré les biographies disponibles, de Jean Perrin, de Paul Langevin, de Paul Painlevé, de Jacques Hadamard et aussi de Jules-Louis Breton et Henri Laugier[44], par exemple, ou celle de Frédéric Joliot, et aussi les travaux sur l'Académie des sciences, sur la Confédération des travailleurs intellectuels (CTI) et sur les origines de la politique de la recherche en France[45]. Il y avait peu de choses sur les écrits et les engagements politiques de Borel, à peine repéré dans les travaux d'histoire politique, peu de choses sur son rôle de parlementaire ou d'organisateur de l'appareil d'État, à peu près rien sur son action de grand « mandarin » universitaire. Dans une longue étude méthodologique, Hélène Gispert s'est donc interrogée sur les conditions de possibilité d'une biographie :

> « La stratégie d'écriture par morceaux choisis m'apparaît on ne peut plus opportune. (...). Certes on y perd toute prétention à l'exhaustivité, de toute façon illusoire ; (...) on y gagne, je pense, une clarté utile pour tracer le portrait de notre personnage sinon un récit de sa vie. »[46]

---

[40] J.-M. Guieu, « L'engagement européen d'un grand mathématicien français. Émile Borel et la "Coopération européenne" des années vint aux années quarante », *Bulletin de l'Institut Pierre Renouvin*, n° 5, été 1998.

[41] S. Montfort, « La pensée d'Émile Borel », mémoire de maîtrise de philosophie, Université Nancy-2, 1999. J.-M. Guieu, *Gagner la paix, 1914-1929*, Paris, Seuil, 2015.

[42] M. Pinault, « Portrait de groupe d'universitaires parisiens en leur villégiature bretonne : *L'Arcouest* dans la première moitié du XXème siècle », *Histoire et Société*, n° 25-26, avril 2008, p. 136-157. Actes de l'importante journée d'étude associée à une exposition à la BNF : M. Sacquin (dir.), « L'Arcouest des Joliot-Curie, une villégiature intellectuelle en Bretagne », *Revue de la BNF*, n° 32, juin 2009.

[43] « Au sein d'une Université frondeuse », dans M. Pinault, *Frédéric Joliot-Curie*, *ouv. cit.*, p. 185-203.

[44] M. Charpentier-Morize, *Jean Perrin, savant et homme politique*, Paris, Belin, 1997, 285 p. ; B. Bensaude-Vincent, *Langevin, science et vigilance*, Paris, Belin, 1987 ; A.-L. Anizan, *Paul Painlevé, science et politique de la Belle époque aux années trente*, Rennes, PUR, 2012 ; V. Maz'ya et T. Shaposhnikova, *Jacques Hadamard, un mathématicien universel*, Les Ulis, EDP Sciences, 1997 ; Ch. Moissinac et Y. Roussel, *Jules-Louis Breton, 1872-1940, un savant parlementaire*, Rennes, PUR, 2010 ; C. Morelle et P. Jakob, *Henri Laugier, un esprit sans frontières*, Paris, Bruylant, 1997.

[45] Sur ces derniers points, voir la bibliographie en fin d'ouvrage.

[46] H. Gispert, « L'entreprise biographique à l'épreuve : écueils, défis, atouts du cas d'Émile Borel », dans L. Rollet et Ph. Nabonnand (dir.), *Les uns et les autres...*, *ouv. cit.* Avant cela,

Callens propose lui d'écrire « trois biographies distinctes de Borel », selon qu'on s'intéressera à ses travaux d'analyste et de probabiliste, à ses réflexions en physique mathématique ou à son investissement soutenu dans la production d'une « mathématique sociale » liée à ses engagements politiques[47]. Pourtant, la biographie comme récit unique, résistant à « la partition » dénoncée par Latour[48], apparaît comme le moyen de faire surgir l'être historique ou plus exactement « un fait historique », à partir des éléments épars déjà identifiés : une « histoire de vie », selon la formule de Madeleine Rebérioux, permet de saisir l'être historique qui devient alors un « fait » historique[49]. Enfin, l'histoire des intellectuels scientifiques français se construira en commençant par ses « grandes figures » structurantes. Il fallait assumer le choix d'écrire la biographie de Borel.

L'entreprise s'avérait difficile parce que, dans la longue vie de Borel, il n'existe aucune césure chronologique déterminante et parce que les évolutions dans les différentes dimensions de celle-ci eurent des temporalités propres et furent essentiellement « glissantes », ces glissements occultant les ruptures quand il y en avait. Seule la Première Guerre mondiale provoqua à terme des changements brutaux tels qu'il y eut un avant et un après. Il n'est donc pas possible de construire autour de quelques dates marquantes seulement les étapes de cet itinéraire. Cette vie semblera plutôt se construire dans une accumulation d'actes et d'étapes inscrits dans une tentative quasi linéaire d'arriver au plus haut d'une carrière dont les composantes successives s'additionnèrent. Comme si la vie de Borel n'était, pour la résumer dans une image, que la succession fatale des marches qui le conduisirent de l'entrée dans l'ordre de la Légion d'honneur à la dignité de Grand Croix. Une seconde raison rend cette entreprise biographique périlleuse, c'est l'absolue inscription de cette carrière au sein de réseaux touffus de personnalités dont Borel fut un des plus exceptionnels représentants. Elle ne put se déployer qu'en raison de la forte identité entre ses choix et les aspirations de ces réseaux ; ses succès s'en déduisent, ses échecs s'en éclairent. On ne comprend jamais mieux Borel que lorsque, par un détour apparent, on tente un tableau de ces milieux, de ces communautés, de ces coteries, voire même lorsqu'on brosse, au passage le portrait d'un compagnon ou d'un comparse. Enfin, une dernière raison doit être évoquée : cette vie fut en partie déterminée par le « tempérament » de Borel dont il est certain qu'il ne laissait pas indifférent et, si nous arriverons à le cerner quelque peu, il restera difficile d'en mesurer les effets à certains moments,

---

Hélène Gispert était intervenue dans le colloque « Figures du scientifique depuis Louis Pasteur », en septembre 2006, sur le thème : « Émile Borel, les multiples formes d'un engagement "politique" ».

[47] S. Callens, « Ensemble, mesure et probabilité selon Émile Borel », *art. cit.*

[48] Voir plus haut.

[49] M. Rebérioux, « Les "élites intellectuelles" et la question sociale », dans M. Rebérioux et G. Candar, *Jaurès et les intellectuels*, Paris, éd. de l'Atelier, 1994.

parfois décisifs, de sa carrière. Ces raisons nous ont poussé à adopter pour construire le récit une progression souvent thématique. À la présentation de ce puissant mathématicien et de l'archipel normalien auquel il appartint succédera celle de l'intellectuel de réseaux qu'il s'acharna à devenir, puis suivra l'étude de sa production intellectuelle et, en particulier, de sa conception de la science et de son rôle, et de son action politique pour et par la science. Ensuite, nous examinerons, en « spécialiste des débats législatifs et de la vie publique »[50], l'étendue et la diversité de ses engagements politiques et parlementaires, français et européens, et leurs liens avec le projet de politique « rationnelle » et de « mathématique sociale » qui l'animait, et, dans le même temps, nous cernerons l'importance de son positionnement d'intellectuel républicain au sein d'une génération scientifique et intellectuelle qui tendit à s'identifier au régime de la IIIème République qui l'avait vue naître et à vouloir même le dominer, avant de conclure sur le tableau d'une carrière à son apogée mais jamais aboutie.

[50] S. Callens, « Ensemble, mesure et probabilité selon Émile Borel », *art. cit.*, p. 29.

Première partie

Naissance et affirmation d'un intellectuel de réseaux

Chapitre 1
Une étoile nouvelle à la Sorbonne

1.1. Tout d'abord, suivre la voie de l'excellence

Émile Borel appartint, dès sa jeunesse normalienne, à un milieu fortement structuré d'universitaires de premier rang, à une sorte de nouvelle élite intellectuelle parisienne, nouvelle au sens où elle était née avec la réorganisation et l'essor du système universitaire français dus au vote de la loi du 10 juillet 1896 qui refonda les universités, dite loi Liard[51].

Après une enfance bourgeoise au sein d'une famille rouergate, propriétaire d'un modeste domaine d'élevage de brebis à Saint-Paul-les-Fonds, dominée par la figure de son père, Honoré Borel, pasteur protestant, lui-même fils d'un artisan de Montauban, entouré de sa mère, Émilie, et de ses deux sœurs de quatorze et seize ans ses aînées, dont l'une, Jeanne, épousa, elle aussi, un pasteur, Borel accumula les succès scolaires jusqu'à réussir brillamment ses baccalauréats ès Sciences et ès Lettres[52]. Dès l'âge de 4 ans, écrivait Marguerite Borel, il « passa pour un petit prodige d'intelligence scientifique », son père lui fit faire des mathématiques et il suivit ensuite, jusqu'à l'âge de 11 ans, son enseignement dans l'école où il enseignait « aux jeunes gens de familles protestantes ». Puis Émile alla au lycée de Montauban et fut alors hébergé chez sa sœur, mariée au pasteur Lebeau[53]. Il noua alors des liens durables avec Raoul Allier (1862-1939), son professeur de philosophie, futur doyen de la faculté de Théologie protestante de Paris. Dès ses 16 ans, il entama une vie parisienne qui ne devait plus s'interrompre, comme interne au collège Sainte-Barbe - où il eu comme condisciple Édouard Herriot (1872-1957) - et en classes préparatoires au

---

[51] Louis Liard (1846-1917) fut directeur de l'Enseignement supérieur à partir de 1884 et il fut l'inspirateur de la loi du 10 juillet 1896 réformant l'Université. P. Appell, « La faculté des Sciences de l'Université de Paris (1895-1910) », *La Revue de Paris*, 1er novembre 1910, p. 98-120.

[52] Acte de naissance de Félix, Édouard, Justin, Émile Borel, établi le 9 janvier 1871 à la mairie de Saint-Affrique, sur déclaration de son père. Celui-ci avait alors 44 ans et son épouse, Émilie Teyssié-Solier, en avait 40. C'est donc par son dernier prénom hérité de celui de sa mère que Borel fut ensuite connu. L'enfant était né au domicile de ses parents, « la maison des héritiers Peyre-Cadias », maison léguée en 1854 au Consistoire par un riche habitant de Saint-Affrique. Borel revint y habiter lorsqu'il fut élu maire de Saint-Affrique. Ses parents avaient réalisé un « mariage d'inclination » qui avait valu à sa mère d'être en partie privée de dot et déshéritée par son père, négociant en draps fortuné. (Ac. Sc., dossier É. Borel, note biographique de Marguerite Borel, sans date, et « Émile Borel et la Maison de la Mémoire du Pays Saint-Affricain, Arch. municip. de Saint-Affrique, Maison de la Mémoire.)

[53] Note biographique de M. Borel, déjà citée.

lycée Louis-le-Grand, jusqu'à récolter, en juillet 1889, le prix d'Honneur de Mathématiques spéciales du Concours général - et recevoir, de ce fait, sa première récompense en espèces sonnantes et trébuchantes, soit 3000 francs, décernée par la fondation Armand Denon[54] - et être reçu, la même année, à 18 ans, major aux deux concours d'entrée à l'ENS et à l'École polytechnique.

En dépit des pressions exercées tant par la direction de l'École polytechnique que par une partie de sa famille et de ses amis industriels ou négociants parisiens pour qu'il choisît, étant donné selon ce que précisa ensuite Marguerite Borel son épouse, « son physique et ses dons intellectuels », la voie d'une « carrière éblouissante » dans l'industrie et la promesse d'un mariage « dans la meilleure société protestante parisienne »[55], c'est-à-dire Polytechnique, il fit le choix de l'ENS. Ernest Mercadier (1836-1911), directeur des études à l'X, écrivit quatre lettres au père de Borel, en soulignant que son fils était major « et de très loin » et que « tous les inventeurs de ce siècle en mathématiques (étaie)nt sortis de l'École polytechnique » et qu'« en dehors d'elle, il n'y a à peu près personne en France[56] ». De son côté, le sous-directeur de l'ENS pour les études scientifiques, Jules Tannery (1848-1910) n'avait pas négligé lui aussi, par courrier, de manifester au major du concours tout l'intérêt qu'il portait à sa jeune carrière et de l'encourager vivement à faire le bon choix s'il faisait partie de « ceux qui aiment la Science pour elle-même[57] ». Mercadier et Tannery lui promettaient l'un et l'autre une carrière toute tracée.

Le choix de l'École normale supérieure

Choisir l'École normale plutôt que l'École polytechnique n'était pas un choix naturel. Cette dernière avait dominé tout le XIXème siècle par la qualité de ses recrutements, le niveau de ses enseignements scientifiques et la large palette de carrières, souvent dans l'industrie mais aussi dans la science - comme l'indiquait le nombre élevé d'anciens polytechniciens dans les rangs des Académiciens - qu'elle avait offerts à ses anciens élèves. Face à elle, l'ENS avait longtemps fait pâle figure. Or, c'est Gaston Darboux (1842-1917) qui, reçu premier également en 1861 aux deux écoles, avait pour la

---

[54] *Le Gaulois*, 31 juillet 1889.

[55] C. Marbo, *ouv. cit.*, p. 229 et note biographique de M. Borel, déjà citée. Celle-ci cite, parmi ces « amis parisiens », « l'industriel M. Harlé », sans autre précision. Il s'agissait probablement d'Émile Harlé (1849-1917), ingénieur des Ponts et Chaussées, membres d'une famille de maîtres de forges alsaciens, protestants. Il écrivit ensuite, dans la *Revue de l'Enseignement des sciences* à laquelle collaborait alors Borel, en 1907, un article sous forme d'une lettre adressée à celui-ci.

[56] Lettres d'E. Mercadier à H. Borel, 2, 3 et 29 septembre et 5 octobre 1889, Papiers de madame Françoise Besson.

[57] Lettre de J. Tannery à É. Borel, le 4 octobre 1889, Ac. Sc., dossiers É. Borel, Corresp. scientif.

première fois fait le choix de l'ENS. C'est ce qui firent aussi Paul Appell (1855-1930), dix ans plus tard, puis Jacques Hadamard (1865-1963) et d'autres comme le mathématicien et philosophe Gaston Milhaud (1858-1918), en 1878. Dans un discours ultérieur, en hommage à son prédécesseur, Borel s'était plu à souligner ce rôle de précurseur de son aîné et maître Darboux :

> « Â l'Académie des sciences, dans les chaires de la faculté des Sciences de Paris et du Collège de France, les polytechniciens étaient plus nombreux et brillaient de plus d'éclat que les normaliens. Gaston Darboux eut pourtant l'intuition que, pour consacrer sa vie à la recherche scientifique, il valait mieux se diriger vers l'enseignement que vers les carrières d'ingénieur, si brillantes qu'elles puissent être. Son choix décisif détermina rapidement une orientation nouvelle de la jeunesse scientifique française. Grâce à son exemple, grâce aux brillants élèves qu'il forma, grâce à son prestige personnel, l'École normale a pris, au XXème siècle, dans la science française, la place que l'École polytechnique y avait occupé pendant presque tout le XIXème siècle. »[58]

Ainsi Borel, en optant pour l'ENS montra son désir de se consacrer à la recherche scientifique et, dès la première année, il commença à publier[59]. À l'École, il suivit les cours de certains des scientifiques les plus réputés de ce temps, en particulier les mathématiciens Paul Appell, Gaston Darboux, Charles Hermite (1822-1901), Émile Picard (1856-1941) et Henri Poincaré (1854-1912), ainsi que Jules Tannery et Édouard Goursat (1858-1936). Son aîné de trois ans, le biologiste Maurice Caullery (1868-1958) a écrit quelques lignes savoureuses et instructives sur cet enseignement de mathématiques :

> « À la Sorbonne, nous suivions les cours d'Émile Picard et de Charles Hermite. En ce temps, les leçons des professeurs titulaires se faisaient en habit. C'était pour eux une servitude car ce n'était pas la tenue de ville. Émile Picard, qui avait une suprême élégance physique, et vestimentaire, pour éviter d'avoir à se déshabiller,

---

[58] Discours d'É. Borel à l'inauguration de deux bustes de Gaston Boissier et Gaston Darboux, à Nîmes, le 22 octobre 1933. Selon Robert Deltheil, Darboux avait choisi l'ENS sur les conseils de Pasteur, alors directeur de l'École. Lorsqu'il fut reçu premier à l'agrégation de mathématiques et docteur en 1866, Pasteur créa pour lui un emploi d'agrégé-préparateur de mathématiques qui lui permit de rester à l'ENS. Darboux y fut ensuite maître de conférences et il eut ainsi sous son autorité la génération des Appell, Picard, Goursat, Koenigs, etc. (R. Deltheil, *L'évolution et les progrès de la géométrie depuis un siècle*, Toulouse, Privat, 1931, 49 p., p. 34.)

[59] Deux notes dans les *Nouvelles Annales de Mathématiques*, puis une troisième. Voir les références des œuvres d'É. Borel dans la partie Sources en fin d'ouvrage.

arrivait parfois avec un pantalon de fantaisie tout à fait en désaccord avec l'habit noir. (Picard) encore tout jeune mais déjà parvenu au premier plan des mathématiques, faisait, avec une aisance merveilleuse, un cours de haute tenue, dans lequel, au début, nous étions un peu dépaysés mais qui nous orientait vers les aspects modernes de l'analyse. Ce cours a formé, pendant de longues années, une pléiade d'excellents mathématiciens. (...) Tout autre était l'aspect de Hermite. C'était alors un vieillard, claudicant, appuyé sur sa canne et obligé de s'asseoir. Il avait été et était encore une des grandes figures de la science européenne, après les Cauchy, les Gauss, les Abel, à côté des Jacobi et des Riemann. Il vivait littéralement dans un monde abstrait de fonctions et de symboles qui, pour lui, était à la fois la réalité et la poésie. Il en parlait avec une sorte d'extase, levant les yeux au ciel.

« L'enseignement mathématique de la Sorbonne était donc de premier ordre. Nos conférences à l'École, tout en étant faites par des hommes de grande valeur, ne méritaient pas le même éloge. L'une des séries de conférences était faite par Jules Tannery, notre sous-directeur. C'était un esprit supérieur et plein de finesse (...) mais il ne se donnait aucune peine pour ses exposés dont la substance lui était familière. Il faut bien avouer qu'on avait quelque peine à conserver l'esprit en éveil, le professeur semblant lui-même en état de demi-sommeil. »[60]

Les liens forts de la sociabilité normalienne permirent à Borel de se forger des amitiés étroites avec ses condisciples dont beaucoup deviendraient des personnalités du monde scientifique, littéraire ou politique, comme Élie Cartan (1869-1951) et Pierre Weiss (1865-1940), de la promotion de 1888, Jules Drach (1871-1949), de la promotion 1889 - la sienne, d'Aimé Cotton (1869-1951), Georges Sagnac (1869-1928), Charles Maurain (1871-1957), Henri Mouton (1869-1935) ainsi que Léon Blum (1872-1950) et Célestin Bouglé (1870-1940), tous de la prestigieuse promotion de 1890, et aussi Jean Perrin (1870-1942), Jean Gaston Darboux - le fil de Gaston Darboux - et Édouard Herriot, tous trois de la promotion de 1891[61].

Ces amitiés se prolongeaient alors très souvent de liens multiples formés au fil des mois passés à l'École, entre ces jeunes gens souvent venus de province et de ce fait coupés de leur famille et de leurs amis d'enfance. D'autres liens s'étendant à divers milieux d'élite de la capitale se créaient lors des nombreuses invitations dans les familles des normaliens parisiens.

---

[60] E. Telkès, *Maurice Caullery (1968-1958), un biologiste au quotidien*, texte édité par Eva Telkès, à partir de M. Caullery, « Souvenirs d'un biologiste », Lyon, PUL, 1993, p. 53-54.
[61] M. Andler, « Les mathématiques à l'ENS », dans J.-F. Sirinelli, *École normale supérieure, Le livre du bicentenaire, ouv. cit.*, p. 351-404.

Listes de normaliens mathématiciens (par promotion)

1861	Gaston Darboux	1895	Paul Montel		Jules Dubourdieu
	Édouard Lucas		Ernest Esclangon	1922	Jean Delsarte
1866	Jules Tannery	1897	Pierre Fatou		André Weil
1869	Gaston Floquet		Pierre Boutroux	1923	Henri Cartan
1872	Paul Appell	1899	Henri Villat		Paul Dubreil
1873	Charles Riquier		Ludovic Zoretti		René de Possel
1874	Marcel Brillouin	1900	Maurice Fréchet	1924	Marcel Brelot
	Émile Picard		Henri Galbrun		Jean Dieudonné
1876	Édouard Goursat		Claude Traynard		Charles Ehresmann
1878	Gaston Milhaud	1902	Arnaud Denjoy	1925	Jacques Herbrand
1879	Gabriel Koenigs	1903	Jules Haag	1926	Claude Chevalley
1883	Henri Padé		André Sainte-Laguë		Marie-Louise Dubreil-Jacotin
	Paul Painlevé	1904	René Gosse		Jean Leray
1884	Jules Richard	1906	Georges Darmois	1929	Claude de Chabauty
	J.Hadamard	1907	René Gâteaux		Jean (André) Ville
	Ernest Vessiot	1908	Léon Brillouin	1933	Jean Legras
1885	Carlo Bourlet	1909	Louis Antoine	1934	Laurent Schwartz
1887	Louis Couturat		Georges Bouligand		Gustave Choquet
1888	Élie Cartan	1910	Robert Deltheil		
1889	Émile Borel	1911	Gaston Julia		
	Jules Drach	1914	René Lagrange		
1892	René Baire	1918	Francis Perrin		
	Édouard Le Roy	1920	André Martinot		
1894	Henri Lebesgue	1921	Jean Favard		

Cette sociabilité variée se renforçait à l'occasion de « repas invités », au cours de la vie de salon, dans certaines activités de plein air et sportives alors en plein développement, ou encore lors de périodes de villégiature, hiver comme été. Borel a souligné l'importance de cette vie sociale en ces termes :

> « J'eus la bonne fortune d'avoir comme camarade le fils de Gaston Darboux (professeur à l'École et doyen de la faculté des Sciences, ndlr). Cela me valut d'être accueilli dans la famille de

> l'éminent mathématicien. Le simple appartement de la rue Gay-Lussac s'ouvrit avec une bonhommie cordiale devant le jeune lycéen arrivé de province. J'y appris bien des choses et notamment que l'École normale n'ouvrait pas seulement à la carrière de l'enseignement, mais préparait aussi à la recherche scientifique. L'influence de Gaston Darboux fut ainsi décisive sur l'orientation de ma carrière. »[62]

Grâce à ses liens avec Darboux, Borel fut très vite introduit chez un autre mathématicien protestant, Paul Appell, où il put rencontrer régulièrement les invités intimes de cette famille, les Poincaré, Boutroux, Duclaux et autres universitaires de premier rang.

C'est donc « tout naturellement » que Borel, après avoir obtenu, en 1891 ses deux licences de Mathématiques et de Physique, et été reçu premier, à 21 ans, à l'agrégation de Mathématiques, en 1892, choisit Darboux pour être son directeur de thèse. Il avait d'ailleurs témoigné de ses aptitudes pour la recherche et de la qualité de son imagination en publiant, à peine sorti de l'ENS, plusieurs résultats remarquables.

L'état du champ des mathématiques à la fin du XIXème siècle

Pour comprendre la manière dont Borel s'imposa rapidement comme un des principaux représentants de l'école mathématique française, il importe de le situer parmi ses pairs et de replacer ses travaux dans le contexte de l'évolution des mathématiques à la fin du XIXème et du début du XXème siècle.

Ainsi ne fut-il pas seul, parmi les mathématiciens de sa génération à s'intéresser aux voies de recherches dans lesquelles il s'illustra : Jacques Hadamard, de peu d'années son aîné, lui fut très souvent comparé, leurs contemporains les ont souvent associés ou mis en rivalité et ils jouirent d'une réputation comparable ; il n'y avait guère qu'Élie Cartan, de deux ans l'aîné de Borel, pour rivaliser avec eux au sein de l'Université de Paris ; les camarades de Borel, René Baire (1874-1932), Henri Lebesgue (1874-1941), Jules Drach, pour ne citer que ces trois proches amis et parfois concurrents, sillonnèrent avec lui les mêmes champs de recherches ; lesquels étaient d'ailleurs loin d'être inexplorés et, à des titres divers, la génération précédente les avait déjà en partie défrichés. En fait, les mathématiques, y compris les éternels problèmes sur lesquels elles avaient été construites - les nombres, le calcul, les objets, la géométrie, la mesure - étaient entrées, sans doute depuis Kepler et Leibniz, mais surtout grâce aux travaux plus récents de Galois, Cauchy, Cantor et d'autres, dans une phase de développements

62 É. Borel dans *Jubilé scientifique de M. Émile Borel, 14 janvier 1940*, Paris, Gauthier-Villars, 1940.

rapides accompagnés de profondes remises en cause. Une révolution des connaissances était en cours, de nouveaux champs de recherches apparaissaient et c'est bien parce qu'il sut choisir de s'y intéresser et de s'y immerger et parce qu'il leur apporta des contributions aussi audacieuses qu'incontestables que Borel, surclassant souvent les autres chercheurs de son temps, finit par être identifié à ces bouleversements. Leur cœur concernait les évolutions dans la manière d'appréhender, à la fois par le calcul et par la géométrie, le continu et le discontinu, le fini et l'infini. L'analyse - c'est ainsi que les mathématiciens désignent l'étude des limites de suites et de fonctions et ce qui s'y rattache : la continuité, la dérivabilité et le calcul intégral - s'était donc enrichie des développements accélérés de la théorie des fonctions qui devint ainsi le cœur de l'analyse et c'est dans ce domaine que Borel s'illustra d'abord. Augustin-Louis Cauchy (1789-1857) n'ayant jamais, selon Borel, « exposé explicitement ce qu'il entendait par une fonction », les progrès auxquels il participait avaient consisté dans la définition d'une notion plus générale de fonction qui « a conduit à construire et à étudier des fonctions auxquelles on n'eût, sans doute, pas songé sans elle »[63].

À ce développement de la théorie des fonctions s'ajoutait la toute nouvelle théorie des ensembles et, là aussi, il adopta une attitude pionnière. Cette théorie des ensembles avait à peine l'âge de Borel ; on la fait remonter à l'année 1874, lorsque le mathématicien allemand Georg Cantor (1845-1918) avait publié une démonstration fondée sur la comparaison entre ensembles dénombrables et ensembles non dénombrables qui montrait qu'il avait l'ambition d'établir la théorie des ensembles comme base nouvelle des mathématiques ; cela faisait alors une dizaine d'années qu'il utilisait cette notion d'« ensemble » et celle-ci fut définitivement reconnue et triompha lors du premier congrès de mathématiciens, à Zurich, en 1897. Puis, lorsque Borel obtint que Cantor vint prononcer une conférence au congrès suivant, à Paris, en août 1900, ce fut bien sûr un événement pour sa propre carrière aussi[64]. Par rapport à d'autres de ses collègues qui furent aussi actifs, sa capacité à formuler ses démonstrations avec clarté et en s'en tenant aux lignes essentielles, en s'acharnant à systématiser la solution des problèmes de mesure des ensembles, permit à Borel de s'imposer, avec d'autant plus de réussite qu'il s'occupa personnellement de la diffusion de ses travaux, au-delà de son enseignement et par ses publications.

Dès cette époque, Borel prit fermement position pour une approche réaliste ou empiriste en mathématiques, opposée à une démarche logique ou symbolique qui, d'ailleurs contribua à l'éloigner de Cantor. C'est ce qu'il

---

[63] M. Fréchet, *La vie et l'œuvre d'Émile Borel*, Paris, L'Enseignement mathématique, 1965, p. 37-38.

[64] Lettres de G. Cantor à É. Borel, 15 juin et 11 novembre 1899, Arch. Ac. Sc., Corresp. scientif. d'É. Borel,.

rappelait dans l'introduction de sa *Notice sur les travaux scientifiques de M. Émile Borel*, datant de 1912 :

> « C'est dans les théories de M. Georg Cantor que fut peut-être atteint le maximum d'abstraction. (...) J'ai toujours pensé que ces études abstraites ne devaient pas être une fin en soi, mais seulement un moyen. Dans la préface de mon premier livre, j'ai expliqué comment le titre, *Leçons sur la théorie des fonctions*, marquait précisément que l'étude des ensembles n'était justifiée à mes yeux que par son utilité pour l'étude des fonctions. (...) Les mathématiques ne sont pas un jeu purement abstrait de l'esprit mais sont, au contraire, en étroite connexion avec la réalité concrète. »[65]

Comme, parallèlement à cette révolution dans les mathématiques, il y avait une révolution en cours dans la physique et la physique mathématique dont les liens avec les évolutions des mathématiques étaient directs et nombreux, Borel, qui vivait au contact même de cette autre révolution et dont les amis les plus proches, comme Perrin, Pierre (1859-1906) et Marie Curie (1867-1934), Paul Langevin (1872-1946), Cotton en étaient des acteurs essentiels, y fut certainement d'autant plus sensible et l'orientation de ses travaux ne put qu'en être fortement influencée. Songeons qu'en 1895, quelques mois après que Borel avait soutenu sa thèse, Henri Becquerel (1852-1908) et les Curie découvrirent la radioactivité, Jean Perrin, agrégé-préparateur à l'ENS, associé avec Paul Langevin, élève à l'École, mit en évidence la nature corpusculaire des rayons cathodiques, Cotton soutint sa thèse sur « La dispersion rotatoire des rayons lumineux ». Le mouvement s'accéléra pendant la décennie à cheval sur deux siècles et Borel fut au cœur de celui-ci.

Borel docteur à 23 ans

En juin 1894, ayant entre temps accompli son service militaire comme soldat dans un régiment d'Infanterie[66], puis été nommé, grâce à l'appui de ses professeurs, maître de conférence de Calcul différentiel et intégral à Lille, en novembre 1893, alors qu'il n'avait pas 23 ans et qu'il n'était pas encore docteur, Borel soutint sa thèse « Sur quelques points de la théorie des

---

[65] *Notice sur les travaux scientifiques de M. Émile Borel*, Paris, Gauthier-Villars, 1912, cité par M. Fréchet, dans « La vie et l'œuvre d'Émile Borel », *ouv. cit.*

[66] Borel fut incorporé au 142ème régiment d'Infanterie, du 12 novembre 1892 au 24 septembre 1893 (« État des services » d'É. Borel, dossier militaire GR 6Ye 9935, archives du Service historique de la Défense, à Vincennes, et dossier de la Légion d'honneur, cote n° 19800035/168/21667). Une réforme récente contraignait les futurs normaliens qui étaient auparavant dispensés, à faire leur service militaire avant d'intégrer l'ENS.

fonctions »[67]. Dans son jury figuraient Darboux qui présidait, et deux autres professeurs qu'il avait bien connus au cours de ses études à l'ENS, Appell et Poincaré, le maître incontesté de l'école mathématique française. Le pré-rapport de soutenance, signé par Darboux et Poincaré, qualifiait cette thèse de « travail remarquable où quelques-unes des questions les plus difficiles de l'analyse (étaie)nt abordées avec succès et qui cont(enait) plusieurs résultats très importants[68] ». L'objet de ce travail était, selon le rapport, l'étude des fonctions développables en série de la forme[69] :

$$\varphi(x) = \sum \frac{A}{(x-a)^{k}}$$

Après avoir rappelé les étapes de l'étude par Borel des différentes propriétés de ces fonctions, les rapporteurs concluaient que celles-ci « étaient de nature à éclairer nos idées sur une des points les plus délicats de la théorie des fonctions ». En s'attachant ensuite à la seconde partie de la thèse, ils soulignaient l'intérêt du procédé employé dont Borel montrait qu'il était « susceptible de généralisation », et des résultats obtenus qui permettaient « de mettre en pleine lumière ce fait (...) que la résolution de semblables équations (pouvait) se ramener à celle d'un système d'inégalités ». Enfin, ils relevaient qu'à travers une note, Borel « donn(ait) un théorème intéressant relatif à la théorie des ensembles de M. Cantor ».

Le rapport de soutenance, signé du seul Darboux, entrait moins dans l'exposé des problèmes mathématiques abordés dans la thèse. Il était moins convenu et, surtout, il laissait percevoir quelle place Borel occupait déjà dans la communauté des mathématiciens et quel chemin l'y avait conduit :

> « M. Borel est bien connu des professeurs de la Faculté. Élève extrêmement brillant de nos lycées : prix d'honneur de Mathématiques spéciales, reçu premier à l'École polytechnique et à l'École normale, non seulement il a subi avec le plus grand succès nos examens de licence, mais il a déjà publié, étant élève à l'École normale, différents travaux qui nous donnent les meilleures espérances et parmi lesquels je me plais à signaler un mémoire fort original sur le thème des formes quadratiques à un nombre

---

67 Note manuscrite d'É. Borel, « Résumé de titres et services au 27 juillet 1909 », établie en vue de l'élévation au grade de Chevalier dans l'ordre de la Légion d'honneur, dossier de la Légion d'honneur, déjà citée.

68 Rapport de G. Darboux et H. Poincaré sur la thèse présentée par É. Borel, daté du 14 juin 1894, 3 p. manuscrites, dans le dossier « Rapports de thèses de la faculté des Sciences de Paris », AN-AJ/16/5535.

69 Dans la version imprimée de sa thèse (É. Borel, « Sur quelques points de la théorie des fonctions », *Annales scientifiques de l'ENS*, 3ème série, t. 12, 1895, p. 9-55, p. 14), Borel exprimait cette formule sous la forme :

$$\varphi(z) = \sum \frac{A_n}{(z - a_n)^{m_n}}$$

quelconque de variables. L'éclat et l'importance de tous ses titres avait (sic) déterminé M. le Ministre à lui confier, avant même qu'il fût docteur, une maîtrise de conférences dans une des plus importantes facultés des départements. Mais c'est pour nous un devoir de le reconnaître, le travail présenté comme thèse par M. Borel justifie pleinement si cela était nécessaire la décision de M. le Ministre. Mais il nous donne de plus l'assurance que M. Borel est un de ceux sur lesquels nous devons compter et qu'il deviendra un des professeurs les plus distingués de notre Enseignement supérieur. La Faculté, en lui adressant ses félicitations et en lui conférant le grade de docteur avec toutes boules blanches l'invite à continuer ses travaux et ses études, (un mot illisible) d'avance qu'il saura faire honneur à ses morts et à son pays. (signé : G. Darboux) »[70]

En résumé et si on traduit ces propos codifiés, il s'agissait bien, avec toutes ces louanges, d'une « onction » accordée, par ses aînés les plus illustres de son temps dans le petit monde des mathématiciens français, au jeune Borel qui devenait docteur ès sciences à 23 ans à peine. Pourtant, cette adhésion enthousiaste de ces maîtres pour les travaux de leur jeune collègue pouvait ne pas être tout à fait sans nuages. On peut se fier à ce qu'écrivent Bernard Bru et Pierre Dugac ; selon eux, Darboux « n'appréciait que très modérément les efforts de Borel et Baire pour introduire en analyse la nouvelle théorie des ensembles de points élaborée, en particulier, par Cantor[71] ». Quoi qu'il en fût, celui-ci confirmait que ce jeune collègue avait été, de longue date, remarqué par les meilleurs mathématiciens parisiens, qu'il avait déjà donné de multiples preuves d'un talent évident pour la recherche et que, de ce fait, ils avaient déjà décidé de lui ouvrir la voie de la carrière la plus rapide et la plus prestigieuse. En somme, la soutenance de sa thèse n'était, dans l'itinéraire de Borel, qu'une étape nécessaire qui n'eût été qu'une formalité si elle n'avait pas été, pour lui, une nouvelle occasion de briller. Implicitement, Darboux, Poincaré et Appell, au nom de leurs collègues, promettaient à Borel les premières places... dès qu'elles se libéreraient.

Une jeune carrière fulgurante

À partir de cette date, la carrière du jeune mathématicien, déjà marquée par son orientation vers des thèmes de recherches originaux, fut caractérisée

[70] Rapport de G. Darboux sur la thèse soutenue par É. Borel, non daté, 1 page manuscrite, dans « Rapports de thèses de la faculté des Sciences de Paris », AN-AJ/16/5535.

[71] Note dans *Henri Lebesgue, Les Lendemains de l'intégrale, lettres à Émile Borel*, éditées par B. Bru et P. Dugac, préface de G. Choquet, Paris, Vuibert, 2004, 240 p., p. 22-23.

d'une part par l'importante quantité d'une production tournée vers la généralisation de la théorie des fonctions analytiques, d'autre part par la rapidité de sa promotion au sein de l'élite universitaire. En cinq années, alors qu'il était pendant l'essentiel de cette période astreint à donner ses cours à la faculté de Lille, Borel publia à vingt reprises, aux *Comptes-rendus* de l'Académie des sciences, des notes scientifiques qui témoignaient de son esprit de recherche autant que de sa force de travail. Les premières notes parurent en 1895. C'est à Picard que Borel demanda de les présenter. Patronnées, de fait, par l'un des principaux membres de la section de Géométrie, elles ne pouvaient recevoir meilleure caution. La correspondance échangée à l'occasion de ces publications témoignait déjà de l'intérêt et de la grande confiance que suscitaient les travaux du jeune mathématicien auprès de son aîné. En mai 1896, alors que Borel travaillait depuis plusieurs mois sur un aspect délicat de la théorie des fonctions, les séries de Taylor, Picard lui écrivit :

> « Recevez toutes mes félicitations pour l'heureux succès de vos efforts dans une question qui avait arrêté tant de personnes. »

Quelques mois plus tard, il récidivait :

> « Votre remarque sur la portée de la série de Taylor mise à la base de l'Analyse me plaît extrêmement et est tout à fait dans mes idées. »[72]

La même année 1896, toujours en théorie des fonctions, Borel donna une démonstration directe du « Théorème de Picard », « résolvant ainsi un problème dont la difficulté depuis près de vingt-cinq ans avait arrêté tous les mathématiciens »[73]. Jacques Hadamard, son aîné de quelques années, s'en souvenait en ces termes :

> « Il se signala aux savants du monde entier par la résolution d'une question restée sans réponse depuis seize ans : la démonstration directe d'un célèbre théorème qu'Émile Picard avait obtenue par une voie détournée et grâce à laquelle de la lumière était jetée sur l'origine profonde de ce mystérieux théorème qui ouvrait à la théorie des fonctions analytiques des perspectives insoupçonnées. »[74]

---

72 Lettres d'É. Picard à É. Borel, 6 mai et décembre 1896, Ac. Sc., dossier É. Borel, Corresp. scientif..

73 Théorème de Picard selon lequel « une fonction uniforme prend au voisinage d'un point singulier essentiel une infinité de fois toutes les valeurs sauf deux ». (L. de Broglie, « Notice sur la vie et l'œuvre d'Émile Borel », dans L. de Broglie, *Sur les sentiers de la science*, Paris, Albin Michel, 1960, p. 77-100.)

74 J. Hadamard, *Bulletin de la Ligue des droits de l'homme*, janvier 1956, p. 4-5.

De son côté, Tannery préfaça l'*Introduction à l'étude de la théorie des nombres et à l'algèbre supérieure* que Borel et Drach publièrent, en 1895, d'après les conférences que le directeur-adjoint avaient faites à l'ENS l'année précédente[75]. À ce moment, Tannery donnait, dans ses lettres, à Borel du « Cher ami » et, lui envoyant le texte de sa préface, il lui suggérait même, « s'(il) trouvait moyen d'améliorer ces quelques mots, (de) le faire sans crainte et (de) renvoyer le tout directement à (l'éditeur, ndlr) M. Vuibert »[76].

Dans ces conditions, Borel, appuyé par, au moins Picard, Poincaré, Painlevé, Tannery, Appell et Darboux, était nommé, au début de 1897, maître de conférences de Mécanique à l'ENS, coiffant ainsi sur la ligne son aîné Hadamard qui dut patienter encore quelques mois à Bordeaux[77]. Parallèlement, son ami Drach commençait un long parcours provincial, de Clermont à Lille puis Poitiers et enfin Toulouse - ce qu'il considérait comme une relégation - avant de retrouver enfin la capitale quinze années plus tard. Pensons aussi à Lebesgue qui, bien que chargé du cours Peccot au Collège de France, entre 1902 et 1905, connut Rennes puis Poitiers jusqu'en 1910, année qui le vit enfin de retour à Paris. Borel, lui, suivit son chemin triomphal[78]. Dans la foulée de sa nomination parisienne, il reçut le titre d'Officier d'Académie, sa première décoration, en juillet 1898, et fut distingué pour le Grand prix des sciences mathématiques de l'Académie des sciences, considéré comme une étape vers l'Académie. L'année suivante, il publiait son premier ouvrage, chez Gauthier-Villars : *Leçons sur la théorie des fonctions*.

Le Grand Prix des sciences mathématiques de l'Académie des sciences

Le Grand prix des sciences mathématiques attribué à Borel récompensait le meilleur mémoire - anonyme - répondant à une question mise au concours par la section de Géométrie de l'Académie, en l'occurrence : « Chercher à étendre le rôle que peuvent jouer en Analyse les séries divergentes »[79]. Les

---

[75] É. Borel et J. Drach, *Introduction à l'étude de la théorie des nombres et de l'algèbre supérieure, d'après des conférences faites à l'ENS par Jules Tannery*, préface de J. Tannery, Paris, Librairie Nony, 1895.

[76] Lettres de J. Tannery à É. Borel, 6 juillet (1895 ?), Ac. Sc., dossier Borel, Corresp. scientif.

[77] Lettre d'É. Picard à É. Borel, décembre 1896, déjà citée, Id. Arrêté de nomination comme maître de conférences de Mécanique à l'ENS, en remplacement de Koenigs, 13 janvier 1897, Arch. municip. de Saint-Affrique, fonds Besson.

[78] Selon la volonté de la famille de Claude-Antoine Peccot, jeune normalien mort à vingt ans, en 1876, une donation avait été faite dont les arrérages servaient à favoriser le développement des mathématiques. Des bourses furent d'abord distribuées puis, à partir de 1900, un cours annuel de mathématiques, assuré par un mathématicien de moins de trente ans, fut créé au Collège de France. Borel en fut le premier bénéficiaire.

[79] « Prix décernés, année 1898 », *CR*, 1898, 2ème sem., t. CXXVII, n° 25 p. 1061-1065.

cinq membres de la commission, Darboux, Hermite, Camille Jordan (1838-1922), Picard et Poincaré, eurent à choisir entre quatre mémoires. Dans leur rapport, Picard et Poincaré constataient que les candidats avaient bien saisi que la question posée s'inscrivait dans le prolongement des développements récents de la recherche mathématique en théorie des fonctions car tous faisaient référence dans leurs mémoires aux travaux de Darboux, Hadamard et même Borel. En admettant que les rapporteurs n'aient pas reconnu immédiatement, à la lecture du mémoire de celui-ci, le style de Borel qu'ils connaissaient bien - ce qui réduisait à peu de choses l'anonymat supposé du concours - l'analyse du « Mémoire n° 3 » dans leur rapport montrait qu'ils avaient constaté avec plaisir l'originalité et la force démonstrative du candidat et qu'ils avaient noté, d'un bout à l'autre, que ce travail s'inscrivait complètement dans le champ exploré jusque-là par - justement - Émile Borel. D'ailleurs, une lettre de Painlevé à son ami levait toute ambiguïté :

> « J'ai été chez Picard hier où j'ai aperçu la masse compacte de votre mémoire. Vous avez trois concurrents mais bien que Picard n'ait pu encore que jeter les yeux sur leurs manuscrits, la lecture du vôtre l'a déjà persuadé que, selon toute vraisemblance, votre supériorité serait indiscutable. Il a été frappé surtout de la méthode par laquelle vous déduisez de séries de Taylor non convergentes les intégrales de certaines équations aux dérivées partielles : cela m'a paru en effet fort intéressant d'après les quelques mots qu'il m'en a dit. »[80]

À supposer que la question de concours n'avait pas été posée en ces termes uniquement pour offrir à Borel l'occasion de briller[81], d'exposer son « programme de recherches » - comme on ne disait pas encore - et d'obtenir ainsi la reconnaissance de ses - bientôt - pairs, le résultat était là : le rapport rédigé par Picard et Poincaré constituait - en bonne et due forme - une louangeuse intronisation du jeune Borel dans la famille, voire l'ordre des « hautes mathématiques » académiques :

> « L'auteur du Mémoire inscrit sous le n° 3 (...) est un géomètre qui a beaucoup réfléchi sur les principes fondamentaux de l'Analyse et il aime à mettre en lumière les idées qui l'ont guidé. Aussi, en dehors de résultats positifs dont quelques-uns sont, comme on va le voir, d'un grand intérêt, ce Mémoire contient encore des vues judicieuses et originales qui en rendent, dans

---

[80] Lettre de P. Painlevé à É. Borel, 17 octobre 1898, Ac. Sc., dossier Borel, Corresp. scientif.

[81] Borel avait déjà publié des travaux portant sur les séries divergentes : É. Borel, « Fondements de la théorie des séries divergentes sommables », *Journal de mathématiques pures et appliquées*, 5ème série, t. 2 (1896), p. 103-122. Il concluait ainsi : « On voit que les séries divergentes sommables peuvent être aussi utiles en Analyse que les séries convergentes. La théorie qui vient d'être esquissée est sans doute bien incomplète (...), mais je suis persuadé (...) qu'on verra s'élargir chaque jour le champ des applications. »

maintes pages, la lecture attrayante, et l'indication de problèmes variés dont l'étude semble devoir être féconde. »

Les rapporteurs indiquaient en outre que le candidat « repren(ait), en la généralisant, la méthode de sommation indiquée par M. Borel dans ses études sur les séries divergentes sommables » et que « tout ce chapitre (était) une application heureuse des idées de M. Borel sur la sommation des séries divergentes ».

Nul doute que l'ensemble de la commission, unanime dans l'attribution du prix, avait encore été sensible, comme les deux rapporteurs, au choix qu'avait fait Borel, en guise d'épigraphe de son mémoire, d'une phrase du prince des mathématiciens, Carl Friedrich Gauss (1777-1855) : « Methodorum diversitas ad res obscuriores illustrandas plurimum conferri solet », soit l'affirmation, à peu près, selon laquelle « la diversité des méthodes aide beaucoup à éclairer les questions les plus obscures » [82].

Congrès internationaux des mathématiciens, de Zurich à Paris

Le premier Congrès international des mathématiciens eut lieu à Zurich, du 9 au 11 août 1897. Anne-Marie Decaillot a montré comment cette initiative avait mûri, au cours des années précédentes, grâce à la conviction de Georg Cantor, forgée dès le début des années 1890, de l'utilité et même de la nécessité d'organiser des rencontres internationales entre mathématiciens[83]. Il obtint le soutien, en Allemagne, de Felix Klein (1849-1925), et, en France, d'Émile Lemoine (1840-1912) et Charles-Ange Laisant (1841-1920). Encore fallait-il surmonter les séquelles de la guerre de 1870 et, pour cela, accepter d'avancer prudemment en tenant compte de toutes les susceptibilités. C'est ce qui amena Cantor à parler, dans une lettre à Klein, d'une « Entente cordiale scientifique » et, en partie, ce qui détermina le choix de Zurich pour une première rencontre, en août 1897, Paris étant d'avance retenu pour le congrès suivant qui aurait lieu en 1900, pendant l'Exposition universelle. L'engagement de la *Deutsch Mathematiker-Vereinigung* était acquis. La Société mathématique de France, présidée par Gabriel Koenigs (1858-1931) donna tout son appui, de même que Poincaré.

Borel fit partie de la délégation française à Zurich, forte de 29 membres - « seulement une vingtaine », pour Borel - quand il y eut 53 Allemands, et il fut chargé, avec Vito Volterra (1860-1940), le chef de file des mathématiciens italiens, des tâches de secrétaire. Il écrivit ensuite un

---

[82] C. F. Gauss, *Disquisitiones arithmeticae*, 1801, voir *Recherches mathématiques*, traduction de A.-C.-M. Poullet-Delisle, Paris, Courcier, 1807, p. 37.

[83] A.-M. Decaillot, « Zurich 1897 : premier congrès international des mathématiciens », *Revue germanique internationale*, n° 12, novembre 2010, « La Fabrique internationale de la science », en ligne.

compte-rendu enthousiaste dans la *Revue générale de sciences pures et appliquées* qui lui valut une lettre amicale de Volterra, qui le félicitait pour « la manière intéressante et spirituelle avec laquelle (il) av(ait) parlé du congrès »[84].

Borel commença son récit en soulignant « la cordialité » et « l'extrême amabilité » qui avaient régné entre les participants, en se félicitant de la présence « des dames et des jeunes filles qu'on avait eu l'heureuse idée d'inviter à accompagner leurs maris et leurs pères » et en évoquant « le charme des fêtes » qui avaient rythmé le congrès. Puis il rappela que la réussite de la rencontre avait levé les doutes, nombreux devant cette initiative inédite. Une organisation pérenne était née, des améliorations dont il citait quelques-unes pourraient être mises au point, le prochain congrès était déjà annoncé. Il s'attarda surtout sur l'importance des liens directs, personnels, que le congrès avait permis d'établir ou de renforcer, qui allaient favoriser des échanges plus spontanés et une réflexion plus collective :

> « L'imagination est une qualité indispensable à celui qui veut trouver quelque chose de nouveau. (...) Les mathématiciens prennent grand soin, en général, de cacher leur imagination dans leurs écrits.(...) Quand il s'agit de publier leur travail, ils se contentent le plus souvent d'une exposition purement synthétique, donnant ainsi comme un simple produit de leur raison ce qui était en réalité le fruit de leur imagination. (...) Ce qui est grave, c'est que les imaginations des mathématiciens, qui travaillent à une œuvre commune, se trouvent ainsi à peu près complètement séparées les unes des autres et en sont réduites à se deviner pour se connaître. »[85]

Borel, en terminant son compte-rendu, se félicitait de ce « que des hommes consacrant leur vie à la recherche des vérités abstraites se réunissent, sans distinction de nationalités, pour une œuvre commune » et qu'ils puissent « arriver à s'estimer réciproquement et même à s'aimer, simplement parce qu'ils poursuivent ensemble une même vérité ».

Qu'après Zurich la même réussite fût obtenue pour le Congrès de Paris n'était pas acquis d'avance. Borel fut un de ceux qui s'activèrent pour y arriver et il y gagna sans doute un substantiel supplément de reconnaissance, voire de charisme au sein de cette communauté en train de se structurer. Comme secrétaire de la Société mathématique de France, il contacta Cantor plus d'un an avant l'échéance pour le convaincre de prononcer une

---

[84] Lettre de V. Volterra à É. Borel, 12 novembre 1897, Ac. Sc., dossiers É. Borel, Corresp. scientif.

[85] É. Borel, « Congrès international des mathématiciens. Première session : Zurich, août 1897 », *RGSPA*, t. 8, n° 19, 13 octobre 1897, p. 783-789.

conférence en séance plénière. Celui-ci commença par décliner, en raison de son état de santé, disait-il, mais il donna ensuite son accord[86]. Il signala à Borel qu'il souhaitait pouvoir s'exprimer en français pour faire honneur à ses hôtes et opta pour un exposé sur « L'historiographie des mathématiques »[87].

Le congrès se tint pendant que des foules de visiteurs se pressaient à Paris pour l'Exposition universelle. Un congrès international de Physique se tint au même moment. Borel n'eut pas de responsabilité particulière dans l'organigramme du congrès alors que Cartan et Hadamard étaient tous deux secrétaires de deux des sections, présidées par David Hilbert (1862-1943) et Painlevé. Pour Poincaré, Darboux, Tannery ou Painlevé, auxquels on peut associer le prince Roland Bonaparte (1858-1924), ce fut un grand moment de leurs carrières respectives. La cérémonie à l'Élysée, avec le président de la République en fut un témoignage. La République honorait ses savants, les savants montraient leur dévouement à la République. L'une et les autres rayonnaient sur l'Europe et le monde.

Ce congrès est resté, dans l'histoire des mathématiques, comme celui au cours duquel Hilbert énuméra les fameux « vingt-trois problèmes » non résolus que les mathématiciens devraient affronter, laissant ainsi se diffuser le message d'une science qui loin de tout achèvement, était agitée de profondes remises en cause et surtout conquérante. Dans ce congrès, trois des meilleurs contacts de Borel à l'étranger occupèrent une place de premier rang : Cantor, Volterra et Gustav Mittag-Leffler (1846-1927). Au niveau qui était le sien, Borel fit entendre sa « petite musique ». Il « demanda la parole pour présenter quelques observations à l'occasion de la remarquable communication de M. Mittag-Leffler », nous dit Ernest Duporcq (1873-1903), le secrétaire général et éditeur du *Compte-rendu* de ce congrès[88]. Dans cet ouvrage, ce n'est pas directement la communication de Borel qui était reproduite mais l'interprétation qu'en avait faite Duporcq. Le propos était saisissant :

> « (M. Borel) rappelle d'abord comment, dès la publication de la belle découverte de l'éminent géomètre suédois, il a donné dans les *Annales de l'École normale supérieure* (1899) une démonstration extrêmement simple du premier théorème fondamental. Cette démonstration était basée sur l'emploi de l'intégrale de Cauchy et se rattachait immédiatement à un principe antérieurement développé par M. Borel dans ses mémoires sur les séries divergentes. (…) Soit maintenant, au lieu d'une intégrale telle que

---

[86] Lettres de G. Cantor à É. Borel, 15 juin et 11 novembre 1899, Ac. Sc., dossiers É. Borel, Corresp. scientif.

[87] E. Duporcq, *Compte-rendu du 2ème congrès international des mathématiciens, Paris 6-12 août 1900*, Paris, Gauthier-Villars, 1902, 455 p. Duporcq était ingénieur polytechnicien, vice-secrétaire de la SMF.

[88] Id., p. 277-278.

> celle de Cauchy, une série, somme d'une infinité dénombrable de fractions rationnelles ; la même remarque subsiste, d'où la conséquence suivante, déjà indiquée par M. Borel dans les *Annales de l'École normale* : le théorème de M. Mittag-Leffler peut s'appliquer dans des cas où le prolongement analytique ne s'applique pas (...). Mais on peut aller plus loin et, en employant une méthode indiquée pour la première fois par M. Borel dans sa *Thèse* et reprise par lui dans ses premières *Leçons sur la théorie des fonctions*, on peut démontrer la proposition suivante : étant donnée une expression limite simple quelconque, analogue à celle de M. Mittag-Leffler, (...) il existe des fonctions analytiques telles que l'expression limite simple correspondante n'admette pas l'étoile A comme étoile de convergence, c'est-à-dire converge aussi en dehors de A. Cette proposition a été démontrée par M. Borel dans son *Mémoire sur les séries de polynômes et de fractions rationnelles* (*Acta Mathematica*, t. XXIV), et aussi dans ses *Leçons sur les séries divergentes* (Paris, 1901). »

On comprenait donc que Borel avait donc assuré, lors de sa prise de parole, la promotion des travaux de... Borel. C'était bref, percutant et, en effet, ainsi résumé par Duporcq, saisissant. Borel qui n'entendait pas apporter quelque chose d'inédit, frappa fort et ceux qui ne l'avaient pas encore reconnu pour ce qu'il était - un jeune homme intelligent et audacieux - comprirent sans doute à quel point il allait falloir, pour la suite, compter avec lui.

Mais, revenons deux années en arrière.

Leçons sur la théorie des fonctions, 1898

Cette année 1898 au cours de laquelle Borel avait reçu le prix de mathématiques de l'Académie des sciences, fut aussi celle de sa première publication d'un ouvrage personnel - le premier d'une longue série - ses *Leçons sur la théorie des fonctions*. Il n'avait auparavant édité que le cours de Poincaré, *Leçons sur la théorie de l'élasticité*, en association avec Drach, en 1892, les conférences de Tannery faites à l'ENS en 1895, et sa thèse dans les *Annales scientifiques de l'ENS*[89]. Ces premières publications lui avaient permis d'adopter un « style » quant à ce que seraient ses contributions au progrès des connaissances. Dans la préface de ces *Leçons*, expliquant pourquoi cet ouvrage sur la théorie des fonctions portait tout autant sur la

[89] H. Poincaré, *Leçons sur la théorie de l'élasticité, rédigées par MM.* É. Borel et J. Drach, Paris, Librairie Georges Carré, 1892 ; É. Borel et J. Drach, *Introduction à l'Étude de la Théorie des Nombres..., ouv. cit.* ; et É. Borel, « Sur quelques points de la théorie des fonctions », *Annales scientifiques de l'ENS*, 3ème série, vol. 12, janvier 1895, p. 9-55.

théorie des ensembles, il présentait en termes clairs quel était et serait son positionnement au cœur de la recherche scientifique, entre théorie pure souvent qualifiée d'« abstraction » et pratique, c'est-à-dire applications à des résultats concrets :

> « En parlant des ensembles, j'ai cherché à ne jamais perdre de vue les applications. Ce n'est pas que je méconnaisse le très haut intérêt que présente par elle-même la théorie des ensembles ; mais il m'a paru qu'il y avait lieu de distinguer nettement cet intérêt philosophique de l'utilité pratique de la théorie. »[90]

Ce point de vue, Borel l'avait déjà exprimé dans sa thèse :

> « Ces diverses fonctions, écrivait-il, n'ont peut-être pas de l'intérêt seulement pour les analystes. Il semble qu'elles peuvent fort bien jouer un rôle considérable en Physique où on ne les a pas introduites jusqu'ici simplement parce qu'elles n'étaient pas connues. »[91]

Après avoir donné quelques exemples, il ajoutait alors :

> « Il est évident que toutes ces hypothèses ne peuvent pas avoir la prétention d'être exactes. Mais l'essentiel, en Physique mathématique, c'est que l'on puisse bâtir un groupe de théories mathématiques ayant avec un groupe de phénomènes un certain nombre d'analogies grâce auxquelles on peut en découvrir d'autres. Cela suffit pour que la théorie soit utile. »

« Que la théorie soit utile » ! Voilà qui fut, dès le début de son itinéraire, le viatique de Borel. Tout comme il revint souvent sur ces idées dans ses publications scientifiques, il eut à cœur de les faire connaître dans le large public. Ce fut le cas dans une interview qu'il donna au grand quotidien *Le Temps* qui s'intéressait à ce jeune professeur que ses travaux sur la Théorie des fonctions commençaient à rendre célèbre :

> « Les spéculations mathématiques sont arides et leurs conséquences pratiques parfois bien lointaines, disait Borel au journaliste, mais leur histoire est aussi passionnante qu'un roman d'aventures. Le cas de Le Verrier, découvrant une planète par le calcul, est un beau triomphe de la théorie des fonctions. Il y a mieux encore, et moins connu. Entre 1820 et 1830, Cauchy publia les travaux sur les variables imaginaires qui lui ont valu à la fois tant de gloire et tant d'insultes. Parce qu'il a eu l'audace de baser

---

90 É. Borel, *Leçons sur la théorie des fonctions*, Paris, Gauthier-Villars, 1898, « Préface », p. VIII.

91 É. Borel, « Sur quelques points de la théorie des fonctions », *art. cit.*, p. 48 et 50.

ses recherches sur le signe $\sqrt{-1}$, on a écrit de Cauchy qu'il ne devait pas avoir conscience de ce qu'il faisait ; que ses intégrales singulières étaient de singulières intégrales, que ses inventions étaient des niaiseries et des absurdités, et enfin, que de telles folies étaient capables de faire dérailler les esprits ! Or, ce sont justement ces travaux de Cauchy si cruellement bafoués qui ont servi plus tard à Maxwell pour sa théorie sur l'identité de transmission entre l'électricité, la lumière et la chaleur ; ce sont les travaux de Maxwell et de Cauchy qui ont amené les expériences d'Hertz sur les ondulations électriques. Peut-on souhaiter plus belle revanche ? (...) C'est grâce à Cauchy, le fondateur de la théorie des fonctions que, dans peu de jours, le poste de la tour Eiffel va porter les nouvelles de Paris à une distance de huit mille kilomètres ! Vous voyez qu'il y a, dans la destinée des abstractions, d'émouvantes péripéties. »[92]

Au cœur du milieu mathématicien

Borel, installé dans le sillage de Darboux au centre de ce « microclimat intellectuel »[93], fut donc en mesure d'observer les modalités de son fonctionnement, comment il se reproduisait, comment se rapprochaient les affinités et se formaient les réseaux de chercheurs, comment étaient sélectionnés et orientés les candidats susceptibles de concourir pour les postes de maître de conférences, d'assistant et de professeur, comment se faisaient les choix permettant à l'Académie des sciences de désigner les lauréats de ses prix et récompenses, comment s'organisait, dans l'édition, la diffusion vers le public universitaire des savoirs et des idées nouvelles, comment s'établissaient les connections, voire les connivences, avec des milieux parallèles, académiques, intellectuels, mondains ou politiques.

Par exemple, Borel a connu le détail de la manière dont il fut favorisé pour accéder à un poste parisien avant Hadamard qui pouvait y prétendre et avait pourtant l'avantage de l'ancienneté :

> « Je ne puis rien vous dire de précis pour votre nomination, lui écrivait Picard, en 1896. Il y a eu un retard par suite de la réunion tardive du Conseil de l'Université (...). La vacance va donc être seulement déclarée ces jours-ci. C'est en somme un retard de quinze jours pour vous, ce qui est sans importance. Hadamard est venu à Paris, il y a une quinzaine de jours. Il aurait sans doute

92 « M. Émile Borel et la théorie des fonctions », *Le Temps*, 7 septembre 1909.

93 J.-F. Sirinelli, *Génération intellectuelle, ouv. cit.*, p. 12.

préféré être nommé à votre place mais il a pris la chose très gentiment. »[94]

Le tout accompagné des « sentiments affectueux » de Picard. Quelques années plus tard, la même situation se reproduisit à l'occasion de la vacante de la place qu'occupait Poincaré à l'Académie des sciences ; cette fois, c'est Painlevé qui tenait informé son jeune ami Borel, et, cette fois, celui-ci fut perdant :

> « Humbert trouve personnellement qu'il serait injuste de faire passer Hadamard, avec son œuvre considérable et variée, et plus ancien, avant vous (...). J'ai longuement discuté avec lui, je lui ai expliqué les lignes directrices de votre recherche qu'il connaît moins bien que celles d'Hadamard. Je lui ai dit aussi que Poincaré avait trouvé vos méthodes sur le théorème de Picard plus profondes et puissantes que celles d'Hadamard. (...) En dernière analyse il m'a dit : "Jordan lira les deux notices ; il se décidera (...). S'il est pour Borel, je serai aussi pour Borel." Mais, d'après mes conversations avec Jordan, il y a deux ans, je crois qu'il penchera aussi pour Hadamard, et je prévois qu'il dira lui aussi qu'il n'y a pas lieu de renverser l'ordre d'ancienneté. (...) Hadamard, jusqu'ici n'a pas bougé. Je regrette, cher ami, de ne pas avoir à vous transmettre des nouvelles plus favorables. Je sais bien que les probabilités humaines sont qu'une autre place soit bientôt libre dans la section, mais je conçois toute l'importance qu'aurait pour vous une élection immédiate. »[95]

La promotion de Perrin à la Sorbonne

Ainsi, alors que la chronique de l'accession rapide de Borel à des postes enviables montre comment tout semblait lui sourire, on connaît un autre cas de promotion rapide, celui de son camarade Perrin, très révélateur de l'entre-soi où étaient plongés ces jeunes scientifiques et de la compétition sévère à laquelle ils se livraient : au début de 1898, le Conseil de la faculté des Sciences eut à choisir un chargé de cours de Chimie-Physique ; Perrin, docteur depuis moins d'un an et aussitôt distingué par le prix Joule de l'Académie des sciences, se présenta, poussé par Appell, alors que Pierre Curie, de dix ans son aîné, professeur à l'EPCI et dont les travaux sur le magnétisme et la symétrie faisaient autorité mais qui n'avait encore aucune

---

[94] Lettre d'É. Picard à É. Borel, décembre 1896, déjà citée. Hadamard était, en effet « gentil », tout l'opposé de l'ambitieux Borel. (V. Maz'ya et T. Shaposhnikova, *Jacques Hadamard, un mathématicien universel*, Les Ulis, EDP Sciences, 1997.)

[95] Lettre de P. Painlevé à É. Borel, 15 août 1912, Ac. Sc., dossier É. Borel, Corresp. scientif. Painlevé faisait référence à Georges Humbert (1859-1921).

chaire à la Sorbonne, poussé lui par les physiciens Gabriel Lippmann (1845-1921) et Charles Fridel (1832-1899), était déjà candidat[96]. Le conseil eut du mal à trancher. Les premiers votes mirent Perrin et Curie à égalité mais en séance plénière, le Conseil de l'Université choisit largement Perrin. Ce résultat s'explique par le fait que Poincaré avait présenté les travaux du premier alors que ce fut Lippmann pour le second et qu'outre celui d'Appell, Perrin avait le soutien de Darboux et même d'Émile Duclaux (1840-1904) tandis que Curie ne put compter que sur Edmond Bouty (1846-1922) et Henri Pellat (1850-1909) en plus de Lippmann et Fridel ? Celui-ci, dépité, écrivit à Curie :

> « Que voulez-vous faire contre un normalien et contre le parti pris des mathématiciens ? »[97]

Et en effet, au contraire de Perrin, Curie n'était pas normalien ni même agrégé et, circonstance aggravante, il était professeur à l'École de Physique et Chimie Industrielles, une école d'ingénieurs, autant dire « très loin » de l'ENS. Et puis, s'il était soutenu par deux normaliens, Lippmann et Bouty, le premier avait échoué à l'agrégation et, loin d'être des théoriciens ou des adeptes de la « science pure », tous deux s'occupaient plutôt d'applications de la physique. Alors que la chaire à pourvoir était une chaire de Chimie-Physique, les chimistes et les physiciens ne firent pas la décision. Bouty et Pellat qui avaient pourtant fait partie du jury de thèse de Perrin eurent beau défendre la candidature de Curie, ils n'eurent pas gain de cause. Perrin fut donc nommé à la faculté des Sciences dès 1898 et il obtint, du même coup, la direction d'un laboratoire. Curie fut extrêmement déçu par cette issue, lui qui avait déjà du mal à se forcer à penser à sa carrière.

Le cas de son ami Jules Drach

Un autre cas que Borel eut à connaître de près fut celui de Jules Drach qui appartenait à la même promotion de l'ENS que lui. Bien que « venus des deux extrémités de la France, aussi différents que possible par la race et le tempérament », comme Tannery le releva, ils devinrent alors des amis proches et le restèrent[98]. Ils avaient en commun leur curiosité pour les généralisations théoriques, les théories générales, les autres sciences, et aussi la lecture et le débat d'idées. « Le rêve de Drach était évidemment d'être le (Évariste) Galois de sa génération », disait Borel qui était intarissable sur les

---

[96] M. Curie, *Pierre Curie*, *ouv. cit.* A. Hurvic, *Pierre Curie*, Paris, Flammarion, 1995, p. 115-117. M. Charpentier-Morize, *Jean Perrin, ouv. cit.*, p. 28-29.

[97] Lettre de Ch. Fridel à P. Curie, 3 mars 1898, dans K. Blanc, *Pierre Curie - Correspondances*, Saint-Rémy-en-l'Eau, éditions Monelle Payot, 2009, p. 82.

[98] Cité par H. Villat, dans sa *Notice sur la vie et l'œuvre de Jules Drach*, séance du 2 juillet 1951, Académie des sciences, notices et discours, p. 210. Nombreuses lettres de Drach dans les papiers de madame Françoise Besson.

qualités de curiosité et d'intuition de son ancien condisciple[99]. Mais tandis que son camarade réussissait brillamment, Drach accumula les déconvenues. Borel fit de son mieux pour le protéger et l'aider et leurs liens se maintinrent solidement jusqu'à la fin de la vie de Drach, en 1949.

Borel avait rédigé avec Drach son premier ouvrage, l'édition du cours de Poincaré, en 1892[100]. Ils récidivèrent, en 1895, pour, cette fois, les conférences de Tannery à l'ENS[101]. C'est à ce moment-là, après que Drach avait échoué à l'agrégation de mathématiques en 1892, que, si on en croit une longue lettre de Tannery à Borel, quelques difficultés apparurent avec cet élève brillant, à propos de la rédaction de ce livre. Tannery y confirmait à Borel que certaines pages de Drach ne lui convenaient pas car il les jugeait trop obscures et il évoquait, à mots couverts, de plus graves problèmes qu'il suggérait à Borel de régler auprès de son camarade. Il ajoutait : « Il est bien entendu que votre nom ne peut disparaître du livre. » [102] Trois ans plus tard, alors que les patrons des mathématiques parisiennes s'étaient mis d'accord avec Louis Liard, le redouté et respecté directeur de l'Enseignement supérieur, pour nommer Drach qui n'avait pas encore soutenu sa thèse, à une maîtrise de conférence en le faisant passer devant un autre candidat, sans doute Émile Leroy, l'affaire tourna au drame[103]. Ernest Vessiot (1865-1952) écrivit à Drach pour l'informer de ses « doutes très sérieux » sur certains « points obscurs » figurant dans la thèse. Painlevé écrivit ensuite à Borel pour lui annoncer - ou lui confirmer - que Vessiot et Cartan contestaient le contenu de la thèse de Drach et considéraient même que celle-ci était « fausse de fond en comble » et que lui aussi était de cet avis :

> « Je n'aperçois, dans la thèse de Drach, aucun moyen de démontrer le théorème fondamental ou d'en commencer la démonstration. Si la proposition est exacte (...) je présume que sa démonstration doit exiger de très grands efforts. »[104]

Painlevé demandait à Borel d'intervenir auprès de Drach, afin de lui « donner quelques conseils (...), de le convaincre et le calmer, et l'empêcher de prendre l'affaire au tragique ». Drach put, au cours des années suivantes,

---

[99] *Id.*

[100] H. Poincaré, *Leçons sur la théorie de l'élasticité..., ouv. cit.*

[101] É. Borel et J. Drach, *Introduction à l'Étude de la Théorie des Nombres..., ouv. cit.*

[102] Lettre de J. Tannery à É. Borel, n° 5, sans date mais probablement de 1895, Ac. Sc., dossiers E. Borel, Corresp. scientif. « La lecture des Mémoires originaux de Drach semble difficile ; c'est la seule raison pour laquelle son œuvre n'a pas atteint la notoriété qu'elle mérite. » (G. Heilbronn, « Intégration des équations aux dérivées partielles du second ordre par la méthode de Drach », *Mémorial des Sciences mathématiques*, fasc. CXXIX, Paris, Gauthier-Villars, 1955, introduction, p. 1-2)

[103] Rapports d'É. Picard et G. Darboux sur la thèse de Jules Drach, 15 mai 1898, AN, AJ-16-5536.

[104] Lettre de P. Painlevé à É. Borel, 17 octobre 1898, Ac. Sc., dossiers É. Borel, Corresp. scientif.

montrer l'intérêt et la validité de la méthode qu'il avait explorée pour sa thèse, mais cette affaire contribua sans aucun doute à raidir son caractère[105]. Surtout, cette lettre était révélatrice que la manière dont fonctionnait cet étroit petit milieu : Painlevé évoquait successivement tous ses collègues, Vessiot et Cartan qui lui avaient écrit pour qu'il fasse quelque chose, Picard qu'il avait tenu à informer « de façon à atténuer le plus possible l'effet », Darboux qu'il demandait à Borel de voir car « s'il apprenait la chose par quelqu'un de défavorable à Drach les conséquences pourraient être désastreuses », Tannery qui restait quant à lui « plein de bienveillance pour Drach et d'accord avec (Painlevé) sur ce fait qu'il rest(ait) d'autres travaux à l'actif de Drach et que c'(étai)t malgré tout quelqu'un ». Bref, Painlevé suggérait finalement à Borel de rentrer le plus vite possible à Paris pour gérer cette situation au mieux. Drach eut bien une maîtrise de conférences, à Clermont-Ferrand, et il soutint sa thèse avant la fin de l'année. Comme Tannery quelques années plus tôt, Painlevé se désolait des difficultés rencontrées par cet « esprit peu sûr ». Lorsqu'il fut candidat au Grand prix de mathématiques, Drach connut les mêmes déboires, le jury lui reprochant que son mémoire, « bien qu'il fût loin d'être dépourvu d'imagination et de vues nouvelles », avait paru « inachevé »[106].

Pendant ces années difficiles, Drach faisait partie du petit groupe des habitués qui fréquentaient l'appartement du couple Borel, avec un Perrin, un Lebesgue, un Paul Montel (1876-1975), un Langevin. Les deux couples se retrouvèrent souvent pendant les vacances, éventuellement dans l'Aveyron, et ils firent ensemble un séjour touristique et culturel à Londres. Drach étant entré au jury de l'École navale, il y retrouvait, chaque année, Borel aussi bien que Perrin, les épouses les accompagnant parfois[107]. Et, bien sûr, Drach fut un des piliers de *La Revue du Mois*. On ne peut ignorer le fait que cet esprit brillant était d'origine sociale très modeste et qu'il avait dû travailler pour payer ses études[108]. Borel commentait cela en termes désolés :

> « Il ne devait jamais oublier son enfance malheureuse et il s'habitua difficilement à l'idée qu'il pouvait appartenir à une autre classe que celle de ses parents. »[109]

---

105 Pour un point sur cet épisode, voir H. Villat, *Notice sur la vie et l'œuvre de Jules Drach*, *ouv. cit.* Et aussi É. Cartan, « L'œuvre scientifique de M. Ernest Vessiot », *Bulletin de la Société mathématique de France*, t. 75, 1947, p. 1-8 et G. Julia, *CR*, séance du 14 mars 1949, t. 228, n° 11, 1949, 1er semestre, p. 877-878.) Les *Cahiers du séminaire d'histoire des mathématiques* ont publié, en 1981 (t. 2, p. 18-57), une « Liste des travaux de Jules Drach », à laquelle sont joints les rapports de Picard et Darboux lors de la soutenance de thèse de Drach et la correspondance échangée entre Vessiot, Drach et Painlevé au sujet de celle-ci.

106 P. Appell, É. Picard, C. Jordan, P. Painlevé et H. Poincaré, « Grand prix de mathématiques », *CR*, t. 135, 1902, p. 1154-1161.

107 C. Marbo, *ouv. cit.*, p. 98.

108 C. Charle et E. Telkès, *ouv. cit.*, notice de Jules Drach, p. 111-114.

109 Cité par H. Villat, *ouv. cit.*, p. 221.

Drach eut donc à accepter une longue « relégation » en province, d'abord à Clermont puis Lille et Poitiers et enfin Toulouse, avant d'obtenir d'être chargé de cours à Paris. Pendant la guerre, il fut un des mathématiciens les plus impliqués dans les recherches appliquées à des buts militaires, en particulier en balistique[110]. En 1919, la chaire de Mathématiques générales ayant été libérée par le transfert de Claude Guichard (1861-1924), Drach et Vessiot se portèrent candidats. Celui-ci, défendu par Painlevé, fut placé en première ligne par 9 voix contre 2, et Drach en seconde ligne, avec l'appui de Lebesgue et Borel. Au Conseil de la faculté, la gêne fut perceptible, Painlevé, rapporteur pour Vessiot, « rend(an)t hommage aux qualités scientifiques » de Drach et souhaitant qu'il obtienne dans l'avenir une chaire, Borel justifiant son vote pour Drach en commission mais reconnaissant les qualités de Vessiot qui lui paraissait devoir l'emporter « au bénéfice de l'âge », et Picard, absent, expliquant par courrier que « les qualités de professeur » de Vessiot expliquaient sa préférence[111]. Le jeu de chaises musicales propre aux chaires de mathématiques permit, l'année suivante, Painlevé glissant sur la chaire libérée par Appell, Cartan sur celle de Painlevé et Vessiot sur celle de Cartan, à Drach d'être élu à la chaire de Mathématiques générales[112]. Sa carrière parut alors consolidée. Il reçut même le prix Poncelet, en 1923, et le prix Petit-Ormoy, en 1925 - soit plus de vingt ans après que Borel les avait obtenus - et fut le principal maître d'œuvre de la publication des *Œuvres* de Poincaré, à partir de 1928.

L'ascension de Borel

Cette connaissance des processus de promotion et des stratégies de coterie à l'œuvre dans l'Université mit Borel en mesure, dès ces années de la fin du siècle, de se poser en chef de file des mathématiciens travaillant sur la théorie des fonctions et la théorie des ensembles et de rassembler ceux-ci dans une collection de monographies dont il rédigea lui-même une partie - une dizaine de volumes sur la cinquantaine de cette collection[113]. Il reçut alors, plusieurs années de suite, divers prix prestigieux de l'Académie des sciences : après le Grand prix des sciences mathématiques, en 1898, puis le prix Poncelet, en 1901, le prix Vaillant, en 1904, et le prix Petit d'Ormoy, doté de 10 000 francs, en 1905. L'obtention du Grand prix, dès 1898, donna à Borel sa première reconnaissance institutionnelle. Cette même année, il publia donc ses *Leçons sur le Théorie des fonctions* ; à partir de 1899, il fut le premier à être

---

[110] D. Aubin, H. Gispert et C. Goldstein, « Les mathématiciens français dans la Grande Guerre », dans F. Bouloc, R. Cazals, A. Loez (éd.), *1914-1918. Identités troublées : les appartenances sociales et nationales à l'épreuve de la guerre*, Toulouse, Privat, 2011, p. 183-197.
[111] PV des séances du CFSP, séance du 10 mai 1919, AN, AJ-16-5123.
[112] Id., séance du 30 avril 1920, AN, AJ-16-5123.
[113] C. Ehrhardt, « Du cours magistral à l'entreprise éditoriale », *art. cit.*

chargé, pendant trois ans - ce qui était très inattendu -, du tout nouveau cours Peccot, au Collège de France, un cours permettant à un jeune mathématicien de présenter les résultats de ses travaux ; dès 1900, il se présenta, une première fois au siège de la section de Géométrie de l'Académie des sciences laissé vacant par Darboux, devenu secrétaire perpétuel ; Painlevé fut élu mais Borel, placé en troisième ligne comme Hadamard, derrière Goursat et Humbert, prit date[114]. En 1901, il devenait examinateur au jury d'admission de l'École navale et il renouvelait, comme Hadamard, sa tentative à l'Académie des sciences, au siège rendu vacant par le décès de Charles Hermite : Humbert fut élu, Goursat resta en seconde ligne[115]. En 1903, il se voyait décerner le titre d'Officier de l'Instruction publique et, en novembre 1904, il fut nommé professeur adjoint de Mécanique à la faculté des Sciences de Paris. En même temps que lui, Hadamard et Curie furent eux aussi nommé à la faculté des Sciences - ce dernier avait reçu, un an auparavant, avec Marie Curie et Henri Becquerel le prix Nobel de Physique[116]. Borel et Curie entrèrent ainsi en même temps au Conseil de la faculté des Sciences et Borel y occupa très rapidement une place importante si on en juge par le nombre de ses interventions[117]. En ce même automne 1904, il fut aussi candidat, pour la première fois, aux fonctions de sous-directeur de l'ENS, chargé des études scientifiques ; une fois encore, comme lors de ses candidatures antérieures à l'Académie des sciences, il prenait ainsi date et signifiait une ambition. Tandis que l'historien Ernest Lavisse (1842-1922) devenait directeur - la tradition ayant jusque-là toujours réservé ce poste à un « littéraire » - Tannery fut réélu sous-directeur ; mais la faculté des Sciences présenta Borel en seconde ligne[118]. Puis, en 1905, celui-ci devint, pour un an, président de la Société mathématique de France[119]. Il avait trente quatre ans.

Apparition d'un « style borélien » en mathématique

De nombreuses études d'histoire des mathématiques ont été consacrées au tournant que représenta, dans le domaine de l'analyse et spécifiquement

---

[114] *Annales de l'Académie des sciences*, t. 131, p. 974, comité secret du 3 décembre 1900.

[115] *Id.*, t. 132, p. 654, comité secret du 11 mars 1901.

[116] Arrêté du ministre de l'Instruction publique, 26 juillet 1904, registre des PV du CFSP, AN-AJ/16/5123. Le même arrêté nommait aussi Hadamard, tandis qu'un arrêté antérieur, du 21 juillet, nommait Curie à une chaire de Physique et que lui aussi commençait son enseignement en novembre 1904.

[117] PV du CFSP, séances du 30 novembre 1904, AN-AJ/16/5133.

[118] PV de la séance du CUP, 30 octobre 1904, AN-AJ/16/2587. Après le rattachement de l'ENS à l'Université de Paris par suite de la réforme de 1903, le Conseil de l'Université de Paris était chargé, pour la première fois, de désigner ses candidats à la direction de l'ENS. Deux ans plus tard, Borel fut, de nouveau, présenté en 2ème ligne, Tannery restant le candidat du Conseil. (Id., 26 juillet 1906, AN-AJ/16/2587)

[119] La chronologie de cette carrière est tirée de la note manuscrite de Borel, rédigée en vue de la Légion d'honneur qui lui fut décernée, en 1909, déjà citée.

dans celui de la théorie des fonctions, la dernière décennie du XIXème siècle. Parmi ces études, celle qu'Hélène Gispert a publiée, en 1995, constitue un véritable panorama du champ des mathématiques françaises d'alors[120]. René Baire, Henri Lebesgue et Borel sont certes en cause, mais aussi Hadamard ou Painlevé et d'autres. Constatant que de nombreux articles parus aux *Comptes rendus* « se renvo(yai)ent les uns aux autres » et avaient « un réseau commun de références », Gispert en déduit qu'il existait « des intérêts "officiels" du milieu » recoupant ce que Borel et d'autres appelaient, depuis la fin des années 1890, « Théorie des ensembles » et que, tandis que de nombreux auteurs nouveaux - Maurice Fréchet (1878-1973), Arnaud Denjoy (1884-1974), par exemple - venaient s'ajouter aux précédents, les travaux dans ces domaines en étaient venus à représenter jusqu'à 17% des publications relevant de l'analyse. Selon Gispert, les mathématiciens s'étaient tournés vers ces nouveaux objets en toute conscience du fait que, comme l'écrivait Painlevé, « le développement actuel des mathématiques (était) une évolution nécessaire » et qu'il relevait « de l'intelligence la moins abstraite, la plus éprise de réalité, (cherchant) à perfectionner les sciences exactes en vue d'applications importantes ».

Lorsque Borel entreprit de devenir une référence dans la famille des mathématiciens, la théorie des ensembles, en partie en liaison avec les travaux de Cantor mais aussi ceux du Suédois Mittag-Leffler qui furent longtemps considérés avec méfiance comme étant autant philosophiques que mathématiques, était en passe de devenir un des domaines les plus dynamiques de la recherche mathématique en France[121]. Ses premiers travaux sur la théorie des fonctions et la théorie des ensembles permirent à Borel de se faire connaître avant même sa soutenance de thèse. Dans sa première *Notice* sur ses travaux scientifiques, il a indiqué que ses travaux avaient porté sur l'éclaircissement et la généralisation de la notion même de fonction en considérant la grande diversité des objets désormais recouverts sous ce terme, et qu'il avait particulièrement étudié les fonctions entières et les séries divergentes. Dans la théorie des ensembles, il forgea alors la notion d'ensemble mesurable puis celle d'ensemble à mesure nulle ce qui le conduisit à refonder partiellement la théorie de la mesure :

> « Mes recherches, écrivait Borel, (...) m'ont conduit à étudier les ensembles de points situés sur une droite ; parmi tous les ensembles possibles, j'en ai distingué une catégorie déterminée à laquelle j'ai donné le nom d'ensembles mesurables ; à chaque

---

[120] H. Gispert, « La théorie des ensembles en France avant la crise de 1905... », *art. cit.*

[121] Jean Itard écrit : « Des esprits aussi éminents que celui d'Hermite sont restés systématiquement "anticantoriens" car les mathématiciens s'étaient en quelque sorte divisés en deux clans. » (dans R. Taton, *Histoire générale des sciences*, t. 3, « La science contemporaine (XIXème siècle) », Paris, PUF, 1981, p. 70.

ensemble mesurable correspond un nombre bien déterminé qu'on appelle sa mesure. »[122]

Depuis Euclide au moins, la notion de mesure des grandeurs a été centrale. Le terme « mesure », ici, renvoie à l'action de décider comment peut être structurée la chose mesurée, comment peut se faire une mesure de celle-ci, fondamentalement par l'additivité[123]. De Broglie souligna plus tard l'importance de l'apport d'alors de Borel en indiquant qu'il « avait voulu mettre plus de clarté dans la théorie des ensembles en donnant dans cette théorie une nouvelle définition de la notion de base de "mesure" et que celle-ci fut l'origine des travaux de nombreux continuateurs, en particulier Lebesgue »[124]. Ultérieurement, Borel consacra des chapitres entiers de *L'Espace et le temps* aux problèmes de la mesure de l'espace et du temps pour poser les bases d'une compréhension facilitée de la théorie de la relativité[125]. Henri Bergson lui écrivit qu' « il se dégage(ait) de là une véritable philosophie de la mesure »[126]. La nature de ses travaux sur la mesure et les ensembles peut être résumée d'après sa *Notice* :

> « La propriété dont je me suis le plus servi, notait-il, est celle-ci : tout ensemble dont la mesure n'est pas nulle renferme une infinité non dénombrable de points. Ce résultat est d'ailleurs une conséquence du théorème suivant, que j'avais obtenu antérieurement : si l'on a sur un segment de droite une infinité d'intervalles dont la somme est inférieure à la longueur du segment, il y a une infinité non dénombrable de points du segment qui n'appartiennent à aucun intervalle. »[127]

On doit donc à Borel le développement d'une théorie des ensembles infinis dénombrables, ceux qui comportent une infinité d'éléments identifiables avec des nombres entiers, et des ensembles infinis continus, ceux dont on ne peut dénombrer les éléments avec les nombres entiers ; par exemple l'ensemble des points d'une droite qui comprend des entiers mais aussi des nombres rationnels et même des irrationnels. On peut suivre H. Gispert qui estime qu'étant donné le voisinage des travaux de Borel, Baire et Lebesgue et d'autres dans le domaine de l'étude des ensembles, ainsi que leurs interactions multiples, et de la même façon si on observe la production

---

[122] É. Borel, *Notice sur les travaux scientifiques de M. Émile Borel*, Paris, Gauthier-Villars, 1901, p. 14. Voir la définition de la mesure d'un ensemble dans É. Borel, *Leçons sur la théorie des fonctions, ouv. cit.*, p. 46.

[123] J.-Ph. Massonie, « Introduction à la théorie de la mesure », *Histoire & Mesure*, vol. 3, 1988, n°1, p. 7-18.

[124] L. de Broglie, « Notice sur la vie et l'œuvre d'Émile Borel », déjà citée.

[125] É. Borel, *L'Espace et le temps*, Paris, Alcan, 1922.

[126] Lettre d'H. Bergson à É. Borel, 30 mars 1922, Papiers de madame Besson.

[127] *Notice sur les travaux scientifiques de M. Émile Borel, déjà citée.*

« normale » de l'ensemble du milieu, il y a eu « une dimension spécifiquement française à l'histoire de la théorie des ensembles »[128].

Dès la présentation de ses premiers résultats, Borel adopta un « style » de publication, un style d'exposition qui se confirma ensuite. Faisant un bilan, plusieurs décennies après, des apports de Borel, Bru et al. se sont interrogés sur le fait que, selon eux, « Borel, par un travers singulier, s'ingéni(ait) à dissimuler ses idées les plus intéressantes »[129], en citant comme exemple « sa remarquable classification des ensembles de mesure nulle ». On retrouva cette caractéristique dans sa façon d'exposer, après la Seconde Guerre mondiale, « sa solution mathématique du problème de Saint-Pétersbourg, soigneusement cachée dans un volume (...) intitulé *Probabilité et certitude* ». Ils ajoutent qu'il « ne consenti(t) jamais à préciser vraiment » la plupart de ses contributions comme sa théorie de la mesure ou sa théorie des probabilités dénombrables, et même qu'il adopta progressivement « un parti pris délibéré et systématique (consistant à) privilégier l'exposition des idées, la syntaxe et l'esthétique d'une langue bien faite plutôt que la rigueur logique et mathématique qui allait de soi », au point de « maintenir dans le flou les définitions des formes des objets qu'il manipul(ait) (...) et (de) donner aux énoncés qui en précis(ai)ent la nature et plus encore à leurs démonstrations une grande latitude d'interprétation et de généralité ».

On peut voir une illustration de ce problème dans les remarques que Mittag-Leffler qui ne le connaissait pas encore lui adressa, en 1896 - rédigées en français, bien sûr... - lorsqu'il se fit connaître de toute la planète mathématique avec sa solution du Théorème de Picard :

> « On me parle beaucoup ici, écrivait Mittag-Leffler, de votre démonstration du théorème Picard qu'on ne paraît pas avoir compris entièrement (mot illisible, ndlr) ou que la rédaction a été très succincte. Je me permets donc de vous proposer dans l'intérêt de la science d'écrire une autre rédaction que vous feriez (aus)si

---

[128] H. Gispert, « La théorie des ensembles en France avant la crise de 1905... », *art. cit.*, p. 76.

[129] B. Bru, M.-F. Bru et K.L. Chung, « Borel et la martingale de Saint-Pétersbourg », *art. cit.*, p. 182. Citons à ce sujet un propos de Jean-Pierre Kahane : « Borel part de la mesure des intervalles, qui est leur longueur, puis il passe aux réunions dénombrables d'intervalles et à leurs complémentaires, puis il répète les opérations de réunion dénombrable et de complémentation, autant de fois qu'il le veut, et il obtient ainsi les ensembles que nous appelons aujourd'hui boréliens. Il est convaincu de pouvoir construire une mesure totalement additive sur la famille en question, que nous appelons aujourd'hui la tribu borélienne, mais il ne le fait pas, ni en 1898 dans ses *Leçons sur la théorie des fonctions*, ni jamais plus tard. (...) C'est donc Lebesgue, indiscutablement, qui a achevé la théorie de la mesure de Borel, tout en introduisant une nouvelle classe d'ensembles, parmi lesquels les ensembles de mesure nulle. » (J.-P. Kahane, « Naissance et postérité de l'intégrale de Lebesgue », séance de l'Académie des sciences, 5 mars 2001, en ligne.)

développée et (aus)si claire que vous trouveriez nécessaire et qui sera destinée pour les *Acta.* »

« Votre mémoire est entre mes mains (c'est-à-dire, sans doute, celui "Sur les zéros des fonctions entières", que Mittag-Leffler avait demandé, par une autre lettre, ndlr). (...) J'ai pu admirer la profondeur de vos pensées et la lucidité de votre exposition. Il me paraît pourtant que cette exposition est un peu trop courte et ne perdrait pas d'être amplifiée. »[130]

Soulignant que Borel avait pourtant montré, dans certains de ses travaux, par exemple lorsqu'il concourut pour le prix Vaillant, en 1904, qu'il aurait pu s'astreindre à une telle rigueur, Bru et ses collègues proposent deux hypothèses : soit que « les idées mathématiques de Borel (étaie)nt trop en avance sur ses possibilités techniques », son mode d'exposition étant alors « le meilleur » dont il disposait ; soit que, comme il le disait lui-même, « il y aurait (eu) lieu d'entrer dans de plus grands détails mais cela risquait d'être long et en tous cas trop fastidieux » et qu'il « avait mieux à faire (...), laissant le soin à d'autres de transcrire en langage mathématique ses avancées vulgarisatrices les plus audacieuses qui parfois dépass(ai)ent sans crier gare, le front scientifique de son temps »[131].

Le « style » Borel c'était donc ce mélange de claire conscience de sa vive capacité intuitive à percevoir les problèmes auxquels les mathématiciens de son temps devaient s'affronter et de solide confiance dans son aptitude à conduire par le raisonnement, même rapidement esquissé, le profond bouleversement des bases même des sciences mathématiques que le traitement de ces problèmes allait entraîner. En somme, Borel qui connaissait la formule métaphorique reprise par Blaise Pascal ou Isaac Newton - « Si j'ai vu plus loin, c'est en montant sur les épaules de géants » - savait bien tout ce qu'il devait à ses prédécesseurs et maîtres, que ce fût Galois, Cauchy, Cantor ou Riemann mais, pour pousser à son tour plus loin la connaissance, à n'en pas douter il se sentait « à la hauteur ».

1.2. Une belle place au cœur des élites

Le parcours de Borel au sein de cette élite scientifique parisienne fut, d'un coup, concrétisé en termes de reconnaissance et de positionnement et, par la suite, puissamment accéléré lorsqu'à un peu plus de 30 ans, il épousa, le 12 octobre 1901, la très jeune fille de Paul Appell, Marguerite Appell

[130] Lettres de G. Mittag-Leffler à É. Borel, 10 juillet et 18 octobre 1896, Ac. Sc., dossiers É. Borel, Corresp. scientif.

[131] B. Bru, M.C. Bru et K.L. Chung, « Borel et la martingale de Saint-Pétersbourg », *art. cit.*

(1883-1969), de douze ans sa cadette, tout juste quelques mois après que celle-ci avait fêté ses 18 ans. Ainsi reproduisait-il le parcours de son maître à l'École normale, Émile Picard, qui avait lui aussi épousé, vingt ans plus tôt, la fille d'un grand mathématicien qui enseignait lui aussi à l'ENS, Charles Hermite.

Depuis plusieurs années, Borel avait été invité à fréquenter le domicile de Paul et Amélie Appell. Celui-ci, normalien brillant dont les premiers pas avaient été guidés par Poincaré, était son ancien professeur à l'ENS et il cumulait les fonctions de professeur de Mécanique rationnelle à la faculté des Sciences et de professeur à l'École centrale, était membre de l'Académie des sciences depuis 1892, et allait en 1903, succédant à Darboux, accéder au décanat de la faculté des Sciences. Borel avait été introduit dans cette famille par ce dernier qui était un habitué des « dîners scientifiques » que donnaient les Appell et auxquels participaient aussi, parmi d'autres, Jacques Hadamard ou Paul Painlevé, avec lesquels Borel avait noué des relations étroites, et auxquels fut bientôt invité un autre « prodige », le jeune Jean Perrin. Que Borel ait distingué, parmi les autres « filles de pontifes » qu'il avait pu rencontrer, la jeune Marguerite Appell parce qu'il la trouvait « différente » - c'est-à-dire plus intelligente ; c'est du moins ce que celle-ci écrivit, plus tard, dans ses mémoires - plutôt que pour toute autre raison est très probable[132]. Ce qui est certain, c'est que l'entrée dans la famille Appell signifiait bien, pour Borel, un bond en avant au sein de ce monde neuf de l'élite universitaire, où l'entre-soi, voire l'endogamie, étaient, en une ou deux générations, devenus omniprésents, voire de rigueur, et où on ne dérogeait pas facilement. L'épouse d'Appell, Amélie Bertrand (1840-1913), était elle-même la fille de l'archéologue Alexandre Bertrand (1820-1902) et la nièce des mathématiciens Joseph Bertrand (1822-1900) et Charles Hermite, et la cousine d'Émile Picard. En s'alliant avec la famille Appell, c'est avec toutes ces familles que Borel nouait donc des liens, en même temps qu'il entrait dans la familiarité des réseaux de scientifiques et d'universitaires dont Appell était le centre : Poincaré, Darboux, Painlevé, le philosophe normalien, enseignant à l'ENS, Émile Boutroux (1845-1921), le chimiste et pharmacien Henri Moissan (1852-1907), futur prix Nobel en 1906, mais aussi l'historien Charles Seignobos (1854-1942) et tant d'autres. Ainsi Painlevé fut-il choisi comme témoin par Borel, lors de son mariage, l'autre étant l'oncle de la mariée, Joseph Bertrand.

En épousant cet homme plus âgé qu'elle et qu'elle avait pu voir, avant cela, comme une sorte d'ami de la famille, Marguerite Borel, dont il faut rappeler qu'elle avait passé plus de trois années, entre douze et quinze ans, au couvent et avait même songé à entrer dans l'ordre dont celui-ci dépendait, plus que faire un choix décida de suivre une destinée. Elle écrira, plus tard, qu'elle avait besoin de quitter le foyer familial ; le mariage était une

---

[132] C. Marbo, *À travers deux siècles, ouv. cit.*, p. 20.

solution. Borel était un « bel homme, brun, avec des yeux dorés », grand et fin, portant avec élégance une moustache et une barbe assez fournies, inspirées de loin par la plus stricte impériale désormais moins à la mode. Son mètre soixante dix-sept le plaçait sous la haute taille de Langevin mais très au-dessus de Perrin. Bref, il pouvait plaire et avoir plu à la jeune Appell comme il avait plu aussi, selon la rumeur rapportée par Marguerite, à la fille de Darboux, d'autant que sa forte réputation intellectuelle ne pouvait qu'ajouter à cette séduction naturelle. Pourtant, comme l'indiquait Marguerite, c'est bien Borel qui, presque par surprise, formula son choix directement auprès de ses parents, celle-ci décidant alors, « étourdie, flattée, charmée aussi », d'accepter la proposition[133].

Il est difficile de démêler dans ce qu'il advint du jeune Borel ce qui peut relever de l'influence directe d'Appell, son désormais beau-père - par exemple pour expliquer la rapidité de sa carrière - de celle du milieu dans son ensemble. Il y eut une avancée très rapide dans le *cursus honorum* universitaire, plusieurs prix académiques prestigieux successifs, l'attribution du tout nouveau cours Peccot au Collège de France, sur trois années, de 1899 à 1902, et même des récompenses plus secondaires mais significatives comme l'attribution du grade d'officier de l'Instruction publique, en juillet 1903, à peine le terme des cinq années nécessaires dans le titre précédent d'officier d'Académie étant passé, et enfin cette nomination au grade de chevalier de la Légion d'honneur, en juillet 1909, accordée par René Viviani, au titre du ministère du Travail et de la Prévoyance sociale, la distinction étant reçue par Borel, en grande cérémonie, des mains de son beau-père, lui-même alors commandeur dans l'ordre de la Légion d'honneur[134].

Paul Appell, un défricheur et un modèle pour Borel

Il reste qu'Appell incarnait à merveille ce que ce nouveau milieu universitaire avait produit et allait produire de meilleur comme type de savant de haut vol converti en intellectuel de premier plan et en administrateur modernisateur de l'Université de premier rang. Il est certain que ce modèle a profondément influencé Borel. Appell, lorsque Borel épousa sa fille, avait 46 ans et il n'était pas encore parvenu au sommet sinon de sa gloire du moins de son influence sociale ; deux ans plus tard, il fut élu doyen de la faculté des Sciences de Paris, puis la guerre vit ce rejeton exilé d'une famille de teinturiers alsaciens catholiques, naguère engagé parmi les

---

[133] Voir le chapitre V au titre très significatif, « Le couvent et le mariage », dans les souvenirs de C. Marbo, *À travers deux siècles*, *ouv. cit.*, p. 61.

[134] Dossier É. Borel, archives de la Légion d'honneur, matricule n° 79525, déjà cité. Voir aussi les cartons d'Appell envoyés à son gendre pour lui annoncer ses diverses promotions. (Papiers de madame Françoise Besson)

premiers en faveur de Dreyfus, obtenir les plus hautes consécrations en devenant le président du Secours national, avec à ses côtés les personnalités les plus prestigieuse de la République, et surtout l'après-guerre, quand il devint recteur de l'Université de Paris et président du Comité national d'aide à la recherche scientifique - créé sur le modèle du Secours national - puis président de l'Association française pour la Société des nations (AFSDN) et secrétaire général représentant de la France auprès de la SDN.

Appell se faisait une haute idée de la place et de l'avenir de la science dans l'évolution humaine aussi bien que dans le devenir de la société. Ses idées sur la nécessité de développer et d'organiser la recherche scientifique étaient parmi les plus élaborées et les mieux affirmées dans les hommes de sa génération. Il les exprima, en particulier en deux occasions où Borel, placé à ses côtés, put en suivre l'élaboration et les discussions au sein du cercle proche. D'abord, à l'occasion du congrès de l'Association française pour l'avancement des sciences (AFAS) d'août 1908, au cours duquel, Appell, président annuel de l'association, fit un exposé très remarqué et qui fit date sur « L'enseignement des sciences et la formation de l'esprit scientifique ». Ce discours fut aussitôt reproduit dans *La Revue scientifique* et dans *La Revue du Mois* que les époux Borel venaient de créer[135]. Ensuite, ce fut en publiant un long article dans *La Revue de Paris* du 1er novembre 1910 sur « La faculté des Sciences de l'Université de Paris (1895-1910) »[136].

Dans le discours à l'AFAS, Appell dessinait le type idéal du chercheur « modeste et prudent » qui « donne à la vie le but le plus élevé qui soit, la recherche de la vérité », une vérité qui reste relative, « le fond des choses, si cette expression a un sens, devant toujours échapper à l'humanité ». Surtout, il définissait la place de la recherche au sein d'une Université qui venait d'être refondée sur la base, qu'il discutait, d'une priorité absolue donnée à l'enseignement et à la transmission de la « science faite » :

> « Quel est le but de l'enseignement supérieur ? Ce but est triple, comme on l'a dit souvent (...) : Faire la science (travaux de recherches, laboratoires de recherches, collections, bibliothèques), enseigner la science (chaires, maîtrises de conférences, laboratoires d'enseignement), appliquer la science (écoles et instituts techniques). (...) Les recherches forment la fonction essentielle, le principe vital de l'enseignement supérieur. »

Cette vision tripartite de l'Enseignement supérieur se diffusa rapidement et devint une sorte de devise reprise par les défenseurs de la vocation scientifique de l'Université. Appell reprit ce propos, en l'élargissant à une

---

135 P. Appell, « L'enseignement des sciences et la formation de l'esprit scientifique », 3 août 1908, discours au congrès le l'AFAS, *Revue scientifique,* n° 6, 5ème série, tome X, du 8 août 1908, et *LRDM,* n° 32, août 1908.

136 P. Appell « La faculté des Sciences ... », *art. cit.*

défense argumentée des recherches et de la science, dans son article de 1910 sur la faculté des Sciences qui se voulait une sorte d'état des lieux de l'enseignement supérieur scientifique après quinze années d'une réforme qui en avait bouleversé les bases. Cet article de *La Revue de Paris* était, cette fois, destinée à un large public d'amateurs cultivés, de responsables politiques et d'intellectuels. Appell visait donc, par cette prise de parole, à des résultats concrets qui, peut-être n'arrivaient pas assez vite à son goût en raison d'incompréhensions ou de blocages dans ces mêmes milieux :

> « Il est chimérique et dangereux de vouloir réduire la Science à ce qu'elle a d'immédiatement utile, affirmait-il. (...) Avant tout et au-dessus de tout, la Faculté des Sciences a la mission de faire avancer la Science, de former et de guider des chercheurs. »

Cet exposé du doyen de la faculté des Sciences traduisait une vision dynamique - nous pourrions dire « entrepreneuriale », au risque de l'anachronisme - de sa mission et du devenir de l'institution qu'il dirigeait. Le credo qu'il exprimait en faveur de la recherche et pour l'organisation des conditions favorables à son développement tranchait avec la réalité d'une vie universitaire bien plus routinière, au fonctionnement dominé par les rites et le rythmes des tâches d'enseignement auxquelles se vouaient - en s'en contentant bien souvent - les plus nombreux de ses collègues.

Avec les Dreyfusards de l'Université

En épousant Marguerite Appell, Borel rejoignait aussi le cœur du groupe de ces savants qui avaient pour eux d'avoir été d'ardents dreyfusards, souvent de la première heure - Picard et Hermite exceptés - et qui allaient bientôt réduire à néant, devant la cour de cassation, les conclusions de l'expert Bertillon[137]. C'est ce qui fit ensuite écrire à son aîné de trois ans Étienne Rabaud (1868-1956), natif comme lui de Saint-Affrique et, comme lui, fils de pasteur protestant, médecin et titulaire de la chaire de Biologie expérimentale à la Sorbonne, dans un article consacré aux engagements politiques du jeune Borel, que « déjà l'affaire Dreyfus le trouv(a) du côté de la liberté et de la justice avec toute la passion, tout le courage et tout l'idéal du jeune savant qui, sans sortir encore de sa tour d'ivoire, en ouvre

[137] H. Poincaré, G. Darbouxet P. Appell « Examen critique des divers systèmes ou études graphologiques auxquels a donné lieu le bordereau », dans *La révision du procès de Rennes. Enquête de la chambre criminelle de la Cour De Cassation, 5 mars-19 novembre 1904*, Paris, LDH, 1904. L. Rollet, « Des mathématiciens dans l'affaire Dreyfus », *Images des Mathématiques*, Paris, CNRS, 2013, (voir http://images.math.cnrs.fr/Des-mathematiciens-dans-l-affaire.html#nb5). V. Duclert, « L'engagement scientifique et l'intellectuel démocratique. Le sens de l'affaire Dreyfus », *Politix*, 1999, vol. 12, n°48, p. 71-94.

largement les fenêtres sur tous les points de l'horizon »[138]. C'est très imprécis, mais à la date où cela était écrit, l'Affaire était trop proche et il y avait trop de témoins pour que Rabaud puisse avoir tout inventé.

Cependant, les sources pouvant étayer la thèse d'un Borel impliqué dans la défense de Dreyfus au moment fort de l'Affaire, en 1898-1899, sont fort rares. Son nom ne figurait pas parmi les listes de signataires de la « Protestation » initiée par Lucien Herr (1864-1926), le bibliothécaire de l'ENS, qui furent publiées dans *L'Aurore* ou *Le Siècle*, en janvier 1898. D'ailleurs, on peut voir un indice d'un certain éloignement dans le fait que le nom de Borel ne figurait pas non plus sur le document du fonds Herr conservé à Sciences Po dans lequel le bibliothécaire de l'ENS listait les personnalités auxquelles il pensait qu'il était possible de s'adresser pour leur proposer une pétition en faveur de Dreyfus[139] ; on y trouvait pourtant ceux d'Appell, Painlevé, Langevin, Perrin et Boutroux, tous proches d'Appell et de Borel, lequel était d'ailleurs revenu à Paris, à l'ENS, depuis l'année précédente, comme maître de conférences, après un séjour de cinq années à la faculté des Sciences de Lille[140]. Son absence dans la liste des « protestataires » pouvait d'autant moins être attribuée à un accident que, dès la première liste parue dans *L'Aurore* figuraient déjà les noms de trois autres proches de Borel : Mouton, Lebesgue et Perrin et que son ami Painlevé était personnellement très engagé dans la défense de Dreyfus. Pourtant, le contenu d'une lettre de Painlevé à Borel, où celui-ci évoquait le sort du colonel Picquart emprisonné pour avoir mis en cause le commandant Esterhazy comme auteur probable du bordereau accusant Dreyfus, plaide en faveur de l'hypothèse de l'idée que Borel penchait alors pour Dreyfus :

> « Que d'événements, et lamentables ! J'ai un fond d'indignation qui ne peut s'apaiser en songeant que Picquart est en prison, livré à ceux qu'il a démasqués. Comment travailler dans ces angoisses ? »[141]

Mais, lorsque fut lancée la pétition exprimant « le vœu » de l'ajournement du procès du colonel Picquart en attendant le verdict de la Cour de cassation, en décembre 1898, tandis que de nombreux proches de Borel le signaient à nouveau, celui-ci ne s'y joignit toujours pas[142].

---

[138] É. Rabaud, « Émile Borel », *LRDM scientifique*, n° 161, mai 1925, dans *Vient de paraître*, 5ème année, 1925.

[139] « Lucien Herr, bibliothécaire de l'ENS dressa les premières listes des intellectuels à contacter pour soutenir Dreyfus et Zola » (CHSP, Archives d'hist. contemp., fonds Lucien Herr.)

[140] Henri Padé (1863-1953), ENS 1883, succéda à Borel dans cette chaire qu'il quittait à Lille.

[141] Lettres de P. Painlevé à É. Borel, 17 octobre 1898, déjà citée.

[142] « Un vœu », *Le Temps*, du 6 au 10 décembre 1898.

L'École normale et la politique

Hubert Bourgin (1874-1955) qui fut un normalien dreyfusard, presque contemporain de Borel, a composé sur le tard - alors qu'ayant abandonné depuis longtemps le socialisme de sa jeunesse il avait rallié le Faisceau, de Georges Valois - un vaste tableau de la sociabilité normalienne, composé de portraits de la plupart des normaliens engagés en politique qu'il avait connus. De ces pages rien moins qu'« objectives », toutes nourries d'antiparlementarisme, d'anti-intellectualisme quand ce n'est pas d'antisémitisme, et écrites avec une plume trempée dans du vinaigre, divers traits peuvent cependant être retenus :

> « Des lettrés, des érudits, des savants, lorsqu'ils arrivent au Parlement (...) pour y jouer le jeu parlementaire (...) sont-ils autre chose que des histrions ? interrogeait-il. (...) J'ai connu les premiers arrivés, les premiers nantis et les fournées postérieures, et les ambitions avivées, et les roueries perfectionnées, et les déchéances de l'esprit et du caractère, et le génie, le talent, la subtilité, la malice, le savoir-faire normaliens au service de la démagogie la plus honteuse, mais éclatante. (...) Ils sont entrés dans la politique publique à la faveur des transformations d'ordre social et spirituel produites ou préparées par l'Affaire Dreyfus, le Bloc des gauches, par le combisme, par l'accession du socialisme, en la personne de Jaurès et de son groupe, à la politique dirigeante. (...) Le monde des politiciens est celui des êtres doubles et l'École normale n'a pu devenir politicienne qu'en se dédoublant, en se créant, à côté de son ancienne personnalité, spéculative et désintéressée, une personnalité nouvelle, apte à la poursuite et à la conquête de fins opposées à celles de l'esprit. »[143]

C'était sévère, unilatéral et, sans doute, vengeur, mais Bourgin qui savait écrire, était lancé. Après plus de quatre cents pages de portraits sans concessions et sans nuances, en commençant par ceux de Painlevé, Herriot et du philosophe socialiste Alexandre Bracke (1861-1955), et après avoir passé en revue toutes les promotions normaliennes depuis la guerre de 1870, après avoir consacré à Jaurès et à Blum des morceaux de bravoure, alors qu'on arrivait aux dernières pages de cette enquête si détaillée, on pouvait croire que Bourgin avait oublié Borel. C'est qu'il lui réservait, comme pour un bouquet final, certains de ses meilleurs traits. Le portait qu'il fit de Borel, qu'il classait dans le « type complet de normalien bénéficiaire de la Guerre », était un des plus terribles :

---

[143] H. Bourgin, *De Jaurès à Léon Blum, l'École normale et la politique*, Paris, Fayard, 1938, p. 289.

> « Émile Borel promenait dans les grands salons universitaires le contentement rayonnant et souriant d'un homme qui se savait plus intelligent que la plupart de ceux qui l'entouraient, pourtant triés sur le volet, et qui, peut-être plus vaniteux qu'aucun autre, accumulait sans grands frais les succès d'intelligence et de vanité. C'étaient des succès de vanité qu'il remportait dans la société des femmes, dont il recherchait les plus jeunes avec les assiduités d'un charmeur, que sa haute valeur et sa haute situation garantissaient contre les reproches de braver les convenances. Déjà, par ces petites alliées comme par ses pairs, savants, professeurs, la plupart pourvus de chaires considérables, et quelques-uns d'un siège parlementaire, c'est la conquête du monde qu'il avait entreprise. »[144]

Bourgin indiquait donc que l'ENS du début du siècle avait définitivement ajouté à sa vocation universitaire première une fonction d'incubateur de carrières et de réseaux. Vanité, ambition, carriérisme, ces trois traits de caractères, s'additionnant, selon lui, chez Borel lui donnaient les moyens de « conquérir le monde ».

Une notoriété dreyfusarde

Donc, Borel passait pour avoir été dreyfusard. De fait, pourtant, son nom n'apparut, pour la première fois dans ce contexte, que dans la liste des signataires de l'« Appel à l'union », lancé par Ernest Lavisse, membre de l'Académie française mais pas encore directeur de l'ENS, et publié dans *Le Temps* à partir du 23 janvier 1899. Se présentant comme « les amis de la légalité et de la paix publique », les signataires se voulaient « également respectueux de la magistrature, gardienne de la justice, sans laquelle aucune société ne saurait subsister, et de l'armée, école de dévouement et de sacrifice, nécessaire à la nation pour la défense de son territoire et de ses droits » et ils déclaraient « s'incliner devant la décision quelle qu'elle soit, de la cour de cassation, tribunal suprême du pays »[145]. Rien n'était dit au sujet de l'Affaire Dreyfus elle-même. Quant aux premiers signataires, autour de Lavisse, ils ne se caractérisaient pas par leurs engagements passés en faveur du condamné. Quelques noms de scientifiques apparaissaient, ceux de Carnot et Darboux, la petite quinzaine de signataires se présentant manifestement comme un rassemblement d'académiciens appartenant à l'ensemble des cinq académies. La seconde liste, dès le lendemain, beaucoup

---

[144] Id., p. 456 sq.

[145] *Le Temps*, 23 janvier 1899. La Cour de cassation examinait la demande de révision du procès. Le 3 juin 1899, elle annula le jugement de 1894 et renvoya l'affaire devant un nouveau Conseil de guerre.

plus étoffée, ne comportait plus de scientifiques, normaliens ou sorbonnards, Borel excepté, tandis qu'à d'autres membres des quatre académies voisines venaient s'ajouter des polytechniciens, des médecins et de juristes. C'est dans la troisième liste qu'émergèrent ensuite d'autres noms de scientifiques académiciens, ceux de Poincaré, Lippmann, van Thieghem, Sebert et Loewy.

Quelques semaines après, Borel écrivit une lettre à son ami Volterra, dans laquelle il semblait résumer son sentiment d'ensemble sur l'Affaire et le point où elle en était :

> « Quant à notre politique intérieure, je crois que la mort de Félix Faure l'a beaucoup éclaircie et que la fin de l'Affaire arrivera enfin. Personne ne doute ici que l'arrêt des chambres réunies de la Cour de Cassation ne soit dans le même sens qu'avait été celui de la chambre criminelle et il aura sans doute plus d'autorité sur le Conseil de Guerre auquel l'affaire sera renvoyée. »[146]

Comme l'a souligné Vincent Duclert, lorsque l'on veut analyser les motifs et les modalités de l'engagement des intellectuels dans l'Affaire Dreyfus, il est possible de distinguer entre d'une part les dreyfusards - ceux qui prirent la défense de Dreyfus dès la première heure, étaient convaincus de son innocence et s'opposaient aux antidreyfusards, défenseurs de l'ordre et de l'armée, souvent nationalistes, catholiques et antisémites - et d'autre part les « dreyfusiens », un courant qui n'apparut qu'au paroxysme de l'affrontement entre dreyfusards et nationalistes, en décembre 1898, et rassembla ceux qui s'alarmaient d'une menace pouvant mettre en danger, selon Duclert, « le régime parlementaire et la promotion des élites républicaines »[147]. Ceux-là, dont « la force conservatrice puissante s'est révélée publiquement dans l'"Appel à l'Union", écrit Duclert, ne cherch(ai)ent, dans la défense de Dreyfus, que l'occasion de liquider l'Affaire pour revenir à la normalité ». C'est si vrai que Christophe Charle, dans sa grande étude prosopographique sur le « parti des intellectuels » a décidé de ne pas prendre en compte ces « dreyfusards modérés » signataires de l' « Appel à l'Union »[148] ; ce faisant, il écartait donc le seul événement permettant de pouvoir compter Borel parmi les membres de ce parti.

Si Borel fut dreyfusard, avant de devenir « dreyfusien » et, peut-être de redevenir dreyfusard, il est, dans l'état des sources, difficile de le dire. Il fut, en tous les cas, bien seul, parmi les Appell, Mouton, Painlevé, Perrin, Hadamard, Langevin ou Duclaux de son cercle proche, à suivre la voie de « l'Appel à l'union » de janvier 1899. Par contre, lorsque *L'Aurore* lança, le 31 mars 1899, une « Souscription pour propager la vérité », destinée à

---

[146] Lettre d'É. Borel à V. Volterra, 3 mars 1899, Accademia dei Lincei, papiers Volterra, citée par Durand et L. Mazliak, « Volterra's prolusione... », *art. cit.*

[147] V. Duclert, *L'affaire Dreyfus*, Paris, La Découverte, 1994, p. 82-83.

[148] Ch. Charle, *Naissance des intellectuels, 1880-1900*, *ouv. cit.*, p. 185.

donner au journal de Clémenceau les moyens d'opposer une information honnête et complète aux nombreuses publications biaisée ou mensongères de la presse antidreyfusarde, on trouva le nom de Borel dans la quatrième liste de donateurs, publiée le 4 avril.

Borel à la Ligue des droits de l'homme

Mais Borel fut par ailleurs membre de la Ligue des droits de l'homme, née de l'Affaire. Là encore, son nom n'apparaît pas parmi ceux des fondateurs ou des militants de la première heure. En 1903, il représenta à l'assemblée générale la section de Saint-Affrique et en devint, à la fin de 1905, le président d'honneur ; puis il adhéra à la section du 7ème arrondissement de Paris. Son épouse racontait que certains de ses membres se réunissaient souvent à leur domicile. Dès le lancement de *La Revue du Mois*, en 1906, il y inséra une rubrique d'informations sur la vie de la Ligue. Borel connut cependant un échec de sa candidature au comité central de la LDH, lorsque la direction sortante proposa son nom, en 1908, aux côtés d'une dizaine d'autres dont ceux de Célestin Bouglé, Félicien Challaye (1875-1967) et Hadamard. Alors que le mieux élu, obtenait plus de 41 000 voix, que Bouglé, Challaye et Hadamard obtenaient entre 27 000 et 30 000 voix, la candidature de Borel, arrivée en 23ème position sur 26, ne rassembla que 14 505 suffrages. Il fut éliminé. Il fut de nouveau présenté en 1910 et il réussit alors son entrée au comité central de la LDH mais en étant toujours très mal placé, 18ème et dernier élu, avec 11 366 voix, quand les meilleurs scores étaient d'environ 20 000 voix. Au cours de l'année 1910, une fois élu, il siégea, plutôt irrégulièrement, au comité central et, lors du congrès de la Ligue d'octobre 1910, il fut présent parmi les délégués, au moins le premier jour, sans cependant que sa participation ne se remarquât particulièrement. Puis il démissionna de son mandat au bout de moins d'un an, le 19 décembre, en arguant que « ses nouvelles fonctions de sous-directeur de l'École normale supérieure ne lui permettr(aient) plus de participer d'une manière active aux travaux du comité central ». Et, de fait, au cours des années suivantes, son nom ne reparut pas dans les pages du *Bulletin de la Ligue des droits de l'homme* jusqu'à ce qu'en 1927 il fût promu « membre d'honneur » du comité central de la Ligue[149].

Les années passant, Borel passa souvent, rétrospectivement, pour un membre historique de la LDH et pour un dreyfusard de la première heure. Émile Kahn (1876-1958), plus tard président de la LDH, dira dans un hommage posthume que « son adhésion remont(ait) aux origines de notre

---

149 *Bulletin officiel de la LDH*, 15 mars et 23 mai 1910. E. Naquet, *La Ligue des droits de l'homme, une association en politique (1898-1940)*, thèse IEP Paris 2005. Sur la démission de Borel : *BOLDH*, 15 mai 1911.

Ligue » et il s'appuyait pour cela sur un témoignage de Langevin, signataire de la première pétition en faveur de Dreyfus, qui écrivait, en 1946, qu'il « avait vécu intensément, avec Jean Perrin, avec Émile Borel, les quatre ou cinq années qui furent nécessaires pour obtenir une tardive justice ». Kahn parlait de Borel en ces termes qui définissent désormais l'« intellectuel dreyfusard » :

> « Ses adversaires lançaient avec mépris l'épithète d'intellectuel, qui devint pour lui un titre d'honneur, signifiant qu'il ne séparait pas la science pure et son étude désintéressée, de la recherche passionnée de la justice. »[150]

Au cœur des réseaux universitaires parisiens

Le couple Borel s'établit sur des bases à la fois bourgeoises et libres dont l'affection ne fut certainement pas absente. L'époux ne cacha pas à sa jeune femme qu'il avait eu un certain nombre d'aventures et de liaisons et, lors d'une « conversation », il lui fit comprendre qu'elle « avait droit à organiser sa vie de la façon qu'il lui plairait du moment où elle lui assurerait l'intérieur qu'il souhaitait en lui accordant une tendre et profonde affection ». C'est, du moins, ainsi que Marguerite évoquait plus tard cet aspect de leur mariage[151]. Elle comparait même le couple qu'elle formait avec son mari à celui de ses beaux-parents, pur produit d'une rencontre amoureuse, en se désolant de constater qu'elle était passée à côté de quelque chose :

> « Secrètement, je regrettais de n'avoir pas été jetée vers son fils par cette même sorte d'élan passionné. Il m'avait dominée par son intelligence. Nous nous entendions mais j'ignorais les enivrements dont parlent les romans. Il le savait, certain de ma profonde affection, de ma confiance et de ma droiture. »[152]

Le contrat étant clairement établi, chacun put « organiser sa vie », les liaisons qu'entretenait chacun des époux ajoutant encore à la diversité de leurs relations communes. Sans doute ce contrat fut-il assez évident pour devenir public, au point qu'on put évoquer à leur sujet, « leur entente de liberté tacite »[153].

Lorsqu'il commença à mener une vie mondaine, Borel qui n'était plus un jeune homme, se mua en un personnage qui, sans être précisément

---

[150] É. Kahn, chronique radiodiffusée du 25 février 1956, *Cahiers des droits de l'homme*, citée par É. Agrikoliansky, dans « Biographies d'institution et mise en scène de l'intellectuel... », *art. cit.*.

[151] C. Marbo, *À travers deux siècles, ouv. cit.*, p. 66.

[152] *Id.*, p. 75.

[153] Une note de Gabrielle Bernheim, dans son *Journal* ; voir page suivante.

sympathique, suscita un vif intérêt où se mêlaient malaise et séduction. L'ambition était ce qui s'imposait d'abord. Bourgin dont nous avons vu qu'il n'était pas tendre avec ceux qu'il portraiturait, a brossé en quelques phrases le personnage :

> « Comme disait un jour un de ses camarades, il était capable d'attendre dix ans, quinze ans, l'occasion favorable, définie par lui avec une rigueur mathématique, souhaitée, escomptée avec passion, pour être saisie, le moment venu, avec l'audace et la décision d'un conquistador. Raoul Allier, qui fut son maître en province, avait reconnu en lui, avec une intelligence précocement supérieure, le caractère concentré et calculateur de son ambition. Cette brûlante passion flambait dans les yeux bruns, sombres, doux, flatteurs, caressants, inquiétants ou, dans leur singulière beauté, terribles. La bouche et le menton signifiaient l'opiniâtreté et la dureté. La face, osseuse, avec un grand large front, cheveux et barbe noirs, type de montagnard cévenol peut-être croisé d'Arabe, respirait l'intelligence rapide et avisée, le jugement expéditif, la volonté. La stature était haute et forte, la démarche courte et saccadée. La voix était déplaisante, métallique et grinçante, avec un ton de Méridional mal corrigé, chantant et détonant. L'ensemble provoquait la sympathie, ou l'antipathie, que pourtant l'homme, perspicace et habile, savait prévenir par d'aimables façons, où l'on sentait parfois la brusquerie contrainte et le mépris dissimulé. »[154]

Marguerite se targuait d'être restée proche, parmi d'autres, de son grand ami d'adolescence, Pierre Boutroux (1880-1922) dont le père était un ami du sien, et d'avoir aussi été la confidente des amis de son mari, de Perrin, dont les aventures pouvaient devenir « encombrantes », ou de Langevin qui souffrait de ses relations difficiles avec son épouse et de son amour compliqué avec Marie Curie, veuve depuis 1906. De Perrin, elle disait qu'il était « le plus assidu ». De son côté, Borel entretint un certain nombre de liaison dont la plus durable, s'étendant de 1912 à 1919, l'associa à Gabrielle Bernheim-Rosenthal (1881-1941), l'épouse du normalien, critique d'art et journaliste socialiste, Léon Rosenthal (1870-1932), elle-même militante socialiste et féministe passionnée. Grâce à la publication récente de son *Journal*, par Claude Brémond, nous connaissons désormais le regard que celle-ci portait sur sa relation avec Borel, un « professionnel de l'inconstance », selon elle. Et il nous apporte aussi, alors que Marbo était le plus souvent muette à ce sujet, de précieux éclairages sur les pensées de Borel, tant sur des questions de société ou de politique que sur ses sentiments et passions privées[155].

---

[154] H. Bourgin, *ouv. cit.*, p. 457.

[155] Gabrielle Bernheim-Rosenthal, *Journal (1897-1932)*, Dijon, éd. de l'Univ. de Dijon, 2014.

En tout état de cause, la réputation du couple n'était sans doute pas à faire et Borel y ajouta encore, selon le récit de Marbo, en se faisant remarquer lors d'une soirée chez les Tannery, à l'École normale : alors que la conversation s'attardait sur une histoire récente d'adultère universitaire et qu'on plaignait « l'épouse délaissée, d'une fidélité exemplaire », Borel eut cette répartie : « La fidélité n'est pas la qualité première d'une femme. »

> « Sur quoi, ajoutait Marbo, le salon prit l'aspect d'une plantation après la grêle. Et ma mère m'adressa de violents reproches : "Vous devenez impossible !" »[156]

La vie de famille des Borel fut d'autant moins étoffée que Marguerite après un grave accident de grossesse ne put plus avoir d'enfant. Ainsi prirent-ils en charge, en 1903, à la mort de sa mère - une sœur d'Émile, son père étant décédé une dizaine d'années auparavant - le jeune filleul de Borel, Fernand Lebeau (1892-1915), âgé alors de 13 ans. Celui-ci fit de brillantes études - diplôme d'ingénieur de l'EPCI puis reçu à l'ENS, agrégation de physique en 1913 - qui le destinaient à une belle carrière scientifique si sa mort, dès les premières semaines de la guerre n'avaient dramatiquement mit fin à ces espoirs.

Le couple se lança rapidement dans une vie sociale intense. Marguerite Borel, dans ses *Souvenirs* en a très bien décrit les formes principales[157]. Au cœur de celle-ci, il y avait ce groupe de douze à quinze normaliens que rapprochait l'appartenance à des promotions voisines et dont Jean Perrin était, selon elle, « le centre ». C'était chez celui-ci que Marguerite et Émile participaient aux réunions hebdomadaires du groupe - le premier « groupe Perrin » à avoir existé, dans l'ordre chronologique - qui se tinrent ensuite, une semaine sur deux chez les Borel. La réputation de charisme et de séduction du jeune Perrin était connue de Marguerite Appell bien avant que son futur mari commençât à le célébrer devant elle. Elle le présentait comme « un jeune archange aux cheveux bouclés (qui) offrira plus tard l'apparence d'un prophète, jouant, comme il le fera partout, le rôle du catalyseur et du meneur de jeu ». L'amitié entre Perrin - dont l'épouse, Henriette, était très en retrait - et les Borel devint centrale dans la vie du jeune couple puis dans leurs vies d'adultes.

Parmi les habitués de ces soirées, on peut citer bien sûr les amis des promotions normaliennes les plus proches comme le physicien et théoricien Paul Langevin, le mathématicien Jules Drach que Marbo qualifiera « d'intime » de son mari, le chimiste Georges Urbain (1872-1938), pour elle « un artiste, sculpteur à ses moments perdus », mais aussi d'autres, plus jeunes de quelques années comme les mathématiciens Henri Lebesgue et Paul Montel que Marbo trouvait « spirituel », le botaniste Noël Bernard

---

[156] C. Marbo, *À travers deux siècles…, ouv. cit*, p. 95.
[157] *Id.*

(1874-1911), passionné par les orchidées et la génétique, le biochimiste Jacques Duclaux (1877-1978), « sarcastique et beau » qui épousa la sœur de Marguerite, Germaine, docteur en Médecine et radiologiste, et quelques-uns plus âgés comme le taiseux Aimé Cotton, physicien, et auxquels se joignaient parfois Pierre et Marie Curie, « pareils à deux ombres ». Faisaient aussi partie de cette « bande » quelques « littéraires », comme Jacques Maritain (1882-1973), Charles Péguy (1873-1914), Léon Blum, voire Édouard Herriot. Marguerite Borel tentait de trouver sa place dans cette « atmosphère bouillonnante d'idées, d'enthousiasme, de simplicité et de gaieté aussi » qui (l')entourait subitement, elle qui n'avait connu que la maison de ses parents « où l'on causait gravement » et qui n'était « jamais sortie non accompagnée » de leur domicile. À ses yeux, tous étaient des lecteurs passionnés, connaissant par cœur les poésies d'Hugo, Baudelaire, Verlaine et Rimbaud, et des connaisseurs en matière de goûts musicaux nouveaux, Fauré, Debussy, par exemple. L'ambiance décontractée et souvent potache de ces rencontres séduisait la jeune épouse qui était souvent la seule femme - lors des soirées chez Perrin, elle retrouvait cependant l'épouse du physicien. Dans ses *Souvenirs*, elle s'y revoyait « vêtue à la diable », cherchant sa place au milieu des joutes, disputes et autres batailles, scientifiques ou politiques, entre ces jeunes intellectuels qui se nourrissaient « de bières et de gâteaux secs ».

Les années passant, les Borel continuèrent longtemps à tenir table ouverte pour les mêmes amis proches, autorisés à s'inviter sans façon, y compris à l'improviste, qu'il s'agît de Perrin, Lebesgue, Montel, Langevin, Boutroux ou André Debierne (1874-1949), un collaborateur de Marie Curie. En dehors de ce cercle, les Borel se réunissaient très fréquemment pour des soirées d'« intimes », tantôt chez eux, tantôt chez les Perrin ou chez les Langevin. D'autres réunions, nombreuses, réunissaient à leur domicile les militants de la Ligue des droits de l'homme, comme Duclaux, Hadamard ou Painlevé. Et puis ils « offraient des dîners priés plus étendus » qui prenaient du coup un style mondain et beaucoup plus formel. Ce fut le cas dans l'appartement du directeur de l'École normale lorsque Borel en devint le directeur des études scientifiques, en 1910. Marbo décrivait ces « grands dîners, avec petits cartons pour indiquer les places et à quelle dame les messieurs devaient offrir le bras (lorsque) les invités se formaient en cortège pour passer du salon à la salle à manger »[158]. À cela s'ajoutaient, trois dimanches par mois, des « deux à sept » auxquels ils invitaient « des gens variés, de toutes les *franges* sauf l'industrielle et la commerciale » : en inviter quelques membres aux soirées officielles dans l'appartement du directeur de l'ENS, aurait été mal venu et les Borel ne tenaient pas à l'assumer. Le groupe de base, ce que Marbo appelait « les ananas » de la maison, se composait à cette époque, selon elle, de Painlevé et Herriot, et des écrivains célèbres Rosny Aîné

[158] *Id.*, p. 151.

(1856-1940), Paul Adam (1862-1920) et Fernand Gregh (1873-1960) ainsi que du diplomate Philippe Berthelot (1886-1934), accompagnés de leurs épouses. C'est donc dans les limites du conformisme ambiant que Camille Marbo devint, à son tour, une maîtresse de salon mondain, elle et son époux cherchant à réunir autour d'eux le plus grande nombre de membres de la jeune génération universitaire et intellectuelle, et se réservant de rencontrer toutes les « franges » non admises dans leur cercle soit lors de réunions plus privées soit en fréquentant d'autres milieux plus ouverts comme le Cercle de Boulogne dont il sera question plus loin.

Borel et Painlevé, passionnés d'aviation

Parmi les personnalités importantes du premier réseau des Borel, il y avait le « cas particulier » de Paul Painlevé qui était « toujours là » et dont il s'avère qu'il fut un de ceux avec lesquels Borel s'entendit le mieux pour concevoir et impulser une réflexion sur le rôle de la science et de ses applications techniques dans la société nouvelle. Borel était très proche de Painlevé et le devint de plus en plus ; ils furent tous deux appelés à enseigner à l'ENS, à partir de 1897, et se rencontraient régulièrement, aussi bien entre mathématiciens qu'à l'occasion de réunions politiques, éventuellement liées à la Ligue des droits de l'homme. Mais, pour Marguerite, Painlevé restait d'abord un aîné et un habitué du foyer paternel qu'elle avait pris l'habitude de rencontrer depuis son enfance. De plus, Painlevé, resté célibataire jusque-là, s'était marié la même année que les Borel avec Marguerite Petit-de-Villeneuve, et il est probable que le brutal décès de celle-ci à la naissance de leur fils, Jean, en 1902, n'a pas contribué à rapprocher Painlevé de Marguerite, elle-même ayant au même moment connu une grossesse dramatique.

Puis, lors des premiers temps de l'aviation leurs relations se trouvèrent modifiées et renforcées. Borel, comme Painlevé ou le physiologiste Charles Richet (1850-1935)[159], se passionnait pour le « plus lourd que l'air » ; tous appartenaient à la Ligue nationale aérienne, créée en 1908 par René Quiton (1866-1925)[160] et à sa *Revue aérienne* et, lorsque commencèrent à se multiplier les meetings aériens et que ceux-ci devinrent de nouveaux lieux à la mode, les Borel s'y rendirent, parfois accompagnés d'Appell et ils y retrouvèrent, à l'occasion, Painlevé. Celui-ci était même devenu une sorte de vedette de la presse en raison de ses vols, d'abord avec Wilbur Wright, le 10

---

[159] Charles Richet était un physiologiste, futur prix Nobel de Médecine en 1913, directeur de la *Revue scientifique* jusqu'en 1902. Il eut un itinéraire scientifique contrasté entre recherches de pointe en physiologie et travaux sur l'eugénisme ou convictions racialistes. Proche du radicalisme, franc-maçon de premier rang, un des fondateurs de la LDH, il fut souvent un compagnon de Borel dans son engagement pacifiste et européen.

[160] Savant autodidacte, physiologiste dans le laboratoire de Marey, Quiton était connu pour ses idées nationalistes et sa proximité avec Barrès.

octobre 1908, au camp d'Auvours, dans la Sarthe, puis, à Mourmelon, quelques jours plus tard, aux côtés d'Henri Farman, un autre pionnier de l'aviation, français, volant sur un avion Voisin[161]. Un nouveau réseau se forma autour de cette passion aéronautique qui culmina vers 1910, lorsque Painlevé et Borel publièrent ensemble un ouvrage destiné à faire date et à connaître une grande diffusion, *L'Aviation*, qui fut édité au début de l'année chez Alcan avant d'être sans cesse réédité, dans la « Nouvelle collection scientifique », dirigée par Borel lui-même, et que, la même année, l'industriel et mécène Émile Deutsch-de-la-Meurthe (1847-1924), d'accord avec Appell, fit une donation à l'Université de Paris pour la création d'un Institut aérotechnique qui serait implanté à Saint-Cyr-l'École et dont le directeur allait être un ami de Borel et Painlevé, le normalien physicien, Charles Maurain[162]. Circonstance déterminante supplémentaire qui contribua, en 1910 toujours, à resserrer les liens entre les Borel et Painlevé : celui-ci se présenta aux élections législatives et enrôla ses amis pour sa campagne, à Paris.

Avant la guerre, Painlevé, Borel, Appell, Richet et Maurain fréquentaient donc les constructeurs d'aéroplanes et ceux qui les finançaient comme l'avocat et mécène Ernest Archdeacon (1863-1950) qui avait fondé, en 1898, avec Deutsch-de-la-Meurthe, l'Aéro-club de France. Dans ce groupe, on trouvait encore le sénateur de la Sarthe et diplomate Paul d'Estournelles-de-Constant (1852-1924), prix Nobel de la Paix en 1909, un des organisateurs de la venue en France de Wright qui avait, à cette époque, prononcé un discours au Sénat à propos de l'aviation militaire[163]. Tous se rassemblaient, en dehors des terrains d'aviation, chez Foyot, le restaurant le plus cher de Paris, près du Sénat, pour parler d'aéronautique puis ils se retrouvaient à la Ligue nationale aérienne. Dès que le nouvel institut fut sorti de terre à Saint-Cyr, le groupe auquel d'autres se joignaient, comme Lebesgue et Perrin, s'y retrouva régulièrement à déjeuner ou à pique-niquer, à l'invitation de Charles et Jeanne Maurain (1877-1975). Celle-ci, sévrienne et agrégée de mathématiques en 1901, devint alors une des grandes amies de Marguerite Borel qui ne tarissait pas de louanges sur celle qui savait aussi bien improviser un repas et « jeter des matelas par terre » pour caser ses invités que chanter « d'une voix exceptionnelle, accompagnée par Jean Perrin, indifféremment du Wagner, du Debussy ou de l'Offenbach » [164]. Marbo a raconté, plus tard, l'ambiance d'un « beau dimanche à Saint-Cyr » :

---

[161] É. Lessard, *Almanach d'aviateurs pour 1909*, Paris, Albert Méricart, 1909.

[162] S. Mouton, « Industriels et mécènes, les Deutsch-de-la-Meurthe (1845-1924), *Archives juives*, n° 42/1, 1er trim. 2009.

[163] P. d'Estournelles de Constant, 5 novembre 1908, discours au Sénat. Voir S. Tison (dir.), *Paul d'Estournelles de Constant. Concilier les nations pour éviter la guerre (1878-1924)*, Rennes, PUR, 2015.

[164] C. Marbo, *ouv. cit.*, p 95-96.

« Nous faisions cercle, dehors, avec les maîtres de céans, le ménage Perrin, les Delacroix, Seignobos et Mme Marillier. Jean Maurain, Aline et Francis Perrin jouent autour de la maison. Nous devisons, "agitant des idées générales" suivant une expression chère à Jean Perrin. Le ciel est doux, le temps chaud, l'heure amicale. Au soir, nous regagnons Paris, dans l'atmosphère des trains de banlieue. Des familles portent des bouquets et des paniers. Tous sont insouciants. Amoureux ou couples traînant des enfants, grisés de plein air. Devant la gare, on vend des journaux. Un gros titre : "Attentat à Sarajevo". "C'est une catastrophe", dit Seignobos. La fin d'une époque. »[165]

L'insertion de Borel dans ce réseau des passionnés d'aviation, fait de mondanités, certes, mais aussi de mobilisation intellectuelle et militante en faveur de la science et de ses applications dans ce domaine particulièrement innovant, passant de la Mécanique rationnelle qu'on enseignait à l'ENS, à l'École polytechnique et aux Arts et Métiers, à la réflexion sur les retombées économiques ou militaires possibles de l'invention et à l'organisation d'une pression médiatique et politique pour obtenir financements et institutionnalisation, a contribué à l'évolution d'une carrière qui, si elle n'était déjà plus strictement universitaire, prenait des formes diversifiées et ambitieuses de plus en plus nettes.

1.3. La vie de Salons, ses franges et ses mouvances

À ces premiers cercles de la sociabilité, s'ajoutait ce que Marbo appelait « les salons ».

Marguerite Borel devint Camille Marbo

L'épouse de Borel écrivit son premier roman, *Christine Robis*, en 1906, et elle prit, à ce moment-là le nom de Camille Marbo : « Marbo » pour <u>Mar</u>guerite <u>Bo</u>rel. *Christine Robis* racontait les expériences et déboires d'une « jeune personne romanesque, orgueilleuse et indépendante », qui refusait le mariage et traversait « chimères et désenchantements », selon la critique positive et indulgente du *Journal des Débats*[166]. Les thèmes de cette première fiction - la femme, l'amour, la société - furent les sujets constants,

[165] *Id.*, p. 158. Parmi les convives, on note la présence de Seignobos et de sa compagne Cécile Marillier (voir plus loin), du philosophe et psychologue Henri Delacroix (1873-1937), futur doyen de la faculté des Lettres de Paris (1928), et de son épouse, Thérèse Monod (1877-1962) ; de Jean Maurain (1903-1939), futur normalien ; d'Aline Perrin (1899-1991), future peintre et femme du peintre Charles Lapicque (1898-1988), et de son frère Francis Perrin (1901-1992), futur normalien, physicien, et académicien.

[166] *Journal des débats*, 15 octobre 1906, article signé « S ».

déclinés de toutes les manières, des romans de Marbo qui connurent un grand succès. Elle entra à la Société des gens de lettres, en devint sociétaire dès 1912. Ce statut lui ouvrit les portes du monde des lettres qui se ramifiait jusqu'à l'Académie française. Elle devint ainsi une de ces rares « femmes émancipées » pouvant s'affirmer dans la société française si masculine. Éric Hobsbawm remarquait qu'alors qu'il avait noté que la société fabienne, en Angleterre, comportait « une proportion élevée de femmes émancipées (...), dans le milieu français équivalent il (lui semblait) que la femme émancipée ne jou(ait) pas encore un rôle de premier plan »[167].

Des salons républicains

Le nombre et la diversité des « salons » que les Borel fréquentaient, souvent en compagnie de Perrin, reste étonnant. Venait en premier le Salon Marillier, du nom de l'hôtesse, Cécile Marillier (1837-1935) qui, veuve d'Auguste Marillier, un négociant aisé, était désormais la compagne de Seignobos, l'historien « officiel » de la République, dreyfusard historique et radical passionné, et vieil ami de la famille Appell[168]. Lors de ces « Mercredis Seignobos », les Borel rencontraient des habitués peu nombreux qui devinrent leurs amis, comme la sculptrice Yvonne Serruys (1873-1953), dont Marguerite Borel fréquenta l'atelier de sculpture, à Bagneux, et son mari, le prolifique journaliste du *Temps*, Pierre Mille (1864-1941) qui, du fait de sa carrière de publiciste et de son engagement radical déterminé, devint un compagnon de route fidèle de Borel, la romancière et militante féministe Marcelle Tinayre (1870-1948) chez laquelle ils passaient aussi certaines soirées, le couple de socialistes belges, Lalla (1870-1964) et Émile Vandervelde (1866-1938), le normalien, agrégé d'histoire et de géographie, Albert Métin (1871-1918) chef de cabinet de René Viviani (1863-1925), en 1906, au tout nouveau ministère du Travail puis député radical du Doubs en 1909, accompagné de sa femme, Noémie, un autre normalien, agrégé d'allemand, Charles Andler (1866-1933), très lié à Lucien Herr, le biologiste socialiste et anarchisant Louis Lapicque (1856-1952), le sociologue André Siegfried (1875-1959) ou le psychologue Ignace Meyerson (1888-1993) et, bien sûr, Jean Perrin, Blum, Jaurès ou Lucien Herr et d'autres[169]. Cécile Marillier tenait, dès les années de l'affaire Dreyfus, ce salon renommé,

---

[167] É. Hobsbawn, « Conclusions du colloque », dans M. Rebérioux et G. Candar, *ouv. cit.*, p. 299.

[168] C. Charle, « Charles Seignobos, historien pacifiste et européen », dans *Homo Historicus, Réflexions sur l'histoire, les historiens et les sciences sociales*, *ouv. cit.*, p. 192-205. A. Prost, « Charles Seignobos revisité », *Vingtième Siècle, revue d'histoire,* 1994, vol. 43, n° 1, p. 100-118. M. Pinault, « Portrait de groupe d'universitaires parisiens en leur villégiature bretonne… », *art. cit.*

[169] G. Baal, « Jaurès et les salons », dans M. Rebérioux et G. Candar, *ouv. cit.*, p. 91-118. C. Andler, *Vie de Lucien Herr, 1864-1926*, Paris, Rieder, 1932.

largement ouvert à des visiteurs de l'étranger. La biologiste américaine Ida Tarbell (1857-1944), devenue journaliste, s'en souvenait en ces termes :

> « Le leader de ce groupe, écrivait-elle, était un professeur d'histoire à la Sorbonne, Charles Seignobos. C'était un savant qui avait étudié non pour la connaissance en elle-même mais dans un but d'utilité sociale. Seignobos était un socialiste matérialiste mais non dogmatique, un bon pianiste, un merveilleux parleur, une personnalité aimable et pugnace. »[170]

C'est sans doute au sein de ce groupe et au contact de Seignobos que Borel développa et organisa sa pensée politique fondamentalement d'inspiration radicale. Le leader socialiste Émile Vandervelde, qui connaissait bien la société intellectuelle dreyfusarde et l'a décrite sans ses *Souvenirs d'un militant socialiste*, n'a-t-il pas écrit, au sujet de Seignobos :

> « Je n'ai guère connu qu'Aulard qui réalisât, au même degré que Seignobos, le type du parfait radical : homme de gauche, obstinément, mais résolument antimarxiste et, sauf pour les individus, peu sympathique au socialisme. » [171]

Les Borel fréquentaient aussi le salon radical et dreyfusard, recoupant les mêmes milieux, d'Aline Ménard-Dorian (1850-1929), dont le mari, Paul Ménard (1846-1907), industriel de l'acier, avait été député de l'Hérault[172]. Madame Ménard-Dorian fut une dreyfusarde de la première heure et très active à la LDH dont elle fut vice-présidente, membre aussi, plus tard, de la SFIO. Cette hôtesse - un des modèles de la « madame Verdurin » de Proust, disait-on - invitait, au milieu d'artistes ou d'écrivains, de nombreux hommes politiques « très à gauche »[173], comme Painlevé, Jaurès, Albert Thomas (1878-1932). Vandervelde, habitué de cette maison, soulignait qu'on y rencontrait aussi toute l'Europe progressiste, russe, italienne ou allemande. Ce salon fut sans aucun doute lui aussi un des lieux qui donnèrent aux Borel une bonne partie de leur culture, voire de leur éducation politique.

Les salons littéraires et les autres

Puis il y avait la grande place que Marbo consacrait, dans ses souvenirs, à ce qu'elle appelait « les cénacles littéraires ». Au premier rang venait le

---

[170] I. Tarbell, *All in the Day's Work. An Autobiography*, Univ. of Illinois Press, 2003, p. 132.
[171] É. Vandervelde, *Souvenirs d'un militant socialiste*, Paris, Denoël, 1939. Notice de Pascal Ory sur Aulard dans J. Julliard et M. Winock, *Dictionnaire des intellectuels français, ouv. cit.*
[172] F. Blum, « Aline Ménard-Dorian, du salon à la scène politique », dans G. Manceron et E. Naquet, *Être Dreyfusard, hier et aujourd'hui (2009)*, Rennes, PUR, 2009, p. 139-142. Notice de M. Dreyfus et Yvonne Léautey, dans *Le Maitron.*
[173] E. Naquet, thèse citée.

salon de madame J.-H. Rosny Aîné[174]. Les Borel tout comme Perrin furent de vrais piliers de ce salon en raison de la puissante attractivité de l'écrivain, causeur fascinant, et des thématiques de son œuvre, à la charnière de la science et de la fiction romanesque, qui les passionnaient, et aussi de l'ambiance politique fortement radicale qui imprégnait les soirées. Venaient ensuite les rencontres chez les frères Paul (1860-1918) et Victor (1866-1942) Margueritte, chez les Gregh, chez René Boylesve (1867-1926), chez « les Paul Adam », chez Nathalie Clifford-Barney[175], « l'"Amazone" de Rémy de Gourmont », qui devint une très proche de Borel et chez laquelle il put parfois retrouver madame Rosenthal, sa maîtresse, plus tard le salon d'Adrienne Monnier (1892-1955). Il y avait aussi « les dimanches de madame de Caillavet et ses réceptions d'"après-dîner" », avenue Hoche, parmi les plus courus de Paris[176].

Puis c'était la « frange théâtrale », selon l'expression que Marbo affectionnait, ou bien le milieu médical, ou encore les mécènes. « Le super-mécène », écrivait Marbo, était le banquier Albert Kahn (1860-1940) qui recevait, dans ses propriétés et ses jardins de Boulogne, des intellectuels, écrivains et personnalités de tout ordre, par exemple Anatole France, Barrès, Romain Rolland, Bergson ou Valéry, et de nombreux visiteurs étrangers. Borel était membre de l'association « Autour du Monde », dite « le Cercle », financée par Kahn, qui accueillait, à partir de 1906, tous ceux qui avaient bénéficié de ses largesses sous forme de bourses pour voyager « autour du monde », comme Jacques Duclaux, mais aussi de nombreux familiers[177]. Ce « Cercle », tantôt qualifié, dans la presse, de « Cercle des professeurs boursiers de voyage » ou de « Cercle universitaire », comptait parmi ses membres d'honneur des personnalités comme Liard, Appell, d'Estournelles de Constant, Ferdinand Buisson (1841-1932), Lavisse, Bergson, ou le pasteur Wagner[178]. Kahn, qui rêvait de « fédérer l'humanité », voulait, en attendant, constituer des « archives de la planète » en rassemblant des données, des documentations, des témoignages, des œuvres, des photographies, qui seraient installées dans sa propriété de Boulogne-Billancourt. Borel et Kahn se retrouvaient d'ailleurs, avec Rosny Aîné, Georges Lecomte (1867-1958), Paul Adam, Henri Lichtenberger (1864-1941) et d'autres, au sein des Amitiés françaises, fondées en 1909 à Liège

[174] Marie Borel (1873-1936) épousa le romancier J.-H. Rosny Aîné en 1900. L'homonymie avec Borel est un hasard ; elle était la fille d'un imprimeur suisse de La Chaux-de-Fonds.
[175] Nombreuses lettres et cartons de miss Barney adressés à Borel, dans les Papiers de madame Besson.
[176] Léontine Lippmann (1844-1910) était l'épouse d'A. Arman de Caillavet et la maitresse d'Anatole France.
[177] « Émile Borel », *Qui êtes-vous ? Annuaire des contemporains*, Paris, G. Ruffy éd., 1924.
[178] *Le Figaro*, 19 novembre 1909.

par l'avocat Émile Jennissen (1882-1949) et transformées en Ligue internationale des Amitiés françaises[179].

Marbo citait encore, parmi les salons dans le « genre mécènes » fréquentés avec son mari, « les Jules Sageret (qui) invitaient, avenue de Breteuil, des artistes, des savants et des écrivains[180] ». Son épouse, née Postel-Vinay, était musicienne et animait les réceptions, comme sa mère l'avait fait avant elle, tandis que son époux, Jules Sageret (1861-1944), était une forte personnalité de la vie parisienne ; ce polytechnicien dreyfusard proche des milieux radicaux et homme de lettres, militant de l'athéisme et de la laïcité, engagé dans la création de l'Université populaire, devenu plus tard un membre des Compagnons de l'intelligence et un dirigeant de la Confédération des travailleurs intellectuels, fut un des piliers de *La Revue du Mois* éditée par Borel à partir de 1906. Ce fut un publiciste vulgarisateur prolifique dans les domaines les plus variés, de la science et de la philosophie, membre actif de la Société des gens de lettres à partir de 1913. Borel en fit un des plus proches amis, confidents et collaborateurs.

Sociabilités intra-universitaires

Curieusement, Marbo soulignait qu'elle ne cultivait pas les « obligations protocolaires » liées à l'Université, déléguant à son époux - au scandale de ses parents - les visites rituelles à l'épouse du recteur Liard ou à celle de Lavisse, directeur de l'ENS depuis 1904. La question ne se posait pas avec l'épouse du doyen de la faculté des Sciences : c'était sa mère, Amélie Appell.

Dans un genre différent, « décontracté », il y avait les réunions qui se tenaient dans les salles de laboratoire de certains de ces scientifiques qu'on n'aurait pas imaginé ouvertes ainsi au public. Perrin avait entretenu cette habitude dès sa sortie de la rue d'Ulm, en accueillant ses invités dans les salles de physique de l'École. Lorsqu'il eut, à partir de 1898, son laboratoire de Chimie-physique, dans les greniers de la Sorbonne, il y organisa encore des réunions, autour d'un thé. On y rencontrait les scientifiques, y compris des étrangers de passage en France, les amis du club des normaliens, de Seignobos à Paul Valéry (1871-1945) ou Blum, et puis les élèves de Perrin ou les travailleurs des laboratoires, souvent des travailleuses dont Perrin appréciait fort la présence[181]. D'autres opportunités se présentaient à l'École supérieure de physique et chimie (EPCI), toute proche de l'ENS, dont le directeur, le chimiste alsacien Albin Haller (1849-1925), était un grand ami d'Appell, et dont le directeur des études était désormais Langevin. Celui-ci

---

[179] *Le Journal*, 23 janvier 1912.

[180] Jules Sageret, homme de lettres, vulgarisateur des sciences et de la philosophie, futur collaborateur de *LRDM* et de plusieurs organes de presse.

[181] M. Charpentier-Morize, *Jean Perrin, ouv. cit.*

animait aussi un petit réseau d'universitaires, d'intellectuels et de militants nettement plus engagés, dont il réunissait les membres lors de dîners à son domicile et en organisant les réunions plus formelles d'une sorte de club philosophique et politique[182].

Il y avait encore les réunions rituelles intimes, le dimanche, dans le jardin des Curie, boulevard Kellermann, où venaient, en voisins, les Perrin, le célibataire André Debierne (1874-1949), un non-normalien, passé par l'école primaire supérieure Lavoisier et l'EPCI, mais chercheur réputé - découvreur de l'actinium, en 1899 - et ancien du laboratoire Perrin, devenu le plus proche collaborateur de Marie Curie, ou encore les physiciens Aimé et Eugénie Cotton (1881-1967), ainsi que Georges Urbain et le biologiste Henri Mouton. Les Cotton, tous deux normaliens, physiciens, mariés en 1913, l'un enseignant à l'ENS de Saint-Cloud et l'autre, agrégée de physique, enseignante à Sèvres, tenaient table ouverte, le midi, à Sèvres, pour ceux qui venaient faire cours à l'École, dont Marie Curie, Borel et Langevin. Les Cotton allaient l'été à la montagne avec un petit groupe comprenant Pierre Weiss (1865-1940) et Élie Cartan, dont l'épouse et la sœur étaient elles aussi sévriennes. C'était là un autre réseau de scientifiques comme il y en avait plusieurs, s'interpénétrant sans cesse[183].

Au total, le récit de ces diverses formes de sociabilités du couple Borel par Marbo, dans ce qu'elle appelait son « nouveau milieu », permet d'entrevoir comment ce jeune couple put se modeler à l'image des cercles mondains dans lesquels il s'inséra et comment il put, élargissant ses relations, se préparer à devenir, dans les limites de ce qui le caractérisait socialement - c'est-à-dire un couple bourgeois, unissant un savant et universitaire et une femme de lettres, ayant à eux deux des prétentions intellectuelles visibles et affirmées - un des pôles de cette bonne société parisienne.

Ces salons de l'élite - comme depuis le XVIIIème siècle - jouaient encore un rôle important dans l'expression des liens de sociabilité au sein de celle-ci et restaient essentiels comme lieux d'élaboration et de diffusion des idées nouvelles, en particulier en politique, en même temps que comme foyers de structuration de nouveaux réseaux sociaux. Emmanuel Naquet cite un propos de Célestin Bouglé - qui fréquenta ces salons du tournant du siècle, singulièrement celui d'Aline Ménard-Dorian - dans lequel celui-ci évoquait le relatif déclin d'influence des salons :

> « Les Salons, écrivait Bouglé, exercent peut-être moins d'influence politique sur la vie publique au cours du dix-neuvième siècle, justement parce que la vie publique déborde les milieux

[182] B. Bensaude-Vincent, *Langevin, science et vigilance*, Paris, Belin, 1987.

[183] E. Cotton, 1967, *Aimé Cotton*, Paris, Seghers, 1967. *Cinquantenaire de l'École normale supérieure de Sèvres (1881-1931)*, collection de l'ENS, Sèvres, 1931.

mondains et qu'elle se crée d'autres organes que les Salons. Elle a ses clubs. Elle a les cafés ou "Salons de la démocratie". Néanmoins, des maîtresses de maison brillantes continuent à exercer leur action sur l'élite, dont elles réunissent les membres. (...). Les beaux esprits se rencontrent pour dauber sur un régime qui leur paraît être le règne de la canaille (...) ou bien, si la maîtresse de maison veut éviter des polémiques un peu trop bruyantes, (...) on s'évade vers les sommets de l'art. On fait appel à la musique qui adoucit les mœurs et étouffe les conversations dangereuses. »[184]

Conclusion : un « intellectuel de pouvoir » dominait à la Sorbonne

Émile Borel se fût-il satisfait d'avoir atteint le degré de l'excellence dans son art - les mathématiques - et n'eût-il eu, dès lors, comme seule perspective que d'atteindre l'Académie des sciences, il eût représenté un bel achèvement de cette figure du « grand savant » dont s'enorgueillissait la France et dont Louis Pasteur ou Poincaré semblaient, au grand public comme aux élites, les modèles indépassables. On les disait « grands », « distingués », « émérites », « désintéressés » bien sûr, « méritants », « talentueux », « créateurs », « créateurs de génie », « génie », « maître », « grands esprits », « glorieux » et même « immortels »[185]. Borel ne tarderait pas à se voir tresser de tels lauriers.

Mais au cours des premières années de sa carrière, il avait montré qu'autre chose l'animait : l'ambition. Il avait manifesté des dispositions pour d'autres entreprises que celle d'une ascension brillante et rapide de tous le cours des honneurs universitaires. En effet, il baignait dans l'étroite sociabilité normalienne rassurante, dynamisante, ferment d'ambitions multiples, il avait fait le « beau mariage » qui l'avait propulsé au sein de l'élite normalienne et universitaire, puis il avait commencé à se faire connaître dans des réseaux multiples, dans des salons divers et variés, et ces traits de sa personnalité, s'ils n'étaient encore que du potentiel, allaient vers d'autres ambitions. En ce sens, Borel s'éloignait du type du savant achevé, à la destinée sociale close sur elle-même, pour aller vers une figure d'« intellectuel de pouvoir », s'appuyant sur la réussite scientifique et universitaire pour viser d'autres destinées, pour « faire de sa position un centre de pouvoir », selon une formule d'Évelyne Lévèque[186]. Pour pouvoir

---

184 C. Bouglé, *La Dépêche*, 26 octobre 1929, cité par E. Naquet, thèse citée, p. 69.

185 Voir l'étude du « champ lexical du terme "savant" » dans M. Pinault, *La Science au Parlement*, *ouv. cit.*, p. 89.

186 É. Lévèque, http://www.amis.monde-diplomatique.fr/article1455.html. Cette expression « intellectuel de pouvoir », est souvent utilisée et rarement définie. Ici, nous l'entendons

passer du potentiel à la réussite, il fallait encore devenir un « intellectuel de réseaux », disposant de ses propres réseaux, y occupant une position de centralité et nouant aussi, si possible, des liens diversifiés vers d'autres milieux, bref passer du statut de mathématicien précoce et doué à celui d'universitaire polyvalent, connu et respecté, recherché même, puis à… tout ce qui pourrait se présenter, publiciste, journaliste, homme de cabinet, homme politique, homme d'influence ; qui sait ? Or Borel n'allait pas tarder à trouver les voies lui permettant d'aller vers certains de ces objectifs.

---

comme définissant celui « qui met ses compétences au service d'un pouvoir et qui exerce une sorte de magistère dans le domaine des idées politiques ». (J.-J. Rosat, préface à John Newsinger, *La politique selon Orwell*, Marseille, Agone, 2006.)

Chapitre 2
Un projet éditorial ambitieux

En 1905, Borel se mobilisa pour un projet n'ayant que peu de rapports avec l'activité universitaire qui occupait jusque-là l'essentiel de son temps. Il s'agissait de créer une revue de culture générale, allant du scientifique au politique, en embauchant dans l'aventure tous les amis de ses réseaux proches ainsi que son épouse. L'idée de *La Revue du Mois* (*LRDM*) était née et, à partir du mois de juin, elle devint une préoccupation majeure de Borel.

Marguerite Borel a écrit que son mari avait pu fonder *LRDM* grâce aux 10 000 francs du prix Petit d'Ormoy décerné par l'Académie des sciences[187]. Elle affirmait même qu'il avait voulu, avec cette revue, lui permettre de « réaliser un rêve » de jeunesse. Nous devons à une belle étude d'Antonin Durand et Laurent Mazliak sur les réseaux intellectuels italiens ou franco-italiens impliqués dans les débuts de *LRDM* de pouvoir interroger plus avant les circonstances de cette fondation[188]. Ceux-ci constatent, en effet, à la lecture de sa correspondance avec Volterra que, dès le début du mois de juin 1905, Borel avait exprimé son intention de fonder une revue. On peut ajouter qu'il existe d'autres lettres, comme celles de son ami botaniste, Noël Bernard, ou de Théodore Ruyssen (1868-1967), philosophe et sociologue normalien, datant aussi de juin 1905, qui confirment ce point de vue[189] ; et son projet était alors assez avancé pour qu'il en exposât déjà les grandes lignes à ses correspondants. Or, la commission devant décerner le prix Petit d'Ormoy ne fut formée qu'au 1er mai et n'annonça l'attribution conjointe du prix pour 1905 à Borel et à Louis de Broglie (1892-1987) que lors de la séance de l'Académie du 1er décembre. Ces auteurs retiennent donc que la création de *LRDM*, déjà décidée avant l'été, ne dut rien à l'attribution de ce prix, en décembre et qu'il n'y eut qu'un lien d'opportunité.

Borel avait sans doute d'importantes raisons de fonder *LRDM* car le fait d'avoir une revue apporterait à notre intellectuel de réseaux en puissance l'un des premières armes les plus indispensables pour bâtir une influence. Gérard Noiriel ne dit-il pas qu'il en fut de même, ensuite, avec Sartre, Camus et *Les Temps Modernes*, ou bien pour les fondateurs d'*Esprit*, du

---

[187] Ces 10 000 francs représentaient, à ce moment-là, à peu près le traitement annuel d'un professeur d'université. En dehors de l'étude de S. Montfort, « La pensée d'Émile Borel » (déjà cité), il n'existe pas d'étude historique sur *LRDM*.

[188] A. Durand et L. Mazliak, « Images de l'Italie dans *LRDM* (1906-1920) », *art. cit.*

[189] Ac. Sc., dossiers É. Borel, Corresp. scientif.

Débat, de *Commentaires* et même des *Actes de la recherche en sciences sociales* ?

Dans sa correspondance avec Lebesgue, Borel nous donne peut-être le ressort profond qui le poussa à la création de *LRDM* : à son ami, il confiait en effet qu'il éprouvait « un dégoût profond (...) de la carrière académique » et Lebesgue ajoutait que c'est avec « la détermination de (se) créer une situation personnelle indépendante de l'administration et des Académies (qu'il avait) fondé *La Revue du Mois* »[190]. En tout état de cause, Borel avait eu à observer, peu d'années auparavant, la mise en œuvre d'un autre projet dont il avait pu conserver la conviction que le contrôle d'une publication pouvait être une garantie de la bonne assise d'une position intellectuelle. Il s'agissait du lancement, en décembre 1901, par Seignobos et le député Albert Métin, associés au juriste hollandais Willem Van Der Vlugt (1853-1928) et à l'écrivain dreyfusard André-Ferdinand Herold (1865-1940), d'un « Courrier international hebdomadaire » : *L'Européen.* Ce journal comptait une équipe étoffée de rédacteurs venant pour la plupart des milieux dreyfusards, radicaux et même socialistes comme Émile Vandervelde, Pierre Quillard, Francis de Pressensé, le pacifiste Charles Richet, et même un vétéran comme le prix Nobel de la Paix, Frédéric Passy (1822-1912)[191]. Leurs objectifs étaient affirmés dès l'éditorial du premier numéro de *L'Européen* :

> « *L'Européen* entend maintenir le principe que le droit prime la force. (...) *L'Européen* désire la liberté, la justice et la paix. Il s'intéresse à toutes les réformes qui tendent à assurer la sécurité de tous, individus et nations, à établir en Europe l'harmonie pacifique qui permettra à tous de jouir des progrès accomplis par la science. (...) Déjà fonctionnent en Europe quelques institutions internationales qui sont les organes officiels de cette solidarité européenne et peut-être les germes de la fédération pacifique des peuples civilisés. »[192]

Borel, dont on peut rappeler qu'il était alors au plus fort de sa période de production scientifique, n'écrivit pas dans *L'Européen* mais nombre de ses amis universitaires, ligueurs, upéistes ou *arcouestiens* faisaient partie de la rédaction et ce projet recoupait deux des dimensions essentielles du personnage public qu'il allait bientôt devenir : fondateur et directeur de *LRDM* et militant de la cause pacifiste et européenne[193].

---

[190] Lettre de H. Lebesgue à É. Borel, 28 avril 1909, dans P. Dugac et B. Bru, « Lettres d'Henri Lebesgue à É. Borel », *Cahiers du Séminaire d'histoire des mathématiques de l'IHP,* 1991, n° 12, p. 1-511. Voir aussi *Henri Lebesgue, Les lendemains de l'intégrale..., ouv. cit.*

[191] *L'Européen,* n° 1, 7 décembre 1901.

[192] Id. Voir C. Charle, « Charles Seignobos, historien pacifiste et européen », dans C. Charle, *Homo Historicus..., ouv. cit.*, p. 192-205

[193] Sur les Upéistes et les Universités populaires, et sur *l'Arcouest*, voir plus loin.

Il est possible que Borel ait aussi eut connaissance du projet de journal hebdomadaire que Lucien Herr conçut à la fin de 1898 et qui devait s'appeler « La Semaine ». Charles Andler en exposait le détail dans sa *Vie de Lucien Herr*, insistant sur le fait que Herr espérait réunir, d'après le prospectus de lancement, « une cinquantaine d'hommes jeunes et actifs (qui) organiserait, autour de chaque centre, le réseau d'information, le réseau d'action qui fera(it), à travers toute la nation, une transmission continue, et un éveil ininterrompu d'énergie honnête et vigilante[194] ». Dans la liste des futurs collaborateurs de *La Semaine*, Andler citait, pour les scientifiques, Tannery, Duclaux, Painlevé, Le Dantec, Lapicque, et parmi les autres, Seignobos, Blum, Simiand, Challaye, Lévy-Brühl, Halévy, Vandervelde. De *La Semaine* - qui n'a finalement jamais paru - au projet de *La Revue du Mois*, il y avait plus qu'une proximité d'inspiration, il y avait celle des réseaux.

2.1. Borel auteur prolifique et directeur de collection scientifique

Borel manifestait une puissante capacité de production éditoriale qu'il avait organisée, avec l'aide du principal éditeur scientifique parisien, Gauthier-Villars, en développant un programme de publication de ses cours, généralement pris en notes et mis en forme par des élèves choisis par lui, et, plus largement, d'ouvrages pédagogiques mettant à la disposition d'un large public d'étudiants et de chercheurs les développements les plus récents des « travaux sur l'application de la théorie des ensembles à la théorie des fonctions[195] ». La maison Gauthier-Villars, comme le souligne C. Ehrhardt, était une « véritable institution » dans le milieu universitaire et scientifique, singulièrement chez les mathématiciens, et y être publié, y être directeur d'une collection, conféraient un « indéniable prestige »[196].

Borel donna à la collection que Gauthier-Villars lui proposa de diriger et qui accueillit ces ouvrages, le nom de « Nouvelles leçons sur la théorie des fonctions ». Un premier volume, paru en 1898, *Leçons sur la théorie des fonctions. Éléments de la théorie des ensembles et applications*, qui reprenait les cours qu'il avait professés à l'ENS au printemps de 1897, ne comportait pas encore le titre de la collection qui n'apparut qu'avec les ouvrages suivants, édités en 1900 et 1901 : *Leçons sur les fonctions entières*, et *Leçons*

---

[194] C. Andler, *ouv. cit.*, p. 139.

[195] M. Fréchet, *art. cité*, p. 21. C. Ehrhardt, « Du cours magistral à l'entreprise éditoriale », *art. cit.*, et H. Gispert, « La théorie des ensembles en France avant la crise de 1905… », *art. cit.*

[196] C. Ehrhardt, *art. cit.* La maison Gauthier-Villars, reprise en 1864 par Jean-Albert Gauthier-Villars puis par son fils, tous deux polytechniciens, travaillait pour l'Académie des sciences, et publiait journaux, thèses, traités et ouvrages de mathématiques.

sur les séries divergentes. Deux autres suivirent en 1902 et 1903, reprenant les cours professés dans le cadre du cours Peccot[197]. Les « Nouvelles leçons sur la théorie des fonctions », commencées avec cinq titres de Borel lui-même, se poursuivirent au rythme soutenu d'environ un titre par an, avec des ouvrages de Lebesgue, en 1904 et 1906, de Borel et René Baire, en 1905, de Pierre Boutroux, en 1908, de Otto Blumenthal (1876-1944) et Paul Montel, en 1910, de Ludovic Zoretti (1880-1948), en 1911, de Volterra et Paul Dienes (1882-1952), en 1913.

Selon le témoignage de Maurice Fréchet, un de ses élèves normaliens, Borel pratiqua en fait, pour obtenir un tel rythme de publication, de la manière dont Poincaré avait agi avant lui et dont lui-même avait fait l'expérience, lorsqu'il suivait des cours comme étudiant :

> « S'il a pu réaliser une telle production [...] c'est parce que, à l'exemple de Poincaré, il se contentait de développer oralement le sujet de chaque livre dans un de ses cours et de laisser le soin de le rédiger à l'un de ses auditeurs. Il a montré en même temps, comme il savait bien juger les jeunes, puisque la plupart de ses collaborateurs, choisis parmi de simples étudiants, sont devenus des professeurs d'université (la majorité d'entre eux à Paris). »[198]

Borel était donc très conscient de ce qu'il entreprenait avec l'édition de ses cours et il l'écrivait au nouveau doyen de la faculté des Sciences, son beau-père Appell :

> « C'est la théorie des fonctions qui a été la partie originale de mon enseignement (à l'ENS, ndlr) ; c'est surtout là que j'ai cherché à faire école ; j'ai publié plusieurs de ces cours ; cinq sont déjà parus et le sixième est sous presse. »[199]

Hélène Gispert, Caroline Ehrhardt et d'autres chercheurs en histoire de l'enseignement des mathématiques ont abondamment montré qu'une démarche de diffusion des connaissances les plus avancées a présidé à la conception des ouvrages de cette collection. Borel exposa même celle-ci dans une note parue dans *LRDM* :

> « Plus que jamais, écrivait-il, il est nécessaire que les matériaux amassés patiemment par des chercheurs spécialisés soient soumis à une double élaboration : d'une part, classification et simplification,

---

[197] É. Borel, *Leçons sur les séries à termes positifs*, et *Leçons sur les fonctions méromorphes*, Paris, Gauthier-Villars, 1902 et 1903.

[198] M. Fréchet, « La vie et l'action sociale d'Émile Borel », *L'Enseignement mathématique*, 11/1965, n° 1, p. 5–21. Sur la prise de notes par les élèves, voir M. C. Bustamante et al., « Le Traité du calcul des probabilités… », *art. cit.*, p. 130.

[199] Lettre d'É. Borel au doyen Appell, 18 octobre 1904, dossier personnel É. Borel, AN, AJ 16 5882.

> d'où la nécessité d'ouvrages pédagogiques abrégeant le chemin à parcourir pour le débutant ; d'autre part, synthèse, d'où la nécessité d'ouvrages philosophiques mettant en lumière l'unité de la science, créant ou répandant les idées générales qui se dégagent des progrès accomplis dans une branche et favorisant ainsi les répercussions que ces progrès peuvent avoir ailleurs. »[200]

Ces livres étaient « pensés et conçus par Borel comme des objets destinés à l'enseignement, qui guideraient les étudiants vers la recherche. Sa "conception de l'enseignement" consist(ait) à montrer, sur un exemple particulier (…), quelle (étai)t la nature des méthodes employées dans la recherche mathématique et quelle (étai)t la forme sous laquelle se pos(ai)ent les problèmes qui rest(ai)ent à résoudre », explique C. Ehrhardt en citant Borel[201]. Et cette conception avait des conséquences sur l'agencement et les contenus mathématiques des livres. Chacun d'eux était censé être indépendant des autres et n'exiger, pour être compris, « que les connaissances générales d'analyse et de théorie des fonctions analytiques qui se trouvent dans tous les cours »[202]. De même, ajoute Ehrhardt, « dans la rédaction de ses livres, Borel a pris soin de garder pour les notes de bas de page ou les notes complémentaires finales les contenus moins élémentaires qui auraient rendu plus ardue la lecture linéaire des chapitres. Les savoirs présentés, quant à eux, étaient le plus souvent inédits sur ce type de support et appartenaient à l'actualité des mathématiques : c'étaient les recherches relativement récentes de Cantor, de Weierstrass, de Mittag-Leffler, voire celles, tout juste publiées sous forme de thèse ou d'articles, de jeunes mathématiciens comme Paul Painlevé, Pierre Boutroux, Ernst Lindelöf, Edmond Maillet et Borel lui-même ». La collection répondait donc directement à la première exigence de son directeur qui, lorsqu'il l'évoqua ensuite, dans sa *Notice sur (ses) travaux scientifiques* de 1912, aussi bien que dans le supplément de 1921, affirmait que c'était bien ainsi qu'il l'avait pensée. En 1912 :

> « Cette Collection a exercé une influence considérable sur le développement des mathématiques ; c'est à cette forme de publication, mettant à la portée de jeunes chercheurs les derniers résultats acquis, que j'attribue la rapidité avec laquelle mes travaux ont, dans bien des directions, suscité de nouvelles découvertes. »[203]

---

200 É. Borel, « La mécanique rationnelle et les physiciens. À propos de deux livres récents », *LRDM*, n° 58, 10 octobre 1910, p. 414-423.

201 É. Borel, *Leçons sur les fonctions entières, ouv. cit*, préface, p. V.

202 É. Borel, *Leçons sur les fonctions mésomorphes, ouv. cit.*, préface, p. V.

203 É. Borel, *Notice sur les travaux scientifiques de M. Émile Borel, ouv. cit.*

En 1921 :

« Ces rééditions témoignent de la diffusion de cette Collection, diffusion exceptionnelle pour des ouvrages de cette nature, destinés uniquement aux travailleurs cherchant à faire des travaux personnels. (...) Ces livres ont bien rempli le but que je leur assignais : provoquer des recherches originales. »[204]

Au total, les « petits livres » de la « collection Borel », comme on prit l'habitude de les appeler - le plus souvent des volumes de moins de deux cents pages, vendus à un prix très modeste -, constituèrent un ensemble d'une cinquantaine d'ouvrages qui parurent jusqu'à la disparition de Borel[205]. Plus des trois cinquièmes d'entre eux furent effectivement composés à partir de cours magistraux et ils permirent la diffusion de savoirs nouveaux, parfois encore en cours d'élaboration. Ainsi Ludovic Zoretti pouvait-il introduire cet avertissement dans ses *Leçons sur le prolongement analytique* :

« On ne s'étonnera (...) pas de trouver à plusieurs reprises des questions amorcées et non traitées à fond. C'est justement le but de cette collection de fournir aux chercheurs un guide, en les mettant rapidement au courant de l'état d'une question, en précisant la nature des difficultés qui jusqu'ici ont empêché d'aller plus loin. »[206]

Leur objectif fut donc, selon la volonté de Borel, de proposer des outils de travail à un public de « jeunes gens dont les connaissances en analyse (étai)nt généralement peu étendues mais solides ». Pour C. Ehrhardt cette collection a, de ce fait, « fait une réalité de la conception de l'enseignement supérieur comme lieu de formation à la recherche ». Selon elle, la collection de Borel que Louis de Broglie qualifiait de « grand monument de l'esprit »[207], fut ainsi « le lieu d'expression d'un réseau de mathématiciens centré sur le directeur scientifique ». Elle souligne que tous les auteurs, français sauf un, étaient des normaliens que Borel avait connus à l'École, au moins pour ceux qui y étaient entrés avant 1920. Mais plusieurs générations s'y succédèrent avec, par exemple, dans les années trente, l'arrivée d'auteurs nés quinze, voir trente ans après Borel, comme Paul Lévy (1886-1971) ou Szolem Mandelbrojt (1899-1983).

---

204 É. Borel, *Supplément à la Notice de 1912 sur les travaux scientifiques de M. Émile Borel*, Toulouse, Privat, 1921.

205 Selon C. Ehrhardt, le premier volume fut vendu au pris de 3,50 francs, soit « quatre à cinq fois moins cher que l'un des tomes du cours de Picard ». (C. Ehrhardt, *art. cit.*)

206 L. Zoretti, *Leçons sur le prolongement analytique*, Paris, Gauthier-Villars, 1911. Cité par C. Ehrhardt, *art. cit.*

207 L. de Broglie, « La vie et l'œuvre d'Émile Borel », déjà cité.

Borel auteur de manuels d'enseignement des mathématiques

Borel ne se contenta pas de ces ouvrages de haut niveau, destinés aux étudiants, aux universitaires et aux mathématiciens en général. Il se lança aussi, très tôt et très jeune, dans l'édition de manuels de mathématiques, destinés aux élèves - et à leurs professeurs - de classes préparatoires, des écoles normales primaires et de l'enseignement secondaire. Pour ces manuels, Borel abandonna Gauthier-Villars pour rejoindre les éditions Armand Colin, spécialisées dans la diffusion de manuels pour l'enseignement. Eugénie Cotton (1881-1967), ancienne élève de l'École normale supérieure de jeunes filles de Sèvres, devenue la directrice de cette école que le gouvernement de Front populaire décida de rattacher à l'Enseignement supérieur, se souvenait, lors des cérémonies du Jubilé de Borel, en 1940, que celui-ci « n'avait pas non plus dédaigné de faire pour les professeurs de l'Enseignement secondaire des manuels qui ont été utilisés avec joie par ses anciennes élèves »[208].

Ainsi, en 1904, Borel publia des *Exercices pratiques de mathématiques dans l'enseignement secondaire* ; en 1903 et 1904, un manuel d'*Algèbre* pour le premier et pour le second cycle ; en 1905, un manuel de *Géométrie* « à l'usage des écoles normales primaires, des écoles primaires supérieures, des aspirants et aspirantes aux brevets de l'enseignement primaire et des lycées et collèges de jeunes filles » ; en 1905, une *Géométrie* pour le premier et le second cycle ; d'autres manuels parurent jusqu'à la guerre et quelques-uns encore jusqu'en 1921, et la plupart connurent de nombreuses rééditions[209]. En 1914, il retourna chez Gauthier-Villars pour publier un *Cours de géométrie analytique à l'usage des élèves de la classe de mathématiques spéciales*.

La construction, la rédaction et l'édition de ces manuels étaient directement liées à l'intense vent de rénovation que faisait souffler sur l'enseignement secondaire la réforme de 1902, dite de l'enseignement « moderne », et à l'atmosphère de promotion de l'enseignement scientifique qui gagnait la presse et l'opinion publique[210]. Dans ce contexte, Borel qui n'avait pas été nommé membre de la « Commission de révision de

[208] E. Cotton, dans *Jubilé scientifique d'Émile Borel,* , Paris, Gauthier-Villars, 1940.

[209] É. Borel, *Exercices pratiques de mathématiques dans l'enseignement secondaire,* Paris, Imprimerie Nationale, 1904 ; *Algèbre,* premier et second cycle, Paris, Armand Colin, 1903 et 1904 ; *Géométrie à l'usage des écoles normales primaires, des écoles primaires supérieures, des aspirants et aspirantes aux brevets de l'enseignement primaire et des lycées et collèges de jeunes filles*, Paris, Armand Colin, 1905 ; *Géométrie,* premier et le second cycle, Paris, Armand Colin, 1905 ; *Cours de géométrie analytique à l'usage des élèves de la classe de mathématiques spéciales*, Paris, Gauthier-Villars, 1914.

[210] B. Belhoste, « L'enseignement secondaire français et les sciences au début du XXème siècle. La réforme de 1902 des plans d'études et des programmes », dans « L'enseignement scientifique au tournant des XIXe et XXe siècles », *Revue d'histoire des sciences*, t. 43, n° 4, 1990, p. 371-400.

programmes de sciences » instituée par un décret du 14 février 1901, fut pourtant, put-on lire dans une note parue dans la *Revue de l'Enseignement des sciences*, « un des membres les plus actifs et les plus écoutés » du comité de refonte des programmes d'enseignement des mathématiques qui devait aboutir aux nouveaux programmes de 1905[211]. Toujours d'après cette revue, ses manuels d'Arithmétique, d'Algèbre et de Géométrie, de même que ceux écrits au même moment par Jules Tannery, « inaugurèrent le mouvement réformateur » ; ils « donnèrent le sens et l'orientation de cette réforme », d'autant que des circulaires ministérielles interdirent alors le cours dicté qui était très répandu et rendirent obligatoire l'utilisation d'un manuel.

2.2. Un projet pour rayonner : *La Revue du Mois*

Alors que Borel était devenu, depuis quelques années, un éditeur connu d'ouvrages de mathématiques relevant de la recherche, de l'Enseignement supérieur et du Secondaire, il se lança donc dans une autre direction, moins classique et plus risquée. La volonté d'élargir et de renforcer sa position éditoriale fut certainement une des causes du lancement de *La Revue du Mois*. Mais, alors que de très nombreuses revues existaient déjà sur le marché de l'édition française, ce projet répondait aussi à une intention intellectuelle originale.

Le projet voulait que cette nouvelle revue fût unique, qu'elle occupât une fonction qu'aucune autre publication n'avait jusque-là pu occuper. C'est-à-dire que le contenu de la revue devait être à la fois éclectique et relevé, ses articles, écrits par des spécialistes des questions traitées, devant s'adresser à un large public cultivé. Dans le premier numéro, de janvier 1906, les objectifs et les orientations de la revue étaient présentés en ces termes :

> « Le nombre et l'importance des Questions qui peuvent être traitées par la méthode scientifique s'accroissent chaque jour. Il nous a semblé qu'on pouvait concevoir une publication dont cette méthode serait le principe, publication n'ayant rien de spécialement technique et prenant pour but essentiel de contribuer au développement des idées générales par l'exposition et l'étude critique des progrès réalisés dans la connaissance des faits et des mouvement d'idées qui en sont la conséquence. *La Revue du Mois* tente d'être cette publication. Elle se propose avant tout d'être une

---

[211] Note non signée, *Revue de l'Enseignement des sciences* (4ème année, n° 37, juillet 1930, p. 277-278), à l'occasion de la parution, en Allemagne, de traductions des manuels de Tannery et Borel conformes aux programmes de 1905 : É. Borel et Paul Staäckel, *Elemente der mathematik*, 2 vol., *Arithmetic und Algebra, Geometrie*, Dresde, Teubner, 1908 et 1909.

Revue de libre discussion, admettant à s'exprimer en pleine indépendance toutes les opinions à base scientifique. »[212]

Borel précisait d'ailleurs, dans le courrier adressé à d'éventuels futurs collaborateurs qu'« il ne s'agi(ssai)t pas seulement de questions scientifiques ; nous traiterons des questions militaires, navales, industrielles, géographiques et coloniales et d'une manière générale de tout ce qui est susceptible d'intéresser des esprits sérieux »[213].

Une douzaine de jeunes scientifiques, presque tous normaliens, dont Langevin, Perrin, Noël Bernard, Drach, Cotton, Cartan, Jacques Duclaux, Mouton, Robert Lespieau (1864-1947, ENS 1886), Caullery et Louis-Jacques Simon (1867-1925), tous deux de la promotion 1887 de l'ENS, formèrent l'équipe de base de la rédaction, le noyau dur étant formé de Perrin, Langevin et Borel[214]. Autour d'eux, plusieurs dizaines de responsables de rubriques, couvrant la plupart des disciplines de sciences de la nature et de sciences humaines, complétaient cette rédaction[215]. Les responsables, souvent normaliens, titulaires de chaires dans les grands établissements de l'Enseignement supérieur parisien et appelés à devenir des références intellectuelles, étaient plus ou moins actifs et les rubriques qu'ils couvraient furent très inégalement fournies. Les plus investis furent les responsables des « Chroniques », come Challaye, Sageret et Gonzague Truc (1877-1972).

Bru, Bru et Chung voient dans *LRDM* « le point de ralliement et la plateforme des "jeunes" savants du siècle naissant »[216] et on voit, certes, qu'il s'agissait bien d'une entreprise générationnelle. À côté de la *Revue scientifique*, patronnée par Paul-Gaultier (1872-1960) et dirigée par Charles Moureu et avant cela par Richet, revue installée depuis des années qui faisait figure de référence en matière d'actualité de la recherche scientifique et universitaire reconnue et recrutait des collaborateurs chevronnés, *LRDM* chercha sa légitimité dans des publications abordant sous un angle généraliste et pluridisciplinaire les nouveaux domaines de la connaissance.

Pour Christophe Prochasson et Anne Rasmussen, elle constituait « l'institutionnalisation d'un projet de synthèse ». Ces auteurs soulignent, en

---

212 *LRDM*, n° 1, janvier 1906. Cette profession de foi fut reproduite dans la suite des livraisons de *LRDM*.

213 Lettre d'É. Borel à S. Miwa, le 27 juin 1905, Ac. Sc., dossiers É. Borel, Corresp. scientif.

214 La composition de ce comité de rédaction fut fluctuante au cours de la première année de la revue. On y trouvait aussi Albert Métin, Paul Van Tieghem (1871-1948), normalien, spécialiste d'histoire littéraire et de littérature comparée, fils du botaniste, normalien, professeur au Muséum et académicien, Philippe Van Tieghem (1839-1914).

215 Dans les livraisons de 1911, un placard présentait une longue liste de tous les responsables de rubriques de *LRDM*

216 B. Bru, M.F. Bru et K.L. Chung, *art. cit.*, p. 192.

reprenant à la *Revue de synthèse historique*, fondée en 1900 par Henri Berr, son substantif caractéristique, que l'idée de Borel s'inscrivait dans une ambiance intellectuelle nouvelle à laquelle se rattachaient d'autres initiatives comme la création du cercle Autour du Monde par Albert Kahn ou celle de la *Rivista di Scienza*, en 1907, initiatives auxquelles participaient d'ailleurs les mêmes jeunes scientifiques français[217]. Cependant cette ambition de la « synthèse » était loin d'être exprimée clairement, au moins dans les premiers temps. Par contre, l'accord immédiat et très spontané de personnalités aussi diverses qu'Aulard, Victor Basch (1863-1944), Bergson, Maritain, entre autre, pour participer aux premiers numéros de la revue allait bien dans ce sens de la « synthèse » dont parlait Berr. Au bout de quelques mois, on vit Borel affirmer, dans sa revue, la nécessité de « la synthèse, nécessité d'ouvrages philosophiques mettant en lumière l'unité de la science, créant ou répandant les idées générales qui se dégagent des progrès accomplis dans une branche et favorisant ainsi les répercussions que ces progrès peuvent avoir ailleurs »[218]. La jonction était donc bien réelle. Et, après la fin de la Première Guerre mondiale, il expliquait que l'enseignement des sciences devait montrer « la connexité des sciences entre elles et leur union dans une vaste synthèse »[219]. Il publia alors, dans sa revue, un numéro spécialement consacré à Henri Berr[220].

Scientia, revue internationale de synthèse scientifique

La revue *Scientia* qui naquit en Italie peu après *LRDM*, fut d'abord titrée, à sa création en 1907 et jusqu'en 1910, *Rivista di Scienza - organo internazionale di sintesi scientifica* : « organe international de synthèse scientifique ». Elle devait la vie à un petit groupe d'intellectuels italiens groupés autour du mathématicien et philosophe Federigo Enriques (1871-1946), fondateur, en 1906, et président de la Société italienne de philosophie, et d'Eugenio Rignano (1870-1930), lui aussi philosophe, psychologue et sociologue, et ayant une formation d'ingénieur. Publiée à Bologne, elle était aussi diffusée, dès le premier numéro, par Alcan, en France, à Londres par Williams et Norgate et à Leipzig par Wilhelm Engelmann. Et, dès le début, on notait une participation française significative.

Borel n'apparaissait pas dans le premier numéro de *Rivista di Scienza* et ce n'est qu'en 1909 qu'il y publia son article sur « Le continu mathématique

---

[217] C. Prochasson et A. Rasmussen, *Au nom de la patrie. Les intellectuels et la Première Guerre mondiale, 1910-1919*, Paris, La Découverte, 1996, p. 100.
[218] É. Borel, « La mécanique rationnelle et les physiciens... », *art. cit.*
[219] É. Borel, « La réforme de l'enseignement secondaire : l'enseignement des sciences » », *Revue universitaire*, 11 janvier 1923, p. 134-135, cité par N. Hulin, « Histoire des sciences et enseignement scientifique au lycée sous la Troisième République », *Revue d'histoire des sciences*, t. 58, 2005, n° 2, p. 389-405.
[220] Voir plus loin, le chapitre sur *LRDM scientifique*, lancée en 1923.

et le continu physique »[221]. Cependant, lui et Enriques se connaissaient bien ; d'ailleurs ce dernier était ami avec plusieurs mathématiciens français depuis qu'il avait assisté au premier congrès de mathématiciens de Zurich[222]. En considération des liens étroits que Borel entretenait avec Volterra et Enriques, Durand et Mazliak parlent d'un « réseau franco-italien » et il est inévitable d'imaginer que des intentions voisines avaient présidé aux naissances concomitantes de *LRDM* et de *Rivista di Scienza.* Dans les encarts publicitaires annonçant dans la presse l'édition française de la revue, on pouvait lire qu'elle avait été « fondée pour contrebalancer les effets fâcheux de la spécialisation scientifique ». Lorsqu'on lit le « programme » de *Rivista di Scienza - Organo internazionale di Sintesi scientifica*, ce sont bien les ressemblances avec *LRDM* qui surgissent. Que de similitudes entre ces deux « groupes d'amis et de collègues » - du côté italien essentiellement des professeurs appartenant à des universités voisines, Bologne, Padoue, Modène, Livourne ou Milan, et du côté français des universitaires normaliens parisiens pour la plupart - faisant ensemble référence au « mouvement actuel de la pensée vers la synthèse », affirmant vouloir « réagir contre la tendance à la spécialisation à outrance », « unir les efforts des savants » et « élever la vision de buts scientifiques au-dessus de toutes les formes particulières de la recherche », décidés à « laisser de côté, pour un moment, le langage technique usuel » et à aborder « de la façon la plus accessible quelque problème général que d'autres (...) éclaircir(aie)nt sous d'autres points de vue »[223]. Du côté de *Rivista di Scienza* une démarche nettement internationale, plus évidente en tous cas que dans *LRDM* dont Borel avait pourtant voulu affirmer dès les premiers numéros le caractère international[224] et qui, en effet, n'ignorait pas les contributions étrangères : Volterra, justement, fut un collaborateur fidèle de *LRDM*, dès le début. Ne faut-il pas ajouter le poids évident, dans les deux entreprises, des mathématiciens et de deux d'entre eux, à leur tête : Borel et Enriques.

Une nouveauté éditoriale : *La Revue du Mois*

La Revue du Mois fut imprimée par Hérissey, à Évreux, et diffusée pendant les quatre premières années par l'éditeur scientifique Henri Le Soudier (1850-1926) dont la librairie du boulevard Saint-Germain était spécialisée dans l'importation d'ouvrages étrangers. Elle parut ensuite chez Félix Alcan (1841-1925), d'abord jusqu'à la guerre puis, après une interruption au début de 1915,

---

221 É. Borel, « Le continu mathématique et le continu physique », *Scientia*, vol. VI, 3ème année, 1909.
222 É. Borel, « Congrès international des mathématiciens. Première session Zurich, août 1897 », *RGSPA*, 1897-8, p. 783-789.
223 « Progamma », *Rivista della Scienza – 0rgano internazionale di sintesi scientifica*, n°1, 1907, p. 1.
224 Lettre d'É. Borel à S. Miwa (Kyoto), 27 juin 1905, Ac. Sc., dossiers É. Borel, corresp.

de 1918 à 1920. Alcan, un normalien mathématicien issu d'une famille juive de Lorraine, était devenu un des principaux éditeurs universitaires parisiens, concurrent de Gauthier-Villars, il avait été très engagé en faveur de Dreyfus et était une des composantes importantes du réseau de sociabilité intellectuelle auquel appartenaient Borel et ses amis.

Après Camille Marbo pour les premiers temps, deux normaliens en assurèrent le secrétariat, l'un, jeune agrégé de physique, le neveu de Borel, Fernand Lebeau, mort au front, en septembre 1915, l'autre jeune agrégé de philosophie et ethnologue. Antoine Bianconi (1882-1915) qui fut aussi tué au front, en mars 1915[225], puis Pierre Appell (1887-1957), passé de la Marine au secrétariat général de la Chambre, et l'helléniste Auguste Jardé (1876-1927), complétèrent l'équipe. *LRDM* apparut d'emblée, dans sa belle couverture orange, comme l'expression d'une nouvelle génération de scientifiques soucieux de rapprocher des milieux imperméables les uns aux autres et de diffuser une culture scientifique moderne vers les non-spécialistes mais aussi de promouvoir des idées plus générales relevant des sciences humaines - philosophie, histoire, droit ou sociologie - et même de pédagogie ou de littérature. Pour expliquer quel était le projet, Marbo écrira, plus tard, qu'il existait, dans le monde parisien, des « milieux imperméables les uns aux autres » mais formés, chacun, d'un « noyau » - « noyau scientifique, littéraire, médical, juridique, politique, théâtral » - et d'une « frange » :

> « Nous (étions) dans la frange des universitaires scientifiques. Il (fallait) nous mêler à la frange des autres groupes. *La Revue du Mois* nous le permettait. »[226]

De fait, Siegfried, Valéry, Bergson, Gregh, Blum, Herriot, Rosny Aîné, et bien d'autres, participèrent à la revue. La LDH y eut sa chronique. On y annonçait, dès la première livraison, la naissance d'une Amicale des professeurs des facultés des Sciences, le 6 janvier 1906. 191 enseignants, soit plus des deux tiers du potentiel, adhérèrent d'emblée à ce syndicat qui ne disait pas son nom. En sortant d'une des premières réunions du bureau de cette Amicale, le matin du 19 avril 1906, réunion à laquelle avaient participé Pierre Curie, Perrin, Langevin et le physicien polonais Josef Kowalski (1866-1927), Curie trouva la mort dans un accident de la circulation[227]. Et c'est ainsi que la première contribution de Langevin à la revue fut un hommage très étoffé à Pierre Curie.

---

225 J. Fouré-Larivière, *Anthologie des écrivains morts pour la France en 1914-1918,* Amiens, éd. Mailfère, 1924 à 1926.

226 C. Marbo, *ouv. cit.*

227 C'est chez Josef Kowalski que Marie Curie, tout juste licenciée et amie d'enfance de l'épouse de celui-ci, avait rencontré son futur mari, en 1894. (M. Curie, *Pierre Curie, ouv. cit.*)

Les collaborateurs de la revue prirent l'habitude de se retrouver, tous les quinze jours, dans le vaste appartement des Borel. Selon son épouse, Borel fut tout particulièrement attaché à ces réunions qui lui apportaient ce qu'il recherchait avec avidité, le contact « avec des esprits épris (sic) d'idées générales »[228]. C'est ainsi que *LRDM* devint un nouveau « foyer intellectuel » (C. Marbo) parisien pouvant rivaliser largement avec certains salons intellectuels ou avec des lieux comme le Cercle d'Albert Kahn. Elle devint aussi le cœur d'un large réseau aux ramifications multiples vers des secteurs de la vie intellectuelle très éloignés des mathématiques ou de la vie universitaire.

La revue fut un succès, les abonnés dépassant rapidement le millier, avec un noyau formé, selon Marbo, « d'anciens polytechniciens, normaliens ou centraux », ce qui était peut-être réducteur. Borel y écrivit très régulièrement, presque dans chaque livraison, et, loin de se limiter aux mathématiques - domaine dans lequel il fut cependant très prolixe - il s'exprima sur une masse de sujets variés. C'est pourquoi Stéphane Montfort qui a étudié le contenu de *LRDM*, écrit que « *La Revue du Mois* s'avère source de la pensée d'Émile Borel » et qu'« au fil des pages s'étoffe le portrait d'un "intellectuel" »[229].

L'activité de Borel à *La Revue du Mois*

Quels articles Borel publia-t-il, jusqu'à la guerre, dans *LRDM* ? Trente cinq références peuvent être relevées, entre décembre 1905 et décembre 1914.

Articles et chroniques d'Émile Borel, dans *La Revue du Mois*, de 1906 à 1914[230]

Les Principes de la théorie des ensembles (attribué à Borel), n° 0, 10 nov. 1905
La Valeur pratique du calcul des probabilités, n° 4, 10 avril 1906
La Graphologie et la méthode scientifique, n° 8, 10 août 1906
La Graphologie et la méthode scientifique, n° 9, 10 septembre 1906
Les Ligues sociales d'acheteurs, chronique, n° 12, 10 déc. 1906
Les Fonctionnaires et l'État, n° 19, 10 juillet 1907
La Relativité de l'espace d'après M. H. Poincaré, chron., n° 19, 10 juill. 1907
Un paradoxe économique. Le sophisme du tas de blé (…), n° 24, 10 déc. 1907
La Dépopulation de la France, chronique, n° 25, 10 janvier 1908

228 M. Borel, note biographique, déjà citée.

229 S. Montfort, « La pensée d'Émile Borel », déjà cité.

230 Tableau établi après croisement avec les relevés réalisés par Stéphane Montfort, mémoire cité.

Le Principe d'inertie et les dynamiques non-newtoniennes (par Federigo Enriques), chronique, n° 25, 10 janvier 1908

Die Entwickelung der Lehre von den Punktmannigfaltigkeiten (par Arthur Schoenflies), chronique, n° 25, 10 janvier 1908

Le Rôle social des savants amateurs, n° 26, 10 février 1908

Un Traité inédit d'Archimède, chronique, n° 27, 10 mars 1908

Statistique mathématique (par Hermann Laurent), chron., n° 28, 10 avril 1908

Congrès de l'AFAS, chronique n° 31, 10 juillet 1908

De l'Homme à la Science, Science et Conscience (par F. Le Dantec), chronique, n° 31, 10 juillet 1908

L'Aviation, n° 34, 10 octobre 1908

Quand Panurge ressuscita (par Pierre Mille), chron., n° 34, 10 oct. 1908

Calcul de probabilités et mentalité individualiste, chron., n° 36, 10 déc. 1908

La morale de l'éducation (par Paul Adam), chron., n° 36, 10 déc. 1908

La Méthode de M. Poincaré, chronique, n° 39, 10 mars 1909

Chronométrie (par Jules Andrade), chronique, n° 39, 10 mars 1909

La lutte contre les programmes de 1902, chron., n° 42, 10 juin 1909

Jules Gaufrès, sa vie son œuvre (par G.Compayré), chron., n° 43, 10 juill. 1909

La Logique de l'infini (par Henri Poincaré), chron., n° 46, 10 oct. 1909

Le Jury criminel et le hasard, chronique, n° 48, 10 décembre 1909

IVème Congrès international d'aéronautique, chron., n° 57, 10 sept. 1910

La Mécanique rationnelle et les physiciens, n° 58, 10 octobre 1910

Jules Tannery, n° 61, 10 janvier 1911

Les Probabilités et M. Le Dantec, n° 67, 10 juillet 1911

La Philosophie mathématique et l'infini, n° 80, 10 août 1912

La Question de la population, n° 89, 10 mai 1913

La Question de la population, n° 91, 10 juillet 1913

J.-H. Rosny Aîné et le merveilleux scientifique, chron., n° 101, 10 mai 1914

L'Infini mathématique et la Réalité, n° 103, 10 juillet 1914

Quelques textes allemands, chronique, n° 105, 10 septembre 1914

À nos lecteurs (texte supposé écrit par Borel), n° 105, 10 sept. 1914

C'est au rythme de quatre articles par an, environ, mais en livrant aussi des chroniques, en particulier des notes bibliographiques, presque chaque mois, que Borel participa directement à la rédaction de la revue. On peut ajouter que de nombreuses notes non signées parurent dans les « Chroniques » dont il a pu écrire certaines[231].

Deux traits caractérisèrent les contributions de Borel : d'une part, la grande variété des sujets sur lesquels il intervint, et d'autre part, son parti pris didactique et « grand public ». Ces deux caractéristiques se rejoignaient dans la conviction affichée que tous les types de problèmes pouvaient être abordés avec profit en adoptant « une méthode scientifique » et que leur solution était ainsi à la portée de toute personne acceptant de s'y plier. Qu'il abordât une question de théorie mathématique de pointe ou un sujet de société « à la mode », une question d'enseignement et de pédagogie ou un problème d'armement et d'art militaire, Borel cherchait à écrire des articles simples - en apparence - et guidés par un raisonnement. La recherche de l'expression concrète, le recours à des exemples parfois triviaux, l'affirmation sur un ton « bonhomme » que les choses étaient simples à comprendre, donnaient des articles à la trame « facile » et sécurisante.

Par ailleurs, Borel indiquait clairement qu'il n'entrerait pas dans une complexité formelle hors de portée pour ses lecteurs[232]. Par contre, faire connaître à tous « la méthode de M. Poincaré, essentiellement active et constructive », ou ce qu'il appelait sa « philosophie scientifique », lui semblait du plus haut intérêt[233]. Et Borel de se lancer dans une tentative d'expliquer - à travers justement un de ces exemples triviaux qu'il affectionnait : l'inutilité de connaître « absolument » la surface d'une pièce avant d'acheter le parquet pour en recouvrir le sol - en quoi les conceptions nouvelles de Poincaré ou de Lorentz n'invalidaient pas les postulats scientifiques mais les rendaient tout juste « relatifs », et pourquoi il pouvait en découler une « profonde modification de nos idées sur la nature de l'univers et sur l'explication scientifique du monde ».

Il est impossible ici de passer en revue tous les sujets que Borel aborda de cette manière. Montfort a résumé cela en parlant d'une « philosophie de la valeur pratique »[234]. Il fut donc ce vulgarisateur de science qui visait moins à la diffusion de connaissances qu'à la diffusion d'une culture anti-académique de la connaissance, celle d'un savoir pratique ou d'une pratique du savoir, donnés à tous ou à tout le moins mis à la disposition de tous.

---

[231] Par exemple, un article sur « La généralisation du théorème de Lagrange », *LRDM*, n° 10, octobre 1906.

[232] É. Borel, « La Mécanique rationnelle et les physiciens. À propos de deux livres récents », *LRDM*, n° 58, 10 octobre 1910, p. 414-423.

[233] É. Borel, « La Méthode de M. Poincaré », *LRDM*, n° 39, 10 mars 1909, p. 360-362.

[234] S. Montfort, « La pensée d'Émile Borel », déjà cité.

Borel et l'éducation populaire

L'œuvre éditoriale de Borel doit être rapprochée de sa participation dès sa création, en 1899, aux activités de l'Université populaire (UP) ou à celles de l'Association philotechnique[235], ou encore de sa conférence du 3 mars 1904 au Musée pédagogique. L'UP, créée au sein du mouvement coopérateur par *La Coopération des idées, revue mensuelle de sociologie positive*, voulait développer « l'enseignement supérieur populaire et l'éducation éthique-sociale ». L'Association philotechnique, créée en 1848, se fixait pour but de développer des enseignements à but pratique et professionnel et Borel en fut le président, après F. Buisson et P. Painlevé.

On trouve trace de plusieurs conférences de Borel à l'Université populaire, entre 1899 et 1906[236]. Il y connut d'ailleurs des succès limités, faisant « trop professeur », comme lui disait Drach, alors que Perrin et Langevin savaient, eux, séduire le public[237]. Il y eut aussi sa conférence de 1904, au Musée pédagogique, sur « Les exercices pratiques de mathématiques dans l'Enseignement secondaire », dans laquelle il exposait tout l'intérêt de développer un enseignement mathématique fondé sur son lien avec la pratique[238]. Après avoir fustigé, dans les exercices pratiques déjà existants - le calcul numérique et le dessin géométrique - une démarche souvent abstraite, sans préoccupation pratique, dans laquelle le professeur et l'élève « recherchent dans le résultat une exactitude dépassant celle des données expérimentales », Borel faisait diverses suggestions didactiques pour en améliorer l'approche ; la principale : développer et diversifier les occasions d'observations pratiques et d'exercices expérimentaux, en particulier par la création « de vrais laboratoires de mathématiques »[239]. Le

---

[235] *Le Radical*, 20 juin 1926. Voir la notice d'A. Pressard et É. Rotival, dans F. Buisson (dir.), *Nouveau dictionnaire de pédagogie de l'enseignement primaire*, Paris, Hachette, 1911. Voir aussi la notice de L. Mercier sur les UP, dans J. Julliard et M. Winock, *Dictionnaire des intellectuels français, ouv. cit.*

[236] La *RPP* d'oct-déc. 1899 annonçait la naissance de l'UP et les premières conférences dont celle de Borel, sur « Le calcul des probabilités et quelques-unes de ses applications pratiques » (*RPP*, 1899, 6ème année, t. 22, n° 64, p. 324-325). Conférences de Borel sur « Le calcul des probabilités et quelques-unes de ses applications pratiques » (*L'Aurore,* 17 novembre 1899), sur « Une grande loi naturelle : la gravitation universelle » (*Id.*, 11 février 1903), sur « Les erreurs des graphologues » (*Id.*, 19 octobre 1906).

[237] C. Marbo, *ouv. cit.*, p. 70.

[238] É. Borel, « Les exercices pratiques de mathématiques dans l'enseignement secondaire », Musée pédagogique, 3 mars 1904, *Revue générale des sciences,* 1904, n° 10, p. 431–440. Le Musée pédagogique a été créé en 1879. Charles Langlois (1863-1929), chartiste, professeur d'histoire du Moyen-âge à la Sorbonne, en fut le directeur, de 1903 à 1913.

[239] L'idée du « laboratoire de mathématiques » a été reprise par Jean-Pierre Kahane (1926-2017), auditionné à l'Assemblée Nationale, le 7 mars 2006, comme président de la commission de réflexion sur l'enseignement des mathématiques : « Dans ces laboratoires, il faut du bois, du fil, et même un préparateur qui pourrait être un menuisier, mais également du

récit nourri d'exemples aboutissant à cette proposition, aussi net qu'un raisonnement, se concluait ainsi :

> « Quand (les élèves) auront bien compris à la fois la puissance indéfinie du raisonnement abstrait et son incapacité absolue à créer de toutes pièces une vérité pratique, ils seront mieux armés pour la vie ».

Mais surtout, Borel replaçait ces réflexions dans une conception d'ensemble de la culture et de l'éducation dont il estimait qu'elle devait être expliquée aux futurs professeurs agrégés destinés à l'Enseignement secondaire et qui explique sa volonté de développer des publications mathématiques puis de créer, avec *LRDM*, une revue de culture et de science. L'enseignement des mathématiques devait, selon lui, être réorganisé, pour le conformer à une vision du monde et de la société dictée par la culture scientifique :

> « On reproche d'ailleurs souvent aux mathématiciens des tendances idéalistes (...). Ne doit-on pas chercher la cause (...) dans la séparation trop grande entre la théorie et la pratique (...) ? Ou bien le mathématicien construit a priori un monde réel, adéquat à son monde d'idées ; il aboutit alors à un système métaphysique ne reposant sur rien ; ou bien il établit une démarcation absolue entre sa vie théorique et sa vie pratique, et sa science ne lui sert à rien pour comprendre le monde ; il accepte, presque sans y réfléchir, les croyances du milieu dans lequel il vit. L'éducation mathématique actuellement donnée dans les lycées a certainement une influence analogue sur les esprits (...).
>
> « Au contraire, une éducation mathématique à la fois théorique et pratique (...) peut exercer la plus heureuse influence sur la formation de l'esprit. Nous pouvons espérer ainsi former des hommes ayant foi dans la raison et sachant qu'il ne faut pas chercher à biaiser en face d'un raisonnement juste. Ils auront aperçu, sur de multiples exemples, le déterminisme des phénomènes naturels et seront préparés à comprendre la notion de loi physique. Mais, en même temps, ils se défieront de tout raisonnement en l'air, sans bases dans le réel, portant sur des mots mal définis, de tout calcul effectué sur des nombres abstraits dont la signification concrète n'est pas précisée ; ils chercheront à voir l'objet tangible derrière le symbole. En un mot, nous contribuerons à former des hommes libres, dont la raison ne s'incline que devant

---

matériel informatique ». (Rapport de J.-M. Rolland sur « L'enseignement des disciplines scientifiques dans le primaire et le secondaire », n° 3061, 2 mai 2006).

le fait ; nous ferons tout au moins tous nos efforts pour nous rapprocher le plus possible de cet idéal. »[240]

La *Revue de l'Enseignement des sciences*

Dans la droite ligne de ses préoccupations, Borel participa, en janvier 1907, à la naissance de la *Revue de l'Enseignement des sciences,* un « journal professionnel » et indépendant, édité par Henri Le Soudier (1850-1926), se voulant un « organe pratique » pour les enseignants du Primaire et du Secondaire, masculin et féminin[241]. Parmi les quarante noms de fondateurs, professeurs du Secondaire et des écoles normales de l'Enseignement primaire pour l'essentiel, Borel voisinait avec seulement quatre de ses collègues du supérieur : Henri Abraham (1868-1943), Cotton, Hadamard et Perrin.

La première livraison, en janvier 1907, qui comprenait un article de Jules Lemoine (1864-1939), président de l'Union des physiciens, et un autre d'Émile Harlé (1849-1917), ingénieur des Ponts et chaussées et maître de forges, un ami saint-affricain de Borel, ainsi que la présentation d'une enquête sur l'enseignement de la géométrie, exposait le « programme » de la revue en se référant à l'obligation faite aux enseignants, lors de la récente « rénovation de l'enseignement scientifique », de bien vouloir « rapprocher leur enseignement des réalités de la vie »[242]. Borel n'écrivit pas d'article pour cette revue, sauf quelques notes bibliographiques, mais on y vit, dès le début, les noms de Tannery ou Fréchet. Dans le premier numéro, l'article de Harlé se présentait comme une lettre adressée à Borel qui revenait sur un article de Darboux, paru dans *LRDM*, lequel avait réveillé chez l'auteur le souvenir de l'enseignement de Charles Hermite qu'il avait reçu à l'École polytechnique.

Une démarche didactique et scientifique. Les échanges avec Alfred Binet

La constance de cette démarche pédagogique de Borel se retrouvait dans un article sur « La Graphologie et la méthode scientifique » qu'il publia au cours de la première année de *LRDM.* Il proposait à ses lecteurs de participer avec lui à la vérification des conclusions de l'ouvrage que le psychologue et pédagogue, Alfred Binet (1857-1911), venait de publier : *Les révélations de*

---

[240] É. Borel, « Les exercices pratiques de mathématiques dans l'enseignement secondaire », *art cit.*
[241] *Revue de l'Enseignement des sciences*, 1907-1920, distribuée à Paris par la librairie H. Le Soudier.
[242] *Id*, 1ère année, n° 1.

l'écriture, d'après un contrôle scientifique[243]. Binet travaillait alors à l'élaboration d'une « échelle métrique de l'intelligence » devant permettre de mesurer les stades de développement intellectuel des enfants en y incluant divers paramètres dont certains issus de la graphologie et, dans cet ouvrage, il tentait de fonder la valeur scientifique de cette discipline sur une étude statistique de ses résultats. Borel mit en place une vérification expérimentale de la démarche de Binet dont il espérait qu'elle serait de portée éducative pour un public ignorant tout du calcul des probabilités. Il ressortit de l'enquête que lorsque les résultats étaient meilleurs que ceux attendus en fonction d'un simple un calcul de probabilité, ceux des lecteurs étaient meilleurs que ceux des graphologues parce qu'ils avaient fait appel à leur réflexion et à leur intuition au lieu de se fier à la supposée analyse scientifique de l'écriture. La conclusion était sans appel :

> « Si la graphologie donne de moins bons résultats que la critique des textes, elle est au moins inutile ».

Tout y était de la démarche borélienne : la pratique expérimentale, la confrontation entre théorie et pratique, la confiance dans la méthode et, bien sûr, la science pour tous. À l'occasion de cet article dans lequel il voyait un certain nombre de problèmes de méthode, mais aussi dans le but de l'inviter à collaborer à *LRDM,* Borel entra en correspondance avec Binet et il écrivit un article, dans *l'Année Psychologique*, revue fondée celui-ci, dans lequel il exposait l'intérêt d'une bonne utilisation scientifique des statistiques dans l'étude de questions de sciences humaines. Ces échanges avec Binet constituèrent un bon exemple et l'un des premiers de l'action obstinée de Borel pour avancer dans cette direction qui lui tenait à cœur et que résume L. Mazliak :

> « Promouvoir l'enseignement et l'utilisation dans un environnement français pas franchement favorable, (de) la partie des mathématiques la plus utile pour l'analyse sociale. »[244]

Le rôle de Noël Bernard, *La Revue du Mois* et l'Amicale des enseignants des facultés des Sciences

Attardons-nous un instant sur le rôle de Noël Bernard auprès de Borel à l'époque de la naissance de *LRDM.* Ce botaniste darwinien qui étudia les orchidées et découvrit la symbiose, était maitre de conférence à la faculté des

[243] É. Borel, « La graphologie et la méthode scientifique », *LRDM*, n°s 8 et 9, 10 août et 10 septembre 1906. A. Binet, *Les révélations de l'écriture, d'après un contrôle scientifique*, Paris, Alcan, 1906.

[244] L. Mazliak, « La graphologie d'Alfred Binet, terrain d'entraînement d'Émile Borel, statisticien en devenir », *Recherches et Éducation*, n° 6, 2012, p.241-253.

Sciences de Caen[245]. Brillant normalien - il avait choisi, entre l'ENS et l'École polytechnique, l'ENS où il avait été reçu premier, de même qu'il fut premier à l'agrégation de Sciences naturelles - il acceptait difficilement, après avoir été pendant six ans préparateur à l'École, ce qu'il considérait comme une trop longue relégation dans « une petite université de province ». Son adhésion enthousiaste au projet de Borel coïncida exactement avec une autre entreprise qu'il portait, avec quelques autres, à bout de bras : la création, dans le cadre de la loi de 1901 sur les associations, d'une Amicale du personnel enseignant des facultés des Sciences. Sa correspondance nourrie avec Borel concernait les deux aventures et s'il se contentait de donner avis et conseils au sujet de la revue, il bataillait, sans être sûr d'être entendu, pour le rallier à son projet d'association[246]. Bernard était une personnalité rayonnante au sein du cercle normalien qui nous intéresse, par bien des côtés d'un caractère proche de celle de Pierre Curie. Pour en donner une idée, prenons une phrase extraite d'une lettre à sa cousine, Jeanne Magrou :

> « La beauté pour les fleurs, la bonté pour les hommes ne sont point des qualités primitives mais des perfections acquises au prix de dures peines subies dans les combats incessants du passé. »[247]

Et voilà pourquoi Perrin dédicaça « À la mémoire de Noël Bernard » son ouvrage *Les Atomes*, paru peu après la mort de celui-ci, de la tuberculose, à 37 ans[248].

Dès que Borel eut envoyé sa lettre circulaire exposant son projet de revue, en juin 1905, Bernard se montra l'un des plus passionnément intéressés. Il relaya aussitôt l'information, contacta d'autres collègues, s'enquit des articles immédiatement possibles, se posa même en éventuel coordonnateur de la partie biologie, discuta des titres possibles de la future revue et surtout réfléchit à ses objectifs et à l'esprit qui devrait la guider :

> « Il est bien entendu n'est- ce pas que les collaborateurs peuvent être des gens d'esprits assez divers, pourvu que scientifiques, pas talas, intelligents et sincères ; il y aura tribune libre et discussions possibles. »[249]

---

245 B. Boullard, « Hommage à Noël Bernard », Société botanique de France, 9 décembre 2011, powerpoint : https://webtv.univ-rouen.fr, et « Un biologiste d'exception : Noël Bernard (1874-1911) », Rouen, 1985.

246 29 lettres de N. Bernard à É. Borel, de juin 1905 à 1910, Ac. Sc., dossiers É. Borel, Corresp. scientif.

247 Cité par B. Boullard, doc. cit.

248 J. Perrin, *Les Atomes*, Paris, Alcan, 1913.

249 Lettre de N. Bernard à É. Borel, 3 juin 1905, Ac. Sc., dossiers É. Borel. « Talas », en jargon normalien, désignait les catholiques qui vont « t'à la messe » (c'est en tous cas l'origine admise de ce sobriquet).

Au bout de quelques mois, la question de l'association, apparut dans les lettres, Bernard proposant « une note là-dessus » pour le premier numéro de la revue :

> « Vous savez par une circulaire que vous avez reçue de nous gens de Caen, que nous tentons de fonder une Association du personnel enseignant des Facultés des Sciences. Je ne sais ce que vous en pensez, vous en particulier et les Parisiens en général. La nécessité de s'associer apparaît surtout assurément aux Universités de petite ou moyenne importance, qui n'ont isolément aucune influence pour défendre leurs intérêts ; plusieurs nous ont déjà répondu dans un sens affirmatif. Voudriez-vous une note là-dessus ? »[250]

Bernard annonça finalement la tenue d'un « congrès des adhérents », le 5 janvier 1906, à l'Hôtel des Sociétés savantes, à Paris[251]. Le biologiste Louis Lapicque était le seul parisien à avoir donné son adhésion, Hadamard ayant manifesté un accord de principe et Borel semblant être resté évasif. Bernard écrivait que les promoteurs caennais - lui-même et Maurain, ainsi que les deux mathématiciens, le normalien Charles Riquier (1853-1929) et l'agrégé de mathématiques Albert de Saint-Germain (1839-1914), le doyen - il ne citait pas Zoretti qui, sans doute, militait plutôt pour un engagement directement syndical et pour l'adhésion à la CGT - avaient « reçu des réponses favorables de toutes les Universités sauf les plus grandes, Bordeaux, Lyon, Paris, qui ne bougent pas » :

> « Sera-t-on réduit à faire une association des petites facultés qui aurait l'air d'être dirigée contre les grandes ? Pour nous, hommes de peu, l'association s'impose, isolés nous sommes sans force, nous n'obtenons jamais rien de nos demandes, on nous prive actuellement de nos derniers élèves et on s'assied sur nos vœux ! (...) Ne se trouvera-t-il personne à Paris pour s'occuper un peu activement de cela ? »[252]

Cet appel de Bernard ne fut sans doute pas entendu puisqu'il écrivit à Borel, quinze jours plus tard, que « personne décidément n'a voulu à Paris recruter des adhérents ». Il écrivit de nouveau en répondant à ce qui semblait être un ensemble de réticences formulées par Borel, lequel avait cependant annoncé que Appell - le doyen parisien, donc - n'était « pas opposé au principe de l'Association » et que « nombre de parisiens y (étaie)nt

---

250 Lettre de N. Bernard à É. Borel, 28 novembre 1905, Id.
251 Id, 19 décembre 1905, Id.
252 Id, 4 décembre 1905, Id. La réunion eut bien lieu et rassembla, selon *Le Temps*, 170 professeurs, chargés de cours et maîtres de conférences. (*Le Temps*, 9 janvier 1906)

également favorables »[253]. Bernard écrivait qu'il espérait le voir à la réunion constitutive ne serait-ce que parce qu'elle allait être « l'occasion de voir en nombre (je l'espère) des abonnés ou des collaborateurs possibles (pour la revue, ndlr) ». Finalement, Borel rallia l'Amicale. Un procès-verbal de réunion de la section parisienne, de la main de Pierre Curie, indique que Borel était présent le 4 avril, avec Abraham, Daguillon, Perrier, Péchard, Janet, Sagnac, Curie, Lapicque, Koenigs, Cotton et Hadamard. Un programme revendicatif fut élaboré ce jour-là en même temps que se discutait le texte à soumettre à l'assemblée générale[254].

2.3. Borel, un auteur qui se multipliait

Dans le public et les milieux intellectuels, Borel se fit donc connaître, en particulier, comme fondateur et directeur de *LRDM* et aussi comme directeur de la « Nouvelle collection scientifique ». Il fut aussi actif, voire très actif, dans d'autres entreprises éditoriales qui, se cumulant, lui donnèrent l'image d'un entrepreneur éditorial et d'un diffuseur de la connaissance reconnu. Elles l'amenèrent à découvrir et à exercer un nouveau métier auquel il consacra un temps croissant.

La « Nouvelle collection scientifique »

Lorsque *LRDM* fut confiée à Alcan, Borel devint simultanément, chez cet éditeur et à la demande de celui-ci, le directeur d'une « Nouvelle collection scientifique » (NCS) prenant la suite de celle qui préexistait. Ainsi, tel ouvrage édité antérieurement fut-il, lors de sa réédition, intégré à la NCS, et tel auteur particulièrement prolifique déjà publié chez Alcan fut-il ensuite édité dans la collection Borel[255], ainsi enfin, l'ouvrage ambitieux et collectif, *De la méthode dans les sciences*, parut en 1909 sans référence à la NCS y trouva sa place ensuite, lors de sa réédition, en 1914.

Le premier ouvrage publié sous l'autorité de Borel fut, en 1909, celui de Félix Le Dantec (1869-1917) : *La Crise du transformisme*. Le Dantec était un brillant biologiste, normalien de la promotion de 1885, défenseur de la théorie de l'évolution des espèces, bien connu dans une large fraction de l'opinion pour ses activités de vulgarisateur de la science et Borel, bien que parfois en désaccord avec lui, par exemple lorsqu'il mettait en doute la valeur des calculs de probabilités, publia souvent ce scientifique soit dans

---

253 Id, 6 décembre 1905, Id.

254 Note concernant la réunion de la section de Paris de l'Association des professeurs des facultés des Sciences, 4 avril 1906, dans K. Blanc, *Pierre Curie, Correspondances*, *ouv. cit.*, p. 631.

255 P. Bonnier, *La Voix*, 1ère éd. de 1908 et 3ème éd. de 1910 ; F. Le Dantec, *Éléments de philosophie biologique*, 1907, et *La Crise du transformisme*, 1909, *De la méthode dans les sciences* (1ère série), de 1909 et 1914, tous publiés chez Alcan..

LRDM soit dans ses collections d'ouvrages scientifiques. Puis, en 1910, quatre autres ouvrages parurent, ceux de Maurain, *Les États physiques de la matière*, du prix Nobel de Chimie pour 1909, Wilhelm Ostwald (1853-1932), *L'Énergie*, de Jacques Duclaux, *La Chimie de la matière vivante*, et enfin de Borel lui-même associé avec Painlevé, *L'Aviation*. Sur les cinq auteurs français il y avait, encore une fois, cinq normaliens. D'autres ouvrages suivirent, dont quelques-uns destinés à connaître un grand succès dans le public, comme *De la méthode dans les sciences (2ème série)*, en 1911, ou deux ouvrages très célèbres et constamment réédités : *Les Atomes*, de Perrin, en 1913, et *Le Hasard*, de Borel, en 1914. Y figurèrent aussi des ouvrages de technique militaire écrits par des officiers généraux.

Lorsqu'Alcan demanda à Borel de prendre la direction de cette NCS, une maison concurrente, celle d'Ernest Flammarion, développait déjà avec succès une collection baptisée « Bibliothèque de philosophie scientifique » (BPS). Elle avait débuté, en 1902, avec *La Science et l'hypothèse*, d'Henri Poincaré, plusieurs fois réédité depuis, et, venait de s'y ajouter, en 1906, *La Valeur de la science*, du même auteur. Benoît Marpeau souligne qu'il existait un appétit du public pour ce type de publications et que la tentative d'Alcan paraissait donc bien calculée[256]. Surtout, il rappelle que Flammarion avait mis Gustave Le Bon (1841-1931) à la tête de sa BPS et que celui-ci, médecin, anthropologue et théoricien de la « psychologie des foules », était un scientifique contrarié, « n'obtenant pas la reconnaissance attendue des milieux intellectuels et universitaires », alors qu'il se serait bien vu recevant le prix Nobel. Dans ces conditions, devenir le directeur d'une collection pouvait signifier, pour Le Bon, conquérir « une position de pouvoir dans le champ intellectuel (...), un point d'appui essentiel dans sa stratégie de contournement de grandes institutions de légitimation du savoir, Université, Académie des sciences notamment »[257].

Si on compare Le Bon et Borel, on constate aussitôt qu'au contraire du premier, le mathématicien bénéficiait d'une très large reconnaissance et ne semblait pas tenté de jouer contre des institutions hostiles ; pourtant, on doit retenir l'hypothèse que Borel en lançant *LRDM* puis en devenant directeur de la NCS recherchait sans doute des objectifs comparables : favoriser la diffusion des connaissances scientifiques les moins académiques que tendaient à dédaigner ou à contester les grandes institutions, combattre l'émiettement de la science en disciplines étanches dont les mandarins s'ignoraient les uns les autres, promouvoir les échanges, les convergences, la « synthèse », atteindre des milieux étrangers au monde universitaire et établir des ponts avec eux, et donc, au total, comme Le Bon, défier les

---

[256] B. Marpeau, « Les stratégies de Gustave Le Bon », *Mil neuf cent*, n° 9, 1991, « Les pensées réactionnaires », p. 115-128.

[257] B. Marpeau, « Une entreprise éditoriale : la "Bibliothèque de philosophie scientifique" de Flammarion, 1902-1962 », *RHMC*, 2010, 4ème trim., n° 57, p. 185-210, p. 188.

routines et contourner les pôles dominants du champ institutionnel. Borel, homme pressé de caractère peu temporisateur, a pu voir dans cette NCS une opportunité pour se défaire des pesanteurs intellectuelles qu'il supportait mal de ce milieu universitaire dans lequel il était immergé.

Évidemment, les collections Alcan et Flammarion furent aussitôt en concurrence mais leur commune longévité montre qu'il existait un public suffisamment large pour qu'elles puissent coexister. L'éloignement entre elles n'était d'ailleurs pas si important : Le Bon ne recevait-il pas, lors de ses « dîners des XX », mensuels, et de ses « déjeuners du mercredi », des personnalités aussi diverses que Henri et Raymond Poincaré, Lucien Poincaré, Briand, Boutroux, Valéry, Picard, Le Dantec, Bergson, dont une bonne part étaient aussi des familiers des Borel qui publièrent aussi dans *LRDM* ou dans la NCS ?

Valérie Tesnière évalue à 3 300 exemplaires le tirage habituel des ouvrages de la NCS, tirage qu'elle compare à ceux, un peu supérieurs, de la BPS de Flammarion[258]. Ce succès commercial de livres portant sur des sujets intéressant le grand public fut une des caractéristiques de l'époque. Mais il en fut de même pour des livres apparemment consacrés à des sujets plus difficiles de théorie physique et mathématique portés, là encore, par la mise en vedette de penseurs audacieux et supposés « géniaux », capables de remettre en cause les fondements de la vision commune du monde : ce fut d'abord Perrin avec *Les Atomes*, puis, douze ans plus tard, Albert Einstein, mais Borel ne fut pas ignoré, grâce à son *Hasard* de 1913, et à son *L'Espace et le temps*, en 1923. Sa renommée était devenue telle qu'il put, avant d'avoir publié *Le Hasard*, faire paraître un article dans *La Revue de Paris* qui prépara la parution de l'ouvrage :

> « Il n'y a pas incompatibilité entre le rôle de ce que nous appelons le hasard et l'établissement de lois scientifiques ; au contraire, en bien des cas, sinon dans tous les cas, les lois scientifiques sont la résultante simple d'un nombre extrêmement grand de phénomènes complexes, impossibles à étudier dans le détail. Cette conception rend-elle légitime l'application de méthodes proprement scientifiques à l'étude des phénomènes économiques et sociaux ? Ceux que la question intéresse pourront peut-être tirer quelque profit de la forme nouvelle sous laquelle on est conduit à envisager le déterminisme des phénomènes physiques et biologiques et qu'on peut appeler le déterminisme statistique. »[259]

[258] V. Tesnière, « Diffuser la science », dans F. Barbier et al., *Mélanges Henri-Jean Martin. Le Livre et l'historien, études offertes en l'honneur du professeur H.-J. Martin*, Genève, Droz, 1997, p. 791. B. Marpeau, « La "Bibliothèque de philosophie scientifique" de Flammarion », *déjà cit.*

[259] É. Borel, « La hasard et la vérité scientifique », *La Revue de Paris*, 1er août 1912, p. 605-616.

La NCS connut un développement rapide au rythme moyen de cinq titres par an ; 58 ouvrages furent publiés jusqu'en 1939 par Alcan puis, la NCS ayant été reprise par les PUF, quelques titres supplémentaires parurent encore jusqu'à la mort de Borel, en 1956. Selon Tesnière, les auteurs, avant la Seconde Guerre mondiale, appartenaient à 94% au monde universitaire, Rosny Aîné et Jules Rouch - deux amis de Borel - faisant exception, ce qui, évidemment, limitait son influence en termes de lectorat, mais constituait aussi un refermement sur des questionnements, des problématiques et des réflexions déjà présentes sinon dominantes dans ce milieu. Par ailleurs, un quart de ces auteurs étaient des étrangers, surtout italiens et anglais, ce qui était là un gage d'ouverture et de circulation des idées au-delà des limites de l'université française.

L'*Encyclopédie scientifique*

Au moment où la NCS naissait, un autre projet ambitieux d'édition scientifique était en gestation. *LRDM* s'en fit l'écho vers la fin de sa première année d'existence, il s'agissait du lancement d'une *Encyclopédie scientifique*[260]. Les animateurs de cette entreprise étaient le médecin psychiatre Édouard Toulouse (1865-1947), alors directeur du Laboratoire de psychologie expérimentale à l'École des hautes études et directeur de la *Revue scientifique*, et son collège et collaborateur Henri Piéron (1881-1964). Ils avaient d'ores et déjà réuni une première équipe de directeurs de « bibliothèques » - autrement dit de séries par disciplines et sujets - où se trouvaient plusieurs membres de l'équipe de *LRDM*, comme Painlevé, Drach, Perrin, d'Ocagne, Mascart, Gabriel Bertrand et Th. Ruyssen. Le principe de cette *Encyclopédie scientifique* était qu'elle serait, à terme, constituée d'un millier de petits volumes ; sans plan rigide et préconçu, les volumes viendraient s'ajouter progressivement les uns aux autres, les ouvrages « démodés » pouvant être refaits et remplacés. On voit immédiatement que ce projet, alors pris en charge par les éditions Octave Doin qui dominaient le marché de l'édition médicale, correspondait assez bien à ce qui devint ensuite, à partir de 1941, la collection *Que sais-je ?* des Presses universitaires de France. « Nous suivrons cette entreprise avec d'autant plus de sympathie que son but n'est pas sans analogie avec le nôtre et que son programme est à peu près le même que celui de *La Revue du Mois* », soulignait l'auteur de la note d'information sur l'*Encyclopédie scientifique* parue dans la revue[261].

---

260 *LRDM*, 1ère année, n° 9, 10 septembre 1906, p. 383.
261 *Id.*, n° 12, 10 décembre 1906.

Et en effet, cette proximité était d'autant plus grande que, comme l'indiquait ce chroniqueur, « cette idée n'(étai)t pas complètement neuve » :

> « Les avantages que présentent de telles collections sur de gros traités ont été exposés, en particulier, par M. Émile Borel dans la préface de l'un des livres de la Collection de monographies sur la Théorie des fonctions (Gauthier-Villars). »

34 collections définies par champs disciplinaires virent le jour dans cette *Encyclopédie scientifique.* 231 volumes parurent jusqu'au milieu des années vingt, jusqu'en 1931 pour la « Bibliothèque d'Économie politique » et jusqu'en 1932 pour celle d'« Histoire et de Philosophie des sciences ». Quelques rééditions furent proposées jusqu'en 1951.

La « Bibliothèque d'éducation par la science »

Beaucoup moins ambitieux fut le projet de nouvelle collection dont Albin Michel offrit, bien plus tard, la direction à Borel. Cette « Bibliothèque d'éducation par la science » annonçait une déclinaison d'ouvrages couvrant toutes les disciplines scientifiques. En fait, trois ouvrages virent le jour en 1929 et 1931 : celui de Perrin sur les *Éléments de la physique*, celui de Marcel Böll (1886-1958) sur *L'électron et les applications de l'électricité*, celui enfin de Deltheil et Borel sur *La Géométrie et les imaginaires.* Il y eut ensuite douze années sans parution, avant deux livres, en 1943, de Georges Champetier (1905-1980) sur les *Éléments de la chimie*, et de Borel lui-même sur *La Mécanique et la gravitation*, puis quatre après la Libération, tous dus à Borel : *Algèbre et géométrie du Second degré*, en 1946 ; *Éléments de la théorie des ensembles*, en 1949 ; *Éléments de la théorie des probabilités*, en 1950 ; et *L'Imaginaire et le réel en mathématiques et en physique*, en 1952. Cette entreprise fut donc peu dynamique et sans démarrage notable, avec peu de collaborations et un catalogue limité à Mathématiques-Physique-Chimie. Le dynamisme de Borel qui semblait si évident lorsqu'il s'agissait de sa collection sur la Théorie des fonctions ou de *LRDM* fut sans doute concurrencé par d'autres projets de nature collective comme l'*Encyclopédie scientifique* ou l'*Encyclopédie française*[262].

L'*Encyclopédie des sciences mathématiques pures et appliquées*

Borel fut étroitement associé à la préparation de l'édition française de l'*Encyklopadie der mathematischen Wissenschaften*, dont le maître d'œuvre allemand était Felix Klein. Ce fut, dès le départ, une entreprise internationale avec, comme responsable de l'édition française, Jules Molk (1857-1914),

[262] Sur le *Traité des probabilités* et sur l'*Encyclopédie française*, voir plus loin.

professeur à la faculté des Sciences de Nancy[263]. Comme le fait remarquer Hélène Gispert, une séance plénière du 4ème congrès international des mathématiques, en 1908, fut consacrée à l'*Encyclopédie*[264]. L'ouvrage, édité par Teubner en Allemagne et Gauthier-Villars en France, commença à paraître en 1898 ; l'édition des 22 volumes s'étendit jusqu'en 1914 et plus de cent collaborateurs y participèrent. Gispert souligne qu'il s'agissait à la fois de présenter un état de la science mathématique et d'y associer une approche historique internationale. Cette démarche était d'autant plus remarquable que les relations entre les mathématiciens français et allemands, si elles étaient souvent bonnes d'individu à individu, pouvaient aussi être conflictuelles, envahies par des considérations culturelles et nationales n'excluant pas les rivalités.

Dès 1903, Molk contacta les mathématiciens français mais ce n'est qu'en 1908 que Borel recruta une équipe, formée de Boutroux, Fréchet, Lebesgue, Montel, Zoretti et Baire pour la rédaction du volume 2 du tome II : « Recherches contemporaines sur la théorie des fonctions »[265]. Les réticences furent assez fortes pour qu'il dût en référer à Molk :

> « Ceux de mes correspondants qui ont vu de près le fonctionnement de l'édition française de l'Encyclopédie ont été frappés des inconvénients qu'entraîne le contrôle permanent des Allemands. (…) Je suis absolument décidé à ne m'occuper de cette affaire que si l'on nous donne l'assurance formelle et écrite que les bons à tirer seront donnés par l'auteur seul. »[266]

Une fois l'affaire en route, bien des obstacles restèrent à surmonter. Ainsi Baire s'entretenait-il avec Borel des difficultés qu'il rencontrait pour concevoir un article :

> « Je suis attelé en ce moment à une corvée plutôt assommante, l'article de l'*Encyclopédie* Molk. Il est assez difficile de choisir le point de vue auquel il faut se placer ; d'après ce que me dit Molk, il faudrait de la vulgarisation ; dans ces conditions, il faut alors presque éliminer le point de vue historique et ne pas trop se préoccuper d'être complet. (…) Il ne peut pas en être de même pour un article sur les ensembles, s'il est entendu, comme le veut

---

[263] H. Vogt, « Jules Molk », *L'Enseignement mathématique*, vol. 16, 1914.
[264] H. Gispert, « Les débuts de l'histoire des mathématiques sur les scènes internationales et le cas de l'entreprise encyclopédique de Felix Klein et Jules Moch », *Historia Mathematica*, vol. 26, n° 4, novembre 1999, p. 344-360. H. Gispert et J.-L. Verley, *L'Encyclopédie des sciences mathématiques pures et appliquées (1904–1916), traduire ou adapter l'entreprise de Felix Klein*, Paris, Springer-France, 2000.
[265] Lettre de J. Molk à J. Drach, 17 décembre 1903, correspondance J. Moch - É. Borel, Ac. Sc., dossiers É. Borel, Corresp. scientif.
[266] Id, 6 février 1908, Id.

> Molk, que l'article s'adresse à des mathématiciens ignorant la question et qu'il faut mettre au courant. »[267]

Le temps que Borel consacra à cette entreprise, pour mobiliser les auteurs français pressentis ou pour aplanir les difficultés de traduction, est remarquable. Il s'adressa à Molk au début de leur collaboration afin d'en fixer les règles ; il y dénonçait « la méthode grâce à laquelle la science allemande prétend trôner au-dessus des autres ». Au cours des années 1908-1914, l'éditeur nancéen bombardait Borel de lettres désespérées concernant les volumes en cours de rédaction, allant jusqu'à accuser certains auteurs de sabotage, comme Langevin qui ne rendait pas sa copie et ne répondait pas aux relances ou, plus grave, Drach qui avait six ans puis sept ans de retard dans la livraison de son texte et qui lui non plus ne se manifestait pas. Molk implorait donc Borel de bien vouloir jouer les intermédiaires et les coordonnateurs pour sortir l'entreprise du chaos. Et cela dura de janvier 1908 à 1914.

Un ouvrage « moderne » : *L'Aviation*

Arrêtons-nous un instant sur l'ouvrage de Painlevé et Borel de 1910, *L'Aviation*[268]. Comme tous les volumes de la NCS, il commençait par une préface accordant une place importante au rapport entre théorie et pratique. Le choix d'une progression chronologique dans la plus grande partie de l'ouvrage permettait d'aborder successivement et de manière didactique l'évolution des rapports de la théorie et de la pratique au cours des progrès récents du « plus lourd que l'air » plutôt que de proposer un exposé théorique déductif.

En présentant les évolutions techniques qui s'étaient produites depuis le début de XXème siècle, Borel et Painlevé décrivaient les principes de base de la sustentation et de la propulsion des aéroplanes. Puis un long chapitre appuyé sur l'observation expérimentale du vol des oiseaux permettait de faire passer des explications théoriques de physique et de géométrie dans l'espace de la manière la plus abordable possible. Les équations de forces et les formules devenaient inévitables mais le lecteur rebuté pouvait avoir le sentiment d'avoir saisi l'essentiel. Après avoir fait le tour de tous les types de vol à propulsion, l'ouvrage revenait sur le vol sans moteur, c'est-à-dire celui des planeurs, pour traiter de la manœuvrabilité et du pilotage de ces appareils, toutes questions dont les réponses pouvaient s'appliquer « au roi du jour, à l'aéroplane avec moteur, ou aéroplane proprement dit ».

Puis venait un chapitre consacré à l'avenir de l'aviation, conditionné selon eux par trois paramètres qui devraient évoluer ensemble : les gains de

---

[267] Lettre de R. Baire à É. Borel, 24 mars 1905, Ac. Sc., dossiers É. Borel, Corresp. scientif.
[268] P. Painlevé et É. Borel, *L'Aviation*, Paris, Alcan, 1910.

vitesse, les gains de durée des vols sans escale et les gains de maniabilité et de sécurité. À propos de la propulsion, ils ajoutaient :

> « On peut espérer gagner un peu par des progrès de détail ; il faudrait, pour gagner beaucoup, une invention aussi nouvelle que l'a été celle du moteur à explosion. »

Dans ce propos, les auteurs consacraient - c'était une autre originalité de leur démarche - un développement spécifique à des réflexions sur l'avenir militaire de l'aviation, allant jusqu'à imaginer un budget militaire nouveau comme il en existait un pour la Marine, destiné au financement d'une flotte aérienne capable, par exemple, d'attaquer l'Angleterre. Ils s'enthousiasmaient à l'évocation de telles perspectives :

> « En développant l'aviation par des subventions considérables, on facilitera toutes ses applications ; le budget de l'aviation militaire se présente donc comme un budget essentiellement productif, car les dépenses qui y seront inscrites contribueront à la fois au développement de la richesse nationale et à l'essor pacifique de l'humanité. »

Un succès d'édition : *Le Hasard*

Le Hasard fut l'autre ouvrage remarquable publié en février 1914 par Borel. Sa préface, datée de février 1914, témoigne du fait que sa parution fut trop tardive pour qu'il pût marquer les esprits avant le début du conflit[269]. Mais au fil des rééditions successives, le succès du *Hasard* s'affirma. Borel présentait cette « science du hasard » qu'il voulait promouvoir auprès du plus large public, comme un apport essentiel aux diverses branches de la connaissance dans le contexte de la « véritable révolution scientifique » qui était en cours. Il envisageait que, grâce à « l'explication statistique des phénomènes », on puisse « arriver à "expliquer" la loi de l'attraction universelle » :

> « Cette loi si belle par sa simplicité mais si absurde, il faut bien le dire, dans son énoncé classique d'après lequel l'attraction se transmet instantanément, sans intermédiaire, aux plus grandes distances. »[270]

L'ouvrage, de 300 pages, consistait en un exposé des « lois du hasard » illustrées à l'aide d'exemples comme le jeu de pile ou face et il était suivi d'une présentation des applications du calcul des probabilités à la sociologie et à la biologie, à la physique et aux mathématiques et, enfin, cet exposé

---

[269] É. Borel, *Le Hasard*, Paris, Alcan, 1914.
[270] *Id.* préface, p. III.

débouchait sur une réflexion sur « la valeur des lois du hasard », une réflexion sur l'évolution du statut de la connaissance impliquée par l'intégration des probabilités en science, une réflexion enfin sur le déterminisme, sur les grandes lois de la physique, de Newton à Maxwell, et sur la cosmologie.

Loin de l'exposé technique, vite opaque et ésotérique, les qualités d'écriture, de raisonnement et de didacticien dont Borel faisait preuve faisaient du *Hasard* un bel exemple d'ouvrage ambitieux pouvant s'adresser à tout public cultivé autant qu'à des connaisseurs chevronnés. En raison de la troisième partie consacrée à « la valeur des lois du hasard », en particulier leur « valeur philosophique », ce livre devint aussitôt une référence, à l'égal des ouvrages de Poincaré ou de Duhem (1861-1916).

Conclusion : La notoriété, enfin !

Le Hasard restait cependant un ouvrage a priori « difficile ». Au contraire, l'écho de la publication de *L'Aviation* avait été aussitôt très important. De nombreux articles parus dans la presse en témoignent, par exemple celui que Borel écrivit, en juillet 1910, pour *La Revue de Paris* : « Le présent et l'avenir de l'aviation ». Painlevé était alors beaucoup plus connu que lui. Sa récente élection à la députation avaient encore plus largement fait connaître celui qui était déjà perçu, depuis l'Affaire Dreyfus, comme un mathématicien engagé et comme une sommité scientifique, sans compter cette réputation de savant distrait qu'on lui faisait dans les gazettes[271]. Il était aussi connu pour sa défense de l'aviation naissante et pour avoir volé sur l'aéroplane de Wilbur Wright. La parution du livre attira donc l'attention parce que son auteur était connu des journalistes et du public ; ensuite l'intérêt de tous pour l'aviation pionnière fit le reste. Borel qui était bien moins connu, bénéficia de l'intérêt soulevé par le livre et son sujet. En juillet 1910, il entra au comité de direction de l'Aéro-club de France[272]. En novembre, *La Revue de Paris* publia un nouvel article de lui sur « Les records de l'aviation »[273]. Il devint, à son tour, quelqu'un dont on parlait et dont les diverses interventions dans la sphère publique pouvaient commencer à se structurer entre elles pour dessiner le portrait d'une personnalité intellectuelle de référence.

L'Aviation rendit Borel populaire et sa réputation était assez intrigante pour qu'un journaliste du *Temps* vînt l'interroger. Le portrait qu'il fit

---

[271] Le stéréotype du « savant distrait » s'était imposé depuis la création du personnage du « Savant Cosinus » par le dessinateur, précurseur de la bande dessinée, Christophe (1856-1945), en 1893.

[272] *Le Figaro*, 26 juillet 1910.

[273] É. Borel, « Les records de l'aviation », *La Revue de Paris*, 15 novembre 1910, p. 417-429.

évoquait celui d'un jeune Faust plus que la caricature de l'universitaire en savant Cosinus que Christophe avait diffusée dans le grand public :

> « M. Émile Borel n'est point un savant en *us* c'est un savant en *x*. Il ne faudrait pas un grand effort d'imagination pour se le représenter dans un clair-obscur à la Rembrandt, pesamment penché sur des in-folios gigantesques, amaigri par l'étude de sèches formules, ignorant de la vie et des contingences. Mais la réalité est toute différente de cette évocation classique. Le cabinet de travail de M. Émile Borel reçoit à profusion la fine lumière parisienne ; il s'ouvre sur le Luxembourg dont les arbres chantent doucement au souffle de l'été qui décline. C'est un paysage très romantique où l'algèbre, visible au loin sous la forme de la tour Eiffel, ne met aucune note discordante. Et l'apparition du maître de céans achève de démolir la légende erronée. Avec sa carrure d'athlète, sa barbe brune et soyeuse, ses manières mesurées et courtoises, le jeune professeur évoque non point le docteur Faust, mais l'un de ces hommes de la Renaissance italienne dont le Véronèse a le mieux rendu la puissante vitalité, le souci d'élégance et le raffinement intellectuel. Allez dont vous fier aux apparences. M. Émile Borel ne songe pas aux pourpoints de velours, (...) il ne s'intéresse qu'à ces choses redoutables et qui portent des noms bien rébarbatifs : fonctions monogènes, fonctions monodromes, fonctions holomorphes, synectiques méromorphes. (...)
>
> « - Vous voyez, dit M. Émile Borel en souriant, que ce ne peut être là un sujet d'interview ! Je vous assure, la théorie des fonctions, c'est épouvantablement ennuyeux ! »[274]

Quelques années avant la guerre, au-delà du brillant mathématicien, une nouvelle étoile montante du monde intellectuel était incontestablement advenue, décidée à étendre son rayonnement dans des sphères de plus en plus éloignées du foyer normalien d'origine. Une carrière multiple et proliférante prenait donc forme : l'universitaire titré mais ayant rayonné d'abord sur le petit monde de ses collègues prenait la stature d'un intellectuel connu et reconnu dans un large milieu, englobant journalistes et publicistes dont le rôle dans le développement de telles carrières était désormais essentiel.

274 « M. Émile Borel et la théorie des fonctions », *Le Temps*, 7 septembre 1909, *art. cit.*.

Chapitre 3
Un intellectuel en ses réseaux

La capacité qu'eut Émile Borel à ne pas être un mathématicien enfermé dans un univers social étroit fut un des traits remarquables de sa personnalité. Tandis que d'autres, dans le monde universitaire, pouvaient bien souvent limiter leur vie à leur trajet du domicile à la faculté puis pour certains, le lundi, à l'Académie, leurs relations sociales s'arrêtant à leurs contacts avec leurs étudiants et, de temps à autre, avec quelques collègues, Borel démultiplia ses liens sociaux dans des directions variées et, en raison de son dynamisme et de son rayonnement, il devint même une personnalité phare et une sorte de référence pour un nombre croissant d'interlocuteurs appartenant aux milieux les plus divers.

Dans les premières années du nouveau siècle, Borel, alors à l'âge de la maturité, occupa ainsi une place essentielle, centrale parfois, au sein de réseaux sociaux denses et diversifiés au point que cette dimension du personnage devint essentielle : il devint, d'une certaine façon, l'expression aboutie des milieux qu'il contribuait à mettre en mouvement. Connaître et comprendre Borel c'est replonger dans ces univers au sein desquels il déploya une activité acharnée au point de parfois indisposer son entourage : tant d'ambition pouvait être ressentie comme excessive.

Avec Borel comme avec n'importe lequel de ses contemporains, « l'homme est la somme de ses actes », comme nous l'avons affirmé précédemment[275], et nous allons donc le suivre, à la trace, dans son entreprise de construction de son être social, de diffusion de son influence sociale dans des aires diverses et de plus en plus étendues, de son foyer à la vaste famille des habitués de la villégiature estivale de l'Arcouest, de la rue d'Ulm à l'ensemble de l'université parisienne, des mathématiques à la philosophie puis à la vie intellectuelle la plus large, et finalement à travers ses premiers pas dans les milieux politiques, le tout sur une période d'une vingtaine d'années, avant que l'entrée dans la carrière parlementaire ne vienne ajouter, sur la dizaine d'années suivante, à tous les précédents antérieurement répertoriés, encore un « nouveau Borel ».

---

[275] A. Malraux, *La Condition humaine, ouv. cit.*

3.1. La rencontre de Borel avec la réflexion philosophique

Borel s'imposa donc d'abord dans le monde des mathématiciens, français et étrangers, dans les sphères dreyfusardes de l'Université, dans la vie mondaine parisienne, dans les milieux intellectuels touchés par *La Revue du Mois* et associés à son développement ou bien concernés par les diverses entreprises éditoriales qu'il animait ; nous allons encore observer sa capacité à devenir « incontournable » en évoquant son rôle dans des débats et même des polémiques philosophiques de premier plan. Borel se montra concerné par un dialogue soutenu avec les philosophes et cela se traduisit, entre autre, par ses nombreuses interventions dans des revues comme la *Revue de philosophie* ou la *Revue de métaphysique et de morale (RMM)*, mais aussi par ses articles dans sa propre revue, *LRDM*, ou bien dans des revues étrangères comme *Scientia* ou *Organon*. Il regrettait de trouver chez ses interlocuteurs philosophes une réflexion, trop souvent appuyée sur des références à Euclide et aux auteurs grecs, éventuellement à Descartes ou Leibniz, qui cachait mal une faible familiarité avec les connaissances scientifiques récentes et les problématiques philosophiques qu'elles mettaient en jeu. Critiquant ce décalage, il écrivait :

> « Un grand effort a été tenté (...) pour donner aux philosophes des notions plus précises sur les sciences dont ils parlent, et le nombre des lecteurs qui suivent les articles et les livres de M. Poincaré est une preuve que cet effort n'a pas été en vain. »[276]

Dans la société intellectuelle de ce début de siècle, s'il était habituel et de bon ton de se montrer actif dans la vie de salons, il était aussi nécessaire de participer à des cénacles plus spécialisés, par exemple assister à des leçons données, au Collège de France ou à la Sorbonne, par des conférenciers réputés, ou bien à des séances de séminaire, une nouveauté dans la vie universitaire française, ou enfin participer à des réunions des sociétés scientifiques ouvertes au public. Les interventions de Borel ou de ses collègues dans le cadre strictement universitaire n'ont pas laissé, en général, de traces permettant de reconstituer facilement la composition de l'assistance ou les discussions qui se développèrent dans ces réunions. Savoir que Valéry assistait à des cours de physique de Perrin ou de Langevin constitue un indice ; il est difficile d'aller plus loin. Quant aux échanges qui eurent lieu dans le cadre des sociétés scientifiques, on en retrouve quelques éléments. Certaines séances étaient fidèlement rapportées dans des publications. Parmi elles, il y avait celles de la Société française de philosophie (SFP) qui tenait

[276] É. Borel, « La logique et l'intuition en mathématiques », *RMM*, 15ème année, n° 3, mai 1907, p. 273.

une demi-douzaine de réunions chaque année sur des sujets d'une grande variété et attirait une assistance relevée et hétéroclite[277].

Borel fit une première apparition dans une discussion de la SFP , lors d'une séance du 21 mars 1907, portant sur les résultats de l'enquête sur « l'enseignement de la géométrie » menée depuis le début de l'année par la toute nouvelle *Revue de l'Enseignement des sciences*[278]. Lors de cette séance, Carlo Bourlet (1866-1913), normalien mathématicien, directeur des *Nouvelles Annales de mathématiques* et membre de la Commission internationale d'enseignement des mathématiques, présenta les résultats de cette enquête. La présence de Borel lors de cette séance pouvait s'expliquer par les enjeux liés à la conception des mathématiques qui le concernaient directement. Ce jour-là, il intervint pour insister sur la démarche fondée sur l'observation pratique :

> « Quant aux applications de la géométrie aux divers arts, que voyons-nous autour de nous dans cette salle ? Des tables aplanies par le rabot, dans un mouvement de translation, des moulures, autres mouvement de translation, et aussi de suite. Partout où nous jetons les yeux, nous ne voyons que des mouvements principalement de translation et de rotation qui sont utilisés par les ouvriers et par ceux qui les dirigent. »[279]

Il s'interrogea sur « ce qu'on pouvait introduire de logique dans l'enseignement enfantin » et surtout sur « l'importance de l'idée de mouvement » dans l'enseignement de la géométrie[280]. D'ailleurs, le texte de présentation de l'enquête témoignait de préoccupations qui font supposer que Borel ne fut pas étranger à sa rédaction :

> « Ce n'est pas une bonne méthode d'enseignement, disait ce texte, que d'obliger l'enfant, à qui le monde des formes géométriques est complètement étranger, à y faire ses premiers pas d'une manière rigoureusement logique et systématique. Mieux vaut d'abord lui donner, par le maniement de modèles et par le dessin, la connaissance intuitive des formes et des faits géométriques. (...) L'expérience montrera (...) si l'exposition basée sur la notion de mouvement montre mieux l'origine expérimentale des notions

[277] *Bulletin de la SFP,* vol. 7 - 1907, n° 6.

[278] Voir plus haut. Et H. Gispert, « Pourquoi, pour qui enseigner les mathématiques ? Une mise en perspective historique des finalités et des contenus de l'enseignement des mathématiques dans la société française au XXème siècle. », *Bulletin de l'APMEP*, janvier 2002, en ligne sur le site de l'APMEP.

[279] *Bulletin de la SFP,* vol. 7 - 1907, n° 6.

[280] C. Lucas de Pelouan, « *Bulletin de la Société française de philosophie*, séances du 21 mars et du 16 mai 1907, L'enseignement de la géométrie selon Carlo Bourlet », dans *Revue de philosophie*, t. XII, 7ème année, janvier-juin 1908, p. 430-436, p. 434.

géométriques et conduit à des démonstrations plus naturelles et plus intuitives. »[281]

Des mathématiques à la philosophie

Borel a abordé sans hésitation les implications philosophiques des rapides transformations du champ des connaissances mathématiques et de la physique, en entretenant un dialogue exigeant avec ses collègues - et souvent amis - mathématiciens. Cependant, Louis de Broglie parlait, à ce sujet, de « controverses parfois très vives »[282].

Ainsi Borel fut-il, à la fin de 1905, l'auteur d'une note bibliographique préparée pour le numéro zéro de *LRDM,* intitulée : « Les principes de la théorie des ensembles »[283]. Il y citait les « nombreuses notes et discussions sur les principes de la théorie des ensembles », celles dues à « Zermelo, Blumenthal, Borel, König », en particulier, qui avaient fait suite, selon lui, à une communication de Julius König (1849-1913), au congrès international de mathématiciens de Heidelberg, en août 1904, et il évoquait l'échange de lettres qui s'en était suivi, entre lui, Baire, Hadamard et Lebesgue, lettres qui avaient été publiées, en décembre 1905, dans le *Bulletin de la Société mathématique de France*. Il y évoquait la notion de « définition » d'un objet mathématique, décisive pour lui, s'agissant de construire une théorie des ensembles : chacun étant libre de définir des objets, comme le faisaient déjà les géomètres de l'Antiquité, suffisait-il que la définition soit non contradictoire avec les objets définis antérieurement ? Sa réponse était la suivante :

> « En disant qu'un objet mathématique (nombre, fonction, ensemble) est défini lorsqu'on sait le distinguer des autres objets analogues, écrivait Borel, on ne dit pas encore quelque chose de parfaitement clair si l'on ne précise pas la nature des opérations par lesquelles cette distinction sera possible. »

À cela, Hadamard avait déjà répondu de son côté, dans le cadre de ce fameux échanges de lettres, en écrivant à Borel :

> « La question me paraît tout à fait claire maintenant (...). Elle tient tout entière dans la distinction (...) entre ce qui est *déterminé* et ce qui peut être *décrit*. Lebesgue, Baire et toi (...) vous répondez négativement à la question posée par M. Lebesgue : Peut-on

---

281 « Enquête sur l'enseignement de la géométrie », *Revue de l'Enseignement des sciences*, 1ère année, n° 1, janvier 1907, p. 4-10.

282 L. de Broglie, « Notice sur la vie et l'œuvre d'Émile Borel », déjà citée.

283 *LRDM*, n°0, 10 novembre 1905, collection de la BNF (Gallica), « Les principes de la théorie des ensembles », non signé, p. 14-16.

démontrer l'existence d'un être mathématique sans le définir ? J'y réponds affirmativement. »[284]

Borel invitait alors tout un chacun, les mathématiciens « et d'autres que les mathématiciens, à réfléchir davantage sur la nature des définitions qu'ils emploient » en espérant qu'il en découlerait des « progrès positifs pour la science » :

> « Les mathématiciens sont tous d'accord sur le fait qu'ils ne doivent raisonner que sur des notions *bien définies*, écrivait Borel, mais que doit-on entendre exactement par *bien défini* ? », interrogeait-il[285].

Dans une de ses lettres à Hadamard, il montrait que la discussion sur les « définitions » et les « objets » ainsi définis recouvrait une interrogation plus générale sur la nature des mathématiques :

> « On peut se demander, écrivait Borel, quelle est la valeur réelle de ces raisonnements que je ne regarde pas comme valables absolument et qui cependant conduisent ultérieurement à des résultats effectifs. Il semble en effet que, s'ils étaient dépourvus de toute valeur, ils ne pourraient conduire à rien, car ce seraient des assemblages de mots vides de sens. Je crois qu'on serait ainsi trop sévère et qu'ils ont une valeur analogue à celle de certaines théories de Physique mathématique, par lesquelles nous ne prétendons pas exprimer la réalité, mais avoir un guide qui nous permette, par analogie, de découvrir des phénomènes nouveaux, qu'il reste ensuite à vérifier. Il y aurait un travail considérable à faire pour savoir quel est le sens réel et précis que l'on peut attribuer à des raisonnements de ce genre. »[286]

Ce que Borel exprimait là était un trait distinctif de l'approche et de la méthode qui étaient les siennes et celles de ses amis. Blaire n'écrivait-il pas à Borel, cinq ans auparavant :

> « On conçoit, au moins au point de vue logique, une classification rationnelle d'une très grande catégorie de fonctions discontinues, chaque classe de fonction correspondant à un nombre transfini déterminé. Ce serait un problème intéressant, je crois, de

---

[284] Lettre de J. Hadamard à É. Borel, dans « Cinq lettres sur la théorie des ensembles », *Bulletin de la Société mathématique de France*, t. 33, 1905, p. 261-273. Voir V. Maz'ya et T. Shaposhnikova, *Jacques Hadamard, un mathématicien universel*, *ouv. cit.*, p. 351-352.

[285] *LRDM*, n° 0, Art. cit.

[286] Lettre d'É. Borel à J. Hadamard, dans « Cinq lettres sur la théorie des ensembles », *art. cit.*, p. 273.

voir dans quelle mesure cette conception logique correspond à la réalité. »[287]

En fait, l'« affaire Zermelo » avait été provoquée délibérément par le petit clan Baire-Borel-Lebesgue afin de susciter une confrontation appuyée sur les récentes publications du mathématicien allemand Ernst Zermelo (1871-1953) à propos de l'« Axiome du choix » qu'on allait bientôt qualifier de « Théorème de Zermelo », une confrontation sur le fond même de l'approche réaliste de la théorie des ensembles qui les unissait et dans laquelle ils voyaient une opposition fondamentale avec celles de certains autres mathématiciens. Baire avait écrit à Borel à ce sujet, en novembre 1904 ; il ne faisait pas dans la nuance :

> « Je vois seulement aujourd'hui le cahier (…) contenant la lettre Zermelo. Pour un cercle vicieux, c'en est un ; il démontre tout au plus l'équivalence de deux faits également hypothétiques ; il semble d'ailleurs en avoir conscience vaguement à la fin. Je m'étonne qu'Hadamard déclare y ajouter foi. Si quelque *Revue Rose* ou d'une autre couleur ouvre une enquête, je n'hésiterai pas à faire connaître mon opinion (Ce sont nos Rayons N, à nous). (…) Pour en revenir à Zermelo, n'y aurait-il pas lieu vraiment je ne dis pas de faire un manifeste mais de donner en commun une signature à l'affirmation de l'opinion que son topo ne vaut rien, ceci entre les gens qui pensent comme nous ? »[288]

L'idée de l'échange de lettres et de prendre la communauté scientifique à témoin et, sans doute, prendre date venait donc de Baire. La référence qu'il faisait à l'affaire des « Rayons N » renvoyait à la spectaculaire annonce par René Blondlot (1849-1930), en 1895, de sa découverte de nouveaux rayonnements inconnus, que plusieurs chercheurs avaient confirmée, que d'autres avaient aussitôt vigoureusement contestée et qui avait, au total, révolutionné pendant quelques mois le monde des physiciens avant que l'erreur, essentiellement due à l'auto-suggestion, fût admise. L'idée des « Rayons N à nous » signifiait donc, pour Baire, qu'ils tenaient là, lui, Borel et Lebesgue, l'occasion d'une grande polémique publique autour de l'idée d'erreur et de vérité en science.

Cette réflexion sur la méthode recouvrait donc une réflexion sur la réalité des objets, de certains objets, maniés par les chercheurs, et sur la nature du rapport de ladite réalité avec le travail de construction logique et de démonstration que menaient les mathématiciens. Elle prit de l'ampleur en

---

[287] Lettre de R. Baire à É. Borel, 18 mars 1898, Ac. Sc., dossiers É. Borel, Corresp. scientif.

[288] Lettre de R. Baire à É. Borel, 9 décembre 1904, Ac. Sc., dossiers É. Borel, Corresp. scientif.

raison des débats qui s'installèrent entre mathématiciens puis des polémiques qui s'élargirent à certains philosophes. C'est ainsi qu'on passa, entre 1905 et 1912, de la discussion sur la difficile définition de certains objets dans la Théorie des ensembles à un débat général, impliquant mathématiciens et philosophes, sur la définition de l'infini et du transfini. Ces discussions, loin d'être réservées à un cercle étroit de spécialistes, s'inscrivaient dans le contexte plus large d'intenses réflexions et débats en cours, dans les milieux intellectuels et jusque dans la presse, sur la mutation de la nature des connaissances scientifiques possiblement induite par les découvertes récentes en physique, en physique mathématique et en théorie mathématique, et sur les transformations profondes de la nature des relations entre connaissances scientifiques et monde réel, et sur leur opérabilité pratique. En France, c'est Poincaré qui avait « allumé la mèche » en indiquant que le déterminisme classique fondé sur le principe de causalité et la connaissance supposée des conditions initiales d'évolution d'un système pouvait être mis en échec dans l'étude de certains problèmes. On avait commencé à parler d'« indéterminisme » en science ; toute la théorie se trouvait bousculée ; l'idée de « crise de la science » était devenue banale.

Bien des années après, Louis Althusser, dans son cours de philosophie destiné aux élèves scientifiques de l'ENS, donnait comme « exemples célèbres de "crises" scientifiques : la crise des irrationnels dans les mathématiques grecques, la crise de la physique moderne à la fin du XIXème siècle, la crise des mathématiques modernes et de la logique mathématique déclenchée autour de la première théorie des ensembles (entre la théorie cantorienne et la théorie de Zermelo, 1900-1908) »[289]. Althusser ne donnait pas d'autre explication sur le sens qu'il donnait à ces exemples, sinon qu'il ajoutait :

> « À un certain moment de son développement, une science bute sur des problèmes scientifiques qui ne peuvent être résolus par les moyens théoriques existants, ou/et qui remettent en question la cohérence de la théorie antérieure. (...) Ces contradictions peuvent être vécues d'une manière "critique" voire dramatique par les savants (cf. correspondance de Borel, Lebesgue, Hadamard). »

Cet exemple montre que la crise provoquée autour du théorème de Zermelo par Borel et ses amis avait effectivement révélé l'ampleur de vastes questionnements sous-jacents aux bouleversements en cours de la théorie mathématique, autour des premières années 1900.

Althusser distinguait trois sortes de réactions : celles des savants « qui gardent la tête froide (...) acceptent de ne pas y voir clair », par exemple les savants qui « ont refusé de souscrire à la grande nouvelle : "la matière s'est

---

[289] L. Althusser, *Philosophie et philosophie spontanée des savants, 1967*, Paris, François Maspero, 1974, 157 p., p. 68-72.

évanouie" » dans la crise de la physique des années 1900 ; celles des savants « qui perdent la tête », pour qui la « crise » signifie « ébranlement de la science sur ses principes de science », « fragilité radicale de toute connaissance scientifique », « ces savants-là se mettent à faire de la philosophie (qui) ne vole peut-être pas très haut » et on leur doit « d'avoir annoncé les Grandes Nouvelles de la "crise" de la physique moderne : "La matière s'est évanouie !", "l'atome est libre !" » ; enfin, celles de ceux qui « se mettent aussi à faire de la philosophie comme une "question" de philosophie », qui « sortent du champ de la science et, du dehors, posent à la science des «questions" philosophiques sur les conditions de validité de sa pratique et de ses résultats ». Où placer Borel dans ce tableau ? N'a-t-il occupé qu'une seule place à tout moment ?

De l'infini au transfini, définitions et débats

Quand survint l'affaire Zermelo, Borel avait, en réalité, lancé le sujet depuis déjà cinq ou six ans. En 1899 et 1900, il avait en effet publié quelques pages, dans la *Revue philosophique*, titrées : « À propos de l'infini nouveau » et « L'antinomie du transfini »[290]. Puis, lorsqu'il eut les pages de *LRDM* à sa disposition, il publia successivement une chronique sur le livre de Poincaré, « La logique de l'infini », puis, en 1912, un article copieux sur « La philosophie mathématique et l'infini » suivi d'un autre, en 1914, sur « L'infini mathématique et la réalité »[291]. Entre temps, Bergson ou Brunschvicg, et d'autres, se mêlèrent au débat. Dans l'article de 1899, Borel posait les bases de la discussion en faisant référence à Cantor et à ses « idées sur la numération des nombres plus grands que l'infini ». Fidèle à son admiration pour Cantor, depuis ses années normaliennes, il voulait examiner « ce qu'il y a(vait) de vraiment nouveau dans l'infini de M. Cantor, ou transfini » et, en même temps, attirer l'attention des philosophes - grâce à la *Revue philosophique* - sur ce qui relevait de la démonstration mais aussi de la définition des objets. Relevant que les débats sur l'infini aboutissaient à des contradictions, Borel concluait :

> « Il y a là une antinomie que l'analyse paraît impuissante à résoudre ; il ne me paraît cependant pas douteux que le développement ultérieur des mathématiques ne conduise nécessairement à faire un choix, c'est-à-dire à admettre ou à proscrire le transfini (ou infini non dénombrable). Si on le proscrit,

---

[290] É. Borel, « À propos de l'infini nouveau », *Revue Philosophique de la France et de l'Étranger*, t. 48, juillet-déc. 1899, octobre 1899, p. 383-390, et « L'antinomie du transfini », *Revue Philosophique de la France et de l'Étranger* , t. 49, juillet-déc. 1900, p. 378-383.

[291] É. Borel, « La philosophie mathématique et l'infini », *LRDM*, t. 14, n° 80, 10 août 1912, p. 218-227, et « L'infini mathématique et la réalité », *LRDM*, t. 18, n° 103, 10 juillet 1914, p. 81-84. Et É. Borel, « À propos de l'axiome de choix », communication du 26 février 1917, dans *Arkiv für Mathematik, Astronomi och Fysik*, Band 34 B, n° 15.

pour la raison que nous ne pouvons en avoir une conception claire, ce sera un argument très fort pour ceux qui prétendent que notre conception de la suite indéfinie des nombres entiers renferme quelque chose en plus de la simple remarque : après tout entier, il y en a un autre. (...) Si, au contraire, on admet la notion du transfini, on se trouve avoir créé véritablement un infini *nouveau* et l'étude des procédés par lesquels cette création d'une notion nouvelle aura été obtenue et légitimée paraît pouvoir présenter de l'intérêt pour le philosophe. (...) Ce qui est important, c'est la solution que les progrès de la science amèneront les mathématiciens à adopter : car ce sera un *fait.* »

Dans le second article, « L'antinomie du transfini », Borel tenta de faire œuvre pédagogique en proposant de nouveau à ses lecteurs, singulièrement les philosophes puisqu'il écrivait dans leur revue, de réfléchir sur les définitions en se fondant sur une approche intuitionniste, celle qui avait sa préférence, qu'il considérait comme la plus productive. L'« infini dénombrable » - celui selon lequel « après tout entier, il y en a un autre » - et qu'il appelait aussi « illimité » ou « indéfini », étant couramment utilisé avec des résultats pratiques indiscutables, il montrait que sa définition restait problématique. On devait se demander si ce qui semblait évident pour l'esprit était aussi « vrai » d'un point de vue mathématique. Même si l'idée de l'infini comme une succession d'additions toujours identiques était intuitivement juste, il fallait selon lui, pour le définir correctement, « ajouter quelque chose » à la remarque d'après laquelle chaque entier est suivi d'un autre.

Le déplacement du débat sur le terrain philosophique

Borel se manifesta à nouveau, en novembre 1907, dans la discussion qui suivit une séance de la SFP portant sur un sujet bien éloigné de ses compétences directes : « L'enseignement de la philosophie »[292]. Peut-être était-il venu y assister en raison du fait que l'orateur était, ce soir-là, Alfred Binet avec lequel il avait établi des liens depuis le lancement de *LRDM* et son article sur la graphologie. En tout état de cause, Binet chargé de la conférence l'avait été pour son œuvre de philosophe, en opposition directe avec l'autorité dominante de Bergson, plus qu'en raison de ses travaux de pédagogue et de psychologue :

> « La science, disait Binet, n'est pas seulement un exposé méthodique de la vérité ; elle est aussi la vérité présentée d'après le point de vue le plus commode, le plus large, celui qui permet

[292] *Bulletin de la SFP*, vol. 8 - 1908, n° 1.

d'arriver au plus grand nombre de découvertes futures et d'applications utiles. (...) En deux mots, je crois que la philosophie est la science du possible ; plus explicitement, que chaque science est une courbe, résultant d'observations, d'expériences, de vérifications de toutes sortes ; et que lorsqu'on continue la courbe au-delà des vérifications possibles, on fait de la philosophie. » [293]

Face aux thèses métaphysiques de Bergson, Binet défendait donc l'idée d'une « philosophie scientifique ». Comme nous savons que Bergson et Brunschvicg intervinrent dans la discussion, mais aussi René Berthelot, Challaye ou Tannery et une dizaine d'autres - dont Borel, sans doute que l'assistance vit, ce soir-là, sa curiosité largement satisfaite[294].

Borel assista sans doute à d'autres séances de la SFP, sans intervenir dans la discussion, car les thèmes choisis - comme une séance sur « La théorie physique chez les physiciens contemporains », au cours de laquelle Langevin et Perrin prirent la parole - pouvaient avoir suscité son intérêt. En tous cas, il intervint de nouveau en 1911 lorsque son ami Langevin parla sur « Le temps, l'espace et la causalité dans la physique moderne ». Et si son nom n'apparaît pas lors de la séance au cours de laquelle Perrin présenta « Le mouvement brownien », peut-être était-il cependant dans l'assistance. Notons simplement que Borel ne fut pas appelé à présenter ses théories mathématiques devant les membres de la SFP. Mais n'était-il pas présent lorsque Brunschvicg s'exprima sur « L'idée de vérité en mathématiques » ? Pour conclure sur ce cas de structure de sociabilité intellectuelle, il y aurait un intéressant tableau à construire des permanences dans la composition des participants à ces séances de la SFP : ainsi, si Bouglé, Brunschvicg, Durkheim, Halévy, Abel Rey, Dominique Parodi, Eugène Le Roy, Ruyssen, Sorel ou Tannery étaient très présents, d'autres, dont les noms apparaissent moins, formaient sans doute un second cercle de plusieurs dizaines de participants, l'ensemble constituant un lieu de réflexion et d'élaboration théorique collectives du plus grand intérêt.

Une rencontre difficile entre Borel et Bergson

Borel lisait sans aucun doute avec attention les ouvrages de Bergson dont les thèses philosophiques occupaient une place centrale dans la pensée philosophique des premières années du siècle et encore plus du fait que ses thèses sur la science étaient controversées. C'est ainsi qu'il suscita une

293 Propos cités par A. Klein, dans « La philosophie scientifique d'Alfred Binet », *Revue d'histoire des sciences*, 2009-2, t. 62, p. 373-393.

294 La même année, Borel manifesta pour la troisième fois sa présence à la SFP lors de la séance sur « Pacifisme et patriotisme », le conférencier étant, cette fois, le philosophe normalien Théodore Ruyssen (1868-1967) que Borel connaissait bien d'ailleurs comme dirigeant de l'association La Paix par le Droit où ils se retrouvaient. Voir plus loin.

polémique assez vive contre le philosophe lors de la parution, en 1907, de *L'Évolution créatrice.* Si le prétexte de cette polémique fut l'actualité de l'ouvrage, Borel, qui venait déjà de publier, en mai 1907, un article dans la *RMM* sur « La logique et l'intuition en mathématiques », trouva là une façon de ramener l'attention sur son article et donc d'obtenir que ses conceptions sur le monde, sa réalité et sa connaissance par les mathématiques fussent mieux connues et discutées[295].

En novembre, il publia donc cet article sur « L'Évolution de l'intelligence géométrique » qui allait lui valoir une réponse argumentée de Bergson[296]. Entre temps, il avait publié dans *LRDM,* un article de Félix Le Dantec sur « La biologie de M. Bergson » qui avait déjà amené le philosophe à écrire une lettre parue dans la revue dès le mois de septembre[297]. Puis, à la suite de la parution de la « Réponse à un article de M. Borel » de Bergson dans la *RMM,* celui-ci décida d'envoyer à la rédaction une nouvelle « Réponse à M. Bergson »[298]. Lequel décida alors d'en rester là.

Tout ceci était, bien sûr, largement commenté dans le petit milieu de la philosophie, de la logique et des mathématiques universitaires comme en témoigna la séance de la SFP déjà évoquée sur « L'enseignement de la philosophie », au cours de laquelle Bergson s'éleva contre l'accusation d'être « un contempteur de la science »[299]. Cet intérêt se retrouvait aussi dans la correspondance entre Georges Sorel (1847-1922) et Daniel Halévy (1872-1962), lequel écrivait : « Je suis peu enthousiasmé par l'article de Borel qui me semble traiter Bergson tout juste poliment »[300]. De son côté, Bergson échangeait quelques réactions avec Xavier Léon (1868-1935), un des piliers du milieu, fondateur de la *RMM* et de la Société française de philosophie, qui montraient qu'il avait hâte de clore la polémique[301].

Voyons ce qui était en jeu. Dans son article, Borel prétendait ne vouloir aborder qu'une des idées qui étaient développées dans *L'Évolution créatrice*,

---

[295] H. Bergson, *L'Évolution créatrice*, Paris, Alcan, 1907. É. Borel, « La logique et l'intuition en mathématiques », *art. cit.*

[296] É. Borel, « L'évolution de l'intelligence géométrique », *RMM,* vol. 15, n° 6, novembre 1907, p.747-754. H. Bergson, « À propos de "L'Évolution de l'intelligence géométrique". Réponse à un article d'Émile Borel », *RMM,* 16ème année, vol. 1, janvier 1908, p. 28-33 (*Mélanges*, Paris, PUF, 1972, p. 753-758).

[297] F. Le Dantec, « La biologie de M. Bergson », *LRDM,* n° 20, 20 août 1907 ; Lettre de H. Bergson dans *LRDM,* n° 21, 10 septembre 1907.

[298] H. Bergson, « À propos de "L'Évolution de l'intelligence géométrique".... », déjà cité. É. Borel, lettre au directeur de la *RMM, RMM,* 16ème année, vol. 2, mars 1908, p. 244-245.

[299] F. Alquié, « Bergson et la *Revue de métaphysique et de morale* », *RMM,* t. 48, n° 4, 1941, p. 315-328.

[300] Lettres de G. Sorel à son éditeur, 5 et 15 octobre 1907, dans M. Prat et G. Sorel, « Lettres de Georges Sorel à Daniel Halévy, 1907-1920 », *Mil neuf cent*, n° 12, 1994, p. 151-223.

[301] Lettres de H. Bergson à X. Léon, 2 février et 2 mars 1908, dans H. Bergson, *Correspondances*, Paris, PUF, 2002, p. 187 et 189.

celle de « l'intelligence géométrique »[302]. Il reprochait à Bergson de croire que cette « intelligence géométrique » n'avait pas évolué depuis les mathématiciens grecs. En fait, l'idée de Bergson et de beaucoup d'autres étaient que la perception de la géométrie était naturelle et intuitive ; c'est ce que semblait montrer l'adéquation entre la conception euclidienne de la géométrie et l'idée « spontanée » qu'avaient la plupart des êtres humains de l'espace qui les entourait. Or, l'invention des géométries non-euclidiennes avait achevé de montrer que la domination de la géométrie euclidienne n'excluait pas l'existence d'autres conceptions de la géométrie. Pour Borel, Bergson se méprenait en opposant une géométrie « naturelle » ou intuitive à une supposée géométrie savante, en prétendant que l'une avait précédé l'autre dans l'évolution culturelle. Il affirmait au contraire que, pour les mathématiciens contemporains, toute géométrie, même guidée par l'intuition, loin d'être « naturelle », était le fruit d'une élaboration. L'intuition, loin d'être opposable à l'intelligence - l'intelligence géométrique en l'occurrence - comme il pensait que Bergson le faisait, n'en était à ses yeux qu'un moment.

Sur sa lancée, Borel reprochait à Bergson d'être guidé par l'idée que « la pensée mathématique (...) est toujours semblable à elle-même dans son essence ». Or, c'est par là, précisément, qu'il avait commencé son article antérieur sur « La logique et l'intuition en mathématiques » en reprochant, dès les premières lignes, aux philosophes d'avoir une vision de la science mathématique « toujours semblable à elle-même dans sa perfection logique ». Ce point lui tenant très à cœur, Borel y revenait en conclusion de l'article sur Bergson en s'étonnant, sur un ton plutôt mordant, de constater « que les philosophes attachent quelque importance aux idées cosmogoniques (ou métaphysiques) d'hommes aussi nourris d'idées inexactes sur le monde que pouvaient l'être Platon ou Aristote », et en ajoutant, pour ce qui est d'Euclide :

> « Rien ne justifie, même aux yeux d'un bibliothécaire, la réimpression de ses *Éléments*. Ils ne sont utiles que pour l'histoire des sciences (...). Nous avons des musées d'armures du moyen âge, mais notre ministre de la guerre n'y choisit pas ses modèles pour équiper nos soldats. »[303]

Borel était décidé à ne rien laisser intact de l'idée qu'il se faisait de la conception figée de la géométrie de Bergson, trop ignorante du fait que les mathématiques modernes avaient laissé loin derrière, depuis longtemps, les

---

302 É. Borel, « L'évolution de l'intelligence géométrique », *art. cit.*

303 Ce point était longuement abordé par Borel, sur un ton moins polémique, dans l'article « La logique et l'intuition » : « Beaucoup d'excellents mathématiciens ignorent systématiquement toutes les publications relatives aux "principes" (des mathématiques) (...). La connaissance des principes n'est pas nécessaire à la découverte de faits analytiques et des lois qui les régissent, ce qui est le travail propre des mathématiciens. » Dans un article paru quinze ans plus tard dans *Le Temps*, le 15 août 1922, Borel revint longuement sur « vingt-deux siècles de géométrie », d'Euclide à Darboux en passant par Descartes et Gauss.

problèmes soulevés par les Grecs. Il entendait lui montrer qu'il y avait eu un « après-Descartes » :

> « Tous les grands géomètres du XIXème siècle ont fait de la "géométrie du mouvement" ou, plus généralement, "de la transformation", la notion de transformation étant une généralisation de la notion de mouvement. (...) Le mouvement (...) en vient donc à être considéré comme un élément simple, au même titre qu'une circonférence est regardée comme une ligne simple, qui peut être définie et étudiée sans qu'il soit nécessaire de définir préalablement *tous se points* (dont le nombre est infini). Lorsque l'on s'est habitué à ces formes de pensée, on éprouve devant les sophismes de Zénon d'Élée le même étonnement indulgent que devant un enfant de quatre ans qui demande qu'on lui décroche les étoiles : quelques années plus tard, on pourra lui expliquer pourquoi cela est impossible. »[304]

D'autres développements dans la suite de l'article concernaient la question de l'intuition dont une longue citation de son ami, le mathématiciens suédois C. Mittag-Leffler qui, outre qu'elle éclairait singulièrement ce qu'était cette « intelligence géométrique » nouvelle, « intuitive » mais « rigoureuse », dont Borel voulait instruire Bergson, posait clairement le rôle de l'intuition dans la découverte scientifique :

> « (Niels. H.) Abel qui avait un don d'intuition comme peu d'hommes l'ont eu avant ou après lui (...) était tout à fait opposé à cette prétention qu'affichent les protagonistes des vues géométriques en analyse : faire accepter comme démontrés rigoureusement des théorèmes qu'ils déduisent de vagues considérations spatiales. (...) Il avait vu trop profondément la connexion intime des choses pour ne pas savoir que même son "intuition" avait besoin du contrôle d'une déduction rigoureuse. »

Bergson voulut répondre et contester l'interprétation de Borel qui tendait à le présenter comme le tenant d'une « intelligence géométrique rigide, incapable d'évoluer » ou d'un « dogme de l'unité de la pensée mathématique », mais il affirma que, de la même façon qu'il jugeait nécessaire qu'on connût toute l'histoire de la philosophie pour pouvoir s'autoriser à philosopher utilement, il fallait, selon lui, connaître toute la géométrie, d'Euclide à Descartes, pour pouvoir espérer lire utilement les ouvrages de Borel. Philosophe ou mathématicien, personne ne pouvait donc réfléchir au « mouvement » - thème soulevé par Borel - sans étudier « les arguments de

---

[304] Zénon d'Élée, philosophe grec du Vème connu pour ses paradoxes rapportés par Aristote, notamment le plus connu, celui d'Achille et de la tortue.

Zénon d'Élée ». Bergson s'exprimait au total sur un ton moins caustique que celui adopté par Borel mais cependant de manière assez polémique, au moins pour montrer qu'il n'avait pas apprécié le reproche à peine voilé que faisait Borel à ceux qui n'étaient pas « mathématiciens de profession » de vouloir se mêler d'« intelligence géométrique ». Le dialogue, si dialogue il y avait, était rugueux. Et Borel répondit à la réponse en maniant une forte dose d'humour à froid[305]. Il regretta donc de n'avoir pas lu toute l'œuvre de Bergson avant de se permettre d'en parler, jugea que puisque les philosophes avaient « coutume de parler de choses scientifiques » on pouvait bien accepter que « ceux dont le métier est d'étudier la science disent leur opinion à ce sujet » ; il suggéra que, de la même manière qu'en science « quand la maison est construite on enlève les échafaudages », en philosophie « là aussi, certains résultats se dégagent avec le temps d'une manière plus simple et plus claire », et il s'amusa même à reconnaître que lorsque Bergson « désir(ait) que la conscience "par une espèce de torsion sur elle-même, cherche à se replacer dans la direction de la nature", (il n'était) pas sûr de comprendre le sens de cette phrase ». C'était sévère. Bergson décida d'en rester là. Leurs relations se poursuivirent, sans devenir amicales pour autant, de séances de la Société française de philosophie en rencontres au Cercle d'A. Kahn, de réception d'Einstein en France en réunions autour de Valéry, ou encore dans le cadre de la Coopération intellectuelle et même dans les pages de *LRDM* où Borel continua d'accueillir le philosophe[306].

Que pouvait-on conclure de ces tentatives de dialogue ? Premièrement, que Borel loin d'être un indifférent en matière de réflexion philosophique entendait exprimer des positions philosophiques, déduites, selon lui, de sa pratique scientifique. Ce positionnement qui était déjà sensible lorsqu'il mettait aux prises les mathématiciens entre eux - par exemple avec Hadamard - devenait encore plus évident lorsqu'il se risquait sur le terrain de la philosophie et tentait d'évaluer ce que certains philosophes entendaient déduire de leurs raisonnements sur les problèmes de théorie physique et de physique mathématique. Or, la question prenait une ampleur considérable et touchait même à ce que certains appelaient une « crise de la science » lorsqu'il

---

[305] É. Borel, lettre au directeur de la *RMM*, *art. cit.*

[306] H. Bergson, lettre à É. Borel, 24 juin 1912, *Correspondances, ouv. cit.*) Dans *LRDM*, il y eut une « Note » de J. Benda au sujet de Le Roy et de ses écrits « À propos de l'intuition bergsonienne » (*LRDM*, t. 13, n° 78, juin 1912) ainsi qu'une réponse de celui-ci, et, en 1913, dans un long article sur « L'Œuvre philosophique » de Poincaré, P. Boutroux s'insurgeait contre telle phrase de Le Roy, affirmant que « le savant crée le fait ». (P. Boutroux, « Henri Poincaré. L'Œuvre philosophique », *LRDM*, t. 15, n° 86, 10 février 1913, p. 155-183). En 1919, Bergson autorisait avec réticence la publication dans *LRDM* d'une de ses lettres concernant l'article d'Y. Delage, « Sur la nature du comique » paru dans cette même revue. (lettre d'H. Bergson à É. Borel, 8 octobre 1919, *Correspondances, ouv. cit.*)

s'agissait des réflexions sur l'espace et le temps, sur les théories d'Einstein certes, mais aussi celles de Poincaré, Langevin, Perrin ou Borel lui-même.

La conférence de Paul Langevin à la SFP sur les nouvelles conceptions de l'espace et le temps

Quelques années après, les rencontres à la SFP restaient d'autant plus prisées que les développements récents des théories physiques faisaient du dialogue entre scientifiques et philosophes une des ressources essentielles pour aider les uns et les autres à penser les transformations du regard sur le monde qui en découlaient. Ainsi, lorsque Langevin y fit une conférence, le 19 octobre 1911, si Bergson ne fut pas présent il y eut cependant une nombreuse assistance de haut niveau, attentive et passionnée, où Borel prit sa place. Avec lui, on comptait une trentaine de participants, parmi lesquels Bouglé, Brunschvicg, Lebesgue, Léon, Le Roy, Lévy-Brühl, Mouton, Perrin, Rey, Simiand[307].

Langevin qui se voulait avant tout pédagogue ne lésina pas sur l'affirmation claire des conséquences que les découvertes récentes de la physique expérimentale mais aussi de la physique mathématique entraînaient quant à la conception nouvelle de l'univers qu'elles conduisaient à admettre, celle, en particulier, d'un espace strictement défini comme « l'ensemble des événements simultanés », autrement dit comme « une coupe à temps donné ». Que ce fussent les expériences décisives de Michelson et Morley sur la lumière ou les découvertes concernant la radioactivité, ou celles récentes liées aux travaux d'Einstein elles n'étaient pas isolables de l'ensemble des apports en électromagnétisme, en optique, de Maxwell, Hertz, Thomson, Lorentz, c'est-à-dire de la révolution accomplie dans toute la physique dans les dernières années du XIXème siècle[308]. Une discussion étoffée eut lieu, introduite par Abel Rey (1873-1940). Celui-ci, philosophe, épistémologue et historien des sciences à la Sorbonne - il avait publié, en 1907, une *Théorie de la physique chez les physiciens contemporains*[309] - passait pour se tenir à l'écart des courant non-rationalistes ou spiritualistes ; il fut, plus tard, un des animateurs du courant « rationaliste » groupé au sein de l'Union rationaliste[310]. Il contesta la thèse d'une soi-disant « infinité d'interprétations possibles » et à

307 Conférence de P. Langevin, « Le temps, l'espace et la causalité dans la physique moderne », séance du 19 octobre 1911 de la SFP, *Bulletin de la SFP*, n° 12, 1912, p. 1-46.

308 Albert Michelson a réalisé, seul ou avec Edward Morley, une série d'expérience d'optique qui visaient à mettre en évidence l'existence de « l'éther » comme support de la propagation de la lumière et qui ont abouti, en 1887, à la démonstration que la lumière se propageait de la même manière dans toutes les directions.

309 A. Rey, *Théorie de la physique chez les physiciens contemporains,* Paris, Alcan, 1907, 442 p. Voir A. Brenner, « L'épistémologie historique d'Abel Rey », *RMM*, 2016-2, n° 90, p. 159-176.

310 Voir plus loin.

en appela à « la grande tradition philosophique rationaliste (…) (qui) voit dans l'attitude philosophique une transposition de l'attitude scientifique ». Au passage, il n'épargna pas Bergson. Certains participants, comme les mathématiciens et philosophes normaliens Gaston Milhaud et Édouard Le Roy (1870-1954), mirent ensuite en doute à la fois la validité des « faits expérimentaux » évoqués par Langevin et leur interprétation, et firent même appel au « sens commun » contre les conceptions einsteiniennes du temps et de l'espace. Borel répondit sèchement à Le Roy et Milhaud qu'on pouvait éventuellement rechercher, comme une « distraction », d'autres systèmes d'équations pour expliquer autrement les phénomènes mais que l'existence d'un seul système suffisait pour le mathématicien. Plus fondamentalement, il intervint brièvement pour souligner la difficulté de concevoir certaines réalités de la physique en ne disposant que des éléments de langage issus du sens commun :

> « Il y aurait sans doute intérêt, dit-il, à obtenir une exposition de la mécanique ou de la physique tout à fait indépendante des locutions de temps et d'espace absolus. Mais une telle exposition ne saurait être réalisée immédiatement, et on ne peut même que la pressentir comme une limite, car il est impossible à l'homme de parler sans partir du langage du sens commun. Un effort considérable est toujours nécessaire avant d'arriver à une exposition indépendante de toute hypothèse inutile. »[311]

La confrontation se poursuivait avec Léon Brunschvicg

En 1912, Borel publia son article, « La philosophie mathématique et l'infini[312] ». Brunschvicg qui enseignait à la Sorbonne depuis 1909, venait d'ouvrir largement la voie, en publiant *Les étapes de la philosophie mathématique*. Il justifiait son entreprise par les manifestations d'une « crise dans les mathématiques » se caractérisant, selon lui, par le fait que « la mathématique n'a(vait) pas su conserver le sentiment de la vérité qui lui appart(enai)t ». D'une certaine façon, la démarche de Brunschvicg semblait ainsi se placer dans la catégorie de ceux à qui la « crise » scientifique faisait « perdre la tête ». C'est ce genre de propos qui fit écrire à Paul Nizan :

> « M. Perrin, M. Langevin, M. Urbain, M. Painlevé ont leur mot à dire. Il leur est permis de rire en pensant à la figure que fait la science chez M. Brunschvicg. »[313]

---

[311] É. Borel, séance du 19 octobre 1911 de la SFP, *Bulletin de la SFP*, n° 12, 1912, p. 1-46, p. 44.
[312] É. Borel, « La philosophie mathématique et l'infini », *art. cit.*
[313] P. Nizan, *Les chiens de garde*, Paris, Rieder, 1932 (réédition, Paris, François Maspero, 1960, p. 33).

Pourtant, Brunschvicg citait Borel parmi ceux qui, depuis quelques années, ayant donné leur avis à propos des productions des philosophes, avaient « refait l'accord de la science positive et de la spéculation philosophique ». C'est donc comme un élément d'un dialogue avec Brunschvicg que Borel écrivit son article. Il commençait par le remercier d'avoir « essayé de traduire en langage philosophique les résultats acquis par les savants », avant d'en venir de nouveau à la question de « définition (…) des êtres mathématiques », cette fois élargie à une réflexion sur la nature des connaissances humaines les plus générales :

> « Certaines définitions permettent de connaître parfaitement l'être mathématique dont on parle, de calculer sur lui sans aucune ambiguïté ou confusion possible, d'autres ne le permettent pas », assénait-il.

Il donnait aussitôt l'exemple du nombre π qu'il considérait comme « entièrement défini », soit qu'on le fît en le définissant comme le rapport de la circonférence au diamètre, soit qu'on utilisât une des méthodes permettant de calculer autant de décimales qu'on veut, tandis qu'au contraire, soulignait-il, il était impossible de définir, dans le même sens du terme, un quelconque nombre décimal illimité. En somme, un irrationnel est « connu » même si on ne peut aligner concrètement le nombre infini de ses décimales, contrairement à un nombre décimal quelconque puisqu'on ne sait rien de la décimale qui suit la dernière qu'on a identifiée. Cet article était une nouvelle occasion, pour Borel, d'exposer sa conception des mathématiques et même, plus généralement, de la connaissance scientifique qui l'amènerait, plus tard, à s'opposer au fameux paradoxe formulé par Bertrand Russell : « On peut définir les mathématiques pures comme un domaine où l'on ne sait jamais de quoi on parle ni si ce qu'on dit est vrai »[314]. À cela, Borel répondait :

> « Les mathématiques sont la science où l'on sait toujours exactement de quoi on parle et où l'on est certain que ce que l'on dit est vrai. Une fois le mot *ligne droite* défini, nous saurons exactement de quoi nous parlons et nous serons assurés de la vérité de tel ou tel théorème. »[315]

Constatant que deux personnes parlant d'un nombre décimal « ne seront jamais sûres de parler du même nombre » - ce qui n'arrive pas avec un nombre irrationnel - Borel affirmait qu'il était donc impossible de parler d'un tel nombre, mais qu'il était par contre possible de considérer un ensemble de

---

[314] B. Russell, *Mysticisme et logique*, Paris, Payot, 1922.

[315] É. Borel, « La définition en mathématiques », *Les grands courants de la pensée mathématique*, Paris, Cahiers du Sud, 1948, p. 24-24, p. 24.

nombres de ce type et d'opérer des raisonnements probabilistes valides à leur sujet. Et Borel en tirait une considération générale :

> « Ce point de vue est le seul qui me paraisse mériter le nom de réaliste. (...) C'est le réalisme du mathématicien qui regarde comme réels les êtres avec lesquels il vit quotidiennement et dont il parle couramment, sans avoir été jamais exposé à un malentendu. »

Ainsi Borel se rattachait-il à un « réalisme mathématique » qu'il qualifiait aussi d'« empirisme », que d'autres n'admettaient pas. Une partie de cet article était consacrée aux problèmes posés aux mathématiciens comme à tous les scientifiques par les nouveaux champs de la des sciences de la nature, la physique moléculaire, le mouvement brownien... :

> « Il n'est de science possible, écrivait Borel, que des phénomènes qui peuvent être décrits d'une manière suffisante au moyen d'un nombre de mots accessible à un homme pendant la durée de sa vie. (...) La nécessité théorique des définitions au moyen d'un nombre fini de mots se transforme sur le terrain des applications physiques en la nécessité pratique de définitions au moyen d'un petit nombre de mots. (...) Et si la nature n'est pas ainsi ? Alors, la science est impossible. Mais tout porte à croire que la science est possible et que les propriétés physiques qui nous intéressent peuvent, même si elles dépendent en apparence d'un nombre colossal de variables, être suffisamment définies au moyen d'un nombre relativement faible de données. Ces données seront des valeurs moyennes, accompagnées d'indications sur les écarts statistiques par rapport à ces valeurs moyennes. »

Belle proclamation de foi, rationnelle et pratique, par laquelle Borel se plaçait parmi ceux qui « ne perdent pas la tête ». Pourtant, il décidait de pousser plus loin l'interrogation : pouvait-on imaginer que « certaines sciences (soient) sur le point d'atteindre les phénomènes dont l'explication scientifique détaillée dépasse les possibilités humaines » ? Un questionnement qu'il continua de creuser - toujours en partant des données de l'expérience en physique ou en mathématiques - jusqu'à sa mort, nous le verrons.

Au début de 1914, Borel revint à nouveau sur « L'infini mathématique et la réalité »[316] dans un long article qu'on pourrait résumer dans l'affirmation suivante : l'infini avec lequel travaillent les mathématiciens n'est pas différent de la droite ou du cercle sur lesquels raisonnent les géomètres ; ces derniers savent toute la différence qui existe entre la droite ou le cercle idéaux et les « cercles » ou les « droites » qu'on rencontre dans la réalité, et

[316] É. Borel, « L'infini mathématique et la réalité », *art. cit.*

il en est de même avec la notion d'infini sur laquelle on peut raisonner même si cette notion idéale ne correspond pas parfaitement avec l'« infini » dans le monde réel. Il proposait même de réfléchir à « une analogie entre les controverses sur l'infini mathématique et les querelles (...) entre atomistes et énergétistes :

> « Si on constate que les raisonnements sont singulièrement facilités par l'imagination de atomes, on sera conduit à attribuer à ces atomes une "réalité". On peut d'ailleurs se demander dans quelle mesure cette imagination est illusoire et en particulier douter que nous arrivions à imaginer effectivement et non pas seulement verbalement les chocs innombrables des molécules. »

L'important pour Borel, dans cet article, était, à nouveau, de se démarquer des tendances consistant à développer des raisonnements mathématiques purement spéculatifs, n'ayant aucun rapport avec une réalité dont on puisse avoir l'intuition :

> « Il ne saurait être interdit (...) de penser à des "choses" qu'on appellera infini (et) et de doter ces "choses" de n'importe quelles propriétés, du moment que ces propriétés ne sont pas contradictoires. (...) Mais (...) je me suis toujours efforcé de séparer celles des parties de la théorie des ensembles qui ont effectivement contribué au progrès de la théorie des fonctions des constructions logiques purement verbales dans lesquelles on jongle avec des symboles auxquels ne correspond aucune intuition. »[317]

Curieusement, le grand quotidien parisien *Le Temps* décida de consacrer, à nouveau, un très copieux article à Borel et à ses réflexions à la charnière des mathématiques et de la philosophie. Borel se livra donc à un exercice de large vulgarisation en prenant l'habit du chef de file des « réalistes »[318]. La question de l'infini étant venue aux oreilles du journaliste, resté anonyme, qui l'interrogeait, Borel eut cette réponse :

> « On croit que les mathématiciens sont toujours d'accord ; ces champions des sciences exactes le devraient être, par définition. Oserai-je vous dire tout bas qu'il n'en est rien ? Ainsi, l'année dernière, au congrès international de Rome, j'ai suscité quelque émoi en soutenant que tout raisonnement sur l'infini ne peut être que la traduction d'un raisonnement sur le fini. Vous voyez que les mathématiques ont leurs passions. Ne veut-on pas, à toute force, nous diviser en deux camps, les finitistes et les infinitistes, et

---

317 Id.

318 Comme les différents articles parus dans *Le Temps*, les nombreux articles que Borel avait pu publier dans la *Revue du Paris* témoignaient de la place que celui-ci avait progressivement conquise dans la vie des idées de son temps.

donner à ces deux mots barbares le sens de réalistes pour le premier et d'idéalistes pour le second ? C'est d'une déplorable méthode. Il vaut mieux discuter sur des idées que sur des épithètes et, surtout, il serait préférable de substituer à ces querelles la recherche assidue de la beauté esthétique des formules. Je m'applique, pour ma part, à les rendre claires et élégantes, pour qu'elles soient plus fécondes. »[319]

3.2. Le cœur normalien des mathématiques françaises

La première décennie du siècle fut celle de l'installation de Borel aux premiers rangs des mathématiques françaises et c'est à l'ENS que celles-ci prospéraient. La prééminence de l'ENS sur l'École polytechnique n'était pas si ancienne. Martin Andler a noté qu'en 1860 tous les membres de la section de Géométrie de l'Académie des sciences étaient polytechniciens ou encore que sur 20 nouveaux académiciens élus entre 1865 et 1889, 12 restaient des polytechniciens et 4 étaient des normaliens[320]. Puis vint, en dix ans, ce qu'il appelle « une vague de mathématiciens remarquables » qui permit aux normaliens « d'asseoir leur domination de la vie mathématique française ». C'est à cette vague qu'appartint Borel. De manière significative, Poincaré, faisant le point dans un de ses derniers ouvrages, *Science et méthode*, sur les développements de la théorie des ensembles et évoquant les vifs débats et polémiques provoqués, entre les mathématiciens, par la question du Théorème de Zermelo, se contentait d'écrire, montrant ainsi la référence que Borel représentait désormais :

> « Quelques mathématiciens, comme M. Borel, le rejetèrent résolument ; d'autres l'admirent. »[321]

L'ENS quand Borel y enseignait

Au début de 1904, Borel, dont la charge de maître de conférences à l'ENS allait être mutée en une maîtrise de conférence à la faculté des Sciences de Paris à cause de la réforme du statut de l'École, avait demandé, par courrier, au ministre de l'Instruction publique, en se recommandant du doyen Appell et du sous-directeur Tannery, que l'intitulé du cours de Mécanique dont il était chargé fût modifié à cette occasion en cours de

---

319 « M. Émile Borel et la théorie des fonctions », *Le Temps*, chronique « Au jour le jour », 7 septembre 1909.

320 Martin Andler, « Les mathématiques à l'ENS au XXème siècle ; une esquisse », dans J.-F. Sirinelli (dir.), *École normale supérieure, le livre du bicentenaire*, Paris, PUF, 1994, p. 351-404.

321 H. Poincaré, *Science et méthode*, Paris, Flammarion, 1908, p. 210. Voir J. Hadamard, « Cinq lettres sur la théorie des ensembles », *Bulletin de la SMF*, t. 33 (1905), p. 261-273.

Théorie des fonctions. Il disait que, depuis huit ans qu'il enseignait à l'École normale, il « avait cherché à faire école » dans ce domaine et sous-entendait qu'il allait continuer dans cette voie[322]. Cette idée ressurgit en 1909, lorsque le Conseil de la faculté décida de créer une chaire nouvelle qu'il lui destinait et de l'intituler chaire de Théorie des fonctions. À cette occasion, après que Darboux avait souligné les mérites de Borel, Tannery entendit ajouter que les leçons de celui-ci « (avaient) toujours été fort goûtées par les élèves de l'École » et qu'il « exerç(ait) une influence féconde non seulement sur les élèves de l'École mais encore sur les mathématiciens étrangers admis à suivre son cours »[323]. C'est en substance ce que confirma Gaston Julia (1893-1978), bien plus tard, en rendant hommage à son maître :

> « C'est, il me semble, par vos conférences à l'École normale et par les entretiens familiers que vous avez eus avec vos élèves, que vous avez exercé sur eux l'influence très profonde dont ils vous sont tous redevables. Sans doute, à la Sorbonne nous suivions comme tout le monde votre cours de Théorie des fonctions et notamment votre cours de 1914 où, en exposant pour la première fois l'ensemble de vos recherches sur la monogénéité, vous avez livré le fil conducteur qui, dès vos premiers travaux, vous relie à Cauchy. »[324]

Julia n'en disait pas beaucoup sur ces fameux « entretiens familiers » mais on peut imaginer qu'il ne s'agissait pas de « causer » avec les élèves de ce qu'ils voulaient faire plus tard. Un témoignage d'Eugénie Cotton, sévrienne elle-même et longtemps professeur avant de devenir directrice de l'École, se souvenait que Borel y enseigna, vers 1920 pendant environ quatre années, et ce qu'elle exposait permet peut-être de répondre à la question :

> « Avec M. Émile Borel, il n'y eut plus de cours régulier, mais des interrogations où l'élève devait faire un effort personnel considérable, où elle perdait pied souvent, mais où le Maître soudain intervenait pour apporter en quelques mots une solution d'une éblouissante simplicité. "Ces éclairs donnaient, de la façon la plus vive, la notion des profondeurs insoupçonnées", m'écrit une des meilleurs élèves de M. Borel. »[325]

Un autre témoignage existe, indirect, celui de Lucienne Gosse (1883-1975), la biographe de son mari, René Gosse (1883-1943), un mathématicien

---

[322] Lettre d'É. Borel au ministre de l'Instruction publique, 18 octobre 1904, dossier É. Borel, AN, AJ-16-5882.

[323] PV du CFSP, séance du 23 avril 1909, AN-AJ/16/5123. Décret de nomination aux fonctions de professeur de Théorie des fonctions à la faculté des Sciences de Paris, 30 juillet 1909, Arch. municip. de Saint-Affrique, fonds Besson.

[324] Allocution de G. Julia, *Jubilé scientifique de M. Émile Borel*, *ouv. cit.*, p. 37.

[325] Allocution de Madame Eugénie Cotton, *Id.*, p. 29.

normalien (promotion de 1904), ancien élève du jeune professeur qu'était alors Borel. Lucienne Gosse était sévrienne et physicienne ce qui donne à son récit fiabilité et précision :

> « (À l'ENS), ses relations avec ses professeurs (Tannery, Goursat, Hadamard, Painlevé) furent cordiales, déférentes, reconnaissantes et le restèrent toujours. Mais il se sentait bien plus proche de Borel, qui était un aîné et non pas un ancêtre et qui avait un contact amical. René Gosse fut séduit par cet esprit si neuf dans sa pensée scientifique et dans sa pédagogie (...). Le travail s'organisa en équipe, un effort collectif sous la direction des maîtres de conférences de l'École permit de surmonter les difficultés du début et toute la promotion passa très honorablement, à la fin de l'année, les certificats d'analyse et de mécanique. (...) C'est au cours des libres conversations qui accompagnaient ses conférences qu'il fut beaucoup question d'un sujet hors programme : le Hasard et les Probabilités, un très vieux thème de réflexion de l'esprit humain dont l'intérêt renaissait alors, pressant, à l'instance de la jeune école des physiciens. Par Borel, les mathématiciens avaient touché au groupe scientifique le plus vivant de l'époque. Borel était camarade ou voisin de promotion de Jean Perrin, de Paul Langevin, de Noël Bernard et très lié avec le ménage Pierre et Marie Curie. »[326]

« Faire école » signifia sans aucun doute aussi pour Borel pendant un temps, faire « à l'École ». En effet, l'ENS avait dû affronter une crise violente qui culmina en 1903 et qui aurait pu se traduire par sa disparition pure et simple[327]. Le ministre de l'Instruction publique décréta une réforme qui réunissait l'École normale supérieure à l'Université de Paris et supprimait son corps enseignant spécifique qui était rattaché à l'Université. De l'ENS, il ne restait alors qu'un concours d'entrée. Pierre Albertini souligne que le recteur Liard fut intransigeant : la résistance d'un Borel qui demanda à pouvoir continuer de donner ses cours à la rue d'Ulm fut étouffée et la demande de Tannery, de pouvoir offrir aux normaliens la possibilité de préparer leur diplôme d'études supérieures dans les laboratoires de l'ENS, fut repoussée. Albertini parle d'une « humiliation de l'École devant la Sorbonne », tandis qu'Agathon, autrement dit le couple Massis et de Tarde, écrivait alors que « l'École normale a(vait) été détruite par la Sorbonne, sa

---

[326] L. Gosse, *René Gosse, 1883-1943, Bâtisseur de l'université, Résistant des "années noires"*, Grenoble, PUR, 1994, p. 41. Lucienne Gosse avait Jean Perrin et Marie Curie comme professeurs, à Sèvres.
[327] P. Albertini, « La réforme de 1903 : un assassinat manqué ? », dans J.-F. Sirinelli (dir.), *École normale supérieure, le livre du bicentenaire*, Paris, PUF, 1994, p. 31-73. Agathon, *L'Esprit de la nouvelle Sorbonne*, Paris, Mercure de France, 1911.

rivale conquérante »[328]. L'ENS fut sauvée par la mobilisation de ses ex-enseignants qui exigèrent le maintien de son recrutement au niveau des classes préparatoires communes aux concours de l'École polytechnique et de l'École centrale[329], ce que la Sorbonne elle-même accepta pour éviter que les meilleurs élèves du Secondaire ne s'en allassent tous vers ces écoles d'ingénieurs. Le maintien et le développement des laboratoires furent aussi, pour les promotions scientifiques, l'assurance de la permanence d'une communauté et d'un lieu de vie intellectuelle. L'internat constitua une dernière condition de la survie de l'esprit normalien.

L'affaire tenait à cœur à Borel qui écrivit, pour le numéro zéro de *LRDM*, une chronique optimiste et apaisante sur l'ENS. Soulignant que « depuis la rentée de novembre, deux promotions (conscrits et carrés) (étai)nt soumises au nouveau régime tandis que la troisième (cubes) prépar(ait) l'agrégation et la passera(it) suivant l'ancienne organisation », il détaillait les nouveautés introduites dans la vie des élèves, un règlement intérieur modifié « dans un sens libéral », la permanence et l'amélioration des « avantages de la vie en commun » :

> « Chaque élève a sa chambre et, dans les salles de travail, chacun a sa table, non plus massive mais légère et mobile (...). M. Lavisse ne néglige rien. Il donne ainsi à ses élèves la meilleure des leçons (...). Parmi ces élèves, plusieurs sont appelés à devenir proviseurs de lycée ; ils ne regarderont pas alors comme une tâche indigne d'eux de s'occuper du bien-être et de l'hygiène de leurs élèves. »[330]

La bataille pour la direction scientifique de l'ENS

L'engagement de Borel dans cette défense de l'ENS reçut une nouvelle preuve, à la mort de Tannery, le 11 novembre 1910, quand il fut nommé à sa succession[331]. Deux jours après l'annonce de ce décès seulement, Drach, dans une lettre, encourageait Borel à se présenter et encore deux jours après il récidivait :

> « Il y a évidemment des avantages et des inconvénients à assurer la direction scientifique de l'École mais si ce n'est toi, qui donc ? Et quel danger de laisser cette influence à d'autres. »[332]

---

328 Id., p. 32-33.

329 M. Andler, « Les mathématiques à l'ENS au XXème siècle ; une esquisse », déjà cité, p. 358.

330 *LRDM*, n° 0, 10 novembre 1905, p. 13.

331 Décret du 5 décembre 1910 nommant Borel à partir du 1er décembre, sous-directeur de l'ENS. Voir le dossier É. Borel, déjà cité.

332 Lettres de J. Drach à É. Borel, les 13 et 15 novembre 1910, Ac. Sc., dossiers Émile Borel, Corresp. scientif.

Le grand mot était lâché : « influence ». Ce poste de direction à l'ENS plaçait, en effet, celui qui l'occupait, surtout s'il était décidé à faire jouer la fonction dans ce sens, à « un poste d'attente et d'observation »[333] décisif sur les générations de futurs scientifiques de premier rang et d'universitaires distingués en puissance et lui offrait le moyen d'agir sur elles aussi bien avec les meilleurs intentions pédagogiques et scientifiques qu'avec l'objectif de les faire entrer dans des réseaux de connivences et d'influence parmi les plus puissants au sein des élites, à côté des réseaux de Polytechniciens et de Centraliens, de Saint-cyriens, de Gadzarts et autres.

Le bruit de la possible candidature du zoologiste Frédéric Houssay (1860-1920), que Charle et Telkès présentent comme catholique et dreyfusard, circula un moment. Plus âgé de dix ans que Borel, cet ancien agrégé-préparateur à l'École et qui y était encore chargé de conférences avait pu être sollicité par un parti hostile à la candidature de Borel, ou bien à celle d'un mathématicien ; mais il n'alla pas jusqu'à se déclarer. Le Conseil de l'Université délibéra assez longuement. Tout d'abord, Liard rappela que le décret qui fixait les conditions de nomination de la direction de l'ENS prévoyait l'élection simultanée du directeur et du sous-directeur et n'imposait pas que le premier fut obligatoirement un littéraire et le second un scientifique. Il demanda donc que le sous-directeur à élire ne le fût que pour les deux années qui restaient à courir du mandat qui avait été celui de Tannery et qu'ensuite une double élection simultanée fût organisée[334]. En soulevant cette question, Liard, sans doute poussé par les scientifiques, se faisait l'écho des inquiétudes quant au niveau de recrutement des normaliens scientifiques face à l'École polytechnique et de la nécessité, dans ces conditions, de renforcer le poids des scientifiques à l'ENS. En tous cas, la discussion sur la succession de Tannery permit de préciser le débat.

Lavisse, comme directeur, présenta, en première ligne, la candidature de Borel en évoquant « la place (que tenait) Borel dans la glorieuse École des mathématiciens français », et celle d'Henri Abraham (1868-1943) en seconde ligne. Liard ajouta que ce choix ne résultait pas simplement du fait que Borel avait été auparavant, à deux reprises, présenté en seconde ligne derrière Tannery : pour lui, Borel, comme mathématicien, était « l'homme le plus qualifié pour la fonction » :

> « À l'heure actuelle, il faut encore à la sous-direction de l'École un mathématicien. En effet, les élèves de nos classes de Spéciales se présentent à la fois à l'École polytechnique et à l'École normale supérieure, et il importe, pour assurer un bon recrutement de l'École, que le sous-directeur puisse avoir autorité sur les professeurs de Mathématiques spéciales ; c'est précisément le cas de M. Borel. »

---

333 H. Bourgin, *ouv. cit.*, p. 458.

334 PV de la séance du CUP, 28 novembre 1910, AN-AJ/16/2588.

Muni de ce viatique, Borel fut donc élu. La question n'était pas à la veille d'être dépassée puisque, avant la guerre, il s'inquiétait encore du niveau du recrutement à l'ENS :

> « Au-delà d'un certain rang (...) il ne nous reste plus que les candidats non reçus à l'École polytechnique », écrivait-il alors[335].

Borel s'attacha aussitôt à faire connaître l'importance de cette mission dans un article d'éloge de Tannery publié dans *LRDM*[336]. Nicole Hulin a montré que, pendant les années où Borel exerça son magistère sur les promotions normaliennes, les pourcentages d'élèves de sciences ayant choisi de faire une thèse de mathématiques passa de 45% environ à 70%, au détriment de la physique et des sciences naturelles, ce qu'on peut attribuer à son magistère ; d'autant plus ce taux s'effondra ensuite, revenant, en cinq ans, à ce qu'il était avant 1910[337]. Par ailleurs, après qu'en 1910 une première jeune fille, Marguerite Rouvière, fut reçue 13ème au concours, les résistances furent assez fortes pour qu'on décida finalement que les jeunes femmes ne seraient acceptées qu'en surnombre, quel que fût leur rang, leur intégration éventuelle, seulement comme élèves externes, dépendant du nombre de démissions. Aucune évolution à ce sujet n'eut lieu pendant les années Borel à l'ENS.

Entré, à la suite de sa nomination à la direction scientifique de l'ENS, au Conseil de l'Université de Paris et nommé peu après membre du Comité consultatif de l'Enseignement public, Borel vit son cercle d'influence s'élargir considérablement dans le monde universitaire d'abord mais aussi au-delà, d'autant que son beau-père, Appell, était, depuis 1903, doyen de la faculté des Sciences[338]. On disait que c'était à partir de cette époque que Borel avait commencé à tenir un « petit carnet noir » dans lequel figuraient toutes les maîtrises de conférences du pays, les noms de leurs titulaires et ceux de leurs éventuels successeurs au sein de l'élite normalienne[339].

Borel ne devint jamais doyen de la faculté des Sciences de Paris et il ne présenta d'ailleurs jamais sa candidature à cette fonction. Ceci peut retenir l'attention car il s'agissait d'un poste remarquable, autant en raison du pouvoir administratif qu'il concentrait et qui avait beaucoup augmenté

---

[335] Borel fut nommé dans les fonctions rendues vacantes par la mort de Tannery dès le 1er décembre 1910 (dossier É. Borel, AN, AJ-16-5733). N. Hulin, « Un pôle scientifique : La section des sciences de l'ENS. Quelques jalons de son histoire », dans J.-F. Sirinelli, *L'École normale supérieure..., ouv. cit.*, p. 341.

[336] É. Borel, « Jules Tannery, 24 mars 1848 - 11 décembre 1910 », *LRDM*, 10 janvier 1911.

[337] Id, p. 321-349.

[338] Arrêté de nomination au Conseil consultatif de l'Enseignement public, 4 février 1911, Arch. municip. de Saint-Affrique, fonds Besson.

[339] Témoignage de David Perrin, petit-fils de Jean Perrin, entretien avec Michel Pinault, le 21 février 1996.

depuis la réforme Liard, que du prestige alors très important qu'il conférait, y compris au-delà des cercles universitaires dans la plus large sphère publique. D'ailleurs, en 1919, lors de son départ du décanat, après dix ans passés dans la fonction, Appell souligna, devant ses collègues, l'importance croissante de ce poste, à la mesure de la croissance quantitative de la faculté des Sciences, et les difficultés que cela entraînait dans l'exercice au quotidien des prérogatives y afférant :

> « De plus en plus, le rôle de l'Université s'étend, disait-il. Dans l'avenir, il faudra que chacun intervienne pour sa part dans l'activité générale. (Je) demande à tous les membres de la Faculté d'aider de plus en plus le Doyen qui est comme le président d'une république constitutionnelle. Toute la Faculté doit être appelée à se gouverner. »[340]

Or Borel, dont nous verrons tout l'intérêt qu'il porta de plus en plus à l'aspect administratif et organisationnel des choses ne chercha cependant pas à prendre la suite d'Appell. Peut-être était-ce difficile qu'il succédât à son beau-père ; peut-être était-il de mauvaise politique, vis-à-vis des autres disciplines, qu'un troisième mathématicien occupât le décanat, après Darboux et Appell ; peut-être que Borel ne songeait pas, alors, à abandonner pour un autre poste cette sous-direction de l'ENS à laquelle il était très attaché ; peut-être, enfin, ne voulait-il pas courir le risque de se heurter à une opposition à une candidature qui aurait pu passer pour celle d'une fraction du Conseil.

3.3. Des mathématiques hors de la « tour d'ivoire »

Comment caractériser l'apport de Borel aux mathématiques de son temps ? Hélène Gispert a relevé que le *Petit Robert des noms propres*, le présentant comme un « mathématicien et homme politique français », faisait ainsi son portrait :

> « En analyse, il étudia la théorie des fonctions et de la mesure (...). Il donna également la définition rigoureuse de la probabilité et jeta les bases de la théorie des jeux stratégiques. Il créa une publication spécialisée (Collection de monographies sur la Théorie des fonctions) et fut député (1924) et ministre de la Marine (1925). (Acad. Sc. 1921). »

Œuvre mathématique, œuvre éditoriale et carrière politique : une vie résumée en trois dimensions, donc[341]. Théorie des fonctions et théorie de la

[340] PV du CFSP, séance du 15 mai 1919, AN-AJ/16/5123.
[341] H., « L'entreprise biographique... », *art. cit.*

mesure, théorie des probabilités et théorie des jeux ; quatre champs principaux étaient cités parmi lesquels on s'étonne de ne pas trouver la théorie des ensembles. S. Callens, de son côté, affirme qu'on peut concevoir trois biographies de Borel, « selon que l'accent sera mis sur l'aspect "mathématique du probable", sur l'aspect "sciences sociales" ou sur l'aspect "physique mathématique" »[342].

Borel et les probabilités, la théorie des jeux

Quoiqu'il en fût, Borel aimait par-dessus tout « creuser ses mathématiques », disait Marbo[343]. Son œuvre ayant été foisonnante - ce qui se traduit par un inventaire bibliographique d'environ 300 références - H. Gispert a tenté, avec d'autres, d'en produire une analyse ou une classification. S'il est aujourd'hui connu pour ses apports aux théories des ensembles et des fonctions, Borel a en réalité travaillé dans plusieurs directions et Gispert fait remarquer que « le domaine "Probabilités, Mécanique et Physique mathématique", selon le regroupement même de Borel dans sa *Notice de travaux scientifiques* de 1912, était présent dès 1905 ». Elle relève que le classement thématique de ses *Œuvres* montre qu'il a publié presque autant dans l'ensemble des domaines « probabilités et statistiques », « mécanique », « physique mathématique et relativité » que sur les questions de « théorie des fonctions »[344]. Ses recherches et avancées en théorie des fonctions ou en théorie des ensembles participaient de recherches en mathématiques fondamentales dont les retombées pratiques relevaient du domaine du possible, tandis que celles dans le domaine des probabilités, des statistiques, de la mécanique et de la physique mathématique étaient directement reliées - comme il tenait à le souligner - à une démarche pragmatique et à d'éventuelles applications.

Borel relativisait cette répartition de ses recherches entre différents objets en soulignant que ses travaux en théorie des ensembles abordaient déjà la question des probabilités, y compris dans ce qu'elles pouvaient avoir d'intuitif, de « plus ou moins confuses » :

> « En m'intéressant (au calcul de probabilités, ndlr) de manière particulière depuis près de vingt ans, je ne me suis pas éloigné autant qu'on pourrait le croire de mes premiers travaux sur la théorie des fonctions, car il y a bien des questions, notamment la

---

342 S. Callens, « Ensemble, mesure et probabilité selon Émile Borel », *art. cit.*, p. 28.

343 C. Marbo, *ouv. cit.*, p. 70.

344 H. Gispert, « L'entreprise biographique à l'épreuve.... », *art. cit.* D. Dugué, *Œuvres d'É. Borel*, *ouv. cit.*.

théorie générale de la mesure des ensembles, qui se rattachent à la fois à la théorie des fonctions et à la théorie des probabilités. »[345]

Une des caractéristiques communes de nombreuses publications de Borel dans le domaine des probabilités était la place qu'il accordait à des « problèmes simples » tirés de la vie courante et, en particulier, des jeux, jeu de dé, jeux de cartes et, tout d'abord, jeu de pile ou face. Ce qui le conduisit à consacrer, en 1938, un des volumes de son *Traité du calcul des probabilités et de ses applications* aux « Applications aux jeux de hasard » et à publier, deux ans plus tard, un manuel du « bridge à la portée de tous »[346]. Mais déjà, dans *Le Hasard*, paru en 1914, le premier chapitre dans lequel Borel abordait les principes du calcul de probabilités débutait par une mise en situation de jeu :

> « On jette en l'air une pièce de monnaie et l'on engage des paris sur le côté qui sera apparent après sa chute (...). Tel est le problème le plus simple des probabilités si on ajoute l'hypothèse que les chances sont égales pour le côté pile et le côté face. »[347]

Le même propos figurait au début des *Éléments de théorie des probabilités,* édités chez Hermann, en 1909, et qui regroupaient l'essentiel du contenu de ses publications éparses. Borel ne cessa plus de recourir à ce procédé comme on a recours à des expériences de pensée pour poser les bases d'une théorie. En 1921, il déposa une note à l'Académie des sciences dont le titre comprenait l'expression, alors nouvelle, de « théorie du jeu »[348]. Au-delà du pur problème mathématique posé, il y envisageait d'autres perspectives d'ensemble :

> « Les problèmes de probabilités et d'analyse que l'on pourrait se poser à propos de l'art de la guerre ou des spéculations économiques et financières ne sont pas sans analogie avec les problèmes relatifs aux jeux, mais avec un degré de complication en général bien plus élevé. »

---

345 É. Borel, « La psychologie de l'invention dans le domaine de la science », *Organon*, t. 1, 1935, p. 33-42.

346 É. Borel, *Traité du calcul des probabilités et de ses applications, Applications aux jeux de hasard*, Paris, Gauthier-Villars, 1938. É. Borel et A. Chéron, *Théorie mathématique du bridge à la portée de tous*, Paris, Gauthier-Villars, 1940.

347 É. Borel, *Le Hasard, ouv. cit.*, p. 17.

348 É. Borel, « La théorie du jeu et les équations intégrales à noyau symétrique », *CR*, séance du 19 décembre 1921, 1921, t. 173, p. 1304-1308. En 1927, Borel déposa une autre note où figurait l'expression de « théorie générale des jeux » : « Sur les systèmes de formes linéaires à déterminant symétrique gauche et la théorie générale des jeux », *CR*, séance du 4 janvier 1927, 10 janvier 1927, p. 52-54.

Borel esquissait ainsi une réflexion sur ce qui allait devenir la « Théorie des jeux » visant à anticiper, analyser et conceptualiser les choix de stratégie des acteurs dans tous les types de situations. Maurice Fréchet, élève de Borel et son premier biographe, a écrivait à ce sujet :

> « Borel eut l'audace de vouloir établir une théorie générale des jeux stratégiques où l'intelligence du joueur intervient (jeu de dames, bridge, etc.). (…) Par là, il doit être considéré comme le véritable précurseur de la théorie des jeux stratégiques développée, quelques années plus tard, par Von Neumann, sous des hypothèses proches de celles de Borel. »[349]

Avancer dans cette direction, alors que sa forte réputation dans son milieu avait été acquise en développant d'autres champs de recherche, constituait, de la part de Borel, un pari voire un défi car le milieu des mathématiciens ne considérait pas ces travaux comme des mathématiques. Pire encore, même du côté des enseignements à finalités plus ou moins pratiques, les probabilités restaient peu étudiées[350]. Ainsi, à l'École polytechnique, montrent Pierre Crépel et Alexandre Moatti, l'enseignement du calcul des probabilités était réduit à la portion congrue et avait même été, en 1894, transféré du cours d'Analyse au cours d'Astronomie et géodésie[351]. Pendant les vingt cinq années suivantes, il n'y eut plus de probabilités dans l'enseignement des mathématiques à l'École polytechnique[352].

Le « tournant probabiliste » de Borel

Dans ces conditions, l'adhésion de Borel à la Société de statistique de Paris (SSP) ou sa publication d'un article sur les probabilités dans *LRDM* prenaient une signification que son adhésion, « naturelle », à la Société mathématique de France et ses publications dans le *Bulletin* de la SMF

---

349 M. Fréchet, « Émile Borel », *Encyclopædia Universalis*, et « Le rôle d'Émile Borel dans la théorie des jeux », *REP*, vol. 69, n° 2, 1959, p. 139-187. Dans cet article, Fréchet publiait des commentaires de Von Neumann réfutant l'idée que Borel fût « l'inventeur » de la Théorie des Jeux.

350 Pour autant, les premières applications des probabilités à des faits sociaux dataient au moins du XVIIIème siècle (par exemple Condorcet, Laplace d'abord, puis Poisson, Quételet) et Borel s'inscrivit donc dans cette filiation. Voir A. Supiot, *ouv. cit.*, p. 130-155.

351 Jordan et Humbert enseignèrent l'Analyse à l'École polytechnique, jusqu'en 1911 et 1920. De Jordan, dont le cours d'Analyse faisait autorité, Lebesgue écrivit qu'il « osa incorporer certaines parties de la théorie des ensembles ». A. Moatti, « Quelques commentaires sur les leçons de probabilités de Jordan à l'École polytechnique », *Journ@l Électronique d'Histoire des Probabilités et de la Statistique*, vol. 5, n° 2, déc. 2009.

352 P. Crépel, « La calcul des probabilités : de l'arithmétique sociale à l'art militaire », dans B. Belhoste et al, *La formation polytechnicienne (1794-1994)*, Paris, Dunod, 1994, p. 197-215. Borel aurait pu introduire un tel enseignement à l'École polytechnique car il y fut candidat à un poste de répétiteur-adjoint d'Analyse.

n'avaient pas. Le numéro zéro de *LRDM* comportait un article sur « Les principes de la théorie des ensembles », le n° 4 contenait un article de Borel sur « La Valeur pratique du calcul des probabilités », son n° 8 - toujours au cours de la première année d'existence de la revue - portait sur « La Graphologie et la méthode scientifique » et faisait la part belle à des considérations de probabilités et de statistiques expliquées aux novices, puis paraissait, en 1907, l'article « Un paradoxe économique. Le sophisme du tas de blé et les vérités statistiques ». Les publications de Borel sur les probabilités et les statistiques dans les revues scientifiques n'avaient commencé que peu de temps avant, avec, en 1905, des « Remarques sur certaines questions de probabilité », parues dans le *Bulletin* de la SMF[353].

Antonin Durand et Laurent Mazliak ont souligné que le texte figurant en tête du premier numéro paru de *LRDM* fut celui du discours inaugural - la *Prolusione* - prononcé par Volterra à la séance de rentrée de l'Université de Rome, en 1901. En le proposant aux lecteurs de sa nouvelle revue, sans autre forme de présentation, Borel semblait en faire - selon le constat très vraisemblable que font Durand et Mazliak - un texte inaugural, un texte programmatique. Ainsi en était-il aussi, selon eux, de la démonstration qu'il apportait de la « valeur pratique » de la science. Surtout, ils avancent l'hypothèse selon laquelle la découverte de ce texte avait joué un rôle important dans l'évolution de l'intérêt de Borel envers les probabilités[354]. En effet, si le propos de Volterra n'était pas centralement consacré aux probabilités, vers la fin du texte cependant ce sujet prenait sa place. Il présentait alors les probabilités comme un des champs les plus prometteurs des mathématiques :

> « C'est là la branche la plus singulière et la plus curieuse des mathématiques. Si nous analysons un jugement quelconque de notre esprit, nous y trouverons toujours, plus ou moins dissimulé, un calcul de probabilité. On pourrait dire dans une certaine mesure, que l'homme le plus simple qui attend le matin le lever du soleil doit sa foi de voir surgir le jour à une application inconsciente de la loi des grands nombres de Bernoulli. »[355]

Peut-être que cette dernière phrase avait pu avoir la force d'un changement de paradigme dans son esprit. Quoi qu'il en fût, Borel fit suivre cette publication par celle de son premier article sur « La Valeur pratique du

---

353 M.-C. Bustamante, M. Cléry et L. Mazliak, « Le Traité du calcul des probabilités ... », *art. cit.*

354 A. Durand et L. Mazliak, « Volterra's prolusione as a source for Borel's interest in probability », novembre 2011, en ligne. V. Volterra, « Les mathématiques dans les sciences biologiques et sociales », traduction de Ludovic Zoretti, *LRDM*, vol. 1, 10 janvier 1906, n° 1, p. 1-20.

355 Id., p. 16.

calcul des probabilités » dans lequel il analysait l'intervention si courante du calcul dans les décisions de la vie pratique :

> « Le calcul des probabilités intervient d'une manière plus ou moins consciente dans toutes nos décisions », affirmait-il[356].

Dans cet article, il proposait une réflexion sur « la valeur pratique des probabilités » et non un exposé théorique, même élémentaire. « À partir de quelle limite la probabilité peut-elle être confondue avec la certitude ? », s'interrogeait-il en prenant des exemples de circonstances concrètes connues de ses lecteurs. Selon lui, dans la vie ordinaire, un individu ne tenait pas compte des probabilités dont l'ordre de grandeur est inférieur au millionième. À cette échelle, la probabilité devenant « négligeable », se posait la question, théorique, de savoir s'il y avait un moment où on pouvait passer d'un énoncé de valeur probable à un énoncé de valeur certaine. Le lecteur, même novice en mathématiques, pouvait suivre un tel raisonnement et même être suffisamment « accroché » pour avoir envie d'en savoir plus et d'aller se documenter dans des ouvrages savants. L'autre aspect important de la démarche de Borel, concernant toujours « la valeur pratique » de ces explications, de ces instruments de réflexion, résidait dans le fait de donner le sentiment que non seulement c'était à la portée de tous mais que cela avait ou pouvait avoir des effets immédiat pour la vie de chacun et plus encore pour la manière de concevoir la vie de la société toute entière. Comme l'indique S. Callens, Borel se convainquit alors qu'une « mathématique sociale » était possible[357].

Une nouvelle période commença donc, vers 1905-1906, dans la carrière de chercheur de Borel quand, sans abandonner ses anciens champs de recherches, il consacra une large place à ces questions nouvelles, ce qui constitua ce que tous les historiens des mathématiques ayant étudié, depuis, l'itinéraire scientifique de Borel qualifient de « tournant probabiliste »[358]. En 1905-1906, Borel publia deux articles scientifiques concernant les probabilités : « Remarques sur certaines questions de probabilités », dans le *Bulletin* de la SMF, et « Sur les principes de la théorie cinétique des gaz », dans les *Annales de l'École normale*[359]. Les deux marquèrent effectivement

---

[356] É. Borel, « La valeur pratique du calcul des probabilités », *LRDM*, n° 4, 10 avril 1906, p. 437.

[357] S. Callens, « Ensemble, mesure et probabilité selon Émile Borel », *art. cit.* p. 29.

[358] A. Durand, A. et L. Mazliak, "Revisiting the Sources of Borel's Interest in Probability: Continued Fractions, Social Involvement, Volterra's Prolusione", *Centaurus*, n° 53, 2011, p. 306–332. L. Mazliak et M. Sage, « Au-delà des réels : Émile Borel et l'approche probabiliste de la réalité », *Revue d'histoire des sciences*, vol. 67, 2014-2, p. 331–357.

[359] É. Borel, « Remarques sur certaines questions de probabilités », *Bulletin de la SMF*, t. 33, 1905, p. 123-128, et « Sur les principes de la théorie cinétique des gaz », *Annales de l'École normale*, t. 23, janvier 1906, p. 9-32.

l'irruption de Borel dans ce champ. Mazliak et Sage qui ont tenté de recomposer son cheminement, analysent l'article du *Bulletin de la SMF*, un article à la fois technique et programmatique, comme « le premier article probabiliste » de Borel[360]. Il y annonçait que « dans une prochaine note, (il) indiquerai(t) des applications des remarques précédentes aux problèmes les plus simples qui se posent dans les recherches de Mécanique et de Physique mathématique où intervient le calcul des probabilités ». Et ce fut donc l'article sur la théorie cinétique des gaz, le « premier grand article probabiliste » cette fois selon Bustamante, accompagné, lui aussi, d'une déclaration d'intention très nette :

> « Les applications du calcul des probabilités aux calculs statistiques concernant les molécules excitent beaucoup de défiance chez certains esprits. Bien peu sans doute en sont restés à la boutade de Joseph Bertrand disant que ces problèmes de probabilité ressemblent au problème célèbre de l'âge du capitaine qu'on propose de déterminer connaissant la hauteur du grand mât. (...). Il ne me paraît pas inutile de reprendre les principes de cette théorie cinétique pour chercher à lui donner une base rigoureuse au point de vue mathématique. »[361]

Borel faisait allusion à une communication de Joseph Bertrand - l'oncle de son épouse, rappelons-le - à l'Académie des sciences, en mai 1896, dans laquelle celui-ci s'insurgeait contre le fait de prendre au sérieux des problèmes de cinétique des gaz posés par Maxwell dans des termes qui lui semblaient comparables aux « problèmes dont on fait rire les écoliers, sur l'âge du capitaine »[362]. Cet épisode nous rappelle que les probabilités n'étaient pas prises au sérieux par un certain nombre de mathématiciens importants et ne le furent pas pendant de longues années.

Il est difficile de savoir ce que l'orientation des travaux de Borel, à ce moment-là, dut au cheminement propre de sa recherche et/ou à la confrontation des idées et des expériences qui avaient lieu avec Perrin et Langevin ou même Marie Curie. Ainsi il écrivait que :

> « La découverte et l'étude de la radioactivité ont montré que les explications mécaniques sont parfois certainement insuffisantes et doivent alors céder le pas aux explications statistiques. »[363]

---

[360] L. Mazliak et M. Sage, *art. cit.*

[361] É. Borel, « Sur les principes de la théorie cinétique des gaz », *art. cit.*, p. 10. Pour un historique des travaux antérieurs, voir A. Barberousse, *La Mécanique statistique*, de Clausius à Gibbs, Paris, Belin, 2002, 239 p.

[362] J. Bertrand, « Sur la théorie des gaz », séance du 4 mai 1896 de l'Académie des sciences, *CR*, t. CXXII, n° 18, p. 963-964.

[363] É. Borel, *Le Hasard*, *ouv. cit.*, préface, p. III.

Il disait aussi, à propos des travaux de Perrin :

> « La prévision détaillée du mouvement brownien exigerait un nombre physiquement "infini" d'équations - autant d'équations qu'il y a de molécules ; on doit se contenter d'une évaluation statistique. »[364]

La nature probabiliste des réalités physiques sur lesquelles travaillaient ces physiciens et physico-chimistes suscitait, en tous cas, une approche nouvelle du raisonnement sur la causalité et conduisait à chercher la formulation de « lois » non mécanistes, le tout exigeant que les mathématiciens proposassent des « solutions ». L'un des aspects majeurs de ce « tournant probabiliste » fut l'expression, par Borel, de sa conviction de l'utilité sociale de ces recherches. Constatant que, dans la vie courante, tout un chacun fait des choix et prend des décisions en fonction d'une estimation probabiliste intuitive, il multiplia, dans ses publications, en particulier *LRDM* destinée à un large public, les exemples pris dans cette vie courante. Dans « Un paradoxe économique. Le sophisme du tas de blé et les vérités statistiques », en 1907, il disait ceci :

> « La réponse mathématique à donner à bien des questions pratiques est un coefficient de probabilité. Une telle réponse ne paraîtra pas satisfaisante à bien des esprits qui attendent des mathématiques la certitude. C'est là une tendance très fâcheuse ; il est extrêmement regrettable que l'éducation du public soit, à ce point de vue, si peu avancée. »[365]

Borel à la Société statistique de Paris

L'évolution de Borel vers ces nouveaux centres d'intérêts se ressentit dans l'évolution de ses engagements dans les sociétés scientifiques : alors qu'en 1905, il était président de la Société mathématique de France, il n'adhéra qu'en 1907 seulement à la Société de statistique de Paris (SSP), alors présidée par Lucien March (1859-1933), un démographe, directeur de la Statistique générale de France depuis 1896, lequel venait de succéder à cette présidence à Arthur Fontaine (1860-1931)[366]. La même année, Borel entra au conseil de la Statistique générale de France. En décembre 1908, il fut nommé, à sa création, membre pour trois ans du Conseil supérieur de la statistique, coprésidé par trois représentants de la vieille génération :

---

[364] É. Borel, « La philosophie mathématique et l'infini », *art. cit.*

[365] É. Borel, « Un paradoxe économique. Le sophisme du tas de blé et les vérités statistiques », *LRDM*, 3ème année, n° 24, 10 décembre 1907, p. 688–699.

[366] Tous les éléments factuels concernant Borel et la Société de statistique de Paris sont tirés du *Journal de la Société de statistique de Paris*. Voir aussi R. Catellier et L. Mazliak, « The Emergence of French Probabilistic Statistics… », *art. cit.*

Édouard Millaud (1834-1912), Paul Guyesse (1841-1914) et Émile Levasseur (1828-1911). En 1909, il publia, chez Hermann, des *Éléments de la théorie des probabilités*, ouvrage qu'il présenta longuement, le 21 avril, à ses collègues lors d'une séance de la SSP suivie d'une discussion. La même année, il fut promu, à l'occasion de la vague de promotions des animateurs de la SSP pour son 50ème anniversaire, au grade de chevalier de la Légion d'honneur. La première communication qu'il présenta à la SSP, sur « Des considérations statistiques concernant le taux d'intérêt », ne date cependant que de 1913.

Son appartenance à la SSP ouvrit aussitôt à Borel un accès à de nouveaux milieux intellectuels, économiques et politiques. La vieille génération de la SSP, encore installée à sa tête, était formée pour une part de réformateurs libéraux, leplaysiens, parfois nourris des manières de voir qu'on avait chéries, à la fin du siècle précédent, au Musée social où ils avaient bien connu Appell, ou à l'École libre des sciences politiques[367]. C'était le cas d'Édouard Grüner (1848-1933), ingénieur de Mines et industriel, membre de la Société d'économie sociale, de Levasseur, normalien, historien et économiste, professeur au Collège de France et à Sciences Po, membre de l'Académie des sciences morales et politiques et du conseil du Musée social. Différents étaient les cas de ces polytechniciens férus de service de l'État et installés aux avant-postes de l'économie régulée et de la statistique qu'étaient Fontaine, Guyesse et March ; le premier était membre du conseil du Musée social et directeur du Travail depuis 1899, le second ex-député radical proche de Léon Bourgeois, avait été un des fondateurs de la LDH, et Borel le retrouva, avec Levasseur au Conseil supérieur de la statistique, le dernier était entré à l'Office du Travail en 1892, dans le sillage de Fontaine. Fontaine, qui présidait la SSP en 1906, était une de ces personnalités attachées à la promotion d'innovations dans le fonctionnement de l'État, un haut fonctionnaire acharné à développer les services administratifs et très impliqué dans le travail parlementaire en commissions, avec lequel Borel allait faire bien des expériences, dans les ministères pendant la guerre puis dans les premiers groupes soucieux de préparer la paix et la coopération européenne.

La SSP était un pôle rassemblant encore de nombreux autres hauts fonctionnaires, souvent spécialistes des finances et de la statistique, comme le polytechnicien Alfred Foville (1842-1913), membre du Conseil d'État puis chef du bureau de la Statistique au ministère des Finances, professeur au CNAM et membre lui aussi de l'Académie des sciences morales et politiques, comme Charles Laurent (1856-1939), autre polytechnicien, président de la Cour des comptes, ou Gaston Cadoux (1857-1930), fonctionnaire des finances de la ville de Paris, et Fernand Faure (1853-1929),

[367] J. Horne, *Le Musée social. Aux origines de l'État providence*, Paris, Belin, 2004. Voir aussi M. Pinault, *La science au Parlement*, *ouv. cit.*, p. 97 sq.

professeur de Droit, ancien directeur général de l'Enregistrement qui fut ensuite chef de cabinet de Painlevé et directeur de la *RPP,* avec lequel Borel allait aussi connaître un long parcours commun. La liste pourrait s'allonger ; Borel put, une fois admis dans ce cénacle, pousser activement les feux de sa réflexion en la confrontant aux remarques et avis de tous ces spécialistes. Si aucun ne l'égalait dans sa maîtrise des théories mathématiques, leur expérience d'administrateurs comme leur pratique de la statistique étaient des atouts pour lui.

Et, si l'on raisonne encore en termes de sociabilité, c'était là une excellente entrée vers les réseaux de la haute fonction publique et les milieux parlementaires et ministériels.

3.4. Au cœur de la faculté des Sciences de Paris

La nomination de Borel, en 1909, à la chaire de Théorie des fonctions, puis, en 1910, à la sous-direction de l'ENS, détermina son puissant positionnement au cœur du monde scientifique et universitaire parisien. Il entra alors au Conseil de la faculté et au Conseil de l'Université, deux instances où il retrouvait la plupart de ses collègues et où se construisaient ou au moins se validaient les positions dominantes au sein du milieu universitaire en matière de « politique » universitaire et de défense des intérêts du milieu. En siégeant avec assiduité, Borel montra tout l'intérêt qu'il portait à ces questions.

La faculté des Sciences[368], vers 1910, restait encore très marquée par le passé napoléonien des facultés françaises et, sur bien des sujets de politique universitaire, elle restait au milieu du gué devant des options d'évolution et de transformation chaque jour plus urgentes. Deux documents, au moins, produits l'un par Maurice Caullery, en 1907, l'autre par le doyen Appell, en 1910, en portaient témoignage.

Que la longue synthèse de Caullery sur « L'Évolution de notre enseignement supérieur scientifique » ait été publiée par Borel, dans *Le Revue du Mois*, indique que celui-ci était directement partie prenante de ces réflexions, sans oublier que l'autre texte, paru dans la *Revue de Paris*, sur « La faculté des Sciences de l'Université de Paris », avait été produit par son propre beau-père[369].

368 E. Telkès, « Présentation de la faculté des Sciences et de son personnel, à Paris (1901-1939) », dans « L'enseignement scientifique au tournant des XIXème et XXème siècles », *Revue d'histoire des sciences*, t. 43, n° 4, 1990, p. 451-476.

369 M. Caullery, « L'Évolution de notre enseignement supérieur scientifique », *LRDM*, n° 23, 10 novembre 1907, p. 513-535. P. Appell, « La faculté des Sciences … », *art. cit.*

Le tableau de l'enseignement supérieur scientifique de M. Caullery

Caullery avait bâti son article à partir des données figurant dans le « Rapport sur le budget de l'Instruction publique » présenté à la Chambre, en juillet 1907, par Théodore Steeg (1868-1950), dont le père avait été député lui aussi et universitaire, lui-même ayant fini par être classé premier à l'agrégation de philosophie. Steeg était par ailleurs membre du comité central de la LDH. Cette proximité, voire cette connivence de Steeg avec les universitaires était bien ce dont témoignait l'article de Caullery.

Steeg avait bâti son rapport en trois parties selon les trois missions de l'Enseignement supérieur qu'Appell avait naguère distinguées : créer, enseigner et appliquer la science ; et Caullery suivit la même division. Il faisait de « la science qui se crée la fonction essentielle de l'Enseignement supérieur » et il critiquait une Université centrée sur « l'exposition de la science faite (et) l'éloquence », sur le professorat plutôt que la recherche :

> « Il n'existe pas en France de fonctions publiques où un homme puisse se livrer entièrement à des recherches scientifiques », regrettait-il en citant Steeg.

Il proposait donc d'abord de faire évoluer les modes de sélection des membres de l'Enseignement supérieur qui, jusque-là « ne permettent pas le moins du monde de préjuger en faveur de l'originalité d'un esprit pour la recherche ». Il proposait aussi de généraliser le diplôme d'études supérieures (DES) qui venait d'être introduit à la fin de la licence et d'en faire « l'épreuve préalable indicatrice et l'apprentissage de la thèse ». Il suggérait ensuite de faire évoluer les postes de préparateurs en des « sortes de bourses temporaires ne durant pas plus de quatre ou cinq ans » - comme c'était le cas, déjà, à l'ENS et au Collège de France - afin de mettre ce temps à profit pour distinguer entre les futurs chercheurs destinés à occuper un jour une chaire du Supérieur et les recrues mieux douées pour l'enseignement et vouées à une carrière dans le Secondaire. Il demandait enfin qu'on développât des structures interdisciplinaires spécifiquement destinées à la recherche en multipliant les instituts « indépendants et extensibles » :

> « Que ce soit donc l'institut et non la faculté qui soit désormais l'unité véritable en matière d'enseignement supérieur », concluait-il.

Il s'agissait donc d'un plan plutôt complet de développement de la recherche dans l'Université, formulé à une date bien plus précoce que d'autres élaborés vingt-cinq plus tard.

La faculté des Sciences de Paris, présentée par Appell et analysée par Eva Telkès

La faculté des Sciences de Paris était encore loin de cet idéal. Dans son article de la *Revue de Paris*, Appell en faisait malgré tout un portrait encourageant. L'évolution était d'abord quantitative avec le triplement du nombre d'étudiant, porté à 6 000 en moins de quinze ans - les futurs enseignants qui formaient la quasi-totalité des effectifs, en 1880, étant désormais minoritaires parmi eux -, avec aussi le doublement, dans le même temps, des effectifs de personnel enseignant - soit désormais 35 chaires professorales - et auxiliaire - chefs de travaux, préparateurs et garçons de laboratoires - et enfin avec l'extension rapide des locaux. L'évolution était ensuite du côté des missions de la faculté, « la ligne de démarcation tend(ant) à devenir de plus en plus nette entre deux groupes principaux d'enseignements, le premier comprenant l'organisation des recherches, le deuxième comprenant les enseignements généraux » et « une séparation à peu près complète entre les laboratoires de recherche et les laboratoires d'enseignement (ayant été) établie ». Appell poursuivait en faisant un tableau de la situation par discipline dans lequel il privilégiait la présentation des nouveautés : chaires nouvelles comme la chaire de Théorie des fonctions - à laquelle avait été nommé son gendre - ou celle d'Aviation, laboratoires nouveaux, nouveaux instituts, nouveaux locaux. Il soulignait que la faculté regroupait 41 « laboratoires de recherches proprement dits ». À propos du laboratoire d'Aérotechnique de Saint-Cyr, tout juste créé, il ne négligeait pas de rappeler le rôle important du mécénat - avec les dons Zaharoff, Deutsch-de-la-Meurthe, Bischoffsheim, Roland Bonaparte, Edmond de Rothschild, prince de Monaco, Carnegie, Commercy, par exemple - pour rendre possibles ces transformations. Les donations Carnegie et Commercy alimentaient des fonds de bourses de recherches, les premières exclusivement destinées au laboratoire de Marie Curie, les secondes à des recherches pouvant « améliorer le bien-être général ».

Seule ombre au tableau, sur laquelle Appell passait très rapidement : entre 1894 et 1909, le nombre de chercheurs réglementaires était resté stable, le nombre de thèses régressant légèrement. La seule nouveauté, dans ce domaine, était la création, en 1906, du DES, délivré au terme de deux semestres passés dans un laboratoire. L'inscription, n'exigeant aucune condition d'âge, de grade ou de nationalité, était quasi obligatoire pour les candidats à l'agrégation ; en 1909, 29 étudiants étaient inscrits en DES.

Cette faculté des Sciences de Paris, quand Borel y obtint une chaire, n'était donc plus l'institution modeste de la fin du siècle précédent. Eva Telkès a écrit une monographie présentant l'évolution de ses personnels, jusqu'à la Seconde Guerre mondiale, en s'appuyant sur l'immense base de données qu'elle a constituée avec Christophe Charle[370]. Telkès, qui étudie un échantillon de 116 professeurs en poste à la faculté des Sciences de Paris entre 1901 et 1939, dont 60% étaient des normaliens, tente d'évaluer leurs origines sociales : un tiers était issu de « la petite bourgeoisie et des classes populaires », 20% ayant bénéficié d'une bourse à un moment de leurs études. Venaient ensuite les professeurs issus de la bourgeoisie moyenne (23%), des milieux intellectuels (22%), et, pour moins de 10%, des « fractions possédantes, hauts fonctionnaires et professions juridiques ». C'était très différent du côté des « littéraires » dont 30% étaient au contraire issus de ces dernières catégories et 36% des milieux intellectuels. La science restait donc boudée par la bourgeoisie et apparaissait nettement comme un facteur d'ascension sociale pour les milieux moins favorisés.

Les comportements matrimoniaux de ces professeurs scientifiques n'avaient rien de spécifique - il n'y avait que deux femmes dans l'échantillon, Marie Curie et Pauline Ramart-Lucas - mais Telkès repère de « stratégies matrimoniales » permettant une réelle ascension sociale. Elle relève le « cas rare » de Joseph Boussinesq (1842-1929) qui épousa successivement une veuve, fille d'officier, puis une veuve, fille de baron, et enfin une roturière. Les trois épouses de Boussinesq étaient célèbres en raison d'une plaisanterie que les mathématiciens se repassaient, la voyant comme une parabole probabiliste : alors que les obsèques des deux premières épouses de Boussinesq s'étaient déroulées « sous une pluie battante », il fit un temps splendide à l'enterrement de la troisième et dernière, et cependant la plupart des participants étaient munis de parapluies. Borel aurait alors dit à George Polya (1887-1985) qu'il trouvait lamentable que ces universitaires se montrassent ainsi superstitieux ; et Polya lui répondit :

> « Pas du tout, nous travaillons sur des faits scientifiques. Or, c'est un fait scientifique avéré qu'il pleut souvent à l'enterrement de la femme de Boussinesq. »[371]

Le cœur de l'étude de Telkès porte sur les carrières de ces scientifiques. Plus des deux tiers avaient accédé à leur chaire directement, sans passer par le lycée, tandis que ce n'était le cas que de 19% des littéraires. L'âge moyen d'accès à une chaire parisienne était de 50 ans, environ. Une chaire était occupée par le même professeur pendant 25 à 30 ans. Peu de professeurs changeaient de chaire et dans 75% des cas il s'agissait des mathématiciens. Ceux-ci entraient plus jeunes à la section de Géométrie de l'Académie : sur

---

[370] E. Telkès et Ch. Charle, *Les professeurs de la Faculté des Sciences de Paris... », ouv. cit.* E. Telkès, « Présentation de la faculté des Sciences et de son personnel... », *art. cit.*
[371] L. Schwartz, *Un mathématicien aux prises avec le siècle*, Paris, Odile Jacob, 1997, p. 156. Histoire rapportée par l'astronome André Danjon à Laurent Schwartz et confirmée par le mathématicien G. Polya.

16 membres de la section de Géométrie, Poincaré et Picard furent élus à 32 et 33 ans, Appell à 37, Painlevé à 39 et Borel, à 40 ans. Dans cette section, les élections après 56 ans ne représentaient plus que 37% des élections alors que, sur l'ensemble de l'Académie, elles étaient 54%.

Au total, du tableau produit par Caullery à l'étude menée par E. Telkès, en passant par la présentation d'Appell, se dégage une perspective d'ensemble de ce milieu scientifique parisien dans lequel se heurtent et s'entremêlent les traits issus de la tradition et de l'habitude à ceux produits par la nouveauté et le renouvellement. La faculté des Sciences était en mouvement accéléré, le milieu des mathématiciens tout particulièrement qui donnait le sentiment que les professeurs de mathématiques ne tenaient pas en place, arrivant jeunes dans le tableau d'avancement des titulaires, pressés de gravir les honneurs de l'Académie, acharnés à quitter une chaire pour en conquérir une nouvelle. Ne dépendant pas d'un laboratoire pour exercer activement leur mission, ils dépendaient moins que d'autres de l'importance des moyens financiers affectés à leur chaire, et s'en trouvaient favorisés.

3.5. Le foyer Borel de la Rue d'Ulm

Borel étant devenu directeur scientifique de l'ENS le 7 décembre 1910, la vie sociale du couple connut un nouveau développement correspondant à l'accession à une position universitaire plus élevée, d'autant que Borel entra alors au Conseil de l'Université à la place de Tannery. Le couple déménagea, bien sûr, dans le vaste appartement de fonction du sous-directeur de l'École, et les mêmes amis assidus continuèrent de venir y participer aux « Jeudis » des Borel : Perrin, Langevin, Lebesgue, Drach ou Montel formaient le noyau stable des invités auxquels se joignaient amis de passage et visiteurs étrangers. Le tout représentait « un certain nombre » de personnes ; Lebesgue n'évoquait-il pas, dans une lettre, « les remous de l'affluence » de ces jeudis[372] ?

L'affaire Marie Curie

Ce logement fut aussi l'enjeu d'un scandale public national lorsque, en 1911, les Borel décidèrent d'y accueillir Marie Curie, devenue la cible de la presse à scandale et de journalistes nationalistes et d'extrême-droite après qu'un journal venait de révéler sa correspondance amoureuse avec Langevin. Pour la seconde fois, en cette année 1911, elle devait affronter une violente hostilité de la presse contre elle et le milieu anticlérical, immoral, dreyfusard et féministe qu'elle passait pour représenter ; la première occasion avait été,

---

[372] Lettre d'H. Lebesgue à É. Borel, 18 février 1905, *Henri Lebesgue, Les Lendemains de l'intégrale, ouv. cit.*

au début de l'année, celle de sa candidature à l'Académie des sciences[373]. En ces deux occasions de véritables campagnes se développèrent, dans une atmosphère et sous des formes qui rappelèrent à bien des égards celles de l'affaire Dreyfus, contre celle que Gustave Téry appelait, dans *L'Œuvre*, « une étrangère, une intellectuelle, une affranchie ». *Le Petit journal*, *L'Intransigeant*, Léon Daudet et Maurice Pujo dans *l'Action française*, n'étaient pas en reste. Daudet, suivi par les rédacteurs de *L'Intransigeant*, dénonça, dans la candidature « féminine et excentrique » de Marie Curie à l'Académie des sciences, une « cabale dreyfusarde » dirigée contre le catholique Édouard Branly (1844-1940), également candidat, « qui ne fréquente ni les grands juifs ni les égéries du protestantisme. » Il ajoutait :

> « Les imbéciles qui vont répétant que l'affaire Dreyfus est enterrée devront en prendre leur parti ; elle est si peu enterrée, cette lutte épique du génie national contre le démon de l'étranger, qu'en toute occasion (...) elle recommence sous mille formes avec des acteurs qui sont, au fond, à peu près toujours les mêmes. »[374]

À la fin de l'année, on invoqua, contre la « veuve adultère » et la « juive polonaise », « l'honneur de l'Université » comme naguère on avait invoqué celui de l'armée contre le « juif traître ». Filant la comparaison, Téry écrivait encore :

> « Ce ne sont plus seulement tous les professeurs de la Sorbonne qui se liguent contre la malheureuse Mme Langevin, ce ne sont plus seulement les Perrin, les Painlevé, les Borel, qui se concertent pour la salir et lui tendre des pièges ; c'est le préfet de police Lépine, ce sont les anciens ministres Millerand, Jean Dupuy et Poincaré qu'on appelle à la rescousse, c'est toute la République, tout le "régime abject", qui fait sienne la cause de Mme Curie et inscrit au seuil de son alcôve : Secret d'Etat ! »[375]

Et, de fait, lors de ces deux campagnes de l'année 1911, Marie Curie sembla portée par la Sorbonne et l'ENS, par des autorités scientifiques mais surtout par des proches comme Painlevé, Perrin, Urbain, d'autres, et jusqu'à son beau-frère Jacques Curie (1855-1941), lui aussi universitaire, professeur de minéralogie à Montpellier. Celle-ci ne pouvant rentrer chez elle, son appartement étant assiégé par les reporters et une foule de curieux, les Borel décidèrent d'accueillir Marie Curie à l'ENS. Ils défièrent ainsi à la fois la

---

373 Pour une présentation détaillée de ces moments, dans une bibliographie surabondante, voir S. Quinn, *Marie Curie*, Paris, Odile Jacob, 1996. Et M. Pinault, « Marie Curie, intellectuelle engagée ? », *Clio, Histoire, Femmes et Sociétés*, n° 24, décembre 2006, p. 211-229.
374 S. Quinn, ouvr. cit., p. 278-281.
375 G. Téry, « Les scandales de la Sorbonne. Pour une Mère », *L'Œuvre*, 23 novembre 1911, p. 1-10.

presse et l'opinion publique mais aussi une large fraction des élites[376]. C'est sans doute lors de cet épisode que la réputation dreyfusarde de Borel s'établit réellement, celui-ci acceptant de se voir mis en avant à la suite d'une décision qui, pour une large part, lui fut imposée par son épouse. L'affaire devint un affrontement entre l'Université et la presse. Le ministre de l'Instruction publique, Steeg, somma Borel de faire quitter les locaux de la rue d'Ulm à celle qui était la cause d'un « scandale qui fai(sai)t tache d'huile », puis le doyen Appell déclara à sa fille et à son gendre qu'il était prêt à révoquer Marie Curie et il exigea même qu'elle repartît en Pologne. Marguerite alla jusqu'au bord de la rupture avec son père qui tempêtait : « Elle sera balayée et vous avec elle ! ». Borel répondit qu'« elle ne déconsidérait pas l'Université », qu'elle était calomniée et que c'était en France qu'elle avait découvert le radium, qu'il s'agissait d'une offensive nationaliste à laquelle il fallait résister. Tous deux mobilisèrent leurs réseaux, Marguerite en appelant même au président de la République par l'entremise d'un de ses plus intimes amis, Pierre Boutroux, fils d'Aline Poincaré et neveu du président. Après l'organisation d'un duel qui tourna court entre Langevin et le journaliste accusateur, la campagne de presse se dégonfla et, quelques mois plus tard, après avoir été tenté de se dédire, le comité Nobel remit à Marie Curie son second prix Nobel, de Chimie cette fois, pour ses travaux sur le polonium et le radium.

La position en pointe des Borel dans cette affaire, pour clivante qu'elle fût pour partie, étant donné les forts antagonismes politiques et institutionnels qu'elle recouvrit, contribua au renforcement des atouts de Borel au sein du monde universitaire et à le doter d'une image publique qui lui faisait défaut jusque-là. Au sein de la fraction républicaine, dreyfusarde et progressiste de l'Université, tandis qu'une génération vieillissante allait quitter le devant de la scène, Borel devenait, avec un Painlevé, un Perrin, un Langevin, l'un des principaux représentants de son aile jeune, dynamique, moderniste, engagée et progressiste.

Camille Marbo, romancière reconnue et à succès

De son côté Marguerite, désormais connue sous son nom de Camille Marbo, reçut, en 1913, le prix de *La Vie heureuse,* créé un an auparavant par la rédaction de la publication Hachette du même nom - le futur prix Femina -, pour son second roman, *La Statue voilée*[377]. Le rôle, dans l'organisation de ce

[376] M. Pinault, « Marie Curie, intellectuelle engagée ? », *art. cit.*

[377] *La Vie heureuse, revue féminine universelle illustrée,* éditée par Hachette, avait été créé, en 1902. Sa directrice, la comtesse Caroline de Broutelles, sœur de la seconde femme de Rosny Aîné, eut l'idée, en 1904, de créer un prix littéraire féminin, en réponse à la misogynie des Goncourt. Le jury d'une vingtaine de femmes, fut composé en grande partie de romancières et de poétesses et des rédactrices de *La Vie heureuse*, dont Anna de Noailles. Ce prix devint ensuite le prix Femina. Voir L. Delarue-Mardrus, *Mes Mémoires*, Paris, Gallimard, 1938, et S.

succès, de certaines jurées dont Anna de Noailles (1876-1933), amie des Borel, ou la directrice du jury, la comtesse Caroline de Broutelles, belle-sœur de Rosny Aîné, reste difficile à cerner. Grâce à ce prix, Marbo fut introduite dans de nouveaux réseaux du « Tout-Paris », chez la duchesse de Rohan (1853-1926) ou la duchesse de Clermont-Tonnerre (1875-1954), par exemple. Marbo citait aussi, parmi ses nouvelles « amies », la femme de lettres Lucie Delarue-Mardrus (1874-1945), poète et romancière, également journaliste, sculptrice et dessinatrice, ardente féministe, ou bien Mary Duclaux (1857-1944), autre femme de lettres, et Jane Dieulafoy (1851-1916), femme de lettres, voyageuse et archéologue comme son époux, et toujours Marcelle Tinayre, Anna de Noailles, toutes celles-là étant membres du jury du prix de la Vie heureuse, ou encore Harlette (1881-1958) et Fernand Gregh (1873-1960), Yvonne Serruys et Pierre Mille, et d'autres[378]. Beaucoup de ces femmes qui circulaient d'un salon à l'autre quand elles ne recevaient pas chez elles, dont plusieurs étaient d'ailleurs membres du comité de la Société des gens de lettres et jurées du prix Femina, formaient un « monde ». L'ensemble des relations littéraires, artistiques, journalistiques ou mondaines, y compris celles, intimes mais souvent publiques, qu'elles entretenaient entre elles ou avec des partenaires masculins, donnaient le tableau d'une vigoureuse - mais peut-être un peu vaine - recherche sinon d'une gloire au moins d'une reconnaissance dans une société par ailleurs toujours largement dominée par les hommes. Marguerite Borel qui ne cachait pas qu'elle avait rapidement eu sa place au cœur de la Société des gens de lettres grâce à plusieurs écrivains qui la protégèrent et la poussèrent, dont Rosny Aîné, montrait dans ses *Souvenirs* qu'elle y avait largement eu sa part avec, à côté et parfois sans son époux.

Émile Borel et Gabrielle Bernheim-Rosenthal

En cette année 1913 de parution de *La Statue voilée*, Borel fut accaparé par les débuts de sa nouvelle relation adultère, avec Gabrielle Bernheim (1881-1941), la femme de l'historien, Léon Rosenthal, un ancien camarade de Borel à l'ENS. Celle-ci était alors âgée de trente trois ans, comme sa femme, Marguerite. La rencontre avait eu lieu un an auparavant, lors du bal de l'ENS, mais ce n'est qu'à la suite du bal suivant que la liaison débuta. Gabrielle Bernheim racontait, dans son *Journal*, l'effet qu'avait produit sur elle l'attitude sans ambiguïté de Borel à son égard et, bien que connaissant sa réputation d'« inconstance », elle avait accepté, après une nouvelle rencontre, lors d'un déjeuner réunissant les deux couples au Cercle d'Albert Kahn, la relation qu'il lui proposait. Selon le récit de la diariste, Borel, d'abord exclusivement animé

Ducas, « Le prix Femina : la consécration littéraire au féminin », *Recherches féministes*, vol. 16, n° 1, 2003, p. 43-95, et M. Irvine, « Une Académie de femmes ? », dans M. Irvine (dir.), *Les réseaux des femmes de lettres au XIX*^ème^ *siècle*, @nalyses, printemps-été 2008.

378 C. Marbo, *ouv. cit.*, p. 152-153.

d'une sensualité « sauvage », « brutale », « violente », fut gagné par la passion amoureuse et une relation continue mais à épisodes s'installa entre eux pendant toute la durée de la Première Guerre mondiale. Grâce au *Journal*, dans lequel cette femme dynamique et engagée abordait bien d'autres aspects de sa vie très remplie, nous en apprenons beaucoup sur la vie, les idées et les tourments d'Émile Borel, bien plus, en fait, qu'à travers les *Souvenirs* de Camille Marbo. Comme Marguerite Borel, Gabrielle Bernheim était un écrivain dont les premiers romans avaient été remarqués. Cette dreyfusarde déterminée avait épousé en 1904, par amour, cet intellectuel socialiste, Léon Rosenthal, de dix ans son aîné. Au début de sa rencontre avec Borel, en plus de son rôle de « femme au foyer », selon son expression, elle tentait de poursuivre sa carrière littéraire, écrivait éventuellement dans *l'Humanité* et s'attachait au développement d'un groupe socialiste féminin. À ce stade, sur sa rencontre avec Borel elle écrivait :

> « Connaître l'amour physique de l'homme, (...) savoir ce que c'est comme on examine une fièvre. Une occasion m'est offerte de le faire de sang-froid, dans les meilleures conditions, n'aimant pas l'homme auquel je me donnerais, n'éprouvant que le trouble du désir violent qu'il a de moi. (...) Si je perds cette occasion, j'ai peur d'éprouver, non seulement maintenant mais plus tard, un regret qui, à quarante ans, deviendrait affreux. (...) Et puis se rejeter au socialisme, non franchement mais comme les vieilles filles se jettent à la dévotion, me répugne. (...) Et puis, pourquoi n'est-il un ami parfait mais humain, pourquoi ne puis-je m'approcher de lui et lui confier tous ces déchirements ? Voilà ce que je souhaiterais du fond de l'âme. »[379]

Le portrait en creux que cette femme faisait là de son éventuel amant n'était pas forcément très flatteur pour celui-ci. Mais, cette liaison ayant duré une dizaine d'années, Gabrielle Bernheim eut tout le temps de voir évoluer la perception qu'elle avait de lui et la nature de ses sentiments à son égard. Symétriquement, leur relation prit une telle importance pour Borel qu'elle modifia sensiblement la vie qu'il menait et joua certainement un rôle essentiel dans l'évolution de ses conceptions dans bien des domaines.

3.6. Les débuts d'une « vie politique active » au sein de cercles de réflexion

C'est dans ce contexte que Borel fit ses premières armes en politique. Aux élections législatives d'avril-mai 1910, Painlevé fut candidat à la députation dans le Vème arrondissement de Paris, sous l'étiquette

---

[379] Gabrielle Bernheim, *Journal*, *ouv. cit.*, page du 17 février 1914, p. 150-151.

« républicain-socialiste » qui regroupait des socialistes réformistes refusant d'appartenir à la SFIO, et les Borel firent alors partie de son équipe de campagne. Ils furent associés à la rédaction des proclamations et des outils de propagande électorale du candidat. Camille Marbo qui témoigna d'un vrai goût pour ces exercices et fut très active, écrivit :

> « C'est lui qui nous fit mordre à l'hameçon de la politique active ».

Comme souvent, Marbo refait ici l'histoire à moins qu'elle ne parlât que d'elle-même, seulement. Car l'engagement de Borel dans la LDH correspondait, depuis des années, à une prise de parti déterminée. Son élection au comité central de la Ligue, confirmait cet engagement[380]. D'autres occasions montrèrent que la question d'un positionnement directement politique avait commencé à se poser à lui indépendamment de la candidature de Painlevé à Paris. D'autant que, comme Painlevé, il n'avait pas, comme dérivatif à la tentation d'acquérir une influence politique, d'engagement maçonnique.

La Ligue républicaine d'action nationale et la mouvance radicalisante

Il est difficile de documenter comment Borel a vécu les grands événements politiques des premières années du siècle, la victoire du Bloc des gauches, le Combisme et la loi de séparation de l'Église et de l'État, la naissance de la SFIO, la crise marocaine, la charte d'Amiens et les grèves de 1907, le ministère du Travail… On doit se contenter d'imaginer qu'il était de plain pied avec les milieux liés à la LDH au sein desquels il évoluait et était influencé par les opinions dominantes dans le monde universitaire. Ses comportements politiques ultérieurs en garderont la trace. Ses premiers engagements furent d'ailleurs moins partisans que tournés vers des lieux de réflexion et d'élaboration politique, ancêtres des « laboratoires d'idées ».

À la fin de 1908, avait été fondée la « Ligue républicaine d'action nationale » par un ensemble de personnalités appartenant au flanc gauche de la mouvance radicale, celle que Serge Berstein appelle « radicalisme de combat »[381]. Parmi la cinquantaine de membres du comité d'honneur à l'origine de ce nouveau mouvement figurait Émile Borel, présenté dans la publication de cette Ligue, *L'Action nationale*, comme « directeur de *La Revue du Mois* »[382]. Voilà donc quel fut le premier engagement politique de Borel, autant qu'on puisse en juger.

---

380 *Le Radical* annonçait cette élection, le 26 mai 1910.

381 S. Berstein et M. Ruby (dir.), *Un siècle de radicalisme*, « introduction », Villeneuve d'Ascq, PU Septentrion, 2004, p. 88-89.

382 *L'Action nationale*, n° 1, 1908.

Le président de cette Ligue républicaine était l'écrivain Victor Margueritte, président honoraire de la Société des gens de lettres, par ailleurs militant de La Libre pensée et familier des Borel. Parmi les noms des cinquante membres du comité d'honneur figuraient ceux d'une dizaine d'universitaires - l'essentiel de la liste étant formée de parlementaires - ceux, outre Borel, d'Aulard, Buisson, Painlevé, Richet et Seignobos. Une mouvance donc, celle de la LDH et du radicalisme, tous ceux-là étant des familiers ou des amis de longue date. Dès le début, la Ligue eut son journal, *L'Action nationale*, et Borel y écrivit dès le numéro 2, en février 1909, un article sur « Les Universités, l'Enseignement primaire et l'Éducation nationale ». Il y faisait la proposition plutôt révolutionnaire que tous les futurs instituteurs - et institutrices, précisait-il - élèves des Écoles normales passent, à l'avenir, une partie de leur troisième année dans les facultés afin de recevoir « une initiation aux méthodes de l'Enseignement supérieur » et d'y découvrir « la vision nette, sur un point particulier, de l'étendue réelle du champ des connaissances humaines ». Les enseignants des Écoles normales devraient, eux, avoir désormais tous été pendant plusieurs années à l'Université. Borel voulait faire « participer les Universités plus directement au développement intellectuel de tous les citoyens ». Un propos qui résonnait donc avec les idéaux de l'Université populaire et s'inscrivait dans une perspective de démocratisation de l'Enseignement supérieur et d'élévation continue du niveau culturel de toute la société et qui tranchait avec la conception encore très élitiste alors dominante.

On trouve trace de l'adhésion de Borel, à cette époque, à deux associations à buts politiques. D'une part, il participa à l'activité d'un « Comité de l'union sino-française », créé en 1907 et co-présidé par Painlevé et l'agronome Li Shizeng (1881-1973)[383], et d'autre part, toujours en 1908, il était lié à une « Ligue française pour la défense des indigènes du Congo ». Lors d'une entrevue entre le ministre des Colonies, Milliès-Lacroix (1850-1941), une délégation du bureau de cette Ligue, comprenant Challaye, Borel, Mille et l'écrivain journaliste Mony Sabin, un des commissaires généraux de la Ligue républicaine qui venait tout juste d'être fondée, s'enquérait de la possibilité d'une intervention gouvernementale dans le territoire concerné[384].

Au-delà de son engagement connu à la LDH, Borel était donc engagé dans une mouvance radicale désireuse de réagir « contre le relatif immobilisme de Clémenceau » et de donner au radicalisme une orientation plus « hardiment réformatrice », selon les formulations de Berstein et Ruby. Ceux-ci définissent la Ligue républicaine d'action nationale comme « un véritable laboratoire politique » qui organisa « un travail méthodique sur les dossiers, dans une perspective explicitement revendiquée d'"action" et de

[383] *Journal des débats*, 6 juin et 14 juillet 1912.

[384] *Le Temps*, 23 décembre 1908.

traitement des problèmes nationaux », dont témoigna la revue *L'Action nationale*. Avec son article sur les Écoles normales d'instituteurs ou avec son activité en direction des problèmes coloniaux, Borel s'inscrivait exactement dans cette orientation et il endossait, pour la première fois, le rôle d'un intellectuel contribuant à la réflexion d'un courant radical qui n'avait encore qu'une existence confuse. On peut analyser cet engagement comme une seconde étape après celle de la création de *LRDM* dans l'adoption, par Borel, d'un comportement « intellectuel ».

En une autre occasion, en 1910, Borel montra à nouveau ce souci du travail d'expert en participant à un « Comité républicain de la représentation proportionnelle », présidé par Appell et dans lequel se retrouvaient de nombreux académiciens et des magistrats[385]. Ce comité fut créé le 26 ou 27 février 1910, au tout début de la campagne des législatives, « pour contribuer au triomphe d'une idée », celle de l'élection des députés selon un système de représentation proportionnelle dont on espérait qu'il rempacerait avantageusement le scrutin d'arrondissement[386]. Un travail de commission, auquel Borel participa, fut mis en place au sein du comité. *Le Temps* et le *Journal des Débats* en rendirent compte avec constance, allant jusqu'à soumettre au public le détail des solutions retenues[387]. Appell, Poincaré, Painlevé et Borel jouèrent dans cette affaire un rôle central d'expertise pour étudier à partir de solides bases mathématiques les effets électoraux des différents systèmes envisageables. Les travaux aboutirent à l'adoption de deux systèmes possibles, lors d'une séance au Musée social, le 28 janvier 1911, au cours de laquelle intervinrent à nouveau Georges Lachapelle, le secrétaire du comité, puis Jaurès, Poincaré, Borel, Painlevé ainsi que Jules Dietz et Louis Benoît[388]. Les spécialistes, mathématiciens, juristes, historiens, ayant achevé leur travail, restait à faire adopter la réforme par les Chambres.

Pour Borel, ce fut donc, en effet, un travail d'expert correspondant exactement au type de questions qu'il aimait envisager sous l'angle mathématique mais dont le parti pris en faveur d'une meilleure vie démocratique était aussi évident. Les années d'après-guerre montrèrent son retour régulier vers ce type d'approche, y compris à propos du vote des

---

[385] *Le Figaro*, 17 décembre 1910. Voir G. Le Béguec. « La représentation proportionnelle : cent ans de controverses », *Vingtième Siècle, revue d'histoire*, n° 9, janvier-mars 1986, p. 67-80, et T. Marty, « La chambre des députés comme ressource et comme théâtre : la consécration de la cause proportionnaliste par le travail en Commission du Suffrage universel (1902-1919) », dans A. Cohen et al. (dir.), *Les formes de l'activité politique : éléments d'analyse sociologique (XVIII-XXème s.)*, Paris, PUF, 2006.

[386] *Le Temps*, 27 février 1910, *Journal des débats*, 28 février 1910.

[387] *Id.*, 18 décembre 1910.

[388] *Id.*, 28 janvier 1911. Le journaliste Georges Lachapelle, né en 1859, était membre de l'Alliance républicaine démocratique, comme le chimiste Adolphe Carnot, le président du Comité, et avait été un proche de Méline.

femmes et de la réforme électorale. On restait donc dans une logique d'engagement mettant l'expertiste au service d'une juste cause, plutôt que dans une forme d'engagement intellectuel mettant à contribution la notorité scientifique d'une personnalité dans les combats partisans.

Le cercle Carré

Une initiative qui ne connu pas un grand développement mais qui fut représentative d'une atmosphère intellectuelle qui, à la charnière du monde universitaire et politique, se nourrissait d'une volonté de s'attacher à la solution des grands problèmes irrésolus de la société française et qui faisait parler, on va y revenir, d'un « parti intellectuel », fut la création, au printemps 1913, du cercle Carré, en fait l'« Association d'encouragement aux Lettres, aux Arts, aux Sciences et à l'Action sociale », présidée par Anatole France. Borel en fit partie, avec Painlevé et Langevin. Anne-Laure Anizan ajoute qu'on y trouvait aussi l'ingénieur centralien Paul Clémenceau, l'architecte Frantz Jourdain, son vice-président, le journaliste socialiste Robert Dell, le peintre anarchiste Hermann-Paul, un libertaire comme René de Marmande. Les récits et la correspondance de France montrent que Robert Dell (1865-1940), un Anglais installé à Paris, en fut le trésorier[389]. Langevin écrivit à Borel une courte lettre dans laquelle il évoquait les attentes qu'il éprouvait à l'égard dudit cercle Carré :

> « J'ai accueilli avec joie l'idée de former un semblable groupement : il faut absolument agir dans ce sens étant donnée la tournure que semblent prendre les choses. On ne peut malheureusement plus se contenter de réfléchir chacun dans son coin comme j'ai trop tendance à le faire. »[390]

Ce n'est qu'un an après que le cercle Carré fut officiellement inauguré, rue Louis-le-Grand. *Le Temps* donnait l'information en précisant la vocation de ce cercle :

> « Le cercle Carré a pour but de réunir sans aucune sorte de caractère politique, des écrivains, des artistes, des économistes, des

[389] A. France, *Trente ans de vie sociale*, vol. III, 1909-1914, Évreux, Cercle du bibliophile, 1971. Et présentation de G. Corbière-Gille de la « Correspondance inédite (1913-1917) entre Anatole France et Robert Dell », *Les Cahiers franciens*, n° 10, Paris, Société Anatole France, 1992, 62 p.

[390] Lettre de P. Langevin à É. Borel, 21 mai 1913, Ac. Sc., dossiers Émile Borel Corresp. scientif. A.-L. Anizan, *Paul Painlevé, science et politique ouv. cit.*, p. 100. *L'Humanité* du 13 mars 1914 annonçait l'inauguration par A. France du « Cercle carré » comme un cercle artistique accueillant des « esprit libres (…) en dehors de la politique » et dont « les salons » se trouvaient rue Gay-Lussac. *Le Temps* du 15 juin 1914. L'expression « cercle carré » était courante, dans le presse comme équivalente à celle de quadrature du cercle.

sociologies, des penseurs, des intellectuels qui pourront là échanger des idées dans une liberté absolue. »[391]

La vie de ce cercle Carré tourna court avec la déclaration de guerre, quelques mois après son lancement. Par contre, quelques-uns de ses membres, France, Dell, Painlevé, de Marmande et Albert Goldschild, conçurent un projet, dès 1914, de publication axée sur les problèmes de la paix et de la coopération internationale et ils créèrent au milieu de l'année 1917 une revue éphémère, *Les Nations, organe des démocraties alliées*, dont ils voulaient faire le « premier lien entre les gauches des pays alliés »[392]. La première livraison comporta un long article d'Henri Barbusse, puis on vit la signature de France, de Paul Vaillant-Couturier, de Séverine. Oscar Bloch écrivit un texte posant les bases de ce que pourrait être une future Société des nations. Il n'y en eut pas venant de Borel qui, sans doute, était alors occupé à d'autres priorités.

Si, vers 1910, la tendance à l'engagement politique de Borel ne faisait plus de doute, on rencontre peu d'occasion, avant cela, dans lesquelles il se manifesta comme intellectuel utilisant sa notoriété en faveur d'une cause politique. Parmi de rares traces, en remontant au début de 1905, on trouve, à la une de *l'Humanité,* les noms des deux époux Borel parmi les donateurs à la souscription, lancée à la fin du mois de janvier 1905 par le journal socialiste « Pour les familles des victimes des massacres en Russie ». Derrière les vingt-cinq premiers noms publiés la veille, les Borel apparaissaient dans la seconde liste, avec une série de noms montrant que la LDH n'était pas loin. Et, comme le soulignait Lucienne Gosse, la mobilisation en faveur de cette souscription avait été particulièrement vive du côté des normaliens dont un bon nombre fréquentait l'Université populaire de la rue Mouffetard[393]. Il y eut peut-être aussi un engagement de Borel dans le « Comité Francisco Ferrer ».

Mais, le plus souvent, il restait à l'écart. Charle a relevé la liste des signataires de la « Pétition des amis du français et de la culture moderne », suscitée par Ferdinand Brunot, en 1911 ; on y trouvait Appell, Cotton, Hadamard, Langevin, Lapicque, Métin et Perrin mais pas Borel[394]. Sirinelli a aussi relevé l'impact dans le milieu normalien de la pétition contre la loi des trois ans, prolongeant le service militaire d'un an, publiée dans *l'Humanité* du 13 mars 1913 : parmi les signataires figuraient bien des normaliens proches, voire très proches, de Borel, souvent actifs à la LDH et parfois très

---

[391] *Le Temps*, 14 mars 1914.

[392] *Les Nations*, n° 1, 15 juin 1917, et suivants.

[393] *L'Humanité*, 24 et 25 janvier 1905. L. Gosse, *ouv. cit.*, p. 54.

[394] C. Charle, « Ferdinand Brunot et la défense des Modernes », dans *Homo Historicus…*, *ouv. cit.*, p. 190-191.

insérés dans la mouvance radicale ou socialiste, mais lui-même n'avait pas signé alors qu'il y avait là la plupart des membres de la bande à Perrin, la moitié de la rédaction de *LRDM* et presque toutes les têtes du réseau *arcouestien* dont nous allons parler. On ne peut exclure que l'abstention de Borel ait pu être motivée par le devoir de réserve exigible du sous-directeur de l'ENS[395].

3.7. Les Borel au sein de *L'Arcouest*

À l'été 1914, les Borel, arrivés depuis peu en Bretagne et décidés à profiter, comme chaque année, de leur séjour dans la propriété familiale des Appell située à Kérity, un village aujourd'hui devenu un quartier de Paimpol, rendaient visite, à quelques kilomètres de là, à la pointe de l'Arcouest, à Seignobos, dans la nouvelle maison qu'il venait d'y faire construire, Taschen (ou Tachenn) Bihan, le « Petit ouvrage »[396]. C'est là, en compagnie des Perrin, hôtes de Seignobos, et des frères Auguste et Louis Lapicque, eux aussi installés dans leur maison, Roch Ar Had, soit « La Roche aux Lièvres »[397], qu'ils apprirent sur une TSF bricolée la nouvelle de l'assassinat de Jaurès. La certitude les submergea alors que la guerre devenait inévitable et que c'était toute une époque de leur vie qui prenait fin.

La presqu'île de l'Arcouest, sur la commune de Ploubazlanec, était alors un lieu de villégiature devenu habituel pour ce groupe d'amis. Il représentait, pour eux et bien d'autres, l'essence des liens d'amitié et d'affinité, de proximité politique et de sociabilité qui s'étaient noués depuis une quinzaine d'années entre ces universitaires pour la plupart parisiens.

Jeune-fille, Marguerite avait connu l'Arcouest lorsque ses parents séjournaient à Kérity, dans une « maison de Capitaine » qu'ils venaient de racheter. Ils rendaient alors visite à Seignobos qui partageait, avec les

---

[395] *L'Humanité*, 13 et 16 mars 1913. Voir J.F. Sirinelli, *Khâgneux et normaliens*, *ouv. cit.*, p. 228.

[396] M. Pinault, « Portrait de groupe d'universitaires parisiens en leur villégiature bretonne… », *art. cit.* Et M. Sacquin et al., « L'Arcouest des Joliot-Curie… », *ouv. cit.* Les nombreuses sources, en particulier d'entretiens, concernant ce chapitre sont référencées dans l'article de M. Pinault cité ci-dessus et dans son ouvrage sur *Frédéric Joliot-Curie*, ouv. cit.

[397] Les « inventeurs » du site de l'Arcouest furent les frères Lapicque et l'historien Charles Seignobos. Auguste Lapicque était un capitaine au long cours de la marine marchande. Louis Lapicque était un jeune physiologiste de la Sorbonne marié avec une docteur ès Sciences, Marcelle de Heredia. Anti-boulangiste, dreyfusard et socialiste, ce militant rationaliste, laïque, franc-maçon, était une forte personnalité. En 1900, cet habitué de Port Blanc, où se retrouvaient déjà, à 30 km de l'Arcouest, des universitaires parisiens, en particulier la famille Painlevé, séduit par cette baie magnifique, acheta, avec son frère, une grande parcelle de terrain sur la pointe de l'Arcouest pour y construire une première petite maison. Ce terrain sera, au fil des années, revendu par lots aux amis ce qui aidera à la formation du « village » des *Arcouestiens*.

Lapicque, une maison située sur la presqu'île de l'Arcouest voisine et y accueillaient de nombreux visiteurs de passage, les emmenant en mer, depuis « l'accostage » proche de la maison, sur leur petit voilier dénommé Le Goëllo, rebaptisé plus tard par Seignobos L'Églantine. L'Églantine signait, par son nom, l'identité dreyfusarde de la communauté arcouestienne ; c'était le nom de la fleur devenue le symbole de la LDH et l'églantine était, au-delà et depuis toujours, la fleur que s'échangeaient traditionnellement les amoureux lors des fêtes du Premier Mai.

Les Appell n'étaient d'ailleurs pas les seuls intellectuels parisiens à fréquenter la région de Paimpol, entre Kérity, l'Arcouest ou l'estuaire du Trieux. La maison du philosophe Baptiste Jacob (1858-1909), natif de Kérity, qui enseignait pendant l'année à l'École normale de Sèvres et à celle de Fontenay et qui était un grand ami de Koenigs, lui-même marié avec une Bretonne et un temps conseiller municipal de Kérity[398], et de Marie Curie, Perrin et Seignobos, devenait l'été un lieu de rencontre prisé des parisiens de passage, par exemple Bouglé, Vandervelde ou encore Gustave Hervé (1871-1944) et Aristide Briand (1862-1932), beaucoup de socialistes au demeurant. Un autre rivage voisin avait encore accueilli des groupes d'universitaires parisiens, à Port-Blanc, près de Perros-Guirec, où avaient d'ailleurs séjourné Lapicque et Seignobos avant de s'installer à l'Arcouest[399]. Ce sont leurs collègues, Anatole Le Braz (1859-1926), professeur d'histoire à la faculté de Rennes et folkloriste réputé, et Léon Marillier (1862-1901), professeur de Religion des peuples non-civilisés à l'EPHE, qui y accueillaient alors des amis universitaires de passage[400]. Lapicque avait suivi les cours de Marillier et la mère de celui-ci était la compagne de Seignobos. Port-Blanc était encore fréquenté, en famille, par le chimiste Victor Auger (1864-1949) et l'historien normalien Georges Pagès (1867-1939), futurs *Arcouestiens*. En 1901, alors que les Lapicque venaient de découvrir l'Arcouest, Marillier mourut dans un naufrage en baie de Tréguier, avec sa femme qui était la sœur de Le Braz, ainsi qu'une dizaine d'autres membres de la famille Le Braz. Ce premier noyau s'éteignit alors partiellement, même si Port-Blanc a connu d'autres fidèles, en particulier la famille Painlevé ou, pendant les étés 1897, 1898 et 1902, les séjours en famille des Curie ou des Hadamard[401].

Au cours des premières années du siècle, les Borel qui passaient l'essentiel de l'été à Saint-Affrique, avaient multiplié les séjours à l'Arcouest, toujours invités à Roch-ar-Chad, la maison que Seignobos et les

---

[398] G. Koenigs, normalien (1879) et agrégé de mathématiques (1881), maître de conférences à l'ENS avant que Borel y fût élève puis professeur au Collège de France. (C. Charle et E. Telkès, *ouv. cit.*, p. 172-173.)

[399] É. Vandervelde, *Souvenirs d'un militant socialiste*, t. 1, Paris, Denoël, 1939.

[400] P. Le Maléfan, « Léon Marillier, figure de la psychologie naissante (1862-1901) », *Bulletin de psychologie* 2005/2, n° 476, p. 267-280.

[401] K. Blanc, *Pierre Curie - Correspondances*, *ouv. cit.*, p. 83.

Lapicque avaient bâtie entre 1900 et 1901. Comme Perrin et d'autres, Borel faisait le détour par l'Arcouest lorsqu'il revenait de Brest où il était, depuis 1901, examinateur du concours d'admission à l'École navale et a fortiori après 1910 date à laquelle il entra au conseil de perfectionnement de l'École[402]. Lorsqu'en 1910 Seignobos eu sa propre maison, vaste et conçue comme un lieu d'hébergement, les Borel y eurent leur chambre réservée. Seignobos qu'on appelait « le Capitaine », secondé par Cécile Marillier, « la petite mère », était l'âme du lieu et l'ordonnateur des activités et autres réjouissances, que ce fut la baignade, les sorties en mer, les chants folkloriques et les danses accompagnées au piano ou les veillées collectives, animées de jeux, de musique ou de « conversations sérieuses ». Avec les Lapicque et Seignobos, un troisième hôte accueillait, pendant plusieurs années d'avant la guerre, les visiteurs estivaux à Roch-ar-Chad : Émile Vandervelde. Celui-ci était un éminent dirigeant du parti ouvrier belge, député de Charleroi, président de la II^de^ Internationale depuis 1900, qui séjournait souvent en France, avait de nombreux amis dans la gauche française et était, à ce titre, un collaborateur régulier de *La Dépêche* de Toulouse. Très proche de Seignobos, Vandervelde se souvenait en particulier des séjours que firent à l'Arcouest ceux qu'il qualifiait « d'élèves de Seignobos », l'agrégé d'histoire et géographie Albert Métin ou l'agrégé d'histoire, journaliste et futur député radical Albert Milhaud (1871-1955) et encore le normalien, agrégé d'histoire et de géographie Albert Thomas, militant socialiste et maire de Champigny avant d'être élu député de la Seine, en 1910[403]. Métin était particulièrement proche de Seignobos, avec lequel il avait écrit des manuels d'histoire, et de Borel - il faisait partie du comité de rédaction de *LRDM*. Ministre pendant la guerre, il décéda au cours d'une mission aux États-Unis mais il fut une personnalité importante du réseau initial ; sa femme, Noémie, appartint après la guerre au bureau de l'AFSDN, présidée par Borel[404]. Un autre familier était Lucien Herr qui séjournait en Bretagne et ne manquait pas de venir visiter Seignobos ; Charles Andler parlait de « leur indestructible amitié »[405].

C'est en compagnie du couple Métin que, vers 1910, Perrin, venu faire passer les examens de l'École navale, rendit une première visite à Seignobos. Lui aussi devint un des familiers de *l'Arcouest*. Outre Auger déjà cité et le diplomate et sinologue du Collège de France, Édouard Chavannes (1865-1918), vinrent ensuite se joindre à la petite colonie deux autres normaliens

---

402 Notice d'É. Borel dans *Qui êtes-vous ?*, *ouv. cit.*

403 G. Candar, « Albert Thomas et la constitution des réseaux : les années 1878-1914 », *Les Cahiers Sirice*, cahier n° 2, Actes des journées d'études « Albert Thomas, société mondiale et internationalisme », 19-20 janvier 2007, Université Paris-I Panthéon-Sorbonne.

404 C. Vallaux, « Albert Métin géographe, sociologue et ministre du Travail », *LRDM*, 10 décembre 1919, p. 361-379.

405 C. Andler, *ouv. cit.*, p. 51.

proches eux aussi du couple Borel, Maurain et sa femme Jeanne. Celle-ci, aussi sociable que son mari était effacé, pianiste de talent, parlant bien l'anglais, proche de Perrin dont elle était une ancienne élève, devint une des personnalités marquantes de ce qui devenait désormais *l'Arcouest*, un club élitaire et élitiste reproduisant et élargissant un des noyaux de la sociabilité intellectuelle et universitaire parisienne.

Les maisons se multipliaient, d'Auger, de Pagès et bientôt de Marie Curie. En 1911 et 1912, l'installation de Marie Curie au sein de *l'Arcouest*, au cœur de ce groupe qui avait mené avec elle les combats difficiles des mois écoulés et dont elle était devenue, à son corps défendant, une sorte d'héroïne, compléta en effet le noyau initial, toujours accompagnée par André Debierne, véritable « chevalier servant », qui loua une maison, près des Maurain, puis fit construire. Il y avait désormais un véritable groupe de personnalités, toutes en interactions étroites et multiples : Seignobos, Lapicque, Debierne, Borel, Maurain, Pagès, Auger, Perrin et Marie Curie, auxquels étaient associés les fils Lapicque et Maurain, les enfants Perrin et Pagès, les quatre jeunes Auger et les deux filles Curie, et une nébuleuse comprenant par exemple l'affichiste Jules Chéret (1836-1932) dont la maison date de 1906, les docteurs Georges (1879-1954) et Félicie (1874-1949) Stodel et leurs deux filles, lui préparateur au Collège de France et professeur à l'EPHE, elle une des premières femmes médecins en France, Véra Gricouroff, une anarchiste arrivant de Russie, amie de Perrin, et ses enfants, Édouard Chavannes et sa femme, Alice, une linguiste, très liés aux Perrin et aux Curie, avec leurs quatre enfants. Il y avait encore la maison du physicien et sénateur socialiste du Cher, Jules-Louis Breton (1872-1940), celle de Jules Grandjouan (1875-1968), le dessinateur caricaturiste de l'*Assiette au beurre,* et sa femme Bettina, agrégée d'histoire, et leurs enfants. En tout, plusieurs dizaines de vacanciers dont le séjour estival se prolongeait souvent sur près de trois mois et dont les activités grégaires ne cessaient de prendre de l'importance.

D'autres, beaucoup d'autres, ne faisaient que passer, pour quelques jours, comme André Siegfried, Meyerson, Georges Urbain, ou Hadamard et ses enfants. Notons que Langevin ne fit jamais partie de *l'Arcouest* même si un de ses fils, le physicien Jean Langevin, en devint un habitué et s'y maria avec Edwige Grandjouan, leur fille Noémie épousant ensuite le physicien Yves Koechlin, fils du compositeur Charles Koechlin (1867-1950), lui aussi *arcouestien* de la première génération.

Au total, le groupe de *l'Arcouest* se composait essentiellement de savants des sciences exactes, souvent passés par l'ENS, dont plusieurs physiciens, tous déjà remarqués dans les domaines en plein renouvellement de l'étude de la structure de la matière (radioactivité, chimie-physique), et des mathématiciens, des chimistes, des biologistes. Preuve de cette tournure d'esprit innovante, la formation de ce groupe de choc de scientifiques passionnés d'aviation, autour de Painlevé, Borel et Maurain. S'y ajoutait un nombre remarquable de médecins et des représentants des humanités, historiens en particulier, un certain nombre d'artistes et d'hommes politiques directement liés à Seignobos. Leurs relations remontaient, le plus souvent, au temps de l'affaire Dreyfus et leurs engagements politiques divers les situaient à gauche ou « très à gauche », et dans les rangs des libres penseurs et des réformateurs de l'Université. L'absence totale de savants de tendances opposées, chimistes liés aux milieux industriels, antidreyfusards, catholiques, soulignait la fermeture de ce cercle et rappelait la vive cassure qui existait alors au sein du monde universitaire. Parmi les membres de ce noyau, les femmes étaient d'ailleurs nombreuses et leurs profils sociaux en faisaient de solides représentantes de ces couches nouvelles en développement. Si certaines d'entre elles avaient encore des traits rappelant une éducation bourgeoise traditionnelle : maîtresses de maison discrètes ou hôtesses d'une vie de salon dynamique, aux talents musicaux ou à la sensibilité artiste affirmés, beaucoup figuraient aussi, après de solides études supérieures, dans la cohorte des « femmes émancipées » et des « premières » : premières femmes docteurs ou agrégées, premières femmes médecins, premières à tel ou tel poste universitaire, premières portées à des fonctions politiques. Marguerite Borel et Jeanne Maurain, très amies, jouaient le rôle d'animatrices dynamiques de la vie collective.

Enfin, on peut noter, au sein de ce phalanstère de laïcs, d'agnostiques ou d'athées, la forte prégnance d'une culture protestante héritée, de Seignobos à Pagès ou Borel, ou d'un système d'éducation qui en découlait en partie : mixité complète, pratiques sportives et de plein air valorisées, formation d'une coopérative scolaire animées par les parents puis entrée d'un certain nombre de jeunes héritiers au Collège Sévigné ou à l'École alsacienne.

Une intense vie collective soudait ce groupe, d'abord autour de Seignobos, de sa maison et de son bateau, puis, surtout à partir du milieu des années vingt, de Perrin. Une forme de vie coopérative avait été instituée, le style de vie certes détendu et peu conformiste par certains côtés restait celui de la bonne société, les contacts avec la population locale étaient rares. À l'unique pension de la Reine Cadic, située à l'embarcadère pour Bréhat, on rencontrait une autre « Arcouest », composée en particulier d'artistes, qui commençait à se lier avec le petit monde de Seignobos. Les contacts se faisaient aussi à la marge avec « la Colonie », composée d'ouvriers du Faubourg Saint-Antoine venus là conseillés par Lapicque et où on retrouvait, entre autre, le socialiste André Morizet (1876-1942), journaliste à *L'Humanité*, et son épouse, et, sans doute, l'ouvrier typographe Georges Deherme (1867-1937), fondateur de la revue *Coopération des idées* et de l'Université populaire du même nom. Ses adhérents prolongeaient dans leur vie collective l'esprit coopérateur qui les animait et ils pratiquaient le « théâtre populaire » et les arts les plus divers, étaient aussi des adeptes du bain de soleil et du nudisme, selon une mode venue de Scandinavie[406]. Les Sorbonnards de *l'Arcouest* reconnaissaient dans ces « Upéistes » des propagandistes d'un projet de transformation sociale par la généralisation de la coopération[407] qui leur convenait et des interlocuteurs politiques proches - les fondateurs de l'UP étaient souvent d'anciens dreyfusards, passés par la LDH. Certains de ces *Arcouestiens* - Seignobos, Lapicque, Perrin, Métin, Marillier et Borel - avaient d'ailleurs l'habitude, durant l'année, de donner des conférences dans les Universités populaires, à Paris, en banlieue et même en province.

On comprend donc que, dès avant 1914, il y eut, au sein de *l'Arcouest*, une concentration de liens affectifs, sociaux et politiques, autant que scientifiques, exceptionnels. *L'Arcouest* a été d'abord une traduction dans un autre lieu que ceux - parisiens - où elle se déroulait habituellement et dans le contexte particulier des vacances d'été, de la sociabilité universitaire et intellectuelle post-dreyfusarde. Étant donné la permanence, d'une année à l'autre, de cet *Arcouest*, sa durée, pendant les longs mois des vacances universitaires de ce temps, la force, la densité et la complexité des interactions individuelles au sein du petit réseau de personnalités concernées, cette sociabilité structurée en ce lieu a nourri une dynamique autonome de cette forme sociale originale qui devenait *l'Arcouest*, contribuant en retour à la modeler et à lui donner les traits d'un clan sélectif et fermé, uni autour d'un patrimoine culturel et politique commun, au sein duquel, les générations se succédant, l'endogamie joua un rôle important.

Toute la faculté des Sciences ou toute l'Université de Paris ne venait pas à l'Arcouest, y compris parmi les très proches des *Arcouestiens*, comme Cotton et Langevin qui s'abstenaient, soit qu'ils eussent leurs habitudes ailleurs, soit qu'ils n'adhérassent pas aux comportements et autres critères de reconnaissance requis. Ainsi, les biologistes ralliaient plutôt les stations de biologie marine, comme Roscoff.

La forte insertion de Borel dans ce milieu de l'*Arcouest* contribua à son ancrage intellectuel et politique tandis que, par d'autres traits de sa personnalité, il pouvait être attiré par d'autres fréquentations et d'autres milieux, et du coup voir ses affinités de jeunesse avec ces *Arcouestiens* s'affaiblir. Au contraire, les forts liens qui l'attachaient à plusieurs *Arcouestiens*, Perrin, Métin, Maurain et Seignobos en particulier l'attirèrent souvent, pour des séjours plus ou moins longs - car Saint-Affrique gardait la priorité - et Borel qui aimait rivaliser intellectuellement avec ses amis et

---

406 L. Mercier, *Les Universités populaires, 1899-1914, Éducation populaire et mouvement ouvrier au début du siècle*, Paris, Les Éditions Ouvrières, 1986.

407 Sur le Manifeste coopératif des intellectuels et universitaires français (1921), voir plus loin.

briller dans les conversations sérieuses aima l'*Arcouest* et il s'y forgea ou s'y consolida une partie de ses convictions intellectuelles et politiques. Il en fut un des piliers.

Conclusion : Émile Borel, pur représentant du « parti intellectuel » ou type accompli de l'« intellectuel républicain » ?

À la veille de la Première Guerre mondiale, Borel, devenu un des plus éminents représentants du monde universitaire parisien, put être identifié comme une sorte d'archétype d'une certaine intellectualité et devenir une cible, celle de Charles Péguy. En 1907, Péguy publia, dans ses *Cahiers de la Quinzaine*, un long article - « De la situation faite au parti intellectuel dans le monde moderne devant les accidents de la gloire temporelle » - qui commençait comme un pamphlet accusateur :

> « Quand on a dit que l'introduction, que l'initiation d'un jeune homme dans le grand parti intellectuel moderne lui ouvre automatiquement toutes les puissances de la domination temporelle moderne - places, richesses, honneurs, vanités, sinécures, chaires, titres et décorations, prébendes laïques, rentes civiques, avancements, gouver-nements d'État, dominations politiques parlementaires, honneur de sauver - aujourd'hui - la République, - et par-dessus le tout ce que je vois qui est le plus prisé aujourd'hui et parmi nos jeunes gens : faire un grand et brillant mariage, demi-riche, ou riche tout-à-fait, de cette richesse particulière aux gros universitaires, dans nos aristocraties de défense républicaine, dans nos héritages politiques, dans nos hérédités de gouvernement de l'esprit, - quand on dit tout cela, quand on a énuméré toutes ces grandes, - toutes ces tristes misères, - on n'a rien dit encore que tout le monde aujourd'hui ne sache. »[408]

Péguy encore, à propos de ce qu'il appelait la « politique des gendres » :

> « Dirai-je qu'on a vu même des mariages temporels dans les mathématiques et que cela a beaucoup consolidé la situation des mathématiques. C'est une dernière forme, une forme particulière de réussite, de consécration. On fait ainsi des dynasties, de mathématiques, par alliance, parenté, voisinage, affinité, mariage,

---

[408] Ch. Péguy, « De la situation faite au parti intellectuel dans le monde moderne devant les accidents de la gloire temporelle », *Cahiers de la Quinzaine*, 9ème série, 1er cahier, 6 octobre 1907, p. 9-145 (*Œuvres complètes en prose*, La Pléiade, t. II, p. 678 et suivantes).

inclination, filiation, hérédité. Ça a beaucoup contribué, ça a beaucoup fait pour consolider les mathématiques. »[409]

Poursuivons :

« Un jeune homme qui veut devenir député, ministre, gendre, conseiller d'État, ou même obtenir à bon compte une chaire de l'enseignement supérieur, sait parfaitement comment s'y prendre. Il sait quelles avances il faut faire, quels gages donner, quelles promesses faire (...). Ceux qui veulent ; et ceux qui ne veulent pas, ne veulent pas. »

La carrière donnant le pouvoir, le « parti intellectuel » devenait une sorte d'entreprise :

« Je ne reviens point ici sur cette puissance temporelle (...) qui est venue à nos maîtres de ce qu'ils exercent non pas seulement les fonctions mais les magistratures (...). Des hommes qui reçoivent ou ne reçoivent pas des candidats, nés Français, aux baccalauréats, aux licences, aux agrégations, à l'École normale, aux bourses, même de voyage, des hommes qui ont reçu licence de faire des docteurs et des normaliens, exerceront toujours en France une puissance illimitée. Et il y en aura beaucoup qui seront dans leur dépendance. »[410]

Cet article ne reçut ni note critique ni article de polémique dans *LRDM* tandis que Péguy revint souvent à cette dénonciation du « parti intellectuel », s'en prenant tout particulièrement aux mathématiciens qu'il appelait « les mathématiciens professionnels » :

« Le mathématicien qui exerce le commerce de la mathématique aime mieux, au fond, que son commerce marche bien. (...) Plus le mathématicien sera grand et gros vendeur, plus il sera grand, plus il sera (un esprit) (mathématique) supérieur. (...) Nourricières. J'entends naturellement ce mot de nourricières dans son meilleur sens, dans tous ses meilleurs sens, comme celles qui (leur) donnent le pain de l'esprit ; et ces autres pains que nos savants, même mathématiciens, ne négligent pas toujours, et que sont les chaires, les places, les honneurs. Tout le temporel. (...) C'est conduit comme ça doit être conduit et il faut que ça soit conduit comme des affaires, comme une (grande) affaire. Il n'y s'agit essentiellement, il n'y s'agit en réalité que de réussite,

[409] Ch. Péguy, *Deuxième élégie XXX*, Paris, Gallimard, La Pléiade, t. II, 1955, p. 992.
[410] Ch. Péguy, « De la situation faite au parti intellectuel ... », *art. cit.*, p. 9-12.

d'aboutissement(s), de résultat(s), au moins de progrès, de bénéfice(s), d'avantage(s) ; de gain, de gagner. »[411]

La correspondance de Péguy ne laisse aucun doute quant à celui qui était sa cible ; il avait en effet demandé, le 30 juin 1908, des renseignements à son ami, l'ingénieur Charles de Pesloüan, sans lui cacher ses intentions :

> « Il s'agit pour moi, écrivait Péguy, d'avoir une expression exacte, comique et poussée dans le plus grand détail de ce que dit un mathématicien du nouveau bateau quand il veut faire le malin. Il me faut du Borel de la bonne sorte. Je peine d'autant plus d'en être privé que je travaille avec une vigueur et une sûreté que je n'avais jamais connue. »[412]

Voilà donc Borel devenu « le » mathématicien type aux yeux de Péguy, assimilé à ce « parti intellectuel » qu'il stigmatisait et que Gérald Leroy définit comme rassemblant des intellectuels « progressistes et scientistes qui sont dans un rapport organique avec un État dont ils s'emploient à légitimer les valeurs »[413]. Une telle charge allait fort loin dans le sens contraire de cette belle identité savante dont se réclamaient Borel, Perrin et tant d'autres autour d'eux, toute entière tournée vers le savoir positif et la science « pure et désintéressée », vers le culte de la raison, fait de courage et d'abnégation, vers le triomphe de « La Justice » et l'analyse « rationnelle » des faits politiques, économiques et sociaux, vers leur mission d'éducateurs et de pédagogues s'acquittant de leur vocation de diffuseurs du savoir, bref d'universitaires engagés et dévoués, de « savants républicains », tels qu'Éric Agrikoliansky les définit[414].

Borel ne semble jamais avoir fait allusion à ce tableau du carriérisme chez les universitaires, brossé par Péguy, son camarade normalien, croisé pendant les années du combat dreyfusard et ayant parfois été associé aux réunions du groupe des normaliens, chez Perrin ou Borel. Sans doute que le pontife qu'il était devenu, entre temps, ne l'y autorisait pas. Peut-être que le portrait de ces « prébendiers de la République radicale, (ces) rentiers du dreyfusisme dégénéré et profiteurs du gouvernement universitaire» [415] , pour reprendre la formule de synthèse de Pierre Nora à leur sujet, avait trop déplu

---

[411] Ch. Péguy, *Œuvres en prose complètes*, Paris, Gallimard, 1987-1992, t. 2, p. 981-982.

[412] Extrait de lettre cité par Robert Burac dans l'appareil critique de l'édition des *Œuvres en prose complètes*, *ouv. cit.*, t. 2, note 1 de la page 998.

[413] G. Leroy, notice sur Péguy, *Dictionnaire des intellectuels français*, *ouv. cit.*

[414] Ce portrait en quatre composantes complémentaires du « savant républicain » est proposé par É. Agrikoliansky dans l'article déjà cité : « Biographies d'institution et mise en scène de l'intellectuel. ... » (p. 104-105) à partir de l'analyse des textes biographiques et notices nécrologiques des *Cahiers de la LDH* et concernant les membres du comité central de la LDH, entre 1945 et 1975.

[415] P. Nora, « Michelet, le grand incarnateur », *Le Figaro*, 6 mars 2008.

dans la petite sphère au sein de laquelle évoluaient Borel, Appell, Painlevé, Seignobos et leurs amis pour autoriser un dialogue avec l'écrivain. Lavisse, le collègue le plus immédiat de Borel, l'un étant directeur de l'ENS, l'autre depuis peu sous-directeur, n'était-il pas la « tête de Turc » préférée de Péguy qui le qualifiait de « sénile fossoyeur (...) à la fois impotent et omnipotent »[416] ?

Peut-être, enfin, était-il très difficile, pour Borel, de comprendre les raisons d'une si violente mise en cause de ces intellectuels organiques de la République parmi lesquels il se rangeait et à l'actif desquels on pouvait compter, comme l'indique François Chaubet, en plus de leur contribution à l'accroissement des connaissances et de leur rôle dans leur large diffusion, l'élaboration d'un progressisme rationaliste et d'une morale républicaine, leur promotion de formes nouvelles et nécessaires d'engagement civique, leur utile défense de l'élitisme républicain au cœur des couches nouvelles de la société, leur militantisme culturel et, enfin, lorsqu'ils endossaient « la tunique de l'intellectuel de gouvernement, (leur) sens de l'institution et de sa légitimité »[417]. Sans doute que la critique de Péguy, mise en balance avec la vie et l'action, l'engagement, d'un Painlevé ou d'un Appell, d'un Arthur Fontaine, d'un Liard ou d'un Buisson, d'un Lanson, d'un Bouglé ou même d'un Lavisse, et, bien sûr d'un Seignobos, finissait par ne pas peser bien lourd aux yeux de Borel.

---

[416] Ch. Péguy, « Restait M. Lavisse », 1901, *Œuvres en prose complètes*, Paris, Gallimard, 1987-1992, t. 3, p. 383-390.

[417] F. Chaubet, « Figures de l'intellectuel républicain », *art. cit.*

Chapitre 4
La Grande Guerre

Et, donc, la guerre arriva. Irène Curie (1897-1956), qui avait alors dix sept ans et séjournait à l'Arcouest, décrivait ses sentiments dans son journal et dans ses lettres à sa mère restée à Paris, et elle y racontait l'atmosphère parmi les *Arcouestiens* présents, Perrin, Seignobos, Lapicque, Debierne et Borel. Le dimanche 2 août, elle notait :

> « La journée d'hier a été fiévreuse : le matin la mort de Jaurès, l'après-midi, après la promenade en bateau, le tocsin et le décret de mobilisation. Pendant toute la promenade en bateau on n'était pas en train et, si on disait 3 mots, 2 au moins se rapportaient aux événements extérieurs. Mr Seignobos ne croit toujours pas à la guerre, Mr Borel non plus. Mr Borel reste ici à attendre d'avoir des ordres car il est de la territoriale je crois. Mr Perrin part demain, Mr Lapicque (médecin major) est parti dès hier soir. »[418]

Ce témoignage sensible où s'exprimait la forte influence de ce que disaient ou ne disaient pas les aînés lorsqu'ils étaient en présence des plus jeunes, est très précieux parce qu'il n'a rien de ces reconstitutions a posteriori. Seignobos, comme il le fit si souvent, demanda alors à Marguerite Borel si cela ne lui faisait pas « assez d'événements sensationnels », elle qui, enfant, trouvait « triste de vivre dans une époque où il ne se passe presque rien »[419].

4.1. L'entrée en guerre

Abandonnant l'Arcouest, les Borel rentrèrent finalement à Paris dès les premiers jours d'août 1914 - mais pas le 1er, comme l'écrivait Marbo, dans ses *Souvenirs*. Ils furent immédiatement pris dans une intense activité[420]. Ce fut, en particulier, en se démultipliant dans de nombreuses prises de contact et sollicitations qui devaient déboucher en quelques jours sur la création d'un comité de « Secours national », présidé par le doyen Appell en raison du fait qu'il se trouvait être, cette année-là, président de l'Institut. Selon Marbo,

[418] M. et I. Curie, *Correspondance, choix de lettres (1905-1934)*, Paris, EFR, 1974.
[419] C. Marbo, *ouv. cit.*, p. 46.
[420] P. Guiraldenq, « Émile Borel dans la grande guerre 1914-1918. Du scientifique au combattant », *Histoire de la recherche contemporaine*, t. V, n° 1, 2016, p. 21-30.

c'est Albert Kahn qui vint à l'ENS et « suggéra l'idée d'un comité d'union destiné à soulager les misères de la guerre »[421]. Elle ajoutait que Kahn « voulait y faire entrer les représentants de toutes les religions et de toutes les tendances politiques ». Les Borel s'activèrent, avec son aide, à convaincre Appell d'abord d'en assurer la présidence, puis à rallier toutes les personnalités les plus indispensables et représentatives de l'unité nationale en train de se constituer - de Barrès à Jouhaux - aux côtés des autorités de la République et des autorités religieuses. Dès le 6 août, un premier « conseil » se tint, à la Sorbonne ; les missions furent définies dans un texte qu'esquissa Marguerite Borel, que Kahn corrigea et signa : il s'agissait d'organiser le soutien aux soldats partis combattre et de « venir en aide aux femmes, aux enfants, aux vieillards, sans distinction d'opinions et de croyances religieuses ». Ensuite, cette tâche occupa Appell pendant toute la guerre et elle provoqua d'ailleurs son refus de présider la Commission supérieure des Inventions intéressant la Défense nationale, poste auquel venait de le nommer le ministre de la Guerre et pour lequel il proposa en remplacement le nom de Painlevé[422].

Lavisse et Borel installèrent à l'ENS un « Patronage national des blessés ». Son comité fut constitué au début de novembre avec Lavisse président, Borel secrétaire et quatre vice-présidents, Léon Bourgeois, Maurice Croiset (1846-1935), administrateur du Collège de France, Alfred Le Chatelier (1855-1929), professeur au Collège de France, et le docteur Roux (1853-1933), directeur de l'Institut Pasteur. Un comité d'action fut constitué, avec Louis Dausset (1866-1940), dirigeant de la Ligue de la patrie française, le docteur Landouzy (1845-1917), membre des Académies des sciences et de médecine, Painlevé, Montel, Pierre Weiss et Paul Strauss (1852-1942), sénateur radical engagé dans la promotion de l'hygiène et de la santé publique. Le ministère de la Guerre encouragea cette entreprise de coordination des efforts en faveur des blessés de la guerre et d'organisation des hôpitaux. Grâce à Borel, il fut aussi d'un grand secours, en association avec l'Union des femmes de France, pour aider Marie Curie à équiper des unités radiologiques mobiles - les « petites Curie » - destinées au front[423].

Puis, Marguerite fut entièrement mobilisée par l'installation et la mise en fonctionnement de l'« l'hôpital 103 » dans les locaux de l'ENS.

À Noël, ce fut l'annonce de la disparition de Pierre Appell (1887-1957), le frère de Marguerite, officier à bord d'un sous-marin coulé dans

[421] C. Marbo, *ouv. cit.*, p. 162-163.

[422] Lettre de P. Appell au gouverneur militaire de Paris, 13 septembre 1914, AN, Fonds Paul Painlevé, 313 AP 57, Commission supérieure des inventions intéressant la Défense nationale, 1913-1915.

[423] *Le Journal*, 1er novembre 1914.

l'Adriatique. Capturé, il passa en fait la plus grande partie de la guerre entre les mains des Allemands. Arrivèrent les premières nouvelles informant l'École du sort des élèves morts ou blessés. En quelques semaines, après le début des combats, Borel fut confronté brutalement au fait que douze normaliens agrégés de mathématiques furent tués entre le 22 août et le 20 octobre 1914 ; au total, 22 trouvèrent la mort pendant le conflit soit l'équivalent d'une promotion scientifique annuelle entière de l'ENS d'alors[424]. David Aubin qui a mené une étude exhaustive pour connaître le sort de ces promotions normaliennes relève que Lavisse, en janvier 1915, savait que sur 195 élèves appelés au front, 34 ou 35 étaient morts et 15 étaient portés disparus, 74 avaient été blessés et 21 étaient prisonniers. Comme le rappelle Mazliak, dans son étude biographique sur René Gateaux (1889-1914) - un élève de Borel, brillant et prometteur jeune mathématicien, tué le 3 octobre 1914 - sur 280 élèves des promotions 1911-1914, 101 moururent à la guerre[425]. Dès le 4 novembre, Borel avait exprimé son tourment à ce sujet dans une lettre à Volterra :

> « À l'École normale, plusieurs jeunes gens de très grand avenir scientifique ont déjà disparu. La responsabilité de ceux qui ont voulu cette guerre est vraiment terrible. »[426]

Et le 10 décembre, il renouvelait au même correspondant l'expression de sa peine :

> « Le succès sera malheureusement acheté par des pertes irréparables ; parmi les plus tristes nouvelles que j'ai apprises récemment, une de celles qui m'a fait le plus de peine est la mort de Gateaux. (...) Je veux néanmoins espérer que sur les dizaines d'élèves de l'École normale regardés comme perdus, il s'en trouvera au moins un ou deux qui reviendront à la fin de la guerre. »[427]

Les espoirs de Borel ne se réalisèrent pas. Il fut encore plus brutalement affecté au mois de septembre 1915, lorsque son neveu, filleul et fils adoptif, Fernand Lebeau, qui avait auparavant été affecté à une section de repérage des batteries ennemies par le son à la suite d'une intervention de son oncle mais avait rapidement demandé à retourner dans son régiment d'infanterie,

---

[424] D. Aubin, « L'élite sous la mitraille : les mathématiciens normaliens "morts pour la France", 1914-1918, dans Suzanne Féry, (dir.), *Aventures de l'analyse de Fermat à Borel. Mélanges en l'honneur de Christian Gilain*, Nancy, PU de Nancy, 2012, p. 681-706. L. Mazliak, « Les fantômes de l'École normale... », *art. cit.*

[425] L. Mazliak, op.cit., p. 2, 16 et 17. N. Mariot, « Pourquoi les normaliens sont-ils morts en masse en 1914-1918 ? Une explication structurale », *Pôle Sud*, 2012/1, n° 36, p. 9-30.

[426] Lettre d'É. Borel à V. Volterra, 4 novembre 1914, citée par L. Mazliak, « Les fantômes... », *art. cit.*

[427] Id., 10 décembre 1914, id.

fut « tué par balles de mitrailleuse, en Champagne, à midi, en avant de l'arbre de la cote 193, dans sa 26ème année », à la tête de son unité[428]. Gabrielle Bernheim a été le témoin de la douleur ressentie par Borel devant cette mort et de ses effets sur sa personnalité, le rendant plus sensible, plus vulnérable et provoquant en lui un sentiment de vieillissement accéléré[429].

Les pertes dans les rangs des normaliens furent plus terribles que Borel ne pouvait l'imaginer. Marbo écrira que « tous les camarades de promotion de Fernand Lebeau, sauf le cacique Deltheil, deux fois blessé, et celui qu'ils appelaient "le joyeux Miconnet", qui resta dans l'armée et devint général, étaient morts »[430]. Dès la fin de la guerre, elle tenta de rendre compte des souffrances physiques et morales endurées, dans un roman paru dès 1918 : *Le Survivant*, un « roman de guerre », d'une certaine façon, mais qui prenait le contrepied des œuvres les plus marquantes de la période[431].

4.2. Quelle position sur la guerre ?

Borel, comme ses amis de *l'Arcouest*, était consterné par la déclaration de guerre et il vécut l'assassinat de Jaurès comme un drame. Il tenta, dans un contexte qui laissait peu de place à une réflexion indépendante et apaisée, d'apporter une contribution intellectuelle publique. Ce fut sous la forme d'une sorte de dossier de documents publié dans *LRDM* datée du 10 septembre 1914 mais qui, en réalité, ne fut bouclée qu'au début de novembre[432].

La Revue du Mois en guerre

Un titre - « Quelques textes allemands » - pouvant surprendre des lecteurs pour lesquels, depuis près de trois mois, « Allemands » voulait dire ennemis, était suivi d'une courte présentation, signée par Borel, dans laquelle celui-ci

---

428 Faire-part de décès de Fernand Lebeau, Archives de l'Institut du radium, Laboratoire Curie, MC 781. Lettre d'A. Debierne à I. Curie, 4 octobre 1915 (Archives Curie).

429 G. Bernheim-Rosenthal, *Journal, ouv. cit.*, pages du 10, du 19 et du 21 octobre 1915, p. 163.

430 C. Marbo, *ouv. cit.*, p. 171. Robert Deltheil (1890-1972), promotion ENS 1910, 1er à l'agrégation de mathématiques en 1913, blessé au front en 1915, soutint une thèse sur la théorie des probabilités et fit une carrière universitaire. Miconnet fut reçu au concours de l'ENS de juillet 1909 (section sciences).

431 Voir plus loin une analyse du *Survivant* et voir une des rares analyses d'une partie de l'œuvre littéraire de Camille Marbo par Nancy S. Goldberg, « Marguerite Borel/Camille Marbo : The government's feminist », dans Alison S. Fell, *French and Francophone Women facing War/ Les femmes face à la guerre,* Berne, Peter Lang AG, 2009, p. 69-83. Michèle Audin a relevé tous les noms des « morts pour la France », inscrits sur le monument aux morts de l'ENS ; voir M. Audin, *Fatou, Julia, Montel,..., ouv. cit.*, p. 26, et D. Aubin, « L'élite sous la mitraille... », *art. cit.*

432 É. Borel, « À nos lecteurs », *LRDM*, 10 septembre 1914, p. 2587.

justifiait le fait de leur donner « le soin de juger si les textes (reproduits étaient) de nature à modifier les convictions qu'ils (avaient) pu se former ». Encore une fois, la méthode venait en premier. Il s'agissait d'abord de l'« Appel aux nations civilisées » suivi de la liste des 93 « représentants de la science et de l'art allemands » qui avaient accepté de cosigner ce brûlot nationaliste et militariste ; puis d'un article du célèbre journaliste « bismarckien » et patron de presse allemand, Maximilien Harden (1861-1927), déjà reproduit par *Le Temps*, le 8 octobre, et dans la *Revue hebdomadaire* sous le titre « La force et le droit ». Le premier texte montrait sur pièces le caractère mensonger d'un propos qui niait la violation de la neutralité belge, la destruction de Louvain et les violations du droit des gens, et il témoignait surtout de l'adhésion de ces intellectuels allemands à une rhétorique antihumaniste effrayante. Le second texte était un brûlot fanatique en faveur du nationalisme allemand : « De quel côté est le droit ? Du côté où se trouve la force ? », affirmait Harden qui reprenait à son compte une phrase terrible, souvent attribuée à l'ardent défenseur de l'impérialisme britannique, Cecil Rhodes :

> « Cette guerre est juste, parce qu'elle sert à mon peuple, parce qu'elle accroit la puissance de mon pays. »

Venaient ensuite, précédés chacun d'une nouvelle note de présentation de Borel, deux articles écrits par des sociaux-démocrates allemands exprimant des vues plutôt opposées à la guerre : le premier niait que la social-démocratie allemande avait souhaité une guerre dans le but d'abattre le tsarisme, le second, finalement le plus important, était une condamnation sans équivoque du vote des crédits de guerre par le groupe socialiste au Reichstag. Ce dossier de neuf pages s'achevait avec la conclusion de ce quatrième article :

> « Le seul espoir qu'on puisse conserver aujourd'hui est que l'on réussisse, au cours de la guerre même, à mettre en avant les forces internationales qui peuvent s'opposer à la guerre et affaiblir le désir de la continuer. C'est dans cette direction que devraient s'exercer tous les efforts, dans l'intérêt de chaque peuple en particulier et de l'humanité toute entière. »

Sans doute peut-on considérer qu'en publiant ces textes, Borel souhaita exprimer à la fois une dénonciation des responsabilités allemandes et un désir de fin rapide des combats. Mais, il écrivait, parlant de lui-même, que « ceux qui ont été sincèrement pacifistes sont actuellement les plus convaincus que la guerre doit continuer jusqu'au moment où il sera possible de conclure une paix durable garantie par les puissances qui respectent les traités ». La même livraison de *LRDM* proposait un discours qu'Appell avait prononcé le 26 octobre comme président de la séance publique annuelle des cinq Académies et comme Alsacien ; il s'était exalté d'abord de « voir se lever le jour de la justice » et « le triomphe du droit » avant d'évoquer la guerre sur le registre chauvin qui devint omniprésent pendant quatre années[433].

Après ce premier numéro de guerre, la revue se consacra à des analyses des « causes de la guerre » construites sur l'opposition entre une « nature allemande », supposée belliciste et militariste, et une « nature française (ou anglaise) », supposée démocrate et pacifique. Le caractère figé de ces polémiques se confirma dans une autre livraison, datée du 10 décembre 1914, qui proposait, sur une cinquantaine de pages, une diatribe d'Émile Hovelacque (1865-1936) sur « Les causes profondes de la guerre » qui se voulait savante et se terminait sur des imprécations que n'aurait pas reniées Barrès :

> « De part et d'autre (la lutte) prend un caractère sacré. Cette guerre est une "sainte croisade", une guerre religieuse. (…) D'une côté toutes les forces obscures du passé et de l'éternelle barbarie humaine, décuplées par la science et le mysticisme conscient (…) et d'autre part, tout ce que l'effort de la Grèce, de Rome, de la Judée, de l'Europe chrétienne et civilisée, l'universelle aspiration de l'âme et de l'esprit de l'homme a fait depuis qu'il existe pour faire prévaloir "la justice sur la force, la raison sur l'impulsion aveugle, la bonté sur la méchanceté (…). Dans les plaines glacées des Flandres et de la Pologne se poursuit aujourd'hui l'antique lutte entre les ténèbres et la lumière. »

On peut conclure de l'examen de cette activité éditoriale, pendant les six premiers mois de la guerre, que Borel rallia bien le camp de la guerre au nom de la lutte du Droit contre l'agression illégitime de l'Allemagne et qu'il reprit à son compte les discours déterministes qui inscrivaient l'Allemagne de Guillaume II dans une histoire longue de la société et de la pensée allemande et la rejetaient hors de « la civilisation ». Parallèlement, il adhéra à la vision lénifiante d'une France pacifique et généreuse, attachée au Droit et à la Liberté, patrie de la culture et de l'humanisme. C'est ce que traduisit son adhésion au « Message de la France intellectuelle aux États-Unis d'Amérique » que publia, en 1916, *La Renaissance politique, littéraire et artistique*, cosigné par cinq cents personnalités et répondant au message que cinq cents intellectuels américains avaient adressé en soutien à la cause du Droit que défendaient les Alliés[434]. Dans la liste où défilait tout

---

433 P. Appell, « Discours du président de l'Institut », *LRDM*, 10 septembre 1914, prononcé le 26 octobre 1914.

434 *La Renaissance politique, littéraire et artistique*, 22 juillet 1916. Ce bimensuel fut lancé en novembre 1913 par le critique d'art, collaborateur de la *Revue des Deux Mondes* et conservateur du Petit Palais, Henry Lapauze (1867-1925). Il définissait son « programme » en affirmant que « de plus en plus le sentiment s'affirme d'un réveil national qui tend à la

l'établissement universitaire, académique et politique, figuraient, outre le nom de Borel, ceux de ses nombreux amis, scientifiques, universitaires, ligueurs et *Arcouestiens* ; les quelques absents dénotaient : Marie Curie, toujours rétive devant les pétitions, Lapicque et Langevin.

Quelques nuances et divisions dans le monde universitaire quant au positionnement sur la guerre

Les appels et pétitions « au nom du Droit » s'étaient multipliés, en France, à la suite de l'Appel des 93 intellectuels allemands qui, comme le note Anne Rasmussen, « avait sonné l'entrée en guerre des intellectuels »[435]. Borel, cependant, se trouva bien seul en octobre 1914, au Conseil de l'Université de Paris, d'accord seulement avec Appell et le futur doyen de la faculté de Médecine, Henri Roger (1860-1946), pour s'opposer au projet défendu par le recteur Liard tendant à ce que l'Université prenne « l'initiative d'un manifeste qui serait une réplique à celui des intellectuels allemands »[436]. Appell fit en vain observer qu'à l'Académie des sciences on avait fait remarquer que « le manifeste allemand était l'œuvre d'individus mais non une manifestation de corps d'Académies ou d'Universités » et Borel essaya sans succès de faire accepter l'idée que ce manifeste français porterait uniquement les signatures de ceux qui l'auraient approuvé. Le texte, rédigé en quelques heures et intitulé « Les universités françaises aux universités des pays neutres », daté du 3 novembre, fut finalement signé par l'ensemble des universités et publié tel quel[437].

Un projet de texte avait effectivement été débattu, dans la première quinzaine d'octobre 1914, entre les composantes de l'Institut. À l'Académie des sciences, l'opportunité et le contenu de ce texte avaient divisé par moitié les membres présents, par douze voix contre douze, tandis qu'à l'unanimité ils avaient ensuite décidé qu'il n'y avait « pas lieu pour l'instant de procéder à la radiation des Associés et Correspondants allemands »[438]. Et ce fut tout, avant que la question ne ressurgisse six mois après, à la demande de l'astronome Henri Deslandres (1853-1948)[439]. Aussitôt - et bien que la question ne fût pas inscrite à l'ordre du jour - Picard, secrétaire perpétuel, suivi entre autre par Moureu, Labbé, Lallemand, de Launay et Gautier, avait réclamé qu'on procédât à la radiation immédiate tandis que Le Chatelier, Dastre et Roux parlaient en sens contraire. Après tergiversations, un « vote

---

création d'une France rajeunie, plus consciente de sa valeur totale. » (« H. Lapauze, « Notre programme », *La Renaissance politique, littéraire et artistique,* 8 novembre 1913.)

435 A. Rasmussen, « La "science française" dans la guerre des manifestes, 1914-1918 », *Mots. Les langages du Politique*, n° 76, 2004, p. 14.

436 PV du CUP, séance du 26 octobre 1914, AN-AJ/16/2589.

437 Id., séance du 28 octobre 1914, Id.

438 Comité secret de l'Académie des sciences, 19 octobre 1914, Ac. Sc..

439 Id., 8 mars 1915, Id.

de principe » eut lieu qui, sur 41 votants, donna 22 oui et 15 non. Un second vote, réservé aux membres titulaires présents - soit 26 - donna 19 oui et 4 non. La décision, reportée à la semaine suivante, donna finalement, sur 23 votants, 16 pour et 7 contre[440]. La question divisa donc profondément l'Académie à un moment où c'était plutôt l'unanimisme qui était recherché.

Eût-il été membre de l'Académie des sciences à cette date, il est impossible de décider avec certitude dans quel camp se serait rangé Borel, mais tout porte à penser qu'il aurait épousé le point de vue modéré et temporisateur de Darboux, Lippmann, Roux et Appell contre celui des va t'en guerre nationalistes.

4.3. Les recherches scientifiques de guerre

Borel avait été, dès le début du conflit, mêlé aux programmes de recherches de la commission des Inventions et il y prit une part importante dont le mérite lui fut constamment reconnu, en toutes occasions, après la fin du conflit. Ce fut d'abord dans le cadre des essais de repérage des tirs d'artillerie ennemis par le son selon la méthode expérimentée à l'ENS et dite, dans les archives, « de Cotton-Weiss » ou « Duffour ». Ces travaux commencèrent dès les débuts de la guerre de position, à l'automne 1914[441]. Une lettre de Borel, le 5 janvier 1915, annonçait à Painlevé qu'il avait été convenu que « nous irions tous à Compiègne (Weiss, Dufour, Cotton, Hadamard, etc., etc.) et que l'on commencerait à travailler sérieusement »[442]. Le repérage fut rattaché, en janvier 1915, au service géographique de l'Armée et placé sous la direction du général Bourgeois, directeur du Service géographique de l'Armée[443]. Une extension à grande échelle des systèmes de repérage, dans tous les corps d'armée, fut alors décidée. Parallèlement, Borel, de même que Darmois, Lebesgue, Paul Lévy et d'autres, consacrèrent des études à l'établissement de tables de tir et de réglage du tir à partir d'un traitement de la dispersion par des méthodes probabilistes, le calcul des probabilités devenant ainsi, pendant la guerre, « un art militaire »[444].

Borel sur le front

Bien qu'il avait dépassé l'âge requis, Borel demanda son incorporation au début de 1915, sans doute pour la même raison qui amenait bien d'autres à

---

440 Id., 22 mars 1915, Id.

441 AN, fonds Paul Painlevé, 313 AP 58, sous-dossier « méthode Duffour de repérage des batteries par le son ». Cette technique était décrite dans un rapport, daté du 25 juin 1915.

442 AN, fonds Paul Painlevé, 313 AP 58. Alexandre Dufour (1875-1942), physicien, était chargé de cours à la faculté des Sciences de Paris.

443 Le général Robert Bourgeois (1857-1945), polytechnicien, succéda à Poincaré dans sa chaire à l'École polytechnique et fut élu à l'Académie des sciences en 1917..

444 P. Crépel, *art. cit.*, p. 207-208.

considérer que leur devoir les y appelait. Il fut d'abord affecté à un secrétariat d'état-major puis nommé, comme sous-lieutenant, à la tête d'une section de repérage par le son, rattachée au Service géographique, auprès d'une batterie de la IVème Armée, dans le 2ème régiment d'Artillerie lourde, entouré d'une petite équipe dans laquelle on retrouvait ses amis Maurain et Debierne[445]. Ainsi put-il poursuivre sur le terrain les essais scientifiques et techniques qui l'avaient occupé jusque-là. Le rapport du général de division, directeur des sections de repérage par le son, précisait que c'était bien le « système Cotton-Weiss » qui était mis en œuvre[446]. D'ailleurs Cotton recevait alors une abondante correspondance de tous ceux qui dirigeaient les observations sur le front, en tout une vingtaine de scientifiques, observations tournant souvent autour de problèmes techniques, de rupteurs à membranes ou à soupapes, ou de fluxmètres et autres appareillages[447]. Dans une lettre adressée à Painlevé, le 27 août 1915, Weiss décrivait les expériences de Borel d'après les rapports de celui-ci. Son installation comprenait huit bases occupant 17 km de front français et couvrant 20 à 22 km du front allemand, reliées téléphoniquement à deux postes. Weiss citait un cas typique de repérage réussi :

> « Il s'agit du fameux 130 dont la vitesse initiale est de près de 800 m et qui tire par-dessus les lignes jusqu'à 14 km, de préférence sur les états-majors. Il a une onde de choc formidable et la correction angulaire qui ramène la direction de l'onde de choc à l'onde de détonation a une grande valeur. On la fait au moyen de graphiques reposant sur la connaissance des tables de tir. Ce canon a pu être observé simultanément par 6 des bases. Après réduction, 5 des directions passent dans un cercle de 50 m de diamètre. La sixième passe à 150 m de là mais c'est celle qui correspond à la base située sous la trajectoire et pour laquelle il y a indétermination ou à peu près parce que le son paraît venir d'un point voisin du zénith. Cet exemple, après beaucoup d'autres, semble bien montrer que la méthode est au point. »[448]

Dans une de ses nombreuses lettres adressées à sa filleule Irène Curie, Debierne racontait avec réalisme et en détail comment s'organisait la vie en première ligne, dans sa compagnie commandée par Borel :

---

[445] AN, Dossier É. Borel, AN AJ-16-5733, et archives de la Légion d'honneur, états de services d'É. Borel, cote 19800035/168/2166, déjà citée, et archives du Service historique de la Défense, Dossier d'É. Borel GR 6Ye 9935, déjà cité.

[446] « Feuillet du personnel », Id.

[447] Papiers Aimé Cotton, correspondance scientifique de 1915 à 1918, carton 5, Département de Physique de l'ENS.

[448] Lettre de P. Weiss à P. Painlevé, le 27 août 1915, AN, Fonds Painlevé, 313 AP 58, sous-dossier « méthode Duffour repérage des batteries par le son ».

« Nos habitations souterraines, nos cagnats comme on les appelle ici, sont terminées. Elles sont tout simplement somptueuses aussi bien dans leur aspect extérieur que dans leur installation intérieure. (...) Je te décrirai d'abord le poste central qui sert en même temps de logement à notre lieutenant, de salle à manger et de poste téléphonique. Il est constitué par une grande chambre qui a pu être divisée en deux par un rideau pour réserver les appartements privés de Borel, avec deux fenêtres dirigées vers le ciel. Le plancher de la chambre est à environ deux mètres de profondeur et le plafond au niveau du sol. (...) Les hommes qui nous servent d'aides sont dans deux grandes cagnats de dimensions très suffisantes pour qu'ils soient confortablement (installés) et assez à l'aise et nous autres opérateurs habitons deux par deux de petites cagnats également très confortables. Enfin en surface on a établi les cuisines (cuisine particulière pour Borel et les opérateurs), les abris de feuillages pour les ustensiles et même une salle de bain en feuillage. »[449]

Borel fut cité à l'ordre du jour de la IVème Armée, le 28 octobre 1915, pour avoir « rendu de très grands services en installant sur tout le front du corps d'Armée des systèmes de repérage des batteries ennemies » et avoir « exécuté à maintes reprises des reconnaissances sous le feu des zones bombardées, soit pour placer de nouvelles stations, soit pour vérifier le fonctionnement de ses appareils »[450]. À la suite de cette citation, il reçut la Croix de guerre, avec palme. Le témoignage de Debierne, encore une fois, permet de mieux cerner le contexte car lui aussi fut distingué pour avoir « toujours fait preuve du plus grand sang froid n'hésitant pas à installer ses pièces aux points les plus exposés pour assurer à leurs tirs le maximum d'efficacité ». Peu de jours après, il en parlait à Irène Curie :

« Je suis un peu honteux de l'annoncer : un certain nombre de croix de guerre ont été attribuées à la section, nombre beaucoup trop élevé à mon avis et je suis parmi les bénéficiaires. J'ai une citation à l'ordre du corps d'armée ainsi que les deux opérateurs qui sont partis avec moi. Borel a eu une citation à l'ordre de l'armée (avec palme) et quatre citations à l'ordre de la brigade ont été faites parmi les aides. Cela est tout à fait exagéré étant donné que nous n'avons jamais été dans des situations très périlleuses. »[451]

---

449 Lettre d'A. Debierne à I. Curie, le 10 mai 1915, Archives Curie.
450 « État des services » et « Feuillet individuel de campagne », et extrait de l'ordre général n° 408, archives du Service historique de la Défense, Dossier d'É. Borel, GR 6Ye 9935, déjà cité,
451 Lettre d'A. Debierne à I. Curie, le 30 octobre 1915, Archives Curie.

Le 8 novembre 1915, Borel quitta sa batterie de la IVème Armée pour rejoindre le ministère de l'Instruction publique, au Service des Inventions, où l'appelait Painlevé. Il y resta jusqu'à la fin de l'année 1916, lorsque celui-ci quitta ce ministère. L'expérience de Borel, au cours de cette année, eut des conséquences essentielles pour la suite de sa carrière.

4.4. La direction des Inventions

La mobilisation scientifique se développa lentement au début de la guerre et diverses formules d'organisation administrative furent tentées[452]. En fait, peu d'hommes, placés à des postes de responsabilités, eurent au départ une idée de l'ampleur et de la nouveauté des problèmes d'organisation que cette guerre allait soulever. Quelques mots inscrits par Gabrielle Bernheim dans son *Journal*, en novembre 1914, témoignent qu'il y eut, chez certains comme Borel une prise de conscience de l'absolue nouveauté de cette guerre :

> « C'est un chose surhumaine, aurait dit Borel selon la diariste. Il n'y a jamais eu d'homme de guerre capable de faire une guerre pareille. Et pour bien la faire, il faudrait qu'elle durât 10 ans, 15 ans. Alors, on apprendrait à la faire. »[453]

Elle ajoutait que, ce jour-là, Borel lui avait rapporté un mot d'Albert Kahn, disant :

> « Cette guerre, c'est grandiose : ce n'est plus de la guerre, c'est de la finance. »

Par un décret du 4 novembre 1915, était créée pour la durée de la guerre, au ministère de l'Instruction publique occupé depuis octobre par Painlevé, une direction des Inventions intéressant la Défense nationale. Elle était « chargée d'examiner les propositions des inventeurs, et de les faire étudier par tous moyens appropriés »[454]. Painlevé plaça à sa tête un Cabinet technique dirigé par Borel, pourvu du titre de « chef du cabinet technique du ministre de l'Instruction publique »[455]. Perrin devint aussitôt son adjoint[456]. Des scientifiques étaient placés à la tête de différentes sections : Debierne, pour la section Chimie, Jarny, section mécanique, Lapicque, section

[452] P. Painlevé, « Rapport sur la direction des Inventions », 67 p. et annexes, 1916, A. N. 313 AP 61. Yves Roussel, « L'histoire d'une politique des inventions, 1887-1918 », *Cahiers pour l'histoire du CNRS, 1939-1989*, 1898-3, p. 19-58.
[453] G. Bernheim-Rosenthal, *Journal*, *ouv. cit.*, p. 155.
[454] AN, 313 AP 61, direction des Inventions.
[455] Arrêté de nomination, 16 novembre 1915, Arch. municip. de Saint-Affrique, fonds Besson.
[456] *Le Gaulois*, 20 novembre 1915.

Hygiène, Maurain, section aéronautique[457]. Borel devenait donc le principal responsable de la direction des Inventions et un proche collaborateur Painlevé dans des fonctions administratives de premier plan.

Ces nouvelles fonctions constituaient une expérience bien différente de ce qu'il avait connu à la sous-direction de l'ENS ou à *LRDM.* Entre l'organisation des recrutements de scientifiques compétents - par exemple lorsqu'il sollicita Lebesgue pour des travaux de balistique que celui-ci dédaignait comme étant « de la physique »[458], la formation des équipes affectées à chaque projet, les visites de laboratoires ou sur le terrain - par exemple auprès de Langevin travaillant à Toulon pour la Marine sur la détection par ultra-sons, Borel ne compta pas son temps mais cela ne le comblait pas. Gabrielle Bernheim, dans une page de janvier 1915 rapportait ses propos sur les tâches et responsabilités qu'il assumait :

> « Il faut organiser les choses et après ce n'est plus intéressant. J'ai organisé avec ma femme le Secours National et je n'ai pas voulu en être, je m'en désintéresse complètement. Pour le Patronage des blessés, je m'en occupe une heure pas semaine. Pour les travaux que j'ai faits et pour lesquels j'ai été aux Armées, certainement cela m'a intéressé d'aller là-bas et il faudra que j'y retourne une fois pour surveiller. Cela m'intéressera encore mais beaucoup moins. Maintenant, je m'occupe de faire choisir par le ministère de la Guerre des hommes pour bien réaliser ces travaux sur une grande échelle (ces travaux sont une méthode permettant de tirer moins au hasard de façon que l'artillerie française serait ainsi presque moitié plus juste de fait). Puis quand cela sera fait, je le laisserai. »[459]

Ce témoignage rappelait fortement ce que Borel écrivait, dès 1915, à Lebesgue :

> « Si j'avais à faire des calculs trop monotones et trop nombreux (...) je tâcherais d'obtenir de l'armée des auxiliaires habitués aux calculs fastidieux. »[460]

G. Bernheim ajoutait qu'il « appelait cela en riant avoir l'esprit administratif, ce qui consiste à faire travailler les autres et à s'en attribuer le mérite ». Borel accédait donc, avec la guerre ou grâce à elle, à des fonctions qui correspondaient exactement à ses compétences.

---

[457] P. Painlevé, Rapport sur la direction des Inventions, déjà cité et Rapport au président de la République concernant la création de la Direction des Inventions intéressant la Défense nationale, 11 novembre 1915, A.N., 313 AP 61, Direction des inventions.

[458] Lettre d'É. Borel à H. Lebesgue, 4 avril 1915, dans *H. Lebesgue, Les Lendemains de l'intégrale..., ouv. cit.*

[459] G. Bernheim-Rosenthal, *Journal, ouv. cit.*, page de janvier 1915, p. 159.

[460] Lettre d'É. Borel à H. Lebesgue, 4 avril 1915, déjà citée.

4.5. Les travaux de mathématiques pendant la guerre

Pendant ces années de guerre, Borel a connu dix-sept mois de mobilisation totale dans les services administratifs gouvernementaux, ce qui ne lui laissa ni le temps ni de disponibilité d'esprit pour développer quelques travaux de mathématiques que ce fût. Le reste du temps fut partagé entre des périodes de recherches à but pratique et les longs mois durant lesquels il se trouva sur le front, à la tête d'une batterie d'artillerie. Dans ces deux cas, de manière différente, il se trouva alors mieux en position de pouvoir travailler scientifiquement. Cependant, on ne retrouve pas de traces importantes de tels travaux. Lui-même ne recensait, dans sa notice de *Titres et travaux*, aucune publication en 1915, année passée à la direction des Inventions puis sur le front ; une seule publication, aux *Comptes rendus de l'Académie des sciences*, en 1916 ; une aussi, en 1918, dans le *Bulletin de la SMF*, année où il fut de nouveau sur le front de l'Aisne ; l'année 1917, année passée auprès de Painlevé dans des tâches administratives, étant marquée par la publication de son cours de 1913-1914 et de deux articles dans le *Rice Institute Pamphlet* - les liens de Borel avec le *Rice Institute* de Houston (Texas) dataient de son voyage aux États-Unis, en 1912, lorsqu'il avait remplacé Poincaré, malade, aux cérémonies d'inauguration de l'Université du Texas. Notons enfin que Borel publia beaucoup plus en 1919 et qu'il s'agissait, pour une part, d'une sorte de rattrapage avec la mise au point de travaux datant des années de guerre.

Comme le notent Hélène Gispert et Juliette Leloup, lorsqu'il entreprit de mettre à jour, en avril 1918, sa *Notice sur les travaux scientifiques*, Borel n'y fit aucune référence à des travaux nouveaux concernant les années de guerre. Bien plus, il ajouta cette phrase :

> « Depuis cette date (août 1914, ndlr), les applications dont j'ai eu à m'occuper diffèrent trop de mes travaux de temps de paix pour qu'il y ait lieu de les mentionner ici. »[461]

Gispert et Leloup notent aussi que Painlevé, dans les compléments de 1919 de son rapport de présentation de la candidature de Borel à l'Académie des sciences qui datait de 1912, se contenta de paraphraser ce que celui-ci avait écrit. Pourtant, ajoutent-elles, Borel avait eu une importante activité au Service des mathématiques appliquées et des calculs de la direction des Inventions. Elle est aujourd'hui connue par les lettres à Borel de Lebesgue, alors associé à ce service, entre le début de 1915 et mars 1917. Lebesgue brocardait alors Borel en le qualifiant de « Généralissime du Bureau des

---

[461] É. Borel, « Supplément sommaire (avril 1918) à la Notice (1912) sur les travaux scientifiques », *Œuvres complètes*, t. 1, Paris, CNRS, 1972), p. 192-194. Cité dans H. Gispert et J. Leloup, « Des patrons des mathématiques en France dans l'entre-deux-guerres », *Revue d'histoire des sciences*, t. 62, 2009-1, p. 39-117.

calculs » et il jugeait que « c'était fort peu de devenir Généralissime des calculs (et) que c'était mal (l')utiliser »[462].

Pourquoi Borel, à la fin de la guerre, et Painlevé, ensuite, n'en reparlèrent-ils pas ? Sans doute, comme Borel l'écrivit, en 1922, dans la nouvelle version de sa *Notice,* parce qu'« il serait malaisé et d'ailleurs superflu de déterminer la part de chacun dans une œuvre collective ». Il est en effet difficile de faire dire aux archives quel fut l'apport personnel de Borel aux travaux sur le repérage des tirs par le son ou sur le calcul des tirs et leur correction. On peut relever que J.-L. Breton le gratifiait d'avoir « imaginé la notion capitale de vent balistique qui amélior(a) considérablement le réglage des tirs et qui (fut) utilisée d'une manière générale et courante par toutes les batteries d'artillerie sur le front ». C'est un apport que les archives des Services géographiques et météorologiques des Armées confirment[463]. Ainsi l'officier de Marine Jules Rouch (1884-1973), un ancien météorologue qui avait navigué à bord du *Pourquoi Pas*, appelé par Joffre à la direction du Service météorologique des Armées et dont la présence à Montdidier, où se trouvait la batterie commandée par Borel, est attestée, put observer directement le lien entre les calculs auxquels celui-ci se livrait et leur mise à l'épreuve dans le feu du combat d'artillerie[464]. Dans un rapport faisant un bilan de cette question, le contre-amiral Jéhenne (1866-1931) faisait clairement apparaître quel avait été le rôle de Borel :

> « Des tableaux établis en calculant les valeurs des effets du vent dans les différentes couches de l'atmosphère en fonction du temps passé par les projectiles dans chacune de ces couches (fure)nt mis en service dès le début d'Août 1915 (...). Ce procédé précis, mais exigeant d'assez longs calculs, fut heureusement remplacé au début de 1917 par celui dit "du vent balistique" imaginé par M. le Professeur Borel, dont le calcul fait dans tous les postes de sondage (étai)t envoyé directement aux batteries. Ces dernières n'(avaie)nt plus alors qu'à prendre les éléments du vent moyen correspondant à la flèche de la trajectoire se rapportant au tir à exécuter et à faire

---

462 Lettre de H. Lebesgue à É. Borel, sans date (vers mars 1917 selon les éditeurs), *Henri Lebesgue, Les Lendemains de l'intégrale..., ouv. cit.*, p. 210-221. H. Gispert, « Émile Borel (1871-1956) et Henri Lebesgue (1875-1941), Chronique d'une rupture annoncée », dans C. Goldstein (dir), *Trajectoires de mathématiciens pendant la première guerre mondiale,* à paraître.

463 Note de J.-L. Breton, directeur des Inventions, des Études et des Expériences techniques, associée à la demande de promotion de Borel au grade d'officier de la Légion d'honneur, sans date, promu le 16 juin 1920 au tableau spécial, dossier d'É. Borel GR 6Ye 9935, Service historique de la Défense, Vincennes. Voir Ch. Moissinac et Y. Roussel, *Jules-Louis Breton, 1872-1940, ouv. cit.*

464 Jules Rouch fut ensuite un auteur des collections scientifiques dirigées par Borel chez Alcan ; il y publia, en 1924, *Les méthodes de prévision du temps*, et, en 1927, *Les régions polaires*.

> les deux calculs simples donnant son action sur la portée et la déviation du projectile. L'emploi du vent balistique (fu)t immédiatement rendu réglementaire pour les unités des Canonniers-Marins ; son application à toutes les unités d'artillerie ne devint générale que vers le milieu de l'année 1917. »[465]

Le rapporteur par une remarque confirmait la tendance qu'avait Borel à pouvoir se contenter de lancer des idées sans s'attarder trop dans l'approfondissement et la mise en œuvre de celles-ci :

> « Une remarque de M. Borel, vérifiée par MM. Lebesgue et Montel, permit au Lieutenant de Vaisseau Rouch de simplifier ces corrections. Les temps passés par les projectiles dans les différentes couches de l'atmosphère sont proportionnels et ne dépendent que de la hauteur de la flèche. Le Service météorologique aux Armées exploita immédiatement ce résultat. Il était, en effet, possible de faire calculer exactement par les postes météorologiques le vent fictif en fonction de la hauteur de la flèche et ce vent fictif était valable pour tous les projectiles tirés avec cette flèche, quels que soient le calibre, l'angle de tir, la vitesse initiale. Ce vent fictif fut appelé vent balistique et l'Artillerie, dégagée de calculs fastidieux, s'empressa de l'adopter. »[466]

4.6. Au cabinet de la présidence du Conseil

Après le départ de Painlevé du ministère de l'Instruction publique, la direction des recherches scientifiques de guerre continua d'exister sous la forme d'un sous-secrétariat d'État avec, à sa tête, Jules-Louis Breton[467]. Quant à Borel, il retourna au service actif, toujours à la IVème Armée. Il fut pour un temps chargé d'organiser un bureau de calcul, au Centre d'études d'Artillerie de Vitry. Il s'y consacra encore à des travaux relatifs au tir, aux corrections de tir et au tracé des abaques s'y rapportant. Mais Painlevé revint au gouvernement pendant une grande partie de l'année 1917, d'abord au ministère de la Guerre, dans le cabinet Ribot qui dura de mars à septembre, puis immédiatement après au poste de président du Conseil et Borel, aussitôt rappelé, resta à ses côtés pendant toute cette période. Naturellement, celui-ci arriva dans ces nouvelles fonctions fort de son expérience à la direction des Inventions ; il avait expérimenté les difficultés de la communication et de la

465 Contre-amiral Jehenne, *Historique des batteries de canonniers-marins et des canonnières-fluviales*, 319 p., 1938, Service historique de la Défense, cote 2011-320995, p. 105.

466 Id., p. 316. Et lieutenant de Vaisseau Jules Rouch, « Le vent balistique », février 1917, dans Contre-amiral Jehenne, *ouv. cit.*

467 Lettre de JL Breton à Painlevé, 21 décembre 1916, A. N., 313 AP 62, direction des Inventions.

mobilisation coordonnée entre différents services d'un ministère ou bien entre les différents ministères. Borel n'ayant pas rédigé de rapport qui nous soit parvenu, nous pouvons seulement conclure qu'il exprima à ce moment-là des ambitions précises et audacieuses de transformation et de réforme de la présidence du Conseil qui furent aussitôt mises en œuvre.

À la Guerre, Borel devint d'abord le chef de cabinet de Painlevé, affecté aux services techniques. Pendant cette période, une première organisation de la présidence du Conseil fut entreprise par Alexandre Ribot (1842-1923) qui retrouvait pour la cinquième fois cette fonction exécutive. Il créa un organisme d'études confié à un juriste, fonctionnaire des Finances, Paul Dubois (1897-1977) et un secrétariat administratif, confié à l'universitaire Louis Germain-Martin (1872-1948) ; et il organisa, à la demande de Painlevé, des réunions fréquentes dans les bureaux de son directeur de Cabinet avec des délégués des ministres de la Guerre, de l'Armement et de la Marine. Plus tard, Borel souligna qu'à ces réunions étaient communiqués des documents statistiques secrets et que s'y déroulaient des échanges de vues sur les questions interministérielles[468].

Pendant les deux mois que dura le cabinet Painlevé, Borel occupa, dès le jour, même le poste créé pour lui par le décret du 13 septembre de secrétaire général de la présidence du Conseil, tandis que Fernand Faure occupait les fonctions de chef du Cabinet[469]. L'institution de ce secrétariat général visait, selon le décret, à « coordonner l'action gouvernementale ». Il était chargé « de centraliser les renseignements, documents, études et travaux qui (étaient) demandés dans ce but par le président du Conseil aux divers départements ministériels ». Il fut divisé en deux sections, la première avaient un rôle de documentation et d'archivage, la seconde suivait les affaires parlementaires, assurait la collaboration entre le Parlement, la haute administration et le gouvernement. Borel, secrétaire général, avait délégation de signature du président du Conseil pour ses relations avec les autres ministères. Paul Dubois écrivit, au sujet de ce secrétariat général :

> « Il n'est pas douteux que monsieur Borel ait eu la pensée de réunir dans ses services une documentation très étendue sur l'ensemble des questions, qu'elles fussent d'ordre militaire ou diplomatique, administratif ou économique. »[470]

---

[468] É. Borel, « La Statistique et l'organisation de la présidence du Conseil des ministres », *Journal de la SSP*, n° 1, t.61, janvier 1920, p. 9-13. Cette réorganisation résulta d'un décret du 13 septembre 1917. Anizan précise que deux sections se répartissaient les missions, l'une devant suivre les travaux parlementaires et les questions administratives et juridiques et l'autre réunissant la documentation pour les séances du conseil des ministres.

[469] *Journal officiel, Lois et décrets*, 14 septembre 1917, décrets du 13 septembre 1917, instituant un secrétariat général de la présidence du Conseil et nommant É. Borel à ce poste.

[470] Cette citation provient de l'article anonyme paru dans la *Revue de Paris,* en octobre 1925, sur « L'organisation de la présidence du Conseil » ; voir plus loin.

Le choix de Borel pour cette fonction a semblé s'imposer à Painlevé, Anizan avançant même que c'est parce qu'il songeait à Borel comme secrétaire général qu'il renonça à créer un sous-secrétariat d'État à la présidence du Conseil[471]. Borel qui a pu paraître alors à certains « puissant auprès de Painlevé[472] », souligna ensuite qu'en plus de ses liens avec Fernand Faure et de l'aide de Germain-Martin pour organiser le secrétariat général, le maintien de Paul Dubois dans ses fonctions et la continuité dans la composition du groupe de fonctionnaires, d'abord attachés au secrétariat administratif de Germain-Martin puis au secrétariat général de Borel et enfin au sous-secrétariat d'État confié par Clémenceau à Jules Jeanneney (1864-1957), avait accru l'efficacité de ce dispositif[473].

Marbo se souvenait que, pendant de longs mois, son mari « s'épuisa à la besogne, travaillant la moitié de la nuit »[474]. Ce fut, en effet, une période de travail intense et ce fut, de plus, un temps de mise en œuvre d'idées mûries progressivement sur la façon de gouverner. Après l'expérience de la direction des Inventions où il avait fallu créer la structure administrative, Borel, renouvelait une tentative équivalente à l'échelle de l'ensemble d'un ministère puisque, partant de rien, il s'agissait, cette fois, de créer des moyens administratifs pour diriger le gouvernement que la fonction de président du Conseil n'avait jusque-là pas exigés.

Il reste surprenant de constater que - tandis que Painlevé restait en politique - Borel ne commença pas, après cette expérience dans la haute administration, une véritable carrière. Peut-être que ses plans de réforme heurtaient trop d'intérêts bien installés. Comme l'écrivait H. Bourgin, toujours cynique, « il aurait fallu préalablement débarrasser les cabinets mêmes du ministre de la Guerre, président du Conseil, des éminences grises, des chefs et sous-chefs de bande, des agents électoraux, et des agents à tout faire qui barraient les passages et interceptaient les décisions (...). Or, Borel devait songer moins que personne à interrompre ces maléfices dont il escomptait l'utilisation, dans un avenir proche, à son profit »[475].

L'immeuble de la rue Froidevaux

À une date qui reste incertaine, Borel acheta, en s'associant avec Pierre Appell, Marie Curie, et les Maurain, une partie d'un immeuble situé près du Lion de Belfort, au n° 4 de la rue Froidevaux[476]. Il ne s'agissait pas de quitter

---

471 A.-L. Anizan, *ouv. cit.*, p. 537.

472 Référence à un témoignage de Daniel Halévy qui se souvenait d'être allé voir Borel, en septembre 1917, pour obtenir son affectation comme stagiaire auprès de l'armée américaine. (S. Laurent, *Daniel Halévy, Du libéralisme au traditionalisme*, Paris, Grasset, 2001.)

473 É. Borel, *art. cit.*, p. 10.

474 C. Marbo, *ouv. cit.*, p. 167.

475 H. Bourgin, *ouv. cit.*, p. 458.

476 Les archives notariales ne sont pas accessibles selon le délai des 75 ans qui court encore.

l'appartement de fonction de la rue d'Ulm mais de réaliser une bonne opération. Borel avait en effet expliqué à ses amis qu'il fallait profiter de l'effondrement des prix de l'immobilier dans Paris provoqué par la menace que faisaient peser sur le patrimoine les bombardements de la grosse Berta - les obus, paraît-il, paraissant survoler particulièrement le secteur du Lion de Belfort. Borel aurait estimé que, les prix chutant bien plus que les obus, il fallait se fier à la chance et investir :

> « Je m'abrite derrière ta voûte solide, Ô, calcul des probabilités ! », aurait alors dit Borel[477].

Il acheta donc plusieurs étages et joua le rôle de syndic. Aucun des acheteurs n'habita sur place, sauf le couple de son beau-frère - Jeanne Dainville et Pierre Appell. Ce n'est que plus tard que Colette Auger et Francis Perrin, jeunes mariés, s'installèrent au sixième étage, racheté par Jean Perrin à Borel. Celui-ci revendit plus tard le quatrième à Aline et Charles Lapicque qui vinrent y habiter. Les Maurain possédaient aussi tout un étage, le troisième, qu'ils n'occupèrent jamais et louaient. Marie Curie avait acquis celui du cinquième qui fut, plus tard, occupé par le couple Irène et Frédéric Joliot. Pendant l'Occupation les Borel vinrent s'installer, un temps, au second étage avant de quitter Paris pour Saint-Affrique[478].

Retour au front, en 1917

Après son passage dans la haute administration du gouvernement, Borel retourna donc, à partir du mois de novembre 1917 et pendant une partie de l'année 1918, sur le front, comme commandant d'une batterie de tir du 20ème corps d'armée. Les archives municipales de Saint-Affrique conservent une lettre de la Présidence du Conseil accusant réception de sa démission des fonctions de secrétaire général de la présidence du Conseil, signée par Clémenceau et datée du 30 novembre 1917[479].

Tandis que d'autres, autour de lui, continuèrent une carrière de hauts-fonctionnaires, Borel ne semble pas avoir eu le désir de continuer à occuper un poste dans un ministère ; peut-être eut-il le sentiment qu'il avait mis en place la nouvelle structure administrative de la présidence du Conseil et que son rôle était achevé ; peut-être put-il comprendre que le nouveau président du Conseil ne conserverait pas les structures administratives nouvelles qu'il avait mises en place avec Painlevé.

---

[477] Témoignage de Colette Perrin, recueilli par Georges Lapicque, en ligne.
[478] Entretien de Colette Perrin avec Diane Dosso et M. Pinault, 1er juillet 1994.
[479] Lettre accusant réception de la démission de Borel des fonctions de Secrétaire général de la Présidence du Conseil, signée par Clémenceau, datée du 30 novembre 1917, Arch. municip. de Saint-Affrique, Fonds Besson.

En même temps, c'est la volonté d'assumer d'autres responsabilités, aussi importantes à ses yeux, bien que placées à un niveau plus modeste, et qu'il devait à ses fonctions de sous-directeur de l'ENS, qui le déterminait : faire la guerre comme « ses normaliens » la faisaient, c'est-à-dire au front et ne pas paraître devenir un « embusqué ». Gabrielle Bernheim rapportait des propos qu'il lui tint à ce sujet un an plus tard, alors qu'il assumait toujours le commandement de sa batterie :

> « Il m'explique pourquoi il doit rester là-bas. D'abord parce que les élèves de l'École ont été si chic (sic) que lui, leur directeur, se doit de ne pas faire moins. Et puis, une autre chose simple, saine et forte, que je ne soupçonnais pas. Il dirige sa batterie, il a des aspirants qu'il a choisis, de gentils jeunes garçons intelligents, avec lesquels il est en pleine camaraderie. L'on a confiance en lui, et bien qu'il n'ait pas la vanité de croire qu'il gagne une bataille à lui tout seul, il fait du mieux qu'il peut. »[480]

Borel fut donc de retour sur le front, à la fin de l'automne 1917. Toujours au grade de lieutenant et, après quelques semaines comme détaché à la Commission de contrôle de l'Artillerie de l'état-major de l'armée, il fut muté, le 1er janvier 1918, à sa demande, au commandement d'une batterie du 88ème régiment d'Artillerie lourde. Il participa à la seconde bataille de la Somme, devant Montdidier puis devant Moreuil, sur l'Ailette et sur l'Aisne[481]. À deux reprises, il échappa à la mort, lorsqu'un obus s'abattit sur la batterie qu'il commandait, faisant trois victimes, et lorsqu'un autre obus détruisit sa « cagnat » qu'il venait de quitter[482]. Le 1er septembre 1918, il fut à nouveau cité à l'ordre du jour de son régiment et promu, huit jours après, au grade de capitaine :

> « Officier joignant aux plus belles qualités militaires les connaissances techniques les plus étendues. Par son dévouement et son inlassable activité a communiqué à son personnel le goût et le désir de l'action. Les 28 août, chargé d'occuper très rapidement une position avancée, a réussi malgré les pertes causées par un bombardement violent à exécuter dans les délais fixés une mission de tir particulièrement importante. »

Cette citation valut à Borel une nouvelle attribution de la Croix de guerre, avec étoile de bronze[483]. À ce document finalement très formel qui donne peu

---

[480] G. Bernheim-Rosenthal, *Journal*, *ouv. cit.*, page du 4 octobre 1918, p. 169.

[481] Borel fut alors nommé, comme lieutenant, commandant de la 6ème batterie du 88ème régiment d'artillerie lourde.

[482] C. Marbo, *ouv. cit.*, p. 166.

[483] États de services d'É. Borel, déjà cité, et extrait de l'ordre général n° 393, Centre des archives du personnel militaire, Pau.

de réalité à ce qu'à pu être l'engagement d'un combattant comme Borel dans les opérations militaires, il est possible d'adjoindre le témoignage direct d'un de ses cousins par alliance, Yves Bertrand (1893-1979) qui y ajoutait une appréciation de la position particulière et même exceptionnelle qui fut celle de Borel - qui n'était pas un militaire de carrière - dans le dispositif opérationnel de son secteur du front :

> « J'ai été moi-même le témoin de son activité comme combattant de première lige. Le 25 mars 1918, je commandais une batterie de 75, le long de la voie ferrée de Montdidier à Noyon, lorsqu'au petit jour, je reçu l'ordre téléphonique d'accompagner à l'observatoire, en vue de mettre en batterie les canons lourds sur Montdidier, le commandant d'un groupe de 155 longs, qui appuyait notre division. J'appris alors que ce commandant de groupe, normalement chef d'escadron, était le lieutenant Émile Borel. En effet, le général lui avait confié, malgré son petit grade, cet important commandement. Alors, suivi de son état-major de tir, il nous entraîna à l'observatoire, et quand son officier adjoint sut qu'il était mon cousin, il me dit : "Je ne sais pas s'il a l'intention de se faire tuer mais, grand comme il est, il n'y a pas moyen de le faire se baisser quand nous sommes bombardés". Ce souvenir m'est resté présent, comme s'il datait d'hier. J'ajoute qu'ayant reçu l'ordre de tirer sur Montdidier, il jugea cette destruction de ville parfaitement inutile et fit ce qui était le plus intelligent, tirer sur les colonnes allemandes qui empruntaient la route de Montdidier à Noyon. Ce groupe de 155 longs GPF, confié à un lieutenant de réserve, constituait déjà une rare exception, sinon un cas unique. Ce matériel étant le plus précieux à l'époque et son commandement très recherché. »[484]

La fin de la guerre vit encore Borel remplir, pour le ministère de l'Armement, plusieurs missions scientifiques en Italie, auprès du gouvernement italien et à la demande de celui-ci. En effet, comme l'indiquent L. Mazliak et R. Tazzioli, depuis l'entrée en guerre de l'Italie Borel avait resserré ses liens avec Volterra ; celui-ci s'était à son tour engagé dans des recherches scientifiques de guerre et il se rendit en France à diverses reprises, entre 1916 et 1917[485]. André Danjon ((1890-1967), envoyé à son tour en Italie, en octobre 1917, faisait le bilan de la mise en œuvre dans l'armée italienne du système Cotton-Weiss de repérage par le son des batteries ennemies ; il constatait que « la méthode n'avait subi aucun changement depuis la visite de

[484] Lettre d'Y. Bertrand à L. de Broglie, 9 décembre 1957, Ac. Sc., dossier É. Borel.

[485] L. Mazliak et R. Tazzioli, *Mathematicians at War…*, *ouv. cit.*

M. Borel » et que les Italiens avaient « deux années de retard »[486]. Cette collaboration valut d'ailleurs à Borel d'être promu commandeur de l'ordre de la Couronne royale d'Italie, en novembre 1917. À la suite de quoi, il fut de nouveau envoyé en mission scientifique en Italie, en octobre 1918 et il reçut alors la médaille en question[487].

Conclusion : quels combats, quelle carrière pour la suite ?

Le témoignage de Gabrielle Bernheim nous renseigne sur la manière dont Borel qu'elle considérait désormais comme étant « devenu un important personnage » en raison de ses fortes implications dans les milieux dirigeants de la République, voyait l'avenir, alors que la fin de la guerre commençait à se profiler. Elle évoque à plusieurs reprises des moments où ils « causent », « de Clémenceau qu'il croit néfaste, de la guerre, un peu de sa vie, des socialistes », des moments de « longue causerie » au cours desquels son amant évoquait les incertitudes de l'avenir :

> « Lentement, devant moi, il examine les possibilités de son activité pour l'avenir. *La Revue du Mois* était bien partie (...), il pourrait s'y consacrer, en l'élargissant. Il faudrait se donner à cela pendant 3 ou 4 années, peut-être rompre avec Alcan. C'est un gros travail. (...) Mais il y a encore la réorganisation de l'humanité après la guerre. (...) Il examine ce qu'il peut faire, la nécessité de choisir *une* activité à laquelle il se donnerait... Il y a des dessous qu'il ne dit pas, des pistes, peut-être d'élévation, mais pas dans un sens bas. Celui qui a la force, l'intelligence, la valeur en somme, a le droit de vouloir et c'est à coup sûr un être supérieur. »[488]

On ne sait pas où s'arrêtaient, dans ces lignes, les propos de Borel et où commençait le commentaire de son auditrice qui laissait entendre que son amant était tenté par une nouvelle carrière, une vie nouvelle, non dans le sens d'une dispersion mais, au contraire, comme un choix tourné vers un but. Quelques jours après, la conversation revenait sur ce sujet et Borel entrait dans beaucoup plus de précision :

---

[486] Rapport de M. Danjon en mission auprès du Commandement suprême des armées italiennes à monsieur le ministre de la Guerre », 7 octobre 1917, 3 p. dactylographiées, Papiers Aimé Cotton, Département de Physique de l'ENS, carton 16.

[487] États de services militaires et feuillets individuels de campagne, archives du service historique des Armées de terre, château de Vincennes, Paris, cote 6Ye 9935. Lettre du ministère des Affaires étrangères et du ministère de l'Armement recommandant Borel pour la coopération européenne au Bureau des inventions et de la recherche de Rome, 1er octobre 1918, ordre de mission du 23 octobre 1918, Arch. municip. de Saint-Affrique, fonds Besson.

[488] G. Bernheim-Rosenthal, *Journal*, *ouv. cit.*, page du 26 mai 1917, p. 165.

> « Nous nous demandons si la morale changera après la guerre. (...) Il espère que le résultat de la guerre sera un résultat humain : d'établir vraiment la société des nations. (...) Maintenant, les modifications qui arriveront à la France viendront plutôt *du dehors*. (...) Par exemple, dans la question du désarmement, ce seront les décisions prises internationalement qui influeront bien plus que ces mesures ne viendront d'une volonté du pays. Au point de vue des progrès en France, c'est en tant qu'être appartenant à l'humanité que les progrès se feront plutôt qu'il n'y aura de progrès nationaux. »[489]

Une autre fois, Borel évoquait, pour sa compagne, d'autres positionnements politiques qui pour être très généraux témoignaient en tous les cas de son vif intérêt pour ces questions. La diariste notait :

> « Son idée intéressante sur l'Unité à tout prix. Il croit que c'est un mode de vie entre des gens même opposés mais qui ont des intérêts communs. La grande affaire du socialisme, c'est la socialisation des moyens de production. Alors, l'unité à tout prix pour cela. Il croit que l'unité même entre des gens ayant des divergences fondamentales (mais dans cette conception, elle ne le serait pas, ce serait le socialisme avant la patrie) peut se comprendre. Étant à Buda Pesth (sic), il a compris les bienfaits de l'Autriche-Hongrie, dit-il, unissant par des liens communs, par des intérêts communs, des peuples qui se détestaient. Il pense que l'unité socialiste est ainsi : un lien pour des intérêts communs, au-dessus des divergences. Il explique que Thomas (Albert Thomas, ndlr) ait hésité à briser l'unité à cause de cela. Il croit que la Société des Nations se fondera ainsi entre gens se détestant mais ayant des intérêts communs. »[490]

Ainsi Borel, comme tant d'autres autour de lui, tentait-il de prévoir la suite des événements et d'y imaginer sa place. Et, peut-être en discutait-il avec d'autres interlocuteurs que sa confidente, mais celle-ci ne nous en dit rien. Sauf, peut-être, à travers cette allusion à Albert Thomas qui renvoyait probablement au refus que celui-ci avait décidé d'opposer à la proposition d'entrer dans le cabinet Painlevé, en septembre 1917, conforme à la décision que la SFIO venait de prendre de ne plus participer au gouvernement.

Le Borel de 1914 était un intellectuel de réseaux accompli, il appartenait à ce « parti intellectuel » que stigmatisait Péguy, surtout d'ailleurs pour les stratégies d'ascension sociale qui caractérisaient la plupart de ceux qui y

---

[489] Id, page du 29 juin 1917, p. 165.
[490] Id, page du 23 février 1918, p. 168.

adhéraient ; et puis, la guerre avait démultiplié ses axes de compétence sociale : il avait poussé fort loin des qualités d'« intellectuel spécifique » comme Michel Foucault les imaginait, en mettant à la disposition des maîtres de la guerre toute l'étendue de ses savoirs, de ses méthodes et de ses intuitions ; puis il avait fait connaissance, directement et de la manière la plus expérimentale, avec les rouages du pouvoir politique, avec l'organisation administrative, les règles de la prise de décision, les difficultés de la gestion d'équipes hétérogènes tournées vers un objectif unique ; enfin, il avait tâté du haut fonctionnaire, il avait vu ce qui allait et ce que pouvait plus durer, il était devenu un réformateur convaincu de l'appareil d'État.

À la sortie de la guerre, cet homme était complètement devenu un « intellectuel de gouvernement », au point de songer à faire une vraie carrière, comme Painlevé en était le seul exemple, à part, peut-être, J.-L. Breton. C'était encore confus, cela nourrissait ses sautes d'humeur, il réfléchissait, il se faisait peut-être un peu peur : qu'allait-il choisir de devenir ?

En tous cas, C. Marbo disait, dans ses *Souvenirs*, qu'elle n'avait rien vu venir. Ce qui a pu inciter Borel à tenter l'aventure, c'était, outre son âge qui était celui des grandes décisions, l'assurance qu'il avait - qu'il ressentait quand il se voyait agir - d'être parvenu au plus haut degré de l'hégémonie dans le monde dont il était issu. Certes, il n'était pas encore à l'Académie des sciences mais ce n'était qu'une question de patience ; le temps ferait son œuvre. Il jouissait d'une influence puissante et indiscutée dans les conseils universitaires et l'expérience qu'il avait acquise pendant la guerre le plaçait pas très loin de son beau-père, Appell, parvenu au faîte de la carrière, mais au-dessus sans doute. Il était directeur adjoint de l'ENS, il aurait pu songer à être, lui aussi, doyen et, un jour recteur ; une autre voie se présentait. Peut-être aurait-il pu se comparer à Marcellin Berthelot[491] ?

Vint l'Armistice et le retour à la paix. À la demande de Breton, et sur proposition du ministre de la Guerre, Borel fut promu, le 16 mars 1921, au vu de ses 18 mois passés au front et de ses deux citations ainsi que des services rendus dans les services techniques à plusieurs postes, successivement de chef du Cabinet technique du ministère de l'Instruction publique et des Inventions, de chef des services techniques du Cabinet du ministre de la Guerre et de secrétaire de la Présidence du Conseil, en particulier « du travail personnel fourni sur la plupart des principales questions qui y ont été traitées », au grade d'officier de la Légion d'honneur à titre civil et avec traitement (soit une pension de 2000 frs. par an)[492].

---

[491] J. Jacque, *Berthelot, 1827-1907, autopsie d'un mythe*, Paris, Belin, 1987.

[492] Arrêté de nomination d'É. Borel au grade d'officier de la légion d'honneur, 2 juin 1921, dossier d'É. Borel, n° 79525, base leonore en ligne.

Mais la vie de Borel, un homme qui approchait désormais de la cinquantaine, que ses engagements de combattant avaient, comme tant d'autres, transformé - « où l'être plus rude, plus direct, de la guerre s'(était) substitu(é) à l'être ancien »[493] - connut aussi ce qu'il faut considérer comme une nouvelle étape de sa vie, faite de remises en causes et de nouveaux choix intellectuels, politiques et même sociaux.

[493] G. Bernheim-Rosenthal, *Journal*, *ouv. cit.*, page du 4 octobre 1918, p. 169.

Seconde partie

Nouveaux réseaux, nouveaux engagements (1918-1924)

Chapitre 1
Une épouse moins que jamais reléguée au second plan

Le retour à la vie civile fut sans doute difficile pour Borel, au point que, alors qu'il venait d'être reconduit, le 1er novembre 1919, pour cinq années, dans ses fonctions de directeur scientifique de l'ENS, il décida brusquement de démissionner, le 30 avril 1920. Ce choix détermina un changement de vie : sans doute était-il dû, en partie, à la douleur ressentie dans cette École « peuplée d'ombres », devant la perte de tant de jeunes normaliens, brillants et prometteurs, dont le sacrifice lui restait difficilement admissible ; mais peut-être signifiait-il aussi le choix d'un positionnement différent vis-à-vis du monde des mathématiques et l'orientation de son activité vers de nouvelles priorités.

Pendant environ cinq années, le temps d'un après-guerre, la vie de Borel sembla se disperser entre reprise de la carrière académique, renforcement des ambitions intellectuelles, développement de l'activité de réseaux et orientation vers divers types d'activités sociales, sans que l'idée qu'il avait exprimée de se consacrer désormais à une carrière nouvelle ne semblât se préciser et avant que la décision de se présenter à la députation puis son élection à la Chambre ne viennent finalement donner à sa vie une orientation nettement nouvelle et directement politique.

Le couple Borel entra lui aussi dans une nouvelle époque de son histoire. En effet, pendant la guerre Marguerite Borel avait fait plus que jouer son rôle de femme du sous-directeur de l'ENS. Elle fut en effet de celles qui inventèrent et promurent le rôle des femmes dans la mobilisation de guerre, sur le « second front », et elle ajouta ainsi à ses qualités déjà connues d'épouse du « grand homme », de maîtresse de maison et de femme de salon, d'écrivain reconnu et d'animatrice de la Société des gens de lettres, celles d'initiatrice et d'organisatrice d'entreprises à caractère social et politique. À son tour et dans ces nouveaux rôles, elle se révéla une ambitieuse.

1.1. L'hôpital militaire de la Rue d'Ulm

Elle le fit d'abord en assurant pendant toute la guerre le secrétariat et l'administration de l'« hôpital 103 » installé par la Croix-Rouge et l'Union des femmes de France dans les locaux de la rue d'Ulm. Il était placé sous la double direction d'Élie Cartan, pour l'administration, et de l'infirmière-major, Mlle Bartkowska, un vétéran de la guerre de 1870, déléguée de l'Union des femmes de France. À la mort de celle-ci, en juin 1918, Marguerite assura l'entière direction de cet hôpital de plus de 150 lits[494]. Dès les premiers mois de la guerre, chargée de trouver des financements, elle s'appuya essentiellement sur des dons mensuels sollicités auprès des anciens normaliens, dons dont la gestion fut confiée à Élie Cartan. Elle organisa une sorte de gala au Théâtre-Français pour collecter à nouveau des subsides. La presse ne fut pas avare d'échos sur cette œuvre - comme sur d'autres d'ailleurs - fonctionnant à base de charité publique, par exemple lors de la visite, en juillet 1915, de l'épouse du président Poincaré accompagnée par la présidente, depuis 1906, de l'Union des femmes de France, Suzanne Pérouse, fondatrice du comité central de la Croix-Rouge française, en 1907[495]. Au cours de la guerre, les élèves blessés furent nombreux à obtenir de venir se faire soigner à l'ENS. L'hôpital devint, nuit et jour, un centre d'accueil et de tri des blessés arrivant par convois entiers. Il y avait, à ce moment-là, outre mesdames Bartkowska et Borel et Élie Cartan, une directrice-adjointe et trois infirmières-chefs pour former l'équipe dirigeante, un comité de dames pour cautionner les opérations de collecte de dons, l'équipe du personnel médical - un chirurgien opérait sur place, et les nombreuses bénévoles. Gabrielle Bernheim qui fut aussi présente comme bénévole, dès l'automne 1914 et jusqu'à la fin de la guerre, rapportait, dans son *Journal*, l'atmosphère au sein de cette étrange institution et la découverte qu'elle fit alors du tempérament exceptionnel de madame Borel[496]. Elle eut aussi l'occasion d'y croiser souvent son amant.

1.2. La mobilisation pour l'emploi féminin

En même temps qu'elle s'activait pour assurer le fonctionnement de l'hôpital, Marguerite Borel prit une part importante à diverses œuvres auxquelles on demandait aux femmes de la bonne société de participer. Selon ses *Souvenirs*, cela avait commencé en 1916 par la création d'un « comité de dames », peut-être suggéré par Painlevé, qui devait se charger de recruter et trier des femmes pour occuper des postes laissés vides dans les ministères par les hommes mobilisés. Elle avait sollicité Aline Poincaré, sœur du mathématicien et épouse d'Émile Boutroux, pour en assurer la présidence, elle-même prenant le secrétariat général. Elle reproduisit le

---

494 *Le Figaro*, 20 juin 1918. C. Marbo indiquait qu'elle avait été « nommée directrice » mais elle occupa, en fait, des fonctions administratives, jusqu'au milieu de l'année 1918. (C. Marbo, *À travers deux siècles…*, *ouv. cit.*, p. 163.)

495 Récit de la visite de Mme Poincaré à l'hôpital de l'ENS, *Le Gaulois*, 17 juillet 1915. « Nécrologie de Suzanne Pérouse », *Bulletin mensuel de l'Union des femmes de France*, 1er avril 1924.

496 G. Bernheim-Rosenthal, *Journal (1897-1932)*, ouv. Cit.

modèle du Secours national en recrutant, selon sa formule un rien provocatrice, « trois dames, bien pensantes, d'extrême droite, trois bourgeoises centristes, trois femmes de gauche, trois d'extrême gauche ; des catholiques, des protestantes, des libre penseuses, des juives[497] ». Elle fonda donc une association, l'« Association pour l'enrôlement volontaire des Françaises au service de la patrie », et installa son équipe - une trentaine de bénévoles - à l'ENS avant de créer des « annexes » dans les salles de la Sorbonne. Le 14 décembre 1916, *Le Gaulois* annonça la naissance du « Comité pour l'enrôlement volontaire des femmes au service de la patrie » et il invitait les femmes, « selon le temps et les aptitudes dont elles dispos(ai)ent », à se rendre au siège du comité, 45 rue d'Ulm.

Ce fut une activité de masse. Plus de 20 000 femmes passèrent par le service créé par Marguerite Borel. Elle raconta ensuite comment il avait fallu inventer un système de fiches de renseignements, de classement et d'affectation, pour répondre aux sollicitations les plus diverses. Et elle citait, avec plaisir, ce que Cartan avait dit d'elle, à son mari :

> « Ta femme est spéciale. Elle ne sait pas faire les multiplications, en revanche elle a le sens juste de l'ordre de grandeur des dépenses ; ignorant l'opération mentale qui s'appelle la réflexion mais tranchant les problèmes de façon judicieuse. »[498]

Elle ajoutait même, avec délectation :

> « Quand on d(eva)it répondre à l'autorité militaire, me racontaient les employés du secrétariat, M. Cartan s'écri(ait) : "J'entends le pas de Mme Borel dans le hall. Nous aurons pris une décision dans cinq minutes." »[499]

Telle était la Marguerite Borel qui s'était révélée à la tâche. Gabrielle Bernheim dont on sait qu'elle était aussi un écrivain, avait conçu à partir de son modèle les contours d'un personnage pour une future pièce de théâtre :

> « À noter, pour cette possibilité de pièce sur l'*ambition* à laquelle je songe (...). Le caractère de madame Borel, caractère qui pourrait faire un personnage fort intéressant. Sa double hérédité, fille d'une lignée de savants et d'origine juive, lui vaut de vraies qualités d'organisation scientifique, organisation intelligente, souple, facultés d'ordre, d'administration. L'origine juive est dans cette souplesse : assimilation des caractères, des moyens de réussir avec tel et tel, désir de rester bien avec tout le monde. Facilité de rédaction d'un article. (...) Comme traits physiques, manières

---

[497] C. Marbo, *À travers deux siècles..., ouv. cit.*, p. 168-169.
[498] Id. p. 171.
[499] Id.

d'hommes un peu, assez vulgaires et bon enfant, une nervosité physique la menant à de courts et fréquents accès de colère. (...) Léon (Rosenthal, son mari, ndlr) essaie depuis plusieurs mois de mettre debout la Maison Française sans y parvenir. Madame Borel "monterait" cette affaire admirablement. Elle est vraiment le type dont j'avais entendu parler comme existant en Amérique, le "lanceur d'affaires". Par ses relations, sa souplesse d'esprit, sa méthode, elle mettrait l'affaire sur pied. »[500]

Son tempérament « légendaire » de femme décidée permit donc à Marguerite Borel de s'imposer. Elle-même rappelait qu'on lui refusa longtemps l'entrée au jury du prix Femina parce qu'on la trouvait « trop autoritaire »[501]. Témoignage précieux que celui de la petite Ève Curie, âgée de 10 ans, écrivant à sa mère, depuis l'Arcouest :

> « Nous allons chez le Capitaine et là, avec le concours de madame Borel et de Mr Seignobos nous jouons (...) aux tableaux vivants, enfin tous ces jeux qui se jouent avec des acteurs. Le Capitaine est très drôle là-dedans. Quant à madame Borel, elle joue aussi très bien, surtout pour les femmes qui crient et qui donnent des gifles à leurs enfants ou qui attrapent leur mari. »[502]

1.3. Marguerite Borel à « L'Effort féminin français »

À la suite de cet engagement pendant toute la guerre qui lui valut l'attribution de la Médaille de la Reconnaissance française[503], on proposa à

---

[500] G. Bernheim-Rosenthal, *Journal, ouv. cit.*, p. 156-157. La diariste attribuait à Marguerite des origines juives, bien que sa famille paternelle fût catholique alsacienne et que celle de sa mère eût des racines bretonnes. Mais, le père de celle-ci, l'archéologue Alexandre Bertrand, avait épousé une parisienne, Berthe Lévy, fille du mathématicien et minéralogiste, Armand Lévy (1795-1841), qui était de confession juive.

[501] C. Marbo, *À travers deux siècles*, *ouv. cit.*, p. 314.

[502] Lettre d'Ève Curie à Marie Curie, été 1916, l'Arcouest, archives Curie.

[503] Créée par décret, le 13 juillet 1917, la Médaille de la Reconnaissance française était destinée à témoigner publiquement de la « gratitude portée à toutes les initiatives individuelles ou collectives, qui se sont manifestées en France, chez les Alliés et dans le monde entier, pour venir en aide aux blessés, aux malades, aux familles de militaires tués au combat, aux mutilés, aux invalides, aux aveugles, aux orphelins et aux populations chassées et ruinées par l'invasion ». Marguerite Borel a obtenu la Médaille (de bronze) de la reconnaissance française car « (elle) a, comme secrétaire de l'hôpital auxiliaire 103, à Paris, puis comme administratrice adjointe et enfin comme directrice de ce même hôpital jusqu'à sa fermeture, fait preuve des qualités les plus réelles d'organisatrice, fondant, pendant une période d'accalmie en 1916, l'association pour l'enrôlement volontaire des Françaises au service de la patrie. » (Décret du 29 mai 1920, *Journal officiel*, 3 juin 1920) Aline Boutroux obtint, elle, la Médaille d'argent pour des services rendus équivalents dans la direction d'un hôpital « pour officiers, entretenu avec les fonds de la Fondation Thiers ». (*JO*, 23 février 1919)

Marguerite Borel de prendre, à la fin de la guerre, la direction d'un service de la main d'œuvre féminine à créer au n° 95 du Quai d'Orsay. Selon Marbo, ce fut un « sujet de discussion sérieuse avec mon mari » :

« Il s'oppose net à mon acceptation. Je me soumets. »[504]

Ce récit, très euphémisé peut-être, témoignait, cinquante ans après, d'un moment aigu de la relation entre les époux, Borel prenant sans doute conscience du point où était arrivée l'évolution du statut social de sa femme. Il avait encouragé sa carrière littéraire naissante, peut-être parce que la manifestation d'une vocation d'écrivain - encore non suivie d'effet - s'inscrivait encore dans le cadre strict de la bienséance admise pour l'épouse d'un universitaire de premier plan ; encore que, jaloux de son prestige, il la contraignit à adopter un pseudonyme qui le mettait à distance des effets possibles de cette carrière éventuelle. Mais devant la perspective d'une véritable émancipation de son épouse, sous son nom de femme mariée, cette fois, et dans une fonction publique, il ne put l'envisager, lui, l'homme de pouvoir et de carrière qu'il était ou qu'il allait devenir. Il fit donc barrage.

Faute de commencer une carrière de haut fonctionnaire, Marguerite Borel voulut qu'on sache ce qui avait été fait. C'était d'ailleurs, à la fin de la guerre, une attitude très courante et on vit alors se multiplier les récits, les études, les bilans. Mais ce qu'elle entreprit n'était comparable à rien d'autre. Elle créa une nouvelle association, « L'Effort féminin français », qui avait pour but « d'étudier l'effort fait par les femmes de France et de se mettre en rapport constant avec les groupements analogues existant dans les pays alliés ». Le comité central de l'Effort féminin rassembla les plus grands noms du monde des salons, de l'aristocratie et des bonnes œuvres que Marbo connaissait si bien[505]. L'association, sollicitée pour participer à de multiples réunions, cérémonies et commémorations, prit une dimension officielle. Tandis que la question féminine, celle du statut et des droits des femmes, revenait en force, L'Effort féminin intéressait d'autant plus que l'association ne se réclamait d'aucun féminisme militant et qu'elle prolongeait dans la paix les principes d'unité nationale qui avaient structuré l'effort de guerre.

L'œuvre essentielle de l'Effort féminin fut la collecte, la mise en forme et la publication de la « documentation réunie par Mme Émile Borel, Mlle de Montmort et la comtesse Bertrand de Mun », sous le titre : *La mobilisation féminine en France (1914-1919)*[506]. Ce fort volume, loin de l'anecdotique,

---

[504] C. Marbo, *À travers deux siècles…, ouv. cit.*, p. 169.

[505] Le comité comprenait en outre Mme Avril de Sainte-Croix, la baronne de Brimont, Mme Budin, Mlle Chaptal, Mme Cruppi, Mlle Diémer, la générale Hervé, Mlle Renée de Montmort, la comtesse Bertrand de Mun, Mlle Sanua, Mme Jules Siegfried.

[506] Mme Émile Borel, Marcelle Werlé, comtesse Bertrand de Mun, Mlle de Montmort, *La mobilisation féminine en France (1914-1919)*, Paris, Imprimerie Union, 1919, 88 p. Renée de Montmort fut la fondatrice, en 1913, de l'Association des infirmières-visiteuses de France.

comme il put s'en écrire beaucoup, ou d'inaugurer l'ère de la « mémoire hagiographique »[507] de cette mobilisation, se présentait comme une véritable étude sociologique et statistique. Marguerite Borel tint la plume. Ainsi, pour que son « tableau de l'activité des femmes en France pendant la guerre » donnât une impression exacte, il convenait, écrivit-elle, de « rappeler sommairement ce qu'était l'activité des femmes en France avant la guerre ». Et, pour ce faire, peut-être aiguillée par son époux, elle aligna les statistiques. Refusant d'écrire « un palmarès », elle ajoutait : « Notre rôle se borne à évoquer la masse de l'armée féminine française ». En effet, on pouvait lire cette phrase :

> « Les usinières françaises nous ont permis, pour une large part, de gagner la plus grande victoire des temps historiques. Le pays ne doit pas oublier la gratitude qu'il leur doit. »[508]

Cette publication donna lieu, effectivement, à un tableau chiffré des différentes professions dans les différents secteurs de la vie économique et sociale du pays ; chaque section était ensuite reprise pour traiter des évolutions occasionnées par la mobilisation de guerre[509]. Nulle part elle n'évoquait la question des droits des femmes, a fortiori celle du droit de vote ; elle se bornait à indiquer qu'avant la guerre « quelques sociétés féminines (sic), se préoccupaient d'étudier, de mettre au point, de faire progresser la question sociale ».

Ayant mené à bien cette action au service de ce qu'elle considérait comme la vérité historique et aussi au service de l'image et de la place des femmes dans la société française, Marguerite Borel, retourna à son œuvre littéraire et écrivit, en quelques mois, un roman remarquable - *Le Survivant* - une fiction teintée de science-fiction, centrée sur l'expérience de la guerre, qui portait une réflexion sur les transformations sociales et intellectuelles qu'elle avait suscitées, en particulier quant aux femmes et aux relations entre les hommes et les femmes.

Voir M. E. Ross, « Marguerite Borel/Camille Marbo: The Government's feminist », dans A. S. Fell, *French and francophone women facing war*, Berne, Peter Lang, 2009, p. 69-84, et É. Morin-Rotureau (dir.), *Françaises en guerre 1914-1918*, Paris, Autrement, 2013, en particulier l'étude sur le travail des femmes, par M. Zancarini-Fournel. Et É. Diebolt, « Les femmes engagées dans le monde associatif et la naissance de l'État-providence », *Matériaux pour l'histoire de notre temps*, vol. 53, n° 1, 1999, p. 13-26.

[507] Expression de Françoise Thébaud, dans *Françaises en guerre…, ouv. cit.*

[508] M. Borel, *La mobilisation féminine…, ouv. cit.*, p. 52.

[509] M. E. Ross, « Marguerite Borel/Camille Marbo: The Government's feminist », *ouv. cit.*, p. 73)

Chapitre 2
Les doutes et les choix d'Émile Borel

Pour Borel, la fin de la guerre fut, plus que pour son épouse, un moment de doute et de remise en cause qu'elle résumait sèchement :

> « Nous offrîmes un réveillon, en décembre 1919, à une quarantaine d'amis, dans le grand appartement du sous-directeur, écrivait Marbo. Après quoi, mon mari déclara qu'il ne supportait plus ni l'atmosphère de l'École en deuil, ni les hautes mathématiques :
>
> « – Je démissionne. Nous déménagerons. Il faudra réduire notre train de vie : une seule bonne, des économies.
>
> « – C'est facile.
>
> « – De plus, mon cerveau n'ayant plus la force nécessaire, je pantoufle dans les probabilités et la statistique, sur les pas de ton oncle Joseph.
>
> « Et il composa *Le Hasard*, immense succès, dont son exemple des "singes dactylographes" a fait le tour du monde.
>
> « – C'est peu de choses, en regard des travaux de mathématiques pures, constatait-il, mais c'est public. »[510]

Encore une fois, le *Journal* de Gabrielle Bernheim nous en apprend beaucoup plus. On y découvre que progressivement, Borel avait été envahi par un sentiment de vieillissement qu'il exprimait en évoquant - souvent - sa barbe ou ses cheveux grisonnants, ou bien la perte de vigueur physique qu'il éprouvait. Mais, déjà au cours de l'année 1917, il y ajoutait, avec l'expression d'une inquiétude pour l'avenir et de l'idée qu'une partie de sa vie était faite et qu'il allait falloir passer à autre chose, la conviction que, devant la perte de tant d'hommes jeunes, sa génération allait devoir « tenir jusqu'aux générations nouvelles ». Pour les mathématiques, son verdict était sans appel :

> « Oh, je suis trop vieux pour cela. J'ai toujours dit qu'en mathématiques, à 35 ans, l'on était vieux. Il faut une fraîcheur. Le mieux qu'on puisse faire est de ne pas empêcher les jeunes d'arriver. »[511]

---

[510] C. Marbo, *À travers deux siècles, ouv. cit.*, p. 172. L'« oncle » en question était Joseph Bertrand. *Le Hasard* datait en fait, bien sûr, de 1914…

[511] G. Bernheim-Rosenthal, *Journal*, à la page du 26 mai 1917, *ouv. cit.*, p. 165.

Une lettre de Lebesgue, antérieure de plus de dix ans à ce témoignage de Gabrielle Bernheim, reprenait un propos similaire de Borel, selon lequel « l'esprit n'a toute hardiesse et toute vigueur d'imagination que dans le plus jeune âge » et l'on doit « sous peine de déchoir ne plus publier passé un âge déterminé »[512].

Beaucoup de signaux indiquent donc que Borel eut fortement conscience, pendant le premier après-guerre, de son entrée dans un nouveau cycle de son existence. C'est ce que traduisirent plusieurs décisions importantes prises au cours de l'année 1920 : celle de renoncer à la chaire de Théorie des fonctions pour postuler à la chaire vacante de Calcul des probabilités et de Physique mathématique, celle de renoncer à la direction scientifique de l'ENS à laquelle il venait d'être confirmé, le 1er novembre 1919, mais aussi celle de prendre la tête d'une associations d'anciens combattants puis celle de devenir un des principaux fondateurs et dirigeants de la Confédération des travailleurs intellectuels, et aussi celle de s'attacher à la relance de *La Revue du Mois* ; il n'est pas jusqu'au choix de quitter la France pour plusieurs mois pour accompagner Painlevé en Chine qui n'ait relevé de cette rupture biographique profonde.

2.1. La bataille pour la direction scientifique de l'ENS

Le départ de l'ENS ne semble pas avoir été anticipé même si on ne peut douter que Borel, en restant à la rue d'Ulm, subissait vivement les souffrances d'un deuil insupportable. À la fin de 1919, il batailla au contraire pour cette fonction de sous-directeur qu'il espérait voir se transformer par la suite en direction. Ses fonctions devaient prendre fin le 31 octobre 1919 et il fut donc présenté, à ce moment-là, comme candidat à sa succession, à l'unanimité du Conseil de l'Université[513]. Mais celles de Lavisse qui avait passé l'âge de la retraite, avaient été prolongées jusqu'au 15 décembre ; dans ces conditions, Borel organisa une offensive pour faire admettre l'idée d'une alternance dans les fonctions de direction et de sous-direction, entre un littéraire et un scientifique. Lors de l'élection du successeur de Lavisse, il se présenta donc, d'une manière qui fut sans doute jugée intempestive, pour figurer en seconde ligne, tout en affirmant se rallier à la candidature, en première ligne, de Gustave Lanson (1857-1934), candidat du directeur sortant[514]. Tandis que Fernand Brunot (1860-1938), doyen de la faculté des Lettres, semblait mesuré et compréhensif, Lavisse et le recteur, Lucien Poincaré (1862-1920), combattirent la position de Borel et prétendirent ne voir, pour l'avenir, que des successeurs de Bersot et Fustel de Coulanges à la

---

512 Lettre de H. Lebesgue à É. Borel, 28 avril 1909, dans *Henri Lebesgue, Les lendemains de l'intégrale…, ouv. cit.*

513 PV du CUP, séance du 27 octobre 1919, AN-AJ/16/2589-2590.

514 Id., séance du 1er décembre 1919, Id.

tête de l'École. Ils présentèrent, en seconde ligne, l'helléniste Gustave Fougères (1863-1927) : celui-ci, au premier tour, obtint le même nombre de voix que Borel puis, au second tour, il le distança nettement, par 9 voix contre 5. La partie était perdue, au moins pour cette fois. Mais Borel n'avait-il pas pris date pour l'avenir ?

C'est le contraire qui se produisit, puisque quelques semaines plus tard, il démissionna de ses fonctions de sous-directeur. Le Conseil de l'Université ne put qu'exprimer des regrets lors d'une séance dont on perçoit, à travers le procès-verbal, que rien n'avait été préparé et qu'on dut improviser à la hâte une succession délicate. C'est Vessiot, encore un mathématicien, dont la candidature avait été sollicitée, qui fut élu avec l'appui insistant de Borel et de Lanson[515].

2.2. Le bilan de Borel à l'ENS

Faire un bilan du passage de Borel à la direction scientifique de l'ENS est délicat. Lui-même ne s'y est jamais risqué et nous ne possédons pas de travail de synthèse significatif sur ce sujet, tout juste quelques témoignages. On peut cependant constater que les promotions normaliennes formées pendant les années de sous-direction de Borel ne produisirent pas de mathématiciens destinés à une grande carrière, après les succès de Robert Deltheil à Toulouse, de la promotion 1910, futur universitaire, doyen puis recteur, et de Gaston Julia, de la promotion 1911, qui fit une début de carrière fulgurant et comparable à celui de Borel : reçu premier à l'École polytechnique et à l'ENS, il choisit l'ENS, lauréat du Grand prix de mathématiques en 1918 et aussitôt chargé du cours Peccot. Il fallut donc attendre les fameuses promotions de la première moitié des années vingt avec André Weil (1906-1998), Jean Delsarte (1903-1968), Henri Cartan (1904-2008), Jean Dieudonné (1906-1992) et plusieurs autres, pour voir apparaître la nouvelle génération - à laquelle appartint le Polonais Szolem Mandelbrojt (1899-1983) - susceptible de succéder à celle du début du siècle, des Élie Cartan, Hadamard, Baire, Lebesgue et autres Borel. Incontestablement, la génération manquante était celle de la guerre, celle de ces jeunes mathématiciens qui n'étaient pas revenus du front, dont les noms, comme celui de René Gateaux, sont aujourd'hui connus, grâce au travail des historiens, tandis que d'autres restent peut-être ignorés[516].

G. Gispert a étudié le flux des thèses de mathématiques soutenues pendant cette période : elle ne repère qu'une seule thèse en 1915, celle de Joseph Pérès (1890-1962), et la suivante, celle de Julia, n'arrive qu'à la fin

---

[515] Id., séance du 26 avril 1920, Id.

[516] L. Mazliak, « Les fantômes de l'École normale… », *art. cit.*

de 1917, puis encore une seule par année, en 1918, 1919 et 1920[517]. C'est donc sans exagération et comme un fidèle reflet de ce qu'il en était de la destinée tragique de cette génération de jeunes mathématiciens qu'on a retenu l'image de cette « école peuplée d'ombres » que Borel ne supportait plus.

Une autre piste d'explication à l'absence d'une génération de mathématiciens peut tenir à la qualité de l'enseignement de mathématiques de ces années-là, à la Sorbonne et à l'ENS. Les témoignages de Weil qui devint un des animateurs de sa génération mathématicienne et fut un des inventeurs du groupe Bourbaki, et de Mandelbrojt, arrivé en France en 1920 pour y étudier les mathématiques, sont instructifs. Weil comme Mandelbrojt étaient d'excellents raconteurs, dotés d'un esprit critique aigu et souvent caustique. Ils évoquaient le contexte du temps : un professeur distant en raison du poids des conventions sociales mais proche à cause très faible nombre d'auditeurs réunis dans l'une des deux petites salles de cours de mathématiques de la Sorbonne, la salle Cauchy et la salle Hermite, et l'ambiance variable d'un professeur à l'autre, en fonction des personnalités ; et puis, comme le soulignait Mandelbrojt, beaucoup d'étrangers dans l'assistance et peu de Français en raison de la saignée de la guerre. Voyons comment Weil se souvenait de ses études de mathématiques à Paris :

> « C'est de cette promotion normalienne de 1922 et de ses suivantes qu'on peut dater le renouveau des études mathématiques en France, durement touchées par la guerre de 1914-1918. (...) De "séminaire", il n'y en avait qu'un ; il est vrai que c'était celui d'Hadamard, consacré à des analyses de travaux récents en tous domaines (...). Mais, hors de là, l'inspiration faisait défaut. Lebesgue, au Collège de France, consacrait ses cours à l'"Analysis Situs", c'est-à-dire à une topologie combinatoire qui en était arrêtée aux premiers travaux de Poincaré. Vessiot occupait la chaire de Théorie des transformations, sur laquelle Élie Cartan ne se serait donc pas permis d'empiéter, de sorte qu'il se cantonnait dans des sujets ternes ou du moins qui paraissaient tels faute d'en saisir le contexte. L'enthousiasme de Julia aurait pu être contagieux s'il n'eût pas été par trop visible que la théorie des fonctions "de papa" était moribonde. Bref, c'était surtout au contact les uns des autres que ces jeunes gens pouvaient s'instruire. »[518]

---

517 H. Gispert, *La France mathématique : la Société mathématique de France, 1870-1914*, Paris, SFHST, 1991.

518 A. Weil, « Biographie de Jean Delsarte », *Œuvres scientifiques*, vol. 3, New York, Heidelberg, Berlin, Springer, 1979, p. 217-228.

Weil était peu explicite sur « la théorie des fonctions "de papa" moribonde » à laquelle il se référait et il ne citait pas Borel. Cependant, c'était bien sa génération qui était ciblée à travers ses commentaires peu enthousiastes à propos de Lebesgue et Vessiot. Quant à Mandelbrojt, une sorte d'autodidacte qui avait à peine vingt ans mais avait déjà l'expérience de l'Université de Varsovie et de celle de Kharkov, il n'arrivait pas sans quelques idées déjà bien faites, et son souvenir de la « Théorie des fonctions » différait de ceux de Weil :

> « À l'époque (à Varsovie, ndlr), j'ai lu quelques monographies de Lebesgue, quelques monographies de la collection d'Émile Borel. Vraiment, la théorie des fonctions m'a beaucoup plu. J'ai aimé, dès le début, des êtres que je pouvais toucher sinon avec ma main, du moins avec mon esprit. (...) Par exemple, je n'ai jamais compris, je ne comprends toujours pas, pourquoi on s'occupe tant des structures de l'extérieur, n'est-ce pas, qu'on ne s'occupe que de la forme des choses quand chaque chose a son âme, son noyau sur lequel on peut mettre le doigt. C'est ça qui m'a plu dans la théorie des fonctions. Oui. Quand je lisais les livres de la collection Borel et les ouvrages d'Hadamard, j'étais ému. »[519]

Mandelbrojt suivit donc les cours de Goursat - dont Weil se dispensait - et de Picard et commença à fréquenter le séminaire Hadamard qui venait d'être créé, au Collège de France. Sur chacun des deux, il exprimait des opinions tranchées et plutôt opposées :

> « Goursat était un professeur infiniment monotone. Et j'espère que son ombre ne m'en voudra pas (...) mais vraiment, être venu de si loin, avoir cru réaliser un rêve et entendre répéter les phrases d'un traité vieux de 20 ou 30 ans ! (...) Picard, c'était la divinité lointaine qu'on n'osait pas approcher. Il entre dans la salle de manière infiniment solennelle, très haut, très fier, précédé d'un appariteur avec une chaîne en argent. Il y a toujours un verre sur la chaire. Picard prend une goutte d'eau dans la bouche, une demi-heure après une autre goutte, et puis au bout d'une heure l'appariteur réapparaît et ramène Picard. J'ai suivi le cours de Picard pendant deux ans et ce n'est qu'une seule fois je pense qu'il a prononcé le mot *ensemble*. Et vraiment, il s'est cru révolutionnaire. Enfin ! Il a dû penser qu'il n'y avait que Lénine et lui comme hommes d'extrême gauche... »

---

[519] B. Mandelbrot, « Entretien à bâtons rompus avec Szolem Mandelbrojt (1899-1983) », *Publications du Séminaire d'Histoire des Mathématiques de l'Université de Paris*, n° 6, 1985, p. 1-46.

C'est du cours de Lebesgue au Collège de France, où celui-ci fut élu en 1921, que Mandelbrojt se souvenait avec le plus d'émotion ; par contre, comme Weil, il n'évoquait ni le cours de Borel, ni d'ailleurs celui de Drach :

> « Je dois dire qu'il n'y avait pas un cours de Lebesgue où l'on ne riait pas d'une manière infiniment agréable. Je soupçonne même qu'au moins le tiers des gens venait au cours de Lebesgue pour s'amuser. Mais c'était infiniment intéressant, infiniment profond. Lebesgue était un peu comme (Serge) Bernstein (que Mandelbrojt avait connu comme professeur, à Kharkov, ndlr) de ce point de vue : il n'a jamais su faire une démonstration léchée, mais il était très inspirant. (...) Lebesgue était un professeur du genre de Bernstein. Il était à peu près du même âge et je crois qu'il s'inspirait de la même idée que pour faire un cours il faut réfléchir pendant qu'on le fait et non pas se rappeler. C'est là que j'ai appris profondément l'intégrale de Lebesgue, c'est là que j'ai appris les séries de Fourier, c'est là aussi que j'ai appris la théorie du potentiel. »

Rendons hommage au talent de raconteur de Mandelbrojt et à la précision de ce qu'il évoquait encore au sujet du cours d'Appell qui avait déjà 65 ans :

> « C'était très intéressant, clair, net, extraordinaire. Après une heure de cours, on avait l'impression de connaître la mécanique admirablement, qu'il n'y avait qu'à continuer et qu'on découvrirait le sens du monde. C'était merveilleux mais, voilà, quand il m'est arrivé d'être professeur de mécanique, j'ai vu que je n'avais rien compris du tout et qu'il fallait tout refaire. C'était beaucoup trop clair. (...). Les cours d'Appell, c'est trop beau non pas "pour être honnête" mais pour être de la mécanique. Avec Lebesgue au contraire, c'était chaque fois : "Ah! J'ai dit une bêtise, laissez-moi recommencer." Il recommençait et tout le monde réfléchissait en même temps. »

Irène Curie que sa vie et sa carrière conduisirent ensuite vers la chimie-physique fut, dans ses années d'études, une mathématicienne acharnée. Après la guerre, elle suivit les cours de Lebesgue, Goursat, Drach et Borel. Ses cahiers de cours de 1920-1921, soigneusement tenus, sont conservés dans les archives de son laboratoire. On repère, dans celui de Borel, la manière dont il abordait, sous divers angles, le calcul des probabilités. Si Irène Curie n'a laissé aucun témoignage sur les effets intellectuels qu'eurent sur elle ces enseignements, au moins peut-on noter qu'ils ne manquaient pas de tenue.

À propos du séminaire Hadamard, les avis de Mandelbrojt et Weil se rejoignaient. C'était en effet bien là que, pour eux deux, « cela se passait ». D'autres professeurs pouvaient assister aux séances du séminaire, comme Borel, Lebesgue ou Denjoy, et, bien sûr, des mathématiciens étrangers présents à Paris, comme l'Américain George Birkhoff (1884-1944), « un des piliers du séminaire ». Tous deux se souvenaient surtout qu'Hadamard créait une atmosphère d'échanges et de coopération et que, loin de toute posture d'autorité, il agissait comme s'il venait pour apprendre et se faire expliquer ce qui lui semblait obscur. Conclusion de Weil : « C'est entre la "bibli" et le séminaire Hadamard que je suis devenu mathématicien »[520]. Mandelbrojt soulignait que le séminaire, avait été précurseur en inventant le travail en commun : « Il était en quelque sorte le pré-Bourbaki. » Il ajoutait, précisant ainsi sa pensée :

> « C'était vraiment là - je ne mets aucun sens péjoratif au mot "cuisine" - c'est là que se "cuisinaient" les mathématiques, où se faisaient vraiment les mathématiques, en France. »

Plus qu'à l'ENS et à la Sorbonne, donc.

2.3. Vers la chaire de Physique mathématique et de Calcul des probabilités

Dans le même mouvement que celui qui le conduisit à renoncer à la direction de l'ENS, Borel décida de quitter la chaire des Théorie des fonctions pour postuler à la succession de Boussinesq dans la chaire de Physique mathématique et de Calcul des probabilités, vacante depuis son départ en retraite, en 1918. Cela donna lieu à une belle empoignade au Conseil de la faculté des Sciences : fallait-il maintenir l'intitulé de la chaire vacante et, dans ce cas, y transférer Borel puis, cela étant fait, devait-on supprimer sa chaire de Théorie des fonctions ou la maintenir, fallait-il en changer l'intitulé et surtout : à qui serait-elle destinée[521] ?

Picard prit la parole en premier et quand Picard parlait, en de telles circonstances, c'était le premier des « pontifes » qui s'exprimait, le plus élevé en grade, le plus primé et le plus décoré, celui dont la parole pesait le plus lourd et, de plus, il représentait l'avis de la commission des mathématiciens. Il déclara que « la Théorie des fonctions (étai)t suffisamment représentée dans l'enseignement de la faculté et, au contraire, la Physique théorique ne l'(étai)t pas ». Il condamnait donc la chaire que quittait Borel et appelait de ses vœux la création d'une chaire de Physique. Et quant à la chaire que celui-ci voulait rejoindre, Picard la voyait abandonner sa dimension de Physique mathématique car, disait-il, « sous ce

[520] Weil indiquait que la bibliothèque des Sciences de l'ENS, au contraire de celle des Lettres largement ouverte et accueillante aux élèves grâce à Lucien Herr, n'ouvrait que deux heures par semaine par décision de l'agrégé-préparateur alors en fonction ; aussi s'en plaignit-il auprès du sous-directeur, Vessiot, lequel ne changea rien à l'ordre des choses sinon qu'il confia une clé à Weil lui permettant d'accéder à volonté aux lieux.

[521] PV du CFSP, séances du 13 décembre 1919 et du 24 janvier 1920, AN-AJ/16/5123.

nom on enseigne des mathématiques et ce qu'il faudrait c'est de la physique ». Il est difficile de déterminer ce qui, dans ce parti pris de Picard, résultait de son hostilité aux mathématiques boréliennes qu'un éventuel successeur aurait continué d'enseigner. En tous cas, Lebesgue, très remonté, tenta une contre-offensive et défendit la nécessité du maintien d'une chaire de Mathématiques et même de Théorie des fonctions, en montrant qu'au contraire des autres disciplines, ce n'était « que dans 2 ou 3 chaires qu'on s'occupe de mathématiques vivantes (...) à cause de l'édifice logique (qui fait que) l'enseignement de la licence porte sur des résultats acquis depuis longtemps ». Koenigs le contredit en soutenant qu'il y avait « beaucoup de chaires de sciences abstraites » à la faculté, que celle de Boussinesq était une chaire « de sciences concrètes » et que Borel voulait y être transféré « parce qu'il vo(ya)it l'enseignement s'orienter vers les sciences concrètes ». Cotton prit alors la parole, encore plus longuement que Lebesgue, en défense de la Physique et il annonça qu'il voterait pour le transfert de Borel à condition que sa chaire fût transformée en chaire de Physique. Picard reprit la parole pour contrer sévèrement Lebesgue. Il conclut :

> « L'essentiel c'est d'avoir de la Physique théorique traitée par un physicien, avec l'esprit physicien », lança-t-il.

Il ne restait qu'à voter. Ce fut une formalité. La chaire de Boussinesq fut maintenue, Borel y fut transféré et son ancienne chaire, clairement destinée à Cotton, devint une chaire de Physique théorique et Physique céleste. Ce transfert de Borel, d'une chaire à l'autre, signifia un bouleversement de son enseignement sinon une réorientation de ses recherches. Lorsqu'il compléta sa *Notice de titres et travaux*, l'année suivante, lors de sa nouvelle candidature à l'Académie des sciences, il y inclut ce nouveau paragraphe :

> « Depuis quelques années, tout en poursuivant mes travaux de théorie des fonctions (...) j'avais été vivement attiré par le calcul des probabilités et par certaines théories de physique mathématique. Pour des raisons que j'ai exposées dans un petit livre (i.e. : *Le Hasard*, 1914, ndlr), l'importance de la théorie des probabilités tant dans la science pure que dans les techniques, tant dans la spéculation philosophique que dans la vie quotidienne, me paraît ne pouvoir être exagérée. Coordonner l'ensemble considérable de recherches faites dans ces cinquante dernières années sur les probabilités et leurs applications me paraît une tâche indispensable (...). Je voudrais essayer d'apporter à cette tâche une contribution aussi étendue que mes forces me le permettront. »[522]

---

522 É Borel, *Supplément (1921) à la notice (1912) sur les Travaux scientifiques de M. Émile Borel*, Toulouse, Privat, 1921.

Un programme se dessinait donc autour de l'idée de coordination des recherches. On pouvait penser à de nouvelles recherches, à l'enseignement et aux publications - et il allait, en effet, y avoir la grande entreprise du *Traité du calcul des probabilités et de ses applications* - mais qui eût pu imaginer la création d'un Institut de Statistique de l'Université de Paris, dès 1922, puis, en 1927, celle de l'Institut Henri-Poincaré ?

Borel quittant l'ENS, les époux déménagèrent pour un appartement luxueux de la rue du Bac. Mais Borel qui aurait dû quitter le Conseil de l'Université du fait de son départ de l'ENS arriva à s'y maintenir en se faisant élire à un des deux postes de représentant de la faculté des Sciences, à la place d'Appell qui l'occupait depuis qu'il avait renoncé au décanat et qui, devenu recteur, le libérait. Borel, en restant au Conseil de l'Université de Paris dont il devint vice-président, aux côtés du recteur, gagna donc encore en influence. De son côté, Marguerite apporta sa participation très active pour le versant administratif des entreprises de son père, au rectorat, en particulier pour la construction puis l'organisation administrative de la Maison des étudiantes du boulevard Raspail, un projet placé sous l'autorité de Mme Appell qui permit d'ouvrir, en 1923, 150 chambres pour les étudiantes des cinq facultés parisiennes[523]. Elle s'investit aussi dans le développement du projet de Cité universitaire porté par son père.

2.4. Les Borel, grands voyageurs

Le voyage en Chine

Cette année 1920 fut donc aussi marquée par le voyage de cinq mois que Borel et Painlevé firent ensemble en Chine, du printemps à l'été, et qui marqua la reprise de leurs relations amicales après la période d'intense travail en commun qu'ils avaient connue à la présidence du Conseil. La décision d'entreprendre ce voyage fut tardive voire improvisée. En effet, alors que cette mission était pour partie liée à la volonté du président de la République chinoise Xu Shichang de créer à Paris un Institut des hautes études chinoises, Borel n'apparaissait pas dans les débats universitaires préparatoires. Painlevé qui était président du conseil d'administration de cet institut, s'était adressé, à la fin d'avril, au Conseil de l'Université pour obtenir sa collaboration et avait même requis l'autorisation de conférer le titre de docteur *honoris causa* à Xu, un « grand savant et grand lettré, ancien président de l'Académie de Pékin », selon lui. Une discussion s'était engagée au Conseil pour que les sinologues français fussent mieux associés à

---

[523] *L'Homme libre*, 1er février 1922.

la création de cet institut mais Borel, dont le nom n'était pas cité au sujet de cette mission, n'était pas intervenu bien que présent[524].

Painlevé partait en Chine, officiellement comme chef d'une mission technique de réorganisation des chemins de fer chinois, organisée à la demande de la Chine. Un important volet concernant le développement de l'enseignement en Chine et de la coopération universitaire entre la France et la Chine s'y ajouta pour lequel Painlevé choisit donc Borel. Germain-Martin, autre collaborateur de Painlevé pendant la guerre, fut aussi du voyage. Abel Bonnard (1883-1968), journaliste et homme de lettres mondain, compléta la délégation[525]. Selon Marbo, son époux qui eut à subir des « fièvres » pendant le séjour, revint de Chine « pénétré d'admiration » mais « avec la crainte du *péril jaune* »[526].

Les voyages de jeunesse

Dès leur mariage, les époux Borel avaient entrepris de nombreux voyages - à commencer par leur voyage de noces - bien plus que ne le faisaient la plupart de leurs contemporains, y compris ceux avec lesquels ils partageaient les mêmes standards de vie. Toute sa vie, Borel aima les voyages à l'étranger et il rechercha les occasions d'en entreprendre. Il y eut des voyages essentiellement d'agrément, il y eut des voyages liés à la vie universitaire et aux missions de représentation qui en relevaient, aux invitations pour occuper une chaire ou dispenser un enseignement pour une durée plus ou moins longue, pour honorer la remise d'un prix ou participer à une inauguration, l'assistance à des congrès scientifiques - de plus en plus courants, des voyages où ils choisirent d'associer les obligations professionnelles du mathématicien aux envies communes de découverte et de connaissance du monde des deux époux ; puis vinrent les nombreux voyages liés aux engagements politiques, en particulier pour la coopération européenne, ceux liés aux entreprises éditoriales de Borel et à la réputation croissante de Marguerite dans le monde littéraire, souvent appelée à prononcer des conférences. Ensemble, ils eurent un goût pour ces voyages et un désir de ne pas vivre enfermés dans les cadres étroits qui leur étaient familiers. D'ailleurs, dans ses *Souvenirs*, Marbo ne manquait jamais de décrire avec force détails et talent ces nombreux voyages.

Avant même ce mariage, seul Émile avait déjà voyagé, en particulier pour le congrès des mathématiciens de Zurich, en 1987, ou en Autriche-Hongrie. Les premiers voyages à deux furent un peu difficiles et Marguerite considéra

---

524 PV du CUP, séance du 26 avril 1920, AN-AJ/16/2589-2590.

525 A. Bonnard, *En Chine (1920-1921)*, Paris, Fayard, 1924. M. Bastid-Burgière, « Le voyage en Chine de Paul Painlevé en 1920 », dans C. Fontanon et R. Frank, *Paul Painlevé (1863-1933). Un savant en politique*, Rennes, PUR, 2005, p. 83-103.

526 C. Marbo, *À travers deux siècles*, *ouv. cit.*, p. 173.

le voyage de noce comme une habitude « barbare » en raison du « mélange d'étonnements physiques, de fatigue et d'ahurissement » que provoqua chez elle le rythme effréné des visites planifiées par son époux[527]. Le plaisir fut sans doute au rendez-vous car le voyage en Italie devint annuel, Borel ayant été nommé « professeur extraordinaire » à l'Université de Rome et son épouse restant décidée à l'y accompagner. Il y eut ensuite « de courts voyages comparables à des fenêtres que nous ouvrions », en Belgique, en Hollande, à Londres, ici en compagnie des Drach, là avec les Perrin et leurs enfants, ou avec les Maurain ; il y eut les congrès de mathématiciens, à Heidelberg, en 1904, à Rome, en 1908, à Cambridge, en 1912.

En France, il y eut les « tournées d'examens » dans les ports de France pour les jurys de concours de l'École navale, souvent avec Drach, Perrin, Métin. Il y eut aussi le premier séjour de la jeune épouse dans l'Aveyron natal de son mari, un véritable « voyage » tant le dépaysement et aussi les efforts fournis pour faire bonne figure puis être acceptée furent grands pour Marguerite. Celle-ci fut néanmoins conquise par la patrie rouergate de son époux. Elle le montrait, dans quelques lignes de ses *Souvenirs* :

> « Quatre fois l'an, nous arrivions en voiture par l'ancien Chemin royal, frôlant le rocher-citadelle dominant l'agglomération et qui fait son orgueil. Mon cœur tresaille quand j'aperçois la cité, couchée à nos pieds, en bas de la descente. Saint-Affrique rassemble ses maisons d'où surgit la flèche de l'église, autour d'une rivière coulant sous trois ponts (il s'agit de la Sorgues, ndlr), dont l'un, datant du Moyen-âge, rappelle ceux des eaux-fortes espagnoles. Des routes, formant étoile, relient la ville à des régions splendides dans leur diversité. Ici, des terres rouges contrastent avec les cultures vert acide ; là, des pentes couvertes de châtaigniers dégringolent vers les eaux transparentes du Tarn ; ailleurs, une vallée fertile longe des villages hauts perchés et d'anciens châteaux féodaux. »[528]

Quand son mari devint le maire de Saint-Affrique, cet attachement de son épouse pour cette petite ville trouva alors à s'investir dans son administration et sa transformation, toutes choses que Marguerite Borel considéra définitivement comme une mission personnelle.

La découverte de l'Amérique

En 1912, ce fut la « découverte de l'Amérique »[529]. L'Académie des sciences mandata Borel à l'inauguration de l'Université de Houston, en

527 Id., p. 63-64.
528 Id., p. 295.
529 Id, chapitre X, p. 123 sq.

remplacement de Poincaré, malade. Ils restèrent six mois outre-Atlantique sans que Marbo n'expliquât vraiment comment son mari put se soustraire pendant cette année-là à ses obligations universitaires. Ils firent d'abord un tour privé, depuis Cuba vers le Texas, en retrouvant à la Nouvelle-Orléans l'ami Volterra, lui aussi délégué aux cérémonies de Houston, avant de continuer vers l'Arkansas, le Missouri, Chicago, les chutes du Niagara avec une incursion au Canada, et enfin New York, pendant une quinzaine de jours, incognito. Marbo, observatrice attentive, décrivait soigneusement comment elle perçut ce nouveau monde et l'immense distance qu'elle croyait y découvrir avec la société européenne. Elle conservait l'impression d'avoir dû tenter en permanence de détromper ses hôtes, de les informer et de lever leurs préjugés. Au total, ils visitèrent une vingtaine d'universités. Le témoignage de l'épouse est assez peu précis sur ce que son mari fit, de son côté, en répondant à ses obligations universitaires, fréquentant les réceptions, donnant des conférences et visitant des centres de recherche.

Le Brésil et toute l'Europe

Après la guerre, les voyages reprirent à un rythme soutenu. Au printemps 1920, Borel partit donc seul en Chine mais, à l'été 1922, il fit partie d'une « ambassade extraordinaire » au Brésil à l'occasion des cérémonies du Centenaire de l'indépendance et, cette fois, l'invitation valait pour les deux époux[530]. La France avait choisi de composer une délégation d'universitaires à laquelle fut joint un représentant de l'aéronautique en plein essor, tandis que d'autres pays n'avaient désigné que des industriels ou des militaires. La traversée se fit sur le mode d'une croisière de luxe sur le Massilia, tout juste sorti des chantiers navals de La Seyne-sur-mer, en 1920. Le 19 septembre, Borel prononça une conférence à la *Sociedade Brasileira de Sciências*, sur « la théorie de la relativité et la courbure de l'univers »[531]. À l'occasion de cette visite fut inauguré l'Institut franco-brésilien de haute culture, rattaché à l'Université de Rio. Elle fut essentiellement marquée par les réceptions et cérémonies officielles qui permirent à Borel de nouer des liens intellectuels durables et elle fut d'ailleurs suivie de trois autres séjours échelonnés jusqu'aux années cinquante.

---

[530] Les membres de la délégation étaient : Alexandre Conty (ambassadeur de France au Brésil), deux députés, et, outre Borel, Pierre Janet (médecin et professeur au Collège de France), Maurice Chiray (professeur de la Faculté de Médecine de Paris) et Georges Dumas (professeur de psychologie).

[531] P. Petitjean, « Miguel, Paul, Henri et les autres, Les réseaux scientifiques franco-brésiliens dans les années 1930 », dans A.A.P. Videira et S.R.A. Salinas, *A Cultura da Fisica : Contribuções em homenagem a Amelia Imperio Hamburger*, Sao Paulo, Editora Livraria da Fisica, 2001, p. 59-94, et M. Paty, « La réception de la théorie de la relativité au Brésil et l'influence des traditions scientifiques européennes », *Archives internationales d'histoire des sciences, Académie internationale d'histoire des sciences,* 1999, p.331-368.

Après cela, les Borel visitèrent le Danemark, toujours en 1922, l'Espagne, puis, en février 1924, ils firent d'abord une étape à Londres pour y retrouver des amis mathématiciens, bien sûr, mais aussi le journaliste, proche de Churchill, Wickham Steed (1871-1956), familier du salon Marillier et de *l'Arcouest*, le romancier H. G. Wells et Arnold Bennett, avant de poursuivre vers le Danemark, qu'ils visitèrent pour la première fois, afin d'honorer une invitation des collègues mathématiciens de Borel, Niels Nörlund (1885-1981) et Harold Bohr (1887-1951), en particulier[532]. Les responsabilités intellectuelles de Borel au sein du mouvement pour la coopération européenne et la sécurité collective l'amenèrent à visiter, à plusieurs reprises pour certaines, toutes les capitales européennes, souvent en compagnie de son épouse. Genève fut la plaque tournante de ces tournées politiques.

L'élection de Borel à la députation modifia le rythme et les motifs des voyages suivants. Si les séjours dans des universités étrangères continuèrent à se présenter, s'y ajoutèrent les nombreux voyages en Suisse, à Londres ou dans toutes les capitales nordiques liés aux activités politiques de Borel, en particulier son action en faveur de la Société des nations. Comme ministre de la Marine, il organisa une croisière dans les pays du Maghreb à laquelle il convia Perrin et Valéry. En 1929, il fut invité à faire cours à la faculté des Sciences de Buenos Aires tandis que Camille Marbo donnait des conférences en Argentine et en Uruguay. Celle-ci raconta à nouveau en détail dans ses *Souvenirs* l'ambiance et les péripéties de la croisière et de ses escales, de Bahia à Buenos Aires, puis du retour, encore sur le Massilia[533]. En 1932, ce fut de nouveau l'Afrique du Nord, d'Alger à Marrakech, parce que Borel était rapporteur du budget de ces territoires pour la commission des Finances ; Marbo s'extasiait sur « les indigènes qui pullulent » et « le génie du maréchal Lyautey qui a su créer sans détruire »... [534]

---

[532] W. Steed, *Mes souvenirs, 1892-1914,* Paris, Plon, 1926, p. 42.
[533] C. Marbo, *À travers deux siècles, ouv. cit.*, p. 253-258. Les papiers conservés par madame Besson comprennent de nombreuses notes de voyage de C. Marbo.
[534] Id., p. 259-265.

Chapitre 3
La « grande pitié des laboratoires » sans Borel

À l'heure où Barrès montait à la tribune de la Chambre pour y proclamer « la Grande pitié des laboratoires de France », le 11 juin 1920, faisant ainsi de la recherche scientifique une question d'actualité brûlante, Borel se trouvait en Chine, avec Painlevé.

3.1. Naissance de l'Office national des recherches scientifiques industrielles et des inventions

Avant même la fin de la guerre, une intense activité parlementaire centrée sur les questions de recherches scientifiques s'était développée. Sur la proposition d'un député depuis longtemps actif dans ce domaine, Henri Pottevin (1865-1928), elle déboucha, dès le 7 décembre 1918, sur la création d'une commission chargée d'étudier sa proposition d'« établir une organisation permanente des recherches scientifiques, industrielles et agricoles (qui) aurait pour mission de réaliser des études à partir de projets soumis par des inventeurs »[535]. Présidée par Étienne Clémentel (1864-1936), ministre du Commerce et de l'Industrie, assisté de Millerand, Painlevé et Émile Picard, secrétaire perpétuel de l'Académie des sciences, cette commission délégua aussitôt à une sous-commission l'élaboration du projet d'organisme, sous la présidence de Painlevé. Parmi ses nombreux membres on retrouvait, aux côtés de plusieurs industriels, nombre de scientifiques, souvent académiciens, dont Appell, Borel, Breton, Haller, Janet, Le Chatelier, Lacroix, Lindet, Schloesing, Sebert, Tisserand et Violle. Maurain en était le secrétaire général. L'équipe de la direction des Inventions pendant la guerre était donc là au complet, Perrin excepté. Selon Anizan, Painlevé avait, en fait, caressé un projet très similaire lorsqu'il était à l'Instruction publique et c'est donc une version très semblable à ce qu'il avait imaginé qui sortit des travaux de la commission[536]. Ensuite, il fallut faire adopter le projet à la Chambre, ce qui fut fait sans perte de temps et sans même qu'il y eût de

[535] TPC, Projet de résolution présenté par Henri Pottevin à la Chambre, le 8 octobre 1918, en vue d'« établir une organisation permanente des recherches scientifiques, industrielles et agricoles ». À ce sujet et sur Pottevin, voir M. Pinault, *Maurice Barrès et « la grande pitié des laboratoires de France », ouv. cit.*, p. 126 sq.
[536] A. N., 313 AP67, cité par A.-L. Anizan, *ouv. cit.*, p. 170-174.

débat, dès le 10 juillet 1919, mais, par contre, devant les résistances du Sénat, il fallut attendre quatre longues années pour que la loi créant l'Office national de recherches scientifiques, industrielles et des inventions (ONRSII) fût définitivement adoptée, le 29 novembre 1922. Le rôle personnel de Borel dans cette affaire fut très modeste. D'ailleurs, il ne fit pas partie immédiatement des scientifiques appelés à siéger au conseil d'administration de l'ONRSII, dirigé par Breton et d'abord présidé par Painlevé. Borel y entra en 1924, comme député, tandis que Painlevé, devenu président du Conseil en 1925, fut remplacé par Louis Loucheur (1872-1931)[537].

3.2. Borel et la campagne de Barrès

Tandis que se discutait la création de l'Office, Barrès menait donc sa campagne en faveur des laboratoires de recherche, entendus essentiellement comme laboratoires de « science pure »[538]. Cette campagne mobilisa de nombreux scientifiques, à la tête desquels se trouvaient Moureu et Appell, lequel devait devenir le président du Comité national d'aide à la recherche scientifique (CNARS) créé au cours de cette campagne. Borel ne joua pas un rôle très actif dans cette mobilisation nationale suscitée par la Confédération de sociétés scientifiques, si ce n'est au titre de ses responsabilités à la Société mathématique de France et même si sa présence était notée lors du banquet offert par celle-là aux parlementaires, le 28 mars 1922, au Cercle de la Renaissance française. Le cas de Borel n'était pas isolé ; il en était de même de Painlevé, Maurain et d'autres comme Perrin, Langevin ou Marie Curie qu'on aurait pu imaginer avoir été très actifs à propos de tels enjeux. Il fallut attendre un article de novembre 1922 dans *La Dépêche* pour lire un propos - réservé - de Borel au sujet de la campagne de Barrès :

> « Depuis que M. Maurice Barrès a écrit des pages éloquentes sur "la grande misère des laboratoires", il est devenu de bon ton de s'intéresser à la science. Il ne faut pas mépriser ce résultat car il n'est pas indifférent pour la science de recevoir des appuis matériels ; on doit donc remercier M. Maurice Barrès de s'être fait auprès d'une clientèle riche l'avocat de nos laboratoires dans le dénuement. »[539]

En fait, même si à la Chambre, dans le cadre des stratégies parlementaires, une sorte d'« Union sacrée » semblait réalisée en faveur de la recherche avec le dépôt d'amendements communs à des membres du Bloc national et à des députés de gauche comme Blum ou Buisson, la presse de

---

537 *Recherches et Inventions*, n° 42, 27 janvier 1923.

538 Voir M. Pinault, *Maurice Barrès et « la grande pitié des laboratoires de France »...., ouv. cit.*

539 É. Borel, « Science et démocratie », *La Dépêche*, 17 novembre 1922, p. 1.

gauche, elle, du *Populaire* à *L'Humanité*, n'embraya jamais sur cette campagne. La raison principale en était la personnalité inacceptable de son principal animateur qui avait mobilisé une presse essentiellement conservatrice, liée aux milieux d'affaires, et des réseaux scientifiques, industriels et mondains associés à ces milieux. L'autre raison était qu'on considérait que le monde parlementaire était coutumier des « beaux discours » sans suite. Ainsi, lorsque Barrès prononça à la Chambre son premier discours sur la question, le 11 juin 1920, *Le Populaire* ironisa en pages intérieures :

> « Beaux discours sur la question de l'Instruction publique à la Chambre. M. Barrès (*Écho de Paris*) parle en prophète lyrique de la France de demain : "Une France toute parée de ses églises de village, affectueusement vénérées, une France où les laboratoires scientifiques regorgeraient de ressources (...). Voilà mon programme en commun avec mes lecteurs. Et je mets le tout sous l'invocation de Jeanne d'Arc, prochainement patronne de la France". Belle musique, ma foi ! Mais cela ne nous dit pas comment les fils des ouvriers et des paysans pourront connaître les joies supérieures du savoir, des arts, des sciences, des lettres. »[540]

L'Humanité - il s'agit de celle d'avant le congrès de Tours - n'était pas en reste au moment de rapporter en quelques mots qu'à la Chambre « M. Barrès (avait plaidé), sinistrement, pour la "misère des laboratoires" et du Collège de France »[541]. Le lendemain, le chroniqueur attitré des débats parlementaires, Barthélémy Mayéras (1879-1942), n'évoquait ni l'écrivain-député ni son discours lorsqu'il se félicitait « que notre pays soit encore ce qu'il est malgré la ladrerie de son budget d'Instruction publique, et que sa science soit rayonnante malgré la misère des laboratoires et l'indigence des savants ». Un an plus tard, *L'Humanité*, devenue le quotidien communiste, revenait sur « La grande pitié de la science française », sous la plume de l'écrivain-journaliste Gabriel Reuillard (1885-1973) mais toujours en ignorant Barrès. Soulignant que « les savants se plaign(aient) unanimement de la détresse des laboratoires et des facultés », Reuillard interrogeait « quatre savants officiels d'une incontestable valeur » qui se trouvaient être tous de gauche voire très à gauche : Eugène Gley (1857-1930), endocrinologiste, professeur au Collège de France, natif d'Épinal comme son collègue et ami Lapicque, second professeur interrogé par *l'Humanité*, ainsi qu'Urbain et Perrin[542]. Gley parlait au nom de ses collègues du Collège de France, tous décrivaient l'insuffisance et l'étroitesse, l'inadaptation et l'état

---

540 *Le Populaire*, 15 juin 1920.
541 *L'Humanité*, 12 juin 1920.
542 *Id.*, 20 février 1921.

de délabrement des locaux dans lesquels ils travaillaient. À aucun moment il n'était question de la campagne de Barrès.

Ce sont donc les projets d'une fraction de la science française qui se mobilisèrent, dès 1919, en faveur des laboratoires, celle qui avait commencé à agir, depuis 1901 en particulier, autour du Musée social et s'était regroupée, dès 1916, au sein de l'Académie des sciences, autour du secrétaire perpétuel, Émile Picard, du professeur de Physique industrielle Henry Le Chatelier (1850-1936) et de Moureu. Ces personnalités qui se positionnaient à droite, parmi les antidreyfusards et les catholiques, qui étaient de plain-pied avec les milieux militaires et industriels, en particulier dans la chimie et la pharmacie, voulurent, dès le retour de la paix, organiser les recherches scientifiques. Elles étaient fortement installées à la tête d'un réseau, appuyé sur la *Revue scientifique* que Moureu dirigeait, la *Revue de métallurgie* et la *Revue de chimie industrielle* de Le Chatelier, les diverses sociétés scientifiques de chimie et l'Académie des sciences[543]. Se remémorant cette campagne, Borel indiqua qu'il avait été impossible pour lui - et sans doute ses amis - de passer outre la personnalité de Barrès :

> « Il y eut, chez beaucoup de savants, un certain étonnement lorsqu'on vit Maurice Barrès s'improviser l'avocat d'office de la science et des laboratoires dans le dénuement. (...) Il faut bien reconnaître que malgré l'universalité de sa belle intelligence, Maurice Barrès ne semblait pas particulièrement prédisposé à s'enthousiasmer pour la science. (...) Le savant sûr de lui, revendiquant hautement le droit de diriger l'humanité dans des voies nouvelles, n'intéressait pas Maurice Barrès. (...) Le péril de la science émeut Maurice Barrès au même titre que la ruine d'un vieux cloître et il trouve, pour sonner l'alarme ses accents les plus sublimes. »[544]

[543]M. Pinault, *Maurice Barrès et « la grande pitié des laboratoires... », ouv. cit.*, p. 230-250.
[544] É. Borel, dans *La Revue du Mois, Vient de paraître*, n° 27, février 1924. Voir M. Pinault, *Maurice Barrès et « la grande pitié des laboratoires... », ouv. cit.*, p. 283.

Chapitre 4
Des réseaux Borel au « groupe Perrin »

Au sortir de la guerre, dans une sorte de différenciation avec le réseau de scientifiques organisé autour de Barrès et Moureu, le groupe des universitaires proches de Perrin et Borel prit une forme de plus en plus permanente, sinon organisée, au point de devenir une composante essentielle du microcosme universitaire et scientifique. Cette génération, celle des savants désormais proches de la cinquantaine et occupant les principales positions dominantes au sein de l'Université - les « Pontifes » - s'exprima ainsi dans des « réseaux Borel » et un « groupe Perrin » à la présence de plus en plus dominante.

4.1. Le renforcement du réseau *arcouestien*

Tandis que Borel était en Chine, Camille Marbo passait deux mois de l'été 1920 à l'Arcouest dans ce qu'elle appelait sa « seconde famille »[545]. Elle définissait *l'Arcouest* « comme une sorte de royaume sans roi, clos sur ses traditions, animé par un seul être qui rayonne en son centre : Charles Seignobos ». Elle était d'ailleurs devenue, au fil des années, une sorte de « maîtresse de maison » chez Seignobos et l'animatrice en chef du « Club » arcouestien. Mais après la coupure de la guerre, *l'Arcouest* entrait en réalité dans sa seconde période, celle où une seconde génération arrivait à l'âge adulte avec les enfants Perrin, Auger, Lapicque, Stodel, Pagès, Gricouroff, Curie, Chavannes, Grandjouan, Maurain, rejoints par d'autres comme les enfants de Langevin. Entre ces héritiers, des unions se célébraient dont celle d'Aline Perrin et Charles Lapicque, celle de Francis Perrin et Colette Auger, celle de Simone Auger et André Pagès, celle de Jean Langevin et Edwige Grandjouan, et bientôt celle d'Irène Curie et Frédéric Joliot (1898-1958). La communauté ne cessait de s'élargir, par exemple avec l'arrivée de Marcelle (1898-1995) et Georges Huisman (1889-1957). Diplômé de l'École des chartes, celui-ci qui avait d'abord été un collaborateur de la *Revue de synthèse historique,* avait connu sa future femme au bal de l'ENS de 1920 puis avait entamé une carrière de haut fonctionnaire qui l'avait conduit au cabinet du président du Sénat puis au secrétariat général de l'Élysée[546].

---

[545] C. Marbo, *À travers deux siècles*, *ouv. cit.*, p. 175.
[546] M.-G. Huisman, *J'ai un bel avenir derrière moi*, Paris, éd. du Platane, 1994.

De nombreuses bâtisses, souvent construites sur des parcelles rachetées à Lapicque, parsemaient désormais la presqu'île ; Perrin, avec l'argent de son prix Nobel, en 1926, y fit construire la superbe maison Ti Yann - « la maison de Jean » - qui déclassa rapidement Taschen comme cœur de la vie *arcouestienne*, tout comme Perrin sembla remplacer Seignobos comme inspirateur et animateur de la communauté. Les Joliot-Curie, agrandissaient la maison de Marie Curie. Jusqu'à Eugène Schueller (1881-1957), ancien élève d'Auger devenu un industriel innovant, créateur de l'Oréal, qui achetait une grande parcelle à l'écart et construisait une riche propriété à colonnades. De nouvelles « tribus » se formaient, plus « artistes », à l'hôtel Barbu, situé face à l'embarcadère pour Bréhat, et à la pension Chevouard, implantée au fond de la baie de Launay, un lieu où « la fête » était permanente, au grand dam des anciens de *l'Arcouest*, habitués à « plus de tenue ». En 1922, les Borel achetèrent enfin un vieux moulin sur l'île de Bréhat, à une demi-heure de bateau en face de l'Arcouest donc et assez à distance de son agitation permanente.

Des années vingt aux années trente, le réseau social de *l'Arcouest* dont l'identité s'était désormais fortement constituée et affirmée autour d'un important capital institutionnel, social et culturel, celui d'une des fractions conquérantes de l'élite universitaire, et à travers l'adhésion active de ses membres aux différents courants de la gauche, prospérait et espérait. L'écrivain Rosny Jeune (1859-1948) qui racheta la maison de Jules Chéret, mit en scène, dans son roman *L'Erreur amoureuse d'Anne de Bretagne*, cet *Arcouest* de la seconde génération, toujours amoureux de la mer, de la nature et des activités sportives[547]. Le cœur de *l'Arcouest* restait dominé par l'entre-soi à base d'appartenance au monde de l'École normale - la nouvelle génération étant encore dominée par plusieurs brillants jeunes normaliens, Pierre Auger, Francis Perrin, Jean Maurain auxquels se joignait le fils aîné de Langevin, Jean, professeur de physique au lycée Henri IV - au point que certains nouveaux venus, comme Frédéric Joliot, peinaient à s'y faire une place ou à y trouver leurs aises.

Mais des enjeux nouveaux se présentaient dont *l'Arcouest* allait devenir la caisse de résonnance. Il ne s'agissait plus seulement de nourrir le plaisir de vivre ensemble en s'alimentant à un passé commun. La nouveauté résidait dans la coloration plus que jamais politique de la société *arcouestienne* ; après la génération du début du siècle qu'unissaient des engagements dreyfusards et républicains allait monter une génération confrontée à de nouvelles questions : question sociale, révolution, anticolonialisme, antifascisme. Ce qui restait, c'était l'esprit de discussion, de réflexion et la recherche d'un accord sur les idées essentielles. Un Langevin, physiquement absent de *l'Arcouest*, était devenu une référence avec ses prises de positions

---

[547] Rosny Jeune a écrit ce roman en 1934. Il a rejoint *l'Arcouest*, sans doute à la mort de Jules Chéret et il mourut, à 88 ans, à Ploubazlanec, la commune de l'Arcouest.

hardies, souvent exprimées dans *l'Humanité*, sur la révolution bolchevique ou en défense des marins français mutinés de la Mer Noire, en faveur des grèves ou contre le remplacement des cheminots grévistes par des élèves ingénieurs de grandes écoles. Perrin quant à lui restait essentiellement, comme Seignobos, un militant de la LDH même s'il avait pu contribuer, naguère, lors des élections partielles de 1909, à la souscription lancée par *l'Humanité* pour financer la campagne des candidats socialistes[548]. Après la guerre, son nom n'était pratiquement jamais cité, ni dans *Le Populaire* ni dans la presse de gauche en général, sauf pour son activité scientifique, à l'exception d'une participation à un banquet de la Ligue de la République, aux côtés de Borel, Maurain et Pierre Appell, signalée dans *L'Ère nouvelle*. Il fallut attendre la création de l'Union rationaliste, en mars 1930, puis celle du Comité de vigilance des intellectuels antifascistes, en mars 1934, pour voir Perrin émerger parmi les intellectuels de gauche les plus connus et être bientôt considéré comme un éminent intellectuel socialiste. En attendant, Borel, connu comme un proche de Painlevé et un militant de la mouvance radicale, plus que jamais proche de Seignobos en raison de ce radicalisme qu'ils avaient en commun, faisait figure sinon de leader du moins de référence intellectuelle au sein de *l'Arcouest* des années 1920.

4.2. Dispersion mondaine et affinités intellectuelles ; Rosny Aîné, Einstein et Paul Valéry

Marbo n'hésitait pas à souligner que, pour les Borel, les années de l'après-guerre furent effectivement leurs « années folles »[549] ; preuve que son époux ne savait pas bien où allaient sa carrière et sa vie. Telles que Marbo les revoyait, ces années correspondaient à un temps où celui-ci avait « délaiss(é) ses "hautes mathématiques" et, ayant renoncé à ses fonctions directoriales (à l'ENS, ndlr), (il n'était) pas trop absorbé par le calcul des probabilités ». Elle ajoutait : « Nous devînmes assez mondains ». L'un des ressorts de cette vie mondaine était la place croissante que Marbo occupait dans la vie et les salons littéraires. Venait ensuite l'activité que Borel développait dans les milieux intellectuels et politiques. Et il y avait - dimension non négligeable - le pur plaisir pour les Borel d'avoir le sentiment d'appartenir à la « société » parisienne, d'avoir leur part de la lumière, des effets de mode et des réputations que ces « années folles » générèrent dans la capitale. Marbo n'hésitait pas à le révéler, ses propos allant parfois au-delà de ce qu'elle voulait en dire, dans les pages « mondanités » de ses récits[550].

Bien qu'elle évoquât nombre de nouvelles relations nouées et développées au cours de cet après-guerre, il ressort de ses souvenirs que ce

---

548 *L'Humanité*, 10 février 1909.

549 C. Marbo, *À travers deux siècles*, *ouv. cit.*, p. 189.

550 Id, chapitre XIV, « Débuts administratifs et années folles », p. 185-197.

fut aussi le temps de l'approfondissement de certains liens électifs, nourris souvent de sentiments partagés, que la proximité intellectuelle que chacun des deux époux, séparément ou ensemble, ressentaient pour telle et telle personnalité, souvent côtoyée depuis les premières années du siècle, qui devenait désormais une amitié. Venaient en tête Joseph Rosny Aîné et son épouse, Marie Borel, dont le salon que Marbo qualifiait de « centre de réunion », renaissait. Puis il y eut, comme une flamme peut-être, une curiosité d'abord et un enthousiasme certainement, une connivence même, la rencontre de Borel avec l'autre « grand écrivain » animé lui aussi par une « passion poétique »[551] pour la science : Paul Valéry. La chronique des années vingt est envahie des moments scandant le développement de cette amitié. Enfin, il y eut la visite d'Einstein à Paris, en 1922, le grand remuement qu'elle produisit dans les milieux intellectuels les plus divers et la mise à l'ordre du jour, pour chacun, d'une réflexion renouvelée, audacieuse et dépassant les certitudes acquises, sur l'ordre du monde, sa connaissance, son explication.

Outre celles de Rosny Aîné, Valéry et Einstein, Borel connut d'autres rencontres et cultiva d'autres affinités intellectuelles. Comme le constatait, plus tard, Louis de Broglie, le mathématicien « se plut toujours avec les esprits épris d'idées générales »[552].

La longue amitié avec J.H. Rosny Aîné

Bien avant la guerre, les Borel avaient été de fidèles habitués du salon de Marie et Joseph Rosny, rue d'Alésia. Ils y retrouvaient de nombreux écrivains et critiques littéraires mais aussi des amis, comme Perrin, Sageret qu'ils rencontraient d'ailleurs au cours de la semaine, souvent en compagnie de Rosny, dans d'autres salons, et qu'ils invitaient à leur tour, boulevard Arago, le mercredi[553]. Marbo soulignait que, dès ces années-là, son époux et Perrin admiraient l'écrivain « parce qu'il avait une extraordinaire divination des questions scientifiques »[554]. Borel invitait d'ailleurs Rosny Aîné à se joindre aux scientifiques et autres - depuis Maritain et Péguy jusqu'à Blum et Herriot - qui se réunissaient pour des « deux à sept », le dimanche à l'ENS, tandis que Perrin recevait aussi l'écrivain à son laboratoire[555]. Rosny, qui avait alors atteint la cinquantaine et avait constitué une importante œuvre de près d'une centaine de titres, jouissait d'une importante considération

[551] Formule de J. H. Rosny Aîné, dans J. H. Rosny Aîné, *Torches et lumignons. Souvenirs de la vie littéraire*, Paris, La Force française, 1921, p. 12.

[552] L. de Broglie, « Notice sur la vie et l'œuvre de M. Émile Borel », déjà citée. De Broglie reprenait là une formule de C. Marbo, dans la note manuscrite déjà citée, Ac. Sc.

[553] *La France mondaine*, 5 janvier 1905. J. H. Rosny Aîné, *Mémoires de la vie littéraire*, Paris, G. Crès, 1927.

[554] C. Marbo, *À travers deux siècles, ouv. cit.*, p. 86.

[555] Voir C. Prochasson, *Au nom de la patrie…, ouv. cit.*, p. 99.

dans certains milieux intellectuels bien que sa réputation littéraire n'atteignît pas celle des « grands écrivains » reconnus d'avant-guerre[556]. Il publia cependant, entre 1909 et 1910, deux de des principaux chefs d'œuvre : *La Guerre du feu* et *La Mort de la Terre* - soulignons que les grands romans d'anticipation de H. G. Wells furent postérieurs à ceux-là - qui impressionnèrent et passionnèrent certains scientifiques, comme Borel et Perrin. Ceux-ci portaient aux nues *Les Xipéhuz*, une nouvelle datant de 1887 qui avait inauguré la veine dite « préhistorique » qui prit tant d'importance dans l'œuvre de Rosny Aîné et celle du « fantastique-scientifique » ou du « merveilleux scientifique », selon une formule de Borel - « d'anticipation »[557] selon une autre formule ; l'auteur parlant lui-même d'essais « fantastiques, idéalistes ou mixtes » - et qu'on finit par appeler, dès les années vingt, la « science fiction »[558].

Lorsque les Borel fondèrent *LRDM*, Rosny Aîné fit partie des collaborateurs réguliers de la rédaction ; il y écrivit, avant la guerre, trois articles : « La Persistance et le Changement », paru en avril 1909, « Les principes de l'énergétique », en mars 1912, et « La contingence et la détermination », en 1914, et Sageret y publia, en mars 1910, une étude sur « La sociologie de J. H. Rosny Aîné ». Tandis que Marbo donnait dans *LRDM* des comptes-rendus des ouvrages nouveaux de Rosny qui fut, en 1912, un de ses deux parrains, avec Georges Lecomte, pour son entrée au sociétariat de la Société des gens de lettres, son époux y publiait, en mai 1914, une chronique intitulée : « J.-H. Rosny Aîné et le merveilleux scientifique »[559]. En 1913, Rosny Aîné publia *La Force mystérieuse*, roman dédié à Borel et Perrin par « leur admirateur et ami[560] ». Ce roman, d'abord paru en feuilleton dans *Je sais tout*, provoqua une vive réaction et un grand intérêt chez ses deux dédicataires comme, sans doute, chez tous les scientifiques qui purent le lire car l'auteur y inventait une modification des lois de la physique - « la lumière est malade », écrivait-il - et il se livrait à une véritable étude scientifique du phénomène. Borel dira à ce sujet :

> « J. H. Rosny fait exactement le même travail intellectuel qu'un physicien qui se proposerait d'étudier ce phénomène. Il

---

[556] Dans les années vingt, la revue *L'Europe nouvelle* se faisait l'écho d'une enquête auprès de ses lecteurs visant à classer les écrivains. Rosny Aîné arrivait en sixième place derrière Anatole France, Paul Bourget, Maurice Barrès, Colette et Anna de Noailles. (*L'Europe nouvelle*, 19 janvier 1924)

[557] J. H. Rosny Aîné, *Souvenirs de la vie littéraire*, Paris, éd. La Force française, 1921, p. 222.

[558] L'expression est empruntée à Huguette Adam, « Les romans préhistoriques de J. H. Rosny Aîné », mémoire de Maîtrise ès Arts, Université Mc Gill, 1986, p. 148 (en ligne). J.-H. Rosny Aîné, « Les Xipéhuz », nouvelle incluse dans *L'Immolation*, Paris, Albert Savine, 1887. Nombreuses éditions successives

[559] C. Marbo, *À travers deux siècles, ouv. cit.*, p. 267. Georges Lecomte, romancier, dramaturge et critique d'art, fondateur de l'école Estienne, dreyfusard, fut élu président de la Société des gens de lettres, de 1908 à 1910.

[560] Gaston Rageot, *Annales politiques et littéraires*, 5 avril 1914.

approfondit les relations de ce phénomène nouveau avec les autres phénomènes connus et s'attache à en signaler les conséquences les plus caractéristiques. La seule différence, c'est que tandis que le physicien serait tenu de soumettre ces conséquences à un contrôle expérimental, le romancier peut se contenter de les indiquer et n'a pas à se préoccuper de leur vérité, mais seulement de leur vraisemblance dans l'hypothèse où il s'est placé. »[561]

Voilà pourquoi *La Force mystérieuse* fut considéré comme un des premiers sinon le premier chef d'œuvre de science fiction.

La grande époque des relations entre Borel et Perrin - ajoutons-y Langevin - et Rosny Aîné, fut celle des années vingt. En 1918, Rosny préfaça le nouveau roman de Camille Marbo, *Le Survivant,* une fiction dont le prétexte - un soldat blessé à la guerre survit « par miracle » dans le corps de son compagnon, atteint par le même projectile... - touchait au fantastique. Bien que Rosny avait donné, en 1919, son adhésion à *Clarté*, le groupement et la revue suscités par Barbusse qui en appelait à une « Internationale de la pensée » en des termes auxquels Borel n'était pas prêt à souscrire, leur amitié n'en souffrit pas - d'ailleurs ne trouvait-on pas aussi à *Clarté* un Charles Gide (1847-1932) ou un Charles Richet dont Borel était proche ? La collaboration de l'écrivain à *LRDM* reprit, avec deux articles en 1920 : « La conscience et l'existence » et « Milieux interstellaires et interatomiques »[562]. La même année, Perrin y publiait un long article intitulé « Atomes et lumière » qu'il dédicaçait « À J. H. Rosny Aîné auteur de *La Force mystérieuse* »[563]. Voilà trois êtres, Rosny, Perrin et Borel, qui, à cette époque, n'étaient pas loin d'en former un seul, sur le plan intellectuel.

Marbo se souvenait qu'elle et son mari fréquentèrent alors assidument le salon des Rosny Aîné qui « renaissait » et « se renouvelait ». L'écrivain tenait la vedette ; « adossé à la cheminée, il parlait », disait-elle. Preuve de l'importance qu'eurent ces réunions hebdomadaires ainsi que les dîners, offerts « selon les rites d'avant-guerre qui imposent un défilé effarant de plats », Marbo se les remémorait en détail :

> « Il renouvelle son cercle de jeunes tout en conservant de vieux amis. (...). Il s'enflamme quand Jean Perrin déclare : "Nos descendants iront dans la Lune. – Homme de peu de foi : Ils débarqueront sur Mars et je décrierai leur vaisseau spatial." À

---

561 É. Borel, « Discours au banquet J. H. Rosny Aîné », 29 novembre 1924, *Les Nouvelles littéraires*, 13 décembre 1924.

562 J. H. Rosny Aîné, « La conscience et l'existence », *LRDM*, n° 121, 10 janvier 1920, p. 4-21, et « Milieux interstellaires et interatomiques », *LRDM*, n° 132, 10 décembre 1920, p. 420-429.

563 J. Perrin, « Atomes et lumière », *LRDM*, n° 132, 10 février 1920, p. 114-166.

propos de la radioactivité, il attaque Paul Langevin : "Votre radium et ses dérivés détruiront la race humaine, les animaux par surcroît. D'autres règnes, semi-minéraux, les remplaceront. Je les prévois". »[564]

En 1922, Rosny Aîné publia, dans la NCS de Borel, un ouvrage voué à faire date : *Les Sciences et le pluralisme.* L'écrivain y développait une « théorie du pluralisme », dont Jean Cabanel écrivit qu'elle était « sœur des "hypothèses" d'Henri Poincaré et des "hasards" d'Émile Borel »[565]. L'écrivain avait déjà présentée ce « pluralisme » en 1909 :

> « Le pluralisme sera un encouragement à dépasser les uniformités apparentes qui incitent périodiquement les savants à cristalliser les faits dans des théories rigides. (...) Les remarquables travaux pratiques et théoriques de la science contemporaine nous engagent plus que jamais à porter toute notre attention sur l'hétérogénéité et la discontinuité universelles. »[566]

Dans un article ultérieur, Rosny commentait les réflexions de Borel dans *L'Espace et le Temps*. Ces références croisées indiquaient à quel point les uns et les autres, lorsqu'ils écrivaient, se souvenaient de leurs discussions. Ainsi, Perrin dira de ce « créateur génial » que « son travail sur *Le pluralisme* abond(ait) en aperçus originaux sur la Physique » :

> « Mathématiques, astronomie, physique, géologie, biologie lui sont également familières. (...) Je regrette que Rosny n'ait pu trouver le temps nécessaire à l'expérimentation : observation pénétrante, rigueur logique, imagination prodigieuse, et sens profond de la beauté propre aux sciences, c'était plus qu'il n'en fallait pour en faire un des premiers physiciens de tous les temps. »[567]

Borel ne semble pas s'être exprimé à son sujet avant l'occasion qui se présenta lors du banquet solennel offert à l'écrivain, le 29 novembre 1924, au Palais d'Orléans[568]. Son discours fut intégralement reproduit dans les

---

[564] Marbo mettait ici dans la bouche de Rosny Aîné des propos, qu'il avait sans doute pu tenir, qui faisaient allusion aux thèmes de certains de ses ouvrages, *Les Xipéhuz, Le Cataclysme, La Mort de la Terre,* par exemple : la lutte de l'humanité, en rivalité avec des races hostiles.

[565] J. Cabanel, « J. H. Rosny Aîné », *Le Triptyque*, n° 131 (1940), p. 3-11. Jean Cabanel était le pseudonyme journalistique de Jean Texcier (1888-1957), un socialiste, journaliste à *l'Humanité* avant la guerre, des *Nouvelles littéraires* ensuite, devenu pacifiste à la suite de la guerre. (*Maitron*, notice de J. Raymond et G. Morin.)

[566] J. H. Boex-Borel, *Le pluralisme : essai sur la discontinuité et l'hétérogénéité des Phénomènes*, Paris, Alcan, 1909.

[567] Propos datant de 1936, repris dans J. Perrin, *La science et l'espérance*, Paris, PUF, 1948, p. 105-106.

[568] *Les Nouvelles littéraires*, 29 novembre 1924. *Comoedia*, 30 novembre 1924.

Nouvelles littéraires puis Borel le publia dans *LRDM scientifique* de janvier[569]. Il rendait d'abord justice au « génie scientifique » de l'écrivain. Comme Perrin, il voyait en Rosny un esprit quasi universel :

> « La complexité de plus en plus grande de la science ne permet à personne, affirmait-il, pas même aux spécialistes les plus éminents, d'embrasser complètement toutes les sciences (...). Mais dans toute la mesure où ce tour de force est possible, J. H. Rosny Aîné l'a réalisé. »

Surtout, Borel s'attachait à caractériser l'« imagination » qui permettait à son ami d'atteindre à des créations exceptionnelles, à la charnière de la littérature et de la science :

> « Cette imagination a une puissance et une qualité, analysait-il, qui l'apparentent directement à l'imagination scientifique, c'est-à-dire à l'imagination qui met les savants sur la voie des grandes découvertes. Qu'il s'agisse, en effet, de mathématiques pures ou de sciences physiques, c'est par l'imagination seule que se distingue le véritable savant, celui qui ne se contente pas de s'assimiler la science acquise par ses prédécesseurs, mais qui fait œuvre de création. L'imagination est la qualité la plus rare et la plus précieuse chez les savants comme chez les poètes. (...) Ceux qui ont ce don sont rares ; encore plus rares ceux qui, comme J. H. Rosny, l'ont doublement et possèdent à la fois l'imagination littéraire et l'imagination scientifique. C'est cette double qualité de son imagination qui lui donne une place à part dans la littérature du merveilleux et qui le distingue notamment de Wells (...) qui n'a certainement pas les dons scientifiques de J. H. Rosny. »

Borel, après avoir lu les œuvres de Rosny Aîné et en avoir débattu avec lui, avait donc appris à reconnaître en lui, non seulement un penseur scientifique informé et profond mais aussi un producteur d'idées nouvelles. Sa comparaison avec Wells était éclairante ; il avait d'ailleurs exprimé son avis sur Wells des années auparavant, lors d'une interview au *Temps* :

> « Wells a une imagination scientifique un peu faible. (...) Supposez que Wells nous décrive demain ce qui sera peut-être l'aéroplane de l'avenir, c'est-à-dire l'aéroplane aux ailes battantes (...). Où verriez-vous l'invention, là-dedans ? L'idée de Wells dérivant de découvertes préalables, son merveilleux talent ne

[569] *Les Nouvelles littéraires*, 13 décembre 1924 ; *LRDM scientifique*, n° 157, dans *Vient de paraître*, n° 38, janvier 1925.

suffira pas à remplacer ceci : une conception inédite, qui ne serait basée sur aucune loi connue. »[570]

Nul doute que, de son côté, Rosny avait lu, outre ceux de Poincaré ou d'Einstein, les ouvrages de Borel. Comment ne pas reconnaître l'influence de celui-ci dans cette note, en première page de la réédition de *Les sciences et le pluralisme* :

> « Le monde savant (avec des exceptions) tend à admettre qu'il n'y a point de lois mais seulement des probabilités ».

Peu après ce fameux banquet de décembre 1924, creusant toujours le même sillon, Rosny publia *Les Navigateurs de l'infini*, récit d'un voyage sur Mars qui reprenait le thème de la menace d'extinction de l'humanité et pour lequel il inventait le terme d'« astronaute ». Tandis que Marbo retrouvait l'écrivain à la Société des gens de lettres où son influence était dominante, les routes de Rosny Aîné et de Borel continuèrent de s'entrecroiser, à la CTI ou à *La Dépêche*, le politique venant s'ajouter aux sympathies intellectuelles, scientifiques et littéraires.

Albert Einstein à Paris

Le début de l'année 1922 fut totalement occupé par la préparation de l'accueil d'Albert Einstein (1879-1955) à Paris, dont Borel fut directement partie prenante. Comme l'a montré Bernadette Bensaude, c'est à Langevin qui, depuis plus de dix ans, diffusait en France les théories d'Einstein, que revint l'initiative d'inviter celui-ci, au nom de l'assemblée des professeurs du Collège de France[571]. Qu'une telle invitation émanât de l'Académie des sciences restait en effet impensable, s'agissant d'un savant qu'on considérait comme un Allemand bien qu'on savait qu'il avait été naturalisé Suisse, à l'âge de 22 ans. Pourtant, tandis que plusieurs confirmation expérimentales de ses théories venaient d'être apportées et qu'il venait de recevoir le prix Nobel de physique, en 1921, Einstein était désormais largement connu du grand public et considéré comme une sorte de vedette : le « mythe Einstein » était en voie de formation. Mais son œuvre, par les immenses remises en cause qu'elle provoquait, intéressait directement tout le monde universitaire, non seulement les physiciens, comme le souligne Michèle Audin, mais bien sûr les mathématiciens et aussi les philosophes[572]. Ainsi, le physicien issu de l'EPCI, Marcel Böll, agrégé et docteur ès Sciences, personnalité reconnue - il était

---

[570] « M. Émile Borel et la théorie des fonctions », *Le Temps*, *art. cit.*

[571] B. Bensaude-Vincent, *Langevin...*, *ouv. cit.* Einstein bénficia d'un financement de la fondation Michonis du Collège. Voir É. Borel, « Einstein à Paris », *Revue hebdomadaire*, avril 1922, p. 195-202.

[572] M. Audin, « Einstein à Paris, 28 mars-10 avril 1922 », *Images des Mathématiques*, Paris, CNRS, 2014.

examinateur à entrée de l'École d'agronomie et au jury de l'École centrale - et vulgarisateur des sciences de talent, tenait-il une rubrique scientifique dans le *Journal de psychologie*, alors dirigé par Ignace Meyerson, lequel le sollicitait vigoureusement, bien avant qu'il fût question de la venue d'Einstein, pour qu'il publiât des chroniques sur les thèses nouvelles en physique permettant d'alimenter la controverse philosophique. Böll lui répondait, sèchement :

> « Dans un ouvrage qui vient de paraître sous le titre *Durée et simultanéité*, Bergson prend position, si l'on peut dire, vis-à-vis des idées nouvelles. De fait, la vieille thèse bergsonienne se juxtapose avec la relativité ainsi que l'*Essai sur les données immédiates* (de Bergson, ndlr) peut, dans une même bibliothèque, voisiner avec un exposé d'Einstein. Il n'y a en effet aucun rapport entre le "temps unique" ou temps vécu, nom actuel de la "durée", et les temps multiples imposés par la science. »[573]

Dans ce contexte, la venue d'Einstein en France fut, pour Borel aussi, un grand événement. Langevin puis Painlevé avaient publié, en 1921, dans les *Comptes rendus* de l'Académie des sciences, d'importantes études sur les théories d'Einstein ; la même année, l'astronome Charles Nordmann (1871-1940) avait publié un ouvrage de vulgarisation à leur sujet[574] ; et Borel qui avait préfacé une édition française, chez Gauthier-Villars, de l'ouvrage d'Einstein, de 1916, *La Théorie de la relativité restreinte et généralisée*, publia aussi, au début de l'année 1922, dans sa NCS, un vaste et ambitieux ouvrage de présentation et d'explication des théories relativistes - *L'Espace et le temps* - qui connut une grande diffusion et un vif succès dans le grand public[575]. Il s'attachait à y présenter les théories nouvelles, comme il le fit aussi dans ses articles de *La Revue de Paris* de juillet et novembre 1921[576].

Par contre, les réticences et les doutes subsistaient dans le monde scientifique et pas seulement par nationalisme ou antisémitisme. Lors de la présentation de son livre, à la séance de l'Académie des sciences du 20 mars, Borel, prudent, affirma ceci :

> « La meilleure façon de faire avancer la Science n'est pas d'adopter vis-à-vis des théories d'Einstein une attitude négative.

---

573 Lettre de M. Böll à I. Meyerson, 23 mars 1922, Correspondance de Meyerson, AN, 19920046/47.

574 Ch. Nordmann, *Einstein et l'Univers, une lueur dans le mystère des choses* Paris, Hachette, 1921.

575 J. Fric, « Painlevé, une contribution trop originale à la relativité générale pour avoir été comprise à l'époque ! », avril 2014, https://www.bibnum.education.fr/sites/default/files/painleve_these.pdf. É. Borel, *L'Espace et le temps*, *ouv. cit.* Borel présenta son ouvrage à l'Académie des sciences le 20 mars 1922, soit dix jours avant l'arrivée d'Einstein à Paris (voir *CR*, séance du 20 mars 1922, p. 794-795.

576 É. Borel, « Les limites de la géométrie. De Poincaré à Einstein » et « La mesure du temps. De Poincaré à Einstein », *Revue de Paris*, , 07-1921, p. 415-427 et 11-1921, p. 638-348.

(...) Einstein non seulement est allé plus loin que la physique du XIXème siècle dans la coordination des phénomènes connus, mais il y a ajouté la prévision de phénomènes nouveaux, prévision jusqu'ici sanctionnée par l'expérience. »[577]

L'Académie des sciences n'ayant, comme le souligne M. Audin, pas adressé à Einstein d'invitation à une de ses réunions, contrairement aux usages établis - un choix qu'imita la Société française de physique - c'est donc dans les locaux du Collège de France, à la Société astronomique de France, à la Société de Chimie-Physique et à la Société française de philosophie qu'eurent lieu les réceptions et les conférences scientifiques. La presse raconta en détail chacune des apparitions publiques d'Einstein, y compris les soirées qu'il passa au Théâtre des Nouveautés, à l'Opéra comique et au Ba-Ta-Clan[578]. Et lorsqu'on vit les photos de sa visite à Paris abondamment diffusées, en particulier dans *L'Illustration*[579], le montrant entouré de Langevin, Appell, Painlevé, Borel, lorsque se répandit la nouvelle de ses rencontres avec Bergson, Valéry, Brunschvicg et Meyerson, lorsqu'on sut qu'à la conférence au Collège de France avaient assisté des personnalités de la vie mondaine comme Anna de Noailles, la comtesse Greffuhle (1860-1952) et la princesse de Polignac (1865-1943), toute manifestation d'opposition devint impossible. C'est d'ailleurs au cours d'un dîner amical qui eut lieu chez les Borel, avec Painlevé, Langevin, Perrin, Cartan, Appell et Marie Curie, qu'Anna de Noailles rencontra le physicien à la mode. Marbo raconta que, ce soir-là, il ne fut question ni de relativité ni de science, en général ; selon elle, son invitée défia Einstein « au jeu des ficelles entrecroisées sur les doigts de la main ». Borel se souvenait, lui, qu'elle s'était adressée à Einstein avec son « éloquence volubile » habituelle, ce qui amena le savant - « qui ne manquait pas d'humour » - à lui répondre : « Je m'excuse, je ne comprends le français que quand on le parle mal »[580]. Plus sérieusement, Borel indiquait qu'en matière politique, Einstein avait eu cette formule quasi relativiste :

> « Ce qu'on appelle superficiellement la gauche est en réalité une structure à beaucoup de dimensions. »

Mais les plats de résistance de ce séjour d'Einstein, ce furent ses conférences - en français - et les échanges scientifiques auxquels elles donnèrent lieu. Borel, depuis peu membre de la section de Géométrie de

---

577 É. Borel, *CR*, tome 174, séance du 20 mars 1922, p. 794.

578 M. Audin, « Einstein à Paris, ... », *art. cit.* Et M. Biezuniski, *Einstein à Paris. Le temps n'est plus...*, Paris, PU Vincennes, 1992. *Comoedia*, 31 mars, 1er et 6 avril 1922.

579 *L'Illustration*, 1er avril 1922.

580 Entretien d'É. Borel pour l'émission de Magdeleine Paz et Henri Noguères, « Les voyageurs du siècle. L'année 1922 », 13 juin 1950, archives de l'INA.

l'Académie, se distingua lors de la séance au Collège de France où Painlevé livra une joute scientifique face à Einstein. L'assemblée devait entendre ensuite le physicien suisse, Édouard Guillaume (1883-1959), qui avait fait savoir, par voie de presse, qu'il allait dénoncer des fautes de calcul dans les théories d'Einstein[581]. Nordmann raconta ensuite comment Borel avait contré Guillaume, « avec une certaine impétuosité »[582] :

> « Interprète de l'opinion unanime, M. Borel déclara que "toute l'argumentation (de É. Guillaume, ndlr) ne tenait pas debout, car il n'est pas possible d'écrire d'abord les équations de la Relativité, puis d'introduire dans le maniement de ces équations des postulats étrangers et même opposés à ce système." (...) Prenant à son tour la parole, M. Langevin conclut par ces mots textuels qui concluaient une démonstration aussi brève que nette, relative à un point connexe : "Le malentendu résulte en somme de ce que M. Guillaume ne s'est pas rendu compte de ce qu'est une onde lumineuse." Quant à Einstein, souriant, il se réfugia dans une abstention charitable en prétextant n'avoir rien compris à ce que voulait dire son interlocuteur. »[583]

De ces séances, Einstein « sortit encore grandi », selon Nordmann, Painlevé - pourtant encore parcouru de doutes - ayant même déclaré que la théorie de la relativité était « un cube de granit parfaitement cohérent et rigide ». Borel écrivit un article dans *L'Œuvre*, et un autre dans la *Revue hebdomadaire*[584]. Il tint à apporter, une nouvelle fois, une présentation certes vulgarisée mais très précise des apports d'Einstein à la théorie physique et à la cosmologie.

De retour à Berlin, Einstein écrivit à Borel qu'il avait lu *L'Espace et le temps* ainsi qu'un article qu'il avait publié dans *Scientia*. Surtout, il lui indiquait qu'il avait donné suite à une conversation qu'ils avaient eue au sujet du rôle des intellectuels allemands et de la nécessité de les organiser, sur le modèle de la Confédération des travailleurs intellectuels française[585]. Leurs échanges se poursuivirent à propos de la CTI et la Commission internationale de Coopération intellectuelle et de la SDN. Le 10 avril, Borel,

---

[581] Édouard Guillaume, à ne pas confondre avec son cousin, Charles-Édouard Guillaume, prix Nobel de physique en 1920, était un collègue d'Einstein au bureau des brevets de Berne et il entretint avec celui-ci une longue polémique.

[582] Citation du polytechnicien, physicien et mathématicien, Jean-Baptiste Pomey (1861-1943), relevée par S. Montfort (« La pensée d'Émile Borel », déjà cité) dans J.-B. Pomey, *Le Producteur*, t. 8, 3ème année, juin 1922, p. 201-206.

[583] C. Nordmann, « Einstein expose et discute sa théorie », *Revue des Deux Mondes*, 1er mai 1922, p. 129-166.

[584] É. Borel, « Einstein à Paris », *L'Œuvre*, 4 avril, et *Revue hebdomadaire*, art. cit..

[585] A. Einstein, lettre à É. Borel, le 28 avril 1922, dans A. Einstein, *Œuvres choisies, tome 4, Correspondances françaises*, Paris, Seuil/CNRS, 1989, p. 47.

lors de la séance de l'Académie suivant le départ d'Einstein, prolongea cette visite en présentant une solution mathématique à quelques aspects de la question cosmologique soulevée par les théories nouvelles[586].

Le compagnonnage avec Paul Valéry

Après le séisme Einstein, Paul Valéry fut la grande rencontre intellectuelle que Borel fit dans les années vingt. Marbo l'évoquait longuement, indiquant que l'écrivain n'avait pas été un de ses « familiers personnels » mais uniquement un ami de son époux. Selon elle, ils s'étaient rencontrés chez Adrienne Monnier où se réunissait l'élite intellectuelle et artistique parisienne - ou mondiale[587]. Il est plus probable qu'ils s'étaient croisés dès les premières années du siècle, par exemple au thé Perrin, à une époque où, comme le soulignait Marbo, « le public l'ignorait encore » ; c'était l'époque, « vers 1900, (où) se faisant un délice de tout ce qui ne (le) regardait pas », disait Valéry, et s'enthousiasmant pour « la jeune chimie physique », il suivait, à la Sorbonne, les cours du jeune Perrin[588].

Puis Valéry fréquenta l'appartement des Borel, rue du Bac, et c'est là, selon Marbo, que l'écrivain rencontra celle qui devait devenir une de ses compagnes intellectuelles, fidèle et préférée, Noémi Révelin[589]. Là encore, il est possible que cela n'ait pas été exact : pour Michel Jarréty, le biographe de Valéry, leurs relations ne s'établirent qu'au cours de rencontres chez Noémi Révelin, précisément[590]. Après la guerre, le salon de celle-ci, place du Panthéon, « très à gauche », comme on disait alors - le second mari de Noémi Révelin, Louis Révelin (1865-1918), un normalien devenu avocat, militant socialiste et ancien collaborateur de Jaurès à l'*Humanité* et ami de Blum, était décédé en 1918[591] - était donc très régulièrement fréquenté par Valéry. Marbo affirmait que celle-ci organisa la campagne pour faire attribuer à Valéry, en 1923, le « prix des peintres » désignant l'écrivain préféré des peintres. Dans les années suivantes, Borel et Valéry se retrouvèrent aussi, très souvent, dans le salon mondain et académique, situé avenue Foch, de Véra Bour, une chanteuse lyrique épouse d'un psychiatre dont la clinique, le « Sanatorium de Malmaison », attirait de nombreuses

586 É. Borel, « Définition arithmétique d'une distribution de masses s'étendant à l'infini et quasi périodique, avec une densité moyenne nulle », *CR*, 1922, 1er sem., tome 174, n° 15, p. 977-978.

587 C. Marbo, *À travers deux siècles*, *ouv. cit.*, p. 193.

588 P. Valéry, « Jean Perrin », *LRDM scientifique*, octobre 1923.

589 C. Marbo, *ouv. cit.*, p. 194-195.

590 M. Jarréty, *Paul Valéry*, Paris, Fayard, 2008, p. 550. Vingt six lettres de Valéry à Borel sont conservées, datant pour celles qui sont datées ou datables, de juillet 1923 à 1928. (Papiers conservés par madame Besson)

591 J. Raymond, notice de « Louis Révelin », *Dictionnaire Maitron*.

personnalités[592]. En tout état de cause, la première manifestation publique qui vit Borel et Valéry apparaître côte à côte fut la venue d'Einstein à Paris. La suite en découla.

Einstein parti, les relations entre Valéry et Borel prirent une autre dimension. Valéry était désireux de s'approprier les conceptions scientifiques nouvelles qu'il venait de voir exposées, en alimentant un dialogue, depuis son modeste niveau d'amateur de sciences, avec un savant réputé. De son côté, Borel se montra sensible aux efforts de Valéry pour essayer de « comprendre » les questions en débat et à ceux qu'il faisait pour questionner cette science depuis son point de vue de philosophe et d'écrivain. Valéry s'était intéressé de longue date aux travaux d'Einstein : Benoît Peeters relève qu'en décembre 1919, il avait publié dans la *NRF* la traduction d'un article sur le physicien[593], et on sait, par le témoignage de sa compagne, Catherine Pozzi, que sa curiosité se nourrissait de nombreuses lectures et de contacts avec des savants même si tout cela restait confus et brouillon[594]. Norbert Schappacher a aussi montré qu'il était « très difficile de deviner ce qu'il entendait par certains fragments mathématiques qu'il avait l'habitude de citer » et qu'il fournissait souvent de leurs travaux des « descriptions éclectiques »[595].

Selon Marbo, mais aussi Maurice Fréchet, Borel et Valéry prirent donc l'habitude de se retrouver « une fois par semaine, pour déjeuner, au Cercle de la rue de Poitiers, (...) sans femmes, pour parler sciences et s'exprimer sans contrainte[596]. » Le Cercle de la rue de Poitiers - ex-Cercle de la Renaissance française[597], installé dans un ancien hôtel particulier devenu la « Maison des X », en 1919 devint, au cours des premières années vingt, un

---

[592] Louis Bour (1876–1944) était un psychiatre aux services duquel Valéry eut parfois recours. Sa femme, Vera Nimidoff, artiste lyrique d'origine russe, tenait un salon prisé où se rencontraient certains grands noms de l'aristocratie (le Prince Pierre de Monaco, la reine des Belges), hommes politiques (Louis Barthou), artistes et écrivains (Anna de Noailles, Henry Bordeaux, Valéry...). Voir M. Jarréty, *Paul Valéry, ouv. cit.*

[593] B. Peeters, *Paul Valéry : une vie*, Paris, Flammarion, 2014.

[594] On cite souvent ces remarques sévères de Catherine Pozzi : « Il (Valéry) est dans un jour mathématique. Je suis ses équations. Pour la première fois, je doute qu'il les domine. Je crains qu'il ne soit, comme moi, un compreneur à demi, ou quelqu'un qui va au-devant de la science, trouve autre chose (soi) et s'en contente. » (C. Pozzi, *Journal 1913-1934*, Paris, Ramsay, 1987, p. 207) Valéry n'ignorait rien de ses « limites » : « Je n'ai que des lueurs de la Science, n'ayant jamais fait d'études régulières et m'étant borné à lire, "au petit bonheur", ce qui m'intéressait sur le moment, arrêté, presque toujours, par les difficultés, parfois enfantines, qu'un maître quelconque eût aplanies. » (Lettre à A. Georges, dans *Lettres à quelques-uns*, Paris, Gallimard, 1952, p. 241)

[595] N. Schappacher, « Paul Valéry et la potentialité des mathématiques », Actes du colloque « Paul Valéry - Für eine Epistemologie der Potentialität », Europa Universität Viadrina, décembre 2014.

[596] M. Fréchet, *Émile Borel, philosophe et homme d'action. Pages choisies et présentées par Maurice Fréchet*, Paris, Gautier-Villars, 1967, p. 11.

[597] Sur le cercle de la Renaissance française, voir plus loin.

lieu à la mode, très fréquenté par les hommes politiques et les journalistes, ainsi que par les intellectuels en vue. Borel y eut d'autres habitudes que celle de ses déjeuners avec Valéry lequel y voyait aussi ses confrères de l'Académie. Il est probable que ces déjeuners réguliers commencèrent à la suite de la visite d'Einstein à Paris. Mais il reste impossible de savoir ce qu'ils se dirent ; par exemple savoir à quel niveau d'abstraction mathématique ou de conceptualisation philosophique ils se situaient. Valéry écrivait à Borel :

> « J'aimerais moi aussi vous voir et causer sans bornes. Quand je songe (...) que je ne rencontre des hommes comme vous que par instants (...) je me dis que la vie est un gâchage. »[598]

Dans les *Cahiers* de Valéry, Borel n'est que rarement cité, uniquement pour les années 1924-1925 et une fois en 1935. Pourtant, il est loisible d'admettre sa fascination pour l'aisance de pensée d'un Borel ; Valéry n'a-t-il pas écrit, dans ses *Cahiers*, en 1923 :

> « Écrit à Borel : l'ambition de ma vie n'a jamais été que d'intéresser quelque peu les esprits qui ne se satisfont pas aisément. »[599]

La seconde manifestation d'une collaboration intellectuelle entre Borel et Valéry date de l'élection de Perrin à l'Académie des sciences, en juin 1923. Jarréty note que Valéry félicita Perrin qui, en retour, l'invita à dîner en compagnie des Borel et de Noémi Révelin[600]. Peu après, Borel dédia un numéro de *LRDM scientifique* à Perrin et Valéry. Il y publiait - au prétexte d'y déclarer sa passion pour le bref texte de Valéry, *Eupalinos ou l'architecte* - une sorte d'hommage à sa pensée intellectuelle et scientifique[601]. Dans *Eupalinos* une définition des « figures géométriques », attribuée par Valéry à Socrate, avait retenu l'attention de Borel : elle lui sembla sans doute lumineuse parce qu'elle exprimait l'essentiel de ce en quoi consistait selon lui la recherche mathématique :

> « "J'appelle géométriques - disait l'ombre de Socrate - celles des figures qui sont traces de ces mouvements que nous pouvons exprimer en peu de paroles." En ces quelques mots, Paul Valéry résume une philosophie de la science qui est également une

598 Lettre de P. Valéry à É. Borel, sans date, à propos de l'article sur *Eupalinos*, Papiers de madame Besson.

599 P. Valéry, *Cahiers*, Paris, Gallimard, Bibliothèque de La Pléiade, t. II, p. 902. Cette lettre, un bref carton, avec cette phrase figure dans les papiers conservés par madame Besson.

600 M. Jarréty, ouv. cit ; p. 550. P. Valéry, « Eupalinos ou l'architecte », dans A. Mare et L. Sue (dir.), *Architectures*, Paris, Gallimard, 1921. Valéry cite à plusieurs reprises le salon Révelin dans ses lettres à Borel.

601 *LRDM scientifique*, octobre 1923.

> esthétique. L'art du géomètre consiste à construire avec un petit nombre de paroles et de signes une représentation suffisamment adéquate de phénomènes physiques ou mécaniques en apparence très complexes ; l'art de l'écrivain consiste à évoquer avec peu de mots des idées subtiles et des sentiments raffinés. Si un grand écrivain est en même temps géomètre, si du moins il aime la science et en connaît des parties étendues, il traduira en quelques phrases nettes comme une médaille l'essentiel de certaines théories scientifiques qui sont déjà en elles-mêmes des résumés et des synthèses. »

Borel recherchait donc chez Valéry ce qu'il avait trouvé chez Rosny Aîné, la conjugaison de la perspicacité intellectuelle, de la démarche scientifique et du talent littéraire. Cet article était une sorte de formulation élégante de l'essence de la motivation de son auteur pour le travail scientifique et en quoi celui-ci pensait trouver en Valéry un esprit sensible à cette quête et capable d'en exprimer le mystère ou la profondeur existentielle par les moyens de la création littéraire. L'ensemble de cette livraison de la revue constituait donc un affichage de la convergence littéraire, scientifique et intellectuelle entre l'écrivain et les deux savants. Nouveau trio Valéry-Borel-Perrin, comme il y avait déjà le trio Rosny Aîné-Perrin-Borel.

Après celui sur *Eupalinos*, Borel donna un nouveau texte : « Paul Valéry et la méthode scientifique », reprenant le propos central du précédent[602]. Après une longue citation reprise de l'*Introduction à la méthode de Léonard de Vinci*, de Valéry, Borel affirmait que celui-ci aurait pu être, comme Léonard, « un de ces rares génies dont les découvertes scientifiques sont aussi célèbres que les œuvres littéraires et philosophiques », s'il n'était pas, paraphrasant Musset, « venu trop tard dans un siècle où les progrès de la science imposent à celui qui veut défricher des terres nouvelles un apprentissage terriblement long »[603]. Du coup, comme il l'avait déjà suggéré, Borel assignait à l'écrivain « la joie de comprendre les idées nouvelles et de les exprimer en un langage personnel ».

L'autre propos de Borel, dans ce texte, était, reprenant une réflexion habituelle sur « la différence entre la création et l'invention », entre la création qui serait le propre du romancier ou du dramaturge, et l'invention[604] dont certains pensent qu'elle caractériserait la démarche des savants qui « donnent une forme concrète à des vérités ou à des formes qui existent

---

602 É. Borel, « Paul Valéry et la méthode scientifique », dans R. Boylesve et autres, *Paul Valéry*, Paris, éd. Le capitole, 1926, p. 49-55.

603 P. Valéry, *Introduction à la méthode de Léonard de Vinci*, Paris, Gallimard, 1919.

604 Sur une question de vocabulaire autour de l'évolution des usages des termes « invention » et « inventeur », « découverte » et « découvreur », puis « recherche » et « chercheur », voir M. Pinault, *Maurice Barrès et « la grande pitié des laboratoires »*..., *ouv. cit.*, chap. 2.

indépendamment d'eux », de s'attacher à mieux cerner les deux postures du créateur et de l'inventeur. Pour lui, au contraire, la découverte fût-elle qualifiée d'invention, n'est pas « déjà-là » avant que le savant ne la dévoile comme connaissance nouvelle. Au contraire, semblait-il dire, il y a une part d'« imagination » dans toute découverte majeure, il y a une réelle part de « création » - au sens auparavant défini s'agissant des écrivains. La découverte, pour Borel, doit autant au savant qui la formule, qui l'exprime en utilisant les ressources d'un langage préexistant, qui s'efforce de « l'intégrer à la science déjà acquise » qu'une « création » littéraire doit à la personnalité de l'écrivain. Le savant restait donc pour Borel, comme on le concevait majoritairement au siècle précédent, une sorte d'artiste, inspiré par une richesse d'imagination particulière. D'où le retour au texte de Valéry sur Léonard, grand créateur autant qu'inventeur ; d'où aussi cet hommage à l'esprit créateur de celui en qui Borel reconnaissait une part de lui-même. Peut-être avait-il testé ces idées auprès de Valéry ; celui-ci n'écrivait-il pas, dans ses *Cahiers* :

> « (Einstein) se montre en grand artiste et c'est le seul artiste au milieu de tous ces savants. Il développe son incertitude et sa FOI fondée sur l'architecture (ou beauté) des formes. (...) La distance entre la réalité et la théorie est telle qu'il faut trouver des points de vue d'architecture. »[605]

Où l'on retrouvait *Eupalinos*...

Avec ces hommages critiques renouvelés de Borel à l'œuvre de Valéry leur relation amicale entra dans une nouvelle phase de son renforcement, les occasions de rencontres se multiplièrent. Parmi celles-ci, il y eut la croisière méditerranéenne que Borel organisa à l'été 1925, lors de son passage au ministère de la Marine et à laquelle il invita Valéry, en compagnie de Perrin. Puis, le savant convainquit l'écrivain de le rejoindre et de l'appuyer dans son combat politique pour la SDN et la Coopération européenne. Les lettres de Valéry à Borel se firent plus nombreuses. Cette relation ne cessa plus. Ce n'est pas Borel qui amena Valéry à l'intéresser à ces questions, loin de là ; Valéry avait commencé à s'exprimer sur ces sujets dès la fin de la guerre, puis il avait rejoint l'entreprise de Karl Anton de Rohan (1898-1975) qui dirigeait *l'Europäische Revue*, dans laquelle Borel s'était d'ailleurs exprimé. Ensuite on le vit s'intéresser quelque temps à l'Union paneuropéenne de Koudenhove-Kalergi, et, en 1927, Valéry participa aux débuts du Comité français de Coopération européenne (CFCE), fondé par Borel[606]. Il assista avec constance aux sessions du Comité permanent des Lettres et des Arts de

---

[605] P. Valéry, *Cahiers II*, cité par B. Peeters, *ouv. cit.*
[606] Sur le CFCE, voir plus loin.

l'IICI, à partir de juillet 1925[607]. Valéry manifesta son adhésion à des formes d'engagement qui mobilisaient la plupart de ses amis scientifiques : Borel, bien sûr, mais aussi Perrin, Langevin ou Marie Curie[608]. L'Europe, la SDN, la Coopération intellectuelle furent ses véritables passions et elles l'amenèrent à participer à de très nombreuses rencontres, nationales et internationales, et à rédiger de nombreux écrits[609].

Dans les années trente, l'amitié entre Borel et Valéry ne se démentit pas. Lorsqu'en 1936, il fut proposé au grade de commandeur de la Légion d'honneur par le ministre des Affaires étrangères de Blum, Yvan Delbos (1885-1956), vieux compagnon de route de Borel, celui-ci demanda que ce fût Valéry, lui-même commandeur, qui lui remît la décoration[610].

4.3. Le renforcement des positions académiques

L'homme de réseaux qu'était devenu Borel, un des mandarins les mieux installés de l'Université de Paris, rechercha avec constance, après la guerre, le renforcement de son influence. Pour cela, il fallait qu'il devint enfin membre de l'Académie des sciences et que son activité dans les sociétés scientifiques, de mathématique, de statistique contribuât à sa politique de présence. Et puis il y avait le monde des revues, des publications dans lequel il excellait et dont il avait fait l'expérience de l'importance d'y être actif et reconnu. Borel s'attacha donc, après la guerre, à renforcer et étendre son influence intellectuelle.

L'élection à l'Académie des sciences

Borel avait fait ses premières tentatives de candidature à un fauteuil de l'Académie des sciences dès 1900 et 1901. En 1912, il fut candidat à la succession de Poincaré mais Hadamard fut élu, Borel et Goursat figurant en deuxième ligne. Lebesgue évoqua « l'influence de l'École polytechnique » et le fait que l'affaire Curie avait pu jouer contre son ami[611]. Celui-ci se présenta de nouveau en mai 1919 puis, en 1921, quelques mois après son départ de l'ENS. En mai 1919, Painlevé avait rapporté sur les mérites du candidat et la section de Géométrie l'avait présenté en première ligne à la place laissée libre par Picard devenu secrétaire perpétuel, mais Goursat, son

---

607 Rapport de la CICI, 7ème session, 18 février 1926 (CICI 170 - C 77, 1926, XII, archives de l'ONU, Genève).

608 P. Catani, « Engagement de Valéry pour l'Europe et littérature pure », dans W. Marx, « Paul Valéry et l'idée de littérature », http://www.fabula.org/colloques/som-maire1408.php.

609 P. Valéry, H. Focillon et al., *Correspondance : Pour une société des esprits*, Paris, IICI, 1933.

610 Décoration du 7 août 1936, dossier É. Borel, archives de la Légion d'honneur, déjà cité.

611 Lettre de H. Lebesgue à É. Borel, 26 août 1912, Papiers de madame Besson. Hadamard eut 36 voix sur 57.

aîné d'une quinzaine d'années, placé en seconde ligne mais soutenu par Picard, fut élu lors d'un vote serré comme il y en avait rarement, par 29 voix contre 23[612]. Sans doute, ce résultat traduisait-il le clivage générationnel au sein de l'Académie où les plus âgés tenaient à ce qu'on respectât les droits du plus ancien et quoi qu'en pensât la majorité des membres, si « jeunes », de la section de Géométrie. Le souvenir du rôle joué par Borel dans l'affaire Curie a peut-être pu pousser quelques Académiciens à préférer Goursat qui passait pour catholique et conservateur, comme l'avait été Branly, l'adversaire victorieux de « la Polonaise ».

Le 4 avril 1921, alors qu'il s'agissait d'élire un remplaçant au fauteuil vacant de Georges Humbert, Borel fut de nouveau candidat, présenté encore en première ligne, tandis que Lebesgue venait en seconde ligne et, en troisième ligne, Cartan, Drach, Guichard et Vessiot[613]. Painlevé, de nouveau, présenta en l'actualisant le rapport qu'il avait rédigé sur le candidat, tandis que le général Robert Bourgeois (1857-1945) s'exprimait de son côté sur « les services rendus par M. Borel à la défense nationale pendant la guerre ». Et Borel fut enfin élu, avec 48 suffrages, pour 4 et 1 voix à ses deux amis, Lebesgue et Drach[614].

La *Revue scientifique*, publia une brève note annonçant l'événement. Elle peut être considérée comme une présentation résumée - et rare : elles sont aussi rares à être produites du vivant des savants qu'elles sont nombreuses à apparaître à leur mort, rare aussi par le fait qu'y était évoquée une œuvre en cours et non l'œuvre faite et consacrée d'un chercheur - une présentation résumée, donc, de ce que Borel, son œuvre, sa trajectoire et sa personnalité, représentaient dans l'esprit de ses contemporains[615]. Le début de cette note racontait ce qui s'était d'abord annoncé comme un destin : « classé au premier rang dans tous les concours », « encore élève, il se signalait par des travaux originaux », « sa thèse de doctorat contient en germe quelques-unes des idées fondamentales qu'il a développées par la suite ». Puis venait un rappel les domaines dans lesquels il avait travaillé, de ses apports principaux au développement des mathématiques, de la diffusion de ses résultats dans le public universitaire - voire le grand public - et de l'effet d'école auxquels ils avaient donné lieu :

> « Une partie importante de son œuvre se rapporte à la théorie des ensembles et à la théorie des fonctions : fonctions entières (Théorème de Picard), fonctions méromorphes, fonctions monogènes, séries divergentes, etc… autant d'ouvrages, d'une collection aujourd'hui classique, ayant inspiré de nombreux disciples, dont quelques-uns sont devenus des maîtres. Sans

612 M. Audin, *Fatou, Julia, Monte …, ouv. cit.*

613 *CR*, séance du 4 avril 1921.

614 Ac. Sc., comités secrets, 12 mai 1919 et 4 avril 1921.

615 *Revue scientifique*, 23 avril 1921, 59ème année, n° 8, p. 216-217.

pouvoir insister, comme il le faudrait, sur une production scientifique et philosophique aussi étendue que variée, citons encore les travaux de M. Borel sur "la mesure des ensembles". Cette question délicate qui, avant lui, avait fait l'objet de nombreuses et infructueuses tentatives lui doit des progrès décisifs, dont les conséquences ne sont pas encore épuisées. En même temps, par un rapprochement qui n'est peut-être pas sans précédent dans l'Histoire des Sciences, M. Borel découvrait d'étroites affinités entre cette théorie d'allure si abstraite, les résultats récents de la Physique moléculaire et les spéculations hardies du calcul des Probabilités. Est-il besoin de rappeler les ouvrages bien connus où l'éminent géomètre expose lui-même au grand public la "valeur scientifique" et la "portée philosophique" des lois du hasard. »[616]

Borel fut aussitôt actif au sein de l'Académie, prenant par exemple la parole sur les modalités de distribution des fonds de la Journée Pasteur et cherchant à obtenir le financement, sur cet argent, de l'édition des œuvres complètes de Poincaré. En principe, ces fonds ne devaient pas servir à des publications, mais Borel, appuyé par plusieurs de ses collègues, demanda une exception. Il faisait ainsi preuve de la plus grande habileté : en bon disciple de Poincaré, il se plaçait sous les auspices du plus grand mathématicien français contemporain et donc comme son continuateur. Tandis qu'un vote massif tendait à repousser toute exception - Borel était donc battu - un second vote permit à l'exception Poincaré de s'imposer[617]. Ce genre d'épisode laissait percevoir comment allait s'imposer l'autorité grandissante non d'un homme mais d'un groupe d'hommes au sein de la Compagnie.

Quelques mois après cette élection, Borel fut encore élu, par le Conseil de la faculté des Sciences, assesseur du doyen - il n'y avait qu'un seul assesseur - et il conserva cette fonction jusqu'en 1924, date à laquelle Perrin lui succéda. Ces élections ouvraient la voie à l'élection de Maurain au décanat. Bref, le groupe Perrin s'installait aux commandes.

---

[616] Id.

[617] Ac. Sc., comité secret du 5 janvier 1925.

Chapitre 5
Un engagement d'abord pacifiste et européen

Ces premiers mois de l'après-guerre virent Borel additionner diverses formes d'engagement dans la vie publique, parmi lesquelles on en distingue trois principales qui se développèrent simultanément. La première fut son rôle fondateur et dirigeant dans la création et l'essor de la Confédération des travailleurs intellectuels (CTI), à partir du début de 1920 ; la seconde, à l'automne 1921, fut sa participation aux premiers pas de la Ligue de la République, un parti de la gauche unie fondé pour combattre l'éventualité d'une reconduction du Bloc national aux élections de 1924 ; et la troisième consista dans une action qui prolongeait en les renouvelant des engagements qui dataient des premières années du siècle : il s'agit de sa participation à la naissance et au développement de mouvements engagés dans la lutte pour la paix en Europe.

Si Borel sortit, comme la plupart de ses contemporains, marqué de la Première Guerre mondiale, il en tira des leçons d'engagement politique que tous ne partagèrent pas.

5.1. De l'Association des anciens combattants de l'enseignement public à l'Université nouvelle

Du côté de ce qui était alors une forme d'engagement courante et presque obligatoire, il participa, avec par exemple le mathématicien, son ancien élève, André Sainte-Laguë (1882-1950) et l'historien Jules Isaac (1877-1963), à l'organisation d'un Association d'anciens combattants de l'Enseignement secondaire et supérieur public (ACESSP), créée le 5 avril 1918, et eut un rôle peu connu mais important à la tête de la Fédération des anciens combattants de l'Enseignement public, rassemblant en son sein tous les ordres d'enseignement (Primaire, Primaire supérieur, Technique, Secondaire et Supérieur), créée en avril 1919. Il en assura aussitôt la présidence, en raison directe de ses fonctions d'alors de sous-directeur de l'ENS, avec, à ses côtés, comme secrétaire général, le normalien Marceau Pivert (1895-1958 ; ENS St-Cloud 1919), alors instituteur à Montrouge[618]. Il

[618] *Bulletin de la Fédération des anciens combattants de l'Enseignement public*, n° 1, 2ème trim. 1919, n° 2, 1er trim. 1920, et n° 8, 2ème trim. 1924, et *LRDM*, « Variétés », 15 juin 1919,

en devint ensuite le président d'honneur, Georges Bruhat (1887-1945) lui succédant à la présidence.

« Que fera l'Université pour ceux dont la carrière, les travaux, les études ont été interrompus par près de cinq ans de guerre ? », s'interrogeait le premier numéro du *Bulletin* de cette association[619]. Ce questionnement - une formulation typiquement propre à un chercheur plus que celle d'un enseignant - montrait que les vastes associations d'anciens combattants n'avaient pas vocation à être de purs groupements d'intérêts catégoriels et qu'elles allaient compter dans la vie publique du pays[620]. Borel y prit donc sa place comme il décida, quelques années plus tard, d'adhérer aux Croix-de-feu lors de leur naissance, en 1927, avec seulement sept autres députés ; selon Albert Kéchichian, il en démissionna en 1931, « avec éclat, pour désavouer la politisation de leur activité et surtout leurs philippiques contre Aristide Briand », après l'arrivée du colonel de La Rocque à leur tête[621].

Comme le rappelait le bulletin de l'ACESSP, lors de la première assemblée générale, Borel s'était exprimé sur un point - « rapprocher les ordres d'enseignement » - qui pouvait sembler bien vague alors que le thème en vogue était plutôt celui de « l'école unique »[622], selon le syntagme créé par Ferdinand Buisson, en 1913[623]. Il s'agissait en fait d'un indice de son ralliement au mouvement des Compagnons de l'Université nouvelle dont la création avait été annoncée dès février 1918 dans *L'Opinion* et qui se fixait l'objectif, parmi d'autres, de rapprocher les différents ordres d'enseignement. Parmi les fondateurs, tous des combattants dont le but était d'élaborer et de mettre en œuvre « une réforme totale de l'Université », ne figuraient que peu de scientifiques - essentiellement deux, Edmond Bauer (1880-1963) et Henri Laugier (1888-1973), bientôt rejoints par Langevin, Lapicque et Borel, tandis que des littéraires dont Lanson ou Louis Cazamian, plusieurs germanistes, Edmond Vermeil, Charles Andler, Henri Lichtenberger, Jean-Marie Carré, ou des personnes liées à la Fondation Thiers s'y retrouvaient, avec aussi Henry Clouard (1889-1974) et Alfred de Tarde (1880-1925), des Compagnons de l'intelligence. L'association eut rapidement sa propre publication, *La Solidarité*, et elle développa ses

---

p. 224. Voir Y. Verneuil, « Entre patriotisme et corporatisme. La valorisation du rôle des professeurs de l'enseignement secondaire dans la Grande Guerre », dans J.-Fr. Condette (dir.), *Les écoles dans la guerre, acteurs et institutions éducatives dans les tourmentes guerrières, XVII-XXe siècles*, Lille, PU Septentrion, 2014, p. 195-213.

619 *Bulletin de la Fédération des anciens combattants de l'Enseignement public*, n° 1, 2ème trim. 1919, p. 2.

620 A. Prost, Les *Anciens Combattants 1914-1940*, Paris, Gallimard, 1977.

621 *Le Flambeau*, juin 1931, p. 3. Voir A. Kéchichian, *Les Croix-de-feu à l'âge des fascismes : Travail, famille, patrie*, Seyssel, Champ-Vallon, 2006.

622 Ce thème du « rapprochement des trois ordres d'enseignement » fut ensuite repris tel quel dans le programme de la CTI. Voir plus loin.

623 *Cahier de Probus*, vol. 1, « La Fabrique », dans B. Garnier, *Les Compagnons.* *L'Université nouvelle* [éd. critique]. Lyon, INRP, 2008, p. 55.

propositions de réforme dans les « Cahiers de Probus »[624]. Borel fut un des premiers à y écrire un article, une « Lettre aux Compagnons », le 11 janvier 1919. On comprend mieux pourquoi il avait fait cette longue intervention à une réunion de l'ACESSP, dans laquelle il avait prôné « la destruction des barrières qui séparent les différents ordres (d'enseignement) ». Une commission y avait été « chargée d'étudier la réforme de l'enseignement national et les moyens d'assurer la coordination étroite des divers ordres de l'enseignement public. » Puis, en mars 1920, Borel publia, dans *LRDM,* plusieurs articles sur les Compagnons de l'Université nouvelle et ensuite un numéro entier fut consacré aux questions d'enseignement, de réforme de l'éducation nationale et de défense du projet de « l'école unique »[625]. En décembre 1924, il revenait sur le sujet dans *La Dépêche* de Toulouse.

Borel manifesta donc un réel souci réformateur vis-à-vis du système scolaire qui se traduisit, en particulier, par son engagement dans les Compagnons de l'Université nouvelle. Cependant, il n'en devint pas un militant sur le moyen terme. Il n'entra jamais au comité directeur et, lorsque Laugier, en 1925, puis Langevin, en 1930, devinrent les deux derniers présidents du mouvement avant sa disparition, cela faisait des mois que le nom de Borel n'apparaissait plus. Peut-être, l'évolution du mouvement qui liait désormais étroitement la réforme de l'école à l'émancipation de la classe ouvrière, ne lui convenait-elle pas.

5.2. L'engagement pacifiste et européen de l'avant à l'après-guerre

Dans le même temps, Borel fit preuve d'une réflexion originale et clairvoyante en étant un militant constant de la cause pacifiste en Europe et un précurseur dans l'engagement en faveur d'une construction institutionnelle de l'Europe.

À La Paix par le Droit

Tandis qu'une fraction importante des milieux intellectuels se radicalisèrent après la guerre, soit en rejoignant les rangs socialistes soit en se rapprochant des communistes, Borel appartint à des réseaux résolument « modérés », souvent proches du parti radical et de l'épaisse nébuleuse d'associations et de groupements qui en dépendaient. Il n'entretint de liens qu'avec quelques rares personnalités appartenant aux autres sensibilités, tels Langevin Lapicque ou Perrin lorsque celui-ci évolua vers le parti socialiste, ou encore Mme Ménard-Dorian, Rosny Aîné et Anatole France. Il fut bien

---

[624] B. Garnier, *Les Compagnons, ouv. cit.*, et *Les Combattants de l'école unique*, Paris, INRP, 2005, 353 p.

[625] *LRDM*, n° 123, 10 mars 1920.

plus souvent en relation avec des milieux - Académiciens, écrivains, journalistes et hommes politiques - indifférents ou conservateurs et il choisit, en leur sein, de se rapprocher de ceux qui s'engageaient en faveur de relations étrangères apaisées et organisées.

Selon Jean-Michel Guieu, Borel appartint d'abord à la puissante association La Paix par le Droit que l'auteur qualifie de « principal porte-parole du pacifisme juridique », puis à son conseil de direction[626]. Il avait participé, avant la guerre, à la vie de cette association rassemblant nombre d'intellectuels, singulièrement de normaliens, fondée en 1893 par l'agrégé d'histoire Jules Prudhommeaux (1869-1948), et dont Ruyssen était devenu le président, en 1897. Ainsi, en 1907, lors d'une réunion de la SFP sur le thème « Pacifisme et patriotisme », Borel était intervenu parmi d'autres participants souvent membres de La Paix par le Droit, comme Prudhommeaux, Ruyssen, Bouglé et Buisson, tous militants de la LDH et, pour certains, collaborateurs de *LRDM*[627]. Borel y publia d'ailleurs, en mai 1913, un article du philosophe normalien, « upéiste » et pacifiste, Félicien Challaye (1875-1967) sur « Les rapports franco-allemands » dans lequel on lisait cette phrase que n'eut pas désavouée Jaurès :

> « Une guerre, même victorieuse, serait un désastre, le massacre de la meilleure jeunesse, la perte de richesses immenses, la ruine de la nation. »[628]

Borel fut aussi en lien avec le « Centre Européen de la dotation Carnegie pour la paix internationale », créé en 1911 et installé dans un des nouveaux bâtiments de la rue Pierre-Curie, qui était dirigé par son ami Prudhommeaux et au comité exécutif duquel se trouvaient Appell et d'Estournelles de Constant[629]. Borel était lié avec d'Estournelles de Constant, prix Nobel de la

---

[626] J.-M. Guieu, « L'engagement européen d'un grand mathématicien français. Émile Borel ... », *art. cit.* Voir N. Ingram, « Pacifisme ancien style, ou le pacifisme de l'Association de la paix par le droit », *Matériaux pour l'histoire de notre temps,* n°30, 1993 « S'engager pour la paix dans la France de l'entre-deux-guerres », p. 2-5. R. Fabre, « Un exemple de pacifisme juridique : Théodore Ruyssen et le mouvement "La Paix par le Droit", (1884-1950) », *Vingtième Siècle, revue d'histoire*, n°39, juillet-septembre 1993, p. 38-54. Et J.-M. Guieu, *Gagner la paix, 1914-1929*, Paris, Seuil, 2015.

[627] *Bulletin de la SFP*, 1908/8/2, « Pacifisme et patriotisme ». J.-P. Cahn, F. Knopper et A.-M. Saint-Gille, *De la Guerre juste à la paix juste: Aspects confessionnels de la construction de la paix dans l'espace franco-allemand (XVI-XXème siècle)*, Lille, Septentrion, 2008, p. 164. S. Tison (dir.), *Paul d'Estournelles de Constant. Concilier les nations pour éviter la guerre (1878-1924)*, ouvr. cité.

[628] Cité par J.-F. Sirinelli, *Génération intellectuelle... ouv. cit.* L. Mercier, *Les Universités populaires (1899-1914). Éducation populaire et mouvement ouvrier au début du siècle*, Paris, éd. ouvrières, 1986. Sur Challaye, notice de P. de Villepin dans J. Julliard et M. Winock, *Dictionnaire des intellectuels français*, *ouv. cit.*

[629] Fonds Jules Prudhommeaux de la BDIC, dossiers sur les mouvements pacifistes. J. Prudhommeaux, *Le Centre Européen de la dotation Carnegie pour la paix internationale (1911-1921)*, Paris, Centre européen, 1921. Voir L. Tournès, « La Dotation Carnegie pour la

Paix en 1909, qui comme lui et Painlevé, s'était passionné pour l'aviation naissante dès avant la guerre. D'Estournelles, parmi bien d'autres liens avec le milieu scientifique parisien, avait fondé, en 1905, le mouvement de la Conciliation internationale que Ludovic Tournès qualifie de « réseau très élitiste ». Cette Conciliation internationale, forte de 900 membres, en 1914, parmi lesquels Borel, Bouglé, Buisson, Charles Gide, Albert Kahn, Perrin, Lavisse, ou Vidal de la Blache (1845-1918), était dotée d'un comité exécutif comprenant, parmi d'autres, Appell et Painlevé, autant dire beaucoup de normaliens et, parmi eux, de scientifiques. Enfin, d'Estournelles avait permis à Marie Curie de se rapprocher de Carnegie pour obtenir son aide au financement du Laboratoire Curie.

C'est donc dans ce réseau de militants engagés pour la défense du Droit dans les relations internationales et de la coopération entre les nations, que Borel fit ses premières armes dans un engagement qui allait devenir une de ses priorités jusqu'à la fin de sa vie.

Les associations pour la SDN et pour l'Europe

Cet engagement prit se fit notamment au sein d'associations françaises et internationales promouvant la SDN et son action. Tout en appartenant au conseil de direction de La Paix par le Droit, Borel occupa souvent, dans ces nouvelles associations, des fonctions dirigeantes qui lui permirent d'acquérir, au milieu des années vingt, une stature internationale.

Selon Guieu, toujours, et François Dubasque, Borel fut, dès ses débuts en novembre 1918, membre de l'Association française pour la SDN (AFSDN). Il en devint le président en 1925, succédant ainsi à Léon Bourgeois et Appell[630]. Une Fédération française des associations pour la SDN (FFASDN), présidée par Appell, fut créée, en 1920, pour réunir toutes les associations ayant des objectifs voisins et « leur permettre de s'exprimer d'une seule voix sur la scène internationale ». Borel en fut et c'est ainsi qu'il participa, en octobre 1923, à La Haye, à la rencontre de l'Union internationale des associations pour la SDN. Dans *La Dépêche*, il vantait « l'atmosphère de paix, de confiance qui règne dans une réunion de bons Européens, comme celle qui s'est tenue à La Haye »[631].

Au sein de ce réseau de personnalités, Borel occupa des positions d'importance croissante, comme représentant à la fois d'un courant à

paix internationale et l'invention de la diplomatie philanthropique (1880-1914) », dans L. Tournès (dir.), *L'argent de l'influence, Les fondations américaines et leurs réseaux européens*, Paris, Autrement, 2010, p. 25-44.

[630] J.-M. Guieu, « Pour la paix par la Société Des Nations. La laborieuse organisation d'un mouvement français de soutien à la Société Des Nations (1915-1920) », *Guerres mondiales et conflits contemporains*, 2006/2 (n° 222), p. 89-102.

[631] É. Borel, « L'organisation de la Société des nations », *Organiser*, Paris, Alcan, 1925, p. 25-29.

tendance fédérale modéré, refusant de « brûler les étapes » vers une unification de l'Europe, et d'un courant libéral donnant aux forces économiques et intellectuelles un rôle essentiel dans la dynamique de rapprochement des nations. Ainsi participa-t-il à l'Union douanière européenne, association d'inspiration libérale, et aux activités de la Section française des Amitiés internationales, créées à Genève, en 1920. Il fut le principal responsable du lancement, le 21 septembre 1926, d'une Fédération pour l'Entente européenne qu'il présida. Celle-ci se transforma, le 2 février 1927, en un Comité français pour la Coopération européenne (CFCE), que Borel présida. Devenu député, il milita au sein de l'Union interparlementaire, installée aussi à Genève. Guieu souligne que pour Borel l'essor de la SDN et le renforcement de l'idée européenne devaient se nourrir mutuellement. Il imaginait qu'un « secrétariat » spécifique de la SDN fût un jour en charge des affaires européennes. Puis, Borel s'engagea dans le Comité d'action pour la SDN, créé en 1929, qui réunissait l'AFSDN qu'il présidait, le Groupement universitaire pour la SDN et l'Union fédérale des Associations françaises de mutilés et d'anciens combattants. Cette « UF » rassemblait, en 1924, 800 associations et 300 000 adhérents. Borel était un des trois vice-présidents, aux côtés de René Cassin (1887-1976) et René Pleven (1901-1993), avec Pierre Cot (1895-1977), délégué général, Georges Bonnet (1889-1973), trésorier, et Pierre Brossolette (1903-1944), secrétaire[632]. L'UF était une exception car, à part elle, tous les groupes s'adressaient essentiellement à des élites - Guieu parle avec raison d'« états-majors sans soldats »[633] - ou à des personnalités d'influence. Ainsi, le CFCE rassemblait les personnalités placées ou ayant été placées à la tête d'institutions de la République : présidents de la Chambre et du Sénat et présidents du Conseil. Le rôle de Borel, activant ses réseaux, se démultipliant dans les salons les plus divers, fut essentiel pour promouvoir, au sein de ces élites, les idées favorables à la SDN et à la naissance d'institutions européennes.

5.3.Borel et la Coopération intellectuelle

Borel fut associé à une autre entreprise, elle aussi liée aux premiers pas de la SDN : la naissance du mouvement pour la « Coopération intellectuelle ». La Commission internationale de la Coopération intellectuelle imaginée dès la Conférence de la Paix, en 1919, tint sa première session en août 1922 et son président fut Henri Bergson. Y figurèrent des scientifiques comme Einstein, Lorentz ou Marie Curie. La CICI ayant de multiples missions et ne pouvant « prendre que des décisions

632 Voir Ch. Manigand, *Henry de Jouvenel*, PU de Limoges, 2000, p. 133-135.

633 J.-M. Guieu, *Le rameau et le glaive. Les militants français pour la Société des nations*, Paris, Presses de Sciences Po, 2008, 305 p.

très générales », Borel considérait que « le travail effectif (devrait) être effectué par des "experts" qu'elle s'adjoindrait »[634] qui pourraient être issus d'associations nationales de travailleurs intellectuels comme la CTI. Il écrivit en ce sens à Bergson qui accepta son offre[635]. C'est ainsi que Borel, Langevin, Painlevé, Perrin, Brunschvicg, Valéry et d'autres, dont Camille Marbo, participèrent aux travaux[636]. Au début de 1927, on annonçait la création, à la Chambre, d'un Comité français de Coopération intellectuelle, « sur l'initiative de M. Émile Borel, député, membre de l'Institut, et d'un certain nombre de parlementaires appartenant à tous les partis »[637]. L'avant-veille le Comité de direction de l'Institut international de Coopération intellectuelle (IICI) s'était réuni au siège de celui-ci, au Palais-Royal, « sous la présidence de M. Paul Painlevé, assisté de M. le professeur Borel » et de Julien Luchaire (1876-1962), un normalien haut fonctionnaire, président du conseil d'administration de la CFCI[638]. Borel fut, pendant plusieurs années, le suppléant, souvent sollicité, de Painlevé pour siéger à l'IICI et à la CICI.

Son engagement international et européen fut sans aucun doute, mandats mis à part, la principale préoccupation politique de Borel. Il lui appliqua les principes du radicalisme : réformes progressives, coopération et arbitrage. Il le concevait essentiellement comme un combat intellectuel, mobilisant les intellectuels et, par suite, les leaders politiques mais il tenta toujours de populariser ses idées auprès du plus grand nombre.

---

634 Lettre d'É. Borel à A. Einstein, le 14 juin 1922, dans A. Einstein, *Œuvres choisies,* ouvr. cit., p. 48.

635 Lettres d'H. Bergson à É. Borel, 5 et 17 juin, et 5 et 12 novembre 1922, Papiers de madame Besson.

636 Sur le menu d'un dîner qui eut lieu le 7 avril 1931, à Genève, à l'occasion d'une session de la CICI, figurent les signatures « Pour Mme Curie » d'Einstein, Langevin, Borel, Painlevé et Perrin. (BNF, Papiers Curie, 365).

637 *La Paix par le Droit*, vol. 37, n° 3, 1927, p. 128 et 134.

638 Une loi du 9 août 1925 donna à l'IICI son statut. Le directeur fut Luchaire. J. Luchaire, *La crise de la science pure,* et *Observations sur la méthode d'une statistique de la vie intellectuelle*, Genève, CICI, SDN, 1923. J.-J. Renoliet, *L'UNESCO oubliée : la Société des Nations et la Coopération intellectuelle (1919-1946),* Paris, Public. Sorbonne, 1999.)

Chapitre 6
Au sein de la Confédération des travailleurs intellectuels

La création de la Confédération (générale) des travailleurs intellectuels (CTI), un regroupement de nombreuses organisations professionnelles et catégorielles rassemblant des professions dites « intellectuelles » mais qui, surtout, n'étaient habituellement pas représentées au sein de la CGT, s'inscrivit dans le vaste mouvement de redémarrage et de réorganisation qui s'empara de la société française, y compris le syndicalisme, à la fin de la guerre. Pour la CTI, ces « travailleurs intellectuels » dont elle voulait devenir le porte-parole, c'étaient « ceux qui tirent leurs moyens d'existence d'un travail dans lequel l'effort de l'esprit, avec ce qu'il comporte d'initiative et de personnalité, prédomine habituellement sur l'effort physique[639] ». L'adoption de cette définition large, sociologique, incluait des dizaines de milliers d'ingénieurs voire de techniciens, par exemple chimistes ou pharmaciens, et aussi d'enseignants et de chercheurs, d'artistes et d'écrivains, d'avocats et de membres de diverses professions libérales, et elle s'opposait donc nettement à une définition étroite, qui tendit parfois à s'imposer ensuite, qui considérait d'abord ce qui distingue et classe en catégorie à part ceux qui sont des producteurs d'œuvres intellectuelles originales, les publient et sont rémunérés pour cela. Une discussion permanente allait s'établir au sujet de cette définition mais c'est elle qui permit à la CTI de rassembler rapidement, dans les organisations affiliées, plus de 200 000 adhérents. Émile Borel fut donc un initiateur et un dirigeant de cette CTI.

La CTI fut l'aboutissement d'un processus fait de nombreuses initiatives dispersées qui se manifestèrent dans les premiers mois de l'après-guerre pour tenter de caractériser ces « travailleurs intellectuels », de plus en plus nombreux et de plus en plus divers dans la société nouvelle qui tendait à supplanter le France rurale et agricole des siècles passés. Le traumatisme de la guerre et des massacres à grand échelle autant que le brassage social auquel la mobilisation et la permanence du front pendant quatre années avaient donné lieu furent des causes directes de l'ampleur que prit, dans la société, la prise de compte, déjà détectée et qualifiée depuis plusieurs décennies, de ces professions nouvelles, de l'émergence - pensons à Gambetta - de ces fameuses « couches nouvelles » au sein desquelles ces « travailleurs intellectuels »

[639] *Bulletin de la CTI*, n° 57, 4e trim. 1936, p. 1.

formaient une aile particulièrement dynamique[640]. La nouveauté de l'après-guerre résida dans l'accélération de la prise de conscience d'eux-mêmes et de leurs intérêts collectifs de la part de ces « travailleurs intellectuels ».

6.1. La naissance des « travailleurs intellectuels »

Parmi les pionniers de ce mouvement il y eut l'écrivain José Germain (1884-1964) qui, le 2 août 1919, publia, dans le périodique *La Renaissance*, les résultats d'une enquête auprès d'écrivains au sujet de la création d'un « Fédération des travailleurs intellectuels ». On y trouvait déjà les réponses de Romain Coolus (1858-1952), président de la Société des auteurs, en faveur de la création d'une « Fédération des syndicats professionnels », et de Henry Clouard, favorable au projet, attirant l'attention sur « l'intérêt supérieur de l'intelligence » et se projetant dans une future « Confédération générale des producteurs de pensée, intermédiaire entre la CGT et la CGP ». Tous trois, Germain, Coolus et Clouard, furent, six mois plus tard, parmi les principaux fondateurs de la CTI[641]. Germain a raconté, peu de mois après, comment se forma l'idée ; il se souvenait que « le syndicalisme des travailleurs manuels montrait la voie » et que « le début de l'an 1919 vit, parmi les rangs des intellectuels, un poussée syndicaliste à tendances cégétistes très nettes ». Et Germain de raconter comment ces questions furent débattues lors de plusieurs assemblées des gens de lettres, des auteurs, des journalistes, des enseignants, des artistes et, finalement, des ingénieurs de l'USIF et de l'USTICA[642] ; une éphémère Fédération des Arts, des Lettres et des Sciences fut créée ; puis Clouard publia, dans le *Mercure de France*, un long article sur « La constitution de l'intelligence » qui annonçait les Compagnons de l'Intelligence - que Sageret définissait comme « une coopérative de la pensée »[643] - mais posait surtout la question, jusque-là contournée, du cas spécifique des

---

640 C. Gaboriaux, « Fonder la République sur les "nouvelles couches sociales" (Gambetta) : description du monde social et préférences institutionnelles dans la France des années 1870 », *Histoire@Politique*, 2015/1, n° 25, p. 12-23.

641 *La Renaissance*, 2 août 1919.

642 Trois regroupements de syndicats d'ingénieurs existaient : l'USIC née en 1892, dans la sphère catholique, comme expression de la doctrine sociale de l'Église ; l'USIF créée en 1919 qui adhérait à la CTI ; et l'USTICA créée en 1919 aussi, au sein de la CGT, qui rejoignit la CGTU, après la scission de 1922. L'USIF (l'Union des syndicats d'ingénieurs français), qui pesait d'un poids déterminant au sein de la CTI, se voulait un regroupement de syndicats d'ingénieurs salariés, plutôt hostile aux ingénieurs patrons qui « n'exercent pas la profession d'ingénieur » (*Bulletin* de l'USIF d'avril 1927). La CTI et l'USIF militaient en faveur de la définition juridique et de la reconnaissance du titre d'ingénieur (comme l'avait été celui de médecin ou d'architecte). Le président de l'USIF, Paul Boucherot, ingénieur EPCI (4e promotion) et professeur d'électricité industrielle à l'École, délégué général adjoint de la CTI dans les années 1930, était inventeur du courant alternatif. Le groupe dirigeant de l'USIF, jamais renouvelé, appartenaient à une mouvance de centre gauche favorable au Cartel des gauches.

643 *Le Radical*, 12 juillet 1920, d'après un article de H. Clouard, dans *L'Opinion*. Sageret publia une étude sur *Le syndicalisme intellectuel, son rôle politique et social* (Paris, Plon, 1922).

créateurs intellectuels, ceux que Germain qualifiait d'« intellectuels purs » par opposition à « la classe de l'intelligence appliquée » comme écrivait Clouard, « arbitre de la vie économique du pays »[644] :

> « Les intellectuels purs, si l'on peut dire, savants, professeurs, écrivains, journalistes, comment feraient-ils reconnaître leurs droits ? Tenter de convaincre le public de l'utilité des travaux désintéressés, pour certaine qu'elle soit, ce serait long et chanceux. Mais qui doute de l'utilité des ingénieurs, des directeurs d'usines, des dessinateurs, des chimistes ? (...) Les techniciens peuvent enseigner l'utilité suprême de la culture. Ils savent que les progrès techniques dépendent de découvertes faites dans le silence du cabinet ou du laboratoire (...). C'est, du point de vue même de la production, la plus éclatante justification des "études inutiles". Et je ne parle pas de leur influence morale et du danger que court une civilisation industrielle trop poussée, comme la nôtre, de tomber dans une barbarie nouvelle. »[645]

On était loin désormais du terme d'« intellectuel » pris dans son sens d'intellectuel dreyfusard ; la sociologie supplantait la science politique, on opposait les « intellectuels purs » à la masse des professions intellectuelles. Paul-Gaultier, le directeur de la *Revue politique et littéraire*, questionnait « La défense des intellectuels » et affirmait qu'il fallait « d'autant plus réserver le titre d'intellectuels aux seuls spéculatifs, créateurs et professeurs, que la question se pos(ait) de faire reconnaître les droits de l'intelligence », qu'il s'agissait « de délimiter, pour la défendre, une catégorie sociale (et) de n'y faire entrer que ceux qui font de l'intellectualité leur occupation principale ». Aussi proposait-il « que les intellectuels restent entre eux (...) non que je leur déconseille de s'affilier à la Confédération générale des travailleurs intellectuels, loin de là car ils en sont, je souhaite seulement que ce fût dans un département à part »[646].

Amicale ou syndicat ? CTI ou CGT ?

Alors que l'État ne reconnaissait toujours pas le droit syndical aux fonctionnaires, la principale structure rassemblant des enseignants du

---

[644] H. Clouard, « Pour une constitution de l'intelligence », *Mercure de France*, 1er novembre 1919, p. 5-25. De Tarde, Clouard et Henry de Jouvenel qui lancèrent, au début de 1920, « les Compagnons de l'intelligence » (article dans *Le Matin*, le 10 mars 1920) devinrent des piliers de la CTI. Partis d'une réaction de « défense de l'esprit » devant les dangers supposés de l'essor technologique et du productivisme, ils proposaient un regroupement de toutes élites intellectuelles.

[645] J. Germain, *La Confédération des travailleurs intellectuels*, brochure sans date, 143 pages.

[646] Paul-Gaultier, « La défense des intellectuels », *Revue politique et littéraire* (ou *Revue bleue*), n° 11, 4 juin 1921, p. 339-441.

Supérieur était alors l'Amicale des professeurs des facultés des Sciences qui réunissait la plupart des enseignants concernés. Elle avait été fondée en 1906 et parallèlement, s'étaient formées une Amicale des professeurs des facultés de Lettres, une Amicale des chefs de travaux et préparateurs, et une Amicale des bibliothécaires.

Après la guerre, les amicales reprirent leur activité mais, en raison d'un fort mouvement favorable à l'adhésion à la CGT, beaucoup d'amicales se transformèrent en syndicat. Ce ne fut pas le cas pour l'Amicale des professeurs des facultés des Sciences. Zoretti, devenu depuis militant de la SFIO et de la CGT, décida de créer, en décembre 1922, un Syndicat national des membres de l'Enseignement secondaire et supérieur, affilié à la CGT « réformiste », avec l'objectif de créer avec le syndicat des instituteurs, une Fédération des syndicats d'enseignants CGT. Aux côtés de Zoretti se trouvaient, parmi d'autres, Lucien Herr, Paul Rivet, Marcel Déat, Langevin, Bouglé, et un jeune normalien agrégé-préparateur à l'ENS, Louis Barrabé (1895-1961), futur secrétaire général de ce syndicat[647]. Mais Borel, décidément, suivit un autre chemin. D'autre part, en 1924, une Section des professeurs du Secondaire et du Supérieur, affiliée à la CGTU, se constitua, en particulier à l'initiative d'enseignants communistes. Il y eut aussi un fort syndicat autonome auquel adhéraient souvent, en double affiliation, les membres des syndicats CGT et CGTU.

C'est dans ces conditions que l'Amicale des professeurs des facultés des Sciences décida d'adhérer à la CTI dès sa fondation tandis que certains de ses membres rejoignaient, parallèlement, les structures syndicales. Là aussi la double affiliation fut souvent de mise. Zoretti, dans *Syndicaliste universitaire*, stigmatisait la pusillanimité de l'Amicale - dont l'activité se limitait selon lui à formuler des « vœux » que l'administration ignorait en général - et le positionnement incertain des professeurs d'Université :

> « Nos professeurs de facultés sont groupés, on le sait, dans des amicales, des amicales bien tranquilles qui ne connaissent d'autre moyen d'action que le suivant : on émet des vœux (...). Notez bien qu'il s'agit là d'une corporation qui, en tous temps, même sous les régimes déchus, a joui de certains privilèges, a bénéficié d'une certaine autonomie, auxquels il semblerait qu'elle dût toujours rester attachée. Le principe de cooptation, par exemple, ou encore le droit d'être considérés comme occupant la tête de la hiérarchie universitaire. »[648]

---

[647] Fonds Zoretti, 1998011, 12 WP 2, circulaire et 1er et 2ème congrès du syndicat national des membres de l'enseignement secondaire et de l'enseignement supérieur (CGT), décembre 1922 et avril 1923 et 1924.

[648] *Le Syndicaliste universitaire*, avril 1926.

De la même manière, Alexandre Bracke, député socialiste mais aussi philosophe normalien et directeur d'études à l'École des hautes études, adhérent du « syndicat Zoretti », jugeait que « proclamer la solidarité nécessaire quand on considère sa cause à part, c'est du raisonnement dans le vide. (…) Alors, qu'ils se tournent vers les travailleurs de toute sorte en leur disant : "Nous sommes ensemble". Alors, ils pourront agir et se libérer. Car on ne se libère pas seul - ni individu ni corporation. »[649]

Sans doute, les fondateurs de la CTI connaissaient ces arguments et, en maintenant leur décision de créer une Confédération des travailleurs intellectuels assortie d'un refus d'adhérer à la CGT, c'est bien un choix fondamental qu'ils assumaient. Un choix qui convainquait Borel et auquel il se tint définitivement.

Émile Borel, fondateur de la CTI

Émile Borel, sous-directeur de l'ENS, président de l'ACESSP, membre de l'Amicale des professeurs des facultés des Sciences, président du Syndicat des journaux et des publications périodiques[650], président ou secrétaire général de plusieurs associations de défense de la paix et de la coopération en Europe, y compris de la Coopération intellectuelle, fut donc un des fondateurs de la CTI avant d'être porté à sa tête peu après. Avec lui, c'était, aux yeux de tous, l'annonce de l'arrivée des enseignants du Supérieur, de ce qu'on considérait comme l'élite intellectuelle du pays, dans le monde du syndicalisme qui se concrétisait. C'était aussi l'arrivée dans le débat sur les « travailleurs intellectuels » d'un des intellectuels les plus en vue de ce premier après-guerre, si on se réfère à la mouvance ou à la sensibilité qu'il passait pour représenter, celle d'un ferme engagement républicain et modéré.

À la première page du premier *Bulletin de la CTI*, daté de février 1921, c'est d'abord le nom de Borel qui apparaissait car c'est lui qui, le 18 mars 1920, dans une salle de la mairie du 9ème arrondissement de Paris, avait lu, devant la première assemblée générale constitutive d'une CTI réunissant déjà vingt-cinq associations et syndicats, le « Manifeste » adopté ensuite à l'unanimité. Ce manifeste, relativement court, était de part en part traversé par des souffles venus du positivisme et du solidarisme, ainsi que du mouvement coopérateur. Les « travailleurs de l'esprit » allaient « fonder une technique de la solidarité », annonçait-on. Fidèle à la doctrine de Léon Bourgeois, fondateur du « solidarisme », il annonçait l'émergence d'une alternative à l'opposition, vue comme stérile, entre les travailleurs et « le capitaliste », représentée par les « travailleurs intellectuels » qui non seulement « ont le sentiment d'assumer ensemble l'initiative du progrès », mais dont « le progrès est la fonction

[649] Bracke (A.-M. Desrousseaux), *Le Syndicaliste universitaire*, janvier 1926, d'après le *Combat social*.
[650] *Le Gaulois*, 26 mars 1919.

sociale ». La solidarité entre eux allait les sortir de leur émiettement et de leur individualisme, et la CTI, se plaçant en dehors et au-dessus des choix partisans ou religieux, proposerait d'« harmoniser les conquêtes corporatives suivant un plan général », pour « organiser et améliorer la production », « organiser et garantir la justice »[651].

L'adhésion de Borel à la CTI ne fut donc pas liée uniquement à des préoccupations sociales et corporatives issues de sa vie d'universitaire et d'intellectuel mais, d'évidence, à un projet politique global. Mais, curieusement, on ne trouve aucun écrit de lui concernant les « travailleurs intellectuels » ou la CTI avant 1920 et pendant les trois premières années de l'existence de la Confédération. Il est donc difficile de savoir comment il a vu émerger cette idée nouvelle et pourquoi il s'est engagé dans ce projet.

Gestation et naissance de la CTI

En fait, le projet de fondation de la CTI avait été formellement mis sur ses rails un mois avant l'assemblée générale du 18 mars, lors d'une réunion tenue dans les locaux du *Matin,* le 12 février 1920, elle-même préparée par la publication d'un long article de José Germain, dans les colonnes du *Matin*, le 2 février : « Puisque les capitalistes et les ouvriers ont leur confédération générale ne serait-il pas juste que les travailleurs intellectuels s'entendissent pour constituer la leur ? » Germain répondait, sur un ton agressif et déterminé, en épousant la rhétorique du pamphlet de l'abbé Sieyès : « Qu'est-ce que le tiers état ? » :

> « Les travailleurs intellectuels, qui devraient être à peu près tout dans l'État, ne sont rien. Ils s'arrachent des rétributions de misère en des luttes intestines, tandis que le commerce et l'industrie réalisent de somptueux bénéfices, tandis que les travailleurs manuels exercent une pression constante pour que leurs salaires s'élèvent avec la hausse des prix de la vie. Que leur faut-il ? Être unis. Mais en sommes-nous capables ? »

Une vingtaine d'associations se retrouvèrent donc, dans les locaux du *Matin* à l'initiative d'un petit groupe dans lequel Borel voisinait avec Germain, Coolus, Raoul Bigot (1874-1928), ingénieur des Arts et Métiers, de Centrale et de Supélec, et dirigeant de USIF, de Tarde et Clouard, des Compagnons de l'intelligence, Henry de Jouvenel (1876-1935), ancien rédacteur en chef du *Matin*, et Henry de Weindel (1868-1944), rédacteur en chef d'*Excelsior*, pour le Syndicat des journalistes de la presse parisienne[652]. Parmi les premières associations adhérentes, figuraient une « Fédération des trois ordres de l'enseignement », celle que présidait Borel, et une « Fédération

---

[651] *Bulletin de la CTI*, déjà cité.
[652] *Le Matin*, 11 et 13 février 1920.

des savants » difficile à identifier mais correspondant probablement à l'Amicale des professeurs des facultés des Sciences. Il y eut aussi une 5ème section dite « de l'Enseignement », dont le secrétaire fut André Sainte-Laguë[653] ; et une 6ème section dite « des Sciences pures et appliquées », dont le secrétaire fut Perrin. La Confédération générale des travailleurs intellectuels (CGTI), rebaptisée dès le lendemain en Confédération des travailleurs intellectuels (CTI), était née.

Germain Coolus fut élu délégué général, flanqué de trois délégués généraux adjoints : Borel, Henry de Jouvenel et Jean Imbert, un ingénieur des Mines, président d'un syndicat de techniciens des chemins de fer. Germain faisait après celui d'Imbert, un portrait de Borel tout en circonvolutions qui montrait qu'on savait que travailler avec lui n'était pas forcément simple ; il avait son caractère :

> « Dans la forme comme dans le fond, dans les manières comme dans la méthode, Émile Borel s'oppose exactement à Jean Imbert. Cerveau puissamment charpenté, aux jugements solides et droits, doctrinaire et tout d'une pièce, le sous-directeur de l'École normale supérieure, homme de devoir et de conscience - il l'a bien prouvé pendant la guerre - manquera évidemment de la souplesse de son camarade de combat, mais on peut compter que c'est un solide pilier de notre édifice confédéral. »[654]

6.2. Les débuts de Borel sur la scène publique

Au cours de ces premiers mois de la CTI, Borel fut un intervenant régulier dans l'espace public, le plus souvent identifié à la Confédération. Ainsi, lors de la réunion de la CTI du 30 avril 1920 qui suivit la première assemblée fondatrice, il fut appelé à en présider les débats. Le quotidien *Comœdia* souligna qu'il y prononça « une vibrante allocution ».

---

653 André Sainte-Laguë était un normalien (promotion 1903), agrégé de mathématiques et chercheur, qui avait été, après plusieurs années au front, rattaché à la direction des Inventions. Il fut un des fondateurs de la Société des professeurs agrégés de l'Enseignement secondaire et en fut le président. Et il fut secrétaire de l'Association des professeurs de mathématiques de l'Enseignement secondaire public qu'il avait contribué à créer, en 1910. Membre de la SFIO, il était aussi un ami de Léon Blum. Voir Y. Verneuil, « Valeurs et combats de la Société des agrégés depuis 1914 », *Vingtième Siècle, revue d'histoire*, 2003/1, n° 77, p. 69-84.

654 *La Confédération des travailleurs intellectuels*, brochure citée. Autour de Borel, quelques scientifiques apparaissaient parmi les pionniers de la CTI. À part Perrin, c'étaient le docteur Foveau de Courmelles (1862-1943), un spécialiste du radium, pionnier de la radiographie et de la radiumthérapie, et professeur à la faculté de Médecine ; Paul Boucherot, ami de Langevin, président de l'USIF, déjà cité. En 1923, arrivèrent Charles Marie, né en 1872, ingénieur chimiste et chercheur, sorti lui aussi de l'EPCI, directeur d'études à l'École des hautes études, rédacteur en chef des *Tables de constantes* et secrétaire général de la Confédération des sociétés scientifiques françaises dirigée par Charles Moureu, et Jules Drach.

Mais, trois ans plus tard, lors de l'assemblée générale de février 1923, soi-disant « en raison de ses nombreuses occupations »[655], Borel renonça à ses fonctions de délégué général adjoint de la CTI et il quitta alors le bureau pour ne plus siéger qu'au comité de direction.

Borel et le droit de « propriété scientifique »

L'un des premiers combats de la CTI fut d'obtenir une réorganisation de la distribution du papier pour l'édition, en accord avec les éditeurs, et Borel, sans doute parce qu'il avait un statut de responsable de revue, fut chargé de cette affaire. Le retrait d'un décret du 23 octobre 1920 interdisant l'importation de papier pour l'édition fut obtenu.

Plus important et plus durable, fut le combat dédié à la reconnaissance d'un « droit d'auteur pour le savant et l'inventeur », bientôt requalifié en « droit de propriété scientifique ». L'idée d'un prélèvement imposé aux utilisateurs des découvertes se télescopa, dans un premier temps, avec l'idée d'organiser un financement des recherches. Ainsi, lors d'un Conseil de la faculté des Sciences, le doyen Appell fit cette proposition :

> « On pourrait peut-être trouver des ressources pour les recherches (...) en établissant un droit sur ceux qui vivent des inventions scientifiques. Ne pourrait-il pas y avoir un droit de la science comme il y a un droit des pauvres ? »[656]

Aussitôt, cette idée de « créer un impôt nouveau » fut combattue au sein du Conseil. Le Chatelier lui opposa le principe de la collecte de dons volontaires. Picard renchérit contre l'idée d'une taxation. Et, bien que Perrin avait soutenu la proposition, Appell la retira en prétextant qu'elle « n'était pas mûre ». L'idée d'un financement collectif de la recherche grâce à une rémunération des usages des découvertes ne disparut pas, mais elle devint seconde par rapport à l'affirmation du principe du droit des inventeurs[657]. En décembre 1922, à quelques jours de la réunion, à Paris, d'une sous-commission de la CICI dédiée à « La propriété scientifique », Borel publia, dans *La Revue de Paris*, un article sur le sujet, puis il préfaça, au début de 1923, l'ouvrage de Roger Dalimier et Louis Gallié qui exposait en détail les positions de la

[655] *Comœdia*, 9 mars 1923.

[656] CR des Conseil de la faculté des Sciences, séance du 20 janvier 1921, AN-AJ/16/5123.

[657] R. Dalimier et L. Gallié, *La propriété scientifique, le projet de la CTI de création d'un droit d'auteur pour le savant et l'inventeur*, Paris, Rousseau, 1923. Voir S. Boudia, « La propriété intellectuelle en science et la communauté scientifique française (1900-1930) », tapuscrit, séminaire du 6 mars 2001, et G. Galvez-Behar, « The "French connection": French Scientists and International Debates on Scientific Property during the Interwar Period », ISHTIP WORKSHOP 2013 "Cultural Economy and Intellectual Property", Juin 2013, Paris, France. <halshs-00839580>.

CTI[658]. Selon lui, l'idée que « tout effort créateur du cerveau humain crée un droit », était en bonne voie, y compris au sein au sein de sa CICI où siégeaient « deux Français », Bergson et Marie Curie.

Au-delà de la question du « droit de propriété des chercheurs », le cœur de cet article de Borel» consistait à montrer que, tandis que la société bénéficiait des progrès apportés par la quête de connaissances nouvelles, les carrières intellectuelles étaient sacrifiées :

> « Il est nécessaire, écrivait Borel, qu'un certain nombre d'hommes consacrent leur vie à la recherche de tout ce qui peut améliorer l'avenir de l'humanité. Il faut qu'il y ait des savants, des ingénieurs, des médecins (...). Si les carrières qui exigent des études longues et difficiles ne présentent pas certains avantages, personne ne les choisira et l'humanité retournera peu à peu à l'état de barbarie. (...) Le seul moyen de sauver la civilisation, c'est d'assurer aux travailleurs intellectuels des conditions de vie honorables. »

En 1923, le Conseil et l'Assemblée générale de la SDN approuvèrent donc le principe du droit de la propriété scientifique. Un projet de convention, élaboré dans le cadre de la CICI, fut soumis, en novembre 1923, à une commission de l'Académie des sciences, dans laquelle se trouvait Borel, laquelle s'y montra favorable. Puis, le projet s'enlisa.[659].

Borel élu - un temps - à la tête de la CTI

En avril 1923, peu de jours après la tenue de l'assemblée générale de la CTI et de la « Semaine des travailleurs intellectuels », se tint, à Paris, dans l'amphithéâtre Richelieu de la Sorbonne, le premier congrès international des confédérations de travailleurs intellectuels. Une Confédération internationale des travailleurs intellectuels (CITI) fut officiellement constituée et Gallié en devint le secrétaire général[660]. En mars 1924, soit en pleine campagne des législatives et alors qu'il était - on va le voir - candidat à la députation, Borel revint aux plus hautes responsabilités à la CTI comme délégué général, en remplacement de Coolus, démissionnaire. Il était entouré de trois délégués-

---

[658] É. Borel, « La propriété scientifique », *La Revue de Paris*, novembre 1922, p. 851-860. Roger Dalimier était issu d'une lignée d'universitaires et normaliens ; son frère, Albert Dalimier (1875-1936), avocat, était député radical de Seine-et-Oise, sous-secrétaire d'Etat aux Beaux-arts, du 14 juin 1914 au 16 novembre 1917 ; son autre frère, ingénieur au Chemins de fer du Nord, centralien, fut répétiteur à l'École centrale

[659] Borel, devenu député, s'exprima à plusieurs reprises à la tribune de la Chambre sur la nécessité de reconnaître aux savants des droits sur leurs découvertes et inventions. En mars 1927, il profita encore du débat sur la révision de la loi sur les brevets pour y revenir - soutenu en apparence, d'ailleurs, par le ministre du Commerce. (TPC, séance du 24 mars 1927.)

[660] *Bulletin de la CTI*, n° 6, septembre 1923, et *L'Œuvre de la Confédération internationale des travailleurs intellectuels*, Paris, J.J. Durand, 1925.

généraux adjoints : José Germain, Frantz Jourdain (1847-1935), le prestigieux architecte, militant du mouvement L'Art pour tous et upéiste, et Albert Guiselin (1873-1980), ingénieur de Physique et Chimie, secrétaire général de l'USIF, et d'un secrétaire général, André Sainte-Laguë. Il présenta son élection comme une reconnaissance de la place des scientifiques dans la CTI :

> « Il vous a paru, déclara-t-il devant les délégués, du moment qu'il était nécessaire d'élire un nouveau délégué général, qu'il convenait de choisir un scientifique, et vos suffrages se sont alors naturellement portés sur celui des scientifiques qui siège parmi vous depuis la fondation de la CTI. (...) Vous avez tenu à affirmer la solidarité qui unit les travailleurs intellectuels des lettres, des arts et des sciences ; quatre années de travail en commun nous ont appris que cette solidarité est beaucoup plus étroite que nous ne le pensions nous-mêmes lorsque nous sommes venus les uns aux autres, attirés par un idéal que tous s'accordaient à trouver généreux, mais que bien des sceptiques regardaient comme utopiques. »[661]

Puis, en 1925, désormais député, Borel quitta le poste de délégué général qu'il n'occupait que depuis quelques mois, et il prit la responsabilité du groupe de « Défense des travailleurs intellectuels » à la Chambre[662]. Avant cela, il avait fait paraître, le 30 avril 1924, dans *Comœdia*, un copieux encart intitulé « Les élections législatives et les travailleurs intellectuels français » ; il y présentait l'ensemble du programme revendicatif de la CTI susceptible de pouvoir trouver des solutions dans le cadre politique. La science et les scientifiques y étaient largement évoqués : il fallait adopter une « législation nouvelle créant le droit des savants sur ses inventions et découvertes » ; la recherche scientifique devant « être la préoccupation constante du Parlement », il fallait que les Chambres votent des « fonds spéciaux pour la recherche scientifique, inscrits sous un chapitre spécial au budget de l'Instruction publique » ; enfin, il fallait créer un statut de « préparateur de faculté » leur donnant « une situation définitive ». Ces éléments constituaient un solide embryon de projet d'organisation et de développement de la recherche scientifique, le plus élaboré que Borel ait eu à formuler jusque-là.

En quelques années entre 1920 et 1923, Borel était donc devenu un des leaders en vue de la CTI[663]. Il y donna une forte visibilité aux scientifiques universitaires, bien plus large que ce que leurs maigres cohortes semblaient pouvoir escompter dans un mouvement rassemblant plusieurs dizaines de

---

661 *Comœdia*, 7 mars 1924.

662 *Id.*, 12 avril 1926. En 1927, Borel reprit ses anciennes fonctions de délégué général adjoint, Coolus étant, lui, revenu au poste de délégué général.

663 En 1927, Borel redevint délégué général adjoint et Coolus reprit le poste de délégué général.

milliers s'adhérents. Débordant largement le monde universitaire, son influence s'étendit à de nombreuses « franges » nouvelles associées à cette entreprise, par exemple les journalistes, le monde médical, les milieux techniciens et industriels, les professions libérales, et bien sûr les artistes et les écrivains. Devenu orateur, se découvrant journaliste, amené à concevoir et défendre des projets politiques, Borel construisait, par son parcours au sein de la CTI, le nouvel homme qu'il avait songé à faire naître depuis ses confidences à Gabrielle Bernheim, à la fin de la guerre, d'homme mûr et toujours ambitieux s'interrogeant sur la suite de son parcours dans l'existence.

Chapitre 7
L'engagement radical, enfin !

Borel déclara un jour, un jour de crise majeure, alors qu'il venait de choisir de se faire exclure du parti radical :

> « Radical depuis l'âge de 13 ans, radical je demeurerai en dépit de ma démission du groupe, aussi longtemps que je ferai de la politique. »[664]

Ce n'est pourtant que bien tardivement, parvenu depuis longtemps à l'âge adulte, qu'il manifesta publiquement un engagement politique dans la mouvance radicale, au terme d'un cheminement complexe et en partie souterrain. « Radical depuis l'âge de 13 ans » doit être considéré comme une déclaration de personnalité et de caractère plus que comme l'annonce d'un engagement précoce concret. Il est probable que le jeune Borel fut effectivement influencé, très jeune, par les idées politiques dominantes dans le milieu familial, protestant et républicain, dans lequel il baignait, qu'il a pu être très tôt un lecteur attentif des éditoriaux de *La Dépêche* et qu'il avait alors fait siennes, vers l'adolescence, ces manières de penser qui lui étaient familières au point qu'elles lui devinrent comme « naturelles »[665]. De cette imprégnation, Borel retint, comme une sorte de réflexe, l'attachement aux grands principes républicains autant que l'adhésion à une forme d'engagement modéré, dans tous les sens du terme, comme le donnèrent à constater les modalités tâtonnantes de son engagement dreyfusard et de son adhésion tardive au parti radical.

Par contre, l'adulte qu'il était devenu ne pouvait que reconnaître dans les proclamations de foi du parti radical, né seulement en 1901 et dont le premier « programme » ne datait que de 1907, quelque chose qui lui rappelait ses prises de parti adolescentes. Lire *La Politique radicale*, publié en 1908 par Ferdinand Buisson, et s'y reconnaître à chaque page, voilà ce qui a pu influencer Borel, alors qu'à peu près au même moment il était associé à la campagne électorale de Painlevé à Paris. Comment n'aurait-il pas adhéré lorsqu'il tombait, dans la préface de cet ouvrage, écrite par Léon Bourgeois, sur des phrases comme celles-ci :

> « Le parti radical a un but : il veut organiser politiquement et socialement la société selon les lois de la raison. (...) Le parti radical

---

[664] *La Renaissance politique, littéraire et artistique*, article de R. Lange, 19 janvier 1929.

[665] Il a été impossible de retrouver des indices probants de l'influence intellectuelle qu'a très certainement exercée Raoul Allier, son professeur de philosophie, sur le jeune lycéen d'alors.

a une méthode. C'est celle de la nature elle-même. Il sait que tout organisme naturel tend à se développer vers un état supérieur par l'évolution régulière de ses éléments coordonnés. (...) La République démocratique est (la) seule qui permet à tous les citoyens de rechercher ensemble (...) les arrangements légaux les plus propres à réaliser ce gouvernement de la raison. »[666]

Et ces phrases de Buisson lui-même :

> « L'esprit radical a ce trait de ressemblance avec l'esprit scientifique qu'il vit de relatif et non d'absolu. Il ne prétend ni être immuable ni être infaillible. Il fait profession d'apprendre sans cesse et de se corriger sans relâche. »

Cet esprit « rationaliste » dans lequel Borel a baigné dès l'enfance, dans lequel il a grandi et s'est conforté a donc construit un homme politique qui, sans doute, était à mille lieues de « la foi très vive, presque messianique, dans l'imminence de la révolution » dans laquelle a baigné Jean Jaurès[667]. C'était bien une autre culture, une autre inscription sociale et politique, un autre engagement : le fameux « radicalisme ».

7.1. Borel s'engageait à la Ligue de la République et dans la presse

Mais, comme le souligne Serge Berstein, l'après-guerre avait commencé de la pire manière pour le parti radical, « discrédité, affaibli, moribond » et essoré par sa défaite électorale de 1919, face à la droite ; « nul ne sait exactement ce qu'est le parti radical de 1919 », ajoute-t-il[668]. Cette défaite avait été aggravée du fait de l'isolement des radicaux, sans alliés à gauche et c'est à cette situation qu'il allait falloir remédier. C'est dans ce contexte que Borel prit ses premiers engagements politiques.

Le 17 octobre 1921 avait été annoncée, lors d'un « rassemblement des gauches », à Avignon, la naissance de la Ligue de la République, présidée par trois personnalités, Herriot, président du parti radical, depuis 1919, le docteur Charles Debierre (1853-1932), grand notable nordique, qui avait occupé les fonctions de président du parti radical en 1918 et qui était aussi à la tête du Grand Orient, et Painlevé, président du Parti républicain-socialiste[669]. Borel,

---

[666] L. Bourgeois, préface, dans F. Buisson, *La Politique radicale*, Paris, Giard et Brière, 1908.
[667] Citation de M. Rebérioux par É. Hobsbawn, *art. cit.*, p. 303-306.
[668] S. Berstein, « Les radicaux », dans J.-J. Becker et G. Candar, *Histoire des gauches en France*, vol. 2, « XXème siècle : à l'épreuve de l'histoire », Paris, La Découverte, 2004, p. chap. 35, p. 9-26., p. 15.
[669] A.-L. Anizan, *ouv. cit.*, p. 258 sq. S. Berstein, *Édouard Herriot ou La République en personne*, Paris, Presses FNSP, 1985. Et G. Le Béguec, « La Ligue de la République (1921-

depuis longtemps proche de Painlevé, formant avec lui et Herriot un trio de normaliens très liés entre eux, fut aussitôt de l'aventure. La presse se fit l'écho du discours d'Avignon de Painlevé qui définissait les buts et le programme du nouveau groupement[670]. *Le Figaro* annonça, sous le titre « Un nouveau parti de gauche », que la Ligue « tendait à rien de moins qu'à reconstituer le bloc de gauche, à l'exclusion des seuls communistes »[671]. Précisant qu'on y trouvait des radicaux et des socialistes, le journal énumérait, parmi d'autres, les noms d'Alphonse Aulard (1849-1928), Borel et Bouglé, vieux complices de l'engagement à la LDH. François Dubasque précise qu'à cette date, la Ligue pour la République était née depuis six mois et qu'elle se définissait comme « un laboratoire d'idées et un foyer d'études et d'action destiné à favoriser la réalisation pratique de réformes sociales, économiques et politiques »[672]. Son conseil central était composé à part égale de parlementaires et de représentants de la société civile, « près de 40% appartenant à l'élite intellectuelle des savants et des universitaires ». Si le positionnement de Borel n'était donc pas original au sein du milieu universitaire, son cheminement personnel allait l'amener, avec quelques compagnons fidèles, comme Bouglé ou Aulard, à s'impliquer progressivement dans une action purement politique que d'autres de ses collègues n'adoptèrent pas.

Cependant, jusqu'aux élections de mai 1924 et au contraire de ce qui se constatera ensuite, le nom de Borel n'apparaissait pas dans les colonnes du *Radical* ni dans les autres journaux rapportant les informations sur la vie du parti radical. Borel limitait donc son engagement politique à la seule Ligue de la République. Ainsi, le 14 février 1922, il fut un des principaux convives, aux côtés du général Sarrail (1856-1929)[673], de François-Albert (1877-1933)[674], Maurice Violette (1870-1960) et du journaliste Georges Ricou (1908-1978), secrétaire du parti, du « second banquet de propagande » de la Ligue de la République, réuni aux Tuileries, au cours duquel le vieux leader républicain, radical, laïc et dreyfusard, Gaston Doumergue (1863-1937), prononça un discours copieux sur l'ensemble du programme.

1924) », *Modern and Contemporary France*, n° 39, octobre 1989, p. 4-41. Borel, comme Painlevé ou Herriot, n'était pas membre de la franc-maçonnerie (voir A. Combes, « Radicalisme et franc-maçonnerie », dans S. Berstein et M. Ruby (dir.), *Un siècle de radicalisme*, Villeneuve-d'Ascq, PU Septentrion, 2004, p. 71-79.

670 P. Painlevé, « La politique du parti républicain », discours d'Avignon, le 16 octobre 1921, dans P. Painlevé, *Paroles et écrits*, Paris, éditions Rieder, 1936.

671 *La Matin,* 19 octobre 1924 ; *Le Figaro*, 18 octobre 1921.

672 F. Dubasque, *Jean Hennessy (1874-1944) : argent et réseaux au service d'une nouvelle république,* Rennes, PUR, 2008.

673 Maurice Sarrail qui avait fait partie du haut commandement pendant la guerre, fut candidat dans la Seine sous l'étiquette républicain-socialiste aux élections de 1919. Militaire républicain et franc-maçon, il fut aussi membre du comité central de la LDH.

674 François-Albert était sénateur radical de la Vienne depuis 1920. Normalien, devenu journaliste, notamment à *l'Aurore*, à *l'Œuvre,* à *La Dépêche de Toulouse,* à la *RPP,* et à l'Ere *nouvelle.*

Au début de 1924, les mêmes, entourés de quelques autres, publièrent *La politique républicaine,* un épais ouvrage, thématique, historique, prospectif et programmatique[675]. Sur près de 600 pages, il se présentait au total comme un manifeste de la Ligue de la République préparant les futurs affrontements électoraux. C'est ce que son avant-propos annonçait :

> « Les élections prochaines seront décisives pour l'avenir des institutions républicaines dans notre pays, lisait-on dans l'avant-propos. Conscient du péril, le parti républicain, comme en 1877, comme en 1902, se dispose à faire front de toutes ses forces unies. »

Borel y proposait une étude, non pas sur l'enseignement ou sur la science et la recherche, mais sur « Le pouvoir central », qui avait déjà été publiée dans *La Dépêche* de Toulouse, en juin, juillet et septembre 1923. Il y exposait ses vues sur l'amélioration du fonctionnement des institutions centrales, en particulier l'organisation administrative du gouvernement, celle du travail parlementaire, et aussi quant à l'amélioration du système électoral. Le credo démocratique qui émanait de chaque ligne de son propos classait définitivement Borel dans les rangs d'un radicalisme de principe et de valeurs. Son exposé pouvait arriver après ceux de son ami Seignobos sur « L'histoire du parti républicain » ou de Lévy-Brühl sur « L'idéal républicain », tandis que les suivants déclinaient, tour à tour, les différents compartiments, secteur ministériel après secteur ministériel, de la politique de réformes préconisée par les radicaux - Augé-Laribé pour l'agriculture, Georges Scelle pour la question ouvrière, Herriot pour l'enseignement, Painlevé pour les affaires étrangères, Demangeon pour la politique coloniale, Daladier pour l'armée, Charles Rist (1874-1955) pour l'économie, Gaston Jèze (1869-1953) pour les finances. Bouglé fermait le ban avec « Les sophismes de la réaction », une attaque en règle contre le Bloc national.

Il est malheureusement impossible de savoir comment s'est constitué ce groupe d'auteurs de *La politique républicaine*, qui en a pris l'initiative, par qui a été rédigé l'avant-propos, pourquoi Borel s'y est trouvé associé. On doit se contenter de constater qu'il s'agissait d'un groupe issu de la Ligue de la République fonctionnant comme lieu d'élaboration d'idées politique, composé en partie de ses proches, dont un grand nombre d'universitaires, mais qu'on y trouvait aussi des personnalités plus éloignées de son « réseau » habituel, comme si celui-ci se trouvait d'un coup intégré à un autre, plus large et qu'on peut identifier comme le milieu radical-radicalisant. C'est d'ailleurs comme une publication de « tendance radicale socialiste » que *L'Homme libre* présentait cet ouvrage à sa une[676].

---

675 M. Augé-Laribé et al, *La politique républicaine*, Paris, Alcan, 1924.

676 *L'Homme libre*, 17 avril 1924.

Borel, collaborateur assidu de *La Dépêche* de Toulouse

C'est aussi dans cette période que Borel fut aussi appelé à devenir un véritable journaliste politique. En effet, à l'automne 1922, il fut sollicité par Maurice Sarraut (1869-1943), sénateur radical de l'Aude et directeur de *La Dépêche* de Toulouse, pour écrire dans ce grand journal régional qui rayonnait jusqu'à l'Aveyron avec ses éditions locales. C'est ainsi que, chaque mois à partir d'octobre 1922, Borel publia, sur le sujet de son choix, le plus souvent lié à l'actualité politique, économique ou internationale, des articles pour *La Dépêche.* Quelques temps plus tard, c'est Léon Chavenon (1872-1950), fondateur du journal économique et financier parisien *L'Information* et de l'agence de presse du même nom, qui lui donna la possibilité d'écrire, chaque semaine à partir de juin 1924, pour son journal, dont le titre complet était *L'Information économique, financière et politique* et qu'on appelait souvent, pour faire bref, *L'Information politique*[677]. Si *La Dépêche,* avec ses éditoriaux signés alternativement par le directeur de la rédaction, Arthur Huc (1854-1932), sous ses pseudonymes Pierre et Paul ou Homodéi, et par une belle brochette d'intellectuels - Bouglé, Paul-Boncour, Rosny Aîné, Delbos, Herriot, Aulard, Jèze, François-Albert ou Pierre Mille - était clairement identifiée comme un journal radical, *L'Information*, par contre, passait à la fois pour une publication spécialisée et « de référence » - comme il est d'usage de dire - destinée à un certain lectorat d'élite et liée aux milieux économiques.

Une telle activité journalistique et d'éditorialiste commença donc à donner à Borel une envergure, une notoriété et une réputation qui n'avaient plus rien à voir ni avec ses titres universitaires ni avec son leadership à la CTI, ni même avec son rayonnement dans les milieux mondains parisiens. Borel n'étant pas maladroit dans ces exercices d'écriture et, ayant démontré depuis longtemps sa capacité à exposer une thèse, à argumenter et à illustrer habilement son propos, à partir du concret pour exposer une proposition, ce fut une belle manière pour lui, de se faire connaître dans le monde politique et reconnaître comme une plume et comme un avocat compétent des causes qu'il enfourchait.

Si on considère la trentaine d'article que Borel publia dans *La Dépêche,* de 1922 au début de 1925, il est possible de dresser une typologie des sujets abordés. Une dizaine d'articles portaient sur les institutions et leur fonctionnement et n'abordaient que marginalement l'aspect purement politique de ces questions ; un peu moins d'articles concernaient la politique étrangère, les suites de la guerre et la SDN ; 4 articles portaient sur la monnaie, 3 sur l'enseignement et autant sur la science et la recherche, 2 sur l'agriculture. On peut rapprocher ce bilan de celui des articles publiés par Borel dans *Le Progrès Saint-Affricain*, la publication locale relancée par Borel à partir du

[677] É. Borel, *Organiser*, *ouv. cit.*, préface.

printemps 1924. Ce sont à peu près les mêmes thèmes qui s'imposent, dans les mêmes proportions. On est surpris de constater que se dégageait de l'ensemble de ces articles un discours « objectivisant », une manière le plus souvent très descriptive, surplombante, technique et rationalisante, d'aborder les problèmes soulevés ; de nos jours, nous dirions peut-être « technocratique ». Et cela valait que le sujet fût le suffrage des femmes ou bien l'électrification des campagnes. Les qualificatifs de docte et lénifiant auraient pu permettre de définir le style, le ton, de ces exposés toujours un rien professoraux. À la limite, le lecteur moyen de ces articles devait en garder une impression d'indécision : mais qu'avait donc voulu dire Borel, finalement ?

On constate enfin que Borel ignorait totalement certaines dimensions de la vie nationale. Il n'abordait jamais les questions du monde ouvrier, le sujet des grèves, les problèmes du syndicalisme, les alliances politiques à gauche ; sur les questions sociales, il n'exprimait son point de vue qu'à propos de l'évolution des campagnes et du monde rural ou bien sur les problèmes des milieux intellectuels ou du monde universitaire. En matière économique, il n'évoquait que de manière très générale la « puissance » de la France sans s'attacher à quelque secteur industriel que ce fût ; par contre, les questions monétaires, financières ou commerciales retenaient beaucoup plus volontiers son attention. Le monde colonial n'était jamais abordé. Au total, l'analyse thématique de ce corpus d'articles parus dans *Le Progrès* et *La Dépêche* pour cette période - mais nous verrons que ces thématiques n'évolueront pas au cours des années trente, et même lorsque Borel, à plus de soixante dix ans, reprendra le même rythme de publications après la Libération - nous livre le portrait d'un homme dont la vision de la question politique était très fortement dominée par la conservation de l'existant, la France des terroirs et des petites cités, la France des paysans et des bourgeoisies provinciales, conservation qui passait d'ailleurs par une entreprise de modernisation systématique : modernisation agricole, consolidation du circuit de l'enrichissement local fait d'exploitation des pâturages du Causse, d'élevage des brebis pour le lait collecté pour en faire du Roquefort, d'extension de la commercialisation, développement programmé de la viabilisation rurale, des routes et chemins, de l'électrification, du réseau téléphonique, désenclavement par la route et les chemins de fer, embellissement et équipement de la cité : écoles, hôpital, services administratifs. Cette vision le mobilisait jusque dans les combats contre la suppression de la sous-préfecture et du tribunal de Saint-Affrique, contre les fermetures de lignes et le démantèlement des voies ferrées. Il devint, à la Chambre, un de ces défenseurs obstinés des intérêts de la France profonde ; il n'y avait pas plus « profond » que l'arrière-pays rouergat du sud-Aveyron d'où il venait.

Borel porta à bout de bras le journal de Saint-Affrique, *Le Progrès Saint-Affricain, journal républicain démocratique, d'annonces littéraires, agricoles et commerciales*. C'était, depuis sa création, le titre de cet hebdomadaire local qui reparut d'abord le temps de la campagne électorale du printemps 1924. Puis Borel le relança au mois de mars 1927 et il parut ensuite avec une régularité hebdomadaire absolue, jusqu'en septembre 1939. *Le Progrès Saint-Affricain* apportait en abondance les informations locales mais il servit, lorsque Borel devint un élu local, à promouvoir les actions et les réalisations du maire, du conseiller général et du député, et joua un rôle essentiel lors des campagnes électorales, face aux attaques toujours d'une extrême violence des nombreux organes de presse adverses, *L'Union catholique, L'Éclair, Le Narrateur, Le Messager Saint-Affricain* ou le *Journal de l'Aveyron*[678].

7.2. Devant le suffrage universel : député de l'Aveyron

Selon Marbo, la candidature de son époux aux élections législatives de mai 1924 fut un coup de hasard. Alors qu'au début de 1924, racontait-elle, ils se préparaient à partir pour un voyage scientifique prévu de longue date, à Londres puis au Danemark, c'est « un collègue de l'Académie des sciences (qui) lui demanda à brûle-pourpoint s'il accepterait de figurer sur la liste du Cartel des gauches qu'établissait Raynaldy pour l'Aveyron ». Elle ajoutait que « jamais Émile Borel n'avait envisagé l'éventualité d'un mandat parlementaire »[679].

Il est difficile de suivre Marbo sur « le hasard » qui mena son mari à la Chambre. En fait, selon Borel lui-même, c'est non pas un collègue de l'Académie mais le député de Rodez, Eugène Raynaldy (1869-1938) lui-même, qui « au mois de janvier vint le trouver à l'Académie des sciences pour lui demander de figurer sur (sa) liste[680] ». Pourquoi cette initiative ? La principale raison, sans doute, fut qu'Étienne Fournol (1871-1940), élu député en 1909, lors d'une élection partielle, était décidé à ne pas tenter à nouveau sa chance et poursuivait désormais d'autres ambitions[681]. Or, en 1924, Borel n'était plus, depuis plusieurs années, un novice en politique et ses engagements partisans étaient connus, en particulier à la Ligue de la République. S'il a dit qu'avant que se présentât cette possible candidature aux élections législatives de 1924 « il ne prévoyait pas (son) entrée dans la

---

[678] D. Le Nan et J.-L. Malaviale, *Bibliographie de la presse française politique et d'information générale : 1865-1944*, vol. 12, « Aveyron », Paris, Bibliothèque nationale, 1966. Les Arch. départ. de l'Aveyron disposent de certaines collections.

[679] C. Marbo, *ouv. cit.*, p. 206.

[680] Discours d'É. Borel, lors du « Banquet Raynaldy » de l'Amicale aveyronnaise de Paris, le 22 octobre 1924, arch. de l'Aveyron, dans P. Guiraldenq, *ouv. cit.*, p. 127.

[681] Notice biographique d'Étienne Fournol, dans Jean Jolly, *Dictionnaire des parlementaires français de 1889 à 1940*, *ouv. cit.* Dans sa dédicace à Fournol d'*Organiser* (voir plus loin), Borel écrivait : « À Étienne Fournol responsable de ma candidature et de ce livre. En toute amitié. » (Fonds Étienne Fournol de la Médiathèque de St Cloud, Mme Valérie Laudet, bibliothécaire, dédicace aimablement communiquée par M. Jacques Alvernhe qui mène une recherche sur Fournol.)

politique »[682], c'est parce qu'à ses yeux son ami Fournol, un ami d'enfance de Saint-Affrique, était, jusque-là, le candidat légitime et naturel de la circonscription. La place se libérait.

L'Aveyron, terre de mission ?

De fait, la conjoncture politique dans son département de l'Aveyron pouvait sembler laisser peu de possibilités : aux législatives de 1919, au scrutin par liste avec la proportionnelle, dans l'une des deux circonscriptions du département, celle du sud-Aveyron - celle de Saint-Affrique -, quatre députés de droite avaient été élus, sur une liste conduite par le général de Castelnau (1851-1944) tandis que le radical sortant, l'avocat André Balitrand (1864-1931) avait été éliminé, et, dans la circonscription du nord-Aveyron, un seul candidat de la gauche modérée, Raynaldy, conseiller général et élu municipal à Rodez, était passé grâce aux voix ouvrières des cantons d'Aubin et de Decazeville, encadré par trois autres élus de droite. Même résulta, en 1921, lors des sénatoriales, avec trois élus de droite.

La situation n'était cependant peut-être pas aussi défavorable que cela pouvait apparaître. En effet, la circonscription de Saint-Affrique avait été représentée, entre 1909 et 1914, par Étienne Fournol, un haut fonctionnaire qui était né à Saint-Affrique et avait le même âge que Borel et qui avait siégé au centre droit, dans le groupe de la gauche démocratique[683]. Ce Fournol, lorsqu'il avait tenté une première fois, en 1906, de succéder à son oncle Paul Fournol, décédé, avait été battu par Léonce de Castelnau mais, lors de l'élection partielle de 1909 due à la mort du député, il avait triomphé de son nouvel adversaire, Paul Leroy-Beaulieu. Borel était ami avec Fournol, une amitié d'enfance ; il lui envoyait des exemplaires dédicacés de ses ouvrages et il l'avait appelé au comité de rédaction de *LRDM,* en 1906 alors que celui-ci était conseiller général de l'Aveyron, depuis 1902, et directeur au ministère des Travaux publics. Aux législatives de 1914, Joseph de Castelnau, candidat catholique, avait battu de peu Fournol - comme souvent, les mêmes familles, les mêmes dynasties, étaient en compétition pour contrôler le monde des notables locaux - et celui-ci avait renoncé à contester le résultat de l'élection en raison de l'atmosphère d'Union sacrée des débuts de la guerre. En 1919, le sortant ne se représentant pas, c'est son cousin, le général Édouard de Castelnau (1851-1944) qui avait repris la circonscription de Saint-Affrique. Si Borel se présentait cette fois-ci, il aurait donc à combattre le général de Castelnau[684]. L'alternance ayant été la règle depuis le début du siècle, avec deux Fournol et trois de Castelnau, une nouvelle alternance, favorable à Borel,

[682] É. Borel, préface de *Organiser*, *ouv. cit.*, p. VII.
[683] Fonds Étienne Fournol à la Médiathèque de Saint-Cloud (92).
[684] Notice biographique d'Étienne Fournol, dans J. Jolly, *Dictionnaire des parlementaires français de 1889 à 1940*, *ouv. cit.* Et Fonds Étienne Fournol de la Médiathèque de St Cloud.

ne pouvait être exclue, d'autant que le bilan du Bloc national ne faisait pas l'unanimité.

L'Aveyron était, comme beaucoup d'autres départements du sud-ouest, une terre de contrastes, divisée en « pays » selon les axes des vallées, du Lot au nord, de l'Aveyron au centre, et du Tarn au sud, et polarisée autour des principales « capitales » des différents terroirs avec, d'est en ouest, Villefranche-de-Rouergue (sur le Lot), Rodez (sur l'Aveyron) et Millau (sur le Tarn), et puis Espalion au nord (sur le Lot) et Saint-Affrique au sud (sur la Sorgues). Selon Gérard Cholvy, l'Aveyron rural restait marqué par une forte pratique catholique, dominée par un clergé ultramontain, l'un des plus nombreux de France, et par le poids de la culture traditionnelle. Il cite même ce dicton repris d'un ouvrage du prêtre rouergat Justin Bessou : « Fe, patoues e paisan son très que faou pas qu'un » (Foi, patois et paysan sont trois qui ne font qu'un.)[685]. Toutes choses qu'Emmanuel Todd exposait naguère à sa façon lorsqu'il évoquait dans ses études sur les structures familiales le poids de l'Église dans l'Aveyron[686]. Par ailleurs, un protestantisme minoritaire mais influent, en particulier dans l'industrie et le commerce, se divisait entre des traditions orthodoxe à Millau, cité de la ganterie, et libérale à Saint-Affrique, « petit bourg agricole et commerçant, ne possédant que deux petites usines travaillant l'une pour le feutre, l'autre le cuir et appartenant à deux familles de l'importante communauté protestante[687] ». Le contraste était vif avec les cantons mineurs et ouvriers d'Aubin et de Decazeville, terres d'immigration fortement déchristianisées et d'« agitation socialiste ». C'est dans ce département qu'était donc envisagée cette candidature de Borel au début de 1924. Dire qu'il était, pour un protestant radical, même modéré, « une terre de mission » n'était donc pas une exagération.

Pourtant, cette idée n'était pas tout à fait saugrenue si on songe que dans le département il n'y avait guère de notables installés, d'élus locaux assis sur un terroir. Avec un rapport des forces, dans l'électorat, qui était au départ très défavorable, une candidature surprise était peut-être susceptible de provoquer un réel intérêt, peut-être un choc, permettant d'envisager de bousculer le général de Castelnau, voire d'imaginer une victoire. Borel pouvait être ce candidat ; il était une personnalité parisienne qui, dans cette terre d'émigration qu'était devenu l'Aveyron, pouvait susciter la mobilisation des Aveyronnais de Paris, de Marseille, c'est-à-dire de ces nombreux électeurs, toujours inscrits sur les listes de leur terroir de cœur, mais dont les idées politiques avaient pu

---

685 G. Cholvy, *« Cette Bretagne du Midi (1789-1978) », Histoire du Rouergue*, Toulouse, Privat, 1980, p. 393-424. Et G. Cholvy, *Christianisme et société en France au XIXème siècle, 1790-1914,* Paris, Seuil, 1997.

686 E. Todd, *La troisième planète : structures familiales et systèmes idéologiques*, Paris, Seuil, 1983, p. 83, 139.

687 J.-Y. Mollier et J. Georges, *La plus longue des Républiques, 1870-1940*, Paris, Fayard, 1994.

évoluer en proportion de leur mode de vie urbain. Et surtout, condition indispensable, Borel était connu à Saint-Affrique comme un « vrai Aveyronnais », attaché à sa patrie rouergate. Ses origines familiales, les ramifications de cette famille et de la fratrie dont il était le cadet, les amitiés qu'il entretenait avec les personnalités de sa ville d'origine, les liens qu'il avait maintenus avec les réseaux familiaux que ce fût ceux du protestantisme ou de la bourgeoisie du département et des départements voisins, les contacts qu'il avait pu garder avec les connaissances datant de ses études à Montauban puis de son service militaire à Montpellier quand il avait été chargé d'enseigner aux étudiants en mathématiques de la faculté, tout ceci plaidait en sa faveur et lui garantissait une assise qui ne ferait pas apparaître sa candidature comme un « parachutage » intolérable. La rumeur qui ne manquerait pas d'accompagner l'annonce de celle-ci pourrait se nourrir d'une réputation entretenue de « tête dure cévenole », de « parler franc » et de « fidélité à la parole donnée », compensant ainsi les inévitables préjugés contre l'« intellectuel parisien » éloigné des réalités et contre le « monsieur » partant à la recherche d'un fauteuil de notable, contre le « carriériste » prêt à se servir de Saint-Affrique pour nourrir ses ambitions. Bref, Borel n'avait jamais cessé de revenir chez lui, sa famille était là, sur place, ses biens en témoignaient, son attachement connu à ses racines faisait foi.

Aucune trace directe ne permet de comprendre comment Borel dont la carrière universitaire et le rayonnement intellectuel étaient à leur comble, a pu mordre à l'idée de retourner là-bas où, l'âge venant, il savait qu'il avait ses liens les plus profonds. Cette opportunité répondait sans doute à une inclination déjà présente, en particulier dans ses divers engagements politiques et, mesurant qu'une nouvelle carrière se présentait, il a été séduit par l'idée d'en découdre avec cette vieille droite catholique et royaliste qui dominait le département. Si Borel ne s'était pas encore imaginé dans ce costume de notable local - celui de tous les notables de son temps - il n'eut aucun effort à faire pour l'endosser aussitôt.

Comment naît une candidature

Borel fut donc sollicité par Raynaldy, député sortant, avocat républicain modéré, directeur du *Courrier de l'Aveyron*, rare journal local à ne pas être contrôlé par les milieux catholiques conservateurs, qui cherchait à constituer une liste de gauche adaptée aux tendances politiques modérées dominantes dans l'Aveyron. Marbo expliquait que son père et des proches jugèrent la proposition douteuse, Raynaldy risquant d'être finalement le seul élu de la liste. Il fallait espérer une forte poussée à gauche pour qu'un autre candidat puisse être élu. C'est avec cet espoir que d'autres poussèrent Borel à se lancer, dont Marguerite Borel elle-même et son frère, Pierre Appell qui était membre du parti républicain-socialiste et proche de Painlevé. Selon Marbo, Borel, sommé de se déterminer, aurait alors posé comme condition que Paul

Ramadier (1888-1961), le jeune maire socialiste de Decazeville, figurât aussi sur la liste[688]. Certains voulaient même récuser Raynaldy en raison de ses positions très modérées et, en particulier, de son vote en faveur du rétablissement d'une ambassade française au Vatican - *l'Union catholique*, journal royaliste aveyronnais, écrivait même qu'à la Chambre, Raynaldy « a(vait) continuellement voté avec le Bloc national »[689].

En fait, la correspondance nourrie de l'ex-député radical Balitrand avec Borel au moment où se discutait la stratégie à adopter raconte une autre histoire. Elle montre qu'un accord avait été conclu avec Raynaldy pour constituer une liste séparée de centre gauche, sans le socialiste, mais que cette orientation n'arrivait pas à s'imposer dans le département :

> « Depuis quelque temps déjà je constatais un mouvement de plus en plus marqué vers le cartel des gauches, écrivait Balitrand à Borel alors à Copenhague. À Villefranche, nous avions fait accepter avec peine la tactique des listes séparées. Avant-hier à Rodez où j'ai essayé de soutenir cette thèse, j'ai senti l'opinion que je défendais par solidarité et fidélité aux conventions faites avec Raynaldy tellement isolée que si on avait voté j'aurais été seul de cet avis. Bref, (...) le courant pour le Bloc est tellement fort qu'il serait vain d'essayer de le remonter. »[690]

Fort de cette conviction nouvelle Balitrand exposa donc à Raynaldy, en son nom et celui de Borel, que tous deux « refuseraient de s'engager s'il persistait à « refuser le cartel ». Dans ce cadre, Borel, outre le prestige de ses titres et son appartenance à la mouvance protestante et libérale de Saint-Affrique, apportait son image d'homme politique parisien, modéré - comme Raynaldy - mais engagé à gauche, au contraire de celui-ci. Dans le cadre de la circonscription unique de cinq sièges au lieu de sept, le rapprochement entre Raynaldy et Ramadier pouvait profiter aux deux en organisant l'addition de leurs électorats. Le sud du département était dominé par Balitrand, maire de Millau avant la guerre et associé aux socialistes, tandis que Saint-Affrique avait des maires radicaux depuis le début du siècle. L'arrivée de Borel pouvait contribuer à renforcer cette implantation.

Une liste dite de « Défense républicaine » fut donc constituée au terme d'un processus complexe qui culmina avec un « Congrès du Bloc des gauches » convoqué à Rodez, par la section de Millau de la Ligue de la République. Le principe d'une liste unitaire fut approuvé. Une commission de six membres, présidée par le docteur Gustave Jacob, un très proche ami

[688] A. Fonvieille-Vojtovic, *Paul Ramadier, 1888-1961 : élu local et homme d'État*, Paris, Public. de la Sorbonne, 1993. Et S. Berstein (dir.), *Paul Ramadier : La République et le socialisme*, actes du colloque, Paris, 8-9 décembre 1988, Bruxelles, Complexe, 1992.
[689] *L'Union catholique*, 1er avril 1924.
[690] Lettres d'A. Balitrand à É. Borel, 18 et 22 mars 1924, Papiers de madame Besson.

personnel de Borel, élu du canton de Cornus, fut chargée de la finaliser. Elle se composa finalement des deux parlementaires confirmés, deux avocats, vieux routiers de la politique aveyronnaise et notables installés, Raynaldy et Balitrand, présentés en première et seconde position ; puis venaient Borel et Georges Cambournac, un militant connu de la gauche radicale et laïque, dont la famille possédait depuis des lustres une charge d'avoué à Espalion, et d'ailleurs futur maire de la ville des bords du Lot, et enfin Ramadier. La profession de foi de cette liste admettait la diversité des points de vue existant entre les cinq candidats mais elle affirmait la nécessité de l'union des républicains autour des « institutions politiques, laïques, sociales de la République » face à « la politique de dictature, de force et d'aventure » représentée par la liste adverse, et face au risque que son « militarisme » faisait courir à la paix et à l'indépendance du pays. Venait ensuite la présentation d'un programme axé sur la réforme fiscale, la défense de la monnaie, la révision des traitements des fonctionnaires, la loi sur les Assurances sociales, la défense des producteurs de lait de Roquefort, l'achèvement du réseau de chemin de fers pour désenclaver le département[691]. Du Cartel de gauches, il n'était pas question.

L'irruption de Borel et de Ramadier dans cette campagne donna à l'élection aveyronnaise un enjeu national, d'autant qu'en face, la droite rassemblée sur une « liste républicaine de paix nationale et de progrès social », était conduite par le vicomte de Castelnau, député sortant, président de la Ligue catholique, représentant d'un parti nationaliste aux couleurs antirépublicaines. Quatre autres députés sortants l'accompagnaient, trois avocats et un médecin. Le parti communiste présenta une liste intitulée Bloc ouvrier et paysan, conduite par deux mineurs révoqués du canton d'Aubin, Félix Cayla, ancien délégué mineur devenu aubergiste, et Marcel Laborie, devenu camionneur à la Coopérative d'Aubin[692].

Une campagne électorale d'alors mobilisait souvent des foules importantes. Selon les rapports adressés au préfet, la liste de Castelnau réunit dans des meetings plus de mille personnes à Rodez et 1300 à Decazeville. La liste cartelliste se contenta de 800 personnes à Saint-Affrique, lors d'un meeting présidé par l'ancien député, Étienne Fournol, au cours duquel le maire, Emmanuel Alauzet, pharmacien à Saint-Affrique, apporta lui aussi son soutien à Borel. L'habitude était à la tenue de réunions contradictoires

[691] Profession de foi pour les élections législatives du 11 mais 1924 dans l'Aveyron, Archives communales de Saint-Affrique, Dossier électoral 1K.

[692] *L'Express du Midi,* 18 mai 1924. Affiche électorale de la liste du Bloc ouvrier et paysan, note du sous-préfet de Millau au préfet de l'Aveyron, 20 avril 1924, et note du commissaire de police de Decazeville, 9 avril 1924, Archives communales de Saint-Affrique, Dossier électoral 1K,. Les autres candidats communistes étaient Jules Farrussenq, ouvrier gantier à Millau (notice dans le *Maitron*, de Jean Maitron et Claude Pennetier), Éloi Caillardy, tôlier, secrétaire de la section communiste de Decazeville, et Albert Tournemire, cultivateur et gérant de coopérative aux Albres.

« républicaines » ce qui permettait des confrontations parfois spectaculaires entre les candidats, des nombreux adversaires de la liste invitante se trouvaient dans la salle pour faire la claque ou provoquer du désordre, la réunion débordait généralement à l'extérieur avec cette nouveauté contre laquelle les forces de l'ordre n'avaient encore trouvé aucune parade : les haut-parleurs retransmettant les discours pour ceux qui n'avaient pu entrer[693]. La presse locale et régionale rendait compte en détail des réunions des deux camps. C'est ainsi qu'on eut un portrait de Borel faisant ses premiers pas d'homme public, portrait qui pour avoir été dressé par un journaliste adverse n'en était pas moins d'une brillante précision :

> « Le citoyen Borel s'avance. "Mon Dieu où me suis-je fourvoyé" semble dire cet homme charmant et délicat qui, heureusement, va être bientôt rendu à ses études et à la docte Sorbonne. Figé en son grand col, il commence à parler, d'une voix douce et harmonieuse. Les yeux au ciel, le geste large, tel un apôtre nouveau il est venu parmi nous prêcher un nouvel évangile. Paix universelle… Wilson… fraternité… justice… Comme ce sera beau quand nous serons députés… un nouvel âge d'or… et l'on nous accuse d'utopies… Ah ! citoyens… C'en est attendrissant, on a envie de s'embrasser. Comment n'a-t-on pas su cela plus tôt… Le bon M. Artus qui s'était endormi au ronronnement socialiste s'est réveillé, le citoyen Siman[694] a l'œil humide et nos édiles sont figés dans la plus béate admiration. Bravo ! bravo !! Ah ! cette fois, le chœur municipal a donné comme un seul homme, d'une manière impressionnante. »[695]

Même propos chez Ramadier lorsqu'il racontait que « dans ses campagnes électorales, au Parlement, (Borel) parlait d'un ton à peine plus élevé que celui de la conversation » [696].

Comme le relevait le chroniqueur de *L'Union catholique*, Borel mena en effet cette campagne en axant ses interventions sur la défense de la paix et de la sécurité collective. Le *Courrier de l'Aveyron* titra : « Borel : Foch m'a dit : "La guerre est maintenant un article démodé". »[697] Une citation d'autant plus importante que le maréchal Foch qui avait fait ses études au lycée de Rodez, était considéré comme un héros local. Tandis que des tiraillements se faisaient

---

[693] Données extraites des rapports adressés au préfet de l'Aveyron, Arch. départ. de l'Aveyron, cote 3 M 457 et, Arch. municip. de Saint-Affrique, cote 1K, élections législatives (1791-1951, dossier É. Borel, 1924, 1928, 1932, 1936).

[694] Bertrand Siman était un dignitaire de la loge maçonnique La Parfaite union, de Rodez (Arch. départ. de l'Aveyron, Fonds Ramadier). Cet enseignant au lycée de Rodez était, selon Fonvieille-V. le chef du radicalisme aveyronnais (*ouv. cit.* p. 91).

[695] *L'Union catholique*, 9 mai 1924.

[696] P. Ramadier, Discours aux obsèques d'É. Borel, Arch. départ. de l'Aveyron, Fonds Paul Ramadier, cote 52 J 6.

[697] *Courrier de l'Aveyron*, 8 avril 1924.

jour entre les tendances de la droite, les rapports du préfet signalant des consignes pour « rayer » de Castelnau, les candidats du Cartel menèrent une campagne unitaire, marquée par un banquet de cent cinquante convives, à Villefranche, autour de Ferdinand Buisson[698]. Elle consista dans des déplacements des « candidats qui circulaient à cinq dans deux très vieilles autos, de village en village, exposant leur programme », plus de 150 réunions au total, selon Borel[699], en terminant par la préfecture, Rodez. Le *Progrès Saint-Affricain, Organe du comité de défense républicaine,* ressuscité, parut à quatre reprises, imprimé tant bien que mal par un artisan saint-affricain, avec le même titre à chaque fois : « Votons tous le 11 mai pour les candidats de la République. »[700]

La victoire de Borel

Le 11 mai, les résultats furent dans la tendance nationale qui donna la victoire au Cartel. La liste Raynaldy obtint trois élus, le sortant Balitrand arrivant cependant derrière Borel de 500 voix. La droite ne conserva donc que deux sièges et la tête de liste, le général de Castelnau, fut balayé, à la surprise générale, son score étant, de loin, le plus mauvais. Cette défaite, violemment ressentie dans tout le département qui avait donné, en 1919, six élus sur sept aux candidats du Bloc national, eut aussi des répercussions nationales en raison du rôle passé et présent de de Castelnau dans le dispositif de la droite à l'échelle du pays.

Cependant, la liste du Cartel ne dépassait, en moyenne, celle de la droite que de 40 voix. Seul Raynaldy obtint une majorité absolue, Borel n'étant élu, de même que deux candidats de l'autre liste, qu'« au quotient ». Avec le très mauvais score de Castelnau, les votes massifs de l'électorat ouvrier en faveur du Cartel, mineurs du Bassin, cheminots et, à moindre titre, gantiers de Millau, la faiblesse du parti communiste avec moins de mille voix, et le bon score réalisé dans nombre de cantons ruraux assurèrent cette relative victoire de la liste du Cartel. Ainsi, Borel était-il largement battu dans l'arrondissement de Saint-Affrique, avec 1500 voix de retard et il ne dut son succès qu'au vote massif de l'électorat de Decazeville. Marbo rappelait qu'au scrutin d'arrondissement, son mari n'aurait eu aucune chance : « Un huguenot de gauche ne peut pas rattraper quinze cents voix dans l'Aveyron agricole », lui avaient seriné Seignobos et Siegfried[701]. Marbo connaissait bien ces clivages dans l'électorat, et elle s'en désolait :

> « Ce qui me navre, écrivait-elle, ce sont les cloisons qui séparent les habitants les uns des autres. J'ai juré à mon mari : "Je les réunirai

[698] J.-L. Malaviale, *Le Journal de Villefranche et la presse d'arrondissement en Bas-Rouergue*, Paris, J.-L. Malaviale, 1965, p. 181.
[699] *Le Quotidien,* 14 mai 1924.
[700] *Progrès Saint-Affricain*, 23 juin 2011.

tous." – "Il te faudra du temps." La guerre, éclatant en 1939, permit le miracle ; Catholiques et protestants, commerçants des rues étroites, bourgeois possédant balcon sur avenue, ouvriers du quartier pauvre, jardiniers des rives fleuries s'aperçurent qu'ils appartenaient à la même famille menacée. »

Encore ne parlait-elle ici que de l'électorat du bourg sans évoquer les campagnes de l'arrondissement. Ce succès électoral pouvait donc passer pour contre nature, de circonstance et éphémère. La suite prouva que non ; au moins pour la décennie suivante.

La victoire éclatante de Raynaldy lui ouvrit les portes du cabinet formé par Herriot. Il obtint le portefeuille du Commerce et de l'Industrie. De son côté, Ramadier, bien que battu, n'étant plus un épouvantail pour l'électorat modéré, pouvait songer à de futures victoires. Quant à Borel, cette élection signa le début de sa carrière nationale. Ne lui offrit-on pas, dès le 14 mai, de figurer à la Une de l'organe officieux du Cartel, *Le Quotidien*, avec son portrait photographique et un article : « Comment nous avons battu le général de Castelnau, par Émile Borel ». Sa réponse était que « le premier article de notre programme c'est de faire la paix ». Il définissait même « d'un mot la signification du scrutin du 11 mai » :

> « Par ce scrutin, écrivait Borel, la France a véritablement déclaré la paix au monde. »

Entre temps, il avait expliqué qu'il « n'avait jamais été aussi bien écouté que lorsqu'il parlait de la Société des Nations » et il attribuait la défaite du Bloc national au fait « d'avoir donné à la France la figure de la puissance la plus réactionnaire du monde ».

Cette élection aveyronnaise prit une portée nationale avec la visite d'Herriot, président du Conseil, le 9 novembre 1924, dans l'Aveyron. À Rodez puis à Decazeville, il fut accueilli par Raynaldy, Borel et Ramadier. Celui-ci parla ensuite de cette visite en termes lyriques et à peine exagérés :

> « Lorsque les ouvriers du Bassin houiller l'accueillirent sur la place Decazes, lorsqu'ils défilèrent derrière lui à la nuit tombée dans les rues de la ville, c'est véritablement leur reconnaissance et celle de la nation toute entière qui s'exprimait par leur attitude, leurs gestes, leurs chants. On peut placer à cette période le point culminant de la carrière d'Herriot. »[702]

[701] C. Marbo, *À travers deux siècles*, *ouv. cit.*, p. 210 et 221.

[702] Cité par Aline Fonvieille-Vojtovic, *ouv. cit.*, p. 107.

Chapitre 8
Premiers pas à la Chambre et au sein du radicalisme

Après cette élection, l'activité politique de Borel ne connut plus de ralentissement. Curieusement, il fit publier un rectificatif dans *Le Matin* précisant que, alors que les statistiques officielles le présentaient comme « républicain socialiste », voire « socialiste indépendant », il voulait qu'on le qualifiât simplement de « républicain », « républicain tout court » s'amusait le quotidien[703]. Et, de fait, n'était-il pas connu jusque-là que comme membre de la Ligue pour la République ? Mais ces coquetteries ne durèrent pas puisque qu'il s'inscrivit au groupe radical-socialiste de la Chambre et qu'on le retrouva, dès l'automne, au plus près de certaines initiatives nationales du parti radical.

Les élections passées, Borel fut confronté à son destin politique. Toute son activité, depuis des mois, montrait qu'il était désormais engagé dans une voie qui, suivant l'exemple de Painlevé, devait le conduire à assumer des responsabilités nationales. Grâce à sa victoire dans l'Aveyron, c'est ce qui allait - normalement - se passer… et qui n'eut pas lieu.

8.1. Borel, ministre ?

Painlevé, le leader national dont il était le plus proche, puisqu'il accédait à la présidence de la Chambre, ne fut pas président du Conseil ; mais Borel était aussi un camarade d'École et, depuis longtemps, un ami d'Herriot qui allait former le gouvernement. Serait-il ministre ? Pendant les journées de juin 1924, au cours desquelles Herriot s'attela à la formation de son équipe, Borel fut, avec d'autres et pas moins qu'eux, « à la manœuvre ». La presse - citant Herriot, Painlevé, Moro-Giaferri, Paul-Boncour, Delbos, de Jouvenel et même Vaillant-Couturier - avait souligné la place de ces « intellectuels » dans la nouvelle Chambre. Elle donnait Borel comme ministre de l'Instruction publique[704]. Le 25 mai fut une forte journée car la Société française de mathématiques fêtait ses cinquante ans, en présence de Raymond Poincaré, et Borel prononça à cette occasion un vibrant hommage à Henri Poincaré dont la presse rendit compte en détail. Le 27 mai, sa présence était encore signalée au congrès de l'Union nationale des amicales

[703] *Le Matin*, 14 mai 1924.

[704] *Les Nouvelles littéraires*, 24 mai 1924

d'étudiants[705]. Il y eut aussi des manifestations de la CTI comme ce meeting, le 1er juin, au cours duquel Borel exposa « ce que le Parlement doit aux travailleurs intellectuels »[706]. Comme pour souligner que tout était possible, *LRDM* de mai publia un article d'Étienne Rabaud retraçant l'itinéraire politique de Borel qui commençait ainsi :

> « Émile Borel, député ? Émile Borel, ministre ? Où est la surprise, sinon pour ceux qui ne l'ont pas suivi dans les diverses phases de sa carrière ? (…) Déjà l'affaire Dreyfus le trouve du côté de la liberté et de la justice avec toute la passion, tout le courage et tout l'idéal du jeune savant qui, sans sortir encore de sa tour d'ivoire, ouvre largement les fenêtres sur tous les points de l'horizon. »[707]

Même s'il semble que Borel visait le ministère de l'Instruction publique, il avait aussi d'autres centres d'intérêt. Et d'abord l'organisation du gouvernement ; si Herriot se décidait à recréer un secrétariat général de la présidence du Conseil ou bien un sous-secrétariat d'État, il pouvait être l'homme de la fonction. Ensuite, il y avait les questions internationales, l'organisation de la paix, la SDN, la coopération en Europe, et enfin, les questions monétaires auxquelles le Cartel allait être confronté dès son arrivée au pouvoir et pour lesquelles Borel pensait que son expertise pouvait apporter beaucoup. C'est peut-être pour n'avoir pas su choisir et avoir espéré plusieurs postes à la fois, peut-être pour avoir trop pensé en termes de « l'homme qu'il faut à la place qu'il faut » au lieu de penser en termes de carrière, que, finalement, Borel se trouva sans « rien ». Le fait qu'Herriot prenait Raynaldy au Commerce rendait peut-être difficile la présence d'un second élu de l'Aveyron dans le cabinet. C'est ainsi qu'alors que le nom de Borel avait circulé avec insistance, il fut écarté et François-Albert retenu pour l'Instruction publique. Ce sénateur radical était un « poids lourds » du Cartel ; il avait participé à la Ligue pour la République et il venait d'accéder à la présidence de la Ligue de l'enseignement. Normalien, agrégé de Lettres, il était tout désigné pour organiser l'annulation des « décrets Bérard » contre lesquels il avait bataillé au Sénat.

Borel s'engagea donc dans le travail de parlementaire, il entra à la commission des Affaires étrangères de la Chambre[708] et à la commission de l'Alsace et de la Lorraine dont il fut élu président. Il fut aussi des commissions de la Marine militaire et de celle des Mines et Forces motrices. Il n'appartint ni à la commission des Finances ni à la commission de l'Enseignement, ni d'ailleurs de la commission dite de l'École unique créée

[705] *Id.*, *Le Matin*, 25 mai 1924, *Le Journal*, 27 mai 1914.
[706] *Le Petit Parisien*, 1er juin 1924.
[707] É. Rabaud, « Émile Borel », *LRDM scientifique*, n° 161, mai 1925, dans *Vient de paraître*.
[708] *L'Homme libre*, 19 juin 1924.

par François-Albert et reconduite ensuite, avec Langevin à sa tête, par Anatole de Monzie (1876-1947)[709].

Sous la IIIème République, les cabinets étant souvent éphémères, une autre occasion d'entrer au gouvernement pouvait se représenter rapidement. Mais la déconvenue se reproduisit, en avril de l'année suivante, lorsque Painlevé devint à son tour président du Conseil ; l'Instruction publique, cette fois, ne devait pas échapper à Borel. Des journaux indiquaient que c'était acquis. De plus, il paraissait se trouver, cette fois, au cœur de tous les conciliabules. Le très conservateur *Journal des Débats* indiquait même que Borel et Sarraut, qui étaient parmi « les plus chauds partisans de la combinaison à trois (c'est-à-dire en incluant Briand, Painlevé et Caillaux, ndlr), eurent une longue conversation avec (Briand), loin des tumultes des couloirs, dans l'isolement et le silence d'un bureau (et ils) s'y employèrent de la façon la plus insistante »[710]. On apprenait ainsi que Borel appartenait à la mouvance la plus modérée et la moins cartelliste du courant radical.

Et il resta sur la touche. Au dernier moment, de Monzie exerça une pression suffisante pour obtenir l'Instruction publique[711]. Borel aurait aussi pu viser, dans ce gouvernement où entraient en force les membres de la Ligue de la République et des républicains-socialistes, le poste de chef de cabinet de la présidence du Conseil que Painlevé rétablissait, mais celui-ci nomma Jacques Jaujard (1895-1967), venu de son secrétariat à la présidence de la Chambre ; il y eut aussi le sous-secrétariat d'État à la présidence du Conseil, mais Painlevé choisit Georges Bonnet. Borel que Painlevé ne ménageait pas n'eut donc, dans ce cabinet recentré dont l'orientation monétaire et financière lui agréait bien mieux que celle d'Herriot, qu'un lot de consolation avec le ministère de la Marine, poste auquel il n'avait sans doute jamais pensé mais que son appartenance à la commission de la Marine militaire de la Chambre pouvait justifier. Lorsqu'à l'automne Bonnet changea de fonction, Painlevé le remplaça par Aimé Berthod (1878-1944) et il reconduisit Borel à la Marine. Celui-ci ne fut donc pas impliqué dans les décrets organisant les services du sous-secrétariat d'État à la présidence du Conseil et il ne fut pas mis à sa tête[712].

Tandis que Bonnet ou Berthod entamaient ainsi une carrière politique de haut niveau, la Marine qu'il n'occupa qu'un peu plus de huit mois, pendant les deux brefs cabinets Painlevé, ne fut pas, pour Borel, le prélude à une grande carrière ministérielle. Il ne reçut ensuite aucun autre portefeuille. Cette porte-là se referma définitivement.

---

[709] Décrets du 16 décembre 1924 et du 1er décembre 1925.

[710] *Le Temps*, 13 avril 1925, *Le Petit Parisien*, 17 avril 1925, *L'Humanité*, 17 avril 1925. *Journal des débats*, 18 avril 1925.

[711] C. Marbo, *À travers deux siècles*, *ouv. cit.*, p. 214.

[712] *Journal officiel*, 4 octobre 1925, p. 9606. N. Roussellier, ouv. cit, p. 436.

8.2. Premiers pas de député

Simple député, Borel entreprit de développer son activité politique. Sa première intervention à la Chambre sembla motivée par des considérations d'amitiés personnelles et de réseau d'influence : il interrogea en effet le ministre des Finances sur l'absence de financement pour l'achèvement des laboratoires, alors en construction, de Marie Curie et Jean Perrin. Il parla d'« une économie regrettable », de « fausse économie » et même d'« économies détestables » ; Blum l'appuya aussitôt « avec une insistance particulière ». Le ministre des Finances s'empressa de donner des assurances pour les crédits qui interviendraient... au mois d'octobre[713]. Borel qui avait été nommé la veille, par ses collègues, membre du conseil national de l'ONRSII, fut nommé dès le lendemain membre du conseil d'administration de la Caisse des recherches scientifiques (CRS)[714]. Il semblait donc devenir un spécialiste des questions de recherche scientifique à la Chambre.

8.3. Les engagements internationaux de Borel dans le cadre radical

Borel fut très vite intégré aux organes dirigeants du courant radical en France et il vit, pour cette raison, ses engagements européens prendre une nouvelle ampleur. Il assista, dès juillet 1924, à une conférence, à Lyon, de l'Union internationale des associations pour la SDN à laquelle, pour la première fois en France, participèrent des Allemands[715]. Et, à l'automne, au congrès du parti radical de Boulogne-sur-Mer, ce fut son heure : il prit la parole en séance plénière et fut le maître d'œuvre d'une première rencontre de « l'Entente internationale », un regroupement de douze partis radicaux ou similaires d'Europe, née en août à Genève, lors d'une réunion de l'Union interparlementaire, à la présidence de laquelle avait été porté Ferdinand Buisson. Borel en fut d'abord un des vice-présidents avant de devenir, en 1929 et jusqu'à la fin de ses mandats de député, secrétaire général ; il succédait ainsi au Danois Ivar Berendsen (1865-1939), un de ses principaux inspirateurs[716]. La secrétaire générale-adjointe fut, dès le début, une collaboratrice de Borel, une des ces « dames radicales » dont Marbo parlait avec une certaine réserve, Éliane Brault (1895-1982). Celle-ci avait épousé en 1923 l'avocat franc-maçon Louis Gallié, secrétaire général-adjoint de la CTI et proche de Borel - celui-ci était même le parrain de leur fils - très actif

---

[713] Travaux parlementaires-Chambre T(PC), séance du 30 juillet 1924, annales de la Chambre, p. 594. PV de la commission des Finances de la Chambre, A.N., série C, C//14773.

[714] TPC, 31 juillet 1924.

[715] É. Borel, « De Lyon à Genève », *ouv. cit.*, p. 30-33.

[716] S. Berstein, *Histoire du parti radical*, Paris, PFSP, 1980, vol. 2, p. 255.

aussi dans les associations liées à la SDN[717]. Après avoir provoqué une ovation en l'honneur de Buisson, Borel, depuis la tribune du congrès, « dit l'œuvre de paix et d'émancipation accomplie à Genève par les radicaux[718] » et raconta la gestation de la nouvelle Entente dédiée à la « politique européenne du juste milieu »[719].

Quelques jours après eut lieu, au Centre européen de la dotation Carnegie, la réunion de l'Union intellectuelle européenne, sous les auspices du prince Karl Anton de Rohan, directeur de *l'Europäische Revue*, et sous la présidence de Borel, son secrétaire général. Une Fédération internationale des unions intellectuelles fut créée[720]. Cette entreprise était née au sein de la CTI, plus de trois ans auparavant, lors d'une réunion commune de représentants de la CTI, conduits par Borel, et de membres de l'AFSDN, dont il était aussi membre : il avait alors été décidé de créer une « section internationale des travailleurs intellectuels auprès de la SDN »[721]. Ce qui se concrétisait donc trois ans plus tard, en août et octobre 1924.

8.4. Candidat aux élections cantonales de 1928

Aux élections cantonales d'octobre 1928, Borel décida de présenter sa candidature dans le canton auquel était rattaché le domaine familial de Saint-Paul-des-Fonds, celui de Cornus, petit bourg du Causse où habitait son cousin Édouard Pouget ainsi que son ami, le docteur Gustave Jacob, chef des républicains de l'arrondissement, maire de Cornus et conseiller général depuis 1908. Borel lui succéda donc et commença à apprendre le métier d'élu local en intégrant la commission des Travaux publics du Conseil général[722]. Cet ancrage régional était d'autant plus crédible que Borel avait repris pendant quelques années, avant la guerre, la gestion directe de son domaine et qu'il avait pu ainsi gagner une réputation d'homme de la terre quand, avec son épouse, ils décidaient de l'avenir du cheptel, des ensemencements et des engrais, recrutaient des saisonniers et louaient une

---

[717] É. Nadaud, « Eliane Brault, un parcours au féminin, radical, antifasciste, progressiste, maçonnique et féministe (1895-1982) », *Histoire@Politique*, 2009/3, n° 9, p. 98.

[718] *Le Quotidien*, 19 octobre 1924.

[719] Éditorial non signé, *Le Radical*, 9 septembre 1924.

[720] *Le Matin*, 4 et 6 novembre 1924, *Le Radical*, 6 novembre 1924.

[721] *Bulletin de la CTI*, n° 1, février 1921, p. 8-9.

[722] Rapport du préfet, première session ordinaire de 1929 du Conseil général de l'Aveyron, Rodez, imprimerie Subervie, 1929. Les liens très étroits entre Borel et Jacob furent tels que les uns et les autres formèrent, au final, « une seule famille » (C. Marbo). Le docteur Jacob avait trois filles, Alice, Hélène et Juliette, celle-ci née beaucoup plus tard. Hélène s'était mariée le 29 mars 1910 à Saint-Affrique avec Louis Arbus, fils de pasteur, originaire de Mandagout, près du Vigan, et procureur général auprès de la Cour de Montpellier. Juliette avait épousé, à Saint-Affrique, en septembre 1927, Georges Mettelal, substitut à Amiens, issu d'une famille de magistrats protestants, comme son beau-frère. (*Le Progrès Saint-Affricain*, 24 septembre 1927) Séparée très vite de son mari, elle retourna vivre auprès de ses parents.

batteuse mécanique pour la moisson, luttaient contre les épidémies, plantaient des bois de pins ou une chênaie, modernisaient le rucher, allaient aux Caves de Roquefort pour se faire régler le « carnet du lait » de la saison. Après la guerre, le domaine avait été divisé et vendu et les Borel s'étaient installés à Saint-Affrique, ne gardant à St-Paul, un vrai « bout du monde », qu'une maison où logeaient les invités de l'été, souvent venus en famille, les Perrin, les Langevin, les Maurain, les Drach.

Après l'élection à la députation de son mari et plus encore lorsqu'il devint conseiller général, c'est Marguerite Borel qui mit sur pied son secrétariat, reprenant les méthodes d'organisation par dossiers et de classement par fiches qui lui avaient si bien réussi à l'Enrôlement et à l'Effort féminin. Une secrétaire équipée d'un téléphone travaillait à Saint-Affrique tandis que Marguerite, installée à Paris, s'occupait des « démarches effectives : adductions d'eau, électrifications, subventions locales, (...) des mutilés réclamant leur pension, des facteurs, originaires du Midi, nommés dans le Nord (qui) voulaient "redescendre" »[723]. Le secrétariat parisien s'étoffa rapidement grâce au recrutement de Gabriel Perreux (1893-1967), jeune agrégé d'histoire et géographie de la promotion normalienne de 1914. Puis ce fut le tour de Jean Maurain (1903-1939), jeune normalien lui aussi (promotion 1921) et agrégé d'histoire, le fils de Charles et Jeanne Maurain. Ainsi Marguerite Borel put se dégager en partie de ces tâches administratives pour se consacrer à la section des Lettres de la CTI ou à l'organisation de la Maison des étudiantes, et surtout à ses activités littéraires[724]. C'était compter sans l'épisode suivant de cette aventure électorale qui, conduisant Borel à la tête de la mairie de Saint-Affrique, amena son épouse à renouveler et étendre son engagement en faveur de la commune.

Comme la plupart des parlementaires, Borel prit l'habitude de passer la semaine à Paris qu'il quittait le samedi soir pour y revenir le lundi matin après deux nuits dans le train et un dimanche passé à sillonner son arrondissement. Endossant les habits du notable type, il laboura donc consciencieusement sa circonscription, avec le souci de remonter progressivement son handicap dans l'électorat rural majoritaire. Il en traduisit les préoccupations dans ses interventions à la Chambre et dans ses questions adressées aux ministres. Le *Progrès Saint-Affricain*, définitivement relancé, en rendait compte fidèlement.

Dans leur appartement de la rue du Bac, les Borel continuèrent à recevoir beaucoup mais ils ajoutèrent à leurs jours de réception habituels un déjeuner hebdomadaire d'hommes politiques et de parlementaires, souvent de la commission des Finances, dont Marbo se souvenait qu'on y abordait en général des questions économiques. Y participaient des personnalités comme Herriot et Caillaux ou des habitués comme Pierre Appell, désormais un des

---

[723] C. Marbo, *ouv. cit.*, p. 211.
[724] Id.

proches collaborateurs de Painlevé. Borel prenant très à cœur ses activités de parlementaire, rentrant souvent tard de la Chambre, le couple réduisit le nombre de ses sorties festives - « Nous n'allions plus à Tabarin, nous n'en avions plus le loisir. », notait Marbo[725] - et bien des soirées furent consacrées à l'étude, à deux, des dossiers en cours.

Conclusion : triomphe d'un intellectuel de gouvernement

En 1924, six ans après la fin de la guerre qui avait provoqué, chez Borel, de véritables questionnements existentiels, celui-ci était donc devenu une personnalité nationale importante, placée au centre des enjeux politiques et de pouvoir. Il avait renoncé à certaines formes d'engagement intellectuel, par exemple en quittant la direction de l'ENS et en abandonnant *La Revue du Mois scientifique*, et il en avait privilégié d'autres, ceux du militantisme pacifiste et européen et de l'implication dans les mouvements sociaux des intellectuels qui avaient donné naissance à la CTI, et, finalement, de son inscription dans des lieux où se produisaient les idées nouvelles sur la société, la Ligue républicaine en 1908, la Ligue pour la République, en 1921, et, par exemple, on va le voir, le Conseil national d'études sociales et politiques, ceux enfin de l'investissement politique partisan au sein de la mouvance radical-socialiste. S'il semblait s'éloignait de ceux de ses amis universitaires qui avaient choisi l'action d'influence au sein de l'Université et du monde académique, la suite montra qu'il n'en était rien et, d'ailleurs, il ne renonça pas à ses places aux conseils de la faculté des Sciences et de l'Université ou au Conseil consultatif de l'Enseignement public, fut très présent dans la vie de l'Académie des sciences et, comme député, il put siéger à des postes de direction de l'ONRSII et de la CNS, les deux formes sous lesquelles existait un embryon de recherche scientifique organisée en France.

L'intellectuel républicain et l'intellectuel de réseaux que Borel avait été jusque-là semblait avoir choisi la voie d'un accomplissement en devenant un intellectuel de parti[726] et un intellectuel au pouvoir. Ce pari répondait à ses interrogations, vers la fin de la guerre, lorsqu'il disait ressentir les premières atteintes de l'âge, sur le sens et la suite de sa vie. Pari possible si on en jugeait par les réussites d'un Painlevé, d'un Herriot, d'un François-Albert, d'un Berthod, les plus connus des normaliens installés dans une carrière

---

725 Id., p. 242.

726 Ce syntagme n'est pas pris dans le sens d'un intellectuel se définissant par le seul service du parti auquel il appartient (J. Verdès-Leroux, *Au service du Parti. Le parti communiste, les intellectuels et la culture (1944-1956)*, Paris, Éditions Fayard / Éditions de Minuit, 1983) mais dans le sens d'un intellectuel - qu'il soit autodidacte ou produit du monde universitaire - adhérant à un parti auquel il s'identifie et dans lequel il engage son autorité intellectuelle.

politique. Ce fut aussi le moment où intervinrent fortement, dans la construction de la trajectoire de Borel, les atouts et les handicaps de son fort tempérament qui faisait sa fierté, alliant prestance physique et vanité voire arrogance intellectuelle, caractère intransigeant et même emporté et goût de l'aventure individuelle que son donjuanisme assumé ou ses productions intellectuelles audacieuses ne suffisaient plus à satisfaire : son relatif échec dans sa carrière ministérielle trouva sans doute dans ce trait de personnalité une de ses explications.

Troisième partie

Une action politique pour et par la science

Chapitre 1
Émile Borel
et « le Sou des laboratoires »

> « Art. 24 bis – Sur le produit de la taxe établie par l'article précédent, il sera fait un prélèvement de 0,5% au profit de la recherche scientifique. »

Cet article de la loi de Finance pour 1925 établissait pour la première fois un financement pérenne et spécifique en faveur de la recherche scientifique. Cette belle, nette et facile victoire, à l'actif de Borel, mérite d'être interrogée. La campagne que Barrès avait menée, de 1919 à 1923, dans la presse puis devant la Chambre, n'avait obtenu, elle, que des résultats très modestes[727]. Comment Borel a-t-il procédé pour éviter une impasse identique et comment expliquer sa réussite ?

La réponse : la situation était mûre. On peut même admettre qu'il s'agissait en quelque sorte d'une victoire posthume de Barrès : sa campagne avait convaincu la presse, l'opinion et les milieux politiques de la nécessité de promouvoir la recherche scientifique mais la question du financement des laboratoires était restée posée ; le CNARS qu'on appelait souvent l'ARS, n'ayant pas permis de mobiliser suffisamment les donateurs privés, notamment les industriels, la situation était bloquée ; restait le possible financement sur fonds publics.

1.1. La presse, la Journée Pasteur et la recherche scientifique

Les 12 ou 13 millions de francs, récoltés auprès du grand public, en particulier lors de la Journée Pasteur, le 27 mai 1923, mais aussi lors de diverses collectes organisées par des organes de presse, n'étaient toujours pas distribués alors qu'on avait tant parlé de l'urgence de venir en aide aux laboratoires. On se passionnait donc pour savoir par qui et pourquoi cet argent était bloqué, comment il allait être réparti et quand cela se ferait.

Les nombreux articles qui parurent dans la grande presse à l'automne 1924 étaient le signe d'un intérêt soutenu pour la question de la recherche. Les organisateurs de cette Journée Pasteur, en particulier Appell et Moureu,

[727] M. Pinault, *Maurice Barrès et « la grande pitié des laboratoires de France »*..., *ouv. cit.*

les deux scientifiques qui avaient été proches de Barrès et avaient été les inspirateurs de sa campagne, acculés à la défensive durent rendre des comptes et ils occupèrent à leur tour le terrain dans la presse.

La relance de la campagne par *Le Figaro*

Le Figaro donna le signal de l'offensive, avec deux longs articles à la une, le 8 et le 11 septembre, signés par Georges Bourdon (1868-1938), reporter célèbre, fondateur, en 1918, du Syndicat national des journalistes et son président depuis 1922, articles suivis, le lendemain, toujours en une, par une longue lettre de Moureu et, le surlendemain, par une réponse de Bourdon. L'ensemble, mis en page de manière spectaculaire, témoignait de la volonté de la rédaction de « marquer le coup »[728]. Les autres journaux suivirent. *L'Œuvre* demandait : « Douze millions ont été recueillis pour les laboratoires scientifiques. Qu'en fait-on ? »[729] L'ensemble prit une petite allure de campagne de presse tournant à nouveau autour du tableau alarmant de l'état de la recherche scientifique en France. Bourdon dans son second article du *Figaro*, le 11 septembre 1924, concluait :

> « L'œuvre à constituer c'est donc une "Caisse des recherches scientifiques", normalement et constamment alimentée ».

Non pas donc une caisse comme la CRS créée, en 1901, grâce au député Honoré Audiffred et qui avait toujours été « chichement dotée par le Pari mutuel qui lui fait, chaque année, la charité d'environ trois millions », disait Bourdon, non pas redevable à des opérations du type du « fâcheux précédent de la Journée Pasteur », mais plutôt une caisse comme celle « qui exist(ait) en Angleterre, autrement pourvue grâce à une large subvention prélevée sur la Caisse des assurances sociales »[730], une caisse aux ressources « proportionnées à son objet ». Bourdon réclamait qu'on légiférât « non pas demain, mais tout de suite ». Moureu répondit à nouveau, dans les mêmes colonnes, pour défendre ce qui avait été fait dont il reconnaissait les limites :

> « Le but n'est pas atteint. Nous sommes très loin des trente millions dont il faudrait annuellement doter la recherche scientifique pour qu'elle puisse remplir toute sa mission. (...) Il faut qu'une taxe spéciale soit prélevée pour la Science sur les recettes des salles de spectacle et des établissements de jeu. (...) Il faut que les départements et les communes de France inscrivent dans leur budget

---

[728] G. Bourdon, *Le Figaro*, 8 et 11 septembre 1924.

[729] *L'Œuvre*, 11 septembre 1924. Le quotidien se vantait d'avoir déjà posé la même question à plusieurs reprises, le 7 juin, le 15 août et le 18 novembre 1923, mais ne citait plus aucun article depuis cette date déjà ancienne.

[730] Allusion au *Department of scientific and industrial research*, créé en 1916.

annuel un crédit pour les laboratoires scientifiques. Si des lois spéciales sont nécessaires, qu'on les fasse ! »

Les scientifiques et le les fonds de la Journée Pasteur

Quant au retard dans la distribution des fonds récoltés, Moureu ne pouvait que reconnaître que « M. Bourdon n'(avait) que trop raison ». Il est inutile de décrire tous les méandres de l'empoignade qui se produisit autour de l'argent de la Journée Pasteur, depuis une première séance de l'Académie des sciences, le 7 janvier 1924, jusqu'à l'automne[731]. On avait hésité et on hésitait encore entre une distribution des seuls revenus de capitalisation ou bien une distribution totale de la somme rassemblée. Personne n'osait dire que tout le monde voulait sa part et que l'idée de réserver le modeste « pactole » à quelques grands projets dont celui de l'électro-aimant projeté par l'Académie des sciences à l'ONRSII, à Bellevue, était vivement combattue, ici et là. D'autres songeaient à exclure les demandes visant des dépenses de fonctionnement pour privilégier l'équipement ou un système de bourses. Au fil des mois, rien ne filtra jusqu'à ce que les articles de Bourdon relancent la polémique. Un mois plus tard, seulement, alors que le budget de l'Instruction publique était débattu à la Chambre, Appell, recteur de l'Université de Paris et principal animateur de l'ARS, dans un entretien donné au *Quotidien* - journal radical -, exposait « comment (aillaient) être distribués les fonds recueillis »[732]. Un communiqué officiel du cabinet du recteur reprenait les mêmes affirmations[733]. Tout cela cachait mal un grand désarroi. Interrogé, le ministre de l'Instruction publique répondait sur le ton de l'humour et sans cacher son exaspération :

> « Le produit de la Journée Pasteur est entre les mains des membres de l'Académie des sciences qui délibèrent sur l'emploi et la répartition de cette somme de façon tellement attentive que l'on ne verra jamais la fin de cette délibération. (...) Je n'ai, malheureusement, aucun moyen de coercition à ma disposition. »[734]

Au cours de cette séance, on entendit, pour la première fois, le nouveau et jeune député communiste, Paul Vaillant-Couturier (1892-1937) s'exprimer longuement au sujet de la recherche et, revenant sur les fonds de la Journée Pasteur, formuler une virulente hostilité de principe que les ratés de l'opération rendaient audible :

> « M. François-Albert disait, ce matin, au cours d'une intervention très spirituelle, qu'on ne savait pas ce qu'était devenu le produit de

---

731 Comité secret de l'Académie des sciences, 7 janvier 1924, Ac. Sc.

732 P. Appell, « La misère de nos laboratoires », *Le Quotidien*, 27 octobre 1924.

733 « Comment les millions des laboratoires seront répartis », *Le Matin*, 19 nov. 1924.

734 TPC, 18 novembre 1924.

la quête faite pour les laboratoires et qu'on ne saurait jamais où il irait ni comment il serait distribué. C'est donc un mythe. Il me semblait alors que le sentiment de M. le ministre de l'Instruction publique était analogue au nôtre, à savoir que, faire une quête pour les laboratoires, alimenter la science en tendant la main dans la rue, c'est une honte. (*Applaudissements à l'extrême gauche communiste.*) Je pense que l'on condamne toujours, en principe, ce recours à la charité, sur les bancs du gouvernement. Mais je ne crois pas qu'on en ait tout à fait abandonné l'idée car, dans le rapport de M. Ducos, je lis ceci : "La richesse acquise - et il semble qu'il s'en félicite - commence à se préoccuper de venir au secours de la science." Elle est bien bonne, la richesse acquise ! Alors, l'État abdique devant elle ? C'est le rôle de l'État de venir au secours de la science ; et si c'est sur la richesse acquise que vous comptez, vous manquez de la pudeur que tout État doit avoir. »[735]

Tout ceci dura donc encore quelques mois et ce n'est que le 3 février 1925 qu'on put connaître le détail de la répartition des fonds[736]. Les 9 millions de francs de la Journée Pasteur furent intégralement distribués sous forme de dotation aux laboratoires tandis que, des 3 millions collectés par *Le Matin,* seuls les intérêts du capital le furent sous la forme de bourses et allocations pour le personnel des laboratoires. L'ARS continua de gérer le solde.

Tandis que cette polémique furieuse, à épisodes, s'était développée, au cours de l'automne et de l'hiver 1924-25, l'annonce de l'amendement Borel sur la taxe d'apprentissage, pourtant concomitante, n'obtint étonnamment aucun écho dans la presse.

1.2. Comment s'ouvrit une « fenêtre » au Parlement pour le dépôt d'un amendement Borel en faveur de la recherche

C'est donc par un pur jeu interne à la majorité parlementaire et au gouvernement que Borel obtint le vote de la taxe pour les laboratoires, dans la loi de Finance de 1925. En s'inscrivant de manière opportuniste dans l'autre débat, lui aussi innovant et symbolique, sur l'instauration d'une taxe en faveur de l'apprentissage et de l'Enseignement technique, Borel et ceux qu'il s'associa purent faire adopter leur idée de réserver une partie de cette taxe à la recherche scientifique. Toute l'affaire se noua et se joua en très peu de jours.

[735] TPC, 18 novembre 1924, discours de Paul Vaillant-Couturier.
[736] *Revue scientifique*, n° 4, 63ème année, 28 février 1925, p. 117-118.

Le 15 octobre 1924, encore, lorsque François-Albert évoquait son budget, il reprenait l'antienne de ses prédécesseurs et déclarait son impuissance :

> « Comment trouver l'argent nécessaire puisque les finances du pays sont absorbées ailleurs ? »[737]

Et le ministre des Finances, de son côté, présentant ses prévisions de recettes, ne faisait aucune allusion à une éventuelle taxation des entreprises en faveur de l'apprentissage[738]. Les députés, quant à eux, n'abordèrent pas la question de la recherche scientifique dans les premiers mois de la législature. Il n'y eut aucun débat à ce sujet à la commission des Finances[739]. C'est pourtant dans cette commission, où la préoccupation première et constante était la recherche fébrile de l'équilibre budgétaire, que vint la nouveauté lorsque le député socialiste Jean Locquin (1879-1949) présenta un projet de budget de l'Enseignement technique en forte augmentation et précisa que « ces dépenses nouvelles ser(aient) couvertes par les produits d'une taxe d'apprentissage qui pourr(ait) rapporter jusqu'à cent millions »[740]. Hippolyte Ducos (1881-1970), député de Toulouse depuis la précédente législature, appuya Locquin. Une rapide carrière politique avait fait de Ducos un des dirigeants en vue du parti radical et son principal porte-parole pour les questions de l'enseignement. Entre 1919 et 1924, il avait multiplié les engagements en faveur de l'enseignement. Dès le début de la nouvelle législature, il avait repris ses fonctions à la commission de l'Enseignement mais était aussi entré à la commission des Finances, comme rapporteur du budget de l'Instruction publique. Au congrès radical de Boulogne-sur-Mer, il fit adopter un vœu demandant l'établissement d'une taxe en faveur de l'apprentissage « seule mesure qui puisse procurer les fonds nécessaires au plein fonctionnement de la loi du 25 juillet 1919, dite loi Astier »[741]. L'idée de la taxe d'apprentissage étant lancée, elle allait se concrétiser rapidement et quasiment sans débat à la Chambre, entraînant aussi l'adoption de l'amendement Borel.

1.3. Tout commença avec un simple amendement

Le 19 novembre 1924, la Chambre des députés poursuivait la discussion du budget de l'Enseignement supérieur. Au cours des échanges, Borel

---

737 *Le Quotidien*, 15 octobre 1924.
738 *Id.*, 17 octobre 1924.
739 PV de la commission des Finances de la Chambre, années 1924 et 1925, A.N., série C, C//14773.
740 Id., 3 octobre 1924, id.
741 L'Enseignement technique avait été réorganisé par la Loi Astier du 25 juillet 1919, du nom du sénateur radical Placide Astier (1856-1918), par ailleurs chercheur pharmacien réputé. D'abord rattaché au ministère du Commerce et de l'Industrie, l'Enseignement technique passa au ministère de l'Instruction publique dès 1920.

intervint assez brièvement pour évoquer un amendement à la loi de Finance, « en faveur des recherches scientifiques », qu'il avait déposé avec plusieurs députés - dont Locquin et Ducos. Curieusement, il s'exprima à minima comme s'il se réservait pour la discussion de son amendement. Mais le jour venu, le 23 février 1925, il n'en fut rien, Borel se contentant alors de rependre quasiment les quelques mots qu'il avait semble-t-il improvisés le 19 novembre. Ceux-ci constituèrent donc la seule défense qu'il présenta à la Chambre en faveur de son amendement et, plus généralement, en faveur de la recherche scientifique.

« Je ne puis qu'approuver ce que vient de dire M. François-Poncet de l'importance et de l'utilité de la recherche scientifique », commença par dire Borel, ce 19 novembre[742]. Il faisait ainsi allusion au fait qu'André François-Poncet (1887-1978), député libéral de la Seine, par ailleurs normalien (ENS 1907) et agrégé d'allemand, venait de prononcer un éloge appuyé des « maîtres de l'Enseignement supérieur », demandant qu'on se préoccupât « de (leur) ménager la possibilité d'assurer cette deuxième partie de leur tâche, proprement scientifique, (qui est) de collaborer au progrès des sciences », en créant soit des « chaires dites "de recherches" qui seraient attribuées pour un temps donné », soit « des demi-services, avec des traitements plus faibles », ou encore en instituant « les système des quatre années (par lequel) un professeur enseignerait pendant trois ans et, automatiquement, la quatrième année, il serait libre ». Cette intervention montrait donc que, dans les rangs conservateurs, désormais minoritaires, on n'avait pas oublié la campagne menée naguère par Barrès. Borel en était donc d'accord, il le dit, et il ajouta :

> « La recherche scientifique c'est la vie même de l'enseignement supérieur. J'ajoute que c'est de la recherche scientifique que dépend la vie même industrielle et commerciale du pays. Aussi ne constatons-nous pas sans émotion que le crédit du chapitre 99 s'élève à environ 1 million et demi alors que notre rapporteur déclare qu'il s'agit de réaliser un programme de 110 millions. Ce n'est donc que dans 60 ou 70 ans que votre programme, monsieur le rapporteur et monsieur le ministre, sera réalisé. »[743]

À ce stade, Borel semblait s'exprimer comme un opposant, avant de faire une proposition émanant de plusieurs groupes de la Chambre qui pouvait recevoir un appui gouvernemental :

---

[742] TPC, 1ère séance du 19 novembre 1924.

[743] La dotation de l'article 99, « Subventions exceptionnelles aux universités pour travaux et installations » était en réduction sensible sur celui de l'année précédente.

> « C'est pourquoi j'ai pris l'initiative, continua-t-il, d'un amendement à l'article 18 de la loi de Finance, amendement qu'ont bien voulu signer plusieurs de nos collègues, MM. Léon Bérard, Bokanowski, Léon Blum, Ducos, Jean Locquin et Loucheur. Cet amendement tend à imputer sur le produit de la taxe d'apprentissage des ressources destinées à favoriser les recherches scientifiques. J'espère que M. François-Poncet voudra bien le soutenir. (...) Si le regretté Maurice Barrès siégeait encore dans cette Chambre, je suis convaincu qu'il mettrait au service de cette idée son éloquence avec laquelle il a soutenu, dans beaucoup d'occasions, la cause de la recherche scientifique. »

Borel, qui venait d'être nommé au conseil d'administration du Conservatoire national des arts et métiers, qui avait été élu, dès le mois de juillet, au conseil national de l'ONRSII et au conseil de la CRS, et qui était par ailleurs connu pour son intérêt pour les applications de la recherche, par exemple pour l'aviation, ne chercha pas, cependant, à justifier cette ponction sur le produit de la future taxe pour l'apprentissage par le fait que les recherches appliquées pouvaient entrer dans la liste des bénéficiaires de ce nouveau financement ; dans son esprit, il s'agissait bien de financer la recherche dite « pure », ou fondamentale[744]. Ducos approuva aussitôt. À ceux qui craignaient que cet amendement n'induisît un détournement de la taxe d'apprentissage de son objet il rétorqua que « les sciences appliquées ne peuvent progresser si elles ne s'alimentent à la source de la science générale ». Le chapitre 99 concernant les laboratoires de l'Enseignement supérieur fut alors adopté, sans autre débat, à la hauteur - modeste, très modeste - proposée par la commission.

1.4. Financer la recherche scientifique grâce à la taxe d'apprentissage

Ce n'est que plusieurs mois plus tard que la question du financement de la recherche fut à nouveau débattue par les parlementaires.

Une adoption facile à la Chambre

Le 23 février 1925, le débat sur les recettes du projet de loi de Finance pour 1925 se poursuivait avec l'examen des articles créant une nouvelle taxe « pour le développement de l'enseignement technique et

---

[744] Nomination de Borel au conseil national de l'ONRSII, TPC, 29 juillet 1924 (autres nommés : Bérard, Loucheur, Merlant, Muller, Nouelle, Taittinger et Verlot). Nomination de Borel au CA du CNAM, le 8 novembre 1924, *Revue scientifique*, n° 22, 62ème année, 22 novembre 1924. M. Lacoin, « La Taxe d'apprentissage », *RPP*, décembre 1924, p. 482 sq.

d'apprentissage »[745]. Bien qu'une partie de la droite de la Chambre était décidée à s'opposer à l'établissement de ce « nouvel impôt », faisant ainsi écho à l'hostilité exprimée par certaines chambres de commerce et par la CGPF, le principe en fut cependant adopté et on en vint à l'examen de l'amendement Borel précisant que la taxe servirait au développement de l'enseignement technique et de l'apprentissage « et de la recherche scientifique ». Au compte-rendu des débats, on lit : « Exclamations à droite ». Borel prit la parole, très brièvement nous l'avons dit. Il regretta à nouveau que « Maurice Barrès ne soit pas ici, pour apporter, comme il l'a fait souvent, l'appui de son éloquence à la science pure », et il cita à l'appui de son propos l'historien chartiste et journaliste conservateur, Lucien Romier (1885-1944), très connu dans les milieux patronaux comme président de la Société d'économie nationale, comme aussi un des directeurs de la *Journée industrielle* et comme, depuis quelques semaines seulement, rédacteur en chef et éditorialiste du *Figaro*[746]. Borel cita l'ouvrage remarqué que Romier venait de publier, *Explications de notre temps*[747], où il écrivait, disait Borel :

> « Tout ce qu'une nation consacre à la science lui sera rendu au centuple. Toute économie qu'elle fait sur les frais de la science, toute atteinte qu'elle laisse porter au prestige de la science se traduira pour elle par des pertes et quelquefois de lourdes défaites ».

Citer Maurice Barrès et Lucien Romier, c'était bien sûr se tourner vers les rangs des conservateurs et des libéraux et rechercher leur appui ; il y avait d'ailleurs quatre députés du centre-droit parmi les signataires de l'amendement. Il n'empêche que la discussion resta vive. Borel put compter sur l'appui de certains représentants de l'opposition, comme Barthélémy Robaglia (1867-1941) et Yves Le Trocquer (1877-1938), tous deux apportant l'appui prestigieux de leurs institutions d'origine, l'un comme ancien officier de Marine, l'autre comme polytechnicien. Finalement, la Chambre adopta très largement l'article amendé du projet de loi de Finance.

Une bataille ardue au Sénat

Au Sénat, à deux reprises, la discussion fut renvoyée en commission. Le rapporteur général, Henri Bérenger (1867-1952), ardent défenseur d'une

---

[745] TPC, 1ère séance du 23 février 1925.

[746] Romier animait la Société d'économie nationale, d'inspiration mélinienne et active dans les milieux patronaux. Daniel Serruys (1875-1950), le frère d'Yvonne Serruys, l'amie sculptrice des Borel, qui était directeur d'études à l'EPHE, était un dirigeant de cette association et aussi délégué de la France à la SDN. C'est Halévy qui avait publié l'ouvrage de Romier, pressenti par Herriot pour occuper le ministère des Finances qu'il avait refusé. En citant Romier, Borel indiquait une connivence avec ce réseau. M. François, « Lucien Romier (1885-1944) », *Bibliothèque de l'École des chartes*, 1944, vol. 105, n° 1, p. 338-344.

[747] L. Romier, *Explications de notre temps*, Paris, Grasset, 1925.

politique de déflation des budgets de l'État, rejetait la taxe nouvelle. Quand elle revint en séance, la question avait manifestement été décantée. Isidore Cuminal (1863-1938), un radical ardéchois, vice-président de la commission des Finances, avait rendu un rapport favorable à la taxe d'apprentissage et à l'amendement Borel. Il livra même un ardent argumentaire en faveur de la recherche[748]. Selon lui, l'industrie allemande bénéficiait d'un avantage considérable car les savants pouvaient travailler « dans de vastes laboratoires, pourvus de tout le matériel nécessaire, avec le concours de nombreux collaborateurs ». Puis Louis Serre (1873-1939), rapporteur du budget du Commerce, industriel du Vaucluse siégeant sur les bancs conservateurs, défendit à son tour le projet et affirma que la taxe était acceptée par l'industrie et le commerce et qu'elle l'avait été à l'unanimité du Comité supérieur de l'Enseignement technique. Les opposants ne désarmèrent que difficilement. Cuminal défendit l'amendement Borel en s'associant avec Léon Perrier (1873-1948), sénateur radical de l'Ardèche et zoologiste réputé, professeur à la faculté des Sciences de Montpellier. Louis Tissier (1866-1943), professeur de Chimie agricole et industrielle à la faculté de Besançon appuya à son tour ses collègues. Le marquis Albert de Dion (1856-1946), pionnier de l'industrie automobile, représentant d'une extrême-droite catholique très hostile au Cartel intervint de manière déterminante :

> « Nous sommes tout à fait d'accord, s'exclama-t-il : les laboratoires sont une nécessité absolue. Notre grand tort c'est de ne jamais leur attribuer même un sou. J'admets très bien, pour ma part, que soit distraite de ces sommes une part pour les laboratoires. »

Le 11 juillet, après une ultime navette entre les assemblées, c'est Borel, devenu ministre, qui déposa, devant le Sénat, « au nom du ministre des Finances », le projet de loi budgétaire pour 1925 comprenant les articles créant la taxe pour l'apprentissage et l'enseignement technique et incluant la recherche scientifique dans ses bénéficiaires. Ils furent définitivement adoptés[749].

1.5. Naissance du « Sou des laboratoires »

Si la discussion parlementaire s'était étirée jusqu'en juillet, le principe avait donc été adopté par la Chambre dès le 23 février. Une semaine plus tard, *Le Figaro* exposa comment Borel, « vivement applaudi », avait présenté cette disposition lors de la séance hebdomadaire de l'Académie des

[748] TPS, Rapport d'Isidore Cuminal, annexes, n° 150, p. 624 et sq.
[749] TPS, séances du 11 et du 12 juillet 1925, p. 1528 sq, examen du projet de loi de Finance pour 1925.

sciences. C'est alors qu'apparut l'expression : « le Sou des laboratoires » dont l'Académie attribua à Borel la paternité[750]. *Le Figaro* la reproduisit :

> « M. Émile Borel a été vivement applaudi par tous ses confrères de l'Académie des sciences, quand, leur présentant une courte étude par lui consacrée au "Sou des laboratoires", il leur a annoncé, en séance d'hier, qu'en vertu de l'article 24 bis de la loi de finances, voté par la Chambre et appuyé par les députés de tous les partis de l'Assemblée notamment par MM. Léon Bérard, Bokanowski, Blum, Loucheur, etc. il sera prélevé sur les salaires industriels et commerciaux cinq centimes par 100 francs, au profit de la recherche scientifique et des laboratoires. Le produit de ce prélèvement a été évalué à environ 14 millions. »

Charles Moureu annonça dans sa *Revue scientifique*, que « sur la proposition de M. Émile Borel, membre de l'Institut, professeur à la Sorbonne, député de l'Aveyron, la Chambre des députés a voté, le 23 février, un article de la loi de Finance instituant ce que M. Borel a si heureusement appelé le *Sou des Laboratoires* »[751]. Si donc Borel inventa l'expression, il ne fit qu'adapter une formule bien connue qui avait figuré peu de temps auparavant à la une de *La Dépêche*, à propos de la création d'un « Sou électoral » pour financer les campagnes électorales. On y évoquait le précédent célèbre, des années auparavant, du « Sou des Écoles » :

> « Nous avons connu le "Sou des Écoles", écrivait Huc. Il y a quelque quarante ans, il n'y avait pas un seul cercle, par un café fréquenté des démocrates, qui n'eussent une tirelire offerte constamment à la générosité du public. (...) Le "Sou électoral" pourrait être à l'image de ce vieux "Sou des Écoles". Il n'y faudrait qu'un peu de zèle pour le faire réussir. »[752]

Sans doute exista-t-il donc chez Borel, lorsqu'il inventa son « Sou des laboratoires », un souci de « communiquer » habilement. L'expression, dans les milieux populaires, désignait des petites sommes - on disait qu'« il faut vingt sous pour un franc ». « Un sou », c'était si peu ! Cinq centimes sur un franc. Un brin misérabiliste, ce syntagme allait faire, en faveur du financement de la recherche, une « réclame » récurrente dans la presse.

L'invention de ce financement fut sans doute pour l'essentiel le fruit d'une occasion. Aucune trace n'a pu être retrouvée de sa genèse dans l'activité et les écrits de Borel[753]. Cependant, elle marqua une étape

---

750 *CR*, séance du 2 mars 1925, C.R. T.180 (1925) 629.
751 *Revue scientifique*, 63ème année, n° 5, 14 mars 1925.
752 Pierre et Paul, « Le Sou électoral », *La Dépêche*, 16 juillet 1922.
753 C. Marbo, *ouv. cit.*, p. 285.

essentielle que ni Audiffred ni Barrès n'avaient réussi à franchir, celle de l'instauration d'une source de financement permanente et budgétée pour la recherche scientifique universitaire. Il ne faut pas aller au-delà. Si Borel avait en tête un projet plus élaboré d'organisation de la recherche, il n'a pas prononcé de discours marquant pour l'exposer lorsqu'il défendit son « Sou des laboratoires », ni à la Chambre ni dans la presse.

Chapitre 2
Comment Borel parlait-il de la science et de la recherche ?

Lors de la présentation de son amendement devant les députés, Borel avait été économe de ses propos. Du contenu des quelques phrases prononcées, on peut retenir qu'il y prononça trois fois l'expression « science pure », qu'il évoqua trois fois « la recherche scientifique » et une fois « les recherches scientifiques », qu'il fit deux fois le lien explicite entre recherches et applications dans l'industrie ou l'économie, qu'il déclara à deux reprises qu'il s'agissait de « sauver la science française ».

2.1. La récente constitution d'un discours sur la science

Dans une étude antérieure, nous avons montré que c'est sur le même vocabulaire, utilisé selon une économie comparable, qu'était construit le discours de Barrès lors de sa campagne dans la presse et devant la Chambre en faveur de la recherche. Nous renvoyons à ce travail pour l'analyse de la notion de « science pure » ou de sa variante courante, « science pure et désintéressée », et aussi pour la généalogie de ces expressions[754]. De même, on y retrouvera l'étude de l'émergence de « la recherche », née peu après que l'expression « les recherches (scientifiques) » s'était répandue, ou encore une étude de l'apparition puis de la généralisation de « la science » après celle de « les sciences ». Y figure, enfin, une généalogie de l'image, brusquement apparue et rapidement diffusée, du « savant dans sa tour d'ivoire », qui y reste, qui en sort ou même qui y retourne...

Au total, dans son discours à la Chambre, Borel utilisait, pour parler des activités scientifiques, un vocabulaire devenu courant à son époque et en voie de devenir hégémonique. L'utilisation systématique d'une formule comme « la science pure » pouvait donc apparaître comme une évidence, porteuse d'un sens commun, à la résonnance positive et noble. Depuis qu'elle avait fait son apparition, dans les années 1820 à 1830, elle était progressivement devenue synonyme à la fois de recherche fondamentale, par

[754] M. Pinault, *Maurice Barrès et « la grande pitié des laboratoires de France.... », ouv. cit.* Et G. Carnino, *L'Invention de la science, La nouvelle religion de l'âge industriel*, Paris, Seuil, 2015, et *L'invention de « la science » dans le second XIXème siècle, Épistémologie, technologie, environnement, politique*, thèse EHESS, 2011.

opposition aux applications possibles des découvertes scientifiques et à ce qu'on appelait de plus en plus « la science appliquée ». Ces « deux sciences » étaient fréquemment opposées, la « science pure » étant supposée être - aux yeux de ceux qui utilisaient la formule « désintéressée », c'est-à-dire gratuite - animée par le seul désir de la découverte, de connaître et de comprendre la nature, voire liée à la recherche de « la beauté », tandis que la « science appliquée » apparaissait comme triviale et liée à l'appât du gain.

Dans le contexte de l'immédiat après-guerre, les scientifiques qui avaient été mobilisés au service de la Défense nationale pour découvrir et mettre au point des applications militaires de leurs connaissances de « science pure » avaient été confrontés à la prise de conscience directe de la puissante force de la recherche scientifique lorsqu'elle est tournée vers le développement d'applications répondant à une exigence de la société - et quelle puissance, s'agissant de la mise au point d'armes nouvelles ! - avaient été amenés à repenser leur activité à la lumière de cette expérience, à repenser, pour les mêmes raisons, l'enseignement scientifique. Certains qui refusaient ces remises en cause ou préféraient les ignorer appelaient à un - illusoire ? - « retour dans les laboratoires », à un retour aux activités « de science pure », un choix que certains stigmatisaient comme étant le signal d'un repli vers « la tour d'ivoire ». La polémique faisait rage entre les tenants d'une science supposée retourner à sa vocation première, dans le monde pur des « idées », et les tenants de la responsabilité sociale des savants, au nom de leur conscience de citoyens et de leur responsabilité comme de leur implication dans l'usage fait de leurs découvertes[755].

Borel n'échappait pas à l'obligation d'une réflexion personnelle sur ces sujets et leurs implications pour le temps de paix. Il voyait même un rapport direct entre ses travaux dans certains domaines - les calculs de probabilité et les méthodes statistiques - et ces questionnements. Et il voyait comme une de ses responsabilités de veiller à en partager les implications fondamentales avec ses collègues et le public informé.

2.2. Quand Borel parlait de la science

Pour en savoir plus sur la conception que Borel se faisait de la science et de la recherche scientifique, il faudra aller au-delà de ses trop succincts propos de parlementaire. Il ne s'était pas exprimé non plus sur la question lors de la campagne électorale de 1924. D'ailleurs, la presse favorable au Cartel des gauches n'en disait rien. *Le Quotidien* qui accordait une large place aux informations scientifiques, n'aborda jamais la question des recherches scientifiques, pas plus que *Le Progrès civique*, dont les grandes signatures étaient celles de Buisson, Aulard, Seignobos ou Albert Bayet

[755] Au sujet du thème de « la tour d'ivoire », voir encore une fois l'étude de cette formule et de sa généalogie dans M. Pinault, *Maurice Barrès...., ouv. cit.*

(1880-1961). Lorsqu'Aulard exposait « Ce que l'université attend de la nouvelle Chambre », il n'évoquait que brièvement « le sort des laboratoires livrés à la condescendance des champions de boxe et à la charité publique ! », allusion critique et amère à la campagne de Barrès[756].

« Qui cultivera la science ? », avril 1919

Borel était cependant intervenu sur ce sujet antérieurement. La première fois, ce fut en avril 1919, dans *LRDM*[757]. Il n'y présenta pas un projet d'ensemble pour la recherche mais mit l'accent sur un point essentiel à ses yeux : le recrutement de chercheurs. « Qui cultivera la science ? », s'interrogeait-il. Il reprenait à son compte une crainte, déjà relayée dans la presse, que faute d'un relèvement suffisant des traitements des universitaires, il en découlât un recul des vocations et une baisse du niveau de recrutement, dommageables pour l'enseignement mais encore plus pour la qualité de la recherche :

> « Si l'élite de la jeunesse se détourne des laboratoires et des bibliothèques pour aller vers les usines, (...) la science, au lieu de prospérer, restera stationnaire et l'humanité s'enlisera dans la routine. (...) Si l'on veut que la science prospère, il faut payer très bien les apprentis savants. »[758]

La thématique de la pénurie de jeunes vocations était reprise aussi bien par des scientifiques que par des journalistes ou des hommes politiques qui faisaient tous le lien avec la « génération sacrifiée » de la guerre. La question du niveau des traitements avait été débattue lors de plusieurs séances du Conseil de la faculté des Sciences, à la fin de 1918 : une commission avait rédigé un vœu adressé au ministre. On y lisait que « dès avant la guerre, le recrutement d'un personnel qui fût à la hauteur de ses grands devoirs était entravé (...) par les avantages qu'offraient déjà les situations industrielles et commerciales ». « La crise s'(étant) aggravée », on parlait d'un « exode croissant vers d'autres carrières d'une élite de maîtres et de savants de tous

---

756 A. Aulard, « Ce que l'Université attend de la nouvelle Chambre », *Le Progrès civique*, n° 247, 10 mai 1924. Le boxeur Eugène Criqui (1893-1977), champion du monde en 1923, le deuxième Français après Carpentier, avait donné un combat de gala dont la recette (100 000 fr.) avait été versée à la campagne pour les laboratoires.

757 É. Borel, « Qui cultivera la science ? », *LRDM*, n° 115, 10 avril 1919. Au même moment Barrès commençait, dans *L'Écho de Paris*, la publication de son enquête sur les laboratoires. Ni lui et ses proches comme Moureu, ni Borel de son côté ne prirent la peine de se citer et de se commenter ; ils s'ignorèrent.

758 Borel avait voulu aborder la question du niveau des traitements dès la fin de la guerre, lors d'une séance du CUP, le 26 octobre 1918 mais le recteur l'avait alors interrompu en arguant que « la question n'(était) pas de la compétence du Conseil ». (PV du CPU, séance du 26 octobre 1918, AN-AJ/16/2590.)

âges »[759]. Borel qui vivait cruellement cette situation comme sous-directeur à l'ENS, adoptait donc ce discours ambiant.

Deux autres interventions lui permirent de développer certaines attentes en faveur de la recherche. En 1922, il avait publié, dans *La Revue de Paris*, nous l'avons vu, un article sur « La propriété scientifique » et, dans *Scientia*, un autre sur « La science dans une société socialiste »[760]. Dans le premier, il affirmait déjà que pour développer les recherches de science pure, « il faut des moyens matériels, des laboratoires, mais surtout il faut des hommes. Il est nécessaire qu'une partie importante de l'élite de la jeunesse soit amenée à se consacrer à la science » ; il fallait donc « que les carrières scientifiques soient convenablement rémunérées ». Borel envisageait, comme Appell avant lui, un moyen de financement de la recherche original, appuyé sur la notion de « propriété scientifique collective » :

> « L'opinion publique sera peu à peu préparée (...) à acquérir la notion de la propriété scientifique collective. La complexité croissante de la science rendra, en effet, de plus en plus, toute grande découverte solidaire de travaux antérieurs (...). On peut donc légitimement prétendre que la collectivité des savants a le droit de revendiquer une part de propriété sur toute application industrielle. (...) Une société anonyme qui prendrait à sa charge le budget de la science, en le décuplant largement, et à laquelle seraient réservés les bénéfices matériels de toutes les découvertes résultant de travaux suscités par elle, distribuerait au bout de quelques années des dividendes formidables. »

Une « collectivité des savants » organisée en « société anonyme » gérant un « budget de la science largement décuplé » et « suscitant des travaux (...) de plus en plus complexes »... Voilà un projet qui était quasi utopique étant donné ce qu'était alors l'organisation de la science en France, un état plus proche du cabinet artisanal logé dans une soupente de la nouvelle Sorbonne, abritant un savant isolé et démiurge, un peu voire très ressemblant à sa caricature en savant Cosinus, que de l'atelier d'usine scientifique peuplé d'équipes laborieuses pilotées par un manager, antichambre de la science « à grande échelle » dont une dizaine ou une vingtaine d'années seulement le séparaient. C'est pourtant ce tableau, un peu visionnaire, que proposait Borel.

---

759 PV du CFSP, séances du 21 novembre et 10 décembre 1918. La commission du Conseil comprenait, outre le doyen Appell, Caullery, Picard, Koenigs, Perrin, Painlevé, Borel, Urbain, Abraham et Haller. (AN-AJ/16/5123)

760 É. Borel, « La propriété scientifique », *Revue de Paris*, t. 6, 1922, p. 850-860 ; « La science dans une société socialiste », *Scientia, Revue internationale de synthèse scientifique*, t. 31, 1922, p. 223-228.

Il a aussi pu penser l'avenir de la science en fonction des velléités et des rêves de transformation sociale qui prenaient tant de place dans l'esprit de ses contemporains. Il écrivit donc cet article sur « La science dans la société socialiste » qui était en fait une réflexion sur la professionnalisation de la recherche[761]. Il s'affirmait confiant dans le fait que, dans une société socialiste, « on n'hésitera(it) pas à donner (aux savants) les moyens de se livrer à leurs méditations et leurs recherches, pour le plus grand bien de tous ». Mais il s'inquiétait d'un risque pour la liberté de la recherche : accepterait-on que certains se consacrent, pendant des années, à « des recherches de caractère en apparence "artistiques" », « pourrait-on admettre, dans une société qui ne tolérerait pas les oisifs et les inutiles (...) (que certains puissent) vivre pendant des années sans participer à la production » ? Cette inquiétude ne valait sans doute pas uniquement pour une « société socialiste », car Borel poursuivait son propos en le précisant :

> « Écraser la pensée libre sous un système de contrôle confié à des Universités ou des Académies, c'est risquer de couper les ailes à toute véritable originalité, à toute pensée neuve. Et, d'autre part, supprimer tout contrôle, n'est-ce pas laisser la porte ouverte à toutes les supercheries ? »

Il y eu d'autres - rares - interventions écrites de Borel au sujet de la science comme son article dans *La Dépêche*, en novembre 1922, axé sur la question de « ces laboratoires édifiés à grands frais et devenus semblables au palais de la *Belle au Bois dormant* » à cause de la guerre, sur le manque d'hommes et le risque que cela s'aggravât avec la mise en application des décrets Bérard supprimant la voie dite « moderne » dans les lycées. Mais, entre 1919 et 1922, Borel n'aborda que la question du recrutement de chercheurs en nombre suffisant. Sans poser clairement le problème de leur statut, il se rapprochait en creux mais en creux seulement, de l'idée d'institutionnaliser la recherche en institutionnalisant les chercheurs. Ses propos ne donnaient pas le sentiment d'un plan, d'une vision, au contraire de ce qu'on avait pu lire sous la plume de Barrès ou dans les projets qu'on avait vu fleurir dans les milieux scientifiques et même sous la plume de certains rapporteurs parlementaires. Loin d'être un visionnaire se situant « à l'avant-garde » de ses collègues, Borel était plutôt comme un praticien devant le problème qu'il connaissait le mieux et qu'il avait appris à affronter au quotidien, comme directeur-adjoint de l'ENS : que faire pour les normaliens intéressés par la recherche qui venaient le solliciter, comment orienter sans les tromper ces jeunes scientifiques dont il percevait les grandes aptitudes mais pour lesquels, en dehors d'une carrière universitaire lente et frustrante, il avait peu de solutions, comment surtout permettre au pays de valoriser au

[761] É. Borel, « La science dans une société socialiste », *Scientia, art. cit.*

mieux les nouvelles générations issues de l'École quand il y avait à combler les vides immenses laissés par les promotions sacrifiées de la Grande Guerre et alors que les carrières dans la sphère économique étaient si attrayantes ?

Recruter des chercheurs, organiser la Recherche

Le temps vint des occasions de pouvoir exprimer des visions d'ensemble à mesure que la date annoncée de la Journée Pasteur se rapprocha. Ce 27 mai, annoncé par la grande presse, suscita son lot d'enquêtes, de témoignages et d'interviews. Borel put dire ce qu'il pensait aux journalistes qui l'interrogeaient sur « l'organisation des recherches scientifiques en France ». Deux occasions se présentèrent : d'une part il publia un article dans *La Revue de Paris*, le 15 avril 1923, titré : « Pasteur : les leçons d'un centenaire[762] » ; d'autre part, à la veille de la Journée Pasteur, il accorda un entretien aux *Nouvelles littéraires*[763].

Alors que Borel, dans *La Revue de Paris*, se félicitait de l'immense écho donné à la commémoration du centenaire de la naissance de Pasteur, il n'évoquait, à aucun moment la Journée Pasteur. Il se consacrait, comme dans son article déjà ancien de *LRDM* d'avril 1919, uniquement à la question du recrutement des chercheurs : comment détecter les Pasteur de demain ? Il suggérait un panel de recettes et d'adaptations dans le cadre de l'Enseignement supérieur tel qu'il était : préserver et accroître les voies d'accès, maintenir et diversifier les concours de recrutement, accorder aux savants aguerris la possibilité de détecter des talents et de les recruter, développer les bourses et les récompenses pour des jeunes chercheurs et enfin favoriser le mécénat.

L'entretien publié dans *Les Nouvelles littéraires*, titrant sur « L'organisation des recherches scientifiques », pouvait augurer d'une réflexion plus globale. Borel connaissait bien le journaliste, Albert Ranc (1883-1952), un universitaire socialiste, engagé à la CTI. Mais, tandis que Ranc cherchait à obtenir de lui l'expression d'une vision d'ensemble, Borel revint surtout à sa préoccupation essentielle : « la crise de personnel ». Il

---

762 É. Borel, « La vie universitaire : Pasteur, les leçons d'un centenaire », *La Revue de Paris*, n° 8, 30ème année, 15 avril 1923, p. 896-904.

763 *Les Nouvelles littéraires*, entretien d'A. Ranc avec É. Borel sur « L'organisation des recherches scientifiques en France », 19 mai 1923, 2ème année, n° 31, p. 6. L'auteur de l'entretien était Albert Ranc, ingénieur chimiste et docteur ès sciences, socialiste de toujours, rattaché au laboratoire de Physiologie de la troisième section de l'EPHE où travaillaient aussi Piéron et Laugier. Il était alors un collaborateur régulier des *Nouvelles littéraires, artistiques et scientifiques*. Il était aussi actif aux Compagnons de l'intelligence et à la CTI comme vice-président de l'USIF et il venait de publier un ouvrage sur *Les Ingénieurs et la Guerre*, préfacé par Breton, le directeur de l'ONRSII, dans lequel il revenait longuement sur le rôle passé de la direction des Inventions à laquelle il avait été rattaché, en 1919. (A. Ranc, *Les Ingénieurs et la Guerre. La Mobilisation scientifique et technique*, Paris, Étienne Chiron éditeur, 1922 (22 mars). Voir aussi le *Journal de Flers*, 30 mars 1932, et *Le Matin*, 6 février 1922.)

lança cependant l'idée d'une « organisation de nos services de recherches scientifiques avec un personnel rétribué comme celui des entreprises privées et pouvant envisager l'accomplissement de carrières sans aucune obligation professorale ». Envisager une professionnalisation de la recherche représentait un bond fondamental - et riche de contradictions futures - dans la remise en cause de l'organisation acquise de l'Enseignement supérieur.

Quand Borel évoquait l'action de Barrès

Lorsque Barrès mourut, brusquement, le 4 décembre 1923, Borel se chargea d'un hommage à l'écrivain dans *LRDM scientifique*[764]. S'il admit que Barrès avait perçu la « valeur incomparable » de la science, il prétendit que si l'écrivain avait retrouvé « pour sonner l'alarme, ses accents les plus sublimes », c'était comme il avait pu s'émouvoir, à d'autres moments, « devant les ruines d'un vieux cloitre ». Curieusement, il n'évoqua pas les aspects programmatiques des propositions de Barrès, comme la nécessité d'élaborer « un plan d'ensemble de reconstitution de la recherche », sa conviction qu'il fallait créer, au ministère, « une direction scientifique de l'Enseignement supérieur », son espoir que « surgisse une personnalité puissante, un Liard à défaut d'un Duruy, un organisateur, un homme qui apporte la pensée d'ensemble »[765].

Le discours de Borel à l'AFAS

En une seule occasion, Borel prit la peine de s'expliquer plus longuement, lorsqu'il eut à prononcer, à la fin de juillet 1925, peu de jours après le vote final du « Sou des laboratoires », le discours d'ouverture du 49ème congrès de l'Association française pour l'avancement des sciences (AFAS), dont il devenait, pour l'année, le président. Ce discours fut aussitôt reproduit dans la *Revue scientifique*[766]. S'il parla de « la nécessité d'organiser la recherche scientifique désintéressée, d'attirer vers cette recherche quelques-uns des plus distingués parmi les jeunes gens », il ne parla ni du financement ni de l'organisation administrative de la recherche. C'est de nouveau la question du recrutement des chercheurs qui retenait son attention. Il proposait « une solution souple et variée qui consisterait à désigner divers organismes, académies, universités, associations comme la nôtre, savants réputés et ayant fait leurs preuves, directeurs de laboratoires, et à leur fournir les moyens nécessaires pour encourager ceux des jeunes

---

764 É. Borel, « Maurice Barrès et les laboratoires », *LRDM*, n° 146, janvier 1924, p. 129-130, dans *Vient de paraître*, 4ème année, 1924.

765 M. Barrès, discours devant la Chambre, le 11 juin 1921, cité dans M. Pinault, *Maurice Barrès et « la grande pitié des laboratoires de France »*, ouv. cit., p. 91.

766 É. Borel, « L'organisation de la recherche scientifique », *Revue scientifique*, t. 63, 1925, p. 545-548.

gens qui leur paraîtraient dignes de l'être ». L'idée de recruter des chercheurs, boursiers, titulaires provisoires de certains postes, n'était pas nouvelle. Dès 1906 avaient été créées les bourses Carnegie puis, en 1908, les bourses Commercy, les bourses Rockefeller, à chaque fois grâce au mécénat privé. On venait même de décider de consacrer les intérêts des 3 millions de francs collectés par *Le Matin* à subventionner des chercheurs. Il n'était pas question, cependant, de créer un corps de chercheurs dotés d'un statut et susceptibles de faire une carrière dans la recherche comme l'idée allait en être formulée peu d'années plus tard ; pas question non plus de créer une structure administrative nouvelle, différente de l'Enseignement supérieur, comme on l'inventerait plus tard avec l'idée d'un « Centre national de la recherche scientifique ». À ce stade, Borel raisonnait dans les cadres existants.

2.3. La science comme « conception du monde »

Le discours sur la science de Borel ne s'épuisait pas dans ses propos sur le recrutement de chercheurs scientifiques. Il existait, en arrière-plan, une conception de la science, une conception du monde, construites à travers son regard de scientifique ; bref une « philosophie scientifique » qu'il exposa, en particulier, en 1914, dans *Le Hasard*, et, en 1922, dans *L'Espace et le temps*, ou encore deux décennies plus tard, en 1943, dans *Les Probabilités et la vie*, et, finalement, en 1950, dans *Probabilités et certitude.*

Cette philosophie était fondée sur la foi dans la science. Les savants sont « les chevaliers servants de la raison », lançait-il à la quatrième page du *Hasard*[767]. Il affirmait ensuite sa « foi dans la raison humaine, (sa) conviction que le monde n'est pas régi par les dieux aveugles ou par le hasard mais par des lois rationnelles ». Il ajoutait qu'en effet cette science était le moyen dont se dotait la raison humaine pour appréhender le monde[768]. Il réaffirmait cette foi dans *L'Espace et le temps* :

> « La science a comme but de connaître et de prévoir les phénomènes et ce but ne peut être atteint que par la description exacte, numérique, de ces phénomènes ; expliquer le monde ne peut signifier pour le savant que donner du monde une description numériquement exacte. »[769]

Et Borel d'aller plus loin, lors d'un hommage à Henri Poincaré :

> « Cette certitude de l'utilité profonde de son œuvre permet au mathématicien de s'adonner sans réserve et sans remord aux joies

[767] É. Borel, *Le Hasard, ouv. cit.*, p. 4.
[768] Id., p. 46.
[769] É. Borel, *L'Espace et le temps*, ouv. Cit., p. 209-210.

de l'imagination créatrice, en n'ayant en vue que la satisfaction de son propre idéal de beauté et de vérité. »[770]

Il citait ce maître dont il se sentait si proche et dont les dernières lignes de son œuvre, *La Valeur de la Science*, lui semblaient avoir une portée si puissante :

« La vie n'est qu'un court épisode entre deux éternités de mort et, dans cet épisode même, la pensée consciente n'a duré et ne durera qu'un moment. La pensée n'est qu'un éclair au milieu d'une longue nuit. Mais c'est cet éclair qui est tout. »[771]

Tout ceci n'était pas forcément très nouveau. Ce qui le fut plus ce fut l'affirmation par Borel qu'une « véritable révolution scientifique (étai)t en cours », qu'une « philosophie scientifique » nouvelle était en gestation dont l'impact s'étendrait forcément à tous les systèmes philosophiques :

« Le rôle du hasard dans les branches diverses de la connaissance scientifique a beaucoup grandi depuis un demi-siècle ; le moment est venu de nous demander si nous n'avons pas assisté, presque sans nous en apercevoir, à une véritable révolution scientifique. (...) Par ces transformations de la science, la notion même de vérité scientifique se trouve modifiée. »[772]

« Le calcul des probabilités (...) est une philosophie scientifique qui s'oppose, au mois en apparence, à la conception du mécanisme analytique, laquelle explique l'univers par un système d'équations différentielles dont les solutions sont rigoureusement déterminées, dans le passé et dans l'avenir, par la connaissance rigoureuse des conditions initiales. (...). Mettre en accord le déterminisme des lois naturelles qui, comme le disait Henri Poincaré, est le postulat indispensable de la pensée scientifique, avec l'imprévisibilité, l'indétermination, le discontinu qu'impose la théorie des probabilités, telle est la tâche de demain. »[773]

À cette révolution probabiliste venait s'ajouter la révolution de théorie de la relativité :

« En même temps qu'une théorie physique, Einstein nous a apporté une manière nouvelle de regarder le monde, écrivait Borel[774]. On peut prévoir (étant donné « le magnifique mouvement

---

[770] É. Borel, « Discours à la séance du cinquantenaire de la Société mathématique de France », mai 1924, *Bulletin de la SMF*, 1925, p. 49-54.
[771] H. Poincaré, *La Valeur de la Science*, Paris, Flammarion, 1905, p. 276.
[772] Id.
[773] É. Borel, Allocution à l'Académie des sciences à l'occasion de la fin de sa présidence pour 1934, séance du 17 décembre 1934, *CR*, t. 199, 1934, p. 1465-1477.
[774] É. Borel, *L'Espace et le temps*, *ouv. cit.*, préface, p. II et p. 4.

> qui est entrain de transformer la physique ») que plus ou moins lentement nos idées sur la nature de l'univers et sur l'explication scientifique du monde où nous vivons seront profondément modifiées. »[775]

Borel, qui préfaça l'édition française de *La Théorie de la relativité restreinte et généralisée*, d'Einstein, écrivait à propos de celle-ci :

> « La théorie de la relativité générale établit l'ordre là où régnait la confusion ou l'incertitude ; elle est de beaucoup la plus compréhensive de toutes les théories physiques jusqu'ici émises et, jusqu'à présent, elle n'a pas connu d'échec. »[776]

La science et l'éducation

Ces nouvelles conceptions du monde liées aux nouvelles méthodes mathématiques et aux nouvelles théories physiques entraînaient, selon Borel, la nécessité d'une éducation nouvelle et d'une nouvelle culture générale. Les fondements du calcul des probabilités devaient être enseignés afin que chacun pût les utiliser, par exemple comme moyen d'équilibrer et d'affiner les apports de l'intuition et des réflexes de « bon sens ». Et selon lui, les « points essentiels de la théorie d'Einstein (faisaie)nt partie de la culture générale, au même titre que la sphéricité de la terre et de son mouvement autour du soleil »[777].

Ces nouveautés n'avaient cependant par les mêmes conséquences quant à la manière dont il pensait qu'elles devaient être partagées dans le public. Si la valeur scientifique et pratique des apports d'Einstein était « indiscutable », on devait cependant « reconnaître que leur domaine d'application réel (étai)t limité » : l'architecte continuerait de bâtir selon les verticales du fil à plomb sans se préoccuper de la valeur relative de ses mesures, et il en serait de même pour la plupart des êtres humains dans leurs rapports avec le monde. Par contre, ces mêmes humains étaient habitués depuis toujours à faire des calculs de probabilités sans le savoir pour prendre toutes sortes de décisions et accomplir la plupart de leurs actes quotidiens et ils auraient, selon Borel, tout intérêt à utiliser ces « probabilités » de manière plus savante et plus générale, y compris là où ils ne les auraient pas introduites spontanément. Borel ne cessa de revenir sur ces problèmes de culture générale, de place de la culture scientifique en son cœur et il se prononça souvent sur des questions d'enseignement des sciences, en particulier des mathématiques. L'éducation à la culture scientifique était d'autant plus nécessaire qu'elle

---

775 É. Borel, « La mécanique rationnelle et les physiciens… », *art. cit.*, p. 414-423.

776 É. Borel, préface à A. Einstein , *La Théorie de la relativité restreinte et généralisée*, Paris, Gauthier-Villars, 1921, p. XIII.

777 É. Borel, *L'Espace et le temps*, *ouv. cit.*, préface, p. II et p. 4.

était contestée, au nom du sens commun, du « bon sens » et en raison de sa complexité. Borel citait ces phrases de Renan, dans *L'Avenir de la science* :

> « Que vient faire dans ce monde de finesse et de ténuité infinie ce vulgaire bon sens avec ses lourdes allures, sa grosse voix et son rire satisfait ? *Je n'y comprends rien* est sa dernière et souveraine condamnation et combien il est facile de la prononcer. (...) On n'est jamais recevable à en appeler de la Science au bon sens puisque la Science n'est que le bon sens éclairé et s'exerçant en connaissance de cause. »[778]

À cela, il ajoutait :

> « La science du hasard ne saurait, plus que tout autre science, prétendre à régir nos actes ; elle peut seulement, comme c'est le rôle de la science, faciliter la réflexion qui précède l'action chez tous les êtres raisonnables. Dans ces questions compliquées, le bon sens a besoin d'être guidé par les résultats du calcul ; les formules ne créent pas l'esprit de finesse, mais en facilitent l'usage. »[779]

« L'esprit de finesse et l'esprit de géométrie »

On aura noté, dans cette phrase une nouvelle allusion à « l'esprit de finesse ». C'était une constante dans les propos de Borel comme d'autres mathématiciens - car, bien sûr, l'esprit de finesse avait pour pendant « l'esprit de géométrie » - et d'ailleurs, les philosophes ne manquaient pas, eux aussi, d'en manier les contrastes et les complémentarités. Prenons cet exemple, dans un contexte où Borel voulait analyser le comportement des joueurs :

> « Le joueur habile utilise son intuition qui n'est peut-être que la conscience un peu vague d'un état de son cerveau trop complexe pour être perçu dans les détails. (...) C'est en ce sens qu'il est légitime d'opposer, comme on l'a fait souvent, l'esprit de finesse à l'esprit géométrique. »[780]

Depuis que Pascal avait eu cette formule de génie, celle-ci n'avait cessé d'être un prétexte à la glose et dans cette période de mutation en profondeur des mathématiques, entre bon sens et intuition d'une part, calcul et raison d'autre part, les motifs de se disputer étaient plus à vif que jamais. Rappelons les premières phrases de cette célèbre « pensée » de Pascal :

> « Différence entre l'esprit de géométrie et l'esprit de finesse. – En l'un, les principes sont palpables, mais éloignés de l'usage

---

[778] E. Renan, *L'Avenir de la science*, Paris, Calmann-Lévy, 1890, p. 76.
[779] É. Borel, *Le Hasard, ouv. cit.*, préface, p. II.
[780] Id. p. 298-299.

commun ; de sorte qu'on a peine à tourner la tête de ce côté-là, manque d'habitude (...). Mais, dans l'esprit de finesse, les principes sont dans l'usage commun et devant les yeux de tout le monde. On n'a que faire de tourner la tête, ni de se faire violence; il n'est question que d'avoir bonne vue, mais il faut l'avoir bonne; car les principes sont si déliés et en si grand nombre, qu'il est presque impossible qu'il n'en échappe. Or, l'omission d'un principe mène à l'erreur; ainsi, il faut avoir la vue bien nette pour voir tous les principes, et ensuite l'esprit juste pour ne pas raisonner faussement sur des principes connus. Tous les géomètres seraient donc fins s'ils avaient la vue bonne, car ils ne raisonnent pas faux sur les principes qu'ils connaissent ; et les esprits fins seraient géomètres s'ils pouvaient plier leur vue vers les principes inaccoutumés de géométrie. »

L'édition courante des *Pensées* que Borel et ses contemporains pouvaient avoir en mains était celle de Brunschvicg, éditée par Hachette en 1904 ; et c'est dès la première page qu'on y trouvait, justement, le texte de cette fameuse « pensée » de Pascal[781]. Et Brunschvicg le présentait ainsi :

> « Les esprits distingués doivent leur supériorité à deux qualités différentes, l'une qui fait le géomètre, c'est la puissance de déduction qui lie les unes aux autres des vérités successives et en tire une chaîne qui va à l'infini ; l'autre qui fait l'homme du monde, c'est le sentiment de la complexité des choses, le discernement des éléments simultanés qui la composent, l'estimation de leur valeur réciproque, tout cela se faisant immédiatement et spontanément avec une sûreté qui tient de l'instinct. Chacun de ces deux esprits, esprit de géométrie et esprit de finesse, a sa valeur et sa part de vérité. »[782]

Cette rencontre entre Brunschvicg, Borel et Pascal montre à quel point les réflexions philosophiques induites par les bouleversements scientifiques du début du siècle occupaient les esprits. L. Mazliak et M. Sage relèvent un autre propos de Brunschvicg qui voyait dans la révolution scientifique en cours, avec le passage d'une vision mécaniste à une vision probabiliste, un progrès à la fois de l'esprit de géométrie et de l'esprit de finesse :

> « C'est bien la raison proprement et simplement raisonnable qui s'est annexé le principe de Carnot en s'armant du calcul des probabilités que le positivisme étroit et cassant d'Auguste Comte

[781] Blaise Pascal, *Pensées*, vol. 1, notes et introduction par Léon Brunschvicg, Paris, Hachette, 1904, p. 10.
[782] Id., « Arguments des pensées », p. CCLV-CCLVI.

prétendait exorciser, dans lequel dès son invention Pascal avait perçu l'alliance féconde, à l'intérieur de la mathématique, entre l'esprit de géométrie et l'esprit de finesse. »[783]

Comme Anouck Barberousse le constate, Borel « propos(ait) une théorie originale de la connaissance, dans laquelle la notion de connaissance approchée (était) première, et celle de connaissance exacte seconde »[784]. Elle ajoute :

> « Les analyses de Borel sur l'approximation forment une partie essentielle de sa réflexion d'ensemble sur l'activité scientifique, et en particulier sur le rôle que jouent - ou que devraient jouer - les mathématiques en physique. (...) Borel tient l'utilisation des probabilités dans les sciences empiriques pour un fait majeur sur lequel faire porter l'analyse. Il y insiste même davantage encore et peut être qualifié de champion d'une épistémologie probabiliste (...) Au cœur de la réflexion de Borel sur la science, on trouve une critique en règle de la notion de connaissance exacte et de son pendant, la notion de connaissance complète. (...) On justifie couramment un tel recours à la notion de connaissance complète ou achevée en affirmant que cette notion est plus claire, plus simple et plus intelligible que celle de connaissance approchée. C'est la raison pour laquelle, par exemple, Laplace invoque un être idéal supérieurement intelligent, qui lui sert à donner par comparaison une image du type de connaissance imparfaite qui nous est dévolu. »[785]

Et Borel qui connaissait passionnément l'œuvre de Poincaré et savait ce qu'il lui devait, mais qui savait aussi remonter jusqu'à Pascal - lors de son accession à la chaire de Calcul des probabilités n'avait-il pas évoqué « la patrie de Pascal, de Laplace et de Poincaré »[786] ? - tenait à s'inscrire dans une lignée de savants et de philosophes qui avaient, avant lui, souligné à quel point le hasard, le probable, le statistique, remettaient en cause la conception mécaniste de l'univers. Et ce fut le cas de Laplace - puisque de Pierre-Simon Laplace et de son être « omniscient » il vient d'être question - dont on peut, à

---

[783] L. Brunschvicg, *Héritage des mots, héritage d'idées*, Paris, PUF, 1950. Cité par L. Mazliak et M. Sage, <hal-00712342v3>, 2012.

[784] A. Barberousse, « La valeur de la connaissance approchée.... », *art. cit.*

[785] A. Barberousse cite d'autre part les passages de *Probabilités et erreurs*, dans lesquels Borel dénonçait ce présupposé d'un « esprit universel qui serait assez puissant pour contenir dans sa pensée toute l'étonnante complexité (de l'état de l'univers à un moment donné, ndlr) » comme « une pure fiction ». (É. Borel et R. Deltheil, *Probabilités et erreurs*, Paris, Colin, 1923, dans A. Barberousse, *art. cit.*, p. 59)

[786] É. Borel, « Sur les probabilités dénombrables et le pari de Pascal », *CR*, séance du 13 janvier 1947, t.. 224, janvier-juin 1947, p. 77-78. Et aussi les compléments à la *Notice sur les Tavaux de M. Émile Borel, ouv. cit.*

ce moment, citer le début de son *Essai philosophique sur les probabilités*, de 1840, si ressemblant aux écrits de Borel :

> « Les questions les plus importantes de la vie ne sont, pour la plupart, que des problèmes de probabilité, disait Laplace. On peut même dire, à parler en rigueur, que presque toutes nos connaissances ne sont que probables ; et dans le petit nombre des choses que nous pouvons savoir avec certitude, dans les sciences mathématiques elles-mêmes, les principaux moyens de parvenir à la vérité, l'induction et l'analogie se fondent sur les probabilités ; en sorte que le système entier des connaissances humaines se rattache à la théorie exposée dans cet essai. On y verra sans doute avec intérêt qu'(...)il y a un grand avantage à suivre ces principes et de graves inconvénients à s'en écarter. »[787]

Un humanisme borélien

Comme une manière d'aller plus loin, Borel expliquait que l'introduction des probabilités dans le raisonnement menait à un renversement du rapport de l'homme à la nature :

> « (Il y a des) cas, écrivait-il, où la raison humaine se trouve en face de problèmes trop compliqués pour elle et nous verrons quel peut être alors le rôle de l'intuition à côté de l'intelligence. (...) La caractéristique des phénomènes que nous appelons fortuits ou dus au hasard, c'est de dépendre de causes trop complexes pour que nous puissions les connaître toutes et les étudier. (...) Ces phénomènes obéissent à ce qu'on appelle des *lois statistiques*. (...) La loi statistique ne permet pas de prévoir un phénomène déterminé mais elle énonce seulement un résultat global relatif à un assez grand nombre de phénomènes analogues. »[788]

Dit autrement :

> « Remplacer l'étude des phénomènes particuliers par l'étude globale, statistique, d'un ensemble de phénomènes très nombreux conduit à des résultats importants et précis qui méritent véritablement le nom de lois scientifiques. »[789]

Dans les pages du *Hasard*, Borel ne manquait pas une occasion de prendre des exemples pour donner vie à des notions complexes, voire paradoxales, découlant de la théorie des probabilités. Il l'avait toujours fait,

---

[787] P.S. Laplace, *Essais philosophique sur les probabilités*, éd. Bachelier, 1840, p. 1.
[788] É. Borel, *Le Hasard, ouv. cit.*, p. 4-7.
[789] Id., p. 291.

depuis ses articles sur la graphologie ou sur le sophisme du tas de blé, ou ses exemples de jeux. Certains de ces exemples firent plus pour la renommée de Borel et pour la diffusion de ses réflexions dans bien des cénacles intellectuels que l'ensemble de ses écrits et publications scientifiques. Ainsi de l'exemple, du mythe devrait-on dire, des « singes dactylographes » qui devait rendre plus palpable l'idée de « hasard miraculeux ». Ces singes dactylographes devinrent aussi célèbres que les jumeaux de Langevin ou que, un peu plus tard, le chat de Schrödinger :

> « J'ai essayé, indiquait Borel, cette expérience de pensée, par l'exemple des singes pillant un dépôt de machines à écrire et reconstituant la Bibliothèque nationale en dactylographiant au petit bonheur, de rendre aussi concrète que possible cette notion de hasard miraculeux et cependant logiquement réalisable. Je crois que ce mythe des singes dactylographes n'est pas sans avoir une réelle portée philosophique.[790]
>
> « Le "miracle de l'eau glacée sous l'action du feu" est exactement comparable au "miracle des singes dactylographes" ; il est probable et non certain que ces "miracles" ne se produiront pas. Il n'est pas douteux que ce degré de probabilité doit être, pour tout homme sensé, confondu avec la certitude ; cette certitude n'a pas cependant la valeur absolue qu'un philosophe déterministe doit attribuer à son déterminisme : car, si petite que soit la part faite à la liberté dans le monde, il y a un abîme entre un monde où cette part existe et un monde d'où elle est exclue. »[791]

En quelques lignes, Borel ouvrait donc effectivement un « abîme » scientifique et philosophique et il le faisait avec le plaisir de montrer à des philosophes qui pouvaient parfois mener des débats stériles à ses yeux, que la science de son temps était en mesure de renouveler toute la réflexion sur le monde accumulée depuis Platon. Se risquant lui-même directement sur le terrain philosophique, il s'interrogeait même sur « l'importance des modifications qui seraient produites dans l'avenir de l'univers par un accroc, si faible et si localisé qu'il soit, au déterminisme universel » :

> « Boltzmann développe une conception mécanique de l'univers dans laquelle il se produit, ça et là, des passages d'un état probable à un état moins probable, de sorte que pour l'univers entier

[790] Id. préface, p. IV. « Concevons qu'on ait dressé un million de singes à frapper au hasard sur les touches d'une machine à écrire et que (…) ces singes travaillent avec ardeur dix heures par jour avec un million de machines à écrire. (..) Au bout d'un an, ces volumes se trouveraient renfermer la copie exacte des livres de toute nature et de toutes langues conservées dans les plus riches bibliothèques du monde. » (Id., p. 164)

[791] Id., p. 295. Le « miracle » de l'eau qui pourrait se transformer en glace quand on la chauffe était une illustration des lois indéterministes de l'agitation moléculaire.

> l'irréversibilité n'existe pas. (...) Je suis assez sceptique en ce qui touche à la possibilité de ces infractions ; l'évolution vers les états les plus probables me paraît être une loi générale, à laquelle il n'est pas possible d'échapper. »[792]

L'hypothèse de l'« accident » amenait Borel à souligner qu'une infinité d'évènements se produisant - par exemple à l'échelle de l'Univers - il se produisait nécessairement une infinité d'évènements absolument improbables. Il prenait comme meilleur exemple l'émergence de la conscience humaine et proposait ce sujet de réflexion abyssal :

> « L'un des faits qui me paraissent le plus difficilement explicables (...), c'est que le seul jeu du mécanisme matérialiste ait pu produire des livres dans lesquels sont exposées des idées abstraites et des sentiments complexes, livres dont l'action sur la nature peut être si considérable, par l'intermédiaire de l'homme. C'est là un "miracle" assez analogue au "miracle des singes dactylographes" mais plus invraisemblable encore. »

Et il ajoutait :

> « Ce qui me paraît beaucoup moins compréhensible (...) c'est l'accord du monde avec notre raison ou, si l'on veut, le fait que la connaissance de la vérité est avantageuse à l'évolution humaine. (...) Ceux qui pensent que l'évolution de l'univers ne se poursuit pas suivant un plan immuable, mais qu'elle peut être en quelque mesure influencée par la raison humaine, ceux-là doivent souhaiter que l'accord soit chaque jour plus complet entre cette raison et le monde qu'elle aspire à diriger ; ils doivent donc s'efforcer d'éclairer la raison de leurs semblables, avec la conviction que la vérité est toujours préférable à l'erreur et au mensonge et ne peut jamais être mauvaise. Cet idéalisme optimiste doit être la doctrine de ceux qui croient à la raison humaine, au progrès et à l'excellence de la vérité. »[793]

---

[792] Id., p. 301-306.
[793] É. Borel, *Le Hasard, ouv. cit.*, p. 297-300.

Chapitre 3
Borel et l'organisation rationnelle[794] et scientifique de la société

Émile Borel ne proposait donc pas un plan pour la recherche scientifique comme pouvaient en proposer certains ou comme on put, à partir du Front populaire, parler de « politique de la recherche ». Ainsi, n'apparaît-il pas, à travers ses prises de position sur ce sujet, dans les années vingt, en France, comme un précurseur du futur CNRS. Ce constat est d'autant plus étonnant qu'il développait par ailleurs des analyses originales et poussées dans d'autres domaines intéressant la vie publique, y compris au sujet de l'éducation nationale, et qu'il tendait à accorder, en général, une grande importance aux formes d'organisation administrative susceptibles de faire progresser le gouvernement de la nation.

Pendant la campagne électorale de 1924 et dès les premiers mois de la législature, les thèmes à propos desquels il écrivit, s'exprima et publia permettaient de cerner ses centres d'intérêt et de voir quelle orientation intellectuelle générale ils recoupaient. Il rassembla une partie de ses articles déjà publiés dans un ouvrage, édité en 1925, sous le titre : *Organiser*[795]. Les idées et conceptions qu'il formula autour de ce concept pouvaient, pour une large part, découler de ses expériences au cœur de l'État, pendant la guerre, dans la mobilisation scientifique de guerre et dans la gestion gouvernementale, au niveau du ministère de la Guerre et de la présidence du Conseil, mais elles se nourrissaient aussi des tendances intellectuelles alors en dynamique sur ce sujet. Et, depuis le retour à la paix, il avait multiplié les interventions, à travers articles de revues et discours, montrant que, s'appuyant sur une approche « rationnelle et scientifique », il se voyait comme un organisateur.

3.1. Comment réformer ?

Borel était présent, avant la guerre, dans divers lieux où on s'attachait à penser l'avenir de la société. C'est même ce souci qui l'avait poussé, avec son épouse et ses amis, à créer *LRDM* comme lieu de la synthèse entre les questionnements nouveaux et les acquis récents de toutes les sciences, à

---

794 É. Borel parlait de « l'organisation rationnelle de la recherche scientifique » dans son discours de juillet 1925, au congrès de l'AFAS. (É. Borel, « L'organisation de la recherche scientifique », *art. cit.*)

795 É. Borel, *Organiser*, *ouv. cit.*

destination du grand public cultivé. Évidemment, la guerre provoqua une rupture dans la vie de ces divers lieux de réflexion puis un effet restructurant. Dans ce contexte, Borel eut le plus grand mal à relancer *LRDM.*

Le projet de relance de *La Revue du Mois*

Dans le contexte d'ébullition sociale, intellectuelle et politique que connaissait alors la France, Borel qui était encore directeur-adjoint de l'ENS, ne fut pas en reste et il pensa sans doute que son intense implication dans la vie intellectuelle, depuis une vingtaine d'années, allait enfin porter ses fruits. Il chercha d'abord à relancer sa revue, disparue pendant quatre années. Elle reparut en avril 1919 mais dût cesser de paraître en décembre 1920. C'est cependant au titre de directeur de sa revue que Borel fut élu en 1918 à la présidence du Syndicat des journalistes de la presse périodique, prenant ainsi la suite d'Albert Coutaud, né en 1848, en poste depuis 1902 et peut-être décédé[796]. Il devait rester président pendant trois ans, en pleine période de gestation de l'organisation qui devait rassembler les « travailleurs intellectuels » et ce syndicat fut une des organisations fondatrices de la CTI.

LRDM resta fidèle, dans cette seconde époque de son existence, à son orientation éditoriale, avec de nombreux articles portant sur la vie des sciences, sur les techniques et sur les applications pratiques des sciences, sur les questions philosophiques, idéologiques et intellectuelles, et enfin sur la vie politique et culturelle ; Borel n'affirmait-il pas qu'il fallait montrer « la connexité des sciences entre elles et leur union dans une vaste synthèse »[797] ? Il y eut un traitement plus étoffé des grandes questions politiques comme la guerre et de la paix, les révolutions russes et allemandes, les évolutions économiques et monétaires. La sociologie et l'histoire furent très présentes, les questions d'éducation aussi. L'année 1920 confirma ce tableau avec des numéros consacrés aux Compagnons de l'Université nouvelle et aux réformes du système éducatif prônant « l'école unique »[798].

Pourquoi la revue cessa-t-elle de paraître, en décembre 1920 ? En prenant congé, Borel évoquait les difficultés d'approvisionnement en papier, la crise de l'édition, la crise du lectorat. En soulignant que la NCS, « fille spirituelle » de la revue qui « (était) inspirée par les mêmes idées directrices, qui (avait) les mêmes éditeurs, les mêmes collaborateurs et les mêmes lecteurs » continuait, il montrait que l'éditeur, Alcan n'était pas en cause[799]. Il évoquait l'espoir d'un retour rapide, avec une revue « modifiée et élargie ». Celui-ci tarda cependant plus de deux ans à se concrétiser.

---

[796] Ce syndicat était né en 1894.

[797] É. Borel, « La réforme de l'enseignement secondaire : l'enseignement des sciences », *déjà cité.*

[798] *LRDM*, n° 123, 10 mars 1920, déjà cité.

[799] *Id.*, n° 132, 10 décembre 1920, p. 417.

Maurice Caullery et le Club de la Renaissance française

Cette relance manquée de *LRDM* peut être rapprochée d'autres tentatives qui visèrent à renouveler les formes de sociabilité habituelles dans le milieu universitaire et intellectuel quant au besoin de vivre et de réfléchir ensemble. Maurice Caullery - qui n'avait que trois ans de plus que Borel et qui avait connu celui-ci lors de ses premiers pas à l'ENS, qui avait ensuite été un des piliers de la première période de *LRDM* et qui, s'il n'était pas un habitué de *l'Arcouest*, préférant ses villégiatures à Wimereux, dans une autre communauté organisée comme une « association » de type fouriériste qui s'appelait « la Colonie » - était un autre exemple de scientifique et universitaire de premier rang à avoir tenté d'agir en faveur d'un resserrement des liens et des échanges intellectuels entre universitaires[800].

Pendant la guerre, à son retour des États-Unis, il avait promu l'idée de créer en France ce qu'il avait vu si bien fonctionner outre-Atlantique, dans les centres universitaires qu'il avait visités : un club ou un cercle d'intellectuels. L'idée fit son chemin. Il la présenta dans un article de la *Revue scientifique* et aussi dans la *Revue de Paris*[801]. Elle aboutit à la création du Club de la Renaissance française qui s'installa dans un ancien hôtel particulier, au n° 12 de la rue de Poitiers, près de l'Assemblée nationale, dans une situation qui pouvait rappeler celle du Musée social, rue Las Cases. Comme lieu de rencontre privées, permettant déjeuner et dîners, offrant bibliothèque et salons, permettant d'accueillir les visiteurs étrangers, de tenir des réunions collectives, d'y organiser banquets, congrès, conférences, cérémonies commémoratives, assemblées générales d'associations diverses, ce Club de la Renaissance française connut aussitôt un vif succès ; cependant, il ne devint jamais le lieu d'échanges intellectuels et de réflexion collective qu'avait imaginé Caullery lorsqu'il écrivait que le Cercle Autour du Monde « rentrait dans le cadre même de ce qu'(il) cherchait (lui)-même à réaliser sur un plan plus étendu et pour l'ensemble du monde universitaire »[802]. De plus, le Club ayant été associé, dès sa naissance et à travers son nom même, à un courant politique organisé dans l'Association républicaine de rénovation nationale, il ne fut pas aussi rassembleur qu'il aurait voulu être[803]. Il périclita donc et l'hôtel de la rue de Poitiers, racheté par la Société des anciens élèves de l'École polytechnique et

---

[800] E. Telkès, *Maurice Caullery (...), ouv. cit.*, et M. Caullery, « Une histoire de la Colonie », site en ligne de La Colonie de Condé-sur-Vesgre.

[801] M. Caullery, « Les clubs universitaires et la vie intellectuelle aux États-Unis », *Revue de Paris*, 15 juillet 1917, p. 333-348.

[802] Eva Telkès, *Maurice Caullery..., ouv. cit.*, p. 197.

[803] L'Association républicaine de rénovation nationale, avait été créée pour « prolonger, au-delà de la guerre, (...) le rapprochement qui s'était fait au front et à l'arrière entre les hommes d'action et les hommes de pensée, entre les universitaires et les producteurs ». (*L'Association républicaine de rénovation nationale et le Club de la renaissance française, leur rôle, les services qu'ils ont rendus et qu'ils continuent à rendre*, Paris, impr. Renouard, 1926.)

devenu la « Maison des X » ne conserva que son caractère de lieu de rencontre pratique et mondain très apprécié.

La Revue du Mois scientifique

Finalement, après trois années d'absence, *LRDM scientifique*, présentée comme une continuatrice de *LRDM*, parut, en janvier 1923, sous la forme d'un cahier inséré dans une autre publication : *Vient de paraître*, un « bulletin bibliographique mensuel et courrier de la vie intellectuelle et artistique » qui paraissait depuis deux ans. Cette publication était alors dirigée par René Gas, un écrivain que rien ne rapprochait de Borel, pas plus, d'ailleurs, que les autres membres de son comité de rédaction. Par contre, l'éditeur de *Vient de paraître*, Georges Grès (1875-1935), installé au Quartier latin, qui voulait faire de sa maison d'édition « un carrefour d'idées », put sans doute favoriser le rapprochement de Gas et Borel[804].

L'expérience dura quatre ans. La revue n'était donc plus indépendante et son ambition éditoriale était fortement réduite. Le premier numéro comportait, en première et en pleine page, un portrait de Borel, par le peintre italien établi à Paris, Pietro de Francisco (1873-1969), beau portrait de profil, cheveux en bataille, d'un Borel « encore jeune ». Celui-ci y annonçait qu'il voulait « travailler à renouer les traditions de haute culture menacées par le grand bouleversement »[805]. Le comité de rédaction dont Auguste Jardé, l'ancien secrétaire de *LRDM* qui avait survécu à quatre années passées au front, assurait toujours le secrétariat et Borel la direction, réunissait d'anciens collaborateurs mais il changeait de physionomie, avec beaucoup moins de normaliens venus des réseaux de jeunesse de Borel tandis qu'apparaissaient de nouveaux noms, souvent venus de l'Université nouvelle, de la CTI ou des Compagnons de l'intelligence[806]. La correspondance de Meyerson montre que Borel suivait de près les affaires de la rédaction, par exemple en stimulant l'investissement de ses collaborateurs ou en assurant la communication avec le secrétariat[807]. Les chroniqueurs jouèrent un rôle encore plus affirmé : Sageret pour la vie politique, Truc pour la vie des idées, Alphonse Séché pour le théâtre et Marbo pour la chronique littéraire ; pour la vie internationale, Meyerson assura une rubrique remarquée, Challaye fut remplacé par Jardé et

---

[804] Notice Georges Grès de l'IMEC, en ligne : http://www.imec-archives.com/fonds/georges-cres/

[805] É. Borel, « In memoriam », éditorial du n° 115 de *LRDM*, 10 avril 1919.

[806] *LRDM scientifique*, janvier 1924. Directeur, Borel, secrétaire de rédaction, Auguste Jardé, Comité de rédaction : Pierre Appell, Georges Bruhat, Robert Deltheil, Dr L. Grenaudier, Dr Georges Heuyer, Th Leconte, Dr Jacques Leveuf, Charles Maurain, lieutenant-colonel Mayer, I. Meyerson, Henri Mouton, P. Pascal, H. Pariselle, Henri Piéron, Étienne Rabaud, Jacques Rueff.

[807] Quatre lettres d'É. Borel à I. Meyerson, 1923-1924, Correspondance d'I. Meyerson, AN 19920046/47.

par le germaniste Henri Lichtenberger ; mais on retrouva aussi Ruyssen, Maurain, Parodi, Piéron, Rabaud, Boutroux, Mouton, Zoretti, par exemple[808]. *La Revue du Mois* continuait.

La première année, il y eut ce numéro consacré à Valéry, un autre avec Borel présentant « La physique depuis vingt ans » d'après le titre de l'ouvrage récent de Langevin. L'année suivante, il y eut un copieux numéro spécial consacré à Marie Curie et à Maurice Barrès, à l'occasion du décès de l'écrivain, dans lequel était reproduit, in extenso, le discours de Marie Curie, le 26 décembre, à la Sorbonne, pour la cérémonie officielle du 25ème anniversaire de la découverte du radium et le discours de Perrin consacré, ce jour-là, à l'éloge de l'activité de recherche et à la gloire des chercheurs et qui fut le premier d'une longue série développant les mêmes idées. Un autre numéro fut consacré à Seignobos, il y eut celui sur Rosny Aîné, déjà évoqué, un autre sur Einstein, un consacré à Paul Appell, lors de sa disparition. La publication se centrait souvent sur Borel et ses proches même si la diversité était présente avec, par exemple, des articles de Maurice de Broglie et de Georges Claude, tout juste élus à l'Académie des sciences et fort éloignés du milieu normalien de Perrin et de ses amis. Il y eut Cotton sur les électro-aimants, Desgrez sur l'oxyde de carbone, Guillet, directeur de l'école Centrale, sur le contrôle industriel, Matignon sur l'azote, Jean Gérard, un chimiste aussi, proche de Le Chatelier et de sa Société de chimie industrielle, sur la documentation scientifique. Ainsi, le poids des questions scientifiques abordées restait notable. Citons encore ces articles, en mathématiques et physique : « L'orientation actuelle des mathématiques » de Denjoy, « L'histoire des sciences et les grands courants de la pensée mathématique », de Boutroux, « Les mathématiques à l'Université de Strasbourg » de Fréchet, « Radioactivité, probabilités et déterminisme » de Borel, « Radiothérapie et radiumthérapie » de Marie Curie. De nombreuses notes évoquaient la vie universitaire et académique, la vie associative à l'Université ainsi que la coopération internationale et les échanges universitaires. Surtout, chaque livraison rapportait en détail la chronique de la bataille en faveur du financement des laboratoires. Une des dernières, en novembre 1926, reproduisait une longue lettre du chimiste Victor Grignard (1871-1935), dans laquelle il dénonçait le statu quo sur le financement de la recherche et les sombres perspectives qu'il voyait se profiler : « Quand la génération

[808] Le comité de rédaction, pour 1924, se composait ainsi : directeur Borel, secrétaire de rédaction, Auguste Jardé, mathématiques : Borel, Robert Deltheil, Th Leconte, physique : Georges Bruhat, aérostation et physique du globe : Charles Maurain, chimie : H. Pariselle, P. Pascal, sciences naturelles : Étienne Rabaud, Henri Mouton, psychologie et philosophie : Henri Piéron, I. Meyerson, art militaire : Lt Colonel Mayer, marine, industrie : Pierre Appell, médecine et chirurgie : Dr L. Grenaudier, Dr Georges Heuyer, Dr Jacques Leveuf, histoire : A. Jardé, sciences sociales et juridiques : Jacques Rueff.

scientifique actuelle aura disparu, que restera-t-il ? Un squelette ! », écrivait Grignard[809].

Enfin *LRDM scientifique* n'ignorait pas les questions directement politiques : il y eut, en 1926, la publication de la lettre d'un exilé italien en France, démissionnaire de l'université, qui protestait contre « la dictature fasciste » ; la même année, il y eut deux articles sur « Les relations scientifiques entre la France et la Russie » et sur « Le comité français des relations scientifiques avec la Russie » - comité fondé par Langevin et Sylvain Lévi (1853-1935) pour réclamer le rétablissement des relations scientifiques et universitaires entre la France et la Russie soviétique, dont la revue publiait la liste de ses membres[810]. Ainsi, la publication s'ancrait-elle, par toutes sortes de biais, dans une identité intellectuelle de gauche.

En 1926, la parole était donnée à Henri Berr pour qu'il présentât sa fondation « Pour la science », créée l'année précédente. Il livra un long plaidoyer en faveur de « la synthèse », du « besoin de synthèse » et de « l'organisation nécessaire de la synthèse ». Ce qu'il disait de la science convergeait fortement avec les conceptions de Borel et avec ses inquiétudes :

> « Pour bien des raisons (...) "la science pure traverse une crise grave" ; les jeunes gens "se détournent de plus en plus des recherches désintéressées" ; une vague d'utilitarisme passe sur le monde. (...) Plus que jamais il convient donc de recommander d'exalter le culte de la science pour la science, - pour la pure et pleine science - sans lequel ne sauraient être atteintes même ses fins pratiques, à plus forte raison sa fin supérieure. Or, cette fin, c'est la Vérité, régulatrice de la vie. »

Malgré ces convergences ce n'est pas avant les années trente qu'on vit réellement Berr et Borel se rapprocher et mêler leurs réflexions. Entre temps, la revue aurait disparu. En effet, *LRDM scientifique* qui, au total, semblait vigoureuse et paraissait devoir répondre à un ensemble de centres d'intérêt des milieux visés, brusquement, en janvier 1927, disparut sans explication. Est-ce que les fonctions nouvelles du directeur, devenu député radical, pesaient trop lourd contre la poursuite du projet éditorial ? Est-ce que le décès de Grès et le passage de la maison d'édition sous le contrôle direct de Gras a joué contre la revue ? Toujours est-il que Borel ne tenta pas, une nouvelle fois, de faire renaître *La Revue du Mois*.

Le Conseil national d'études sociales et politiques (CNÉSP)

Si *LRDM* fut donc un foyer de réflexion intellectuelle et un lieu de convergence et de rencontres entre intellectuels, Borel ne s'en contenta pas et

---

809 Texte longuement cité dans M. Pinault, *Maurice Barrès...*, ouv.cit., p. 247-250.

810 Art. en ligne : http://www.etudes-slaves.paris-sorbonne.fr/spip.php?rubrique277.

il fut partie prenante d'autres lieux de nature comparable. Ainsi, lui qui était, depuis sa création par le banquier philanthrope et mécène Albert Kahn, un familier du Cercle Autour du monde, fut aussi très présent au Comité national d'études sociales et politiques (CNÉSP) que Kahn avait créé, en 1916, et dont il finançait les nombreuses publications. L'homme qui écrivait que « pour liquider le passé, il (fallait) organiser l'avenir », voulait réunir les hommes capables de participer à ses grands projets réformateurs[811].

Tourné vers la réforme sociale, ce CNÉSP développa en effet des activités diversifiées auxquelles participèrent de nombreux intellectuels. Ce « lieu clé de la réforme sociale », selon l'expression d'Alain Chatriot[812], joua un rôle essentiel, avant même la fin de la guerre, dans le brassage d'idées que provoquaient cette perspective et le souci anticipé de devoir entreprendre une « reconstruction » de la nation. Les personnalités qui s'y retrouvèrent - universitaires, intellectuels, hauts fonctionnaires, hommes politiques, industriels et banquiers, syndicalistes, journalistes - y vinrent, nombreuses, autant pour se tenir au courant de ce qui se disait et s'élaborait dans ce foyer de réflexion et de prospective qui pouvait prétendre à ressembler puis à remplacer un autre lieu de la réforme d'avant-guerre comme le Musée social, que pour y rencontrer ceux qui comptaient ou qui compteraient bientôt dans les milieux du pouvoir, et pour y être vus, entendus et reconnus.

Le CNÉSP avait pour but « de grouper des Français représentatifs de toutes les opinions, de toutes les croyances et de tous les milieux, en vue de l'étude positive des questions d'ordre social et politique d'un intérêt général »[813]. Il voulait « interroger les témoins les plus qualifiés, réunir une documentation aussi complète que possible et en délibérer s'il y a lieu, publier les résultats, les transmettre aux pouvoirs publics ou aux grandes collectivités du pays ». Il s'agissait donc d'une fondation fonctionnant comme un centre de réflexion, d'études et d'expertise voué à entretenir une certaine proximité avec le pouvoir politique et à mettre à sa disposition des propositions d'orientation de ses différentes politiques et de mise en œuvre de méthodes et de moyens visant à mener ces politiques. Plus qu'une sorte d'ancêtre de la technocratie moderne, on pouvait y voir plutôt un essai de mobilisation des ressources intellectuelles, surtout universitaires, trop vouées aux recherches théoriques et à l'abstraction, en vue d'une réorientation de leurs préoccupations vers l'action pratique. Ce CNÉSP qui anticipait, en raison de sa structure, sur le futur Conseil national économique conçu pour exister à côté des Chambres, subissait un net tropisme vers la gauche, du solidarisme au socialisme en

---

811 A. Kahn, *Droits et devoirs des gouvernements*, Paris, Imprimerie Vaugirard, 1918, p. 13, cité par H. Bourguignon, « Images et sons », *Vingtième Siècle. Revue d'histoire*, n° 101, 1-2009, p. 197-207.

812 A. Chatriot, *La démocratie sociale à la française…., ouv. cit.*

813 Statuts du CNÉSP, dans la publication sans titre autre que « Statuts 1916, liste des membres, tableau des séances », conservée à la BNF, Boulogne, CNÉSP éditeur, 1929.

passant par le radicalisme, celle qui allait devenir la gauche cartelliste, et il incluait aussi une frange un peu plus modérée venue de l'Académie des sciences morales et politiques ou du Musée social. Les adeptes de « La Paix par le Droit », de la solidarité européenne, voire du pacifisme y étaient aussi très présents. De nombreux proches de Borel s'y retrouvaient, comme Painlevé, Boutroux, Hadamard, Lapicque, Pierre Mille, Robert Esnault-Pelterie, et d'ailleurs beaucoup d'acteurs de ce CNÉSP étaient des normaliens.

Comme Kahn l'avait voulu, avec ses larges invitations, ce Comité était autant un lieu de travail et de réflexion qu'un pôle de rencontres et de sociabilité. Et sans doute Borel put-il y compléter et faire évoluer sa formation et son éducation politiques. Bourgin résumait à sa façon la signification de l'appartenance de Borel au CNÉSP :

> « Comme membre de la Société du Tour du Monde et du Comité national d'études, (Borel) était et restait, ainsi que tant d'autres grands universitaires à qui ce patronage ne pesait point, de la suite et de la clientèle du banquier-donateur Albert Kahn : je ne connais pas beaucoup d'hommes, du moins des habiles, à qui ce vasselage n'ait pas rapporté, par les ramifications de relations et d'influences, de notables profits. »[814]

Dans les listes de membres du Comité d'études, tous cooptés en fonction de leurs fonctions institutionnelles, Borel ne figurait pas, sans doute parce qu'à la date de création du comité il n'était « que » sous-directeur de l'ENS. Par contre, son rôle actif et régulier, au moins jusqu'en 1920, est repérable à ses nombreuses interventions dans les débats qui suivaient les conférences, sur les sujets les plus variés, souvent de sciences politiques.

La présidence des séances, plus ou moins bimensuelles, qui eurent lieu entre 1916 et 1920 fut assurée par un petit nombre de membres du comité parmi lesquels l'administrateur du Collège de France, Maurice Croiset, à 56 reprises, et Appell, 24 fois, venaient très loin en tête, suivis par le préhistorien Marcel Baudouin (1860-1941) et Larnaude, doyen de la faculté de Droit, actif défenseur de « La Paix par le Droit » et membre, comme Appell de l'AFSDN[815], et Léon Bourgeois. Si Borel figurait parmi les intervenants les plus réguliers, arrivaient cependant devant lui, plus assidus - ou plus bavards... - Auguste Keufer (1851-1924), leader syndical historique du monde du Livre et de la CGT, autodidacte et upéiste, Louis Dubreuilh (1862-1924), secrétaire général de la SFIO jusqu'en 1918 et proche de Blum, et Bouglé qui, comme sociologue put fonder, en 1921, le Centre de documentation sociale, à l'ENS, grâce aux financements apportés par Kahn. Le rôle actif de personnalités connues pour leur engagement en faveur de la paix, de la SDN et du fédéralisme européen - Borel et Bouglé, Appell et de Lapradelle, auxquels

[814] H. Bourgin, *ouv. cit.*, p 460.

[815] J.-M. Guieu, « "Pour la paix par la Société Des Nations"... *ouv. cit.*

s'ajoutaient, par exemple, Larnaude et Debove - aussi bien que le nombre important de séances consacrées à ces questions, témoignaient fortement de l'orientation du CNÉSP vers un activisme intellectuel résolu dans ces questions liées à la politique internationale. C'est ce qui fit dire à Bergson, membre du Cercle et du CNÉSP et qui devint, en 1922, président de la Commission Internationale de Coopération Intellectuelle (CICI) de la SDN, que :

> « Si jamais, grâce au travail qui se poursuit à Genève, la "société humaine" arrive à prendre corps, on dira peut-être que le Cercle de Boulogne avait quelque chose pour lui préparer une âme. »[816]

La Société d'études coopératives

Dans une démarche d'un autre ordre mais voisine et complémentaire, Borel fut aussi associé à une autre entreprise axée sur la réflexion sociale et politique. Au début de 1921, une Société d'études coopératives (SEC) fut fondée afin de poursuivre « l'examen des questions intéressant la coopération et, d'une manière générale, toutes études sociales et économiques connexes au problème coopératif »[817]. À l'origine de la SEC, il y avait un groupe de coopérateurs militants et d'universitaires qui s'était organisé avant la guerre et que les événements avaient empêché d'aller plus avant. On y trouvait deux théoriciens de la coopération, Charles Gide (1847-1932) et Bernard Lavergne (1884-1975), et ils avaient autour d'eux des militants du mouvement coopérateur, comme Gaston Lévy et Auguste Cleuet, et de nombreux universitaires dont Caullery, Lavisse, Brunot, Lichtenberger, Charles Marie, Mauss, Ramadier, Rist et d'autres. Ils avaient réuni un « comité d'initiative » de plus de cinquante personnalités dont Borel faisait partie qui signèrent un « Manifeste coopératif des intellectuels et universitaires français ». Aussitôt 218 professeurs du Collège de France, de l'Université de Paris et des facultés de province se rallièrent au Manifeste coopératif[818].

Cependant, Borel - comme bien des signataires, Seignobos, Perrin, Lapicque, Rabaud ou Hadamard - semble n'avoir pas été plus loin qu'un appui de principe ; on ne retrouva pas son nom dans le comité de rédaction de la

[816] H. Bergson, propos en l'honneur des 25 ans de la société « Autour du Monde », dans *Bulletin de la Société Autour du Monde*, 14 juin 1931, t. I, p. III. S. Cœuré et F. Worms éd., *Albert Kahn, Henri Bergson, Correspondance*, Strasbourg/Boulogne, Desmaret/Musée départemental Albert Kahn, 2003.

[817] « Lettre à nos lecteurs », *Revue d'études coopératives*, n°1, oct-déc. 1921, p. 1.

[818] *Revue d'études coopératives*, 1ère année, n° 1, septembre 1921, p. 6-14. Parmi les membres du « comité d'initiative » du Manifeste coopératif, figuraient : Aftalion, Alquier, Andler, Aulard, Beauvalon, Berthod, Borel, Bouglé, Brunot, Brunschvicg, Caullery, Ch. Gide, Gley, Halévy, Hauser, Lavergne, Lavisse, Sylvain Lévi, Lévy-Bruhl, Lichtenberger, Charles Marie, Mauss, Ramadier, Rist, Ruyssen, Seignobos.

Revue d'études coopératives (la *REC*, ancêtre de la *RECMA*) créée aussitôt et ensuite il n'écrivit pas d'articles pour cette revue.

La mouvance intellectuelle qui s'exprimait là était acquise aux idées de réformes modérées et progressives, conçues pour s'inscrire dans le cadre social existant. C'est elle qui s'unissait pour se féliciter de ce que « les pouvoirs publics (avaient) commencé à reconnaître que la coopération (était) appelée à devenir une puissance publique » et pour affirmer que « la coopération offr(ait) un programme général de reconstitution sociale ». Il est d'ailleurs légitime de penser que, lorsqu'en 1927, Borel décida de créer un « Comité français de Coopération européenne », il ne choisit pas le terme clé de « coopération » sans une intention claire de s'inscrire dans le projet porté, en France et dans le monde, par ce terme[819]. Bien des noms figurant sur la liste du comité d'initiative du Manifeste coopératif relevaient de cette mouvance radicale - ou socialiste - que Borel connaissait bien : Aulard, Berthod, Bouglé, Lichtenberger, Ruyssen, par exemple, mais aussi de ceux qu'on retrouvait sur les listes de participants au CNÉSP de Kahn ou dans celles des dirigeants de la CTI.

S'il est une chose qui aurait pu encourager Borel à poursuivre avec la SEC, ce fut la volée de bois vert que *l'Humanité* décocha contre elle - et contre lui, personnellement - dès la publication du « Manifeste ». L'organe communiste voyait en celle-ci rien moins qu'« un organe de défense bourgeoise contre l'assaut prolétarien » et tranchait sévèrement :

> « Que MM. Lavisse, Fernand Brunot, Borel et leurs amis aient un tel avis c'est bien leur droit et cela n'est pas pour nous surprendre, mais nous sommes étonnés que les principaux défenseurs du mouvement coopératif : Ernest Poisson, Gaston Lévy, (Auguste, ndlr) Cleuet, Paul Ramadier aient contresigné une pareille doctrine. (...) Les coopératives ont été faites par les ouvriers. (...) Aujourd'hui, ceux qui cueillent les fruits de l'arbre, patiemment élevé par d'autres, s'unissent joyeusement aux intellectuels bourgeois pour dresser la coopération contre le socialisme. »[820]

Borel ne devint pas doyen de la faculté des Sciences, et Perrin non plus

Pour qui voulait réformer, et singulièrement réformer l'Université, l'accession à des postes administratifs de responsabilité - doyen, recteur, directeur au ministère, présidence de commission - pouvait être le moyen d'être efficace. Or, Borel ne tenta pas, semble-t-il, à part son mandat au Conseil consultatif de l'Enseignement public, de devenir un de ces administrateurs dont les responsabilités et les pouvoirs ne cessèrent de croître après la réforme Liard de 1896.

---

819 Sur le CFCE, voir plus loin.

820 *L'Humanité*, 5 avril 1921.

Lorsqu'Appell avait quitté le décanat pour le rectorat, Borel n'avait pas été candidat à sa succession. Perrin avait tenté, à ce moment-là, de prendre rang mais, alors qu'à l'unanimité le Conseil présenta, en première ligne, la candidature de Houssay - dont on se souvient qu'il avait envisagé de poser sa candidature à la direction scientifique de l'ENS, lors de la mort de Tannery, contre Borel - le nom de Perrin lors du vote pour la seconde ligne ne réunit que le tiers des votants, soit 19 voix, tandis que Paul Janet et Marin Molliard récoltaient respectivement 12 et 13 voix. Une telle dispersion des votes pour ce type de scrutin était une chose rare. Il fallut revoter avec les seuls présents. Perrin n'eut plus que 12 voix, contre 9 à Janet et 8 à Molliard. Au troisième tour de scrutin, il atteignit péniblement la majorité absolue de 14 voix. Le refus des membres du Conseil de se rassembler sur son nom sonna comme un désaveu. Lorsque Houssay décéda l'année suivante, le professeur de Biologie végétale, Marin Molliard (1866-1944), « catholique et dreyfusard », comme Houssay, lui succéda, sans opposition, Perrin figurant toujours en seconde ligne[821]. Puis, en 1926, Molliard se retirant, c'est Maurain qui fut présenté en première ligne et Perrin, de nouveau, en seconde, mais cette candidature restait contestée car 39 voix seulement se portèrent sur elle, sur 52 votants[822]. L'arrivée de Maurain au décanat de la faculté des Sciences, faute d'une élection de Perrin, marquait malgré tout la prise de pouvoir d'une fraction groupée autour de Perrin, Borel et Maurain, et consacrait donc la victoire des positions défendues par celle-ci en matière d'enseignement, de recherche, de politique scientifique, sinon de politique tout court. Borel et Perrin occupèrent d'ailleurs successivement la fonction d'assesseur du doyen Maurain. Cette équipe ne lâcha plus le pouvoir qu'elle détenait désormais à la tête de la faculté des Sciences. Et au sein du Conseil de l'Université.

En effet, Appell n'avait quitté le décanat que pour devenir, peu après, recteur de l'Académie de Paris. Il resta en fonction pendant cinq ans puis, celui-ci étant atteint par la limite d'âge, Paul Lapie (1869-1927) lui succéda. Mais Lapie décéda après seulement deux années passées au rectorat et son successeur, l'historien Sébastien Charléty (1867-1945), depuis longtemps passé du côté de l'administration, devint, après Appell et Lapie le principal point d'appui de ce groupe d'influence et son relais vers le ministère. Le décès de Lapie fut attribué « au fardeau accablant » et à la surcharge de travail que représentaient les fonctions de recteur. Après Liard et Poincaré, c'était le troisième recteur qui décédait en fonctions. Ce constat donna lieu à un vœu adressé au ministre de l'Instruction publique. Déjà, en renonçant au décanat après seulement un mandat, Molliard avait, comme Appell avant lui, fait un bilan alarmant en soulignant que « telles que ses fonctions sont actuellement

---

821 PV du CUP, séance du 25 octobre 1920, AN-AJ/16/2589-2590.
822 Id., séance du 28 juin 1926, AN-AJ/16/2593.

conçues, il est impossible au doyen d'en assurer la charge » et estimant qu'il allait « devenir nécessaire de modifier l'organisation du décanat »[823].

Alors que le doyen Brunot aurait voulu proposer que, dans le cadre d'une réforme de l'organisation administrative de l'Université, on envisageât « un chef qui puisse se consacrer à elle exclusivement », Maurain et Perrin demandèrent qu'on temporisât ; peut-être craignaient-ils qu'une telle suggestion ouvrît la voie à des administrateurs non issus du corps enseignant[824]. C'est Charléty, un ancien universitaire devenu un pur administratif, arrivant auréolé du prestige de son long passage à la tête de l'Instruction publique à Strasbourg, qui fut nommé. Il resta dix ans à la tête de l'Université de Paris et, lors de son départ à 70 ans, ce fut Borel qui, comme le membre le plus ancien du Conseil, lui rendit hommage et accueillit son successeur, Gustave Roussy (1874-1948), depuis plusieurs années lui aussi membre de ce Conseil en tant que doyen de la faculté de Médecine. Ces administrateurs qui se succédèrent au rectorat, après Liard, Poincaré et Appell, furent, comme cela se passait désormais à la faculté des Sciences, de solides points d'appui pour le renforcement constant de l'influence d'un groupe dominant d'universitaires au sein de l'Académie de Paris.

Borel appartenait donc à un vaste réseau d'intellectuels, souvent venus de l'Université mais auxquels pouvaient s'agréger d'autres professions, de hauts fonctionnaires, de journalistes en même de représentants de la sphère économique, que rassemblait la volonté de rechercher des solutions réformatrices aux problèmes de la société française de l'après-guerre. Les lieux de développement de cette réflexion étaient variés mais les personnalités qu'on y retrouvait, de l'un à l'autre, étaient souvent les mêmes. *LRDM scientifique* que Borel avait voulu installer dans ce paysage intellectuel échoua à s'imposer comme on vit aussi le projet de Caullery d'un Club de la Renaissance française péricliter tandis que la *Revue des études coopératives*, après un lancement spectaculaire, en vint rapidement aussi à se rétrécir sur un noyau dur de coopérateurs décidés. En somme, ces intellectuels réformistes avaient du mal à exister ou, plutôt, la tendance était à l'éclatement - inévitable ? -, à la multiplication, à la dispersion des initiatives prétendant servir à penser collectivement le présent de la société. Les exceptions pouvaient s'expliquer : celle du CNÉSP tenait sans doute beaucoup au fait qu'il y avait de l'argent derrière, beaucoup d'argent ; celle de la CTI provenait sans doute de ce qu'elle avait vocation à être, au moins autant qu'un foyer de réflexion, un moyen pour organiser l'action corporative et collective de ces intellectuels.

---

823 Id., séance du 28 juin 1926, Id.

824 Id., séance du 31 janvier 1927, Id.

3.2. De la statistique à l'organisation administrative du gouvernement

Lorsqu'il était devenu député, Borel était animé d'une « obsession » qui venait de loin et qui n'avait cessé de se renforcer après la fin de la guerre, celle de l'organisation administrative du pouvoir central de la République. Il prit date en publiant, en 1924, un long chapitre sur « Le pouvoir central » dans *La politique républicaine*. Avant cela, il testa ses idées avec une conférence prononcée à la Société statistique de Paris et leur donna un fort coup d'accélérateur en contribuant à la création d'un institut universitaire de statistique.

Les suggestions de Borel devant la SSP

Borel était entré, en 1916, au conseil de la Société statistique de Paris (SSP), puis il en avait été un des vice-présidents de 1919 à 1921 et, finalement, le président en 1922[825]. Comme le souligne L. Mazliak, cet engagement accru de Borel à la SSP avait été une des conséquences directes de l'expérience acquise face aux exigences de la conduite de la guerre et aux initiatives qu'elles avaient suscitées[826]. Borel lui-même, rendant hommage à son prédécesseur à la présidence de la Société, « un de ses plus anciens amis », disait-il, François Simiand (1873-1935, ENS 1892), tenait à rappeler « le travail en commun pendant la guerre, en cette période du printemps et de l'été 1917 où la guerre sous-marine a posé de si nombreux et de si graves problèmes »[827].

Pourtant, ce n'est que le 19 novembre 1919, lors d'une communication à la réunion de la SSP sur « La statistique et l'organisation de la présidence du Conseil » qu'il rendit sa réflexion publique[828]. Celle-ci parut ensuite dans le *Journal* de la SSP[829]. « La statistique est la base indispensable sur laquelle doit se fonder toute conception économique ou financière », affirmait Borel. Il ajoutait que cette statistique était « nécessaire au chef du Gouvernement auquel incombe ou devrait incomber la tâche de formuler les directives générales de la politique économique et financière du Gouvernement », et il proposait d'examiner d'abord « comment pourraient être organisés les services centraux de la présidence du Conseil » puis « le rôle important (de) la statistique dans cette organisation ». Après avoir raconté les principales

---

825 « Procès-verbal de la séance du 18 janvier 1922, Allocution de M. Émile Borel, président pour 1922 », *Journal de la SSP*, n° 2, février 1922, p. 42-43.
826 L. Mazliak, « Borel, Fréchet, Darmois, ... », *art. cit.*
827 « Allocution de M. Émile Borel, président pour 1922 », *art. cit.*
828 « Communication de M. Émile Borel... », séance du 19 novembre 1919, *Journal de la SSP*, n° 12, décembre 1919, p. 350-352.
829 É. Borel, « La statistique et l'organisation de la présidence du Conseil », *art. cit.*

modifications administratives opérées pendant la guerre, Borel présentait son plan de création des bureaux permanents de la présidence du Conseil et du cabinet du président du Conseil en exercice. Les bureaux permanents comprendraient la direction de la Statistique générale de la France et la direction de la Documentation. Le cabinet que Borel appelait « Cabinet statistique » devrait avoir à sa disposition des hommes compétents auxquels le président du Conseil pourrait faire entièrement confiance afin qu'ils lui préparent chaque dossier. Les idées exposées dans cet article de 1920 étaient dans « l'air du temps » et elles ne furent pas présentées en vain à la SSP : Simiand organisa une délégation de la SSP chez le président de la République, composée avec lui, Borel, Grüner et Liesse ; il s'agissait de demander à Millerand d'organiser la coordination des services de statistique des différents ministères entre les mains de la direction de la Statistique générale et que celle-ci fût rattachée à la présidence du Conseil. Celui-ci exprima sa réticence mais Borel répliqua en expliquant que « le seul moyen pour obtenir que les services statistiques se mettent au service des besoins ou des demandes exprimées par la présidence du Conseil était de mettre ces services sous son autorité directe »[830].

La création de l'Institut de statistique de l'Université de Paris (ISUP)

Alain Desrosières a souligné qu'il était frappant de constater que les scientifiques - Simiand et Borel - tout à leur souci de lier la Statistique à la présidence du Conseil dans un but d'efficacité ne manifestaient pas d'attachement particulier à l'indépendance de cette instance pourtant vouée à la recherche[831]. L'explication était peut-être dans l'action qu'ils menaient alors avec un groupe d'universitaires, en particulier au Conseil de l'Université de Paris, pour obtenir la création d'un Institut de statistique en son sein, institut qui devrait avoir pour mission aussi bien la formation de statisticiens que le développement de recherches théoriques indépendantes. Dans ce groupe se retrouvaient ceux de la SSP, Borel, Simiand, March, Faure, Fréchet et un autre mathématicien normalien versé dans les probabilités et les statistiques, ancien élève de Borel, Georges Darmois (1888-1960), et encore d'autres comme le sociologue Maurice Halbwachs (1877-1945)[832].

Le projet prit forme au début de l'année 1922, année où Borel assurait la présidence annuelle de la SSP. Larnaude, doyen de la faculté de Droit, que Borel fréquentait régulièrement aux séances du CNÉSP après l'avoir connu

---

[830] Délégation du 8 avril 1921, « Vie de la Société », *Journal de la SSP*, t. 62, 1921, p. 146-147.

[831] A. Desrosières, « Histoire de formes : statistiques et sciences sociales avant 1940 », *Revue française de sociologie*, 1985, 26-2, p. 283.

[832] Desrosières rapporte que l'exemple de l'efficacité de l'ancien service de statistique allemand en Alsace fut un argument en faveur de la création d'un institut parisien. (A. Desrosières, *art. cit.*)

pendant la guerre auprès de Painlevé, présenta l'idée devant le Conseil de l'Université et il le soutint aussitôt[833]. Le 10 juillet, le projet fut approuvé par le conseil et il fut confirmé par un décret du 26 juillet 1922. L'Institut de Statistique de l'Université de Paris (ISUP) était un institut d'Université placé sous la direction scientifique des trois facultés de Droit, Sciences et Médecine. Son objet était « de donner un enseignement à la fois théorique et pratique de la méthode statistique et de ses applications » et de délivrer un certificat d'aptitude. Les matières d'enseignement prévues étaient nombreuses : démographie, biométrie, hygiène, santé publique et enseignement, assistance, prévoyance et assurances, statistique industrielle, agricole et commerciale, statistique des moyens de transport et des institutions de crédit, finances publiques. L'ISUP était dirigé par un conseil d'administration, présidé par Clément Colson (1853-1939), président du conseil de la Statistique générale de France, dont douze de ses vingt membres venaient de le SSP, et par un comité de direction de cinq membres[834]. Le premier directeur fut Borel[835].

L'ISUP s'installa d'abord dans les locaux de la faculté de Droit. Borel se chargea d'un cours de Calcul des probabilités qu'il donna dans les locaux de la faculté des Sciences. Après qu'il devint député, sa suppléance fut, dès l'année 1926-27, confiée à Darmois. Les cours commencèrent dès le second semestre de 1922 ; 18 étudiants s'inscrivirent, nombre qui tomba à dix en 1924-1925[836]. Selon Bernard Bru, les premières promotions de l'ISUP, en 1925-26, ne comptaient que deux étudiants[837]. Par ailleurs, un laboratoire d'études économiques fut créé au sein de l'ISUP, « indépendamment des cours », en utilisant les ressources des premières donations et grâce à une collaboration mise en place avec le *Harvard University Committee in Economic Research*, qui devait rapporter, la première année, 5 000 $ pour l'édition d'un *Recueil trimestriel des courbes statistiques relatives au indices de mouvement des affaires* auparavant publié par la *RPP*. Le nombre des abonnés, passé de 200 à 500 dès la première année, permit un bénéfice de 29 000 frs[838].

L'ISUP eut donc un démarrage modeste malgré que mille affiches annonçant son programme avaient été diffusées vers les associations et sociétés scientifiques, banques, compagnies d'assurances, entreprises, sièges sociaux, mutuelles, ministères, chambres de commerce. Une lettre circulaire envoyée le 31 décembre 1923 à un vaste réseau d'entreprises et de banques

---

833 PV du CUP, séance du 27 mars 1922, AN-AJ/16/2591 et archives de l'ISUP, AN 20010498/77.

834 Id., séance du 10 juillet 1922, Id. « Vie de la Société. Allocution d'Émile Borel, président sortant de la SSP », *Journal de la SSP*, t. 63, 1922.

835 PV du CUP, séance du 18 décembre 1922, Id..

836 « Cours de l'Institut », 3 p., dossier ISUP, AN 20010298/76.

837 B. Bru, « L'Institut Henri Poincaré, aux sources de la recherche opérationnelle », entretien avec B. Colasse et F. Pavé, *Gérer et comprendre*, mars 2002, n° 67.

838 « Cours de l'Institut », déjà cité, et texte de l'accord, daté du 19 novembre 1923, AN 20010498/76.

susceptibles d'apporter un financement n'atteignit pas son but : « le succès (en) a d'ailleurs été nul », pouvait-on lire dans un courrier adressé au recteur[839]. Puis, le conseil de l'ISUP proposa la création d'une fondation - « La science statistique » - dotée d'un capital de 100 000 francs, destinée à « procurer à l'Institut les ressources indispensables pour le développement de son enseignement et de ses études ». Une demande de reconnaissance d'utilité publique fut aussitôt instruite[840].

Borel qui avait obtenu d'être nommé, au début de 1920, dans la chaire de Physique mathématique et Calcul des probabilités de la faculté des Sciences, enseigna donc aussitôt à l'ISUP[841]. En liaison avec cet enseignement, il publia, avec Robert Deltheil, en 1923 chez Colin, *Probabilités, erreurs*, et réédita ensuite, en 1924, les *Éléments de la théorie des probabilités* de 1909. En 1924, Fréchet et Halbwachs publièrent, de leur côté, chez Dunod, *Le calcul des probabilités à la portée de tous*. Progressivement, le « combat » pour la statistique et les probabilités gagna la presse et les sphères du grand public. Ainsi, le journaliste vulgarisateur de la science, Marcel Böll, publia-t-il, en août 1926, dans *La Science et la Vie*, un bel article, simple et efficace, sur le calcul des probabilités[842].

La politique républicaine : « le pouvoir central »

Borel était donc parvenu à ce point de son entreprise de promotion des méthodes statistiques au service d'une conception nouvelle de l'organisation administrative lorsqu'il contribua à la publication de ce manifeste radical, *La politique républicaine*, déjà évoqué, avec son chapitre sur « Le pouvoir central »[843]. Avec ce texte promis à une large diffusion, il passait du débat entre érudits - ou « experts » - à la formulation d'un projet politique où il apportait sa part de spécialiste. Il y passait en revue les principaux problèmes touchant à l'action gouvernementale dont l'analyse avait mûri depuis la fin de la guerre.

Concernant la question des « deux présidents », Borel se contentait, dans ces vingt cinq pages, de réaffirmer le point de vue républicain le plus couramment exprimé selon lequel il fallait un président de la République ayant un rôle de chef de l'État assigné à des fonctions représentatives tandis que le

---

839 Lettre circulaire du 31 décembre 1923, 4 p., et lettre du 26 janvier 1924, Id.

840 PV du CUP, séance du 11 juillet 1927, courrier du recteur au ministre d' l'Instruction publique, 12 juillet 1927, et « Rapport du comité de direction de l'ISUP », 3 p., AN 20010498/76. Décret du 12 août 1927.

841 PC du CFSP, séances du 13 décembre 1919 et du 24 janvier 1920, AN-AJ/16/5123. L. Mazliak « Borel, Fréchet, Darmois... », *art. cit.*, et R. Catellier et L. Mazliak, « The Emergence of French Probabilistic Statistics.... », *art. cit.*

842 Cité par J. Bruno, « Marcel Böll, vulgarisateur », dans P. Dupuy, *Science et Vie témoin du siècle où tout à changé (1913-2001)* , t. 1, p. 113.

843 É. Borel, « Le pouvoir central », dans M. Augé-Laribé et al, *La politique républicaine*, *ouv. cit.*

président du Conseil, comme le Premier ministre au Royaume-Uni, devait se voir confirmer des pouvoirs, que la constitution n'avait pas prévu, « de direction générale des affaires du pays, sous le contrôle de la majorité parlementaire dont il (serait) le chef ». Borel pensait un tel système préférable à une augmentation des pouvoirs du président de la République que certains suggéraient par ailleurs.

Mais l'autre sujet était de réfléchir à un « perfectionnement graduel des méthodes de gouvernement ». Borel entendait montrer qu'en raison de « la complexité croissante des problèmes » et de « la pénétration mutuelle des questions », des solutions nouvelles - transversales et interministérielles - devaient être envisagées impliquant décloisonnement, coopération et centralisation. Il proposait de les trouver en créant dans le président du Conseil « un véritable chef pour le gouvernement ». Celui-ci pourrait même être considéré, selon une formule de Borel, comme « un dictateur momentané » - sans risque pour la démocratie car il serait « sous le contrôle permanent des Chambres »[844]. L'exposé de ses propositions reprenait ensuite celui qu'il avait déjà présenté à la SSP, cinq ans auparavant.

Borel passait ensuite à la question du Parlement. Le premier problème lui semblait être celui de l'efficacité du travail parlementaire et donc celui de « l'embouteillage » de l'ordre du jour des Assemblées dont il pensait l'aggravation inévitable puisqu'on tendait désormais à légiférer dans de nombreux domaines nouveaux. Il avançait des propositions d'organisation technique « rationnelle et moderne » des débats, comme celle d'un meilleur travail en commissions pour l'élaboration des textes suivi par la simplification et l'encadrement des modalités de discussion et de vote en séance. Il soulignait finalement l'urgence de la mise en œuvre de ces projets car, « les élections du 16 novembre 1919 (ayant) eu comme effet de nous faire perdre à peu près complètement quatre ans et demi, la tâche qui s'imposera à la Chambre républicaine de 1924 sera formidable ».

Restait la question du système électoral. Borel développait un argumentaire visant à montrer qu'en démocratie on constatait souvent une absence de majorité. Selon lui, on ne devait pas contourner cette pluralité des opinions mais fonder sur elle la vie démocratique :

> « La nation (...) sera d'autant plus exactement représentée que sa représentation correspondra mieux à la variété infinie des nuances d'opinions entre les divers électeurs. (...) Si la Chambre des députés est véritablement l'image de la nation, elle arrivera, en toute circonstance difficile, à prendre la résolution qu'aurait adoptée la nation elle-même, librement et directement consultée. »

---

[844] L. Blum, dans ses « Lettres sur la réforme gouvernementale », publiées dans *La Revue de Paris* entre la fin de 1917 et le début de 1918 (Paris, Grasset, 1918), écrivait que, selon lui, le président du Conseil « devait être un monarque temporaire et constamment révocable ».

À ce stade, Borel restait donc fermement attaché à la représentation proportionnelle qu'il défendait depuis les années 1910. Fort de ces propositions de réforme et bénéficiant, de plus, de l'expérience accumulée pendant la guerre aux côtés de Painlevé ministre de la Guerre puis président du Conseil, Borel aurait pu espérer participer aux initiatives qui ne manqueraient pas d'être prises après la victoire du Cartel des gauches ; ce n'est pas ce qui se passa.

Herriot et la réforme gouvernementale, la création du Conseil national économique (CNÉ)

Lorsqu'Herriot constitua son gouvernement, sa structure n'indiqua d'abord aucune inflexion dans le sens d'une nouvelle organisation de la coordination gouvernementale ou de la prééminence de la présidence du Conseil. Cependant, il ne lui fallut pas un mois pour opérer deux mouvements dans ce sens. Ce fut d'abord la création, par décret, « à la présidence du Conseil, en vue de coordonner l'action gouvernementale, d'un secrétariat général, chargé de centraliser les renseignements, documents, études et travaux qui sont demandés par le président du Conseil aux divers départements ministériels »[845]. Le débat à la Chambre fut de pure forme, l'orateur de l'opposition rappelant même que, sous la précédente législature, la création d'un service entier de secrétariat général avait été envisagée[846]. Puis, Herriot demanda à son ministre du Travail, Justin Godart (1871-1956), de créer une commission d'études en vue de la création d'un Conseil national économique (CNÉ). La commission fut créée rapidement et se réunit aussitôt, le 29 juillet. Dès le 5 août, *Le Temps* publiait un article véhément contre un projet dans lequel ce quotidien conservateur voyait la main de la CGT et une esquisse de dessaisissement du Parlement. Une première définition de ce que devrait être, selon la commission, le CNÉ y était indiquée :

> « Un organisme autonome, établi avec la collaboration des différents départements ministériels (qui) étudiera et cherchera la solution des grands problèmes économiques. »

Il était bien question de commencer ainsi une transformation du fonctionnement gouvernemental. Si on pouvait y voir l'influence de la CGT c'est que, dès 1920, celle-ci avait créé un « Conseil économique du travail » en mettant en cause « la carence du gouvernement et d'une organisation politique impuissante à régler les problèmes ou même à les envisager

[845] *Journal officiel, Lois et décrets*, 16 juillet 1924, décret du 14 juillet 1924 instituant un secrétariat général à la présidence du Conseil. Aussitôt le décret paru, Herriot nomma à ce poste l'ancien député radical, Alexandre Israël (1868-1937) qui le suivit ensuite à la présidence de la Chambre.
[846] TPC, séance du 12 juillet 1924.

sérieusement. » D'un conseil à l'autre, on avait donc affaire à un « organisme d'études » comme Georges Scelle (1878-1961), chef de cabinet du ministre du Travail, n'allait pas tarder à qualifier le futur CNÉ. Il entama, après la parution de l'article du *Temps*, une campagne d'explication et de déminage. Lors d'une conférence au CNÉSP, le 12 janvier 1925, sous la présidence d'Arthur Fontaine, il révéla le contenu du décret qui allait créer le CNÉ. Borel qui était présent, formula alors l'idée que ce CNÉ, associé à « une présidence du Conseil autonome et efficace », créerait les conditions d'une importante amélioration du travail gouvernemental[847]. Scelle et Borel se connaissaient très bien, ainsi que Fontaine. Depuis 1919, ce dernier était président du Bureau international du travail (BIT) et il restait directeur du Travail au ministère du même nom, créé en 1906. Borel qui rencontrait Fontaine à la SSP, fréquentait le salon d'Arthur et Marie Fontaine où ses retrouvaient, bien sûr, des personnalités venues aussi bien de la haute fonction publique que du monde parlementaire, en particulier solidariste et socialiste, ou bien des pacifistes engagés en faveur de la coopération internationale[848]. Scelle était un juriste, ancien élève de Sciences Po, que Borel rencontrait depuis longtemps dans la vie militante, à la LDH, à La Paix par le Droit ou encore à l'AFSDN. Comme lui, il écrivait régulièrement dans *La Dépêche* et tous deux avaient écrit leur chapitre de *La politique républicaine*. Les uns et les autres avaient fréquenté, depuis sa création, le CNÉSP qui avait été, avec dix ans d'avance, un brouillon du CNÉ. C'est donc au sein de cette mouvance d'intellectuels experts et réformateurs que se regroupèrent les défenseurs de l'idée d'un Conseil national économique.

Avant même la réunion du 12 janvier, Scelle avait exposé dans un article de la *RPP* du mois d'octobre les idées qui, au gouvernement et à la commission, allaient conduire au décret du 16 janvier 1926 créant le CNÉ[849]. Il y rappelait que, depuis la guerre, on avait fait beaucoup de propositions mais peu agi « pour remédier aux inconvénients d'une organisation gouvernementale et administrative conçue sur un plan exclusivement politique et évidemment peu apte à s'assimiler et à résoudre des problèmes qui, pourtant, sont devenus vitaux ». Selon lui, le CNÉ était « un premier effort pour remédier à cet état de choses ». Il s'agirait donc d'un « organe d'études

---

847 A. Chatriot, *La démocratie sociale à la française. L'expérience du Conseil national économique (1924-1940)*, Paris, La Découverte, 2003. G. Dubost, *Le Conseil national économique, ses origines, son institution et son organisation, son œuvre, son avenir,* Paris, Domat-Monchrestien, 1936.

848 I. Lespinet-Moret, « Arthur Fontaine, de l'École des Mines à la présidence du Bureau international du travail, 1886-1931 », dans B. Belhoste et A.-F. Garçon (dir), *Les ingénieurs des Mines, cultures, pouvoirs, pratiques*, Paris, IGPDE, 2012, p. 263 -279, et *L'Office du travail (1891-1914) : la République et la réforme sociale*, Rennes, PUR, 2007. A.-C. Decouflé, « Histoire de l'Office du Travail. Une "administration de mission" avant la lettre », *Travail et Emploi*, n° 21, septembre 1984, p. 45-54.

849 G. Scelle, « Le Conseil national économique. Son but, sa compétence, son fonctionnement », *RPP*, 10 octobre 1924, p. 100-109.

(…) capable de dégager de la combinaison des intérêts particuliers l'intérêt synthétique et actuel du pays à propos de chaque problème économique qui peut venir se poser » et chargé de réunir « une documentation scientifique » ainsi que de formuler des propositions au gouvernement comme aux Chambres.

Lorsque parut le décret du 16 janvier, accompagné d'un exposé des motifs signé par Herriot, le communiqué du ministère du Travail souligna que « le Conseil national économique (était) rattaché à la présidence du Conseil qui, jusqu'à présent, était dépourvue de tout organe d'études et de documentation. (Il était) appelé à être une sorte de chambre de coordination des opinions des conseils techniques établis auprès de la plupart des ministères »[850]. Quant à Herriot, voici ce qu'il affirmait :

> « Comme il a été déjà institué auprès de la présidence du Conseil un Conseil supérieur de la Défense nationale (…), la création projetée peut être considérée comme ayant un précédent. Le Conseil national économique devra rechercher dans le domaine économique un résultat analogue. (…) Cette création est justifiée par la complexité de la vie économique et sociale, qui est telle que les différents départements ministériels (…) n'ont pas entre eux un lien suffisant. (…) Le conseil consultatif permettra au Gouvernement de poursuivre une politique synthétique et d'éviter l'écueil, toujours menaçant dans ce domaine, des décisions fragmentaires et insuffisamment coordonnées. »[851]

Voilà qui devait combler Borel. Il prit aussitôt sa plume et son article sur le CNÉ parut dès le 30 janvier dans *L'Information*[852]. Déposant le 10 mars à la Chambre, une demande d'interpellation « sur la création du Conseil national économique et l'organisation de la présidence du Conseil », il montra que c'était avant tout l'impact du nouvel organisme sur l'action gouvernementale qui l'intéressait[853]. Les lenteurs du travail parlementaire firent qu'il ne put exposer son point de vue et obtenir des réponses du gouvernement avant la chute de celui-ci. Par contre, par le décret du 19 juin, il fut nommé membre du CNÉ, comme un des représentants de la CTI, pour deux ans[854].

L'article paru dans *L'Information* n'était pas passé inaperçu. Borel y développait l'argumentation qu'il aurait sans doute exposée au Parlement, qui englobait le CNÉ dans une vision globale de ce que devaient devenir l'organisation et l'action gouvernementales :

---

850 *Le Radical*, 17 janvier 1926.

851 *JO*, *Lois et décrets*, décret du 16 janvier 1925 instituant le CNÉ, exposé des motifs.

852 É. Borel, « Le Conseil national économique », *L'Information*, 30 janvier 1925.

853 TPC, séance du 10 mars 1925.

854 *Journal officiel*, *Lois et décrets*, 20 juin 1925. L'autre délégué titulaire, pour la CTI, fut Frantz Jourdain. Il y avait quatre suppléants : Guisselin, Coolus, Sainte-Laguë et l'avocat Jean Appleton.

« Dans la lutte économique que le pays soutient chaque jour, c'est le président du Conseil qui représente le commandement unique. Mais, jusqu'ici, il manquait d'état-major. Il appartiendra au CNÉ d'étudier les moyens d'organiser cet état-major sans lequel la dispersion des efforts risque de compromettre les résultats. (...) Le rôle principal du CNÉ devra être, non pas de rechercher une conciliation par des compromis plus ou moins bâtards entre des intérêts divergents, mais de faire converger tous les intérêts et tous les efforts en vue de notre victoire économique. »

Priorité donc à la présidence du Conseil, comparable, dans la « lutte économique », au rôle du général en chef d'une armée en guerre. Borel était même plus précis et plus enthousiaste, au sujet du CNÉ :

« Le Conseil national économique ne tardera pas à devenir l'organe principal de la présidence, considérée comme un véritable ministère. »

L'organisation de la présidence du Conseil

La formation du ministère Painlevé, en avril, fut l'occasion d'un rebondissement avec le remplacement du secrétariat général par un sous-secrétariat d'État à la présidence du Conseil qui fut confié non à Borel à qui échut le ministère de la Marine, mais à Georges Bonnet[855]. En élisant un haut fonctionnaire, membre du Conseil d'État, Painlevé choisit sans doute de ménager les susceptibilités pour mieux imposer cette initiative visant à renforcer le poids de la présidence du Conseil en s'appuyant sur une administration dédiée qu'il allait falloir imposer dans la durée. C'est aussi à Bonnet qu'allait revenir la mission de faire vivre le CNÉ, rattaché à ses services[856]. Plus exactement, le décret d'organisation, publié le 29 septembre, le chargeait « d'assurer la liaison et la coordination entre les différents départements ministériels ». Le sous-secrétariat d'État y était défini comme « un instrument de travail stable et permanent » permettant « d'assurer l'unité de vue et la coordination des efforts toujours indispensables à la bonne marche des affaires publiques »[857]. Le premier secrétaire général du CNÉ,

---

[855] J. Puyaubert, *Georges Bonnet : Les combats d'un pacifiste*, Rennes, PUR, 2007.

[856] TPC, séance du 25 avril 1925, au sujet de la demande de création d'un sous-secrétariat d'État pour les affaires d'Alsace et Lorraine, intervention de G. Bonnet, sous-secrétaire d'État de la présidence du Conseil.

[857] *JO, Lois et décrets*, 4 octobre 1925, décret du 29 septembre 1925 fixant l'« Organisation administrative du sous-secrétariat d'état à la présidence du Conseil ». Quatre sections étaient créées : la première « chargée de préparer et de suivre les questions à l'ordre du jour du Conseil des ministres, ainsi que de réunir les documents concernant les débats parlementaires et la politique générale », la seconde assurait la liaison avec les ministères chargés des questions économiques et sociales et avec le secrétariat général du CNÉ, la troisième section

Georges Cahen-Salvador (1875-1963), conseiller d'État lui aussi, tout juste nommé, allait être un de ses plus proches adjoints[858].

Peu après la parution du décret du 29 septembre, parut dans la *RPP* un article non signé portant sur « L'organisation de la présidence du Conseil »[859]. On y trouvait un historique détaillé et très informé de toutes les initiatives ayant eu pour objectif d'installer « un état-major et un outillage administratif » pour la présidence du Conseil qu'on pouvait attribuer cet article à Borel - qui aurait été contraint à l'anonymat en raison de ses fonctions ministérielles d'alors - aussi bien qu'à un autre proche de Painlevé, voire - cet article citant très longuement les *Lettres sur la réforme gouvernementale* de Léon Blum dans ses premières lignes[860] - à un responsable socialiste. Surtout, il s'agissait de montrer qu'au terme d'un parcours long et sinueux, le projet d'organiser une présidence du Conseil moderne et efficace avait enfin abouti avec la création du sous-secrétariat d'État. La principale justification de l'article était de vouloir exprimer la crainte que l'innovation ne durât pas au-delà de la durée de vie du cabinet.

Borel dans la « guérilla parlementaire »

Les péripéties allaient être nombreuses avant d'obtenir l'accord des deux Assemblées pour ces évolutions de l'organisation du pouvoir dont l'opposition soulignait qu'elles n'étaient pas prévues par la Constitution. Painlevé prit les devants et il profita de l'inauguration officielle des travaux du CNÉ, le 24 juin, pour prononcer un discours montrant tout ce qu'il attendait de ce nouveau « conseil consultatif ».

La « guérilla parlementaire » commença par l'arrivée à l'ordre du jour de la Chambre, le 8 juillet, des interpellations sur le CNÉ - celle de Borel ayant été annulée, de fait, en raison de son passage au gouvernement - mais les discussions se poursuivirent jusqu'à la fin de l'année. Le 23 décembre, la Chambre consacra toute une séance à discuter de la légitimité de ces deux innovations : le CNÉ et le sous-secrétariat d'État de la présidence du Conseil[861]. On retrouva les arguments selon lesquels le CNÉ était étranger à la Constitution, empiétait sur les prérogatives du Parlement, renforçait le pouvoir du président du Conseil, avait une composition non représentative de la Nation, disposait du privilège dépassant son rôle consultatif de pouvoir donner

---

assurait la liaison avec les autres ministères et avec le Conseil supérieur de la Défense nationale, la quatrième était chargée du service d'information, du courrier et du service intérieur.

858 A. Chatriot, « Georges Cahen-Salvador, un réformateur social dans la haute administration française (1875-1963) », *Revue d'histoire de la protection sociale*, 2014, n° 7, p. 103-128.

859 Anonyme, « L'organisation de la présidence du Conseil », *RPP*, t. 125, 32ème année, n° 371, 10 octobre 1925, p. 24-46.

860 L. Blum, *Lettres sur la réforme gouvernementale*, *ouv. cit.*

861 TPC, séance du 23 décembre 1925.

des « recommandations », et d'ailleurs était voué à devenir, parce qu'il n'était justement que consultatif, « le temple de l'irresponsabilité ».

Le nouveau sous-secrétaire d'État de la présidence du Conseil, Pierre Laval (1883-1945), répéta les mêmes considérations qu'avaient formulées avant lui Scelle, Borel, Herriot, Painlevé ou Bonnet et il annonça que le CNÉ ferait l'objet d'un projet de loi. C'était là que le bât blessait : qui disait projet de loi, disait nouvelles discussions et navettes parlementaires. En fait, un projet de loi de novembre 1927 ne vint jamais en discussion et le débat dura jusqu'en 1936.

En attendant, lors de sa séance du 25 avril 1926 sur la loi de Finance, la Chambre vota un amendement « autorisant la création auprès de la présidence du Conseil d'un secrétariat administratif et d'un Conseil national économique ». Borel, revenu à son banc de député, put enfin s'exprimer, brièvement, sur le sujet :

> « Je me réjouis, déclara-t-il, que le Parlement consacre la création d'un secrétariat administratif à la présidence du Conseil, d'autant plus que j'ai eu l'honneur, pendant la guerre, sous la présidence de M. Painlevé, d'être le premier organisateur de ce secrétariat. Je considère également que le Conseil national économique est un complément très utile de ce secrétariat. »[862]

Le 27 avril, au Sénat, sur le même sujet et le même amendement, Briand, nouveau président du Conseil, vint défendre, avec modération, ces deux innovations que le Sénat entendait supprimer : le CNÉ, dit-il, était « appelé à rendre des services » et avec le secrétariat administratif - « ce petit mécanisme, réduit » - on aurait des archives des projets déjà étudiés pour permettre à un nouveau président du Conseil de « ne pas trouver la place vide » en prenant ses fonctions :

> « Il se créera ainsi une espèce de solidarité gouvernementale qui, je crois, ne sera pas inutile à l'intérêt public. (*Très bien ! Très bien !*) »

La méthode Briand eut du bon puisque le Sénat vota l'amendement. Ce qui n'empêcha pas Poincaré, revenu au pouvoir en juillet 1926, de supprimer à la fois le sous-secrétariat d'État et le secrétariat administratif de la présidence du Conseil[863].

Au total, Borel qui s'inscrivait dans un courant regroupant des hommes convaincus de la nécessité de réformer l'État pour l'adapter à « l'économie nouvelle », hommes qui appartenaient pour beaucoup à la mouvance radicale

---

[862] TPC, séance du 23 avril 1926, intervention d'É. Borel.

[863] *JO*, *Lois et décrets*, décret du 23 août 1926 « portant suppression du secrétariat administratif permanent de la présidence du Conseil ». TPC, amendement au projet de loi de Finance, créant le secrétariat administratif permanent, séance de la Chambre du 25 avril 1926.

et qui s'étaient souvent exprimés sur ces sujets dans divers forums intellectuels ou politiques, n'occupa donc pas de position de premier plan dans les évolutions administratives qu'initièrent les gouvernements du Cartel des gauches. C'est donc avant tout comme intellectuel, comme expert et comme publiciste, et puis comme élu, qu'il trouva une place dans ce domaine. Il voulut même donner à sa démarche une dimension globale, une direction d'ensemble, en publiant un recueil de ses écrits parus dans la presse, avant et après la période électorale, pour y rassembler ses réflexions. Ce fut l'ouvrage *Organiser*.

3.3. *Organiser* : du « danger des solutions brusquées »

Quelques mois après son élection, Borel publia donc une sélection d'articles parus essentiellement dans *La Dépêche* de Toulouse et dans *L'Information*[864]. Il lui donna ce titre claironnant : *Organiser*. Cet ouvrage pouvait lui donner la stature d'un « ministrable » - on pense à Herriot et ses deux livres, *Agir* et *Créer*, ou bien à Painlevé, publiant *Comment j'ai nommé Foch et Pétain. La politique de guerre en 1917*, Herriot et Painlevé « dont les noms reviennent fréquemment dans ces pages inspirées de leur enseignement et de leur exemple » écrivait Borel dans sa dédicace à ses deux amis[865].

La courte préface lui permit de proclamer cet « Organiser » comme un principe d'ensemble et un programme, et comme l'expression d'un système de pensée et d'action :

> « Organiser : tel me paraît être le premier devoir de tous les hommes et tous les peuples après la terrible période de désorganisation systématique qui a commencé en août 1914 et qui n'est même pas partout terminée, écrivait Borel dans la préface. (...)
>
> « Ce que nous devons rechercher, ce sont des modes d'organisation suffisamment souples pour améliorer la vie politique, économique et intellectuelle de notre pays tout en lui conservant la place qui lui revient dans la civilisation humaine. (...)
>
> « Pour accomplir ce devoir, nous devons perfectionner notre organisation nationale et nous efforcer de créer une organisation internationale. »

Organiser comptait sept chapitres et une cinquantaine d'articles. Deux chapitres concernaient « L'organisation de la paix » et celle de la Société des

---

[864] É. Borel, *Organiser*, *ouv. cit.*

[865] É. Borel, *Organiser*, *ouv. cit.* ; la préface du livre est datée du 31 mars 1925 mais l'ouvrage n'est signalé dans la presse qu'au mois de mai (*Les Nouvelles littéraires,* 16 mai 1925, *Le Figaro,* 18 mai 1925, *Le Radical*, 1er juin 1925). É. Herriot, *Agir*, Paris, Payot, 1917 ; *Créer*, 2 vol., Paris, Payot, 1919 ; P. Painlevé, *Comment j'ai nommé Foch et Pétain. La politique de guerre en 1917. Le commandement unique interallié*, Paris, Alcan, 1923.

nations, deux concernaient « L'organisation monétaire » et « économique », et les trois derniers « L'organisation politique », « intellectuelle » et de « l'Éducation nationale ».

L'organisation, une mode intellectuelle ?

C'est en forçant les choses que Borel parvenait à regrouper ses articles sous ce vocable unique ; l'« organisation » n'était pas partout, en effet, au centre de ses propos. D'autres termes auraient pu convenir, ici ou là : administrer, gouverner, moderniser, coopérer, rationaliser et, pourquoi pas, réformer. Si « organiser » s'imposa c'est que l'époque, celle qui avait précédé - la guerre - et celle qui suivait - la reconstruction, était à l'organisation. L'époque était même à la théorie de l'organisation, dans l'économie et dans l'organisation sociale - des écrits de Durkheim à ceux de Taylor et Henri Fayol (1841-1925) - aussi bien que dans les divers domaines de la science : il y avait d'ailleurs à la Sorbonne, depuis 1888, une chaire d'Évolution des êtres organisés[866]. Dans l'article d'octobre 1925 de la *RPP* sur « L'organisation de la présidence du Conseil » dont nous avons vu qu'on pouvait l'attribuer à Borel ou à un proche, le thème de l'organisation était explicitement, bien que brièvement, traité sur le mode théorique, avec une référence directe au « fayolisme », au moment de définir les missions du sous-secrétariat d'État de la présidence du Conseil :

> « Ce sont, en effet, ces cinq fonctions capitales : prévoir, organiser, commander, coordonner et contrôler, qui constituent la fonction administrative elle-même telle qu'elle résulte du Fayolisme. (...) On peut donc dire que la création par M. Painlevé du sous-secrétariat d'État à la Présidence est un fait d'une importance capitale et que la question de l'organisation de la Présidence vient de faire un progrès considérable. »[867]

Borel avait fait l'expérience, à la direction des Inventions, de la nécessité et des difficultés d'organiser, dans l'urgence et l'efficacité, pour aller vers des objectifs et obtenir des résultats ; on avait improvisé, on avait aussi réfléchi, expérimenté, rectifié jusqu'à obtenir la rapidité et l'efficacité recherchées. Les solutions qu'on avait imaginées dans la guerre pouvaient avoir leur équivalent

---

[866] É. Durkheim, « Formes élémentaires de l'organisation sociale », *L'Année sociologique*, n° 7, 1904, p. 407 à 411. F. Taylor, *The Principle of scientific managment*, Harper & Brothers, New York, 1911, traduit en français dès 1912 par J. Boyer, préface de H. Le Chatelier, *Principes d'organisation scientifique des usines*, Paris, Dunod, 1912. H. Fayol, *Administration industrielle et général : prévoyance, organisation, commandement, coordination, contrôle*, Paris, Dunod, 1920. En 1920, des ingénieurs favorables au taylorisme, dont le centralien Charles de Fréminville (1856-1936), lié à Le Chatelier, fondaient la Conférence pour l'organisation française ; ils fusionnaient, en 1926, avec le mouvement de Fayol pour former le Comité national de l'organisation française.

[867] XXX, « L'organisation de la présidence du Conseil », *art. cit.*

dans la paix. Ne voyait-on pas se multiplier, depuis la fin des combats, des ouvrages mais aussi des articles, des conférences, des rencontres, consacrés à la description de l'effort de guerre dans les différents domaines ? Sans doute Borel avait-il été particulièrement attentif à ceux qui évoquaient la mobilisation scientifique comme l'ouvrage abondamment diffusé, lu et commenté, de Moureu, *La Chimie et la guerre,* ou encore les multiples publications de J.-L. Breton sur la direction des Inventions, dans la revue de l'ONRSII qu'il dirigeait, *Recherches et Inventions*[868]. La *Revue scientifique* n'avait pas été en reste, des auteurs examinant tour à tour différents aspects du rôle de la science dans la guerre. La réorganisation des recherches scientifiques était aussi à l'ordre du jour avec la critique du fonctionnement des universités et le souhait, formulé par l'Académie des sciences dans plusieurs rapports, qu'on organisât désormais ces recherches dans des instituts dédiés, dotés de personnels spécifiques. Les vieilles sociétés savantes, souvent routinières et dont on avait constaté le manque de réactivité quand leurs sœurs allemandes avaient été si performantes - disait-on - étaient aussi réorganisées[869]. Si on avait coutume de considérer l'organisation allemande comme supérieure, la mode était aussi à l'Amérique dont les formes « modernes » d'organisation fascinaient ; ainsi, Caullery avait publié, de retour des États-Unis, un ouvrage remarqué sur *Les universités et la vie scientifique aux États-Unis*, dans lequel il insistait sur les différences d'échelle et d'organisation entre la France et les États-Unis[870]. À tous ces titres, donc, les scientifiques avaient des raisons de croire aux vertus de « s'organiser ». Ils assistaient d'ailleurs à une véritable fringale d'organisation. Citons à nouveau l'ouvrage d'Herriot, *Créer*, dans lequel celui-ci écrivait :

> « Une organisation économique, scientifiquement rationnelle, de la production s'impose : elle est pour la France une question de vie ou de mort. »

Ne croirait-on pas lire une phrase de Borel ? Celui-ci, dans sa préface, précisait, en épousant une rhétorique bien de son temps, à quel type d'« organisation » il songeait :

> « Je ne pense pas que l'organisation rigide et militariste à la manière allemande, quels que soient peut-être ses avantages matériels, puisse convenir au génie français. (...) Nous ne devons rien faire qui risque de porter atteinte à notre esprit d'initiative, ni à

---

[868] C. Moureu, *La Chimie et la guerre. Science et Avenir*, Paris, Masson, 1920. Cet ouvrage reprenait essentiellement le cours de Moureu au Collège de France, en 1919.

[869] E. Fauré-Frémiet, « Le mouvement actuel pour la réorganisation des recherches scientifiques en France », *Revue scientifique*, n° 1-59ème année, 8 janvier 1921 ; A. Wahl, *L'organisation de la recherche scientifique*, Paris, Chimie et Industrie, 1925. Voir M. Pinault, *Maurice Barrès et « la grande pitié des laboratoires de France »*..., *ouv. cit.*

[870] M. Caullery, *Les universités et la vie scientifique aux États-Unis*, Paris, Colin, 1917.

ce qualités de « débrouillage » qui nous ont été si précieuses pendant la guerre. (...) Ce que nous devons rechercher, ce sont des modes d'organisation suffisamment souples. »

Dans le milieu scientifique, Borel ne fut pas un acteur de premier plan, même s'il était partie prenante, de cette fringale organisatrice. On vit plutôt Moureu, Le Chatelier, Caullery, Eugène Gley, André Mayer, Emmanuel Fauré-Frémiet prendre les initiatives[871]. Borel, lui, avait été plus actif dans la gestation puis l'essor de la CTI et au sein du mouvement européen en faveur de la « Coopération intellectuelle » dont le Manifeste proclamait parmi ses objectifs ceux d'« organiser et améliorer la production » ou encore d'« organiser et garantir la justice »[872]. Autre symptôme de la fièvre organisatrice des années vingt, le processus de naissance de la SDN et de l'Organisation internationale du travail (OIT), issu de l'idée que, si l'on ne voulait pas avoir, très vite, une nouvelle guerre, il fallait « organiser la paix ». Herriot, le 17 juin 1924, dans sa déclaration devant la Chambre, n'avait-il pas fixé à son gouvernement l'objectif d'« organiser la démocratie » - en précisant, d'ailleurs que « la seule politique d'une démocratie, comme la nôtre, est celle qui veut fonder ses méthodes sur la science »[873] ? « Organiser » était donc le maître-mot de l'époque, autant d'ailleurs que « rationnel » ou « scientifique », et c'est par habileté autant que par conviction que Borel qui prônait « l'application de méthodes proprement scientifiques à l'étude des phénomènes économiques et sociaux »[874], se l'appropriait.

Thématique de l'organisation, par Borel

Dans *Organiser*, Borel montrait que, face aux problèmes de toute sorte posés par le fonctionnement de l'économie et de la société, il pensait nécessaire de trouver des formes d'organisation efficaces et rationnelles, non routinières voire nouvelles. Le titre de chaque chapitre de l'ouvrage se déclinait donc à partir du terme « organisation ».

Le chapitre sur « l'organisation de la paix » ouvrait le livre, suivi d'un second chapitre sur « l'organisation de la Société des nations ». Et c'est en effet en menant campagne sur ces thèmes de la paix, de l'entente interalliée et du désarmement, contre « la politique d'orgueil, d'isolement et d'armement à outrance » prônée par général de Castelnau et adoptée, depuis 1919, par la majorité de Bloc national, que la liste du Cartel des gauches l'avait emporté. L'idée qu'il fallait « organiser » la paix - et donc l'Europe et le monde - pour

---

871 Voir « Les scientifiques s'organisent en groupe de pression », dans M. Pinault, *Maurice Barrès..., ouv. cit.*, p. 168-180.

872 *Bulletin de la CTI*, n° 1, février 1921, déjà cité.

873 TPC, séance du 17 juin 1924, déclaration du président du Conseil, É. Herriot.

874 É. Borel, « La hasard et la vérité scientifique », *art. cit.*

gagner la paix était donc la première que Borel développait dans *Organiser*. Au prétexte de la parution récente de l'ouvrage de Painlevé, *Comment j'ai nommé Foch et Pétain*, il affirmait, dans un article datant de novembre 1923, qu'on « arriver(ait) à surmonter les difficultés en (s')inspirant (...) des méthodes de réalisation qui (avaie)nt assuré le succès de la politique de guerre de 1917 ». S'il s'en tenait à des généralités, on peut comprendre qu'il restait assez impressionné et éclairé par les expériences qu'ils avait vécues au sommet de l'État pendant la guerre pour désirer que les leçons en soient conservées pour le gouvernement en temps de paix. Dans un autre article, il rapportait ce que lui avait appris, sur la force de la politique d'entente et de négociation pour résoudre des situations conflictuelles, sa participation, comme dirigeant de l'AFSDN, à des réunions dans le cadre de la SDN, à La Haye et à Genève. Il soulignait l'importance de réunir, dans ce cadre, tous les hommes et tous les pays résolus à promouvoir la paix par « la coopération internationale ». C'est ce qu'il appela un peu plus tard « l'universalité nécessaire » de la SDN. Dans un article de septembre 1924, soit après la victoire du Cartel et après la conférence de Londres sur le plan Dawes, Borel se prononçait pour la création d'une « Société des nations européennes » laquelle devrait, selon lui, « constituer un organisme bien plus puissant que la Société des nations », et il en appelait même à « la constitution progressive des États-Unis d'Europe ». Plus loin il évoquait « les bienfaits d'une organisation rationnelle de l'Europe ». Autant de propositions qui le plaçaient dans le groupe des précurseurs dans ce domaine.

Le troisième chapitre d'*Organiser* portait sur « L'organisation politique ». Les trois articles, déjà republiés dans *La politique républicaine*, sur l'organisation du « pouvoir central », en formaient l'essentiel. Mais y figurait aussi un article de novembre 1922 sur « Le suffrage des femmes », révélateur d'une dimension non explicite, dans ses propos - par exemple dans sa préface - quant à la méthode qui avait sa faveur derrière son souci d'« organiser » la société française. Cette méthode pourrait être qualifiée ni de rationnelle - en référence à sa formation scientifique - ni de réformiste - en référence à son radicalisme - ni de technicienne (ou experte) - à cause de son intérêt constant pour le versant pratique des choses, aux applications des mathématiques ou des sciences, mais de... prudente. Le sous-titre d'*Organiser* aurait peut-être pu être : « Du danger des solutions brusquées » ». C'est en effet sur cette expression que Borel terminait son article sur « Le suffrage des femmes ». Affectant de ne pas se prononcer sur le fond et prétextant des « conséquences désastreuses produites par une extension brusque du droit de suffrage à des catégories étendues d'individus » - il songeait au résultat de la première élection du président de la République au suffrage universel, en 1848 - il proposait « de ménager des transitions » :

> « Le suffrage universel a été établi, en 1848, la conséquence immédiate a été le 2 décembre et la conséquence indirecte "Sedan" », écrivait-il.

Voilà un beau syllogisme qui nous met loin de la pensée rationnelle et qui reflétait plutôt des préjugés et un conservatisme qu'il ne voulait peut-être pas (s')avouer. Borel parlait d'ailleurs, plus loin, des « partisans fanatiques du suffrage féminin », des « apôtres du féminisme », des « féministes intransigeantes », un vocabulaire qui laissait parler son refoulé a contrario du conseilleur raisonnable qu'il voulait être. D'où ses propositions aussi maladroites qu'arbitraires pour éviter « un saut dans l'inconnu » - rien de moins : créer un collège électoral féminin séparé, donner progressivement le droit de vote aux nouvelles générations de femmes qui atteindraient l'âge de 25 ans, réserver ce vote aux élections municipales, laisser les élus municipaux du collège masculin décider si les élues devaient participer au conseil, sans toutefois qu'elles puissent élire adjoints et sénateurs. « Natura non fecit saltus », concluait-il, pour qu'on comprît bien qu'« une loi naturelle ne (pouvait) être enfreinte sans péril ».

Toujours dans ce troisième chapitre sur « L'organisation politique », venait ensuite un article sur « Partis extrêmes et parti moyen » dans lequel Borel était enfin beaucoup plus clair sur le sens de cet « organiser » en formulant le vœu de « faire jouer un rôle important au parti moyen (...) qu'on peut trouver commode, pour des raisons historiques, d'appeler parti radical »[875]. Il opposait aux convictions socialistes, aux tenants de la lutte des classes - « essentiellement une conception de guerre », disait Borel - la « tradition du radicalisme qui a été assez souvent développée par M. Léon Bourgeois », c'est à dire les « idées de conciliation (et) d'arbitrage ». Il voyait dans « les Conseils économiques où seraient représentés les diverses classes et les divers intérêts en présence (un moyen) d'introduire plus d'équité dans la vie sociale et de prévenir les conflits ».

Finalement, au terme de ce troisième chapitre, Borel proposait un projet politique complet qui expliquait pourquoi il avait choisi le titre, *Organiser* :

> « La paix comme but, l'organisation et l'arbitrage comme moyens, voilà le programme qui pourrait être celui des radicaux d'Europe. »

---

[875] Trois mois après, Borel tenait à préciser, à propos de ce « parti moyen », qu'en France le groupe radical à la Chambre siégeait « au centre », que « ce centre (était) occupé par deux groupes : le groupe radical et radical-socialiste et le groupe de la gauche radicale. Ces deux groupes, ajoutait Borel, constituent donc très exactement le centre, tandis que la gauche commence avec les républicains socialistes et que la droite comprend d'abord les "républicains de gauche". Les deux groupes radicaux de la Chambre réaliseraient donc par leur union la fameuse conjonction des centres qui a fait couler tant d'encre au temps de l'Assemblée nationale. » (É. Borel, « Vocabulaire politique », *Organiser*, *ouv. cit.*, p. 96-100, octobre 1924.)

Les quatrième et cinquième chapitres portaient sur « L'organisation monétaire » et « L'organisation économique ». Ces articles avaient peu à voir avec l'idée d'organiser[876]. Enfin, les derniers portaient sur « L'organisation intellectuelle » et « L'organisation de l'éducation nationale ». Il y faisait la part belle à la CTI, à l'Union intellectuelle européenne et à la CICI et y adjoignait un article sur « La crise de l'esprit » où on lisait ces phrases :

> « L'Europe est dans la situation d'un homme habituellement sensé qui, pendant des années aurait été atteint de folie délirante. (...) Pour que l'Europe guérisse, il faut d'abord guérir cette crise de l'esprit. (...) Tous les Européens devraient unir leurs efforts pour que l'Europe vive. »

« Organiser », « coopérer », deux programmes jumeaux ?

Reste à émettre une hypothèse dont la validité tient à sa concordance entre ce que fut l'itinéraire d'engagement intellectuel de Borel et la nature des réseaux auprès desquels il put mûrir sa réflexion, depuis le temps des combats dreyfusards, de la LDH et de l'Université populaire, jusqu'à l'après-guerre des Compagnons de l'Intelligence et de la CTI.

Dans un article paru dans *La Coopération des idées*, son fondateur, Deherme, citait un courrier qu'il avait reçu du « sociologue le plus solide » - sans le nommer mais qui pouvait certainement être Bouglé - pour exposer précisément quelle était sa conception du changement social ; au cœur du propos, il y avait cette idée - justement - d'« organiser » :

> « Je n'ai qu'une critique à vous adresser, écrivait le sociologue anonyme. Par deux fois (...) vous exaltez la Révolution sociale. Or, c'est tout le contraire que vous faites. *Vous organisez*, vous posez une à une, graduellement, les conditions de la vie normale parce que vous savez que la lutte est stérile et que vous vous défiez des coups de théâtre politiques et sociaux, des promesses de changements instantanés. (...). Les vrais organisateurs, les créateurs de formes de vie nouvelles sont tout l'opposé de révolutionnaires ; ils édifient et les révolutionnaires détruisent. »[877]

Et Deherme, de répondre fièrement à ce sociologue anonyme et louangeur :

> « Une coopérative qui se fonde organise le monde que nous voulons plus juste et plus fraternel. (...) Mieux encore, le Palais du Peuple se construira. Ne sera-ce point la Révolution sociale ? La

---

[876] Sur les options de politique monétaire de Borel, voir plus loin.

[877] G. Deherme, « La révolution sociale », *La Coopération des idées*, 21 avril 1900, 5ème année, n° 3.

Coopération généralisée, organisée, ne sera-ce point la Révolution sociale ? »

Dans cet article de *La Coopération des idées*, le sociologue anonyme - disons Bouglé - et Deherme exposaient donc, sous le vocable « Organiser » associé à celui de « Coopération », une doctrine du changement social et de l'action politique qui étaient familiers à Borel qui connaissait aussi bien Deherme qu'il était un proche et un familier de Bouglé. Il ne s'en réclamait pas explicitement dans la présentation de son ouvrage *Organiser* mais c'est bien en application de cette doctrine telle qu'elle était décrite dans ce texte qu'il s'exprimait.

Organiser n'a pas semblé connaître une réception particulièrement attentive. La presse n'en parla pas sauf pour signaler sa parution et aucune reprise n'eut lieu, ni sous forme d'analyse critique, ni par le détour d'une interview. Le manque de synthèse, d'une conclusion, peut-être, ou de développements un peu théoriques, a sans doute desservi l'ouvrage. Il n'a pas non plus semblé faire la fortune politique de son auteur qu'on ne vit pas appelé pour mettre ses idées en pratique. Tout juste fut-il confirmé comme le dirigeant connu qu'il était déjà, à la CTI, dans les organisations pro-européennes et pro-SDN, et dans la mouvance radicale et radicalisante.

3.4. La politique monétaire vue comme un problème scientifique

Dès le 23 août 1924, Borel prit la parole sur un sujet qu'il avait abordé dans *Organiser*, dont ses collègues allaient pouvoir constater, au fil des mois, qu'il lui tenait particulièrement à cœur et qu'il pensait avoir de solides motifs de se sentir spécialement désigné pour le prendre en charge ; il s'agissait de la question monétaire. Auparavant, pendant les premières semaines, le nouveau député se contenta de s'occuper des affaires courantes, comme de contribuer au débat - assez technique car concernant l'appréciation des règles du scrutin majoritaire et mettant en jeu des notions de quotient et de plus forte moyenne dans le maniement desquelles Borel excellait[878] - sur la validation de l'élection de son troisième collègue de la liste du Cartel dans l'Aveyron, ou bien de jouer son rôle de représentant de sa circonscription, en interrogeant les ministres sur le maintien des postes d'instituteurs menacés dans les petites écoles rurales, les calamités agricoles, la répression du braconnage ou la circulation des trains.

[878] TPC, séance du 10 juillet 1924.

Borel proposait une doctrine monétaire

Borel s'était préparé de longue date à affronter la question monétaire et il avait, avant et pendant la campagne électorale, multiplié les interventions sur ce thème. Ainsi de ses trois articles de mars 1923 sur « L'organisation monétaire », de février 1924 sur « Le problème financier » et de mars sur « Le franc et l'agriculture », dans *La Dépêche*. Dans le premier, il s'attachait à expliquer le mécanisme d'« évaporation de la monnaie », c'est-à-dire la politique de dépréciation du franc menée par les gouvernements du Bloc national pour combler les déficits. Il suggérait une autre politique :

> « Pour éviter de glisser sur la pente qui conduit à la hausse illimitée des prix et à l'évaporation de la monnaie, il n'ya qu'un moyen : combler les déficits avec des impôts et non pas avec des émissions de billets de banque (ou de bons du Trésor). (...) Mais pour voter des impôts qui ne soient pas trop impopulaires, il ne faut pas craindre de faire payer ceux qui se sont enrichis. Et il faut reconnaitre que ce n'est pas facile avec la Chambre actuelle. Il est probable qu'il faudra attendre les élections de 1924 pour pouvoir rétablir l'ordre dans nos finances par une politique fiscale républicaine. »

Dans le troisième article, il cherchait à montrer que, dans l'intérêt des producteurs indépendants comme des salariés, il fallait viser une « monnaie stable », impliquant qu'il n'y eût ni dépréciation ni revalorisation - surtout brutale - du franc :

> « En dehors de la monnaie stable, il n'y a de bénéfices que pour les pêcheurs en eaux troubles », écrivait-il.

Une fois élu, Borel ne ralentit pas l'effort et il multiplia les articles dans *La Dépêche* dont trois dès juillet 1924 : « Que vaut le franc ? », « Stabilité monétaire et stabilité sociale », « Ne laissons pas déplacer les responsabilités ». Il y exposa l'ensemble de l'argumentation qu'il allait développer inlassablement pendant les mois et les années suivantes. Il expliquait qu'il n'imaginait plus la possibilité d'un retour au franc-or d'avant-guerre, qu'il croyait souhaitable une politique de stabilisation immédiate, et qu'il croyait nécessaire d'en passer par la création d'une monnaie basée sur l'or et garantie par la Banque de France tandis que, parallèlement, « le franc papier » retrouverait par étapes sa stabilité. En tous cas, il n'hésitait pas à se faire provocateur, comme dans la chute de ce premier article :

> « À la question : que vaut le franc ? Il convient de répondre : actuellement, le franc n'a aucune valeur réelle ; sa valeur d'échange ne repose que sur les habitudes et sur la psychologie de ceux qui veulent bien l'accepter en paiement. Il est hautement désirable que le

franc retrouve une valeur réelle et bien déterminée. Quelle que soit sa valeur, elle sera préférable à l'instabilité et l'incertitude. »

Borel pensait convaincre la Chambre d'adopter sa doctrine monétaire

Le 23 août 1924, Borel saisit l'occasion d'un débat à la Chambre sur l'action du gouvernement à l'égard du plan Dawes sur les réparations allemandes, pour intervenir très brièvement au moment des justifications de vote :

> « L'un des effets du plan Dawes, déclara-il, sera de stabiliser la monnaie allemande, de lui donner la parité de l'or. (...) Et je compte sur le Gouvernement pour réaliser rapidement la stabilisation de notre franc, c'est-à-dire la possibilité de l'échanger contre un poids déterminé d'or, comme cela va être le cas pour le mark. La France a droit à une monnaie stable, nous devons la lui donner sans délais. »[879]

Aux comptes-rendus des débats figurent des « Très bien ! Très bien ! » indiquant que Borel, encore peu connu de ses collègues, avait en quelques phrases, attiré leur attention.

Le grand discours du 27 décembre 1924, à la Chambre

Il revint sur la question six mois plus tard. Cette fois, il parla pendant près d'une demi-heure et prononça un véritable discours-programme, celui d'un homme qui, bien que même pas membre de la commission des Finances de la Chambre, se posait en spécialiste des questions monétaires et qui même prétendait détenir un modèle de politique à suivre pour obtenir une « stabilisation du franc »[880]. Il ne faisait certes pas allusion à ses compétences scientifiques mais le ton du propos, son assurance comme ses références, indiquaient bien que derrière le député pointait l'universitaire. Par contre, il souligna qu'à la fin de 1920 déjà, lorsque la politique du Bloc national conduisait au développement de l'inflation, il avait pris, à la CTI, « l'initiative de faire étudier ce problème (...) par des financiers et des économistes

---

[879] TPC, intervention d'É. Borel, séance du 23 août 1924.

[880] TPC, intervention d'É. Borel, séance du 27 décembre 1924. J.-C. Debeir, « Inflation et stabilisation en France 1919-1928 », *Revue économique*, vol. 31, n° 4, 1980, p. 622-647, K. Mouré, « Poincaré avait-il besoin de connaissances économiques pour sauver le franc ? », *Histoire@Politique*, 1/2012 (n° 16), p. 55-70, et J.-N. Jeanneney, *Leçon d'histoire pour une gauche au pouvoir. La faillite du Cartel (1924-1926)*, Paris, Seuil, 1977, et B. Blancheton, *Le Pape et l'Empereur : la Banque de France, la Direction du Trésor et la politique monétaire de la France, 1914-1928*, Paris, Albin Michel, 2001.

éminents », ajoutant que, selon lui, « les travailleurs intellectuels étaient certainement parmi les plus menacés par une politique d'inflation »[881].

Borel fut plutôt incisif, au point que le *Journal des Débats* écrivit qu'il « reprochait en termes vifs au gouvernement de ne pas avoir de politique monétaire »[882]. En effet, il eut ces propos : « Il est incontestable que le franc vaut actuellement cinq sous. Chez moi, les paysans disent même que le franc vaut quatre sous ». Et d'ajouter :

> « Toutes les personnes en contact direct avec les réalités économiques s'en sont aperçues depuis longtemps (...) mais il y a trois personnes qui paraissent ignorer ce que tout le monde sait : M. le ministre des Finances, M. le gouverneur de la Banque de France et l'un de vos collègues qui est tenu par sa fonction élevée de suivre leur exemple, M. le rapporteur général. »

Venant d'un membre de la majorité, c'était plutôt décapant et les autres orateurs ne se privèrent pas de faire connaître leurs réserves. Mais, ce jour-là, Borel sembla prendre rang parmi les « poids lourds » de la Chambre. Au fil des interventions, il semble que les orateurs ne comprirent pas tous les ressorts de son argumentation et qu'il apparut comme un peu difficile à suivre. Ayant opposé la « stabilisation » à la « consolidation » que beaucoup évoquaient et qui signifiait revalorisation, il présenta donc son plan de stabilisation du franc à sa valeur réelle du moment, comme s'il s'agissait d'un scénario sans alternative. Il insistait pour qu'on admit que la nouvelle monnaie-or qu'il proposait ne permettrait pas de retrouver l'ancienne valeur du franc-or d'avant guerre ; il s'agissait bien de faire accepter le principe d'une dévaluation et finalement celui de l'effondrement des rentes.

Par ailleurs, le propos était habile, « politique » peut-on dire, car, variant le ton, depuis l'humour le plus subtil jusqu'aux propos les plus graves, tantôt s'appuyant sur le bon sens supposé des paysans de l'Aveyron qu'il côtoyait, tantôt raisonnant à partir des exemples de politiques de retour à la monnaie basée sur l'or réussies, en Allemagne et en Pologne, tantôt encore se félicitant des premières initiatives du gouvernement comme l'emprunt des 100 millions de dollars réalisé sur le marché américain, tantôt demandant qu'on dît au pays « le plus de vérité possible, toute la vérité qu'il est en état de supporter », l'orateur cherchait à intéresser et à convaincre malgré un propos très aride. Enfin, s'il ne laissait planer aucun doute sur son appartenance à la majorité, il se présentait aussi en recours éventuel comme il l'affirma dans une conclusion habile, prononcée comme une péroraison :

> « Il appartient au Gouvernement d'établir un plan et de le proposer. Il a grandement amélioré notre situation extérieure, parce

[881] TPC, intervention d'É. Borel à la séance du 16 février 1925.
[882] *Journal des débats*, 28 décembre 1924.

> qu'il a su ce qu'il a voulu et l'a exécuté immédiatement. (...) Cela prouve qu'il est important d'avoir un plan, de savoir où l'on va. Je demande au Gouvernement d'avoir un plan monétaire. Je puis lui donner l'assurance que, quelque soit ce plan, nous serons nombreux à le soutenir et à lui permettre de l'exécuter. »

Le ministre des Finances, Clémentel, puis le rapporteur général refusèrent de venir sur le terrain de la « stabilisation » impliquant la création d'une monnaie-or nouvelle et même, comme dit le ministre, « d'une économie nouvelle » qu'il considérait comme « un mirage lointain ». Par contre, Bertrand Nogaro (1880-1950), député radical des Hautes-Pyrénées, parlant avec autorité, répondit à Borel qu'il trouvait sa solution trop brutale et réprouvait l'abandon de l'objectif du retour au franc-or d'avant guerre.

La constance des préoccupations monétaires d'un député isolé

Passé ce jour, Borel montra sa constance en saisissant chaque occasion pour revenir à son idée. Le 16 février 1925, alors que commençait le débat sur le projet de loi de Finance, Il prit à nouveau longuement la parole[883]. Expliquant pourquoi, selon lui, la revalorisation était un leurre et pourquoi elle ne pouvait avoir, de plus, que des effets négatifs, il souligna que puisqu'on était devant une stabilisation de fait il fallait en faire une politique. Il mit en cause les dirigeants du Bloc national qui avaient, depuis 1920, laissé l'inflation se développer pour financer la reconstruction du pays - ce qu'il qualifiait de « monétisation des déficits budgétaires [884] - et qu'à ce compte-là on avait choisi d'affaiblir le franc et de faire payer illégalement cet affaiblissement aux citoyens. Le courage aurait été, toujours selon lui, de mener une politique de prélèvements fiscaux, y compris sur le capital, qui aurait garanti la stabilité de la monnaie. Borel s'acquit alors la sympathie de la majorité, jusqu'aux bancs socialistes qui commencèrent à admettre que la rigoureuse politique de « stabilisation » qu'il prônait pouvait être une politique de gauche :

> « La stabilité monétaire nous donnera la paix économique, car ce n'est pas un régime de paix économique que celui où il suffit de spéculations de la Bourse pour faire varier la fortune de chaque citoyen. Il faut la paix, dans laquelle il y a ni vainqueur ni vaincu. Or, dans la lutte des changes entre citoyens, il n'en est pas ainsi. Qu'il y ait hausse ou baisse, il y a dommage pour presque tous. Seuls quelques-uns s'enrichissent au détriment de beaucoup. Ce serait une tache digne du Gouvernement qui a si bien travaillé pour la paix extérieure de nous donner aussi cette paix intérieure par la

---

[883] TPC, séance du 16 février 1925.
[884] J.-C. Debeir, *art. cit.*

stabilisation de la monnaie. *(Vifs applaudissements à gauche et à l'extrême-gauche.)* »

De l'art de gagner la sympathie d'un auditoire. Ensuite Borel s'attacha à dresser le tableau de l'« économie nouvelle » que Clémentel avait repoussée, lors de leur dernière confrontation, comme un « mirage lointain ». Dénonçant les « personnages compétents, qui possèdent de très grandes qualités, de la bonne foi, une parfaite sincérité, (...) mais qui restent beaucoup trop attachés à des idées traditionnelles », il établit un parallèle - habile procédé - entre « l'économie nouvelle » et la guerre « nouvelle » qui venait de se mener victorieusement :

> « Je ne puis m'empêcher de penser que, dans les heures graves que nous avons traversées au début de la guerre, en 1914 et 1915, il y avait aussi des doctrines officielles. On les opposait, par exemple, à ceux qui préconisaient la fabrication de l'artillerie lourde. (...) C'était la doctrine des experts militaires les plus compétents, qui avaient, comme nos experts financiers, une parfaire bonne foi, une parfaite sincérité et un grand amour du pays. Mais il y avait des hommes indépendants, des hommes qui examinaient la question avec leur simple bon sens, qui s'appuyaient d'ailleurs sur l'opinion d'officiers plus modestes, qui se rendaient compte de ce que la guerre allait devenir. Fort heureusement on ne s'est pas laissé endormir par les théories officielles. (...) Je crois que maintenant, si monsieur le ministre des Finances voulait consulter sur cette question ceux de ses auxiliaires, inspecteurs des finances, qui sont jeunes, qui ont vu l'économie nouvelle qui naissait, qui ont vu que la situation actuelle est absolument différente d'il y a cinquante ans, cent ans, deux cents ans, il obtiendrait des avis différents de ceux qu'il aura s'il prend seulement les avis des personnages officiels les plus hauts placés. »

Le propos, ironique et un peu irrévérencieux n'allait pas faire à Borel que des amis. Sa réputation d'homme arrogant et sûr de lui commença à se construire à ce moment-là. À l'écouter, il fallait comprendre - c'est ce que tous comprirent - qu'il se voyait comme un de ces experts ouverts aux réalités nouvelles et qu'il demandait, à ce titre, à être écouté.

La clé du positionnement politique de Borel à la Chambre

Par ses interventions dans le domaine réservé des Finances, Borel se positionnait pour des échéances politiques à venir dont il espérait qu'elles lui fourniraient l'occasion d'accéder aux responsabilités. Mais il n'était pas le seul ; Nogaro sembla lui aussi s'affirmer tant comme un doctrinaire que comme un candidat à des fonctions gouvernementales ; l'industriel réformateur Jacques Duboin (1879-1896), radical lui aussi, vint défendre, contre le président de la commission des Finances, Vincent Auriol, la dévaluation en dénonçant le discours sur la revalorisation progressive : « La monnaie saine, c'est une monnaie stable, une monnaie qui ne bouge pas », lança-t-il en visant Herriot. Le principal résultat de cet affrontement verbal fut la décision de créer un « Groupe d'études de la stabilisation monétaire », dont la présidence fut confiée à Borel et le secrétariat général à Nogaro. Ce groupe déposa peu de temps après une proposition de loi « tendant à la stabilisation du change » qui contenait l'ensemble des mesures techniques auxquelles Borel adhérait[885].

Sa carrière parlementaire était donc lancée. Peu après le débat sur la politique monétaire de février, son amendement sur le financement des recherches scientifiques vint en discussion. Puis, il fut appelé, comme président de la Commission pour l'Alsace et la Lorraine, à s'exprimer sur le devenir administratif des départements recouvrés. Ensuite, il participa avec vigueur à la discussion sur le droit de vote des femmes. À la mi-mars, le Groupe d'études sur la stabilisation déposa une demande d'interpellation sur « les mesures que compt(ait) prendre le gouvernement pour réaliser le plus rapidement qu'il sera possible la stabilisation monétaire »[886] ; c'était juste avant que Borel ne se trouvât nommé ministre dans le nouveau gouvernement. Il fut donc ensuite absent du débat parlementaire.

Ce n'est que l'année suivante qu'il put, de nouveau, s'exprimer sur la question monétaire, après avoir quitté le gouvernement. Borel déposa alors une demande d'interpellation du nouveau gouvernement Briand qui, ouvert à des radicaux indépendants, hostiles à l'union des gauches, et à des membres de l'Alliance démocratique, marquait la première fin du Cartel[887]. Le 31 mars, lors du débat sur les recettes pour 1926, il affirma que son vote était conditionné par la mise en œuvre d'une politique de stabilisation que le ministre des Finances, l'ancien président de la Chambre Bleu horizon, Raoul Péret (1870-1942), s'engagea à « étudier et résoudre le plus tôt possible ». Puis, le 22 avril, il revint longuement à la charge. Il obtint une réponse de Péret qui se dit prêt à le recevoir[888]. C'est d'ailleurs à celui-ci qu'on dut, le 31 mai 1926, la constitution d'un « Comité des experts » présidé par le banquier et inspecteur des finances Charles Sergent (1869-1949), proche de l'opposition[889] ; la presse de gauche se déchaina ; Auriol dénonça « le dessaisissement de la Chambre au profit d'un comité de banquiers »[890].

---

885 *Journal des débats*, 28 février 1926.

886 *Id.,* 14 mars 1926.

887 TPC, intervention d'É. Borel, séance du 22 avril 1926.

888 TPC, interventions d'É. Borel et de R. Péret, séance du 22 avril 1926.

889 Comité des experts (1926), AN 374 – AP/5.

890 J.-É. Dubois, « L'expertise économique entre délégation de souveraineté et instrumentalisation politique. L'exemple du "Comité des experts" au secours du franc en

Ses idées gagnaient mais Borel restait isolé

Le 27 mai, Borel déposa, seul, une proposition de loi destinée à « réorganiser la circulation monétaire », dans laquelle il reprenait ses suggestions antérieures[891]. Puis, le 29 juin, le nouveau cabinet Briand étant constitué, il déposa une nouvelle demande d'interpellation[892]. Tandis que ses confrères Nogaro et Duboin qui avaient défendu avec lui le principe de la stabilisation figuraient dans ce cabinet[893], encore une fois, il n'en fut pas. Lors du vote qui renversa ce cabinet Briand, il ne prit pas part au vote[894].

Pendant quelques heures, un cabinet Herriot parut alors possible et Borel déposa alors une nouvelle demande d'interpellation. Il tint à nouveau un propos très technique - au point qu'il s'interrompit pour demander à ses collègues de cesser leurs perturbations « politiques » alors qu'il tentait de mener « un raisonnement technique » - puis il annonça qu'il voterait la confiance[895]. Le cabinet Herriot ayant fait long feu, il apporta, comme les autres radicaux, son appui au gouvernement Poincaré, combattu par les socialistes et les communistes, qui marqua la seconde fin du Cartel des gauches[896]. À la première occasion, il exposa à nouveau sa thèse du rétablissement d'une monnaie-or comme moyen de sortir du « terrible cercle vicieux » consistant à attendre que les conditions économiques soient réunies pour entamer la stabilisation, conditions qui ne pouvaient être réunies - selon lui - qu'une fois la stabilisation réussie[897]. Il paraissait donc incapable de faire partager son impatience rigoriste à ses collègues comme le notait, avec humour, le *Journal des Débats,* lors de l'éphémère cabinet Herriot de l'été :

> « M. Borel voulait stabiliser à toutes forces et sans délai. Mais M. Herriot trouvait une cruelle ironie dans la persistance de cet orateur qui lui voulait du bien, à vouloir stabiliser alors que lui-même se sentait si peu solide. »[898]

Lors du congrès du parti radical, en octobre 1926, les mêmes journalistes des *Débats* renouvelaient leurs remarques acidulées :

> « M. Borel, député, membre de l'Institut, adjure le prochain congrès de Bordeaux, de "définir la doctrine monétaire du parti

---

1926 », communication pour le IVème congrès de l'AFEP « Économie politique et démocratie », en ligne.

[891] TPC, Annexe n° 3910, proposition de loi déposée par É. Borel, séance du 27 mai 1926, p. 732-733, renvoyée à la commission des Finances.

[892] TPC, déclaration d'A. Briand, séance du 29 juin 1926.

[893] TPC, interpellation du gouvernement par É. Borel, séance du 2 juillet 1926.

[894] TPC, séance du 17 juillet 1926.

[895] TPC, interpellation du gouvernement par É. Borel, séance du 21 juillet 1926.

[896] TPC, séance du 31 juillet 1926.

[897] TPC, intervention d'É. Borel, séance du 31 juillet 1926.

[898] *Journal des Débats*, 23 juillet 1926.

radical" car il sait que "les questions de doctrine y tiendront la plus grande place". M. Borel est-il aveugle au point de confondre ce congrès que M. Ribot avait justement qualifié d'"association électorale" avec une Académie des sciences morales et politiques ? »[899]

Un « expert » inaudible

À la suite d'une nouvelle demande d'interpellation, Borel eut la parole le 21 janvier 1927. Il put se féliciter de la politique suivie par Poincaré puis reprit la question de la monnaie[900]. Dénonçant la tentation de vouloir poursuivre de plus en plus haut la revalorisation déjà acquise, Borel - qui « ne faisait pas de politique », disait-il - expliqua que puisque « les conditions techniques » rendant possible cette politique étaient réunies - équilibre budgétaire, équilibre de la balance commerciale, stabilisation de la dette -, sa réussite ne dépendait que d'une condition politique incontournable : « l'union nationale » autour du gouvernement[901].

Avec ce discours, prononcé devant une audience plutôt acquise, Borel, passait du statut de spécialiste de questions techniques ardues à celui de leader politique qui, certes, « ne faisait pas de politique » mais proposait une vision, à la charnière des coalitions et des majorités : devenu le défenseur d'une politique d'union nationale, il s'éloignait ainsi un peu plus de celle d'union des gauches à laquelle il avait dû son élection.

---

899 *Id.*, 5 octobre 1926.
900 TPC, intervention d'É. Borel, séance du 21 janvier 1927.
901 Id.

Chapitre 4
Borel, « Grand manitou des probabilités »[902]

Martha Cecilia Bustamante, Mathias Cléry et Laurent Mazliak ont mené une étude de cette entreprise « de grande envergure » que fut l'édition, à partir de 1924, d'un *Traité du calcul des probabilités et de ses applications*, en replaçant celle-ci dans l'ensemble du « tournant probabiliste » de Borel, opéré à partir de 1905 et dont le transfert de celui-ci dans la chaire de Calcul des probabilités et de Physique mathématique, en 1920, et la fondation de l'ISUP, en 1922, furent deux étapes fortes. Cette réorientation de la carrière de Borel ne trouva, cependant, son acmé qu'avec la création de l'Institut Henri-Poincaré, en 1928.

4.1. Le *Traité du calcul des probabilités et de ses applications*

Dans cette étude sur le *Traité du calcul des probabilités*, les auteurs indiquent que M. C. Bustamante a retrouvé, dans les archives de l'IHP, un brouillon de plan manuscrit du futur *Traité*, évidemment antérieur à 1924, date de la publication du premier fascicule, et probablement postérieur à 1921, date à laquelle Borel avait annoncé, dans la nouvelle rédaction de sa *Notice sur les travaux scientifiques*, son intention sinon de lancer la rédaction d'un « traité » du moins de « coordonner l'ensemble considérable de recherches faites dans ces cinquante dernières années »[903]. Ce projet de plan « présentait déjà quasiment tous les thèmes (qui furent) effectivement abordés dans l'ensemble ensuite édité », disent ces chercheurs. Ils ajoutent :

> « Une première partie du *Traité* (étai)t déjà consacrée aux fondements théoriques et mathématiques de la théorie. Ensuite des parties (étaie)nt dédiées à différentes catégories d'applications. (…) Commençant par un apprentissage des bases essentielles de la théorie des probabilités, les lecteurs du *Traité* d(evai)ent donc y découvrir la grande variété des domaines où cette théorie s'appliqu(ait). »[904]

---

[902] Selon une formule de Laurent Schwartz, *ouv. cit.*, p. 156.
[903] *Supplément à la Notice sur les travaux scientifiques de M. É. Borel*, déjà cit.
[904] M. C. Bustamante, et L. Mazliak, « Le Traité du calcul des probabilités … », *art. cit.*, p. *123.*

En 1924, en cette année qui allait être dominée par sa candidature à la députation, Borel en était donc au début de son grand œuvre consacré aux probabilités. Le premier fascicule, écrit par Henri Galbrun (1879-1940), un normalien (ENS 1900) qui s'était tourné vers l'actuariat et les assurances, et enseignait à l'ISUP, parut, chez Gauthier-Villars. Y figurait le plan d'ensemble du futur *Traité* et une présentation de l'équipe des rédacteurs : L. Blaringhem - seul non-mathématicien (ENS 1898, agrégé de Sciences naturelles), C.W.L. Charlier, R. Deltheil, H. Galbrun, J. Haag, R. Lagrange, F. Perrin et C.-E. Traynard. Borel publia deux autres fascicules l'année suivante : *Principes et formules classiques*, et *Mécanique statistique classique*, suivis d'un troisième, en 1926 ; un quatrième, lui aussi issu d'un de ses cours, parut en 1938, et enfin le dernier, en 1939, *Valeur pratique et philosophie des probabilités,* « point d'arrêt en forme de testament et marque d'une demi-victoire de la croisade probabiliste de son concepteur », selon Bustamante et ses collègues.

Si on considère le plan annoncé et la forme des premiers fascicules parus, le *Traité* s'annonçait comme devant ressembler beaucoup à ce qu'avait été, à l'origine, la « Collection de monographies sur la Théorie des fonctions » lancée au début du siècle, c'est-à-dire une série d'ouvrages indépendants les uns des autres et voués à présenter les plus récents développements des connaissances dans le secteur de la discipline que chacun d'eux couvrirait. On repérait donc là une démarche éditoriale qui avait souri à Borel et il pouvait compter sur son dynamisme et son efficacité en même temps que, désormais, son assise universitaire et sa capacité à réunir des auteurs de qualité, pour en assurer la réussite. Comme dans la collection antérieure, plusieurs fascicules seraient issus des cours enseignés à la faculté des Sciences, à l'IHP et au Collège de France, ceux de Borel, Perrin et Deltheil, six au total, et une bonne partie des dix autres - d'auteurs différents mais parmi lesquels le directeur du *Traité* aurait une part importante ainsi que Galbrun, de manière plus inattendue - porterait sur divers domaines d'application et aussi certains aspects de la vie pratique comme il était annoncé dans le plan de départ, de l'assurance à la balistique, en passant par l'astronomie ou la démographie. Bustamante et al. observent que l'équipe d'auteurs dont Borel s'entoura, mêlant plusieurs générations, était complètement composée de normaliens agrégés de mathématiques - sauf deux dont l'un était un Suédois ; trois d'entre eux ayant été reçus premiers au concours et deux ayant occupé la fonction d'agrégé-préparateur à l'ENS. Les biographies fouillées qu'ils consacrent à tous ces auteurs constituent en fait une véritable étude de ce réseau construit autour de Borel qui tendait à rendre celui-ci hégémonique dans le monde des mathématiques. Ils distinguent quatre groupes d'auteurs ayant bénéficié d'une latitude plus ou moins grande, les plus jeunes étant confinés dans « la récolte de la parole du maître », les plus âgés « n'en faisant qu'à leur tête ». Résultat : deux auteurs que Borel avait « à portée de main », René Lagrange (1895-1975) et Paul

Dubreil (1904-1994), cinq « hommes de confiance en semi-liberté », Claude-Émile Traynard (1881-1967), Jules Haag (1882-1953), Robert Deltheil, Francis Perrin et Jean Ville (1910-1989), deux « spécialistes laissés libres de leurs mouvements », Maurice Fréchet et Henri Galbrun, et deux « visiteurs d'un soir », René Risser (1864-1958) et Carl Charlier (1862-1934) ; hors classement et qualifié de « disparu » : Louis Blaringhem (1878-1958). On remarque leur appartenance à plusieurs générations avec, parmi les moins jeunes, trois normaliens de la promotion 1900, Traynard, Fréchet et Galbrun, tandis que Ville, (ENS 1929) n'était né qu'en 1910. Entre les deux, quelques rares recrues d'avant-guerre (Deltheil) et de la guerre (Lagrange), et celles de l'après-guerre (Dubreil, Perrin) qui faisaient sans doute figure de tout jeunes hommes.

En 1937, Borel lança, toujours chez Gauthier-Villars, la « Collection de monographies sur le calcul des probabilités » dont il avait annoncé la naissance dans le dernier volume du *Traité* et dont la justification pouvait être de prendre en compte la rapide évolution de ce champ de la connaissance. Ainsi, le premier auteur de cette nouvelle série fut Paul Lévy avec sa très remarquée *Théorie de l'addition des variables aléatoires*[905]. Quatre autres volumes parurent jusqu'en 1940, dont un de Borel sur la *Théorie mathématique du bridge à la portée de tous*, écrit avec le joueur d'échecs André Chéron (1895-1980), ainsi que ceux de Jean Ville, du normalien Jules Dubourdieu (1903-1986, ENS 1921) qui était un spécialiste des assurances et collaborait avec Galbrun[906], et du normalien - reçu premier de la promotion de 1917 - agrégé de mathématiques et astronome, Henri Mineur (1899-1954).

La réception du *Traité* fut d'emblée positive, les collègues de Borel se montrant intéressés et positifs et le public visé, centralement composé d'étudiants et de chercheurs, achetant les ouvrages à mesure de leur parution. La longue note de présentation que fit Adolphe Bühl (1878-1949) dans la revue de la Commission internationale de l'enseignement mathématique, installée à Genève, *L'Enseignement mathématique*, ne pouvait en effet qu'inciter les mathématiciens de tous niveaux à s'intéresser aux premiers fascicules[907]. Bühl n'était, en effet, pas « n'importe qui » ; ce professeur de Mécanique rationnelle à la faculté des Sciences de Toulouse, où il était le collègue de Deltheil, avait étudié à la faculté des Sciences de Paris où il avait

---

905 P. Lévy, *Théorie de l'Addition des Variables aléatoires*, Paris, Gauthier-Villars, 1937.

906 B. Bru, « Dubourdieu Jules (1903-1986), professeur de Théorie mathématique des assurances », dans C. Fontanon et A. Grelon, *Dictionnaire biographique des professeurs du CNAM*, Paris, INRP/CNRS, 1994.

907 A. Bühl, « Émile Borel, *Traité du calcul des probabilités et de ses applications*, publié avec la collaboration de L. Blaringhem, C. W. L. Charlier, R. Deltheil, H. Galbrun, J. Haag, R. Lagrange, F. Perrin, C.-É. Traynard », *L'Enseignement mathématique*, t. 24, 1924-1925, p. 339-341.

soutenu sa thèse, en 1901, devant un jury composé de Darboux, Poincaré et Appell. Bühl qui était, par ailleurs, militant upéiste, était un des animateurs de la revue suisse, avec Lebesgue et avec son fondateur, Henri Fehr (1870-1954)[908]. Avant de détailler le contenu des premiers fascicules publiés, il donnait une place au nouveau *Traité* dans l'histoire des publications les plus importantes dans le passé :

> « C'est véritablement d'un grand *Traité* (...) que M. Borel entreprend la publication ; ceux de Bertrand et Poincaré, malgré tout leur intérêt n'avaient point l'ampleur de celui de Laplace, tandis que la nouvelle œuvre pourra vraisemblablement prétendre à cette ampleur et, naturellement, à des visées plus modernes. »

Dans la *Revue scientifique*, c'est le mathématicien Georges Bouligand (1889-1979), normalien (ENS, 1909), agrégé en 1912, professeur de Mécanique rationnelle à Poitiers, qui présenta le *Traité*[909]. Après une révérence à Borel et à ses apports en Théorie des probabilités, il se félicitait de la parution des premiers fascicules qui faisaient « bien augurer des autres que le public scientifique attendra avec impatience ». Il ajoutait :

> « La collection s'annonce brillante et affirmera le juste renom scientifique de la France. »

La *Revue générale des sciences pures et appliquées* qui avait publié un article élogieux sur l'ouvrage de Borel et Deltheil, *Probabilités et erreurs*, en 1923, si elle se contenta d'une brève note annonçant le lancement du projet, rendit par contre compte largement et très positivement des fascicules au fur et à mesure de leur parution.

Au final, Bustamante et al. considèrent que le bilan de cette entreprise éditoriale qui s'étendit sur une quinzaine d'années, fut contrasté, certains fascicules ayant été rapidement considérés comme dépassés tandis que l'intérêt pour le contenu du *Traité* et pour le Calcul des probabilités, en général, augmentait année après année. En témoigna la réussite du colloque convoqué à Genève, en octobre 1937, sous la présidence de Fréchet et dont les actes furent publiés en huit volumes chez Hermann, à Paris, puis celle, près de deux ans plus tard, à Paris, de la Conférence internationale sur les applications des probabilités[910].

---

[908] H. Fehr, « A. Bühl, 1878-1949 », *L'Enseignement mathématique*, vol. 39, 1942-1950, 1951, p. 6.

[909] G. Bouligand, « Traité du calcul de probabilités et de ses applications, par M. É. Borel », *Revue scientifique*, 63ème année, n° 17, 12 septembre 1925, p. 605-606.

[910] M. Fréchet, W. Heisenberg, G. Pólya, *Colloque consacré à la théorie des probabilités, Genève, 1937*, 8 vol., Paris, Hermann, 1938-1939.

4.2. La fondation de l'Institut Henri-Poincaré

L'inauguration de l'Institut de Mathématiques et de Physique mathématique de la faculté des Sciences de Paris - l'Institut Henri-Poincaré - eut lieu le 17 novembre 1928. Il s'agissait d'un nouveau bâtiment, construit dans le quadrilatère scientifique de la rue Pierre-Curie où étaient déjà installées plusieurs institutions, datant pour la plupart des quinze dernières années, sur un terrain naguère possession de la communauté des Dames de Saint-Martin : l'Institut du Radium et la Fondation Curie, le Laboratoire de Chimie-Physique, l'Institut de Physique du Globe, l'Institut de Chimie appliquée (future École nationale supérieure de Chimie), l'Institut océanographique et l'Institut de Géographie, tandis que sortait aussi de terre le futur Institut de Biologie Physico-Chimique (IBPC). Ce jour d'inauguration marqua, pour Borel, une étape essentielle de son action en faveur des recherches et de l'enseignement en mathématiques ; il avait voulu et imaginé cet Institut, l'avait doté d'un nom révéré et il en était le principal maître d'œuvre ; il en fut le premier directeur.

La cérémonie d'inauguration était à la hauteur des ambitions qu'il avait investies dans l'affaire ; elle avait été mise au point lors de la dernière séance de l'Académie des sciences qui y avait délégué son bureau au complet[911]. Elle fut exceptionnelle par le nombre et la qualité des personnes présentes : le président du Conseil et ancien président de la République, Raymond Poincaré, cousin du mathématicien Henri Poincaré, était présent avec son épouse et la femme du mathématicien décédé, accompagné par son ministre de l'Instruction publique, Pierre Marraud (1851-1958) ; à côté de Borel, les secrétaires perpétuels de l'Académie des sciences, dont l'éminent mathématicien, Émile Picard, qui prononça un discours ; de même que Charles Maurain, le directeur de l'Institut de Physique du Globe voisin, doyen de la faculté des Sciences, ami très proche de Borel. Imaginons tous ces « patrons » de la science parisienne, venus participer à cette cérémonie et faisant cercle : les Marie Curie et Claudius Regaud pour les laboratoires Curie et Pasteur de l'Institut du Radium, Jean Perrin, André Job (1870-1928), André Mayer et Pierre Girard, dirigeants de l'Institut de Biologie Physico-Chimique (IBPC) en construction - Perrin étant d'ailleurs le directeur du Laboratoire de Chimie-Physique implanté à moins de 15 mètres de là, Georges Urbain, à la tête de l'Institut de Chimie appliquée et prêt à bientôt rejoindre l'IBPC -, Paul Langevin, venu de plus loin - au moins 300 mètres depuis l'École de Physique et Chimie industrielles de la Ville de Paris dont il était le directeur, Ernest Vessiot, le directeur de l'ENS aussi, successeur de Borel. Beaucoup de têtes connues encore, de pontifes de la

[911] Séance du 12 novembre 1928 de l'Académie des sciences, *CR*, t. 187, juillet-décembre 1928, p. 867.

Sorbonne, d'hommes politiques - comme Doumer, président du Sénat - ou de hauts fonctionnaires, de personnalités académiques dont le recteur Charléty ou de représentants de l'Institut, comme René Doumic (1860-1937), secrétaire perpétuel de l'Académie française, d'invités étrangers comme les mathématiciens italien, Vito Volterra, et belge, Théophile de Donder (1872-1957), de membres du Cercle d'Albert Kahn ou de la SSP, de tous ces cénacles fréquentés par Borel, ainsi que la presse car celui-ci était une personne publique. Mais aussi la foule des chercheurs, venus parfois en blouse, d'allure beaucoup plus jeune, femmes et hommes mêlés. *Le Petit Parisien*, rendant compte de la cérémonie, mit en scène, photo à l'appui, le président Poincaré donnant le bras à Marie Curie qui lui faisait les honneurs de « la maison des mathématiciens »[912].

Le doyen Maurain parla le premier ; il représentait la tutelle, la faculté des Sciences, et il se félicita de voir un nouvel « institut » venir s'ajouter à tous ceux récemment fondés qui donnaient à la Sorbonne, qu'on disait engoncée dans ses bâtiments étroits, de nouvelles extensions dans les secteurs les plus nouveaux et prometteurs de la science. Borel fut le second orateur :

> « Lorsque les représentant de l'*American Education Board* me firent l'honneur de me demander mon avis sur la manière la plus efficace dont cette admirable institution pouvait aider la science française, dit-il, je leur ai suggéré l'idée de développer à la faculté des Sciences l'enseignement du calcul des probabilités et celui de la physique théorique. »[913]

Les origines de l'Institut Henri-Poincaré

Ce que Borel appelait l'*American Education Board* était, en fait l'*International Education Board* (*IEB*) après avoir été le *General Education Board*. C'était une fondation de John Rockefeller datant de 1902 dont l'action philanthropique visait, en partie, à compenser la mauvaise image de la Standard Oil dont il était le grand patron. Il avait été absorbé dans la Fondation Rockefeller, elle-même créée en 1913 dans le but de « contribuer au bien-être dans le monde » et, en particulier, de promouvoir la recherche scientifique. Celle-ci se préparait à financer en Allemagne, à Göttingen, deux instituts, de Mathématiques et de Physique, lorsque s'établirent les contacts qui aboutirent à la naissance de l'IHP, à Paris, en France.

Le processus a été étudié par Reinhard Siegmund-Schultze[914]. Il décrit, en particulier, les premiers contacts de Wickliffe Rose (1862-1931), le principal

---

[912] *Le Petit Parisien*, 18 novembre 1928.

[913] *Discours d'É. Borel à l'inauguration de l'IHP*, Paris, Palais de l'Institut, 1928.

[914] R. Siegmund-Schultze, *Rockefeller and the Internationalization of Mathematics between the Two World Wars*, Springer Basel, 2001. R. Siegmund-Schultze, « The Institute Henri

responsable de l'IEB avec le milieu scientifique parisien. En fait, Marie Curie fut la première que Rose contacta, à l'automne 1923, orienté vers elle par le Nobel de Chimie américain Theodore Richards (1868-1928) qu'elle avait auparavant rencontré à Harvard puis à Paris[915]. Richards, dans une lettre datée du 8 novembre 1923, lui présentait Rose et expliquait que l'IEB avait vocation à « favoriser le développement de jeunes gens talentueux à travers le monde ». Rose confirma, dans un courrier, que l'IEB pouvait « donner des bourses à des jeunes savants méritants » et « fournir un subside pour l'appareillage nécessaire au boursier ». On était loin des projets de financement qui virent ensuite le jour mais la rencontre vint de là.

Après Rose, le physicien Augustus Trowbridge (1870-1934) qui avait combattu en France pendant la guerre et que Borel connaissait d'alors, basé à Paris en 1925 comme directeur pour l'Europe de la section des sciences physiques et biologiques de l'IEB, puis le mathématicien George Birkhoff, participant assidu du séminaire Hadamard, organisèrent les interventions de l'IEB en France. Selon Siegmund-Schultze, Birkhoff qui ne cachait pas sa grande admiration pour Borel, convainquit celui-ci des possibilités de financement par sa Fondation. Le projet prit une forme plus précise au cours d'un dîner chez Paul Montel, en mai 1926[916]. Borel avança alors le futur nom de l'institution en gestation. Il revit les deux Américains le surlendemain. Il lui fallut les convaincre du fait qu'il y aurait assez de mathématiciens de premier plan décidés à rejoindre le projet et à y consacrer l'essentiel de leur temps. Selon le rapport que fit Trowbridge, il s'agissait de créer trois ou quatre chaires de Mathématiques appliquées et de Physique mathématique avec, pour chacune, des postes d'assistant ou de maître de conférence ce qui représentait un quadruplement des ressources d'enseignement existant à Paris dans ce domaine[917]. À partir de là, le projet fut qualifié de « Projet Borel » dans les documents, au sein de la Fondation Rockefeller. De fait, l'homme qui s'engageait dans ce projet de création d'un Institut dédié aux mathématiques était au sommet de sa capacité d'influence politique. Il venait de faire voter un financement pérenne de la recherche scientifique, il venait d'occuper une fonction ministérielle et rien ne disait alors qu'il n'y en aurait pas d'autre ; il pouvait même compter sur le fait qu'au moment où il s'avançait devant les instances universitaires - Conseil de la faculté des Sciences et Conseil de l'Université - c'était son ami Nogaro qui occupait le

---

Poincaré and mathematics in France between the wars », *Revue d'histoire des sciences,* 1/2009 (t. 62), p. 247-283.

915 Archives de l'Institut du Radium, Laboratoire Curie, MC 2180.

916 P. Montel, « Notice nécrologique sur Émile Borel », *CR*, t. 242, 1er sem. 1956, n° 7, p. 848.

917 A. Trowbridge, « Memorandum of conference in office with Émile Borel, 29 mai 1926", archives IEB, 1.2/33/470, cité par L. Tournès, « L'américanisation de la science française ? La Fondation Rockefeller et la construction d'une politique de recherche en biomédecine (1918-1939), dans J. Krige et H. Rausch (dir.), *American Foundations and the Coproduction of World Order in the Twentieth Century*, Gœttingen, Vandenhoeck & Ruprecht, 2012, p. 75.

portefeuille de l'Instruction publique, et son successeur, en juillet 1926, dans le gouvernement Poincaré, fut... Herriot. Que de bonnes fées réunies autour de ce projet ! Le doyen et recteur honoraire Paul Appell y eut aussi sa part... C'est au point où le recteur Lapie écrivit un courrier à son « cher ministre et ami », le 28 décembre 1926, sans qu'on sache qui était le « ministre » destinataire de cette lettre : Lapie désignait-il ainsi Borel, ex-ministre de la Marine, ou bien Herriot, ministre de l'Instruction publique ?

> « Je ne saurais vous empêcher de réaliser votre projet, écrivait-il ; je fais au contraire des vœux pour que votre succès soit aussi rapide et aussi complet que possible. »[918]

Dans tous les cas, un tel courrier était bien le reflet de la position puissante qui permettait à Borel d'agir quasi librement pour ses objectifs personnels.

Borel mena la campagne de réalisation du projet

La première occasion officielle qui vit Borel proposer ce projet fut une séance du Conseil de l'Université, le 31 mai 1926[919]. Il ne s'agissait encore que des grandes lignes d'un « projet qui a(avait) été élaboré d'accord avec Birkhoff et pour la réalisation duquel les fonds seraient fournis par l'*International Education Board*, fondation de M. Rockefeller Junior ». Déjà, un lieu était trouvé pour cet « Institut de Mathématiques et Physique mathématique » : rue Pierre-Curie, et un principe était posé : « le moins possible de bâtiments ». Le Conseil approuva l'idée et renvoya le projet pour étude et avis au Conseil de la faculté des Sciences, ce qui fut fait, dès le 10 juin. Borel ne rencontra pas de difficulté pour faire accepter l'idée que les terrains que la faculté avait réservés aux services de la Chimie, soient finalement affectés au projet. Lorsqu'il revint au Conseil de l'Université, dès le 28 juin 1926, il était bouclé. Si les financements réunis par Borel, ceux de l'IEB - soit 400 000 dollars - et ceux accordés par Edmond de Rothschild, à hauteur de 25 000 dollars, étaient un gage de solidité, il y faut y ajouter son choix de formuler tous les éléments budgétaires du projet en franc-or, ce qui évita ensuite de voir les ressources réelles s'amenuiser en fonction de la dégradation de la valeur de la monnaie. Il prévoyait un financement à hauteur d'un million de francs par l'Université de Paris et deux millions de francs par l'IEB[920]. Pour l'Université cela revenait, pour la moitié, au financement du terrain - soit une dépense toute théorique puisque ce terrain lui appartenait déjà - le reste correspondant aux frais d'installation et

---

918 AN 20010498/130-IHP.

919 PV du CUP, séance du 31 mai 1926, Id.

920 « Projet de création d'un institut de mathématiques et de physique mathématique », PV du CUP, 28 juin 1926, Id.

d'entretien qu'il estimait pouvoir faire financer par de la taxe d'apprentissage. Au final, l'Université n'aurait donc rien à débourser. C'est ce que Borel affirmait. Les 2 millions de francs couverts par la donation attendue de l'IEB, permettraient de financer essentiellement la construction du bâtiment et la création des emplois, soit une chaire, deux maîtrises de conférences, un dessinateur, un calculateur, un bibliothécaire-conservateur, et, surtout peut-on dire, cent conférences données annuellement par des invités extérieurs à l'Université en particulier étrangers. Ce dernier point était important car il était une exigence commune des représentants de l'IEB, Birkhoff et Trowbridge, et de Borel.

Celui-ci obtint effectivement de la taxe d'apprentissage à hauteur de 300 000 francs de Jacques Cavalier (1869-1937), le nouveau directeur de l'Enseignement supérieur, un normalien agrégé de Sciences physiques, pour « l'installation et l'aménagement des laboratoires de Calcul des probabilités et de Physique mathématique » de l'IHP[921]. Et c'est sur une intervention du doyen Appell, qu'Edmond de Rothschild avait décidé d'apporter 25 000 dollars car l'IEB avait exigé une part de financement français[922]. Ce mécène manifesta même un enthousiasme inattendu à l'idée « de contribuer ainsi, dans une bien faible mesure, à une des belles œuvres de M. Rockefeller ». Il ajoutait :

> « Jamais dans le monde, on ne vit un philanthrope aussi grand que M. Rockefeller. C'est pourquoi son nom restera béni dans le monde entier, représentant l'homme de bien dans ce qu'il a de plus grand et de plus élevé, ne cherchant qu'à développer les connaissances intellectuelles et scientifiques et à guérir l'humanité de ses souffrances. »

Voilà qui était dit.

On avait rarement vu un tel projet aboutir aussi rapidement au sein de la Sorbonne. La construction étant sous l'autorité du doyen Maurain, les plans furent confiés à l'architecte de l'Université, Gustave Rolet, qui avait déjà conçu les bâtiments de l'Institut du Radium. Il présenta un projet d'esprit très proche de celui que Germain Debré avait imaginé pour l'IBPC voisin - petit immeuble en brique rouge, largement ouvert sur l'extérieur. Il fut approuvé au début du mois d'avril 1927 et la construction débuta aussitôt. Une « commission » comprenant Borel, Perrin et Langevin et présidée par

---

921 Lettre d'É. Borel au ministre de l'Instruction publique, 5 décembre 1927, et lettre de J. Cavalier au recteur, 27 février 1928, Id. Borel renouvela sa demande les années suivantes. Sur le rôle de Cavalier au cours des années suivantes, voir J.-F. Picard et al., *La république des savants*, Paris, Flammarion, 1990, p. 38-40 et suiv.

922 Lettre d'A. Trowbridge à É. Borel, le 23 décembre 1926, Id., et lettre d'E. de Rothschild à P. Appell, 4 janvier 1927, bibliothèque et archives de l'IHP.

Maurain, fut désignée en Conseil de l'Université et en Conseil de la faculté des Sciences pour suivre la réalisation[923]. Autant dire qu'après les hautes autorités académiques qui avaient couvé le projet - de Lapie à Herriot, en passant par Appell et Maurain, et, sans doute, Raymond Poincaré lui-même - c'était le tour des savants les plus en vue, formant le quarteron des amis les plus proches de Borel, de veiller à la mise en œuvre. Cette commission devint aussitôt, dans la documentation, le « comité de l'Institut Henri-Poincaré ».

Borel présenta le projet pédagogique aux deux conseils, le 4 juillet 1928 : soit d'une part l'engagement d'assurer des conférences de savants français et étrangers jusqu'à concurrence de 8 000 dollars, soit 40 000 franc-or, chaque année ; avec, comme première invitation celle de Volterra pour dix conférences à partir de janvier 1919 ; d'autre part, les postes : une chaire professorale et une maîtrise de conférences de Théories physiques, une maîtrise de conférences de Calcul des probabilités et Physique mathématiques, liée à la chaire du même nom, occupée par Borel, et un poste d'assistant de Théories physiques. Aux premières, les noms de Léon Brillouin (1889-1969) et Louis de Broglie étaient associés, à la suivante c'était Fréchet. L'assistant fut une assistante, Jeanne Lattès (1888-1979), licenciée en Mathématiques et Physique et docteur en Physique, qui travaillait au laboratoire de Marie Curie[924]. Elle y avait rencontré le physicien Georges Fournier avec lequel elle fut bientôt remariée et c'est sous son nom de « madame Fournier » qu'elle apparut ensuite dans toute la documentation administrative de l'IHP dont elle fut, pendant de longues années, une solide pierre angulaire.

Les débuts de l'IHP et le recrutement de Louis de Broglie

Passé ce stade, l'IHP pouvait commencer à vivre. Il est certain que Borel eut à défendre son projet devant de multiples audiences avec plus d'arguments que n'en rapportent les comptes-rendus vus jusque-ici. Dans son discours d'inauguration, il souligna qu'une seule chaire, celle qu'il occupait depuis 1920 et qui avait été créée en 1896, avait été jusque-là dédiée au Calcul de probabilité et à la Physique mathématique[925]. Il ne le disait pas, mais à l'École polytechnique, malgré quelques ouvertures réalisées par Paul Lévy, l'enseignement des mathématiques continuait d'ignorer les probabilités[926]. Borel insistait aussi sur la volonté d'ouverture internationale qui devait caractériser l'IHP, en y faisant venir conférenciers

[923] Projet de lettre manuscrit, cabinet du recteur au doyen de la faculté des Sciences et aux membres désignés de la commission, 13 juin 1928, AN 20010498/130-IHP.
[924] N. Pigeard-Micault, *Les femmes du Laboratoire Curie*, Paris, éd. Glyphe, 2013.
[925] *Discours d'É. Borel à l'inauguration de l'IHP*, déjà cité.
[926] P. Crépel, dans Belhoste et al, *ouv. cit.*, p. 206.

et étudiants étrangers. Ainsi avait-il invité Volterra, de Donder et Einstein à venir dès l'ouverture, invitation que le dernier avait dû décliner à cause de son état de santé.

Plusieurs historiens ont affirmé que cette approche centrée sur le calcul de probabilités et la statistique ne s'était pas imposée sans résistances, comme Bernard Bru qui indique que certains étaient « d'un scepticisme total sur l'intérêt des probabilités, (et) n'avaient absolument rien à faire de tels calculs qu'ils méprisaient et encore moins de leurs applications qu'ils méprisaient encore plus »[927]. Ces tensions ou ces doutes, furent assez vifs pour s'exprimer y compris lors de l'inauguration, par la voix de Picard :

> « Nombre de théories physiques sont aujourd'hui en continuelle évolution et d'utiles suggestions sont parfois à tirer de leurs contradictions, avança Picard. Les mathématiciens ont, eux aussi, leurs pacifiques querelles. (...). La logique classique elle-même a subi des attaques. L'opinion a été soutenue, non sans vigueur, (...) qu'on ne doit pas croire qu'une proposition quelconque est nécessairement vraie ou fausse ; l'origine de ces énoncés singuliers est encore dans des questions où intervient l'infini, qui en tout domaine est décidément le tourment de l'humanité. Devra-t-on se demander un jour s'il y a pour les mathématiciens plusieurs logiques ? Les physiciens n'hésiteront pas, je pense, à opter pour la logique traditionnelle. (...) Les hardiesses de certaines spéculations seront, s'il y a lieu, tempérées par les expériences qui, comme l'a dit depuis longtemps Pascal, pensant peut-être comme Descartes, "sont les véritables maistres qu'il faut suivre dans la Physique". »[928]

Picard ne doutait pas et il s'en inquiétait qu'allait se réunir et prospérer, au sein de l'IHP, une véritable « école ». Le recrutement de Louis de Broglie par Borel en faisait partie. Heureusement, de Broglie recevant le prix Nobel de Physique, dès la première année de son enseignement à l'IHP, en 1929, le prestige en rejaillit aussitôt sur le jeune institut. Le jeune frère de Maurice de Broglie (1875-1960) avait jusque-là travaillé au sein du laboratoire privé de celui-ci, après avoir été, pendant toute la guerre, affecté au service de TSF du général Ferrié (1868-1932), à la Tour Eiffel[929]. Passionné, selon son frère, par la lecture des ouvrages de Poincaré, les travaux d'Einstein et les cours de Langevin, il s'était orienté vers la théorie physique[930]. Sa thèse, soutenue devant un jury composé de Langevin, Cartan, Perrin et le cristallographe

---

[927] B. Bru, « L'Institut Henri Poincaré, aux sources de la recherche opérationnelle », *art. cit.* A. Barberousse, « La valeur de la connaissance approchée.... », *art. cit.*

[928] É. Picard, *Inauguration de l'Institut Henri-Poincaré*, 17 novembre 1928, publication de l'Institut de France.

[929] G. Lochak, *Louis de Broglie*, Paris, Flammarion, coll. Champs, 1992.

[930] M. de Broglie, « Jeunesse de Louis de Broglie et orientation intellectuelle », dans *Louis de Broglie, physicien et penseur*, Paris, Albin Michel, 1953, p. 423-429.

Charles Mauguin (1878-1958) avait été considérée avec surprise, scepticisme et grand intérêt ; Langevin en avait adressé un exemplaire à Einstein pour attirer son attention[931]. La proposition principale en était d'étendre à toutes les particules de matière la dualité onde-corpuscule déjà admise pour les photons lumineux. Aux yeux de tous, c'était brillant, stimulant mais compliqué à admettre, comme Mauguin en a témoigné plus tard[932]. Comme pour Einstein, les preuves expérimentales de la conception nouvelle, bientôt appelée mécanique ondulatoire, ne tardèrent pas à être apportées.

Quant à de Broglie, comme il venait « de nulle part », son recrutement dans l'enseignement Supérieur pouvait être problématique ; Borel l'ayant encouragé à en faire la demande, il obtint cependant l'autorisation, en 1927, de professer un « cours libre » à la faculté des Sciences, cours qu'il consacra aussitôt à l'exposé de ses travaux théoriques[933]. Borel, voulait développer l'enseignement de la Physique théorique pour laquelle il n'existait pas d'enseignement annuel permanent à la faculté des Sciences ; seuls les cours donnés au Collège de France par Marcel Brillouin, âgé, et par Langevin, compensaient cette absence, et d'ailleurs peu d'étudiants de la faculté allaient suivre ces cours[934]. Il demanda donc à de Broglie qu'il considérait comme un élève de Langevin, de rejoindre l'IHP. Grâce au financement par l'IEB, les procédures habituelles de recrutement furent court-circuitées et le Conseil de l'Université n'eut qu'à approuver cette nomination proposée par Borel, en même temps que celles de Léon Brillouin et Maurice Fréchet[935]. Elles prirent effet au 1er novembre 1928. Brillouin, issu d'une lignée de mathématiciens, normalien formé pendant un an en Allemagne puis auprès de Langevin et du général Ferrié, s'était spécialisé dans la physique des quanta et l'étude des mouvements ondulatoires ; il enseignait jusque-là à l'École supérieure d'électricité et était le prototype du jeune théoricien travaillant loin des sentiers battus ; il fut un des cinq invités français lors du fameux cinquième Conseil Solvay de 1927. Fréchet, normalien et élève de Borel, venait de la faculté de Strasbourg où il dirigeait l'Institut de mathématiques. Outre Borel, Léon Brillouin, de Broglie et Fréchet, Georges Darmois enseigna aussi dès les débuts à l'IHP et Francis Perrin (1901-1992) les rejoignit rapidement. Darmois, normalien comme son frère physicien, en poste à Nancy, était aussi un ancien élève de Borel, proche de celui-ci depuis ses années de préparateur à l'ENS puis du temps des recherches pour la Défense nationale, dans le groupe Cotton-Weiss, jusqu'à la croisade menée

931 G. Lochak, *Louis de Broglie*, *ouv. cit.*, p. 108-113.

932 Ch. Mauguin, « La thèse de doctorat de Louis de Broglie », dans *Louis de Broglie, physicien et penseur*, *ouv. cit.*, p. 430-436.

933 Lettre de L. de Broglie à É. Borel, 30 mai 1926, Papiers de madame Besson.

934 É. Borel, « Louis de Broglie et l'Institut Henri-Poincaré », dans *Louis de Broglie, physicien et penseur*, *ouv. cit.*, p. 437-443.

935 PV du CUP, 9 juillet 1928.

ensemble pour la création de l'ISUP. À l'IHP, Darmois donna, dès la première année, une série de conférences sur « la statistique et la dynamique stellaire »[936]. Francis Perrin, déjà chercheur au laboratoire de son père, qui venait tout juste de soutenir sa thèse de doctorat et était déjà engagé, avec Borel, dans une recherche théorique sur le mouvement brownien, fut invité à assurer un cours de Mécanique statistique.

En 1930 fut créé un nouveau Certificat d'études supérieures de Calcul de probabilités et de Physique mathématiques. En 1931, étaient fondées les *Annales de l'Institut Henri Poincaré,* dotées d'un comité de rédaction composé de Borel, Langevin, Maurain et Perrin. La « Statistique mathématique » - comme le proclamait le titre de l'ouvrage publié, en 1928 justement, par Darmois - était ainsi instituée, en France avec, comme le souligna Borel dans son discours d'inauguration, la volonté de « rester dignes de la pensée et de l'exemple d'Henri Poincaré qui a consacré toute sa vie à la recherche pure et désintéressée du vrai »[937].

Sans attendre l'achèvement de tous les travaux, les locaux étroits de la Sorbonne furent abandonnés sans regrets, les cours transférés dans les deux amphithéâtres Darboux et Hermite tout neufs, les bibliothèques, celle du Cabinet du département des sciences mathématiques de la Sorbonne, y compris celle, très riche, du cabinet de Darboux, furent déplacées, un laboratoire de Calcul de probabilités et de Physique expérimentale fut installé, en 1930, et, bientôt, un séminaire - le « Grand séminaire », animé à partir de 1933 par Gaston Julia et qui fut bientôt appelé « séminaire Julia » - débuta pour devenir une des habitudes originales de l'IHP[938]. Les premiers orateurs de ce séminaire, Cartan, Claude Chevalley, Delsarte, Dieudonné, Jean Leray, Frédéric Marty et Weil, appartenaient clairement à la nouvelle génération des mathématiciens, souvent déjà assidus au séminaire Hadamard et dont beaucoup participèrent ensuite à l'aventure Bourbaki. Dès 1928, l'ISUP quitta la faculté de Droit pour rejoindre l'IHP. L'Institut, en plus d'être un institut dédié au calcul de probabilités et à la physique mathématique, proposa donc des études de statistiques et de mathématiques appliquées à la démographie, à l'économie, aux finances et, finalement, à toutes les activités sociales. Le grand nombre de conférences données par des invités, parfois prestigieux, comme Volterra et Einstein, mais d'autres

---

936 L. de Broglie, *Notice sur la vie et l'œuvre de Georges Darmois*, 9 décembre 1961, Paris, publications de l'Institut, 1962.

937 G. Darmois, *Statistique mathématique*, vol. 1, Paris, Gaston Doin, 1928. Voir R. Cattelier et L. Mazliak, « The Emergence of French probabilistic statistics... », *art. cit.*

938 Lettre du ministre de l'Instruction publique à M. le recteur, 26 février 1930, AN 20010498/130-IHP. Le séminaire Hadamard avait existé au Collège de France depuis 1912. Voir M. A. Fall, « L'Institut Henri-Poincaré, une école, une histoire... », brochure de l'IHP, bibliothèque et archives de l'IHP, et surtout M. Audin, *Les séminaires de mathématiques (1933-1939)*, CEDRAM, édition en cours.

fois jeunes et brillants, dont un grand nombre d'étrangers, comme Paul Dirac, Max Born, Peter Debye ou Hans Kramers, attira, en plus du public obligé d'étudiants, un grand nombre de visiteurs occasionnels[939].

Borel avait souhaité que le premier invité étranger fût Albert Einstein. Celui-ci déclina l'invitation en raison de son état de santé[940]. Puis, Borel revint à la charge, après avoir obtenu du Conseil de l'Université la décision de lui conférer le grade de docteur *honoris causa*. Einstein revint donc à Paris au mois de novembre 1929. Ce fut, pour Borel, un moment de triomphe qu'il rappela ensuite, en des termes émus, devant la Chambre des députés, à un moment tragique où il s'agissait de voter la création d'une chaire de Physique Mathématique au Collège de France afin d'accueillir en France le savant persécuté par les nazis :

> « Ce grade lui fut conféré dans le grand amphithéâtre de la Sorbonne, en présence de l'ambassadeur d'Allemagne et des plus hautes autorités universitaires. Une ovation indescriptible lui fut faite ce jour-là, et les professeurs et la jeunesse des écoles furent unanimes pour rendre un hommage exceptionnel à un génie exceptionnel. »[941]

Einstein remercia ensuite Borel : « C'est principalement à vous que je dois tout ce que j'ai pu vivre de beau au cours de ces journées ». Mais il lui demanda de renoncer à ses démarches pour le faire élire à l'Académie des sciences « tant que mon cher et honoré ami Langevin n'en sera pas lui-même membre[942] », précisa Einstein.

Le nouveau cœur des mathématiques et de l'enseignement probabiliste

Un centre de la science mathématique « en train de se faire » était donc né, abritant un vivier de chercheurs. Borel en était l'inspirateur et le patron direct ; il se fit même accorder, dès 1931, par le « Comité » de l'IHP, une indemnité de directeur de 8 000 francs[943]. Le « Comité » devint d'ailleurs le

---

[939] Conférenciers en 1928-29 : Volterra, Polya, Fermi, Darmois, Paul Lévy, Charles G. Darwin, Marcel Brillouin, Léon Bloch, Vladimir Kostitzyn. Conférenciers en 1929-30 (50 000 fr de dépenses) : Einstein, Raman, De Donder, Dirac, G. Darmois, Hostinsky, Volterra, Rocard, Born, Debye, Léon Bloch, Torsten Carleman, Marcel Brillouin, Kramers, Cabrera et Francis Perrin. (Publications de l'IHP, archives de la bibliothèque et archives de l'IHP.

[940] Lettre d'É. Borel à A. Einstein, 2 nov. 1928, et réponse de celui-ci, 7 novembre 1928, dans A. Einstein, *Correspondances françaises*, *ouv. cit.*, p. 48-49.

[941] TPC, séance du 13 avril 1933, intervention d'É. Borel.

[942] Lettre d'A. Einstein à É. Borel, 19 novembre 1929, dans A. Einstein, *Correspondances françaises*, *ouv. cit.*

[943] Projet de statuts de l'IHP, PV du CUP, 1er décembre 1930, 3 p., AN 20010498/130-IHP.

« Comité de direction » permanent, avec les mêmes - soit Borel, Perrin, Langevin et Maurain - plus Cartan et Darmois et sans de Broglie[944]. Nouveau signe du talent de gestionnaire et d'administrateur de Borel : à la fin des travaux il y eut un reliquat de 410 000 francs sur les sommes réunies, soit 80 000 dollars, environ qui, placé en rente française à 6% de 1920, mettait l'Institut, pour des années, à l'abri de bien des aléas[945].

En rassemblant en un même lieu la fine fleur de la recherche en mathématique, en y démultipliant les effectifs - nombre de chaires, nombre d'étudiants, nombre de chercheurs -, en y faisant venir les meilleurs chercheurs étrangers, en créant les conditions de l'interdisciplinarité avec les instituts voisins, en misant sur la diffusion des résultats de la recherche grâce aux *Annales de l'IHP*, Borel participait, peut-être en partie sans en mesurer toute l'importance, au développement d'une nouvelle pratique de la science que permettaient ces « instituts », plus collective et avec un effet d'échelle dont l'importance allait devenir considérable. C'était d'autant plus inouï que les mathématiques restaient spécifiquement marquées par le travail individuel, sans laboratoires, sans moyens techniques ni personnels auxiliaires. Les mathématiciens recrutés à l'IHP loin d'être installés dans le mandarinat, étaient soit des jeunes théoriciens encore en début de carrière, soit, plus avancés et en poste dans des universités de province ils étaient plutôt portés vers les travaux de mathématiques appliquées. Avec eux, l'IHP devint un vivier de « nouveaux scientifiques » et un foyer d'élaboration et de diffusion des disciplines les plus innovantes de l'époque.

La presse rendit largement compte de cette journée d'inauguration de l'IHP qui n'était un événement, somme toute, que pour quelques universitaires. L'inauguration, la même année du Grand aimant permanent de l'Académie des sciences, à Bellevue, n'eut pas droit à tant d'échos. *Le Temps* consacra trois colonnes à l'inauguration de l'IHP[946], *Le Figaro* une colonne[947]. *Le Matin,* comme *Le Petit Parisien,* en parlèrent en première page, photographie à l'appui des personnalités se saluant sur les marches du perron du bâtiment[948]. Les journaux de gauche furent beaucoup plus discrets, *l'Humanité*, *Le Populaire* et *Le Radical* ignorèrent l'événement. Dans tous les journaux, ces informations voisinaient avec le récit de la rupture concomitante de Borel avec son parti et de son vote de confiance à Poincaré dont la présence à l'inauguration de l'IHP avait donné à la manifestation académique un caractère quelque peu politique d'« union nationale » en

---

[944] Lettre du doyen de la faculté des Sciences au recteur de l'Université de Paris, 17 février 1931, Id.

[945] Brouillon de lettre manuscrit du recteur au doyen des Sciences, 2 juin 1931, Id.

[946] *Le Temps*, 18 novembre 1928.

[947] *Le Figaro*, 18 novembre 1928.

[948] *Le Matin*, 18 novembre 1928.

marche. Et *Le Populaire*, ce jour-là, brocardait Borel sur un tout autre terrain :

> « La grande presse aura beau faire sonner bien haut les 330 voix du scrutin sur l'ordre du jour de confiance, elle ne parviendra pas à dissimuler que le discours de M. Poincaré ne recueillit pas un applaudissement sur les bancs de la gauche et de l'extrême-gauche. Seuls, M. Émile Borel et un radical bouillonniste - c'était, je crois, M. Cathala, de Seine-et-Oise - battaient des mains avec frénésie sans parvenir à faire partager leur enthousiasme à leurs voisins. »[949]

[949] *Id.*, 18 novembre 1928. Le « bouillonnisme » désignait, dans de nombreux organes de presse, de manière très ironique, les partisans de l'union des contraires, fût-ce au prix de la confusion politique. Selon toute probabilité, l'expression fut inventée à partir d'un propos, connu dans le monde parlementaire, d'Alexandre Duval, propriétaire des « Bouillons Duval », les fameuses brasseries populaires parisiennes, qui était aussi le patron du restaurant du Palais-Bourbon. Selon *Le Figaro*, en avril 1921, Alexandre Duval devait faire, au Salon des Humoristes, une conférence sur l'art culinaire et l'humour. En guise de préambule, il aurait alors dit : « Je ne suis pas conférencier, je suis bouillonniste ». (*Le Figaro*, 16 avril 1921). Mais l'anecdote vécut de sa vie propre. Ce qui fait qu'on raconta ensuite qu'un de ses convives du Palais-Bourbon lui ayant demandé ses opinions politiques, il s'était senti dans l'embarras, avant de lancer : « Je suis… bouillonniste ! » Cette réplique désigna ensuite ceux qui voulaient concilier tout le monde. (D'après *La Liberté*, chronique non signée du 7 mars 1922) *Le Populaire* utilisa l'expression, une première fois semble-t-il, le 1er mars 1924 pour désigner les députés qui suivaient Franklin-Bouillon, député radical de la Sarthe. Le 25 juillet 1927, *Le Populaire, encore,* titrait sur « La cuisine bouillonniste » et Émile Kahn y établissait explicitement le lien entre la cuisine d'Alexandre Duval et celle de Franklin-Bouillon : « Le bouillonnisme est un civet sans lièvre. Beaucoup de sauce, point de viande. Unissons-nous, écrit M. Franklin-Bouillon, "autour d'un programme hardi de rénovation économique et de réalisation sociale". Cherchez des précisions : vous ne trouverez que le néant. (…) Le seul point où M. Bouillon daigne s'expliquer, c'est l'achèvement de l'œuvre financière. Il faut achever, dit-il de sauver le franc Par quels moyens ? Emprunts, impôts, prélèvements ? Amortissement, consolidation ? Revalorisation, stabilisation ? Mystère. M. Bouillon ne veut rien préciser parce que toute précision implique un choix et que choisir est un acte politique. Or, la formation d'Union nationale qui lui est si chère qu'il veut la perpétuer, repose sur le renoncement à toute action politique. » Le 4 août 1928, Jean Montigny, député radical, dénonçait, à son tour, dans *La Renaissance, politique, littéraire, artistique*, « la mixture bouillonniste actuellement préparée en grande série dans les officines du quartier de l'Élysée » qu'était, selon lui, l'union nationale défendue par Franklin-Bouillon, désormais désaffilié du groupe radical. Pour Gilles Le Béguec, Franklin-Bouillon ayant quitté le parti radical, en 1927, le terme renvoya finalement à « l'antenne parlementaire du système Franklin-Bouillon », désignée comme « le groupe spécifiquement "bouillonniste" de la Gauche sociale et radicale, de 1928 à 1932 ». (G. Le Béguec, « Edmond Barrachin : le temps des apprentissages », *Parlement[s], Revue d'histoire politique,* 2/2011, n° 16, p. 150-160.)

Chapitre 5
La rue Pierre-Curie

Pierre Curie n'a jamais connu l'impressionnant quartier scientifique qui, centré sur la rue Pierre-Curie ouverte en 1909 entre la rue St-Jacques et la rue d'Ulm, en bordure d'un espace dont l'essentiel avait formé l'ancien monastère des Dames de Saint-Michel, prit forme depuis la première décennie du XXème siècle jusqu'aux années trente. Avant cela, l'ENS, implantée au 45 de la rue d'Ulm, dans des locaux inaugurés en 1847, et l'EPCI, née en 1882 dans les anciens locaux du collège Rollin, au 42 de la rue Lhomond, et qui ne déménagea qu'en 1932 dans la rue Vauquelin - un déplacement de 200 mètres qui la rapprocha des bâtiment de l'ENS - formaient, à elles deux, tout l'essaimage du quartier Latin sur les hauts de la montagne Sainte-Geneviève, derrière le Panthéon[950]. Les choses commencèrent à changer, entre 1900 et 1910, avec l'ouverture, en 1906, de l'Institut océanographique donnant sur la rue Saint-Jacques, et la construction de l'Institut de Chimie de la Faculté des Sciences à l'emplacement de l'ancien couvent des Ursulines. Puis ce fut, en 1914, la construction de l'Institut du Radium. C'est pendant la période, courte, où il fut recteur que Lucien Poincaré choisit de renoncer à implanter sur ce site des projets qui relevaient de la faculté des Lettres et de consacrer définitivement la vocation scientifique du quartier[951].

Entre 1920 et 1930, l'immense triangle compris entre ces trois rues se combla avec la naissance de la Fondation Curie, en 1922, la construction du Laboratoire de Chimie Physique, entreprise en 1922 et achevée en 1926, celles enfin de l'Institut Henri Poincaré en 1928 et de l'Institut de Biologie Physico-Chimique, en 1930.

5.1. Un nouveau quartier scientifique

À la fin des années vingt, la concentration de scientifiques prit dans ces quelques rues du Vème arrondissement, des proportions considérables, au

[950] J. Eidelman, G. Gablot et S. Benoît, *"Parcours culturels à travers la recherche scientifique sur la montagne Sainte-Geneviève"*, brochure, 35 p., Paris, Musée Curie, 1995.

[951] PV du CUP, séance du 28 juin 1926, AN-AJ/16/2593. Lucien Poincaré profita de cette séance pour présenter un « plan à longue échéance » : ne conserver à la Sorbonne que les services centraux du rectorat et les cours « ne demandant pas de laboratoires » et y développer la bibliothèque. « Tout le terrain de la rue P. Curie peut donc être laissé à la faculté des Sciences », concluait-il. Le nouveau recteur Charléty, arrivant au début de 1927, reprit cette orientation. (PV du CUP, séance du 31 janvier 1927, AN-AJ/16/2593)

point que l'ensemble formé par la Sorbonne et le Collège de France fut largement supplanté bien que, dans cette dernière institution, un nouveau bâtiment fût en construction pour y loger des laboratoires modernes. De fortes personnalités de la société scientifique parisienne avaient donc élu domicile sur les hautes terres derrière le Panthéon, Marie Curie et André Debierne au Laboratoire Curie, Claude Regaud au Laboratoire Pasteur, Jean Perrin au Laboratoire de Chimie-Physique, Paul Langevin à l'EPCI et les Georges Urbain, André Mayer, Pierre Girard et Jean Perrin à l'IPBC, et Émile Borel, enfin, à l'Institut Henri-Poincaré. D'autres noms, d'une nouvelle génération, mêlant la biologie et la génétique à la chimie, la physique et la chimie-physique, et aux mathématiques, émergeaient déjà, comme ceux de René et Olga Wurmser, Louis Rapkine et Boris Ephrussi, Pierre Auger, Francis Perrin, Georges Bruhat, Edmond Bauer, Pauline Ramart-Lucas, Yvette Cauchois et Nine Choucroun, Irène et Frédéric Joliot, Antoine Lacassagne ou Fernand Holweck. D'ailleurs, l'arrivée du dernier de ces grands instituts, l'IBPC, clairement doté par ses concepteurs d'une vocation pluridisciplinaire, soulignait le caractère essentiel de cette recherche nouvelle : décloisonnement, complémentarité interdisciplinaire, vocation à la synthèse et défrichement de nouveaux paradigmes scientifiques.

L'ENS dirigée, enfin, par un scientifique

C'est dans ce contexte, au milieu de l'année 1927, qu'aboutit une bataille que Borel avait voulu mener pour que la direction de l'ENS fût confiée à un scientifique. Si son engagement n'avait pas abouti, le renforcement de « la Recherche » au cours des années vingt explique en partie le succès final auquel il prit une part directe, à l'heure où, devenu un des « patrons » de la rue Pierre-Curie et, en même temps, un homme de pouvoir, largement reconnu dans le monde politique, il était devenu difficile de s'opposer à ses vœux.

Donc, lorsque Vessiot qui lui avait succédé comme sous-directeur de l'ENS, vit arriver le terme du mandat de directeur de Lanson, il renouvela, avec l'appui de Perrin et Borel, la tentative de celui-ci en se présentant à la succession du directeur issu de « l'ordre des Lettres ». Après une bataille juridique qui remonta jusqu'au conseil du contentieux du ministère, plus personne ne contesta, au moins en apparence, la légitimité d'une telle candidature[952]. Lanson lui-même l'admettait, à condition que l'alternance entre les « deux ordres » ne devienne pas une obligation. Ainsi, dans le même temps où Lanson présentait Vessiot comme la personne « la plus qualifiée » au vu de ses titres, de « sa loyauté », de « la fermeté de son caractère », de « sa surface » (sic), et aussi du fait qu'il l'avait « associé,

[952] Id., 20 octobre 1924, 25 mai et 6 juillet 1925, 4 juillet 1927AN-AJ/16/2591-2592.

depuis huit ans, à toutes les affaires », et même - un comble - qu'il « s'était convaincu que ses idées d'ordre et d'organisation le mettaient en état de travailler de la façon a plus efficace à la réorganisation de la section littéraire », il lui opposa la candidature de Célestin Bouglé, clairement issue de « l'ordre des Lettres ». Alors, devant le Conseil de l'Université, Borel parla comme un « Roi-lion » camouflé en « Raminagrobis » :

> « M. Borel demande la parole. Il a le devoir de dire quelques mots ; son ancienneté au Conseil l'y autorise et aussi le fait qu'il a exercé longtemps les fonctions de sous-directeur de l'École normale. Il est l'ami des deux candidats ; il n'a pas besoin lui non plus d'insister sur les titres scientifiques de M. Vessiot qui est un mathématicien éminent auquel l'Académie des sciences vient encore de décerner un prix qui est la plus haute de ses récompenses.
>
> « En réalité, la collaboration du directeur et du sous-directeur est toujours si étroite que la question de savoir si l'un doit être scientifique, l'autre littéraire, a moins d'importance qu'on a pu le croire et le dire. M. Borel considère que le Conseil est tout à fait libre sur ce point. Il pense en outre que la question d'alternance à laquelle personne, il en est certain, n'attache d'importance, est tout à fait négligeable. Donc l'École fonctionnera aussi bien sous la direction de M. Bouglé que sous la direction de M. Vessiot. (...) Ce sont presque des considérations un peu accessoires qui peuvent emporter la décision du Conseil ; l'une d'elles serait peut-être de nature à déterminer cette décision : c'est que M. Bouglé serait peut-être mieux préparé à exercer une influence à l'École normale. Mais il faut considérer que l'autre candidat est le plus ancien et qu'il est assez naturel par là de donner la préférence à M. Vessiot. »[953]

Après Borel, personne ne demandant la parole, le Conseil vota. Vessiot fut présenté en première ligne avec 13 voix et 4 pour Bouglé. En seconde ligne, Bouglé, seul candidat, eut 15 voix. Lors du Conseil suivant, il fut nommé au poste laissé vacant par Vessiot devenu directeur[954]. Cette nouveauté du choix du directeur dans les deux « ordres » ne fut jamais remise en cause. Bouglé succéda à Vessiot tandis que le physicien Georges Bruhat, devenait sous-directeur. Bruhat fit fonction de directeur, en 1940, lors du décès de Bouglé. Après l'épisode Carcopino, pendant l'Occupation, la direction fut confiée à la Libération - Bruhat étant déporté - au médiéviste résistant Albert Pauphilet, auquel succéda le chimiste Georges Dupont. Depuis, il y a eu cinq directeurs issus les Lettres et six issus des sciences.

---

[953] Id., séance du 4 juillet 1927, AN-AJ/16/2593.

[954] Id., séance du 24 octobre 1927, Id.. En 2de ligne, le doyen Brunot proposa Carcopino, qui n'était pas candidat et fut choisi, à l'unanimité des présents...

C'est donc là que réside la victoire durable de Borel : l'achèvement de la mutation de l'ENS en première école de scientifiques de France.

Un nouveau monde scientifique

Dans tous ces instituts qui venaient d'être fondés, en particulier rue Pierre-Curie, au sein mais à côté de la faculté des Sciences et dans le but nettement affirmé de donner la priorité à la recherche scientifique sur l'enseignement, c'était tout un univers de chercheurs scientifiques, d'étudiants et de professeurs, de chefs de travaux, de techniciens, d'aides de laboratoires et d'ouvriers, de préparateurs et de boursiers, au milieux desquels on notait une proportion inhabituelle de jeunes femmes et d'étrangers, qui se constituait, au point de former un monde nouveau, correspondant à l'émergence d'une profession nouvelle, celle qu'on allait bientôt appeler « la Recherche »[955]. Si les laboratoires avaient été créés et financés en grand nombre, en deux décennies, fût-ce sur des financements privés ou étrangers, les postes de chercheurs, par contre, y étaient encore rares et des universitaires y occupaient tous les postes clés. Ceux-ci, que leurs chercheurs appelaient désormais « patron » plutôt que « monsieur le professeur », s'attachaient à trouver des ressources pour réaliser les embauches dont ils avaient besoin ; soit en sollicitant les ressources de fondations liées à des dons reçus par l'Académie des sciences, soit en cherchant à bénéficier de bourses, bourses Commercy, bourses Rothschild, si peu nombreuses et tellement disputées, soit encore en essayant d'obtenir un financement budgétaire classique pour la création d'un poste de chef de travaux ou de préparateur, voire d'assistant. Ces nouveaux recrutés, dont le sort était un peu meilleur que ceux des docteurs ou futurs docteurs qui acceptaient de travailler quasi bénévolement dans les laboratoires mais pour lesquels on arrivait parfois à obtenir un crédit de la CRS, avaient décidément un « profil » nouveau : à aucun moment, ils n'apparaissaient comme ayant choisi de devenir finalement enseignants de l'Université. Leurs « patrons » les qualifiaient de « travailleurs ». Ils étaient « chercheurs », simplement. Ce point pouvait apparaître comme une contradiction avec le fait que lesdits « patrons » étaient tous (et toutes) des universitaires, de solides « mandarins », qui, comme Perrin, Maurain ou Borel, finissaient par s'inquiéter des velléités d'autonomie desdits chercheurs.

C'est ainsi qu'à travers la géographie d'un nouveau quartier et l'émergence des nouvelles formes de sociabilité, le monde qui devenait progressivement

[955] M. Pinault, « Du rôle de l'émergence d'une identité et d'un mouvement de "chercheurs" dans la naissance d'une profession, "la Recherche" », dans D. Dufourt et J. Michel, *La Vie politique de la science,* Lyon, L'Interdisciplinaire, 2008, p. 201-219, et M. Pinault, « Le Chercheur », dans J.-P. Rioux et J.-Fr. Sirinelli (dir.), *La France d'un siècle à l'autre..., ouv. cit.,* p. 582-587.

archaïque, du « savant », laissait la place à celui des chercheurs scientifiques[956]. Dans cet univers, fortement marqué par l'histoire récente de la France, affirmation de la République, Affaire Dreyfus, Première Guerre mondiale, la jeune génération prit figure d'héritière de conceptions intellectuelles, de code moraux et sociaux, et de réseaux de sociabilité déjà constitués. Si l'attachement de ces nouveaux venus aux idées de « science pure » et de « recherche désintéressée » était toujours au cœur de leur vision d'eux mêmes, cela n'empêchait pas qu'ils aient eu une perception réaliste et pragmatique de la nécessaire organisation collective du milieu et de son implication publique pour peser sur l'orientation de la société et sur les choix politiques déterminants. Ces engagements étaient d'autant plus facilement concevables que l'État avait le plus grand mal à prend en charge ces développements de l'activité scientifique et que la recherche de financements privés était devenue indispensable[957].

Ces engagements des scientifiques pour promouvoir la recherche se trouvaient pris dans une tradition de l'engagement plus directement politique, celle de la LDH qui alliait préoccupations humanistes, convictions rationalistes et fierté républicaine. Tout ce monde restait marqué par la personnalité tôt disparue de Pierre Curie. Perrin aime citer ce souvenir :

> « Je me rappelle Pierre Curie, comme on discutait devant lui sur la "question sociale", disant, ou à peu près : "Au fond, ce n'est pas la peine de se tracasser beaucoup à ce sujet ; les physiciens résoudront ces difficultés tout simplement en supprimant le problème, du fait qu'ils arriveront à créer assez de richesse pour tous." »[958]

---

956 Le quartier du Panthéon ne devint pas à lui seul toute la recherche scientifique parisienne. Si la Sorbonne se vidait progressivement de ses laboratoires, d'autres lieux tentaient de se moderniser sous l'autorité d'autres « patrons », comme le Collège de France ou bien l'ENS, l'école de Cachan, le Muséum, les écoles d'agronomie et même l'École polytechnique, tandis que d'autres, comme l'Institut Pasteur, fondation privée, suivaient leur « propre histoire », et que d'autres encore naissaient et se développaient, comme les laboratoires de Meudon ou bien le Laboratoire d'aérotechnique de Saint-Cyr. C'est tout cet ensemble qui doit être considéré comme « la recherche scientifique » des années vingt.

957 M. Charpentier-Morize, *Jean Perrin, ouv. cit.*, p. 172-181. Si le laboratoire de Perrin avait été financé par l'Université et après une intervention politique, essentiellement assumée par Blum, dans les autres cas le rôle du mécénat avait été déterminant, à l'Institut du Radium, à la Fondation Curie, à l'Institut Henri-Poincaré et, dernièrement, à l'IBPC aussi appelé Fondation Edmond de Rothschild. En 1921, Rothschild donnait dix millions de francs pour une fondation pour « l'aide à la recherche scientifique, particulièrement dans l'ordre des sciences physico-chimiques », et, six ans après, cette donation était complétée par un legs de trente millions destinés à la création de l'IBPC. La Fondation Curie avait bénéficié, pour son hôpital, des largesses d'Henri de Rothschild, de la banque Lazard et de madame Achille-Fould. L'Institut d'Océanographie, lui, devait son existence au Prince de Monaco. Il y eut encore les 26 millions donnés par Henri de Rothschild pour la reconstruction de l'École de Médecine.

958 J. Perrin, *La recherche scientifique*, Paris, Hermann, 1933, p. 16.

Son époux disparu, Marie Curie, devint d'autant plus une référence et un pôle pour le milieu de la rue Pierre-Curie, que son statut rare de femme nobélisée et de directrice de laboratoire, son caractère ombrageux ou austère, rétif à l'exposition publique de ses convictions, construisaient le portrait d'une femme exceptionnelle et inaccessible, incarnation d'un idéal scientifique quasi introuvable, fondé sur une pratique de la recherche scientifique à la fois audacieuse, déterminée et désintéressée. Bref, Marie Curie survivait à Pierre Curie et Pierre Curie survivait en Marie Curie. Elle formait désormais, avec Perrin, Langevin, Borel et quelques autres, le centre et le cœur de ce milieu si particulier de la rue Pierre-Curie. Fréquentant, comme des dizaines de jeunes chercheuses et chercheurs, le « thé » Perrin à l'Institut de Chimie-Physique ou la « cantine" » de l'IBPC qui venait d'ouvrir, ces aînés construisirent, au fil des années, cette posture d'engagement des scientifiques dans une action inlassable pour le développement de la recherche[959]. Tous devinrent habiles à faire aboutir auprès des ministères leurs demandes de crédits, de locaux et de personnels[960]. Marie Curie avait cette particularité d'entretenir des rapports complexes et audacieux avec les industriels, tout comme elle s'attachait à obtenir l'aide des fondations privées. Elle consacra les vingt dernières années de sa vie plus à réunir les moyens matériels et les chercheurs qui permirent à la Radioactivité française de se maintenir au sommet de la recherche mondiale qu'à mener des travaux personnels[961]. En créant un laboratoire semi-industriel, une annexe de l'Institut du Radium, en banlieue à Arcueil, en 1932, en établissant des liens étroits et réguliers, voire contractuels, avec l'Union Minière du Haut Katanga qui fournissait le radium, ou bien avec des industriels capables de développer une filière de production française, elle se comportait en réalité en manager moderne d'un laboratoire en route vers la « science lourde ». L'Institut du Radium, fréquenté par de très nombreux chercheurs étrangers était une Babel moderne qu'elle veillait à entretenir et qui était devenue, dans les années trente, un cas unique, comme lieu de recherche et comme microsociété d'ailleurs largement féminisée. Parmi les chercheurs de ce laboratoire, Georges Fournier, dont le père était un médecin prestigieux très lié au milieu de l'*Arcouest*, chercheur en radioactivité bêta, présentait la particularité d'avoir été très tôt très engagé à la SFIO et d'écrire régulièrement des articles dans *Le Populaire*. Son épouse fut un des piliers de l'IHP voisin. On retrouva Fournier aux origines du CVIA puis à l'Union des Intellectuels Français (UDIF). On ne peut que soupçonner le rôle qu'a eu, dans l'animation politique de la rue Pierre-Curie et dans l'itinéraire

---

959 M. Pinault, « The Joliot-Curies ; Science, Politics, Networks", art. cité.

960 D. Pestre, *Physique et physiciens en France (1918-1940),* Paris, Archives contemporaines, 1984. J.F. Picard et al., *La République des savants, ouv. cit.*

961 X. Roqué, "Marie Curie and the Radium Industry : A Preliminary Sketch", dans S. Boudia et X. Roqué, "Science, Medecine and Industry…", ouv. cité, p. 267-281.

d'engagement à la SFIO de nombreux chercheurs, ce militant très actif de la section du 5ème arrondissement du parti socialiste.

5.2. La rue Pierre-Curie, scène de fiction romanesque

Dans ce monde de la rue Pierre-Curie, quelle place put finalement occuper Borel lorsqu'il le rejoignit vers la fin des années vingt, à la tête de l'IHP ? Une partie de la réponse à cette question peut se déduire d'un roman largement autobiographique de Camille Marbo, paru en 1953 : *Jeux de la science et de l'amour*[962]. L'auteure y mettait en scène cet univers où vivaient son mari et ses amis et laissait s'y exprimer le peu de considération qu'il lui inspirait. Sans que ce fût un roman à clés, le lecteur pouvait reconnaître tel ou tel protagoniste de la réalité ou des éléments de caractère pris aux uns et aux autres. Pour brouiller les pistes, Marbo situait d'ailleurs l'intrigue après la fin de la Seconde Guerre mondiale tout en réutilisant le « scandale Langevin » qui datait de 1910-1911 : mais le tableau qu'elle dessinait était bien celui de la rue Pierre-Curie des années vingt et trente. Le personnage central, celui de Caroline Surdeau, l'épouse du « grand scientifique » Louis Surdeau placé au centre du récit, était proche de Marguerite Borel. Et ce roman s'avérait, du coup, être une fantaisie sur la condition de femme et d'épouse de grand scientifique.

On avait donc un Louis Surdeau, biologiste de talent de 47 ans, présenté comme froid et ambitieux sous une apparente modestie, « un savant très absorbé », « drogué de laboratoire » selon son épouse, considérant que celle-ci était chargée de la vie de leur domicile, avenue de l'Observatoire, et « d'organiser la façade » de leur vie mondaine, lui accordant toute liberté pour organiser sa vie privée tandis qu'il la tenait éloignée de sa vie scientifique[963]. Bref, Surdeau était Borel. La Caroline du roman n'était pas une Lysistrata et était, au contraire, dépeinte comme adaptée à cette condition, l'acceptant et y trouvant son compte. Le roman s'achevait sur un bref affrontement entre elle et une jeune femme érigée en représentante du « groupe des femmes de laboratoire » ; la femme légitime en sortait victorieuse.

Surdeau avait, depuis un certain temps, une nouvelle maîtresse, Gabrielle Moreau, une sculptrice, dont on notera qu'elle portait le même prénom que l'amante avec laquelle Borel avait eu une longue liaison passionnée, Gabrielle Bernheim-Rosenthal, et il succombait aussi aux sollicitations d'une jeune chercheuse, Sophie, passionnée et ambitieuse, prête à tout pour promouvoir son « patron » qu'elle considérait comme « un prêtre de la

---

962 C. Marbo, *Jeux de la science et de l'amour*, Paris, Tallandier, 1953, 253 p. Ce chapitre trouve, pour une part, son origine dans une conversation avec Natalie Pigeard-Micault, auteure de *Les femmes du Laboratoire Curie*, déjà cité.

963 C. Marbo, *Les jeux de la science et de l'amour, ouv. cit.*, p. 9.

science[964] ». Caroline/Marbo soulignait que ce grand patron avait pourtant, jusque-là, « échappé à cette fièvre des laboratoires, (et qu')il avait toujours choisi ses maîtresses à l'extérieur »[965].

Le monde de Surdeau était dominé par trois hommes, tous normaliens, « inséparables » de ce fait, et une femme : Surdeau, Larue, Frontin et Madame Massin. Jacques Larue, présenté comme le plus brillant de tous, était dévoré de passion pour une importante directrice de laboratoire, Madame Massin, qui avait fait, avec Frontin, de grandes découvertes, et qui, bien que vêtue d'une « robe grise, à pèlerine et vastes poches, sorte d'uniforme orné au col d'une dentelle écrue » et les cheveux noués en natte, avait « l'allure d'une reine »[966]. Larue avait par ailleurs une maîtresse, Thérèse Gadeau, passionnément dévouée, chercheuse de talent et organisatrice attentive de la vie du laboratoire de son « patron » lequel, du fait de la vie compliquée qu'il menait, était en grave conflit avec une troisième femme, son épouse, fille d'ouvriers et mère de quatre enfants, qui vivait, en banlieue, dans le regret que son mari ne fût pas devenu un grand industriel.

Bref, les clés du roman, là encore, étaient transparentes : Larue, le « mal marié », pouvait être Langevin, madame Massin c'était Marie Curie, et Thérèse Gadeau, la maîtresse, pouvait être Éliane Montel, fille du mathématicien Paul Montel et scientifique elle aussi, dont Langevin eut un fils nommé, lui aussi, Paul. Frontin, qui secondait Cécile Massin et en était « l'ombre vivante », ne pouvait être, si on voulait décrypter, même abusivement, le roman, qu'André Debierne, homme plein de charme aux yeux bleus profonds, effectivement chercheur réputé, découvreur de l'actinium et codécouvreur du radium, et en effet dévoué et intime des Curie depuis toujours, peut-être même un jour amant de Marie Curie, et parrain de la fille aînée de celle-ci, Irène, dans la vraie vie. Marbo ayant joué à mixer les personnages, on pouvait retrouver des traits de Jean Perrin dans Surdeau comme dans Larue ou Frontin[967]. D'autres personnages entouraient ces quelques rôles principaux, moins identifiables, prenant aux uns et aux autres et dessinant le portrait social type, caractéristique de la rue Pierre-Curie, du « chercheur ».

Le récit reposait sur deux « histoires » parallèles ; d'une part, la passion envahissante de Sophie pour son patron, menaçant le foyer Surdeau avant de se résoudre dans le retour au calme et à l'équilibre des convenances sociales ; et d'autre part, la passion incontrôlable de Larue pour madame

---

[964] *Id.*, p. 11.
[965] *Id.*, p. 97.
[966] *Id.*, p. 165 et 190.
[967] *Id.*, p. 21.

Massin, menaçant son foyer et provoquant un drame public, avec arme à feu, blessure et scandale, avant de se résoudre - encore - dans le retour au calme et à l'équilibre des convenances sociales. Parlant de Larue, Marbo laissait s'exprimer sans censure tout ce qu'elle avait peut-être détesté en Langevin et, pour l'occasion, laissait se manifester aussi l'épaisseur de ses préjugés :

> « C'est l'un des plus grands cerveaux de l'époque qui réagit comme aurait réagi un ouvrier maçon. (...) Il est le fils d'un bistrot du faubourg, il a, jusqu'au bout des ongles, la mentalité d'un bistrot de faubourg. »[968]

Au cœur du roman il y avait finalement une galerie de personnages de femmes, lesquels intéressaient l'auteure plus que ses trois « héros » masculins. De Cécile Massin, Marbo ne faisait qu'un portrait en creux et, finalement, elle disait qu'« elle personnifiait les "travailleurs de la Recherche" »[969]. Ainsi placée sur son piédestal, l'héroïque Marie Curie/Massin n'était pas pour autant épargnée. De Sophie, Thérèse et de quelques autres, présentées comme responsables de cette « fièvre des laboratoires » où Marbo voyait se rejouer les « jeux de l'amour et du hasard », elle disait, finalement : « Ces petites bonnes femmes des laboratoires sont de bizarres créatures »[970] : entendant leurs déclarations enflammées à propos de leur supposée « vocation pour La Science », observant leur rôle passionné et essentiel aux côtés des « patrons », peinant à comprendre vers quel idéal de vie elles voulaient aller, Marbo en faisant une description d'entomologiste et réglait ses comptes.

La vérité de ce roman était peut-être, en marge du récit principal, dans ce qui arrivait à la fille de Louis et Caroline Surdeau, Béatrix, belle jeune femme à l'apparence sévère, passionnée d'archéologie et très amoureuse d'un riche héritier « promis à quelque descendante d'un grand industriel » : Béatrix découvrait brutalement que, venant d'une « famille d'intellectuels sans fortune », elle « n'était pas épousable »[971]. Marbo transférait dans ce personnage le statut de départ hybride et fragile qui avait été le sien, dont elle avait eu conscience toute sa vie, et auquel son mari l'avait tant de fois ramenée quand elle tendait à s'en libérer. Elle faisait dire par Caroline Surdeau à son amant : « Tu appartiens à une firme, moi à une autre »[972] ; à quoi celui-ci lui répondait quand elle le quittait pour retrouver son mari : « Salut à la firme toute puissante. »[973]

---

[968] *Id.*, p. 81.
[969] *Id.*, p. 119.
[970] *Id.*, p. 14.
[971] *Id.*, p. 244.
[972] *Id.*, p. 43.
[973] *Id.*, p. 44.

De la fiction à la réalité historique

C'est donc le tableau du milieu de « la Recherche » qui fait aujourd'hui l'intérêt principal de ce roman sentimental. « L'ensemble des laboratoires formait un village au milieu de Paris », disait Marbo dès les premières pages, avant d'installer dans ce cadre étroit - la rue Pierre-Curie - une histoire sentimentale complexe et sans grand intérêt. Puis elle finissait par cette « vérité » longtemps discutée et finalement acceptée : « Les gens des laboratoire ont une religion. La religion de la découverte. »[974] Entre temps, le lecteur avait opéré une plongée dans cet univers exotique. Il y avait d'abord eu la description de « la cantine » qui jouait un rôle central dans cette vie quasi communautaire. Denise Lévy-Astruc, la bibliothécaire-archiviste et mémorialiste de l'IBPC, a décrit la véritable « cantine » de son institut où « les repas étaient très simples et le menu toujours le même : jambon, pommes de terre à l'anglaise, petit suisse et banane », pour un prix fixe de 10 francs[975]. Selon elle, « tous les travailleurs avaient la possibilité de venir ; Jean et Francis Perrin, Pierre Auger, Nine Choucroun, Boris Ephrussi y venaient très fréquemment. (...) Irène et Frédéric Joliot, dont les laboratoires étaient voisins, venaient sans invitation particulière ». Marbo en décrivait « l'atmosphère » en passant par le point de vue de Sophie Baret : les « gens passant d'un pavillon à l'autre », les « patrons qui déjeunaient là tous les matins » et la « trentaine d'inscrits à la popote », « le "tu" obligatoire, une camaraderie de pensionnaires. »

Après la cantine, on découvrait les soirées imposées, réunissant l'élite de la recherche dans une ambiance rappelant celle des réceptions dans les salons du recteur Appell ou les bals de l'ENS, comme cette « petite fête improvisée » au laboratoire lorsque Surdeau était élu à l'Académie des sciences ou cette « séance de la Société de physiologie biologique », occasions pour l'auteure de formuler la nature des sentiments qu'elle prêtait à Caroline Surdeau vis-à-vis de son époux, centrés sur la fierté de la réussite sociale reconnue par tous :

> « Louis venait rechercher sa femme. Il portait bien l'habit. Près de lui, Frontin semblait sans aucune élégance. Caroline pensa : "Louis est l'un des mieux." Elle en était fière. La "firme", comme le disait Marcel. C'était agréable d'avoir un mari bien de sa personne, en passe de devenir célèbre. Il se ferait un nom à laisser à leurs enfants. »[976]

---

[974] Id., p. 142.

[975] D. Levy-Astruc, « Histoire officielle, officieuse et marginale de l'Institut de Biologie Physico-Chimique, Fondation de Rothschild, d'avril 1927 à décembre 1958 », tapuscrit, archives Curie et Joliot-Curie.

[976] *Id.*, p. 52.

Mais c'est dans la bouche de l'épouse de Larue, venue faire des confidences à Caroline Surdeau que Marbo plaçait des paroles et des sentiments qu'elles pouvait avoir elle-même ressentis et qu'elle trouvait sans doute trop « vulgaires » pour paraître se les attribuer :

> « Quand est venue "la Recherche", le laboratoire a envahi tout son temps... Oh ! Je l'exècre leur "Recherche"... Je ne l'exécrerai jamais assez !... (...) Une société de produits chimiques, une entreprise pharmaceutique mondialement connue, un grand parfumeur, bien d'autres encore, avaient offert à Jacques des situations inouïes. (...) Il n'a pas voulu. Ce n'est pas croyable, mais il n'a pas voulu. (...) Savez-vous ce que Jacques a répondu ? Il a dit : "- Je n'hésite pas. J'ai choisi la Science pure. Je ne trahirai pas la Science pure." (...) Est-ce que je comprends quelque chose à cette Vocation, comme ils disent... cette Vocation ? »[977]

En mettant en scène un milieu de la recherche qui était né sous ses yeux, pendant ses soixante années de vie commune avec Émile Borel, la romancière butait sur cette évidence triviale de l'identité de ce milieu avec la comédie humaine déjà tant de fois explorée : certes, on y faisait de la science souvent avec dévouement et passion, on était porté par l'espoir de la découverte, on élaborait obsessionnellement de nouvelles connaissances, mais sans qu'une humanité régénérée y fût, pour autant, en gestation. Marbo le faisait d'ailleurs dire, bien simplement, à Thérèse par Frontin :

> « Aucun scientifique ne dépouille son tempérament parce qu'il fait de la science. Moi pas plus que les autres. J'ai de très vilains côtés. Pourtant, les vrais scientifiques ont, en commun, une exaltation, un désintéressement, le goût farouche de la découverte pour la découverte. »[978]

Marguerite Borel avait donc cédé à la nécessité de régler ses comptes avec ce monde - son mari compris - qui, au prétexte bien trouvé d'avoir une occupation différente de celles du commun des mortels, portait un peut trop haut l'arrogance, à son goût.

Conclusion : Plus que jamais, Borel illustrait le pari de la science comme guide de l'action politique

Du Palais Bourbon à la rue Pierre-Curie, à la fin des quatre années de son premier mandat législatif, Borel était devenu une référence rayonnante de l'établissement parisien. Il s'était imposé comme le représentant irritant et

---

[977] *Id.*, p. 90-91.
[978] *Id.*, p. 191.

admiré d'un monde scientifique désireux d'apporter, disait-il, de la raison dans l'action politique. Et, parallèlement, il avait réussi à profiter de ces années de pouvoir politique pour consolider son assise de grand universitaire et obtenir la direction d'un Institut flambant neuf, rayonnant internationalement. Jusqu'à l'ENS, dont il n'était plus le directeur-adjoint mais où le poids des scientifiques avait été renforcé. Et puis, il y avait ce quartier scientifique de la rue Pierre-Curie, ce monde des « chercheurs » qui s'épanouissait en quelques années et qui voyait s'affirmer des « patrons » d'un nouveau genre, et dont il était le principal relais vers le monde politique. Finalement, faire de la politique pour servir les intérêts du monde académique n'était-il pas plus important que prétendre changer la politique en lui apportant l'expertise et le savoir-faire des scientifiques ?

Borel n'aurait rien obtenu de tout ce qui faisait sa réussite s'il n'avait pas accepté de franchir le gué du quartier de l'Université au quartier des ministères. Mais, au contraire de son mentor - Painlevé - Borel n'avait pas choisi entre la carrière académique et la politique et, menant les deux de front, il triomphait. Parce qu'il était devenu un « intellectuel de pouvoir », il avait pu prendre de la « surface », étendre ses réseaux et son influence, et entrevoir une réussite, à terme, de son choix de se tourner vers les réalisations concrètes. Il s'était hissé sur les épaules de ses devanciers, dont Appell, son beau-père, plus que Poincaré ou Picard, était le modèle absolu, et il entamait une nouvelle étape de la conquête, par les universitaires, du pouvoir. Il ouvrait ainsi, sans doute sans le savoir, la voie à Jean Perrin qui, dans les années suivantes, porterait cette aptitude nouvelle jusqu'au sommet tandis que Borel sembla « manquer une marche ».

Quatrième partie

La quête de pouvoir d’un « intellectuel de pouvoir » (1924-1940)

Chapitre 1
Borel à la Chambre et dans la presse pendant son premier mandat

Devenu député, celui qui avait pu, dans ses multiples articles, exposer sa théorie de l'action politique et qui ne cachait pas que sa préférence le conduisait vers des solutions moyennes et progressives, eut l'occasion de mettre en pratique ses convictions et de les confronter aux problèmes à l'ordre du jour de la Chambre. Ce fut le cas avec le dossier de la monnaie ou celui de l'organisation administrative du pouvoir par exemple, abordés par Borel dans un pur souci d'efficacité gestionnaire, sous l'angle de l'expertise et sans approche partisane affirmée : « je ne fais pas de politique », disait-il dans un débat sur la stabilisation de la monnaie. Il n'était pas facile de bien cerner où se situait le néo-député sur l'échiquier politique. Son approche ne l'avait-elle pas isolé au point de devenir une sorte d'électron-libre de la majorité cartelliste ? Les mois et les années passant, les choses se décantèrent, la politique l'emportant progressivement sur l'approche « technique ».

C'est, assez vite, sur un pur dossier politique que Borel aurait voulu traiter comme un dossier technique que son positionnement le plaça en porte-à-faux et l'obligea à devenir définitivement, au plein sens politique, cet « homme du centre » qu'il voulait être quand il entendait raisonner et prétendait construire des propositions politiques sur des bases purement logiques, scientifiques, rationnelles. Ce dossier ce fut celui du suffrage féminin.

1.1. Le radicalisme de Borel face à la question du suffrage féminin

Dans l'article publié en novembre 1922, Borel avait exposé sa conviction que l'adoption du droit de vote des femmes pour toutes les élections représenterait un danger et il suggérait diverses solutions « moyennes ». Lorsque la question vint en débat à la Chambre, à la fin de mars 1925 - dans l'urgence car il s'agissait de faire adopter un droit de vote des femmes pour les élections municipales et cantonales à venir, en mai et juin - il partit aussitôt à l'assaut et il essuya, encore plus qu'avec la question monétaire, une cinglante défaite.

Le 31 mars 1925, devant des travées du public largement occupées par des militantes féministes, la Chambre débattait de plusieurs propositions de loi, le gouvernement n'ayant pas pris l'initiative : celle de Louis Marin, leader de l'opposition à la Chambre, visant à « donner aux femmes l'électorat et l'éligibilité aux élections de 1925 pour les conseils municipaux », celle du socialiste Henry Fontanier (1880-1938), élargissant la proposition aux élections cantonales de juin 1925, et celle des communistes, défendue par Marcel Cachin (1869-1958), « accordant le droit de suffrage aux femmes », simplement[979]. Borel s'était inscrit dans la discussion générale et il proposait un long amendement. Comme il y mêlait plusieurs propositions, ce que lui-même déconseillait de faire pour la clarté des débats, on l'accusa de vouloir « faire de l'obstruction ». Comme aussi il s'indignait que le travail en commission n'avait pas eu lieu et suggérait un retour vers la commission du Suffrage universel, ses adversaires s'exaspéraient.

Tandis que le vote en faveur du droit de vote et de l'éligibilité pour les femmes aux élections municipales et cantonales semblait largement acquis dans les rangs de droite comme ceux de gauche, le groupe radical s'avançait prudent et divisé. Le rapporteur François Vermare (1866-1944) avait conclu son exposé par ces mots :

> « Le parti radical, s'il admet toutes les innovations, entend n'y accéder que par degrés, persuadé que la stabilité d'une réforme électorale de cette importance ne saurait tenir que dans la prudente lenteur de son évolution. La femme française doit se préparer à l'exercice des droits politiques. (...) En ce qui me concerne, je me rallierai volontiers à l'amendement qui sera présenté par notre honorable collègue, M. Émile Borel. »

Borel, premier orateur inscrit et dernier atout des radicaux, présenta une lourde et complexe proposition qui fit l'effet d'un violent coup de frein : 1) il refusait d'accorder le droit de vote aux femmes, qualifiant cela de « surenchère », mais 2) il proposait qu'elles soient éligibles à toutes les fonctions électives et, dans la même phrase, 3) qu'elles puissent être candidates à tous les examens et puissent accéder à tous les emplois 4) à l'exception de ceux des armées de terre et de mer ; 5) il suggérait qu'on laissât chaque conseil municipal nouvellement élu décider, s'il le souhaitait, de créer jusqu'à un tiers de sièges supplémentaires pour y faire élire des femmes par un corps électoral exclusivement qui serait composé de jeunes femmes arrivant à l'âge de 25 ans, mais 6) ces élues ne pourraient pas devenir adjointes et elles ne participeraient ni à l'élection du maire ni à celle des sénateurs.

Les échanges avec Louis Marin, se tendirent, lorsque celui-ci déclara que « tout le monde » était favorable au vote des femmes sauf Borel qui faisait une « obstruction momentanée » :

> « Je considère que votre thèse est ultra-réactionnaire ; elle date de la préhistoire. (...) Il faut tout l'ingéniosité d'un mathématicien

[979] TPC, séance du 31 mars 1925.

> comme (vous) (*Sourires.*) pour trouver, comme argument du dernier carré, des formules et des solutions que personne, d'ailleurs, ne pourra accepter. »[980]

Borel prétendit asseoir sa démarche prudente sur le positionnement naturel et constant du courant politique dans lequel il pensait le mieux se retrouver, le parti radical :

> « Si nous regardons cette Assemblée, disait-il, le parti du centre, le parti conservateur, c'est le parti radical. Il défend les traditions qui sont celles de la République française à peu près depuis sa fondation. Tout en étant attaché aux idées de progrès politique et social, il veut réaliser ce progrès sans bouleverser l'ordre établi, qu'il veut défendre et qu'il défendra autant qu'il le faudra contre les révolutionnaires de droite et contre les révolutionnaires de gauche. »[981]

Son amendement fut repoussé par 389 voix contre 182 et l'article établissant le droit de vote et l'éligibilité des femmes pour les élections municipales et cantonales - un modèle de progressivité et de prudence, selon la logique de Borel - fut ensuite adopté par 389 voix contre 140[982]. Borel, porté comme ayant voté contre, affirma ensuite avoir voté pour.

Les principaux arguments qu'il avait évoqués constituaient l'expression d'une vision essentiellement traditionnelle de la place des femmes dans la société, avec une exception, fortement affirmée par lui, en faveur des élites féminines, ce qui explique qu'il se soit montré plus favorable à l'éligibilité immédiate et universelle qu'au droit de suffrage. Les arguments qui venaient ensuite, étaient sans grande originalité : Borel dénonçait « l'incapacité politique de la femme française en général », ou son « indifférence à la chose politique ». Il ne fallait pas, selon lui, « risquer, en raison de leur inexpérience politique, de créer un danger ». Venaient aussi des arguments secondaires de toute nature, assénés avec un certain aplomb, comme cette belle tirade « aveyronnaise » :

> « Dans nos campagnes, je peux le dire sans crainte d'être contredit, les paysans ne désirent pas avoir des femmes dans les conseils municipaux ; les femmes ne désirent pas y être et leur accession aux conseils municipaux ne ferait que causer des ennuis sans nombre. »

---

980 Id.
981 Id.
982 TPC, séance du 7 avril 1925.

Ailleurs, Borel justifiait son idée de collège électoral féminin pour élire d'éventuelles conseillères par le fait qu'« elles discuteront les questions auxquelles elles s'intéressent » dans lesquelles elles pourraient « jouer un rôle très important (...) en raison de leur compétence particulière dans les questions d'assistance, d'hygiène, de puériculture, etc. ». Pourquoi réserver aux hommes le choix d'élire ou pas des conseillères ? Réponse de Borel :

> « En France (au contraire de la Russie qui a établi l'égalité civile complète), nous sommes attachés à la vieille conception qui fait du mari le chef de la communauté. Dans une association qui ne comprend que deux personnes, c'est-à-dire un nombre pair de membres, le seul moyen d'aboutir à une décision est de donner à l'un des deux une voix prépondérante. Tant que vous n'aurez pas réformé le code civil à cet égard, il ne sera pas raisonnable d'établir l'égalité politique complète. »[983]

Borel qui aurait facilement pu faire taire les attaques en défendant le principe du vote politique des femmes, ne le fit pas et cela, très certainement, en connaissance de cause.

1.2. Borel, à la commission d'Alsace et de Lorraine

Dès les premiers jours de la nouvelle législature Borel fut élu dans plusieurs commissions de la Chambre. Ces élections sont peu documentées ; il semble évident qu'il ne chercha pas à entrer à la commission de l'Enseignement ce qui reste étonnant ; il n'est pas exclu qu'il ait tenté, sans résultat, d'entrer à la commission des Finances ; il est possible qu'il n'ait pas recherché son élection à la commission des Forces motrices ou à celle de la Marine ; il est probable qu'il a voulu la place qui lui est revenue à la commission des Affaires étrangères, en raison de son vif intérêt pour ces questions de paix et de coopération sur lesquelles il avait axé sa campagne électorale, et aussi qu'il a trouvé stimulant d'aller défendre les mêmes préoccupations, les mêmes idées, à la commission d'Alsace et de Lorraine. Comme une suite logique de ces engagements parlementaires, Borel fut ensuite élu, en février 1925, à une vice-présidence de la commission des Affaires étrangères en remplacement de Jean Hennessy (1874-1944), nommé ambassadeur.

Borel se fit élire à la présidence de cette commission d'Alsace et de Lorraine, composée de 44 membres dont une quinzaine d'élus des trois départements du Bas-Rhin, Haut-Rhin et Moselle retournés à la France depuis

[983] Borel vota en faveur de l'amendement communiste ramenant l'âge de l'électorat féminin de 25 à 21 ans. Il fit voter, contre l'avis de la commission, un article qui stipulait qu'« il ne pourra être fait obstacle, sous aucune forme, par le mari d'une femme mariée, à aucun des actes nécessaires, soit à l'accomplissement d'un mandat électif, soit à la propagande en vue de la candidature à une fonction élective. » (TPC, séance du 7 avril 1925.)

la paix. Peut-être a-t-on voulu que par principe ce président ne fût pas un élu de la « province », d'autant que celui qui aurait pu s'imposer, pour la majorité, était Georges Weill (1882-1970), un socialiste, ancien élu social-démocrate au Reichstag, qui ne faisait pas l'unanimité. La force des engagements de Borel dans les associations pacifistes, dans les mouvements pro-européens et en faveur de la SDN a pu jouer comme aussi sa grande proximité avec son beau-père, membre respecté d'une famille catholique alsacienne ayant choisi la France après 1870. Appell avait publié, en 1922, des *Souvenirs d'un Alsacien* dont les dernières pages dessinaient un avenir pour les trois départements, surtout pour l'Alsace qui lui tenait à cœur. Et puis, cette accession à la présidence de la commission a pu être liée au fait que sa mission principale allait être d'organiser les formes administratives du retour des trois départements dans la République et que cette question d'organisation institutionnelle était clairement dans le champ de ses préoccupations. Sans doute adhérait-il aux conclusions du livre d'Appell qui étaient autant de critiques adressées à la majorité de la précédente législature :

> « Il est douloureux de penser qu'en 1922, au moment où j'écris, l'Alsace n'est pas encore française ; elle est restée avec la dénomination administrative d'Alsace-Lorraine, sous un régime spécial. (...) Les Alsaciens demandent à être traités comme les autres. (...) Il faudrait autant que possible reconstituer le pays comme avant 1871 où il était la France purement et simplement (...). On peut dire d'ailleurs que le régime actuel a été un peu trop improvisé par le gouvernement de Clémenceau. Je ne crois pas qu'on ait tenu un compte suffisant des commissions qui avaient travaillé pendant la guerre. (...) Le régime exceptionnel du haut-commissariat prendra fin ; il n'y aura plus aucune différence entre les trois départements d'Alsace-Lorraine et les autres départements français. »[984]

Sans doute Borel n'était-il pas éloigné de ce Comité d'études économiques et administratives qu'Appell évoquait qui, pour l'Alsace, étaient piloté par son ami Albert Kahn. Bref, le voilà président de la Commission d'Alsace et de Lorraine de la Chambre. Cette présidence s'avéra plutôt explosive, Borel étant pris dans un pugilat politique qui le dépassait. Lors de sa déclaration gouvernementale, Herriot avait annoncé, sous les interruptions et les invectives, que l'ambassade au Vatican ne serait pas maintenue, que la loi sur les congrégations serait appliquée, que la laïcité était à la base de « l'unité et de la fraternité nationales » ; il avait ensuite résumé en quelques mots la politique du Cartel vis-à-vis des trois départements :

> « Le gouvernement (...) préparera les mesures qui permettront (...) d'introduire en Alsace et en Lorraine l'ensemble de la

[984] P. Appell, *Souvenirs d'un Alsacien, 1858-1922*, Paris, Payot, 1923, p. 307 sq.

législation républicaine. (*Applaudissements à gauche et à l'extrême-gauche.*) »[985]

De son côté, le principal représentant de l'opposition dans les trois départements, Robert Schuman (1886-1963), élu de la Moselle, dénonçait l'introduction de « l'ensemble des lois religieuses et scolaires » et il demandait qu'une consultation eût lieu dans les provinces désannexées sur cette question. Un Comité d'action et de défense des libertés et traditions religieuses en Alsace et en Lorraine, patronné par l'évêque de Strasbourg, organisait une manifestation de masse, le 20 juillet 1924, à laquelle participèrent de nombreux hommes politiques de la province, dont Schuman, *L'Écho de Paris* lui donnant un relief maximum[986]. Que pouvait dire et faire dans cette tourmente Borel, l'homme du « milieu », entouré de trois vice-présidents radicaux et d'un quatrième, le socialiste Georges Weill ?

Le gouvernement sembla d'abord se hâter lentement jusqu'à ce que, brusquement, la publication du décret du 14 novembre 1924, supprimant le conseil consultatif qui avait été installé par le Bloc national, provoquât une vive réaction de la plupart des élus d'Alsace-Lorraine. Parallèlement, il venait de déposer un projet de loi « portant réorganisation du régime administratif » des trois départements, projet renvoyé à la commission d'Alsace-Lorraine et dont Weill avait été nommé rapporteur. Le ton monta très vite et 12 des 14 élus des trois départements démissionnèrent au motif que leurs amendements avaient été écartés de la discussion[987]. En fait, ils avaient été repoussés, ce que Weill justifiait, devant la presse, par le refus de maintenir une exception d'Alsace-Lorraine dans l'organisation administrative du pays ; par contre il expliquait avoir accepté le maintien sur place de services de l'instruction, des cultes et de gestion des fonctionnaires[988]. Le 24 décembre, la commission siégea de nouveau - les démissionnaires ayant été réélus par leurs groupes respectifs - pour approuver le rapport de Weill complété avec les propositions repoussées de la minorité. Borel fit une déclaration solennelle annonçant que si la commission ne pouvait continuer à travailler, elle cesserait d'exister[989]. L'hiver fut occupé, à la Chambre, à diverses escarmouches entre les deux camps, toujours autour des « libertés religieuses » et de la laïcité et, plus largement, sur la question de savoir si les Alsaciens et les Lorrains étaient des « Français à part entière » ou des « Français conditionnels »[990], et finalement

---

985 TPC, séance du 17 juin 1924, déclaration du gouvernement.

986 F. Roth, *Robert Schuman, 1886-1963, Du Lorrain des frontières au père de l'Europe*, Paris, Fayard, 2008.

987 Lettre de démission de 11 membres de la commission d'Alsace-Lorraine de la Chambre, TPC, séance du 12 décembre 1924, sans débat.

988 Lettre de G. Weill à la rédaction du *Temps*, *Le Temps*, 15 décembre 1924.

989 *Le Temps*, 25 décembre 1924.

990 TPC, séance du 17 mars 1925.

sur ce que chacun appelait « l'amour de la France ». Lors de ces discussions, Borel ne s'exprimait toujours pas.

Le 24 mars eut lieu une nouvelle confrontation[991]. Weill défendit « l'assimilation totale et complète (...) le plus tôt possible », puis vint le tour de Borel. Il s'appuya sur le dernier orateur de l'opposition, Guy de Wendel (1878-1955), député de Moselle et président du Conseil général, qui avait demandé « une politique d'apaisement », pour enchaîner sur ce qui fut essentiellement un plaidoyer en faveur de l'unité nationale. Il ne lésina ni sur l'évocation des « frères séparés » ni sur le souvenir des « provinces perdues » et, comme d'autres avant lui, il cita Barrès qui citait Jaurès et ses fameux « arbres qu'on peut séparer par une muraille de la forêt mais qui, par des racines profondes, vont rejoindre sous la muraille de l'enclos les racines de la forêt primitive »[992]. Il posa donc les bases d'une réunion de toutes les bonnes volontés installées au centre de la Chambre, en rappelant qu'il s'agissait « d'apporter tous les ménagements et les transitions nécessaires » dans l'introduction de la législation française dans les trois départements. Il attaqua ce qui pouvait apparaître comme une position faible du camp anti-assimilationniste, la prétention, exprimée à plusieurs reprises par des orateurs, de laisser décider au cas pas cas des assemblées locales de l'introduction - ou non - de certaines lois françaises dans les départements :

> « Jusqu'où pousseriez-vous ce particularisme au regard de la loi ? », demanda Borel.

Il justifiait donc l'orientation assimilationniste du gouvernement mais il évitait de se prononcer sur le maintien ou non des spécificités religieuses et scolaires dont se réclamaient les catholiques. Une nouvelle discussion eut lieu, le 2 avril, au cours de laquelle il intervint d'autant plus volontiers qu'il avait en face de lui un élu plutôt conciliant, le pasteur Charles Altorffer (1881-1960). La question scolaire était de nouveau en jeu et on débattait de ce que chacun entendait par « école interconfessionnelle ». Borel intervint sur ce point :

> « Quelle différence faites-vous entre une école interconfessionnelle et une école laïque dans laquelle l'enseignement religieux serait donné dans les locaux scolaires mais en dehors des heures de classe ? (...) Si nous admettons l'un et l'autre que les enfants doivent recevoir, d'une part, un enseignement général, que nous pouvons appeler laïque, comprenant l'histoire, la géographie, l'arithmétique, etc., et d'autre part, si leurs parents le désirent, un enseignement religieux, nous pourrons facilement nous mettre d'accord. »[993]

---

[991] TPC, séance du 24 mars 1925.

[992] J. Jaurès, discours à la Chambre, 13 janvier 1911. M. Barrès, discours à Metz, le 15 août 1911.

[993] TPC, séance du 2 avril 1925.

Altorffer répondit que les défenseurs de l'école confessionnelle prônaient une éducation religieuse incluant les autres enseignements mais que ses amis et lui-même étaient prêts à y renoncer « dans un but d'assimilation ». Borel reprit la parole et prononça ce constat :

> « À mon point de vue, vous êtes partisan de l'école laïque car c'est cela que beaucoup d'entre nous appellent l'école laïque. »

Sur ces échanges s'acheva la discussion générale du projet de loi. Borel n'eut pas à y revenir ; quelques jours après il était ministre et la présidence de la commission passa à André Mallarmé (1877-1956). Le processus législatif suivit son cours, le projet de loi fut adopté définitivement par la Chambre le 10 juillet et, le 24 juillet 1925, fut promulguée la loi réorganisant l'administration dans les trois départements d'Alsace et de Lorraine[994].

1.3. Le ministère de la Marine, pour quelques mois

Avoir été ministre de la Marine ne fut sans doute pas un des épisodes de sa vie auquel Borel, toute vanité mise à part, accordait une importance considérable. Avoir occupé cette fonction pendant les deux gouvernements Painlevé, du 17 avril au 25 octobre 1925 au 22 novembre, aurait pris une autre signification si d'autres nominations, à des postes gouvernementaux importants, avaient suivies. De ces sept mois au pouvoir on retint qu'ils avaient été sans lendemain[995]. Et cela ne cesse de demeurer surprenant sinon énigmatique.

Lorsque le ministère Herriot chuta, devant le Sénat, au début d'avril 1925, Borel se démultipliait au cœur de l'action politique. On le retrouvait en effet, à la Chambre, simultanément inscrit dans le débat sur le droit de vote des femmes, dans celui sur l'avenir de l'Alsace et de la Lorraine, dans celui, récurrent, sur la politique monétaire, et dans un autre qui allait commencer, sur la réforme administrative de l'exécutif, à l'occasion de la création du Conseil national économique, tandis que, par ailleurs, son amendement sur le financement des recherches scientifiques suivait son chemin. À chaque fois, il provoquait l'étonnement ou l'intérêt en raison de l'originalité de ses prises de position ou de leur caractère « décalé », jouant tantôt sur son expertise scientifique et provoquant en retour des exaspérations - voir le débat économique et monétaire, tantôt en se réclamant de sa technicité et de son expérience administrative pour apparaître comme un conseiller réformateur auprès du gouvernement - voir la question des recherches scientifiques ou celle du CNÉ, tantôt encore se positionnant quelque part à la droite de la

---

994 Loi du 24 juillet 1925 portant réorganisation du régime administratif des départements du Bas-Rhin, du Haut-Rhin et de la Moselle, *Journal officiel, Lois et décrets*, du 29 juillet 1925.

995 Et aucune archive n'a été retrouvée aux AN.

majorité ou à la charnière de celle-ci et de certaines forces de l'opposition - voir la question du droit des femmes ou celle de l'Alsace et de la Lorraine. Borel, en se manifestant sur tous les terrains, semblait chercher à devenir indispensable alors qu'il était, par ailleurs, plutôt isolé ; l'arrivée au pouvoir du Cartel et singulièrement de son ami Herriot ne lui avait pas apporté de consécration et il se contentait de seconds rôles à la Chambre où officiait son autre ami, Painlevé ; il s'était finalement bien tiré de cette présidence de la commission d'Alsace-Lorraine alors que le sujet était gros d'une possible crise politique, voire ministérielle ; mais c'était son seul bilan politique, un an après l'élection.

Vint la chute d'Herriot et la nomination de Painlevé à la présidence du Conseil ; Borel émergea de cette crise avec les honneurs en entrant pour la première fois au gouvernement de cette Troisième République où on comptait par dizaines sinon par centaines les hommes politiques susceptibles de recevoir un portefeuille ; il obtint la Marine. Cette nomination eut pour effet inévitable de couper court à son investissement de parlementaire et à partir du 17 avril, il consacra donc son activité politique à son ministère. Painlevé l'eût-il nommé au sous-secrétariat d'État à l'Aéronautique, cela aurait eu un caractère presque révolutionnaire, même si le poste existait depuis 1915. Mais la Marine... Marbo indiquait qu'au moment de lui trouver une affectation, Painlevé qui tenait à avoir Borel à ses côtés, « se souvint de la façon dont (il) avait (pendant la guerre, ndlr) préparé les relations entre la marine marchande et la marine de guerre et réglé divers problèmes relatifs aux ports de mer »[996].

À la Marine, Borel ne fit que passer ; il n'eut pas l'occasion de définir une orientation ni d'imprimer sa marque en y revenant ensuite comme son voisin, élu de Villeneuve-sur-Lot, Georges Leygues (1857-1933), entre 1917 et 1933. Marbo retenait qu'il « avait mis beaucoup d'ordre dans les commandes officielles » et mis en chantier plusieurs cuirassés.

Borel s'installa donc dans ces nouvelles fonctions, auparavant celles de Jacques Dumesnil (1882-1956) - qui avait été en charge de l'Aéronautique pendant la guerre - et il hérita de son bilan et de ses projets. Il forma un cabinet civil dirigé par le sous-préfet Henri Matheron, précédemment en poste à la sous-préfecture de Saint-Affrique où il l'avait connu. Il prit Gabriel Perreux qui s'occupait déjà de son secrétariat parlementaire comme chef de son secrétariat particulier[997]. Borel avait, bien sûr, connu ce « grand combattant »[998] de la guerre à l'École normale et il était à la rédaction de

---

[996] C. Marbo, *À travers deux siècles*, *ouv. cit.*, p. 214. Ajoutons qu'il semble que Borel eut à traiter le dossier de la guerre sous-marine mais les archives restent muettes à ce sujet.

[997] A. Chervel, «Les agrégés de l'enseignement secondaire. Répertoire 1809-1960», mars 2015 ([http://rhe.ish-lyon.cnrs.fr/?q=agregsecondaire_laureats)

[998] A. Prost et J. Winter, *René Cassin*, Paris, Fayard, 2011. A. Ducasse, J. Meyer et G. Perreux, *Vie et mort des Français en 1914-1918*, Paris, Hachette, 1959.

Paris-Midi lorsque il l'appela au ministère[999]. Perrin fut nommé chargé de mission. Lors de sa reconduction aux mêmes fonctions, en novembre, Borel garda ces collaborateurs, auxquels il ajouta Jean Maurain qu'il avait déjà recruté pour son secrétariat parlementaire et dont il fit son chef de cabinet. Celui-ci entama ainsi un parcours qui, sans qu'il renonçât à l'histoire et à l'enseignement, le conduisit au cabinet de la présidence du Sénat, lors du Front populaire[1000].

Lors des cérémonies de la Toussaint en hommage aux morts pour la France, après celle de l'Arc de triomphe eut lieu la manifestation traditionnelle dans le Grand amphithéâtre de la Sorbonne, patronnée par l'« Union des pères et mères dont les fils sont morts pour la patrie ». Un ancien ministre de la Marine, l'amiral Lacaze, présida en présence du Maréchal Foch. Un ordre du jour exprimant « le vœu que les forces morales liguées dans la Société des Nations fassent régner sur la terre l'esprit de paix » fut adopté[1001]. Borel, présent, resta en retrait ; cette commémoration résonna pour lui comme une véritable cérémonie privée : il pensait à son filleul, Fernand Lebeau, agrégé de Physique, mort pour la France en septembre 1914.

Borel dans la défense de son budget

Dès le 24 avril, dix jours après son entrée en fonction, Borel se présenta devant la Chambre pour défendre, aux côtés du rapporteur Louis de Chappedelaine (1876-1939), député de l'opposition et membre de la commission de la Marine militaire de la précédente législature, le programme naval élaboré par son prédécesseur qui ne tranchait guère avec ceux développés entre 1919 et 1924[1002]. Il avait été adopté « à l'unanimité » en commission des Finances et en commission de la Marine, toutes choses qui résonnaient encore des échos d'une union nationale que seuls les députés communistes, ironisant ou s'insurgeant, contestaient : « Nous constatons que vous continuez à armer. Voilà le désarmement ! », disait André Henriet (1866-1954) ; « Construisez donc des maisons ! », lançait Jean Garchery, 1872-1957. André Berthon (1882-1968) dénonça, au nom du groupe communiste, ce programme d'armement naval :

> « Vous êtes à la veille de la faillite et de la banqueroute, vous êtes obligés d'avoir recours à la fausse monnaie pour équilibrer les finances de l'État. Pendant ce temps, ce n'est pas pour des œuvres de

---

999 M. Martin, *Médias et journalistes de la République*, Paris, Odile Jacob, 1997, p. 182. On trouvera cet ouvrage de G. Perreux, *Au seuil des élections. Les Allemands m'ont dit...*, préfacé par É. Borel, éd. Paris-Midi, sans date ; date probable : 1928.

1000 *Le Radical*, 10 novembre 1925.

1001 *Le Petit Parisien*, 2 novembre 1925.

1002 TPC, séance du 24 avril 1925.

vie, mais pour des œuvres de mort que des crédits sont demandés au Parlement. (*Applaudissements à l'extrême-gauche communiste.*) »

Le rapporteur ayant répondu qu'il ne s'agissait que d'assurer le remplacement des unités navales obsolètes et qu'il y avait urgence, Borel prit la parole, brièvement, confirmant qu'il s'agissait d'un programme « extrêmement réduit » qui tenait compte des difficultés budgétaires et qu'il fallait le « voter rapidement » afin d'éviter le chômage dans les arsenaux. Il fut adopté par 422 voix contre 29. Lors de son exécution, Borel imprima sa marque en donnant aux futurs nouveaux sous-marins des noms de scientifiques : Archimède, Pascal, Poncelet, Monge, Fresnel, Pasteur et Henri-Poincaré[1003]. Dans les derniers jours de son ministère, il eut l'occasion de s'exprimer devant la presse anglo-américaine sur la signification qu'il voulait donner à ces mises en chantier :

> « On a parlé de l'inutilité du sous-marin. On ne le voit que comme un organe de destruction. Il en est ainsi pour tous les engins de guerre. Mais il est certain qu'au point de vue scientifique, il reste intéressant. Certaines études ne peuvent être faites que grâce à son emploi. C'est un instrument de progrès. Il ne peut être rayé de la liste des conquêtes de l'homme qui l'utilise pour rechercher les possibilités qui s'offrent à lui et doit servir au développement de la civilisation. »[1004]

Le raisonnement permettait de concilier sans drame les progrès de la connaissance, les applications de la science et le développement des armements ; on avait déjà vu Borel appliquer le même raisonnement avant la guerre aux progrès de l'aviation[1005].

L'affrontement entre Borel et les communistes

Borel et le groupe communiste eurent souvent l'occasion d'en découdre, non seulement à l'occasion des débats budgétaires mais encore au sujet de la tournée des arsenaux que le ministre entreprit, au sujet aussi d'affaires de marins mutinés ou encore de la guerre du Maroc. Sur ce plan, Borel fut un ministre de combat. À l'été 1925, tandis qu'il décidait de faire une croisière d'inspection des ports de la Méditerranée - Bizerte, Oran, Alger et Toulon - fortement chroniquée dans la presse, *l'Humanité* mena une campagne récurrente à partir du récit de la mutinerie des marins du cuirassé Strasbourg qui avaient refusé la nourriture supposée infecte - « viande avariée et pain moisi » - qu'on leur servait. « Vingt meneurs (avaient été) arrêtés et incarcérés

---

[1003] *Le Radical,* 15 octobre 1925.

[1004] « Vers la réduction des constructions navales », *Le Radical*, 21 novembre 1925.

[1005] Voir plus haut, le paragraphe sur « un ouvrage "moderne" : *L'Aviation* ».

à la prison de Ferryville »[1006] ; révoltés pour les mêmes motifs, 176 matelots du cuirassé Courbet avaient aussi été arrêtés. Le 25 août, André Marty rendait compte dans *l'Humanité* de la condamnation des marins à plusieurs années de prison pour des faits de mutinerie que le ministre, « l'incapable Borel » pour Marty, avait auparavant démentis[1007]. Le député communiste parlait, à propos du Courbet, de « bagne flottant » commandé par « une clique de fumeurs d'opium » et de « galonnards de l'Action française ». Il établissait le lien avec la mort, au même moment, sur ce cuirassé, d'un capitaine d'arme dont *Ouest-Éclair* puis *L'Œuvre* et *Le Matin* montrèrent qu'elle était suspecte, et dont *l'Humanité* affirma qu'elle était due à un règlement de compte entre officiers : la victime, le premier maître Jean-Marie Le Guennec, aurait été jugée trop conciliante avec les matelots. Le 13 août, Borel montait à bord du Courbet pour couper court aux rumeurs mais le procès des marins confirma qu'il y avait eu une importante rébellion, qu'un officier était décédé, qu'une « grève » de protestation contre la suppression des permissions de certains matelots avait ensuite eu lieu. Les condamnations suivirent[1008]. La campagne continua, axée sur la mort de Le Guennec, malgré les dénégations du ministère et de Borel lui-même. *L'Humanité* saisit l'occasion d'une diatribe lancée par le ministre, lors d'un discours dans sa circonscription de l'Aveyron, pour relancer ses attaques :

> « Ce pacifiste de marine de guerre dont les actes ministériels se sont réduits, depuis six mois, à une plongée en sous-marin[1009] et qui n'avait ouvert la bouche que pour proclamer qu'il n'avait rien à dire, se décide enfin à parler et à agir. Et il prononce un discours, il prend des mesures qui le placent d'un coup au rang des plus stupides et des plus canailles ministres de la Marine du Bloc national. Ses actes ? Nous avons dit de quelle féroce répression il a frappé les matelots qui ont faim par sa faute. Ses paroles ? Elles sont d'hier et il les a prononcées à Saint-Georges-de-Laurençon, dans l'Aveyron, à une de ces inaugurations de monuments aux morts, qui insultent un peu tard les victimes de la boucherie impérialiste de 1914 et un peu tôt aux morts du Maroc dont le nombre n'est pas encore compté. M. Borel

---

[1006] *L'Humanité*, 4 juillet 1925. Ferryville était une ville de Tunisie, dotée d'un arsenal, ainsi baptisée en hommage à Jules Ferry par le résident général d'alors, et devenue Menzel Bourguiba depuis 1956.

[1007] A. Marty, « Les événements du "Courbet" - Le gouvernement du Cartel fait envoyer au bagne quatre marins », *l'Humanité*, 25 août 1925. *Le Matin* citait un communiqué du ministère de la Marine démentant des incidents dont *l'Humanité* avait fait état (*Le Matin*, 11 et 13 juillet 1925). *Le Temps*, résumait une « mise au point » du ministre en parlant « d'incidents démesurément amplifiés pour les besoins de la propagande communiste » et d'« actes isolés (...) volontairement exagérés » (*Le Temps*, 14 juillet 1925), et *L'Humanité* du 14 juillet relançait son offensive contre le ministre en pointant les contradictions du communiqué officiel.

[1008] *Le Temps*, 24 août 1925.

[1009] Borel avait participé, le 16 juillet 1925, en compagnie de Doumergue, Painlevé, Herriot et de Selves, à une plongée à bord du sous-marin le Souffleur.

était accusé par nous d'avoir laissé l'état-major d'Action française de la Marine de guerre brimer et affamer les matelots, et d'avoir couvert l'assassinat d'un officier marinier par un officier supérieur, au moment où la justice d'exception des conseils de guerre frappe impitoyablement huit marins innocents. Voici ce qu'il a répondu : "Le parti communiste se déclare plein de pitié pour nos soldats et fait tous ses efforts pour les livrer sans défense à l'ennemi en gênant leur ravitaillement en munitions. Il voudrait inciter à la révolte nos troupes métropolitaines et indigènes (...). La propagande communiste se caractérise essentiellement par le mensonge, la lâcheté et l'hypocrisie." Ainsi le ministre de la Marine a traduit la rage où nos attaques l'ont mis depuis un mois. Nous le prenons en flagrant délit de faux, il répond par une harangue de comice agricole où défilent tous les lieux communs sur nos "campagnes de fausses nouvelles". »[1010]

Marty répondait aussi aux propos que Borel avait tenus à Saint-Georges-de-Laurençon lorsque, parlant à propos de la guerre du Maroc de « la volonté pacifique de la France » et de son « œuvre civilisatrice » en Afrique du Nord, il avait ajouté « la défense de la civilisation occidentale » et le rétablissement de « l'ordre ». À la Chambre, il niait les incidents du Strasbourg et du Courbet tout en y voyant la main du parti communiste et il ne pouvait éviter de les inscrire dans leur arrière-plan d'expédition coloniale[1011]. Tandis que le parti communiste réclamait l'indépendance du Rif, que Blum, à la Chambre, dénonçait le colonialisme[1012], tandis que Barbusse, Clarté et le groupe surréaliste lançaient un « Appel aux travailleurs intellectuels » condamnant la guerre qui ne réunissait d'ailleurs, dans un premier temps, aucun scientifique, de *L'Ère nouvelle* à la LDH on défendait « l'œuvre civilisatrice de la France » et on était unanime dans la dénonciation du « fanatisme d'Abd-el-Krim »[1013].

La fin de la carrière ministérielle de Borel

Vint la chute de ce gouvernement Painlevé - qui ne tint pas un mois - et, avec elle, la fin de la carrière ministérielle de Borel. Alors qu'à la veille de cette chute, *Le Radical* donnait encore une colonne entière à ses propos sur le désarmement et le programme de constructions navales du gouvernement, Borel disparut, comme emporté par la chute de Painlevé. Pourtant Briand

---

1010 C. Fégy, « Monsieur Borel aboie contre le communisme », *L'Humanité*, 28 sept. 1925.

1011 TPC, Intervention de Borel, séance du 22 décembre 1925.

1012 Discours de L. Blum, TPC, séance du 9 juillet 1925.

1013 J.-F. Sirinelli, *Intellectuels et passions françaises, Manifestes et pétitions au XXème siècle*, Paris, Fayard, 1990. C.-R. Ageron. « La presse parisienne devant la guerre du Rif (avril 1925-mai 1926) », *Revue de l'Occident musulman et de la Méditerranée*, n°24, 1977, p. 7-28. E. Naquet, *La Ligue des droits de l'homme*, thèse citée.

prenait la suite et on eût pu penser que leur vision commune de la politique extérieure et l'activisme de Borel sur les questions de la SDN aurait pu ouvrir la voie à une collaboration, mais ce ne fut pas le cas ; alors que Painlevé retrouvait le portefeuille de la Guerre, Leygues revint à la Marine et Laval occupa le sous-secrétariat d'État à la présidence du Conseil. Pour Borel, rien. En plus, il fut alors fortement grippé - c'est, du moins, ce qu'on écrivit dans la presse pour expliquer son absence de deux semaines à la Chambre, en particulier le 12 décembre, lors du débat sur son budget de la Marine. Puis, il reparut le 17, monta à la tribune le 22 pour justifier son action au ministère. Le 16 janvier, on le vit participer comme suppléant de Painlevé aux travaux de la séance solennelle de l'IICI, aux côtés de Marie Curie, Einstein, Lorentz et Luchaire, et dès la fin du mois, il s'inscrivit à nouveau dans le débat financier à la Chambre.

1.4. Quelle place pour Borel au parti radical ?

Une fois écarté des combinaisons ministérielles, Borel s'appuya autant qu'il put sur son statut de parlementaire pour renforcer sa position au sein du parti radical tout en reprenant sa campagne pour la stabilisation du franc. On le vit poursuivre avec constance des interventions techniques et argumentées à la tribune, dans lesquelles le principal élément nouveau fut son approbation sans réserve des propositions d'augmentation des impôts faites par le gouvernement dans le but affiché d'assurer l'équilibre budgétaire mais afin surtout de donner un signal de rigueur en direction des épargnants et des investisseurs.

Dans le même temps, il fut en permanence actif dans les instances du parti radical où les parlementaires se réunissaient avec les responsables des groupes à la Chambre et au Sénat, et les dirigeants du parti, afin d'obtenir que celui-ci s'engageât de manière stable derrière le gouvernement.

Borel, militant obstiné de la « concentration »

Sa première intervention en ce sens se fit à l'occasion d'un grand débat budgétaire et financier à la Chambre qui avait vu Louis Malvy (1875-1949), président de la commission des Finances, puis le président du Conseil, Aristide Briand, et aussi Blum, au nom des socialistes, intervenir successivement ; ce 2 février 1926, le gouvernement défendait sa politique de création d'impôts et d'augmentation de ceux existants et sa survie était en cause de même qu'on s'inquiétait de savoir quelle majorité allait lui assurer cette survie. Tandis que Blum réclamait, à nouveau, un impôt sur le capital, Borel se déclarait prêt à voter ceux que le gouvernement proposerait et refusait d'en discuter « la nature et les modalités »[1014].

[1014] TPC, séance du 2 février 1926. *Le Radical*, 3 février 1926.

La faiblesse du gouvernement restait grande et le 12 février, Briand fut acculé à demander un vote de confiance. Les radicaux se divisèrent pendant que socialistes et communistes votaient contre. Du coup, Borel qui avait voté pour, demanda dans une réunion du comité exécutif du parti radical qu'on établît au sein du groupe une discipline de vote à laquelle les radicaux étaient peu habitués[1015]. La crise se renouvela dès le 6 mars et les radicaux se divisèrent à nouveau. La confiance fut de nouveau posée : tandis que 84 radicaux votaient pour, 30 la refusaient et beaucoup s'abstenaient ; même division chez les républicains-socialistes ; le ministère tomba. Borel avait voté pour et le revendiquait :

> « M. le rapporteur général a dit que les députés qui avaient voté pour la taxe sur le café étaient courageux. J'étais du nombre ; mais, pour ma part, je n'accepte pas cette épithète. Je considère, au contraire, que ceux qui ont un triste courage sont ceux qui, en ne votant pas les impôts, nous mènent au déficit du budget et, par suite, à l'inflation, qui provoquerait la hausse des prix de toutes les denrées et rendrait encore plus difficile la vie des classes laborieuses. (*Applaudissements à gauche et au centre.*) »[1016]

Un violent débat se développa, désormais public, parmi les radicaux, entre les tenants d'un gouvernement « de concentration », rassemblant les centres et chargé de mener la politique qui venait d'échouer à la Chambre, et les tenants d'un retour à un gouvernement de Cartel capable de mener à la fois la politique de réformes intérieures pour lesquelles les députés radicaux avaient été élus en 1924 et la politique extérieure de paix et de coopération qui en était indissociable. Il fallait donc rassembler Briand et Herriot avec Painlevé et c'est sans doute ce à quoi travaillait Borel lorsqu'il proposa, lors d'une réunion de tous les parlementaires radicaux avec le bureau du parti, une motion qui fut adoptée[1017]. Borel pensait ainsi aller vers l'unité de vote des députés radicaux qu'il avait de nouveau réclamée, en faveur de la politique prônée par Briand-Loucheur-Painlevé, comme seul gage de retour à la stabilité[1018]. Mais, deux sièges étant rendus disponibles par l'entrée de Malvy et Lamoureux au gouvernement il y eut, trois jours plus tard, un vote au sein du groupe radical pour désigner deux candidats à la commission des Finances : Borel fut candidat mais il dût se désister après un premier tour calamiteux ; ses deux collègues finalement élus avaient pourtant, comme lui, voté la confiance au gouvernement Briand : son heure ne semblait donc pas venue, encore une fois[1019].

1015 *Le Matin*, 12 février 1926.
1016 *Le Radical*, 9 mars 1926. Discours d'É. Borel, TPC, séance du 5 mars 1926.
1017 *Le Radical*, 9 mars 1926, *Le Matin*, 9 mars 1926.
1018 Loucheur, ministre des Finances du gouvernement Briand.
1019 *Le Radical*, 12 mars 1926. Un mois plus tard, un siège étant libéré à la commission des Affaires étrangères, Borel qui avait été vice-président de cette commission avant d'en

Borel, adversaire déterminé du rapprochement avec les communistes

Un autre sujet de discorde, au sein du parti radical, a amené Borel à prendre de nouveau une position tranchée mais celle-ci était, pour le coup, nettement majoritaire ; il s'agissait de la question des rapports avec le parti communiste. Elle se posa, concrètement, à l'occasion de la double élection législative partielle, à Paris, de mars 1926. L'opposition entre partisans de l'union des gauches, incluant cette fois les communistes, avec le slogan : « Pas d'ennemi à gauche ! », et anticommunistes déterminés, tournés vers des alliances au centre se polarisa : face aux candidats de droite qui avaient fait de l'*Écho de Paris* leur organe de campagne[1020] - l'un d'eux, Henri de Kérillis (1889-1958), étant assimilé au « fascisme menaçant » - les radicaux se divisèrent, la fédération de la Seine ayant retiré ses candidats et appelé à voter pour ceux du parti communiste ; Borel fut un des opposants les plus vigoureux à ce choix, dénonçant, en particulier, « l'appoint que pourrait apporter à la redoutable propagande communiste dans les arsenaux et les équipages de la flotte, une telle renonciation des radicaux devant le communisme »[1021]. Il n'était pourtant plus ministre de la Marine depuis des mois. Peut-être était-il, par ailleurs, sensible au fait que l'autre candidat de la droite, à côté de H. de Kérillis, était Paul Reynaud (1878-1966), un cousin éloigné de sa femme qu'il avait pris à ses côtés, au secrétariat général de la présidence du Conseil, en 1917, et qui était resté un proche[1022]. Finalement, les radicaux semblèrent ne rien décider mais les deux communistes furent élus. D'ailleurs, l'ensemble des élections partielles de ce printemps 1926, lesquelles suivaient les municipales et les cantonales de l'année précédente, montrait, selon une étude de Jean-Étienne Dubois, que « les difficultés gouvernementales et parlementaires du Cartel ne s'étaient pas clairement traduites par une progression électorale des droites » et que « l'opinion n'avait pas largement basculé en faveur de l'opposition anti-cartelliste »[1023]. C'est ce que pensait alors le président du groupe radical :

> « La majorité des élections dernières vient affirmer que l'orientation des électeurs est de plus en plus nettement dirigée vers les groupes de gauche et que le Cartel, tel que l'a indiqué le citoyen

---

démissionner pour entrer au gouvernement, fut de nouveau battu, par Georges Fribourg (1887-1948), par 31 voix contre 14. (*Le Radical*, 23 avril 1926.)

1020 « Notre organe, pendant cette bataille, est l'*Écho de Paris*. » ((P. Reynaud, *Mémoires*, t. 1, « Venu de ma montagne », Paris, Flammarion, 1960, p. 215)

1021 *Le Matin*, 19 mars 1926.

1022 C. Marbo, *À travers deux siècles, ouv. cit.*, p. 167. Dans ses *Mémoires*, Reynaud passait sous silence les conditions de son arrivée dans les bureaux de la présidence du Conseil. (P. Reynaud, *ouv. cit.*, p. 110). S. Grüner, *Paul Reynaud (1878-1966): Biographische Studien zum Liberalismus in Frankreich*, Munich, R. Oldenburg Verlag, 2001, p. 16.

1023 J.-É. Dubois, « Enjeux et enseignements des élections intermédiaires au temps du Cartel (1924-1926). L'exemple de Léon Daudet, indésirable sénateur du Maine-et-Loire en juin 1925 », *Histoire@Politique*, 3/2014, n° 24, p. 105-118. J.-Y. Boulic et A. Lavaure, *Henri de Kerillis, l'absolu patriote*, chap. 5 « Dans l'arène avec Paul Reynaud », Rennes, PUR, 1997, p. 75-86.

Édouard Herriot, notre vénéré président, n'a pas perdu dans le pays, au contraire. »[1024]

Cette analyse pesait lourd dans les réflexions des radicaux dans la perspective des élections législatives de 1928. Borel, lui, y paraissait peu sensible. Au cours d'un comité exécutif du parti, il réitéra son hostilité à tout rapprochement avec les communistes :

> « Le citoyen Émile Borel, qui vote, lisait-on dans *Le Radical*, pour le ministère, tient à rassurer les radicaux socialistes. Il saura faire l'union contre le général de Castelnau. Il veut bien dire "pas d'ennemis à gauche", mais à la condition qu'on comprenne les communistes, pas comme des républicains, mais comme des réactionnaires. »[1025]

L'adhésion de Borel au « programme de Carcassonne »

Pendant toute la période suivante, Borel appuya la politique de réduction des déficits par les hausses d'impôts prônée par les gouvernements successifs, tout en réclamant un plan de stabilisation de la monnaie. Il fut associé à la large mouvance radicale recherchant une convergence avec le centre et le centre droit quitte à se séparer encore plus des socialistes. Lors du congrès du parti radical d'octobre 1926, il semblait rester proche de la direction du parti. Il eut droit à un article de *Le Radical*, où il exposait sa « doctrine monétaire[1026] ». Lors du congrès suivant, en octobre 1927, il siégea au bureau du congrès, fut chargé d'un rapport sur la politique extérieure et on soulignait son rôle dirigeant au sein de l'Entente internationale dont il devenait le secrétaire général[1027]. À mesure que se rapprochait l'échéance des élections d'avril 1928, le conflit, entre les deux tendances s'aiguisa. La direction du parti, avec son nouveau président, Édouard Daladier (1884-1970), marchandait désormais son soutien à la politique d'« union nationale » qu'approuvaient beaucoup de parlementaires, groupés autour d'Herriot, ministre de l'Instruction publique[1028].

Lorsque, avant le premier tour des législatives, Poincaré fit une tournée électorale à Carcassonne, à l'invitation de la fédération radicale de l'Aude, pour présenter le « programme de la prochaine Chambre de concorde républicaine », Borel figura à la table d'honneur du banquet, à côté du ministre de l'Intérieur, président du Conseil général, Albert Sarraut, de son frère, Maurice Sarraut, et du député de l'Ariège, président du groupe radical à la

[1024] « Séance plénière du comité exécutif du parti radical », *Le Radical*, 20 mai 1926.
[1025] *Le Radical*, 19 décembre 1926.
[1026] *Id.*, 17 octobre 1926.
[1027] *Id.*, 6 novembre 1927.
[1028] Sur « le coup d'Angers », voir J.-J. Becker et S. Berstein, *Victoire et frustrations (1919-1929)*, Paris, Seuil, 1990.

Chambre, Pierre Cazals (1853-1946)[1029]. À propos du discours de Poincaré, on parla ensuite du « programme de Carcassonne » autour duquel se rassemblèrent les partisans d'un courant défiant la direction du parti et tendant au maintien de la politique d'« union nationale ». Serge Berstein souligne que pour Borel, le programme de Carcassonne « représentait la politique radical-socialiste de paix et de réforme, confondue avec la politique Poincaré »[1030]. Il estime qu'il y eut 22,5% de « radicaux poincaréistes » parmi les candidats du parti aux élections de 1928.

Les élections législatives de 1928 : Borel réélu

Vint le moment de l'affrontement électoral dans le cadre du retour au scrutin uninominal à deux tours. Dans l'Aveyron, divisé en cinq circonscriptions, la droite cléricale, toujours agitée par le général de Castelnau et la Ligue catholique, appuyés par l'évêque de Rodez, Mgr Chaillol, espérait prendre une revanche. Tous les espoirs lui étaient permis au vu des foules immenses qu'elle réunissait dans tout le département et à Rodez même, avec la participation de personnalités parisiennes comme Taittinger ou Xavier Vallat. De plus, la gauche partait divisée et Borel avec un handicap considérable dans l'électorat rural, conservateur et catholique, y compris à Saint-Affrique, où les « républicains » ne constituaient qu'un noyau dur décidé mais isolé. La droite, en lui opposant le maire conseiller général de Saint-Affrique, Alfred Reynes, qui passait pour « libéral », pouvait espérer la victoire et c'était, en tous cas, l'analyse que le préfet faisait dans ses rapports à son ministre[1031]. La situation était suffisamment difficile pour que Borel ait pu envisager d'aller se porter candidat dans la circonscription de Cherbourg qu'on lui proposait et qui fut finalement emportée par son beau-frère, Pierre Appell[1032]. Selon Marbo, il devait aussi compter sur l'hostilité active des patrons des caves de Roquefort car il avait pris la défense des producteurs de lait. Elle racontait avec force détails et une émotion toujours vive les péripéties de la campagne électorale qui fit l'objet d'une mobilisation totale des deux camps. Borel avait désormais sa réputation et, souvent accompagné de son épouse, il s'était fait connaître jusque dans les hameaux les plus isolés. Marguerite Borel joua d'ailleurs un rôle non négligeable. Celle qui avait appris à connaître en détail les problèmes de la circonscription en animant le secrétariat parlementaire de son époux était aussi une femme de terrain. Elle se chargeait de la propagande électorale, de la conception à la diffusion. Enfin,

[1029] *Le Matin*, 2 avril 1928, *Le Radical*, 8 avril 1928.

[1030] S. Berstein, *Histoire du parti radical*, vol. 2, « Crise du radicalisme, 1926-1939 », Paris, Presses de la FSP, 1982.

[1031] Rapports successifs du préfet de l'Aveyron au ministre de l'intérieur, de novembre 1928 jusqu'à l'élection, Arch. départ. de l'Aveyron, Élections législatives, cote 3 M 457.

[1032] Information contenue dans la profession de foi de Borel pour l'élection législative de 1932, Arch. munic. de Saint-Affrique, Dossier électoral, cote 1 K.

son image de « Parisienne » qu'elle savait adoucir en entretenant des liens familiers avec son entourage aveyronnais, en allant « au café », en mangeant « sur le pouce » avec des électeurs, ce personnage de femme du monde et d'écrivain à la mode et néanmoins accessible et enjoué ajoutait au prestige de son mari académicien.

Au premier tour, la droite fit passer trois des siens ; deux sortants, élus du Cartel, Balitrand et Raynaldy, étant battus, Borel et Ramadier mis en ballotage. Au second tour, Borel ne l'emporta que de 42 voix sur le nouveau candidat conservateur, Georges Cochy de Montcan, conseiller général et maire de Saint-Sernin-sur-Rance qui remplaçait Reynes et de Castelnau dont les candidatures concurrentes avaient contribué à la dispersion des voix de droite. Cette victoire fut une surprise totale. Ce soir-là, de la Mairie où on entonna la Marseillaise au Grand café de Saint-Affrique où « un vieux lutteur républicain, Frédéric Boulogne, monté sur une table, chanta : *Maudite à jamais soit la guerre...* »[1033], le républicanisme radical de Borel atteignit son apogée aveyronnais.

Cette élection difficile ne l'empêcha pas, dans les mois suivants, de rester une personnalité à la réputation montante au sein du parti radical. Pendant l'été, deux articles consacrés à son action internationale, avec portraits photographiques, lui furent consacrés dans *Le Radical*. Le premier, à la suite de la réunion de l'Entente internationale, à Londres, à laquelle Daladier était venu participer[1034] ; le second à la suite d'une réunion de la Commission internationale de Coopération intellectuelle, à Genève, qui, sous le titre : « Enseignons à la jeunesse la paix, nous dit Émile Borel », lui donnait longuement la parole. Il y prônait la diffusion d'un « enseignement commun de l'histoire des dix dernières années », quitte à ce qu'« elle soit résolument proscrite de Rome et de Moscou »[1035]. Ensuite, il participa, à la fin août, au Congrès interparlementaire, à Berlin, où cinq cents élus de 37 nations débattirent du maintien de la paix et des arbitrages internationaux.

C'est donc sur le plan international que son action semblait le mieux reconnue tandis qu'il aurait sans doute souhaité que ses interventions de politique monétaire et fiscale eussent autant d'échos.

[1033] C. Marbo, *À travers deux siècles, ouv. cit.*, p. 224. Ce souvenir de C. Marbo était peut-être un peu approximatif. Il est difficile de retrouver une chanson pacifiste comprenant l'expression citée qui rappelle l'inscription sur le monument aux morts de Gentioux, dans la Creuse, inauguré en 1922. Elle était aussi reprise exactement de l'« Appel à la paix », du 1er janvier 1916, de l'écrivain libertaire et pacifiste, Émile Masson (1869-1923), reproduite sur des cartes postales pacifistes après la guerre. (R. Le Coadic, « Humanisme et Bretagne », colloque Yann Sohier, oct. 2001, Rennes, et notice non signée dans le dictionnaire *Maitron*.)

[1034] *Le Radical*, 22 juillet 1928.

[1035] *Id.*, 12 août 1928.

Camille Marbo, la « seconde » indispensable

Par ailleurs, de même qu'il avait pu s'appuyer sur son épouse pour assurer sa réélection, Borel put de plus en plus compter sur elle pour donner l'image, dans le monde parisien, d'un couple solide et puissant, le prestige de Camille Marbo venant compléter la stature de grand intellectuel influent de Borel. L'écrivaine confirmée et populaire qu'elle était devenue, l'organisatrice, la collaboratrice efficace qu'elle savait être, l'épouse remarquée et indispensable qu'elle avait appris à mettre en scène, de dîner à l'Élysée en gala à l'Opéra, la mondaine complétant la « femme de tête », tout cela était devenu une composante essentielle de Borel, homme public et de pouvoir. Lors de l'année gouvernementale de son mari, dans ce monde d'hommes politiques souvent âgés et parfois blasés, entourée du président Doumergue, célibataire, de Briand, célibataire aussi, de Painlevé, veuf, de Caillaux qui - bien obligé - venait toujours sans sa femme, Marbo, souvent la seule femme parmi tous ces hommes, incarnant la jeunesse et la femme libre, tenait avec prestance et autorité « la place de maîtresse de maison » :

> « Par le jeu des préséances, écrivait Marbo, c'était moi qui présidais les déjeuners intimes, face au président de la République. »

Briand, charmé ou charmeur, la présentait comme « la femme du gouvernement » et lui disait : « Parfaite dans ce rôle, ma chère. On vous nommera ambassadrice quelque part, dès que vous lèverez le petit doigt. Mais Borel n'en voudra jamais. »[1036]

Quelques mois plus tard, Camile Marbo avait été élue au comité de la Société des gens de lettres que quittait Delarue-Mardrus et, aussitôt, au secrétariat. Se trouvant « avec une nouvelle affaire sur les bras », selon le commentaire aigre que fit son mari, elle prit la chose très à cœur, commença par faire un stage de plusieurs semaines dans les principaux services et devint rapidement indispensable. L'année suivante, en 1928, le président lui demanda de reprendre la direction de l'œuvre que la Société consacrait aux secours, le « Denier des veuves ». Elle lui donna aussitôt une nouvelle ampleur, installant l'épouse du président Poincaré à la présidence effective, et réfléchissant à un programme de manifestations caritatives. Elle convainquit les membres du comité de travailler effectivement au lieu de se contenter de déjeuner dans les meilleurs restaurants. Ceux que Marbo appelait ses « camarades du dimanche » formèrent autour d'elle une sorte d'état-major. Elle installa la Société dans l'hôtel de Massa reconstruit au faubourg Saint-Jacques, sur un terrain prélevé dans les jardins de l'Observatoire où, certes, des bureaux adaptés furent installés - « une ruche à nombreux alvéoles », disait Marbo - mais qui fut aussi un lieu de réceptions brillantes. Dans ces nouvelles

---

[1036] C. Marbo, *À travers deux siècles*, *ouv. cit.*, p. 216-217.

fonctions, elle devint, à son tour, une personnalité publique, impulsant des collaborations avec les sociétés équivalentes, défendant les droits des auteurs et faisant avancer des projets législatifs auprès des parlementaires, comme l'idée d'un « Domaine public payant » pour financer une retraite des écrivains, intervenant dans la presse, dans des réunions académiques ou politiques et organisant la vie mondaine du milieu littéraire. En 1937, elle devint présidente de la Société des gens de lettres, succédant ainsi à Gaston Rageot (1871-1942), de la même promotion ENS que Borel, François Mauriac (1885-1970), Georges Duhamel (1884-1966) et Jean Vignaud (1875-1962). Lucie Delarue-Mardrus y vit « une victoire féministe, (obtenue, ndlr) sans revendications, criailleries ni manifestes »[1037].

À la nouvelle Chambre et après le « coup d'Angers »

À la nouvelle Chambre, Borel, qui ne faisait toujours pas partie du « comité directeur » du groupe radical, fort pourtant de 24 membres[1038] et qui n'obtint pas de poste remarquable dans les grandes commissions de la nouvelle assemblée, se manifesta aussitôt par une nouvelle interpellation. Alors que son parti avait décidé un appui provisoire et conditionnel au gouvernement de Poincaré reconduit à l'identique, il fit une déclaration d'appui inconditionnel à ce qu'il qualifia de ministère de « concorde républicaine »[1039]. S'exprimant deux jours après l'annonce de la dévaluation du franc des quatre cinquièmes de sa valeur antérieure, il considéra que sa bataille pour la stabilisation avait atteint ses objectifs principaux et demanda que l'appauvrissement que celle-ci entraînait pour certains Français fût, au moins partiellement, pris en charge par des mesures gouvernementales. Borel n'avait jamais été aussi à son aise, depuis quatre ans qu'il intervenait sur les questions financières et monétaires. Son accord avec la politique de Poincaré semblait total.

À la rentrée de l'automne, il renouvela, dans *La Volonté*, journal dirigé par un affairiste douteux qui se voulait alors proche du parti radical, Albert Dubarry (1865-1940), cette adhésion aux choix politiques de Poincaré[1040]. Il saisit aussi l'occasion pour énoncer son positionnement politique complet :

> « La seule majorité qu'il me paraisse possible de dégager d'une manière stable dans la Chambre actuelle est une large majorité de concorde républicaine, disait Borel. Elle doit comprendre tous ceux qui sont véritablement républicains, c'est-à-dire profondément attachés aux institutions démocratiques sans arrière-pensée de

---

1037 Lettre de L. Delarue-Mardrus à C. Marbo, 23 mars 1937, Papiers de madame Françoise Besson.

1038 *Le Matin*, 24 mai 1928.

1039 TPC, interpellation d'É. Borel, séance du 29 juin 1928. Borel intégra la commission des Travaux publics et Moyens de communication, et celle de l'Enseignement et des Beaux-arts.

1040 Y. Gastaut, « Albert Dubarry, un "*non-destin*" niçois (1925-1928) », *Cahiers de la Méditerranée*, 1997, Vol. 55 n° 1, p. 61-66.

révolution bolcheviste ou fasciste. (…) Si on laisse de côté cinquante députés à l'extrême gauche et cinquante députés à l'extrême droite, il en reste 500. (…) Quel pourrait être le programme de cette majorité ? J'avoue n'en voir qu'un seul : c'est le programme radical, que l'on peut caractériser en quelques mots comme le programme d'un parti qui désire voir les droits de l'État, c'est-à-dire l'intérêt général placé au-dessus des intérêts particuliers. »

Jusque-là, ce n'était pas bien nouveau. Mais Borel alla plus loin :

> « Quant au chef du gouvernement chargé de réaliser ce programme, il me semble que ce doit être M. Poincaré. J'ai toujours considéré M. Poincaré comme un radical qui n'a sans doute jamais adhéré au parti de la rue de Valois, qui sans doute montrerait volontiers un peu d'opportunisme dans la réalisation des réformes radicales mais qui, pour l'essentiel, c'est-à-dire pour la prééminence des droits de l'État et le souci de l'intérêt général, est un des plus fermes tenants de la doctrine radicale. »[1041]

Du coup, la presse, de l'enthousiasme à la plus grande ironie, s'empara du propos. *L'Avenir,* le journal du parti démocrate populaire - parti catholique modéré, hostile au Cartel - dénonçait, en s'étranglant, « cette confusion » :

> « Qu'en pense M. Poincaré ? Vraiment, on se l'arrache. Que d'encens et que d'amour !... Il y a de quoi défaillir. (…) Quand il rentre en lui-même, M. Poincaré se reconnaît-il dans de si fervents hommages ? Se sent-il radical et radical depuis toujours ? »[1042]

Le Radical, dénonçait, lui aussi, la confusion :

> « Vous verrez qu'à la fin nous ne nous y reconnaîtrons plus. Nous ne sommes plus f… de savoir si c'est le parti radical qui est un "tiers-parti" ou M. Poincaré qui est un "tiers-chef"… »[1043]

Sans doute Borel ne s'imaginait-il pas que le congrès du parti radical, convoqué à Angers, du 3 au 9 novembre, serait celui des plus graves remises en cause. Pendant plusieurs jours, les partisans et les opposants au gouvernement Poincaré s'affrontèrent : Daladier se déclarait « fidèle à l'entente des gauches » et déclarait « la politique de soutien (…) périmée », Herriot réaffirmait son adhésion à une « politique d'union républicaine de

---

[1041] Entretien d'É. Borel à *La Volonté*, 7 septembre 1928.
[1042] *L'Avenir*, 21 septembre 1928.
[1043] *Le Radical*, 30 septembre 1928.

Paul-Boncour jusqu'à Waldeck-Rousseau ». Lors de la séance de clôture, dans une agitation croissante, Borel reprit la parole pour exprimer un point de vue :

> « Si le congrès est souverain, dit-il, la souveraineté du suffrage universel est plus haute encore. Il y a 134 députés radicaux à la Chambre. Dans ce nombre, il en est qui ont pris des engagements. Vous n'allez pas leur demander, par un vote de congrès, de les renier. Si vous renversez le cabinet actuel, vous aurez, le lendemain, un cabinet qui lui ressemblera comme un frère. Si le congrès vote les ordres du jour, nous verrons où est, au groupe parlementaire, la véritable majorité. »[1044]

Puis il y eut cette séance de nuit avec l'adoption forcée d'une déclaration dénonçant l'« union nationale » et prônant le retour à l'« union des gauches » que *Le Temps* qualifia de « guet-apens d'Angers » et qui fut aussitôt connu comme « le coup d'Angers »[1045]. Les ministres radicaux démissionnèrent aussitôt et Poincaré constitua une nouvelle équipe, sans eux, mais où l'on retrouvait, bien sûr, Briand et Painlevé, et trois autres républicains-socialistes. Borel décida, avec sept autres députés radicaux, de lui apporter son vote, un acte déterminant pour la suite de sa carrière. Lors d'une réunion du groupe radical, le 8 novembre, celui-ci dont *Le Temps* rappelait « l'attitude énergique au congrès d'Angers comme soutien de la formule d'union nationale », défendit un texte de motion rigide. Puis il adressa au *Temps* une lettre affirmant « qu'un très grand nombre de (ses) collègues radicaux partageaient (son) opinion sur le fond, c'est-à-dire désiraient le retour au pouvoir de M. Poincaré »[1046].

Celui-ci ayant annoncé quelques concessions, le groupe radical se réunit de nouveau, Borel, suivi par quelques-uns que Gabriel Cudenet (1894-1948) appelait, dans *l'Ère nouvelle*, « les grenadiers de Carcassonne », maintint sa position. Pendant quelques heures, il parut possible que certains radicaux entrassent dans un cabinet Poincaré. *Le Gaulois*, sans doute pour participer à la manœuvre, citait Borel parmi eux[1047]. Dans *La Renaissance* on disait même que lors de conversations dans les couloirs, Borel et Nogaro, parmi d'autres radicaux, avaient déclaré « qu'ils ne refuseraient pas et même qu'ils accepteraient volontiers de faire partie d'un nouveau cabinet Poincaré »[1048]. *Le Gaulois* confirmait. Finalement, le groupe, poussé par Daladier, décida de ne pas soutenir le nouveau gouvernement. Avant la séance à la Chambre, huit députés, dont Borel, annoncèrent qu'ils reprenaient leur liberté de vote et ils offrirent leur démission du parti ; les huit votèrent pour le gouvernement, sept votèrent contre et la quasi-totalité du groupe s'abstint[1049]. Au total, par 330 voix contre 129, le 15 novembre, le cinquième gouvernement Poincaré fut investi.

[1044] *Le Radical*, 11 novembre 1928.
[1045] *Le Temps*, 7 novembre 1928. J.-J. Becker et S. Berstein, *ouv. cit.*
[1046] *Id.*, 9 novembre 1928.
[1047] *Le Gaulois*, 10 novembre 1928.
[1048] *La Renaissance politique, littéraire et artistique*, 8 novembre 1928.
[1049] *Le Matin*, 18 novembre 1928, *Le Temps*, 19 novembre 1928.

Borel, hors parti

Une fois ce pas franchi, Borel ne revint pas en arrière. Dans *La Renaissance,* Robert Lange (1903-1994), journaliste radical et, par ailleurs, un des fondateurs du Groupe universitaire pour la SDN et, par là, proche de Borel, lui faisait dire que, « radical depuis l'âge de 13 ans, radical il demeurerait en dépit de sa démission du groupe, aussi longtemps qu'il ferait de la politique »[1050].

Par contre, Borel, encore une fois, peut-être parce qu'il était hésitant sur l'avenir, ne trouva pas sa place dans une éventuelle « combinaison ». C'est à Marraud qu'échut l'Instruction publique, lequel vint ainsi inaugurer avec le président du Conseil, dès les jours suivants, l'Institut Henri-Poincaré, dont le directeur était... Borel. Cette occasion d'obtenir un portefeuille n'allait plus se représenter, alors qu'une carrière dans des gouvernements de concentration lui aurait sans doute mieux convenu que toute autre combinaison.

Le 11 janvier 1929, alors que son sort n'était pas encore réglé par les instances du parti, il déposa, avec une dizaine de députés dont trois avaient voté la confiance avec lui, un ordre du jour qui lui permit d'accéder à la tribune et d'expliquer pourquoi il voulait renouveler sa confiance à Poincaré[1051]. Il se déclara d'accord avec les prémisses de Berthod qui avait parlé pour les radicaux et il expliqua, dans une certaine agitation, que ses raisons de conclure au vote de la confiance tenaient « à des raisons qu'(il) qualifiait de radicales et radicales-socialistes ». Une fois le retour à l'ordre et au silence obtenu, Borel put poursuivre :

> « Je pense, dit-il, qu'il doit se dégager dans cette Chambre une large majorité républicaine (*Interruptions à gauche et à l'extrême-gauche.*) et que, pour cela, il est désirable qu'il ne se produise pas une rupture complète entre M. Poincaré et le groupe radical-socialiste. »[1052]

Ce 11 janvier 1929 fut donc un jour de clarification pour Borel qui reçut les éloges du *Temps*[1053]. Quant aux radicaux, ils ne le comptèrent pour un des leurs. Dans *L'Homme libre*, désormais dirigé par le journaliste Eugène Lautier (1867-1935), par ailleurs député de la Guyane, parut un éditorial d'abord vengeur qui finissait dans l'indulgence :

> « À Émile Borel - L'inutile péché - Applaudi par *Le Temps*, Émile Borel imite cet orateur de la Restauration qui, devant les bravos de ses adversaires politique, disait à demi-voix : "Aurais-je énoncé quelque sottise ?" (...) Pourquoi ne vous dirions-nous pas,

[1050] *La Renaissance politique, littéraire et artistique*, 19 janvier 1929.
[1051] TPC, séance du 11 janvier 1929.
[1052] Id.
[1053] *Le Temps*, 14 janvier 1929.

Émile Borel, puisque nous vous aimons, et que nous vous l'avons prouvé, que vous nous avez fait de la peine ? Et pourquoi ne trouverions-nous pas un réconfort dans ce fait que vous-même vous n'êtes pas fier de ce qui s'est passé. Ni Poincaré non plus ? Nous le savions. Nous enregistrons votre témoignage. »[1054]

L'exclusion fut donc prononcée et la presse annonça le ralliement de Borel au groupe des Indépendants de gauche. Ainsi entamait-il volontairement, alors qu'il considérait qu'il était plus « radical et radical-socialiste » que les radicaux du parti radical, une nouvelle étape de sa carrière politique qui le plaçait, au moins pour un temps, en conflit avec ses anciens amis.

Conclusion : le choix radical d'un caractère entêté

Cette séquence qui vit Borel fréquenter les antichambres du pouvoir politique et être à deux doigts d'une vraie carrière gouvernementale, se solda par un échec. Son caractère y eut sans doute autant sa part que ses positions politiques. Borel a souvent été présenté comme un homme de caractère difficile et ombrageux, prompt à l'emportement, porté au repli plutôt qu'au compromis, alors que son radicalisme opportuniste pouvait laisser attendre tout le contraire. Il a sacrifié la réussite à ce qu'il croyait être la droiture et a ainsi indisposé bien des gens, apparaissant comme submergé par un tempérament atavique de « huguenot aveyronnais », rigide et têtu. Son ami Maurain ne disait-il pas qu'« originaire d'une contrée de climat rude, il en avait, dans l'aspect, conservé quelques empreintes. (…) Il lui arrivait d'être agacé par les lenteurs ou les insuffisances d'une conversation ou d'une discussion et de le manifester[1055] ». Son élève et ami Fréchet confirmait, tout en euphémisme :

> « En deux circonstances, Borel n'a répondu avec sa vivacité et sa franchise habituelles. »

Ramadier, lors des obsèques de Borel, était plus direct, évoquant « un ton volontiers bourru (…), jamais aucune effusion[1056] ». Marbo, de manière voisine, lui faisait dire :

> « Cévenol, rude et entêté, j'ai horreur des phrases et suis incapable de faire ce qui m'ennuie. »

On disait de lui, en gage d'estime qu'il « ne parlait pas pour ne rien dire » et Borel lui-même affirmait : « Quand on n'a rien à dire, on se tait. » Ses

---

1054 E. Lautier, « L'inutile péché », *L'Homme libre*, 16 janvier 1929. Plus tard, Lautier rejoignit le groupe des Indépendants de gauche où siégeait Borel.

1055 M. Fréchet dans « Vie et Œuvre d'Émile Borel », É. Borel, *Œuvres, ouv. cit.*, p. 5-98.

1056 P. Ramadier, Discours aux obsèques d'É. Borel, Arch. départ. de l'Aveyron, fonds Paul Ramadier, cote 52 J 6.

meilleurs amis évoquaient sa « froideur apparente »[1057]. Selon Marbo, on avait comparé son mari « aux châtaignes de son pays : piquants au dehors, intérieur savoureux pour celui qui les dépouilles de leur graine verte hérissée de pointes ». C'était au point que ses adversaires, rejouant les guerres de religion, le caricaturaient cruellement dans un tract, d'une manière au total difficilement compréhensible pour l'électeur moyen : « On imagine la tête de M. Borel, avec son menton en pointe, à la Coligny, posée sur une fraise »[1058].

Ce caractère dont Marbo pensait qu'il le servait auprès des Rouergats le desservait à Paris. L'avocat dreyfusard Louis Leblois (1854-1928) l'avait déclaré à Appell, avec regrets :

> « Ton gendre est décourageant. Il ne se force jamais à se montrer aimable. S'il faisait le moindre effort, aidé par ta fille Marguerite, il arriverait au premier plan. »[1059]

Et, de fait, le choix fait par Borel du cheminement politique individuel ressemblait à un pari suicidaire : il avait beau pouvoir compter sur le fait que son positionnement « au centre » était partagé, peut-être, par la majorité de la Chambre, en rompant avec les solidarités de groupe et les stratégies de parti, en renonçant à être un leader radical reconnu et consensuel, il avait peu de chances de réussir une conquête du pouvoir qui jusque-là lui avait échappé. La suite de son itinéraire montra finalement que cette rupture indiquait que plus encore qu'un homme politique et un leader dans son parti il se considérait d'abord comme un « intellectuel de parti » dans le sens que ce terme peut avoir s'agissant de caractériser, en ce début de siècle, les itinéraires d'un Bouglé, d'un Aulard et tant d'autres, dans la mouvance radicale, mais aussi d'un Jaurès ou d'un Guesde chez les socialistes[1060].

[1057] G. Julia, « Discours pour le Jubilé d'Émile Borel », janvier 1940.

[1058] Tract hostile à Borel lors de la campagne électorale de 1928, Arch. Départ. de l'Aveyron, Élections législatives, cote 3 M 457.

[1059] *Id.*, p. 215. En marge d'une note de renseignements administrative remplie de mauvaise grâce par Borel, le doyen Maurain avait noté, au crayon bleu : « Le geste toujours aimable ! Il n'est pas le même avec ses électeurs à coup sûr ! » (Dossier d'états de service d'É. Borel, dossier AN AJ-16-5733, document du 15 mai 1931.)

[1060] « Il était assez naturel d'être un intellectuel de parti au début du XXème siècle : Durkheim, Mauss, Lucien Herr…Cela allait de soi, on était intellectuel certes, mais aussi ou d'abord citoyen. » (D. Bensaïd, « Quand l'histoire nous désenchante », entretien av. I. Jami, G. Wasserman et P. Simon, *Mouvements*, n° 44, mars 2006.

Chapitre 2
La recherche
après le « sou des laboratoires »

Le projet que Borel avait eu en tête pour la recherche scientifique, en arrivant à la Chambre en 1924, s'était résumé à vouloir d'une part l'amélioration du recrutement de chercheurs et d'autre part l'instauration d'une source de financement pérenne en leur faveur.

L'aboutissement du second point, grâce à l'« amendement Borel » à la loi de Finance du 13 juillet 1925, ouvrait la voie au premier. La manière dont toute la question fut posée à la Chambre puis au Sénat - en l'absence de tout projet de loi - ne permit pas de débat de fond sur la définition ni la mise en œuvre d'une politique de la recherche scientifique que personne ne semblait réclamer. Cependant, au fil des années, quelques parlementaires se firent remarquer par l'intérêt qu'ils portaient à cette question, entre autre le rapporteur de ce budget pour la commission des Finances, Hippolyte Ducos, et le député communiste Paul Vaillant-Couturier. Pendant la suite de son premier mandat de député et pendant les deux suivants, Borel resta attentif à cette question et face à l'émergence de projets de développement et d'institutionnalisation de la recherche, à la fois plus globaux et plus construits, en particulier ceux présentés et défendus par Jean Perrin, il fut amené à se positionner et à agir.

2.1. Les suites du « sou des laboratoires »

Lors de la discussion sur le budget de l'Instruction publique pour 1926, le ministre annonça que, grâce aux ressources dues à la taxe d'apprentissage, 4 millions de Francs iraient au financement des laboratoires. Borel, qui venait tout juste de retrouver son banc à la Chambre, n'intervint pas tandis que Vaillant-Couturier dénonçait seul les insuffisances du budget de l'Enseignement supérieur[1061].

La recherche confrontée aux restrictions budgétaires

Les interventions de Vaillant-Couturier bousculaient les formes de la politique familières aux députés. Jusque-là, la défense des intérêts des

[1061] TPC, intervention de Paul Vaillant-Couturier, séance du 15 décembre 1925.

universitaires avait relevé, souvent, d'une sorte de clientélisme - chacun intervenant pour obtenir un crédit en faveur de telle chaire, tel laboratoire, tel professeur du Collège de France, telle faculté de Médecine ou tel institut de province ; le débat budgétaire tournait plus d'une fois au simple marchandage. Le discours communiste invitait le monde universitaire tout entier à un changement de camp radical :

> « Vous savez, lançait Vaillant-Couturier à l'ensemble de la Chambre, que beaucoup d'hommes de science, qui ont été des républicains de la première heure, de ceux qui ont bâti cette Troisième République, dont vous êtes les représentants, se sentent sacrifiés par ce régime et sont tout doucement entraînés sur la pente des solutions violentes. Ils hésitent encore entre nous, qui leur faisons encore un peu peur, et les fascistes qui les flagornent. Ils hésitent, mais ce qui est certain c'est qu'ils en ont assez des hommes de juste milieu que vous êtes. (*Applaudissements à l'extrême gauche communiste.*) Et c'est tout à l'honneur de leur probité scientifique. Ces savants (...) vous tiennent au moins pour des insensés lorsqu'ils voient le peu de crédits que vous consacrez à l'enseignement supérieur, à la science française, alors que dans la seule guerre du Maroc vous avez jeté, en six mois, plus d'argent que vous n'en consacrez à l'ensemble du budget de l'Instruction publique. (*Applaudissements à l'extrême gauche communiste.*) »[1062]

L'année suivante, le même scénario se présenta. Vaillant-Couturier exprima longuement, dans un contexte de sévères restrictions budgétaires, ce que beaucoup pensaient en silence. En réalité, il faisait l'intervention que Borel aurait pu faire si celui-ci n'avait pas été lié par les exigences de la solidarité majoritaire et, cette fois, il obtint même son soutien ainsi que, timidement, celui du rapporteur auquel il empruntait la plupart de ses chiffres témoignant du recul des crédits - étant donné l'inflation - sur ceux de l'année précédente :

> « Nous nous trouvons une fois de plus en face d'une rencontre de la culture et de la vie chère, où c'est la culture qui est défaite. (...) Vous n'avez pas d'argent. C'est le refrain de tout ce budget, de tous vos budgets. Je ne veux pas abuser de ces rapprochements un peu faciles et devenus classiques entre tels chapitres d'un autre budget et les chapitres de l'enseignement. Mais je vois, par exemple, que pour l'entretien en fourrage des chevaux du département de M. Painlevé, 220 millions sont inscrits, tandis qu'on inscrit 98 millions pour le budget de l'Enseignement supérieur de M. Herriot, c'est-à-dire le budget de la science. »[1063]

[1062] Id.

[1063] TPC, intervention de P. Vaillant-Couturier, séance du 20 novembre 1926.

Borel prit la parole pour un exercice d'équilibriste, balançant entre l'approbation des propos de Vaillant-Couturier et l'adhésion en tout état de cause aux restrictions budgétaires :

> « Je voudrais appuyer d'un mot les observations si justes de M. Vaillant-Couturier en ce qui concerne le matériel. (...) Je n'ai pas déposé d'amendement parce que le chiffre que j'aurais demandé aurait effrayé M. le ministre des Finances. Voilà en effet de nombreuses années qu'on oublie cette augmentation automatique. Je demande que l'on en tienne compte soit dans les crédits supplémentaires, soit de toute autre manière, en tous cas que l'on fasse l'effort indispensable (*« Très bien ! très bien ! »*). »[1064]

À peine Borel avait-il terminé qu'il dut essuyer une réponse acide de Daladier, ministre de l'Instruction publique. Prétendant que l'insuffisance des crédits qu'il ne contestait pas était sans cesse posée « de façon abstraite » celui-ci suggérait que les universités « veuillent bien signaler les laboratoires qui se trouvent démunis ». Devant une telle mauvaise foi, Vaillant-Couturier mania l'ironie et s'appuya sur sa position de force :

> « M. le ministre de l'Instruction publique nous dit : "Je répondrai à toutes les demandes précises qui me sont adressées." C'est en quelque sorte l'administration de l'Université par voie de suppliques. (...) Ce n'est pas ainsi que doit être administrée l'Université. Dans ses développements, M. Ducos (le rapporteur, ndlr) vous donne les précisions que vous demandez. Les extraits de lettres qui figurent à son rapport suffisent à vous éclairer. La Chambre est saisie de la question. (...) La Chambre est souveraine, (...) elle a tout de même le droit de renvoyer à la commission une série de chapitres dont la dotation lui paraît insuffisante. »

Borel se rangea alors derrière le gouvernement qui, en difficulté, chercha, chapitre par chapitre, une porte de sortie. Un député radical, soutenu par Borel et par le rapporteur, déclara que les crédits concernant le fonctionnement et le développement des laboratoires, « tout à fait insuffisants », ne seraient pas acceptés :

> « Ce n'est plus seulement la grande misère des laboratoires, c'est la misère générale », lança-t-il[1065].

Ducos et Borel demandèrent qu'on attribuât aux laboratoires plus que les 4 millions annoncés car, cette année, la taxe d'apprentissage allait rapporter

[1064] TPC, intervention d'É. Borel, séance du 23 novembre 1926.
[1065] TPC, intervention de J. Dellac, id.

beaucoup plus. En fait l'affaire avait été négociée en coulisse et on vit le ministre aussitôt accorder une rallonge d'un million.

Lors de la présentation du budget pour 1928, Borel expliqua qu'avec ses collègues il ne déposerait pas d'amendements pour ne pas contrarier la politique d'économies budgétaires mais qu'ils considéraient les propositions du gouvernement et de la commission comme un plancher, le Sénat étant toujours susceptible de réduire fortement les montants annoncés[1066].

Lors de la présentation du budget pour 1929, devant la nouvelle Chambre, le débat budgétaire fut mené dans l'urgence[1067]. Celui de l'Instruction publique fut adopté en moins d'une séance, sans discussion par chapitre. Borel ne prit - brièvement - la parole que pour demander qu'un sort particulier fût fait aux directeurs de grands établissements scientifiques et aux doyens des facultés dont la rémunération spécifique n'avait été que multipliée par deux depuis l'avant-guerre.

2.2. Recruter des chercheurs

Pas plus que les précédentes, la discussion du budget de l'Instruction publique pour 1930 ne connut de débat substantiel[1068]. Borel intervint, au début de la discussion générale, pour soulever à nouveau la question du « recrutement des chercheurs ». Et ce jour-là, il ouvrit sans en avoir l'air une nouvelle perspective qui allait s'élargir en quelques mois et prendre pour la première fois, la forme d'une « politique de la recherche » affirmée :

> « Il y a dans ce recrutement, dit Borel, de grosses difficultés, qui proviennent, pour une part de ce qu'aucun crédit n'est inscrit à votre budget, au moins jusqu'à ce jour, pour le personnel de la recherche scientifique. Voici quelques années, il n'y avait rien pour le matériel de la recherche scientifique. La Chambre a bien voulu, sur mon initiative, voter un article relatif à la taxe d'apprentissage, grâce auquel un chapitre réservé à ce matériel a été créé au budget. Il s'agit de faire la même chose pour le personnel de la recherche scientifique. Une demande avait été faite dans ce sens par un savant récemment disparu dont je tiens à rappeler ici le souvenir, le grand chimiste Charles Moureu (...). Je crois retrouver la trace de ce projet, bien discrète, bien modeste, presque dissimulée, dans le chapitre 6 du budget où il se trouve inscrit pour la première fois un crédit de 150 000 frs. ayant cet objet. (...) Je m'empresse de dire qu'il ne faudrait pas que le crédit fût, au début, trop important, parce qu'il faudra créer une technique pour la distribution de ce

---

1066 TPC, séance du 24 novembre 1927, examen du budget de l'instruction publique.
1067 TPC, budget de l'Instruction publique pour 1929, séance du 23 novembre 1928.
1068 TPC, budget de l'Instruction publique pour 1930, séance du 4 décembre 1929.

> crédit et il faudra également que son existence soit connue de tous les intéressés. Mais il faudra que ce crédit augmente très rapidement et atteigne un chiffre de plusieurs millions. »[1069]

Borel était peu explicite mais on comprit l'allusion : plus d'un an auparavant, lors d'une importante manifestation de la Ligue française, vieille association de la droite nationaliste particulièrement tournée vers les milieux patronaux, à la direction de laquelle siégeaient certains scientifiques comme Picard, Breton, Croiset, Foveau de Courmelles ou le directeur du Muséum, Louis Mangin (1852-1937), qui s'était tenue à la Sorbonne[1070], Moureu, devant un parterre prestigieux, allant des maréchaux Foch et Pétain au recteur Charléty en passant par les Académies, avait introduit une véritable nouveauté, relevée dès le lendemain par la presse :

> « Il faut, avait-il dit, assurer l'existence matérielle et la considération morale des chercheurs. L'État doit créer des bourses nationales de recherches pour assurer leur recrutement. »[1071]

C'est cette affaire de bourses de recherches que Borel avait évoquée. L'adepte des solutions prudentes et progressives se félicitait qu'un crédit nouveau, même modeste au début, introduisît un financement de telles bourses, inscrit au budget. Conscient du fait qu'un recrutement, même limité, de boursiers de recherches sur le budget de l'Instruction publique représentait une véritable innovation dans ce monde universitaire aux cadres figés, il avait voulu enfoncer le coin et en faire une question d'avenir.

2.3. 1930, une année de grandes évolutions de la politique de la recherche

Or, l'année 1930 fut, au Parlement, pour la recherche, une année charnière. Les deux gouvernements d'André Tardieu (1876-1945), séparés par une tentative avortée de ministère Chautemps, furent les derniers avant que la France ne soit confrontée aux effets de la crise économique partie des États-Unis à la fin de 1929[1072]. Pierre Marraud titulaire du ministère de l'Instruction publique depuis le dernier gouvernement Poincaré, l'occupa au total pendant deux ans dans trois gouvernements successifs. Ce radical fut donc l'animateur d'une période d'accélération de la politique en faveur des laboratoires qui

---

1069 Id., intervention d'É. Borel, séance du 4 décembre 1929.

1070 La Ligue française, fondée en 1914, par Lavisse, Henri Galli (1854-1922), un des fondateurs de la Ligue des patriotes, et André Lebon (1859-1938), entre autre. (*Journal des débats*, 27 novembre 1925.)

1071 *Le Figaro*, *Le Temps* et *Comoedia*, 20 mai 1928.

1072 F. Monnet, *Refaire la République. André Tardieu, une dérive réactionnaire (1876-1945)*, Paris, Fayard, 1993.

coïncida avec la volonté de Tardieu de mener une politique de stimulation de l'économie par l'augmentation des dépenses de l'État et des ressources des ménages. Des « plans de perfectionnement de l'outillage national », fortement financés, sur la trésorerie de l'État et par des emprunts, à hauteur de 5 milliards de francs, et même par le déficit du budget, furent élaborés. Dans ce contexte l'Enseignement supérieur et la Recherche virent enfin venir leur heure.

La création de la Caisse nationale des sciences

Tout commença, au printemps, lors du débat budgétaire pour l'exercice 1931, par une grande discussion - au début très confuse, qui s'amorça au Sénat puis s'étendit à la Chambre - à propos de la création d'une « Caisse », d'abord prévue pour « les Arts et les Lettres » puis élargie aux « Sciences ». Parallèlement, il y eut aussi une sorte de séisme, à la Chambre, lorsque Herriot, en juillet, présenta, à deux jours d'intervalle, des amendements au projet de loi « relatif au perfectionnement de l'outillage national » et au projet de loi de Finance. Dans le premier, il s'agissait « d'élargir et de mieux assurer le recrutement de jeunes gens aptes à la recherche, d'accroître les primes (...) des fonctionnaires qui consacrent déjà une part de leur activité à la recherche, et de permettre aux chercheurs qui se sont distingués dans la recherche scientifique de poursuivre cette recherche sans autre obligation que de s'y donner entièrement »[1073] ; dans le second, il s'agissait « de favoriser toutes les formes de cette recherche et d'en assurer l'application aux besoins de la défense nationale ». Dans les deux, il s'agissait de créer un « Service national de la recherche scientifique ». Puis Herriot revint encore demander qu'on attribuât à ce nouveau service un crédit de 20 millions de francs par prélèvement sur les crédits de la Défense nationale.

Toute la séquence avait commencé en avril au Sénat, lors de la discussion du chapitre « Encouragements aux savants et gens de lettres », habituellement modestement doté et destiné à secourir des individus et leurs familles. Il était, d'un coup, abondé à hauteur d'un million de francs. La distribution de cette ressource allait être transférée de l'administration à une Caisse qui restait à créer. Le Sénat vota le crédit et décida de créer une « Caisse nationale des lettres » et une « Caisse nationale des sciences » (CNS) [1074]. Borel présenta le projet à la Chambre, on ne peut plus brièvement, sans dire ce que serait leur mission. Aucune intervention ni débat sur le fond n'eut lieu pour exposer les

---

[1073] A. Ranc, « L'organisation d'un service national de la recherche scientifique », *Revue scientifique*, 22 novembre 1930, 68ème année, n° 22, p. 688.

[1074] TPS, séances du 1er et du 11avril 1930. Article nouveau « 67 B bis » du budget de l'Instruction publique devenu l'article 158 de la loi de Finance du 16 avril 1930. Décret du 28 septembre 1930 sur l'administration et le régime financier de la CNL et de la CNS (*JO*, 5 octobre 1930).

objectifs poursuivis. Il fallut attendre le décret du 28 septembre 1930 qui en fixait le règlement pour découvrir que la CNS aurait finalement un objet bien plus large que « le secours aux savants » :

> « La Caisse nationale des sciences a pour objet de recueillir et de gérer les fonds destinés : 1° À encourager et à faciliter les travaux et recherches d'ordre scientifique ; 2° À attribuer des prix et des bourses de recherches et de voyages aux savants ; 3° À venir en aide aux savants dans le besoin ainsi qu'à leurs familles. »[1075]

La CNS devenait donc un organisme doté de ressources diverses - financement public, dons et legs, collectes auprès du public - et doté de la personnalité civile et de l'autonomie financière. Sa vocation première serait de soutenir les personnels qui se consacraient à la recherche. Elle était distincte de la Caisse des recherches scientifiques (CRS), créée en 1901, qui n'avait distribué jusque-là que de maigres subventions aux activités de recherches, en excluant le financement des personnels et des matériels[1076] ; elle était aussi distincte de l'ONRSII, né après la guerre, qui se consacrait essentiellement aux applications de la recherche.

Un décret du 16 novembre 1930 rendit publiques 22 nominations au conseil d'administration de la CNS. Borel y figurait au double titre de membre de la commission des Finances de la Chambre et de membre nommé de la section de Mathématiques. Une série de proches comme Painlevé, Perrin, Marie Curie, Urbain, Grignard, Cotton, Lapicque, Langevin, Maurain, Lebesgue, Julia, Montel ou Sainte-Laguë faisaient partie des 22 conseillers[1077]. Cette CNS allait permettre la mise en œuvre d'une politique en faveur de la recherche scientifique, réserve faite de l'ampleur de ses moyens financiers. Au départ, l'État faisait une mise d'un million de francs.

La création du Service national de la recherche scientifique (SNRS)

Le 11 juillet, la Chambre débattait de l'ouverture de crédits pour 1930-1931 pour la Défense nationale[1078]. Herriot fit une intervention « visant seulement à signaler et, si possible, à combler une lacune du projet gouvernemental ». Ce fut en fait un plaidoyer en faveur des recherches dites « de science pure ». La guerre, dit d'abord Herriot, désormais « p(ouvai)t être définie comme une barbarie scientifique » ; il fallait en tirer les conséquences en finançant la science :

> « Ce que nous voulons, pour assurer la défense de notre pays, ce n'est pas entasser dans des arsenaux des roues, des essieux ou des

[1075] Décret du 28 septembre 1930, déjà cité.
[1076] M. Pinault, *La science au Parlement*, *ouv. cit.*
[1077] *JO, Lois et décrets*, 20 novembre 1930.
[1078] TPC, séance du 11 juillet 1930.

prolonges. (*Très bien ! Très bien !*) (...) Si vous votez les crédits considérables qui nous sont demandés - en somme, un milliard - sans réclamer l'organisation, en tête de tout le travail de reconstitution de stocks, de la recherche scientifique et de la recherche pure, vous n'aurez rien fait pour la sécurité du pays. (*Applaudissements à gauche et sur divers bancs.*) La sécurité de la France est désormais liée à ce fait qu'elle aura une science assez active, assez indépendante, assez protégée pour suivre constamment en toute tranquillité, en toute sérénité, l'évolution même de la science et, hélas ! son application éventuelle à la guerre. (...) Or, messieurs, quel est aujourd'hui l'état de cette recherche scientifique qui commande, non pas seulement toute la défense de notre pays mais, vous le savez bien (...) tout son avenir économique ? (...) Je ne vous donnerai qu'un exemple. (...) C'est lamentable et indigne de la France. Il n'est pas possible que le Parlement tolère cette situation. (*Applaudissements.*) »[1079]

En conclusion, Herriot demandait à la Chambre de créer « un Service national de la recherche scientifique ayant pour but de favoriser toutes les formes de cette recherche et d'en assurer l'application aux besoins de la défense nationale ». En achevant son propos, il évoquait le vote des crédits militaires qui allait intervenir :

> « Ainsi, vous aurez voté des crédits qui, de toutes façons, seront utiles, car c'est l'admirable qualité de la science que ses applications, si, hélas ! elles servent parfois à augmenter la puissance de destruction, sont d'une façon générale destinées à accroître le bien-être et les ressources de la vie humaine. (*Vifs applaudissements sur un grand nombre de bancs.*) »

Herriot et le « Plan Perrin »

Au cœur de son discours, Herriot avait introduit un développement montrant que sa proposition n'était en fait que l'écho d'un projet émanant des milieux scientifiques eux-mêmes :

> « Messieurs, disait-il, j'appelle votre attention et celle du gouvernement sur un travail vraiment remarquable qui vient d'être conçu par des hommes parfaitement désintéressés et indépendants, qui s'appellent Jean Perrin, le professeur Langevin, le chimiste Grignard, M. Mangin, directeur du Muséum d'histoire naturelle. (*Applaudissements.*) Je vois aussi parmi eux le nom si justement vénéré du docteur Roux (*Applaudissements.*) et, s'ajoutant à la liste

[1079] TPC, intervention d'É. Herriot, séance de la Chambre du 11 juillet 1930.

des personnalités qui ont approuvé ce projet, le nom respecté et honoré de Mme Curie. (*Nouveaux applaudissements.*) Ce sont ces savants qui appellent votre attention sur l'urgence du problème. Ils en sont très préoccupés. Eux-mêmes ont rédigé et soumis à l'Académie des sciences un exposé des motifs et un projet de loi très détaillé. »

Il est aujourd'hui admis, à partir du témoignage de Perrin lui-même, que ce fut à la suite de rencontres « fortuites » qu'il eut avec Herriot qu'il put convaincre le député d'introduire les préconisations de son « Plan » dans ses discours à la Chambre. Herriot aurait donc été le messager direct des scientifiques impliqués dans l'élaboration de ce « Plan Perrin »[1080]. Herriot ne détailla pas le contenu de ce projet. Peut-être était-ce dû à l'écho qu'avait eue, dans la presse, la présentation par Perrin, lors de la séance hebdomadaire de l'Académie des sciences du 30 juin, soit mois de quinze jours avant, du projet de ce groupe de scientifiques que les *Comptes rendus de l'Académie des sciences* résumaient en quelques phrases :

> « M. Perrin expose à ses Confrères, en sollicitant leur aide, un projet de création d'un Service national de la Recherche scientifique élaboré avec la collaboration d'un grand nombre de professeurs et de membres de l'Académie. Ce service national, qui dépendrait du ministre de l'Instruction publique, aurait pour but : 1° d'élargir le recrutement des jeunes gens aptes à la Recherche ; 2° d'accroître par des Primes à la production, en libérant de ce fait une partie de leur temps, le rendement des membres de l'Enseignement supérieur ; 3° de permettre aux chercheurs qui se sont déjà distingués de poursuivre leurs recherches sans préoccupations matérielles et sans autre obligation que précisément de se dévouer entièrement à la Recherche. Le fonctionnement du Service national de la Recherche serait assuré par un Conseil supérieur, d'autorité morale et intellectuelle indiscutable, constitué par les savants français les plus réputés, par quelques personnalités assurant la liaison entre le Service de la Recherche et la Nation, et par des délégués élus par les jeunes chercheurs.
>
> « M. le Président remercie M. J. Perrin d'avoir présenté un projet précis et détaillé grâce auquel on peut espérer résoudre la crise de la Recherche scientifique. MM. Émile Picard, G. Urbain, Émile Borel, L. Guillet, Maurice de Broglie ajoutent diverses remarques, en se déclarant favorables en principe au projet présenté. »[1081]

[1080] *Discours de Jean Perrin au CSRS*, Paris, Hermann, 1938, cité dans M. Charpentier-Morize, *Jean Perrin, ouv. cit.*, p. 182.

[1081] *CR*, 1930, 1er semestre, t. 190, n° 26, p. 110-111. Jean-François Picard évoque une « Proposition de loi pour la création d'un Service national de la recherche (signé J. Perrin)

Trois buts étaient donc définis : recruter des jeunes chercheurs, donner du temps pour la recherche aux universitaires en poste et donner des moyens aux chercheurs déjà reconnus. La mise en œuvre de tels objectifs promettait un réel essor de la recherche. La mise sous le contrôle d'un conseil de savants de ce service était dans la droite ligne de toutes les initiatives antérieures comme la création de la CRS, celle de l'ONRSII, celle de l'ARS ou encore toutes celles qu'avait promues l'Académie des sciences avec ses plans de développement des laboratoires élaborés en 1918-1919. Ce souci d'impliquer la collectivité scientifique dans l'organisation et la gestion de la recherche était bien une constante, caractéristique de l'état d'esprit des animateurs de ces campagnes menées en France en faveur de la recherche, sans doute minoritaires dans le monde universitaire mais actifs, organisés et déterminés.

Pour la première fois, le nom de Perrin était nettement mis en avant même si on insistait sur le fait que le projet était le fruit d'un travail collectif, les noms de Marie Curie, André Mayer et Georges Urbain revenant le plus souvent, ainsi que ceux du doyen Maurain et du recteur Charléty[1082]. Herriot omettait de citer l'un des plus actifs artisans de l'opération, le biologiste André Mayer (1875-1956) qui, professeur au Collège de France, était aux côtés de Perrin, Urbain et Jean Girard, porté à la tête de l'IBPC inauguré en cette belle année 1930. Selon le témoignage, souvent répété, de Perrin lui-même, c'est la création du Fonds national de la recherche scientifique belge, en février 1928, à l'initiative d'un ministre technicien, Émile Francqui (1863-1935), fonds qui fut, dès l'origine largement doté et structuré autour d'un conseil scientifique étoffé, ainsi que le discours remarqué que prononça à cette époque le roi de Belges, Albert 1er - le discours de Seraing, le 1er octobre 1927 - qui convainquit le groupe de collègues d'élaborer un projet équivalent pour la France[1083].

Dans la *Revue scientifique*, Albert Ranc rendit largement compte de ce plan Perrin-Mayer[1084]. Ranc estimait que l'initiative de Herriot, en juillet, trouvait son « origine immédiate » dans le rapport de Perrin du 30 juin. On découvrait que les scientifiques avaient en vue la création d'une véritable carrière du chercheur scientifique, avec des postes, des grades, des rémunérations garantissant à ceux qui embrasseraient ladite carrière de pouvoir se consacrer à

(1930) » qui serait le texte original de ce fameux Plan Perrin, dans les archives du CNRS, alors en cours d'inventaire, (J.-F. Picard, *La république des savants. La Recherche française et le CNRS*, ouv. cit., note 11, p. 278.)

1082 « Le malaise de la recherche scientifique en France », entretien de G. Fournier avec J. Perrin, *Le Soir*, 16 et 17 novembre 1930.

1083 J. Perrin, « Premier résultat de la création du Conseil supérieur de la recherche scientifique : La France a repris le premier rang dans le grand mouvement de la physique moderne », *Le Petit Journal*, 24 septembre 1934. K. Bertrams, « Le Fonds national de la recherche scientifique en Belgique, une expérience originale d'organisation de la science », *Revue pour l'histoire du CNRS*, n° 16, avril 2007, « L'Expertise scientifique ».

1084 A. Ranc, « L'organisation d'un service national de la recherche scientifique en France », *art. cit.*

leurs recherches. Plusieurs profils administratifs étaient prévus : des aides-chercheurs et des aspirants-chercheurs, recrutés sans aucun titre universitaire exigible ; les premiers seraient des apprentis recrutés parmi les étudiants, les ouvriers qualifiés, les aides de laboratoire ; les second seraient recrutés parmi les aides-chercheurs ou les meilleurs élèves des grandes écoles et des facultés ; deux types de chercheurs seraient créés, les premiers enseigneraient et auraient des primes de recherche à condition de n'exercer aucune autre activité rémunératrice, et les seconds, non enseignants, formeraient « un cadre parallèle à celui de l'Enseignement supérieur » et comprendrait trois grades : des chargés de recherches (équivalent de chefs de travaux), des maîtres de recherches (équivalent de maîtres de conférences) et des directeurs de recherches (équivalent de professeurs titulaires), nommés respectivement pour 5, 7 et 10 ans et bénéficiant d'une rémunération équivalente à celle des fonctionnaires de même niveau. Un comité composé de membres élus et nommés, dont certains représenteraient les jeunes chercheurs, serait chargé de piloter le Service de la recherche. Afin, sans doute, de ne pas devoir affronter le reproche d'être de doux rêveurs ou des « savants Cosinus » égarés dans la gestion des affaires publiques, les auteurs annonçaient ensuite le « chiffrage » - comme on ne disait pas encore - de leurs ambitieuses dépenses. Ils estimaient que le crédit annuel total nécessaire pour financer ces dépenses de personnel serait inférieur à 12 millions de francs pour la première année et, en régime devenu normal, au bout d'une dizaine d'années, d'environ 26 millions.

Le « Plan Perrin » ne faisait pas l'unanimité

Ce fut, curieusement, dans *Le Populaire* qu'on trouva une longue analyse très critique et étonnement sévère du « projet Perrin ». Chroniqueur de la rubrique scientifique, Claude Bonnier (1897-1954), un ingénieur des Mines, gendre de Renaudel et socialiste lui-même, qui avait passé sa thèse en Sorbonne, en 1925, et travaillait depuis à Bellevue, dans les laboratoires de l'ONRSII, publia, à la fin du mois d'août, un article informatif plutôt réticent[1085]. Émettant des doutes sur l'utilité de la proposition d'Herriot, il en appelait à un véritable bilan des structures existantes, mettait en cause la validité d'une distinction entre « science pure » et « sciences appliquées » et, finalement, rejoignait quand même l'idée qu'il fallait « s'occuper des chercheurs ». D'ailleurs, le 12 septembre, un nouvel article, non signé, évoquait une contribution de Langevin au journal *La Lumière*, dans laquelle celui-ci avait exposé les tenants et aboutissants du « Plan pour la recherche scientifique » - à l'élaboration duquel il avait participé - et l'article concluait à la nécessité de créer « un corps de chercheurs spécialisés »[1086]. Mais six mois après, dans le journal socialiste du 30 décembre, Bonnier revint sur la

---

[1085] C. Bonnier, « Un Office national de recherches ? », *Le Populaire*, 26 août 1930

[1086] *Le Populaire*, 12 septembre 1930.

question. Évitant systématiquement d'en nommer les auteurs en se contentant d'évoquer un « projet d'origine universitaire et restant résolument sur le terrain universitaire », il se livrait à une critique sans concessions du plan pour la recherche et à une charge visant lesdits auteurs. Il estimait que sa mise en œuvre devait leur profiter directement, d'une part en leur apportant une « amélioration sensible de leurs traitements » et, d'autre part - les membres du conseil d'administration étant nommés à vie et se cooptant,- en leur donnant une nouvelle position de pouvoir académique. Bonnier faisait un pronostic à faire se dresser les cheveux sur la tête :

> « La direction de la science pure en France serait remise entre les mains d'un véritable Sénat composé de sénateurs inamovibles (et) les chercheurs dont la situation dépend du renouvellement de leur charge ou de leur prime auront tout intérêt à ne se livrer qu'à des recherches agréant aux vues des "patrons" de la recherche scientifique. (...) On ne fera carrière dans la recherche scientifique que si on est un bon esprit c'est-à-dire que si l'on pense comme pensaient nos maîtres il y a trente ans. »[1087]

Surtout, Bonnier reprochait aux auteurs du projet de ne se préoccuper que de « science pure » et d'avoir une vision fausse de la nature de la science. Il prenait ainsi le contrepied de l'approche du groupe Perrin et, se réclamait de la démarche d'Henry Le Chatelier, professeur de Chimie industrielle à l'École des mines et, depuis longtemps, apôtre de la recherche appliquée :

> « Qu'est-ce que la science pure ? faisait mine de demander Bonnier. C'est une abstraction. La question est de savoir si nous sommes assez riches pour consacrer une cinquantaine de millions à cultiver une abstraction. (...) Une science qui n'a pas de contact avec la réalité, j'entends la réalité des hommes, devient un jeu de l'esprit, une occupation de mandarins ; elle se constitue en écoles, avec ses papes, ses prêtres, ses sectaires et ses hérétiques. (...) Nous ne sommes pas d'accord pour créer, dans l'orbite de notre enseignement supérieur, une aristocratie de chercheurs, un mandarinat spécial, isolé du monde réel et spécialement du monde industriel. »

Bref, on pouvait comprendre que Perrin et ses amis n'étaient vraiment pas appréciés par le chroniqueur du *Populaire*. On pouvait y voir un symptôme des désaccords et même des sévères querelles pouvant exister au sein du monde scientifique et qui se reproduisaient éventuellement au sein même du parti socialiste. Un mois après, le journal publia une lettre de Georges

---

[1087] C. Bonnier, « L'organisation de la recherche scientifique », *Le Populaire*, 30 décembre 1930.

Fournier, chercheur au Laboratoire Curie et pilier de la section socialiste du 5ème arrondissement, prenant la défense du projet et expliquant que « l'organisation de la science pure (était) la première partie d'un ensemble qui comportera(it) ultérieurement l'organisation de la recherche industrielle et la protection des inventeurs »[1088].

De nouveaux financements pour la recherche, les amendements Herriot et Borel

Donc Herriot s'était fait, à la Chambre, en juillet 1930, le porte-parole du groupe Perrin et il avait fait accepter le principe du premier objectif : la création d'un Service national de la recherche. La mise en œuvre du programme exigeait des moyens financiers et c'est ce qu'il s'attacha à obtenir en lançant une seconde offensive parlementaire. Le 4 décembre 1930, la Chambre débattait d'un projet de loi portant répartition d'un crédit supplémentaire de 650 millions de francs destiné aux trois ministères de la Défense nationale et à l'Instruction publique. Herriot défendit à cette occasion, avec Ducos, un nouvel amendement tendant à réduire d'un montant de 20 millions le crédit affecté aux dépenses d'artillerie, un montant équivalent étant attribué à la CNS[1089]. Et Borel, de son côté, en déposa un autre, identique mais d'un montant de 12 millions, avec le soutien de Herriot, Ducos et Maginot, ministre de la Guerre. Les deux amendements furent débattus en même temps. En fait, comme il apparut au cours de la séance, ceux-ci étaient rendus caducs en raison d'une négociation, menée par Borel avec le ministre de la Guerre, qui avait abouti à un compromis : 5 millions seraient affectés annuellement au budget de l'Instruction publique en faveur de la CNS.

Mais ce fut l'occasion, pour Borel, de s'exprimer un peu longuement sur les évolutions en cours de la politique de la recherche scientifique. Il rappela que la recherche scientifique provoquait des découvertes dont les applications répondaient à des imprévus, y compris dans le domaine de la Défense nationale. Il évoqua ensuite le Service national de la recherche scientifique « auquel avait pensé M. Jean Perrin et dont il avait entretenu plusieurs d'entre nous », signifiant ainsi qu'il avait été associé à l'élaboration de ce plan. Il évoqua aussi la création récente - ses statuts avaient été déposés le 1er décembre 1930 - d'une Fondation nationale pour la recherche scientifique pilotée, au nom de l'Académie, par les deux secrétaires perpétuels épaulés par Painlevé, le docteur Roux, Perrin, Borel, Urbain, Bouvier, Weiss et Grignard. Perrin en devenait le président, Borel, le vice-président et Mayer, le secrétaire général. Selon Borel qui en faisait l'annonce devant ses collègues, cette

1088 C. Bonnier, « L'organisation de la recherche scientifique », *Le Populaire*, 27 janvier 1931.

1089 TPC, séance du 4 décembre 1930, « discussion d'un projet de loi portant ouverture de crédits pour les besoins de la Défense nationale », interventions de É. Herriot et É. Borel.

fondation, était appelée à « rendre des services analogues à ceux que peut déjà rendre la Caisse nationale des sciences » et elle devait être, sans tarder, reconnue d'utilité publique. Enfin, ce jour-là, Ducos réclama que la recherche appliquée ne fût pas oubliée et, par un amendement, obtint, approuvé par Borel, Herriot et Loucheur, son président, qu'un million de francs fût attribué à l'ONRSII.

La création de la Fondation nationale pour la recherche scientifique

La Fondation nationale pour la Recherche scientifique (FNRS), constituée le 1er décembre 1930 lors d'une assemblée de scientifiques, fut en effet reconnue d'utilité publique dès le 19 février 1931[1090]. Ayant « pour but de faciliter et de multiplier la Découverte scientifique », elle ne s'occupait, comme l'indiquaient ses statuts, que « de Science pure (mathématique, physique, chimie, biologie, histoire naturelle) ». Son action visait d'abord à « aider au recrutement des chercheurs et, en augmentant leur rendement par l'organisation d'un système d'indemnités suffisantes, leur permettre soit de réserver à la Recherche une partie très importante de leur temps, soit même de poursuivre une carrière uniquement vouée à cette Recherche ». Secondairement, elle devait « fournir à ces chercheurs subventionnés du matériel et de la main d'œuvre utiles à leur recherches ».

Dans l'exposé des motifs du décret fondateur, la FNRS était présentée comme devant trouver un financement auprès du public, par souscription, à l'imitation de ce qui venait d'être fait en Belgique avec le Fonds national de la recherche scientifique. Si bien qu'on ne distinguait plus cette FNRS du CNARS, datant de 1923 et fondé par Appell, Barrès et Moureu, que Painlevé avait présidé après le retrait d'Appell, et dont Perrin était désormais un des vice-présidents. Le CNARS était composé d'une cinquantaine de membres dont les principales autorités scientifiques mais aussi des représentants de l'industrie, de l'armée, des banques, de la haute administration. Borel en faisait partie, bien sûr, et il en devint le président à la mort de Painlevé, en 1933. On y trouvait aussi Maurain, Urbain, Le Chatelier, Delépine, Janet, Lumière, Mangin, Molliard, Mayer, Vessiot, Weiss, et Picard et Lacroix. Le CNARS, toujours basé à la Sorbonne, rue Victor Cousin, disposait d'un portefeuille d'une valeur de 5 millions de francs et distribuait des subventions, parfois de 25 000 francs annuels, pour des travaux de recherche. Désormais, il faisait des « avances » à la FNRS dont Perrin organisa ensuite la fusion avec la CNS[1091].

1090 Statuts de la FNRS, Archives Curie, LC-MC, pièce 528.
1091 *CR*, 1er décembre 1930, p. 1043.

Conclusion : la Recherche enfin à l'ordre du jour du Parlement

L'année 1930 s'achevait donc, pour ceux qui s'attachaient à mettre sur les rails une politique de la recherche scientifique, par une sorte de sans faute grâce à la mobilisation du groupe Perrin et de l'Académie et aux votes des deux assemblées : désormais, de l'argent serait structurellement affecté dans le budget de l'Instruction publique - pour au moins cinq années - à l'entreprise. Les parlementaires avaient créé les structures administratives nécessaires, la CNR et le SNRS, et, suivant en cela les propositions du « Plan Perrin », ils avaient posé les bases d'un recrutement organisé de personnels dédiés à la recherche. L'initiative des scientifiques y avait ajouté la naissance de la FNRS qui relançait l'ancien CNARS et visait la recherche d'un financement privé. Si Borel avait joué sa partition en tant que parlementaire, il n'avait pas été spécialement remarqué à l'avant, Herriot ayant pris l'initiative. Sans doute que l'autorité du leader radical, ancien président du Conseil et chef de la majorité du Cartel, assuraient à l'initiative un écho et une probabilité de réussite qui n'auraient pas été aussi évidentes si Borel avait mené l'affaire devant la Chambre.

Par contre, il devenait très net qu'en arrière-plan de l'action législatrice, la capacité du monde scientifique à élaborer une demande politique et à se montrer uni - en particulier au sein de l'Académie - pour la soutenir était la grande nouveauté de cette année 1930. Certes, il y avait eu l'expérience du tandem Moureu-Barrès, entre 1920 et 1923, auquel il s'était adjoint Appell, devenu ensuite le premier président du CNARS, et c'est en prenant en compte les limites et les faiblesses de la campagne sur « la grande pitié des laboratoires » et du caractère insuffisant et partiel de l'épisode du « Sou des laboratoires » que l'offensive de 1930 put aller plus loin. L'accent s'était depuis déplacé vers un martelage de l'idée de la pénurie de chercheurs et du manque de postes pour les recruter et, tandis que Barrès avait réclamé en vain « un plan pour la recherche », cette fois le monde de la recherche lui-même élaborait un tel plan, présenté par Perrin, défendu par Herriot et adopté par la majorité des parlementaires.

Comme le soulignait Ducos, dans son rapport de décembre 1931 à la Chambre, dès l'année suivante, ce furent 200 chercheurs qu'on recruta ainsi, dont 110 boursiers, 70 chargés de recherches, 9 maîtres de recherches et 2 directeurs de recherches : on allait désormais commencer à parler de « La Recherche » à la fois comme d'une activité, d'un milieu intellectuel et universitaire, et d'une profession nouvelle.

Chapitre 3
Borel, la paix, l'Europe et la SDN

Le 28 février 1928, *La Dépêche de Toulouse* publiait, en première page, un long article d'Alphonse Aulard avec ce titre : « Coopération européenne » :

> « Parmi les efforts intéressants qui ont été faits pour organiser la paix en Europe, selon les principes et dans le cadre de la Société des Nations, je signale la création, depuis un an environ, du "Comité français de coopération européenne" (...) présidé par M. Émile Borel qui en est l'initiateur et l'animateur. Ce savant, à la fois idéaliste et pratique, tâche d'appliquer à la politique, où il joue un rôle actif, les méthodes de la science. »

Aulard, éditorialiste régulier de *La Dépêche*, membre du comité exécutif du parti radical dont il était un intellectuel historique - auréolé du prestige que lui conférait le fait d'occuper la chaire d'Histoire de la Révolution française à la Sorbonne, se trouvant alors au sommet de la carrière universitaire, ayant par ailleurs été président de la Libre Pensée et de la LDH qu'il avait contribué à fonder, et ajoutant la plume du journaliste à celle de l'historien - mais n'occupant et n'ayant occupé, en revanche, aucune fonction parlementaire, était une sorte de monument vivant de la pensée républicaine et radicale. À tout cela s'ajoutait le fait - s'agissant de la « coopération européenne » - qu'Aulard avait été, le 10 novembre 1918, l'un des fondateurs de l'AFSDN, présidée par Léon Bourgeois et Appell, puis était devenu le président de la Fédération française des associations pour la SDN. Il était donc, à côté de Borel et de quelques autres, un des organisateurs du courant intellectuel attaché à la promotion de la SDN et de ses principes civilisateurs en matière de relations internationales. Voilà qu'il écrivait un article consacrant, dans cet organe radical de tendance poincaréiste, la reconnaissance de la place de Borel comme dirigeant du courant pro-européen.

3.1. Le Comité français de coopération européenne

Ce Comité français de coopération européenne (CFCE) avait donc été créé à l'initiative de Borel, un an auparavant, en février et mars 1927, d'abord à la Chambre des députés, pour une réunion constitutive, puis au

Sénat pour une première séance de travail placée sous la présidence de Paul Doumer[1092].

Borel avait soigneusement préparé les choses, en s'adressant, grâce à son carnet d'adresses, aux parlementaires, à des personnalités intellectuelles, à des représentants du monde industriel et financier, à des dirigeants syndicaux. La réussite avait été encourageante dans le milieu politique. Un bureau avait été installé, composé, avec Borel à la présidence, de quatre vice-présidences occupées par Mme Ménard-Dorian, André Honnorat (1868-1950), sénateur de l'Union républicaine et ancien ministre de l'Instruction publique, André François-Poncet, député de l'Union républicaine, et Arthur Fontaine, et au secrétariat général de l'écrivain Jules Rais (1872-1943), chef de l'Information étrangère à la Chambre[1093]. Le comité de direction confortait cette impression de large ouverture, avec cependant beaucoup de proches de Borel : Appell, Aulard, Joseph-Barthélémy, Berthod, Henri Bonnet (1888-1978), Louis Bréguet (1880-1955), Delbos, Max Hermant (1892-1943) normalien et agrégé, ancien secrétaire général du haut-commissariat de France en Alsace et Lorraine, Jouhaux, Lichtenberger, Loucheur, de Peyerimhoff, Prudhommeaux Renaudel, Albert Thomas, et Gabriel Trarieux (1870-1940) fils du fondateur de la LDH. Les statuts, adoptés le 2 février, définissaient les buts du Comité :

> « Développer la coopération des peuples de l'Europe dans le cadre et dans l'esprit de la Société des Nations en attendant les moyens de réaliser er de faire progresser, sous toutes ses formes, la Coopération européenne. »[1094]

Au moment où Aulard écrivait son article, le CFCE venait de tenir un meeting à la Sorbonne, le 23 février, sous la présidence de Painlevé. Il en rapportait des éléments d'ambiance, insistant sur le discours remarqué que Valéry y avait prononcé :

> « M. Borel a fort bien dit que travailler pour le maintien de cet idéal européen c'est travailler pour l'humanité toute entière. Lui, l'homme de science, il n'a pas dit que l'originalité de cet idéal européen fût surtout scientifique. Cela a été dit par un poète, par M. Paul Valéry. (...) Le poète a dit que, par ses savants, l'Europe s'est

1092 PV de l'assemblée générale du CFCE, 25 mars 1927, AN, 313 AP 220, et article d'É. Borel, « Coopération européenne », dans *Le Monde nouveau*, 15 avril-1(mais 1927, p. 119-127. S. Schirmann, *Organisations internationales et architectures européennes, 1929-1939*, Metz, Centre de recherche histoire et civilisation de l'Univ. de Metz, 2003.

1093 G. Duchenne, *Esquisses d'une Europe nouvelle. L'Européisme dans la Belgique de l'entre-deux-guerres (1919-1939)*, Bruxelles, Peter Lang ed., 2008, p. 556. Une partie de l''intervention de Valéry au meeting du 23 février 1928 est conservée dans le Fonds Valéry de la BNF.

1094 Cités dans « Un grand organe de rapprochement économique : Le Comité français de coopération européenne », non signé, *Le Capital*, 7 décembre 1928.

placée à la tête du genre humain. Il a fait voir, d'un ton presque lucrétien, l'unité et le triomphe de l'esprit positif européen appliqué à la recherche des lois de la nature. Sa conclusion a été curieuse et singulière. Ces savants (…) devraient, si j'ai bien compris M. Valéry, avoir le même cerveau pour la politique que pour la science, et alors il y aurait une Europe politique et économique mieux organisée. »[1095]

Aulard espérait qu'une « fédération d'élites nationales » viendrait ensuite, prélude au « rapprochement des masses nationales ». En attendant, « la science » était aux commandes.

La conception de Borel du rapprochement européen

Voici donc le cadre intellectuel et politique dans lequel s'inscrivait l'activité de Borel en faveur d'une « coopération européenne ». On a vu tout ce que recelait le choix de ce terme : « coopération » qui renvoyait au mouvement coopérateur. Il avait lui-même exprimée très en détail sa conception dans une « Revue mensuelle interalliée et internationale - Paris, Londres, New York » née en mars 1919 et dédiée au rapprochement international et à la paix : *Le Monde nouveau.* Depuis ses premières livraisons, cette revue avaient adopté des positions « paneuropéennes »[1096]. Et, le 15 avril 1927, c'était au tour de Borel de promouvoir ses idées avec son article : « Coopération européenne »[1097]. Il s'y s'attaquait à toute démarche unificatrice globale, surplombante et précipitée, qui ferait l'impasse sur l'héritage des nations. Mais, faute d'une politique « d'union et de concorde », écrivait Borel, « l'Europe cessera(it), et très rapidement, d'exister au point de vue intellectuel, comme ce fut le cas pour la Grèce antique ». On sentait là un écho direct de *La crise de l'esprit* de Valéry, paru en 1919. Voulant aller plus loin et compensant peut-être la réception généralement pessimiste des thèses de Valéry, Borel prononçait quelques articles de foi positiviste :

> « C'est parce que les savants européens ont considéré la recherche de la vérité comme la fin la plus noble qui puisse se

[1095] P. Cattani, « Engagement pour l'Europe et littérature pure », dans « Paul Valéry et l'idée de littérature », *Fabula / Les colloques* : http://www.fabula.org/col-loques/document1420.php.

[1096] H. Hauser, « Qu'est-ce que l'Europe ? », *Le Monde nouveau*, 15 août 1919 ; de F. Delaisi (rapporteur du Congrès de Vienne sur l'« Union économique européenne » sur « l'Union paneuropéenne »), et de N. Politis sur « Le mouvement paneuropéen », dans la livraison suivante.

[1097] *Le Monde nouveau*, 15 avril-15 mai 1927, p. 119-127. Peu de jours après la parution de son article, Borel publia pour la première fois un article dans *Le Capital*, sur les affrontements douaniers entre les États-Unis et les pays européens. Il y reprenait une partie de son argumentation, axée sur le nécessaire rapprochement douanier entre ces derniers. (É. Borel, « Les États-Unis contre l'Europe », *Le Capital*, 20 mai 1927)

proposer à l'homme, que la science moderne est née et que le globe a été transformé. Pour qu'une telle conception puisse prévaloir, il faut une très vieille, une très ancienne civilisation, de longues traditions qui font que les hommes qui consacrent leur vie à la recherche désintéressée sont particulièrement honorés et estimés, même s'ils ne gagnent pas beaucoup d'argent. Dans les pays neufs, au contraire, comme le continent américain, c'est le succès matériel qui est la mesure presque unique de la valeur. (...) La disparition de la culture européenne entraînerait, au moins pour de longs siècles, une régression de l'humanité. Sans doute, on continuerait à fabriquer des machines, mais on ne tarderait pas à perdre de vue cette idée essentielle que la machine est faite pour servir l'intelligence humaine, et non pas l'intelligence humaine pour être asservie à la machine. (...) Nous arriver(i)ons à cet état de régression sauvage qu'a décrite de manière si émouvante Wells dans un de ses romans. »

Borel évoquait ensuite les différentes réponses déjà apportées : créer rapidement les États-Unis d'Europe, fédérer l'Europe continentale (sans le Royaume-Uni), créer une union douanière. Rendant hommage à leurs promoteurs, Coudenhove-Kalergi, Alfred Nossig, Karl Anton de Rohan, le docteur Heerfordt (1871-1953) en Scandinavie, ainsi qu'à leurs soutiens en France - en soulignant que lui-même y avait apporté, parfois, ses encouragements - il les qualifiait d'« initiatives prématurées » et proposait sa méthode :

> « Grouper tout d'abord les Français qui s'intéressent à l'idée de la Coopération européenne (pour) étudier ces questions difficiles d'une manière aussi approfondie que possible, avec la ferme volonté de rechercher toujours des solutions de conciliation et des solutions pratiques ».

Le souci du « danger des solutions brusquées » et la préoccupation pour l'approche pratique de Borel s'exprimaient à nouveau. Il voulait donc promouvoir un lieu de réflexion, d'élaboration intellectuelle et politique autant qu'un moyen pour faire avancer des idées. C'était d'ailleurs affirmé :

> «(Le CFCE) sera tout à la fois un comité d'études et d'action. Comité d'études, il se préoccupe(ra) de dénombrer, de mesurer les forces qui tendent à une organisation rationnelle de l'Europe, de calculer, d'écarter les résistances qui la retardent. »[1098]

[1098] « Un organe de rapprochement économique, ... », *art. cit.*

On n'était pas loin du CNÉSP avec ce CFCE qui serait un nouveau lieu de rencontre et de réflexion de personnalités choisies et éminentes - ou se reconnaissant entre elles comme éminentes - afin d'agir par l'influence en faveur d'un projet intellectuel et politique.

Borel prétendait donc lancer un nouveau mouvement pro-européen en France et on pouvait s'interroger sur son l'utilité quand tant d'autres existaient déjà. Elle résidait sans doute dans l'apport original des « savants », la mise en œuvre de leur méthode particulière pour traiter les problèmes, afin d'aboutir, comme le disait Borel, à « une organisation rationnelle de l'Europe ». Sur ce point, il en était presque caricatural, en confiant à son CFCE la mission de « dénombrer, mesurer les forces (...), de calculer les résistances ». Il se réclamait en somme des mathématiques appliquées à la coopération européenne.

Comme la réunion de mars 1927, au Sénat, avait aussi donné lieu à la présentation d'un « Rapport sur la Coopération européenne dans l'ordre économique » par Max Hermant, et sachant qu'à *Monde nouveau* on était sensible à la question, Borel cita cet auteur, membre du CFCE. Cet ancien haut fonctionnaire, normalien et agrégé de Lettres, était désormais passé au lobbying : délégué du Comité national des assurances, depuis 1925, il avait été nommé au CNÉ et était aussi enseignant à l'École libre de science politique et aux Ponts et chaussées ; membre de la Société d'économie politique et du Musée social, et aussi - peut-être Borel l'y avait-il rencontré - membre de la SSP, Hermant contribuait, depuis plusieurs années, à la réflexion savante sur les politiques de réforme à mettre en œuvre dans une optique libérale ; il exposait ses idées dans ses chroniques du *Temps* et on pouvait voir en lui une sorte de symétrique de ce que Borel voulait incarner, être lui aussi un intellectuel au service de la réforme, mais dans le camp radical. Qualifié de « figure de l'intellectuel patronal » par François Denord, Hermant était donc une référence et, en le citant, Borel savait qu'il attirerait l'attention des lecteurs de *Monde nouveau*[1099].

Enfin, Borel précisait qu'il espérait susciter la création de comités équivalents dans d'autres pays d'Europe et pouvoir établir rapidement des échanges avec de tels comités :

> « C'est seulement par l'agrégation des organisations nationales que l'on pourra arriver à créer une organisation européenne dans laquelle ceux qui désirent voir enfin naître une Europe, pourront discuter librement sur les meilleurs moyens d'arriver à la réalisation de leur idéal. »

[1099] F. Denord, « Max Hermant (1892-1943) », notice dans J.-Cl. Dumas (dir.) et al., *Dictionnaire historique des patrons français*, Paris, Flammarion, 2010.

Le Comité fédéral de coopération européenne (CFdCE)

Finalement, le CFdCE vit le jour, à Paris, les 24 et 25 novembre 1928, lors d'une conférence qui réunissait des représentants de sept pays européens[1100]. Briand et Doumer apportèrent leur patronage, signe du vigoureux appui dont Borel disposait dans les hautes sphères du pays. Borel fut porté à la présidence avec, à ses côtés, Jules Rais et Wilhelm Heile (1881-1969) qui avait tenté en Allemagne la même œuvre de rapprochement des courants pro-européens que Borel en France. Un bureau fédéral fut mis en place, présidé par Borel avec deux secrétaires généraux, Heile et Jules Rais. Deux autres Français étaient dans ce bureau : Fontaine et François-Poncet[1101].

Un article anonyme, paru dans *Le Capital*, en décembre 1928, présenta un projet de statut de ce CFdCE reprenant les termes même des statuts du CFCE[1102]. Il était assez vague pour permettre l'arrivée de tous les mouvements qui le voudraient, en particulier les Britanniques[1103]. À part son titre évoquant un « grand organe de rapprochement économique », rien dans l'article ne traitait des questions économiques qui étaient le domaine réservé du journal. On peut cependant en déduire la volonté de Borel de se tourner vers des courants représentés par l'Union douanière européenne, l'Association nationale d'expansion économique, liée à la CGPF, le Comité d'action économique et douanière, un groupe de pression, créé en 1925, entendant promouvoir la France à l'étranger, la vénérable Ligue du libre-échange, et même Le Redressement français[1104]. Lors du meeting du CFCE à la Sorbonne, Le Trocquer, président de l'Union douanière européenne, n'avait-il pas prononcé un discours dans lequel il avait affirmé « qu'il n'y avait pas de coopération européenne possible sans une concentration économique »[1105].

Selon Guieu, l'originalité de la démarche était de s'appuyer, d'une part sur le ralliement, la mobilisation et l'action d'influence des élites européennes auprès des gouvernements pour faire avancer l'idée de coopération européenne, et d'autre part sur la SDN. En réalité les rapports furent soit difficiles soit carrément impossibles avec les autres courants, en particulier le mouvement de Coudenhove-Kalergi. Guieu constate que c'est

---

1100 « Actes constitutifs du Comité fédéral de Coopération européenne », dans la *Brochure du Comité Fédéral de coopération européenne*, n°1, Paris, Imprimerie nationale, 1929. J.-M. Guieu, « Le Comité fédéral de Coopération européenne », art.cit.

1101 *La Renaissance*, 1er décembre 1928.

1102 « Un grand organe de rapprochement économique : Le Comité français de coopération européenne », non signé, *Le Capital*, 7 décembre 1928. À propos de *Le Capital* voir plus loin.

1103 Voir le texte d'une conférence d'É. Borel, dans *Le Monde nouveau*, déc. 1929.

1104 L. Badel, *Un milieu libéral et européen. Le grand commerce français (1925-1948)*, Vincennes, Comité pour l'histoire économique et financière de la France, 2013.

1105 Article cité d'Aulard, dans *La Dépêche*.

entre l'Union douanière européenne et le CFdCE que les relations furent le plus profitables ; Borel et Le Trocquer n'étaient-ils pas, tous deux, membres des deux organisations ? Guieu qui a tenté de mesurer, en interrogeant les archives françaises et genevoises, l'impact de ce Comité fédéral, constate qu'il a profité des financements du ministère des Affaires étrangères et qu'il a épousé d'assez près les initiatives du Quai d'Orsay, au point que celui-ci peut avoir été l'inspirateur de l'action de celui-là. Il cite des extraits de la correspondance entre Briand et Borel qui montrent le souci qu'ils avaient de leur collaboration mutuelle. Il signale aussi que de bonnes relations existaient aussi avec le BIT et l'IICI, en particulier son nouveau directeur, Henri Bonnet, qui avait été depuis les débuts affecté au secrétariat de la SDN. Marbo soulignait d'ailleurs que les liens d'amitié et d'entente politique étaient devenus très importants entre Borel et Bonnet avec lequel elle entretenait, elle aussi, d'étroits rapports.

Toujours d'après Guieu, dans les deux domaines où l'action du CFCE et du Comité fédéral fut notable - les questions économiques, surtout après le développement de la crise économique mondiale, et les questions culturelles - Borel déploya un activisme constant. La grande affaire du début des années trente fut l'élaboration d'un « Plan de grands travaux et de développement agricole pour l'Est-européen », défendu par Francis Delaisi (1873-1947), vieux dreyfusard et secrétaire de l'Union pan-européenne, repris par Albert Thomas ou Le Trocquer. Il n'atteint pas la phase de la mise en œuvre et la disparition du comité allemand, en raison de la montée du nazisme, lui porta le coup de grâce.

3.2. Borel l'Européen à la Chambre

Tandis qu'il s'activait à la tête des associations pro-européennes et pro-SDN, Borel trouvait dans la politique de Briand un puissant encouragement. Il adhérait à la politique incarnée par celui-ci à la tête de la SDN, et surtout, il approuvait le principe et le contenu de la déclaration du 5 septembre 1929, dans laquelle, alors président du Conseil, il présenta devant l'Assemblée générale de la SDN et en accord avec son homologue allemand, Stresemann, son projet d'union européenne. Cela se traduisit par diverses interventions remarquées de Borel à la Chambre, par exemple lors du débat sur la ratification des accords de La Haye, c'est-à-dire du Plan Young de réduction et de rééchelonnement des réparations allemandes[1106]. « Pour assurer la paix, il fallait préparer la paix », lança-t-il en s'opposant à ceux qui, sur d'autres bancs, prônaient le réarmement et la tension avec l'Allemagne. La quasi-totalité de la Chambre semblait approuver cette politique même si beaucoup

[1106] TPC, intervention d'É. Borel, séance du 29 mars 1930.

continuaient d'« ironiser sur la Société des Nations ». Il rappelait la genèse du CFCE et la création du Comité fédéral européen et concluait, vigoureusement d'un : « Il est nécessaire d'organiser l'Europe ! »

On retrouva Borel lors du débat sur la ratification de l'« Acte général d'arbitrage pour le règlement pacifique des différends internationaux », adopté par l'Assemblée générale de la SDN, le 26 septembre 1928[1107]. Après plusieurs interventions de Herriot, Pierre Cot et Briand, Borel plaida en faveur de « la Coopération européenne » et, en particulier, de la création du « secrétariat européen » évoqué par Briand dans son Mémorandum.

À ce moment-là de l'après-guerre, l'optimisme était encore de rigueur et les organisations militantes pro-SDN et pro-européennes restaient dans leur phase dynamique sans qu'aucune remise en cause douloureuse ne fût encore à l'ordre du jour. À la fin de 1929, Borel, toujours président de l'AFSDN, présentait les principes qui, selon lui, devaient fonder le projet d'une Fédération d'États européens :

> « La fédération européenne ne sera dirigée contre aucune nation du dehors, ni contre aucun groupement politique, continental ou autre ;
>
> « Elle exclut toute mainmise d'un pouvoir central européen sur les administrations nationales et la vie culturelle des peuples ;
>
> « Elle doit se constituer dans le cadre de la SDN et en parfait accord avec le Pacte ;
>
> « Elle doit avoir pour condition préalable un traité général de paix, de conciliation et d'arbitrage obligatoire, englobant tous les États adhérents à la Fédération.
>
> « Pour préparer l'établissement d'une Fédération européenne conçue selon ces principes, l'Assemblée demande la création, au secrétariat de la SDN, d'une section spéciale pour l'étude des problèmes régionaux, économiques, militaires, coloniaux et autres. »[1108]

La politique étrangère, élément central de la politique de « concentration »

En juin 1931, alors que Laval, président du Conseil depuis janvier 1931, était mis en difficulté à la Chambre, Borel intervint au nom de son groupe pour justifier, compte tenu de la dégradation de la situation internationale, le nécessaire ralliement de tous les députés d'accord avec la politique

---

[1107] Id., séance du 12 juin 1930.

[1108] Compte-rendu des assemblées générales communes de l'AFSDN et du Groupement universitaire pour la SDN, décembre 1929, allocution de Borel, *La Renaissance politique, littéraire et artistique*, 18 janvier 1930.

extérieure du gouvernement, incarnée par Briand. Il voulait « une majorité de 500 voix » :

> « Ces cinq cents voix qui se groupent pour maintenir les assurances sociales (ou) pour défendre l'école laïque, doivent se retrouver, disait-il, à peu près les mêmes, pour affirmer leur confiance dans la politique étrangère de M. Aristide Briand. (...) Il est nécessaire qu'un grand pays comme le nôtre ait une politique extérieure fermement dirigée par un ministre qui ait l'appui d'une importante majorité dans le Parlement. »[1109]

Le 26 novembre 1931, un nouveau débat eut lieu, lié au trouble né de l'idée d'une « Trêve des armements », lancée à la SDN. Les leaders de la gauche, Blum puis Herriot, voulaient mettre le gouvernement au pied du mur. Borel entendit montrer qu'il y avait une position réaliste à adopter, aussi éloignée de l'« utopie du désarmement unilatéral » que du statu quo. La première posture, qualifiée de « crime », écartée, il opposa à la seconde une argumentation « rationnelle » : contestant « l'attitude négative préconisée par certains techniciens (pour qui) notre état-major a organisé un système qu'ils considèrent comme relativement parfait et pensent que si on y portait atteinte, même faiblement, on porterait un coup terrible à notre puissance militaire et défensive », Borel, affirma que les moyens consacrés à la défense devaient toujours être proportionnés aux menaces supposées et que la raison voulait qu'on acceptât la perspective de diminuer lesdits moyens si les autres pays exprimaient « une même volonté de désarmement et un même sincère amour de la paix ».

3.3. Borel, défenseur du Mémorandum fédéraliste de Briand et de « l'esprit européen »

Depuis la fin de la guerre, Paul Valéry avait porté sans relâche, une réflexion sur la notion d'« esprit européen » et sur « la crise de l'esprit ». Borel l'avait lui-même reprise assez tôt, dès 1924, dans *Organiser*. Il disait alors que les pages de Valéry devaient être lues par ceux qui voulaient « essayer de comprendre la signification de la période historique que nous vivons ». Et il ajoutait ce commentaire :

> « Pour que l'Europe guérisse, il faut d'abord guérir cette crise de l'esprit ; il faut persuader les nations que la grande catastrophe a été une maladie, maintenant guérie, et qu'il faut, pour hâter la convalescence, reprendre confiance dans les idées traditionnelles sur lesquelles reposait la civilisation méditerranéenne. Idées morales qui guident la conduite privée des individus ; idées

[1109] TPC, intervention d'É. Borel, séance du 16 juin 1931.

politiques, dont la plus haute est le respect de l'État, forme épurée du patriotisme ; idées philosophiques dont la principale est la foi dans la raison humaine, legs infiniment précieux de la pensée grecque, auquel les riverains de la Méditerranée ont dû leur supériorité sur les races diverses qui peuplaient le globe. Si la crise de l'esprit ne pouvait être guérie, c'en serait fait de l'Europe. »[1110]

La montée des périls extérieurs poussa Borel à reprendre sa réflexion et il trouva à nouveau dans la pensée de Valéry qui entre temps avait creusé le même sillon, un aliment pour la sienne. En juillet 1932, lors de la Vème conférence du CFdCE, présidée par Borel, Valéry prononça un important discours. Puis il y eut, en 1933, la « Lettre sur la Société des esprits » et, en mai de la même année, à Madrid, une nouvelle conférence sur « L'Avenir de la culture », sous les auspices de la CICI, présidée par Marie Curie[1111]. Dans un discours commémorant le Mémorandum de Briand, reproduit dans *L'Europe de demain*, il traitait, à nouveau, de « l'esprit européen » :

> « C'est par ses écrivains, ses penseurs, ses savants, ses philosophes que l'Europe à pris dans le monde la place éminente qui est la sienne, disait-il. Dans le domaine de l'esprit, la coopération européenne existe depuis des siècles et ce ne sont pas quelques manifestations passagères de barbarie moyenâgeuse qui l'empêcheront de se perpétuer. »[1112]

En octobre de la même année eut lieu, à Paris, le colloque mémorable baptisé « Entretiens sur l'avenir de l'esprit européen », dont le but, selon Borel, était de « demander à quelques hommes d'élite de confronter leurs vues ». Il demanda à Valéry de présider[1113]. Une Société d'études européennes, « indépendante de toute organisation politique comme de tout gouvernement (et) composée seulement de libres esprits », vit le jour, avec Valéry à sa tête. Elle devait étudier « les questions d'ordre intellectuel qui intéressent l'avenir de la civilisation européenne » et « aider l'Europe à prendre conscience de l'unité de sa culture[1114] ». En mars 1934, une nouvelle rencontre eut lieu à Paris, toujours sous les auspices du CFCE, préparée par

---

1110 É. Borel, « La crise de l'esprit », sept. 1924, *Organiser, ouv. cit.*, p. 215-219.

1111 P. Valéry, président de la commission des Arts et Lettres de la Coopération intellectuelle, dans Conférence de Madrid sur « L'Avenir de la culture », Paris, IICI, non daté, p. 282. Voir A. van Heerikhuizen, « Paris 1933. A "Société des esprits" chaired by Paul Valéry », *European Studies*, 2014, p. 139-154.

1112 Discours d'É. Borel, le 17 mai 1933, *L'Europe de demain*, n° 20, juin 1933.

1113 É. Borel, Discours d'inauguration aux « Entretiens sur l'avenir de l'esprit européen ». J. Benda et al., *L'Avenir de l'esprit européen, (entretiens de Paris, 16-18 octobre 1933)*, Paris, IICI, 1934.

1114 J. Benda, *L'Avenir de l'esprit européen, ouv. cit.*

Borel, Valéry, Bonnet et Jules Rais. Valéry y prononça, à nouveau, un discours remarqué[1115].

De 1927 à 1934 et surtout après 1930, Borel, à partir de ses positions dirigeantes au CFCE et au CFdCE et en raison de celles-ci, fut donc d'un activisme débordant. Puis, dans un contexte de plus en plus lourd, il multiplia, sans grand succès, les initiatives et les rencontres pour tenter de « ranimer l'activité d'un comité fédéral de plus en plus moribond »[1116]. D'autre part, l'action du Comité d'action pour la SDN, dont Borel était un vice-président, fut démultipliée pour organiser, avec l'appui de René Cassin, un « Congrès français de défense de la paix » qui eut lieu en décembre 1934. Ensuite, devant la montée des tensions en Europe, les désaccords au sujet du pacifisme et du rôle de la SDN s'accentuèrent et ce Comité aussi perdit de son dynamisme. Enfin, Borel restait secrétaire général de l'Entente internationale des partis radicaux, présidée par Ivar Berendsen depuis la mort de Ferdinand Buisson, en 1932. Des congrès annuels eurent lieu ; les derniers à Copenhague, en 1934, et Londres, en 1935.

Borel fut élevé, en août 1936, au rang de commandeur de la Légion d'honneur, au titre du ministère des Affaires étrangères, « pour son action en faveur de la Société des nations et de la coopération européenne » ; il demanda alors à Valéry de présider à sa réception. En 1938, après des années de militantisme ininterrompu dans les associations pour la SDN, Borel, à la suite de son élection à la tête de la Fédération internationale des associations pour la SDN, quitta la présidence du CFCE et d'un Comité fédéral progressivement assoupi. Il fut remplacé dans les deux fonctions par le député radical Paul Bastid (1882-1974) [1117].

Ce que disait Marbo des engagements internationaux de son époux

Dans ses *Souvenirs*, Marbo n'évoquait pas beaucoup les engagements internationaux de son époux et encore moins les compagnonnages de ce temps-là qu'elle réduisait à des « voyages », surtout mondains en apparence, cités en vrac. Cependant elle mettait en avant trois personnalités ayant joué un rôle important auprès de Borel : Robert Cecil[1118], Ivar Berendsen et Rudolf Breitscheid[1119] :

[1115] *Comoedia*, 20 mars 1934.

[1116] J.-M. Guieu, *art. cit.*

[1117] *L'Homme libre*, 28 janvier 1938.

[1118] Lord Robert Cecil (1864-1958), juriste, universitaire et diplomate britannique, il fut, en 1919, un des pères de la Société des Nations et obtint, pour cela, le prix Nobel de la Paix en 1937, et était le président de la puissante *British League of Nations* ; il fut un des fondateurs du Rassemblement universel pour la paix (RUP) au sein duquel il accepta de collaborer avec les communistes.

[1119] Breitscheid (1874-1944) était un député allemand, venu du libéralisme pour finalement adhérer au SPD, très engagé dans la lutte pour l'entrée de son pays dans la SDN et, plus

« De 1924 à 1939, nous faisons de voyages et des séjours à l'étranger assez nombreux, écrivait Marbo, (...) colloques pour l'Organisation de l'Europe où mon mari donne rendez-vous à Lord Cecil ou à son ami Berendsen, au prince Coudenhove. (...) La duchesse de Hamilton et Berendsen comptaient parmi les fervents d'une Europe à construire dans la paix. La duchesse, généreuse, idéaliste, fournissait des subsides[1120]. (...) Berendsen, lui, suivait les réunions. Nous le voyions à Venise, au Florian, en costume blanc, à Belgrade, à Sofia, en "tweed anglais", partout étalant sa corpulence, sa barbe grise et sa chaîne de montre. À Oslo, dans un restaurant vitré, eut lieu la réunion impressionnante de toute une série d'*internationaux*, qui étudiaient les moyens de grouper les nations d'Europe en fédération. Ce soir-là, au-dessus des lumières de la ville, devant tant d'évidentes bonnes volontés, de propositions qui me semblaient intelligentes et d'un réel soulèvement d'enthousiasme collectif, j'eus une lueur d'espoir. Émile Borel croyait aux contacts individuels. Il en eut beaucoup à Londres. Il fréquentait et admirait Lord Cecil (...). Breitscheid, socialiste et homme politique allemand, vint à plusieurs reprises à Paris participer à des entretiens. Réfléchi et honnête, il devait être l'une des premières victimes du nazisme dont il dénonçait les dangers. Il étudiait patiemment des esquisses d'accords possibles. Le prince Coudenhove-Kalergi, lui, désirait imposer ses conceptions personnelles. Il vint d'Autriche discuter courtoisement, dans notre grand salon de la rue du Bac qui entendait tant de conversations politiques et financières. En France, mon mari parlait d'Europe avec Briand, Painlevé, Paul Reynaud. »[1121]

Conclusion : Borel, une conscience européenne

Le principal engagement politique d'Émile Borel, le plus précoce et le plus constant, celui dans lequel il investit le plus de son temps, le plus ambitieux sans aucun doute, ce fut donc son engagement en faveur de l'idée européenne, de la coopération européenne, de la sécurité collective et de la Société des nations. Il contribua à la formulation de l'idée d'« esprit européen » et alimenta la réflexion sur la « crise de l'esprit européen » après

---

généralement, pour une politique de paix et de coopération en Europe ; exilé en 1933, il fut très actif au sein de l'émigration allemande à Paris.

[1120] La duchesse de Hamilton qu'évoquait Marbo était Nina Douglas-Hamilton (1878-1951), une philanthrope connue comme fondatrice d'une ligue pour la défense des animaux et contre la vivisection

[1121] C. Marbo, *ouv. cit.*, p. 234-235.

la Première Guerre mondiale. Comme en témoignent ses écrits, il fut une « conscience européenne ». Il fut, comme scientifique, un intellectuel européen au milieu d'autres qui étaient, le plus souvent, des hommes de lettres ou des professionnels de la politique. Et certes, des scientifiques il y en eut fort peu à faire le choix d'un engagement total pour cette cause. Les seuls exemples qui viennent à l'esprit et placent la barre très haut sont ceux d'Einstein et de Marie Curie. Mais l'une et l'autre ne furent pas, au contraire de Borel, des producteurs d'un discours argumenté ni des militants, des organisateurs du combat politique et ils eurent principalement un rôle de témoignage en faveur de cette conscience européenne si peu partagée. Borel, lui, très engagé dans l'action militante - surtout tournée vers les élites, fut donc, en la matière, un pionnier, une sorte d'utopiste et de hardi constructeur, adepte là comme ailleurs des solutions progressives et moyennes. Exerçant incontestablement dans ce domaine un magistère intellectuel précoce, installé dans la durée et d'une ampleur remarquable, il se montra un producteur d'idées audacieuses, liées au courant organisateur et coopérateur et appliquées aux problèmes de relations internationales et de sécurité collective en Europe.

Chapitre 4
Borel à la Chambre et au sein du parti radical (de 1929 à 1936)

L'année 1928, année de sa réélection à la Chambre, avait donc été une année de rupture et de réorientation pour Borel. Son positionnement intellectuel et politique connut alors des ajustements et des remises en cause.

4.1. Un publiciste qui diversifiait les vecteurs de son expression

Borel restait un fidèle collaborateur de *La Dépêche* dont les directeurs toulousains soutenaient, comme lui, les alliances « au centre ». Mais, tandis que son étoile pâlissait dans ce parti radical qui penchait en faveur d'une « union des gauches », son nom apparaissant de moins en moins dans *Radical* et les autres publications radicales ou radicalisantes parisiennes, à l'exception de *L'Ère nouvelle*, il se rapprocha d'autres journaux, en particulier de *Le Capital*, un des plus importants journaux économiques et financiers français.

Borel, fidèle à *La Dépêche*

Dans *La Dépêche*, Borel continua d'intervenir environ une fois par mois. Ce quotidien rassemblait des collaborations qui lui ressemblaient, avec lesquelles il était de plain-pied. Au début de 1928, on pouvait y lire simultanément Vandervelde parlant de la paix, Briand interviewé sur la vie de la SDN, et Painlevé défendant la construction européenne[1122]. On y trouvait aussi les analyses économiques et financières de Rist et Nogaro, les articles polémiques de Bouglé et Aulard. Borel s'y reconnaissait. Lui-même s'exprimait sur les sujets les plus variés ayant souvent un rapport direct avec son mandat d'élu aveyronnais : un projet de chemin de fer au Sahara lui servait à réclamer « le rail dans tous les cantons » ; un article sur les écoles de hameau, menacées de fermeture, le voyait défendre « un transport gratuit par automobile des enfants vers les écoles », un autre sur les fermetures de

[1122] *La Dépêche*, 2 janvier 1928.

tribunaux lui permettait de revenir sur le sort de Saint-Affrique, privée de son tribunal et de sa sous-préfecture ; puis venaient un article sur « les routes et chemins communaux », un autre sur « le budget de 1929 et l'agriculture », encore un autre à propos des « assurances sociales », prétexte à réclamer l'augmentation des subventions de l'État aux petites communes rurales ; et même, un article sur « le Vatican et le nationalisme » lui permettait d'attaquer sévèrement, la droite locale et de Castelnau.

Une autre part de ses articles portait sur les grandes questions politiques nationales, vues sous un angle technique, administratif ou éducatif, rarement partisan ; ainsi d'un article de bilan de l'activité du CNÉ, d'un autre sur « l'enseignement et la paix », ou d'un troisième intitulé : « Quelques souvenirs sur Foch ». Il traitait encore en pédagogue des questions strictement politiques, en se voulant neutre et objectif ; traitant du service militaire d'un an proposé par Painlevé, il exposait sa vision de la paix par la coopération, parlant de « Partis extrêmes et partis moyens », il défendait sa conception d'une union nationale au centre et sans « les extrêmes » pour une politique de réformes progressives. Ce positionnement était porté à son crédit, au point que lorsque son collègue et ami Nogaro, député des Hautes-Pyrénées, écrivait un éditorial sur la situation du parti radical, il évitait soigneusement de critiquer, de viser et même de nommer Borel. À *La Dépêche*, celui-ci était resté un ami.

Borel, nouveau venu dans *Le Capital*

Mais il commença aussi à écrire ailleurs. En mai 1927, on découvrit son nom dans le supplément hebdomadaire du quotidien *Le Capital*. Il y eut bientôt un article tous les deux mois. Ce journal était devenu l'une des références, d'inspiration libérale, de la presse économique et financière parisienne[1123]. Il avait été fondé en 1913 par Jules Perquel (1871-1953), un ancien agent de change qui occupait depuis des années les fonctions de trésorier-archiviste de la SSP où Borel avait pu faire sa connaissance[1124]. Bien qu'on ne l'ait su que plus tard, en 1931, lors du procès en faillite frauduleuse du banquier Oustric, Perquel était un de ces affairistes peu scrupuleux dont regorgeait alors le monde de la presse : il reconnut qu'il négociait moyennant rétribution des articles soi-disant informatifs au sujet de telle ou telle entreprise ou du cours des actions de telle ou telle société, et il eut cette formule, reproduite dans toute la presse : « Je vis de publicité financière »[1125]. Mais c'est sans doute la coïncidence de leurs vues en

---

1123 J.-M. Jeanneney, « Sur la vénalité du journalisme financier entre les deux guerres », *RFSP*, 25ème année, n° 4, 1975, p. 717-739.

1124 Liste des dirigeants de la SSP figurant sur le papier à en-tête, dossiers de l'ISUP, AN 20010498/76.

1125 Voir, par exemple, *L'Est républicain*, 8 février 1931.

matière d'« union nationale », de politique monétaire et dans le domaine économique qui décida Borel à collaborer avec Perquel[1126]. D'ailleurs *Le Capital* alignait, pour son supplément bi-hebdomadaire, des collaborations nombreuses, prestigieuses et diversifiées, depuis Pierre Taittinger ou Jacques Bainville pour la droite très à droite, jusqu'aux députés radicaux, Bertrand Nogaro ou Antoine Borrel et même Pierre Cot. Lorsque le journal publiait une « enquête » tous les grands noms s'y bousculaient - d'autant que la rémunération était toujours substantielle[1127]. Donc si Borel commença à y produire des articles, ce fut sans doute avec l'intention de se recentrer dans le champ politique parisien et de s'adresser à un public nettement différent de son lectorat habituel. Cette collaboration se poursuivit au-delà de la fin de son mandat de député, en 1936.

Les sujets abordés furent, comme à *La Dépêche*, variés, avec un souci de s'adresser au lectorat homogène et ciblé du monde des affaires et des milieux politiques proches. Borel privilégia l'approche concrète et « rationnelle » de problèmes à résonnance économique et financière ou de problèmes internationaux, comme la réforme monétaire et la stabilisation du Franc, le rapprochement européen, les barrières douanières et la coopération entre les nations, la modernisation des infrastructures territoriales, les routes et les chemins de fer, l'outillage national. Toujours, il en revenait à la politique de réforme qu'il préconisait, vantant un jour l'activité des institutions internationales, un autre jour celle du CNÉ.

4.2. Borel des « Indépendants de gauche » au groupe des « Républicains-socialistes »

Borel ne resta qu'un an - en 1929 - inscrit au groupe des « Indépendants de gauche » de la Chambre. En novembre, il s'affilia aux Républicains-socialistes[1128]. Il retournait ainsi vers ses premiers pas en politique, à la Ligue de la République alors favorable à l'« union des gauches ». Mais, alors que les radicaux adhéraient désormais à cette politique, les Républicains-socialistes restaient, eux, attachés à la politique de concentration. Borel trouva si bien sa place dans son nouveau groupe qu'il en devint le président, dès 1930. Il ne comptait alors que 14 membres, parmi lesquels Pierre Appell, Briand et Painlevé[1129].

1126 J. Perquel, *Les conséquences de la stabilisation*, Paris, éd. Le Capital, 1928.
1127 *Le Capital*, octobre 1929 .
1128 *Journal officiel*, 20 novembre 1929.
1129 Ces membres étaient Appell (Pierre), Bénazet, Berthezenne, Borel, Bourgot, Brandon, Bravet, Briand, Descubes, Forgeot, Painlevé, Pouzet, Pradon-Vallaney, Vincent (Léon). (*JO*, 19 janvier 1931.)

Borel, un parlementaire toujours actif

À mi-mandat de la législature, la vie politique était, plus que jamais, marquée par l'instabilité gouvernementale que la relative stabilité des majorités à la Chambre n'arrivait pas à enrayer. Les ministres radicaux se faisaient rares tandis que le petit groupe républicain-socialiste fournissait un nombre élevé de titulaires de portefeuilles. Exception notable : Borel. Bien que républicain-socialiste, il ne redevint jamais ministre quoique celui que *Le Populaire* appelait désormais « le Saxon du radicalisme »[1130] fût un soutien fidèle de toutes les combinaisons. Malgré sa proximité avec Briand, il ne réussit pas à réintégrer la commission des Affaires étrangères.

Ses nombreuses interventions sur des questions liées à la ruralité témoignaient de son intention de solliciter un renouvellement de son mandat : un jour, c'était le téléphone dans les campagnes, une autre fois c'était l'achèvement de la liaison ferrée entre Albi et Saint-Affrique, puis survenaient les inondations dramatiques du début de mars 1930 qui, du Languedoc au Sud-ouest, firent plus de 700 victimes et, pendant un mois, de séance en séance, il batailla pour obtenir la création d'un fonds spécial d'un milliard de francs pour les sinistrés et présida le comité des parlementaires mobilisés pour cette cause[1131].

Il put s'exprimer à de nombreuses reprises à la Chambre, comme président de la commission de l'Enseignement, pour laquelle il fut souvent rapporteur, et comme président de son groupe. Il était écouté, il savait faire des interventions documentées, structurées et claires, sa maîtrise de la rhétorique n'était plus à démontrer. Ses adversaires raillaient en vain son accent rocailleux et le ton dispensateur de certitudes. Et puis Borel s'exprimait dans la presse, souvent avant même de venir devant la Chambre : ainsi, ses idées étaient connues et elles passaient pour être assez intéressantes et au fait des enjeux politiques du moment pour mériter qu'on s'y arrêtât. Au cours de ces deux années, il se fit entendre d'une part au sujet de la politique extérieure de la France à propos laquelle il réclamait qu'on appliquât trois règles : négociation, coopération, désarmement ; d'autre part, lors de la négociation d'un Plan de 3 milliards de développement de l'outillage national destiné à moderniser le pays et à lutter contre le chômage dans lequel il entendît qu'on dégageât plus de moyens pour l'Instruction publique qu'il n'avait été annoncé. S'y ajoutaient les rencontres annuelles autour du budget de l'Instruction publique. Ponctuellement, il y eut un important débat autour du projet de loi sur les brevets d'invention et il y eut ceux qui concernèrent l'évolution du règlement de la Chambre. Par contre,

---

[1130] Par exemple, *Le Populaire*, 31 janvier 1930. Ce terme désignait celui en qui on ne pouvait avoir confiance, le traître éventuellement (les Saxons avaient trahi Napoléon à la bataille de Leipzig). (A. Rey, *Dictionnaire historique de la langue française*, Paris, Le Robert, 2000.)

[1131] TPC, par exemple les interventions d'É. Borel à la Chambre, successivement, le 10 février, le 5 mars et le 13 avril 1930.

Borel ne déposa plus aucune demande d'interpellation lors de l'arrivée des nouveaux cabinets.

Borel, chantre de « l'opportunisme » de Jules Ferry

Il se manifesta encore d'une autre manière qui provoqua un véritable « moment » Borel à la Chambre, lorsque le projet de commémoration du cinquantenaire des lois laïques vint en discussion : il demanda, par voie d'amendement, qu'on y associa une commémoration du centenaire de la naissance de Jules Ferry. Et il saisit cette occasion pour exprimer à nouveau, devant tous ses collègues, le fond de son crédo politique[1132]. Ceci provoqua, au cours d'une séance qui se prolongea une grande partie de la nuit, un de ces affrontements mémorables dont la Chambre avait le secret, au cours duquel Borel put mesurer à quel point son inconfortable positionnement politique rencontrait de larges échos :

> « En proposant la célébration du centenaire de la naissance de Jules Ferry en même temps que celle de l'école laïque, déclara Borel, j'ai tenu à donner à ce débat une signification nette et précise. (...) Je sais bien que certains diront (...) que Jules Ferry était opportuniste. C'est un vocable aujourd'hui tout aussi démodé que celui de possibiliste, qui avait au fond à peu près la même signification, (...). Ce qui est certain, c'est que Jules Ferry était un républicain ferme et de convictions inébranlables. (...) Il y a, je tiens à le dire, un critérium auquel on reconnaît toujours les fermes républicains : ce sont ceux qui n'ont cessé, en toutes circonstances, d'être poursuivis par les injures et la diffamation des ennemis de la République. (*Rires et interruptions à droite.*) (...) C'est pour cela que je voudrais évoquer ici, très rapidement, une séance de la Chambre qui fut très courte, celle du 18 mars 1893, au cours de laquelle M. Ribot, président du Conseil, ministre de l'Intérieur, proposa à l'Assemblée le vote d'un projet de loi accordant à Jules Ferry des funérailles nationales. Un seul orateur monta à la tribune pour combattre ce projet de loi. Il ne siégeait pas sur les bancs de la gauche. C'était M. de Baudry d'Asson. Il dit : "Je me rappelle toutes les infamies qui ont été commises sous l'inspiration de M. Jules Ferry." Il dit ensuite : "Je dis avec le pays, avec la France catholique : infamie, infamie." M. de Baudry d'Asson ne se laisse pas arrêter et il ajoute : "Il a été le père de cette loi qui a été appelée avec juste raison : « la loi scélérate »." (...) M. de Baudry d'Asson, s'adressant ensuite à M. Ribot s'exprimait en ces termes :

[1132] TPC, discussion du projet de loi visant à commémorer le cinquantenaire des lois laïques, intervention d'É. Borel, président de la commission de l'Enseignement et des beaux-arts, séance du 3 juillet 1930.

"Vous n'avez pas oublié, monsieur le président du Conseil, que M. Jules Ferry a été le « Tonkinois » avant tout." (...) Messieurs, (...) on me dit que (M. de Baudry d'Asson) était un homme isolé. Ce n'est pas exact, car il lui a suffi de prononcer ce mot de "lois scélérates" et de "Tonkinois" pour que 168 députés refusent à Jules Ferry des funérailles nationales ; et ces députés appartenaient à la droite de cette Assemblée. (*Très bien ! Très bien ! à l'extrême-gauche et à gauche. – Interruptions à droite.*)

« - M. Narcisse Boulanger : Ne confondez pas la droite d'aujourd'hui avec la droite d'autrefois.

« - M. Émile Borel : Voulez-vous que je vous dise quelques-uns de leurs noms ? Ce sont, après celui de Baudry d'Asson, ceux du comte de Bernis, du vicomte Blin de Bourbon, du comte Cafarelli, du comte d'Elva, du baron Eschasseriaux, du marquis d'Estournel, du baron Gérard, du comte Le Gonidec de Traissan, du comte de Juigné, du comte de Kergolay, du vicomte de Labourdonnaye, du baron de Ladoucette, du marquis de La Ferronnays, du comte de Lanjuinais, du vicomte de la Noüe, du duc de Larouchefoucauld-Doudeauville, du marquis de Larochejaquelein, du prince de Léon, du comte de Lévis-Mirepoix, du marquis de Lur-Saluces, du baron de Mackau, du comte de Maillé, du comte de Montalembert, du vicomte de Montfort, du baron Piérard, de Jacques Piou, du comte de Pontbriand, du baron Reille, du baron des Rotours, du comte de Terves, du vicomte de Villebois-Mareuil. (...) Messieurs, l'enseignement historique qui se dégage de cette lecture n'était pas inutile. Il nous montre que si, entre les membres de la grande famille républicaine, il y a parfois des querelles très ardentes, ces querelles savent se taire devant les grands événements historiques. (...) Les représentants les plus authentiques du radicalisme à cette époque ont voté pour les funérailles nationales, tandis que MM. Jaurès et Millerand qui représentaient, à ce moment-là, le groupe socialiste se sont abstenus. Ceux qui ont voté "contre", c'étaient les éternels ennemis de la République. (*Exclamations à droite et au centre. – Applaudissements à gauche et à l'extrême-gauche.*) »[1133]

Belle opération rhétorique que de mettre l'opposition au défi d'oser rejoindre, au moment du vote sur sa proposition d'hommage à Ferry, l'attitude d'obstruction qui avait été celle de la droite monarchiste, bonapartiste et cléricale de 1893. L'effet de sa litanie de noms d'opposants crispés à l'hommage d'alors et de leurs titres de l'ancienne noblesse, était garanti. Hier, c'était le camp des « éternels ennemis de la République » qui s'élevait contre les funérailles nationales pour Ferry ; qu'allait-il en être

[1133] Id.

quarante ans plus tard ? Borel évoquait des ombres, ressuscitait une France mûre pour l'Affaire Dreyfus, et il était certain de provoquer quelques belles flambées d'irritation. Il faisait d'ailleurs soigneusement le tri dans l'héritage ferryste car le héros des lois scolaires de 1881-1882 avait eu, avant cela, à son actif quelques votes moins mémorables qu'il se gardait d'évoquer comme ceux qu'il avait émis contre la liberté d'association (28 janvier 1880), contre la liberté de réunion (29 janvier), contre celle sur la presse (28 janvier 1881), ou encore contre le divorce (8 février).

Ce que Borel ne cachait pas - et on sent bien que c'était d'ailleurs une façon de s'en réclamer pour son compte - c'est que Ferry avait été sinon l'inventeur du moins le meilleur pratiquant de la politique « opportuniste ». Les républicains opportunistes, dans une vie parlementaires où les bancs de la droite étaient largement peuplés d'adversaires de la République ou de ralliés plus ou moins convaincus et où l'extrême-gauche était représentée par les radicaux et quelques rares socialistes, formaient alors une sorte de centre qui se réclamait de la gauche ; ils se voulaient des réformateurs raisonnables, des « réformistes » en somme - comme on disait alors dans les rangs socialistes où s'opposaient guesdistes et « possibilistes » de Paul Brousse[1134]. Et c'est bien comme une pique destinée à ses auditeurs socialistes que Borel se permettait de qualifier Ferry de « possibiliste ».

Donc il entendait rendre hommage non seulement au père des lois scolaires mais à l'animateur de la politique opportuniste des années 1880. Et il entendait que la Chambre, celle qui d'une législature à l'autre avait soutenu - depuis que le Cartel avait baissé la tête - et continuait de soutenir des gouvernements de centre-droit, éventuellement dits d'« union nationale » ou de « concentration », affirmât sa filiation avec l'héritage ferryste et se décernât à elle-même un brevet de bon républicanisme opportuniste. Bref, pour Borel, si le terme avait vieilli, la méthode restait la bonne. Ayant isolé la droite par un artifice de rhétorique, il espérait rassembler tous les autres, jusqu'à l'extrême limite d'une gauche qu'il avait déjà menacée de ses foudres, celle des communistes ou des socialistes hostiles ; allait-il entraîner Blum et les siens ? serait-il suivi par Herriot ? Il n'est pas sûr que Borel avait anticipé l'effervescence qui s'empara des bancs.

Ainsi voulut-il répondre à une interpellation sur Ferry « le Tonkinois ». Un amendement fut d'ailleurs déposé, en vue d'honorer aussi « la politique extérieure, intérieure et coloniale » de Jules Ferry. Borel savait quelles réticences allait rencontrer cette évocation du côté de la gauche qui se souvenait des affrontements entre Clémenceau et Ferry sur la politique coloniale. Il exprima alors sa propre conception :

> « Nous n'entendons pas (...) répudier son œuvre coloniale. Nous savons que Jules Ferry était un homme du dix-neuvième

---

[1134] J. Grévy, *La République des opportunistes, 1870-1885*, Paris, Perrin, 1998.

siècle, et ceux d'entre nous qui ne sont pas tout jeunes savent que la mentalité du dix-neuvième siècle n'était pas la même que celle du vingtième siècle. La très grande majorité de la Chambre (...) estime que les méthodes coloniales du dix-neuvième siècle ne doivent plus être employées au vingtième siècle. (...) Ce n'est pas une raison qui doivè vous empêcher de conserver un souvenir reconnaissant de l'homme qui a donné à la France son empire colonial (*Applaudissements.*) car si cet empire colonial n'était pas français, il serait au pouvoir d'autres pays. (*Mouvements divers.*) (...) Nous sommes certains que, grâce au libéralisme de notre pays, qui a toujours su mieux qu'aucune autre nation, avoir d'excellentes relations avec les races indigènes, les populations de ces pays seront traitées plus humainement et avec plus de libéralisme qu'elles ne l'auraient été si elles avaient été sous la domination d'un autre pays, quel qu'il soit. (*Très bien ! Très bien ! à gauche et sur divers bancs.*) »

En guise de péroraison, Borel voulut ajouter à la commémoration des acquis du passé un hommage à la politique scolaire de la majorité :

> « Nous devons achever l'œuvre de Jules Ferry en compétant la notion de l'obligation scolaire, en assurant la stricte application de cette obligation, en étendant la fréquentation scolaire, sous certaines conditions précisées dans le projet actuellement soumis à la commission de l'Enseignement, jusqu'à l'âge de quatorze ans. Nous voulons aussi que l'œuvre accomplie par Jules Ferry dans le domaine de l'enseignement primaire soit étendue à l'enseignement secondaire. Ainsi le centenaire de Jules Ferry sera non seulement la glorification d'une œuvre magnifique, mais le début d'une ère nouvelle dans la politique scolaire de la République. (*Applaudissements à gauche. – Sur divers bancs à droite : "La Clôture !" – Protestations à l'extrême-gauche.*) »

Borel, comme J. Ferry, divisait dans tous les rangs puis rassemblait

Le discours avait donc été habile, prudent et balancé à certains moments, cassant et clivant à d'autres. Il souleva logiquement une vague de mises en cause. Le premier à attaquer fut Locquin que Borel connaissait bien - il avait signé avec lui l'amendement du « Sou des laboratoires » et était membre de la commission de l'Enseignement, rapporteur pour l'Enseignement technique ; il rappela l'hostilité constante de la droite cléricale aux lois laïques mais il souligna aussi que Ferry était venu après beaucoup d'autres, Condorcet, Michelet ou Edgar Quinet (1803-1875), et aussi Désiré Barodet (1823-1906), Jean Macé (1815-1894) et surtout Paul Bert (1833-1886) ; ce dernier, ministre de l'Instruction publique en 1881-1882, étant le véritable auteur, selon Locquin, des dispositions attribuées à Ferry :

> « L'esprit d'opportunisme qui inspirait Jules Ferry lui avait conseillé d'ajourner tout débat sur la question brûlante de la laïcité. (*Exclamations au centre et à droite.*) Jules Ferry pensait que la laïcité pouvait attendre. (...) Paul Bert et la commission de l'instruction primaire décidèrent Jules Ferry, après plusieurs mois de pourparlers, à déposer enfin le texte (...) qui n'abrogeait nullement la Loi Falloux (...), que la commission de l'instruction primaire, dans son immense majorité, n'a pas voulu accepter. Elle a pensé qu'une loi de laïcité qui maintenait l'enseignement religieux facultatif et qui permettait au ministre de l'un des cultes reconnus par l'État de pénétrer dans l'école pour y donner l'enseignement religieux ne serait pas une véritable loi de laïcité car elle n'assurerait pas la neutralité. (*Interruptions à droite.*)
>
> « - M. Lamazou-Betbeder : Alors vous attaquez Jules Ferry.
>
> « - M. Jean Locquin : Je rends simplement justice à ceux qui ont été les courageux, les premiers artisans de la laïcité de l'école primaire. (*Très bien ! Très bien ! à l'extrême-gauche.*) »

L'« esprit d'opportunisme » vanté par Borel ayant ainsi été ramené à ce qu'il semblait être pour Locquin, au mieux une velléité, logiquement celui-ci annonça que le groupe socialiste voterait pour les commémorations des lois laïques mais repousserait la commémoration du centenaire de Ferry. Bracke lui succéda et reprit la même thématique, proposant d'honorer Barodet, Paul Bert ou Jean Macé et, pourquoi pas, Ferdinand Buisson qui siégeait toujours sur les bancs de l'Assemblée. Et, rappelant le puissant mouvement en faveur du « Sou des écoles » - « il n'y avait pas un estaminet, pas un lieu de réunion, sans ce tronc du "sou des écoles". » - il suggérait même d'honorer cet « admirable mouvement de la population (...) qui a, en fait, exercé une pression efficace sur la bourgeoisie et l'a obligée, pour se maintenir, à reprendre la longue évolution de laïcisation de l'État ». C'était toute une conception de l'action politique que Bracke opposait à celle de Ferry/Borel. Puis il dénonça « la fraction des opportunistes (qui) s'était groupée autour de Jules Ferry dans sa lutte contre Gambetta », dénonça « Ferry-Kroumir » et « Ferry-le-Tonkinois », remonta au « Ferry-fusilleur » de 1871 qui déclarait qu'« on ne fusillera(it) jamais assez », pour conclure sur le fait que les socialistes l'avaient « toujours combattu » et qu'il avait toujours combattu les radicaux ; s'attirant une remarque acide de Herriot : « Vous faites là de la belle besogne. »

Tentant de circonscrire l'incendie, celui-ci demanda aux « républicains de la gauche » de s'en tenir à la politique scolaire et à la commémoration des lois laïques. Blum, troisième orateur socialiste, sembla viser Borel en soulignant que le texte de la commission était rempli « d'atténuations » destinées à rallier des suffrages mais qui rendaient « plus malaisé » l'appui de son groupe ; il s'agissait surtout de l'ajout du terme « neutralité, qui (venait) forcer dans un sens quelque peu critique celui de "laïcité" qui le précéd(ait) ». Le président du Conseil, Tardieu, défendit Ferry, « lutteur tenace, actif, audacieux, indépendant, (...) figure altière et dominante », et son action qu'il considérait « comme un bloc ». Selon lui, Ferry, hostile à tout « monopole », avait « constamment insisté sur la neutralité » et pensé que « séculariser l'école ce n'(était) pas du tout rendre l'école irréligieuse ni en chasser la religion ». Après avoir visé Blum, il exigea d'Herriot qu'il se séparât des socialistes « dont vous sépareront toujours des divergences fondamentales ». Bref, il le sommait de choisir entre l'union des gauches ou la concentration.

Les subtilités du règlement permirent de mettre aux voix d'abord l'amendement de Gaston Thomson, avec les références à la liberté de l'enseignement et à la neutralité de l'école. Il ne fut repoussé qu'à deux voix près. Puis vint le texte de la commission, amendement Borel inclus. La partie concernant la commémoration de « l'enseignement gratuit, laïque et obligatoire » fut adoptée par 450 voix contre 135 ; puis celle stipulant la commémoration du centenaire de Ferry, fut à son tour adoptée par 387 voix contre 164[1135]. Au terme du débat qui avait eu ses moments d'émotion feinte ou réelle, de spectacle dirait-on aujourd'hui, la Chambre livrait donc sa vérité politique et se rassemblait largement derrière le chef du gouvernement et sur les positions de Borel, président de la commission de l'Enseignement.

Borel, Tardieu, le CNÉ et le « Plan de perfectionnement de l'outillage national »

En dehors de cet épisode « Ferry », l'activité de Borel connut encore quelques temps forts lors des débats sur le financement de l'outillage national, entre juin 1930 et décembre 1931, et, bien sûr, lors des débats budgétaires, les deux points étant directement liés. Borel fut chargé, pour la commission de l'Enseignement, dans le cadre de l'évaluation de ce « plan de perfectionnement de l'outillage national », d'un rapport sur les besoins de l'Instruction publique[1136].

Il avait publié deux articles dans *Le Capital* sur ce sujet, à la fin de 1928 et au début de 1929, dans lesquels il montrait que le CNÉ était au travail et qu'il était déjà très utile, qu'il avait produit pas moins de 37 rapports sur l'état des moyens de transports, sur la force motrice, les transmissions, l'agriculture ou les colonies. Il y évaluait aussi les ressources financières

---

[1135] Le groupe socialiste comprenait 107 membres, le groupe communiste 11.

[1136] *JO, Lois et décrets,* Avis d'É. Borel sur le plan d'outillage national, n° 1078 ; avis de la commission de l'Enseignement et des beaux-arts, n° 3659.

susceptibles de donner des moyens de réalisation des programmes envisagés, par exemple en mobilisant des Caisses d'épargne ou la Caisse des Dépôts[1137]. Selon lui, après des travaux d'études sur le développement des infrastructures, animés à la CTI par Paul Boucherot, le CNÉ avait poursuivi le travail et « mis en évidence les nécessités (de) moderniser l'outillage national ».

Borel rapporteur du Plan Tardieu pour l'enseignement et la recherche

Borel monta à la tribune de la Chambre, le 1er décembre 1931, pour présenter l'avis de la commission de l'Enseignement sur le Plan de perfectionnement de l'outillage national[1138]. Sur l'Enseignement supérieur, il rappelait que sa dotation avait été réduite, du projet de départ à la dernière version du Plan, de 350 à 40 millions de francs et il se félicitait de ce que la commission des Finances l'avait remontée à 115 millions. Cela restait donc « insuffisant » ; mais aucun développement ne suivait ce constat, ni sur l'importance fondamentale des laboratoires ni sur les retombées économiques de la recherche. C'est un député radical du Nord, Gabriel Delmotte (1876-1950), astronome amateur réputé, qui défendit un amendement et dit ce que Borel n'avait pas pris la peine de souligner :

> « Dans tout ceci on a oublié une chose, la chose la plus importante peut-être, c'est de mobiliser la valeur intellectuelle des élites. J'entends par là la force vive, le capital que représente ce qu'on pourrait appeler le potentiel intellectuel de nos savants. (...) (Avec cet amendement), nous n'envisageons ni l'enseignement des connaissances acquises, ni leur application spécialisée, mais bien l'accroissement continu de ces connaissances, résultat de l'invention scientifique. Si nous n'assurons pas dès aujourd'hui dans nos laboratoires, dans nos observations, la recherche scientifique (...) qu'enseignerons-nous demain à tous nos étudiants (...) ? La science américaine et la science allemande. »[1139]

1137 É. Borel, « Le Conseil national économique », et « Les travaux du Conseil national économique ; l'épargne française et l'outillage national », *Le Capital*, 5 décembre 1928 et 9 janvier 1929. R. Francq, « Le perfectionnement de l'outillage national, projet Tardieu et plan du Conseil national économique », *REP*, juillet-août 1930, p. 1172-1191. Notice de R. Francq par M. Dreyfus dans le *Maitron*. M. Descotes et J.-L. Robert, *Clefs pour une histoire du syndicalisme cadre*, Paris, Les Éditions ouvrières, 1984

1138 TPC, intervention d'É. Borel, rapporteur de la commission de l'Enseignement, séance du 1er décembre 1931 (*JO*, 2 décembre 1931).

1139 Id.

Bilan de la recherche selon Ducos, rapporteur de la commission des Finances

Quant au budget de l'Instruction publique, il peinait à assurer la continuité des décisions de financement de la recherche prises les années précédentes. Ducos qui continuait de rapporter, et Borel pour la commission de l'Enseignement, constataient ces insuffisances[1140]. Ainsi, le prélèvement de 5 millions sur les crédits militaires, voté par la Chambre, pour « l'application du fameux projet Perrin » dépendait encore de l'accord du Sénat[1141]. Le chapitre « Université de Paris – Traitements » affichait la même somme que deux années auparavant. Borel constata avec amertume que cela ne permettait pas de créer les chaires dont la faculté des Sciences avait besoin. Bracke demanda une création de chaire à Lille puis Herriot une chaire à Lyon et tous deux obtinrent satisfaction. Les défenseurs d'une politique universitaire audacieuse en revenaient ainsi à la pratique traditionnelle des marchandages de dernière minute. Personne, ni Borel ni un autre député, ni dans la discussion générale ni dans la discussion du budget chapitre par chapitre, ne parla des laboratoires et de la recherche[1142].

Ducos prépara, pour la commission des Finances, un nouveau rapport sur l'état de l'Instruction publique, un de ces rapports dont il avait le secret qui faisaient sa réputation tant ils étaient documentés et problématisés[1143]. C'est d'ailleurs cette efficacité et cette réputation qui lui permirent de devenir, en juin 1932, sous-secrétaire d'État à l'Enseignement technique[1144]. Son rapport de décembre 1931 mériterait d'être très largement cité car il offrait une bonne illustration de l'état où en était arrivé le discours sur la science et sur la recherche scientifique dans le monde parlementaire, avant qu'arrivent les années du Front populaire qui marquèrent un nouveau temps fort. Après un long bilan des différentes étapes de la politique parlementaire et gouvernementale pour la recherche, il en venait aux plus récentes innovations dues à l'action de la CNS et à la création du Conseil supérieur

---

1140 TPC, séance du 17 février 1931, examen du projet de budget de l'Instruction publique pour l'exercice 1932.

1141 Ce crédit fut adopté, sans débat, par le Sénat, le 13 mars 1931, le rapporteur ayant pris soin de souligner que ce crédit de 5 millions (et aussi 1 million pour l'ONRSII, ndlr) « distrait, avec l'accord du Gouvernement des crédits de paiement demandés au titre des ministères de la Guerre et de la Marine (...) permettrait aux laboratoires scientifiques de l'Université de donner leur concours à la Défense nationale pour l'étude des solutions techniques qu'il est nécessaire de prendre ». (TPS, séance du 13 mars 1931, rapporteur : Jean Philip.)

1142 Il en fut de même au Sénat où les chapitres 4, 20 et 21 du budget de l'Instruction publique furent adoptés sans débat et sans modification des montants accordés. (TPS, séance du 26 mars 1931.)

1143 TPC, « Rapport d'Hippolyte Ducos sur le budget de l'Instruction publique pour l'exercice 1932 », 4 décembre 1931, Imprimés n° 5829.

1144 « Hippolyte Ducos, un mythe de la politique », *La Dépêche*, 4 novembre 2005.

de la recherche scientifique : un cadre de chercheurs, divisé en catégories parallèles aux diverses catégories de l'enseignement supérieur, avait été créé ; d'autre part, le CSRS, issu au départ de la CNS et qualifié de « comité technique », était aussi créé avec des membres nommés par son conseil d'administration. Organisé en sections disciplinaires, c'est lui qui allait administrer ce nouveau service apportant ainsi un précieux appui à l'administration du ministère. Puis, Ducos consacra ensuite un long développement aux « besoins réels de la recherche » en examinant, catégorie par catégorie ce que pouvait être une future politique de recrutement de chercheurs, en exposant la nature de l'effort consenti par la Belgique, les possibilités de financements privés à travers la FNRS et en chiffrant à 10 millions de francs le budget annuel à prévoir. Ce rapport, daté du 4 décembre 1931, peut être considéré comme le premier exposé complet et cohérent d'une doctrine en matière de politique de la recherche, en France, et d'un programme pérenne de financement de ses besoins. Il marqua la naissance de la « politique de la recherche », en France.

Conclusion : succès et limites de l'action d'un homme politique confirmé

La fin de la législature, dominée par les expériences Laval et Tardieu, ne vit pas l'homme politique expérimenté et influent que Borel était devenu modifier son positionnement. Il pouvait se réjouir d'un bilan à ses yeux satisfaisant de la politique de concentration qu'il avait appuyée sans relâche, de ses acquis au plan de la politique extérieure comme de ses orientations au plan intérieur, parmi lesquelles il comptait, sans doute, pour essentielles celles qui s'étaient traduites en lois et décrets dans le domaine de la recherche scientifique.

Il fut aussi particulièrement en pointe dans la bataille sur la réforme du mode de scrutin pour les élections législatives à venir en prenant position contre le retour au scrutin proportionnel : « Je ne suis pas partisan de la représentation proportionnelle », déclara-t-il à la tribune de la Chambre, le 28 janvier. Loin de ses positions de jeunesse, lorsqu'il défendait avec ardeur le scrutin proportionnel, il reprit l'idée qu'il défendait depuis plusieurs années du scrutin majoritaire comme seul moyen d'obliger le corps électoral à faire un choix non entre plusieurs candidatures mais, au final, devant une seule alternative. Il proposa un système de scrutin uninominal majoritaire à deux tours où seuls les deux candidats arrivés en tête seraient retenus pour le second tour. Pour écarter les « candidatures fantaisistes », il suggéra aussi qu'un certains nombre de signatures dussent être réunies par les candidats pour obtenir leur validation[1145]. Finalement, il se prononçait pour le maintien du mode de scrutin en vigueur moyennant la modification des règles du second

[1145] *L'Homme libre*, 29 janvier 1932. TPC, séance du 28 janvier 1932, intervention d'É. Borel.

tour. Encore n'y était-il pas trop attaché car il préférait encore ne rien changer pour, disait-il, « respecter le corps électoral et ne pas changer trop souvent ses habitudes ».

Il y eut cependant, avant la fin de la législature, un moment un peu incertain lorsque, après la chute du gouvernement Laval, en février 1932, Painlevé tenta de constituer un cabinet alternatif. La presse rapporta que Borel occupait une place importante dans les consultations en cours afin de constituer un éventuel gouvernement présidé par Painlevé et appuyé sur la gauche de la Chambre. Que Borel fût au centre des conversations peut sembler normal puisqu'il était le président du groupe républicain-socialiste et qu'il avait longtemps été le président de l'intergroupe de gauche. Il se mêlait en particulier à des conciliabules avec de nombreux représentants du parti radical. Il y eut même une réunion restreinte, à l'abri des regards, entre Daladier, Sarraut, Mallarmé, Chautemps et Borel, à la recherche d'une formule introuvable. Borel fit alors une déclaration en forme de « mise au point » :

> « J'ai appris que mon nom figurait sur différentes listes officieuses mises en circulation. Je tiens à déclarer qu'étant président du groupe dont fait partie M. Painlevé, je lui ai prêté, dès le début, mon concours de la manière a plus désintéressée, étant bien entendu entre nous que je ne ferai pas partie de la combinaison. »[1146]

Il est impossible de mesurer le degré de sincérité de cette déclaration, d'autant moins que le nom de Borel semble effectivement avoir été avancé pour un portefeuille. Peut-être n'a-t-il en effet jamais envisagé d'entrer dans le futur gouvernement Painlevé, comme il l'affirmait, mais c'est peu probable. Plus certainement, après s'être démené pendant toute la journée du 20 février, Borel a sans doute senti venir l'échec - ce qui fut confirmé peu de temps après - et il tint à montrer qu'il n'était pas engagé dans cette impasse. Peut-être, enfin, a-t-il pesé autant qu'il a pu pour éviter que, par sa composition, un cabinet Painlevé marquât une trop nette rupture avec les précédents gouvernements, s'opposant ainsi à la pression croissante de la gauche du parti radical. Borel serait peut-être entré dans un cabinet Painlevé dans lequel Laval aurait conservé les Affaires étrangères et où Tardieu aurait eu un portefeuille important et c'est bien ce que Painlevé lui-même refusait. Finalement, c'est Tardieu qui constitua le nouveau gouvernement et personne ne demanda à Borel d'y figurer.

[1146] *L'Homme libre,* 20 février 1932.

4.3. Le troisième mandat de Borel à la Chambre

Borel se représenta une troisième fois devant les électeurs de la circonscription de Saint-Affrique, lors du scrutin législatif de mai 1932. La droite lui opposa un avocat montpelliérain, Emmanuel Temple (1895-1988), membre de la Fédération républicaine et du bureau de la section des Croix-de-feu de Montpellier, un homme qui « n'était pas vierge en politique », selon Albert Kéchichian, puisqu'il avait été un des responsables du Faisceau universitaire et du Parti républicain syndicaliste de Georges Valois[1147]. Face à ce représentant d'une droite de combat, Borel fut réélu, dès le premier tour, par 6153 voix - soit 60 voix de plus que la majorité absolue des suffrages exprimés. Seignobos télégraphia :

> « Bravo ! Au-dessus d'un miracle normal. »

Borel, réélu pour la troisième fois dans l'Aveyron

Cette fois, c'était le maire de Saint-Affrique qui sollicitait les suffrages des électeurs. Borel avait en effet été élu, et avec lui l'ensemble de sa liste, lors des élections municipales du printemps 1929. Il avait ainsi succédé, à la mairie, à l'avocat Alfred Reynes, son adversaire de droite malheureux des législatives de 1928. Avec ce mandat, Borel, qui avait ajouté à son mandat de député, dès 1926, celui de conseiller général, et dont l'attachement à sa patrie rouergate était profond, s'ancrait mieux encore dans ce terroir. Il décida de louer pour y résider la « Maison Peyre-Cadias », auparavant siège de la sous-préfecture, une belle bâtisse construite sur la principale place de St-Affrique appartenant au Consistoire qu'avaient habitée ses parents et dans laquelle il était né[1148].

Assistant à toutes les séances du conseil général et décidé à s'occuper de la gestion de la commune tout en acceptant de déléguer, Borel nomma quatre adjoints au lieu de deux : furent élus le docteur Joseph Nicolas, comme premier-adjoint, entouré de Jean Portalier, Maurice Thomas et Henri Cluzel. Il poussa son épouse à prendre en charge une grande partie des dossiers et même à s'investir sur place quand lui-même restait à Paris. En effet, Borel indiqua aussitôt à sa femme comment il voyait la répartition des responsabilités :

> « Je ne m'occuperai d'aucun des détails que comporte le rôle de magistrat municipal. Ce sera ton affaire. »[1149]

1147 A. Kéchichian, *Les Croix-de-feu…*, *ouv. cit.* et Ph. Secondy, *La persistance du Midi blanc. L'Hérault (1789-1962)*, Perpignan, PU Perpignan, 2006.

1148 P. Guiraldenq, *ouv. cit.*, p. 149, et C. Marbo, *À travers deux siècles*, *ouv. cit.*, p. 218. Voir l'acte de naissance d'Émile Borel, déjà cité. Peyre était le nom de famille de la mère d'Étienne Rabaud. (C. Charle et E. Telkès, *ouv. cit.*)

1149 Id, p. 295.

Et elle devint effectivement l'animatrice de l'équipe municipale. Celui qui, à cette époque et toute sa vie ensuite, se prononçait contre le suffrage féminin mais admettait l'éligibilité des femmes et restait réticent devant les engagements sociaux et civiques de son épouse, pratiquait de cette façon sa conception de la réforme par paliers de la société française.

C'est donc un élu désormais confortablement installé qui se représenta devant les électeurs lors des législatives de 1932. Sa profession de foi se présentait essentiellement comme un curriculum vitæ dans lequel un fort paragraphe était consacré à sa nomination comme « membre titulaire, par Raymond Poincaré, du Conseil national économique » et à son rôle dans l'élaboration du Plan pour l'outillage national et en faveur de l'agriculture. Les divers pans de son action à Paris étaient brièvement énumérés, sans oublier son rôle de « président du groupe des régions inondées du sud-ouest » ou ses « campagnes de presse pour le Roquefort ». Lors d'un meeting à Saint-Affrique, il composa son discours comme un compte-rendu de mandat détaillé, en justifiant son positionnement politique. Il commença par un éloge de Poincaré et de sa politique avant d'expliquer que face aux ministères Tardieu-Laval, il « a(vait) voté quelquefois pour, quelquefois contre », pour la célébration des lois laïques, contre le renflouement des sociétés financières par l'État :

> « Il ne faudrait pas, en effet, que l'extrême droite qui est opposée à l'État providence des petits soit favorable au vote de secours à de puissantes sociétés financières qui se trouvent momentanément dans une période critique », expliqua-t-il[1150].

En effet, Borel accusait « l'extrême droite » de soutenir les gouvernements en question et parlait même d'« un accord entre l'extrême droite et le gouvernement » afin de permettre à celui-ci « de réaliser enfin la politique réactionnaire qui est son aspiration intime ». Selon lui, il fallait donc une majorité nouvelle à la Chambre pour pratiquer une politique de paix et de diminution des armements, conforme aux projets de Briand, en assurant la sécurité de la France « face aux nationalismes exacerbés de certains de ses voisins », et « donner du travail aux ouvriers plutôt que des secours » en pratiquant une politique de grands travaux.

La campagne électorale fut plus chaude encore qu'à l'accoutumée. Les partisans de Borel provoquèrent de l'agitation et de l'obstruction à un meeting de Temple puis Borel arriva et tenta d'y prendre la parole : il reçut un verre d'eau dans la figure, ses partisans escaladèrent la scène, des coups furent échangés et la salle fut évacuée[1151]. Il y eut ensuite une véritable

---

[1150] Rapport du commissaire de police de Saint-Affrique au préfet de l'Aveyron, 30 mars 1932, 6 p., Arch. commun. de Saint-Affrique, Dossier électoral, cote 1 K.

[1151] Rapport non signé non daté, du commissaire de Saint-Affrique, Arch. commun. de Saint-Affrique, Dossier électoral, cote 1 K.

manifestation de 400 à 500 personnes hostiles, devant le local électoral du candidat de droite. Lors du premier tour qui vit la victoire de Borel, une manifestation, partie de la mairie, se dirigea vers son domicile et, sur le trajet, deux bouteilles pleines furent jetées du second étage par une habitante sur la foule. Plainte fut déposée mais il n'y eut pas de blessé.

Borel face au « second Cartel »

Les élections législatives de 1932 furent un succès pour l'ensemble des candidatures de gauche, plus grand que celui de 1925, ce qui pouvait ouvrir la voie à un « second Cartel ». Comment Borel, l'homme du « milieu » et de « solutions prudentes », allait-il s'inscrire dans cette nouvelle conjoncture qui allait se tendre rapidement face à deux difficultés majeures : d'une part, le retour à des majorités à la Chambre qui, faute d'une entente entre radicaux et socialistes, continuaient celles qui avaient dominé la législature précédente, et d'autre part une polarisation des forces politiques dans le pays, face aux dangers croissants d'une extrême-droite de plus en plus active dans un contexte européen de plus en plus dégradé.

Herriot constitua un gouvernement radical auquel, à nouveau, Borel, pourtant bien réélu dans sa circonscription difficile, ne fut pas invité à participer. Comme en 1925, de Monzie obtint le ministère devenu celui de « l'Éducation nationale ». Au moins, Borel restait-il le représentant du groupe républicain-socialiste à la « délégation des gauches » de la Chambre. Dans le même temps, il entrait enfin à la commission des Finances, ce « véritable gouvernement bis »[1152] de la Troisième République, présidée par l'inamovible Malvy. Il y obtenait même une des huit vice-présidences. Et il restait, dans le même temps, membre de la commission de l'Enseignement. Ducos, quittant la commission des Finances pour un poste gouvernemental, le socialiste Adrien Marquet (1884-1955) le remplaça, pour un temps, comme rapporteur du budget de l'Éducation nationale, jusqu'à ce que son exclusion de la SFIO permette à Borel de le remplacer ; en attendant, il n'obtenait que le poste de rapporteur spécial des budgets de l'Afrique du Nord. Il entrait aussi à la sous-commission des Impositions départementales et communales, sujet sur lequel il était intarissable[1153]. Comme membre de cette commission des Finances, Borel fut associé directement à la politique dite « de redressement budgétaire » que le gouvernement Herriot allait mettre en œuvre, pendant les six derniers mois de 1932, avant de céder la place à un éphémère cabinet Paul-Boncour puis au premier gouvernement Daladier.

Dès le début de la nouvelle législature, Borel se positionna du côté de la majorité, contre la continuation de la politique de centre droit incarnée par

---

[1152] A. Fonvieille-Vojtovic, *ouv. cit.*, p. 207.

[1153] PV de la Commission des Finances de la Chambre, 22 juin 1932, AN-C//14990.

Tardieu et Laval. C'est du moins ce qu'on put comprendre en suivant le déroulement de la séance de rentrée de la Chambre, le 7 juin 1932, lors de laquelle Herriot se présenta comme président du Conseil et ministre des Affaires étrangères pressenti. En effet, alors que Tardieu, reconnaissant sa défaite électorale, affirmait que la politique qui venait d'être battue était celle qui avait été menée, « une et continue, depuis six ans », Borel l'interrompit brusquement pour le contester :

> « Vous avez fait le contraire de ce qu'a fait M. Poincaré. (*Exclamations au centre et à droite.*) »[1154]

Borel entendait donc à la fois soutenir Herriot et continuer de défendre la politique de Poincaré. Comprenne qui voudrait.

Borel, de la Délégation des gauches à la commission des Finances

Alors qu'un accord avec la droite de la Chambre semblait se dessiner en faveur d'économies budgétaires, de la réduction des dépenses militaires et d'une hausse de l'impôt sur le revenu, la majorité combattait ces orientations : la commission des Finances ferrailla contre le gouvernement, mettant en pièces, dès les premières semaines, le « Plan de redressement » présenté par le ministre des Finances[1155]. Borel fit savoir qu'il soutenait, lui, la politique de déflation esquissée par Germain-Martin[1156]. Comme représentant des républicains-socialistes à la « Délégation des gauches », il fut chargé de la présidence. Les socialistes, selon les circonstances, menaçaient de s'en retirer ou au contraire voulaient la renforcer, tandis que les groupes de la gauche modérée faisaient pression de l'extérieur pour se faire entendre. Cette situation se prolongea jusqu'à la crise de février 1934 à la suite de laquelle la participation des socialistes à un éventuel gouvernement « d'Union nationale » fut envisagée ; l'élargissement de la Délégation des gauches aux députés communistes le fut aussi. Alors, Borel, déjà déchargé de la présidence du groupe des républicains-socialistes, ne fut plus membre de la Délégation des gauches[1157].

À la commission des Finances, il se trouvait au meilleur endroit pour apprécier les conflits et les rapports de forces politiques. Tout en essayant de se ménager un positionnement indépendant, il se retrouva souvent dans l'étroite minorité qui soutenait le gouvernement. Ainsi, en janvier 1933, vota-t-il en faveur de la hausse de 5% du montant des impôts directs, avec seulement six autres membres de la commission. Par contre, il fit adopter par l'ensemble de celle-ci un amendement « frappant d'un impôt exceptionnel et

[1154] TPC, séance du 7 juin 1932.
[1155] Commission des Finances de la Chambre, juin-juillet 1932, AN-C//14990.
[1156] Id., 16 septembre 1932, Id.
[1157] *L'Homme libre*, 30 janvier 1934, et 31 mai 1935.

progressif tous les traitements, salaires, émoluments, pensions, rentes viagères, etc. au-dessus de 50 000 francs par an »[1158]. Lorsque les socialistes déposèrent un amendement visant à instituer un « Service national des assurances », autrement dit à procéder à la nationalisation, le gouvernement demandant le renvoi à une autre commission, Borel vota avec les socialistes mais, à 16 voix contre 14, c'est le gouvernement qui eut gain de cause[1159]. D'autres escarmouches eurent lieu, permettant à Borel de souvent se positionner entre deux mais pour, finalement, soutenir le gouvernement.

Ses positions au sujet des budgets de l'Éducation nationale, défendus, pendant un an et demi et cinq ministères, par de Monzie, confirmèrent ce choix. Dès l'élaboration du budget pour 1933, les consignes d'économies se traduisirent par une baisse moyenne de 5% des dotations, et même de près de 20% pour les chapitres de matériel. Les rapporteurs, à la Chambre et au Sénat, renonçaient à s'exprimer, il n'y avait pas de débat général et aucune discussion sur les chapitres concernant l'Enseignement supérieur n'avait lieu. Et on vit même le rapporteur général au Sénat, Marcel Régnier (1867-1958), justifier la décision de ne pas valoriser la dotation de la recherche en ces termes :

> « À l'heure actuelle, dans l'ère de pénurie budgétaire où nous nous trouvons, ce n'est peut-être pas le moment d'augmenter les crédits de recherches scientifiques. On se plaint beaucoup de la surproduction. On dit que le machinisme progresse trop vite. Est-ce le moment de pousser à des recherches scientifiques qui ne pourront peut-être que nous gêner ? (...) En ne diminuant pas le crédit, nous donnons à cette œuvre scientifique si importante une preuve de sympathie. Il nous faut ralentir un peu et marquer le pas. »[1160]

Cette sortie de Régnier resta fameuse et Borel, piqué au vif, lui répondit à plusieurs reprises.

Borel rapporteur du budget de l'Éducation nationale

En 1934, pour la première fois, il fut rapporteur du budget de l'Éducation nationale[1161]. Sa première phrase fut pour justifier le fait que « la situation économique et les difficultés financières qui en découlent impos(ai)ent la plus stricte économie sur toutes les dépenses de l'État ». Selon lui, la commission des Finances s'était « interdit de relever les crédits demandés par le Gouvernement (alors que) de très nombreux chapitres du budget de

---

[1158] Commission des Finances de la Chambre, 23 janvier 1933, AN-C//14990.
[1159] Id., 24 janvier 1933, Id.
[1160] Id., 24 janvier 1933, déjà cité.
[1161] TPC, É. Borel, Rapport sur le budget de l'Éducation nationale, exercice 1935, séance du 6 juillet 1934, annexe n° 3841.

l'Éducation nationale (l')auraient exigé ». Il conclut « à la ratification de l'ensemble du budget (...), sauf quelques aménagements de détail »[1162]. Dans un rapport dans l'ensemble très court, Borel traita en premier et un peu plus longuement de l'Enseignement supérieur et de la Recherche scientifique. Il voulait répondre aux assertions du rapporteur général au Sénat :

> « Certains esprits chagrins insinuent parfois que le progrès scientifique et industriel est l'une des causes de la crise actuelle. C'est là un paradoxe insoutenable, car si l'on arrive, au prix de moindres efforts, à produire en plus grande abondance tous les objets nécessaires à la vie et au bien-être, le sort des hommes doit en être amélioré (...). Consacrer des sommes importantes à la recherche scientifique n'est donc pas seulement une dépense de luxe, tendant à augmenter le prestige et le rayonnement de notre pays, c'est aussi et surtout une dépense productive au premier chef qui enrichit la nation dans des proportions qui dépassent de beaucoup les crédits inscrits au budget. »[1163]

Ce propos, Borel l'avait déjà testé lors de la séance inaugurale de son année de présidence de l'Académie, le 3 janvier 1934, en présence du public d'élite réuni lors de ces séances solennelles. Évoquant alors « quelques esprits distingués (qui) mettent en doute la valeur et l'importance humaine jusqu'ici incontestée de la Science et de ses applications », il avait fait une longue et vigoureuse mise au point, avec des considérations à caractère politique qu'on n'avait pas l'habitude d'entendre dans ces circonstances :

> « Certains ont soutenu que la Science est la grande responsable de la crise, que le chômage et la misère sont dus aux progrès du machinisme, et l'on a été jusqu'à préconiser une trêve des inventeurs. (...) Le simple bon sens devrait forcer chacun à reconnaître que si, grâce aux progrès de la Science, on produit avec moins de travail tous les objets nécessaires ou simplement agréables, si l'on arrive également à éviter certaines maladies et à prolonger la vie humaine, les hommes devraient pouvoir, non seulement améliorer leur existence matérielle, mais également, grâce aux loisirs accrus, goûter des joies intellectuelles et artistiques jusque-là réservées à un trop petit nombre. Pour que ces prévisions optimistes se réalisent, il est évidemment nécessaire que les progrès de la Science et de l'industrie soient accompagnés de progrès correspondants dans les méthodes de circulation et de distribution des richesses. (...) Mais ces questions économiques, auxquelles se mêlent souvent très fâcheusement des questions

---

[1162] *L'Homme libre*, 24 octobre 1934.
[1163] TPC, É. Borel, Rapport sur le budget de l'Éducation nationale, exercice 1935, déjà cité.

politiques, ne sont pas de notre domaine ; nous ne pouvons qu'émettre des vœux à leur sujet, et nous devons consacrer, comme par le passé, tous nos efforts à servir de notre mieux la Science, qui est tout d'abord la recherche désintéressée de la vérité, mais qui doit être aussi la source féconde du progrès matériel et moral de l'humanité. »[1164]

Toujours dans son « Rapport » pour l'exercice 1935, Borel émettait le vœu que les chapitres épars dans le budget concernant les recherches - observatoires astronomiques, fouilles archéologiques, Institut, Bureau des longitudes, IICI, par exemple - fussent regroupés à part de ceux concernant l'Enseignement supérieur et que « la direction de l'Enseignement supérieur prenne le titre de direction de l'Enseignement supérieur et de la Recherche scientifique ». Il renouvelait ainsi la demande d'un budget sinon d'une administration autonome de la Recherche, naguère formulée par Barrès et suggérée dans le Plan Perrin. Commentant la baisse de 12% du chapitre consacré au fonctionnement des laboratoires, il reprenait l'opposition rhétorique classique entre « quelques millions dépensés en recherches scientifiques (qui) peuvent parfois être plus utiles que des centaines de millions consacrés à construire du matériel (militaire) de série ou à accumuler des stocks de matières périssables ». Le socialiste Robert Jardillier (1890-1945) était beaucoup plus dur avec « la loi rigoureuse de déflation qui (étai)t si sévèrement appliquée »[1165] et Gabriel Péri (1902-1941), pour le groupe communiste, dénonçait le « délabrement général » dans l'Éducation nationale, évoquant, par exemple, « la mitrailleuse qui a(vait) fonctionné au Muséum sous la direction d'un inspecteur des Finances »[1166].

L'année suivante, les choses se passèrent de la même manière. Borel ne demanda que des modifications « de détail » du projet du gouvernement[1167]. Il s'inquiétait d'une baisse de 15 à 18% des crédits des différents chapitres et de « près de 20% » des crédits de personnel de l'Éducation nationale, c'est-à-dire le double de la réduction de 10% fixée par le gouvernement ». Dans ce contexte violent, tentant de s'en tenir à des considérations moyennes, il ne cachait pas un certain désarroi et demandait « en contrepartie de ces sacrifices très durs (...) que l'organisation même de l'enseignement et de la recherche scientifique ne subisse pas de graves atteintes ». Il n'oubliait pas le

---

[1164] É. Borel, Discours d'inauguration de l'année de présidence de l'Académie des sciences, 3 janvier 1934, *CR*, t. 198, 1934-1, p. 18-20.
[1165] TPC, Débat sur le budget de l'Éducation nationale, exercice 1935, séance du 17 novembre 1934, intervention de Robert Jardillier.
[1166] TPC, Id., séance du 22 novembre 1934.
[1167] TPC, É. Borel, Rapport sur le budget de l'Éducation nationale, exercice 1936, 28 juin 1935, annexe n° 5594.

Secondaire et ses « établissements surpeuplés » et, s'agissant du Primaire, il évoquait « les banlieues de nos grandes villes où (...) l'enseignement primaire qui est obligatoire en France depuis plus de cinquante ans n'est pas toujours accessible à tous ». Il concluait en affirmant que « l'éducation du peuple est le premier devoir d'un État démocratique et qu'il n'est pas permis d'ajourner les dépenses indispensables ».

Lors du débat sur ce budget, en décembre, Borel, alors parti en croisière, avec Albert Sarraut et une trentaine de parlementaires et anciens ministres, dans le cadre de la commémoration du « Tricentenaire des Antilles », fut suppléé par Marcel Déat (1894-1955) qui stigmatisa « le pauvre État français à la recherche de l'équilibre budgétaire et peu lui importe la conséquence de cette politique ». Ducos parla de « dispositions où s'inscrit une politique inquiétante et dangereuse » mais il annonça que son groupe voterait le budget.[1168].

La création du Conseil supérieur de la recherche scientifique

Après l'année 1930 remarquée, 1933 et 1934 furent cependant, pour la recherche scientifique, comme des répliques prometteuses. Un décret d'Anatole de Monzie, institua, le 15 avril 1933, un Conseil supérieur de la recherche scientifique (CSRS) qui avait été réclamé dans le Plan Perrin[1169]. Ce CSRS devait se composer quasi exclusivement de scientifiques, en partie élus et en partie nommés. Jean-Christophe Bourquin, après Terry Shinn, soulignait que cette composition, en partie contrôlée par l'État, témoignait du fait que « l'autonomie du champ scientifique n'(étai)t pas entièrement réalisée dans les années 1930 »[1170] ; c'est probablement exact mais la caractéristique principale n'était-elle pas plutôt qu'avec cette création du CSRS c'était, en fait, le monde scientifique qui imposait pour la première fois sa représentation à l'État et qui entendait bien exiger la prise en compte de ses intérêts par cet État ? Perrin aimait d'ailleurs rappeler que cette création avait été obtenue grâce à une lettre en forme de pétition, adressée à de Monzie, que la plupart de ses collègues de l'Académie des sciences avait signée[1171].

[1168] *L'Homme libre*, 11 décembre 1935. TPC, Débat sur le budget de l'Éducation nationale, exercice 1936, séance du 16 décembre 1935.

[1169] Décret instituant un Conseil supérieur de la recherche scientifique, *Journal officiel, Lois et décrets*, 15 avril 1933. Décret du 21 juin (*JO* du 26 juin 1933) établissant les modalités d'élection des membres du CSRS.

[1170] J. C. Bourquin, « L'État et les voyageurs savants. Légitimité inachevée et volontés politiques. Les Missions du ministère de l'Instruction publique, 1890-1914 », conclusion : « Les savants et l'État », thèse Paris I-Panthéon-Sorbonne, 1993, p. 328-329.

[1171] J. Perrin, Discours d'investiture à la présidence de l'Académie des sciences, 6 janvier 1936, *CR*, t. 202, 1936, p. 19-21. Le texte de cette pétition et la liste des 81 signataires figurent aux AN (F17/17463) et sont reproduits dans C. Nicault et V. Durand, *Histoire*

Ainsi, le CSRS remplaça le comité technique de la CNS qui avait assuré l'organisation du recrutement des chercheurs pendant environ trois ans. Il ne fut installé que le 3 novembre 1934, après qu'avait abouti la longue procédure de désignation et d'élection de ses très nombreux membres[1172]. Les membres élus l'étaient par deux collèges séparés, celui des chercheurs de moins de 40 ans et celui des plus de 40 ans, afin d'assurer une représentation de la science jeune à côté des savants confirmés et des universitaires installés. C'est à cette disposition que l'on dut de voir siéger effectivement de jeunes scientifiques parfois promis à une brillante carrière. Un âge limite était aussi fixé : 70 ans à la fin du mandat. Ce CSRS était renouvelable par moitié tous les deux ans. Le ministre de l'Éducation nationale en était le président et quatre vice-présidents l'accompagnaient. Chaque section qui organisait son travail indépendamment, élisait un président. Ce fut le premier « parlement de savants », comme Borel le qualifia dans *La Dépêche* - une formule vouée à se pérenniser -, dont se dota la recherche scientifique en France[1173]. Selon le décret, le conseil était investi de trois missions :

> « 1) Faciliter les recherches désintéressées de science pure et notamment donner son avis sur l'utilisation des ressources affectées à leur développement ; 2) Étudier les questions d'ordre général concernant ces recherches et l'organisation des services qui y contribuent ; 3) Coordonner, du point de vue scientifique, les diverses organisations qui ont pour but de les seconder. »

D'emblée, le CSRS réunit l'élite dominante du monde académique. Et Borel, bien sûr, en était. André Mayer fut nommé secrétaire général adjoint[1174]. La première session s'ouvrit le 20 décembre 1934, à la Maison de la Chimie. Le ministre précisa alors qu'une commission permanente du CSRS assurerait une mission de conseil et d'avis et il fixa l'objet de la première de ces missions : préparer les textes réglementaires pour « la constitution d'un grand service national de la recherche scientifique »[1175]. Après cela, ce CSRS ne se réunit, en tout, que trois autres fois, avant 1940.

La Caisse nationale de la recherche scientifique

La seconde grande innovation apportée, au début de 1934, à l'organisation des recherches au cours de la législature allait de pair avec la

---

documentaire du CNRS, t. 1 (1930-1950), Paris, CNRS-éditions, 2005, p. 17619, et en fac simile dans la thèse de J. Eidelman, déjà citée.

1172 Arrêté nommant les membres du CSRS, 3 nov. 1934 (*JO*, 15 novembre 1934).

1173 É. Borel, « Un Parlement de savants », *La Dépêche*, 17 mars 1938.

1174 Arrêté du 10 décembre 1934 (*JO* du 14 décembre 1934).

1175 *Le Temps*, 21 décembre 1934.

création du CSRS ; ce fut la création d'une Caisse nationale de la recherche scientifique (CNRS). Le CSRS définit ce qu'elle serait et, le 30 octobre 1935, un décret fut pris créant la CNRS par fusion de la CRS, de la CNS et du CSRS[1176]. Comme l'avait suggéré Borel dans son « Rapport » sur le budget de l'Éducation nationale, de juillet 1934, les crédits de tous les chapitres du budget du Supérieur correspondant à des activités de recherches - subventions aux universités et aux établissements scientifiques pour le fonctionnement des laboratoires, voyages et missions, fouilles archéologiques, publications scientifiques,... - étaient affectés à la CNRS et non plus épars dans le budget de l'Enseignement supérieur, et ils venaient s'ajouter aux anciennes ressources de la CNS et de la CRS. L'ONRSII voyait ses crédits eux aussi réorientés en partie vers la CNRS, « jusqu'à suppression complète », disait le décret ; mais, au contraire de ce qui avait pu être envisagé, l'Office était maintenu[1177].

Il fallut attendre neuf mois l'arrêté établissant les modalités de fonctionnement de la CNRS ce qui prolongea d'autant la vie des anciennes caisses[1178]. Finalement, présidée par Perrin, elle cumula effectivement les anciennes missions des caisses supprimées et du CSRS et toutes celles qu'on viendrait à inventer, grâce à cette phrase ouverte :

> « En général, toutes dépenses destinées à développer la recherche scientifique et à faciliter ses progrès. »

Ce n'est qu'en juillet 1936 que, résultat du changement de majorité lors des législatives récentes, les membres de la CNRS furent enfin nommés. Le gouvernement Blum avait alors juste un mois d'existence et il comprenait, pour la première fois, un sous-secrétariat d'État à l'Éducation nationale chargé de la Recherche scientifique, confié à Irène Joliot-Curie. Une nouvelle étape de l'histoire de la politique de la recherche en France s'écrirait alors. Pour l'heure, il restait quelques mois à vivre à la Chambre élue en 1932.

Dans une majorité parlementaire de plus en plus à droite

En pleine Affaire Stavisky, le Garde des sceaux du gouvernement Chautemps, Eugène Raynaldy, l'autre Aveyronnais de Paris, devenu sénateur, prétendit se donner les moyens de lutter contre les dérives diffamatoires devenues courantes dans la presse, en déposant un projet de loi modifiant la vénérable loi du 29 juillet 1881. Blum écrivit un éditorial vengeur : « J'aime mieux une presse pervertie qu'une presse enchaînée »,

---

1176 Décret portant organisation de la recherche scientifique (30 octobre 1935), *JO Lois et décrets*, 31 octobre 1935.

1177 *Comoedia, art. cit.*

1178 Arrêté du 29 mai 1936, *JO Lois et décrets* du 1er juin 1936.

écrivait-il. Borel renchérit dans *L'Ère nouvelle* et *Le Populaire* put se réjouir du fait que ce supposé proche du gouvernement s'en démarquât ainsi : « Une petite pelletée de terre sur le projet de M. Raynaldy. *De profundis*... »[1179] D'ailleurs, Raynaldy fut à son tour balayé par l'Affaire Stavisky et il dût démissionner du gouvernement, emportant avec lui le ministère Chautemps.

Dans cette période tourmentée, Borel sembla englué dans les aléas politiques sans pouvoir se démarquer du désaveu grandissant qui touchait le personnel du régime. Ainsi, en avril 1935, il apparut comme une sorte de « pompier de service » d'un gouvernement « d'Union nationale » de plus en plus théorique, harcelé par ses amis sur sa droite et lâché par les socialistes. Amédée Dunois (1878-1945), dans *Le Populaire*, s'en amusait :

> « Qu'apprend-on ? Que M. Émile Borel a déposé une demande d'interpellation sur la politique générale du gouvernement. Inutile que je vous le dise. M. Borel offre au gouvernement - oh ! en tout bien tout honneur ! - l'occasion qu'il cherche d'appeler l'assemblée à se prononcer par un vote. Va-t-on discuter l'interpellation ? Non, car le gouvernement en demande le renvoi à la suite et pose la question de confiance. On sourit d'entendre M. Borel, mathématicien naïf et bon, s'associer à la demande de renvoi. (...) On vote. Par 410 voix contre 134, le renvoi à la suite est ordonné. »[1180]

Ainsi Flandin obtint-il un sursis, grâce à la manœuvre de Borel qui se justifia d'avoir ainsi fait apparaître l'absence de majorité alternative[1181]. En octobre de la même année, sous le nouveau gouvernement Laval, *Le Populaire* releva que la commission des Finances avait voté « l'abrogation des prélèvements opérés par décrets-lois sur les pensions et allocations des Anciens combattants » par 26 voix des élus de toute la gauche contre 5 élus de la droite, rejoints par le seul Borel[1182]. De manière encore plus nette, lorsque la commission des Finances eût entendu Flandin lui présenter son plan d'assainissement budgétaire et financier et de lutte contre la spéculation, les seuls commissaires appartenant en principe à la gauche à voter en faveur de ce plan furent Borel, Malvy et Palmade tandis que 25 s'y opposaient[1183].

[1179] É. Borel, « Liberté de la presse », *L'Ère nouvelle*, 19 janv. 1934. *Le Populaire*, 20 janv. 1934.

[1180] *Le Populaire*, 3 avril 1935. Le président du Conseil avait déclaré : « J'ai exposé les raisons pour lesquelles le gouvernement a demandé à la Chambre un vote de confiance ou de défiance. Je remercie M. Borel de me fournir l'occasion d'obtenir ce vote. Je n'ai, au surplus, rien à ajouter à ce que j'ai dit tout à l'heure, et c'est pourquoi je demande le renvoi de l'interpellation et que je pose sur ce renvoi la question de confiance. »

[1181] É. Borel, « Fin de session, *L'Ère nouvelle*, 5 avril 1935.

[1182] *Le Populaire*, 31 octobre 1935.

[1183] *L'Homme libre*, 30 mai 1935.

4.4. Des projets de réforme de l'État

Pendant ce troisième mandat, Borel sembla s'engager dans le mouvement qui agitait l'opinion en faveur d'une évolution des modalités de la vie politique. Il participa à trois commissions, de la « Réforme de l'État », du « Suffrage universel » et de la « Réforme du Règlement de la Chambre ». Ces travaux n'eurent guère de débouché concret, mais Borel essaya de faire admettre sa méthode, souvent affirmée, de la réforme progressive et mesurée.

La commission de la Réforme de l'État

La commission de la Réforme de l'État fut créée par les députés, le 15 mars 1934, dans le contexte de stupeur et d'affolement consécutif aux événements du 6 février[1184]». Borel en était un des six vice-présidents.

Le débat sur la nécessaire réforme de l'État et la révision souhaitable de la Constitution était engagé depuis plusieurs années, en fait depuis la fin de la guerre lorsque les idées sur la nécessaire « modernisation » du pays pour répondre aux besoins de la reconstruction et du relèvement national avaient fleuries de toute part[1185]. Au début de 1934, « l'heure de la décision a(vait) sonné » comme l'écrit Christopher Charles en reprenant le titre d'un livre de Tardieu paru à ce moment-là[1186]. Mais tandis que la droite menait campagne pour le renforcement de la présidence du Conseil et du pouvoir de dissolution, et pour la limitation du droit d'initiative parlementaire, une partie de la presse l'épaulait sur le thème « Dissolution, révision ». Aussi, au fil des mois, les gauches en vinrent à camper sur une hostilité aux projets de réforme constitutionnelle. Borel lui-même ne se montra à aucun moment un partisan clair d'une réforme constitutionnelle et il ne développa aucun argumentaire visant à en montrer la nécessité, se contentant d'affirmer qu'il était de ceux « qui n'ont pas la phobie d'une réforme de la Constitution (...) s'il s'agit d'introduire de réelles améliorations[1187] ». Il était donc, d'accord avec la position majoritaire du groupe radical qui estimait que la réforme de l'État pouvait être réalisée dans le cadre de la loi. Dans *L'Ère nouvelle*, il estimait que la crise trouvait ses racines dans la faiblesse des forces

---

1184 *L'Homme libre*, 20 février 1934.

1185 S. Pinon, *Les réformistes constitutionnels des années trente. Aux origines de la Ve République*, Paris, LGDJ, Bibliothèque constitutionnelle et de science politique, 2003. T. Tellier, « Paul Reynaud et la réforme de l'État en 1933-1934 », *Vingtième Siècle. Revue d'histoire*, n° 2-2003 (n° 78), p. 59-73.

1186 Ch. Charles, « "Héros de la normalité" et circonstances inhabituelles : l'incapacité de Gaston Doumergue à réformer l'État à la suite du 6 février 1934 », *Revue française de droit constitutionnel*, n° 4-2005 (n° 64), p. 685-702.

1187 É. Borel, « Règlement ou Constitution », *L'Ère nouvelle*, 22 novembre 1934.

intellectuelles et spirituelles et prônait le rassemblement des forces morales autour de l'action gouvernementale ; toujours la « concentration »[1188].

Au mois de mai, il déposa, avec le président de la commission, Gaston Gourdeau (1883-1957), un rapport sur l'organisation de la présidence du Conseil et une proposition de loi visant à la doter d'un local permanent[1189]. De nombreux autres rapports furent déposés dès le début de l'été sur le bureau de la Chambre, mais rien ne prouvait qu'il se trouverait une majorité pour les valider[1190]. À l'automne, la chute du cabinet Doumergue empêcha d'aller plus loin et ce n'est que dans les deux autres commissions du Suffrage universel et du Règlement de la Chambre que certaines propositions continuèrent d'être discutées.

La commission du Règlement de la Chambre

À la commission du Règlement qui était une structure importante et ancienne, vouée au dialogue et à la gestion des conflits et que Borel présidait, l'idée d'une réforme concertée du fonctionnement de la Chambre, d'un dépoussiérage et d'un perfectionnement des modalités du travail parlementaire, avançait. Les critiques sur les lenteurs et impuissances du parlementarisme n'étaient pas nouvelles mais l'impatience de l'opinion relayée par la presse se nourrissait du sentiment que les gouvernements n'apportaient pas les réponses promises, surtout à partir du 6 février 1934. Borel avait commencé à s'exprimer sur le sujet dans ses billets de *L'Ère nouvelle*, avant le 6 février. Il publia un premier article le 26 janvier, il y revint dès le 9 février puis, à nouveau, le 23 février, le 9 mars et le 30 mars, avant de reprendre la question en fin d'année, le 22 novembre et le 28 décembre, puis le 23 janvier 1935. Au départ, il semblait peu convaincu de l'utilité d'agiter un tel sujet[1191]. Selon lui, d'une part le meilleur des règlements était difficilement applicable sans un « consentement général et une bonne foi réciproque », et toute disposition tendant à maîtriser l'action des députés pourrait être contournée par divers moyens et serait d'ailleurs contraire à leurs droits. Ainsi, la proposition faite par Tardieu de refuser aux députés toute initiative en matière budgétaire était, selon Borel, contraire à la Constitution. Il en appelait donc plutôt à l'acceptation, par les députés, d'une « discipline volontaire ». Puis il consentit à apporter quelques propositions

[1188] É. Borel, « L'État et la Nation », *L'Ère nouvelle*, 30 mars 1934.

[1189] TPC, É. Borel, « Rapport de la commission de la Réforme de l'État », annexe 3582, *J.O. Documents*, juin 1934, p. 1010-1013. *L'homme libre*, 25 mai 1934. S. Callens, « Gouvernement et statistique sous la IIIème République », *Publications des séminaires de mathématiques et informatique de Rennes*, 1983, fascicule 2, « Séminaires de mathématiques - science, histoire et société contemporaine », p. 1-15.

[1190] *L'Homme libre*, 13 décembre 1934. É. Bonnefous, *Histoire politique de la IIIème République*, vol. V, Paris, PUF, 1960-1977, p. 240-243.

[1191] É. Borel, « Le règlement de la Chambre » ; *L'Ère nouvelle*, 26 janvier 1934.

visant à accélérer le travail parlementaire contre la lenteur de la procédure de conciliation entre les deux Assemblées qui aboutissait parfois à ce que « des lois importantes (doivent) attendre huit ou dix ans sans aboutir » ; il proposait de contraindre les commissions des deux Assemblées à des navettes rapides, en une même journée si nécessaire, comme cela se faisait déjà pour le vote de la loi de Finance[1192]. Puis il proposait de fixer une date et une heure limite pour la discussion et le vote des articles d'un projet de loi en séance avec un vote final au terme de ce délai imposé, comme cela se passait en Angleterre. Il proposait enfin de renforcer l'autorité du président de la Chambre pour faire appliquer les articles du règlement. Mais il se montrait opposé à toute limitation de la liberté d'initiative des députés. Dans un nouvel article, il annonçait avec satisfaction que la commission du Règlement avait adopté un projet de modification du règlement[1193]. Le président Bouisson ayant parlé de « réformettes », il prétendait qu'elles avaient une efficacité supérieure à une éventuelle, incertaine et toujours repoussée réforme constitutionnelle.

Le 28 décembre, Borel annonça que la commission avait achevé son travail de réforme et s'apprêtait à présenter ses propositions devant la Chambre[1194]. Amendées à la marge, elles furent adoptées par la Chambre, le 22 janvier. Elles concernaient l'organisation préalable des débats, la valorisation du travail en commission où se ferait l'essentiel de la discussion par article, et la possibilité donnée au gouvernement de pouvoir imposer le retour à la discussion sur son projet contre celui de la commission, ce qui revenait à limiter le droit d'initiative parlementaire[1195].

La commission du Suffrage universel

La commission du Suffrage universel avança encore plus prudemment au point que Borel proposa, dans *La Dépêche*, qu'on déléguât à un collège de spécialistes la préparation d'une synthèse prête à être adoptée. En effet, réformer le mode de scrutin, aller ou pas vers la représentation proportionnelle, toucher au système des circonscriptions, diminuer le nombre de députés - mais dans quelle proportion ?, élargir le corps électoral aux citoyennes, toutes ces questions provoquaient des débats passionnés interdisant toute solution.

Borel avait fermement pris position contre la proportionnelle, en faveur du maintien du scrutin uninominal à deux tours - « le plus moral de tous les scrutins » - voire, il l'envisageait, réduit à un seul tour. En cette année 1934,

---

[1192] É. Borel, « Les lenteurs de la procédure »; *L'Ère nouvelle*, 9 mars 1934.
[1193] É. Borel, « Le budget et le Parlement »; *L'Ère nouvelle*, 26 octobre 1934, et « Règlement ou Constitution »; *Id.*, 22 novembre 1934.
[1194] É. Borel, « Réforme du Règlement »; *L'Ère nouvelle*, 28 décembre 1934.
[1195] *L'Homme libre*, 19 janvier 1935, et *L'Ère nouvelle*, 23 janvier 1935.

il reprit cette position avec vigueur et multiplia les articles dans la presse[1196]. Quand il revint sur ce sujet, un an plus tard, il sembla cependant avoir modifié son point de vue ; il déclarait que « tous les modes de scrutin ont leur défaut et ces défauts s'aggravent à l'usage »[1197]. Dans un nouvel article, commentant la proposition de Bracke d'aller vers la représentation proportionnelle, il se contentait de souhaiter que ce fût un projet « à la fois simple et clair ». Cette évolution fut confirmée dans un ultime article, publié en février 1936[1198]. Il s'y montrait en effet prêt à admettre un système fondé sur la proportionnelle. Puis, le 6 mars, la Chambre enterra sans gloire la réforme électorale.

Au sujet du suffrage féminin, la commission ne se prononça pas car, à deux reprises, le quorum ne fut pas atteint et c'est en séance publique que la question fut débattue. Le matin même de cette séance, Borel publia un nouvel article dans lequel il exprimait toute sa crispation sur ce sujet :

> « Je ne crois pas que la femme soit prête en ce moment à être l'égale de l'homme au point de vue du suffrage », écrivait-il[1199].

Son propos était tout entier tourné vers la défense du contre-projet qu'il avait naguère défendu. On pouvait donc augurer d'un vote négatif de sa part lors du débat sur le projet déposé par le groupe socialiste en faveur du suffrage féminin total et immédiat. Le vote se déroula sans accroc, Borel acceptant de voir son contre-projet provisoirement écarté, et 427 députés votèrent pour le droit de vote des femmes et 126 contre, avec une cinquantaine d'abstentions. Borel vota donc, ce jour-là, pour le vote des femmes[1200]. Mais cela se fit en son absence et malgré lui car il avait demandé à être mis en congé pour la fin de la séance - ce qui n'avait pas été enregistré. Il le regretta au début de la séance suivante[1201].

En résumé, s'agissant des questions d'évolution institutionnelle, l'action de Borel à la Chambre a été notable mais elle n'a pas pris la forme d'une démarche globale et présentée comme telle, sauf, peut-être à la commission du Règlement qu'il présidait. Il n'a pu y faire aboutir que quelques propositions alors qu'il croyait inévitable une remise en cause profonde des habitudes du travail parlementaire. Il y avait des limites à de telles

---

1196 É. Borel, « Scrutin uninominal », *L'Ère nouvelle*, 4 mai 1934, « Réforme électorale », *L'Ère nouvelle*, 8 juin 1934.
1197 É. Borel, « Changer le scrutin », *L'Ère nouvelle*, 24 mai 1935.
1198 É. Borel, « Réforme électorale », *L'Ère nouvelle*, 7 février 1936.
1199 É. Borel, « Le suffrage des femmes. Réponse à quelques objections », *L'Ère nouvelle*, 1er mars 1935.
1200 TPC, séance du 1er mars 1935.
1201 TPC, intervention d'É. Borel, séance du 5 mars 1935. Borel n'évoqua pas son vote tel qu'il figurait au procès-verbal, et il ne demanda pas de rectification de vote.

ambitions ; d'abord sa propre conviction que c'était d'abord une question d'habitudes, de mœurs et de morale et que c'était de la bonne volonté des parlementaires que viendraient les améliorations ; ensuite, Borel qui restait très individualiste et ne pouvait s'appuyer sur un groupe puissant, dont aussi la posture d'intellectuel installé au-dessus du simple élu de base pouvait irriter, n'était pas très bien placé pour faire avancer ses propositions.

Dans les deux autres commissions, Borel ne manifesta pas une hauteur de vue ou une cohérence notables. Sur le suffrage universel, il restait peu ouvert. Dans le débat sur la réforme constitutionnelle, il fut absent et il ne consentit qu'à des évolutions politiques et administratives ne répondant pas à la crise institutionnelle dans lesquelles sombrait le régime.

4.5. Les revenus d'Émile Borel

Dans l'état actuel des sources, le patrimoine de Borel reste mal connu mais il ressort que l'homme désira s'installer dans un mode de vie bourgeois et qu'il fut très préoccupé, toute sa vie, de questions financières. Il cumulait des revenus importants provenant de ses trois activités principales d'universitaire, de journaliste et publiciste et d'homme politique. À cela s'ajoutait sa pension de combattant de la guerre de 1914-1918 et de décoré de la Croix de guerre. S'il ne semble pas qu'il tirait, après les années dix, des revenus de ses propriétés foncières dans l'Aveyron, il percevait le montant des loyers de l'appartement de la rue Froideveaux.

Dans la première catégorie de revenus, figuraient donc le traitement de Borel comme professeur à la faculté des Sciences, ses indemnités d'examens et concours - comme de membre du jury d'agrégation ou de celui de l'École navale -, ses rémunérations correspondant à des cours et conférences - nombreuses - donnés en France et à l'étranger, ses « pointages » académiques correspondant à son activité à l'Académie des sciences - par exemple pour les jurys de prix scientifiques -, son traitement de directeur honoraire de l'École normale, ainsi que ses indemnités au titre de sa participation au Conseil consultatif de l'Enseignement public et au Conseil supérieur de la Statistique ; on peut supposer qu'au moins certaines de ses activités à la direction d'organisme ou dans des grandes commissions étaient aussi rémunérées par exemple par jetons de présence : CNR, ONRSII, ARS, CSRS, présidence du Conseil d'administration du CNRSA, conseil d'administration du CNRS, etc. Ainsi Borel intervint-il en conseil d'administration du Palais de la Découverte pour demander que des jetons de présences fussent distribués[1202]. Le montant du traitement de professeur de Borel est difficile à retrouver ; ce qui est certain, c'est que lors du débat à la Chambre à propos du montant de l'indemnité de député, fixé à

[1202] PV du conseil d'administration du Palais de la Découverte, séance du samedi 30 avril 1940, AN, Dossiers du Palais de la Découverte, 20010498/78.

45 000 francs, Borel déclara qu'il n'en bénéficierait pas en raison de l'interdiction du cumul et du fait que son traitement était supérieur au montant de cette indemnité[1203]. Mais il avait aussi obtenu la création d'un traitement de directeur de l'IHP, d'un montant fixé à 8 000 francs par an alors que, traditionnellement, les fonctions de directeur d'un laboratoire ne donnaient pas lieu à un traitement spécifique. Il reçut aussi, en 1942, 4 000 francs pour quatre conférences prononcées à l'IHP[1204]. Toujours au titre de ses fonctions universitaires et scientifiques, Borel recevait aussi d'importants droits d'auteur pour l'ensemble de ses ouvrages largement diffusés, soit les ouvrages de haut niveau reprenant ses cours professés à l'ENS, au Collège de France et à la faculté des Sciences que de nombreux étudiants et enseignants étaient amenés à se procurer, soit les nombreux ouvrages à but pédagogique et conformes aux programmes officiels destinés au classes préparatoires, aux écoles normales primaires et à l'enseignement secondaire, soit enfin ceux à destination du grand public - *L'Aviation*, *Le Hasard*, *L'Espace et le temps* - et qui là aussi touchaient un large lectorat : *L'Aviation*, paru en 1910 connut six rééditions avant 1914 ; *Le Hasard*, paru en 1914, connut trois rééditions dès la première année ; tout comme *L'Espace et le temps*, il fut sans cesse réédité pendant les années trente (et aussi, d'ailleurs, après la fin de la Seconde Guerre mondiale). Une bonne part de ces ouvrages connut des traductions et une diffusion importante à l'étranger. Borel était aussi directeur de collection ce qui ne pouvait se concevoir sans une rémunération. Les articles scientifiques pouvaient, dans certains cas, être rémunérés.

Dans la seconde catégorie de revenus, celles de journaliste et publiciste, les activités de Borel dans la presse donnaient lieu à des émoluments dont le montant pouvait n'être pas négligeable : ainsi de son article mensuel dans *La Dépêche*, de ses deux ou trois voire quatre articles mensuels dans *L'Ère nouvelle*, de ses articles réguliers, quasi mensuels, dans *Le Capital* dont on sait qu'ils étaient rémunérés à hauteur de 500 francs et éventuellement plus[1205], mais aussi de ses collaborations plus ponctuelles aux grandes revues comme la *Revue de Paris*, la *Revue politique et parlementaire.*

Enfin, dans la troisième catégorie de revenus, liés à son activité politique, Borel avait droit, bien sûr, sinon à l'indemnité de député non cumulable avec son traitement, à celles d'ancien ministre, de maire de Saint-Affrique et de

---

[1203] *Le Progrès Saint-Affricain*, 22 octobre 1927. Par comparaison, le crédit pour la création d'une chaire à l'IHP, la même année, se montait à 15 000 francs et pour un bibliothécaire, de 10 000 francs ; le prix d'un quotidien était de 40 centimes et l'abonnement annuel de 110 francs.

[1204] Lettre de Mme Fournier au doyen de la faculté des Sciences, 13 mai 1942. Conférences sur « Les probabilités dénombrables et quelques applications », prononcées par É. Borel en avril-mai 1942, bibliothèque de l'IHP.

[1205] J.-N. Jeanneney, « Sur la vénalité du journalisme financier entre les deux guerres », *art. cit.*

conseiller général de Cornus. La présidence de l'Union internationale des Associations pour la SDN donnait probablement lieu à un défraiement tout comme son activité à l'Entente européenne des partis radicaux et assimilés et sa participation aux travaux de la Coopération intellectuelle. Son rôle à la tête de la CTI n'était sans doute pas rétribué directement mais n'était peut-être pas entièrement bénévole.

Conclusion : un parlementaire réduit à l'isolement

Au terme de ce troisième mandat de député, Borel apparaissait donc comme un parlementaire remarquable ayant assumé de nombreuses responsabilités de premier plan à la Chambre, à la tête de commissions, comme président de groupe, comme acteur encore influent de la CTI et comme membre du CNÉ, comme animateur de comités parlementaires divers en particulier ceux tournés vers la Coopération intellectuelle et le rapprochement européen et, bien sûr, comme habitué de la tribune. L'ampleur de sa production dans la presse et les revues ajoutait à sa stature de parlementaire celle de l'intellectuel influent d'ailleurs actif dans divers lieux influents de réflexion et d'élaboration d'idées politiques. Toute cette activité en faisait un intellectuel de gouvernement de poids au sein de la mouvance radicale, sa famille politique de cœur, et, bien sûr, en direction de la gauche mais surtout vers les secteurs modérés et libéraux de l'élite politique et sociale.

Mais, face à la crise de régime et aux enjeux de réforme de l'État soumis à la réflexion des commissions de la Chambre, Borel n'apparut pas comme une force de proposition et il sembla s'accommoder de l'impuissance et de la paralysie générales. Peut-être fût-ce lié à l'isolement dans lequel il s'était installé dans son parti, un isolement dont il n'avait peut-être pas mesuré les conséquences, lesquelles grandirent à mesure que les radicaux tournèrent plus nettement le dos aux alliances au centre et à droite pour privilégier le « Rassemblement populaire ». Dans ce contexte, à moins de rallier un courant de la droite comme l'Alliance républicaine avec laquelle il n'avait aucune affinité, Borel fut condamné à une impuissance relative : allié de cette droite dans une commission des Finances majoritairement hostile aux gouvernements de concentration, arbitre central dans les commissions du Règlement ou du Suffrage universel, c'est le plus souvent pour parler en son nom propre qu'il continua de tenter de s'exprimer à la tribune. Le bilan de ce positionnement ne pouvait être que décevant. On relève qu'il ne fut pas question, pour Borel - contrairement à son collègue Raynaldy après son échec aux législatives et à tant de députés aguerris - de chercher à conquérir un mandat de sénateur.

Chapitre 5
Borel au temps du Front populaire

À ce stade de l'itinéraire de Borel, on ne peut manquer de remarquer qu'aucun des scientifiques de ses amis avec lesquels il avait fait ses premiers pas dans l'engagement n'avait suivi ses traces dans une carrière politique. Ni Langevin, ni Hadamard, ni Cotton, ni Lapicque, ni Maurain, ni même Perrin - ne parlons pas de Marie Curie qui professait un refus de l'engagement partisan[1206] - n'apparaissaient parmi les nombreux intellectuels engagés dans les rangs ou la mouvance radicale, ni dans les listes de membres actifs des associations pour la SDN auxquelles Borel avait décidé de donner toute son énergie. Ceux-ci considéraient sans doute que le radicalisme avait largement montré ses limites. Borel, au contraire, était resté attaché, à travers les vicissitudes de la politique quotidienne, aux principes auxquels il avait adhéré dans sa jeunesse. Sans doute avait-il lu avec délectation ces lignes qu'Herriot avait écrites pour présenter l'ouvrage de Jammy Schimdt (1872-1949), *Idées et images radicales*, qui venait de paraître, en 1934 :

> « Être radical, c'est renouveler l'antique affirmation que nul n'entrera au jardin de la pensée, si d'abord il n'est géomètre, c'est louer la raison, c'est faire la mesure de toutes choses, c'est l'instaurer en dignité suprême. »[1207]

Le même Herriot n'avait-il pas déjà proclamé que « le radicalisme, c'est le rationalisme en politique »[1208] ? Et Albert Bayet n'avait-il pas écrit que le radicalisme avait une méthode : « La science inspirant la politique »[1209] ? Voilà des intellectuels, pourtant issus de « l'ordre des Lettres », qui se réclamaient de la science et du rationalisme en politique. Et, de fait, Borel semblait beaucoup moins isolé si on se tournait vers ces nombreux normaliens littéraires, historiens, philosophes, sociologues qui avaient choisi le parti radical comme leur parti « naturel ». Cependant, en ce milieu des années 1930, le « parti intellectuel », s'alimentant à ces sources traditionnelles, manifestait sa vitalité et, dans le même temps, était soumis à de fortes tensions politiques tendant à le déchirer et était mis au défi de se renouveler. C'est ce que traduisirent deux projets à première vue très voisins, celui de l'*Encyclopédie* française et celui de l'Union rationaliste.

[1206] M. Pinault, « Marie Curie, une intellectuelle engagée ? », *art. cit.*
[1207] É. Herriot, préface à J. Schimdt, *Idées et images radicales*, Paris, Excelsior, 1934.
[1208] J. Touchard, *La Gauche en France depuis 1900*, Paris, Seuil, 1977, p. 123.
[1209] A. Bayet, *Le Radicalisme*, Paris, Librairie Valois, 1932, p. 11.

Dans cette période cruciale, Borel parut pris à contre-courant et il eut à subir plus qu'à choisir des prises de parti nécessaires. Au temps du Front populaire, ancré dans ses choix anciens, il ne retrouva plus la posture conquérante qui avait été la sienne. Son refus de concourir à nouveau pour la députation dont il affirma qu'il était la conséquence logique de son âge - il n'avait pourtant que 65 ans et semblait jouir de toute sa forme physique - fut symptomatique d'une plus profonde et plus générale renonciation.

5.1. Borel et l'Union rationaliste

L'Union rationaliste (UR) vit le jour en mars 1930. Langevin raconta plus tard que l'UR était née d'une idée de David Jahia, un militant libre penseur qui était allé solliciter Henri Roger, titulaire de la chaire de Physiologie et doyen de la faculté de Médecine depuis 1917 et qui venait de publier un ouvrage sur *Les Religions révélées* ; une réunion eut lieu, chez Albert Bayet, et le projet prit rapidement forme. Roger en confirmait l'essentiel dans ses *Souvenirs*, ajoutant que Jahia était un homme d'affaires, « un importateur » ayant des accointances avec le Brésil[1210].

Borel fit aussitôt partie des douze membres du « comité d'honneur » de l'UR, avec trois autres mathématiciens, Appell, Hadamard et Gabriel Koenigs (1858-1931), ainsi que Lapicque, Perrin, Richet et Urbain, tous membres de l'Académie des sciences, et aussi Anna de Noailles, Ferdinand Brunot, Lucien Levy-Brühl et l'historien du christianisme à la Sorbonne, Charles Guignebert (1867-1939)[1211]. Son comité de direction se composait de Roger, président, Langevin, vice-président, ainsi que d'Albert Bayet, et du vulgarisateur des sciences, Marcel Böll, entré à la rédaction de *La Science et la Vie* en octobre 1925[1212]. Selon ce qu'ils affirmaient dans leur « Programme », présenté dans la première livraison des *Cahiers rationalistes*, ces fondateurs de l'UR se déclaraient « disposés à dérober quelques heures à leurs recherches personnelles pour se consacrer à (une)

[1210] H. Roger, *Entre deux siècles (Souvenirs d'un vieux biologiste),* Pairs, L'Expansion scientifique française, 1947, 336 p. P. Langevin, « Henri Roger et l'Union rationaliste », *Cahiers de l'Union rationaliste*, n° 89, mai-juin 1945. Selon Langevin, David Jahia qui occupa les fonctions de secrétaire-adjoint et trésorier de l'UR, avait créé, en 1902, une Association des Libres penseurs de France, dans laquelle Marcellin Berthelot et Anatole France avaient été actifs. Après la mort de Berthelot, Jahia fonda le Cercle Berthelot dont il fut le secrétaire général et Painlevé le président, puis, à la veille de la guerre, le Cercle Diderot.

[1211] *Cahiers rationalistes*, n° 1, janvier 1931. L'Union rationaliste n'a pas fait l'objet, à ce jour, d'une étude historique ; le *Dictionnaire des intellectuels français* l'ignore carrément.

[1212] J. Bruno, « Marcel Böll, vulgarisateur », *art. cit.*, p. 112. Boll fut effectivement un brillant vulgarisateur et il ne le démontra jamais autant que dans son petit Que sais-je ? d'*Histoire des mathématiques*, paru en 1941. Il réussissait le pari qu'il s'était imposé de rendre compréhensible son propos à tout « lecteur (disposant) d'une bonne instruction primaire ». (M. Boll, *Histoire des mathématiques*, QSJ ? , Paris, PUF, 1941.)

œuvre d'éducation ». Ils se voulaient décidés à « défendre et répandre dans le grand public l'esprit et les méthodes de la Science pour lutter contre l'irrationalisme, et plus encore, l'ignorance[1213] ». Quand on cherchait le mot « rationalisme » dans le dictionnaire *Larousse élémentaire illustré*, on apprenait, pour toute définition, qu'il s'agissait d'« une doctrine qui rejette la révélation et prétend tout expliquer au moyen de la raison ». Et le *Grand Larousse Universel*, s'il notait qu'il s'agissait d'un « système philosophique exclusivement basé sur la raison et rejetant le principe d'autorité », ajoutait aussitôt :

> « Il ne faut donner ce nom qu'aux systèmes de philosophie où le rôle attribué à la raison a quelque chose d'excessif aux yeux des théologiens, aux yeux surtout des théologiens catholiques. »

En somme, voilà un terme qui pouvait conserver une forte connotation négative et au moins polémique, très axé vers la contestation des religions, ce que, sans doute, les fondateurs de l'UR n'ignoraient pas. Pas plus qu'ils n'ignoraient qu'il existait en philosophie, depuis la fin du XIXème siècle, un fort courant spiritualiste - représenté par exemple par Bergson ou Brunschvicg - avec lequel plusieurs de ces fondateurs de l'UR s'étaient régulièrement expliqués, et que la fondation d'une association portant un tel nom allait passer, aux yeux de leurs adversaires, pour une sorte de déclaration de guerre. Paul Nizan décidant, en 1932, d'interpeller sur leur « confort spirituel » ceux qu'il qualifiait de « chiens de garde », témoigna à sa façon du contexte intellectuel dans lequel les fondateurs de l'UR avaient pris leur initiative : Nizan qui voulait en philosophe viser tout particulièrement les philosophes universitaires, singulièrement Bergson, Boutroux ou Brunschvicg, leur reprochait d'estimer que « le progrès humain (étai)t arrivé à son terme ou (étai)t en bon chemin », et de « se crois(er)) les bras et s'install(er) dans la paix du dimanche ». Mais son propos prenait des résonnances plus larges :

> « Il est grand temps, écrivait Nizan, de leur demander leur pensée sur la guerre, sur le colonialisme, sur la rationalisation des usines, sur l'amour, sur les différentes sortes de mort, sur le chômage, sur la politique, sur le suicide, les polices, les avortements, sur tous les éléments qui occupent vraiment la terre. »[1214]

Or, l'Union rationaliste ne se distingua pas par ses prises de position sur ces différents terrains. Bayet affirma même souvent que l'UR n'aurait pas de

---

[1213] « Notre programme », *Cahiers rationalistes*, n° 1, janvier 1931. F. Bock, « Les débuts de l'Union rationaliste, 1930-1940 », *Raison présente*, n° 200, 4ème trim. 2016, p. 7-14, et Y. Bézin, « Les *Cahiers rationalistes* : la physique comme propagande », Colloque international pluridisciplinaire « Sciences et écritures », Besançon, 14 mai 200, en ligne.
[1214] P. Nizan, *Les Chiens de garde*, *ouv. cit.*, p. 38.

caractère politique. Elle se cantonna généralement dans la promotion et la défense de principes rationalistes, voire scientistes, matérialistes et athéistes. Ce furent bien la lutte contre l'ignorance par la diffusion de la connaissance scientifique, la défense de la science et de « la méthode scientifique », la négation de la « crise du déterminisme » et de la « crise de la science », la conviction que « les progrès (des connaissances) accroîtront les moyens d'action et le bien-être de l'humanité » (Émile Borel), la confiance en « la libération de l'homme par la science » (Jean Perrin) et l'affirmation de sa « valeur morale » (Paul Langevin) qui caractérisèrent son activité[1215]. Il y eut aussi à l'UR, d'autant que Roger poussait nettement dans cette direction, une dimension antireligieuse affirmée qui rappelait l'esprit anti-talas des normaliens de gauche du début du siècle.

Dès la première année, il y eut 1200 adhérents à l'UR qui furent 3000 à la veille de la Seconde Guerre mondiale[1216]. Sa publication principale, mensuelle, les *Cahiers rationalistes*, compta environ 600 abonnés la première année et près de 2000 en 1939[1217]. *Les Nouvelles littéraires* rendirent compte régulièrement des initiatives de l'UR, divers journaux, y compris en province, comme *La Dépêche* firent de même. *La Lumière, hebdomadaire d'éducation civique et d'action Républicaine*, fondé par Georges Boris en 1927, publication intellectuelle de tendance radicale-socialiste dans lequel le philosophe Alain écrivait régulièrement des billets et dont un des principaux collaborateurs était Bayet, permit à ce dernier de donner aux engagements de l'UR un écho auprès d'un large public[1218] et, dans le même temps, *La Lumière* relayait les interventions directement politiques, celles du temps du CVIA comme celles de l'UDIF, à la veille de la guerre.

Borel aurait pu trouver dans l'UR un lieu d'épanouissement. Ce ne fut pas le cas. La première action publique de l'UR eut lieu le 6 mai 1930. Ce jour-là, Langevin donna une première conférence sur « La science et le déterminisme », suivie de deux autres, le 20 mai et le 3 juin. Puis il y eut celles de Laugier, Rabaud, Lapicque et Piéron[1219]. Alors que les initiatives de

---

[1215] É. Borel, « La science et le calcul des probabilités, *Cahiers rationalistes*, n° 18, décembre 1932, J. Perrin, « La Libération de l'homme par la science », id., n° 46, janvier 1936, P. Langevin, « La Valeur humaine de la science », préface de M. Lahy-Hollebecque (dir.), *L'Évolution humaine des origines à nos jours*, Paris, Quillet, 1934, et *Cahiers rationalistes*, n° 80, mars 1940.

[1216] M. Trebitsch, « Les Réseaux scientifiques : Henri Laugier en politique avant la Seconde Guerre mondiale, 1918-1939 », dans J.-L. Crémieux-Brilhac et J.-F. Picard (dir.), *Henri Laugier et son siècle*, Paris, CNRS, 1995.

[1217] Source principale, les CR des assemblées générales annuelles, dans les *Cahiers rationalistes*.

[1218] A. Bayet, « Qu'est-ce que le rationalisme ? », *La Lumière*, 24 mars 1939.

[1219] A. Bayet, « L'esprit scientifique et sa diffusion », *Les Nouvelles littéraires*, 28 février 1931.

l'UR se succédaient, que paraissaient les premières livraisons des *Cahiers rationalistes,* le 16 novembre 1932, Borel fit à son tour une conférence dans le cadre de l'UR sur « La science et le calcul des probabilités », avec un contenu qui reprenait pour l'essentiel celui de ses interventions habituelles, dans les revues ou dans la presse, sur le hasard et le calcul des probabilités[1220]. *Les Nouvelles littéraires* en rendirent largement compte par un article de Böll qui s'attachait à montrer à quel point Borel avait su rendre accessible ce domaine ardu des mathématiques en le présentant sous un aspect pratique et imagé. Et, de fait, dans cette conférence, celui-ci s'attacha à aborder les probabilités sous une forme complètement accessible au plus large public, sans aucune référence mathématique ou théorique.

En dehors de cette conférence, Borel ne manifesta aucune activité particulière au sein de l'association, au contraire de Langevin, Perrin, Urbain, Hadamard et Lapicque ou encore Étienne Rabaud, Georges Fournier, Marcel Böll, Henri Laugier et Henri Mineur dont les noms revinrent sans cesse. Ainsi ne vit-on pas son nom dans le numéro spécial des *Cahiers rationalistes* consacré à Paul Painlevé qui avait rallié l'UR en 1932 et qui mourut en octobre 1933[1221]. De même, lorsqu'il s'agissait de mathématiques, pour un article, une note bibliographique, c'était Böll qui signait et jamais Borel. Enfin, son nom n'apparaissait pas dans les quelques comptes-rendus, dans les *Cahiers*, des réunions du Groupe d'études Helvetius - c'était le nom de la section parisienne de l'UR animée, en particulier, par Rabaud, grand ami de Borel. Cet éloignement relatif pouvait être rapporté à l'importance prise par les questions de morale et de religion dans les premiers temps de l'activité de l'UR, questions qui n'étaient pas parmi ses préoccupations principales ; puis il y eut l'orientation, imprimée par Langevin, vers une conception très engagée privilégiant « la fonction sociale de la science », selon le titre de l'ouvrage du cristallographe anglais, John Bernal (1901-1971), que Langevin popularisa en France. Lorsque Langevin et son gendre Jacques Solomon, Frédéric Joliot-Curie, Henri Wallon, Georges Politzer et d'autres, parmi lesquels Georges Cogniot, responsable des intellectuels communistes, créèrent, en 1939, *La Pensée*, sous-titrée « revue du rationalisme moderne », dont le projet était très largement dans la continuité de celui de l'UR, Borel n'en fut pas.

Logiquement, il ne revint pas vers l'UR après 1945 bien que son nom, comme membre du comité d'honneur, figurait encore à l'ours des *Cahiers* et qu'un article « Mathématiques » signé de son nom - en fait un extrait de *Valeur pratique et philosophie des probabilités*, paru en 1939 - fut inséré dans le *Dictionnaire rationaliste* publié par l'UR, en 1964. Contrastant avec cet éloignement, Hadamard devint, lui, président d'honneur de l'UR.

[1220] É. Borel, « La science et le calcul des probabilités », *art. cit.* Compte-rendu par M. Böll, « La science et les probabilités », *Les Nouvelles littéraires*, 17 décembre 1932.

[1221] « Paul Painlevé », *Cahiers rationalistes*, n° 26, novembre 1933.

Lorsque un article à portée historique ou de nature nécrologique paraissait, le nom de Borel n'était jamais rappelé dans l'énumération des personnalités fondatrices de l'UR et à sa mort, en 1956, il n'y eut aucun article d'hommage dans les *Cahiers* ce qui tranchait avec les références récurrentes à Langevin ou Perrin.

5.2. L'*Encyclopédie française*

L'idée de l'*Encyclopédie française* avait été émise une première fois en août 1932 par le ministre de l'Éducation nationale, Anatole de Monzie. Ses principaux animateurs, de Monzie, Lucien Febvre, Bouglé, Laugier, Charléty et, bien sûr, Borel, formaient, remarque Michel Trebitsch, les éléments d'un réseau d'intellectuels républicains. Il a très bien défini l'*Encyclopédie française* comme « une entreprise républicaine »[1222]. Faute d'avoir pu étudier en détail le corpus constitué par les quelques 500 collaborateurs de cette entreprise éditoriale, Trebitsch reprenait le portrait de quelques uns à commencer par Lucien Febvre (1878-1956), professeur d'Histoire moderne à Strasbourg qui, lorsqu'il devint le président du comité de l'*Encyclopédie française*, était aussi membre de la rédaction de la *Revue de Synthèse* et fondateur récent, avec Marc Bloch, des *Annales d'histoire économique et sociale*[1223]. Pour Febvre, il s'agissait avec ce projet encyclopédique de « restaurer la confiance dans le pouvoir de l'esprit » et d'illustrer une devise : « Faire comprendre ». Selon lui, l'ouvrage, fait de modules détachables et renouvelables en permanence en fonction des « transformations même de la Vie et de la Science », serait « une œuvre vivante et mobile » :

> « Elle ne renseignera pas seulement : elle organisera », concluait-il.

L'*Encyclopédie française* s'annonçait comme un projet rationaliste, proche de celui de l'UR, mais aussi un projet républicain. Trebitsch le souligne en le rattachant à cette conception du « savoir libérateur », de la « pédagogie de la science » et du « pouvoir de la science dans l'organisation rationnelle de la société » qui animait ceux qui s'y associèrent, comme ce fut le cas de Perrin qui rêvait de « cette cité meilleure qui devient possible grâce à la Science »[1224]. Pour Trebitsch, l'entreprise de l'*Encyclopédie française*

[1222] M. Trebitsch, « Une entreprise républicaine », *art. cit.*, p. 65-78. Et M. Trebitsch, « Les réseaux scientifiques : Henri Laugier et la politique », dans J.-L. Crémieux-Brilhac et J.-F. Picard, *Henri Laugier et son siècle*, Paris, CNRS-éditions, 1995, p. 23-45.

[1223] L. Febvre, « Une encyclopédie française : pourquoi, comment ? », préface au t. I de l'*Encyclopédie française*, p. 1.04-11, févr. 1934, Paris, Librairie Larousse, 1937.

[1224] Discours de Perrin, le 14 juillet 1935, dans M. Trebitsch, *art. cit.*, p. 75.

résultait de la nature profonde de l'engagement des « intellectuels républicains » qui en formaient le cœur :

> « Si, c'est en tant que "spécialistes" qu'ils interviennent sous cette forme dans l'espace public, c'est (...) parce que leur spécialité (...) donne par nature une fonction morale à la sociologie, une fonction rationnelle à la science. »

Les mêmes raisons commandaient d'ailleurs la participation des mêmes aux Semaines de Synthèse ou à la *Revue du Synthèse* dont la nouvelle formule, depuis mars 1931, était dirigée par Berr, Febvre, Langevin et Rey. Ainsi, à la 7ème Semaine de Synthèse, en juin 1935, consacrée à « La Statistique, ses applications, les problèmes qu'elles soulèvent », s'étaient réunis, autour d'Halbwachs et Berr, Borel, Darmois, Fréchet, Hadamard, Langevin et Paul Lévy, pour les mathématiques, mais aussi Febvre, Abel Rey, Henri Wallon ou Henri Piéron. Ces journées avaient été l'occasion d'une nouvelle démonstration des liens entre l'approche rationnelle et scientifique et la réforme sociale.

Trebitsch choisit Célestin Bouglé comme représentant de ce type d'intellectuel républicain. Directeur de l'ENS, adoubé avec l'appui de Borel, lui-même ancien directeur-adjoint, il créa *L'Année sociologique* comme Borel créa *La Revue du Mois* ; fondateur et directeur du Centre de documentation sociale, financé par Albert Kahn et implanté à l'ENS, comme Borel fonda et dirigea l'ISUP et l'IHP ; fidèle à l'éditeur Félix Alcan et chroniqueur permanent à *La Dépêche*, comme Borel, membre du comité central de la LDH, comme Borel, militant dans les associations pour la Société des Nations ou pour la Coopération européenne souvent animées par Borel, candidat malheureux à plusieurs reprises à la Chambre où il aurait pu rejoindre Borel qui se fit élire du premier coup, mais, en tous cas, fidèle comme lui à la doctrine et au parti radical, Bouglé fut comme une sorte de jumeau ou d'alter ego de Borel dans le monde des sciences sociales[1225]. Autour de Bouglé, Trebitsch esquisse les figures d'Aulard, Laugier, Lapicque, Delbos, Appell et d'autres ; tous ces universitaires relevaient de ce même type sociologique - et politique - de l'intellectuel républicain. Ils ne se rassemblèrent jamais aussi bien - Aulard et Appell étaient morts, cependant - qu'autour de l'*Encyclopédie française*. Et leur projet aboutit ; les volumes parurent à un rythme soutenu, dans des délais raisonnables.

Borel fut donc associé à l'*Encyclopédie française* et il siégea à son comité. Son élève et ami Paul Montel eut en responsabilité l'ensemble des chapitres sur « La Mathématique », inclus dans le tome 1er, « L'Outillage mental », paru en 1937, aux côtés de ceux portant sur « La Pensée » et « Le

---

1225 C. Prochasson, « Célestin Bouglé » dans J. Julliard et M. Winock, *Dictionnaire des intellectuels français*, *ouv. cit.* J.-C. Marcel, « Célestin Bouglé » dans M. Borlandi et al., *Dictionnaire de la pensée sociologique*, Paris, PUF, 2005, p. 71.

Langage ». Hadamard rédigea une longue présentation historique des « Sciences mathématiques », Cartan eut sa part, la jeune génération liée à Borel - Denjoy, Vessiot, Fréchet - se partagea le travail et à Borel échut, bien sûr, un large chapitre sur « Les Probabilités - La Science du hasard »[1226]. Il n'est pas sûr que le résultat de ce travail, représentant près de 300 pages d'exposés mathématiques arides, répondait au projet de départ qui était de « renseigner la plus grande masse d'hommes ». En fait, comme le constatait Böll, « les quatre cinquièmes pass(ai)ent par-dessus la tête ... des professeurs de mathématiques des classes de lycée ! »[1227]

5.3. Borel et le Cercle de la rue de Tournon

Si Borel resta à l'écart de la vie de l'UR à laquelle il avait pourtant donné son adhésion, il est probable que ce fut en partie en raison de ses engagements politiques qui étaient, pour l'essentiel, ailleurs. Cette hypothèse peut être confortée par le fait que, de la même manière, il ne semble pas avoir participé aux réunions du Cercle de la rue de Tournon où on aurait pu le rencontrer. Ce « cercle » était une sorte de club qu'avait fondé, sans doute au début des années trente, Caroline Vacher, professeur de mathématiques au lycée Fénelon et compagne de Paul Rivet. Elle rassemblait pour un dîner, tous les dimanches soir, d'abord dans un restaurant puis dans le local de l'Association des anciennes élèves du lycée Fénelon, rue de Tournon, « des amis qui pens(ai)ent comme eux », soit plus d'une vingtaine de scientifiques, d'universitaires, de hauts fonctionnaires et de politiques, parmi lesquels Hadamard, Pierre Janet, Lapicque, Langevin, Laugier, Perrin père et fils, Piéron, Rapkine, mais aussi Valéry, Mauss ou Focillon ou encore Blum, Georges Boris, Henri Bonnet, Delbos, Huisman. Peut-être que la sensibilité socialiste ou socialisante de ce Cercle ne convenait pas à Borel mais on constate qu'alors que beaucoup de ses amis proches ainsi que des personnes amies qu'il rencontrait fréquemment dans les associations pour la SDN, à la Coopération intellectuelle ou dans les sphères du Quai d'Orsay, à l'*Encyclopédie française* ou à l'UR, et ajoutons-y les *Arcouestiens*, faisaient partie de ce petit groupe, il s'en tint à l'écart[1228].

[1226] « La Mathématique », troisième partie du tome 1er de l'*Encyclopédie française*, « L'Outillage mental », Paris, Société de gestion de l'Encyclopédie française, diffusion Larousse, 1937. Hadamard rédigea donc l'introduction historique, Montel une préface, C. Chevalley le chapitre « Les nombres », R. de Possel « Les ensembles », É. Cartan « Les groupes », Denjoy et Montel « Les fonctions des variables réelles et complexes », Hadamard, Vessiot, Jean Chazy et Gosse « Les équations différentielles », Fréchet « L'analyse fonctionnelle », Lucien Godeaux et Cartan « La géométrie », Bela de Kerkjarto « La topologie », et Borel « Les probabilité-La science du hasard ».

[1227] M. Boll, *Histoire des mathématiques*, Paris, PUF, coll. Que sais-je ?, 1941.

[1228] M. Trebitsch, « Les réseaux scientifiques : Henri Laugier en politique... », *art. cit.*, et P. Petitjean, « Miguel, Paul, Henri et les autres. Les réseaux scientifiques franco-brésiliens dans

5.4. L'évolution des engagements politiques de Borel

Avec ces exemples, il apparaît que Borel n'accompagnait qu'à la marge le vif mouvement d'engagement intellectuel qui mobilisait une partie de ses amis au début des années trente. Alors que l'actualité politique devenait inquiétante et même tragique et tandis que le contexte politique lui-même se modifiait rapidement, il sembla en fait longtemps hésitant.

Il y eut un certain nombre d'entreprises desquelles il fut absent. Ainsi, du mouvement Amsterdam-Pleyel « contre la guerre et le fascisme », impulsé dès 1932 par Barbusse et Romain Rolland. De même, lors de l'appel qui allait aboutir à la création du Comité de vigilance des intellectuels antifascistes (CVIA), en mars 1934, Borel n'en fit pas partie alors que, dès la première liste, beaucoup de ses amis scientifiques et universitaires de la rue Pierre-Curie, des *Arcouestiens*, des membres de l'UR, des anciens de *LRDM*, donnèrent leur nom ; citons Victor et Pierre Auger, Jean et Francis Perrin, les Joliot-Curie, Langevin, Hadamard, Cartan, Challaye, Basch, Bayet, Boucherot (un ancien de la CTI), Laugier, Lévy-Brühl, Piéron, Rabaud, Zoretti[1229]. Il est possible que son statut de député ait convaincu Borel de se tenir à l'écart d'une appartenance directe au CVIA. Cependant, on observa le même retrait lors du second tour des élections municipales de mai 1935 : on ne vit pas son nom parmi les soutiens à la candidature, dans le 5ème arrondissement de Paris, de Paul Rivet seul candidat - les candidats de gauche du premier tour s'étant désistés - contre Georges Lebecq (1883-1956), président de l'Union nationale des combattants, qualifié de « chef fasciste » dans *Le Populaire*. Pourtant, parmi ces intellectuels, généralement venus du CVIA, ses amis scientifiques de la rue Pierre-Curie et de l'*Arcouest*, étaient majoritaires[1230].

Par contre, en juin 1935, eurent lieu des « Journées franco-soviétiques » s'adressant aux parlementaires, organisées par l'Association des amis de l'URSS et placées sous la présidence d'Éliane Brault, une des vice-présidentes du parti radical, depuis longtemps une amie de Borel, active à ses côtés dans les associations pour la SDN. 69 députés, dont 32 radicaux avaient donné leur participation à ces journées, et cette fois - ce fut une première - on put voir que Borel en était. *L'Humanité* en profita pour publier un carton, en une, en citant :

---

les années 1930 », dans A.A.P. Videira et S.R.A. Salinas, *A Cultura da Fisica : Contribuções em homenagem a Amelia Imperio Hamburger*, Sao Paulo, Editora Livraria da Fisica, 2001, p. 59-94. Source complémentaire : M. G. Huisman, *J'ai un bel avenir derrière moi, ouv. cit.*, p. 89-90.

1229 *L'Humanité*, 11 mars 1934, et *L'Ère nouvelle*, 18 mars 1934.

1230 *Le Populaire*, 9 mais 1935. L'appel en faveur de Rivet était signé par F. Brunot, J. Hadamard, I. Curie et F. Joliot, P. Langevin, L. Lapicque, L. Lévy-Bruhl, J. Perrin, G. Urbain. (*Le Populaire*, 11 mai 1935)

> « Langevin, Paul Perrin (Prix Nobel) (sic ; en fait, Jean Perrin, ndlr), Émile Borel, Henri Barbusse, Jean-Richard Bloch, Malraux et cent autres représentants de la culture française qui ont adhéré aux Journées franco-soviétiques. »[1231]

Puis, en septembre 1935, il y eut une occasion dans laquelle Borel se trouva mêlé aux pressions du parti communiste pour tenter de favoriser le rapprochement avec les radicaux que sa politique de « Front populaire » exigeait. Jacques Duclos en personne signa en effet un article dans *l'Humanité* dans lequel il interpellait directement Borel :

> « Tandis que chacun s'accorde à dire que M. Laval, déshonoré, discrédité, devra sen aller, ce qui pose la question du gouvernement de demain, nous ne saurions mieux faire que de rappeler ce qu'écrivait récemment M. Émile Borel, député de l'Aveyron : "Si le parti radical, dit en substance M. Borel, exposait un programme, son programme, tout le monde serait bien obligé de s'y rallier, car ni la gauche ni la droite ne peuvent gouverner sans le parti radical." Nous pouvons ajouter que si le parti radical constituait un gouvernement décidé à appliquer son programme, il bénéficierait d'un prestige énorme dans les masses populaires de ce pays. Pour notre part, nous saurions agir en semblable circonstance de manière à ce qu'un tel gouvernement ne soit point à la merci de la réaction. »[1232]

Autrement dit, Duclos entendait favoriser l'action d'un gouvernement radical décidé à appliquer le programme du parti radical plutôt que de continuer à cautionner la politique des gouvernements de droite au nom de la politique de « concentration » que prônait Borel. Celui-ci était donc loin de pouvoir être identifié comme un intellectuel engagé aux côtés des partis du Front populaire. Ainsi, en septembre 1935, un Manifeste de parlementaires s'adressant à la SDN pour obtenir le respect du droit dans le conflit italo-éthiopien recueilli les signatures de plus de 150 députés et sénateurs français sans que Borel s'y associât[1233].

Les élections locales dans l'Aveyron

À Saint-Affrique, la municipalité dirigée par Borel était installée depuis plus de cinq ans et la vie municipale bénéficiait des résultats évidents d'une

---

[1231] *L'Humanité*, le 10 juin 1935. La confusion entre Jean et Paul Perrin était compréhensible. Paul Perrin (1891-1950) était un brillant ingénieur sorti de l'EPCI, ancien élève de Langevin, et il était connu des lecteurs de *l'Humanité* comme député socialiste du 18ème arrondissement et comme président de la Fédération des officiers de réserve républicains, proche du PCF.

[1232] J. Duclos, *l'Humanité,* 2 septembre 1935.

[1233] *Vigilance*, n° 28, 20 septembre 1935, et n° 29.

gestion entreprenante et efficace. La petite ville avait beaucoup changé et changeait rapidement. La période qui s'ouvrait, avec d'abord les élections cantonales, en octobre 1934, puis les municipales, en avril 1935, avec, en ligne de mire, le renouvellement de la Chambre, au printemps 1936, promettait d'être, pour Borel, un moment décisif de sa carrière politique. Député depuis 1924, conseiller général depuis 1928, maire depuis 1929, comment n'aurait-il pas tout misé sur un nouveau sans faute, entre une réélection promise à la tête de la municipalité et l'obtention d'un quatrième mandat de à l'assemblée, en passant par une reconduction de son mandat de conseiller général ? C'est bien comme cela que, sous la IIIème République, la plupart des notables radicaux envisageaient le déroulement de leur vie : comme une carrière.

Dans *Le Progrès Saint-Affricain*, Borel prenait bien soin de mettre en valeur les résultats obtenus grâce à sa gestion municipale. Le mois d'avril 1934 apparut comme un sommet. *Le Progrès* publia alors un article choc chaque semaine. Cela commença par « Une date pour Saint-Affrique » avec le récit de l'abandon de « l'hôpital vieux de quatre cents ans » pour l'emménagement dans « les locaux de l'hôpital neuf "Émile Borel" »[1234]. Puis, il y eut un compte-rendu de mandat devant une salle comble, le « magistral exposé que fit (l')éminent député » devant « un auditoire des plus enthousiastes » construit autour d'un récit des événements du 6 février, d'un résumé de son action au sein des commissions de la Chambre, d'une analyse de l'atmosphère de scandale permanent rapportée par les journaux et d'un tableau des grandes lignes de l'action gouvernementale[1235].

Qui aurait pu penser qu'il ne préparait pas, à ce moment-là, le terrain pour une future candidature ? Arriva le scrutin départemental d'octobre 1934. Borel fut réélu dans le canton de Cornus avec 44 voix d'avance. Son adjoint à la mairie de Saint-Affrique, Jean Portalier, réussit lui aussi son élection dans le canton voisin de St-Rome-de-Tarn. Portalier devint vice-président du Conseil général tandis que Borel obtenait une des vice-présidences de l'importante commission des Travaux publics où il siégeait depuis 1928. Dans le communiqué de victoire, intitulé « À qui le tour ? », le chroniqueur du *Progrès Saint-Affricain* rêvait d'une victoire aux municipales de 1935 et aux législatives de 1936.

À l'heure du bilan, Borel pouvait s'honorer d'avoir fait oublier, en partie, les suppressions de la sous-préfecture et du tribunal que la ville avait dû subir. Son grand projet d'hôpital nouveau, d'une centaine de lits, venait d'aboutir et

---

[1234] *Le Progrès Saint-Affricain*, 7 avril 1934. Que cet hôpital ait été appelé « Hôpital Émile Borel » alors que celui-ci était encore vivant et encore maire de la commune mérite d'être souligné. D'autant plus qu'au contraire de ses amis Langevin, Perrin ou Curie, Borel n'eut jamais ni établissement scolaire, école, collège ou lycée, ni bibliothèque ou centre culturel, voire piscine ou centre sportif, cité HLM ou boulevard baptisé de son nom, après sa mort - aucun.

[1235] *Id.*, 14 avril 1934.

la reconstruction de l'école primaire publique de filles s'achevait. Construction d'égouts collecteurs, goudronnage des rues, achèvement du nouveau cimetière, agrandissement de l'école des garçons, tracé d'un nouveau boulevard - futur boulevard Carnot - bordé d'HBM, et rénovation des rues du centre ville, autour de la rue Foch, la liste des réalisations municipales était étonnante. Le reste de la commune n'était pas oublié et le maire veillait à ce que le député fasse aboutir ses demandes de subventions pour la viabilisation des chemins vicinaux, l'électrification rurale, la défense des lignes de chemin de fer ou l'extension du réseau téléphonique. La fièvre des inaugurations battait son plein : la place Peyre-Cadias de l'ancienne sous-préfecture désormais habitée par les Borel, devenait la place Paul Painlevé - celui-ci avait séjourné à plusieurs reprise chez le député-maire et il avait naguère inauguré le monument aux morts -, la rue qui descend vers la Sorgues et le Pont-neuf devenait rue Gaston Delure, du nom d'un cousin de Borel, polytechnicien, qui avait construit le port de Casablanca, des chemins de fer, au Maroc et jusque sur la mer Caspienne, une rue Louis Loucheur était percée[1236].

En mars 1935, profitant du banquet annuel de l'association des Saint-Affricains de Paris, *Lou Griffoul* - terme très courant en Aveyron qui peut désigner soit une fontaine soit le houx - Marguerite Borel prononça un flamboyant discours à la gloire de la ville et de son arrondissement. Elle évoqua, avec émotion, la « petite patrie rouergate » dont elle disait connaître désormais toute la chronique, l'« enchantement » qu'elle avait ressenti lorsque « mariée au sortir de l'enfance à un homme qui aimait passionnément son pays », elle y était arrivée pour la première fois. Dans *Le Progrès*, ce discours produisit sans doute autant d'effet que dix promesses tenues. Il ne faut pas sous-estimer l'amour de la patrie de ces habitants du Causse. Les poèmes versifiés par différents auteurs locaux que *Le Progrès* proposa à plusieurs reprises en témoignaient :

> « Enfouie comme une perle au fond du causse aride (…)
> « Comme un nid accueillant en un lieu insipide
> « À l'abri des vents froids comme un berceau d'enfant
> « Une ville s'étend au rivage d'un fleuve. (…)
> « Dites-nous ? direz-vous quel est ce lieu magique,
> « Qui vit dans la beauté, sous un ciel si clément ?
> « Et je vous répondrai, le plus sincèrement,
> « Cette ville idéale a pour nom Saint-Affrique. »[1237]

Un expatrié donna ses impressions au retour dans « la ville » :

> « Que de changements ! Que d'améliorations depuis que la municipalité Émile Borel est installée à l'hôtel de ville. Je me rappelle fort bien le temps où l'avenue de la Gare n'était qu'un

[1236] Synthèse largement reprise de P. Guiraldenq, *ouv. cit.*, p. 149-152.
[1237] *Le Progrès Saint-Affricain*, 7 avril 1934.

> long cordon de poussière que le vent du midi soulevait et distribuait partout. Aujourd'hui c'est une belle avenue entièrement goudronnée où l'on se promène avec plaisir. Si l'on quitte cette avenue (...) et que l'on porte ses pas à l'intérieur de la Cité, du côté du marché ou de l'église, on constate le même souci d'hygiène et de confort. Les immondes petites rues, mal pavées, extraordinairement sales, remplies d'odeurs nauséabondes, n'existent plus. À leur place, il est agréable de voir de belles rues entièrement goudronnées, très propres, avec une eau claire et abondante au milieu. Il faut être d'un parti-pris révoltant pour ne pas reconnaître le bien qu'ont fait Émile Borel et ses collaborateurs. »[1238]

Le bilan semblait incontestable. Borel insista sur la bonne gestion : il avait hérité de finances grevées par des emprunts et l'ancienne municipalité négligeait de demander des subventions ; l'équilibre des finances avait été acquis sans hausse des impôts, les marchés publics avaient été passés avec « des rabais importants » avec des entrepreneurs locaux, l'hôpital avait été « construit le meilleur marché dans la France entière » selon - disait Borel - le directeur de l'Institut Pasteur, et grâce à ces travaux le chômage avait été contenu[1239]. La réélection de la municipalité fut donc une formalité. La liste passa en entier. Portalier devint le premier adjoint et, les autres adjoints désirant passer la main, Émile Boyer, le docteur Nicolas et Louis Tairaire, doyen d'âge et président du comité Républicain furent élus[1240]. Comme le souligne Guiraldenq, ce second mandat fut moins brillant que le premier, la situation économique et financière n'était pas facile et le contexte politique devenait problématique. Il fallut se mobiliser - en vain - contre le projet de suppression de la ligne voyageurs entre Saint-Affrique et Tournemire.

5.5. Le radicalisme intransigeant de Borel

C'est donc en allant à rebours de tout ce que prévoyaient partisans et adversaires de Borel que celui-ci décida de ne pas solliciter un quatrième mandat. Ce qui se traduisit par la perte définitive, pour la gauche, de cette circonscription. Dans ses *Souvenirs*, Marbo passait en une seule phrase et sans autre commentaire sur cette fin de carrière politique de son mari :

> « En 1936, mon mari ne se représenta pas à la députation. Il déclara qu'il avait passé l'âge des travaux imposés aux parlementaires consciencieux. »[1241]

[1238] *Id.*, 1er juin 1935.
[1239] *Id.*, 27 avril 1935.
[1240] *Id.*, 18 mai 1935.
[1241] C. Marbo, *À travers deux siècles*, *ouv. cit.*, p. 285.

Le discours politique de Borel à l'époque du Front populaire

L'explication pouvait sonner juste mais elle restait un peu courte. C'est pourtant, en gros, celle que Borel donna dans *La Dépêche*[1242]. Invoquant « l'âge (qui) diminuait sa puissance de travail » et affirmant qu'il avait « parfois (été) amené à négliger partiellement certains devoirs qu'(il) avait (auparavant) assumés », il concluait qu'il était devant « un cas de conscience » et que, malgré « l'affectueuse insistance de (ses) amis », la raison lui commandait de ne pas être candidat. À aucun moment il n'évoquait les conditions politiques et les problèmes d'alliances en jeu, ni le nom et les engagements de celui qui allait se présenter à sa place.

Dans *La Dépêche*, deux fois par mois, Borel n'écrivait, en général, que des articles loin de l'actualité politique française, « inclassables » même, sauf au sein d'une vaste sensibilité modérée, faite de « bon sens » et de pragmatisme. Au cours de l'année 1936, que ce fût avant ou après les élections qui virent la victoire de la gauche, jamais il n'écrivit les mots « Front populaire », à aucun moment il ne s'exprima ni sur les partis du « Rassemblement populaire », ni sur le mouvement de grèves du printemps, ni sur la politique du gouvernement Blum. Il ne proposa aucune analyse sur les fascismes et ne dit rien sur la rébellion militaire en Espagne. De quoi Borel parlait-il ? De relations internationales, abordées depuis des considérations de principe et non depuis les crises du moment, d'économie, de monnaie et de commerce international, de questions institutionnelles et de problèmes dits « de société ». Il donnait l'impression d'un homme qui se plaçait au-dessus des enjeux politiques.

La ligne politique de Borel dans ses articles de *l'Ère nouvelle*

Borel était aussi un collaborateur régulier de *L'Ère nouvelle*, « organe de l'entente des gauches » comme l'indiquait le sous-titre, en fait le quotidien parisien du parti radical, dirigé par Albert Milhaud, l'ancien député de Nîmes qui avait été secrétaire général du parti radical jusqu'à la victoire des partisans de Daladier sur ceux d'Herriot. Borel y était encore plus « chez lui » qu'à *La Dépêche* puisqu'au cours de son troisième mandat et même au-delà, il y écrivit à peu près une fois par semaine.

Au milieu de l'année 1934, après des mois qui avaient vu le régime être ébranlé par les crises et les scandales, tandis que s'organisait, à gauche, une réaction coordonnée, bien représentée par la naissance, en mars, du CVIA, Borel réaffirma un positionnement politique qui n'avait pas changé : il était favorable à la procédure des décrets-lois, dénonçait la formation d'une « sorte de cartel de droite » allant des républicains conservateurs à des ligueurs royalistes « qui considèrent que la situation du pays ne sera

[1242] É. Borel, « Quelques mots personnels », *La Dépêche*, 27 mars 1936.

améliorée que par des moyens violents, à l'imitation de ce qui s'est passé dans certains pays étrangers » et il exposait longuement pourquoi il adhérait toujours à la « la concentration, c'est-à-dire une réunion des centres » et renouvelait sa confiance au gouvernement Doumergue. Depuis une dizaine d'années, il n'avait plus dit autre chose[1243].

Quant aux questions internationales qui restaient une de ses passions, il y revenait au moins une fois par mois. S'il était entendu qu'il condamnait les régimes que l'Italie et l'Allemagne avaient à subir, il ne s'y attardait pas tandis qu'il consacrait des articles entiers aux élections dans telle ou telle démocratie européenne ou aux mesures qui s'y décidaient en matière économique ou monétaire. Son sujet principal restait la défense de « la continuité de la politique étrangère de la France »[1244]. Il se félicitait de la prochaine entrée de l'Union soviétique - qu'il appelait la Russie - à la SDN et du rapprochement opéré par Roosevelt avec les institutions genevoises[1245]. Du reste, Borel continuait de beaucoup voyager, en 1933 en Espagne et en Bulgarie, récemment en Roumanie et en Yougoslavie en compagnie du ministre des Affaires étrangères, et au Danemark, pendant l'été, à l'occasion du congrès de l'Entente radicale, à Copenhague. Rappelant les congrès précédents, d'Athènes en 1931, d'Amsterdam en 1932 et de Sofia en 1933, il réaffirmait la vitalité du courant qu'il représentait mais était obligé d'admettre que seulement dix pays étaient présents à Copenhague[1246]. L'année s'achevant avec la tenue du Congrès français de défense de la paix, convoqué par la FFASDN et qu'il avait présidé, il put consacrer deux articles, l'un pour réclamer l'organisation sous contrôle international du plébiscite sur l'avenir de la Sarre, et l'autre pour dresser un bilan de l'action de la SDN : malgré le départ de l'Allemagne après celui du Japon, la SDN était, selon lui, « à la fin de l'année 1934, plus forte qu'elle n'avait jamais été »[1247].

La fin de session de la Chambre, au début d'avril 1935, le trouva plus déterminé que jamais à soutenir le gouvernement Flandin, nettement orienté à droite. Lorsque Flandin puis Bouisson demandèrent le vote des pouvoirs spéciaux sur un programme économique et financier, Borel, plutôt isolé, se prononça pour. Ici et là, il laissa transpirer le malaise dans lequel il baignait. Ainsi, à la veille du 14 juillet 1935 qui promettait d'être un sommet de la

---

1243 É. Borel, « Dictature et conservation sociale », *L'Ère nouvelle*, 15 juin 1934, « Trêve ou paix ? », *Id.*, 11 juill. 1934 et trois articles, les 6 juill., 10 et 24 août 1934.

1244 É. Borel, « La politique étrangère et l'union des partis », *L'Ère nouvelle*, 20 sept. 1934.

1245 Id, et É. Borel, « Barthou continue Briand », *L'Ère nouvelle*, 1er juin 1934.

1246 É. Borel, « Le congrès radical de Copenhague », *L'Ère nouvelle*, 7 sept. 1934.

1247 *L'Ère nouvelle*, 12 décembre 1934. Borel était d'ailleurs entouré de personnalités prestigieuses : René Cassin (1887-1976), président du Comité d'action pour la SDN, Paul-Boncour (1873-1972) et Henry de Jouvenel (1876-1935), tous deux très engagés dans l'action internationale de la France auprès de la SDN, de même qu'Henri Pichot, président de l'Union fédérale des mutilés et anciens combattants

mobilisation à gauche, tandis qu'Albert Milhaud dénonçait, dans un éditorial assez violent de *L'Ère nouvelle* « ceux qui croient que l'avenir du radicalisme est du côté du front commun », Borel donna une curieuse leçon d'histoire : selon lui, lorsqu'il avait fallu choisir une date pour une « fête de la République », la gauche républicaine avait préféré le 14 juillet, jour de la prise de la Bastille et donc « fête de la liberté », au 4 août que défendait la droite royaliste du Sénat qui y voyait une « fête de l'égalité ». C'est ce 14 juillet-là qu'il souhaitait qu'on célébrât, « chacun à sa manière »[1248]. De front commun et d'antifascisme, il n'était pas question. C'est sans lui que se prépara et se déroula la manifestation parisienne du 14 juillet 1935 au cours de laquelle Perrin et Langevin occupèrent une si importante place.

En octobre 19335, Borel annonça à ses partisans qu'il ne se représenterait pas aux élections législatives du printemps suivant[1249]. Selon ce que le commissaire de police de Saint-Affrique avait entendu dire, Borel avait envisagé la candidature, pour le remplacer, de Maurice Colrat (1871-1954), ancien député de la Gauche démocratique, journaliste influent à l'*Opinion*, fils d'un ingénieur en chef rouergat des mines de Decazeville et membre du conseil d'administration des Caves de Roquefort[1250]. Le même observateur était d'ailleurs sceptique sur ses chances car les comités favorables à Emmanuel Temple, réunissant toutes les droites, des royalistes aux libéraux, étaient déjà très mobilisés et actifs. Cette possibilité fit long feu, de même que celle, un temps avancée, d'un polytechnicien, ingénieur des Ponts et Chaussées, ancien haut fonctionnaire des Travaux publics et administrateur de la Société d'électricité du Rouergue, Jean Maroger (1881-1956), lequel était apprécié dans certains milieux « modérés » du département[1251]. Et à son retour des Antilles, Borel annonça publiquement son retrait de la compétition électorale sans qu'aucun candidat de remplacement ne fût en vue et alors qu'aucune autre candidature à gauche n'était envisagée. Les articles qu'il publia au cours des premiers mois de 1936 montrèrent qu'il ne glissait ni vers le ralliement au Rassemblement populaire ni vers l'adhésion à un antifascisme européen.

5.6. Borel renonçait à son mandat parlementaire

Vers la fin du mois de mars 1936, dans *L'Ère nouvelle,* Borel pronostiqua la composition de la future Chambre en trois groupes de 200 élus environ, de

---

1248 É. Borel, « Le 14 juillet et les libertés républicaines », *L'Ère nouvelle*, 12 juillet 1935.

1249 Lettre du commissaire de police de Saint-Affrique au sous-préfet, 9 nov. 1935, Arch. municip. de Saint-Affrique, Dossier électoral, cote 1 K. Et *L'Homme libre*, 12 décembre 1935.

1250 Lettre du commissaire de police de Saint-Affrique au sous-préfet, 9 novembre 1935, déjà citée.

1251 Id., 27 janvier 1936. Maroger fut ensuite maire de Camarès, conseiller général et sénateur en 1939.

la droite et des républicains modérés, du centre avec les radicaux et leurs alliés, et de la gauche comprenant l'extrême gauche socialiste et communiste[1252]. Il défendait l'idée que le parti radical « tienne à conserver son autonomie et à ne pas se mettre dans la dépendance du parti socialiste ». Sa conclusion : on allait, comme en 1932, assister, après les élections, à une période « d'impuissance et de gâchis ». La semaine suivante, il annonça qu'il ne se représentait pas, pour « des motifs personnels ». Et il formulait un vœu qui résonnait comme un testament politique :

> « Quel que soit le résultat des élections du 26 avril, au-delà et au-dessus des divergences politiques éphémères qui séparent les Français, on peut être assuré, écrivait Borel, que les élections marqueront une fois de plus l'attachement permanent de notre pays à l'héritage spirituel auquel il tient le plus : son horreur de la tyrannie et son goût de la liberté. »[1253]

Dans ce long article de *L'Ère nouvelle* il développa une analyse présentant le caractère hallucinatoire de ne pas évoquer le Rassemblement populaire[1254]. S'il ne dénonçait pas explicitement le Front populaire, il multipliait les mises en garde et s'en tenait, finalement, à la réaffirmation de l'identité radicale. Sa décision de ne pas solliciter un nouveau mandat résulta donc de ce positionnement impossible auquel s'ajoutaient sans doute plusieurs facteurs : d'une part, les déboires qu'avait connus la municipalité qu'il dirigeait en 1934, les élus socialistes ayant démissionné après que les quatre adjoints étaient allés accueillir le nouveau curé de la paroisse[1255] ; d'autre part, il avait 65 ans et il aspirait sans doute, en effet, à une vie moins contrainte.

Si les obligations universitaires restaient présentes, elles lui laisseraient cependant de larges plages de temps libre qu'il pourrait passer à Saint-Affrique, à l'Arcouest ou encore dans la petite villa La Crête qui avait appartenue à Marie Curie et que les Borel venaient de racheter à Ève Curie après le décès de sa mère. Cette demeure située à Cavalaire, un village de pêcheurs du Var, ancré sur la côte rocheuse, entre le cap Bénat et la pointe de Ramatuelle, assez vaste pour recevoir quelques amis, valait pour sa situation en promontoire sur la mer, un chemin escarpé plongeant jusqu'à l'eau, et pour son jardin, planté et soigneusement entretenu pendant des années par Marie Curie. Repos et ressourcement : « Cavalaire enchantait mon mari », écrivit Marguerite Borel[1256]. Une autre raison pouvait justifier cette installation varoise : les Borel y étaient souvent venus, des années vingt

---

1252 É. Borel, « Les élections et le Pouvoir », *L'Ère nouvelle*, 22 mars 1936.
1253 É. Borel, « Renouvellement de la Chambre », *L'Ère nouvelle*, 29 mars 1936.
1254 É. Borel, « Les élections et le Pouvoir », *L'Ère nouvelle*, 22 mars 1936.
1255 C'est, du moins, ce qu'en disait *Le Populaire*, le 28 août 1934.
1256 C. Marbo, *À travers deux siècles*, *ouv. cit.*, p. 290.

aux années trente, pour y être les hôtes des Drach qui y possédaient une résidence[1257]. Drach, en raison de sa santé très dégradée - il souffrait depuis longtemps d'une affection douloureuse des cordes vocales - s'était installé à Cavalaire depuis des années, ne quittant ce havre qu'au printemps pour aller donner ses cours à Paris. Tout comme Marie Curie, il y pratiquait le jardinage avec obstination et imagination.

Jacques Holtzer, candidat inconnu

Les différents élus locaux et autres candidats potentiels s'étant tous désistés, Borel ne trouva, pour prendre le relai après sa renonciation et tenter de conserver son mandat à la gauche, qu'un obscur candidat, novice en politique, Jacques Holtzer-Pelet (1897-1967), âgé d'une quarantaine d'années, étranger à la région et marié avec une Canadienne, descendant désargenté d'une puissante famille de maîtres de forges de la Loire[1258]. Il n'évoqua aucun de ces éléments lorsqu'il présenta pour la première fois l'éventuelle candidature de Holtzer-Pelet devant le « comité républicain » de Saint-Affrique[1259]. Il parla d'un candidat « venu de Paris (...) connaissant parfaitement tous les ministères et le fonctionnement de la vie parlementaire », favorablement connu de Germain-Martin et d'Albert Sarraut ; en fait, Holtzer-Pelet était un haut-fonctionnaire. On sut ensuite qu'il était le gendre de Jules Pams (1852-1930), ancien ministre et ancien sénateur des Pyrénées-Orientales, que la famille de sa mère, Marguerite Pelet (1877-1964), était originaire de la région d'Albi et Castres et qu'il avait même des ancêtres qui avaient été « voici plus de cent ans, mégissiers à Saint-Affrique ». Quant à son père, Marcel Holtzer (1868-1916), ingénieur des Mines, et son grand-père, ils étaient maîtres de forge à Unieux, dans la Loire.

L'explication de cette candidature insolite est à rechercher dans l'existence de réseaux auxquels Borel fut puissamment attaché toute sa vie : les milieux protestants et radicaux de sa région natale, et en l'occurrence plus précisément les familles Dorian et Holtzer. Leur arbre généalogique, depuis le début du XIXème siècle, n'était fait que d'alliances protestantes, entre les Holtzer, les

---

[1257] Id., p. 120, et H. Villat, « Notice sur la vie et l'œuvre de Jules Drach, séance du 2 juillet 1951, *CR*, t. 233, déjà cité. Il ne semble pas qu'il y ait eu un rapport direct entre la présence des Drach et celle de Marie Curie à Cavalaire. Marie Curie avait découvert le site, à l'été 1919, en venant y séjourner en compagnie de Marthe Klein, la future épouse de Pierre Weiss, une Sévrienne, agrégée de physique (1908), qui avait formé des cohortes d'infirmières à l'Institut du radium pendant la guerre. (Biographie de Marthe Klein dans N. Pigeard-Micault, *Les femmes du laboratoire de Marie Curie*, Paris, *ouv. cit.*, p. 126-128.)

[1258] Jacques Holtzer était marié, au Canada, avec Pamela Herbert. Décret du 23 août 1922 du ministre de la Guerre, *JO, Lois et décrets*, 29 août 1922. On peut relever que, comme Jacques Holtzer, Frédéric Harlé, un ingénieur centralien issu lui aussi d'une famille de maîtres de forges protestants liés à la région de Saint-Affrique et à la famille de Borel, avait été interprète militaire dans le corps expéditionnaire britannique.

[1259] *Le Progrès Saint-Affricain*, 21 mars 1936.

Dorian, les Ménard, les Harlé, les Kopp, les Pelet, les Boussingault. La sensibilité républicaine, l'inspiration saint-simonienne et même fouriériste, l'attachement au patrimoine réformé, la conception familiale et paternaliste de l'entreprise étaient autant de constantes de tous les dirigeants de cette entreprise[1260]. Jacques Holtzer-Pelet était un neveu éloigné d'Aline Ménard-Dorian et de son époux, Paul Ménard, député de l'Hérault. Les Ménard-Dorian, pour républicains et radicaux qu'ils fussent, s'étaient enrichis fortement dans l'industrie de l'armement : obus et canons, bien sûr, mais aussi et de manière plus originale, fabrication de plus de 8 000 moteurs d'avions[1261]. Paul Ménard avait été le gérant de l'entreprise Jacob Holtzer et Cie, à Unieux, et il en possédait, avec sa femme, une partie du capital. Après son décès, en 1907, la gérance était revenue au principal actionnaire, Marcel Holtzer, père du candidat à la députation de 1936.

L'atterrissage de Jacques Holtzer à Saint-Affrique était donc à rapprocher de la longue familiarité de Borel avait des membres de sa famille. Que ce Jacques Holtzer ait souhaité devenir parlementaire, comme avant lui les Dorian et les Ménard-Dorian, ou comme Jules Pams, peut se comprendre, mais son arrivée dans la circonscription de Saint-Affrique promettait d'être délicate ; elle fut problématique.

Dans *Le Progrès Saint-Affricain* du 1er février, une réunion du Comité de défense républicain fut annoncée pour le lendemain. Borel y annonça son refus de se représenter et les conseillers généraux présents, Bonnet, Nicolas et Portalier, déclinèrent l'offre de prendre la succession. Puis rien ne se passa pendant un mois et ce n'est que le 21 mars, que fut annoncée la candidature d'Holtzer-Pelet. Peu de jours après, il publiât dans *Le Progrès* un article intitulé « Frontisme » dans lequel il abattait ses cartes :

> « La mode semble être au Frontisme, c'est à vrai dire une mode des plus dangereuses pour la paix intérieure de notre pays. Dressés l'un contre l'autre voici le Front Populaire, peut-être moins populaire qu'il ne veut le paraître, et le Front National, beaucoup moins national qu'il ne le dit. Où mène le frontisme ? Il tend à diviser le pays en deux camps rivaux aux passions exacerbées. (...) Que devient entre les deux Fronts rivaux (...) tout l'immense parti des gens de bon sens, calmes, profondément républicains, désireux

---

[1260] *Établissements Jacob Holtzer, Œuvres sociales diverses*, 1929, 46 p., cité par B. Carlier, dans « Sauvageons des villes, sauvageons aux champs », thèse de doctorat, Univ. Lyon 2, 2004, chapitre « Jacob Holtzer, ou l'entreprise organique ») Josiane Naumont a montré que Zola, un habitué du salon Ménard-Dorian, avait enquêté sur l'usine d'Unieux pour son roman *Travail* sur la « cité idéale » publié en 1901. (J. Naumont, « Enquête sur une visite de Zola à Unieux pour la préparation de *Travail* », *Cahiers naturalistes*, n°48, 1974, p.182-204.)

[1261] C. Béaud, « La Première Guerre mondiale et les d'une entreprise métallurgique de la Loire : les établissements Jacob Holtzer », *Bulletin du Centre d'Histoire économique et sociale de la région lyonnaise*, 1975, n° 2, p. 1-29.

de travailler, de vivre protégés par les lois et par les institutions républicaines ? Il semble bien peu compter, mais pourtant il rallie l'immense majorité. (...) Quand constituerons-nous enfin, appuyé sur une majorité écrasante, le seul Front vraiment fort, le Front Républicain ? »[1262]

La semaine suivante, ce fut au tour de Borel de défendre le point de vue des « hommes politiques du centre » en dénonçant symétriquement le « système des Soviets » et celui « des corporations », tous deux « négation du suffrage universel et de la démocratie »[1263]. Holtzer se présenta sous l'étiquette « Union de défense républicaine et paysanne », sans évoquer le Rassemblement populaire. Il eut contre lui - en plus d'Emmanuel Temple, l'adversaire de droite et même d'extrême droite que Borel avait dû affronter en 1932[1264], un socialiste et un communiste. Il n'y eut donc pas de Rassemblement populaire à Saint-Affrique. Pourtant, la droite dénonça un candidat inconnu « déniché dans l'ombre d'une loge parisienne et portant le nom bien rouergat de Jacques Holtzer », un étranger « sans terre française aux semelles », un profiteur « sang pour sang du Front populaire (...) appartenant à la tribu de juifs possesseurs de la Société du même nom au capital de 10 millions de francs fabriquant à Unieux (Loire) toutes les armes et munitions de guerre »[1265]. Borel qui participa à la campagne aux côtés du candidat se fendit d'un encart dans *Le Progrès* détaillant l'ascendance de celui-ci montrant qu'il n'était ni israélite ni franc-maçon[1266].

La défaite dans l'Aveyron

Le résultat fut sans appel. Temple fut élu dès le premier tour, avec 6 911 voix soit plus de 50% des inscrits ; Holtzer-Pelet n'eut que 3 955 voix. Même dans les cantons de Saint-Affrique et de Cornus le candidat radical fut balayé. Toute l'entreprise de conquête menée par Borel depuis une douzaine d'année se trouvait, d'un coup, emportée. Cette défaite dans une circonscription qui n'avait été acquise que grâce à la personnalité de Borel n'était pas une totale surprise. Ce qui le fut, c'est la défaite ou la position difficile pour le second tour de nombreux sortants radicaux, partout en France. Borel, dans *l'Ère nouvelle*, confronté à des résultats qui démentaient ses prévisions d'un vaste groupe du centre à la Chambre, en appela à un sursaut en faveur de « la pondération et de l'équilibre » et de « la stabilité »,

---

1262 *Le Progrès Saint-Affricain*, 11 avril 1936.
1263 *Id.*, 18 avril 1936.
1264 Ph. Secondy, *La persistance du Midi blanc*, *ouv. cit.*
1265 Site en ligne « L'Aveyron et la Résistance » : http://club.quomodo.com/aveyronresistance/rafles-et-reactions-.html.
1266 *Le Progrès Saint-Affricain*, 11 avril 1936.

pour « épargner au pays une expérience bolcheviste ». Bref c'était un appel à voter contre le Front populaire.

Espérance déçue. Le second tour, comme on le dit souvent, « amplifia les résultats du premier ». Sans attendre, Borel exprima, sans détour, son espoir que la majorité radicale au Sénat compensât le poids de la majorité de gauche qui arrivait à la Chambre[1267]. Pour une fois, il voyait clairement l'avenir. En attendant, il ne s'exprima pas sur la mise en œuvre du programme du Front populaire ni sur la vague de grèves. Au cours du mois de juin, il n'y eut que cet article dans lequel il se félicitait de l'arrivée des « femmes ministres » dans le gouvernement Blum dont deux étaient de son cercle proche, Cécile Brunschwicg - que Borel prenait soin d'appeler Mme Cécile-Léon Brunschwicg - et Irène Joliot-Curie[1268]. Il y voyait « une plus grande victoire pour le féminisme intelligent que l'obtention du droit de suffrage » et il se félicitait qu'elles « soient parfaitement adaptées » à leurs fonctions : la première pourrait « s'occuper des enfants (comme) c'est le rôle traditionnel de la femme dans la société ». Il affirmait que des femmes ministres c'était comme des femmes fonctionnaires et que cela prouvait « que le suffrage n'(était) nullement nécessaire pour que l'État utilise avec le maximum de rendement les intelligences féminine ».

Au conseil général de l'Aveyron

Après la renonciation de Borel, la préparation des cantonales de septembre 1937 se fit dans la fébrilité. On se demandait quel impact aurait sur les électeurs l'évolution de la politique nationale, entre la « pause » décrétée par Blum et son remplacement à la présidence du Conseil par Chautemps. Les cantons de Saint-Affrique et de Belmont étaient renouvelables mais pas celui de Cornus dont Borel était l'élu. À Cornus, on réélisait un conseiller d'arrondissement. À Saint-Affrique, le docteur Nicolas qui n'était plus premier adjoint à la mairie, tenta de se succéder à lui-même et le siège fut conservé, facilement. À Belmont, le docteur Bonnet aussi tenta de garder son siège et sa défaite fut reçue comme un coup dur. À Cornus, c'est Henri Fournier, adjoint au maire de Cornus, ferblantier de son état, qui se présenta pour tenter de prendre la suite d'Albagnac, élu en 1931 sans concurrent, qui ne se représentait pas ; il ne s'en fallut que de huit voix. Holtzer-Pelet et Borel accusèrent les socialistes d'avoir mené campagne contre les candidats radicaux.

Après le scrutin, Holtzer-Pelet se félicita de l'absence, dans le reste du pays, de « la fameuse vague de fond annoncée par les extrémistes » et des « progrès dérisoires » des communistes. Selon lui, les radicaux et les « socialistes de gouvernement » maintenaient leurs positions ou

---

[1267] *Id.*, 11 avril 1936.

[1268] É. Borel, « Femmes ministres », *La Dépêche*, 11 juin 1936.

progressaient. Mais dans l'Aveyron, la perte de quatre sièges par la gauche mettait fin à l'équilibre entre la droite et la gauche qui avait existé après le précédent scrutin. L'Aveyron restait donc une terre de mission.

L'action de Borel au Conseil général n'a jamais débouché sur son accession à une fonction dirigeante dans le département. Quand il y eut un partage des postes avec la droite, son adjoint, Jean Portalier, devint vice-président mais l'Aveyron resta sous la coupe des notables conservateurs et même ultraconservateurs, issus de milieux catholiques très polarisés, liés souvent à l'Action française et, dans les années trente, aux courants de l'extrême-droite. La détermination avec laquelle Borel dénonçait ces courants indique qu'il ne concevait aucun compromis possible avec eux. Mais, sa méfiance envers les socialistes et son hostilité aux communistes lui interdisaient toute stratégie de rapprochement et de bonne entente avec les élus du Bassin. Par ailleurs, il fut un gestionnaire réaliste et entreprenant et il s'investit autant qu'il le put dans la gestion départementale, en particulier à la commission des Travaux publics. Il fut un élu assidu lors des sessions du Conseil général et il était de ceux qui prenaient souvent la parole, assez longuement semble-t-il, pour développer des considérations techniques sur la politique d'investissent et de modernisation du département. Guiraldenq relève avec justesse qu'il était particulièrement investi dans les questions des routes et chemins, de l'électrification rurale et de l'amélioration de l'agriculture. Pendant toute la durée de son mandat, Borel intervint souvent à la Chambre au sujet du nécessaire désenclavement du département de l'Aveyron grâce au renforcement des lignes de chemin de fer et de la déserte des gares. Malgré cet engagement, Borel n'obtint jamais l'achèvement de la liaison Albi-Saint-Affrique et ne put empêcher la suppression du tronçon Saint-Affrique-Tournemire. La gare de Saint-Affrique ferma finalement au trafic voyageur en décembre 1938. D'autre part, il produisit un rapport à propos du développement du réseau routier départemental. Il proposait que l'État reverse une partie des taxes prélevée sur les automobiles pour financer l'entretien des infrastructures routières[1269]. Ajoutons qu'il plaça toujours les intérêts des éleveurs de brebis au centre de ses préoccupations, qu'il tenta de concilier leurs intérêts avec ceux des maîtres des caves de Roquefort et qu'il défendit la marque à de nombreuses reprises.

5.7. Borel, Perrin et les autres pendant le Front populaire

Le Front populaire a coïncidé avec une nouvelle étape du développement, en France, du monde scientifique, et ceci sous un double rapport : d'une part, le gouvernement Blum fut le premier à affirmer la nécessité d'une

[1269] P. Guiraldenq, *ouv. cit.*, p. 155-156.

« politique de la recherche », selon une expression dont la paternité revient au ministre de l'Éducation nationale, Jean Zay, qui l'utilisa en juillet 1936 devant la Chambre, et d'autre part cette période vit se développer et s'organiser sous diverses formes une forte mobilisation des scientifiques. Les deux mouvements se sont nourris mutuellement et ont laissé le souvenir de rapports simples et positifs entre les scientifiques et le Front populaire. La réalité est plus complexe et on découvre que le milieu scientifique était très fracturé. Derrière cette apparence d'unanimité donnée par la fraction de ce milieu qui occupait le devant de la scène - plus que jamais, nous l'appellerons le « groupe Perrin », en raison du fait que Perrin occupa le sous-secrétariat d'État à la Recherche scientifique dans les deux gouvernements Blum du Front populaire - se déroulèrent des conflits et des luttes sourdes engageant l'avenir. C'est ce que montra la naissance de Jeune science, une association qui a rassemblé à partir de juillet 1936, dans une mobilisation générationnelle, ceux qu'on appelait encore les « travailleurs scientifiques » et qui aspiraient à devenir des « chercheurs ». En se mobilisant, ils provoquèrent l'inquiétude puis l'hostilité de nombreux universitaires installés dont ceux du groupe Perrin.

Le rôle et le poids du « groupe Perrin »

La montée des tensions se concrétisa, en particulier, lors de la session plénière du CSRS que Jean Zay convoqua en mars 1938. Selon Borel, on y « entendit plus d'une parole inutile » et on y fut témoin « d'un certain nombre de malentendus aggravés par des amours-propres »[1270]. Le malentendu essentiel consista dans le fait que des pontifes universitaires s'élevèrent contre ce qu'ils croyaient être les intentions de Perrin et Laugier de promouvoir La Recherche contre l'Université. Ainsi, Maurain, doyen de la faculté des Sciences, pourtant un très proche de Perrin, déposa un « vœu » pour rappeler que « le meilleur moyen d'accélérer la cadence de la découverte c'était d'abord de subvenir aux besoins des laboratoires des facultés et établissements d'Enseignement supérieur ». Ces universitaires, qu'ils fussent apparentés au groupe Perrin, comme Maurain ou Borel, ou qu'ils eussent tendance à en contester l'hégémonie, craignaient de voir la CNRS créer des laboratoires indépendants de l'Université, de la voir développer un personnel spécifique de chercheurs non reliés à celle-ci et même de voir ceux-ci bientôt être habilités à donner un enseignement concurrent. Le ministre donna des gages, le directeur de l'Enseignement supérieur tint des propos conciliateurs, Perrin et Laugier n'avancèrent aucune objection et « applaudirent », ce qui permit à Borel de conclure, rassurant :

[1270] É. Borel, « Un Parlement de savants », *La Dépêche*, 17 mars 1938.

« Ils ont applaudi des deux mains. L'antithèse dont on était menacé s'atténue. Les synthèses rêvées se préparent. »

Sans le dire franchement, Borel reprenait donc à son compte les inquiétudes exprimées par ses collègues et se disait soulagé qu'elles puissent s'avérer avoir été sans fondement. C'était comme si une partie du groupe Perrin, d'un seul coup, s'était dissocié du sous-secrétaire d'État avant d'obtenir satisfaction. Borel revint ensuite sur le sujet pour évoquer, prudemment, un autre « malentendu », celui des applications de la recherche. Saisissant l'occasion du vote par la Chambre d'une disposition sur l'organisation de la recherche scientifique en temps de paix et en temps de guerre, il affirmait fortement la nécessité de préserver une indépendance totale de la recherche dite « pure » vis-à-vis des applications à l'industrie et à l'agriculture ou bien à la Défense nationale[1271]. Et, sans même nommer l'ONRSII mais en prenant la précaution d'affirmer que l'Office fonctionnait « depuis plusieurs années sous l'intelligente et active direction de J.-L. Breton », Borel qui était alors président de son conseil d'administration évoquait, sans en dire plus, « le problème difficile de la liaison entre la recherche pure et la recherche dirigée en vue des applications ». On devinait que le groupe Perrin préparait quelque initiative.

Bien que les sources soient donc peu nombreuses, essayons de caractériser ce groupe Perrin et de déterminer quelle place y occupa Borel. Perrin cumulait de multiples fonctions, comme de nombreux universitaires certes, mais il était de loin celui qui cumulait le plus. Outre qu'il était, depuis 1910, titulaire de la chaire de Chimie-Physique et directeur du Laboratoire de Chimie-Physique de la rue Pierre-Curie, il était membre du conseil d'administration de la Fondation Curie[1272], il avait été nommé à la tête de l'IBPC, avec André Mayer, en 1926 ; il était membre du Conseil de la faculté des Sciences et avait été assesseur du doyen - après Borel - et membre du Conseil de l'Université de Paris ; il fut élu à l'Académie des sciences, en 1923, et reçut le prix Nobel de Physique en 1926 ; sa carrière prit une autre dimension avec la série des nominations qu'il obtint, à partir de 1930 quand il fut placé à la tête de la CNS, puis, en 1933, à la tête du CSRS, en 1935 à la tête de la CNRS et à la tête de la commission du futur Palais de la Découverte ; parallèlement, il devint un militant politique de premier plan, proche de la SFIO, et fut un des initiateurs et dirigeants du CVIA, du RUP et de diverses organisations de solidarité internationale ; lorsque le Front populaire arriva au pouvoir, il était président de l'Académie des sciences pour l'année 1936 et il ajouta alors à tous ces titres et fonctions, celle de sous-secrétaire d'État à la Recherche scientifique.

[1271] É. Borel, « La Recherche scientifique et la Défense nationale », *La Dépêche*, 9 avril 1938.
[1272] Dossier « Fondation Curie », archives Curie.

Borel, incontestablement, était le second plus important personnage de ce groupe Perrin. Gabrielle Mineur, la secrétaire de Perrin, considérait que « son influence a(vait été) considérable »[1273]. La liste des positions qu'il occupait est à peu près parallèle à celle de son ami, à l'exception du prix Nobel. Il dirigeait l'IHP, siégeait au conseil de la faculté des Sciences et au conseil de l'Université de Paris, était présent, aux côtés de Perrin, au conseil d'administration de la Fondation Rothschild[1274], à la CNS, au CSRS, à la CNRS, à la commission du Palais de la Découverte ; il était à la présidence de l'ARS ; il était député et apparaissait même comme un précurseur de Perrin par son rôle dans la création du « Sou des laboratoires » puis de la CNS et il pouvait ajouter à sa liste de fonctions celles qu'il occupait, au plan international, à la SDN et à la Coopération intellectuelle ; l'engagement radical de Borel, le fait qu'il était devenu un politique, expliquent qu'il avait dû laisser, à chaque fois qu'on créa une nouvelle institution de la recherche, la première place à Perrin.

Tous deux groupaient autour d'eux de nombreux amis fidèles, essentiellement mais non exclusivement venus de l'ENS, souvent issus des réseaux d'anciens dreyfusards et de la LDH, pour beaucoup des habitués de *l'Arcouest* et de la rue Pierre-Curie. Citons Langevin, Marie Curie, les Cotton, les Maurain, Urbain, André Mayer, Montel, Henri Roger et Gustave Roussy, l'ancien et le nouveau doyen de la faculté de Médecine, Pauline Ramart-Lucas, Ernest Esclangon (1876-1954), René Gosse, Robert Deltheil ; ajoutons-y ceux de la nouvelle génération comme Francis Perrin, Pierre Auger, Irène et Frédéric Joliot-Curie, Henri Laugier, Jean Painlevé ou Jean Maurain.

Il existait, en outre, divers groupes secondaires participant à la puissance du groupe Perrin : celui de l'ENS, dirigée par Bouglé et Vessiot, et de l'École de Sèvres, dirigée à partir de 1936 par Eugénie Cotton, celui du Collège de France, avec Hadamard, Langevin et Frédéric Joliot mais aussi Mauss, Halbwachs et où on trouvait une forte densité de professeurs très engagés à gauche, celui de l'EPCI, groupé autour de Langevin - encore - et René Lucas, le Muséum, avec Mangin, l'ONRSII, avec Breton et Cotton, ou ceux, disciplinaires, de la chimie-physique et de la radioactivité avec Marie Curie, Regaud et Debierne, et de la biologie physico-chimique, avec Mayer ; ceux qui découlaient de la force des liens créés par Borel avec les jeunes normaliens dont il avait eu la responsabilité comme directeur des études scientifiques de l'ENS et comme maître de conférences puis professeur à l'ENS et qui, ayant fait carrière et occupant des chaires à Paris ou en province, étaient devenus comme les mathématiciens Deltheil et Gosse,

---

1273 « Gabrielle Mineur, secrétaire de Jean Perrin », *Cahiers pour l'histoire du CNRS (1939-1989)*, n° 2-1989, p. 35-42.

1274 D. Levy-Astruc, « Histoire officielle, officieuse et marginale de l'Institut de Biologie Physico-Chimique…, *ouv. cit.*

doyens de leur faculté des Sciences, à Toulouse et Grenoble. Deltheil, dont on peut relever qu'il était Rouergat, comme Borel, fut nommé recteur, en 1937, et Gosse aurait dû devenir directeur de l'Enseignement supérieur, à la mort de Jacques Cavalier, si une opposition vigoureuse venue de la Fédération CGT des fonctionnaires ne l'avait desservi[1275] ; ceux, encore, ayant un caractère d'abord politique et rayonnant vers les milieux littéraires, radicaux bien sûr, avec Borel, Seignobos, Bouglé, Aulard (mort en 1928), ou socialistes avec Laugier mais surtout Blum, et aussi tout le réseau impliqué dans la Coopération intellectuelle, à l'IICI, avec Henry de Jouvenel, Julien Luchaire ou Valéry.

Les ramifications étaient évidemment infinies. Citons, à titre d'exemple, la biographie de René Gosse :

> « Ce rôle d'officier de liaison, entre les promoteurs de la Recherche scientifique et les membres du corps enseignant des Facultés des Sciences, désigna René Gosse - en avril 1934 - comme candidat des mathématiciens de province, lors des premières élections au Conseil supérieur de la Recherche scientifique. Mais contrairement à toutes les élections précédentes, sa candidature fut discutée ; les considérations politiques avaient joué contre lui en tant que membre du "groupe Perrin" auprès de beaucoup d'électeurs. »[1276]

Le poids dans certaines sections de l'Académie des sciences - Géométrie, Mécanique et Physique expérimentale d'abord - du groupe Perrin, identifié comme démocrate, progressiste et libre penseur mais aussi normalien et universitaire, avait progressivement cru jusqu'à lui permettre de contrebalancer celui, longtemps hégémonique, des académiciens conservateurs et catholiques, et encore souvent polytechniciens. Les luttes d'influence étaient âpres et le groupe Perrin était à l'offensive au point de pouvoir paraître s'imposer comme représentatif de toute l'Académie. Fonctionnant comme une sorte de groupe de pression, de « lobby scientifique »[1277], il visait, bien sûr, à f aire avancer ses idées en direction des représentants du pouvoir politique mais, dans le même temps, il imposait ses vues, ses objectifs et ses intérêts au reste du milieu universitaire et scientifique, fonctionnait au clientélisme voire au népotisme, non sans susciter des résistances ou des rancœurs.

1275 J.-B. Hiriart-Urruty et H. Caussinus, « Sarus, Borel, Deltheil, Le Rouergue et ses mathématiciens », *Gazette de la Société mathématique de France*, n° 104, avril 2005, p. 89-97. L. Gosse, *ouv. cit.*, p. 272-273.

1276 L. Gosse, *ouv. cit.*, p. 222.

1277 Sur la notion de « lobby scientifique », voir J.-F. Picard, *ouv. cit.*, et M. Pinault, *Frédéric Joliot-Curie*, *ouv. cit.*, p. 552-559, en particulier ce qu'en disait Claude Nicolet dans les *Cahiers de la République*.

Borel, président de l'Académie des sciences pour 1934

Le 3 janvier 1934, Borel prit la présidence de l'Académie des sciences Il prononça une discours caractéristique de cette méthode, consacré aux deux tiers à la campagne en faveur de la recherche scientifique et à l'éloge de Perrin :

> « De nombreuses questions concernant les progrès de la science et l'organisation de la recherche scientifique sont traitées ici tous les lundis, parfois dans des communications officielles, souvent aussi dans des conversations particulières. (...) On s'intéresse dans cette demeure à tout ce qui peut être utile à la Science ; c'est dire que l'initiative de notre confrère Jean Perrin pour la création d'un service de la recherche scientifique a rencontré ici un accueil particulièrement favorable, et que nous avons applaudi aux réalisations obtenues, grâce à la foi agissante et à l'enthousiasme communicatif de notre éminent Confrère. L'œuvre qu'il a entreprise va avoir son couronnement par l'organisation définitive très prochaine du Conseil supérieur de la recherche scientifique dans lequel l'Académie occupera une très large place, tant par ses délégués officiels que par ceux de ses Membres qui y figureront à des titres divers. Les effets bienfaisants de cette nouvelle organisation ne tarderont pas à être reconnus de tous, et les inquiétudes sur l'avenir de la science française qu'avaient manifestées au lendemain de la guerre beaucoup de nobles esprits (...) se trouveront définitivement apaisées. »[1278]

Le nouveau président Borel, en utilisant cette occasion habituellement consacrée à rendre hommage au prédécesseur du nouveau président et à n'évoquer que des sujets routiniers - dénoncer les conversations particulières trop bruyantes, ne pas lire intégralement les rapports de tous les candidats lors des élections, réformer le fonctionnement des jurys de prix, etc. - montra que cette prise de fonction s'apparentait à une prise de pouvoir du « groupe Perrin ». D'autant qu'il y eut ensuite les présidences Perrin et Cotton.

L'exemple du Palais de la Découverte

Un autre exemple d'une telle prise de possession est celui de la gestation du projet de Palais de la Découverte qui devait prendre place dans l'Exposition universelle de 1937 et de sa transformation en institution permanente. Les premières réunions dataient de la fin de 1934, au sein de la commission des « Découvertes scientifiques », présidée par Perrin. Dans sa

---

[1278] Allocution d'É. Borel à la séance du 3 janvier 1934 de l'Académie des sciences, *CR*, t. 198, janvier-juin 1934, p. 18-20.

thèse, Jacqueline Eidelman montre que l'entreprise qui a mené à concevoir le Palais de la Découverte fut un moment de « la professionnalisation de la recherche et de la culture scientifique » menée par des personnalités venues de trois réseaux intellectuels, du Centre international de synthèse, de la Coopération intellectuelle et de la CTI. Beaucoup d'entre elles adhéraient à l'idée ou au projet de « la Politique de l'Esprit » dans lequel Valéry et l'IICI jouaient un grand rôle[1279]. Parmi elles, citons Henri Bonnet, alors président de l'IICI, Borel, Bouglé, Brunschvicg, Caullery, Charléty, Langevin, Lévy-Brühl, Perrin, Rivet, Simiand ou Urbain. Elle a étudié le panel des acteurs qui ont conduit la réalisation de ce projet, de ses débuts jusqu'à l'aboutissement[1280]. Elle a relevé que le groupe de départ, de 18 personnes, s'était rapidement modifié avec la marginalisation de certains et le renforcement de la position de ceux qui devinrent ensuite les présidents de section du Palais : Borel pour les mathématiques, Perrin (et Langevin) pour la physique, Urbain pour la chimie, Esclangon pour l'Astronomie, et de quelques autres comme Sainte-Laguë et René Gosse, mathématiciens proches de Borel, le premier venu de la CTI, tout comme André Léveillé (1880-1962), un artiste-peintre, principale ressource administrative au départ de l'entreprise et futur directeur du Palais. Dans un second temps, vinrent s'ajouter Laugier pour la biologie, Roussy pour la médecine, et Joliot pour la physique nucléaire. Il apparaît à J. Eidelman que très vite le futur Palais devint une sorte de « musée de "Biologie Physico-Chimique" » dans lequel les personnalités venues de l'IBPC jouèrent un rôle déterminant avec, autour d'elles, des représentants de l'ENS, de la faculté des Sciences et du Collège de France et aussi les facultés de Médecine et Pharmacie, et enfin l'EPCI. La plupart d'entre elles entraient dans le groupe Perrin ou sa périphérie. Il y eut aussi des institutions sous-représentées, comme l'École polytechnique ou l'Institut Pasteur et même l'IHP malgré l'implication personnelle de Borel. Les normaliens, bien sûr, étaient partout. Les sections spécialisées furent constituées par cooptation, celle des Mathématiques comprenait, outre Borel, Montel et Sainte-Laguë, Georges Darmois et Raoul Bricard (1870-1943)[1281]. Ce dernier, reçu à l'ENS et à Polytechnique en 1888, un an avant Borel, avait choisit la seconde et, devenu polytechnicien et professeur de Géométrie à l'École centrale, était le seul qui ne pouvait être considéré comme un proche de Borel.

[1279] J. Eidelman, « La création du Palais de la Découverte, Culture scientifique et professionnalisation de la recherche dans l'entre-deux-guerres », thèse non publiée, Univ. René-Descartes, sept. 1988, p. 9 sq.

[1280] J. Eidelman, « La création du Palais de la Découverte… », thèse citée, annexes, et J. Eidelman, « La Palais de la Découverte, 1934-1937 : culture scientifique et professionnalisation de la recherche », *Cahiers pour l'histoire du CNRS*, n° 9, 1990.

[1281] V. Blanchard, « La création de la section des mathématiques au Palais de la Découverte (1937) », mémoire de Master.

Eidelman s'est attachée à évaluer « l'adhésion aux idées de Perrin » des scientifiques impliqués dans la gestation du Palais de la Découverte en comparant cet ensemble aux 65 signataires de la pétition de mars 1933 « Pour la création d'un Conseil supérieur de la Recherche scientifique » et à la composition de ce Conseil - dont la moitié des membres avaient signé la pétition - lorsqu'il fut créé. La moitié des signataires se retrouvèrent au Palais de la Découverte, au début, et ce taux monta jusqu'à 60% ensuite. Il est possible de traduire ces résultats dans le sens de l'existence d'un groupe Perrin à la tête du monde scientifique universitaire en France, au milieu des années trente, en retenant que se groupèrent autour de Perrin de nombreux universitaires d'accord avec les objectifs de sa croisade pour la recherche indépendamment des positions que celui-ci occupait et contrôlait.

Lorsque le projet du futur Palais de la Découverte, élaboré au sein de la commission « Expression de la pensée » présidée par Henry de Jouvenel, fut rendu public, au début de 1935, ce sont les noms de Perrin et Langevin qui furent retenu par la presse mais la sous-commission « Découvertes scientifiques », présidée par Perrin, était dotée de deux vice-présidents, Borel et Langevin, d'un secrétaire, Sainte-Laguë, d'un secrétaire adjoint, Georges Champetier, issu de l'EPCI et adjoint d'Urbain, et d'un trésorier, Charles Marie, un ancien de la CTI, proche de Marie Curie. Sa composition n'évolua guère qu'avec l'adjonction de deux vice-présidents supplémentaires, Caullery et Urbain. Tous appartenaient donc à la mouvance dominante. Lors des premières réunions de ces scientifiques, les idées qu'ils émettaient étaient encore très vague, Perrin parlant d'exposer « quelques grandes inventions », Borel parlant d'« expositions spectaculaires ». Celui-ci publia aussitôt un article dans *L'Ère nouvelle* pour promouvoir ce projet[1282]. Il citait l'intégralité de la communication que Perrin avait faite à l'Académie une dizaine de jours auparavant[1283] et, s'il n'omettait pas de nommer de Jouvenel, il soulignait qu'« un petit Comité d'études dont M. Jean Perrin a(vait) été l'animateur » avait fait le travail.

Lorsque l'idée de pérenniser le Palais de la Découverte prit forme, on retrouva la même concentration du pouvoir de décision. En juin 1938, le Conseil de l'Université fut sollicité pour approuver le projet de décret en ce sens qu'avaient rédigé Perrin et Borel[1284]. Une réticence inattendue vint de Maurain, pourtant proche des précédents. Comme le projet de décret prévoyait le rattachement du nouveau Palais à l'Université, il exprima des inquiétudes qu'il avait déjà exprimées au CSRS : il s'interrogeait sur le statut des personnels du Palais et ne voulait pas que cela fût « une source de fonctionnaires nouveaux, ayant rang de professeurs de facultés, sans en avoir

---

[1282] É. Borel, « Le Palais de la Découverte », *L'Ère nouvelle*, 22 mars 1935.

[1283] J. Perrin, séance du 11 mars 1935 de l'Académie des sciences, *CR*, vol. 200, 1935, p. 869.

[1284] Lettre de J. Perrin, président du Palais de la découverte, au recteur, 17 juin 1938, et PV du CUP, 20 juin 1938.

les obligations », surtout après les récentes suppressions d'emplois imposées par décrets-lois. Perrin tenta de rassurer ceux qui voyaient dans le nouveau Palais de la découverte une institution contrôlée par lui et ses amis, au sein de l'Université de Paris et en dehors des facultés :

> « M. Perrin croit pouvoir rassurer tout de suite la Faculté dont il ne s'explique pas la crainte. Il ne s'agit pas de créer un établissement comme le Muséum ou le Collège de France ; il n'est pas du tout question de créer de nouveaux fonctionnaires. »

Borel et Perrin furent donc missionnés par Roussy, devenu recteur, pour s'entendre avec Maurain sur une rédaction du projet de décret, ce qui se traduisit par des restrictions introduites quant au statut des personnels du futur établissement : ceux-ci ne pourraient voir leur mission renouvelée au-delà de trois ans, sauf les « démonstrateurs-chefs » qui pourraient aller jusqu'à cinq ans. Les archives montrent que Borel mena cette négociation.

Weil, Delsarte et les autres, contre Perrin

Parmi les jeunes mathématiciens qui observaient ce milieu et tentaient de s'y faire une place, une sourde hostilité vis-à-vis des mœurs universitaires, rappelant les diatribes de Péguy, naguère, contre « le parti intellectuel », avait mûri jusqu'au point où ils tentèrent de la rendre publique. André Weil la résuma plus tard en ces termes :

> « Depuis longtemps, un certain groupe de membres de l'Institut détenait la plupart des leviers de commande de la vie scientifique en France. (...) Au centre de ce groupe se trouvait Jean Perrin, personnalité puissante et fougueuse, créateur du CNRS et premier sous-secrétaire d'État à la Recherche scientifique. Il était donc souverain dispensateur des ressources d'un budget important, affecté pour la première fois à la recherche en France. »[1285]

Surtout, Weil écrivit en 1938 un article qui fut refusé partout[1286]. Il s'agissait d'un décorticage féroce du système universitaire français qu'il trouvait médiocre et des hommes qui étaient à sa tête, ces « pontifes », ces « prix Nobel, membres de l'Institut, professeurs à la Sorbonne, (ces) dictateurs au placement des jeunes et à la distribution des vivres ». Dans cet article, Weil ne nommait personne mais nul n'ignorait qui il visait :

> « Supposons que (...) les chaires les plus en vue et les positions dominantes se trouvent occupées par des hommes, non pas ignorants

[1285] A. Weil, Notice biographique de Jean Delsarte, *Œuvres*, vol. 3, p. 217.
[1286] A. Weil, « Science française », manuscrit de 1938, paru dans la *NRF*, n° 25, 1er janvier 1955, p. 97-109, et dans *Œuvres*, vol. 3, p. 232-235.

ou sans compétence, mais sans éclat ou, chose peut-être plus grave encore, par de ces savants (...) à qui quelques travaux brillants ont valu au début de leur carrière une réputation qu'ils n'ont pu ou ne se sont pas souciés de soutenir. Que va-t-il se passer, si de tels hommes (chargés d'honneurs, sans doute, et de titres) sont installés au pouvoir ? Car reconnaissons-le, c'est un pouvoir véritable qu'ils détiennent ; pouvoir de distribuer les places ; pourvoir, plus important encore lorsqu'il s'agit de science expérimentale (c'est pourquoi, chaque matin en me levant je remercie Dieu de m'avoir fait mathématicien) d'allouer les crédits de laboratoire et les moyens de recherche ; pouvoir, de par les positions qu'ils occupent, d'attirer à soi des jeunes et de conserver pour soi des collaborateurs qui à d'autres sont refusés. De ces jeunes, que va-t-il arriver ? Quel est l'avenir d'une science dont l'enseignement est une fois tombé entre les mains de pontifes de cette espèce ? (...)

« Je vous ferai bonne chère, disait maître Jacques, si vous me donnez de l'argent. Il avait raison. Mais est-ce tout, quand la nation, désireuse qu'on lui fasse de bonne science, a donné de l'argent à maître Jacques ? Maître Jacques est membre de l'Institut, prix Nobel peut-être ; il occupe un rang distingué dans la Légion d'honneur. Va-t-il nous donner de la bonne science ? (...) Je n'ai pas tout dit ; je n'ai pas parlé de la rigidité de notre système universitaire (...). Le système est médiocre, ou mauvais ; mais un système meilleur ce ne serait tout au plus qu'une machine mieux graissée. Qu'importe le système ? Ce sont les hommes qui importent. »[1287]

Ce Maître Jacques, omniprésent et omnipotent, que Weil ne nommait pas, son collègue et ami Jean Delsarte ne tarda pas à le désigner dans une série de trois articles qu'il publia dans la *Revue scientifique*, en 1939[1288]. Curieusement, cette expression de « Maître Jacques », qui a aujourd'hui un usage rare, semble avoir été alors couramment utilisée ; elle figurait, sous la plume de Lucienne Gosse, dans un contexte qui éclaire à la fois le propos de Weil et les ressorts des luttes de pouvoirs dans l'Université d'alors, lorsqu'elle évoquait son époux qui avait été élu doyen de la faculté des Sciences de Grenoble, en 1927 :

« Un doyen de Faculté a un statut sans doute unique dans l'administration française : il est le Maître Jacques de la Faculté qui l'a élu. (...) Il fit à Paris, au bénéfice de l'Université de Grenoble,

[1287] Id.

[1288] J. Delsarte, « L'organisation de la recherche scientifique », « De l'Enseignement supérieur en France et spécialement des facultés des sciences » et enfin « Sur un projet de réforme de l'Enseignement supérieur », *Revue scientifique*, 77ème année, nos 1, 3 et 5, janvier, mars et mai 1939, p. 1-3, 140-143 et 299-303.

> une politique de prestige, acceptant des mandats où il était élu sur le plan national à titre de représentant de tout l'Enseignement supérieur provincial, ce qui donnait à ses sollicitations un poids que la seule Université de Grenoble ne pouvait lui assurer. Il fallait au moins toute la province pour équilibrer l'influence parisienne. Il devint ainsi membre du Conseil supérieur de l'Éducation nationale, membre du Comité consultatif. Délégué à l'Association de l'Enseignement supérieur, il en fut président. Membre aussi de tous les comités et conseils de la Recherche scientifique, dès qu'ils recevaient une reconnaissance officielle. »[1289]

Dans ses articles de 1939, Delsarte se posait en rival de Perrin et de ses amis en s'exprimant sur des sujets dont ils étaient un peu les dépositaires. Le premier article contenait même, sous prétexte de réflexion sur « la moralité du chercheur », une mise en cause de Perrin qui, pour rester prudente et en partie allusive, était cependant très directe :

> « La question qui se pose d'abord est celle de la moralité. (...) Il est vrai qu'une certaine attitude d'esprit permet de s'en débarrasser à bon compte, en affirmant que la question ne se pose pas. Nous n'en voulons pour preuve que la phrase suivante, prononcée par M. Jean Perrin, en conclusion d'un discours récent : "Recherche et découverte constituent le seul moyen, pour l'humanité, de réaliser et de dépasser ses vieux rêves dans la puissance et la liberté, dans l'Art et la Beauté, dans la Fraternité ; c'est là notre espérance et notre idéal ; au sens le plus élevé du mot, c'est notre religion". (...) Nous savons, comme tout autre, que la recherche scientifique procure, de loin en loin, des illuminations de l'intelligence, des émotions du cœur, que l'on peut qualifier de religieuses ; mais il en faut davantage pour faire une religion. (...) Sur le plan de la moralité, si le talent scientifique le plus distingué se trouve souvent uni au caractère le plus élevé, il ne paraît pas qu'il soit non plus incompatible avec la mesquinerie, la bassesse et ou la méchanceté. D'ailleurs, si la science demande parfois du désintéressement, elle peut donner aussi de substantiels profits, et nous ne pensons pas que le Service de la Recherche se présente comme une école de renoncement. »

Il est vrai qu'on ne trouve guère de mises en causes aussi directes de Perrin et de ses amis. Denis Guthleben a relevé le fait que le géologue Charles Jacob (1878-1952), futur directeur du CNRS sous Vichy, avait

---

[1289] L. Gosse, *Chronique d'une vie française. Ouv. cit.*

manifesté son opposition au groupe Perrin lors de séances du Conseil supérieur de la Recherche scientifique, en 1938 :

> « Nommé en 1938 membre du Conseil supérieur de la Recherche scientifique, (Charles Jacob) marque d'emblée son désaccord avec une instance qui "n'a jamais rien exprimé du tout (...)". Il déplore par-dessus tout la mainmise qu'y exercent son créateur et ses amis, la "bande à Perrin". (...) "La croisade de Jean Perrin" n'a abouti qu'à l'instauration d'une "république des camarades" et à la fondation d'un organisme, le CNRS, "indépendant du directeur de l'Enseignement supérieur" (...) et finalement dirigé "d'une manière plus ou moins occulte par Jean Perrin (sous Léon Blum, c'était un sous-secrétaire d'État et ça voulait le rester !)". Résultat (selon Jacob, ndlr) : "l'accroissement des frais généraux", "une grosse administration autonome", "pas de coordination" et "des doubles emplois"... bref, "tout est à recharpenter". »[1290]

Dans le même registre, il y eut la parution d'un article du docteur Toulouse, en décembre 1937, dans *La Dépêche* dont il était un chroniqueur et éditorialiste régulier. En outre Toulouse, psychiatre novateur réputé, était le directeur de la *Revue scientifique*. Prenant prétexte des silences et omissions qu'il avait constatés dans l'exposition du Palais de la Découverte, il attaquait vigoureusement la « science officielle » et les mandarins ; le groupe Perrin était clairement et nommément ciblé. Présentant le Palais de la Découverte comme « le sanctuaire de la religion nouvelle qui doit régénérer et conduire le monde » et qui, « comme tous les dogmes, souffre de l'intolérance de ses prêtres », il prononçait son verdict :

> « « J'ai donc visité le Palais de la Découverte qui illustre admirablement toutes ces critiques du misonéisme[1291] de l'homme en place. (...) Les créateurs qui ne font pas partie de l'équipe au pouvoir sont bannis tantôt parce qu'ils ne sont pas encore morts tantôt parce que leurs idées sont trop vivantes. Aussi je regrette que dans ce palais de la Science officielle il n'y ait pas eu une section de toutes les initiatives écartées ou annihilées. »[1292]

L'attaque se faisait plus précise autant que globale :

[1290] D. Guthleben, « La nomination de Charles Jacob à la tête du CNRS de Vichy », *Revue pour l'histoire du CNRS*, n° 12, 2005. Citations extraites des notes manuscrites de C. Jacob, Ac. Sc., Fonds Charles Jacob, dossier CNRS-1, D 24, et de « Mes réflexions pendant l'exode après la débâcle », id., CNRS II – dossier D 25.

[1291] Le misonéisme consiste à rejeter toute innovation. Il est ainsi fréquent qu'une génération considère que l'attitude de la génération précédente est misonéiste.

[1292] É. Toulouse, « Science et politique », *La Dépêche*, 9 décembre 1937.

« Les organismes scientifiques sont établis sous la forme des autres institutions où l'esprit de caste privilégiée, hérité de l'ancien régime, domine encore. Les Académies savantes qui se composent surtout de vieillards ont toute la puissance alors que la plupart d'entre eux sont confits dans la routine et le préjugé. (...) L'université monopolise en fait l'enseignement supérieur ce qui serait jusqu'à un certain point admissible, mais aussi la recherche scientifique. (...) On a bien créé sous l'impulsion de Jean Perrin une carrière de chercheurs. Mais elle a été mise dans les mêmes mains qui dirigent la science officielle. Aux jours consacrés, les pontifes quittent la robe professorale pour revêtir la blouse de laboratoire et procéder sur l'autel de la recherche à de nouveaux sacrifices dont les victimes sont de tendres et jeunes savants, faibles comme l'agneau de la fable. (...) L'autorité des maîtres bien en place est le grave obstacle qui entrave l'essor de la science. »[1293]

« Jeune science » contre l'établissement universitaire et scientifique

Contrepoint. Le jeudi 2 juillet 1936, ceux « qui possèdent une activité scientifique et un dynamisme intellectuel » étaient invité à venir, dans une salle de la Mutualité, participer à l'assemblée constitutive d'une nouvelle association : « Jeune science »[1294]. Cet appel apportait des précisions sur les raisons de cette création : donner « une tribune » aux travailleurs scientifiques, pour faire entendre leurs doléances propres, réclamer « une organisation » de la science, régler la question du « recrutement, de la préparation et du sort des chercheurs » et en particulier « réclamer leur affranchissement moral et matériel en même temps que leur représentation effective et efficace au sein des organismes de répartition (des crédits) démocratisés de la sorte et rajeunis », créer « un enseignement technique de la recherche », « abattre les clôtures barbelées élevées entre les écoles qui ne sont souvent que des fiefs, ou entre des spécialités et des disciplines qui s'ignorent ». Vaste programme ! Plusieurs de ces points visaient implicitement le monde universitaire, au sein duquel ceux qui pratiquaient les recherches - souvent des jeunes, aux ressources durablement précaires, y compris lorsqu'ils étaient bénéficiaires des « bourses » de la CNRS - étaient considérés comme seconds par rapport aux titulaires de postes universitaires et des directions de laboratoires y afférant.

1293 La biographe de Perrin, Micheline Charpentier-Morize a consacré plusieurs pages au « comportement (de Perrin) emprunt de favoritisme et d'autoritarisme » qu'elle relativise en raison de l'importance de l'œuvre accomplie. (M. Charpentier-Morize, *Perrin, savant et homme politique*, Paris, Belin, 1997, p. 206.)

1294 « Appel aux travailleurs scientifiques », 1 p. imprimée, Papiers Ernest Kahane. M. Pinault, « Les scientifiques et le Front populaire », *art. cit.*

Selon un des fondateurs de Jeune Science, le chimiste Ernest Kahane (1903-1996), les « conciliabules » durèrent depuis environ un an avant de déboucher sur des initiatives décisives. Il fallut compter avec la méfiance ou l'hostilité des représentants du monde universitaire, y compris des plus actifs et engagés d'entre eux, groupés autour de Perrin, Borel et Cotton. Kahane se souvenait que le texte de l'appel « fut mal interprété, en particulier dans l'entourage de Jean Perrin, qui croyait y voir une méconnaissance systématique des efforts du Maître et des résultats substantiels dont la communauté scientifique lui était redevable »[1295]. Le docteur Maurice Parat (1899-1936), qui était l'âme de l'entreprise, avait rédigé un premier manifeste de « La Jeune Science », daté de juin 1936[1296]. C'est lui qui donna à Jeune science une orientation visant à la conquête, par la recherche scientifique, de son autonomie et qui chercha pour cela, à en révolutionner l'organisation. On retrouve cette orientation dans un autre projet d'appel, écrit de la main de Kahane, daté du 23 juin :

> « Ce n'est pas dans une impossible augmentation démesurée des crédits que sera trouvé le remède à la décadence actuelle mais (...) c'est seulement lorsque le régime féodal de l'organisation de la recherche aura subi une telle démocratisation que l'intérêt général du progrès scientifique sera et restera en accord avec les intérêts moraux et matériels des chercheurs. »[1297]

Une telle orientation, au fort parfum marxiste, allait clairement contre le type de développement de la recherche scientifique auquel les efforts de Perrin et de ses amis avaient abouti, centré sur les chaires et les laboratoires de chaires de l'Enseignement supérieur et sur une bataille permanente pour l'augmentation des crédits et leur captation par les universitaires déjà les mieux dotés, ne concevant la fonction de boursiers de la CNS que comme une position d'attente permettant à de jeunes scientifiques de s'initier à la recherche, sous l'autorité de professeurs chevronnés, avant d'intégrer l'Enseignement supérieur. Cette orientation ne pouvait pas ne pas provoquer un conflit, un clivage, entre boursiers chercheurs et universitaires et, pour des raisons démographiques évidentes, entre jeunes et vieux. « Jeune science » résonnait à juste titre comme une provocation.

La crise, lorsqu'elle éclata, fut d'autant plus vive qu'elle mit en opposition deux fractions par ailleurs favorables au gouvernement, dont Kahane écrivait que l'une représentait « l'esprit jeune » et l'autre « la fortune

---

1295 Tapuscrit d'E. Kahane, sur *La Recherche scientifique en France*, chapitre 35 « Jeune science », 1947, PEK.

1296 « Appel aux travailleurs scientifiques », tapuscrit non signé, dossier « M. Parat », 1 p., PEK. Kahane, succédant à Parat au secrétariat général de Jeune science, a pu récupérer, sans doute dès l'automne 1936, les papiers ayant appartenu à son prédécesseur. Ces papiers constituent les premières archives du groupement.

1297 Projet d'appel, manuscrit de Kahane, 1 p., PEK.

des patrons ». On conçoit que Perrin et les membres de son entourage se soient émus et, au-delà d'eux, une large fraction du monde universitaire. Le conflit devint public lorsqu'une assemblée générale des professeurs de la faculté des Sciences adopta une déclaration, largement reproduite dans la presse, selon laquelle « une inquiétude régnait au sujet de la création de laboratoires, de crédits et surtout de nouveaux emplois ; la recherche allait-elle évoluer en dehors de l'Enseignement supérieur qui, avec des moyens souvent insuffisants, en assume actuellement la plus grande responsabilité ? » Perrin, présent à la réunion, avait déclaré, en signe d'apaisement, « qu'il n'(était) pas question de créer un corps indépendant de chercheurs à vie » et il avait garanti à ses collègues que les allocations de bourses conserveraient leur « caractère temporaire »[1298].

Aussitôt, le comité directeur de Jeune science répliqua. Il stigmatisait au passage l'opposition exprimée, lors de l'assemblée de professeurs, à la mesure visant à ramener l'âge de la retraite de 75 à 70 ans pour les professeurs du Collège de France et du Muséum, et de 70 à 65 ans pour les professeurs des facultés, comme une manière de s'accrocher à une situation « d'extrême concentration de la puissance dans le milieu scientifique français », que symbolisait la figure du « grand Patron qui exerce cette puissance » et où les membres de Jeune science voyaient la cause de « l'état de sujétion dans lequel le chercheur français est généralement tenu jusque vers sa quarantième ou cinquantième année »[1299]. Mais surtout, le comité directeur réclama une politique de la recherche qui n'était pas, manifestement, celle à laquelle songeaient les universitaires :

> « Subordonner la recherche à l'enseignement sera étouffer la recherche, clamait Jeune science. Cette dernière ne peut se développer que si les idées les plus hardies et les plus neuves ont le moyen de s'exprimer librement ; et le "personnel enseignant des Facultés des sciences" vient de prouver que cette tendance nécessaire vers l'audace et la nouveauté n'était pas particulièrement de son goût. (…) Le développement de la recherche scientifique dans le cadre purement universitaire est une vieille conception qui ne répond plus aux exigences de l'heure. »[1300]

1298 Y. Grosrichard, « Faut-il modifier l'organisation de la recherche scientifique ? », *L'Œuvre*, 11-12 avril 1937.

1299 « Rapport de la commission des chimistes de Jeune science (1937) », 17 p. dactylographiées, PEK.

1300 Divers textes explicitant cette idée parurent dans la presse, par exemple une interview de Roubault qui déclarait : « Le nombre d'individus qui doivent consacrer leur temps à faire des recherches ne doit être limité que par les progrès de la science et les besoins du pays et non par les cadres forcément étroits de l'Enseignement supérieur. » (*L'Œuvre*, 12 avril 1937.)

Après cela, Jeune science revendiqua clairement la création d'un « corps de chercheurs scientifiques ». Le géologue Marcel Roubault (1905-1974) déclara, dans *L'Œuvre* :

> « Faire de la recherche, c'est d'abord et surtout exercer un métier ; ce métier, comme tout autre, doit être appris et la profession organisée. (...) La création d'un corps de chercheurs sélectionnés, pourvus d'une forte culture générale et ayant une situation stable est une nécessité pressante. »[1301]

Sur cette crise, Borel ne s'exprima pas publiquement et c'est par extrapolation de ses quelques articles qu'il est ici associé à Perrin. Celui-ci accepta de recevoir, le 10 février 1937, une délégation de Jeune science. Le compte-rendu était mitigé : Perrin avait indiqué qu'il approuvait l'idée de réformer le CSRS en donnant le droit de vote aux boursiers et en renforçant le nombre d'élus de moins de quarante ans, mais qu'« en ce qui concerne la fonctionnarisation des chercheurs, Monsieur Jean Perrin, sans prendre parti sur le fond, considère qu'une telle mesure n'a présentement aucune chance d'aboutir »[1302]. Et, de fait, le décret du 28 avril 1937 créant le SCRS, s'il attribuait à celui-ci la mission de « provoquer et coordonner toutes les activités consacrées à la recherche scientifique dans tous les domaines » et, en particulier, de préparer le budget de la Recherche scientifique, était muet sur la question des personnels de recherche[1303].

Borel et le sous-secrétariat d'État de Perrin

Le premier gouvernement Blum est généralement retenu comme le moment zéro de « la professionnalisation de la recherche en France », avec la création du sous-secrétariat d'État chargé de la Recherche scientifique au ministère de l'Éducation nationale. Après avoir passé en revue les différente évolutions institutionnelles de la recherche avait connues depuis 1930, la création du sous-secrétariat d'État apparaît plutôt comme non pas un aboutissement mais simplement une nouvelle étape. La professionnalisation était déjà en marche, les boursiers de la CNRS en étaient la preuve et c'est bien un boursier de la CNRS, Frédéric Joliot, qui avait été distingué par le prix Nobel de Chimie pour 1935, avec son épouse, Irène Curie, maîtresse de conférences à la faculté des Sciences. S'appuyant sur cette distinction, Perrin avait aussitôt mené campagne dans la presse sur le thème de la « renaissance de la science française », avant même la victoire du Front populaire et grâce aux efforts entrepris depuis quelques années. Le sujet était devenu si « populaire » que Georges Duhamel, dans un volume de la *Chronique des*

1301 M. Roubault, *L'Œuvre*, 12 avril 1937.
1302 *Science et Travail*, n° 5, mars 1937.
1303 *Histoire documentaire du CNRS*, t. 1 (1930-1950), Paris, CNRS éditions, 2005.

Pasquier, paru en 1938, faisait parler ainsi un de ses personnages qui aurait pu être Joliot :

> « Ce qu'il faut pour un type comme moi, pour un chercheur de laboratoire, c'est un fixe confortable. Je ne dis pas un petit fixe, non, j'ai horreur de la médiocrité, un fixe qui vous mette l'esprit en repos. Moi, je suis pour la fonctionnarisation complète du savant. C'est la seule manière de purifier la science. »[1304]

Cette professionnalisation fut en réalité l'enjeu d'un conflit, d'un combat permanent, car si personne, semblait-il, ne songeait à s'opposer à l'existence de personnels dédiés à la recherche, les difficultés surgissaient lorsqu'on abordait la question du statut de ces personnels, de leurs liens avec l'Enseignement supérieur et de leur position vis-à-vis des titulaires des chaires universitaires, et celle de la tutelle ou bien de l'autonomie des organismes de recherche. Perrin et Borel furent au cœur de ces conflits.

Le 13 novembre 1936, Borel faisait paraître dans *L'Ère nouvelle* un article consacré à l'accession de Perrin au sous-secrétariat d'État. Il y évoquait le « véritable apostolat » auquel s'était livré selon lui Perrin, depuis plusieurs années, en faveur de la recherche scientifique. Selon lui, c'était à son action qu'on devait les créations successives de la CNS, du CSRS et de la CNRS[1305]. D'après lui, au terme de ces étapes, le « service de la recherche (étai)t désormais bien au point et il ne lui manqu(ait) qu'un peu plus d'argent ». C'était donc le budget qui justifiait cet article : il s'agissait de s'en prendre aux « esprits timides (qui) jugeront peut-être qu'au milieu des difficultés financières actuelles il serait possible d'économiser sur des dépenses dont le rendement n'est pas immédiat ». Contre ce point de vue, Borel lançait l'argument de choc du « progrès scientifique » source du « progrès » :

> « Tout n'est pas possible mais presque tout peut devenir possible dans un avenir peut-être rapproché. »

Il n'est pas exclu que la formule avait été inspirée du « tout est possible » de Marceau Pivert qui était alors conseiller auprès de Blum. Et cet article paraissait précisément au moment où se déroulait la discussion budgétaire et où Perrin s'était engagé dans un rapport de force avec son ministre, Jean Zay, et le ministre des Finances, Vincent Auriol, pour obtenir un budget à la

1304 G. Duhamel, *Chronique des Pasquier*, t. 8, *Le combat contre les ombres*, Paris, Mercure de France, 1938, cité par J. Eidelman, « Genèse de la professionnalisation de la recherche scientifique » ; thèse citée.

1305 Comme l'indiquait Borel, à partir de 1930 la mobilisation des universitaires scientifiques français avait débouché sur des résultats qui n'étaient qu'un encouragement à aller plus loin. La perspective de la victoire du Front populaire s'identifia, pour beaucoup d'entre eux à celle de l'achèvement de ce programme.

hauteur de ses ambitions[1306]. La confrontation était toute relative : Jean Zay avait séjourné à l'Arcouest pendant l'été ; on le voyait sur des photographies, naviguant en compagnie de Borel, Perrin et Joliot[1307]. Enfin, en conclusion, Borel s'interrogeait sur les chances de pérennisation de ce nouveau ministère étant donné les inévitables « fluctuations des combinaisons ministérielles » à venir. Aussi suggérait-il qu'on créât un poste de directeur général de la Recherche scientifique - comme on avait créé, naguère, une direction de l'Enseignement technique, disait-il - afin d'assurer une « continuité » si le sous-secrétariat d'État venait à ne pas être maintenu. Là encore, il est permis de penser que cette question n'avait pas surgi dans l'esprit de Borel sans que des discussions n'eussent déjà eu lieu, avec Perrin et d'autres, au sujet de l'avenir de la Recherche et de son organisation. On sait qu'en effet le sous-secrétariat d'État à la Recherche scientifique ne fut pas reconduit dans le gouvernement Chautemps, qu'il fut ensuite rétabli dans le second gouvernement Blum, toujours avec Perrin à sa tête, et qu'il fut enfin définitivement abandonné dans le gouvernement Daladier.

Entre temps, la création de diverses structures dédiées à la recherche scientifique et placées entre les mains des membres du groupe Perrin, réduisait considérablement les inconvénients de cette disparition. Pendant le premier gouvernement Blum fut créé définitivement le Service central de la Recherche scientifique (SCRS) doté d'un « chef » du service bientôt requalifié en « directeur » ; le premier titulaire du poste fut Henri Laugier. Puis, en mai 1938, Daladier créa le Centre national de la recherche scientifique appliquée (CNRSA) ainsi qu'un Haut comité de coordination des recherches scientifiques (HCCRS) et un Conseil supérieur de la recherche scientifique appliquée. Borel fut nommé à la présidence du conseil d'administration du CNRSA, le minéralogiste Henri Longchambon (1896-1969) fut nommé directeur et Laugier en devint le secrétaire général. Les sept membres de ce CA du CNRSA, nommés par le ministre, furent Borel, Cotton, Joliot-Curie, Lapicque, Maurain et Lacroix, soit six scientifiques donc, dont cinq de « la bande à Perrin », et un industriel du syndicat de l'Électricité, ingénieur issu de l'EPCI, Émile Brilinsky[1308]. L'ONRSII disparut, incorporé dans le CNRSA. Le CNRSA, présidé par Borel et entièrement dirigé par le groupe Perrin constitua donc, près de dix ans plus

---

1306 Dès la discussion budgétaire de la fin de l'automne 1936, le budget de la CNRS pour l'exercice en cours fut porté à 11 puis 15 millions de francs, ce qui équivalait à un doublement par rapport au budget voté. Il fut porté à près de 27 millions l'année suivante et à 32,6 millions pour 1938. À cela vinrent s'ajouter, en 1937, 68 millions affectés à la CNS, dont 27,6 consacrés aux travaux et 25,2 à l'outillage, prélevés sur les crédits de « grands travaux pour la lutte contre le chômage » définis par la loi du 18 août 1936, et à nouveau, en 1938, 51 millions dont 43 millions pour travaux et 3,5 millions pour l'outillage. (TPS, débat sur le budget de l'Éducation nationale, exercice 1939, intervention de Jacques Chassaing, 29 décembre 1938.)

1307 Photographie des Archives Curie et Joliot-Curie.

1308 Arrêté de nomination des membres du CA du CNRSA, 11f

tard, la nouvelle étape de la mise en œuvre du « Plan Perrin » de 1930. Par ailleurs, Perrin devint le président du HCCRS, épaulé par deux vice-présidents, Joliot et Frédéric Surleau (1884-1972), un ingénieur des Ponts et Chaussées devenu inspecteur général des établissements d'armement. Mais c'est sous la forme du Centre national de la recherche scientifique (CNRS), rattaché à l'Éducation nationale, créé en octobre 1939, fusionnant le Service central et le CNRSA, et encore dirigé par Laugier, que la Recherche scientifique trouva la forme définitive de son organisation administrative capable de la diriger, dans la durée et la continuité, qu'il y eût un sous-secrétariat d'État dans le gouvernement, ou pas. Le sénateur Léon Perrier en reçut la présidence ; Perrin devint le vice-président du CNRS, et il était entouré de Borel, Maurain, Mayer et Georges Dupont. Borel était, bien sûr, membre du HCCRS et il intervint même à plusieurs reprises lors de la réunion inaugurale du 16 janvier 1938, et de même lors d'une autre des rares réunions, celle du 22 juin 1939[1309]. Il obtint, ce jour-là, qu'une commission de mathématiciens, non prévue, fût formée « à laquelle s'adresseraient, en cas de difficultés mathématiques, les autres commissions ». En résumé, Borel, bien qu'il atteignait soixante dix ans, était président du conseil d'administration du CNRSA et membre des directions de tous les organismes de recherche créés depuis le début des années trente. Il était une sorte de double omniprésent de Perrin.

Avec la montée des périls extérieurs, ces organismes se consacrèrent, de plus en plus, à la mobilisation scientifique. Cela se fit non sans que dominât une grande part d'illusion quant à l'efficacité à attendre de cette organisation qu'on n'entendait pas, ni Borel, ni d'autres, mettre en doute. Ainsi, un rapport non signé d'une dizaine de pages, figurant dans les papiers de Longchambon et datant probablement de la fin de 1939, montrait que les idées avaient peu évoluées depuis les terribles leçons de la Grande Guerre ; sa conclusion témoignait d'une confiance et d'une satisfaction sans appel :

> « L'organisation française des recherches scientifiques appliquées, aussi éloignées de la lourde machinerie administrative et technique des Allemands que de l'imprévoyance des Français de 1914, est une coordination souple, mobile et douée d'une grande puissance d'adaptation, capable de donner le maximum de rendement à l'ingéniosité et à l'invention des savants français. »[1310]

L'auteur, se référant à la Guerre de 1914-1918, brocardait les Allemands « incapables d'aucune imagination créatrice » selon lui, il stigmatisait « la

1309 PC du CA du HCCRS, 16 janvier 1939, Archives Curie et Joliot-Curie.

1310 « Organisation des recherches scientifiques appliquées à la défense et à l'économie national en France », 11 pages, non daté et non signé, AN, 19800284/5, Dossier CNRSA (1938-1940).

mise en œuvre de la "Bertha", le canon géant, exprim(ant) si bien, le goût du " Kolossal" (sic) et l'absence de génie créateur (de ceux-ci) ». À l'opposé, il vantait « l'esprit de prévoyance et de préparation qu'exprim(ait) si bien la création de la Ligne Maginot », un esprit qui « se retrouv(ait) dans l'organisation de la Recherche scientifique ».

5.8. Le complexe positionnement politique de Borel, de 1938 à 1940

Avec le printemps 1936, Borel n'étant plus député ne conserva aucune position au sein du parti radical mais il continua à s'exprimer dans la presse et resta actif sur le plan international. Il dut clarifier sa position à l'égard de la nouvelle majorité parlementaire et aussi rendre raison dans ses analyses des crises internationales successives. Bon gré mal gré, il prit une certaine place dans le mouvement antifasciste qui prenait de l'ampleur.

L'affirmation d'un credo libéral

Dans un article publié en 1937, Borel, faisant dialoguer un mathématicien de fiction, « Eudoxe », avec deux amis, formula les principes d'une philosophie politique de portée générale :

> « S'il est désirable de faire disparaître certaines inégalités et injustices qui choquent la morale et la raison, y expliquait "Eudoxe", il n'est pas souhaitable d'arriver à l'égalité absolue des richesses ; l'esprit d'initiative individuel est un facteur de progrès qui sera longtemps, sinon toujours nécessaire. (...) C'est ainsi que le capitalisme, allié au goût du risque, a apporté pendant un siècle de grands bienfaits à l'humanité entière. »[1311]

Et « Eudoxe » d'opposer à ce système méritant un éventuel « égalitarisme syndical » qui « conduirait fatalement, tôt ou tard, l'humanité au sort peu enviable de certaines sociétés d'insectes : abeilles ou fourmis ». Il justifiait même ce point de vue par celui des physiciens qui « nous ont appris qu'un milieu ne peut évoluer, c'est-à-dire vivre, que s'il comporte quelque hétérogénéité : l'homogénéité absolue signifie silence et mort ». Venant de Borel, ceux qui le découvrirent purent rester étonnés de la vigueur simpliste de ce propos mais on peut en retenir que s'il ne tranchait pas avec les choix politiques connus de celui-ci, le contenu de cet article témoigna d'une volonté de son auteur de se distinguer fermement des tendances alors dominantes au

---

1311 Émile Borel, « Éloge du jeu », *Mercure de France*, n° 932, 15 avril 1937, p. 290-301. Article rédigé sous la forme d'un dialogue socratique ; « Eudoxe » - Socrate étant identifié à Borel...

sein des gauches françaises. Si Borel fut alors associé à de nombreuses initiatives unitaires ce fut donc en affirmant les strictes limites de ce compagnonnage.

Borel, la lutte pour la paix et la coopération internationale face à la question de l'antifascisme

Lors d'un grand meeting du Rassemblement universel pour la paix (RUP), en pleine euphorie de la victoire du Front populaire, le 12 juin 1936, au stade Buffalo, avec, parmi les orateurs, Lord Cecil mais aussi René Cassin et Germaine Malaterre-Sellier (1889-1967), présentée pour l'occasion comme la présidente de l'AFSDN, la participation de Borel ne fut pas annoncée. Son nom apparut, dès le mois de mai, dans l'annonce de la première grande manifestation internationale du RUP, prévue en septembre à Bruxelles mais il n'y tint qu'un rôle périphérique, comme représentant de la FFASDN, avec, à ses côtés, Prudhommeaux, le secrétaire général[1312]. Le 21 juin 1936, se tint, à la mairie du Vème arrondissement, une réunion de plusieurs centaines de représentants de nombreux pays pour défendre « un statut international du droit d'asile » ; cette fois, Borel apporta son appui et il prit la parole[1313]. Après le *pronunciamiento* franquiste du 18 juillet 1936 se réunit à Paris une « Conférence européenne pour la défense de la République espagnole et de la paix ». Du côté français, la participation était relevée : Jouhaux, Racamond, Frachon, Duclos, Vaillant-Couturier, Bracke, Zyromski, Langevin, Basch, Cassou, Jean-Richard Bloch, Éliane Brault et Borel.

Pendant des mois, celui-ci occupa sa place dans ce combat. Parmi d'autres événements, il y eut, le 20 février 1937, un « Grand meeting franco-anglais » du RUP, « Pour l'Espagne », à la salle Wagram, cette fois-ci présidé par Borel lui-même, toujours comme président de la FFASDN[1314]. Le 16 octobre, il fit partie d'une délégation du RUP, comprenant en outre Perrin, Jouhaux, Longuet, Bayet, Malaterre-Sellier, reçue par Delbos au Quai d'Orsay pour

---

1312 *L'Humanité*, 13 juin 1936, et *Vigilance*, n° 37, 27 mai 1935. R. Mazuy, « Le Rassemblement Universel pour la Paix (1931-1939) : une organisation de masse ? », dans *Matériaux pour l'histoire de notre temps*, n° 30, 1993, « S'engager pour la paix dans la France de l'entre-deux-guerres », p. 40-44. Dans la première brochure du RUP, le nom de Borel apparaissait au bas d'un bref texte dans lequel celui-ci affirmait, au nom des 18 associations constituant la FFASDN, le rôle indispensable de la Société des Nations pour préserver la paix. Les Français cités étaient Pierre Cot, Salomon Grumbach, Léon Jouhaux, Jules Prudhommeaux, H. Van Etten, Lucien Le Foyer, Camille Planche et Louis Dolivet. À ces noms peuvent s'ajouter ceux de Langevin et Francis Jourdain (cités dans *L'Humanité* comme « membres du comité fondateur », le 13 mai 1936) Borel ne faisait pas partie des neuf Français du premier cercle des dirigeants du RUP tandis que Perrin devenait le principal responsable de la section française. (*Rassemblement universel pour la paix*, brochure de 30 pages, Paris, Centre parisien pour le rassemblement universel, sans date, sans date.)

1313 *Le Populaire*, 21 juin 1936.

1314 *L'Humanité*, 17 et 18 février 1937.

demander que « soient prises en faveur de la République espagnole des mesures qui correspondent aux intérêts les plus pressants et à la sécurité de la France elle-même »[1315]. Il s'agissait évidemment de contester la politique de « non-intervention » et de faire pression en faveur d'une politique moins « neutraliste ».

Vint aussi l'agression japonaise en Chine : l'Association des amis du peuple chinois, fondée en 1934 et dans laquelle les militants du PCF étaient actifs, produisit une déclaration, signée par Jouhaux, Borel, Langevin, Paul-Boncour, Andrée Viollis, Léon Archimbaud, Jacques Duclos et d'autres[1316]. S'en suivit, au début de novembre 1937, un meeting à la salle de la Mutualité, contre l'agression japonaise en Chine, convoqué par le RUP et la LDH, auquel Borel participa[1317]. À la veille de l'Anschluss, il appelait à l'union des nations « contre les nations guerrières » et, huit jours après, il définissait une position qui n'allait plus beaucoup varier, de dénonciation des violations de la souveraineté des États, en Espagne, en Chine, en Autriche, commises par les « États totalitaires »[1318]. En mars 1938, une « Grande manifestation nationale », à l'appel du RUP et de l'AFSDN eut lieu, en réaction à l'Anschluss ; Borel parla, après Jouhaux, Cachin, Cassin et d'autres[1319]. Le 9 janvier 1939, eut encore lieu une réunion publique pour l'Espagne avec Borel. Il semble qu'il apparaissait à chaque fois comme président des associations françaises pour la SDN et non en raison d'une adhésion personnelle et directe, comme c'était le cas pour Langevin, Perrin et d'autres intellectuels. Mais, de fait, il était désormais englobé dans la vaste mouvance des intellectuels liés à des organisations « frontistes » et antifascistes, associant des communistes, socialistes et radicaux.

Borel devint-il un partisan du Rassemblement populaire ?

Cette adhésion à certaines initiatives politiques rassemblant toute la gauche ne signifiait pourtant pas son ralliement au Front populaire et à la politique antifasciste. Il restait avant tout attaché au radicalisme et à l'esprit de compromis. Dans *La Dépêche*, où il continua d'écrire, il ne s'exprima ni sur la guerre civile en Espagne, ni sur le renversement du gouvernement Blum et son remplacement par Chautemps, ni sur la recherche scientifique et le ministère Perrin, ni sur les procès de Moscou. Pour un peu, on retiendrait que Borel ne parlait de rien… Cependant, ses préoccupations se manifestaient, ici et là. À l'occasion d'une analyse du congrès radical de Lille, en novembre, il reprenait à son compte une phrase d'Herriot :

[1315] *Le Populaire*, 16 octobre 1937.
[1316] *L'Humanité*, 30 octobre 1937.
[1317] *Id.*, 4 novembre 1937.
[1318] É. Borel, « Sécurité collective. Défense des principes de la sécurité collective » et « L'Agression pacifique », *La Dépêche*, 9 et 19 mars 1938.
[1319] *Id.*, 17 mars 1938. *Le Populaire*, 18 mars 1938.

« Lorsque les partis démocratiques sont unis, ils ne sont pas sûrs d'être victorieux des partis réactionnaires ; mais lorsqu'ils sont désunis, ils sont sûrs d'être battus. »[1320]

Peut-être Borel incluait-il le parti communiste dans cette phrase. Il ne le précisait pas. Mais il réaffirmait sa confiance dans le seul parti radical :

> « Le parti radical peut et doit continuer à jouer un rôle prépondérant. Il peut et doit attirer à lui tous les républicains sincères qui ne veulent ni de la dictature d'un homme ni de la dictature d'une classe. »

À travers les vicissitudes de ses relations avec le parti de son cœur, Borel lui restait, en effet, très fidèlement attaché. On signala sa présence et sa participation au « petit congrès » radical de la Mutualité, à Paris, en février 1938[1321]. Dans ses rares articles concernant la situation politique française, il exprimait en gros son soutien aux gouvernements qui avaient pris la suite des cabinets du Front populaire, sa préoccupation principale étant de les voir garantir les intérêts de la nation devant la montée des politiques d'agression en Europe et dans le monde. Le 24 avril 1938, il apportait son soutien au gouvernement Daladier. Le 13 janvier 1939, il publiait un article intitulé « Unanimité française » et il choisissait le même titre pour un nouvel article, le 9 septembre.

Lors de l'invasion de l'Autriche, pensant à l'avenir, il écrivait :

> « Personne n'ignore les menaces proférées par le chef du gouvernement allemand contre la Tchécoslovaquie. (...) Il est donc naturel que l'on se demande si, après que l'annexion de l'Autriche sera un fait accompli, les ambitions de l'Allemagne ne se tourneront pas vers la Tchécoslovaquie. (...) Le seul moyen d'éviter une opération qui serait singulièrement dangereuse pour la paix de l'Europe et la paix du monde, c'est de proclamer l'attachement aux principes de la sécurité collective de toutes les nations qui restent fidèles à la Société des Nations. (...) Les Français doivent oublier leurs querelles intérieures pour songer avant tout à la défense nationale et au salut de la patrie. »[1322]

À la veille des Accords de Munich, Borel, de retour de Prague et de Genève, se voulait encore optimiste. Il avait assisté, à Prague, à une session de l'Institut international de statistique et racontait « l'attitude courageuse et ferme des Tchécoslovaques (qui) expliquaient volontiers que leurs armées

---

[1320] É. Borel, « Conventions internationales et législation intérieure » et « Idéologies ? », *La Dépêche*, 25 janv.et 1er déc. 1937, et « Unité radicale et union des gauches », *Id.*, 5 nov. 1937.
[1321] *La Dépêche*, 21 février 1938.
[1322] É. Borel, « L'Agression pacifique », *art. cit.*

étaient prêtes à résister à toute invasion étrangère »[1323]. De Genève, où il avait ensuite présidé le conseil général de l'Union des Associations pour la SDN, il signalait l'adoption à l'unanimité d'un ordre du jour dénonçant d'avance comme « fatal pour la sécurité de tous qu'une modification des frontières (fût) imposée par la force à la Tchécoslovaquie ». Mais il approuvait, dans le même temps, le fait d'être allé « à l'extrême limite des concessions en vue de sauver la paix ». Il ajoutait aussitôt :

> « Il est évident, aux yeux de tous, qu'il faudra à un moment donné s'arrêter dans cette voie car il ne pourrait être question, pour la France et pour l'Angleterre, d'accepter que le chancelier allemand devienne le dictateur de l'Europe et du monde. »

Borel, conscient de l'impasse dans laquelle la politique d'atermoiement avait conduit les démocraties et la SDN, continuait pourtant, dans ses articles, à privilégier et à prôner l'apaisement. Il approuva les Accords de Munich et continua à évoquer le « désir général de paix (qui) pousse à faire des concessions »[1324]. Il s'exprima dans ce sens dans *Le Progrès Saint-Affricain* qui se proclamait munichois et indiquait que Chamberlain avait « sauvé la paix dans l'honneur et la dignité » et « qu'il aurait été sage de la part du président Benes d'avoir donné depuis longtemps un statut de large autonomie (aux Sudètes) »[1325].

C'est sans doute ce choix qui explique que Borel prit un tant soit peu ses distances avec le mouvement antifasciste, à partir de 1939 et, plus généralement, avec toute nouvelle campagne de pétitions. On ne rencontra plus guère son nom à propos d'initiatives où il aurait encore pu figurer - pétitions, meetings, congrès et manifestations. Ensuite, on ne nota pas sa participation à l'Union des intellectuels français pour la justice, la paix et la liberté (UDIF), issue d'une scission du CVIA, entre pacifistes et antifascistes. Le 11 janvier 1939, *l'Humanité* publia un appel « Pour l'Espagne » de l'UDIF, massivement contresigné par les universitaires et intellectuels de tendance Front populaire ; Borel n'y figura pas. Le 8 mars 1939, une semaine avant l'entrée des troupes hitlériennes à Prague, un nouvel appel de l'UDIF regroupait les mêmes signataires et le nom de Borel manquait encore[1326]. Finalement, le 15 mars, jour de la proclamation du protectorat de Bohême-Moravie par les nazis, *l'Humanité* publia un nouvel appel d'intellectuels, portant la signature de 217 universitaires de l'Université de Paris, sans mention cette fois d'un quelconque patronage de l'UDIF. Il était intitulé « Pour une politique de fermeté » et adressé au

---

1323 É. Borel, « De Prague à Genève » *La Dépêche*, 30 septembre 1938.
1324 É. Borel, « L'Amérique et l'avenir de l'Europe » *La Dépêche*, 12 octobre 1938.
1325 *Le Progrès Saint-Affricain*, 8 octobre 1938. L'éditorial était signé, comme souvent, par Auguste Viguier, professeur de sciences.
1326 *L'Humanité*, 8 mars 1939.

président de la République ; le nom du recteur Charléty, un radical modéré, désormais membre du conseil d'administration du *Temps*, figurait en tête ; suivaient les noms de 23 professeurs du Collège de France et ceux de dizaines de signataires des différentes facultés parisiennes, parmi lesquels on trouvait cette fois celui de Borel. Continuant d'écrire pour la presse, il ne put que constater l'échec de la politique de modération. La violation des Accords de Munich le vit exprimer son « indignation mêlée de remords » :

> « Le martyre de la Tchécoslovaquie à ouvert les yeux de ceux qui ne voyaient pas ou qui ne voulaient pas voir. »[1327]

Après la déclaration de guerre, d'octobre à novembre, Borel n'écrivit aucun article dans *La Dépêche* avant de reprendre la plume sur un rythme ralenti, d'un article par mois environ portant toujours sur des sujets peu engagés. En mars 1940 il organisait une délégation de la FNSDN à Londres[1328], et en avril il affirma sa fidélité à l'idéal de la SDN avant de s'interrompre à nouveau, complètement, pendant deux mois. Le 31 mai, alors que le sort de la Bataille de France devenait problématique, il s'exprima sur « Le courage de Paris » et manifesta un engagement total du côté de la lutte contre l'envahisseur. Ensuite, il n'y eut plus rien. On put croire que l'on ne reverrait plus ce nom à la une de *La Dépêche*. D'ailleurs, après l'Armistice, les noms de la plupart des éditorialistes habituels qui avaient continué de s'y exprimer disparurent. Et ce fut donc une surprise lorsque, le 13 juillet, le nom de Borel revint à la une, avec un article intitulé « Le retour à la terre ». Il n'y en eut pas d'autre ensuite et celui-là ne resta sans doute pas parmi les meilleurs souvenirs de son auteur. Le virage pétainiste de la rédaction ne fit plus de doute et, au milieu de titres exprimant ce ralliement, on vit même le docteur Toulouse se répandre contre les ravages supposés de la « science pure », ou Berthod s'en prendre au syndicalisme des fonctionnaires et des instituteurs, et même à « la couveuse artificielle de la rue d'Ulm ». À cette date, Langevin était en prison, à la Santé, et Borel ne lisait sans doute plus *La Dépêche*.

Conclusion : le repli de Borel en seconde place du groupe Perrin

Pour Borel, la seconde moitié des années trente fut marquée par le retrait ; retrait très direct du fait de sa non-candidature aux élections législatives du printemps 1936, retrait qui peut expliquer qu'il n'occupa que des positions secondes lors des différentes mobilisations d'intellectuels, et

---

[1327] É. Borel, « La situation des démocraties », *La Dépêche*, 25 mars 1939.

[1328] Lettres d'A. Champetier de Ribes à É. Borel, 21 et 23 février 1940, Papiers de madame Besson. Paul Bastid, Éliane Brault et René Cassin devaient accompagner Borel à Londres.

retrait moins caractérisé mais non moins réel du fait qu'il ne joua pas un rôle de premier plan dans le développement de la politique en faveur de la recherche et de l'enseignement supérieur, animée par Perrin, au sous-secrétariat d'État chargé de la Recherche scientifique. La renonciation à la députation qui pouvait se comprendre si elle avait été due à l'âge et au sentiment de ne pas pouvoir être utile, devenait un véritable suicide politique quand elle s'avéra liée à l'incompatibilité de ses convictions avec la politique de « Rassemblement populaire » acceptée par les dirigeants radicaux. Borel résista longuement, au nom de sa conception du « juste milieu ». Il ne comprit ni l'union des gauches ni l'unité antifasciste - les deux étant en fait confondues - quand elles incluaient le parti communiste.

Après la victoire du Front populaire et une fois le gouvernement Blum installé, Borel aurait pu prendre une place importante, aux côtés de Jean Zay, Irène et Frédéric Joliot, Perrin, Laugier, Longchambon, et d'autres pour mettre en œuvre cette politique « rationnelle » à laquelle il avait toujours cru. Certes, il ne fut pas totalement absent, et on retrouva son nom à des postes, en partie honorifiques, à la tête des nouveaux organismes, HCCRS, CNRSA, CNRS, Palais de la Découverte. Mais ce ne fut rien de comparable avec le rôle qu'eut alors Perrin. On ne vit pas revenir en force le Borel organisateur et animateur de réseaux. Cet homme-là semblait avoir disparu en même temps que le député radical. Ce fut donc le repli : Borel continua de mener son activité académique, d'écrire dans la presse radicale, de militer dans les organisations dont il avait la direction depuis longtemps, pour la SDN, pour la Coopération intellectuelle, mais il fut un ton en-dessous et un pas à côté.

Cette période, si elle a souvent été perçue, à juste titre, comme celle du ralliement d'un certain nombre de personnalités du monde scientifique à « la gauche », a aussi été celle des premières armes pour une nouvelle génération. L'irruption massive des « chercheurs », un monde souvent jeune, féminisé et précaire, dominé en fait, s'est heurtée aux universitaires installés, certes acquis à la nécessité d'une recherche dynamique mais très hostile à l'idée qu'elle pût échapper à leur contrôle. C'était finalement un monde avec lequel Borel s'accordait parfaitement, lui qui, depuis longtemps, avait considéré les mathématiques comme une sorte de fief, les personnels universitaires comme des vassaux, depuis les plus autonomes jusqu'aux plus dépendants, l'IHP étant devenu sa citadelle inexpugnable.

Cinquième partie

La fin de carrière d'un grand mandarin et d'un notable respecté

Chapitre 1
Le « Jubilé » d'Émile Borel

En 1940, Borel avait 69 ans. Le 14 janvier, quelques jours après la date de son anniversaire, eurent lieu les cérémonies de son « Jubilé » scientifique. Elles auraient dû avoir lieu à la rentrée qui correspondait au 50ème anniversaire de son entrée à l'École normale, mais en raison de la déclaration de guerre, elles avaient été reportées. Le jubilé était, pour les universitaires les mieux installés au sommet de la carrière, un moment où se célébraient et se mettaient en scène leur réussite et leur gloire au milieu de tous leurs collègues assemblés. Un comité de personnalités représentant toutes les institutions, animé par les collègues les plus proches du récipiendaire, était mis en place, une vaste collecte lancée auprès de tous les universitaires, de Paris, de province et de l'étranger, pour réunir et publier ses « œuvres » - au moins un choix d'œuvres - et, le jour dit, on s'assemblait, en robes et habits, en couples et en cohortes, des plus hauts placés dans la hiérarchie des honneurs jusqu'au dernier des disciples, dans un lieu aussi prestigieux que possible pour entendre les discours.

Jusqu'en 1936, l'universitaire ainsi distingué pouvait encore compter sur quelques belles années d'exercice avant la date fatidique de son 75ème anniversaire qui le verrait « rayé des cadres », mis à la retraite. Désormais, l'échéance avait été ramenée à 70 ans. Pour Borel, entré jeune dans la carrière - en tant que normalien - cela signifiait qu'il lui restait beaucoup moins de temps, une année de grâce, en fait, avant de se voir signifier la fin de toutes les missions dont il avait la charge depuis si longtemps au sein de l'Université, dans un moment où, avec de si graves circonstances, il pouvait avoir le sentiment d'avoir encore tant à faire. Quatre années après sa renonciation à un mandat de parlementaire qui avait entraîné un bouleversement de ses rythmes de vie, il s'agissait d'une nouvelle rupture qui le faisait forcément passer à « autre chose », dans un moment où la gravité des circonstances suggérait des opportunités exceptionnelles d'engagement mais exigeait des individus - fussent-ils âgés - en mesure de les affronter.

1.1. La mobilisation scientifique

La déclaration de guerre avait entraîné l'organisation rapide de la mobilisation scientifique et la réquisition immédiate des laboratoires sous l'autorité du CNRSA et du ministère de l'Armement, alors confié à Raoul Dautry (1880-1951). Un mois et demi plus tard, le CNRSA fut englobé dans le

CNRS. À Paris, six groupes de laboratoires furent mis en place, dirigés par Joliot, Bruhat, Maurain, Langevin, Longchambon et Mayer. L'IHP fut intégré au groupe 3 dont il devint la 11ème section. Borel organisa aussitôt des « travaux relatifs à la balistique » et obtint pour cela une subvention de 100 000 francs du ministère de la Guerre pour « embaucher spécialement des calculatrices »[1329]. En fait, selon Jean-Louis Destouches (1909-1980), élève de Borel et de Broglie, alors chargé de recherches au CNRS et affecté spécial à l'IHP, une dizaine de programmes de recherches fut développée, sur les applications des ondes électromagnétiques, les premiers radars, les klystrons, les guides d'ondes, et aussi à propos d'un détecteur de mines, genre « poêle à frire », ajoutait, son neveu, Michel Cazin (1923-2003)[1330]. L'organisation d'un véritable centre de calculs au sein du CNRSA, installé à l'IHP, doit être considérée comme une des grandes nouveautés de cette mobilisation scientifique en faveur de la défense nationale. Longchambon ne disait pas autre chose, dans un procès-verbal de conseil d'administration du CNRS du 4 mai 1939 :

> « Divers laboratoires de calculs ont été utilisés pour des calculs de phénomènes de diffraction entrant en jeu dans les éclatements par projecteur, pour les calculs de vibrations critiques d'ailes de différents prototypes d'avions, pour des calculs divers concernant la balistique, l'électronique, pour analyser des enregistrements de bruits à caractère périodique. (...) Un laboratoire de calcul mécanique vient d'être créé qui augmentera considérablement le rendement des laboratoires déjà existants lesquels groupent une quarantaine de mathématiciens et calculatrices. Des résultats précis issus de ces laboratoires ont déjà été fournis à de nombreux services (Armement, Section technique de l'artillerie, Ministère de la Marine, Commission de Gâvres, etc.) Un laboratoire d'études statistiques a été mis à la disposition du ministère du Blocus et du secrétariat général du ministère de la Guerre pour la surveillance des mouvements de certains stocks. Le laboratoire de calcul par analogie rhéoélectrique de MM. Pérès et Malavard (à l'IHP, ndlr) a été développé et une section s'oriente vers l'étude des problèmes d'élasticité et de vibrations. »[1331]

[1329] Lettre de R. Dautry au recteur Roussy, le 2 déc., et lettre du 23 déc. 1939, du doyen Maurain au recteur Roussy, et lettre du recteur, le 26 déc., A.N. Dossiers IHP.

[1330] J.-L. Destouches, dans A. Georges, *Louis de Broglie : sa conception du monde physique*, Paris, Gauthier-Villars, 1973, et M. Cazin, *Louis de Broglie que nous avons connu*, Paris, Bibliothèque des annales de la fondation Louis-de-Broglie, 1988, cités par G. Lochak, *ouv. cit.*, p. 171.

[1331] H. Longchambon, « Note sur les travaux effectués au CNRS », annexe du PV du CA du 4 mai 1939 du CNRS, 37 p., section « Sciences mathématiques », p. 20-21, AN, dossiers CNRS, 1980615/5. À Gâvres était implanté le centre expérimental de l'artillerie de Marine, près de Lorient.

Borel fut aussi mis au courant du programme de recherches couvert par le secret que l'équipe de Frédéric Joliot menait au Collège de France dans le but de tenter de déclencher une réaction nucléaire en chaîne contrôlée dans un mélange d'eau lourde et d'oxyde d'uranium. Cela se fit d'une part en raison du fait que Francis Perrin, maître de conférences à l'IHP, fut associé à l'équipe Joliot, en particulier pour contribuer à calculer la masse critique d'uranium à partir de laquelle les neutrons libérés par les réactions nucléaires se trouvaient en nombre suffisant pour produire une multiplication spontanée des réactions au sein du mélange testé[1332]. Hans Von Halban, un des principaux collaborateurs de Joliot, a raconté qu'il avait lâché l'information sur ces recherches secrètes au cours d'un « thé Perrin » du lundi, au début de mars 1939, et que Francis Perrin s'était intéressé aussitôt à l'affaire. Comme l'équipe du Collège de France était confrontée à des difficultés théoriques concernant la géométrie du dispositif la meilleure pour assurer la multiplication des réactions et à des difficultés de calcul croissantes, l'aide de Perrin devint indispensable. Rien en permet d'affirmer qu'il fut fait appel à Borel pour contribuer à ces calculs, où les probabilités avaient une grosse part et qui rappelaient ceux sur lesquels il avait lui-même eu à travailler quand il étudiait les problèmes de cinétique des gaz, mais c'est très probable. Au fil des mois, tous les dirigeants de la mobilisation scientifique, au HCCRS, au CNRSA, furent d'ailleurs finalement mis dans la confidence[1333]. Marbo notait qu'une rencontre avec Borel eut lieu, à la brasserie de la rue des Écoles, le Baltzar, au cours de laquelle Joliot, en sa présence et en mangeant une choucroute, « parla pour la première fois de l'eau lourde et des expériences nucléaires[1334] », et la fille de Joliot se souvenait que les Borel venaient assez souvent voir ses parents, à Antony, pendant cette période[1335]. Il y eut, en octobre 1939, le dépôt par Joliot de « plis secrets » à l'Académie des sciences, motivé par l'établissement du secret sur les recherches en cours à partir de l'entrée en guerre de la France, ce qui n'échappa pas non plus à Borel.

1.2. Une fin de carrière honorable

Le 14 janvier 1940, un dimanche matin, on célébra donc le « Jubilé scientifique » d'Émile Borel. Le Grand salon de la Sorbonne avait été réservé. La présidence effective avait été confiée au ministre de l'Éducation nationale, un normalien, bien sûr, Yvon Delbos. Une bonne douzaine de discours fut prononcée et le volume *Selecta - Jubilé scientifique de M. Émile Borel* fut

---

[1332] M. Pinault, *Frédéric Joliot-Curie*, *ouv. cit.*, chap. 9 et 10, et thèse citée, vol. 1, p. 139-218.
[1333] Id.
[1334] C. Marbo, *À travers deux siècles*, *ouv. cit.*, p. 296.
[1335] Entretien de M. Pinault avec Hélène Langevin-Joliot, mars 2017, à son domicile.

finalement offert à Borel[1336]. Celui-ci parla le dernier, après le recteur Roussy, le doyen Maurain, Louis de Broglie au nom de l'IHP, l'administrateur du Collège de France, Edmond Faral (1882-1958), Eugénie Cotton, directrice de l'ENS de Sèvres, Henri Vergne, président de la Société mathématique de France, Julia et Ville, élèves de Borel, Bruhat, directeur-adjoint de l'ENS - le directeur Bouglé étant excusé car malade -, Torsten Carleman (1892-1949), directeur de l'Institut Mittag-Leffler de Stockholm ; enfin, le secrétaire perpétuel, Picard, s'était fait excuser et avait adressé un message lu par Cartan, avant que Delbos ne prononçât quelques paroles. L'absence de Picard n'étonna personne. Depuis longtemps son hostilité à Borel s'était exprimée. Il l'avait laissée déborder dans une lettre adressée à Lacroix, à propos de la réunion d'une commission de prix de l'Académie :

> « Dieu nous préserve des propositions de Borel et de sa Société pour la Paix. Si Briand n'était pas mort, il nous le proposerait probablement. (...) (Il) devient intolérable et hier (il) a encore été insolent à l'égard d'Ocagne dans la commission Montyon. »[1337]

Par une ironique coïncidence, le Jubilé académique de Picard devait être commémoré le 11 décembre 1939, un mois avant le Jubilé scientifique de Borel. Encore une bonne occasion, pour Picard, de se laisser aller, en anticipant l'événement de plus de six mois :

> « Borel a probablement désiré parler le 11 décembre pour que dans son Jubilé qui aura lieu au milieu de janvier 1940, je lui retourne les choses aimables qu'il m'aura dites. Je trouve d'ailleurs ce Jubilé prématuré (Borel aura seulement 69 ans). Je n'ai pas l'intention d'y assister mais j'enverrai une petite allocution en m'excusant. »[1338]

En fait, Picard savait pertinemment que Borel, qui avait été son élève, devait parler, le 11 décembre, au nom de la section de Géométrie dont il était désormais le doyen[1339]. Il fallait que Picard eût beaucoup de ressentiment contre Borel pour lui contester cet honneur et ensuite vouloir marquer son inimitié en s'abstenant de paraître au Jubilé de son élève. Celui qui lui avait longtemps écrit des mots affectueux du temps de sa jeunesse ne lui pardonnait ni l'ampleur de ses contributions dans des branches entièrement nouvelles des mathématiques, son ascension sociale fulgurante - tandis que Picard, bien que

---

[1336] É. Borel, *Selecta, Jubilé scientifique de M. Émile Borel*, Paris, Gauthier-Villars, 1940, 414 p.

[1337] Lettre d'É. Picard à A. Lacroix, sans date, après 1937 selon le contexte, Ac. Sc., dossier A. Lacroix.

[1338] Id., sans date, juin 1940 d'après le contexte, id..

[1339] É. Borel, *Commémoration du cinquantenaire académique d'Émile Picard*, 11 décembre 1939, Paris, publications de l'Académie des sciences, 1939.

secrétaire perpétuel était resté un simple universitaire - ni ses prises de parti politique, loin du conservatisme et du nationalisme chauvin qu'il incarnait au sein de l'Académie.

Appelé à parler le premier, Roussy rappela que lorsqu'il avait quitté le décanat de la faculté de Médecine pour le rectorat, en raison du décès de Charléty, Borel, « un homme qui représentait (à ses yeux, ndlr) les plus hautes traditions de (l')Enseignement supérieur » et dont il reconnaissait « la place considérable qu('il) tenait au Conseil de l'Université », avait prononcé le discours de bienvenue - il en était désormais le plus ancien membre. Ensuite Maurain, comme la plupart des orateurs après lui, s'inscrivit d'abord dans la filiation normalienne en soulignant « qu'en entrant à l'École normale, (il) la trouva toute remplie de la renommée, des succès retentissants (de Borel) dans les concours et de (sa) supériorité scientifique », avant de parler ensuite, longuement, de l'IHP et de souligner que s'y trouvait « un grand laboratoire de calculs qui travaill(ait) à plein temps pour la Défense nationale[1340] ». C'est aussi ce que fit Louis de Broglie :

> « Je ne puis parler ici de nos travaux sur lesquels nous devons rester discrets, mais je crois pouvoir dire que nous faisons de la bonne besogne. Évidemment, l'aspect de notre maison en est quelque peu modifié : dans des locaux devenus presque trop étroits, se presse un personnel nouveau ; on y voit souvent des uniformes et l'on y parle presque autant de canons que d'électrons. Transformation assez surprenante sans doute, mais ce sont là les tâches nécessaires de l'heure présente. »[1341]

Surtout, de Broglie expliqua que la volonté de Borel de créer ce centre de recherches était une conséquence de « (son) goût pour les idées générales et la tournure philosophique (au meilleur sens du mot) de (son) esprit (qui l')avait porté de bonne heure à (s')intéresser particulièrement (...) à de vastes synthèses dites "Théories physiques" que l'esprit des hommes tente de construire (...) afin de réunir dans des systèmes logiquement cohérents l'ensemble de ses connaissances sur les phénomènes naturels ». Puis il se lança dans un vaste tableau de l'œuvre de Borel inscrite dans les grandes évolutions scientifiques du siècle - « vers 1920, dit-il, la France était, il faut l'avouer, très sensiblement en retard, en ce qui concerne la Physique théorique (...). Seul, M. Langevin, au Collège de France, faisait alors place à ces questions dans son enseignement » - et ne fut pas économe de ses souvenirs témoignant de l'influence de Borel sur les jeunes scientifiques de sa génération, depuis la lecture qu'il avait faite, en 1914, « avec une véritable avidité » de son « beau livre sur le hasard » dont les explications

---

[1340] Ch. Maurain, *Jubilé scientifique d'Émile Borel*, le 14 janvier 1940, *ouv. cit.*

[1341] L. de Broglie lors du *Jubilé scientifique d'Émile Borel*, *ouv. cit.*, p. 22.

« saisissantes » avaient « frapp(é) (son) jeune esprit, jusqu'à l'admiration éprouvée, en novembre 1919, pour les « belles leçons (...) à l'amphithéâtre Chasles sur la Théorie cinétique des gaz et les applications physiques des lois du hasard ». De Broglie faisait explicitement le lien entre les travaux de Borel et les développements récents de la Physique moléculaire, l'interprétation statistique des lois de la Thermodynamique ou l'établissement des lois de la Mécanique quantique et ondulatoire. Bref, il installait Borel à une place d'honneur dans la révolution scientifique en cours qu'il avait lui-même illustrée, recevant pour cela le Nobel, et, comme continuateur, dans la lignée des « Laplace, Poisson, Fourier, Fresnel, Ampère, Lamé, Joseph Bertrand, Duhem, Henri Poincaré ». De Broglie consacra ensuite plusieurs minutes à un bilan élogieux de l'activité de l'IHP depuis 1928. Après ce long discours, les interventions suivantes relevèrent plus de la convivialité, des souvenirs et de l'expression des solidarités du milieu. Le ministre, évitant les formules convenues, compléta le portait de son collègue et ami.

Le beau volume de *Selecta* présentait un choix de publications scientifiques de Borel, organisé selon les principales thématiques de son œuvre, chacune étant accompagnée d'une brève synthèse due à un de ses élèves et suiveurs. En première page, cette belle dédicace :

> « Au mathématicien illustre dont les découvertes ont ouvert à la Science des chemins magnifiques que nombre de ses élèves ont foulés de leurs pas,
>
> « Au penseur qui a médité sur son art et prolongé le bienfait de ses méthodes par tant de publications didactiques et d'organisations heureuses,
>
> « À l'homme enfin, digne dans sa vie, intègre dans sa fonction, sûr dans son amitié. »

Cette cérémonie dont tout annonçait qu'elle aurait un caractère formel refléta finalement, comme elle le devait, la puissance de la carrière de celui qu'on voulait honorer. Il y manqua un discours pétulant et irrévérencieux de Perrin, une allocution pompeuse et éclatante de Valéry, une improvisation décalée de Herriot ou celle, affectueuse, de Blum, ou encore un portrait sensible et amical de Seignobos ; quelques autres. En effet, le caractère officiel et formel de la réunion ne prévoyait de donner la parole qu'à des orateurs représentant ès qualités les diverses institutions universitaires. Après la cérémonie des discours, dans la soirée, un dîner de cinquante couverts fut offert dans un restaurant de la Place Saint-Michel. Trois nouveaux discours furent alors prononcés par Denjoy, Lebesgue et Langevin, essentiellement tournés vers les mathématiques et leur évolution. Le lendemain, enfin, les Borel offraient, en guise de remerciements, un goûter au Lutetia.

Comme il se devait pour une personnalité aussi respectée - n'appartenait-il pas, depuis juillet 1939, au conseil de l'Ordre de la Légion d'honneur ? - la presse nationale, depuis *Le Temps* jusqu'au *Petit Parisien*, rendit largement compte de la cérémonie[1342]. L'absence de Célestin Bouglé était dans toutes les têtes, chacun sachant que le directeur de l'ENS vivait ses derniers jours, après une année de souffrances qu'on disait intolérables. Bouglé mourut dix jours plus tard. C'était une sorte de jumeau de Borel au sein du monde intellectuel de cette IIIème République agonisante qui s'effaçait. Ils étaient deux des piliers du « parti intellectuel », né dans l'Affaire Dreyfus et organisé autour de la LDH. De tous les « papiers » que firent à la gloire de Bouglé, dans la presse, Herriot célébrant le « Républicain », Basch glorifiant « le citoyen », Bayet « le grand éducateur de la démocratie », Vermeil, le « philosophe libéral », Georges Lefranc « l'ami syndicaliste », de tout ce cérémonial mi-lyrique, mi-convenu, rarement naturel et toujours flatteur, on retenait que ces statues, comme le régime qu'elles prétendaient illustrer et glorifier, étaient gravement menacées de s'effondrer[1343]. J.- C. Marcel n'écrit-il pas que Bouglé dont « l'œuvre est indissociable de son engagement politique en faveur d'un libéralisme tempéré (...) n'est plus guère lu (...) tant sa sociologie, intimement liée aux débats politiques qui secouèrent la IIIème République, paraît datée »[1344]. Que penser, s'agissant de Borel ?

1.3. L'activité scientifique de Borel avant et après la défaite

Pendant la Bataille de France, Borel était à Paris, assurant le suivi des différents programmes de recherches en cours à l'IHP. Une dizaine d'équipes travaillaient sur ces programmes et un personnel supplémentaire important avait été recruté, plus de vingt calculatrices et dessinatrices, quelques hommes seulement parmi elles d'ailleurs, et les machines à calculer nécessaires avaient été achetées. Ces employées représentaient, à elles seules, la moitié des effectifs de travailleurs temporaires embauchés par le CNRSA[1345]. Lorsque l'évacuation des laboratoires fut ordonnée, le repli de l'IHP et du Laboratoire de Chimie-Physique, organisé à l'avance, se fit au Château de la Vicomté, une propriété du Loir-et-Cher située près de Blois. L'atelier de calcul et de dessin y fut réorganisé avec la moitié des effectifs environ[1346]. Des courriers postérieurs

1342 *Le Temps* et *Le Petit Parisien*, 15 janvier 1940.

1343 Herriot dans *Marianne*, le 28 février 1940, Basch dans *L'Œuvre* le 14 février, Bayet dans *La Lumière* le 2 février, Vermeil dans *Les Nouvelles littéraires* le 3 février, Lefranc dans *Syndicats* de février 1940.

1344 J.-C. Marcel, notice sur Célestin Bouglé, déjà citée.

1345 *Bulletin mensuel* du CNRSA, 10 mai 1940, et lettre d'É. Borel à H. Longchambon, 15 juill. 1940, AN, Recherches Défense nationale 1939, F/17/17466.

1346 Lettre d'É. Borel au préfet du Loir-et-Cher, 4 juin 1940, Id.

indiquent que les recherches se poursuivirent tant bien que mal : ainsi Georges Valiron (1884-1955), directeur du laboratoire de Balistique de l'IPH, qui travaillait sur les calculs de trajectoires pour le tir contre les avions, adressa, le 7 juin, à la direction du CNRSA, à la Commission de Gâvres et à une dizaine d'états-majors un rapport final sur « le repérage de batteries par onde de choc »[1347].

L'évacuation vers Toulouse fut ensuite ordonnée et c'est là que Borel finit l'exode, hébergé par son élève et ami, Deltheil. Reparti à Saint-Affrique dans la première quinzaine de juillet avec l'autorisation du commandement militaire, au titre de maire de sa commune et afin d'y organiser le retour à l'ordre, il adressa un rapport final à la direction du CNRSA dans lequel il demandait s'il fallait conserver le personnel temporaire ou bien mettre fin aux contrats. Surtout, il proposait de relancer l'organisation d'un « grand laboratoire de calcul comme il en existe dans certains pays étrangers, notamment en Italie » :

> « Un tel laboratoire aurait pour objet d'exécuter rapidement les calculs nécessités par les recherches scientifiques de toute nature, notamment physiques, chimiques, biologiques, économiques et statistiques. Ce laboratoire pourrait être organisé à Toulouse en attendant qu'il puisse être transféré à l'Institut Henri-Poincaré à Paris. »[1348]

Le retour à Paris, pour la rentrée universitaire, permit de mesurer les difficultés qu'allait rencontrer la remise en route de l'Institut dont Borel restait le directeur. Beaucoup de chercheurs manquaient à l'appel. Il fallut protéger ses locaux aux trois-quarts abandonnés contre toute réquisition. Borel qui n'avait plus de tâches d'enseignement, put se consacrer à l'écriture. En 1939, il avait publié, toujours chez Gauthier-Villars, *Valeur pratique et philosophie des probabilités*. L'année suivante, c'était, chez Armand Colin, *Probabilités, erreurs*, en association avec Deltheil, un ouvrage promis à de nombreuses rééditions. En mai 1941, il publia, chez Gallimard, *Le Jeu, la chance et les Théories scientifiques modernes*. Dans la conclusion de cet ouvrage, Borel faisait un lien direct entre Théorie de la mesure, Théorie des fonctions, Théorie des ensembles, Théorie des probabilités et Théorie des jeux, c'est-à-dire qu'il établissait, à travers ces cinq branches de la théorie mathématique, l'unité de la démarche qui l'avait mené vers une conception d'ensemble totalement nouvelle des mathématiques, conception qui, il en avait conscience, les avait révolutionnées et était destinée à s'imposer à tous les mathématiciens.

En 1943, ce furent *Les Probabilités et la vie*, en Que sais-je ?, *La Mécanique et la gravitation universelle*, chez Albin Michel, et, chez Flammarion, *L'évolution de la mécanique*. Ces ouvrages furent écrits à Saint-

[1347] Lettre de G. Valiron à H. Longchambon, 7 juin 1940, Id.
[1348] Lettre d'É. Borel à H. Longchambon, 15 juillet 1940, déjà citée.

Affrique, certes pour occuper le temps, mais aussi dans l'intention de mettre à la portée du grand public les bases de la théorie des probabilités et aussi de lui permettre de prendre conscience des révolutions opérées dans la science mathématique et en physique mathématique. Malgré son titre, *Les Probabilités et la vie* ne traitaient pas de biologie bien qu'il y avait un chapitre sur l'hérédité, mais du rôle des probabilités dans la vie pratique, le jeu, les loteries, l'assurance, la démographie. L'ouvrage était placé sous les auspices de « la loi unique du hasard » selon laquelle, disait Borel, « les phénomènes très peu probables ne se produisent pas ». Partant de l'approche intuitive des notions de hasard et de probabilité, Borel construisait par étapes une science des probabilités en donnant l'impression de ne traiter que de problèmes concrets.

Chapitre 2
Borel académicien résistant

Après la dispersion de la mobilisation puis de l'exode, les débuts de l'Occupation furent marqués, dans le monde universitaire, par le retour vers les facultés et les laboratoires. Marbo ne nous dit rien de l'état d'esprit dominant de ce moment-là. Les Borel, comme la plupart des collègues d'Émile, rentrèrent à Paris en septembre. La rentrée universitaire provoqua les premiers positionnements que la crise du 11 novembre 1940, à Paris, accéléra.

2.1. L'Université face au premier affrontement avec Vichy et l'Occupant

Dans *l'Illustration* parut, le 2 novembre 1940, un article qui donnait, sous le titre « Que vont devenir nos jeunes élites? », la parole à Langevin. Initiative malheureuse, car Langevin était désormais détenu à la prison de la Santé. Alors que chacun cherchait des explications de la défaite, Abel Bonnard, rallié aux courants fascistes français, avait tiré dans ce magazine, au début de septembre, la « Morale d'une défaite » et, brodant sur le thème pétainiste de « l'esprit de jouissance »[1349], il y avait développé le thème de la responsabilité des intellectuels :

> « Il n'y a pas eu seulement, pour les pousser à la paresse et à l'envie, le politicien vulgaire, mais le grand savant accourant de son laboratoire, avec sa tiare de science qui lui branlait sur la tête, afin de leur jurer qu'on pourrait bientôt ne travailler qu'un quart d'heure par jour. »[1350]

Qui ne reconnaîtrait, dans ce portrait charge, Perrin et Langevin, ou Borel, et quelques autres ?

L'automne 1940 à Paris

Les Borel déménagèrent du boulevard Haussmann à la rue Froidevaux, près du lion de Denfert, où ils possédaient encore, dans l'immeuble acheté pendant la guerre précédente, un appartement double, au second étage. Le 7

1349 *L'Illustration*, 7 sept. 1940. Maréchal Pétain, Appel du 20 juin 1940.

1350 A. Bonnard, « Morale d'une défaite », *l'Illustration*, 7 septembre 1940.

octobre, Borel participa à une séance du Conseil de l'Université ; tous ses collègues étaient présents, à l'exception de trois excusés. Il fut décidé à l'unanimité d'adresser des félicitations au doyen de la faculté de Droit, Georges Ripert (1880-1958), pour sa nomination au ministère par Vichy. D'autres félicitations furent adressées à Perrin, mis à la retraite aussi par Vichy, dont le recteur Roussy prit soin de souligner les titres et les services rendus à la science et à l'Université. Félicitations aussi à Jérôme Carcopino (1881-1970), nommé à la direction de l'ENS à la place de Bouglé, décédé ; là, Roussy se contenta d'une « cordiale bienvenue ». Gilbert Gidel (1880-1958) était aussi accueilli comme nouveau doyen de la faculté de Droit, Montel arrivait, lui, comme représentant de la faculté des Sciences. Un « échange de vues sur la rentrée » eut lieu et il fut convenu de remplacer la séance solennelle habituelle par « une réunion plus intime » avec des « délégations restreintes »[1351], sans doute pour éviter d'éventuels incidents.

Le 30 octobre, Langevin fut donc arrêté par la Gestapo. La nouvelle provoqua une brutale clarification ainsi qu'une accélération. Un futur dirigeant du « Front national universitaire », le réseau de la résistance communiste dans l'Université, Pierre Villon (1901-1980), l'a noté dans un carnet qu'il tenait pendant ses journées de prison du début du mois de novembre :

> « À la date du vendredi 6 novembre 1940, j'y relis aujourd'hui : "V. (c'était Paul Vienney, mon avocat) est venu et m'a appris que Langevin a été arrêté par la Gestapo. Une haute institution, Collège de France ou Académie des Sciences, s'apprêtant à voter un ordre du jour de félicitations à Pétain pour son dernier discours, n'a pas exécuté ce projet lorsqu'en pleine séance, la nouvelle lui est parvenue. Protestation platonique, mais déjà importante en raison du conformisme des milieux en question. Cette arrestation (...) peut devenir le point de départ d'un mouvement de protestation parmi les intellectuels et, partant, d'un mouvement de résistance parmi la petite et moyenne bourgeoisie contre l'oppression nationale". »[1352]

Après l'arrestation de Langevin

La « haute institution » qu'évoquait Villon était bien l'Académie française. Valéry y avait en effet mené l'opposition à Pétain. C'est ce que confirma ensuite le témoignage de Borel :

> « C'est grâce à sa courageuse intervention que l'Académie française, dans une séance à laquelle assistaient seulement dix membres, a refusé, malgré la demande d'Abel Bonnard qui présidait

[1351] PV du CUP, séance du 7 octobre 1940, AN-AJ/16/2597.
[1352] « Le Front national », Interview de M. Braun et P. Villon par C. et G. Willard, *Cahiers de l'Institut Maurice Thorez,* n°10 - 1974, p. 81.

la séance, d'adresser au Maréchal Pétain ses félicitations pour l'accord de Montoire. »[1353]

Un rapport des services allemands montre que ceux-ci furent d'ailleurs informés :

> « Un vote secret qui a eu lieu il y a quelques temps à la présidence de l'Académie française sur la question de la politique du Maréchal Pétain et de la collaboration a donné le résultat suivant : sur sept membres présents de la Présidence, trois ont voté pour et quatre contre Pétain, c'est-à-dire contre la collaboration. Ont émis un vote négatif Paul Valéry, Georges Duhamel, le duc Maurice de Broglie, et Émile Picard. Ont voté pour, André Bellesort, secrétaire de l'Académie française, le Cardinal Baudrillard et Abel Bonnard, publiciste. »[1354]

Au même moment, Langevin recevait une multitude de lettres d'affection et de soutien. Celle que Marguerite écrivit, en son nom et au nom de son mari, était réduite au strict minimum, par prudence, peut-être, puis ils lui rendirent tous deux visite :

> « Nous pensons bien à vous en ces journées qui doivent vous sembler terriblement longues. Et nous vous envoyons, Émile et moi, nos plus affectueux souvenirs. Je vous embrasse en vieille amie. »[1355]

Du côté de l'Académie des sciences, il n'y avait rien à attendre. Les tensions politiques s'y étaient accumulées dans les dernières années. Picard et Lacroix campaient sur une franche hostilité à l'aile gauche de la compagnie qui s'était aggravée pendant la période du Front populaire, avec les présidences successives de Borel, en 1934, Perrin en 1936, Cotton, en 1938[1356]. Un jour, Picard, se plaignant de Borel, disait rencontrer « bien des difficultés avec nos présidents (l'an dernier c'était Cotton et la politique) », une autre fois, il « priait instamment » celui-ci « de supprimer l'allusion » à l'affaire tchécoslovaque du discours qu'il avait prononcé comme président de l'Académie :

> « L'Académie n'a pas à se louer ou à critiquer la conduite du gouvernement en cette affaire, conduite approuvée d'ailleurs par l'immense majorité du pays, on n'en peut douter. »[1357]

1353 É. Borel, « P. Valéry et la mathématique », dans *Paul Valéry vivant*, Marseille, *Cahiers du Sud*, 1946, p. 113.

1354 A.N. 40 AJ 566 - 17.

1355 Lettre de M. Borel à P. Langevin, 7 nov. 1940, papiers de P. Langevin, bibliothèque de l'ESPCI, PL 48. Lorsque Langevin fut ensuite assigné à résidence à Troyes, les Borel lui rendirent visite dès les premières semaines de 1941. (Lettre de P. Langevin aux Borel, 21 févr. 1941, papiers de madame Françoise Besson.)

1356 Lettres d'É. Picard à A. Lacroix, Ac. Sc., dossier A. Lacroix.

1357 Lettre d'É. Picard à A. Cotton, 10 décembre 1938, Papiers Aimé Cotton, Département de Physique de l'ENS, carton 8.

En 1936, Picard parlait de « complot communiste » à propos des occupations d'usines et prévoyait l'établissement d'« un soviet moscoutaire avec Thorez et Cie »[1358]. Les nominations au ministère de l'Éducation nationale, celle de Laugier à la direction de la CNRS, celle, annoncée, de Gosse à la direction de l'Enseignement supérieur, faisaient croître son agitation et en avril 1938, finalement, il se réjouissait d'être « débarrassé de Blum ». Lors de la débâcle, installé à Hendaye, il décrivait « les automobiles allant en Espagne ou au Portugal et parmi eux (sic) un assez bon nombre de parlementaires français qui, après avoir mis la France dans l'état où elle est, la laissent cuire dans son jus. » Dans les nombreuses lettres qu'il adressa à Lacroix, Picard ne fit jamais allusion à l'arrestation de Langevin. Dès l'été 1940, il y avait défini sa position d'hostilité aux occupants et d'adhésion au régime de Vichy et à la collaboration :

> « J'admire le Maréchal Pétain, écrivait-il le 11 juillet. Il est bien vaillant pour un homme de 84 ans de se charger de donner une constitution à la France. »

Le 30 janvier 1941, il allait plus loin :

> « Sur le fond, je suis d'accord avec (Georges, ndlr) Claude qu'une collaboration très générale avec l'Allemagne est nécessaire sous peine d'un écrasement complet de la France pour un temps indéfini, collaboration acceptée en principe, semble-t-il, par le Maréchal à Montoire. »

Le procès-verbal du Conseil de l'Université, à nouveau réuni, le 9 décembre, en l'absence de Borel, sous la présidence de Carcopino, nommé en remplacement de Roussy limogé après les événements du 11 novembre au Quartier latin et à l'Arc-de-Triomphe, est lui aussi muet sur l'affaire Langevin[1359]. Le 27 janvier suivant, lors d'une nouvelle réunion, Carcopino prononça, en sa présence, un hommage appuyé à Borel à l'occasion de ses trente années de participation au Conseil qui s'achevaient ; une telle longévité, rare, était due à « ce fait tout à fait unique dans les annales, à la fois à l'entrée précoce de M. Borel dans le sein de cette assemblée et à une continuité admirable dans les réélections par ses pairs ». Borel répondit en des termes qui pouvaient indifféremment être considérés comme d'un unanimisme prudent ou sonner comme un défi face au délégué du nouveau pouvoir :

> « Rappelant qu'en septembre 1914, le Conseil, sur la proposition de M. le recteur Liard, avait décidé que chacun

---

[1358] Lettres d'É. Picard à A. Lacroix, Ac. Sc., dossier A. Lacroix.
[1359] PV du CUP, séance du 9 décembre 1940, AN-AJ/16/2597.

resterait à son poste, M. Émile Borel, aux applaudissements du Conseil, signale qu'il se trouve toujours au sien. »[1360]

Ce fut pourtant sa dernière participation, en raison de sa mise à la retraite à dater du 1er janvier 1941[1361]. De même, membre depuis toujours du conseil du Palais de la Découverte, Borel, qui siégeait encore dans cette instance en février 1941, et Cotton furent remplacés par Jean Cabannes et Ernest Esclangon.

Le 26 février 1941, Charles Maurain, doyen de la faculté des Sciences, qui était le vice-président du Conseil de l'Université de Paris pour l'année 1941 en vertu de l'ordre protocolaire, fut nommé recteur de l'Université de Paris pour succéder à Carcopino devenu secrétaire d'État à l'Instruction publique. Quelques universitaires engagés dans la collaboration et enrageant de voir leurs adversaires se maintenir en poste ou en occuper de nouveaux, s'exprimèrent dans la presse ou même adressèrent des dénonciations aux services allemands. Les Allemands voulurent empêcher Maurain de rester à son poste, et cela supposait de mettre en cause l'autorité de Carcopino. Cette démarche en entraîna d'autres et aboutit à une véritable mise sous surveillance de l'Université parisienne et des Académies. Rita Thalmann a repéré l'existence d'un véritable « groupe de travail » mis en place « durant le semestre d'hiver 1940-41, le Dr Dahnke du MBF, assisté du Dr Epting pour l'ambassade et du SS Haupsturmführer Biederbick »[1362]. Deux de ces trois nazis participaient déjà en novembre 1940 au groupe chargé de gérer l'affaire Langevin[1363]. À la fin du printemps 1941, la plupart des anciens membres de l'UDIF présents à Paris, par exemple Cotton, Mauguin, Tiffeneau, Joliot, Sainte-Laguë, Daniel Auger et Albert Bayet étaient surveillés et reliés par ces services à *l'Université Libre,* le groupe des universitaires parisiens résistants organisé par les communistes Jacques Solomon et Georges Politzer[1364]. Les premières perquisitions et arrestations eurent lieu et la tension augmenta. S'y ajoutaient les mesures de mise à la retraite forcée ou d'expulsion de leur poste prises contre les Juifs. Les questions de sécurité devinrent angoissantes ; certains songeaient à un refuge dans la zone non occupée, d'autres à l'exil.

Les Borel en zone sud à l'été 1941

Après le départ en retraite d'Émile, les Borel purent obtenir, en juin 1941, une autorisation administrative pour se rendre en zone sud. Ils allèrent, bien

[1360] Id., séance du 27 janvier 1941, Id.
[1361] Dossier professionnel d'É. Borel, AN AJ-16-5733. Borel fut nommé professeur honoraire et conserva la direction de l'IHP.
[1362] R. Thalmann, *La Mise au pas, Idéologie et stratégie sécuritaires dans la France occupée*, Paris, Fayard, 1991, p. 104. Voir M. Pinault, « Les engagements de l'Occupation », dans *Frédéric Joliot-Curie, ouv. cit.*
[1363] R. Thalmann, *ouv. cit.*, p. 119.
[1364] A.N. 40 AJ 566 - 17 et 40 AJ 567 - 12.

sûr, dans l'Aveyron mais passèrent par Toulouse et Lyon[1365]. Borel ayant été révoqué par un décret du préfet de Vichy de ses fonctions de maire de Saint-Affrique, le 12 mai 1941, et remplacé par le chef de la section communale de la très vichyste Légion française des combattants, André Cagnard, il n'avait plus la charge de sa commune. C'est alors qu'arrivèrent les premières propositions de postes dans les universités américaines. Jean et Francis Perrin, installés à Lyon avec leur famille, attendaient de recevoir leurs visas. C'est là que les Borel virent Perrin pour la dernière fois :

> « Nous avions passé à Lyon trois journées bien remplies. Il nous avait questionnés sur nos amis communs et sur Paris ; de son côté il racontait la terrible semaine de l'armistice à Bordeaux. »[1366]

La décision de Perrin de quitter la France avait été difficile à prendre. Lucienne Gosse, l'épouse du doyen révoqué de Grenoble, précisait que sa santé déjà très atteinte l'obligeait à rester souvent alité, mais qu'il « voulait absolument rentrer à Paris partager le sort de ses plus proches amis »[1367]. Borel a encore témoigné de la détermination qui habitait le vieux savant, en ces termes :

> « De la portière du train qui l'emmenait chez ses parents du Lot-et-Garonne, il nous cria : "Au revoir ! À la libération !" »[1368]

Une lettre de Jean Langevin à son père, datant de l'été 1941, donnait une idée de l'état d'esprit de ces milieux scientifiques :

> « Nous avons vu hier Mr Borel, retour de Saint-Affrique. Il trouve l'atmosphère plutôt plus respirable dans cette zone-ci. Ça donne une fière opinion de l'autre ! Francis (Perrin, ndlr), qui est à Coupeau au-dessus des Houches, va aussi rentrer, à cause de l'élection à la chaire de Chimie-Physique (la chaire de Jean Perrin, mis à la retraite par Vichy, ndlr) qui se présente de façon bien bizarre. »[1369]

1365 C. Marbo, *À travers deux siècles, ouv. cit.*, p. 299, et lettre de X à P. Langevin, 8 juin 1941, papiers de Paul Langevin, archives ESPCI.

1366 Témoignages sur J. Perrin parus dans *Gavroche,* 12 avril 1945, et *Les Lettres françaises,* 18 novembre 1948.

1367 L. Gosse, *ouv. cit.*, p. 335.

1368 É. Borel, Témoignage sur Jean Perrin, *Les Lettres françaises,* 18 novembre 1948. « Hommage à Jean Perrin », *L'Université libre*, n° 52, 22 avril 1942.

1369 Lettre de Jean Langevin à Paul Langevin, 12 juillet 1941, A. ESPCI, Fonds Langevin. Jean Thibaud (1901-1960), physicien lyonnais, avait été pressenti dès janvier 1941 pour assurer la suppléance de Perrin qui prenait sa retraite le 30 septembre 1940, à 70 ans, et, dans le même temps, pour prendre la place de Langevin à la tête de l'EPCI. *Paris-Soir* (de Lyon) annonçait ce chassé-croisé, Perrin s'installant à Lyon et Thibaud partant pour Paris, dans son édition du 19 janvier 1941. C'est finalement Dunoyer, contre qui *l'Université libre* menait des campagnes constantes, qui prit la suite de Perrin.

Puis, les Borel rentrèrent en effet à Paris. L'allusion à « l'air irrespirable en zone sud » renvoyait sans doute à la situation à Saint-Affrique où la droite depuis toujours très réactionnaire - il y avait une puissante section de l'Action française et la Ligue des patriotes et diverses organisations catholiques dont celles de la Fédération nationale catholique présidée par de Castelnau étaient très présentes - avait largement basculé dans en faveur de la Révolution nationale et militait activement dans ce sens. Dans ce temps où tant d'autres, faute de se décider pour l'exil, choisissaient une position d'attente dans une zone non occupée encore réputée sûre, Borel qui n'avait plus d'obligations professionnelles, préféra donc quitter Saint-Affrique pour rejoindre Paris. Mais il optait de ce fait pour d'autres difficultés.

Le 20 juillet eut lieu une importante cérémonie rassemblant un grand nombre d'universitaires autour d'un groupe auquel ne manquait d'ailleurs que Perrin. Il s'agissait du « Jubilé scientifique » de Charles Maurain, recteur de l'Université de Paris depuis le mois de mai. Borel, Cartan, Cotton, ce dernier de la même promotion normalienne que Maurain, les deux autres ses « carré » et « cube », prononcèrent les discours. Borel assura une présidence remarquée, « en l'absence du ministre », Carcopino, elle aussi notable. Il parla de son « très vieil ami (...), un grand administrateur aux qualités morales qui comptent, à l'heure actuelle, parmi les plus précieuses : une impeccable rigidité de conscience et le souci constant de l'intérêt général »[1370]. C'était déjà beaucoup dire, en ces temps de parole surveillée et de menaces insaisissables.

Les arrestations d'octobre 1941

C'est en octobre 1941 que des arrestations spectaculaires eurent lieu parmi les membres de l'Académie des sciences. Elles furent opérées par les Allemands et accompagnées de perquisitions poussées. Borel, Lapicque et Mauguin furent arrêtés, chez eux ou au laboratoire, le 10 octobre, tandis que Langevin, en résidence forcée à Troyes, était de nouveau mis en détention. Cotton fut arrêté le lendemain chez lui, alors que, prévenu que les Allemands étaient déjà venus le chercher, il avait refusé de se cacher[1371]. Cinq Académiciens furent donc concernés. Ils furent emprisonnés un mois sans aucun égard. Tous souffrirent des conditions de détention et en particulier du froid, et ils connurent un isolement total.

Ces arrestations semblaient avoir un double objectif : d'une part, faute d'une perquisition à l'Académie des sciences, envisagée par le SS Biederbick mais qui n'eut pas lieu, compléter l'information des services allemands sur

---

1370 *Jubilé de Charles Maurain, ouv. cit.*

1371 C. Marbo, *A travers deux siècles,* ouvr. cité, p. 299 à 304. E. Cotton, *Aimé Cotton, ouv. cit.*, p. 95 à 99. L. Mazliak et G. Shafer, « Émile Borel difficult days in 1941 », 2010, en ligne.

l'attitude globale du milieu universitaire et sur les activités illégales de ces scientifiques, comme cela avait été fait lors de l'arrestation de Langevin. Marguerite Borel soulignait que la perquisition rue Froidevaux avait duré quatre heures. D'autre part, les occupants voulaient, par l'intimidation et la prise d'otages, se prémunir contre un nouveau 11 novembre turbulent dans l'Université. Le traitement auquel ils furent soumis et la privation de nouvelles qu'eurent à subir leurs familles visaient à décourager les attitudes séditieuses de ces vieillards qui se croyaient peut-être intouchables. Ils furent libérés le 13 novembre, au surlendemain de l'anniversaire de l'Armistice. Selon son épouse, Borel lui revint très affaibli, ayant perdu sept kilos et avec une pneumonie. Montel qui le vit à ce moment-là, écrivit à Langevin que sa santé ne lui avait pas paru excellente : « Sa vitalité intellectuelle est assurément intacte mais il me paraît vieilli physiquement » disait-il[1372]. Maurice Viollette lui aussi écrivit à Langevin qu'il avait trouvé Borel « très changé ».

Le contexte dans lequel ces arrestations intervinrent n'était pas uniquement celui que pourrait indiquer le rôle essentiel qu'y joua la Gestapo. Ce fut aussi une affaire française. Les services de sécurité allemands purent en effet s'appuyer sur des dénonciations, soit directes, soit par l'intermédiaire de la presse. Le résultat de ces pratiques nauséabondes fut un rapport rédigé par l'OKVR Dahnke, un des responsables de la surveillance de l'Université :

> « Le Professeur Peyron, (...) et le professeur Voize (...) ont nommément désigné comme représentants de l'opinion franc-maçonne et autres, les personnes suivantes appartenant aux corps des professeurs de l'Université française ou des fonctionnaires de l'administration de l'Instruction publique. »[1373]

Suivaient, parmi d'autres, les noms de Roussy, Gustave Monod, directeur de cabinet de Jean Zay, Hyppolite Luc, directeur de l'Enseignement technique, Maurice Guyot, secrétaire général de l'Université de Paris depuis 20 ans, Edmée Hatinguais, directrice de l'École normale pour jeunes filles de Sèvres, Zoretti, relevé de ses fonctions de professeur à Caen par Chevalier, Frédéric Joliot et Irène Joliot-Curie, Mauguin, Cotton, Lapicque et Borel. Borel arrivait en 14ème position, juste après Cotton, Mauguin et Lapicque ; ce sont ces quatre là qui furent arrêtés ensuite. Ces dénonciations étaient bien directement en rapport avec les arrestations du mois d'octobre.

1372 Lettre de P. Montel à P. Langevin, 21 juin 1942, A. ESPCI, Fonds Langevin.

1373 « Francs-maçons et bolchéviques à la Sorbonne et dans l'Académie de Paris », Gruppe Kultur, OKVR Dahnke, 1er nov. 1941, A.N. 40 AJ 567 - 12 – « Opinions politiques des savants français ». Dans les archives allemandes une note qui pourrait émaner du ministère français, indique que les délations venaient du pasteurien Albert Peyron et de Raymond Voize, agrégé d'allemand, franc-maçon, mis en retraite par Carcopino à cause de son activisme pro-nazi. Peyron, incarcéré à la Libération pour « collaboration intellectuelle », obtint un non-lieu.

Les réactions aux arrestations furent contrastées. Auprès des épouses, particulièrement actives et décidées à venir en aide à leurs maris, en particulier Marguerite Borel et Eugénie Cotton, il y eut des manifestations individuelles de solidarité importantes. Eugénie Cotton signalait « quel réconfort nous avons trouvé auprès d'amis dévoués ! Sans se concerter, MM. Kastler et Jacquinot ont proposé de prendre à Fresnes la place de leur maître »[1374]. Marguerite Borel parlait de « la conduite affectueuse et fidèle de nos amis »[1375]. Il fut plus difficile d'obtenir une réaction collective du milieu scientifique et de ses institutions. À l'Académie des sciences, « le duc Maurice de Broglie, Élie Cartan, Paul Montel, le professeur Jolibois soutinrent sans succès, selon Marguerite Borel, le principe d'une démarche »[1376] en direction des autorités. À leur demande d'une intervention, il fut répondu, ajoutait-elle, qu'« il s'agirait là d'une action politique, risquant de faire dissoudre l'Académie ». Dans un courrier, René Lucas (1898-1990), directeur de fait de l'EPCI et opposant à Jean Thibaud, écrivait à son maître ce qu'on pouvait penser de cette situation :

> « Vous savez sans doute que nous avons fort peu de nouvelles de nos amis A.C., E.B. et C.M. Nous les croyons toutefois en bon état de santé. L'Institut demeure l'Institut et rien n'est à attendre de ce côté. »[1377]

Borel, héros de *l'Université libre*

L'Université libre, dont la diffusion avait repris en septembre à un rythme devenu hebdomadaire, donna un large écho à ces arrestations[1378]. Un tract du 15 octobre 1941, adressé « À M. le Recteur de l'Université de Paris, à MM. les Doyens des Facultés », dénonçait l'« arrestation à nouveau de Paul Langevin, Borel, Lapicq (sic), et Mauguin, Cotton ». Le n° 36 de l'*UL* annonçait la libération des Académiciens et dans le n° 40, du 16 décembre, un grand article racontait la carrière d'« Un grand mathématicien français : Émile Borel ». Le n° 41, du 23 décembre, annonçait victorieusement l'élection de Mauguin, tout juste libéré, au Conseil de l'Université par le Conseil de la faculté des Sciences, par 28 voix contre 10 blancs. Cet épisode illustre une des formes de réaction collective, traditionnellement disciplinaires et institutionnelles, respectueuses de la hiérarchie, que certains universitaires adoptèrent face à Vichy et à l'Occupant. Ce fut encore le cas,

---

1374 E. Cotton, *ouv. cit.*, p. 96.
1375 C. Marbo, *À travers deux siècles, ouv. cit.*, p. 302.
1376 Id., p. 301.
1377 Lettre de R. Lucas à P. Langevin, 4 nov. 1941, papiers Paul Langevin, A. ESPCI.
1378 *L'Université libre* n° 29, du 23 septembre : Appel « Aux intellectuels français ». Tract aux « Universitaires français - Pour le Front National », signé par le Comité universitaire du Front national pour l'Indépendance de la France, septembre 1941. Numéro 30 de *l'Université libre*, du 5 octobre.

en juin 1942, lorsqu'ils entreprirent de défendre l'IBPC, vidé d'une grande partie de ses chercheurs, contre Alexis Carrel qui avait résolu d'y installer sa « Fondation Française pour l'Étude des Problèmes Humains », créée par Vichy. Le professeur Girard refusa d'obéir à l'ordre de réquisition du Préfet. Une lettre fut adressée à Vichy, signée par Pierre Girard et huit membres de l'Académie des Sciences, Borel, Cotton, Jolly, Lebeau, Maurain, Molliard, Lacroix, secrétaire perpétuel, et Charles Achard, président de l'Académie de médecine, ainsi que Joliot, prix Nobel. Devant cette réaction d'une partie de l'établissement scientifique parisien, le Chef de l'État français recula[1379]. *L'Université libre* dénonça, à chaud, l'échec du « détrousseur de la science », le « Gangster Carrel »[1380].

2.2. Borel contre Vichy à l'Académie des sciences

À la mort, en décembre 1941, de Picard, la question de l'élection d'un nouveau secrétaire perpétuel montra que la Compagnie était, à ce moment-là, susceptible de basculer et d'adopter une attitude plus frondeuse. Borel posa sa candidature. Son élection, alors qu'il était connu pour ses positions de gauche et auréolé du prestige de son arrestation de l'automne 1941, aurait marqué un nouveau désaveu de Vichy après l'affaire Maurain. *L'Université libre* écrivit qu'« Émile Borel semblait s'imposer » mais que Carcopino avait fait savoir qu'il était « persona non grata » [1381]. Louis de Broglie, membre du Conseil national de Vichy, fut élu. Celui-ci avait pourtant obtenu son premier poste universitaire à l'IHP grâce à Borel ; ils étaient donc deux collègues très proches, au moins sur le plan scientifique. Or, de Broglie avait adressé une lettre aux académiciens dans laquelle il déclarait :

> « Un certain nombre de nos confrères sont venus spontanément m'inciter à poser ma candidature espérant qu'elle pourrait peut-être recueillir une adhésion générale et provoquer ainsi une union plus que jamais désirable dans le temps présent. »[1382]

C'était, bien sûr, sous-entendre que ce n'était pas le cas de Borel et se positionner contre lui. Une autre tentative d'obstruction à sa candidature fut tentée avant que le nom de de Broglie fût avancé, en proposant celui d'Élie Cartan. Cartan lui-même la relata aussitôt à Langevin, en la reliant aux deux autres :

> « Une seule personne semblait désignée comme elle vous le semble certainement (pour succéder à Picard dans les fonctions de secrétaire perpétuel, ndlr), celle du doyen actuel de la section de

[1379] D. Lévy-Astruc, *Histoire officielle, officieuse et marginale de l'IBPC....*, déjà cité.
[1380] *L'Université libre*, n°62, 2 juillet 1942.
[1381] *Id.*, n° 49, 26 février 1942.
[1382] Lettre de L. de Broglie à A. Lacroix, le 6 janv. 1942, A. Ac. Sc. dossier L. de Broglie.

Géométrie (autrement dit, Borel, ndlr) ; je lui ai promis immédiatement ma voix. Cependant quelques amis m'engageaient vivement à poser ma candidature. C'est une idée qui ne m'avait jamais effleuré l'esprit (...). J'ai naturellement refusé de poser ma candidature contre celle du grand géomètre (un mot illisible). On a suscité contre lui celle d'un savant important, porteur d'un nom glorieux, membre de la section de Mécanique (de Broglie, ndlr). Ces derniers jours, notre ami Émile retirait sa candidature pour des raisons tenant aux circonstances actuelles et assez faciles à concevoir. Je me suis alors décidé, non sans quelques hésitations, à me mettre à la disposition de l'Académie pour le cas où elle me jugerait digne d'occuper les fonctions de secrétaire perpétuel. »[1383]

De Broglie était donc le candidat des autorités mais, au cas où il serait trop contesté, Cartan pouvait devenir un recours. Lors de la réunion en Comité secret, le 12 janvier, on décida, malgré l'opposition de ceux qui campaient sur le principe de surseoir à toute élection pendant la durée de la guerre, d'organiser l'élection d'un secrétaire perpétuel. Ce jour-là Borel annonça qu'« à la suite d'une nouvelle conversation avec M. Alfred Lacroix », il retirait sa candidature[1384]. Grâce aux tentatives qu'il fit, en 1944, pour reconquérir ce poste qui lui avait échappé en 1942, nous savons pourquoi il s'était désisté :

« Lorsque, après le décès de M. Picard, un courant se manifesta dans l'Académie en faveur de ma candidature, M. H. Vincent ainsi que M. Esclangon, vice-président, considérèrent comme de leur devoir de s'opposer à cette candidature. M. Vincent a répété cette conversation à M. Roussy et M. Esclangon me l'a confirmée, en ajoutant, qu'à son avis, j'aurais été sûrement élu si je n'avais pas été arrêté par les Allemands. De l'avis de M. Vincent et de M. Esclangon, c'est donc cette arrestation seule qui a empêché mon élection puisque tout candidat qui m'était opposé devait avoir, outres ses voix personnelles, toutes celles de ceux qui partageraient l'opinion des présidents sur les dangers de mon élection. Malgré cela, au début de janvier, j'avais de nombreuses promesses et mon nom paraissait assuré. Le coup de grâce me fut alors donné par M. Carcopino qui, comme vous le savez mieux que personne, exigea le retrait de ma candidature, pour les mêmes raisons suggérées à M. Vincent par M. de Brinon. »[1385]

[1383] Lettre d'É. Cartan à P. Langevin, 13 janvier 1942, papiers de Paul Langevin, A. ESPCI.
[1384] Comité secret de l'Académie des sciences, séances du 12, 19 et 26 janvier 1942.
[1385] Lettre manuscrite d'É. Borel au secrétaire perpétuel, le 23 sept. 1944, déjà citée, Ac. Sc., dossier É. Borel. Borel évoque Hyacinthe Vincent, membre de la section de Médecine et Chirurgie, président de l'Académie des sciences en 1941. Ernest Esclangon (1876-1954) était

Le 19 janvier 1942, une commission présidée par Hyacinthe Vincent (1862-1950) fut chargée de préparer l'élection ; les deux tendances de l'Académie s'y trouvaient également représentées par Bourgeois, Deslandres et Villat, et Borel, Cotton et Maurain. Le 26 janvier, elle annonça la présentation, ex aequo et par ordre d'ancienneté, de Cartan et de Broglie. L'Académie choisit de Broglie. Celui-ci, en accord avec Lacroix et avec Esclangon, président pour 1942, poursuivit la même politique de temporisation qui prétendait tenir l'Académie à l'écart des soubresauts de la période.

Les mêmes militèrent donc pour la reprise rapide des élections d'Académiciens ; ce qui fut fait, au printemps 1942, malgré une forte opposition interne. Selon Lacroix, quatre sections demandaient le renvoi des élections *sine die* et sans condition, celles de Mécanique, Physique, Chimie et Minéralogie, tandis que trois demandaient des élections, celles de Géométrie, Géographie et Zoologie. Cela semblait inexact car, après que fut lue une lettre de Julia, absent, exprimant son opposition, Borel, président de la section de Géométrie, précisa que celle-ci avait juste voulu dire qu'en cas de reprise des élections elle était prête mais qu'il était, personnellement, opposé à cette reprise, comme Julia, tandis que Montel et Cartan étaient d'avis inverse. Plusieurs académiciens indiquèrent que les sections de Géographie et d'Anatomie-Zoologie n'avaient pas pris non plus position sur le principe de la reprise des élections. Jacob souligna que « plusieurs candidats méritant d'être présentés en première ligne » ne pourraient l'être en raison des dispositions du statut des Juifs. Esclangon, Montel, Caullery et de Margerie soutinrent les secrétaires perpétuels. Un vote eut lieu : 20 pour et 11 contre[1386]. Les élections reprirent donc avec celles destinées à pourvoir les sièges vacants de Lebesgue et de Lecornu, décédés[1387]. Denjoy et Pérès, deux anciens élèves de Borel, furent élus. Ensuite, vint le siège rendu vacant par le décès de d'Arsonval qui semblait promis à André Mayer, exilé aux États-Unis. Lapicque, membre de la section, poussa le psychologue Henri Piéron à se présenter pour « faire barrage » à des candidatures indésirables. Il eut l'appui de Borel, Montel, Langevin, Cartan, Cotton, Maurain, Mauguin, Roussy, Duclaux et, peut-être, Jolly, mais Binet fut élu[1388].

---

astronome, vice-président pour 1941 et président en 1942. Louis de Broglie semblait confirmer les raisons de Borel quand il écrivait à ses confrères : « Il n'en reste pas moins vrai que M. Borel peut légitimement garder quelques souvenirs amers des événements de 1941-42. » (Note de L. de Broglie, secrétaire perpétuel, aux Académiciens, sans date, A. AC. SC, dossier L. de Broglie, carton 3.)

[1386] Comités secrets de l'Académie des sciences, séances du 23 et 30 mars 1942.

[1387] Molliard s'abstint systématiquement et Drach fut constamment en zone sud (Lettre de H. Piéron à P. Langevin, 2 juill. 1942, A. ESPCI, papiers Paul Langevin).

[1388] Lettres de H. Piéron à P. Langevin, sans date et 2 juillet 1942, A. ESPCI, papiers P. Langevin.

S'agissant de la façon dont les scientifiques on réagi et agi pendant l'Occupation et face au régime de Vichy, le cas de l'Académie des sciences est exemplaire : les Académiciens, loin de s'entendre entre eux sur une « accommodation », contrainte ou non, étaient très divisés et le conflit en leur sein fut vif si on prend en compte les modalités feutrées de la sociabilité, habituelles dans ce cénacle, et le rapport des forces évolua constamment entre un camp pétainiste et un clan résistant[1389]. La pression qu'exercèrent les partisans de la Résistance se renforça progressivement et on peut interpréter les demandes d'autorisation de séjour pour Langevin dans la capitale, exprimées à plusieurs reprises par l'Académie, comme autant de manifestations de cette pression[1390]. Il en fut de même avec l'élection difficile de Joliot, alors président (clandestin) du Front national universitaire, au fauteuil de Branly, en juillet 1943, par 23 voix contre 19, avec l'appui du « clan Front populaire », composé de Langevin, Cotton, Lapicque, Maurain, Mauguin, Roussy, contre le polytechnicien Jean Becquerel, soutenu par Bourgeois, Deslandres, de Gramont et d'autres[1391].

2.3. Borel en zone sud jusqu'à la Libération

Au printemps 1942, une douzaine d'académiciens furent, à nouveau, brièvement arrêtés, les mêmes - Borel et Cotton - et d'autres, comme Caullery mais aussi des membres de l'Académie des Sciences morales et de l'Académie des Inscriptions et Belles lettres. Au même moment, *l'Université libre* fut décapitée et ses principaux responsables furent déportés ou exécutés. Les Borel restèrent encore quelque temps à Paris. En avril et mai 1942, Borel prononça à l'IHP quatre conférences sur « Les probabilités dénombrables et quelques applications » et il se chargea même de présenter lors d'une séance de l'Académie, au début de juin, deux notes de Frédéric Roger, prisonnier en Allemagne, ce dont *Le Figaro* se fit l'écho dans un billet de Une, en y voyant une manifestation de « résistance intellectuelle intacte chez celui dont sa famille et ses amis sont séparés »[1392]. Puis, en juillet, ils décidèrent de se mettre à l'abri, en zone sud encore non-occupée,

---

[1389] Ph. Burrin, *La France à l'heure allemande 1940-1944*, Paris, Seuil, 1995. N. Chevassus-au-Louis, *Savants sous l'Occupation*, Paris, Seuil, 2004.

[1390] Le dossier de Langevin à l'Académie des Sciences garde les traces de ces interventions, généralement auprès du ministre : le 20 mai 1941, pour la réunion de la commission des Prix de physique, le 13 janvier 1942 pour l'élection du secrétaire perpétuel, et le 19 avril 1943 pour l'élection à la chaire vacante de Branly.

[1391] M. Pinault, *Frédéric Joliot-Curie*, *ouv. cit.*, p. 220-224.

[1392] Lettre de Mme Fournier, secrétaire de l'IHP, au doyen de la faculté des Sciences, le 13 mai 1942, bibliothèque de l'IHP. *Le Figaro*, 17 juin 1942, p. 1.

et ils obtinrent des laissez-passer en arguant de leur qualité de « propriétaires agricoles » dans l'Aveyron[1393].

C'était peut-être bouger pour mieux tomber car la situation à Saint-Affrique était très tendue et l'Aveyron allait devenir un « département refuge et une pépinière de maquis », selon l'expression de Christian Font et Henri Moizet, historiens de la Résistance aveyronnaise[1394]. Selon Marbo, Borel prit aussitôt contact avec un réseau de résistance local et il contribua à l'installation d'un maquis de supposés bûcherons travaillant sur les terres qu'il possédait dans la forêt de Saint-Beaulize. À l'été 1942, il fut mêlé de très près au projet d'obtenir, pour Irène Curie, l'autorisation d'un séjour au sanatorium universitaire de Leysin qui avait une grande réputation mais se trouvait en Suisse. Obtenir cette autorisation était a priori une gageure. Ainsi Éliane Montel, la fille du doyen de la faculté des Sciences et compagne de Langevin, toujours en résidence surveillée à Troyes, demanda-t-elle à Joliot, dans une lettre du 19 septembre : « Avez-vous pu obtenir le visa pour la Suisse ou bien devrez-vous continuer de la soigner chez vous cet hiver ? »[1395] C'est Borel qui s'occupa des démarches avec la Suisse et avec Vichy, organisa le voyage et s'occupa des frais de séjour. Il connaissait bien Leysin où se trouvait un de ses amis, le mathématicien André Chéron (1895-1980)[1396], et il était un ami du docteur Edgar Meyer qui fut chargé de prendre les choses en main du côté suisse.

Si Borel fit ce qu'il put pour aider Irène Curie, il ne semble pas qu'il ait joué un rôle dans l'élection de Joliot à l'Académie des sciences. Il était alors à Saint-Affrique. On ne trouve trace de sa participation à la vie de l'Académie, cette année-là, que par la présentation de deux notes de Jean Ville « transmises par M. É. Borel[1397] », en avril et juillet. Par quelques courriers adressés au secrétaire perpétuel de l'Académie, il s'excusait de ne pouvoir remplir ses obligations et suggérait que l'envoi d'une convocation en bonne et due forme, assez longtemps à l'avance, puisse lui permettre d'obtenir un laissez-passer pour Paris, en cas de réunion importante.

Quelle Résistance à Saint-Affrique ?

L'installation des Borel à Saint-Affrique fut donc avant tout motivée par la nécessité de trouver un abri. Borel put s'y consacrer à l'écriture d'ouvrages tout en continuant de travailler ses mathématiques. Il aida même,

---

1393 Selon les *CR*, Borel présenta une ultime note de Jean Ville à la séance du 15 juillet 1942 de l'Académie des sciences. Témoignage de C. Marbo, *ouv. cit.*, p.

1394 H. Moizet et C. Font, *L'Aveyron et les Aveyronnais dans la seconde Guerre Mondiale*, Toulouse, CRDP Midi-Pyrénées, 1995.

1395 Lettre d'Éliane Montel et lettre d'É. Borel à I. et F. Joliot, le 11 août 1942, Archives Curie et Joliot-Curie.

1396 Lettre d'É. Borel à I. Joliot, déjà citée.

1397 *CR*, séances du 19 avril et 12 juillet 1943.

selon P. Guiraldenq, un jeune Saint-affricain, André Viales, à préparer licence et agrégation de mathématiques[1398]. Marbo décrivait cette vie « au ralenti » dans ses *Souvenirs* pour en fixer l'atmosphère, ces heures sombres vouées à la lecture ou à la relecture des grands classiques, les marches dans la nature caussarde, les rencontres autour d'une grillade de châtaignes et les veillées réunissant quelques proches, de rares visiteurs de passage et leur cortège de mauvaises nouvelles. Le docteur Jacob, pilier du « parti républicain » et de la communauté protestante dans le canton, était décédé mais les Borel étaient fidèles à sa veuve et à sa fille, Juliette, dont la demeure leur semblait « un abri préservé des tempêtes ». Celles-ci leur proposaient les ressources de la bibliothèque du docteur. De cette Juliette, « vive et brune » que Marbo appelait « la filleule » de Borel et qui était très proche de celui-ci puis devint sa compagne, pendant son veuvage, elle parlait en ces termes :

> « Gustave Jacob, grand ami de mon mari et père d'une petite Juliette, alors presque un bébé, avec laquelle je devais vivre cinquante-cinq ans plus tard, après la mort de mon mari, et qui devint pour moi plus précieuse et plus chère que ne pouvait l'être aucune des filles qu'il ne m'avait pas été accordé d'avoir. »[1399]

Tandis que les Borel s'organisaient pour survivre à Saint-Affrique, de mauvaises nouvelles leur parvinrent : Pierre Appell, le frère de Marguerite, avait été arrêté et incarcéré au Cherche-Midi puis ce fut le tour de leur neveu, Jean-Robert, arrêté alors qu'il tentait de rejoindre l'Angleterre ; il fut déporté et ne revint pas. À une date qu'il ne précise pas, le responsable de Libération-Sud pour le sud-Aveyron, le socialiste Francis Missa (1901-1999) prit contact avec Borel comme il l'avait fait, dès juillet 1940 pour Ramadier lui aussi retiré dans sa maison de Decazeville[1400]. Selon les témoignages recueillis par Aline Fonveille-Vojtovic, Borel, comme Ramadier, compte tenu de leur âge et de leur stature d'hommes publics plus ou moins surveillés, servirent essentiellement de source de renseignements tandis que le responsable des MUR pour Saint-Affrique, servant de relais vers la communauté protestante, était un autre militant socialiste, Max Briançon,

---

1398 P. Giraldenq, *ouv. cit.*, p. 199.

1399 C. Marbo, *À travers deux siècles, ouv. cit.*, p. 77 et 305-306. Juliette Jacob, séparée très tôt de son mari et retournée vivre auprès de ses parents, accompagna le couple Borel pendant toutes les années d'après-1945 et elle vécut avec Marguerite Borel pendant les dernières années de sa vie. D'après un témoignage non recoupé, Juliette Jacob aurait été la propre fille de Borel. Dans ses *Souvenirs*, C. Marbo multipliait les formules ambigües à son sujet : « filleule de mon compagnon qui l'aimait », « la meilleure de filles et une grande amie (pour Marbo, ndlr) » (Id., p. 363), « Il aimait Juliette, non seulement pour son charme et ses qualités, mais aussi parce qu'elle était de sa race ». La mort approchant, il lui dit : « Je te lègue Juliette. » (Id., p. 356), et restée seule après la mort de son époux, elle notait : « la famille de Juliette s'ajoute à la mienne. Nous les confondons en une seule » (Id., p. 365)

1400 A. Fonvieille-Vojtovic, *ouv. cit.*, p. 254.

proche de Ramadier. L'ambiance était lourde à Saint-Affrique. Tandis que l'ancien député Temple devenait préfet de Vichy à Alger tout en veillant sur sa circonscription, la presse catholique locale, principalement *L'Union catholique* et *Le Messager Saint-Affricain*, continua de paraître en diffusant une propagande pétainiste et collaborationniste vigoureuse. De fait, la Légion française comptait de nombreux adhérents très actifs dans Saint-Affrique et un « Groupe Collaboration » s'était organisé, animé à la fin de 1942 par un chirurgien dentiste, Thomas Fernand. Les deux organisations étaient étroitement surveillées par la police, comme en témoignent les rapports du commissaire Balzer figurant aujourd'hui dans les archives communales[1401]. Les activités publiques des sections de la Légion française et du Groupe Collaboration étaient rapportées par le menu dans la presse légale et leurs chefs exaltés. Une livraison du *Messager* fut consacrée à un commentaire détaillé du serment du légionnaire par le RP Déjean, Supérieur du Collège Saint-Gabriel[1402]. Des pages entières reproduisaient des « appels » du maire, Cagnard, au ralliement à la Révolution nationale ou des articles de Temple appelant à soutenir Vichy et, à partir de 1943, en faveur de la Milice. Un jour, *Le Messager* consacra toute sa première page à un discours de Georges Claude, physicien et industriel parisien, fondateur de l'Air liquide, dans lequel celui-ci se prononçait pour la collaboration et la victoire de l'Allemagne[1403]. Enfin la Milice de Saint-Affrique était puissante elle aussi. Ses chefs étaient un pharmacien, Marc Laurens, et un commerçant, André Gros. En juillet 1942, Cagnard, le maire, démissionna « pour obéir à ses chefs[1404] » et il laissa la place à un des ses adjoints, Lucien Redon, pharmacien, qui, quelques mois plus tard, signala au préfet l'absentéisme de 7 conseillers municipaux - parmi lesquels figuraient deux anciens adjoints de Borel, Jean Portalier, devenu le premier adjoint de Cagnard, et Joseph Nicolas - qui furent tous remplacés[1405]. Une importante garnison allemande occupa, à la fin de 1944, les locaux du Collège Saint-Gabriel. On peut mesurer partiellement l'importance de la collaboration active à Saint-Affrique au fait qu'à la Libération 56 personnes furent détenues au Collège Saint-Gabriel sous la garde d'un groupe de FFI, les responsables de la Légion française dont son président à la fin de l'Occupation, le commandant Joulie, et 18 membres du Groupe Collaboration furent arrêtés dont 4 furent condamnés, en mars 1945, à cinq années d'indignité nationale. Le commissaire, arrêté lui aussi, fut transféré à

1401 Rapports du commissaire de police de Saint-Affrique, Arch. municip. de Saint-Affrique, cote NC 11 1J.
1402 *Le Messager Saint-Affricain*, 4 avril 1941.
1403 *Id.*, 7 août 1943.
1404 Compte-rendu manuscrit, d'origine policière, 3 juillet 1942, Id.
1405 Id.

Nîmes[1406]. Parallèlement, les rapports de police ne relevèrent que de rares initiatives résistantes (graffitis, distributions de tracts de Combat) jusqu'aux derniers mois de l'Occupation. Le maire de Saint-Affrique affirmait au préfet que « l'attitude des parlementaires (était) excellente. Ne demandent qu'à servir la Cause Nationale »[1407].

La maison des Borel qui avait accueilli de nombreux réfugiés depuis 1940, devint un refuge ou un relais pour des clandestins. C'est ainsi qu'un petit-fils de Langevin, Bernard dit Tiapa, jeune lycéen résistant recherché, vint s'installer chez eux d'où il continua la lutte clandestine. Sous l'autorité du pasteur Jean Balty, impliqué dans un groupe de résistance local, il bénéficiait d'une couverture de chef scout qui lui permettait, au cours de randonnées avec son groupe, de ravitailler des groupes clandestins dispersés sur le Causse[1408]. Il fut mêlé à une opération visant à éliminer le directeur du Collège catholique Saint-Gabriel, collaborateur et dénonciateur avéré. Resté pendant plus de six mois à Saint-Affrique, il gardait le souvenir d'un Borel très isolé, recevant peu et ne sortant que rarement. Bref, si celui-ci eut une activité clandestine, Tiapa n'en eut pas la preuve[1409]. Il fut cependant témoin du jour ou Ramadier se présenta à la maison Peyre-Cadias pour transmettre aux Borel la recommandation de quitter Saint-Affrique et, une fois à Paris, de s'installer ailleurs qu'à leur domicile. En fait, la menace résultait de l'activité désormais déployée par la Résistance à Saint-Affrique[1410]. Selon Marbo, il y avait, autour du presbytère protestant et du couvent, dans les écoles, un système d'aide pour secourir les Juifs et les clandestins. La directrice du Cours complémentaire pour jeunes filles, Renée Salvignol, fut arrêtée sur dénonciation, en mars 1944, et durement torturée. Des faux papiers étaient fabriqués, en liaison avec le préfet - résistant - de Montpellier. Les réfractaires du STO, cachés dans le Causse, étaient ravitaillés. Une compagnie de FTP - le maquis Caillou - était basée à proximité de Saint-Affrique. Des parachutages d'armes avaient lieu. Cela déboucha sur un combat à La Pezade au cours duquel 23 maquisards du maquis Paul Claie (ou Clé), de Saint-Affrique, payèrent de leur vie[1411]. Un commando que commandait Albert Thévenon enleva, le 28 janvier 1944, un ingénieur électricien, dénonciateur de la résistance, qui fut exécuté. Le même

---

[1406] Rapports du commissaire de police de Saint-Affrique au préfet de l'Aveyron (1942-1943), Arch. départ. de l'Aveyron, cote 12 W 6, et Arch. municip. de Saint-Affrique, cote NC 11 1J.
[1407] Id., 23 février 1942.
[1408] Entretien avec Bernard Langevin, dit Tiapa, le 24 novembre 2016, à son domicile. Avant la guerre, Tiapa avait fréquenté l'Arcouest dont ses parents étaient des familiers ; il y avait rencontré les Borel.
[1409] Id.
[1410] Voir la notice d'André Balent sur Albert Thévenon (1922-1944), dans le *Dictionnaire Maitron.*
[1411] C. Marbo, *À travers deux siècles*, *ouv. cit.*, p. 305. H. Moizet et C. Font, *ouv. cit.*

commando, auquel participait Tiapa Langevin, abattit, le 10 mars 1944, à la mitraillette, dans son officine, le pharmacien Laurens, chef de la Milice de Saint-Affrique, tandis qu'un autre commerçant compromis parvenait à s'échapper.

À Paris, les Borel logèrent chez Pierre Appell, sorti de prison, tandis qu'un des fils de celui-ci occupait l'appartement de la rue Froidevaux, résidence sûrement dangereuse car Marbo écrivait que « du haut en bas, le n° 4 de la rue Froidevaux (était) bourré de résistants et de clandestins ». Marguerite soutint l'action clandestine de son frère en devenant agent de liaison. Mais Borel était toujours menacé. Par deux fois on était venu le chercher, à Saint-Affrique, et une fois, à nouveau, rue Froidevaux. Les menaces ne diminuant pas et Émile étant assez affaibli, les Borel trouvèrent un nouveau havre, en guise de cache, à la clinique de Passy, où il put subir une intervention chirurgicale devenue indispensable. Et puis ce fut le Débarquement.

Le retour dans Paris libéré

Borel était donc à Paris pendant les jours de la Libération, sans doute en convalescence. On ne trouve pas trace de sa présence, entre la fin août et le début de septembre, parmi les premiers regroupements de scientifiques autour des membres du Front national universitaire, d'Henri Wallon et de Joliot-Curie, qui prirent le contrôle du ministère et entreprirent de réorganiser le CNRS. Par contre, il participa activement, le 4 septembre, au Comité secret de l'Académie des sciences qui décida la radiation de Georges Claude (1870-1960) de la liste de ses membres[1412]. Le président pour l'année, Maurain, proposa cette radiation. Plusieurs Académiciens semblant portés à la temporisation, Borel déclara que « les faits reprochés à M. Georges Claude (étaie)nt de notoriété publique » et que « l'Académie (pouvait) se prononcer immédiatement ». Mauguin, Tiffeneau et Montel suggérèrent qu'on s'en tînt à une déclaration « en termes généraux », Montel proposant de « rappeler simplement l'activité contraire à l'honneur et à l'intérêt de la Nation de M. Georges Claude » tandis que Borel demandait qu'on y ajoutât : « activité au service de l'ennemi ». Il ne fut pas suivi. Le vote donna 34 voix pour la radiation de Claude avec six blancs et un nul[1413].

[1412] Comité secret de l'Académie des sciences, séance du 4 septembre 1944. Georges Claude, ingénieur chimiste EPCI, inventeur de l'air liquide et fondateur de la société du même nom, avait été connu de longue date comme militant de l'Action française et comme militant actif du Comité France-Allemagne. Pendant l'Occupation, il s'était déclaré, par ses écrits et ses conférences, partisan de la Collaboration et de la victoire allemande. Pour certains, il n'avait pas l'esprit tout à fait équilibré.

[1413] Id. En décembre 1944, Claude fut emprisonné et il subit une condamnation à la prison perpétuelle, en 1945. Il sortit de prison en 1950.

Parallèlement, Borel tenta de reconquérir le poste de secrétaire perpétuel que de Broglie occupait. Dans une lettre à l'autre secrétaire perpétuel, il présenta ses arguments :

> « Dès la libération, écrivit-il, j'ai cherché à être exactement renseigné sur les réactions de l'Académie au moment de mon incarcération à Fresnes. M. Vincent a bien voulu me raconter en détail ses démarches, en tant que président de l'Académie, auprès de M. de Brinon. Celui-ci le persuada que toute démarche en faveur des Académiciens incarcérés ne pourrait avoir que les plus graves dangers pour eux-mêmes et pour l'Académie.[1414]
>
> « Je suis donc en droit de penser que, sans le vouloir, l'Académie m'a infligé une peine supplémentaire, s'ajoutant aux cinq semaines d'incarcération. Il me semble que j'ai le droit de demander qu'une réparation me soit accordée. La réparation la plus complète serait la démission de M. Louis de Broglie et mon élection. »[1415]

Sur ce, de Broglie que l'Académie française, à l'occasion de la reprise des élections, venait d'accueillir au fauteuil vacant de Picard, à l'unanimité des 17 votants, fut suspendu de ses fonctions d'enseignant à la faculté des Sciences. Curieusement, Borel adressa alors aux Académiciens une lettre-circulaire leur demandant de se joindre à une protestation demandant une réintégration immédiate[1416]. Il s'attira une réponse virulente de Langevin :

> « La mesure, écrivait Langevin, me paraît justifiée précisément par l'attitude passive adoptée par M. de Broglie depuis le moment de son introduction au Conseil national de Vichy (...). En ne déclinant à aucun moment ce triste honneur, M. de Broglie a laissé donner publiquement l'appui de son nom au gouvernement de Vichy et s'est ainsi solidarisé avec lui. (...) Plus inadmissible encore (...) me paraît être, dans les conditions où elle a eu lieu, son acceptation de la succession d'Émile Picard en janvier 1942. Nous savions tous que, sans intervention extérieure, votre élection était certaine, et (...) je vous ai écrit à ce moment-là que votre récente arrestation par les Allemands devait, à mon sens, vous assurer l'unanimité des suffrages. (...) Le fait que l'élection de M. Louis de Broglie ne se serait pas produite sans la présence des Allemands en France aurait dû le conduire, non seulement à décliner toute candidature mais tout au moins à donner sa démission dès la Libération. »[1417]

[1414] Lettre manuscrite d'É. Borel à A. Lacroix, secrétaire perpétuel de l'Académie, le 23 sept. 1944, A. Ac. Sc., dossier E. Borel.

[1415] Id.

[1416] Circulaire du 2 nov. 1944, papiers de L. de Broglie, citée par G. Lochak, *ouv. cit.*, p. 172.

[1417] Lettre de P. Langevin à É. Borel, 4 nov. 1944, A. ESPCI, papiers P. Langevin.

Si Borel avait cru, par sa démarche, favoriser le projet que de Broglie avait semblé lui exprimer de lui céder la place de secrétaire perpétuel, c'est l'effet inverse qui se produisit. De Broglie lui expliqua que, devant les accusations qui le mettaient en cause, donner sa démission « pourrait être interprété comme l'aveu de quelque culpabilité pendant la période d'occupation »[1418]. Il ajoutait :

> « Sans doute les événements de 1942 ont été pénibles pour vous, mais vous devez tenir compte de ce que les événements actuels me concernant sont également pénibles pour moi. »

De Broglie ne démissionna donc pas de ses fonctions de secrétaire perpétuel. Il proposa qu'on donnât un prix de l'Académie à Borel...[1419]

Entre Paris et Saint-Affrique

Tandis que les Borel restaient à Paris, à Saint-Affrique un Comité local de libération fut mis en place ainsi qu'une délégation municipale remplaçant le conseil municipal dissout par le sous-préfet de Millau. Les deux étaient présidés par le docteur Georges Caussat, un ancien de la Guerre d'Espagne, chirurgien à l'Hôpital Émile Borel de Saint-Affrique, représentant du Front national, assisté de Max Briançon, pour le parti socialiste[1420]. Borel ne fit partie, au moins au départ, ni du Comité de libération de Saint-Affrique ni de la délégation municipale mais il fut ensuite invité à ce Comité local au titre de « haute personnalité privée de sa fonction de maire de Saint-Affrique par le Gouvernement de Vichy » et, n'étant pas présent à Saint-Affrique, il désigna un instituteur radical pour le représenter, Charles Gleye, un des membres de la délégation municipale[1421]. Ce Comité de Saint-Affrique demanda, un mois plus tard, que Borel fût invité à faire partie du Comité départemental de libération, siégeant à Rodez, « au même titre que M. le Ministre Paul Ramadier »[1422]. De fait, Ramadier participait à toutes les réunions du CDL, depuis que, lors de sa première réunion à Rodez, le 18 août après la Libération, ce comité qui n'était encore que provisoire avait décidé de « s'élargir » à cette personnalité ayant « voté contre les pleins

---

1418 Lettre de L. de Broglie à É. Borel, 28 octobre 1944, Papiers de madame Besson.

1419 « Je suggère que l'Académie pourrait lui donner une haute marque d'estime et de sympathie en lui décernant prochainement un des grands prix dont elle dispose, par exemple le prix Leconte de 100 000 Francs qui sera à attribuer en 1945. » (Note de L. de Broglie aux Académiciens, sans date, A. Ac. Sc, dossier L. de Broglie.)

1420 Le CDL de Saint-Affrique se composait du Dr Caussat (FN), de Max Briançon (PS), Pierre Décup (MUR Combat), Albert Bernad (MUR Libération, Joseph Arnal (CGT) et Pierre Carrière (PCF). (*Progrès Saint-Affricain*, n° 1, samedi 23 sept. 1944).

1421 *Id.* Arrêté du préfet de l'Aveyron, 30 sept. 1944, Arch. commun. de Saint-Affrique, Dossier électoral, cote 1 K.

1422 *Id.*, n° 2, 30 septembre 1944.

pouvoirs » en 1940[1423]. Dès le 21 août Daladier avait été présent, assidu et actif et il avait même fini, courant septembre, par présider les séances du CDL en alternance avec le président en titre, Jean Moisset, représentant des MUR et devenu préfet intermédiaire. Le 20 septembre, le CDL avait homologué le Comité de Saint-Affrique et, le 25, Ramadier avait donné lecture d'une lettre de ce comité demandant que Borel puisse, lui aussi, devenir membre du CDL au titre de « maire révoqué par Vichy[1424] ». Selon le procès-verbal, « une vive discussion s'(était) engagée notamment en ce qui concerne le nombre de membres du Comité départemental de libération nationale qui ne devait pas dépasser 18 ». Un socialiste avait défendu l'intégration de Borel comme « haute personnalité d'une vaste culture et pouvant apporter des avis très éclairés » et Ramadier avait précisé « que de plus il a(avait) été pris par la Gestapo et a(avait) voté contre Vichy ». Cette dernière assertion restait d'ailleurs mystérieuse car on ne voit pas à quoi elle faisait référence. Finalement, Ramadier proposa la désignation de Borel comme membre d'honneur du CDLN, sans voix délibérative, ce qui fut accepté. Mais la conséquence fut que le mois d'après, les communistes demandèrent qu'Edmond Ginestet, ancien maire et conseiller général d'Aubin, qualifié de « premier résistant du département » fût admis « au même titre que M. Borel », ce qui fut à nouveau accepté[1425]. Ginestet siégea avec assiduité et devint un des principaux acteurs du CDL tandis que Ramadier, appelé à d'autres activités disparaissait. Borel, lui, ne siégea jamais au CDL n'y ne s'y fit représenter ; sa nomination resta, au final, strictement honorifique.

Ce n'est que dans la quatrième livraison du *Progrès Saint-Affricain*, le 14 octobre 1944, que Borel, toujours absent, publia son premier article intitulé « Liberté ». Il récidiva un mois et demi plus tard pour raconter un « Voyage à Londres » qu'il venait de faire, comme délégué de la France à une réunion destinée à travailler à la création d'un organisme destiné à prendre la suite de la Société des nations. Un mois après, c'était au tour de Camille Marbo d'écrire un long éditorial consacré au rôle des femmes dans la Libération de Paris. Ce n'est qu'en mars 1945 qu'on annonça, dans le *Progrès*, le séjour des Borel en ville pour une quinzaine de jours. Il s'agissait de préparer les élections municipales. Une liste d'Union patriotique et républicaine fut constituée, emmenée par Borel. En avril, elle passa en entier dès le premier tour et Borel fut réélu maire de Saint-Affrique, par 17 voix sur 23, bien qu'il avait été un des moins bien élus de la liste (1633 voix) tandis qu'arrivaient en tête un ancien prisonnier de guerre, membre de la délégation municipale,

---

1423 PV de réunion du CDL de l'Aveyron, 18-19 août 1944, Arch. départ. de l'Aveyron, 2 W 31-1. H. Moizet et C. Font, *L'Aveyron et les Aveyronnais dans la Seconde guerre mondiale*, Toulouse, CRDP, 1995.

1424 PV de réunion du CDL de l'Aveyron, 20 et 25 sept. 1944, Arch. départ. de l'Aveyron, cote 2 W 31-1.

1425 Id., 17 octobre 1944, id.

Eugène Puel (1966 voix), et le représentant du Front national, président de la Délégation municipale, le docteur Caussat (1930 voix)[1426].

Borel reçut ensuite distinctions et décorations. Il fut nommé, par le général de Gaulle, membre du Conseil de l'ordre de la Légion d'honneur, en même temps que le général Dassault, le doyen Roussy et Mauriac, par un décret du 5 novembre 1945. Et, le 4 mars 1946, par un décret de Félix Gouin le désignant comme « savant éminent et grand patriote », il fut promu Grand officier de la Légion d'honneur et le Grand chancelier en personne, le général Dassault lui remit la décoration[1427]. Puis, par un décret du 31 mars 1947, Borel obtint la Médaille de la Résistance, avec rosette, une distinction que ses services connus dans la Résistance peinaient peut-être à justifier. Borel fit partie de la dernière cohorte de promus à cette distinction[1428]. Il paraissait tenir à faire savoir qu'il avait bénéficié de cet honneur si on se réfère à une note figurant dans son dossier de l'Académie des sciences et ainsi libellée :

> « Émile Borel, Médaille de la Résistance avec rosette (juillet 1947). Il paraît désirer que la chose soit mentionnée aux Annuaires. On verra ce qu'en pense le secrétariat de l'Institut. »[1429]

Entre temps, Borel avait tenté, comme Ramadier, de faire un retour en politique, mais il connut moins de succès que son compatriote. Après avoir été réélu à la mairie de Saint-Affrique le 29 avril 1945, le 5 octobre, il fut réélu, au premier tour, conseiller général de Cornus et Max Briançon, adjoint socialiste à la mairie, devint conseiller général de Saint-Affrique[1430]. Borel se présenta ensuite à l'élection de l'Assemblée constituante du 21 octobre 1945 sur une liste radicale qui n'obtint pas d'élu[1431]. Briançon, figurait d'ailleurs sur la liste socialiste. La défaite cinglante qu'il rencontra convainquit Borel qu'il n'y aurait pas de retour en politique pour lui. Lorsqu'il annonça qu'il

---

[1426] *Progrès Saint-Affricain*, 5 et 12 mai 1945.

[1427] *JO, Lois et décrets*, 5 nov. 1945, et 1er mars 1946. P. Guiraldenq, *ouv. cit.*, p. 200.

[1428] *JO*, 13 juillet 1947. Décret du 31 mars 1947, d'après un avis de la commission d'attribution daté du 21 mars, selon le même décret. Selon le secrétariat de la Commission nationale de la Médaille de la Résistance Française, Borel a bien reçu cette distinction mais aucune archive la concernant n'a été conservée (courriel du 5 décembre 2016). Par ailleurs, aucun dossier de résistant établi au nom de Borel n'existe au Service historique de la défense. (Sous-série GR-16-P du SHD, « Dossiers administratifs de résistants »,)

[1429] Note manuscrite, non signée, dossier É. Borel, Ac. Sc.

[1430] *Le Monde*, 6 octobre 1945.

[1431] Pour cette élection au scrutin de liste départementale bloquée, sans panachage ni raturage à un seul tour, l'Aveyron disposait de quatre sièges. Sur 205 154 inscrits et 161 802 votants, la liste radicale (Borel, Georges Subervie, Jean Baudin et Wilfrid Albagnac) n'eut que 14 099 voix et arriva donc dernière des cinq listes en présence. La liste de droite eut 52 505 voix (Jean Bastid élu), la liste socialiste eut 32 759 voix (Ramadier élu), la liste MRP eut 31 384 voix (Jean Solinhac élu), et la liste communiste eut32 759 voix (Guy de Boysson élu).

ne serait pas candidat pour l'élection du 2 juin à la nouvelle Assemblée constituante, Borel, qui disait avoir cédé aux sollicitations pour le précédent scrutin parce que, écrivait-il, « nous risquions une défaillance totale du parti radical dans l'Aveyron »[1432], exprima une profession de foi à peu près identique à toutes celles qu'il avait formulées dans le passé :

> « La présence au Parlement d'un groupe radical important est indispensable à l'équilibre de la République. On doit, en effet, éviter à tout prix la formation de deux blocs antagonistes. (...) Aucun parti n'est mieux préparé à conserver toutes nos alliance et toutes nos amitiés que le Parti radical dont le chef Édouard Herriot a su acquérir de précieuses sympathies à Londres et à Moscou, comme à Washington. (...) Il est nécessaire qu'il y ait, dans un Parlement, des hommes préconisant les réformes les plus hardies ; il est nécessaire aussi qu'il y ait des conservateurs, au sens honorable de ce terme (...) ; mais (...) il est indispensable qu'il y ait des hommes de bon sens, prêts à jouer le rôle d'arbitre et à réaliser les réformes nécessaires sans trop bouleverser ce qui mérite d'être conservé. »[1433]

La liste radicale obtint un résultat voisin de la moyenne nationale, soit 8,5% des suffrages, et aucun élu. Lors du scrutin législatif de novembre 1946, ce fut son épouse qui le remplaça, en dernière position sur une « Liste de rassemblement des gauches républicaines et d'union gaulliste » qui n'eut, de nouveau, pas d'élu.

Finalement, en octobre 1947, Borel renonça à ses fonctions municipales et une nouvelle municipalité radicale, dirigée par Ernest Cavallier, s'installa, dans laquelle Marguerite Borel devint premier adjoint. La division des gauches s'installait à Saint-Affrique. En 1949, les élections cantonales confirmèrent ce délitement. Borel, quant à lui, resta conseiller général jusqu'au terme de son mandat, en 1951.

Pendant toutes ces années d'après-guerre, *Le Progrès Saint-Affricain* qui avait reparu dès octobre 1945, sans doute en liaison avec l'urgence électorale, avec en sous-titre « Journal républicain démocratique », sembla être le journal de tous les courants de la gauche. Les responsables radicaux, socialistes et communistes s'y exprimaient alternativement avec une grande liberté de ton allant jusqu'à la polémique et Borel y publiait des articles dans lesquels il adoptait le plus souvent le style professoral et technicien qu'on lui connaissait.

En octobre 1945 aussi, reparut *La Dépêche*, sous un nouveau titre : *La Démocratie, quotidien radical-socialiste et d'union républicaine*. Delbos en

[1432] É. Borel, « Le rôle des radicaux », *La Démocratie*, 4 mai 1946.
[1433] Id.

était le directeur politique, entouré de Marius Bouscayrol, Henri Queuille, et quelques autres. Albert Sarraut, avait été déporté et son frère, Maurice, assassiné par la milice, mais le renouvellement était limité. On retrouvait les noms des notables radicaux d'avant-guerre, les articles de Delbos et Herriot tous les jours, au moins au début, ceux de quelques « nouveaux » comme Henri Laugier ou Albert Pauphilet, le nouveau directeur de l'ENS, et, comme avant la guerre, ceux de Paul Bastid, Albert Milhaud, Louis Piérard, Jacques Kayser, Henri Queuille et, bien sûr, de Borel. Celui-ci eut sa photo en une dès le quatrième numéro du journal, avec l'annonce de sa candidature comme tête de liste radicale dans l'Aveyron et, dès la fin de la première quinzaine, il donna son premier article : « Sénat et référendum », dans lequel il tenait des propos purement techniques. On apprenait qu'Emmanuel Temple, son ancien adversaire, était frappé d'inéligibilité. Le parti radical se réorganisait mais Borel ne participa pas aux assemblées. Ce qui ne l'empêcha pas de donner son article mensuel à *La Démocratie*, avec une régularité d'horloge, pendant environ un an ; puis son nom disparut.

Chapitre 3
Borel loin de renoncer

En 1945, il restait onze ans à vivre à Borel. Cette longue période ne doit pas être confondue avec une retraite. Si, malgré ses tentatives, Borel ne réussit pas à revenir en politique, il continua à penser et à agir en responsable politique autant que ses forces le lui permettaient, non pas tant dans un parti politique qui ne pouvait être, à ses yeux, que le parti radical, que dans des organisations militant pour la construction d'une Europe unie. Il écrivit jusqu'à ses derniers jours, pour le *Progrès Saint-Affricain,* des dizaines d'articles, souvent plus « politiques » que ceux de l'entre-deux-guerres[1434] Et puis, son activité scientifique ne se relâcha pas. De 1946 à 1953, il publia, selon le relevé de Bernard Bru, une quarantaine d'articles ou de livres à caractère scientifique et de notes et communications académiques. Il participa à la vie publique nationale, se faisant entendre dans les colonnes du *Monde* ou ailleurs. Couvert d'honneurs et de révérence, devenu un quasi monument national - d'autres qui pouvaient en avoir la dignité ayant disparu, comme Perrin ou Langevin - il exploita cette stature pour ne pas finir oublié.

Ainsi, lorsque, le 12 octobre 1951, les époux Borel organisèrent une célébration de leur cinquantième anniversaire de mariage, leurs « noces d'or », cela donna lieu à un rassemblement de plus de mille personnes dans les salons du comité France-Amérique, avenue Franklin-Roosevelt. Et si C. Marbo écrivit ensuite qu'ils avaient conçu cette journée « en signe d'adieu à la vie mondaine », en réalité, Borel resta actif et ne voulut renoncer à rien, à la mesure de ce que sa santé déclinante lui permettait[1435].

3.1. La fin d'une carrière politique, l'engagement européen

Émile Borel, l'homme du milieu et adversaire des « solutions brusquées », pour peu qu'il n'eût pas changé, ne pouvait être à l'aise dans le contexte d'effervescence politique de la Libération. Son ralliement au MRP était exclu autant que la possibilité de devenir gaulliste, il tenta donc de représenter, à nouveau, le parti radical. À l'heure où tant d'autres adhéraient au Parti communiste, comme Joliot, Langevin ou Henri Wallon, ou en devenaient des compagnons de route, comme Hadamard ou Eugénie Cotton et même Jules

---

[1434] P. Guiraldenq, *ouv. cit.*, p. 217-219.
[1435] C. Marbo, *À travers deux siècles*, *ouv. cit.*, p. 327-328.

Drach, il tenta sans doute, avec beaucoup de réticence, d'appartenir à la vaste famille de gauche issue de la Résistance qui tentait de rester unie dans les batailles de la « Reconstruction » et de la « Renaissance française » des années 1944-1946. Ainsi, dans un article d'hommage à Perrin, mort le 17 avril 1942, en exil, à New York, qui parut dans l'hebdomadaire culturel socialisant, dirigé par Jean Texcier, *Gavroche*, Borel donnait acte au désormais communiste Joliot, présenté comme un continuateur de l'œuvre de Perrin, de ce que le CNRS était « depuis la Libération, aux mains d'un autre entraîneur, autre prix Nobel, c'est-à-dire en bonnes mains[1436] ». Mais ce coup de chapeau n'était pas donné dans les colonnes d'un des innombrables journaux communistes ou communisants de l'après-guerre mais bien dans une publication d'inspiration socialiste qui, se réclamant de l'union et de la Résistance, n'allait pas tarder à épouser la ligne du « juste milieu » et, comme le relève l'auteur d'une monographie de *Gavroche*, Bruno Demonsais, à glisser vers les formules de la « troisième force »[1437].

Exceptionnellement, le nom de Borel apparut lors de la constitution, en janvier 1945, de l'Union nationale des intellectuels (UNI), issue de la fusion des organisations de résistance intellectuelle. L'UNI fut placée sous la présidence de Georges Duhamel, un proche de Marbo, entouré de cinq vice-présidents, dont Frédéric Joliot-Curie, Charles Richet et Louis Aragon. Borel fit partie du comité de patronage de l'UNI, avec beaucoup d'autres universitaires et scientifiques, comme Cartan, Cotton, Robert Courrier, Charles Fabry, Pierre-Paul Grassé, les Joliot-Curie, Langevin, Lapicque, Laugier, Pauphilet, Prenant, Pauline Ramart-Lucas, Richet, Roussy, Jacques Tréfouël, Edmond Vermeil ou Henri Wallon[1438]. Parmi ces personnalités certaines allaient rapidement se tenir à l'écart ou même s'éloigner de cette mouvance, les débuts de la guerre froide aidant[1439]. Ce fut le cas de Borel. Avant cela, l'UNI vécut une ou deux années sous cette forme. La CTI, désormais présidée par Sainte-Laguë, s'en rapprocha mais ne fusionna pas.

En juin 1945, pour son premier voyage à l'étranger depuis la Pologne, en 1938, Borel se rendit pour la première fois en Union soviétique. Il fit partie d'une délégation de 23 scientifiques français invités aux commémorations du 220ème anniversaire de l'Académie des sciences en même temps que des dizaines de savants du monde entier. Il y avait avec lui, entre autre, Cartan, Hadamard ou Maurain. Le « retour d'URSS » de ces voyageurs occidentaux fut unanimement favorable et tous ceux dont les déclarations ont été conservées, Audubert, Aubel, Caullery, Chapelon, Nicolle, tinrent à peu près le même discours. Auger et Perrin rapportèrent des convictions frappantes :

1436 É. Borel, « Un grand savant, un grand Français… Jean Perrin », *Gavroche*, 11 avril 1945.

1437 B. Demonsais, *Gavroche, un hebdomadaire culturel socialiste, de la Résistance à la guerre froide*, Paris, L'Harmattan, 2006, p. 17.

1438 Brochure de l'UNI, avril 1945, archives Curie et Joliot-Curie.

1439 Ce sujet a été traité en détail dans M. Pinault, *Frédéric Joliot-Curie*, *ouv. cit.*

> « Tous deux ont affirmé que la science est plus libre à l'égard du contrôle gouvernemental qu'il ne le pensaient. Ils ont en particulier souligné qu'une année entière avant la fin de la guerre, le gouvernement soviétique a relancé la recherche en science pure. »[1440]

Borel ne s'exprima pas publiquement mais il semble, selon son épouse, qu'il avait subi le même charme :

> « Il racontait que les intellectuels étaient traités là-bas comme une élite exceptionnelle, pourvue de nombreux avantages matériels, mais, par contre, privés du droit de quitter le territoire national sans une autorisation très difficile à obtenir. (...) Ses observations générales ne différaient pas de celles de tous les Français qui, en 1945, s'étaient rendus là-bas. "Très intéressant, lui dis-je, mais tu ne voyageras plus sans moi." »[1441]

Au début de 1947, alors qu'était annoncée une conférence sur le problème allemand, *FRANCE d'abord*, le journal du Front national publia, le 30 janvier 1947, un appel d'« intellectuels » signé, entre autre, par Borel : « Désarmez l'Allemagne ! demandent les intellectuels de France », lisait-on au dessus d'un texte assez court rappelant en particulier le poids des responsabilités de l'Allemagne dans le passé belliqueux de l'Europe, avant d'en venir à l'exigence du désarmement de cette Allemagne maintenant vaincue[1442]. De nombreux scientifiques y figuraient - Hadamard, les Cotton, Pauline Ramart, Jean Orcel, Georges Teissier, Auger, Perrin, d'autres, et aussi C. Marbo ; les signataires allaient de Mauriac à Aragon, en passant par Robert Debré ou Pasteur Valéry-Radot. Il s'agissait, en fait, de la mouvance associée à l'UNI. Cet appel fut une première car il concerna les seuls intellectuels lesquels renouaient ainsi, avec la tradition des pétitions d'intellectuels d'avant-guerre.

Après cela, ce fut à peu près tout. Le nom de Borel disparut de ce type d'actions politiques. Par contre, on le retrouva ailleurs et même dans un autre « camp », celui des partisans de l'entente avec l'Allemagne fédérale et de la construction européenne. Borel fut membre du Mouvement européen.

La poursuite de l'engagement européen de Borel et son positionnement face à la guerre froide

Du 7 au 11 mai 1948 eut lieu, à La Haye, sous les auspices du gouvernement néerlandais, un Congrès de l'Europe unie. Borel y participa. Il

---

1440 Mémorandum de P. Birdsall au général Smith, le 8 juin 1946, AN, Washington - RG77 E2 B168 F202-2.

1441 C. Marbo, *À travers deux siècles, ouv. cit.*, p. 316-317.

1442 *FRANCE d'abord,* "organe de la renaissance militaire française, hebdomadaire national du FN créé par les FTPF", n° 187, 30 janvier 1947, page 11.

renouait ainsi avec ses engagements les plus anciens. Il faisait même figure, du haut de ses 77 ans et alors que tant de précurseurs avaient disparu, d'ancêtre. Il n'était pas seul cependant - Koudenove-Kalergi n'était-il pas là lui aussi ? - et, aux côtés de nouveaux venus, les hommes politiques ayant appartenu à l'entre-deux-guerres étaient nombreux.

La délégation française, représentant le Comité français de liaison des mouvements pour l'unité européenne, présidé par Daniel Serruys, la plus nombreuse avec la délégation anglaise, était conduite par Ramadier, et comprenait, entre autre, Reynaud ou François-Poncet, Michelet, Mitterrand, Chaban-Delmas, Capitant, Dautry, Jacques Rueff, Raymond Aron. Borel fit partie de la Commission politique de ce congrès et il prononça une allocution remarquée[1443]. Il reprenait donc ainsi son action ancienne en faveur de la coopération européenne. Une fois encore, il s'agissait d'un mouvement « venu d'en haut » - un « Congrès de notabilités », dira Édouard Bonnefous[1444] - qui, comme le soulignait *Le Monde*, réunissait « plus d'hommes d'État européens de premier plan que n'en avait jamais assemblé, même en ses belles années, la Société des nations »[1445].

Bien que J.-M. Guieu ou Robert Frank n'en parlent pas, l'engagement de Borel dans le mouvement pro-européen ne s'arrêta pas à la conférence de La Haye. Il fut ensuite concret et déterminé[1446]. Il participa activement, quelques jours après la conférence, à une réunion des délégués français pour organiser les suites, en France, de cet événement, et intervint à plusieurs reprises[1447]. Perrin était aussi présent à cette réunion, présidée par Dautry et il est certain que la proximité de Borel avec ces deux hommes, auxquels s'ajoutaient Auger ou Jules Guéron, tous cadres dirigeants du Commissariat à l'énergie atomique (CEA) dont lui-même était un des conseillers scientifiques, et tous militants de la construction européenne, a pu contribuer à son activisme dans ce domaine.

Dans *Le Progrès Saint-Affricain*, Borel veillait à ce qu'une chronique de ses activités en matière européenne fût tenue. En septembre 1948, il était à Genève pour une réunion de l'organisation internationale des associations pour les Nations Unies. Le 15 avril 1950, il publiait un article sur « Le Drapeau européen », le 8 juillet sur « l'Avenir de l'Europe », le 19 août sur « Le Conseil de l'Europe », le 2 septembre sur « La Suisse et l'Europe » et le 4

1443 *Le Congrès de La Haye. Son objet et ses réalisations*, Paris, Comité français de liaison des mouvements pour l'unité européenne, 1948, 19 p.

1444 É. Bonnefous, *L'idée européenne et sa réalisation*, Paris, Éditions du Grand Siècle, 1950, p. 102, cité par J.-M. Guieu, dans J.M. Guieu et C. Le Dréau, *Le congrès de l'Europe à La Haye (1948-2008)*, Bruxelles, Peter Lang, 2009, 427 p., p. 26.

1445 *Le Monde*, 14 mai 1948.

1446 J.M. Guieu, « Émile Borel et la coopération européenne », *art. cit.*, et Robert Franck, « Les contretemps de l'aventure européenne », *Vingtième Siècle, revue d'histoire*, n° 60, octobre-décembre 1998, « Les engagements du 20ème siècle », p. 82-101.

1447 PV de la réunion des délégués français au congrès de La Haye (Paris, 21 mai 1948), archives du Centre Virtuel de la Connaissance sur l'Europe, en ligne.

novembre sur « Les progrès de la Sécurité collective ». Cet homme de 80 ans disait espérer que dès le 14 juillet suivant on pût voir flotter au fronton des mairies, à côté de la bannière tricolore, un drapeau européen qui restait à imaginer. Il se félicitait de la création du Conseil de l'Europe en regrettant que les États ne se fussent pas résolus à lui déléguer une partie de leur souveraineté, et il relayait l'initiative de Schuman en faveur de la création de la CECA en se demandant quels rapports elle entretiendrait avec les États. Si des conflits survenaient, on aurait besoin d'une cour de justice, pourquoi par la Cour de Justice de La Haye ? Il fallait donc qu'une autorité politique contrôlât l'ensemble, pourquoi pas le Conseil de l'Europe qui deviendrait « une assemblée délibérante dont les décisions auraient des effets pratiques » ? « L'importance primordiale des institutions politiques » s'imposait aux yeux de Borel qui tablait sur « l'organisation politique de l'Europe (pour) arriver à vaincre ses difficultés actuelles »[1448].

Le 26 mai 1952 étaient signés les Accords de Bonn et de Paris annonçant la reconnaissance de la RFA dès que la Communauté européenne de défense (CED) aurait été ratifiée. La profonde division de l'opinion française se traduisit par une nouvelle guerre des pétitions. Certains proclamaient leur hostilité comme Herriot, Daladier, Michelet, Capitant, Émile Kahn, Bernard Lavergne, Jean Wahl[1449]. D'autres, dans *Le Monde* publiaient un appel en faveur de la ratification du traité de C.E.D. Ils ajoutaient :

> « Une propagande intense menée dans l'Université, écrivaient-ils, vise à présenter les membres de l'enseignement comme foncièrement hostiles à la ratification du traité. L'opinion et le Parlement doivent savoir que cette hostilité n'est que le fait d'une minorité. »[1450]

Borel figurait parmi les signataires[1451]. Bientôt *Le Monde* put annoncer que « sept cent cinquante-huit universitaires » avaient signé un appel du Mouvement européen « en faveur de la constitution de l'Europe et de la ratification de la C.E.D. », lancé à l'initiative de son président et fondateur René Courtin (1900-1964). Le quotidien citait quelques noms dont celui d'Émile Borel[1452]. Puis, le Traité de CED fut repoussé au Parlement.

1448 *Progrès Saint-Affricain*, 8 juillet 1950.
1449 *Le Monde*, 5 mars 1954.
1450 *Id.*, 30 avril 1954.
1451 André Lalande, professeur honoraire de Philosophie à la Sorbonne, et René Courtin, professeur à la faculté de Droit de Paris, avaient, avec Borel, lancé l'initiative. Parmi les signataires : le cardinal Saliège, l'amiral Lacaze, le général Bethouart, le duc de Gramont, Maurice Caullery, Georges Duhamel, Robert d'Harcourt, Gabriel Marcel, Thierry Maulnier, André Maurois, Jules Romains, Jean Schlumberger et André Siegfried. (*Le Monde*, 19 juin 1954.)
1452 *Le Monde*, 18 août 1954.

Borel face aux tensions de la guerre froide

Bien que retiré de la vie politique active, Borel resta donc très convaincu de la cause européenne et très engagé en sa faveur. Il n'entra pas, parallèlement, dans les mouvements pacifistes de toutes sortes et dans les groupes d'universitaires dénonçant le péril atomique qui prirent tant d'importance à la fin des années quarante et au début des années cinquante, y compris l'Appel de Stockholm, en 1950[1453]. De la même façon, son nom n'apparut pas lors du lancement du Congrès pour la Liberté de la Culture, en juin 1950. Très peu de scientifiques français, d'ailleurs, y participèrent, avec l'exception de Louis de Broglie[1454].

Borel saisit l'occasion de la présidence d'âge qui lui échut lors d'une session du conseil général de l'Aveyron, en octobre 1950, pour prononcer un discours politique étoffé dans lequel il exprima la vive inquiétude que lui causait la situation mondiale. Il évoqua d'abord « les graves menaces (qui) pèsent sur les pays libres » avant de définir ce qu'il pensait être le rôle de la France et de l'Europe dans ce contexte. Il appelait la France à apporter « sa contribution essentielle au salut de la civilisation occidentale » et évoquait « la double tradition gréco-romaine et chrétienne sur laquelle (celle-ci) est basée ». Se référant à « l'ère atomique dont on peut attendre pour l'humanité les plus grands biens ou les plus grands maux suivant l'usage que les peuples feront des nouvelles sources d'énergie qui vont être mises à leur disposition », il appelait à tout faire « pour éviter à l'humanité les catastrophes qui résulteraient d'une nouvelle guerre mondiale »[1455].

Borel de retour à la Ligue des droits de l'homme

Par ailleurs, Borel reprit sa place à la LDH et participa effectivement à la vie de son comité central. Curieusement, lorsqu'Émile Kahn lui rendit hommage, à sa disparition, il évoqua ce retour au sein du comité central de la Ligue en des termes - disons - ambigus :

> « À la fin de l'Occupation, écrivait Kahn, Émile Borel, persécuté de Vichy, emprisonné par les Allemands, se fit élire à nouveau membre actif. (...) Quand l'âge et la maladie lui

1453 14 professeurs au Collège de France et 27 professeurs à la Sorbonne le signèrent : Joliot, Hadamard, Piganiol, Ernout, Lacassagne, Dauvillier, Wallon, Bloch, Piéron, Lepage, Benvéniste, Mandelbrojt, Bataillon et Mossé, ainsi qu'Aubel, Audubert, Barrabé, Edmond Bauer, Maurice Curie, Drach, Dresch, Pierre George, Gurvitch, Irène Joliot-Curie, Mauguin, Prenant, Teissier, Vermeil, Wurmser et Wyart.

1454 P. Grémion, *Intelligence de l'anticommunisme, le congrès pour la liberté de la culture à Paris, 1950-1975,* Fayard, Paris, 1995, 645 p.

1455 *Le Progrès Saint-Affricain*, 7 octobre 1950.

interdirent d'assister à nos séances du soir, il nous demanda à nouveau l'honorariat. »[1456]

3.2. La vitalité de l'activité scientifique de Borel

Dans le domaine de la science, Borel ne « dételа » pas. Ayant repris la direction effective de l'IHP, il ajouta même plusieurs responsabilités nouvelles à celles qu'il occupait encore, de celles qu'il pouvait exercer malgré le fait qu'il était à la retraite. Aussi assidu que possible aux séances de l'Académie, il continua de participer aux jurys de prix de l'Académie - une dizaine sur dix années - et à rapporter lors des élections de nouveaux membres, et, bien sûr, à publier.

En 1946, le 11 juin, il fut nommé, par décret ministériel, membre du Bureau des longitudes. Ce Bureau des longitude avait été créé par la Convention en 1795 et, depuis le milieu du XIXème siècle, avait été chargé d'une vaste mission concernant la mesure du temps et de l'espace, la cartographie et les éphémérides célestes ce qui l'avait amené à créer un Service des calculs et à organiser des expéditions scientifiques de mesures géodésiques, d'observations des éclipses solaires, dont les travaux étaient publiés dans les *Annales du Bureau des longitudes*. Le Bureau des longitudes était directement touché par la révolution scientifique qui l'avait fait passer d'une vision du monde selon Kepler et Newton, au monde einsteinien de la relativité. Dans ce domaine, l'apport de Borel promettait d'être très utile.

Puis, le 29 juillet 1946, il fut chargé de représenter l'Académie des sciences à l'assemblée générale du Conseil international des unions scientifiques (CIUS). Il en devint vice-président. Le CIUS venait de signer une convention avec la toute jeune UNESCO qui reconnaissait « que les Unions scientifiques (étai)nt la forme naturelle de l'Organisation internationale de la science » ce qui en faisait le représentant et le coordonateur de toutes les Unions scientifiques[1457]. Logiquement, Borel devint membre de la commission française de l'UNESCO, présidée par Montel, et Marguerite Borel participa elle aussi, en tant que représentante des sociétés d'auteurs, à cette commission qui siégeait au Quai d'Orsay. En 1948, il fut élu président du Comité des sciences de l'UNESCO. En 1952, une nouvelle conférence eut lieu, à Amsterdam ; Borel, toujours vice-président du CIUS, y participa. Il venait d'atteindre les 80 ans.

En 1951, il représenta l'Académie à une conférence de la Société internationale de statistiques réunie à New Delhi et il en revint président de

[1456] É. Kahn, « Émile Borel », *Cahiers rationalistes*, mars 1956.

[1457] M. Guillaume, « Historique du CNFHPS, Aperçu sur l'évolution des coopérations scientifiques internationales aux origines du Comité national français d'histoire et de philosophie des sciences », 16 janvier 2008, en ligne.

cette SIS. En 1953 et 1955, il participa encore à deux conférences de l'Institut international de statistiques, à Rome puis à Rio de Janeiro. Ce voyage au Brésil fut le dernier qu'il put entreprendre avec une santé encore passable.

En octobre 1949, une centaine de participants se réunirent à Paris pour la tenue d'un « Congrès international de philosophie des sciences », sous la présidence de Borel et Bachelard, avec pour thème général : « Science et méthode ». Borel s'exprima sur « La définition en mathématiques »[1458]. Une Union internationale de philosophie des sciences fut fondée à cette occasion. La séance de clôture fut consacrée à Henri Poincaré et Borel prononça alors un hommage. *Le Monde* tira quelques leçons générales de cette réunion :

> « Sans révéler de nouvelles découvertes - ce qui n'était pas son but, - le congrès a mis en lumière certains mouvements des sciences hors de leurs anciens cadres. En mathématiques les notions d'ordre, de liaison nécessaire, de correspondance, ont pris le pas sur celle de quantité, qui semblait les caractériser autrefois. Par là elles rejoignent de si près la logique qu'on est embarrassé d'en marquer la frontière et qu'on se demanda même si elle existe ; d'autant plus que la logique elle-même, sans perdre son caractère normatif, s'est largement développée dans le sens de la "combinatoire". En ce qui concerne la physique on a constaté quelle place de premier rang a été prise par la probabilité et par les lois statistiques dans la représentation des phénomènes. »[1459]

Resté à la direction de l'IHP, Borel préparait aussi la suite en s'entourant d'une équipe solide composée de Joseph Pérès, responsable du service des calculateurs, de Montel, de Broglie, Darmois et R. de Possel. Les *Annales de l'IHP* étaient désormais dirigées par de Broglie. Borel prépara la signature d'une convention entre IHP, la faculté des Sciences et CNRS afin de réaliser un projet d'agrandissement par surélévation du bâtiment existant[1460]. Il s'agissait d'y loger les sections de Physique théorique et d'Économétrie du CNRS et le bureau du directeur de l'Institut Blaise Pascal. Cet IBP était un laboratoire de calcul du CNRS, créé en 1946 par Joseph Pérès, un proche du directeur d'alors du CNRS, Joliot, qui prolongeait ainsi l'effort fait en 1939-40. La convention fut signée le 5 décembre 1951 ; elle stipulait que les travaux de transformation du bâtiment seraient à la charge du CNRS. Du coup, le directeur du CNRS et les présidents des trois sections du groupe de Mathématiques du CNRS entreraient au conseil d'administration de l'IHP.

1458 É. Borel, « La définition en mathématiques », *Actes du congrès international de Philosophie des sciences*, Paris, Hermann, 1951.

1459 « Science et philosophie », *Le Monde*, 10 novembre 1949.

1460 Dossier IHP, AN 20010498/130-IHP.

Un autre témoignage de l'attitude active de Borel fut sa nomination, à 83 ans, comme membre du Conseil supérieur de la recherche scientifique et du progrès technique (CSRSTP), instance créée par décret, le 14 septembre 1954, par le gouvernement Mendès France et dont la direction avait été confiée à Longchambon[1461].

Et puis il y avait les publications scientifiques ou de vulgarisation. Après *Les Paradoxes de l'infini*, en 1946, il publia coup sur coup, trois ouvrages : *Les Nombres inaccessibles*, daté de mai 1951, et, en 1952, *L'imaginaire et le réel en mathématique et en physique,* et *Les nombres premiers*[1462]. Il s'agissait, à chaque fois, d'un ouvrage couvrant les larges domaines des mathématiques que ses travaux avaient révolutionnés. Il les dotait de courtes préfaces restituant le contexte épistémologique de ces avancées :

> « Ce petit livre, écrivait Borel au début des *Nombres inaccessibles*, est l'aboutissement d'un demi-siècle de réflexions sur les principes de l'Analyse mathématique et en particulier sur la définition des nombres (...). Les transformations profondes de la physique au XXème siècle et notamment les théories de la relativité, des quanta, de la mécanique ondulatoire, ont été inspirées par l'idée fondamentale que les phénomènes doivent être observés en eux-mêmes, sans tenir compte de conceptions à priori telles que le temps, l'espace, la matière ou l'énergie, conceptions auxquelles on avait associé des entités absolues et immuables. Il me semble que les mathématiciens, tout en conservant le droit d'élaborer des théories abstraites déduites d'axiomes arbitraires non contradictoires, ont intérêt, eux aussi, à distinguer, parmi les êtres de raison qui sont la substance de leur science, ceux qui sont véritablement accessibles, c'est-à-dire ont une individualité, une personnalité qui les distingue sans équivoque ; on est ainsi conduit à définir avec précision une science de l'accessible et du réel au-delà de laquelle il reste possible de développer une science de l'imaginaire et de l'imaginé, ces deux sciences pouvant, dans certains cas, se prêter un appui mutuel. »

À cinquante ans de distance, Borel affirmait ainsi que son approche de la science et des mathématiques n'avait pas varié et qu'il lui semblait que les acquis de la physique, au cours du siècle, l'avaient conforté dans sa

---

1461 Décret de nomination de Borel au CSRSTP, 8 juillet 1955, et *Compte-rendu des travaux du CSRSTP, 1er janvier 1956*, brochure de 63 p., AN, fonds du CNRS, 19780309/46.

1462 É. Borel, *Les Nombres inaccessibles*, Paris, Gauthier-Villars, Coll. de Monographies sur la théorie des fonctions sous la direction d'É. Borel, 1952, 137 p., avec une note de D. Dugué. É. Borel, *L'imaginaire et le réel en mathématique et en physique*, Paris, Albin Michel, 1952. É. Borel, *Les nombres premiers*, Paris, PUF, QSJ n° 571, 1953, p. 183.

conception. Le réalisme qu'il affirmait déjà au plus fort des débats sur l'indéterminisme, sur la « disparition » de la matière, de l'espace et du temps, lui semblait plus solide que jamais. Dans la préface de *L'Imaginaire et le réel*, il revenait sur le sujet et opérait un « déplacement » de taille dans la formulation de cette approche :

> « Je me suis proposé un double but : obtenir que les esprits rationalistes et cartésiens admettent que des hypothèses apparemment absurdes soient utiles et même indispensables au progrès de la science ; obtenir, d'autre part, que les expérimentateurs qui réalisent ces progrès comprennent, comme le font depuis deux siècles les mathématiciens, le caractère imaginaire des hypothèses qu'ils utilisent. »[1463]

Dans cette phrase, les « hypothèses apparemment absurdes » des physiciens - Borel citait, à titre d'exemple, « l'éther de Fresnel, la relativité, les quanta, la mécanique ondulatoire, les incertitudes de Heisenberg, les statistiques de Bose-Einstein ou de Fermi-Dirac » - avaient pour équivalent « le caractère imaginaire des hypothèses » des mathématiciens. Ce qui ouvrait un abîme de réflexion quant au degré de coïncidence entre la physique du XXème siècle et le réel qu'elle prétendait décrire. C'est bien cela que Borel entendait mettre au clair au fil des chapitres de cet ouvrage. Il y revint dans la conclusion d'un dernier ouvrage, un Que sais-je ? sur *Les nombres premiers*, paru en 1953, en des termes permettant de se faire une idée, synthétique, de son credo scientifique au terme de sa longue vie de chercheur :

> « Certains des progrès accomplis avaient consisté à créer de nouveaux êtres de raison, que l'on pouvait regarder comme imaginaires, tels que l'éther de Fresnel ; d'autres progrès, au contraire, conduisaient à *réaliser* de plus en plus des êtres tels que les atomes qui avaient pu tout d'abord être regardés comme des imaginaires, c'est-à-dire que des fictions commodes et utiles à introduire dans les raisonnements et les calculs tendaient à devenir des réalités. »[1464]

Ce n'est pas par hasard que Borel parlait de « fictions commodes » : le terme faisant écho à l'usage qu'en faisait Poincaré quand il affirmait, dans *La Science et l'hypothèse*, que la géométrie d'Euclide lui paraissait « la plus commode » parce que, ajoutait-il, « elle s'accorde assez bien avec les propriétés des solides naturels, ces corps dont se rapprochent nos membres et notre œil et avec lesquels nous faisons nos instruments de mesure ». Borel rappelait alors que l'atome avait longtemps été une « hypothèse commode »

[1463] É. Borel, *L'imaginaire et le réel en mathématique et en physique, ou. cit.*, préface.
[1464] É. Borel, *Les nombres premier*s, *ouv. cit.*, p. 183.

et que de nombreux savants étaient restés anti-atomistes jusqu'à ce que Perrin, en 1905-1906, par « une série d'expériences soignées rende manifeste l'existence des atomes »[1465].

Ces ultimes ouvrages témoignent de l'appétit et de la curiosité que Borel conservait pour les questions scientifiques, théoriques et philosophiques. Conscient que bien des questions dont il citait quelques-unes, comme celle du « rayonnement noir »[1466], restaient sans réponse, il tablait sur le fait que d'autres hypothèses, d'autres expériences et d'autres découvertes continueraient de révolutionner la science ; il ne renonçait pas à y avoir sa part. Selon le témoignage de ses amis et collègues, il travailla jusqu'à ses derniers jours à un ouvrage de synthèse, à la fois historique et philosophique, dont le titre était trouvé : « De Prométhée aux Curie ». Le manuscrit en est, à ce jour, perdu mais un passage en a été publié dans les *Annales de l'IHP*, passage portant, justement, sur le « rayonnement noir »[1467]. Notons que lors de la réflexion sur le futur Palais de la découverte, Perrin s'était mobilisé pour qu'un bas-relief représentant « le mythe de Prométhée » fût installé au tympan de la grande porte d'entrée de cette grande exposition scientifique[1468].

Toujours dans le domaine de la vulgarisation du savoir mathématique en direction du plus vaste public, Borel intervint à plusieurs reprises dans la sphère publique, de façon inattendue - quoiqu'il n'avait jamais fait autre chose - en faisant valoir ses compétences scientifiques et son expertise, pour donner son avis sur des questions qui surgissaient dans l'actualité. Ainsi, lors des élections pour l'Assemblée constituante d'octobre 1945, il écrivit au *Monde* pour souligner l'inutile complexité du mode officiel d'attribution des « restes » au scrutin de liste car il existait un système plus rapide, plus simple et très efficace, élaboré en 1878 par le mathématicien belge Victor

---

[1465] Ce n'est pas l'objet de ce travail d'étudier comment évoluèrent la Théorie des ensembles et les mathématiques après les polémiques du début du siècle vues en première partie. Borel dut accepter que la théorie de Zermelo fût finalement dominante et que son point de vue intuitionniste ou réaliste reculât d'autant. En 1947, répondant aux *Paradoxes de l'infini*, livre paru en 1946, Gaston Casanova (1913-2009) publiait dans *La Pensée* un article intitulé : « La fin de l'empirisme borélien » (*La Pensée*, n° 13, juillet 1947, p. 65-68) et, en 1949, Paul Labérenne (1902-1985) revenait sur le sujet dans la même revue en tentant de faire la part entre « l'attitude cohérente » de Borel et la valeur des reproches qui lui étaient désormais adressés (« Mathématiques et matérialisme dialectique », *La Pensée*, n° 22, janvier 1949, p. 85-90).

[1466] L'origine de la notion de « rayonnement noir », c'est-à-dire le rayonnement émis par un corps parfaitement noir, entièrement absorbant pour toutes les longueurs d'onde, remontait aux travaux de Max Planck, vers 1900, sur la théorie des quanta ; elle donna lieu à de multiples expérimentations et la notion fut reprise, notamment, par L. de Broglie.

[1467] « Extraits d'un projet d'ouvrage », *Annales de l'Institut Henri-Poincaré*, n° 16/1958, p.1-5, cité par B. Bru et al., *art. cit.*, p. 214.

[1468] Lettre de J. Perrin, 19 février 1937, citée par J. Eidelman, thèse citée.

Dhondt (1841-1901)[1469]. Quelques mois plus tard, il récidivait, à propos du calcul de l'impôt sur le revenu en proposant une méthode plus simple et plus directe que celle retenue par les services ministériels et permettant que « le dégrèvement justement accordé aux familles nombreuses apparai(sse) bien plus clairement »[1470]. Lecteur attentif du *Monde,* très au courant de l'actualité politique, Borel montrait qu'il n'avait rien perdu de son aptitude à appliquer les méthodes mathématiques et statistiques à des problèmes de la vie courante, et il en profitait pour indiquer qu'il avait noté que le gouvernement ne semblait pas entouré des compétences scientifiques nécessaires à une prise de décision rationnelle et efficace.

Il se signala à nouveau, lors d'une séance de l'Académie dont *Le Monde* se fit l'écho, à propos de « l'échec des pronostics » dans les élections américaines, autrement dit des ratés de ce qui ne s'appelait pas encore les « sondages ». Borel fit remarquer que le calcul des probabilités ne pouvait être mis en cause mais que la méthode devait être suffisamment élaborée pour qu'elle eût « quelque valeur dans le domaine humain »[1471].

3.3. Borel et la question atomique

Après la Libération, il est impossible d'observer une proximité significative entre Borel et Frédéric Joliot qui allait créer le CEA, à la fin de 1945, grâce à une ordonnance du général de Gaulle[1472]. Borel n'apparaissait pas non plus dans l'équipe, dans laquelle figuraient Langevin et Drach, qui entourait le physicien et l'aidait à relancer rapidement le CNRS.

Après Hiroshima

Pourtant, Borel s'exprima très tôt sur la question atomique, dans le *Progrès Saint-Affricain*, un mois tout juste après les bombardements américains sur Hiroshima et Nagasaki. Il expliqua à ses lecteurs que la fission de l'atome mettait une nouvelle source d'énergie à la disposition des hommes mais que la puissance destructrice de l'arme atomique devait obliger ceux-ci à en contrôler la fabrication[1473]. Et surtout, il donna un article dans *La Démocratie* qui était entièrement consacré à des considérations sur l'arme atomique et ses effets pour l'avenir de l'humanité[1474]. Il n'existe que

---

1469 *Le Monde*, 20 octobre 1945.
1470 *Id.*, 16 janvier 1946.
1471 *Id.*, 10 novembre 1948.
1472 M. Pinault, *Frédéric Joliot-Curie, ouv. cit.*
1473 *Progrès Saint-Affricain*, 8 septembre 1945.
1474 É. Borel, « L'énergie atomique », *La Démocratie*, 13 décembre 1945. Borel écrivit quelques mois plus tard, un second article (*Id.*, 24 juillet 1946) consacré aux essais atomiques de Bikini. Il était plus technique et se voulait rassurant, avant de conclure sur la nécessité d'un

de rares prises de position, si tôt après les bombardements atomiques de l'été 1945, témoignant d'une telle vision - on pense au fameux éditorial de Camus, dans *Combat*, le 8 août 1945. Cet article de Borel partait du vote, par l'Académie des sciences, le 3 décembre, d'un avis réclamant que les recherches sur l'énergie atomique fussent « poursuivies librement par tous les savants du mode entier », ce qui visait la politique du secret imposée par le président Truman qui, selon cet avis, empêchait l'établissement d'une atmosphère de confiance. Mais Borel voulait surtout traiter le risque que « les bombes atomiques, propulsées par fusées volantes, ne détruisent, sur notre globe, toute civilisation et peut-être toute vie ». Il dénonçait l'aveuglement des députés prêts à voter des crédits militaires « absolument inutiles » et des hommes politiques « souvent isolés par leurs responsabilités », et il martelait son sinistre pronostic :

> « L'humanité n'a pas une minute à perdre si elle veut éviter la destruction totale. (...) Il semble au contraire que souffle un vent de folie. (...) Il n'est cependant pas possible d'admettre que l'humanité est consciemment décidée à se suicider. La grandeur même du péril doit nous rendre l'optimisme. Mais il est temps d'agir. »[1475]

Borel, conseiller scientifique du CEA

Au cours de l'année 1946, les dirigeants du CEA, Joliot et Dautry en particulier, décidèrent de doter le commissariat d'une sorte d'autorité scientifique qui, sans être une tutelle, pourrait lui apporter son appui. Un « Conseil scientifique » fut donc créé, composé uniquement d'Académiciens[1476]. Borel en faisait, bien sûr, partie. Ce Conseil prit sa tâche très au sérieux et multiplia les avis. Lorsque les nuages s'amoncelèrent sur le CEA, autant en raison de l'ampleur du budget que son programme réclamait que des engagements politiques croissants du haut commissaire, l'expression, par le Conseil, de son appui à Joliot devint très important. D'ailleurs, le versant politique de la question atomique ne cessa de gagner en importance et en vénénosité ; la guerre froide était là. Ainsi, lors de l'assemblée générale de l'Union internationale des sociétés savantes, en 24 juillet 1946, à laquelle Borel assista à Londres, une résolution sur l'énergie atomique fut adoptée dont il rendit compte, au retour, devant l'Académie des Sciences. Elle mettait en garde devant « le terrible danger de guerre atomique » et préconisait la suppression du secret en matière scientifique. Trois missions incombaient, selon elle, aux savants :

---

accord à l'ONU mettant fin à la fabrication de ces bombes et organisant l'utilisation pacifique de l'énergie atomique. Voir M. Pinault, *Frédéric Joliot-Curie*, *ouv. cit.*, le chapitre sur les négociations atomiques de New York, auxquelles Joliot participa directement.

[1475] É. Borel, « L'énergie atomique », art. cit.

[1476] PV du comité du CEA, n° 12, 3 mai 1946, archives du CEA.

« 1) Maintenir la franchise, l'honnêteté, la probité dans la coopération et de travailler dans un esprit de compréhension internationale ; 2) Pousser le développement de la science dans la voie la plus utile à l'humanité et limiter autant que possible son mauvais emploi ; 3) Servir non seulement la communauté par leurs recherches, mais l'éducation du public en faisant connaître le but et les conquêtes de la science. »[1477]

Vint le temps des difficultés pour le CEA. Au printemps 1947, Borel signala à Joliot que Ramadier, le président du Conseil, qu'il avait vu dans l'Aveyron, avait prétendu que près de 25% du budget du CEA passait en frais administratifs. C'était, bien sûr, totalement faux ; Joliot et Dautry, purent réagir[1478]. Puis, en mars 1948, eut lieu, à l'Assemblée, le premier vote contre le maintien d'un communiste à la tête du CEA. Il n'échoua que de 4 voix. Les conseillers scientifiques du CEA marquèrent leur confiance dans Joliot :

« Ils tiennent, disaient-ils, à exprimer leur conviction que le Commissariat à l'Énergie Atomique est dirigé par la personnalité la plus qualifiée, qui anime et conduit avec ardeur dans l'intérêt du pays l'important service qui lui est confié. »[1479]

Quelques jours après le 15 décembre 1948, jour où la première pile atomique française, ZOÉ, divergea au CEA, une réunion prestigieuse eut lieu, à la salle Pleyel, convoquée par l'UNI, sur le thème : « La recherche scientifique est-elle menacée ? » La présidence était assurée collectivement par de Broglie, Borel et Hadamard. Par cette « opération de communication », il s'agissait de témoigner de l'unité de la communauté scientifique face aux restrictions budgétaires et aux pressions exercées sur les dirigeants des institutions universitaires et scientifiques. Les tensions s'aggravèrent car chaque pas en avant du CEA montrait que le budget accordé devenait trop étroit pour continuer à progresser alors qu'on approchait du moment où serait acquise la capacité du commissariat à préparer l'arme nucléaire dont Joliot disait ne pas vouloir. Le 11 avril 1949, les Académiciens adoptèrent, à l'unanimité, une assez longue délibération, dont le style laisse penser qu'elle avait été suggérée par Joliot, qui prenait à nouveau la défense du « savant auquel est confiée, aujourd'hui, la direction des recherches atomiques »[1480]. *Le Monde* indiquait qu'« Émile Borel, le prince de Broglie, le duc Maurice de Broglie, MM. Caquot, Cotton, Delépine et Lebeau, ont élevé une protestation contre les critiques faites à la tribune

[1477] Communications d'E. Borel à l'Académie des Sciences, les 29 juillet et 12 août 1946, évoquées dans un article d'E. Kahane, dans *l'Humanité,* le 27 septembre 1946.
[1478] PV du comité du CEA, n° 45 et 49, 25 avril et 28 mai 1947, archives du CEA.
[1479] *L'Humanité,* le 21 mars 1948, p. 1.
[1480] Extrait du Comité secret du 11 avril 1949, de l'Académie des sciences.

du Conseil de la République à M. Frédéric Joliot-Curie »[1481]. Un an plus tard, Joliot fut finalement révoqué et, cette fois, aucune réaction ne se produisit. Il était désormais très isolé même si de nombreux scientifiques signèrent alors le fameux Appel de Stockholm « pour l'interdiction de l'arme atomique ». Borel ne le signa pas bien que ses convictions n'étaient pas éloignées de celles de Joliot comme le montre ce qu'il écrivit alors dans le *Progrès Saint-Affricain* :

> « Il ne semble pas que nous soyons proches de l'époque où les hommes seront assez sages pour ne pas consacrer une part importante de leur activité à rechercher les moyens de se détruire. (…) On peut se douter que nous ne soyons pas loin de l'époque où un excès de folie des grandeurs pourrait amener la destruction complète de vastes régions du globe. »[1482]

Il récidiva dans la préface de *L'Imaginaire et le réel en mathématique et en physique* :

> « Il ne m'a pas paru inutile de rappeler les dangers que court l'humanité depuis qu'on a appris à libérer l'énergie nucléaire ; il serait désirable que tous les hommes responsables de la sécurité des peuples sachent que nous ne tarderons pas à atteindre l'époque où il pourra suffire d'une erreur de calcul d'un mathématicien ou d'une distraction d'un physicien pour provoquer des catastrophes auprès desquelles celle d'Hiroshima apparaîtrait comme insignifiante. »[1483]

Venant de Borel, cela prenait quelque poids… Cet homme qui, depuis son plus jeune âge de mathématicien prodige, avait toujours affirmé sa foi dans la science et dans le progrès par la science en venait donc à admettre que le rêve avait viré au cauchemar.

[1481] *Le Monde*, 28 avril 1949.

[1482] *Progrès Saint-Affricain*, 3 novembre 1951.

[1483] É. Borel, *L'imaginaire et le réel en mathématique et en physique*, *ouv. cit.*, p. 7.

Chapitre 4
…et le temps des honneurs… et des bilans

4.1. La reconnaissance et les récompenses

Son état de santé déclinant, Émile Borel dût finalement renoncer à diriger effectivement l'IHP qui resta entre les mains de ses élèves et continuateurs. Un portrait du maître, assis à son bureau, dû à André Léveillé, fut accroché dans la bibliothèque de l'Institut. Il s'y trouve toujours. En 1954, Borel se vit attribuer la Médaille d'or du CNRS, une distinction tout juste créée appelée à devenir la plus haute distinction scientifique française. Il avait 83 ans. La même année, l'Institut lui décerna le prix Osiris, un prix doté de 2 millions de francs.

La Médaille d'or du CNRS

Gaston Dupouy (1900-1985), physicien, venu de Toulouse prendre, en 1950, après la révocation de Georges Teissier (1900-1972), la direction du CNRS, décida de réactiver l'ancien projet contrarié de Jean Perrin de mise en place d'un système de prix et de médailles récompensant des chercheurs remarquables[1484]. Un crédit de 121 500 francs fut prévu pour « décerner un certain nombre de médailles ». Une Médaille d'or serait attribuée, chaque année, à une personnalité scientifique « qui aura(it) contribué d'une manière exceptionnelle (…) au dynamisme et au rayonnement de la recherche en France ».

Afin d'éviter les reproches faits naguère à Perrin de vouloir récompenser ses proches - Borel aurait été le premier sur la liste Perrin, avec Urbain -, on décida qu'après une sélection de médaillés possibles réalisée au niveau des commissions du Comité national du CNRS, le choix final serait fait par le directoire du CNRS. Comme le souligne Denis Guthleben, Dupouy se réserva cependant, d'autorité, le choix du premier récipiendaire de la Médaille d'or, en 1954, et c'est donc lui qui désigna Émile Borel[1485]. Dans les motivations de cette distinction, on relevait le rôle passé de Borel, aux côtés de Jean Perrin, dans l'organisation et le développement de la recherche scientifique et le ministre, Jean Berthouin, fit longuement allusion à cette question dans son

1484 PV du CA du CNRS, 7 décembre 1954. Voir O. Ihl, « Les distinctions honorifiques au CNRS. Genèse, pratiques, usages », dans B. Dumons et G. Pollet, *La fabrique de l'honneur. Les médailles et les décorations en France, XIX-XXe siècles*, Rennes, PUR, 2009, p. 197-218.

1485 D. Guthleben, *Histoire du CNRS de 1939 à nos jours*, Paris, Armand Colin, 2009. Il ne semble pas que des archives existent concernant cette question.

discours[1486]. Après Borel, cette médaille fut attribuée en 1955 à Louis de Broglie puis, en 1956, à Jacques Hadamard et, en 1957,... à Gaston Dupouy.

Le prix Osiris

Le prix Osiris, du nom de son fondateur, le financier, mécène et philanthrope français Daniel Iffla, dit Osiris (1825-1907), qui avait financé partiellement la construction de l'Institut du radium et légué sa fortune à l'Institut Pasteur, était un prix triennal décerné par l'Institut - les cinq Académies -, d'une valeur de plus de 2 millions de francs. Il était destiné à récompenser la découverte ou l'œuvre la plus remarquable dans les sciences, les lettres, les arts ou l'industrie, et généralement tout ce qui touche l'intérêt public. L'Académie française ayant proposé le choix de Maurice Genevoix (64 ans), l'Académie des sciences celui d'Émile Borel (83 ans) et l'Académie des beaux-arts celui de Gustave Charpentier (94 ans), chacun des trois étant membre de l'Académie correspondante - et les deux autres Académies n'ayant proposé aucun nom, le 20 novembre 1954, le prix fut décerné aux trois personnalités pressenties et, par conséquent, le montant dont il était doté partagé entre elles[1487].

4.2. Comment Camille Marbo fixa le souvenir des derniers temps de la vie d'Émile Borel

Le récit des derniers mois de la vie d'Émile Borel, rapporté par Marguerite Borel dans ses souvenirs *À travers deux siècles*, laisse inévitablement l'impression d'une fin de vie marquée par la vieillesse et la maladie, celle des journées au rythme ralenti, celle des vides laissés par les amitiés disparues, celle des dernières entreprises encore marquantes. Ces pages sont à peu près la seule trace qui reste de cet ultime moment de la vie de Borel. Au cours de ces années, le temps s'organisait selon les saisons, de plus en plus souvent partagé entre Saint-Affrique et Cavalaire et des séjours en région tempérée, à Madère deux années de suite, ou bien à Nice, Borel préférant fuir l'hiver parisien. Son épouse soulignait qu'il ne s'était jamais remis complètement de son séjour à Fresnes, en 1941, qui avait à subir des poussées de fièvres, de temps à autre, par exemple aux retours des voyages en URSS ou en Inde. Il contracta une nouvelle pneumonie, à l'hiver 1955, dont il se remettait doucement lorsqu'il fut renversé par une automobile, avenue Franklin-Roosevelt, à la veille de partir vers le Brésil pour représenter l'Académie, avec Fréchet, Darmois et Daniel Dugué (1912-1987), à une réunion de l'Institut international de statistique. Borel refusa de renoncer à ce voyage, envisageant même, moitié en plaisantant et moitié par obstination, de n'en pas revenir. Pendant le voyage il eut, de

[1486] Discours du ministre de l'Éducation nationale, Jean Berthouin, lors de la remise de la Médaille d'or à É. Borel, dossier AN AJ-16-5733.
[1487] *Le Monde*, 29 octobre et 25 novembre 1954.

nouveau, une blessure à la jambe qui dégénéra en phlébite. Puis ce furent des fièvres, des symptômes d'une maladie du sang, « une sorte de leucémie ». Il restait huit mois à vivre à Borel. Il le sentit et parla de sa « fin prochaine » :

« Me voici vieux comme un banc. Il est temps de mourir. »[1488]

Il décida du déroulement de ses obsèques qu'il voulait intimes, à Saint-Affrique, sans aucune cérémonie parisienne. Bien qu'il se considérât comme un « libre-penseur », il demanda un passage au temple de Saint-Affrique pour « ne pas faire cela à (ses) parents ».

Le 3 février 1956, Borel décéda. La cérémonie, le 9, prit, malgré tout, un caractère officiel, avec une chapelle ardente à la mairie, un hommage des résistants locaux, quelques discours - ceux de Ramadier, venu en voisin, du directeur de l'Enseignement supérieur, Maurice Bayen, issu d'une famille protestante, de Daniel Dugué, normalien, mathématicien probabiliste et statisticien, les honneurs militaires[1489]. Dugué évoqua « La Cévenole » ou « Marseillaise huguenote », une chanson dont les paroles avaient été composées par un homme de lettres local et publiées naguère dans le *Progrès Saint-Affricain*, et il rappela la place de Borel dans « cette race où l'on sait résister et mourir pour sa foi »[1490].

Marguerite entendait transmettre, dans ses pages, l'image d'une fin paisible, solide et assumée[1491]. Elle faisait parler son époux :

> « C'est l'heure, il est tard pour moi, comme disait maman. Je suis, d'ailleurs, fatigué de vivre. J'en ai trop dit, trop vu et trop fait. Peut-être ais-je eu tort de me disperser au lieu de concentrer mes dons et mon intelligence sur des objectifs définis, comme l'a fait Perrin. J'ai été un homme heureux et je ne crois pas avoir fait de mal à personne. C'est l'essentiel.
>
> « Mon mari s'asseyait, face à la mer, sur la terrasse qu'il avait fait aménager. (…) Il restait des heures à regarder les rides et les taches de l'eau qui se dessinaient parfois en clair sur le fond bleu sombre, en écoutant le bruit des vagues sur les roches. »

[1488] C. Marbo, *À travers deux siècles*, *ouv. cit.*, p. 356.

[1489] P. Deheuvels, « Daniel Dugué, 1912-1987 », *Journal de la SSP*, t. 128 (1987), p. 258-260.

[1490] C. Marbo, *À travers deux siècles, ouv. cit.*, p. 357-358.

[1491] Marguerite Borel est décédée le 5 février 1969. Elle avait pris des dispositions testamentaires pour partager entre ses héritiers du côté Appell et son amie Juliette Jacob la nue propriété de ses biens mobiliers et immobiliers (la maison de Cornus, celle de Cavalaire et l'appartement de la rue Froideveaux) en en conservant l'usufruit. Juliette Jacob ayant en fait disparu avant elle, le 15 mars 1968, les proches de celles-ci devinrent les bénéficiaires de ces décisions. C'est pour cette raison que madame Françoise Besson, petite-fille de la sœur aînée de Juliette Jacob, Hélène Arbus, décédée en 1976, a conservé, entre autre, de nombreux papiers ayant appartenu aux Borel. (Entretien avec madame Françoise Besson.)

À l'Académie des sciences, un hommage fut rendu par le secrétaire perpétuel, Louis de Broglie. Celui-ci parla de « ses qualités exceptionnelles de penseur et de savant », d'une « perte irréparable » et d'un « vide bien difficile à combler », il alla jusqu'à évoquer « la droiture et l'intégrité de son caractère », il rappela les grandes lignes de l'œuvre du mathématicien décédé, les différentes époques et facettes de sa vie, et il annonça que Maurice Fréchet, élu à la place laissée vacante dans la section de Géométrie par la disparition de Borel, écrirait une longue notice biographique plus informée et il conclut en évoquant l'homme disparu. Peut-être émit-il un discret regret que le défunt lui eût un jour disputé les fonctions qu'il occupait depuis l'hiver 1942 :

> « S'il avait ouvert des voies nouvelles et fécondes dans les directions les plus diverses en tous les domaines des Mathématiques pures et appliquées, il avait été aussi un esprit à la pensée élevée et vigoureuse qui s'était intéressé à tous les problèmes humains ; il avait été à ses heures un grand organisateur, un homme d'action, énergique et réalisateur. Un tel faisceau de qualités d'intelligence et de volonté jointes à de grandes qualités morales faisaient de lui une très forte personnalité que d'aucuns redoutaient un peu en raison d'une certaine rudesse de caractère, d'ailleurs plus apparente que réelle. Peut-être lui a-t-on reproché d'avoir parfois au cours de sa carrière cédé à l'ambition : mais l'ambition n'est-elle pas un penchant naturel, et même légitime, chez un homme qui, se sentant fort intellectuellement, moralement et physiquement, désire prendre sur ses épaules un fardeau qu'il se sent capable de supporter en assumant des fonctions qui lui permettraient de donner toute sa mesure ? »[1492]

La clé de compréhension de ces dernières années si actives n'est-elle pas, en effet - outre la puissance intacte de son attachement irrépressible à la recherche de vérités scientifiques nouvelles, de son goût pour la promotion et la diffusion vers tous les publics de la connaissance et de la méthode scientifique, de son souci du progrès et de l'avenir de la société - dans la force vitale préservée d'une ambition qui l'avait animé tout au long de son existence ? Une existence vécue, de bout en bout, sous le signe de la mesure, toute la mesure… C'est ainsi, en tous cas, que Stéphane Callens résume tout Borel, dans une sorte d'aphorisme :

> « La prudence est, écrit Callens, fille de la mesure : les probabilités permettent de formuler une sagesse pratique. Aussi, habile organisateur, courageux face aux périls nationalistes, Borel a témoigné par sa vie de la valeur pratique des mathématiques. »[1493]

Il était difficile de faire aussi bref.

[1492] L. de Broglie, « Notice sur la vie et l'œuvre de M. Émile Borel », déjà cité.

[1493] S. Callens, notice d'É. Borel, dans D. Lecourt, *Dictionnaire d'histoire et philosophie des sciences*, Paris, PUF, 1999, p. 126.

Conclusion

Voilà la fin de l'histoire. Émile Borel a quitté la scène, il y a soixante ans. Les fragments de la pièce, épars jusque-là, ont été réunis - bien qu'inévitablement certaines pistes auront été négligées, et certains territoires trop vite entrevus ; l'étendue de l'œuvre de Borel est insaisissable, peut-être « infinie » - et les lignes de force de la carrière d'un « intellectuel de pouvoir », installé au centre d'un système de pouvoir et mettant ses compétences au service du pouvoir, ont émergé. Le narrateur espère qu'il aura pu rendre un peu plus intelligible cette vaste époque des « guerres civiles européennes » vue à travers ce prisme si particulier de la vie et du portrait d'un grand scientifique aux prises avec un temps « hors de ses gonds ». Qu'il aura un peu réussi à éclaircir ces questions qui restent, à tant d'égards, opaques, celle de l'identité de ces grands « intellectuels » de la IIIème République, celle de leur responsabilité individuelle et collective dans ce qui est advenu, celle des vrais ressorts de leur activité sociale aussi bien que celle de leur légitimité historique à eux qui eurent l'ambition d'exercer le pouvoir. Qu'il aura apporté un regard d'ensemble sur les élites scientifiques, le plus souvent normaliennes, de cet entre-deux-siècles et du demi-siècle suivant. Qu'il leur aura aussi rendu, à eux qui naguère encore étaient des « savants » et devenaient au fil des pages des « chercheurs », leur juste place dans le ballet d'ombres où ils se débattaient. Qu'enfin, ayant donné à sentir quelle puissante tentative d'intelligence du monde les avait inspirés, il aura suscité une envie de mieux mesurer ce qui, dans la construction d'un avenir maîtrisé des sociétés, peut encore dépendre aujourd'hui - l'expérience acquise aidant - de la science et des scientifiques. Lorsqu'il évoqua, un jour, « le savant sûr de lui, revendiquant hautement le droit de diriger l'humanité dans des voies nouvelles » Borel ne pensait-il pas à lui-même, tout bonnement[1494] ?

Nous avons d'abord tenté de recomposer le portrait du brillant mathématicien que fut Émile Borel : un intellectuel richement doté d'intuition géométrique et calculatrice, apte à lancer des ponts dans des directions entièrement nouvelles, capable d'innover radicalement dans son approche des problèmes mathématiques de son temps et - les dominant - de prendre conscience, en temps réel et en avançant, de la révolution scientifique qui,

---

[1494] É. Borel, « Maurice Barrès », *La Revue du Mois scientifique*, n° 27, février 1924. Voir M. Pinault, *Maurice Barrès et « la grande pitié des laboratoires... »*, *ouv. cit.*, p. 283

grâce à la révolution conceptuelle qui s'annonçait, allait se présenter dans l'approche par les hommes de la nature et du réel, et dans le type d'abstraction, de théorisation qui permettrait d'en rendre compte. Si Borel n'eut pas la stature spectaculaire d'un Einstein, s'il est même moins connu, aujourd'hui, qu'un Poincaré ou un Langevin, il fit cependant partie du très petit nombre de savants audacieux et ambitieux qui construisirent les instruments scientifiques et intellectuels de la nouvelle compréhension du monde qui émergea, des dernières années du XIXème siècle au premières années du XXème siècle, en physique mathématique et en théorie des mathématiques, tandis que s'accumulaient en physique, en chimie-physique et en astronomie, et jusqu'en biologie les découvertes remettant en cause le caractère en apparence « achevé » du savoir dans ces différents domaines. Il fut aussi bien un découvreur d'instruments et de techniques mathématiques nouvelles et un audacieux pionnier dans la recherche systématique d'applications pratiques qu'un hardi concepteur d'hypothèses cosmologiques et philosophiques. Et puis, il fut constamment soucieux de transmission des connaissances acquises, soucieux d'élargir le public, scolaire ou non, atteint par la culture scientifique, soucieux de réfléchir aux moyens pédagogiques de cette transmission, soucieux de changer, par la pratique, l'image des mathématiques et d'en faire saisir ainsi, par tous, la « véritable nature »[1495]. Peut-être Borel fut-il aussi un peu mage, comme avaient pu l'être avant lui Platon, Pythagore ou Léonard de Vinci, s'intéressant à tout, sachant de tout un peu voire tout de tout, capable de faire son miel de la moindre information et d'imaginer des perspectives illimitées à partir de toute ouverture nouvelle, allant vite à l'essentiel sans s'embarrasser des détails, et surtout, comme d'autres avant lui, sachant se hisser sur les épaules de ses prédécesseurs pour voir plus loin. Comme beaucoup de grands scientifiques de son temps, Borel fut prométhéen.

De tout cela, il fut conscient et il en conçut sans aucun doute une certaine vanité. Mais, peut-être en raison de sa sévère éducation protestante, il ne se départit jamais de la conviction que ce savoir magnifique était fait pour être partagé, qu'il dépendait de lui, comme d'une mission personnelle, d'en assurer la diffusion, la compréhension et l'appropriation par la masse des hommes de son temps. Diffuseur, pédagogue et éducateur, Borel fut tout le contraire d'un savant « enfermé dans sa tour d'ivoire » ; toute sa vie, il fut dans le service des hommes. C'était d'ailleurs une attitude partagée par beaucoup d'autres, des

---

[1495] Il est remarquable qu'alors que les mathématiques conservent un caractère obscur et inquiétant aux yeux de nombreuses personnes, le milieu des mathématiciens fut et reste un des plus préoccupés, dans le monde scientifique, des problèmes de pédagogie et de didactique dans l'enseignement de leur discipline. Voir l'article à ce sujet de Jean-Pierre Kahane, *L'Enseignement des sciences mathématiques*, Paris, Odile Jacob, 2002. Voir aussi, du même J.-P. Kahane son article « Le mouvement brownien et son histoire. Réponses à quelques questions », *Images des mathématiques*, CNRS, 2006, et son interview filmée du 28 mars 2008 : V. Vassallo, « La Passeggiata : une heure avec Jean-Pierre Kahane », *Images des mathématiques*, CNRS, 2017, en ligne .

Langevin, des Perrin, des Compagnons de l'intelligence, des upéistes, des coopérateurs, des militants de l'Union rationaliste. Il endossa donc le costume que beaucoup d'autres adoptèrent alors, du savant progressiste ; progressiste parce que la science c'était le progrès et parce que l'exercice de la raison c'était la méthode mise au service du progrès.

Mais Émile Borel fut donc aussi un « intellectuel de pouvoir ». Il opta pour les formes d'engagement politique éprouvées, en conquérant des mandats électifs et en menant une véritable carrière de publiciste dans tant de journaux quotidiens et d'hebdomadaires, voire de revues[1496]. Est-ce à dire que ce fut un vieux jeune intellectuel et qu'il n'avait pas compris toute la nouveauté que sa génération avait introduite dans le comportement de son groupe social ? Ce n'est pas ce qui s'impose à l'esprit. Il paraît beaucoup plus évident que Borel fut, dès son jeune âge, conscient de sa haute valeur intellectuelle et qu'il ne s'identifia pas avec ces « bandes (...) marchant en rangs serrés », ce « Bottin de l'élite » que brocardait Maurice Barrès. Du coup, il fut guidé par son ambition et il entreprit de conquérir une hégémonie au sein des milieux auxquels il appartenait. Péguy sut décrire et dénoncer le « parti intellectuel » qu'il voyait s'organiser et fonctionner sous ses yeux comme une caste nouvelle ; Bourgin, Weil, Delsarte et d'autres surent en relever les traits distinctifs et le poids dont il finissait par peser au sein des institutions et des lieux de pouvoir. De tous, Borel fut la cible. À un moment où on se divisait, dans les milieux intellectuels, entre dreyfusards et antidreyfusards, Christophe Charle a bien repéré que cette opposition recoupait la scission qui était en train de s'opérer entre le « parti des intellectuels », au sens politique, et le « parti de l'élite », au sens social[1497]. Somme toute, Borel se trouva écartelé entre les deux « partis » et, même, il se sentit probablement plus proche du second que du premier au point que, ne pouvant évidemment rallier les pétitionnaires antidreyfusards, il n'adhéra que de loin au camp des dreyfusards.

S'il fut donc pour une part un intellectuel au sens que l'Affaire Dreyfus donna à ce terme, celui de l'intellectuel critique, ce qui, l'enfermant dans une filiation allant jusqu'à Sartre et Camus, serait très réducteur et ne suffirait pas à le qualifier, Borel fut aussi et surtout un « intellectuel professionnel », au sens où il entendit que son appartenance incontestable et incontestée - non partisane, en somme - à l'élite intellectuelle et à l'élite « tout court » et le haut niveau de compétence et d'expertise que lui conférait sa maîtrise des mathématiques les plus modernes et les plus appliquées - Michel Foucault parlerait d'un « intellectuel spécifique »[1498] - lui permettaient d'aspirer, lui donnaient le droit d'aspirer à devenir ce qu'il faut finalement appeler un

---

1496 Voir Ch. Charle, *Naissance des intellectuels, 1880-1900*, *ouv. cit.*, p. 97.

1497 Id., p. 223.

1498 M. Foucault, « Entretien avec Michel Foucault», *art. cit.* et L. Dartigues, « Une généalogie de l'intellectuel spécifique », *art. cit.*

« intellectuel de parti », un « intellectuel de pouvoir » et un « intellectuel de gouvernement », comme le furent tant d'autres dans sa génération, en particulier au sein de la famille radicale. On pourrait aussi parler à son sujet d'« intellectuel organique » au sens où, comme tant d'intellectuels traditionnels, Borel, qui fondait ses engagements politiques sur ses convictions - jamais remises en doute, semble-t-il - d'une part d'être un acteur autonome et indépendant uniquement mu par sa « raison » et d'autre part d'appartenir à un groupe social à part animé par la défense de ses intérêts propres - d'où son engagement dans la CTI - adhérait dans les faits profondément à l'ordre social existant et revendiquait un rôle de dirigeant et d'organisateur, y compris réformiste, en son sein.

Borel aspirait au pouvoir, il voulut accéder au pouvoir, exercer et partager le pouvoir. Et il s'agissait bien, pour lui, du vrai pouvoir - le pouvoir politique - car il avait assez tâté du pouvoir universitaire, de la direction d'instituts, des conseils de faculté et d'université, des directions d'École, des cabinets de doyens ou de recteur, ou encore de l'édition et de la direction de revue, pour savoir que ça ne pouvait être cela le pouvoir que l'élite intellectuelle à laquelle il s'identifiait était destinée à prendre en main. Son activité à *La Revue du Mois* et au sein du CNÉSP puis de la Ligue républicaine d'action nationale à la Ligue pour la République, et les diverses fonctions occupées dans les cabinets gouvernementaux pendant la Première Guerre mondiale, grâce auxquelles il put jouer un rôle central au sein de réseaux de plus en plus divers, le préparèrent à cette nouvelle étape de sa carrière. Il s'en donna méthodiquement les moyens et il sentit, au sortir de la guerre, que le temps en était venu. Être un intellectuel de pouvoir c'était donc s'appuyer sur sa réussite scientifique et universitaire et sur sa maîtrise de réseaux étoffés pour viser d'autres destinées politiques. Ce réformiste prudent, qui se voulait un disciple de Ferry et qui n'exprima jamais une sensibilité particulière pour la « question sociale », ne s'imagina jamais autrement qu'en acteur rationnel et raisonnable du système social et politique existant.

Borel fut de ceux qui comprirent dès leur entrée dans la carrière - voire avant - que tout passait par les réseaux. Il fut donc un « intellectuel de réseaux » et c'est le moyen qui lui permit de devenir un intellectuel de pouvoir. Être un intellectuel de réseaux cela signifiait être « actif dans les structures ayant pour fonction de rapprocher les universitaires, les journalistes et les hommes d'État », écrit Gérard Noiriel, sans doute en pensant au moins autant aux années Mitterrand/Chirac qu'à celles de la Belle époque[1499]. Borel, au sein de ces dernières, fut particulièrement actif au point de pouvoir être considéré comme un maître, n'eût été son fichu caractère. Faisons la liste de ces réseaux : Aveyronnais, gens du Sud-ouest, élites protestantes, matheux, normaliens, faculté des Sciences, universitaires parisiens, Société française de mathématiques, Société de statistique de Paris, Académie des sciences, Société

[1499] G. Noiriel, *ouv. cit.*, p. 139.

française de philosophie, Dreyfusards, Ligue des droits de l'homme, Cercle Albert Kahn, *La Revue du Mois*, La Paix par le Droit, l'*Arcouest*, salons littéraires et salons républicains, aviation et aviateurs, réseaux Painlevé, Ligue républicaine d'action nationale, CNÉSP, tout cela avant la Grande Guerre ; puis haute fonction publique, ministères, Société statistique de Paris, CTI, Association française pour la Société des Nations, Coopération intellectuelle, Ligue pour la République, parti radical, milieux parlementaires, Conseil national économique, *La Dépêche de Toulouse*, presse parisienne, Entente parlementaire radicale, Genève...[1500] Et à quel autre niveau inscrire l'appartenance de Borel au « groupe Perrin », voire au « clan Perrin » ? Borel fut donc un homme de réseaux et surtout il se construisit une place, consciemment, au centre de ces réseaux, s'élevant jusqu'aux places dominantes en leur sein. La création de *La Revue du Mois* témoigna de cette ambition précoce ; puis le ralliement aux mouvances radicales, de celle, marginale, construite autour de Painlevé, jusqu'à celle de l'appareil central de la famille radicale, avec la députation et la présidence de l'Entente des partis radicaux et associés européens, auxquelles succéda une nouvelle marginalité et une forme d'autonomie originale, de carrière individuelle à la charnière du radicalisme et du « parti du centre ». Ce parcours illustre la croyance - que Borel épousa - que le pouvoir ne pouvait être cueilli qu'en plongeant dans le marécage de la politique politicienne du régime ; son échec le condamna à abandonner tout espoir d'occuper les premières places et il dut se satisfaire d'une influence dans des sphères limitées : l'Université, les réseaux européens et la construction des coopérations européennes, puis se contenter d'une fonction de vigie intellectuelle ou de sage des mathématiques.

Depuis Pierre Bourdieu et Christophe Charle, on sait que les réseaux d'universitaires relèvent du fonctionnement d'un groupe social dominé au sein de la bourgeoisie, dans lequel une fraction - l'élite - aspire à dominer le groupe et à se rapprocher des dominants. Cette vocation, les universitaires la construisirent, au cours des premières décennies du XXème siècle, en recherchant une certaine autonomie du champ universitaire vis-à-vis du pouvoir politique duquel il dépendait. Si c'est bien ce qui résulta, Borel devenant avec Perrin et quelques autres, un des patrons de cette élite, rien ne montre qu'il s'y attela de manière consciente. Au contraire, il abrita derrière une idéologie et une justification idéologique cette entreprise d'affirmation sociale visant à conquérir une part de pouvoir au sein des élites. Cette idéologie tenait dans le raisonnement suivant : puisque la raison et la science conduisent à des conceptions vraies et justes sur le monde et quant à l'action sur le monde, puisque cette approche « rationnelle » est applicable à l'analyse de la société et de ses évolutions et à l'élaboration de programmes d'action

---

1500 Borel n'était pas franc-maçon et la plupart des mathématiciens, académiciens, universitaires de son entourage non plus. Voilà donc un réseau important, celui de la franc-maçonnerie, qui lui fit défaut.

pour les maîtriser, le monde savant, au moins ses représentants les plus qualifiés peut/peuvent prétendre assumer des responsabilités dirigeantes et ils sont même les plus compétents, non seulement pour cerner des problèmes et définir des orientations mais aussi pour mettre en œuvre les actions politiques les plus adaptées. En ce sens le radicalisme, cette politique rationnelle du juste milieu appliquée avec modération, était l'expression la plus aboutie de la méthode scientifique appliquée à l'action politique. Être un scientifique de son temps, appliqué à servir la société, la nation et le monde, cela voulait dire, une fois qu'on avait quitté la tour d'ivoire, le monde des Idées et de la recherche pure, conquérir, dans la sphère publique, l'autorité et les fonctions politiques permettant d'agir : mettre les savants au pouvoir, leur donner au sein de élites déjà en place un rôle hégémonique, c'était, rationnellement parlant, servir au mieux les intérêts de l'homme et de la société, c'était, objectivement, participer à l'exercice et au partage du pouvoir existant[1501]. Borel aspirait à devenir un intellectuel de gouvernement. À ses yeux, nul mieux qu'un scientifique ne pouvait être légitime à se réclamer de cette ambition.

La condition impérative, à ses yeux, pour pouvoir incarner cette destinée, c'était d'être d'abord parvenu au plus haut niveau de l'excellence intellectuelle. C'est du moins ce qu'il commença à se dire lorsqu'il constata qu'il était désormais installé aux premières places de la hiérarchie universitaire et qu'il n'y était entouré que de ses semblables, spécialistes de haut niveau dans les plus nobles disciplines, normaliens parmi les meilleurs, vivant entre eux et au-dessus du vulgaire, ayant prouvé dans les affrontements politiques du temps - Éducation populaire/École/Laïcité/République/Affaire Dreyfus, par exemple - la vocation à servir qui les animait. Être devenu un des premiers mathématiciens du pays et peut-être le premier une fois disparu le grand maître Henri Poincaré, cela ne pouvait constituer une fin, fin en soi et fin de carrière, cela ouvrait au contraire vers une suite, une ambition, une carrière intellectuelle. Borel, en toute sincérité et peut-être avec une dose de vanité que lui autorisait son éducation protestante, considéra qu'il avait un destin.

C'est donc au nom de cet idéal moral et politique que, de manière consciente, il a fait de sa vie une carrière. En construisant par étapes son hégémonie, d'abord au sein du monde universitaire, singulièrement parmi ses pairs directs, les scientifiques, puis dans l'ensemble des élites intellectuelles parisiennes, littéraires, artistiques, politiques, haute fonction publique et personnel gouvernemental y compris, et enfin directement au cœur de la République, au sein des réseaux d'intellectuels de gouvernement, Borel montra qu'il appartenait au « parti de l'élite », qu'il désirait ardemment le pouvoir et qu'il cherchait à entrer dans le monde politique. Pour lui, ce monde manquait de compétence, d'expertise et il pensait que l'exercice du pouvoir

---

[1501] Borel n'a jamais confronté cette conception à la critique marxiste, alors encore peu diffusée, de l'« idéologie ».

devait aller à des personnalités disposant de cette approche savante et rationnelle des problèmes dont elles savaient faire preuve dans leur pratique professionnelle et qu'elles étaient en mesure de mettre au service de l'exercice savant du pouvoir. C'est le sens qu'il faut donner à son engagement dans la CTI puis dans la création et la mise au travail du Conseil national économique. Une telle conception d'un monde des hommes qui serait gouverné par les possesseurs du savoir, en particulier du savoir mathématique - $n^{ième}$ justification du gouvernement des hommes par les élites - était appelée à se répandre bien après que Borel l'avait théorisée dans son versant probabiliste et statistique. Il n'était d'ailleurs qu'un maillon d'une chaîne qu'Alain Supiot fait remonter à Hobbes dont il dit qu'il avait établi « un imaginaire normatif qui est encore largement le nôtre : celui qui se représente le gouvernement des hommes sur le modèle de la machine »[1502]. Cette conception est plus que jamais d'actualité au point que des successeurs actuels d'Émile Borel refont, sans doute en partie sans le savoir, le même chemin et la même carrière que lui, quitte à rencontrer, comme lui, les mêmes désillusions.

Cette ambition d'hégémonie borélienne se heurta en effet à des limites, à un mur même, puisque Borel resta aux portes du pouvoir. L'impasse, en trois temps, de sa carrière parlementaire en témoigne : ce fut d'abord l'échec dans l'accession aux responsabilités ministérielles de premier plan puis la fuite en avant dans un positionnement politique trop individuel et, finalement, la renonciation à la députation. Dans le contexte de crise puis d'échec final de la IIIème République, cette ambition d'un intellectuel de gouvernement de vouloir supplanter les hommes politiques professionnels n'avait sans doute pas beaucoup de chances de réalisation. Et Borel, pour des raisons purement politiques de rejet de la stratégie d'union des gauches, manqua complètement la seule vraie opportunité qui se présenta à lui, celle du Front populaire : dans quel autre gouvernement que ceux de Blum les intellectuels venus du monde universitaire occupèrent-ils une aussi grande place ? La création du sous-secrétariat d'État à la Recherche scientifique puis celle du CNRS qui pouvaient signifier une nouvelle étape, après le CNÉ créé par le Cartel, de l'organisation de l'expertise intellectuelle au cœur de l'appareil de gouvernement ne donna-t-elle pas à Perrin puis aux Laugier, Longchambon et autres Joliot une capacité directe de gouverner ? Par son retrait, Borel se condamna à un rôle de second plan au sein du « groupe Perrin ».

Mettre les savants au pouvoir, cela allait donc bien au-delà de la consolidation d'une « République des universitaires » que d'autres ne tarderaient pas à contester. La Première Guerre mondiale avait été la première occasion ayant permis aux savants de conquérir des positions ; le Front populaire fut la seconde ; après la Seconde Guerre mondiale une nouvelle opportunité se présenta, encore plus formidable, mais Borel était un peu trop âgé et déjà trop marginalisé au sein de ses anciens réseaux pour pouvoir en

---

[1502] A. Supiot, *Du gouvernement par les lois…*, *ouv. cit.*

tirer profit personnel en vue d'une nouvelle carrière. Encore que nul ne peut dire comment aurait évolué son magistère s'il avait pu conquérir, comme il en eut la volonté à la Libération, la fonction de secrétaire perpétuel de l'Académie des sciences qu'il aurait sans doute révolutionnée. On eut donc, aux postes de commande, du CNRS au CEA, de l'UNESCO ou de l'Euratom, et au secrétariat d'État à la Recherche scientifique et au Progrès scientifique de Mendès France puis au CCRST, des Laugier, des Longchambon, des Pierre Piganiol (1915-2007), des Joliot, des André Lichenérowicz (1915-1998), des Francis Perrin et des Pierre Auger, tant d'autres, une nouvelle génération, et Borel ne put faire mieux que d'en être un conseiller.

Avec Borel disparaissait un des derniers représentants de cette génération intellectuelle née avec la IIIème République, qui s'était totalement identifiée avec elle et avait construit sa carrière sous ses auspices. Au-delà de ses représentants les mieux repérés, les plus emblématiques, dont il fut, dans le monde des scientifiques, la personnalité la plus illustre, il y eut des milliers d'universitaires et d'enseignants discrets, des cohortes entières d'ingénieurs et de membres des professions libérales peu ou mal connus, les plus nombreux des journalistes, bien des artistes de toutes spécialités - bref, tous ceux qui s'étaient largement reconnus dans l'entreprise de la CTI - qui adhérèrent aux mêmes représentations politiques pétries de radicalisme et s'en firent les défenseurs. De la Ligue de la République au CNÉSP, ils animèrent de multiples centres de réflexion et d'action, les « boîtes à idées » de ce temps-là et traduisirent leurs convictions sur le plan de l'engagement politique. Le tout constitua une forme de vitalité intellectuelle massive et sans doute hégémonique, inscrite dans les bornes temporelles rigoureuses de la IIIème République et dont l'importance est aujourd'hui certainement sous-estimée. L'effondrement de 1940 en marqua la fin, autant parce que celui-ci traduisit l'échec du projet qu'en raison de l'épuisement biologique de cette génération ; pourtant la constitution du Front populaire avait déjà montré puissamment, peu d'années avant, qu'un tournant était en cours, que des reclassements se produisaient et que la nouvelle jeunesse recherchait d'autres engagements et d'autres formes de regroupements intellectuels.

Borel qui ne tergiversa pas et resta fidèle à sa trajectoire en paya le prix assez lourd : il passa de mode. Rapporter aujourd'hui ce que furent sa carrière et ses ambitions c'était proposer de construire une des pièces, indispensable, du vaste tableau de cette première époque où émergèrent les intellectuels de pouvoir.

Sources

FONDS D'ARCHIVES

Archives de l'Académie des sciences :

Dossiers Émile Borel (correspondances scientifiques, correspondances liées à LRDM), Émile Picard, Jules Drach, Gaston Darboux, Louis de Broglie, Charles Jacob.

Procès-verbaux des Comités secrets.

Archives nationales :

Dossier personnel d'Émile Borel, AJ 16 5882.

Dossier professionnel d'Émile Borel, AN AJ-16-5733.

Procès-verbaux du Conseil de la faculté des Sciences, AN-AJ/16/5123 sq.

Procès-verbaux du Conseil de l'Université de Paris, AN-AJ/16/2587 sq.

Dossiers d'archives de l'ISUP, AN 20010498/76 sq.

Dossiers d'archives de l'IHP, AN 20010498/130-IHP

Rapports de Gaston Darboux et Henri Poincaré sur la thèse présentée par Émile Borel, 14 juin 1894, AN-AJ/16/5535

Fonds Paul Painlevé, 313 AP, Commission supérieure des inventions intéressant la Défense nationale, 1913-1915.

Dossiers du Palais de la Découverte, 20010498/78 sq.

Dossier CNRSA (1938-1940) dans le fond CNRS, AN 19800284/5.

Dossiers CNRS, 1980615, 19780309

« Archives allemandes », A.N. 40 AJ 566 et 567.

Correspondance d'Ignace Meyerson, 19920046/47.

Procès-verbaux de la commission des Finances de la Chambre, série C, C//14773, C//14990.

Archives communales de Saint-Affrique, Maison de la Mémoire

Dossier d'inventaire sur Émile Borel, « Émile Borel et la Maison de la Mémoire du pays Saint-Affricain », mai 2016, 41 pages

Fonds Besson : la correspondance privée d'Émile Borel et de Marguerite Borel conservée par madame Françoise Besson, en cours d'inventaire, a vocation à être déposée aux Archives communales de Saint-Affrique ; elle comprend environ 450 lettres, cartes et cartons, dont 230 adressés à Émile Borel, 195 à Marguerite, et le reste aux deux. Par exemple, 25 lettres de Valéry, 14 de Tannery et de Drach, 8 de Picard, de Poincaré, de Bergson, plusieurs lettres de Marie Curie, Herriot, Herr, Lavisse, Painlevé, Rosny Aîné, Pierre Mille ou Seignobos ; etc.

Fonds Roucoules

Archives du Commissariat de police de Saint-Affrique

Presse locale : Le Progrès Saint-Affricain, Le Messager

Archives départementales de l'Aveyron

Archives du Comité départemental de libération de l'Aveyron : cotes 2 W 13-1, 12 W 6, 14 W 164/5, 324 W 558 à 562

Élections législatives (1924, 1928, 1932, 1936), archives du cabinet du préfet de Rodez : cotes 3 M 457-458 et 460

Fonds privé Paul Ramadier, cote 52 J : 52 J 6 et 52 J 146 en particulier

Presse locale : L'Éclair *(cote PER 680),* L'Union catholique *(cote PER 1441)*

Archives de la Légion d'honneur (base leonore en ligne) :

Dossier d'Émile Borel matricule, n° 79525, cote 19800035/168/21667.

Archives du Service historique de la Défense

Dossier d'Émile Borel (cote n° GR 6Ye 9935).

Sous-série GR-16-P du SHD, « Dossiers administratifs de résistants ».

Centre des archives du personnel militaire, à Pau

Archives du CEA

BNF, département des manuscrits

Bibliothèque et archives de l'IHP

Archives Curie et Joliot-Curie :

Correspondances de Marie Curie

Dossiers du Laboratoire Curie

Correspondances de Frédéric Joliot-Curie

Dossiers du CEA

Papiers Paul Langevin (Bibliothèque et Archives de l'ESPCI)

Papiers Aimé Cotton (Département de Physique de l'ENS et CAPHES)

Papiers Ernest Kahane- PEK (Archives privées)

Quelques documents proviennent des archives de l'Académie des sciences et du SGALI, à Moscou ; quelques autres des Archives nationales des États-Unis (Baltimore).

TÉMOIGNAGES ORAUX

David Perrin, entretien avec Michel Pinault, le 21 février 1996, à son domicile.

Colette Perrin, entretien avec Diane Dosso et M. Pinault, 1er juillet 1994, à son domicile.

Colette Perrin témoignage recueilli par Georges Lapicque, sans date, en ligne.

Bernard Langevin, dit Tiapa, entretien avec Michel Pinault, le 24 novembre 2016, à son domicile.

Hélène Langevin-Joliot, entretien avec Michel Pinault, mars 2017, à son domicile.

Françoise Besson, entretien avec Michel Pinault, le 19 juillet 2017, à son domicile.

SOURCES IMPRIMÉES

Comptes-rendus des séances de la Chambre des députés et du Sénat publiés au *Journal officiel* (abréviation : TPC et TPS)
Documents parlementaires (projets et propositions de lois, rapports, etc.)
Tables annuelles des débats et travaux
Journal officiel, Lois et décrets

ŒUVRES D'ÉMILE BOREL

(Sélection par ordre chronologique ; à l'exclusion des publications aux *Comptes rendus* et des articles dans *L'Ère nouvelle, La Dépêche, Le Capital, Le Progrès Saint-Affricain* et autres. Une bibliographie scientifique complète figure dans les *Œuvres d'Émile Borel*, 4 tomes, Paris, CNRS, 1972. Voir aussi *Émile Borel, philosophe et homme d'action*, présentation de Maurice Fréchet, Paris, Gauthier-Villars, 1967.)

Émile Borel et Jules Drach, *Henri Poincaré, Leçons sur la théorie de l'élasticité, rédigées par MM., Paris, Librairie Georges Carré, 1892.*

Émile Borel et Jules Drach, *Introduction à l'étude de la théorie des nombres et de l'algèbre supérieure, d'après des conférences faites à l'ENS par Jules Tannery*, préface de J. Tannery, Paris, Librairie Nony, 1895.

Émile Borel, « Sur quelques points de la théorie des fonctions », Paris, Gauthier-Villars, 1894.

Émile Borel, « Sur quelques points de la théorie des fonctions », *Annales scientifiques de l'ENS*, 3ème série, vol. 12, janvier 1895.

Émile Borel, « Fondements de la théorie des séries divergentes sommables », *Journal de mathématiques pures et appliquées*, 5ème série, t. 2, 1896, p. 103-122.

Émile Borel, « Congrès international des mathématiciens. Première session : Zurich, août 1897 », *Revue générale des sciences pures et appliquées*, t. 8, n° 19, 13 octobre 1897, p. 783-789.

Émile Borel, *Leçons sur la théorie des fonctions*, Paris, Gauthier-Villars, 1898.

Émile Borel, « À propos de l'infini nouveau », *Revue Philosophique de la France et de l'Étranger,* t. 48, juillet-décembre 1899, octobre 1899, p. 383-390.

Émile Borel, « L'antinomie du transfini », *Revue Philosophique de la France et de l'Étranger,* t. 49, juillet-décembre 1900, p. 378-383.

Émile Borel, *Leçons sur les séries à termes positifs*, Paris, Gauthier-Villars, 1902.

Émile Borel, *Leçons sur les fonctions méromorphes*, Paris, Gauthier-Villars, 1903.

Émile Borel, *Algèbre,* premier et second cycle, Paris, Armand Colin, 1903 et 1904.

Émile Borel, *Exercices pratiques de mathématiques dans l'enseignement secondaire,* Paris, Imprimerie Nationale, 1904
Émile Borel, « Les exercices pratiques de mathématiques dans l'enseignement secondaire », *Revue générale des sciences,* 1904, n° 10, p. 431–440.
Émile Borel, *Géométrie à l'usage des écoles normales primaires, des écoles primaires supérieures, des aspirants et aspirantes aux brevets de l'enseignement primaire et des lycées et collèges de jeunes filles*, Paris, Armand Colin, 1905.
Émile Borel, *Géométrie,* premier et le second cycle, Paris, Armand Colin, 1905.
Émile Borel, « Remarques sur certaines questions de probabilités », *Bulletin de la Société mathématique de France,* t. 33, 1905, p. 123-128.
Émile Borel, « Sur les principes de la théorie cinétique des gaz », *Annales de l'École normale,* t. 23, janvier 1906, p. 9-32.
Émile Borel, « La valeur pratique du calcul des probabilités », *LRDM,* n° 4, 10 avril 1906, p. 437.
Émile Borel, « La graphologie et la méthode scientifique », *LRDM,* n° 8 et n° 9, 10 août et 10 septembre 1906.
Émile Borel, « La logique et l'intuition en mathématiques », *Revue de métaphysique et de morale*, 15ème année, n° 3, mai 1907, p. 273.
Émile Borel, « L'évolution de l'intelligence géométrique », *Revue de métaphysique et de morale*, vol. 15, n° 6, novembre 1907, p.747-754.
Émile Borel, « Un paradoxe économique. Le sophisme du tas de blé et les vérités statistiques », *LRDM,* 3ème année, n° 24, 10 décembre 1907, p. 688–699.
Émile Borel, « Le calcul des probabilités et la méthode des majorités », *L'Année Psychologique*, 1907, n° 14, p. 125-151.
Émile Borel, « Le calcul des probabilités et la mentalité individualiste », *LRDM*, t. 6, 10 décembre 1908, p. 641-650.
Émile Borel et Paul Staäckel, *Elemente der mathematik*, 2 vol., *Arithmetic und Algebra, Geometrie*, Dresde, Teubner, 1908 et 1909.
Émile Borel, « La Méthode de M. Poincaré», *LRDM*, n° 39, 10 mars 1909, p. 360-362.
Émile Borel, « Le continu mathématique et le continu physique », *Scientia*, vol. VI, 3ème année, 1909.
Émile Borel, « La théorie des ensembles et les progrès récents de la théorie des fonctions », *Revue générale des sciences*, t. 20, 1909, p. 315-324.
Émile Borel, « La mécanique rationnelle et les physiciens. À propos de deux livres récents », *LRDM,* n° 58, 10 octobre 1910, p. 414-423.
Émile Borel, « Les records de l'aviation », *La Revue de Paris*, 15 novembre 1910, p. 417-429.
Paul Painlevé et Émile Borel, *L'Aviation*, Paris, Alcan, 1910.

Émile Borel, « Jules Tannery, 24 mars 1848 - 11 décembre 1910 », *LRDM*, 10 janvier 1911.
Émile Borel, *Notice sur les travaux scientifiques de M. Émile Borel*, Paris, Gauthier-Villars, 1912.
Émile Borel, « La philosophie mathématique et l'infini », *LRDM*, t. 14, n° 80, 10 août 1912, p. 218-227.
Émile Borel, « La hasard et la vérité scientifique », *LRDM*, 1er août 1912, p. 605-616.
Émile Borel, *Cours de géométrie analytique à l'usage des élèves de la classe de mathématiques spéciales*, Paris, Gauthier-Villars, 1914.
Émile Borel, *Le Hasard*, Paris, Alcan, 1914.
Émile Borel, « L'infini mathématique et la réalité », *LRDM*, t. 18, n° 103, 10 juillet 1914, p. 81-84.
Émile Borel, « Qui cultivera la science ? », *LRDM*, n° 115, 10 avril 1919.
Émile Borel, « La Statistique et l'organisation de la présidence du Conseil des ministres », *Journal de la Société Statistique de Paris*, t. 61, n° 1, janvier 1920, p. 9-13.
Émile Borel, *Supplément à la Notice de 1912 sur les travaux scientifiques de M. Émile Borel*, Toulouse, Privat, 1921.
Émile Borel, « Les limites de la géométrie. De Poincaré à Einstein », *Revue de Paris*, 07-1921, p. 415-427.
Émile Borel, « La mesure du temps. De Poincaré à Einstein », *Revue de Paris*, 11-1921, p. 638-348.
Émile Borel, préface à A. Einstein, *La Théorie de la relativité restreinte et généralisée*, Paris, Gauthier-Villars, 1921.
Émile Borel, *L'Espace et le temps*, Paris, Alcan, 1922.
Émile Borel, « Allocution de M. Émile Borel, président pour 1922 », *Journal de la SSP*, n° 2, février 1922, p. 42-43.
Émile Borel, « Einstein à Paris », *Revue hebdomadaire*, 8 avril 1922, p. 195-202.
Émile Borel, « D'Euclide et de Descartes à Gauss et à Darboux : Vingt-deux siècles de géométrie », *Le Temps*, 15 août 1922.
Émile Borel, « La propriété scientifique », *La Revue de Paris*, novembre 1922, p. 851-860.
Émile Borel, « La science dans une société socialiste », *Scientia, Revue internationale de synthèse scientifique*, t. 31, 1922, p. 223-228.
Émile Borel, « La réforme de l'enseignement secondaire : l'enseignement des sciences » », *Revue universitaire*, 11 janvier 1923, p. 134-135.
Émile Borel, « La vie universitaire : Pasteur, les leçons d'un centenaire », *La Revue de Paris*, n° 8, 30ème année, 15 avril 1923, p. 896-904.
Émile Borel et Robert Deltheil, *Probabilités et erreurs*, Paris, Colin, 1923.
Émile Borel, « Maurice Barrès et les laboratoires », *LRDM*, n° 146, janvier 1924, p. 129-130, dans *Vient de paraître*, 4ème année, 1924.

Émile Borel, « Le pouvoir central », dans M. Augé-Laribé et al., *La politique républicaine*, Paris, Alcan, 1924.
Émile Borel, *Organiser*, Paris, Alcan, 1925.
Émile Borel, « L'organisation de la recherche scientifique », *Revue scientifique*, t. 63, 1925, p. 545-548.
Émile Borel, *Traité du calcul des probabilités, t. I. Les Principes de la théorie des probabilités. Fasc. I. Principes et formules classiques du calcul des probabilités,* Paris, Gauthier-Villars, 1925.
Émile Borel, « Discours à la séance du cinquantenaire de la Société mathématique de France », mai 1924, *Bulletin de la SMF*, 1925, p. 49-54.
Émile Borel, « Paul Valéry et la méthode scientifique », dans René Boylesve et al., *Paul Valéry*, Paris, éditions de la revue Le capitole, 1926, p. 49-55.
Émile Borel, *Discours à l'inauguration de l'IHP*, Paris, Académie des sciences, 1928.
Émile Borel, « La science est-elle responsable de la crise mondiale ? », *Scientia*, n° 237, janvier 1932, p. 99-106.
Émile Borel, « La science et le calcul des probabilités, *Cahiers rationalistes*, n° 18, décembre 1932.
Émile Borel, « Commémoration du Mémorandum fédéraliste de Briand », 17 mai 1933, *L'Europe de demain*, n° 20, juin 1933.
Émile Borel, *Discours à l'inauguration de deux bustes de Gaston Boissier et Gaston Darboux, à Nîmes, le 22 octobre 1933*, Paris, Académie des sciences, 1933.
Émile Borel, Discours d'inauguration du colloque d'octobre 1933, dans *L'Avenir de l'esprit européen*, Paris, IICI, 1934.
Émile Borel et Robert Dahlander, *L'Unité européenne*, Paris, F.-H. Turot,1934.
Émile Borel, Allocution à l'Académie des sciences, séance du 17 décembre 1934, *CR*, t. 199, 1934, p. 1465-1477.
Émile Borel, « La psychologie de l'invention dans le domaine de la science », *Organon*, Varsovie, t. 1, 1935, p. 33-42.
Émile Borel, « Éloge du jeu », *Mercure de France*, n° 932, 15 avril 1937, p. 290-301.
Émile Borel, « Descartes et les mathématiques », *Les Cahiers de Radio-Paris. Le tricentenaire du Discours de la méthode*, 8ème année, n° 9, 15 septembre 1937, p. 825-869.
Émile Borel « Les probabilités - La science du hasard », dans Jacques Hadamard, « La Mathématique », t. 1er de l'*Encyclopédie française*, « L'Outillage mental », 3ème partie, Paris, Société de gestion de l'Encyclopédie française, diffusion Larousse, 1937.
Émile Borel, *Traité du calcul des probabilités et de ses applications, Applications aux jeux de hasard*, t. IV, fasc. II, Paris, Gauthier-Villars, 1938.

Émile Borel, discours, dans *Commémoration du cinquantenaire académique d'Émile Picard*, 11 décembre 1939, Paris, publications de l'Académie des sciences, 1939.
Émile Borel, *Selecta, Jubilé scientifique de M. Émile Borel*, Paris, Gauthier-Villars, 1940.
Émile Borel et André Chéron, *Théorie mathématique du bridge à la portée de tous*, Paris, Gauthier-Villars, 1940.
Émile Borel, dans Léon-Paul Fargue et al. *Paul Valéry vivant*, Marseille, éditions des Cahiers du sud, 1946.
Émile Borel, *Les Paradoxes de l'infini*, Paris, Gallimard, 1946.
Émile Borel, « Sur les probabilités dénombrables et le pari de Pascal », *CR*, séance du 13 janvier 1947, t. 224, janvier-juin 1947, p. 77-78.
Émile Borel, *Probabilité et certitude*, Paris, PUF, 1950.
Émile Borel, « La définition en mathématiques », *Actes du congrès international de Philosophie des sciences*, Paris, Hermann, 1951.
Émile Borel, *Les Nombres inaccessibles*, Paris, Gauthier-Villars, 1952.
Émile Borel, *L'imaginaire et le réel en mathématique et en physique*, Paris, Albin Michel, 1952.
Émile Borel, *Les nombres premier*s, Paris, PUF, QSJ n° 571, 1953.
Émile Borel, « Louis de Broglie et l'Institut Henri-Poincaré », dans *Louis de Broglie, physicien et penseur*, Paris, Albin Michel, 1953, p. 437-443.
Émile Borel, « Extraits d'un projet d'ouvrage », *Annales de l'IHP*, n° 16/1958, p.1-5.
Maurice Fréchet, *Émile Borel, philosophe et homme d'action. Pages choisies et présentées par Maurice Fréchet*, Paris, Gautier-Villars, 1967.
Émile Borel, *Œuvres*, Daniel Dugué (dir.), 4 volumes, Paris, CNRS, 1972.

ŒUVRES DE CAMILLE MARBO (MARGUERITE BOREL)

Camille Marbo, *Christine Rodis*, Paris, Stock, 1906.
Camille Marbo, *La Statue voilée*, Paris, Arthème Fayard, 1913 (Prix de la *Vie heureuse*)
Camille Marbo, *Le Survivant*, Paris, Arthème Fayard, 1918.
Mme Émile Borel, Marcelle Wehrlé, Mlle de Montmort et comtesse Bertrand de Mun, *La Mobilisation féminine en France (1914-1919)*, Paris, Imprimerie "Union", 1919.
Camille Marbo, *Jeux de la science et de l'amour,* Paris, Taillandier, 1953.
Camille Marbo, *À travers deux siècles. Souvenirs et rencontres (1883-1967),* Paris, Fayard, 1967.

ARCHIVES SONORES

Entretien d'Émile Borel pour l'émission de Magdeleine Paz et Henri Noguères, « Les voyageurs du siècle. L'année 1922 », 13 juin 1950, INA.

PRESSE ET PUBLICATIONS PÉRIODIQUES

Comptes-rendus hebdomadaires des séances de l'Académie des sciences.

L'Action nationale, L'Aurore, sondages, *Comoedia,* 1907-1937, *La Démocratie* (de Toulouse), 1945-1952, *La Dépêche* (de Toulouse), 1922-1940, *L'Éclair,* sondages, *L'Ère nouvelle,* 1924-1940, *L'Europe nouvelle, L'Européen,* sondages, *Le Figaro,* 1900-1940, *Le Gaulois,* sondages, *L'Homme libre, L'Humanité,* 1905-1940, et sondages après 1945, *L'Illustration,* sondages, *L'Information économique, financière et politique,* sondages, *Journal des débats,* sondages, *Le Matin,* 1905-1940, *Le Messager Saint-Affricain,* sondages, *Le Monde,* sondages, 1945-1957, *Le Monde nouveau, Les Nations, Les Nouvelles littéraires,* 1922-1936, *L'Œuvre,* sondages, *La Paix par le Droit, Le Petit Parisien,* 1900-1940, *Le Populaire*, 1920-1940, *Le Progrès Saint-Affricain*, 1924-1952, *Le Quotidien,* sondages, *Le Radical,* 1919-1931, *La Renaissance politique, littéraire et artistique, La Science et la vie,* sondages, *Le Temps*, 1900-1940, *L'Union catholique,* sondages, *L'Université libre, Vigilance.*

La Revue du Mois, La Revue du Mois scientifique (*Vient de paraître*), *Revue des deux mondes*, *Revue de l'enseignement des sciences*, *Revue d'études coopératives, Revue hebdomadaire,* sondages, *Revue de Paris,* 1919-1940, *Revue politique et parlementaire, Revue scientifique*, 1895-1940, *Rivista della Scienza – 0rgano internazionale di sintesi scientifica.*

Bulletin de la CTI, Bulletin officiel de la Ligue des droits de l'homme, Bulletin de la Société française de philosophie, Bulletin de la Société mathématique de France, Cahiers rationalistes, La Coopération des idées, Journal de la Société de statistique de Paris, Recherches et Inventions, Science et Travail, Le Syndicalisme universitaire, sondages.

IMPRIMÉS

Agathon, *L'Esprit de la nouvelle Sorbonne,* Paris, Mercure de France, 1911.

Ferdinand Alquié, « Bergson et la *Revue de métaphysique et de morale* », *Revue de métaphysique et de morale*, t. 48, n° 4, 1941, p. 315-328.

Charles Andler, *Vie de Lucien Herr, 1864-1926*, Paris, Rieder, 1932.

Paul Appell, « L'enseignement des Sciences et la formation de l'esprit scientifique », *La Revue scientifique,* n° 6, 5ème série, tome X, du 8 août 1908.

Paul Appell, « La faculté des Sciences de l'Université de Paris (1895-1910) », *La Revue de Paris*, 1er novembre 1910, p. 98-120.

Paul Appell, « Discours du président de l'Institut », *LRDM,* 10 septembre 1914.

Paul Appell, *Souvenirs d'un Alsacien, 1858-1922*, Paris, Payot, 1923.

L'Association républicaine de rénovation nationale et le Club de la renaissance française, leur rôle, les services qu'ils ont rendus et qu'ils continuent à rendre, Paris, impr. Renouard, 1926.
Michel Augé-Laribé et al, *La politique républicaine*, Paris, Alcan, 1924.
Albert Bayet, *Le Radicalisme*, Paris, Librairie Valois, 1932.
Julien Benda et al., *L'Avenir de l'esprit européen*, Paris, IICI, 1934.
Henri Bergson, *L'Évolution créatrice*, Paris, Alcan, 1907.
Henri Bergson, « À propos de "L'Évolution de l'intelligence géométrique". Réponse à un article d'Émile Borel », *Revue de métaphysique et de morale*, 16ème année, vol. 1, janvier 1908, p. 28-33 (*Mélanges*, Paris, PUF, 1972, p. 753-758).
Henri Bergson, *Correspondances*, Paris, PUF, 2002.
Gabrielle Bernheim-Rosenthal, *Journal (1897-1932)*, présentation et commentaires de Claude Brémond, Dijon, éditions de l'Université de Dijon, 2014.
Alfred Binet, *Les révélations de l'écriture, d'après un contrôle scientifique*, Paris, Alcan, 1906.
Karin Blanc, *Pierre Curie – Correspondances*, Saint-Rémy-en-l'Eau, éditions Monelle Payot, 2009.
Léon Blum, *Lettres sur la réforme gouvernementale*, Paris, Grasset, 1918.
Joseph-Henri Boex-Borel, *Le pluralisme : essai sur la discontinuité et l'hétérogénéité des Phénomènes*, Paris, Alcan, Bibliothèque de philosophie contemporaine, 1909.
Marcel Böll, *Histoire des mathématiques*, Que sais-je ?, Paris, PUF, 1941.
Abel Bonnard, *En Chine (1920-1921)*, Paris, Fayard, 1924.
Georges Bouligand, « Traité du calcul de probabilités et de ses applications, par M É. Borel », *Revue scientifique*, 63ème année, n° 17, 12 septembre 1925, p. 605-606.
Hubert Bourgin, *De Jaurès à Léon Blum : l'École normale et la politique*, Paris, Fayard, 1938.
Pierre Boutroux, « Henri Poincaré. L'Œuvre philosophique », *LRDM*, t. 15, n° 86, 10 février 1913, p. 155-183.
Louis de Broglie, « Notice sur la vie et l'œuvre d'Émile Borel », séance annuelle des prix de l'Académie des sciences, 9 décembre 1957, dans L. de Broglie, *Sur les sentiers de la science*, Paris, Albin Michel, 1960.
Louis de Broglie, *Notice sur la vie et l'œuvre de Georges Darmois*, séance de l'Académie des sciences du 9 décembre 1961, Paris, publications de l'Institut, 1962.
Maurice de Broglie, « Jeunesse de Louis de Broglie et orientation intellectuelle », dans *Louis de Broglie, physicien et penseur*, Paris, Albin Michel, 1953, p. 423-429.
Léon Brunschvicg, *Héritage des mots, héritage d'idées*, Paris, PUF, 1950.
Adolphe Bühl, « Émile Borel, Traité du calcul des probabilités et de ses applications, publié avec la collaboration de L. Blaringhem, G. V. L.

Charlier, R. Deltheil, H. Galbrun, J. Haag, R. Lagrange, F. Perrin, P. Traynard », *L'Enseignement mathématique*, t. 24, 1924-1925, p. 339-341.
Ferdinand Buisson, *La Politique radicale*, Paris, Giard et Brière, 1908.
Ferdinand Buisson (dir.), *Nouveau dictionnaire de pédagogie de l'enseignement primaire*, Paris, Hachette, 1911.
Jean Cabanel, « J. H. Rosny Aîné », *Le Triptyque*, n° 131 (1940), p. 3-11.
Élie Cartan, « L'œuvre scientifique de M. Ernest Vessiot », *Bulletin de la Société mathématique de France*, t. 75, 1947.
Gaston Casanova, « La fin de l'empirisme borélien », *La Pensée*, n° 13, juillet 1947, p. 65-68).
Maurice Caullery, « L'Évolution de notre enseignement supérieur scientifique », *LRDM*, n° 23, 10 novembre 1907, p. 513-535.
Maurice Caullery, *Les universités et la vie scientifique aux États-Unis*, Paris, Colin, 1917.
Maurice Caullery, « Une histoire de la Colonie », texte consultable sur le site internet de La Colonie de Condé-sur-Vesgre.
Michel Cazin, *Louis de Broglie que nous avons connu*, Paris, Bibliothèque des annales de la fondation Louis-de-Broglie, 1988.
Centre national d'études sociales et politiques, *Statuts 1916, liste des membres, tableau des séances*, Boulogne, CNÉSP éditeur, 1929.
« Cinq lettres sur la théorie des ensembles », *Bulletin de la Société mathématique de France*, t. 33, 1905, p. 261-273.
Cinquantenaire de l'École normale supérieure de Sèvres (1881-1931), collection de l'ENS, Sèvres, 1931.
Henri Clouard, « Pour une constitution de l'intelligence », *Mercure de France*, 1er novembre 1919.
Comité fédéral de coopération européenne, *Brochure du Comité Fédéral de coopération européenne*, n°1, Paris, Imprimerie nationale, 1929.
Le Congrès de La Haye. Son objet et ses réalisations, Paris, Comité français de liaison des mouvements pour l'unité européenne, 1948.
Pierre Cot, « Les avocats et les universitaires », dans la *Revue politique et parlementaire*, vol. CXXIV, juill-sept 1925, p. 220.
Eugénie Cotton, 1967, *Aimé Cotton*, Paris, Seghers, coll. Savants du monde entier, 1967.
Marie Curie, *Pierre Curie,* Paris, Payot, 1923 (Paris, Denoël, 1955).
Marie et Irène Curie, *Correspondance, choix de lettres (1905-1934)*, Paris, EFR, 1974.
Pierre Curie et Mme Pierre Curie, *Conférences Nobel,* 1903, Paris, Félix Alcan, 1912.
Roger Dalimier et Louis Gallié, *La propriété scientifique, le projet de la CTI de création d'un droit d'auteur pour le savant et l'inventeur*, Paris, Rousseau, 1923.
Lucie Delarue-Mardrus, *Mes Mémoires*, Paris, Gallimard, 1938.

Jean Delsarte, « L'organisation de la recherche scientifique », « De l'Enseignement supérieur en France et spécialement des facultés des sciences » et enfin « Sur un projet de réforme de l'Enseignement supérieur », *Revue scientifique*, 77ème année, nos 1, 3 et 5, janvier, mars et mai 1939, p. 1-3, 140-143 et 299-303.

Robert Deltheil, *L'évolution et les progrès de la géométrie depuis un siècle*, Toulouse, Privat, 1931.

Jules Drach, « Liste des travaux de Jules Drach », *Cahiers du séminaire d'histoire des mathématiques,* 1981, t. 2, p. 18-57.

Georges Dubost, *Le Conseil national économique, ses origines, son institution et son organisation, son œuvre, son avenir,* Paris, Domat-Monchrestien, 1936.

Georges Duhamel, *Chronique des Pasquier*, t. 8, *Le combat contre les ombres*, Paris, Mercure de France, 1938.

Ernest Duporcq, *Compte-rendu du 2ème congrès international des mathématiciens, Paris 6-12 août 1900*, Paris, Gauthier-Villars, 1902.

Émile Durkheim, « Formes élémentaires de l'organisation sociale », *L'Année sociologique*, n° 7, 1904.

Albert Einstein, *Œuvres choisies, tome 4, Correspondances françaises*, Paris, Seuil/CNRS, 1989.

« Enquête sur l'enseignement de la géométrie », *Revue de l'Enseignement des sciences*, 1ère année, n° 1, janvier 1907, p. 4-10.

Emmanuel Fauré-Frémiet, « Le mouvement actuel pour la réorganisation des recherches scientifiques en France », *Revue scientifique*, n° 1-59ème année, 8 janvier 1921.

Henri Fayol, *Administration industrielle et général : prévoyance, organisation, commandement, coordination, contrôle*, Paris, Dunod, 1920.

Lucien Febvre, « Une encyclopédie française : pourquoi, comment ? », préface au t. I de l'*Encyclopédie française*, p. 1.04-11, février 1934, Paris, Société de gestion de l'*Encyclopédie française*/ Librairie Larousse, 1937.

Anatole France, *Trente ans de vie sociale*, vol. III, 1909-1914, Évreux, Cercle du bibliophile, 1971.

Roger Francq, « Le perfectionnement de l'outillage national, projet Tardieu et plan du Conseil national économique », *Revue d'économie politique*, juillet-août 1930, p. 1172-1191.

Maurice Fréchet, Werner Heisenberg, George Pólya, *Colloque consacré à la théorie des probabilités, Genève, 1937*, 8 vol., Paris, Hermann, 1938-1939.

Maurice Fréchet, « La vie et l'action sociale d'Émile Borel », *L'Enseignement mathématique*, 11/1965, n° 1, p. 5-21.

Maurice Fréchet, *La vie et l'œuvre d'Émile Borel*, Monographies de L'Enseignement mathématique, vol. 14, Paris, L'Enseignement mathématique, 1965 (*Œuvres*, t. 1, Paris, CNRS, 1972, p. 5-98).
Maurice Fréchet, « Émile Borel », *Encyclopædia Universalis,* Paris, Encyclopædia Universalis.
José Germain, *La Confédération des travailleurs intellectuels*, brochure sans date.
Lucienne Gosse, *René Gosse, 1883-1943, Bâtisseur de l'université, Résistant des "années noires"*, Grenoble, PUR, 1994.
Jacques Hadamard, « La Mathématique », t. 1er de l'*Encyclopédie française*, « L'Outillage mental », 3ème partie, Paris, Société de gestion de l'Encyclopédie française, diffusion Larousse, 1937.
Émile Harlé, « Lettre d'un industriel sur l'éducation mathématique de auxiliaires de l'industrie », *Revue de l'Enseignement des sciences*, 1ère année, n° 1, janvier 1907, p. 10-15.
Édouard Herriot, *Agir*, Paris, Payot, 1917.
Édouard Herriot, *Créer*, 2 vol., Paris, Payot, 1919.
Édouard Herriot, préface à J. Schimdt, *Idées et images radicales*, Paris, Excelsior, 1934.
Marcelle Georges Huisman, *J'ai un bel avenir derrière moi*, Paris, éditions du Platane, 1994.
Contre-Amiral Jehenne, *Historique des batteries de canonniers-marins et des canonnières-fluviales*, 1938, Service historique de la Défense, cote 2011-320995.
Jeune Science, « Appel aux travailleurs scientifiques », 1 p. imprimée, PEK.
Jeune Science, « Rapport de la commission des chimistes de Jeune science (1937) », 17 pages dactylographiées, PEK.
Irène et Frédéric Joliot-Curie, « La mécanique ondulatoire et le noyau », dans *Louis de Broglie, physicien et penseur*, Paris, Albin Michel, 1953, p. 209-214.
Jubilé scientifique de M. Émile Borel, 14 janvier 1940, Discours prononcés, Paris, Gauthier-Villars, 1940.
Jubilé de Charles Maurain, Paris, Gauthier-Villars, 1941.
Ernest Kahane, *La Recherche scientifique en France*, chapitre 35 « Jeune science », tapuscrit, Papiers Ernest Kahane.
Albert Kahn, *Droits et devoirs des gouvernements*, Paris, Imprimerie Vaugirard, 1918.
Charles-Jean de La Vallée Poussin, *Intégrales de Lebesgue, fonctions d'ensemble, classes de Baire*, Paris, Gauthier-Villars, 1916.
Paul Labérenne, « Mathématiques et matérialisme dialectique », *La Pensée*, n° 22, janvier 1949, p. 85-90.
Maurice Lacoin, « La Taxe d'apprentissage », *Revue politique et parlementaire*, décembre 1924, p. 482 sq.

Paul Langevin, « Le temps, l'espace et la causalité dans la physique moderne », *Bulletin de la SFP*, n° 12, 1912, p. 1-46.
Paul Langevin, « La Valeur humaine de la science », préface de Marie Lahy-Hollebecque (dir.), *L'Évolution humaine des origines à nos jours*, Paris, Quillet, 1934, et *Cahiers rationalistes*, n° 80, mars 1940.
Paul Langevin, « Henri Roger et l'Union rationaliste », *Cahiers de l'Union rationaliste*, n° 89, mai-juin 1945.
Pierre-Simon Laplace, *Essais philosophique sur les probabilités*, éd. Bachelier, 1840.
Felix Le Dantec, « La biologie de M. Bergson », *LRDM*, n° 20, 20 août 1907.
Félix Le Dantec, *L'Athéisme*, Paris, Flammarion, 1907.
Émile Lessard, *Almanach d'aviateurs pour 1909*, Paris, Albert Méricart, 1909.
Denise Levy-Astruc, « Histoire officielle, officieuse et marginale de l'Institut de Biologie Physico-Chimique, Fondation Edmond de Rothschild, d'avril 1927 à décembre 1958 », tapuscrit 133 p., archives Curie et Joliot-Curie.
Charles Lucas de Pelouan, « Bulletin de la Société française de philosophie, séances du 21 mars et du 16 mai 1907, L'enseignement de la géométrie selon Carlo Bourlet », dans *Revue de philosophie*, t. XII, 7ème année, janvier-juin 1908, p. 430-436.
Julien Luchaire, *Observations sur la méthode d'une statistique de la vie intellectuelle*, Genève, CICI, SDN, 1923
Julien Luchaire, *La crise de la science pure, contenant une lettre de M. Roger, Doyen de la Faculté de Médecine de l'Université de Paris*, Genève, CICI, SDN, 1923.
Benoit Mandelbrot, « Entretien à bâtons rompus avec Szolem Mandelbrojt (1899-1983) », *Publications du Séminaire d'Histoire des Mathématiques de l'Université de Paris,* n° 6,1985, p. 1-46.
Charles Mauguin, « La thèse de doctorat de Louis de Broglie », dans *Louis de Broglie, physicien et penseur*, Paris, Albin Michel, 1953, p. 430-436.
Vladimir Maz'ya et Tatiana Shaposhnikova, *Jacques Hadamard, un mathématicien universel*, Les Ulis, EDP Sciences, 1997.
Charles Moureu, *La Chimie et la guerre. Science et Avenir*, Paris, Masson, 1920.
Paul Nizan, *Les chiens de garde*, Paris, Rieder, 1932.
Charles Nordmann, *Einstein et l'Univers, une lueur dans le mystère des choses* Paris, Hachette, 1921.
Charles Nordmann, « Einstein expose et discute sa théorie », *Revue des Deux Mondes*, 1er mai 1922, p. 129-166.
L'Œuvre de la Confédération internationale des travailleurs intellectuels, Paris, J.J. Durand, 1925.

« L'organisation de la présidence du Conseil », anonyme, *Revue politique et parlementaire*, 10 octobre 1925, p. 24-40.
Paul Painlevé, *Comment j'ai nommé Foch et Pétain. La politique de guerre en 1917. Le commandement unique interallié*, Paris, Alcan, 1923.
« Paul Painlevé », *Cahiers rationalistes*, n° 26, novembre 1933.
Paul Painlevé, *Paroles et écrits*, Paris, éditions Rieder, 1936.
Blaise Pascal, *Pensées*, notes et introduction par Léon Brunschvicg, Paris, Hachette, 1904.
Paul-Gaultier, « La défense des intellectuels », *Revue politique et littéraire*, n° 11, 4 juin 1921, p. 339-441.
Charles Péguy, « De la situation faite au parti intellectuel dans le monde moderne devant les accidents de la gloire temporelle », *Cahiers de la Quinzaine*, 9ème série, 1er cahier, 6 octobre 1907, p. 9-145 (*Œuvres complètes en prose*, La Pléiade, t. II, p. 678 et suivantes)
Charles Péguy, *Deuxième élégie XXX*, Paris, Gallimard, La Pléiade, t. II, 1955, p. 992
Ch. Péguy, « Restait M. Lavisse », 1901, *Œuvres en prose complètes*, Paris, Gallimard, 1987-1992, t. 3, p. 383-390.
Jules Perquel, *Les conséquences de la stabilisation*, Paris, éd. Le Capital, 1928.
Gabriel Perreux, *Au seuil des élections. Les Allemands m'ont dit...*, préfacé par Émile Borel, Paris, Paris-Midi, sans date (1928 probable).
Jean Perrin, *Les Atomes*, Paris, Alcan, 1913.
Jean Perrin, « Atomes et lumière », *LRDM*, n° 132, 10 février 1920, p. 114-166.
Jean Perrin, *La recherche scientifique,* Paris, Hermann, 1933.
Jean Perrin, « La libération de l'homme par la science », *Cahiers rationalistes,* n° 46, janvier 1936.
Jean Perrin, *Discours au CSRS*, Paris, Hermann, 1938.
Jean Perrin, *La science et l'espérance*, Paris, PUF, 1948.
Henri Poincaré, *La Valeur de la Science*, Paris, Flammarion, 1905.
Henri Poincaré, *Science et méthode*, Paris, Flammarion, 1908.
Jean-Baptiste Pomey, *Le Producteur, revue de culture générale appliquée*, t. 8, 3ème année, juin 1922, p. 201-206.
Catherine Pozzi, *Journal 1913-1934*, Paris, Ramsay, 1987.
« Progamma », *Rivista della Scienza – 0rgano internazionale di sintesi scientifica*, n°1, 1907.
Jules Prudhommeaux, *Le Centre Européen de la dotation Carnegie pour la paix internationale (1911-1921)*, Paris, Centre européen, 1921.
Étienne Rabaud, « Émile Borel », *Revue du Mois scientifique*, n° 161, mai 1925, dans *Vient de paraître*, 5ème année, 1925.
Paul Ramadier, Discours aux obsèques d'Émile Borel, Archives départementales de l'Aveyron, fonds Paul Ramadier, cote 52 J 6.

Albert Ranc, *Les Ingénieurs et la Guerre. La Mobilisation scientifique et technique*, Paris, Étienne Chiron éditeur, 1922.
Albert Ranc, « L'organisation d'un service national de la recherche scientifique en France », *Revue scientifique*, 22 novembre 1930, 68ème année, n° 22, p. 688.
Rassemblement universel pour la paix, brochure, 30 p., Paris, Centre parisien pour le rassemblement universel, sans date, disponible sur Gallica.
Ernest Renan, *L'Avenir de la science*, Paris, Calmann-Lévy, 1890.
Abel Rey, *Théorie de la physique chez les physiciens contemporains,* Paris, Alcan, 1907.
Paul Reynaud, *Mémoires*, t. 1, « Venu de ma montagne », Paris, Flammarion, 1960.
Henri Roger, *Entre deux siècles (Souvenirs d'un vieux biologiste),* Pars, L'Expansion scientifique française, 1947.
Lieutenant de Vaisseau Jules Rouch, « Le vent balistique », février 1917, dans Contre-amiral Jehenne, *Historique des batteries de canonniers-marins et des canonnières-fluviales,* 1938, Service historique de la Défense, cote 2011-320995.
Joseph-Honoré Rosny Aîné, « Les Xipéhuz », dans *L'Immolation*, Paris, Albert Savine, 1887.
Joseph-Honoré Rosny Aîné, *La Force mystérieuse*, Paris, Plon, Nourrit et Cie, 1914.
Joseph-Honoré Rosny Aîné, « La conscience et l'existence », *LRDM*, n° 121, 10 janvier 1920, p. 4-21.
Joseph-Honoré Rosny Aîné, « Milieux interstellaires et interatomiques », *LRDM*, n° 132, 10 décembre 1920, p. 420-429.
Joseph-Honoré Rosny Aîné, *Torches et lumignons. Souvenirs de la vie littéraire*, Paris, La Force française, 1921.
Joseph-Honoré Rosny Aîné, « Le pluralisme intégral », *Mercure de France*, 15 août 1925, p. 5-38.
Joseph-Honoré Rosny Aîné, *Mémoires de la vie littéraire*, Paris, G. Crès et Cie, 1927.
Joseph-Honoré Rosny Jeune, *L'Erreur amoureuse d'Anne de Bretagne,* Paris, Éditions de France, 1934.
Bertrand Russell, *Mysticisme et logique*, Paris, Payot, 1922.
Jules Sageret, *Le syndicalisme intellectuel, son rôle politique et social,* Paris, Plon, 1922.
Georges Scelle, « Le Conseil national économique. Son but, sa compétence, son fonctionnement », *Revue politique et parlementaire*, 10 octobre 1924, p. 100-109.
Laurent Schwartz, *Un mathématicien aux prises avec le siècle*, Paris, Odile Jacob, 1997.
Wickham Steed, *Mes souvenirs, 1892-1914,* Paris, Plon, 1926.

Frederick Taylor, traduit en français par Jean Boyer, préface de Henry Le Chatelier, *Principes d'organisation scientifique des usines*, Paris, Dunod, 1912.

Albert Thibaudet, *La République des professeurs*, Paris, Grasset, 1927.

Gilette Ziegler, *Marie Curie-Irène Curie, Correspondance, choix de lettres, 1905-1934,* Paris, Editeurs Français Réunis, 1974.

Paul Valéry, *Introduction à la méthode de Léonard de Vinci*, Paris, Gallimard, 1919.

Paul Valéry, « Eupalinos ou l'architecte », dans André Mare et Louis Sue (dir.), *Architectures*, Paris, Gallimard, 1921.

Paul Valéry, « Jean Perrin », *LRDM scientifique*, octobre 1923.

Paul Valéry, Henri Focillon et al. *Correspondance : Pour une société des esprits*, Paris, IICI, 1933.

Paul Valéry, *Lettres à quelques-uns*, Paris, Gallimard, 1952.

Paul Valéry, *Cahiers*, Paris, Gallimard, La Pléiade, t. II, 1974.

Camille Vallaux, « Albert Métin géographe, sociologue et ministre du Travail », *LRDM*, 10 décembre 1919, p. 361-379.

Émile Vandervelde, *Souvenirs d'un militant socialiste*, Paris, Denoël, 1939.

Henri Villat, *Notice sur la vie et l'œuvre de Jules Drach*, 2 juillet 1951, Académie des sciences, notices et discours, 1951.

Henri Vogt, « Jules Molk », *L'Enseignement mathématique*, vol. 16, 1914.

Vito Volterra, « Les mathématiques dans les sciences biologiques et sociales », *LRDM*, vol. 1, 10 janvier 1906, n° 1, p. 1-20.

André Wahl, *L'organisation de la recherche scientifique*, Paris, Chimie et Industrie, 1925.

André Weil, « Science française », manuscrit de 1938, paru dans la *NRF*, n° 25, 1er janvier 1955, p. 97-109, et dans *Œuvres scientifiques*, New York-Heidelberg-Berlin, Springer, 1979, vol. 3, p. 232-235.

André Weil, Notice biographique de Jean Delsarte, *Œuvres scientifiques*, New York-Heidelberg-Berlin, Springer, 1979, vol. 3, p. 217.

Ludovic Zoretti, *Leçons sur le prolongement analytique*, Paris, Gauthier-Villars, 1911.

Bibliographie

PRINCIPAUX OUVRAGES PROSOPOGRAPHIQUES

L'Académie nationale de pharmacie de 1803 à 2003, Paris, Pharmathèmes éditions, 2003.

Anciens sénateurs de la IIIème République, site du Sénat.

Annuaire des membres de la Société Philomathique de Paris, Paris, PUF, 1990.

Archives de l'Institut Pasteur. Notices biographiques sur le site de l'Institut Pasteur.

Base de données des députés français depuis 1789, site de l'Assemblée nationale.

Biographical Memoirs of the Felows of the Royal Society, Londres, The Royal Society, 47 vol.

Biographical Memoirs of the National Academy of Sciences, Washington D.C., Nat. Acad. Press, 73 vol.

Biographies de mathématiciens, Bibm@t.net, la bibliothèque des mathématiques.

Brown Éric, *Des Chimistes de A à Z*, Paris, Ellipses, 2002.

Patrick Cabanel et André Encrevé, *Dictionnaire biographique des protestants français de 1787 à nos jours*, Paris, éditions de Paris – Max Chaleil, 2015.

Christophe Charle, *Les Professeurs de la Faculté des lettres de Paris - dictionnaire biographique, 1909-1939*, Paris, INRP/CNRS, 1986.

Christophe Charle et Eva Telkès, *Les Professeurs du Collège de France - dictionnaire biographique, 1901-1939*, Paris, INRP/CNRS, 1988.

Christophe Charle et Eva Telkès, *Les Professeurs de la Faculté des sciences de Paris - dictionnaire biographique, 1901-1939*, Paris, INRP/CNRS, 1989.

J.-Cl. Dumas (dir.), A. Chatriot, D. Fraboulet, P. Fridenson et H. Joly, *Dictionnaire historique des patrons français*, Paris, Flammarion, 2010.

L'École normale supérieure, 1794-1994, Maîtres et élèves, célébrités et savants, catalogue de l'exposition du bicentenaire, Paris, éd. ENS, 1994.

Claudine Fontanon André Grelon, *Les Professeurs du Conservatoire national des arts et métiers, dictionnaire biographique, 1794-1955,* 2 vol., Paris, INRP-CNAM.

Jacques Fouré-Larivière, *Anthologie des écrivains morts pour la France en 1914-1918,* Amiens, éd. Mailfère, 1924-1926.

Michel Gaudart de Soulages et Hubert Lamant (dir.), *Dictionnaire des francs-maçons français,* Paris, Albatros, 1981.
Charles Gillipsie (dir.), *Dictionary of Scientific Biography*, 16 vol., New York, Scribners & Sons, 1970-1980.
Bernard Hauchecorne et Daniel Suratteau, *Des mathématiciens de A à Z*, Paris, Ellipses, 2008.
Françoise Huguet, *Les Professeurs de la Faculté de Médecine de Paris, dictionnaire biographique, 1794-1939*, Paris, INRP/CNRS, 1992.
Nath Imbert, *Dictionnaire national des contemporains*, Paris, Éditions La Jeunesse, 1939.
Index biographique de l'Académie des Sciences, 1966-1978, Paris, Académie des Sciences, 1979.
Philippe Jaussaud et Édouard-Raoul Brygoo, *Du Jardin au Muséum en 516 biographies,* Paris, MNHN, 2004.
Jean Jolly, *Dictionnaire des parlementaires français,* Paris, PUF, 1960-1977.
Jacques Julliard et Michel Winock (dir.), *Dictionnaire des intellectuels français,* Seuil, Paris, 1996.
Dominique Lecourt, *Dictionnaire d'histoire et philosophie des sciences*, Paris, PUF, 1999.
Jacques Lesourne (dir.), *Les Polytechniciens dans le siècle, 1894-1994*, Paris, Dunod, 1994.
Jean Maitron et Claude Pennetier, *Dictionnaire biographique du mouvement ouvrier français, 1914-1939*, Paris, Éditions ouvrières, 1981-1991.
Robert Mahl, *Archives et biographies d'ingénieurs des Mines* : http://www.annales.org/archives/
Qui êtes-vous ? Annuaire des contemporains, Paris, G. Ruffy éd., 1924.
André Rousset et Jules Six, *Des Physiciens de A à Z,* Paris, Ellipses, 2000.
Jean-François Sirinelli (dir.), *École Normale Supérieure. Le livre du centenaire,* Paris, PUF, 1994.
(Ainsi que les notices nécrologiques de scientifiques dans les *Cahiers rationalistes*, la *Revue du Palais de la Découverte* et les revues des sociétés savantes.)

MÉTHODOLOGIE

David Bloor, *Knowledge and Social Imagery*, Londres, Routledge, 1976.
Pierre Bourdieu, « La Spécificité du champ scientifique et les conditions sociales du progrès de la raison », *Sociologie et Sociétés,* VII, 1975, p. 91-118.
Pierre Bourdieu, « L'illusion biographique », *Actes de la recherche en sciences sociales*, 1986, n° 62-63.
Pierre Bourdieu, *Les usages sociaux de la science. Pour une sociologie clinique du champ scientifique*, Paris, INRA éd., 1997.

Christophe Charle, *Homo Historicus, Réflexions sur l'histoire, les historiens et les sciences sociales*, Paris, A. Colin, 2013.
Dominique Damamme, « Grandes illusions et récits de vie », *Politix*, 1994, 3e trimestre, n° 27.
Louis Hincker, « L'ordre biographique du XIXe siècle », journée d'étude du 13 novembre 1999 : « Réflexions sur les sources écrites de la "biographie politique". Le cas du XIXe siècle », en ligne sur le site maitron.org.
Bruno Latour, *La science en action,* Paris, La Découverte, 1989.
Bruno Latour, « Joliot : l'histoire et la physique mêlées », dans M. Serres (dir.), *Éléments d'histoire des sciences*, Paris, Bordas, 1989, p. 493-513.
Bruno Latour, *Le Métier de chercheur, regard d'un anthropologue*, Paris, INRA éd., 1995.
Bernard-Pierre Lecuyer, « Bilan et perspectives de la sociologie des sciences dans les pays occidentaux », *Archives européennes de Sociologie,* vol. 19, 1978, p. 257-336.
Jean-Philippe Massonie, « Introduction à la théorie de la mesure », *Histoire & Mesure*, vol. 3, 1988, n°1, Varia, p. 7-18.
Pierre Merklé, *Sociologie des réseaux sociaux*, Paris, La Découverte, 2004.
Dominique Pestre, « Pour une histoire sociale et culturelle des sciences. Nouvelles définitions, nouveaux objets, nouvelles pratiques », *Les Annales ESC,* mai-juin 1995, p. 487-522.
Dominique Pestre, « Les "Social Studies of Science" », *Raison Présente,* n° 119, 1996, p. 35-46.
Krzysztof Pomian, « Histoire et fiction », *Le Débat*, 1989, n° 54.
Krzysztof Pomian, *Sur l'histoire*, Paris, Gallimard, 1999.
Laurent Rollet et Philippe Nabonnand, « Définir, classer, compter : biographie et prosopographie en histoire des sciences », dans L. Rollet et P. Nabonnand (dir.). *Les Uns et les Autres. Biographies et prosopographies en histoire des sciences*, Nancy, Presses Universitaires de Nancy, 2012.
Steven Shapin, " History of Science and its Sociological Reconstructions ", *History of Science*, 1982, n° 20, p. 157-211.
Georg Simmel, *Sociologie. Études sur les formes de la socialisation,* Paris, PUF, coll. « Sociologies », 1999, 1re éd. allemande : 1908.
Félix Torrès, « Du champ des *Annales* à la biographie : réflexions sur le retour d'un genre », dans Michel Trebitsch Michel (dir.), Actes du colloque « Problèmes et méthodes de la biographie », *Sources, Travaux historiques*, 1985, n° 3-4.
Michel Trebitsch Michel (dir.), Actes du colloque « Problèmes et méthodes de la biographie », *Sources, Travaux historiques*, 1985, n° 3-4.
Max Weber, *Le Savant et le Politique*, Paris, Plon, 1959 (1ère éd. 1919).

ÉMILE BOREL

Anouk Barberousse, « La valeur de la connaissance approchée. L'épistémologie de l'approximation d'Émile Borel », *Revue d'histoire des mathématiques*, 2008, n° 14, p. 53–75.

Bernard Bru, Marie-France Bru et Kai Lai Chung, « Borel et la martingale de Saint-Pétersbourg », *Revue d'histoire des mathématiques*, 1999, n° 5, p. 181-247.

Martha-Cecilia Bustamante, Matthias Cléry et Laurent Mazliak, « Le Traité du calcul des probabilités et de ses applications : étendue et limites d'un projet borelien de grande envergure (1921-1939) », *North-Western European Journal of Mathematics*, 2015, n° 1, p. 85-123.

Stéphane Callens, « Ensemble, mesure et probabilité selon Émile Borel », *Mathématiques et sciences humaines,* 28ème année, 1990, vol. 110, p. 27-45.

Stéphane Callens, « Émile Borel », dans Dominique Lecourt, *Dictionnaire d'histoire et philosophie des sciences*, Paris, PUF, 1999, p. 126.

Évelyne Diebolt et Emmanuel Naquet, « Émile Borel », dans Patrick Cabanel et André Encrevé (dir.), *Dictionnaire biographique des protestants français de 1787 à nos jours*, tome 1 : A-C, Les Éditions de Paris Max Chaleil, Paris, 2015, p. 388-389.

Antonin Durand et Laurent Mazliak, "Revisiting the Sources of Borel's Interest in Probability : Continued Fractions, Social Involvement, Volterra's Prolusione", *Centaurus,* n° 53, 2011, p. 306–332.

Sandrine Fauduet, « Émile Borel, 1871-1956. L'espace et le temps d'une vie sur deux siècles », *La revue pour l'histoire du CNRS*, n° 3, 2000.

Maurice Fréchet, « Le rôle d'Émile Borel dans la théorie des jeux », *Revue d'économie politique*, vol. 69, n° 2, 1959, p. 139-187.

Hélène Gispert, « L'entreprise biographique à l'épreuve : écueils, défis, atouts du cas d'Émile Borel », dans Laurent Rollet et Philippe Nabonnand (dir.). *Les Uns et les Autres. Biographies et prosopographies en histoire des sciences*, Nancy, Presses Universitaires de Nancy, 2012.

Jean-Michel Guieu, « L'engagement européen d'un grand mathématicien français. Émile Borel et la "Coopération européenne" des années vint aux années quarante », *Bulletin de l'Institut Pierre Renouvin*, n° 5, été 1998.

Pierre Guiraldenq, *Émile Borel (1871-1956) - L'espace et le temps d'une vie sur deux siècles,* Paris, Librairie Albert Blanchard, 1999.

Pierre Guiraldenq, « Émile Borel dans la grande guerre 1914-1918. Du scientifique au combattant », *Histoire de la recherche contemporaine*, t. V, n° 1, 2016, p. 21-30.

Kenneth O. May, « Émile Borel », dans Charles Gillipsie, *Dictionnary of Scientific Biography*, New York, Scribner's Sons, 1970-1980.

Laurent Mazliak et Glenn Shafer, « Émile Borel difficult days in 1941 », 2010, en ligne.

Paul Montel, « Notice nécrologique sur Émile Borel », séance de l'Académie des sciences du 13 février 1956, *Comptes-rendus*, t. 242, 1er semestre 1956, n° 7, p. 845-850.
Stéphane Montfort, « La pensée d'Émile Borel », maîtrise de philosophie, Univ. Nancy-2, 1999.

HISTOIRE DES MATHÉMATIQUES ET DES MATHÉMATICIENS

Martin Andler, « Les mathématiques à l'ENS », dans J.-F. Sirinelli, *École normale supérieure, Le livre du bicentenaire*, Paris, PUF, 1994, p. 351-404.
David Aubin, Hélène Gispert et Catherine Goldstein, « Les mathématiciens français dans la Grande Guerre », dans F. Bouloc, R. Cazals, A. Loez (éd.), *1914-1918. Identités troublées : les appartenances sociales et nationales à l'épreuve de la guerre*, Toulouse, Privat, 2011, p. 183-197.
David Aubin, « L'élite sous la mitraille : les mathématiciens normaliens "morts pour la France", 1914-1918, dans Suzanne Féry, (dir.), *Aventures de l'analyse de Fermat à Borel. Mélanges en l'honneur de Christian Gilain*, Nancy, Presses universitaires de Nancy, 2012, p. 681-706.
Michèle Audin, *Fatou, Julia, Montel, le Grand prix de Mathématiques de 1918, et après…*, Berlin, Springer, 2009.
Michèle Audin, *Les séminaires de mathématiques (1933-1939)*, CEDRAM, édition en cours.
Victor Blanchard, « La création de la section des mathématiques au Palais de la Découverte (1937) », mémoire de Master, Univ. Paris-Diderot, 2013.
Bernard Bru, « L'Institut Henri Poincaré, aux sources de la recherche opérationnelle », entretien avec Bernard Colasse et Francis Pavé, *Gérer et comprendre*, mars 2002, n° 67.
Bernard Bru et Pierre Dugac, *Henri Lebesgue, Les Lendemains de l'intégrale, lettres à Émile Borel*, Paris, Vuibert, 2004.
Gaston Casanova, *Mathématiques et Matérialisme dialectique*, Paris, Éditions sociales, 1948.
Rémi Catellier et Laurent Mazliak, « The Emergence of French Probabilistic Statistics. Borel and The Instritut Henri Poincaré around The 1920s », *Revue d'histoire des mathématiques*, vol. 18, n° 2-2012, p. 271-335.
Pierre Crépel, « La calcul des probabilités : de l'arithmétique sociale à l'art militaire », dans Bruno Belhoste et al, *La formation polytechnicienne (1794-1994)*, Paris, Dunod, 1994, p. 197-215.
Anne-Marie Decaillot, « Zurich 1897 : premier congrès international des mathématiciens », *Revue germanique internationale*, n° 12, novembre 2010.
Pierre Dugac et Bernard Bru, « Lettres d'Henri Lebesgue à É. Borel, *Cahiers du Séminaire d'histoire des mathématiques de l'Institut Henri-Poincaré*, 1991, n° 12, p. 1-511.

Antonin Durand et Laurent Mazliak, « Images de l'Italie dans *La Revue du Mois* (1906-1920) », *5ème rencontre franco-italienne d'histoire des mathématiques : France et Italie dans la presse mathématique des XIXème et XXème siècles*, Univ. de Lille 1 - Univ. d'Artois, 23 juin 2012.

Henri Fehr, « A. Bühl, 1878-1949 », *L'Enseignement mathématique*, vol. 39, 1942-1950, 1951, p. 6.

Hélène Gispert, *La France mathématique : la Société mathématique de France, 1870-1914*, Paris, SFHST, 1991.

Hélène Gispert, « La théorie des ensembles en France avant la crise de 1905 : Baire, Borel, Lebesgue… et tous les autres », *Revue d'histoire des mathématiques*, n°1, 1995, p. 39-81.

Hélène Gispert, « Les débuts de l'histoire des mathématiques sur les scènes internationales et le cas de l'entreprise encyclopédique de Felix Klein et Jules Moch », *Historia Mathematica*, vol. 26, n° 4, novembre 1999, p. 344-360.

Hélène Gispert et Jean Luc Verley, *L'Encyclopédie des sciences mathématiques pures et appliquées (1904–1916), traduire ou adapter l'entreprise de Felix Klein*, Paris: Springer-France, 2000.

Hélène Gispert, « Pourquoi, pour qui enseigner les mathématiques ? Une mise en perspective historique des finalités et des contenus de l'enseignement des mathématiques dans la société française au XXème siècle. », *Bulletin de l'APMEP*, janvier 2002.

Hélène Gispert et Juliette Leloup, « Des patrons des mathématiques en France dans l'entre-deux-guerres », *Revue d'histoire des sciences,* t. 62, 2009-1, p. 39-117.

Hélène Gispert, « Émile Borel (1871-1956) et Henri Lebesgue (1875-1941), Chronique d'une rupture annoncée », dans Catherine Goldstein (dir), *Trajectoires de mathématiciens pendant la première guerre mondiale,* à paraître.

Georges Heilbronn, « Intégration des équations aux dérivées partielles du second ordre par la méthode de Drach », *Mémorial des Sciences mathématiques*, fasc. CXXIX, Paris, Gauthier-Villars, 1955.

Jean-Baptiste Hiriart-Urruty et Henri Caussinus, « Sarus, Borel, Deltheil, Le Rouergue et ses mathématiciens », *Gazette de la Société mathématique de France*, n° 104, avril 2005, p. 89-97.

Nicole Hulin, « Un pôle scientifique : La section des sciences de l'ENS. Quelques jalons de son histoire », dans J.-F. Sirinelli, *École normale supérieure, Le livre du bicentenaire*, Paris, PUF, 1994, p. 341.

Jean-Pierre Kahane, « Naissance et postérité de l'intégrale de Lebesgue », séance de l'Académie des sciences, 5 mars 2001, *Gazette de la SMF*, n° 89, juillet 2001, en ligne.

Jean-Pierre Kahane (dir.), *L'Enseignement des sciences mathématiques*, Paris, Odile Jacob, 2002.

Jean-Pierre Kahane, « Le mouvement brownien et son histoire. Réponses à quelques questions », *Images des mathématiques*, 2006, CNRS éditions.
Ernest Kolman, « L'importance philosophique de la découverte de la pluralité de la mathématique », *La Pensée*, n° 174, avril 1974, p. 6-19.
Laurent Mazliak, « Les fantômes de l'École normale. Vie et destin de René Gateaux », tapuscrit, 14 août 2007.
L. Mazliak et Rossana Tazzioli, *Mathematicians at War. Volterra and his French colleagues during World War One*, New York, Springer-Verlag, 2009.
Laurent Mazliak, « Borel, Fréchet, Darmois, la découverte des statistiques par les probabilistes français », *Journ@lélectronique d'histoire des probabilités et de la statistique*, vol. 6, n° 2, décembre 2010.
Laurent Mazliak, « La graphologie d'Alfred Binet, terrain d'entraînement d'Émile Borel, statisticien en devenir », *Recherches & éducations*, n° 6, 2012, p. 241-253.
Laurent Mazliak et Marc Sage, « Au-delà des réels : Émile Borel et l'approche probabiliste de la réalité », *Revue d'histoire des sciences,* vol. 67, 2014-2, p. 331–357.
Alexandre Moatti, « Quelques commentaires sur les leçons de probabilités de Jordan à l'École polytechnique », *Journ@l Électronique d'Histoire des Probabilités et de la Statistique*, vol. 5, n° 2, décembre 2009.
Paul Montel, « Les nombres et les ensembles », dans René Taton, *Histoire générale des sciences*, tome 3, « La science contemporaine, Le XXème siècle », Paris, PUF, 1981.
Marie-Thérèse Pourprix, *Des mathématiciens à la faculté des sciences de Lille (1854-1971)*, Paris, L'Harmattan, 2009.
Laurent Roller, « Henri Poincaré : des mathématiques à la philosophie – Étude du parcours intellectuel, social et politique d'un mathématicien du début du siècle », thèse de doctorat de philosophie, Université Nancy 2, 1999.
Laurent Rollet, « L'engagement public d'un homme de science : Henri poincaré », *Revue des questions scientifiques »*, n° 170-4 et 172-3, p. 335-354 et 213-329.
Laurent Rollet, « Des mathématiciens dans l'affaire Dreyfus », *Images des Mathématiques*, Paris, CNRS, 2013.
Norbert Schappacher, « Paul Valéry et la potentialité des mathématiques », contribution soumise aux actes du colloque *Paul Valéry - Für eine Epistemologie der Potentialität*, Europa Universität Viadrina, décembre 2014.
Reinhard Siegmund-Schultze, *Rockefeller and the Internationalization of Mathematics between the Two World Wars*, Springer Basel, 2001.
Reinhard Siegmund-Schultze, « The Institute Henri Poincaré and mathematics in France between the wars », *Revue d'histoire des sciences,* 1/2009 (t. 62), p. 247-283.

Valerio Vassallo, « La Passeggiata : une heure avec Jean-Pierre Kahane », *Images des mathématiques*, CNRS, 2017, vidéo en ligne.
André Weil, « Biographie de Jean Delsarte », *Œuvres scientifiques*, vol. 3, New York, Heidelberg, Berlin, Springer, 1979.

HISTOIRE DES SCIENTIFIQUES ET DE LA RECHERCHE SCIENTIFIQUE

Louis Althusser, *Philosophie et philosophie spontanée des savants, 1967*, Paris, François Maspero, 1974.
Michèle Audin, « Einstein à Paris, 28 mars-10 avril 1922 », *Images des Mathématiques*, Paris, CNRS, 2014.
Anouck Barberousse, *La Mécanique statistique*, de Clausius à Gibbs, Paris, Belin, 2002.
François Bédarida et al., *Pour une histoire de la statistique*, t. 1, Paris, INSEE/Economica, 1977.
Bruno Belhoste, « L'enseignement secondaire français et les sciences au début du XXème siècle. La réforme de 1902 des plans d'études et des programmes », dans « L'enseignement scientifique au tournant des XIXe et XXe siècles », *Revue d'histoire des sciences*, t. 43, n° 4, 1990, p. 371-400.
Bernadette Bensaude-Vincent, *Langevin, science et vigilance*, Paris, Belin, 1987.
Kenneth Bertrams, « Le Fonds national de la recherche scientifique en Belgique, une expérience originale d'organisation de la science », *La Revue pour l'histoire du CNRS*, n° 16, avril 2007, « L'Expertise scientifique ».
Michel Biezuniski, *Einstein à Paris. Le temps n'est plus…*, Paris, Presses universitaires de Vincennes, 1992.
Soraya Boudia, « La propriété intellectuelle en science et la communauté scientifique française (1900-1930) », tapuscrit, 6 mars 2001.
Anastasios Brenner, « L'épistémologie historique d'Abel Rey », *Revue de métaphysique et de morale*, 2016-2, n° 90, p. 159-176.
J. Bruno, « Marcel Böll, vulgarisateur », dans Paul Dupuy, *Science et Vie témoin du siècle où tout à changé (1913-2001)* , t. 1, p. 113.
Bernard Boullard, « Hommage à Noël Bernard », Société botanique de France, séance du 9 décembre 2011.
Cahiers pour l'histoire du CNRS, 1939-1989, dix livraisons, de 1988 à 1991, sous la direction d'Antoine Prost.
Stéphane Callens, « Gouvernement et statistique sous la IIIème République », dans *Publications des séminaires de mathématiques et informatique de Rennes*, 1983, fascicule 2, « Séminaires de mathématiques - science, histoire et société contemporaine », p. 1-15.

Guillaume Carnino, *L'Invention de la science, La nouvelle religion de l'âge industriel*, Paris, Seuil, 2015
Micheline Charpentier-Morize, *Jean Perrin, savant et homme politique*, Paris, Belin, 1997.
Paul Deheuvels, « Daniel Dugué, 1912-1987 », *Journal de la Société statistique de Paris*, t. 128 (1987), p. 258-260.
Caroline Ehrhardt, « Du cours magistral à l'entreprise éditoriale », *Histoire de l'éducation*, n° 130, 2011, p. 111-139.
Jacqueline Eidelman, « La création du Palais de la Découverte, Culture scientifique et professionnalisation de la recherche dans l'entre-deux-guerres », thèse non publiée, Université René-Descartes, septembre 1988.
Jacqueline Eidelman, « La Palais de la Découverte, 1934-1937 : culture scientifique et professionnalisation de la recherche », *Cahiers pour l'histoire du CNRS*, n° 9, 1990.
Jacqueline Eidelman, Ginette Gablot et Serge Benoit, *"Parcours culturels à travers la recherche scientifique sur la montagne Sainte-Geneviève"*, brochure, Paris, Musée Curie, 1995.
Jean-Louis Destouches, dans André Georges, *Louis de Broglie : sa conception du monde physique*, Paris, Gauthier-Villars, 1973.
A. Fall, « L'Institut Henri-Poincaré, une école, une histoire... », brochure de l'IHP, bibliothèque et archives de l'IHP.
Gabriel Galvez-Behar, « The "French connection": French Scientists and International Debates on Scientific Property during the Interwar Period », ISHTIP Workshop 2013 "Cultural Economy and Intellectual Property", Juin 2013, Paris.
Marcel Guillaume, « Historique du CNFHPS, Aperçu sur l'évolution des coopérations scientifiques internationales aux origines du Comité national français d'histoire et de philosophie des sciences », 16 janvier 2008, en ligne.
Denis Guthleben, « La nomination de Charles Jacob à la tête du CNRS de Vichy », *Revue pour l'histoire du CNRS*, n° 12, 2005.
Denis Guthleben, *Histoire du CNRS de 1939 à nos jours*, Paris, Armand Colin, 2009.
Nicole Hulin, « Histoire des sciences et enseignement scientifique au lycée sous la Troisième République », *Revue d'histoire des sciences*, t. 58, 2005, n° 2, p. 389-405.
Anna Hurvic, *Pierre Curie*, Paris, Flammarion, 1995.
Olivier Ihl, « Les distinctions honorifiques au CNRS. Genèse, pratiques, usages », dans Bruno Dumons et Gilles Pollet, *La fabrique de l'honneur. Les médailles et les décorations en France, XIX-XXe siècles*, Rennes, PUR, 2009, p. 197-218.
Jean Jacque, *Berthelot, 1827-1907, autopsie d'un mythe*, Paris, Belin, 1987.
Alexandre Klein, dans « La philosophie scientifique d'Alfred Binet », *Revue d'histoire des sciences*, 2009-2, t. 62, p. 373-393.

Georges Lochak, *Louis de Broglie*, Paris, Flammarion, coll. Champs, 1992.
Christine Moissinac et Yves Roussel, *Jules-Louis Breton, 1872-1940, un savant parlementaire*, Rennes, PUR, 2010.
Sophie Mouton, « Industriels et mécènes, les Deutsch-de-la-Meurthe (1845-1924), *Archives juives*, n° 42/1, 1er trim. 2009.
Catherine Nicault et Virginie Durand, *Histoire documentaire du CNRS*, t. 1 (1930-1950), Paris, CNRS-éditions, 2005.
Dominique Pestre, *Physique et physiciens en France, (1918-1940),* Paris, Archives contemporaines, 1984.
Jean-François Picard et al., *La république des savants La Recherche française et le CNRS,* Paris, Flammarion, 1990.
Natalie Pigeard-Micault, *Les femmes du Laboratoire Curie*, Paris, éd. Glyphe, 2013.
Michel Pinault, "The Joliot-Curies : Science, Politics, Networks", dans *History and Technology,* 1997, vol. 13, n° spécial, Soraya Boudia and Xavier Roqué (Guests Editors), "Science, Medicine and Industry", p. 307-324.
Michel Pinault, « Le Chercheur », dans Jean-Pierre Rioux et Jean-François Sirinelli (dir.), *La France d'un siècle à l'autre, 1914-2000, Dictionnaire critique,* Hachette-Littératures, Paris, 1999, p. 582-587.
Michel Pinault, *Frédéric Joliot-Curie*, Paris, Odile Jacob, 2000.
Michel Pinault, « Marie Curie, intellectuelle engagée ? », *Clio-Histoire, Femmes et Sociétés*, n° 24, 2006.
Michel Pinault, *La science au Parlement. Les débuts d'une politique des recherches scientifiques en France*, CNRS-éditions, Paris, 2006.
Michel Pinault, « Les scientifiques et le Front populaire », dans Xavier Vigna, Jean Vigreux et Serge Wolikow, *Le pain, la paix, la liberté, Expériences et territoires du Front populaire,* Paris, Éditions sociales, 2006, p. 173-194.
Michel Pinault, « Du rôle de l'émergence d'une identité et d'un mouvement de "chercheurs" dans la naissance d'une profession, "la Recherche" », dans D. Dufourt et J. Michel, *La Vie politique de la science* (actes du colloque international organisé les 15-17 mars 2007 par le GREPH, IEP Lyon), Lyon, L'Interdisciplinaire, 2008, p. 201-219.
Michel Pinault, *Maurice Barrès et « la grande pitié des laboratoires de France ». Discours parlementaires pour une politique des recherches scientifiques en France (1919-1923),* Paris, L'Harmattan, 2015.
Susan Quinn, *Marie Curie,* Paris, Odile Jacob, 1996.
Anne Rasmussen, « La "science française" dans la guerre des manifestes, 1914-1918 », *Mots. Les langages du Politique*, n° 76, 2004.
Revue pour l'histoire du CNRS, publiée depuis 1999 par le comité pour l'histoire du CNRS.
Yves Roussel, « L'histoire d'une politique des inventions, 1887-1918 », *Cahiers pour l'histoire du CNRS, 1939-1989*, 1898-3, p. 19-58.

Jean-Jacques Salomon, *Le Scientifique et le guerrier*, Paris, Belin, 2001.
Claire Salomon-Bayet (dir.), *Pasteur et la révolution pastorienne*, Paris, Payot, 1986.
René Taton, *Histoire générale des sciences*, tome 3, « La science contemporaine, Le XIXème siècle » et « Le XXème siècle », Paris, PUF, 1981.
Eva Telkes, « Présentation de la faculté des Sciences et de son personnel, à Paris (1901-1939) », dans « L'enseignement scientifique au tournant des XIXème et XXème siècles », *Revue d'histoire des sciences*, t. 43, n° 4, 1990, p. 451-476.
Eva Telkès, *Maurice Caullery(1968-1958), un biologiste au quotidien*, texte édité par Eva Telkès, à partir de M. Caullery, « Souvenirs d'un biologiste », Lyon, PUL, 1993.
Valérie Tesnière, « Diffuser la science », dans F. Barbier et al., *Mélanges Henri-Jean Martin. Le Livre et l'historien, études offertes en l'honneur du professeur H.-J. Martin*, Genève, Droz, 1997, p. 791.
Ludovic Tournès, « L'américanisation de la science française ? La Fondation Rockefeller et la construction d'une politique de recherche en biomédecine (1918-1939), dans John Krige et Helke Rausch (dir.), *American Foundations and the Coproduction of World Order in the Twentieth Century*, Gœttingen, Vandenhoeck & Ruprecht, 2012, p. 75.
Spencer R. Weart, *La Grande aventure des atomistes français. Les savants au pouvoir,* Paris, Fayard, 1980.

HISTOIRE DES INTELLECTUELS

Huguette Adam, « Les romans préhistoriques de J. H. Rosny Aîné », mémoire de Maîtrise ès Arts, Université Mc Gill, 1986, p. 148 (en ligne).
Éric Agrikoliansky, « Biographies d'institution et mise en scène de l'intellectuel. Les candidats au comité central de la Ligue des droits de l'homme entre 1945 et 1975 », *Politix*, n° 27, 1994, p. 94-110.
Pierre Albertini, « La réforme de 1903 : un assassinat manqué ? », dans J.-F. Sirinelli (dir.), *École normale supérieure, le livre du bicentenaire*, Paris, PUF, 1994.
Anne-Laure Anizan, *Paul Painlevé, science et politique de la Belle époque aux années trente,* Rennes, PUR, 2012.
Gérard Baal, « Jaurès et les salons », dans M. Rebérioux et G. Candar, *Jaurès et les intellectuels*, Paris, éditions de l'Atelier, 1994, p. 91-118.
Jean Bastiaire, Alain Finkielkraut et Jacques Julliard, « Péguy et le parti intellectuel », *Mil neuf cent*, n° 15, 1997, « Les anti-intellectualismes », p. 51-68, p. 60.
Marianne Bastid-Burgière, « Le voyage en Chine de Paul Painlevé en 1920 », dans C. Fontanon et R. Frank, *Paul Painlevé (1863-1933). Un savant en politique,* Rennes, PUR, 2005, p. 83-103.

Yannick Bézin, « Les *Cahiers rationalistes* : la physique comme propagande », Colloque international pluridisciplinaire « Sciences et écritures », Besançon, 14 mai 200, en ligne.
Françoise Blum, « Aline Ménard-Dorian, du salon à la scène politique », dans G. Manceron et E. Naquet, *Être Dreyfusard, hier et aujourd'hui (2009)*, Rennes, PUR, 2009.
Fabienne Bock, « Les débuts de l'Union rationaliste, 1930-1940 », *Raison présente*, n° 200, 4ème trim. 2016, p. 7-14.
Pierre Bourdieu, « Le champ littéraire », *Actes de la recherche en sciences sociales*, 1991, n° 89, p. 3-46.
Hélène Bourguignon, « Images et sons », *Vingtième Siècle. Revue d'histoire*, n° 101, 1-2009, p. 197-207.
Jean-Christophe Bourquin, « L'État et les voyageurs savants. Légitimité inachevée et volontés politiques. Les Missions du ministère de l'Instruction publique, 1890-1914 », thèse Paris I-Panthéon-Sorbonne, 1993.
Gilles Candar, « Albert Thomas et la constitution des réseaux : les années 1878-1914 », *Les Cahiers Sirice*, cahier n° 2, Journées d'études « Albert Thomas, société mondiale et internationalisme », 19-20 janvier 2007.
Christophe Charle, *Les élites de la République, 1880-1900*, Paris, Fayard, 1987.
Christohe Charle, *Naissance des intellectuels, 1880-1900*, Paris, éditions de Minuit, 1990. Christophe Charle, *La République des universitaires, 1870-1940,* Paris, Seuil, 1994.
Christophe Charle, « Les normaliens et le socialisme, 1867-1914 », dans M. Rebérioux et G. Candar, *Jaurès et les intellectuels*, Paris, éditions de l'Atelier, 1994, p. 133-138.
Christophe Charle, « Charles Seignobos, historien pacifiste et européen », dans C. Charle, *Homo Historicus, Réflexions sur l'histoire, les historiens et les sciences sociales*, Paris, A. Colin, 2013, p. 192-205.
Nicolas Chevassus-au-Louis, *Savants sous l'Occupation, Enquête sur la vie scientifique française entre 1940 et 1944*, Paris, Seuil, 2004.
Sophie Cœuré et Frédéric Worms éd., *Albert Kahn, Henri Bergson, Correspondance*, Strasbourg/Boulogne, Desmaret/Musée départemental Albert Kahn, 2003.
Gisèle Corbière-Gille, « Correspondance inédite (1913-1917) entre Anatole France et Robert Dell », *Les Cahiers franciens*, n° 10, Paris, Société Anatole France, 1992.
Jean-Louis Crémieux-Brilhac et Jean-François Picard (dir.), *Henri Laugier et son siècle*, Paris, CNRS, 1995.
Laurent Dartigues, « Une généalogie de l'intellectuel spécifique », *Astérion*, 12/2014, en ligne.
Alain Desrosières, « Histoire de formes : statistiques et sciences sociales avant 1940 », *Revue française de sociologie,* 1985, 26-2, p. 277-310.

Alain Desrosières, *La Politique des grands nombres. Histoire de la raison statistique*, Paris, La découverte, 2000 (1ère éd. 1993).
Alain Desrosières, *L'Argument statistique* (t. 2). *Gouverner par les nombres*. Paris, Presses de l'école des Mines, 2008.
Sylvie Ducas, « Le prix Femina : la consécration littéraire au féminin », *Recherches féministes*, vol. 16, n° 1, 2003, p. 43-95.
Vincent Duclert, *L'affaire Dreyfus*, Paris, La Découverte, 1994.
Vincent Duclert, « L'engagement scientifique et l'intellectuel démocratique. Le sens de l'affaire Dreyfus », *Politix,* 1999, vol. 12, n°48, p. 71-94.
Janet Horne, *Le Musée social. Aux origines de l'État providence*, Paris, Belin, 2004.
Jacques Julliard et Michel Winock (dir.), *Dictionnaire des intellectuels français,* Seuil, Paris, 1996.
François Chaubet, « Figures de l'intellectuel républicain », *Le Banquet, la revue du CERAP*, mars 2011.
François Dosse, *La marche des idées, Histoire des intellectuels – histoire intellectuelle*, Paris, La Découverte, 2003.
François Dubasque, *Jean Hennessy (1874-1944) : argent et réseaux au service d'une nouvelle république,* Rennes, PUR, 2008.
Vincent Duclert, « De l'engagement des savants à l'intellectuel critique : une histoire intellectuelle de l'affaire Dreyfus », *Historical reflexions*, 24-1, 1998, p-62.
Vincent Duclert, « L'Engagement scientifique et l'intellectuel démocratique – Le sens de l'affaire Dreyfus », *Politix*, « Le savant et le politique », n° 48, 4e trim. 1999, p. 71-94.
Michel Foucault, « Entretien avec Michel Foucault », *Dits et écrits*, vol. 3, Gallimard, Paris, 1994.
Chloé Gaboriaux, « Fonder la République sur les "nouvelles couches sociales" (Gambetta) : description du monde social et préférences institutionnelles dans la France des années 1870 », *Histoire@Politique*, 2015/1, n° 25, p. 12-23.
Bruno Garnier, *Les Combattants de l'école unique*, Paris, INRP, 2005.
Bruno Garnier, *Les Compagnons. L'Université nouvelle* [édition critique]. Lyon, INRP, 2008.
Nancy S. Goldberg, « Marguerite Borel/Camille Marbo : The government's feminist », dans Alison S. Fell, *French and Francophone Women facing War/ Les femmes face à la guerre,* Berne, Peter Lang AG, 2009.
Jean-Michel Guieu, *Gagner la paix, 1914-1929*, Paris, Seuil, 2015.
Annemarie van Heerikhuizen, « Paris 1933. A "Société des esprits"chaired by Paul Valéry », *European Studies*, 2014, p. 139-154.
Éric Hobsbawn, « Conclusions du colloque », dans M. Rebérioux et G. Candar, *Jaurès et les intellectuels*, Paris, éditions de l'Atelier, 1994.

Margot Irvine, « Une Académie de femmes ? », dans M. Irvine (dir.), *Les réseaux des femmes de lettres au XIX*^{ème} *siècle*, @nalyses, printemps-été 2008.
Michel Jarréry, *Paul Valéry*, Paris, Fayard, 2008.
Édouard Launet, *Sorbonne-plage*, Paris, Stock, 2016.
Sébastien Laurent, *Daniel Halévy, Du libéralisme au traditionalisme*, Paris, Grasset, 2001.
Pascal Le Maléfan, « Léon Marillier, figure de la psychologie naissante (1862-1901) », *Bulletin de psychologie* 2005/2, n° 476, p. 267-280.
Gérard Leclerc, *Sociologie des intellectuels*, Que sais-je ?, Paris, PUF, 2003.
Michel Leymarie, *Les intellectuels et la politique en France*, Que sais-je ?, Paris, PUF, 2001.
Gilles Manceron et Emmanuel Naquet, *Être Dreyfusard, hier et aujourd'hui (2009)*, Rennes, PUR, 2009.
Christine Manigand, *Henry de Jouvenel*, Presses universitaires de Limoges, 2000.
Nicolas Mariot, « Pourquoi les normaliens sont-ils morts en masse en 1914-1918 ? Une explication structurale », *Pôle Sud*, 2012/1, n° 36, p. 9-30.
Benoît Marpeau, « Les stratégies de Gustave Le Bon », *Mil neuf cent*, n° 9, 1991, « Les pensées réactionnaires », p. 115-128.
Benoît Marpeau, « La "Bibliothèque de philosophie scientifique" de Flammarion », *Revue d'histoire moderne et contemporaine* 4ème trim. 2010, n° 57-4, p. 185-210.
Rachel Mazuy, « Le Rassemblement Universel pour la Paix (1931-1939) : une organisation de masse ? », dans *Matériaux pour l'histoire de notre temps*, n° 30, 1993, « S'engager pour la paix dans la France de l'entre-deux-guerres », p. 40-44.
Lucien Mercier, *Les Universités populaires, 1899-1914, Éducation populaire et mouvement ouvrier au début du siècle*, Paris, Les Éditions Ouvrières, 1986.
Chantal Morelle et Pierre Jakob, *Henri Laugier, un esprit sans frontières*, Paris, Bruylant, 1997.
Évelyne Morin-Rotureau (dir.), *Françaises en guerre 1914-1918*, Paris, Autrement, 2013.
Emmanuel Naquet, *La Ligue des droits de l'homme, une association en politique (1898-1940)*, thèse IEP, Paris, 2005.
Gérard Noiriel, *Les fils maudits de la République, L'avenir des intellectuels en France*, Paris, Fayard, 2005
Pierre Nora, « Michelet, le grand incarnateur », *Le Figaro*, 6 mars 2008.
Pascal Ory et Jean-François Sirinelli, *Les Intellectuels en France, de l'Affaire Dreyfus à nos jours*, Paris, Armand Colin, 1986.
Michel Paty, « La réception de la théorie de la relativité au Brésil et l'influence des traditions scientifiques européennes », *Archives*

internationales d'histoire des sciences, Académie internationale d'histoire des sciences, 1999, p.331-368.
Benoît Peeters, *Paul Valéry : une vie*, Paris, Flammarion, 2014.
Denis Pelletier, « Georg Simmel : la sociabilité "forme ludique des forces éthiques de la société concrète". », dans Racine Nicole et Trebitsch Michel (dir.), *Cahiers de l'IHTP*, n°20, mars 1992, « Sociabilités intellectuelles. Lieux, milieux, réseaux ».
Patrick Petitjean, « Miguel, Paul, Henri et les autres. Les réseaux scientifiques franco-brésiliens dans les années 1930 », dans A.A.P. Videira et S.R.A. Salinas, *A Cultura da Fisica : Contribuções em homenagem a Amelia Imperio Hamburger*, Sao Paulo, Editora Livraria da Fisica, 2001, p. 59-94.
Michel Pinault, « Les usages politiques de la notoriété scientifique », *Histoire et Sociétés, revue d'histoire sociale européenne*, n°4, 4ème trimestre 2002, p. 98-115.
Michel Pinault, « L'intellectuel scientifique : du savant à l'expert », dans Michel Leymarie et Jean-François Sirinelli (dir.), *L'Histoire des intellectuels aujourd'hui*, Paris, PUF, 2003, p. 229-254.
Michel Pinault, « Portrait de groupe d'universitaires parisiens en leur villégiature bretonne : *L'Arcouest* dans la première moitié du XXème siècle », *Histoire et Société, Revue européenne d'histoire sociale*, n° 25-26, avril 2008, p. 136-157.
Krzysztof Pomian, « L'Histoire de la science et l'histoire de l'histoire », *Annales ESC*, n° 5, 1975, p. 935-952.
Michel Prat, « Lettres de Georges Sorel à Daniel Halévy, 1907-1920 », *Mil neuf cent*, n° 12, 1994, p. 151-223, p. 170.
Christophe Prochasson et Anne Rasmussen, *Au nom de la patrie. Les intellectuels et la Première Guerre mondiale, 1910-1919*, Paris, La Découverte, 1996.
Antoine Prost, « Charles Seignobos revisité », *Vingtième Siècle, revue d'histoire,* 1994, vol. 43, n° 1, p. 100-118.
Nicole Racine et Michel Trebitsch (dir.), *Cahiers de l'IHTP*, « Sociabilités intellectuelles. Lieux, milieux, réseaux », n°20, mars 1992.
Madeliene Rebérioux et Gilles Candar, *Jaurès et les intellectuels*, Paris, éditions de l'Atelier, 1994.
Madeleine Rebérioux, « Les "élites intellectuelles" et la question sociale », dans M. Rebérioux et G. Candar, *Jaurès et les intellectuels*, Paris, éditions de l'Atelier, 1994, p. 19-39.
Jean-Jacques Renoliet, *L'UNESCO oubliée : la Société des Nations et la Coopération intellectuelle (1919-1946),* Paris, Publications de la Sorbonne, 1999.
J.-J. Rosat, préface à John Newsinger, *La politique selon Orwell*, Marseille, Agone, 2006.

Mary Ellen Ross, « *Marguerite Borel/Camille Marbo: The Government's feminist* », dans Alison S. Fell, *French and francophone women facing war*, Berne, Peter Lang, 2009.
Michèle Sacquin (dir.), « L'Arcouest des Joliot-Curie. Une villégiature intellectuelle en Bretagne », *Revue de la BNF*, 2009, n° 32.
Shlomo Sand, *La fin de l'intellectuel français ; de Zola à Houellebecq*, Paris, La Découverte, 2016.
Jean-François Sirinelli, « Le hasard ou la nécessité ? Une histoire en chantier ; l'histoire des intellectuels », *Vingtième siècle, revue d'histoire*, janvier-mars 1986.
Jean-François Sirinelli, *Génération intellectuelle : khâgneux et normaliens dans l'entre-deux-guerres*, Paris, Fayard, 1988.
Jean-François Sirinelli, *Intellectuels et passions françaises, Manifestes et pétitions au XXème siècle*, Paris, Fayard, 1990.
Jean-François Sirinelli (dir.), École normale supérieure, *Le livre du bicentenaire*, Paris, PUF, 1994.
Ida Tarbell, *All in the Day's Work. An Autobiography*, Univ. of Illinois Press, 2003.
Stéphane Tison (dir.), *Paul d'Estournelles de Constant. Concilier les nations pour éviter la guerre (1878-1924)*, Rennes, PUR, 2015.
Michel Trébitsch, « Les Réseaux scientifiques : Henri Laugier en politique avant la Seconde Guerre mondiale, 1918-1939 », dans Jean-Louis Crémieux-Brilhac et J.-F. Picard (dir.), *Henri Laugier et son siècle*, Paris, CNRS, 1995.
Michel Trebitsch, « Une entreprise républicaine », *Cahiers Jaurès*, 2002-1et 2, n° 163-164, « Lucien Febvre et *l'Encyclopédie française* », p. 65-78.
Jeanine Verdès-Leroux, *Au service du Parti. Le parti communiste, les intellectuels et la culture (1944-1956)*, Paris, Fayard / Éditions de Minuit, 1983.
Yves Verneuil, « Valeurs et combats de la Société des agrégés depuis 1914 », Vingtième Siècle, revue d'histoire, 2003/1, n° 77, p. 69-84.
Yves Verneuil, « Entre patriotisme et corporatisme. La valorisation du rôle des professeurs de l'enseignement secondaire dans la Grande Guerre », dans Jean-François Condette (dir.), *Les écoles dans la guerre, acteurs et institutions éducatives dans les tourmentes guerrières, XVII-XXe siècles*, Lille, Presses universitaires du Septentrion, 2014, p. 195-213.
Michel Winock, *Le siècle des intellectuels*, Seuil, Paris, 1997.

HISTOIRE POLITIQUE ET INSTITUTIONNELLE

Charles-Robert Ageron. « La presse parisienne devant la guerre du Rif (avril 1925-mai 1926) », *Revue de l'Occident musulman et de la Méditerranée*, n°24, 1977.

Laurence Badel, *Un milieu libéral et européen. Le grand commerce français (1925-1948)*, Vincennes, Comité pour l'histoire économique et financière de la France, 2013.
Claude Béaud, « La Première Guerre mondiale et les d'une entreprise métallurgique de la Loire : les établissements Jacob Holtzer », *Bulletin du Centre d'Histoire économique et sociale de la région lyonnaise*, 1975, n° 2, p. 1-29.
Jean-Jacques Becker et Serge Berstein, *Victoire et frustrations (1919-1929)*, Paris, Seuil, 1990.
Jean-Jacques Becker et Gilles Candar, *Histoire des gauches en France*, vol. 1 et 2, Paris, La Découverte, 2004.
Gilles Le Béguec. « La représentation proportionnelle : cent ans de controverses », *Vingtième Siècle, revue d'histoire*, n° 9, janvier-mars 1986, p. 67-80.
Gilles Le Béguec, « La Ligue de la République (1921-1924) », *Modern and Contemporary France*, n° 39, octobre 1989, p. 4-41.
Serge Berstein, *Histoire du parti radical*, Paris, Presses FNSP, 1980.
Serge Berstein, *Édouard Herriot ou La République en personne,* Paris, Presses FNSP, 1985.
Serge Berstein (dir.), *Paul Ramadier : La République et le socialisme*, actes du colloque, Paris, 8-9 décembre 1988, Bruxelles, Complexe, 1992.
Serge Berstein, « Les radicaux », dans Jean-Jacques Becker et Gilles Candar, *Histoire des gauches en France*, vol. 2, « XXème siècle : à l'épreuve de l'histoire », Paris, La Découverte, 2004, p. chap. 35, p. 9-26.
Serge Berstein et Marcel Ruby (dir.), *Un siècle de radicalisme*, Villeneuve d'Ascq, PU Septentrion, 2004.
Bertrand Blancheton, *Le Pape et l'Empereur : la Banque de France, la Direction du Trésor et la politique monétaire de la France, 1914-1928*, Paris, Albin Michel, 2001.
Jean-Yves. Boulic et Anne Lavaure, *Henri de Kerillis, l'absolu patriote,* Rennes, PUR, 1997.
Édouard Bonnefous, *L'idée européenne et sa réalisation*, Paris, Éditions du Grand Siècle, 1950.
Édouard Bonnefous, *Histoire politique de la IIIème République*, vol. V, Paris, PUF, 1960-1977.
Philippe Burrin, *La France à l'heure allemande 1940-1944*, Paris, Seuil, 1995.
Jean-Paul Cahn, Françoise Knopper et Anne-Marie Saint-Gille, *De la Guerre juste à la paix juste: Aspects confessionnels de la construction de la paix dans l'espace franco-allemand (XVI-XXème siècle)*, Lille, Presses du Septentrion, 2008.
Bruno Carlier, « Sauvageons des villes, sauvageons aux champs », thèse de doctorat d'histoire, Université Lyon 2, 2004, chapitre « Jacob Holtzer, ou l'entreprise organique ».

Christopher Charles, « "Héros de la normalité" et circonstances inhabituelles : l'incapacité de Gaston Doumergue à réformer l'État à la suite du 6 février 1934 », *Revue française de droit constitutionnel*, n° 4-2005 (n° 64), p. 685-702.

Alain Chatriot, *La démocratie sociale à la française. L'expérience du Conseil national économique (1924-1940)*, Paris, La Découverte, 2003.

Alain Chatriot, « Georges Cahen-Salvador, un réformateur social dans la haute administration française (1875-1963) », *Revue d'histoire de la protection sociale*, 2014, n° 7, p. 103-128.

Gérard Cholvy, *« Cette Bretagne du Midi (1789-1978) », Histoire du Rouergue*, Toulouse, Privat, 1980.

Gérard Cholvy, *Christianisme et société en France au XIX*[ème] *siècle, 1790-1914,* Paris, Seuil, 1997.

André Combes, « Radicalisme et franc-maçonnerie », dans S. Berstein et M. Ruby (dir.), *Un siècle de radicalisme*, Villeneuve-dAscq, Preses universitaires du Septentrion, 2004, p. 71-79.

André-Clément Decouflé, « Histoire de l'Office du Travail. Une "administration de mission" avant la lettre », *Travail et Emploi*, n° 21, septembre 1984, p. 45-54.

Jean-Claude Debeir, « Inflation et stabilisation en France 1919-1928 », *Revue économique*, vol. 31, n° 4, 1980, p. 622-647.

Bruno Demonsais, *Gavroche, un hebdomadaire culturel socialiste, de la Résistance à la guerre froide*, Paris, L'Harmattan, 2006.

François Denord, « Max Hermant (1892-1943) », notice biographique dans J.-Cl. Dumas (dir.), A. Chatriot, D. Fraboulet, P. Fridenson et H. Joly, *Dictionnaire historique des patrons français*, Paris, Flammarion, 2010.

Marc Descotes et Jean-Louis Robert, *Clefs pour une histoire du syndicalisme cadre*, Paris, Les Éditions ouvrières, 1984.

Évelyne Diebolt, « Les femmes engagées dans le monde associatif et la naissance de l'État-providence », *Matériaux pour l'histoire de notre temps*, vol. 53, n° 1, 1999, p. 13-26

André Ducasse, Jacques Meyer et Gabriel Perreux, *Vie et mort des Français en 1914-1918*, Paris, Hachette, 1959.

Geneviève Duchenne, *Esquisses d'une Europe nouvelle. L'Européisme dans la Belgique de l'entre-deux-guerres (1919-1939)*, Bruxelles, Peter Lang ed., 2008.

Rémi Fabre, « Un exemple de pacifisme juridique : Théodore Ruyssen et le mouvement "la paix par le droit", (1884-1950) », *Vingtième Siècle, revue d'histoire*, n°39, juill-sept. 1993, p. 38-54.

Claudine Fontanon et Robert Frank, *Paul Painlevé (1863-1933). Un savant en politique,* Rennes, PUR, 2005.

Aline Fonvieille-Vojtovic, *Paul Ramadier, 1888-1961 : élu local et homme d'État*, Paris, Publications de la Sorbonne, 1993.

Robert Franck, « Les contretemps de l'aventure européenne », *Vingtième Siècle, revue d'histoire*, n° 60, octobre-décembre 1998, « Les engagements du 20ème siècle », p. 82-101.

Yvan Gastaut, « Albert Dubarry, un "*non-destin*" niçois (1925-1928) », *Cahiers de la Méditerranée*, 1997, Vol. 55 n° 1, p. 61-66.

Pierre Grémion, *Intelligence de l'anticommunisme, le congrès pour la liberté de la culture à Paris, 1950-1975,* Fayard, Paris, 1995.

Jérôme Grévy, *La République des opportunistes, 1870-1885*, Paris, Perrin, 1998.

Stefan Grüner, *Paul Reynaud (1878-1966): Biographische Studien zum Liberalismus in Frankreich*, Munich, R. Oldenbourg Verlag, 2001.

Jean-Michel Guieu, « Le Comité fédéral de Coopération européenne », dans Sylvain Schirmann, *Organisations internationales et architectures européennes, 1929-1939*, Metz, Centre de recherche histoire et civilisation de l'Université de Metz, 2003, p. 73-91.

Jean-Michel Guieu, *Le rameau et le glaive. Les militants français pour la Société des nations*, Paris, Presses de Sciences Po, 2008.

Jean-Michel Guieu et Christophe Le Dréau, *Le congrès de l'Europe à La Haye (1948-2008)*, Bruxelles, Peter Lang, 2009.

Jean-Michel Guieu, *Gagner la paix, 1914-1929*, Paris, Seuil, 2015.

Norman Ingram, « Pacifisme ancien style, ou le pacifisme de l'Association de la paix par le droit », *Matériaux pour l'histoire de notre temps,* n°30, 1993 « S'engager pour la paix dans la France de l'entre-deux-guerres ».

Jean-Noël Jeanneney, « Sur la vénalité du journalisme financier entre les deux guerres », *Revue française de science politique*, 25ème année, n° 4, 1975, p. 717-739.

Jean-Noël Jeanneney, *Leçon d'histoire pour une gauche au pouvoir. La faillite du Cartel (1924-1926)*, Paris, Seuil, 1977.

Albert Kéchichian, *Les Croix-de-feu à l'âge des fascismes : Travail, famille, patrie*, Seyssel, Champ-Vallon, 2006.

Danielle Le Nan et Jean-Louis Malaviale, *Bibliographie de la presse française politique et d'information générale : 1865-1944*, vol. 12, « Aveyron », préface de Jacques Bousquet, Paris, Bibliothèque nationale, 1966.

Isabelle Lespinet-Moret, *L'Office du travail (1891-1914) : la République et la réforme sociale*, Rennes, PUR, 2007.

Jean-Louis Malaviale, *Le Journal de Villefranche et la presse d'arrondissement en Bas-Rouergue*, Paris, J.-L. Malaviale, 1965.

Marc Martin, *Médias et journalistes de la République*, Paris, Odile Jacob, 1997.

Thomas Marty, « La chambre des députés comme ressource et comme théâtre : la consécration de la cause proportionnaliste par le travail en Commission du Suffrage universel (1902-1919) », dans A. Cohen et al.

(dir.), *Les formes de l'activité politique : éléments d'analyse sociologique (XVIII-XXème s.)*, Paris, PUF, 2006.

Henri Moizet et Christian Font, *L'Aveyron et les Aveyronnais dans la Seconde Guerre Mondiale*, Toulouse, CRDP Midi-Pyrénées, 1995.

François Monnet, *Refaire la République. André Tardieu, une dérive réactionnaire (1876-1945)*, Paris, Fayard, 1993.

Kenneth Mouré, « Poincaré avait-il besoin de connaissances économiques pour sauver le franc ? », *Histoire@Politique,* 1/2012 (n° 16), p. 55-70.

Pierre Musso, « Aux origines de l'autonomie des télécommunications françaises, la loi de 1923 », *Réseaux,* vol. 12, n° 66, 1994, « Service public – service universel », p. 99-117.

Éric Nadaud, « Eliane Brault, un parcours au féminin, radical, antifasciste, progressiste, maçonnique et féministe (1895-1982) », *Histoire@Politique*, 2009/3, n° 9, p. 98.

Josiane Naumont, « Enquête sur une visite de Zola à Unieux pour la préparation de *Travail* », *Les Cahiers naturalistes*, n°48, 1974, pp.182-204.

Stéphane Pinon, *Les réformistes constitutionnels des années trente. Aux origines de la Ve République*, Paris, LGDJ, Bibliothèque constitutionnelle et de science politique, 2003.

Antoine Prost et Jay Winter, *René Cassin*, Paris, Fayard, 2011.

Jacques Puyaubert, *Georges Bonnet : Les combats d'un pacifiste*, Rennes, PUR, 2007.

Alain Rey, *Dictionnaire historique de la langue française*, Paris, Le Robert, 2000.

François Roth, *Robert Schuman, 1886-1963, Du Lorrain des frontières au père de l'Europe*, Paris, Fayard, 2008.

Nicolas Roussellier, *La force de gouverner. Le pouvoir exécutif en France (XIX-XXèmes siècles)*, Paris, Gallimard-Essais, 2015.

Sylvain Schirmann, *Organisations internationales et architectures européennes, 1929-1939*, actes du colloque de Metz, 31 mai-1er juin 2001, Centre de recherche histoire et civilisation de l'Université de Metz, 2003.

Philippe Secondy, *La persistance du Midi blanc. L'Hérault (1789-1962)*, Perpignan, Presses universitaires de Perpignan, 2006.

Alain Supiot, *Du gouvernement par les lois à la gouvernance par les nombres. Cours au Collège de France (2012-2014)*, Paris, Fayard, 2015.

Thibault Tellier, « Paul Reynaud et la réforme de l'État en 1933-1934 », *Vingtième Siècle. Revue d'histoire*, n° 2-2003 (n° 78), p. 59-73.

Emmanuel Todd, *La troisième planète : structures familiales et systèmes idéologiques*, Paris, Seuil, 1983.

Jean Touchard, *La Gauche en France depuis 1900*, Paris, Seuil, 1977.

Ludovic Tournès (dir.), *L'argent de l'influence, Les fondations américaines et leurs réseaux européens,* Paris, Autrement, 2010, p. 25-44.

Index des noms propres

Émile Borel et Marguerite Borel (Camille Marbo) ne sont pas référencés dans cet index.

Les noms des principaux éditeurs scientifiques de l'époque étudiée y figurent.

Table

Quatrième partie

Cinquième partie
La fin de carrière d'un grand mandarin
et d'un notable respecté

L'HARMATTAN ITALIA
Via Degli Artisti 15; 10124 Torino
harmattan.italia@gmail.com

L'HARMATTAN HONGRIE
Könyvesbolt ; Kossuth L. u. 14-16
1053 Budapest

L'HARMATTAN KINSHASA
185, avenue Nyangwe
Commune de Lingwala
Kinshasa, R.D. Congo
(00243) 998697603 ou (00243) 999229662

L'HARMATTAN CONGO
67, av. E. P. Lumumba
Bât. – Congo Pharmacie (Bib. Nat.)
BP2874 Brazzaville
harmattan.congo@yahoo.fr

L'HARMATTAN GUINÉE
Almamya Rue KA 028, en face
du restaurant Le Cèdre
OKB agency BP 3470 Conakry
(00224) 657 20 85 08 / 664 28 91 96
harmattanguinee@yahoo.fr

L'HARMATTAN MALI
Rue 73, Porte 536, Niamakoro,
Cité Unicef, Bamako
Tél. 00 (223) 20205724 / +(223) 76378082
poudiougopaul@yahoo.fr
pp.harmattan@gmail.com

L'HARMATTAN CAMEROUN
TSINGA/FECAFOOT
BP 11486 Yaoundé
699198028/675441949
harmattancam@yahoo.com

L'HARMATTAN CÔTE D'IVOIRE
Résidence Karl / cité des arts
Abidjan-Cocody 03 BP 1588 Abidjan 03
(00225) 05 77 87 31
etien_nda@yahoo.fr

L'HARMATTAN BURKINA
Penou Achille Some
Ouagadougou
(+226) 70 26 88 27

L'HARMATTAN SÉNÉGAL
10 VDN en face Mermoz, après le pont de Fann
BP 45034 Dakar Fann
33 825 98 58 / 33 860 9858
senharmattan@gmail.com / senlibraire@gmail.com
www.harmattansenegal.com

www.ingramcontent.com/pod-product-compliance
Lightning Source LLC
LaVergne TN
LVHW011218061026
849535LV00001BA/83
* 9 7 8 2 3 4 3 1 2 9 4 2 6 *